新编电动机绕组修理

（附布线和接线彩图 300 幅）

（第二版）

刘一平　许上明　濮绍文　金仁全　编著

上 海 科 学 技 术 出 版 社

图书在版编目（CIP）数据

新编电动机绕组修理 / 刘一平等编著 . —2 版 . —上海：上海科学技术出版社，2006.6（2022.12 重印）

ISBN 978-7-5323-8361-0

Ⅰ. 新…　Ⅱ. 刘…　Ⅲ. 电机 – 绕组 – 维修　Ⅳ. TM3

中国版本图书馆 CIP 数据核字（2006）第 006909 号

新编电动机绕组修理（第二版）

刘一平　许上明　濮绍文　金仁全　编著

上海世纪出版（集团）有限公司
上 海 科 学 技 术 出 版 社　出版、发行

（上海市闵行区号景路 159 弄 A 座 9F–10F）

邮政编码 201101　www.sstp.cn

浙江新华印刷技术有限公司印刷

开本 850 × 1168　1/32　印张 21　插页 100

字数 890 000

1995 年 3 月第 1 版

2006 年 6 月第 2 版

2022 年 12 月第 28 次印刷

印数：180 641–182 360

ISBN 978-7-5323-8361-0/TM · 149

定价：45.00 元

内 容 提 要

本书从最基本的电动机修理基础知识着手，重点对各类电动机的绕组结构型式、分布及接线、常见故障排除、重绕布线、嵌线、接线、浸渍、烘焙等具体操作工艺，以及绕组的重绕计算、电动机修理后的测试方法等，作了通俗详细的介绍。其中：对各类电动机绕组的分布规律作了十分详细的介绍；在绕组重绕计算中采用较简易的实用计算方法，并附有大量实例，供初学者参考；对各类电动机绕组的布线和接线，采用直观性很强的展开图和简易圆图进行介绍。此外，为了便于初学者尽快掌握各种电动机绕组的布线和接线方法，在本书的彩图中提供了300 幅各类电动机绕组的彩色布线和接线图例。在附录 1 中提供了大量的各类中小微型电动机的绕组和铁心等修理时必不可少的有关技术数据，供参考用。在附录 2 中提供了电动机修理时常用材料的品种、规格及有关数据，供修理时查用。

本书内容丰富、实用性强、通俗易懂，是一本供具有初中文化水平的电动机修理初学者参考的很好的技术书。此外，本书也可供广大工矿企业和乡镇企业的电机修理工、维修电工以及各类职业技术学校中电机专业的师生参考用。

第二版前言

本书自1995年3月第一版出版发行以来深受全国广大读者欢迎，迄今为止印数已达20多万册，被评为全国优秀畅销书。为了更好地满足全国各地广大读者的需要，使本书更实用，我们对本书第一版进行了修订。在修订中增加了一些更切合生产实践的内容，特别是对深受广大读者所喜爱的电动机绕组布线和接线彩图进行了全面的改动。在第二版中的彩图由第一版中的240幅增加到300幅。在彩图Ⅰ、Ⅱ中，新增加方案24个，彩图42幅；在彩图Ⅲ中，新增加方案5个，彩图17幅。另外，在本书的各章中也增加了一些实用性较强的图表，供读者在修理电动机时选用。

电动机是工农业生产中的主要动力设备，而且也是电风扇、洗衣机、电冰箱及空调器等家用电器中的主要部件。它的使用量越来越多，随之而来对各类电动机的修理工作量也越来越大。尤其是近年来，Y和YR系列三相异步电动机、YZ和YZR系列起重及冶金用三相异步电动机、AO2、BO2、CO2和DO2系列驱动用微电机以及新型直流电动机产品的不断出现，原有的一些有关电动机修理的书籍已很难满足广大电机修理人员的需要。为此，在本书中除了介绍老产品电动机的修理外，还介绍了近年来一些新产品电动机的修理内容。另外，为了满足广大具有初中文化水平的电机修理初学者的要求，我们从最基本的电机修理基础知识着手，重点对各类电动机的绕组结构型式、分布及接线、常见故障的排除、重绕布线、嵌线、接线、浸渍、烘焙等具体操作工艺，以及绕组的重绕计算、电动机修理后的测试方法等，作了通俗详细的介绍。其中：对各类电动机绕组的分布规律作了十分详细的介绍；在绕组重绕计算中采用较简易的实用方法，并附有大量实例，供初学者参考；对各类电动机绕组的布线和接线，采用直观性强的展开图和简易圆图进行介绍。此外，为了便于初学者尽快掌握各种电动机绕组的布线及接线方法，在书末彩图中提供了300幅各类电动机绕组的彩色布线及接线图例。在附录1中提供了大量的各类中小微型电动机的绕组、铁心等修理时必不可少的有关技术数据，供参考用。在附录2中提供了电动机修理时常用材料的品种、规格及有关数据，供修理时查用。

本书由刘一平主审。第一、二、三章由刘一平编写；第四、六、七章由许上明编写，刘一平修订；第五、十、十一章由金仁全编写；第八、九章由濮绍文编写。彩图Ⅰ、Ⅱ由刘一平和许上明设计；彩图Ⅲ由濮绍文设计。附录1由郭雨水编写。附录2由刘一平编写。

本书在编写过程中，由于时间仓促，书中难免有不足和错误的地方，敬请读者批评指正。

编　者

p	磁极对数	Z_0	虚槽数
q	每极每相槽数	Z_1	定子槽数
R、r	电阻、半径	Z_2	转子槽数
S	裸导线截面积、电枢元件总数	α	槽电角度、极弧系数
t	齿距、温度、最大公约数	β	短距比、角度
U	电压或额定电压	γ	角度
u	每槽虚槽数	δ	气隙长度
$U_{相}$	相电压	η	效率
$U_{线}$	线电压	θ	温升
V	体积、线速度	ρ	电阻率
W	匝数或每相串联匝数	τ	极距
X	电抗	Φ	磁通
y	节距	$\cos\varphi$	功率因数
Z	阻抗、槽数	ω	角频率

本书主要符号表

A	线负荷,铁心截面积	I	电流或额定电流
A_c	轭部截面积	$I_{相}$	相电流
A_i	槽内绝缘所占面积	$I_{线}$	线电流
A_s	槽截面积	j	电流密度
A_w	槽有效面积	K	常数、系数、变比、换向片数
a	并联路数或支路对数	K_d	绕组分布系数
B	磁通密度	K_E	降压系数
B_c	轭部磁密	K_{Fe}	铁心叠装系数
B_t	齿部磁密	K_s	槽满率
B_δ	气隙磁密	K_w	绕组系数
b	宽度	K_y	短距系数(节距系数)
b_t	齿部宽度	L	电感、长度
C	电容、绝缘厚度	l	长度
D	直径、定子铁心内径	M	转矩或额定转矩、互感
D_1	定子铁心外径	m	相数、倍数
d	裸导线直径	N	导体数或每相串联导体总数
d_0	带绝缘导线直径	N_a	副相串联导体总数
E	电动势	N_m	主相串联导体总数
F	磁动势	N_s	每槽导体数
f	频率	n	转速或额定转速、导体并绕根数
H	磁场强度	n_c	同步转速
h	高度	P	功率或额定功率
h_c	轭部高度	P_{Cu}	铜损
h_s	槽高度(深度)	P_{Fe}	铁损

目　录

第一章　电动机绕组基础知识

电动机的绕组是电动机进行电磁能量转换与传递，从而实现将电能转化为机械能的关键部件。绕组是电动机最重要的组成部分，又是电动机最容易出现故障的部分，所以在电动机的修理作业任务中大多属绕组修理。在本章中，主要介绍与电动机绕组有关的若干基础知识。

第一节　电动机绕组的类别

电动机绕组按其结构分可有多种类别，今将数种较常用的分类简介于下：

一、集中式绕组与分布式绕组

1. 集中式绕组

安装在凸形磁极铁心上的绕组，例如直流电动机定子上的主磁极绕组和换向极绕组，是集中式绕组。对于三相电动机而言，如果每相绕组在每个磁极下只占有一个槽，在这种情况下，则也是集中式绕组。

2. 分布式绕组

分散布置于铁心槽内的绕组，例如直流电动机的转子绕组以及三相电动机的定子绕组和转子绕组，都是分布式绕组。

二、短距绕组、整距绕组与长距绕组

1. 短距绕组

绕组的节距小于极距的绕组，叫做短距绕组。短距绕组广泛应用于直流电动机的转子绕组以及三相交流单速电动机的定子绕组。

2. 整距绕组

绕组的节距等于极距的绕组，叫做整距绕组，又称全距绕组或满距绕组。

3. 长距绕组

绕组的节距大于极距的绕组，叫做长距绕组。除了在三相交流单绕组多速电动机中会有长距绕组以外，一般情况下，不用长距绕组。

三、单层绕组、双层绕组与单双层绕组

1. 单层绕组

在铁心槽内仅嵌一层线圈边的绕组，叫单层绕组。单层绕组在 10 千瓦以下的小功率三相电动机以及微型电机中应用较多。

2. 双层绕组

在铁心槽内嵌有上、下两层线圈边的绕组，叫双层绕组。双层绕组广泛应用于直流电动机以及功率在10千瓦以上的三相电动机。

3. 单双层绕组

有少数三相异步电动机,定子铁心的一部分槽中仅嵌入单层线圈边,而在另一部分槽中则嵌有双层线圈边,这种既有单层又有双层的绕组,即单双层绕组。这种绕组是由双层短距绕组演变而来的。

四、整数槽绕组与分数槽绕组

1. 整数槽绕组

三相电动机绕组中,每极每相槽数为整数的叫整数槽绕组。

2. 分数槽绕组

三相电动机绕组中,每极每相槽数为分数的叫分数槽绕组。分数槽仅用于双层绕组。

五、60°相带、30°相带和120°相带绕组

1. 60°相带绕组

相带为60°的绕组称为60°相带绕组。通常单速三相电动机都采用60°相带绕组。

2. 30°相带绕组

在嵌有丫和△两套绕组,丫-△混合连接的三相电动机中,把60°相带一分为二,即形成了30°相带绕组。

3. 120°相带绕组

在单绕组三相多速电动机中,有120°相带绕组。

六、叠绕组与波绕组

1. 叠绕组

在叠绕组中,依次相互连接的绕组元件,在槽外端部依次均匀地逐个相叠,因而得名叠绕组。叠绕组一般应用于直流电动机的电枢,以及三相电动机的定子绕组和容量较小的三相电动机绕线型转子绕组。

2. 波绕组

在波绕组中,绕组元件以波浪形相互连接起来,因而得名波绕组。波绕组通常应用于4极及4极以上的直流电动机的电枢,以及容量较大的三相电动机绕线型转子绕组。

七、笼型与绕线型转子绕组

1. 笼型转子绕组

笼型转子绕组又名鼠笼型转子绕组,笼型转子绕组结构较简单,造价较低,可靠性较高,在三相及单相交流电动机中,笼型转子绕组的应用最为广泛。

2. 绕线型转子绕组

与笼型相比较,绕线型转子绕组的结构较为复杂,造价较高,通常只应用于要求具有较大起动转矩及可有一定调速范围的三相电动机。

八、显极式与庶极式绕组

1. 显极式绕组

显极式绕组的特点为每个线圈组形成一个磁极,线圈组的数目与磁极数相等。

在显极式绕组中，同一相相邻的线圈组应形成异性磁极，故采用“尾—尾”或“首—首”反串连接。图 1-1 为 2 极显极式绕组的示意图，图中表示有两个线圈组，形成 N-S 两个磁极。

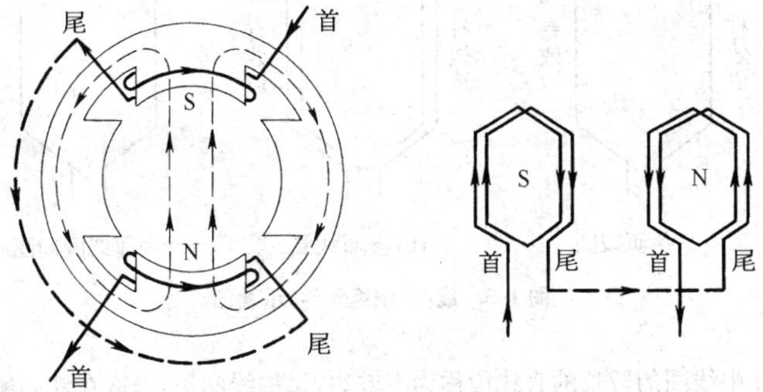

图 1-1　2 极显极式绕组示意图

2. 庶极式绕组

庶极式绕组的特点为每个线圈组形成两个磁极，线圈组的数目为磁极数的一半。在庶极式绕组中，同一相相邻的线圈组应形成同性磁极，故采用“尾—首”或“首—尾”正串连接。图 1-2 为 4 极庶极式绕组的示意图，图中表示有两个线圈组，形成四个磁极。庶极式接法的绕组，在三相单绕组多速电动机中较为常用。

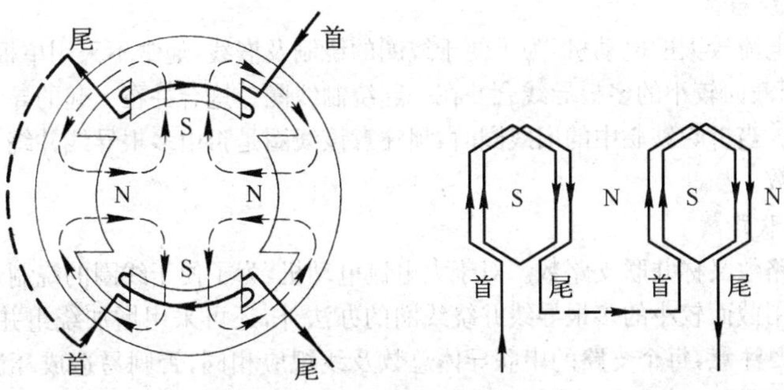

图 1-2　4 极庶极式绕组示意图

第二节　电动机绕组的部分常用名词和术语

一、线圈(绕组元件)、线圈总数

1. 线圈(绕组元件)

电动机绕组是由若干个线圈或线圈组组合而成的，所以线圈又称绕组元件。线圈通常由多匝导线构成，也可由单匝导线构成。图 1-3 为电动机的一种常用线圈的示意图。

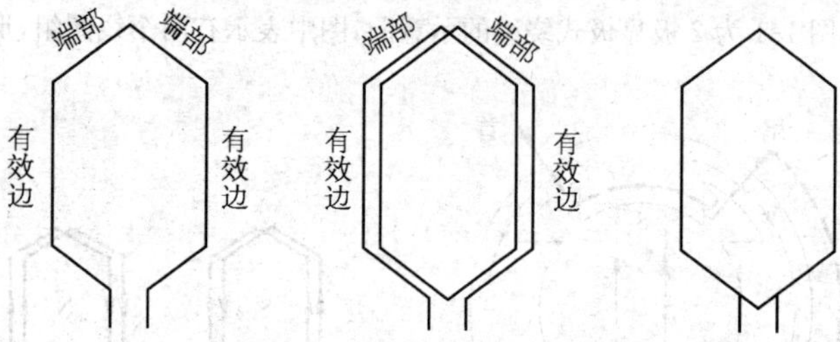

(a) 单匝线圈　　(b) 多匝线圈　　(c) 多匝线圈简图

图 1-3　线圈(绕组元件)示意图

图 1-3 中线圈的较长的直线段称为有效边，又称线圈边，是嵌在铁心槽中起电磁能量转换作用的部分。线圈两端位于槽外的部分称为端部，端部起连接两个有效边的作用。

2. 线圈总数

在单层绕组中，线圈总数等于铁心总槽数的一半；在双层绕组中，线圈总数与铁心总槽数相等。例如 36 槽的铁心，用于单层绕组时，线圈总数为 18，用于双层绕组时，线圈总数为 36。

二、并绕根数、并联路数

1. 并绕根数

对于电流较大的电动机，为了便于线圈的绕制及嵌线，通常不采用单根大截面的导线，而用截面较小的多根导线合并在一起绕制线圈。这合并在一起的导线根数，即并绕根数。当拆除铁心中的旧线圈时，须注意该线圈是否由多根导线并绕，并应弄清其并绕根数。

2. 并联路数

并联路数又称并联支路数。对于大电流电动机，为了便于线圈的绕制及嵌线，除了上述可用截面较小的多根导线并绕线圈的办法外，还可采用增加绕组并联路数的办法。但要注意，每个支路的串联导体总数及线规应相同，否则易造成环流和发热。当绕组修理需要重绕，在拆线时，应弄清楚该绕组的并联支路数。

三、每槽导体数(每槽线数)

每槽导体数又称每槽线数，是指铁心每个槽中所嵌入的导体(导线)根数。对于单层绕组而言，每槽导体数即一只线圈的匝数。对于双层绕组而言，每槽导体数的一半才是一只线圈的匝数。

上面已经提及，在拆除铁心中的旧线圈时，不能忽视线圈的并绕根数。今假设有一个铁心，每槽内可数出的导体数为 48，但经查明该线圈系三根导线并绕，故每槽导体的有效数应是 $\frac{48}{3}=16$ 根，务请注意，不能误解成 48 根。在修理手册中列出的每槽导体数，均是指每槽导体的有效数。

四、磁极对数、同步转速

1. 磁极对数 p

磁极对数简称极对数。电动机绕组通电后所形成的磁极是以 N 极和 S 极成对的形式出现的。在 2 极电动机中，因只有一对磁极，所以极对数 $p=1$；在 4 极电动机中有 2 对磁极，所以 $p=2$。同理，6 极电动机，$p=3$；8 极电动机，$p=4$。

因 p 为磁极对数，则磁极数显然是 $2p$，而且磁极数应是偶数。

2. 同步转速

交流电动机定子绕组通电后所产生的旋转磁场的转速，即该电动机的同步转速。异步电动机转子的实际转速略低于同步转速。同步转速 n_c 的数值与磁极对数 p 以及电源频率 f 的数值密切有关，n_c 的数值由下式确定：

$$n_c=\frac{60f}{p}\ (转/分)$$

交流电源的频率 f 因地区而异，我国大陆地区工业电力网的频率为 50 赫，我国台湾省电力网的频率则为 60 赫。

同步转速与磁极对数和频率的对应关系，见表 1-1。

表 1-1　同步转速与磁极对数和频率的关系

磁极数	磁极对数	同步转速(转/分)	
		50 赫	60 赫
2	1	3 000	3 600
4	2	1 500	1 800
6	3	1 000	1 200
8	4	750	900
10	5	600	720
12	6	500	600

五、机械角度、电角度与槽电角度

1. 机械角度与电角度

按照几何学的方法，把一个圆周划分为 360 个等分，其中每一等分即 1 度，共 360 度。这样划分的角度称为机械角度或几何角度。在电动机中，把一对磁极在铁心圆周上所占有的区间定为 360°电角度。电角度与机械角度的关系可用下式计算：

$$电角度=极对数\times 360^\circ$$

或

$$电角度=极数\times 180^\circ$$

各种极数的电动机，其铁心圆周电角度见表 1-2。

表 1-2 各种极数电动机的电角度

极　数	2	4	6	8	10	12
极对数	1	2	3	4	5	6
电角度	360°	720°	1 080°	1 440°	1 800°	2 160°
机械角度	360°					

2. 槽电角度 α

电动机铁心每槽占有的电角度称为槽电角度。槽电角度 α 可用下式计算：

$$\alpha=\frac{p\times 360^\circ}{Z}=\frac{2p\times 180^\circ}{Z}$$

式中　p——极对数；

Z——铁心槽数。

六、极距、节距

1. 极距 τ

极距 τ 是指电动机每个磁极沿气隙圆周表面所占的距离。τ 有槽数和长度两种表示方法，在修理手册中，τ 通常用槽数表示。

(1) 用槽数表示

$$\tau=\frac{Z}{2p}\ (\text{槽})$$

式中　Z——对于电动机定子的 τ，Z 是定子槽数，对于电动机转子的 τ，Z 是转子槽数；

p——磁极对数。

(2) 用长度表示

$$\tau=\frac{\pi D}{2p}\ (\text{厘米})$$

式中　D——交流电动机定子内径，直流电动机转子外径(厘米)。

2. 节距 y

节距又称跨距，节距 y 的数值以槽数表示，是指一个线圈的两条有效边之间所跨占的槽数，例如：$y=8$(槽)，习惯上以(1—9)槽的方式表示，即线圈的一条边嵌于第1槽，另一条边嵌于第9槽，两条边所在两条槽的中心线间的距离为8槽(第1槽和第9槽各算半槽)。

当线圈节距 $y=\tau$ 时，称为整距绕组，又称全距绕组；当 $y<\tau$ 时，称为短距绕组；$y>\tau$ 时，称为长距绕组。

直流电动机电枢绕组(转子绕组)的节距较交流电动机定子的节距复杂，有第一节距、第二节距、合成节距和换向器节距等多种节距，在修理手册中列出的直流电动机电枢绕组的节距，如无附加说明，则和交流电动机一样，也是指一个线圈两条有效边之间所跨占的槽数。

七、每极每相槽数

每极每相槽数 q，是交流电动机每相绕组在每个磁极下所占的槽数，其值可用下式计算：

$$q=\frac{Z}{2pm}$$

式中 Z——定子(或转子)槽数；

p——磁极对数；

m——相数。

对于三相电动机而言，可得每极每相槽数 $q=\frac{Z}{6p}$。

q 可为整数亦可为分数，例如：

① $Z=54$, $m=3$, $2p=6$，得：$q=\frac{Z}{2pm}=\frac{54}{6\times3}=3$，为整数。

② $Z=54$, $m=3$, $2p=8$，则得：$q=\frac{Z}{2pm}=\frac{54}{8\times3}=2\frac{1}{4}$，为分数。

q 是整数时称为整数槽绕组，q 是分数时称为分数槽绕组。中小型三相电动机，大多为整数槽绕组(通常 $q=2\sim7$)，仅在某些场合下，例如上述 6 极和 8 极两种电动机为通用同一种铁心冲片，而使 8 极电动机采用分数槽绕组。但有时也会有刻意为某种电机设计并采用分数槽(双层)绕组，这主要是由于这种绕组能在一定程度上削弱谐波磁势。

若 $q=1$，即每个极下每相绕组只占一个槽时，就成为集中式绕组。当 $q>1$，就称为分布式绕组。

八、极相组(线圈组)

对于三相交流电动机，把属于同一相并形成同一磁极的线圈(一个线圈或多个线圈)定为一组，称之为极相组，又称线圈组，习惯上又称"联"。

在显极式绕组中，每相的极相组(线圈组)的组数等于极数($2p$)；在庶极式绕组中，每相的极相组(线圈组)的组数等于极对数(p)。

九、相带

从广义上看，三相电动机绕组的相带，可理解为：在槽电势矢量星形图上，同一相的全部槽电势矢量(负相号已归入正相号)所占区间的电角度叫做相带。例如在图 1-10 所示的三相 4 极 36 槽电势矢量图上，因 $\alpha=20^\circ$，所以相带为 $20^\circ\times3=60^\circ$。三相单速电动机绕组，通常均为 60°相带(此数值，即每极每相槽数 q 所占区间的电角度)。对于Y-△混合连接的单速电动机绕组，其相带则为 30°。对于单绕组多速电动机，除 60°相带外，还会出现 120°相带和 180°相带。

第三节　分布系数、短距系数和绕组系数的含义及计算

一、分布系数 K_d

分布式绕组较之集中式绕组，能充分利用空间位置，并有利于散热，还可削弱谐

波磁场优化电动机性能；但另一方面，一相所属全部导体基波的合成电势有所减小，分布系数 K_d 即反映其减小的程度。K_d 的含义可用下式表示：

$$K_d = \frac{\text{一相所属全部槽电势的矢量和}}{\text{一相所属全部槽电势的算术和}}$$

整数槽绕组基波的分布系数 K_d 的值可用下式计算：

$$K_d = \frac{\sin\dfrac{q\alpha}{2}}{q\sin\dfrac{\alpha}{2}}$$

式中　q——每极每相槽数；

　　α——槽电角度。

对于广泛应用的三相 60°相带整数槽绕组，其基波分布系数 K_d 的值可用下式计算：

$$K_d = \frac{0.5}{q\sin\dfrac{30^\circ}{q}}$$

计算所得的 K_d 值应小于 1，但如果对集中式绕组而言，因 $q=1$，所以 $K_d=1$。

【例 1-1】 试计算三相 4 极 36 槽定子绕组（基波）的分布系数 K_d。

【解】 $q = \dfrac{Z}{2p\times 3} = \dfrac{36}{4\times 3} = 3$

$$\alpha = \frac{2p\times 180^\circ}{Z} = \frac{4\times 180^\circ}{36} = 20^\circ$$

$$K_d = \frac{\sin\dfrac{3\times 20^\circ}{2}}{3\sin\dfrac{20^\circ}{2}} = \frac{\sin 30^\circ}{3\sin 10^\circ} = \frac{0.5}{3\times 0.1736} = 0.96$$

分布系数 K_d 的值，还可以从槽电势矢量图上求出，方法是：将一相所含全部槽电势矢量，用投影和三角函数计算出矢量和，然后除以这些槽电势矢量的算术和，即得分布系数 K_d。

【例 1-2】 三相 4 极 36 槽绕组，试利用槽电势矢量图，求分布系数 K_d。

【解】 先按图 1-9 和图 1-10 所示，绘出 U 相全部槽电势矢量（负向已归到正向），见图 1-4。

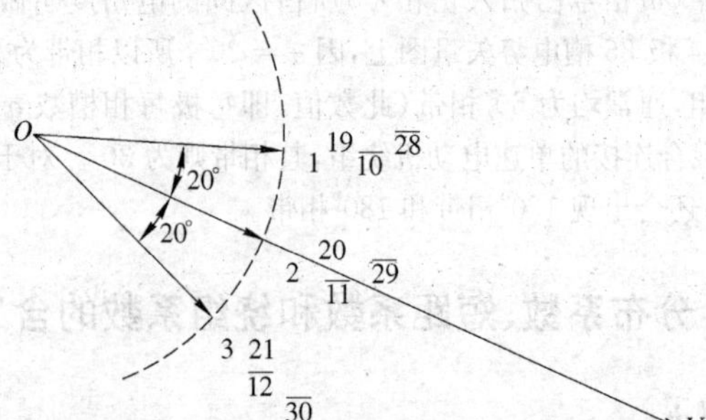

图 1-4　U 相全部槽电势矢量（三相 4 极 36 槽）

为简便起见,假设每根槽矢量的长度为1,由图1-4可见,共有三个方向的矢量。每个方向上含有四个槽矢量,故每个方向合成长度应是4。于是U相三个方向上全部矢量在OU轴线上的投影的和,即矢量和OU,其值为

$$OU = 4\cos 0^\circ + 4\cos 20^\circ + 4\cos 20^\circ = 11.518$$

因三个方向上12个槽矢量的算术和为12,故得

$$K_d = \frac{11.518}{12} = 0.96$$

与例1-1中的计算结果完全一致。利用槽电势矢量图求分布系数的方法,可应用于任何绕组,无局限性。

表1-3为三相60°相带整数槽绕组基波的分布系数K_d的值。

表1-3　三相绕组的分布系数K_d

每极每相槽数q	1	2	3	4	5	6	7	8	9
分布系数K_d(60°相带,$q=$整数)	1.000	0.966	0.960	0.958	0.957	0.956	0.956	0.956	0.955

二、短距系数K_y

短距系数又称节距系数。短距绕组较之整距绕组,能显著削弱谐波磁场优化电动机性能,并可使线圈端部长度缩短,节省铜线;但另一方面,采用短距后,线圈内基波合成电势因而也有所减小,短距系数K_y即反映其减小的程度。K_y的含义可用下式表示:

$$K_y = \frac{\text{短距线圈合成电势}}{\text{整距线圈合成电势}}$$

基波的K_y值可用下式计算:

$$K_y = \sin\left(\frac{y}{\tau}\cdot\frac{\pi}{2}\right) = \sin\left(\frac{y}{\tau}90^\circ\right)$$

或

$$K_y = \cos\frac{\gamma}{2}$$

式中　γ——表示线圈节距y较极距τ小(或大)γ度电角度(注:极距τ的电角度为180°)。

计算所得的K_y值应小于1,但对整距绕组而言,因$y=\tau$,故得$K_y=\sin\frac{\pi}{2}=1$。

要注意,对于常用的三相单层绕组,形式上虽可由短距线圈构成,但电磁本质上是整距绕组,故其$K_y=1$。

表1-4为三相绕组基波的短距系数K_y。

表 1-4　绕组的短距系数 K_y

节距	极	距	τ	（槽		数）								
y	24	21	18	16	15	14	13	12	11	10	9	8	7	6
1—25	1.000													
1—24	0.998													
1—23	0.991													
1—22	0.981	1.000												
1—21	0.966	0.997												
1—20	0.947	0.989												
1—19	0.924	0.975	1.000											
1—18	0.897	0.956	0.996											
1—17	0.866	0.931	0.985	1.000										
1—16	0.832	0.901	0.966	0.995	1.000									
1—15	0.793	0.866	0.940	0.981	0.995	1.000								
1—14	0.752	0.826	0.906	0.956	0.978	0.994	1.000							
1—13	0.707	0.782	0.866	0.924	0.951	0.975	0.993	1.000						
1—12		0.733	0.819	0.882	0.914	0.944	0.971	0.991	1.000					
1—11		0.680	0.766	0.831	0.866	0.901	0.935	0.966	0.990	1.000				
1—10			0.707	0.773	0.809	0.847	0.884	0.924	0.960	0.988	1.000			
1—9				0.707	0.743	0.782	0.833	0.866	0.910	0.951	0.985	1.000		
1—8					0.669	0.707	0.749	0.793	0.841	0.891	0.940	0.981	1.000	
1—7							0.663	0.707	0.756	0.809	0.866	0.924	0.975	1.000
1—6								0.609	0.655	0.707	0.766	0.831	0.901	0.966
1—5										0.588	0.643	0.707	0.782	0.866
1—4												0.556	0.623	0.707

三、绕组系数 K_w

绕组系数 K_w 是分布系数 K_d 和短距系数 K_y 的乘积，即：

$$K_w = K_d \cdot K_y$$

绕组系数 K_w 的含义可用下式表示：

$$K_w = \frac{\text{分布式短距绕组每相合成电势}}{\text{集中式整距绕组每相合成电势}}$$

对于常用的三相单层绕组，因短距系数 $K_y = 1$，故 $K_w = K_d$。

关于分数槽双层绕组和单双层绕组，绕组系数的计算，参见第三章第三节和第四节。

第四节　绕组展开图和简化接线图

一、绕组展开图

绕组展开图是表示绕组结构的较常用的方法，今以一台三相 4 极电动机为例，见图 1-5。

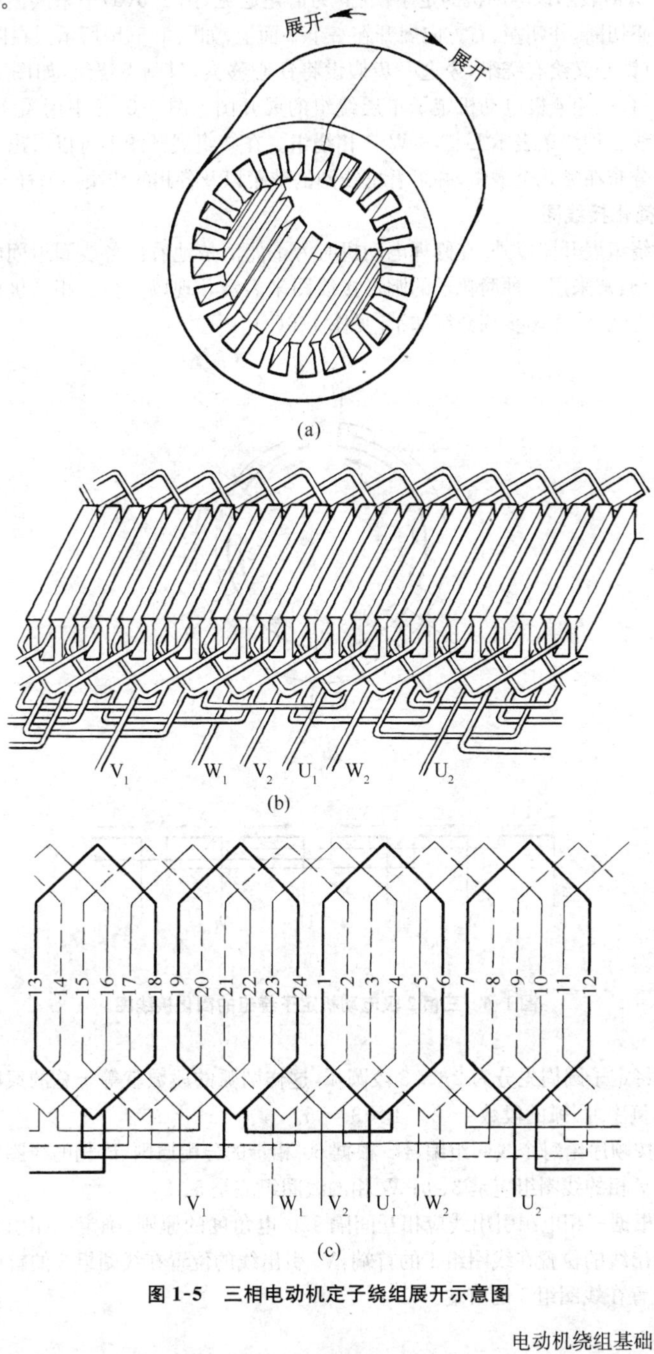

图 1-5　三相电动机定子绕组展开示意图

图 1-5(a)表示该电动机的定子铁心[为清楚起见,图 1-5(a)中未绘出绕组],今假设将铁心切断,并朝左、右方向展开在一个平面上,如图 1-5(b)所示。在图 1-5(b)中,既绘有铁心又绘有绕组,今进一步假设将铁心移去,只剩下绕组,如图 1-5(c)所示,即是一台三相 4 极电动机定子单层绕组的展开图。图 1-5(c)中用粗实线、细实线和细虚线三种线条表示 U、V、W 三相绕组。在绕组展开图上可以看出三相中任一相线圈分布在哪几个槽中,并可看出线圈的节距以及各相的线圈是怎样连接的。

二、简化接线图

除了绕组展开图以外,在修理电动机时为了能清楚地看出各线圈组间的连接方式,习惯上通常采用一种简化了的圆形接线图来表示。现以一台三相 2 极电动机显极式绕组为例,将作图步骤介绍如下[见图 1-6(a)]:

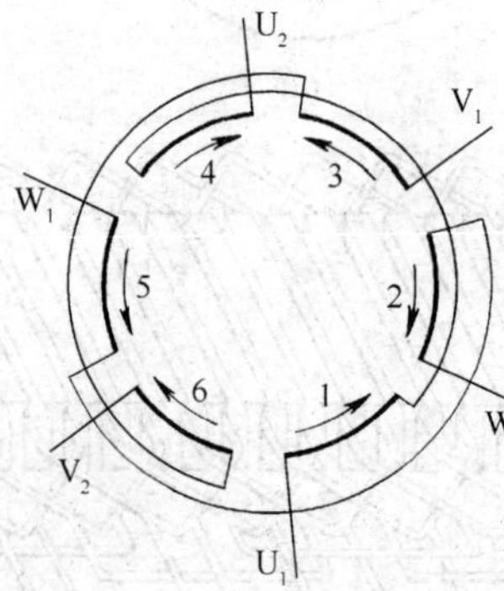

(a)

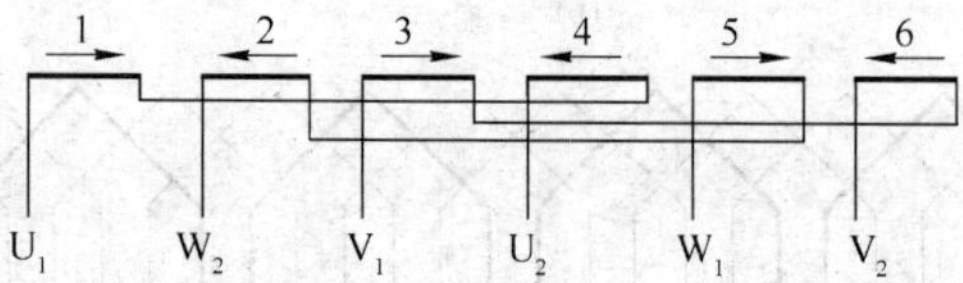

(b)

图 1-6 三相 2 极电动机定子绕组的简化接线图

(1) 将定子圆周先分为 $2p\times3$ 段圆弧,这样圆弧的段数就等于总的线圈组的组数。在本例中,圆弧的段数 $=2\times1\times3=6$。

(2) 按顺序给每个线圈组编号。根据 60°相带的分配原则,U 相的线圈组编号应是 1、4;V 相的线圈组应是 3、6;W 相的线圈组应是 5、2。

(3) 根据三相电源引出线应相互间隔 120°电角度的原则,确定三相引出线的位置:U_1 引出线的位置在线圈组 1 的首端,V_1 引出线的位置在线圈组 3 的首端,W_1 引出线的位置在线圈组 5 的首端。

(4) 根据显极式绕组同相相邻线圈组应产生异性极的要求，所以采用“尾—尾”或“首—首”反串接法。将线圈组 1 的尾端和线圈组 4 的尾端连接，线圈组 4 的首端为 U_2。将线圈组 3 的尾端和线圈组 6 的尾端连接，线圈组 6 的首端为 V_2。将线圈组 5 的尾端和线圈组 2 的尾端连接，线圈组 2 的首端为 W_2。

图 1-6(b) 可理解为是图 1-6(a) 的展开图，与图 1-6(a) 相比，图 1-6(b) 更为简化。

图 1-6(a) 和图 1-6(b) 中的箭号，表示电流由各相绕组首端流入，尾端流出的电流方向。由图可见，相邻线圈组间的电流方向是相反的。

图 1-7 为三相 4 极电动机定子绕组的简化接线图。

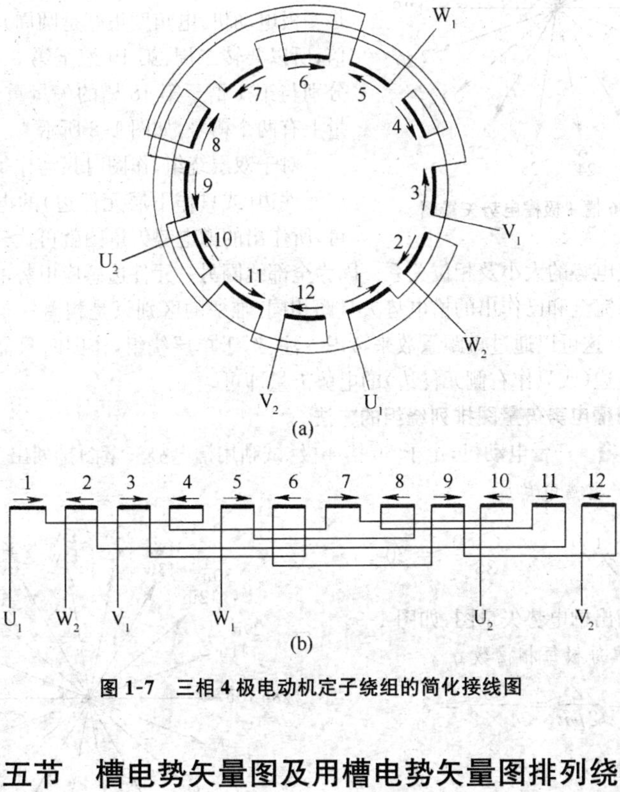

图 1-7　三相 4 极电动机定子绕组的简化接线图

第五节　槽电势矢量图及用槽电势矢量图排列绕组

绕组在铁心槽内的排列和连接均有一定的规律，槽电动势矢量星形图（简称槽电势矢量图）可以帮助我们分析并排列出所需要的绕组。

一、槽电势矢量图的画法

【例 1-3】　今以三相 4 极 36 槽电动机为例，介绍槽电势矢量星形图的画法。

① 计算每槽的电角度 α：

$$\alpha=\frac{\text{极数}\times180^{\circ}}{\text{槽数}}=\frac{2p\times180^{\circ}}{Z}=\frac{4\times180^{\circ}}{36}=20^{\circ}$$

② 在纸上水平线的右方，作出第一根矢量，此后每隔 20°作一矢量（在槽电势矢量星形图上，电角度用几何角度表示），在一个圆周内共作出 $\frac{360^{\circ}}{20^{\circ}}=18$ 根矢量，见图 1-8。

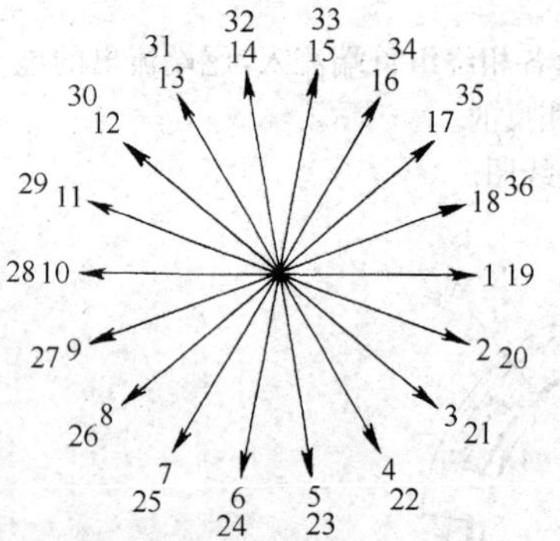

图 1-8　36 槽 4 极槽电势矢量图

③ 把水平右方第 1 根矢量作为基准 0°初相角，并由此按顺时针方向分别标出槽矢量号 1、2、3、…、18，依次落后一个 α 电角度。因是 4 极电动机，电角度正好是圆周几何角的两倍，所以要转二周，第 19 槽至第 36 槽的矢量分别与第 1 槽至第 18 槽的矢量重合，每根矢量上有两个槽号，如图 1-8 所示。

对于双层绕组，作图时只需作每个线圈上层元件边（或只作下层元件边）的电势矢量即可，所作出的槽电势矢量图就可代表电动机全部线圈感应电势的大小及相位关系。因为全部线圈另一元件边感应电势的大小及相对相位关系完全和已作出的槽电势矢量图相同，唯一的区别只是相差一个节距所决定的电角度，这可以通过短距系数来考虑。注：对于单层绕组，作图时只需作每个线圈左侧元件边（或只作右侧元件边）的电势矢量即可。

二、用槽电势矢量图排列绕组的方法

【例 1-4】　一台电动机，定子 36 槽 4 极，试利用槽电势矢量图排列出三相绕组。

1. 计算出槽电角度

$$\alpha=\frac{2p\times180^{\circ}}{Z}=\frac{4\times180^{\circ}}{36}=20^{\circ}。$$

再根据 α 画出槽电势矢量图，如图 1-9。

2. 计算每极每相槽数 q

$$q=\frac{Z}{2pm}=\frac{36}{4\times3}=3$$

3. 排出 U 相绕组

① 任意取相邻的三个槽为 U 相在第一极下的槽，例如取 1、2、3 槽，并在矢量图的槽号 1、2、3 旁标上相号“U”。

② 由于相邻的两极是异性极，U 相在第二极下的各槽电势与第一极下各对

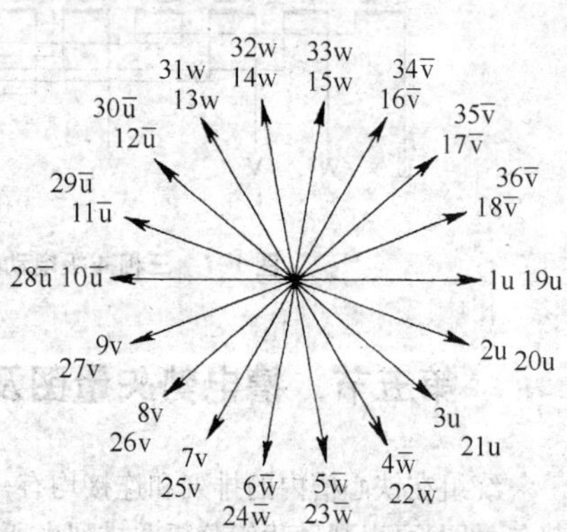

图 1-9　三相 36 槽 4 极槽电势矢量图

$Z=36,\ 2p=4,\ \alpha=20^{\circ}$

应槽的电势，在相位上应相差 180°电角度，所以从电势矢量图上可知 U 相第二极下的槽应是 10、11、12 三槽，标上相号并标以负号，负号意思是此三槽内线圈产生的磁极相对于前一极为异性，在连接时此三槽内线圈电流的方向应和前三槽反向。

③ 同理，U 相在第三极和第四极下所占的槽分别是 19、20、21 和 28、29、30，分别标上相号，且 28、29、30 三槽也应标以负号。

4. 排出 V 相绕组

V 相绕组排法完全和 U 相相同，只是在取第一极下起始的三个槽时，应确保和 U 相起始三槽在相位上相差 120°电角度。本例中，U 相起始三槽为 1、2、3，因槽电角度 $\alpha = 20°$，所以 V 相起始三槽应是 7、8、9 槽。V 相在第二、三、四极所占槽号分别是 16、17、18，25、26、27，34、35、36，其中 16、17、18 和 34、35、36 六槽取负号。

5. 排出 W 相绕组

W 相起始三槽和 V 相起始三槽相位上也应相差 120°电角度，因此是 13、14、15 三槽，W 相在第二、三、四极所占的槽号分别是 4、5、6，31、32、33，22、23、24，其中 4、5、6 和 22、23、24 六槽取负号。

排出的三相绕组标有 U、V、W 和 $\overline{U}$、$\overline{V}$、$\overline{W}$相号的槽电势矢量图，见图 1-9。

6. 检查三相绕组是否对称

① 把同一相所有槽电势矢量集中起来，其中相号为负的可把它作为正的归到与其反向的槽电势矢量上去，并在其槽号上标以负号。用矢量加法把同一相全部槽电势矢量加起来，即可得出 U、V、W 三相的三个相矢量，如图 1-10 所示。

② 从图 1-10 可见，U、V、W 三个相矢量的大小是相等的，并在相位上互差 120°电角度，因而可构成对称三相绕组。

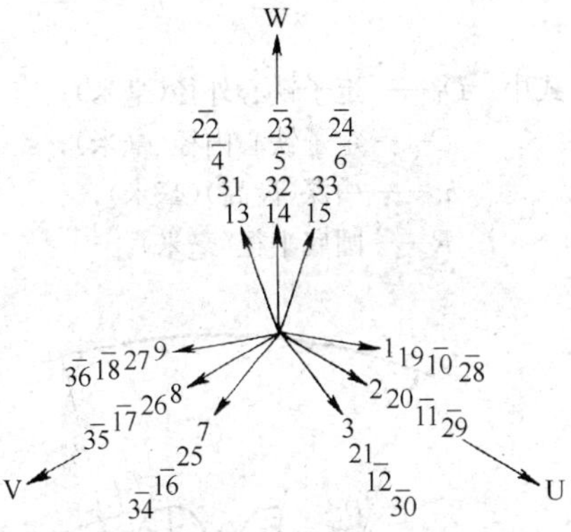

图 1-10 三相 36 槽 4 极绕组的相矢量图

7. 作绕组排列表

从图 1-9，可作出该绕组的排列表，见表 1-5。

表 1-5 三相 4 极 36 槽绕组排列表

槽 号	1	2	3	4	5	6	7	8	9	10	11	12
相 号	u	u	u	$\overline{w}$	$\overline{w}$	$\overline{w}$	v	v	v	$\overline{u}$	$\overline{u}$	$\overline{u}$
槽 号	13	14	15	16	17	18	19	20	21	22	23	24
相 号	w	w	w	$\overline{v}$	$\overline{v}$	$\overline{v}$	u	u	u	$\overline{w}$	$\overline{w}$	$\overline{w}$

（续表）

槽　号	25	26	27	28	29	30	31	32	33	34	35	36
相　号	v	v	v	$\bar{u}$	$\bar{u}$	$\bar{u}$	w	w	w	$\bar{v}$	$\bar{v}$	$\bar{v}$

根据图 1-9 和表 1-5，就不难绘出该绕组的展开图。

第六节　轭高、齿宽、齿距、槽面积和槽满率的计算

修理电动机绕组，有时需要对铁心的轭高、齿宽、齿距和槽的面积进行计算，今以交流电动机的定子铁心为例，介绍如下（见图 1-11）。

一、轭高 h_c

对于图 1-11(a)圆底槽

$$h_c=\frac{D_1-D}{2}-h_s+\frac{1}{3}R\ (\text{毫米})$$

对于图 1-11(b)平底槽

$$h_c=\frac{D_1-D}{2}-h_s\ (\text{毫米})$$

式中　D_1——定子铁心外径（毫米）；
　　D——定子铁心内径（毫米）；
　　h_s——槽深（齿高）（毫米）；
　　R——圆底半径（毫米）。

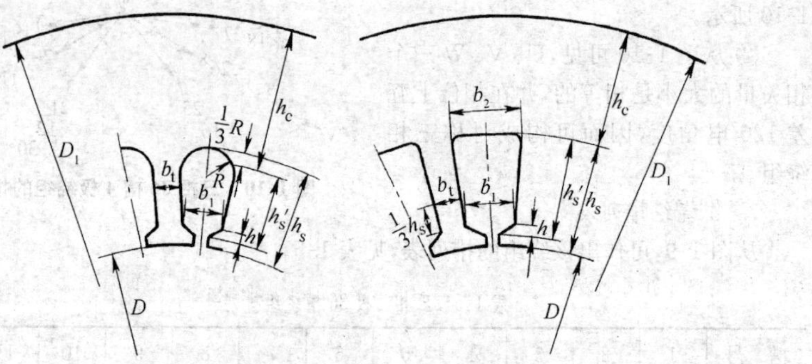

图 1-11　定子铁心的轭高、齿和槽形尺寸

二、齿宽 b_t

对于图 1-11(a)所示的平行齿，齿宽 b_t 取平行线段间的实际宽度。

对于图 1-11(b)所示的非平行齿，取距离最窄端$\frac{1}{3}$齿高处的宽度作为 b_t 的计算值。

三、齿距 t

齿距 t 表示相邻两齿之间的距离，由于铁心齿数等于槽数，所以

$$t=\frac{\pi D}{Z}\ (\text{毫米})$$

式中 D——定子铁心内径(毫米)；

Z——定子铁心槽数。

四、槽截面积 A_s、槽绝缘所占面积 A_i 及槽有效面积 A_w

1. 对于图 1-11(a)圆底槽

$$A_s=\frac{2R+b_1}{2}(h_s'-h)+\frac{\pi R^2}{2}\ (\text{毫米}^2)$$

单层绕组　$A_i=c(2h_s'+\pi R+b_1)$ (毫米^2)

双层绕组　$A_i=c(2h_s'+\pi R+2R+b_1)$ (毫米^2)

2. 对于图 1-11(b)平底槽

$$A_s=\frac{b_1+b_2}{2}(h_s'-h)\ (\text{毫米}^2)$$

单层绕组　$A_i=c(2h_s'+b_2+b_1)$ (毫米^2)

双层绕组　$A_i=c(2h_s'+2b_2+b_1)$ (毫米^2)

式中，c 为槽绝缘的厚度，其参考值见表 1-6。

槽有效面积

$$A_w=A_s-A_i$$

表 1-6　槽绝缘厚度 c 的参考值

JO2 系列(E 级绝缘)				Y 系列(B 级绝缘)			
机座号	1～3	4～6	7～9	中心高(毫米)	80～112	132～180	200～280
厚度 c(毫米)	0.25～0.35	0.35～0.40	0.40～0.45	厚度 c(毫米)	0.25～0.30	0.30～0.35	0.35～0.40

五、槽满率 K_s

槽满率 K_s 反映槽内导体松紧的程度，K_s 可定义为

$$K_s = \frac{\text{槽内带绝缘的导线所占面积}}{\text{槽有效面积}}$$

对于圆导线而言：

$$K_s = \frac{N_s n d_0^2}{A_w} = \frac{N_s n d_0^2}{A_s - A_i}$$

式中 N_s——每槽导体数；

n——并绕根数；

d_0——带绝缘导线直径(毫米)；

A_w——槽有效面积，$A_w = A_s - A_i$（毫米^2）

K_s 为小于 1 的数，对于圆导线而言，一般在 0.65～0.80 范围内。槽满率若取得过低嵌线容易，但槽面积未充分利用；槽满率若过高，嵌线难度增大，且嵌线时易使导线的绝缘受损，导致发生短路故障。

第七节　绕组的线端标志

绕组的线端标志，通常又称线端标记、线端符号或代号。表 1-7 为常用三相及单相交流电动机绕组的线端标志，表 1-8 为直流电动机绕组的线端标志。

表 1-7　交流电动机绕组的线端标志

绕组名称		现今采用		曾经采用	
		始端	末端	始端	末端
三相定子绕组（六个线端）	第一相	U_1	U_2	D_1	D_4
	第二相	V_1	V_2	D_2	D_5
	第三相	W_1	W_2	D_3	D_6
三相定子绕组（三个线端）	第一相	U		D_1	
	第二相	V		D_2	
	第三相	W		D_3	
绕线型转子绕组	第一相	K		Z_1	
	第二相	L		Z_2	
	第三相	M		Z_3	
单相电动机绕组	主绕组	U_1	U_2	D_1	D_2
	辅助绕组	Z_1	Z_2	K_1	K_2

注：表中现今采用的标志，根据 GB 1971—80。

表 1-8 直流电动机绕组的线端标志

绕组名称	现今采用		曾经采用	
	始端	末端	始端	末端
电枢绕组	A_1	A_2	S_1	S_2
换向绕组	B_1	B_2	H_1	H_2
串励绕组	D_1	D_2	C_1	C_2
并励绕组	E_1	E_2	B_1	B_2
			F_1	F_2
他励绕组	F_1	F_2	T_1	T_2
			W_1	W_2
补偿绕组	C_1	C_2	BC_1	BC_2
			B_1	B_2

注：表中现今采用的标志，根据 GB 1971—80。

第二章　直流电动机绕组

第一节　直流电动机绕组概述

直流电动机的绕组可区分为转子绕组和定子绕组两个部分。转子绕组又称电枢绕组。定子绕组包括主磁极绕组(励磁绕组)和换向极绕组。各绕组在电动机中所处

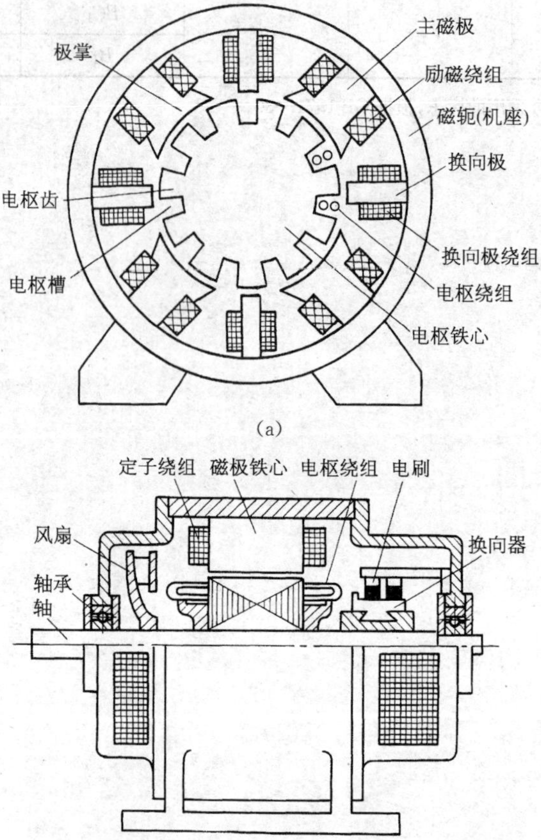

图 2-1　直流电动机结构示意图

的位置如图 2-1 所示，对于容量较大、负荷变化很剧烈的电动机，在主磁极极掌的槽内，还嵌有补偿绕组。

按照励磁方式的不同，直流电动机可分为并励（或他励）、串励和复励三种。并励电动机中，励磁绕组与电枢并联（他励时，励磁绕组由其他电源供电）；串励电动机中，励磁绕组与电枢绕组串联；复励电动机中，串励和并励两者兼有。换向极绕组（以及补偿绕组）不管何种励磁方式，均与电枢绕组串联。图 2-2 为直流电动机绕组接线原理图。

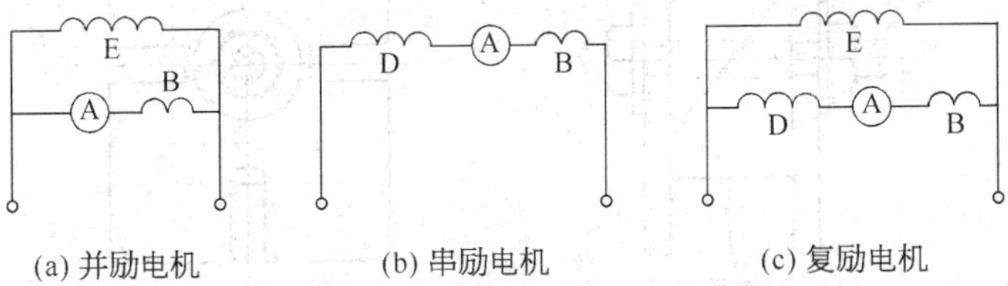

图 2-2 直流电动机绕组接线原理图

A—电枢；D—串励绕组；B—换向极绕组；E—并励绕组

第二节 定子绕组

一、主磁极绕组

1. 并励（或他励）绕组

并励绕组匝数较多，在小型电动机中，多者有几千匝，少者一般也有几百匝；导线大多采用高强度漆包圆铜线，在手动或电动绕线机上绕制。

2. 串励绕组

串励绕组匝数较少，容量很小的电动机，其串励绕组也用绝缘圆导线绕制，有些复励小型直流电动机的串励绕组直接绕在并励绕组的表面，这时在串励和并励绕组之间应有绝缘隔离，以免串励、并励两绕组间发生短路。

串励绕组大多采用绝缘扁铜线绕制。绕制时，最好将绕组的首端和尾端都放置在绕组外表面的一层内，如图 2-3 所示。图中串励绕组（线圈）共 28 匝，分为四层，每层 7 匝。开始绕时，先取出 4 匝的总长度，把图中所示第 4、3、2、1 共 4 匝反向绕在线模上，将首端线头扎牢，然后顺向绕第一层的 5 至 10 匝，第二层的 11 至 16 匝，第三层的 17 至 22 匝，第四层的 23 至 28 匝。

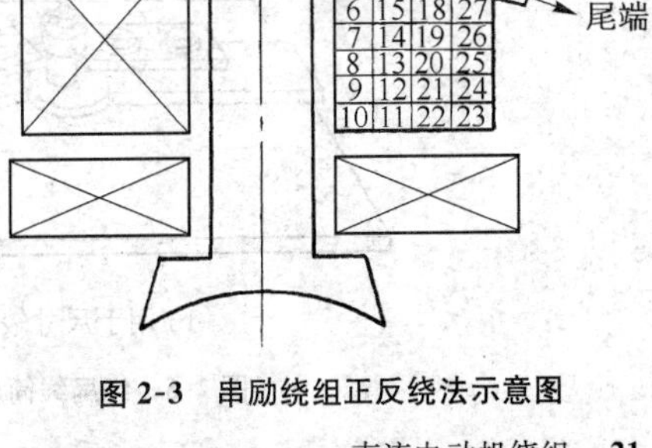

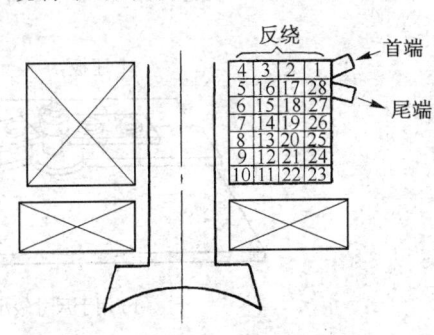

图 2-3 串励绕组正反绕法示意图

3. 绕线模具

主磁极绕组重绕时，也需先制作

绕线模具，较常用的线模是由斜分为二半的模心和挡板所构成，如图 2-4 所示，线模的尺寸可从原有旧线圈量取，或根据主磁极铁心的尺寸并顾及绝缘层厚度、安装间隙等因素来确定。

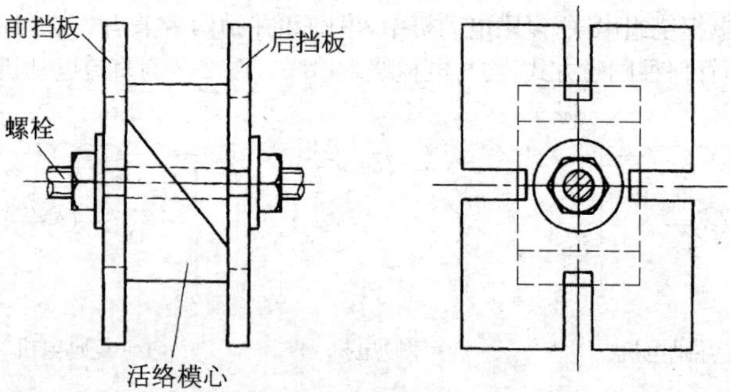

图 2-4　主磁极绕组的绕线模

串励绕组采用裸铜扁线立绕（侧绕）时，需要使用专用绕制工具。图 2-5 所示为一种简易专用工具的示意图。绕制顺序如下：

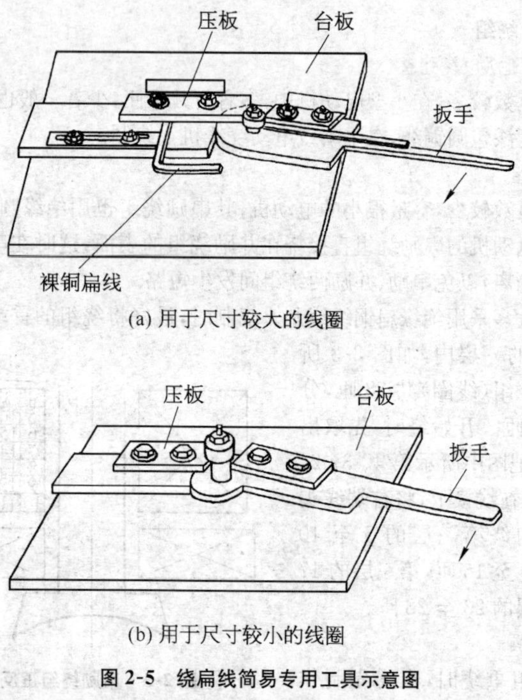

(a) 用于尺寸较大的线圈

(b) 用于尺寸较小的线圈

图 2-5　绕扁线简易专用工具示意图

① 先将裸铜扁线退火软化处理(加热至 600 ℃,在该温度下经 1～2 小时后,投入冷水中速冷)。

② 在专用工具上,校正扁线转角尺寸后,将线圈首端用压板压紧,利用扳手把扁线侧弯 90°成直角。

③ 松开压板,把扁线平移至预定尺寸的位置,再用压板压紧,扳动扳手,弯出第二个直角。

④ 依此绕完最后一匝。

二、换向极绕组

换向极是为改善换向而设,因而得名换向极,又称附加极。当主磁极极数 $2p \geqslant 4$ 时,换向极极数通常与主磁极极数相等;当主磁极极数 $2p = 2$ 时,对于小型直流电动机,通常只设置 1 个换向极(例如 Z_2 和 Z_3 系列 1～3 号机座),对于微型电动机,一般不设置换向极。

根据电动机额定电流的大小,换向极绕组采用的导线,通常有绝缘圆铜线、扁铜线和裸铜扁线。绝缘圆导线和扁导线的绕法与主磁极绕组大体相同。手工侧绕裸铜扁线时,可参考图 2-6 所示,其步骤为:

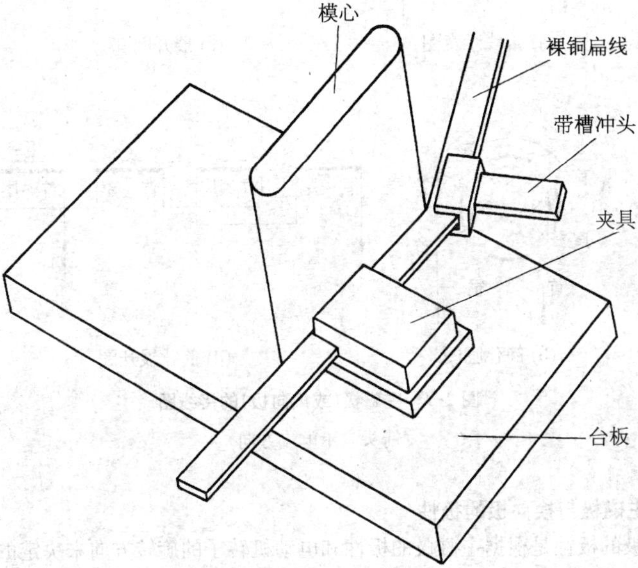

图 2-6　换向极裸铜扁线手工绕法示意图

① 在台板(铁板)上固定一个与换向极绕组内孔尺寸相匹配的铁模心。

② 将线端用夹具固定在台板上。

③ 在弯圆弧处,用喷灯或氧乙炔火焰将扁线加热至暗红色,随即用铁锤及带槽

冲头将扁线沿模心圆弧侧弯(立弯)180°。

④ 依此绕完所需匝数。

三、定子绕组的接线

直流电动机相邻主磁极线圈之间(或相邻换向极线圈之间),采用“首接首、尾接尾”的接法,即“反串”接法,使相邻主磁极之间(或相邻换向极之间),产生相反的极性,如图 2-7 所示。对于复励电动机,同一主磁极上的串励线圈与并励(或他励)线圈,通常应产生相同的极性,即磁力线的方向是相同的。

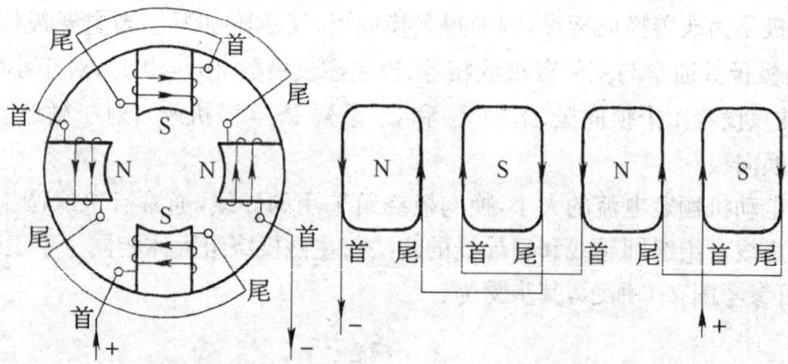

(a) 接线示意图　　(c) 展开图

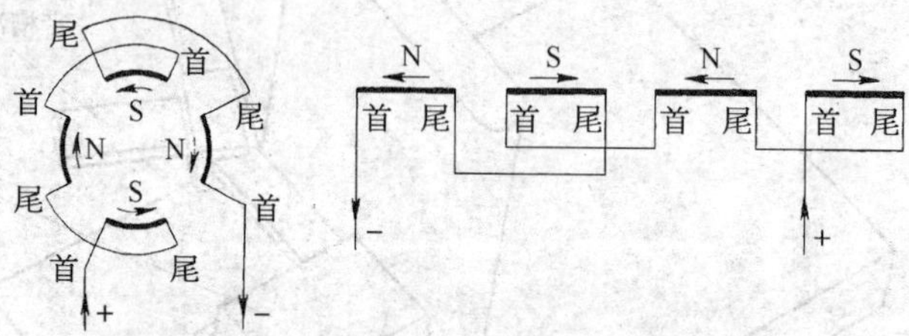

(b) 简化圆图　　(d) 简化展开图

图 2-7　主磁极(或换向极)的接线图

(箭头表示电流方向)

四、主磁极与换向极的极性

换向极的极性是根据主磁极的极性和电动机转子的旋转方向来决定的。对于直流电动机,顺着转子的旋转方向,主磁极和换向极的极性应如图 2-8 所示的排列,即

$$\mathrm{N}\text{—}_{\mathrm{N}}\text{—}\mathrm{S}\text{—}_{\mathrm{S}}$$

也可表达为

$$\mathrm{S}\text{—}_{\mathrm{S}}\text{—}\mathrm{N}\text{—}_{\mathrm{N}}$$

其中:大号字 N 和 S 为主磁极的极性,小号字 N 和 S 为换向极的极性。

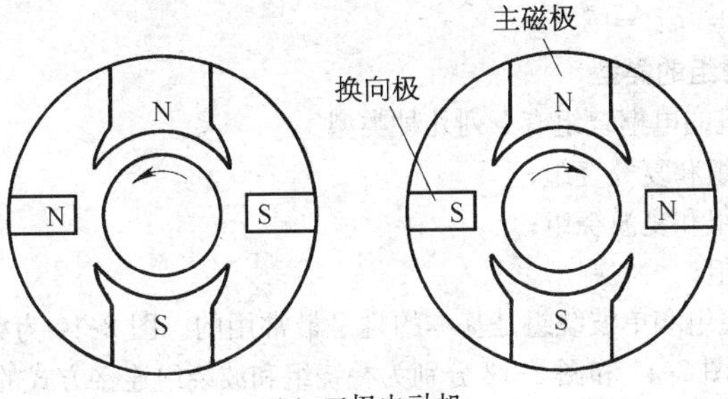

(a) 二极电动机
(通常只安装一个换向极)

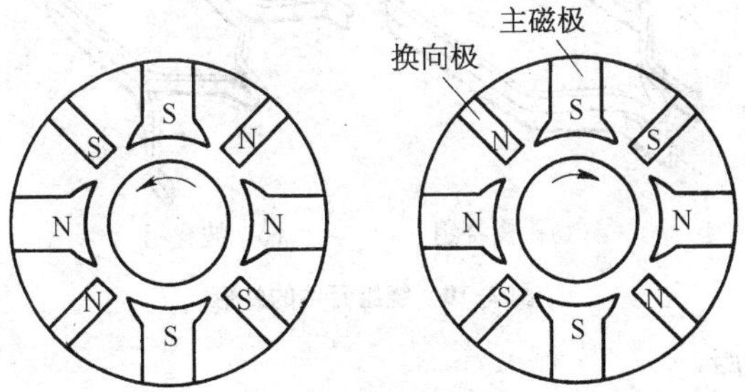

(b) 四极电动机

图 2-8　主磁极和换向极的极性

(箭头表示转子旋转方向)

第三节　电 枢 绕 组

直流电动机的电枢绕组即转子绕组，绕组元件(线圈)以一定的规律与换向片连接，并形成闭合回路。电枢绕组通常是双层的，元件的两个边分别置于不同槽的上层和下层。每槽每层可并列若干个元件边，这可看作一个实槽由若干个虚槽所组成，如图 2-9 所示。设 u 表示一个实槽中的虚槽数，Z 为总槽数，Z_0 为总的虚槽数，S 为元

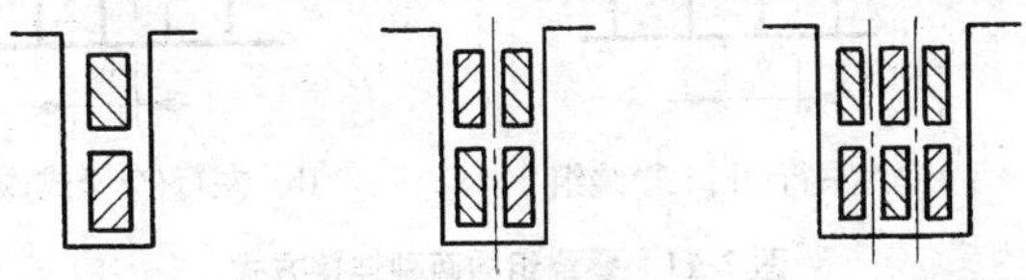

(a) 一个虚槽　　(b) 两个虚槽　　(c) 三个虚槽
(u=1)　　(u=2)　　(u=3)

图 2-9　实槽中的虚槽数

件总数，则：$Z_0 = uZ = S$。

一、电枢绕组的类型

直流电动机的电枢绕组有下列几种类型：

① 单叠绕组和复叠绕组；

② 单波绕组和复波绕组；

③ 混合绕组。

其中单叠绕组和单波绕组是基本的且是最常用的。图 2-10 为叠绕组和波绕组元件的外形图，图 2-11 和图 2-12 分别为叠绕组和波绕组连接方式的示意图。

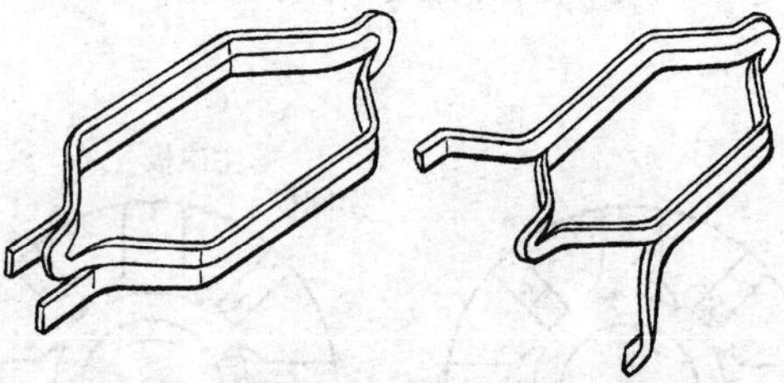

(a) 叠绕组　　(b) 波绕组

图 2-10　绕组元件的外形

二、绕组节距

直流电动机绕组类型的差别主要在于绕组元件连接规律的不同，而连接规律是通过下列 y_1、y_2、y 和 y_k 四个连接的"节距"来确定的(参见图 2-11 和图 2-12)。

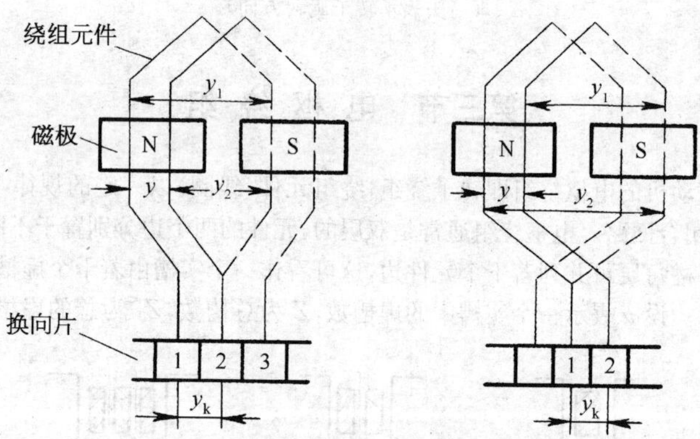

(a) 右行(开口式)绕组　　(b) 左行(交叉式)绕组

图 2-11　叠绕组的两种连接方式

1. 第一节距 y_1

第一节距 y_1 是一个元件(线圈)两个有效边之间的跨距，以虚槽数表示(当 $u=1$

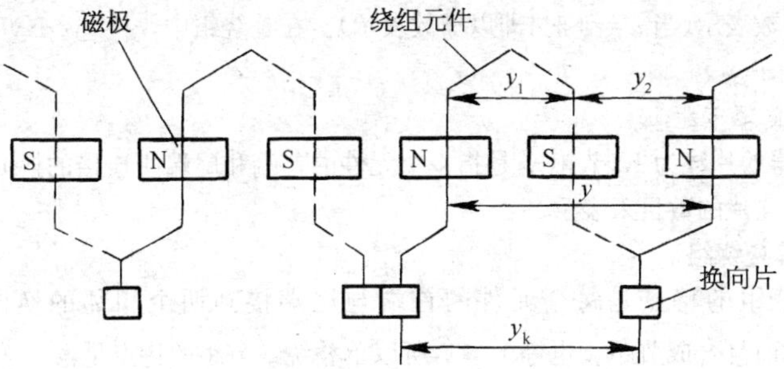

(a) 左行(开口式)绕组

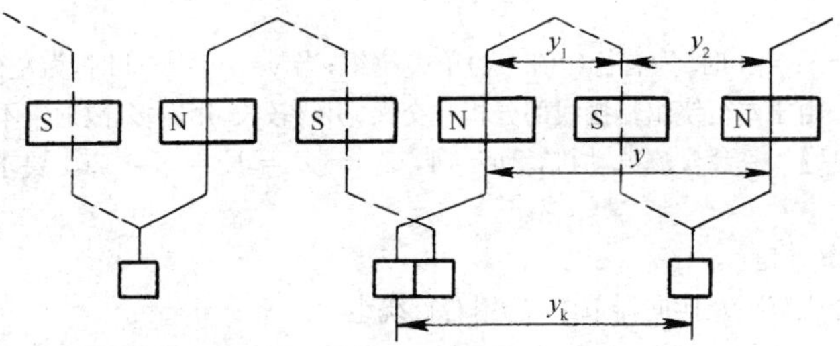

(b) 右行(交叉式)绕组

图 2-12　波绕组的两种连接方式

时,即以槽数表示)。

$$y_1 = \frac{Z_0}{2p} \mp \varepsilon = \tau \mp \varepsilon = 整数$$

y_1 应是整数,式中 ε 是使 y_1 凑成整数的一个分数,τ 为极距。当 $y_1 < \tau$ 时,为短距绕组;$y_1 > \tau$ 时为长距绕组;$y = \tau$ 时,为全距绕组。全距绕组可获得最大感应电势,短距和长距绕组则有利于改善换向。由于长距绕组端接线较短距的长,为节省用铜,实际上一般都采用短距绕组。

第一节距以实槽数表示时,又称槽节距 y_s。其表达式为

$$y_s = \frac{Z}{2p} \mp \varepsilon_s = 整数$$

式中,ε_s是使 y_s凑成整数的一个分数。

2. 第二节距 y_2

第二节距 y_2 是第一元件的下层边到与它相串联的第二元件的上层边之间的距离,以虚槽数表示(当 $u = 1$ 时,即以槽数表示)。

3. 合成节距 y

合成节距 y 是第一元件的上层边到与它相串联的第二元件的上层边之间的距

离，以虚槽数表示（当 $u=1$ 时，即以槽数表示）。在叠绕组中，$y=y_1-y_2$；在波绕组中，$y=y_1+y_2$。

4. 换向器节距 y_k

换向器的片数为 K，节距 y_k 是指一个元件的首端和尾端所连接的换向片之间的距离，以换向片的数目来表示。

三、单叠绕组

单叠绕组的特点是每个元件的首端与尾端接到两个相邻的换向片上，即 $y_k=\pm1$，而且合成节距 y 也等于 ±1，所以单叠绕组节距的特点是：

$$y=y_k=\pm1$$

当 $y=y_k=1$ 时，为右行（开口式）单叠绕组；当 $y=y_k=-1$ 时，为左行（交叉式）单叠绕组。由于左行绕组端接线部分相互交叉，引线较长，用铜多，故通常不采用。

【例 2-1】 一台直流电动机，$2p=4$，$Z_0=Z=K=S=20$，要求绕成单叠绕组。

1. 计算节距

(1) 合成节距及换向器节距（选用右行绕组）

$$y=y_k=1$$

(2) 第一节距

$$y_1=\frac{Z_0}{2p}\mp\varepsilon=\frac{20}{4}=5$$

(3) 第二节距

$$y_2=y_1-y=5-1=4$$

2. 元件（线圈）的排列（连接的次序）

① 将槽、元件和换向片予以编号，以 1、2、3、4、…表示在该槽内的上层元件边，以 1′、2′、3′、4′、…表示在该槽内的下层元件边。

② 第 1 元件的上层边放在第 1 槽，下层边放在 $1+y_1=1+5=6$，即第 6 槽内。第 2 元件的上层边放在 $1+y=1+1=2$，即第 2 槽内，下层边放在 $2+y_1=2+5=7$，即第 7 槽内。其余类推，在最后与第 1 元件的首端相连接并形成一个闭合回路。该绕组元件的排列如图 2-13 所示。

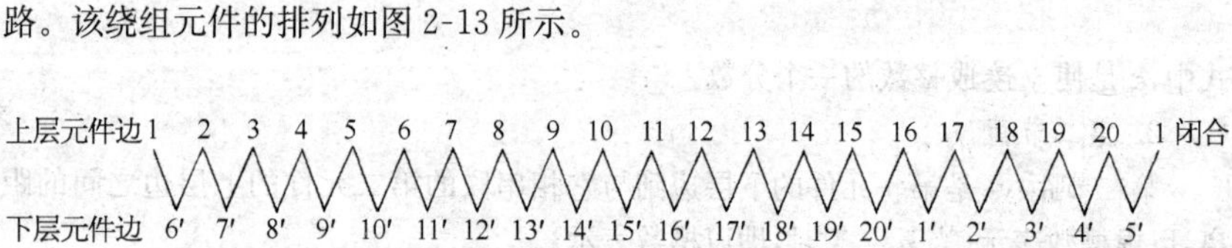

图 2-13 单叠绕组元件的排列

$2p=4$，$Z_0=Z=K=S=20$ $y_1=5$，$y_2=4$，$y=y_k=1$

3. 绕组的展开图

在图 2-13 的基础上，即可绘制得该绕组的展开图，如图 2-14 所示。

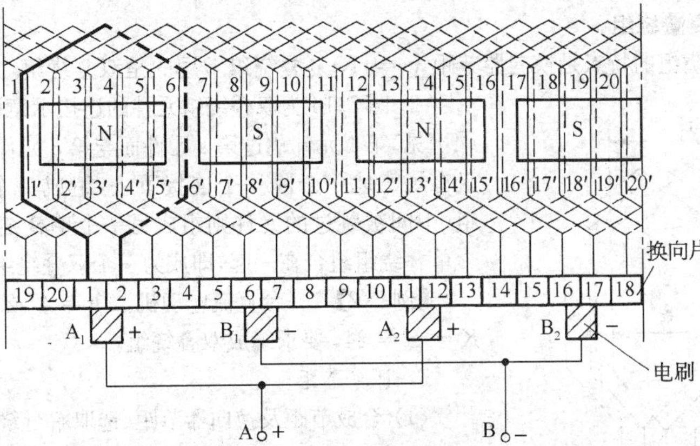

图 2-14 单叠绕组展开图

$2p=4,\ S=K=Z_0=Z=20$

4. 绕组的电路图

从图 2-14 可以看出，电刷 A_1 和 A_2 的极性是相同的，B_1 和 B_2 的极性也是相同的，同极性的电刷连接在一起。当电枢转到图 2-14 所示的位置时，电刷和绕组元件所组成的电路图，如图 2-15 所示。从图 2-14 和图 2-15 中可以看出，每个磁极下的元件串联起来组成一个支路，该 4 极电动机共有 4 条并联支路，亦即单叠绕组的并联支路数等于磁极数，即：

$$2a=2p$$

式中 p——磁极对数；

a——支路对数。

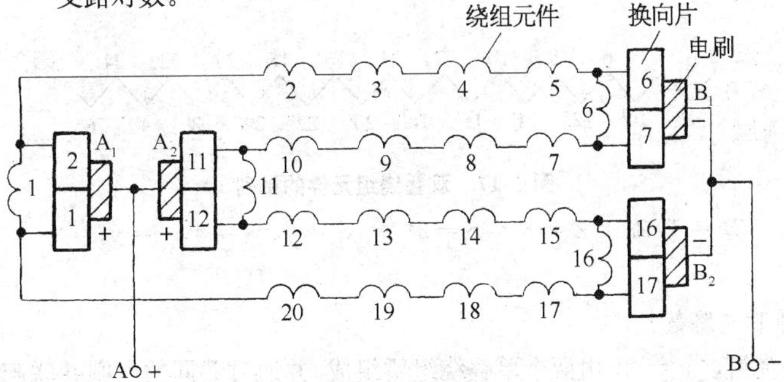

图 2-15 单叠绕组电路图

$2p=4,\ S=K=Z_0=Z=20$

5. 单叠绕组应用实例

① 两极电动机，例如 Z_2、Z_3 系列中的 1、2、3 号机座。

② 四极电动机，例如 Z_2-92，110 伏，40 千瓦。

四、复叠绕组

单叠绕组的特点是换向器节距 $y_k = 1$，复叠绕组常用的是双叠绕组，其特点是 $y_k = 2$。图 2-16 为双叠绕组元件的连接示意图。由图中可见，第 1 元件跳过第 2 元件而与第 3 元件串联，并且有规律地一个隔一个连接下去，组成一个单叠绕组，中间被跳过的元件则组成另一个单叠绕组，这两个单叠绕组组合在一起，即成为一个双叠绕组。

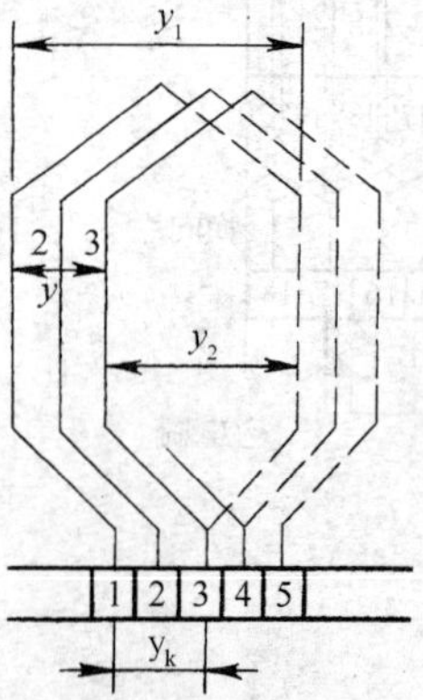

图 2-16　双叠绕组元件的连接

【例 2-2】 一台直流电动机，$2p = 4$，$Z_0 = Z = K = S = 24$，要求绕成双叠绕组。

1. 计算节距

(1) 合成节距及换向器节距(选取右行绕组)

$$y = y_k = 2$$

(2) 第一节距

$$y_1 = \frac{Z_0}{2p} \mp \varepsilon = \frac{24}{4} = 6$$

(3) 第二节距

$$y_2 = y_1 - y = 6 - 2 = 4$$

2. 元件排列和绕组展开图

图 2-17 为元件的排列，图 2-18 为绕组的展开图。

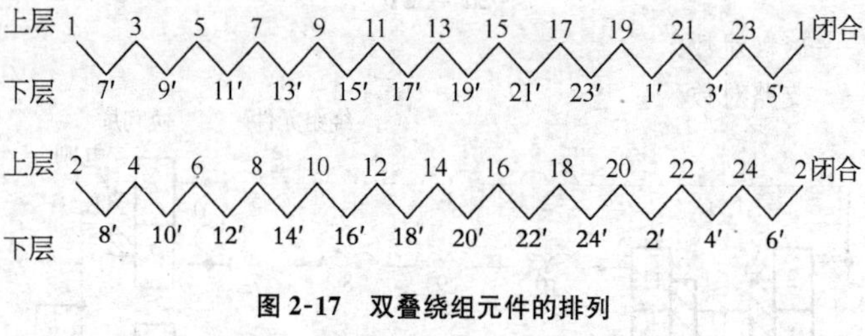

图 2-17　双叠绕组元件的排列

$2p = 4$，$Z_0 = Z = K = S = 24$　$y_1 = 6$，$y_2 = 4$，$y = y_k = 2$

3. 并联支路数

双叠绕组，$y_k = 2$，由两个单叠绕组所组成，并通过共同的电刷并联起来，所以双叠绕组并联支路数是一个单叠绕组支路数的两倍。

已知单叠绕组的支路数：$2a = 2p$

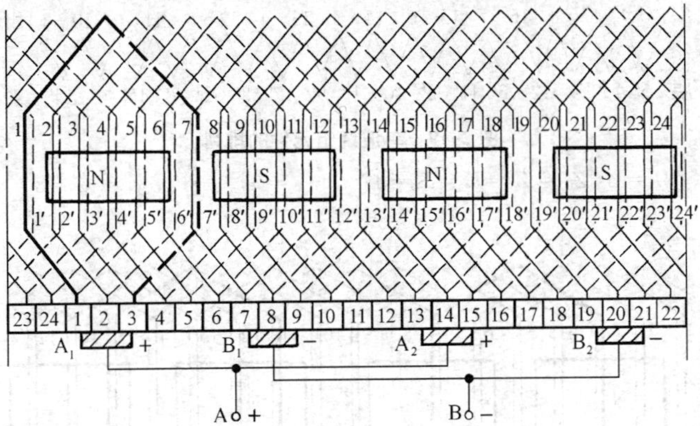

图 2-18　双叠绕组展开图

$2p=4$, $S=K=Z_0=Z=24$　　$y_1=6$, $y_2=4$, $y=y_k=2$

所以双叠绕组的支路数：$2a=2(2p)=4p$

如果 $y_k=m$,则并联支路数 $2a=m(2p)$,但实际上 $m>2$ 的复叠绕组通常是不用的。m 称为绕组的复倍系数。

五、单波绕组

波绕组的特点是元件两端接到相隔约两倍极距的换向片上,而且相串联的两个元件也相隔较远,如图 2-12 所示。单波绕组中相互串联的元件绕行换向器一周后,应回到与第一个元件首端相邻的换向片上,因此,单波绕组的换向器节距为

$$y_k=\frac{K\mp 1}{p}=\text{整数}$$

其余的节距为

$$y=y_k$$

$$y_1=\frac{Z_0}{2p}\mp\varepsilon=\text{整数}$$

$$y_2=y-y_1$$

【例 2-3】　$2p=4$, $Z_0=Z=K=S=17$,要求绕成单波左行绕组。

1. 计算节距

$$y=y_k=\frac{K\mp 1}{p}=\frac{17-1}{2}=8$$

$$y_1=\frac{Z_0}{2p}\mp\varepsilon=\frac{17}{4}-\frac{1}{4}=4$$

$$y_2=y-y_1=8-4=4$$

2. 元件排列和绕组展开图

图 2-19 为元件的排列,图 2-20 为绕组的展开图。

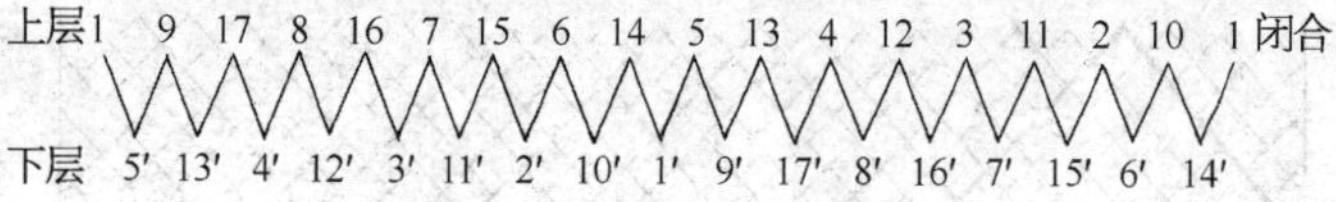

图 2-19 单波绕组元件的排列

$2p=4$，$Z_0=Z=K=S=17$ $y_1=4$，$y_2=4$，$y=y_k=8$

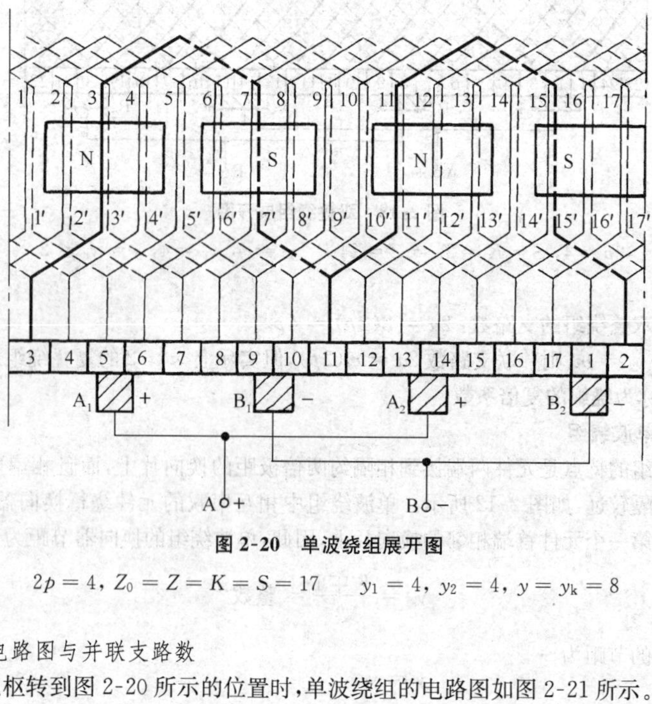

图 2-20 单波绕组展开图

$2p=4$，$Z_0=Z=K=S=17$ $y_1=4$，$y_2=4$，$y=y_k=8$

3. 电路图与并联支路数

当电枢转到图 2-20 所示的位置时，单波绕组的电路图如图 2-21 所示。

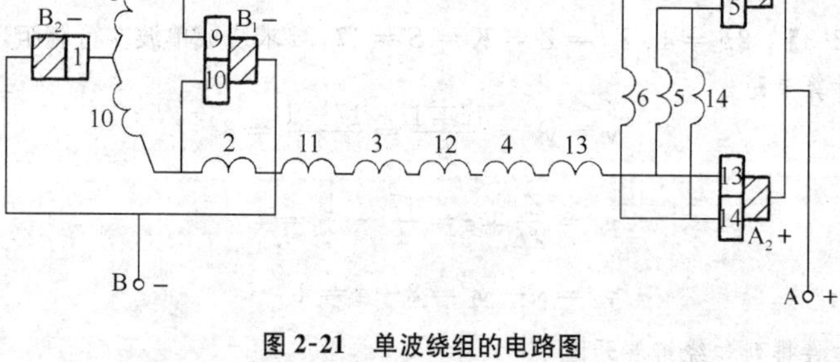

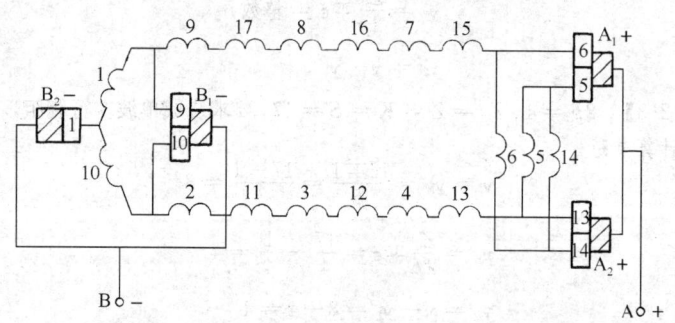

图 2-21 单波绕组的电路图

$2p=4$，$Z_0=Z=K=S=17$

由图 2-20 和图 2-21 可见，单波绕组中所有 N 极下的元件（包括其在 S 极的下层边）串联起来，组成一条支路，所有 S 极下的元件（包括其在 N 极的下层边）串联起来，组成另一条支路，总共有两条并联支路。单波绕组中，并联支路数与磁极数无关，即：

$$2a = 2$$

或支路对数：$a = 1$，这是单波绕组的特点。

六、单波绕组中的死元件

单波绕组中，换向器节距的公式为

$$y_k = \frac{K \mp 1}{p} = \text{整数}$$

为保证 y_k 是整数，对 K 和 p 数值间的配合，就有一定的限制，例如当 $p = 2$，K 就必须是奇数，相应地 S 和 Z_0 也必须是奇数。但对于某些规格的电动机，由于其他因素的限制，当虚槽数 u 取为偶数，于是 $Z_0 = uZ$ 也为偶数，$S = Z_0$ 也为偶数，在这种情况下，$K = Z_0 - 1 = S - 1$，即有一个元件不与换向片相接，这个不与换向片连接的元件称为死元件（或称伪元件、假元件或死线圈）。

【例 2-4】 ZZJ2-72 型直流电动机，85 千瓦，440 伏，单波 $2a = 2$。

磁极数：$2p = 4$

槽数：$Z = 43$

每槽中的虚槽数：$u = 4$（偶数）

元件数：$S = Z_0 = uZ = 4 \times 43 = 172$（偶数）

换向片数：$K = S - 1 = 172 - 1 = 171$

换向器节距：$y_k = \frac{K \mp 1}{p} = \frac{171 - 1}{2} = 85$

该绕组 172 个元件中，有一个元件是死元件（死线圈）。

七、复波绕组

如果波绕组元件在绕行换向器一周后所接的换向片，和起始的换向片之间相距不是 1 片，而是 m 个换向片时，就成为由 m 个独立的单波绕组组合在一起的复波绕组。通常 $m = 2$，即双波绕组。复波绕组的换向器节距为

$$y_k = \frac{K \mp m}{p}$$

其余节距的计算公式，和单波绕组一样。

【例 2-5】 $2p = 4$，$Z_0 = Z = S = K = 18$，绕成 $m = 2$ 的双波左行绕组。

1. 计算节距

$$y = y_k = \frac{K \mp m}{p} = \frac{18 - 2}{2} = 8$$

$$y_1 = \frac{Z_0}{2p} \mp \varepsilon = \frac{18}{4} - \frac{2}{4} = 4$$

$$y_2 = y - y_1 = 8 - 4 = 4$$

2. 元件排列和绕组展开图

图 2-22 为元件的排列，图 2-23 为绕组的展开图。

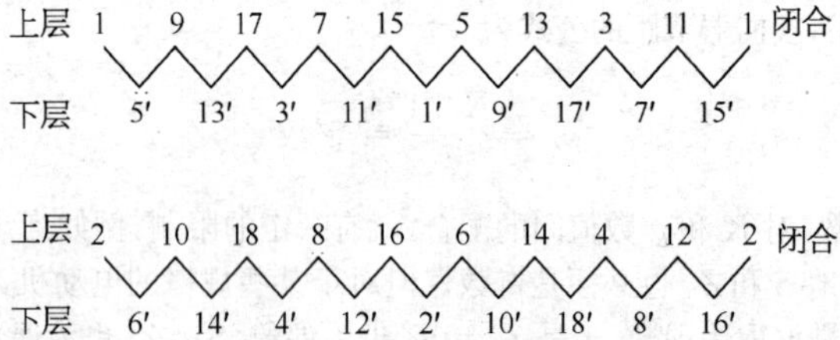

图 2-22 双波绕组元件的排列

$2p = 4,\ Z_0 = Z = S = K = 18 \qquad y_1 = 4,\ y_2 = 4,\ y = y_k = 8$

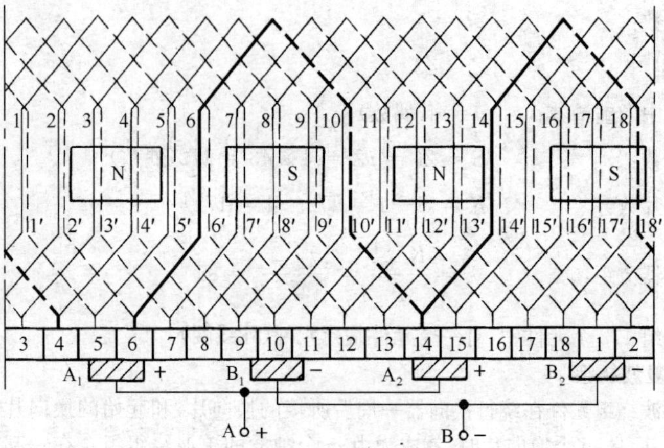

图 2-23 双波绕组展开图

$2p = 4,\ Z_0 = Z = S = K = 18 \qquad y_1 = 4,\ y_2 = 4,\ y = y_k = 8$

3. 并联支路数

单波绕组的支路数 $2a = 2$，由 m 个单波绕组组合而成的复波绕组，经电刷接通以后，其并联支路数也与磁极数无关，而是一个单波绕组的 m 倍，即复波绕组的支路数为

$$2a = 2m$$

或支路对数： $$a = m$$

双波绕组也有是单闭路的，若 K 与 y_k 互为质数时，即是单闭路双波绕组。

【例 2-6】 $2p = 4$, $Z_0 = Z = S = K = 16$。绕成单闭路双波左行绕组。

1. 计算节距

$$y = y_k = \frac{K \mp m}{p} = \frac{16 - 2}{2} = 7$$

$$y_1 = \frac{Z_0}{2p} \mp \varepsilon = \frac{16}{4} = 4$$

$$y_2 = y - y_1 = 7 - 4 = 3$$

2. 元件排列和绕组展开图

图 2-24 为元件的排列，图 2-25 为绕组的展开图。单闭路双波绕组，其并联支路数也是单波绕组的两倍。

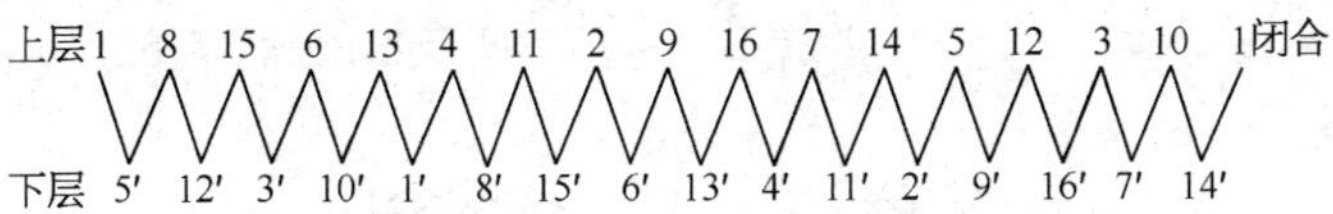

图 2-24 单闭路双波绕组元件的排列

$2p = 4$, $Z_0 = Z = S = K = 16$ $y_1 = 4$, $y_2 = 3$, $y = y_k = 7$

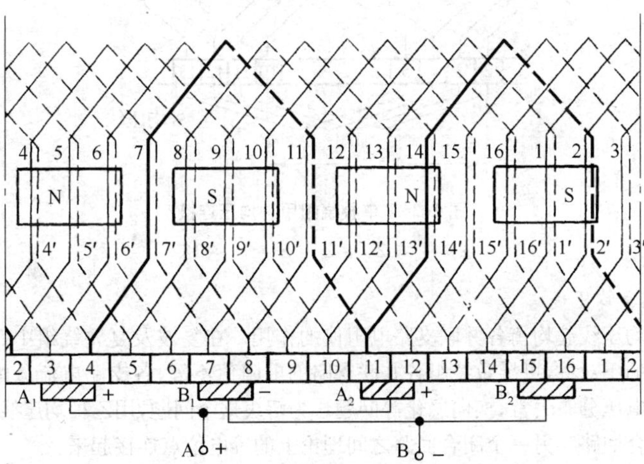

图 2-25 单闭路双波绕组展开图

$2p = 4$, $Z_0 = Z = S = K = 16$ $y_1 = 4$, $y_2 = 3$, $y = y_k = 7$

八、电枢绕组的均压线

直流电动机中，连接电枢绕组等电位点的导线称为均压线，有甲、乙两种。

1. 甲种均压线

甲种均压线起均衡磁场的作用。电动机由于结构上的原因，如：机座铸件有气孔、磁极安装偏心及轴承磨损后转子下沉造成气隙不均匀，使各磁极磁通分布不均，导致电枢绕组各并联支路感应电势大小不等，内部产生环流，环流通过电刷，使换向恶化。为解决这个由于磁场失衡所产生的问题，用甲种均压线将电枢绕组同一闭路中理论上的等电位点连接起来。甲种均压线的节距 y_e（以换向片数计）：

$$y_e = \frac{K}{p}$$

式中 p——磁极对数；

K——换向片数。

甲种均压线主要用于磁极对数 $p > 1$ 的单叠绕组和双叠绕组。

图 2-26 为一个单叠绕组甲种均压连接的示意图，图中 $2p = 4$，$K = 16$，均压线的节距为

$$y_e = \frac{K}{p} = \frac{16}{2} = 8$$

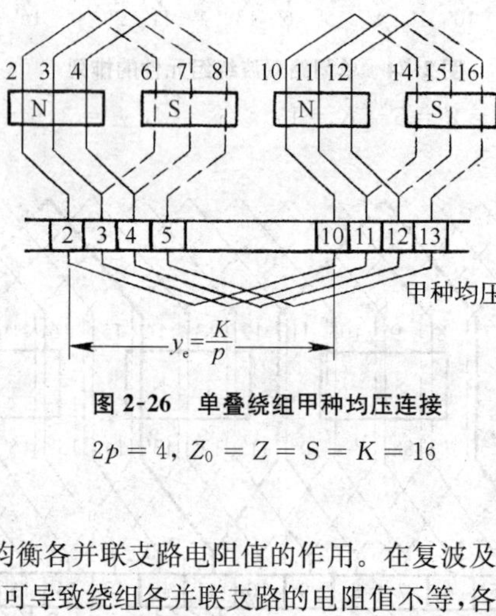

图 2-26 单叠绕组甲种均压连接

$2p = 4$，$Z_0 = Z = S = K = 16$

2. 乙种均压线

乙种均压线起均衡各并联支路电阻值的作用。在复波及复叠绕组中，由于电刷接触电阻的不对称，可导致绕组各并联支路的电阻值不等，各支路电流分配不均，换向器片间电压分布失常，换向恶化等问题。为解决这个问题，用乙种均压线将电枢绕组一个闭合回路与另一个闭合回路之间理论上的等电位点连接起来。

对于 $\frac{2p}{a} =$ 偶数的复波绕组，均压线的节距为

$$y_e = \frac{K}{a}$$

式中 a——并联支路对数；

K——换向器片数。

图 2-27 为一个双波绕组乙种均压连接的示意图，图中 $2p=4$，$K=16$，$a=2$，$\frac{2p}{a}=2=$ 偶数，均压线的节距为

$$y_e=\frac{K}{a}=\frac{16}{2}=8$$

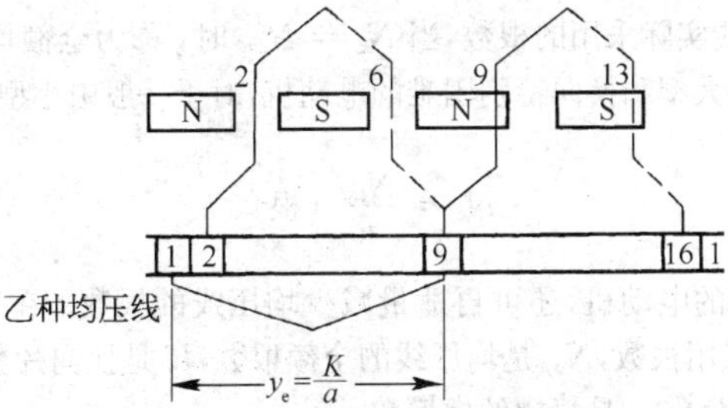

图 2-27 双波绕组乙种均压连接

$2p=4$，$a=2$，$Z_0=Z=S=K=16$

对于复叠绕组，以双闭路双叠绕组为例，可视为是两套单叠绕组的组合。每套单叠绕组内部应该用甲种均压线，在两套单叠绕组之间则应该用乙种均压线，由于在换向器上每隔两个极距的等电位点都是属于同一套绕组的，所以在换向器一端找不到两套绕组之间的等电位点，但在电枢的两端可以找到两套绕组之间电位相等的点。例如在图 2-28 中，换向片 2 和 A 点是两套绕组之间电位相等的点，可用导线穿过电枢铁心内部把这两个等位点连接起来，如图 2-28 中所示。

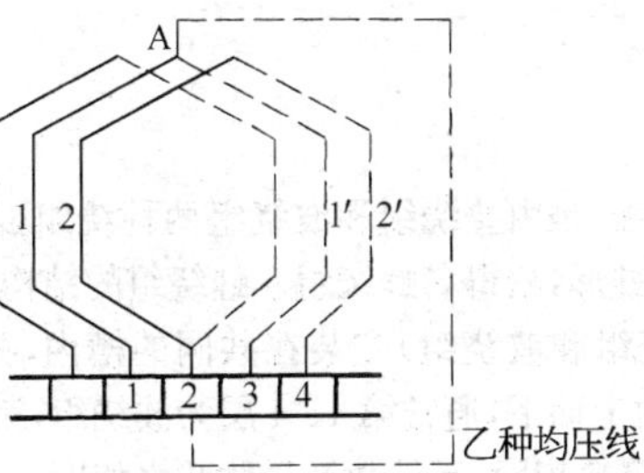

图 2-28 双叠绕组乙种均压连接示意图

3. 均压线的根数、截面及布置

(1) 均压线的根数

对于磁极对数 $p>1$ 的单叠绕组，甲种均压线的全额根数为

$$N_{em} = \frac{K}{p}\ (根)$$

对于 $\frac{2p}{a}$ = 偶数的复波绕组，乙种均压线的全额根数为

$$N_{em} = \frac{K}{a}\ (根)$$

设 N_e 为均压线实际采用的根数，当 $N_e = N_{em}$ 时，称为全额均压连接。全额均压连接通常只用于大型和换向特别困难的电动机，对于一般中小型电动机，通常连接的根数：

$$N_e = \frac{N_{em}}{u}\ (根)$$

对于转速很低的电动机，还可再适量减少均压线的根数。在以上三个等式中：N_e 是均压线实际采用根数，N_{em} 是均压线的全额根数，K 是换向片数，p 是磁极对数，a 是电枢绕组支路对数，u 是每槽的虚槽数。

(2) 均压线的截面

均压线的截面通常取为电枢绕组导线截面的 20%～50%。N_e 与 N_{em} 之比称为均压线的份额数，份额数大者取用较小的截面；份额数小者，取用较大一些的截面。

(3) 均压线的布置

接在电枢绕组一端的均压线，可布置在换向器端，直接与换向器的升高片连接；也可布置在非换向器端，借并头套与线圈鼻端相接。对于某些电枢绕组，其等电位点位于电枢绕组的两端，则需要布置穿过铁心的均压线。

4. 不用均压线的绕组

以下数种直流电动机的电枢绕组，不需要均压线：

① 两极单叠绕组；

② 单波绕组；

③ 蛙绕组。

九、蛙绕组

蛙绕组又称混合绕组，是由叠绕组和波绕组两种绕组混合组成。由于叠元件和波元件合在一起时恰如蛙形，故得名蛙绕组。蛙绕组的结构特点主要有：

(1) 两种绕组(叠绕组和波绕组)安装在共同的槽内，并接到共同的换向片上。槽内元件按四层布置，由上而下，通常第 1、4 层为波绕组，第 2、3 层为叠绕组。

(2) 两种绕组的支路数相同，元件数及导体数也相同。

(3) 两种绕组互起均压作用。对叠绕组而言，波绕组起甲种均压作用；对波绕组而言，叠绕组起乙种均压作用。故蛙绕组可省略专用均压线。

蛙绕组适用于中型及大型直流电动机。图 2-29 为一个四极单蛙绕组的展开图，由单叠和双波混合而成，单叠的支路数 $2a = 2p = 4$，双波的支路数 $2a = 2m = 4$，支路总数为 $4 + 4 = 8$。

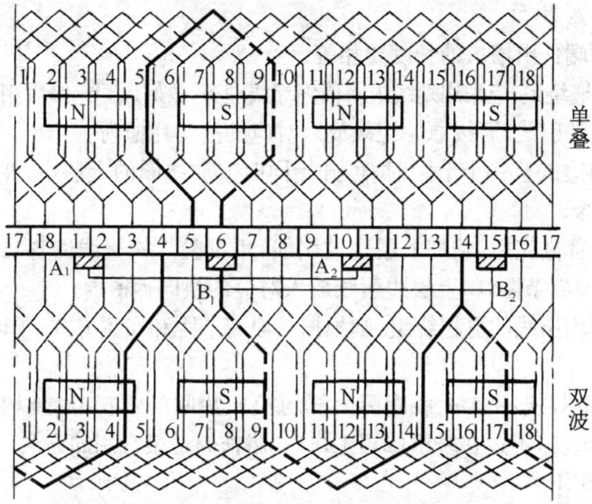

图 2-29　单蛙绕组展开图

$2p = 4, Z_0 = Z = S = K = 18$

第四节　电枢绕组重绕、嵌线、焊接及绑扎

一、新线圈绕制

1. 用于梨形槽的散嵌线圈

散嵌线圈系用绝缘圆导线绕制，现今一般均用高强度漆包圆铜线绕制。线圈绕好后，从线模上取下前，用白纱带或棉线将线圈四处扎紧，以免松散。线圈的首、尾端要套上玻璃纤维套管，作为引线绝缘。

2. 用于矩形槽的多匝成形线圈

矩形槽多匝成形线圈，现今一般均用玻璃丝包扁铜线绕制。先将绝缘扁铜线在绕线模上扁绕成形，用白纱带四处扎紧，以防松散。脱模后再用白纱带半叠绕一层，作为拉形时的保护层。为使线鼻形状整齐，在拉形前，可预先在鼻端弯头处，装上一个线鼻成形夹具。经拉形后，为使线圈端部的弧形符合技术要求，可用弧形模整形。

二、电枢嵌线

1. 嵌线前的工作

① 清理换向器的线槽及升高片，检查对地绝缘电阻值及介电强度是否符合要求。用校验灯检查片间是否有短路故障。

② 清理电枢铁心，去掉槽口及槽内的毛刺，清除残留在槽内的废旧绝缘，并用压缩空气吹净。

③ 清除端部支架上的废旧绝缘，并重新包扎好新的绝缘材料。

2. 嵌线注意事项

① 线圈两端伸出槽口的长度要相等。

② 对于散嵌绕组，应采用划线板将槽内导线理齐，放好层间绝缘后用压线板压紧。

③ 下层边的引线，要按原始记录放入对应的换向片槽内。

④ 当下层边嵌至一个节距时，可开始同时嵌放线圈的上层边，并开始垫放线圈端部的层间绝缘。

⑤ 线圈全部嵌完后，整理上层边的引线，用校验灯检查线圈各自的首、尾端，以免错位。按换向器节距，将上层边引线放入对应的换向片槽内。

⑥ 对于有均压线的电枢绕组，则根据其原有节距和布置方式，予以恢复。

三、焊接

电枢绕组的焊接，主要是线圈引出线与换向片间的焊接(以及均压线的焊接)。它有多种焊接方法，不过在绕组修理工作中，烙铁焊是最常用的方法。今将烙铁焊的注意事项介绍于下：

① 焊料，对于 E 级和 B 级绝缘的电枢绕组，可采用常规铅锡合金焊条；对于 F、H 级绝缘，则应采用熔点较高的纯锡焊条。

② 采用中性助焊剂，一般采用松香或松香酒精溶液。

③ 烙铁，一般采用安全电压供电的大功率电烙铁，也可用火烙铁。烙铁头材料通常为紫铜，其尺寸大小及形状要合适。

④ 线圈的引出线，在焊接的部位要预先去掉绝缘层，并搪锡处理。

⑤ 在焊接的部位应保持清洁。

⑥ 在换向器各升高片之间嵌入定位木块。

⑦ 将转子搁在可使转子滚动的支架上，使换向器端稍向下倾斜，并使焊接的部位位于水平稍下的位置，以防焊锡溶液淌入电枢内。

电枢绕组焊好后，用短路侦察器检查是否有短路故障，并用直流压降法，测量并比较换向片间的电压降，检查是否有开路故障或线圈接反故障。

四、电枢绕组的绑扎

电枢绕组的端部及位于开口槽中的导体，均需用钢丝或无纬玻璃丝带绑扎，以承受运转时绕组的离心力。

1. 钢丝绑扎

(1) 钢丝匝数计算

绑扎钢丝的匝数 W_1 可按下式计算：

$$W_1 = 11.3\frac{GD}{\left[[\sigma]-0.22D_a^2\left(\frac{n}{1\,000}\right)^2\right]d^2}\left(\frac{n}{1\,000}\right)^2 \text{（匝）}$$

式中 G——绑扎部位电枢绕组的重量(千克)；

D——绑扎部位电枢绕组的平均直径(厘米)；

n——电机的最高转速(转/分)；

$[\sigma]$——钢丝的许用应力，一般可取 30 000 牛/厘米^2；

D_a——电枢铁心外径(厘米)；

d——钢丝直径(厘米)。

(2) 钢丝绑扎工艺

钢丝绑扎的工艺拉力见表 2-1。

表 2-1 钢丝绑扎工艺拉力(牛)

钢丝直径(毫米)	预扎钢丝	永久钢丝		
		第一层	第二层	第三层
0.8	400—600	350—550	300—500	300—450
1.0	650—900	550—800	500—800	450—700
1.2	1 000—1 300	800—1 200	750—1 150	650—1 050
1.5	1 400—2 050	1 250—1 850	1 150—1 750	1 000—1 650
2.0	2 500—2 700	2 200—3 300	2 050—3 150	1 800—1 900

绑扎用钢丝通常采用镀锡磁性钢丝，也有采用奥氏体无磁性镀锡钢丝，但其抗拉强度比前者约低 20%。钢丝绑扎有单层绑扎和多层绑扎之分，多层绑扎一般用于转速较高、离心力甚大的场合。采用多层绑扎时，外层钢丝的工艺拉力，应比相邻内层的减少约 10%，在层间应放置层间绝缘，各层钢丝均应有适当数量的扣片，在始末端则放置两个扣片，相距约 15～30 毫米，见图 2-30。放置钢丝扣片的断面图，见图 2-31。扣片的常用材料为白铁皮，其厚度的选用见表 2-2。

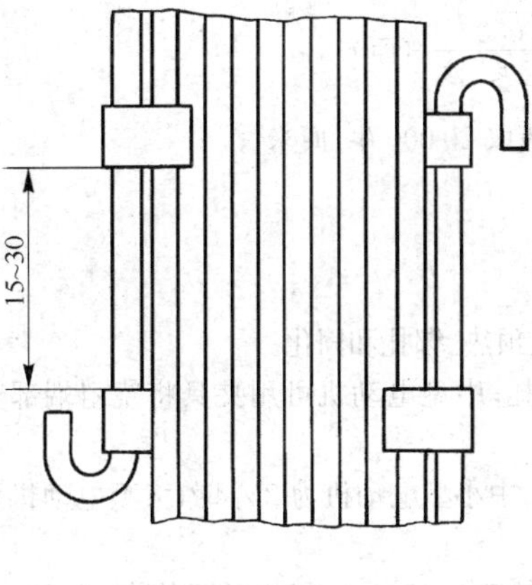

图 2-30 始末端扣片的距离

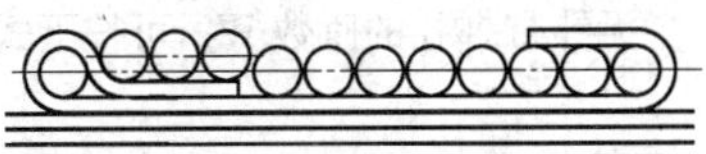

(a) 始端扣片

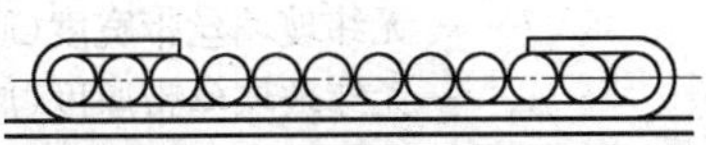

(b) 中间扣片

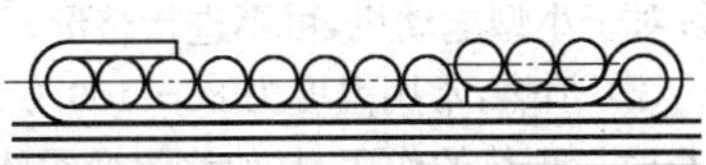

(c) 末端扣片

图 2-31 钢丝及扣片的断面图

表 2-2 扣片(白铁皮)厚度

钢丝直径(毫米)	扣片厚度(毫米)
0.8	0.25
1.0	
1.2	
1.5	0.36
2.0	

在绑扎钢丝前,电枢应先预热。在绕预扎钢丝时,采用橡皮锤轻敲绕组端部,使之与支架完全贴紧。预扎后,再次加热,并在绑扎钢丝的车床上松开预扎钢丝,垫好绝缘层,开始绑扎“永久钢丝”,最后用烙铁锡焊将钢丝和扣片焊接为一个整体,以防止松散。对于小型电动机,可不进行预扎。

2. 无纬玻璃丝带绑扎

近年来,无纬玻璃丝带绑扎已得到广泛应用,与钢丝绑扎相比,可减少绕组端部漏磁,改善电气性能;增加绕组的爬电距离,提高绝缘强度;并可取消绑带与绕组间的绝缘材料及固定钢丝用的扣片。无纬玻璃丝带绑扎工艺简单,但无纬玻璃丝带对贮存环境的条件要求较高,其弹性模量和延伸率较钢丝低。

常用的无纬带有:聚酯无纬玻璃丝带(B级)、环氧无纬玻璃丝带(F级)、聚胺酰亚胺无纬玻璃丝带(H级)。上海电机玻璃纤维厂已生产一种新颖的环氧网纹无纬玻璃丝绑扎带(F级)。

(1) 无纬玻璃丝带匝数计算

无纬带绑扎的匝数 W_2,可按下式计算:

$$W_2 = 8.9\frac{GD\left(\frac{n}{1\,000}\right)^2}{[\sigma_1]bC}\ (\text{匝})$$

式中 $[\sigma_1]$——无纬玻璃丝带许用应力,一般取 20 000 牛/厘米^2;

b——无纬玻璃丝带宽度(厘米);

C——无纬玻璃丝带厚度(厘米)。

(2) 无纬玻璃丝带绑扎工艺

无纬玻璃丝带绑扎工艺一般分为:整形、预热、绑扎和固化。

1) 整形:对于大型电动机,可用钢丝预扎;中型电动机可用夹具将绕组端部整形;对于小型电动机,可不进行整形。

2) 预热:常用温度为 80~100 ℃。时间:中小型电动机为 2 小时;大型电动机为 4 小时。预热的作用,是使绕组变柔软一些。

3) 绑扎:按设计匝数进行绑扎。拉力:对于 0.17 × 25 规格的无纬带,为 350~400 牛。

4）固化：经绑扎后，在电枢浸漆烘焙过程中固化，应成为坚固的整体，表面平整。

第五节　直流电动机改压和改速简易计算

一、电枢绕组

1. 电枢有效导体总数

$$N_2 = \frac{U_2}{U_1} \cdot \frac{n_1}{n_2} \cdot \frac{a_2}{a_1} \cdot N_1$$

式中　N_1、N_2——改制前、后电枢绕组有效导体总数；

U_1、U_2——改制前、后的额定工作电压；

n_1、n_2——改制前、后的额定转速；

a_1、a_2——改制前、后的电枢支路对数。

如果支路对数不变，则

$$N_2 = \frac{U_2}{U_1} \cdot \frac{n_1}{n_2} \cdot N_1$$

如果只改变电压，则

$$N_2 = \frac{U_2}{U_1} \cdot N_1$$

如果只改变转速，则

$$N_2 = \frac{n_1}{n_2} \cdot N_1$$

2. 每槽导体数

$$N_{S2} = \frac{N_2}{Z} \mp \varepsilon = \text{偶数}$$

式中　N_{S2}——改制后每槽导体数；

Z——槽数；

ε——小于 1 的数。

3. 每槽的虚槽数

$$u = \frac{K}{Z}$$

式中　K——换向片数。

4. 每元件匝数

$$W_2 = \frac{N_{S2}}{2u}$$

式中　u——每实槽中的虚槽数。

5. 元件导线的截面

$$S_2 = \frac{N_1}{N_2} S_1$$

式中　S_1、S_2——改制前、后电枢元件导线的截面。

二、换向极绕组

设换向极绕组的支路数不变

1. 换向极绕组每极匝数

$$W_{H2}=\frac{N_{S2}}{N_{S1}}\cdot W_{H1}$$

式中　W_{H1}、W_{H2}——改制前、后换向极每极匝数；

N_{S1}、N_{S2}——改制前、后电枢每槽导体数。

2. 导线截面

$$S_{H2}=\frac{W_{H1}}{W_{H2}}\cdot S_{H1}$$

式中　S_{H1}、S_{H2}——改制前、后换向极绕组导线的截面。

三、并励(或他励)绕组

设并励绕组支路数不变。

1. 导线截面

$$S_{F2}=\frac{U_{F1}}{U_{F2}}\cdot S_{F1}$$

式中　S_{F1}、S_{F2}——改制前、后并励(或他励)绕组的截面；

U_{F1}、U_{F2}——改制前、后的励磁电压。

2. 每极匝数

$$W_{F2}=\frac{S_{F1}}{S_{F2}}\cdot W_{F1}$$

式中　W_{F1}、W_{F2}——改制前、后并励(或他励)绕组每极匝数。

四、串励绕组

设串励绕组支路数不变。

1. 每极匝数

$$W_{C2}=\frac{U_2}{U_1}\cdot W_{C1}$$

式中　W_{C1}、W_{C2}——改制前、后串励绕组每极匝数。

2. 导线截面

$$S_{C2}=\frac{W_{C1}}{W_{C2}}\cdot S_{C1}$$

式中　S_{C1}、S_{C2}——改制前、后串励绕组导线截面。

五、额定功率

$$P_2\approx\frac{n_2}{n_1}P_1$$

式中　P_1、P_2——改制前、后电动机的额定功率。

【例 2-7】　一台 4 极直流电动机，已知铭牌及绕组数据如下：

(1) 铭牌数据：Z3-61 型，220 伏，3 千瓦，600 转/分，并励。

(2) 电枢绕组数据：槽数 $Z = 31$，换向片数 $K = 93$，每槽虚槽数 $u = \dfrac{K}{Z} = \dfrac{93}{31} = 3$，单波绕组支路对数 $a = 1$，每槽导体数 $N_{S1} = 38$，每元件匝数 $W_1 = \dfrac{N_{S1}}{2u} = \dfrac{38}{2 \times 3} = \dfrac{19}{3}$（注：每槽 6、7、6 匝），电枢导体总数 $N_1 = N_{S1} \cdot Z = 38 \times 31 = 1\,178$，线规 1-$\phi$1.35（截面 1.431 毫米^2）。

(3) 换向极绕组数据：每极 88 匝，线规 1-ϕ2.5（截面 4.9 毫米^2）。

(4) 主极并励绕组数据：每极 1 600 匝，线规 ϕ0.67（截面 0.353 毫米^2）。

要求改为：110 伏，1 000 转/分，并励。

【解】

1. 电枢绕组

(1) 有效导体总数

$$N_2 = \frac{U_2}{U_1} \cdot \frac{n_1}{n_2} \cdot N_1 = \frac{110}{220} \times \frac{600}{1\,000} \times 1\,178 = 353.4$$

(2) 每槽导体数

$$N_{S2} = \frac{N_2}{Z} \mp \varepsilon = \frac{353.4}{31} + \frac{18.6}{31} = 12\ (\text{偶数})$$

电枢实用导体总数：$N_2 = N_{S2} \cdot Z = 12 \times 31 = 372$。

(3) 每槽元件数（每槽虚槽数）

$$u = \frac{K}{Z} = \frac{93}{31} = 3$$

(4) 每元件匝数

$$W_2 = \frac{N_{S2}}{2u} = \frac{12}{2 \times 3} = 2\ (\text{注：每槽 2、2、2 匝})$$

(5) 元件导线的截面

$$S_2 = \frac{N_1}{N_2} \cdot S_1 = \frac{1\,178}{372} \times 1.431 = 4.53\ \text{毫米}^2$$

选用 2-ϕ1.7，实用截面 $S_2 = 2 \times 2.7 = 4.54$ 毫米^2。

2. 换向极绕组

(1) 每极匝数

$$W_{H2} = \frac{N_{S2}}{N_{S1}} W_{H1} = \frac{12}{38} \times 88 = 27.79 \approx 28$$

(2) 导线截面

$$S_{H2} = \frac{W_{H1}}{W_{H2}} \cdot S_{H1} = \frac{88}{28} \times 4.9 = 15.4 \text{ 毫米}^2$$

选用扁线 2.5 × 6.3，实用截面 $S_{H2} = 15.2$ 毫米^2。

3. 并励绕组

(1) 导线截面

$$S_{F2} = \frac{U_{F1}}{U_{F2}} \cdot S_{F1} = \frac{220}{110} \times 0.353 = 0.706 \text{ 毫米}^2$$

选用 ϕ0.95，实用截面 $S_2 = 0.708$ 毫米^2。

(2) 每极匝数

$$W_{F2} = \frac{S_{F1}}{S_{F2}} \cdot W_{F1} = \frac{0.353}{0.708} \times 1\,600 = 797.7 \approx 798$$

4. 额定功率

$$P_2 \approx \frac{n_2}{n_1} \cdot P_1 \approx \frac{1\,000}{600} \times 3 \approx 5 \text{ 千瓦}$$

第三章　三相异步电动机绕组

第一节　三相异步电动机绕组概述

三相异步电动机的定子绕组通以三相电流时，即产生旋转磁场，在转子绕组中感生电动势，该电动势在已成闭合回路的转子绕组中产生电流，转子电流与磁场相互作用产生电磁转矩，使转子驱动机械负载旋转，将电能转化为机械能。

一、三相绕组排列的基本原则

三相绕组的排列，应使之成为对称三相绕组，即：三相绕组的各相串联导体数及线规应相同，相与相之间在空间的分布应相互间隔120°电角度。

二、极相组内及相绕组内的连接

1. 极相组内的连接

同一极相组（线圈组）内的线圈应正向串联连接，即“头”与“尾”相连接，如图3-1所示。在中小型电动机中，一个极相组内的线圈通常是连续绕制而成，不用接头。

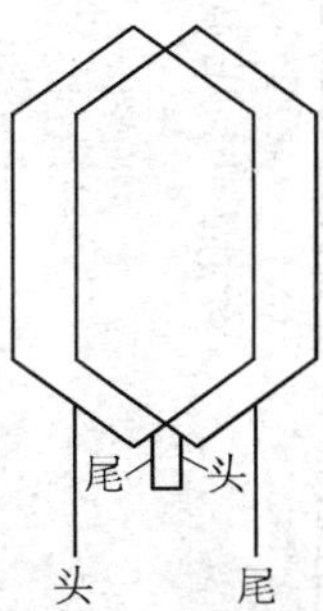

图3-1　极相组内的连接

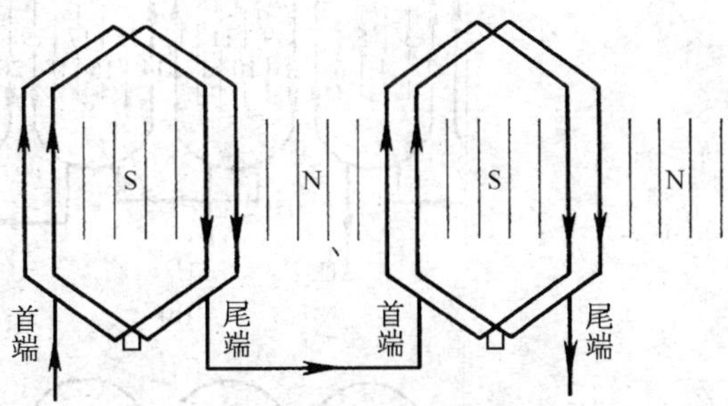

图3-2　正串连接示意图

2. 相绕组内的连接

属于同一相且同一支路的各极相组，通常有如下两种连接方法：

(1) 正串连接

当每个极相组应产生两个磁极时，采用正串连接（又称庶极连接），即尾端接首端、首端接尾端，也即底线接面线、面线接底线，如图3-2所示。

为简化图形，本章中的展开图中线圈组内线圈之间的连接线省略。

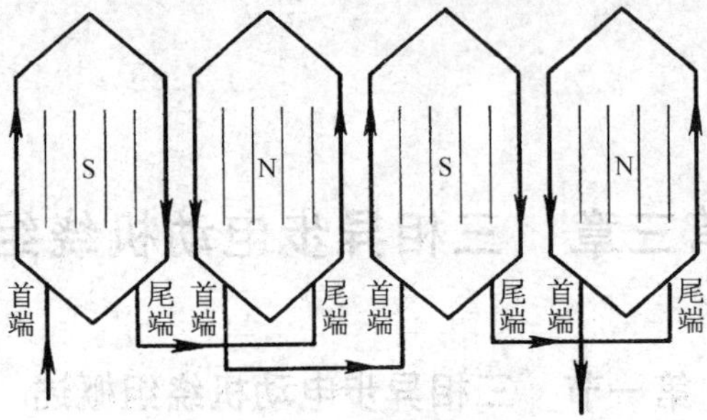

图 3-3　反串连接示意图

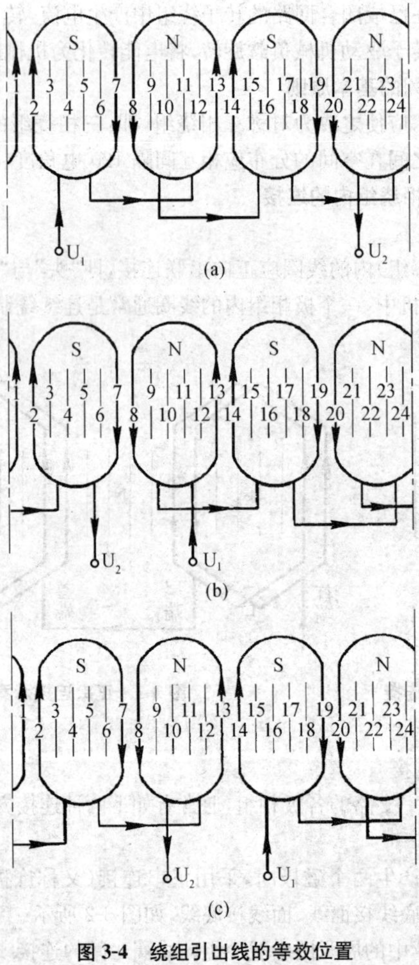

图 3-4　绕组引出线的等效位置

(2) 反串连接

当每个极相组只产生一个磁极时，采用反串连接（又称显极连接），即尾端接尾端、首端接首端，也即底线接底线、面线接面线，如图 3-3 所示。

三、相绕组引出线的位置

三相绕组相与相之间在空间的分布应相互间隔 120°电角度，在这一前提下，三相绕组的线端（引出线）U_1、V_1 和 W_1 之间的间隔以及 U_2、V_2 和 W_2 之间的间隔，通常也是 120°电角度，但也可以不是 120°电角度，这主要是由于在实际生产中，从工艺上考虑总希望所有引出线都靠拢在机座的出线孔附近的缘故。图 3-4 以一相绕组为例说明，只要保证各线圈中电流方向不变，线端 U_1 和 U_2 既可以按图(a)分别从第 2 槽和第 20 槽引出，也可根据工艺需要，改为按图(b)从第 13 槽和第 7 槽引出，或改为按图(c)从第 14 槽和第 8 槽引出。

四、三相绕组连接的方法

三相异步电动机三相绕组连接的方法，通常有两种：一种为星形接法，又称Y接法；另一种为三角形接法，又称△接法。图 3-5 为这两种接法的示意图。图 3-6 为三相异步电动机（机座上）接线盒内绕组线端与电源的连接示意图。

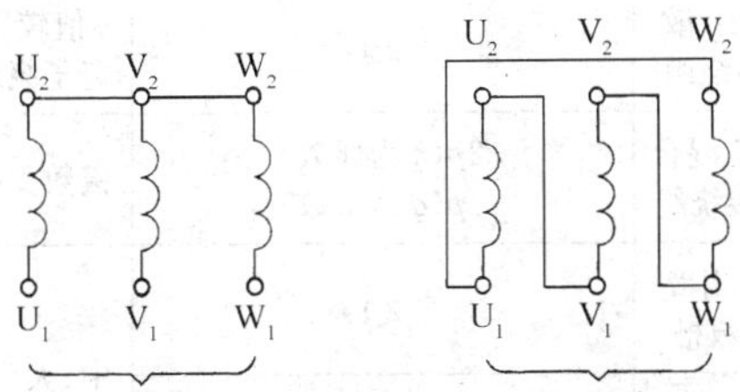

(a) 星形接法　　(b) 三角形接法

图 3-5　三相绕组的接法

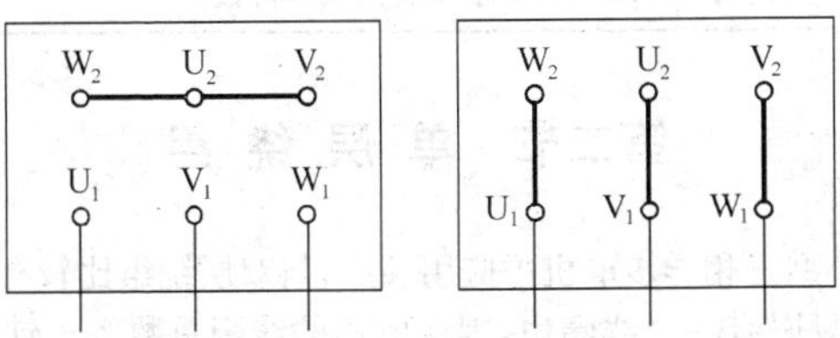

(a) 星形接法　　(b) 三角形接法

图 3-6　三相绕组电源线连接图

常用的三相 380 伏异步电动机，功率在 3 千瓦及以下的，一般为星形接法（每相绕组电压设计为 220 伏）；功率在 4 千瓦及以上的，一般为三角形接法（每相电压设计为 380 伏），以便用户根据需要可采用Y-△方式起动。

五、三相异步电动机的绕组型式

三相异步电动机较常用的绕组，根据其结构特征的不同而有多种型式，见表3-1。

表3-1 三相异步电动机绕组型式及适用范围

绕组型式			允许最大并联路数 a_{max}	主要适用范围
层数	端部连接方式	绕组排列方式		
单层	同心式	60°相带整数槽	$2p$(q为偶数) p(q为奇数)	2极小功率电机
	链　式			$q=2$的4、6、8极小功率电机
	交叉式			$q=3$、5、7的2、4、6极小功率电机
双层	叠　绕	60°相带整数槽	$2p$	较大功率电机定子绕组和小型绕线型转子绕组
		分数槽绕组	$2p/d$ (d为分数q约净后的分母)	8极以上电机定子绕组和小型绕线型转子绕组
		混相(散布)绕组	$2p$	q值较大的中、大型2极电机定子绕组
		Y-△混合连接绕组	$2p$(q为偶数) p(q为奇数)	极数少的定子绕组
	波　绕	60°相带整数槽	$2p$	中、大型绕线型转子绕组
		分数槽绕组	$2p/d$ (d为分数q约净后的分母)	
单双层	同心式	60°相带整数槽	$2p$(一相带中单层槽数为偶数) p(一相带中单层槽数为奇数)	$q>2$的中小型电机定子绕组

第二节　单层绕组

单层绕组在小型三相异步电机中应用甚广，与双层绕组比较有如下特点：

① 每个槽内只嵌有一个线圈边，因而电机的线圈总数等于铁心槽数的一半，可节省绕线和嵌线工时。

② 因槽内只有一个线圈边，故无须层间绝缘，在槽内不存在相间击穿的问题。

③ 由于槽内无层间绝缘，故槽面积的利用率较高。

④ 绕组线圈端部较厚，相互交叠，不易整形。

⑤ 单层绕组虽也可用短距线圈，但从电磁本质上看，完全等效于整距绕组，故电气性能较差，这是主要的不足之处。

较常用的单层绕组有单层同心式、单层链式和单层交叉式等数种。

一、单层同心式绕组

单层同心式绕组主要用于两极小型电动机，这种绕组的极相组是由节距不等、大小不同而中心线重合的线圈所组成，故名同心式。其优点是嵌线较容易，缺点是端部整形较难。

1. 绕组的排列

三相2极单层同心式绕组，现今比较常用的排列，其展开图如图3-7和图3-8所示。前者定子24槽，后者定子30槽。由图可见，每相绕组由两个同心的线圈组所组成，线圈组之间为“尾接尾”反串联接，并联支路数 $a=1$。

2. 嵌线方法

为了便于将各相的始、末(头、尾)端从机座的出线孔中引出，嵌线前应预先妥善确定起嵌槽的位置。

【例3-1】 24槽2极嵌线方法(参见图3-7)。

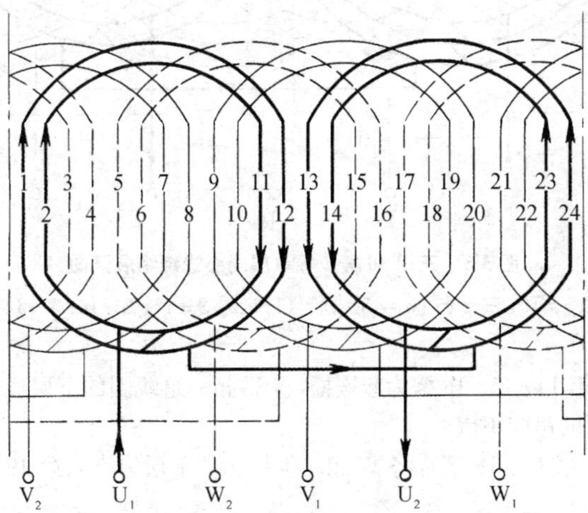

图3-7 三相24槽2极单层同心式绕组展开图

$Z=24,\ 2p=2,\ \tau=12,\ q=4,\ y=(1—12,\ 2—11),\ a=1$

① 假设以第11、12槽为起嵌槽，先将U相第一组线圈一方的线圈边嵌入第11和第12槽(由于该线圈边的端部是被压在其他线圈下面的，故称下层边)，另一方(上层边)暂时吊起不嵌。

② 空两槽(第13、14槽)，将W相一组线圈的下层边嵌入第15、16槽，上层边也吊起不嵌。

③ 再空两槽(第17、18槽)，将V相一组线圈的下层边嵌入第19、20槽，并按 $y=(1—12,\ 2—11)$槽，将上层边嵌入第9、10槽。

④ 按空两(槽)、嵌两(槽)的方法,依次将其余线圈嵌完。

⑤ 最后把 U 相和 W 相尚未嵌入的上层边(又称吊把边,吊把边数等于 q),分别嵌入第 1、2 槽和第 5、6 槽,整个绕组随即全部嵌好。

【例 3-2】 30 槽 2 极嵌线方法(参见图 3-8)。

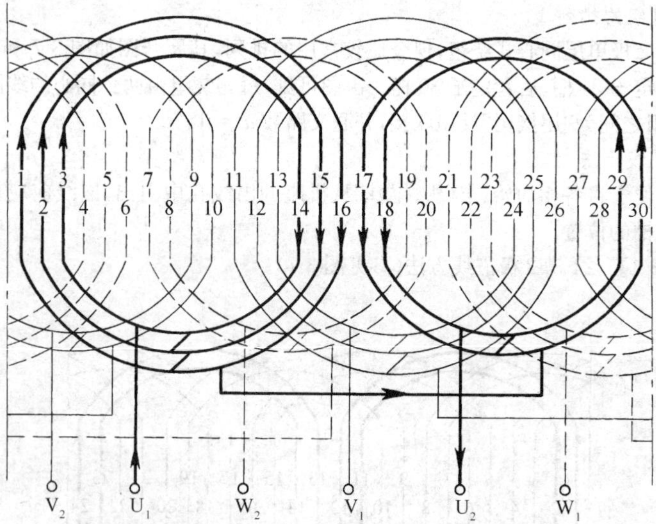

图 3-8 三相 30 槽 2 极单层同心式绕组展开图

$Z=30$, $2p=2$, $\tau=15$, $q=5$, $y=(1—16, 2—15, 3—14; 1—14, 2—13)$

① 假设以第 14、15、16 槽为起嵌槽,将 U 相一组线圈的下层边嵌入第 14、15、16 槽,上层边暂时吊起不嵌。

② 空两槽(第 17、18 槽),将 W 相一组线圈的下层边嵌入第 19、20 槽,上层边也吊起不嵌。

③ 空三槽(第 21、22、23 槽),将 V 相一组线圈的下层边嵌入第 24、25、26 槽,并按 $y=(1—16, 2—15, 3—14)$槽,将上层边嵌入第 11、12、13 槽。

④ 再空两槽(第 27、28 槽),将 U 相另一线圈组的下层边嵌入第 29、30 槽,并按 $y=(1—14, 2—13)$槽,将上层边嵌入第 17 和第 18 槽。

⑤ 按上述空两(槽)嵌两(槽)、空三(槽)嵌三(槽),交替轮换的方法,依次将其余线圈嵌完。

⑥ 最后把 U 相和 W 相尚未嵌入的上层边(吊把边)分别嵌入第 1、2、3 槽和第 7、8 槽,整个绕组即全部嵌好。

二、单层链式绕组

单层链式绕组中所有线圈的形状、大小完全相同,三相线圈的排列如链互扣,故名链式绕组，又称等元件链式绕组。其线圈端部较同心式的短，用铜量较省，常用于每极每相槽数 $q=2$ 的4、6、8极电动机，即24槽4极、36槽6极和48槽8极的三相电动机。单层链式绕组线圈的节距 y 应是奇数，否则就无法构成。

1. 绕组的排列

图3-9、图3-10和图3-11分别为常用的24槽4极、36槽6极和48槽8极单层链式绕组的展开图。这三种电动机每一极下各相分别占有两槽，即 $q=2$。各线圈组都只有一个线圈，每相线圈组数等于极数，每相线圈组间为反串连接，即始端接始端，末端接末端。

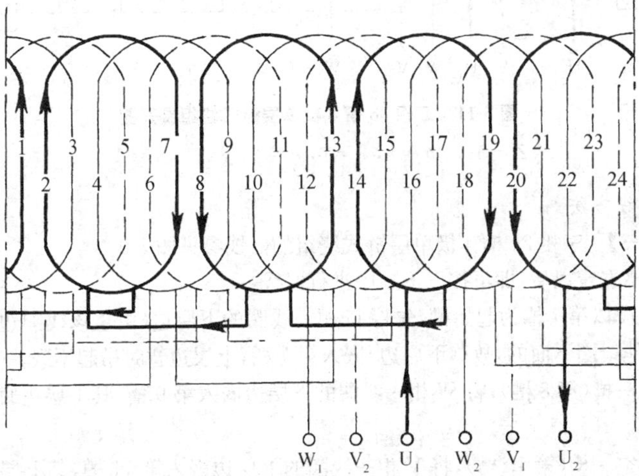

图3-9　三相24槽4极单层链式绕组展开图

$Z=24,\ 2p=4,\ \tau=6,\ q=2,\ y=5,\ a=1$

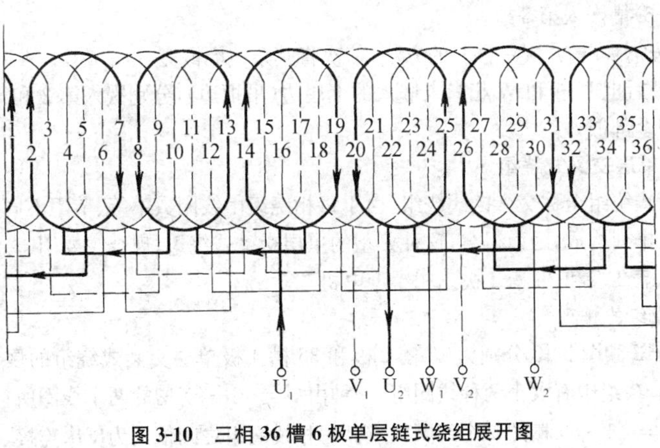

图3-10　三相36槽6极单层链式绕组展开图

$Z=36,\ 2p=6,\ \tau=6,\ q=2,\ y=5,\ a=1$

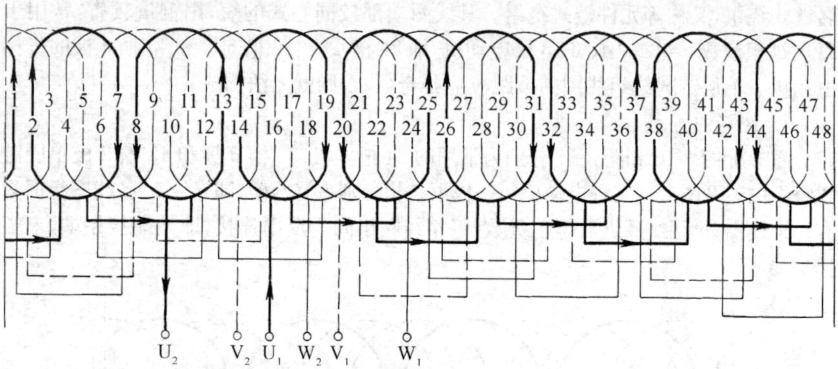

图 3-11 三相 48 槽 8 极单层链式绕组展开图

$Z=48$, $2p=8$, $\tau=6$, $q=2$, $y=5$, $a=1$

2. 嵌线方法

【例 3-3】 三相 24 槽 4 极单层链式绕组的嵌线参见图 3-9。

起始槽选定以后，即可按以下顺序进行嵌线：

① 假设以第 7 槽为起始槽，先将 U 相一线圈的下层边（由于该线圈边的端部是被压在其他线圈下面的，故称下层边）嵌入第 7 槽，上层边暂时吊起不嵌。

② 空一槽（第 8 槽），将 W 相一线圈的下层边嵌入第 9 槽，其上层边暂时也吊起不嵌。

③ 再空一槽（第 10 槽），将 V 相一线圈的下层边嵌入第 11 槽，其上层边按 $y=$(1—6)槽嵌入第 6 槽。

④ 再空一槽（第 12 槽），将 U 相第二个线圈的下层边嵌入第 13 槽，其上层边按 $y=$(1—6)槽嵌入第 8 槽。

⑤ 按空一（槽）、嵌一（槽）的方法，依次将其余线圈嵌完。

⑥ 最后把 U 相和 W 相尚未嵌入的上层边（吊把边），分别嵌入第 2 和第 4 槽，整个绕组即全部嵌好。

三、单层交叉式绕组

交叉式绕组全称交叉链式绕组，由于每相绕组由线圈数不等、节距不同的两种线圈组交叉排列构成，因而得名，这种典型的单层交叉式绕组，现今主要用于 $q=3$（奇数）的 18 槽 2 极和 36 槽 4 极三相小型电机。

1. 绕组的排列

图 3-12 和图 3-13 分别为 18 槽 2 极和 36 槽 4 极单层交叉式绕组的展开图。由图中可见，绕组中有大小两种线圈组，一种由 $y=$(1—9) 槽的两个线圈所构成，另一种则由 $y=$(1—8) 槽的一个线圈构成。每相线圈组之间依次为反串连接，即始端接始端，末端接末端。

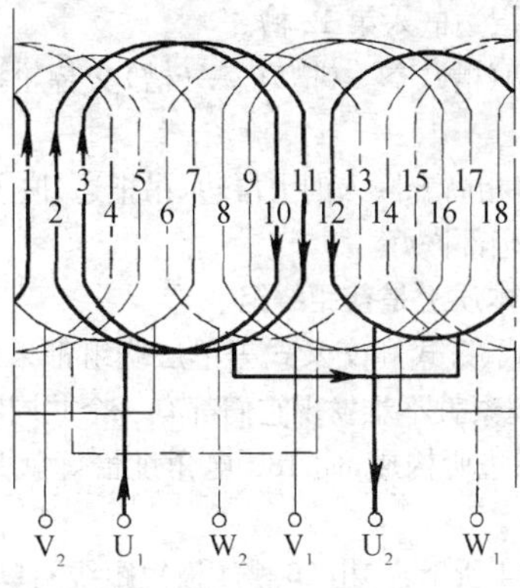

图 3-12　三相 18 槽 2 极单层交叉式绕组展开图

$Z = 18$, $2p = 2$, $\tau = 9$, $q = 3$, $y = 2(1—9)$ 和 $1(1—8)$

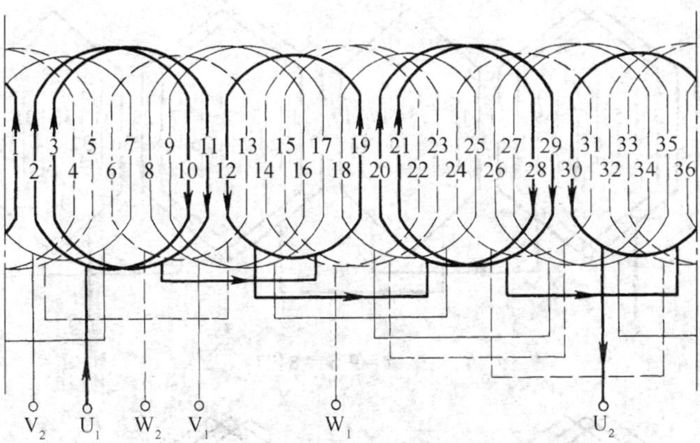

图 3-13　三相 36 槽 4 极单层交叉式绕组展开图

$Z = 36$, $2p = 4$, $\tau = 9$, $q = 3$, $y = 2(1—9)$ 和 $1(1—8)$

2. 嵌线方法

【例 3-4】　三相 36 槽 4 极单层交叉式绕组的嵌线方法。

参见图 3-13，选好起嵌槽的位置以后，按以下顺序进行嵌线：

① 假设选定第 10、11 槽为起嵌槽，把 U 相两个大线圈的下层边(由于该线圈边的端部是被压在其他线圈下面的，故称下层边)依次嵌入第 10、11 槽，上层边吊起不嵌。

② 空一槽(第 12 槽)，把 W 相小线圈的下层边嵌入第 13 槽，上层边也吊起不嵌。

③ 空二槽(第 14、15 槽)，把 V 相两个大线圈的下层边嵌入第 16、17 槽，并按照大线圈的节距 $y = (1—9)$槽将上层边嵌入第 8 和第 9 槽。

④ 再空一槽(第 18 槽)，将 U 相的小线圈的下层边嵌入第 19 槽，并按小线圈的

节距 $y = (1—8)$ 槽，把上层边嵌入第 12 槽。

⑤ 按照空两（槽）嵌两（槽）、空一（槽）嵌一（槽）交替轮换的方法，依次将其余线圈嵌完。

⑥ 最后把 U 相和 W 相尚未嵌入的上层边（吊把边）嵌入第 2、3 和第 6 槽（吊把边数等于 q），整个绕组即全部嵌好。

四、单层绕组在电磁本质上是整距绕组

在实际生产中，同心式、链式和交叉式等单层绕组都采用短距线圈，如图 3-7 至图 3-13 所示。只要仔细观察就不难发现它们都有一个共同特点，即各相绕组均由互差 180°电角度成对的线圈边所构成，而 180°电角度恰好就是一个极距，所以均可还原为整距线圈的单层绕组。

今举个例子，如图 3-14 所示：三相 36 槽 4 极短距线圈单层绕组（$\tau = 9$，$y = 8$ 和 7），还原为整距线圈单层绕组（$y = 9 = \tau$）。为清晰起见，图中只画出一相绕组。

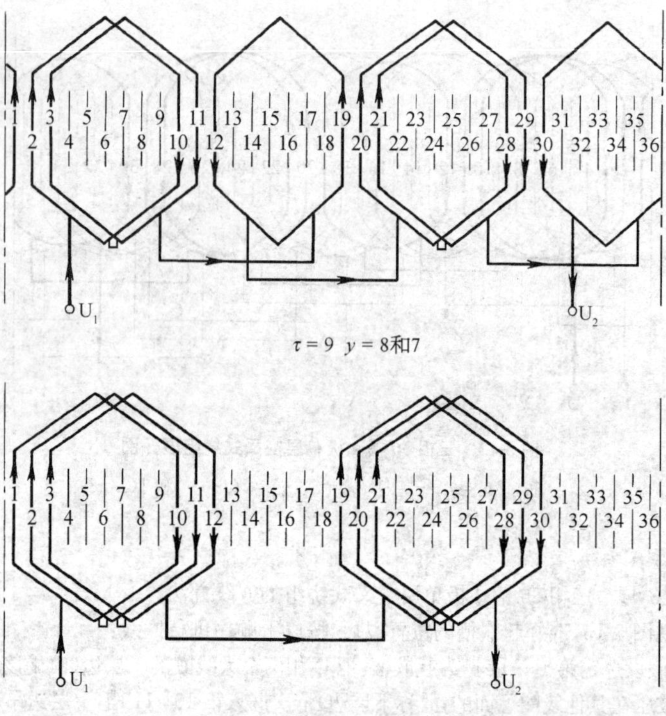

图 3-14　单层短距线圈还原为整距线圈示意图

所以单层绕组尽管形式上采用了短距线圈，但在电磁本质上是整距绕组。单层绕组采用短距线圈，主要可缩小端接部分的长度，降低铜耗。这同双层绕组为改善磁场波形而用短距线圈，显然有本质上的区别。

第三节　双层绕组

如前所述，单层绕组的端部较厚，整形较难，当电动机容量较大，导线较粗时，这种矛盾就显著突出。此外，在电磁本质上难于构成短距也限制了单层绕组的应用范围，故在较大容量的三相电动机中，通常多采用双层绕组，与单层绕组比较，双层绕组有如下特点：

① 每个槽内嵌有上、下两层线圈边，上、下层之间用层间绝缘隔离。线圈数与槽数相等，故绕线、嵌线较费时。

② 在槽内有可能发生相间短路故障。

③ 由于槽内有层间绝缘，故槽面积的利用率要低一些。

④ 各线圈的形状大小一样，位于槽外的线圈端部相互均匀重叠，故又称双层叠绕组，绕组的端部较整齐美观。

⑤ 可选用最有利的节距以削弱气隙磁场中的高次谐波，改善电动机的起动和运行性能。

一、整数槽双层绕组

当每极每相槽数 $q=$ 整数时即为整数槽双层绕组，绕组的节距可用全距或短距，为了改善电气性能，实际生产中多用短距。对于短距绕组，因某些槽中的上、下层线圈边若不属于同一相，则层间承受较大电位差，故必须垫好层间绝缘，以防止相间短路。

1. 绕组的排列和连接

双层绕组的排列，也可用绘制展开图的方法来解决。双层绕组每个槽内有上下两层线圈边，上层边和下层边分别画在槽的左侧和右侧(一种惯用方法，上层线圈边用实线表示，下层线圈边则用虚线表示)。三相绕组以三种颜色，或分别以同色粗实线、细实线和虚线表示。今以 36 槽 2 极，节距 $y=1—13$，支路数 $a=1$ 的三相双层叠绕组为例，说明其展开图的绘制方法，见图 3-15。

(1) 标槽号

每槽以一实线和一虚线表示，共画 36 个槽，并依次标上各槽槽号，如图 3-15(a)所示。

(2) 标极距 τ

$$\tau=\frac{36}{2}=18\text{ 槽}$$

(3) 划分相带

每相带所占槽数 $q=\frac{\tau}{3}=\frac{18}{3}=6$，相带号分别用字母 U、−W、V、−U、W、−V 表示，依次标在该相带线圈上层边所在的位置，如图 3-15(a)所示。

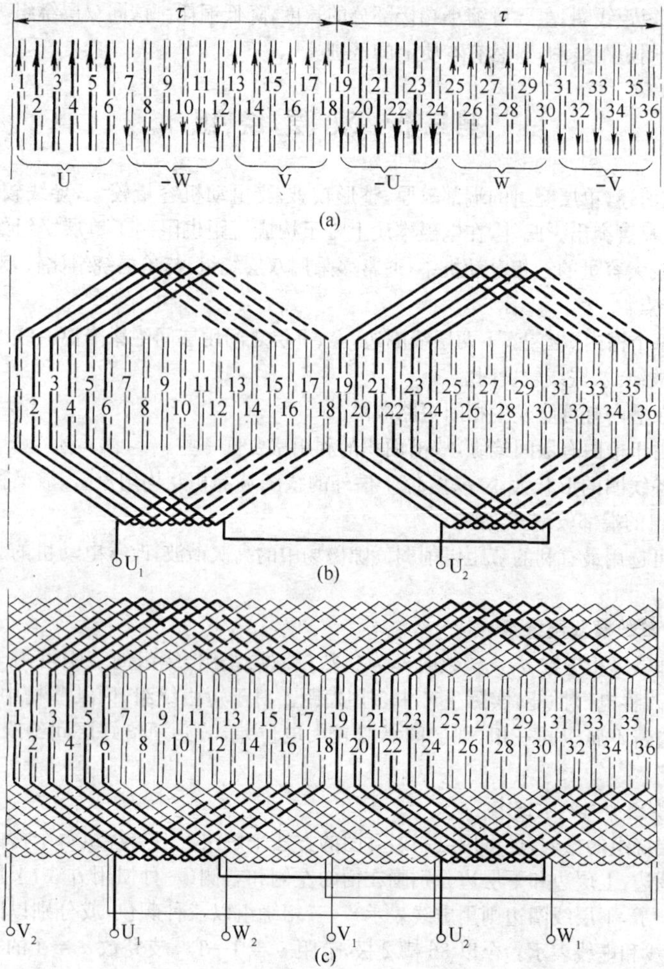

图 3-15　三相 36 槽 2 极双叠绕组展开图

$Z=36,\ 2p=2,\ \tau=18,\ q=6,\ y=1—13,\ a=1$

(4) 标电流方向

假设正号相带(U、V、W 相带)中电流向上,则负号相带(－U、－V、－W 相带)中电流向下,如图 3-15(a)所示。

(5) 连成线圈组(极相组)

按照节距 $y=1—13$,将同一线圈的上层边和下层边用斜线连接起来,将每一极相组中的 6 个线圈串联成一组,如图 3-15(b)所示。为清晰起见,图中只画出一相的两个线圈组。

(6) 连过桥线

由于双叠绕组的极相组数等于极数，故该两极电动机每相各有两个极相组(线圈组)，又因并联支路数 $a=1$，故每相两线圈组间应为反串连接，即尾端接尾端。图 3-15(b)中所示为一相线圈组的连接情况，其余两相的连接方法相同。

(7) 定各相绕组的始端和末端

各相的始(末)端之间在铁心上通常间隔 120°电角度，由于每槽电角度为 10°，故需间隔 12 槽，当 U_1 从第 1 槽引出时，V_1、W_1 应分别从第 13 槽和第 25 槽引出；与之相匹配，U_2 从第 19 槽引出，V_2、W_2 分别从第 31 槽和第 7 槽引出，如图 3-15(c)所示。

按同样方法，可以给出其他槽数、极数和并联路数的双叠绕组展开图。当假设各相电流均从始端流入、末端流出时，则相邻极相组(线圈组)中上层边电流的方向相反，在展开图中用箭头表示时，将是向上和向下相间的，故可以此来判别线圈的排列和连接是否正确。

2. 嵌线方法

【例 3-5】 三相 36 槽 4 极双叠绕组的嵌线方法。

双层绕组的嵌线方法较为简单，今以图 3-16 所示三相 36 槽 4 极双叠绕组为例说明其嵌线顺序如下：

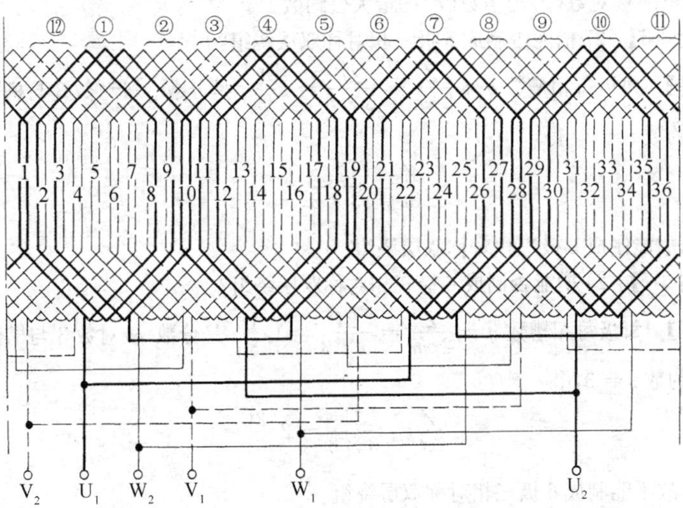

图 3-16 三相 36 槽 4 极双叠绕组展开图

$Z=36,\ 2p=4,\ \tau=9,\ y=1—8,\ q=3,\ a=2$

1) 先选好起嵌槽的位置，使引出线位于出线孔附近。本例假设第 8、9、10 三槽为起嵌槽。

2）将极相组（线圈组）①的 1、2、3 线圈的下层边嵌入第 8、9、10 槽内，放好层间绝缘，上层边吊起暂时不嵌。

3）将极相组②的 4、5、6 线圈的下层边嵌入第 11、12、13 槽内，放好层间绝缘（下同），上层边也吊起暂时不嵌。

4）将极相组③的 7、8、9 线圈的下层边嵌入第 14、15、16 槽，第 7 只线圈的上层边也吊起，从第 8 只线圈起，其下层边嵌入 15 槽后，接着将其上层边（按 $y=1$—8）嵌入第 8 槽，依次嵌入其余各线圈的下层边与上层边。

5）全部线圈的下层边嵌好后，即可将吊把线圈的上层边依次嵌入槽的上层（吊把线圈边数等于节距 y，本例中 $y=7$，所以吊把线圈边数亦为 7）。

6）根据展开图，将同相相邻的两线圈组"反串"连接，并接成并联路数 $a=2$。

二、分数槽双层绕组

1. 三相对称的条件

双层绕组当每极每相槽数 q 不是一整数，而是一个分数时，即为分数槽双层绕组。分数槽双层绕组的分布，必须保证三相电势和磁势平衡，否则就不能成为对称三相绕组。要保证这种平衡，则必须使绕组满足以下对称条件，即：

$$\frac{Z}{3t}=\text{整数}$$

式中　t——极对数（p）与槽数（Z）的最大公约数。

【例 3-6】 27 槽能否制成 6 极三相对称双层绕组？

【答】 每极每相槽数 $q=\frac{Z}{2pm}=\frac{27}{6\times3}=1\frac{1}{2}$，是分数。极对数 3 与槽数 27 的最大公约数 $t=3$，得：

$$\frac{Z}{3t}=\frac{27}{3\times3}=3$$

是整数，故能制成 6 极三相对称双层绕组。

【例 3-7】 24 槽能否制成 6 极三相对称双层绕组？

【答】 每极每相槽数 $q=\frac{Z}{2pm}=\frac{24}{6\times3}=1\frac{1}{3}$，是分数，极对数 3 与槽数 24 的最大公约数 $t=3$，得

$$\frac{Z}{3t}=\frac{24}{3\times3}=2\frac{2}{3}$$

非整数，故不能制成 6 极三相对称双层绕组。

【例 3-8】 54 槽能否制成 8 极三相对称双层绕组？

【答】 $q=\frac{Z}{2pm}=\frac{54}{8\times3}=2\frac{1}{4}$，是分数。极对数 4 与槽数 54 的最大公约数 $t=2$，得

$$\frac{Z}{3t}=\frac{54}{3\times2}=9$$

是整数，故能制成8极三相对称双层绕组。

54槽8极分数槽双叠绕组应用较多，如:JO2系列的6号、7号机座和Y系列的180、200、225机座，其8极铁心冲片均是54槽，与6极的铁心冲片通用。

2. 绕组的排列

每极每相槽数 q 为分数时，由于不可能将槽分隔为分数，也不可能制成分数线圈来嵌线，故在实际生产中，是在每个磁极下允许各相占有不同槽数，但很有规律地分配每相线圈于各磁极下，使每相线圈总数相等，达到三相平衡。

表3-2所示为部分三相分数槽双层绕组常用线圈数的分配循环规律。

表3-2　部分分数槽双层绕组线圈数的分配

每极每相槽数 q	线圈数的分配
$1\frac{1}{2}$	(1-2)，(1-2)，…
$1\frac{1}{4}$	(1-1-1-2)，(1-1-1-2)，…
$1\frac{3}{4}$	(1-2-2-2)，(1-2-2-2)，…
$1\frac{1}{5}$	(1-1-1-1-2)，(1-1-1-1-2)，…
$1\frac{2}{5}$	(2-1-2-1-1)，(2-1-2-1-1)，…
$1\frac{3}{5}$	(1-2-1-2-2)，(1-2-1-2-2)，…
$2\frac{1}{2}$	(2-3)，(2-3)，…
$2\frac{1}{4}$	(2-2-2-3)，(2-2-2-3)，…
$2\frac{2}{5}$	(2-3-2-3-2)，(2-3-2-3-2)，…
$3\frac{1}{4}$	(3-3-3-4)，(3-3-3-4)，…
$4\frac{1}{4}$	(4-4-4-5)，(4-4-4-5)，…
$4\frac{1}{5}$	(4-4-4-4-5)，(4-4-4-4-5)，…

注：1. 表中循环的线圈数(1-2)，…表示某相线圈在一个极下占1槽，在其后的一个极下占2槽，依次重复；(1-1-1-2)，…表示某相线圈在第一、第二、第三个极下各占1槽，第四个极下占2槽，依次重复。其余同理。

2. 表中循环的线圈数(1-2)，…与(2-1)，…等效；(1-1-1-2)，…与(1-1-2-1)，…或(1-2-1-1)，…或(2-1-1-1)，…均等效。其余同理。

【例3-9】 54槽8极，$\tau=6\frac{3}{4}$，$y=1—7$，$q=2\frac{1}{4}$，$a=2$ 的三相电动机，试作

绕组的排列。

【解】

① 由 $q=2\frac{1}{4}$，从表 3-2，得 U、W、V 三相在各磁极下线圈数（槽数）的分配为（2-2-2-3），…，取其等效数列（2-2-3-2）（2-2-3-2）、（2-2-2-3）（2-2-2-3）和（3-2-2-2）（3-2-2-2）。

② 根据上述数列，即可作出三相绕组在各磁极下线圈数（槽数）的排列，见表 3-3。

表 3-3　54 槽 8 极线圈数的排列表

相　号	磁极号								每相线圈总数
	p_1	p_2	p_3	p_4	p_5	p_6	p_7	p_8	
U	2	2	3	2	2	2	3	2	18
W	2	2	2	3	2	2	2	3	18
V	3	2	2	2	3	2	2	2	18
各磁极线圈数	7	6	7	7	7	6	7	7	

注：1. p_1、p_2、p_3、p_4、p_5、p_6、p_7、p_8 是八个磁极的代号。

2. 每相有 8 个极相组（线圈组），各极相组中的线圈数，按表所示。

③ 由表 3-3，不难作出 54 槽 8 极三相绕组槽号（线圈号）排列表，如表 3-4 所示。线圈号即线圈上层边所在位置的槽号。下层边的位置，按节距 $y=1—7$ 即可确定，下层边总的分布情况，与上层边的分布保持一致。

④ 根据表 3-4 及以上所述即可绘制该绕组的排列展开图，如图 3-17 所示。

表 3-4　54 槽 8 极三相绕组槽号（线圈号）排列表

相　号	磁极号								每相占有槽数
	p_1	p_2	p_3	p_4	p_5	p_6	p_7	p_8	
U	1	−8	14	−21	28	−35	41	−48	18
	2	−9	15	−22	29	−36	42	−49	
			16				43		
W	3	10	−17	23	−30	37	−44	50	18
	4	11	−18	24	−31	38	−45	51	
				25				52	
V	5	−12	19	−26	32	−39	46	−53	18
	6	−13	20	−27	33	−40	47	−54	
	7				34				
各极占有槽数	7	6	7	7	7	6	7	7	

注：表中每相占有槽数，即每相线圈上层边所占槽数。

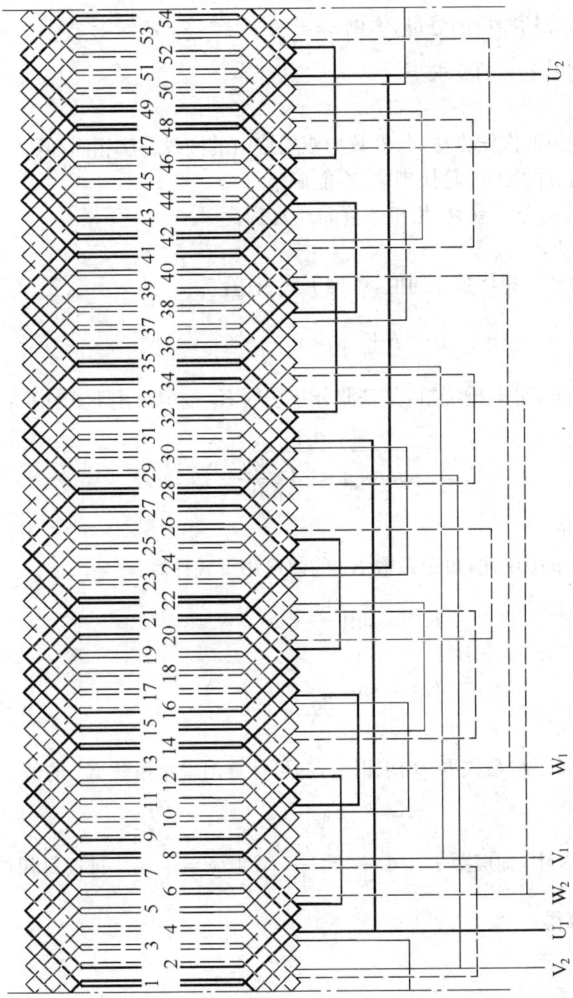

图 3-17　三相 54 槽 8 极（分数槽）双叠绕组展开图

$Z=54,\ 2p=8,\ \tau=6\frac{3}{4},\ y=1—7,\ q=2\frac{1}{4},\ a=2$

根据表 3-1，该分数槽双层绕组的最大并联支路数为

$$a_{\max} = \frac{2p}{d} = \frac{8}{4} = 2$$

式中　$2p$——极数，本例 $2p = 8$；

d——分数 q 约净后的分母，本例 $q = \frac{54}{8\times 3} = \frac{9}{4}$，$d = 4$。

因而可以满足 $a = 2$ 的要求。

3. 嵌线方法

分数槽双层绕组的嵌线方法，与整数槽双层绕组的嵌线方法相同，但必须注意各极相组中线圈数的分配循环、轮换规律，不能搞错。

4. 分数槽绕组的分布系数、短距系数和绕组系数

(1) 分布系数 K_d

分数槽绕组每极每相槽数 q 的值，可用下式表述：

$$q = b + \frac{c}{d} = \frac{bd + c}{d}$$

对于三相 60°相带分数槽绕组，其基波分布系数 K_d 的值可用下式计算：

$$K_d = \frac{0.5}{(bd + c)\sin\left(\frac{30^\circ}{bd + c}\right)}$$

(2) 短距系数 K_y

如第一章第三节中所述，短距系数 K_y 的值可用下式计算：

$$K_y = \sin\left(\frac{y}{\tau}\cdot 90^\circ\right)$$

或
$$K_y = \sin\left(\frac{y}{3q}\cdot 90^\circ\right)$$

(3) 绕组系数 K_w

分布系数 K_d 和短距系数 K_y 均求得后，即可计算出绕组系数 K_w 的值：

$$K_w = K_d \cdot K_y$$

今举例在例 3-9 中，知极距 $\tau = 6\frac{3}{4} = \frac{27}{4}$，节距 $y = 1—7$，每极每相槽数 $q = 2\frac{1}{4} = \frac{9}{4}$，可计算得：

$$K_d = \frac{0.5}{(bd + c)\sin\left(\frac{30^\circ}{bd + c}\right)} = \frac{0.5}{9\sin\left(\frac{30^\circ}{9}\right)} = 0.955\,47$$

$$K_y = \sin\left(\frac{y}{\tau}\cdot 90^\circ\right) = \sin\left(\frac{6}{27/4}\cdot 90^\circ\right) = 0.984\,8$$

$$K_w = K_d \cdot K_y = 0.955\,47 \times 0.984\,8 = 0.941$$

表 3-5 为三相 60°相带分数槽双层绕组基波的分布系数、短距系数和绕组系数。

表 3-5 分数槽双层绕组的分布系数、短距系数和绕组系数

每极每相槽数 q		极距 τ	节距 y	分布系数 K_d	短距系数 K_y	绕组系数 K_w
$1\frac{1}{8}$	$\frac{9}{8}$	$3\frac{3}{8}$	1—4	0.955 47	0.984 8	0.941
$1\frac{1}{5}$	$\frac{6}{5}$	$3\frac{3}{5}$	1—4	0.956 14	0.965 9	0.923
$1\frac{1}{4}$	$\frac{5}{4}$	$3\frac{3}{4}$	1—4	0.956 68	0.951 1	0.910
$1\frac{2}{5}$	$\frac{7}{5}$	$4\frac{1}{5}$	1—5	0.955 82	0.997 2	0.953
$1\frac{1}{2}$	$\frac{3}{2}$	$4\frac{1}{2}$	1—5	0.959 79	0.984 8	0.945
$1\frac{3}{5}$	$\frac{8}{5}$	$4\frac{4}{5}$	1—5	0.955 61	0.965 9	0.923
$1\frac{3}{4}$	$\frac{7}{4}$	$5\frac{1}{4}$	1—6	0.955 82	0.997 2	0.953
$1\frac{4}{5}$	$\frac{9}{5}$	$5\frac{2}{5}$	1—6	0.955 47	0.993 2	0.949
$1\frac{7}{8}$	$\frac{15}{8}$	$5\frac{5}{8}$	1—6	0.955 12	0.984 8	0.941
$2\frac{1}{10}$	$\frac{21}{10}$	$6\frac{3}{10}$	1—7 1—6	0.955 03	0.997 2 0.947 9	0.952 0.905
$2\frac{1}{8}$	$\frac{17}{8}$	$6\frac{3}{8}$	1—7 1—6	0.955 08	0.995 7 0.943 1	0.951 0.901
$2\frac{1}{7}$	$\frac{15}{7}$	$6\frac{3}{7}$	1—7 1—6	0.955 12	0.994 5 0.939 7	0.950 0.898
$2\frac{1}{5}$	$\frac{11}{5}$	$6\frac{3}{5}$	1—7 1—6	0.955 29	0.989 8 0.928 4	0.945 0.887
$2\frac{1}{4}$	$\frac{9}{4}$	$6\frac{3}{4}$	1—7 1—6	0.955 47	0.984 8 0.918 2	0.941 0.877
$2\frac{2}{5}$	$\frac{12}{5}$	$7\frac{1}{5}$	1—8 1—7 1—6	0.955 23	0.999 0 0.965 9 0.887 0	0.954 0.923 0.847

（续表）

每极每相槽数 q		极距 τ	节距 y	分布系数 K_d	短距系数 K_y	绕组系数 K_w
$2\frac{1}{2}$	$\frac{5}{2}$	$7\frac{1}{2}$	1—8 1—7 1—6	0.956 68	0.994 5 0.951 1 0.866 0	0.951 0.910 0.828
$2\frac{4}{7}$	$\frac{18}{7}$	$7\frac{5}{7}$	1—8 1—7	0.955 06	0.989 4 0.939 7	0.945 0.897
$2\frac{4}{5}$	$\frac{14}{5}$	$8\frac{2}{5}$	1—9 1—8 1—7	0.955 15	0.997 2 0.965 9 0.901 0	0.952 0.923 0.861
$2\frac{7}{8}$	$\frac{23}{8}$	$8\frac{5}{8}$	1—9 1—8	0.955 01	0.993 5 0.956 5	0.949 0.913
$3\frac{1}{5}$	$\frac{16}{5}$	$9\frac{3}{5}$	1—10 1—9 1—8	0.955 10	0.995 2 0.965 9 0.910 9	0.950 0.923 0.870
$3\frac{1}{4}$	$\frac{13}{4}$	$9\frac{3}{4}$	1—10 1—9 1—8	0.955 19	0.992 7 0.960 5 0.903 4	0.948 0.917 0.863
$3\frac{3}{7}$	$\frac{24}{7}$	$10\frac{2}{7}$	1—10 1—9	0.955 01	0.980 8 0.939 7	0.937 0.897
$3\frac{1}{2}$	$\frac{7}{2}$	$10\frac{1}{2}$	1—11 1—10 1—9 1—8	0.955 82	0.997 2 0.974 9 0.930 9 0.866 0	0.953 0.932 0.889 0.828
$3\frac{3}{5}$	$\frac{18}{5}$	$10\frac{4}{5}$	1—11 1—10 1—9	0.955 06	0.993 2 0.965 9 0.918 2	0.948 0.922 0.877
$3\frac{3}{4}$	$\frac{15}{4}$	$11\frac{1}{4}$	1—11 1—10	0.955 12	0.984 8 0.951 0	0.941 0.908
$3\frac{4}{5}$	$\frac{19}{5}$	$11\frac{2}{5}$	1—11 1—10	0.955 05	0.981 4 0.945 8	0.937 0.903
$3\frac{6}{7}$	$\frac{27}{7}$	$11\frac{4}{7}$	1—11 1—10	0.954 99	0.977 3 0.939 7	0.934 0.902

（续表）

每极每相槽数 q		极距 τ	节距 y	分布系数 K_d	短距系数 K_y	绕组系数 K_w
$4\frac{1}{8}$	$\frac{33}{8}$	$12\frac{3}{8}$	1—12 1—11	0.954 97	0.984 8 0.954 9	0.940 0.912
$4\frac{1}{5}$	$\frac{21}{5}$	$12\frac{3}{5}$	1—12 1—11	0.955 03	0.980 2 0.947 9	0.936 0.905
$4\frac{1}{4}$	$\frac{17}{4}$	$12\frac{3}{4}$	1—12 1—11	0.955 08	0.976 8 0.943 1	0.933 0.901
$4\frac{1}{2}$	$\frac{9}{2}$	$13\frac{1}{2}$	1—13 1—12 1—11	0.955 47	0.984 8 0.958 0 0.918 2	0.941 0.915 0.877
$4\frac{3}{4}$	$\frac{19}{4}$	$14\frac{1}{4}$	1—14 1—13 1—12	0.955 05	0.990 5 0.969 4 0.936 5	0.946 0.926 0.894
$4\frac{4}{5}$	$\frac{24}{5}$	$14\frac{2}{5}$	1—14 1—13	0.955 01	0.988 4 0.965 9	0.944 0.922
$4\frac{7}{8}$	$\frac{39}{8}$	$14\frac{5}{8}$	1—14 1—13	0.954 96	0.984 8 0.960 5	0.940 0.917
$5\frac{1}{2}$	$\frac{11}{2}$	$16\frac{1}{2}$	1—16 1—15 1—14	0.955 29	0.989 8 0.971 8 0.945 0	0.945 0.928 0.903

第四节　单双层绕组

单双层绕组又称单双层混合绕组，这种绕组是在短距双层绕组的基础上演变而来的。短距双层绕组中，例如图 3-18 中所示，一部分槽上、下层线圈边是属于同一相的，若将该同槽同相的双层线圈边合并为一个单层线圈边，而另一些槽上、下层线圈边不属于同一相的，仍然保留为双层绕组的结构，对于同相号的线圈边，按同心式绕组形式将其端部连接起来，即成为既有单层又有双层的单双层（混合）绕组，如图 3-19 所示，这种绕组综合了单层和双层绕组的一些优点，它既保留了双层短距绕组能够削弱谐波磁动势、改善起动性能的优点，又具有单层绕组无须层间绝缘、槽满率较高、线圈数目少等特点。不足之处，主要是不能如短距双层绕组那样可采用单一规格的线圈，而必须绕制匝数不同、节距不等的单层和双层两类线圈，给绕组的制作工艺带来一些不便。

1. 绕组的排列和绕组系数

单双层绕组适用的排列规律和绕组系数，如表 3-6 所示。

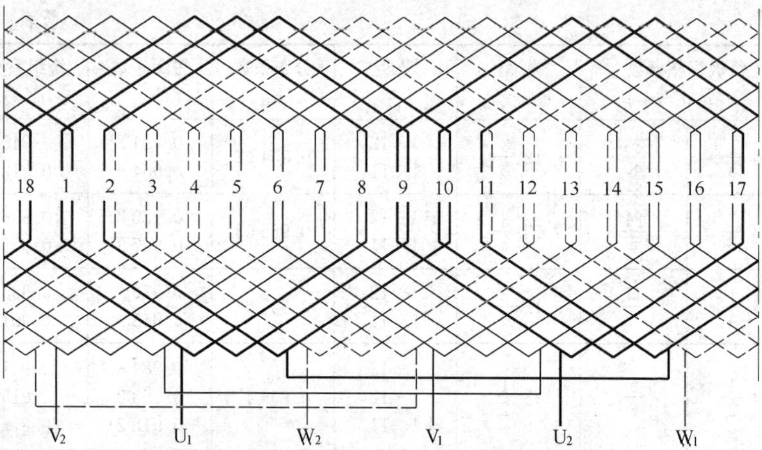

图 3-18　三相 18 槽 2 极双层绕组展开图

$Z=18$，$2p=2$，$\tau=9$，$q=3$，$y=1—9$，$a=1$

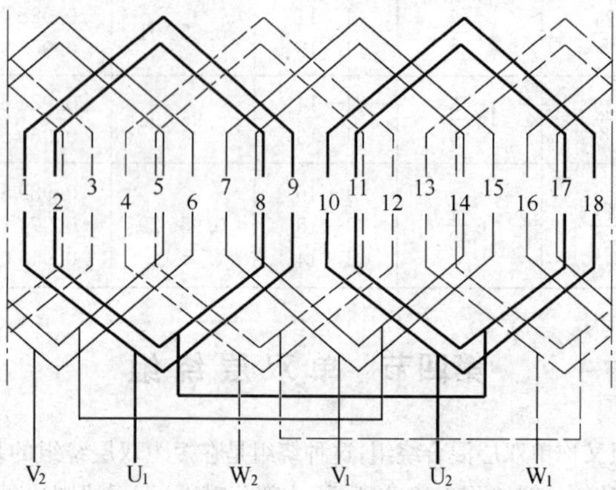

图 3-19　三相 18 槽 2 极单双层绕组展开图

$Z=18$，$2p=2$，$\tau=9$，$q=3$，$\beta=\frac{8}{9}$，$y=(1—9、2—8)$，$a=1$

单双层绕组各线圈的节距可由下式求得：

$$\text{最大节距 } y_1=\tau-1=\frac{Z}{2p}-1\text{（槽）}$$

$$\text{第二节距 } y_2=y_1-2\text{（槽）}$$

$$\text{第三节距 } y_3=y_2-2\text{（槽）}$$

其后的节距依次类推。

表 3-6　单双层绕组的排列和绕组系数

每极每相槽数 q		3	4	5		6		7	8	
槽数排列 双—单—双		1-2-1	2-2-2	1-4-1	3-2-3	2-4-2	4-2-4	3-4-3	2-6-2	4-4-4
理论数据	短距比 β	$\frac{8}{9}$	$\frac{10}{12}$	$\frac{14}{15}$	$\frac{12}{15}$	$\frac{16}{18}$	$\frac{14}{18}$	$\frac{18}{21}$	$\frac{22}{24}$	$\frac{20}{24}$
	分布系数 K_d	0.959 8	0.957 7	0.956 7	0.956 7	0.956 1	0.956 1	0.955 8	0.955 6	0.955 6
	短距系数 K_y	0.984 8	0.965 9	0.994 5	0.951 1	0.984 8	0.939 7	0.974 9	0.991 4	0.965 9
	绕组系数 K_w	0.945	0.925	0.951	0.910	0.942	0.898	0.932	0.947	0.923

注：1. 槽数排列，中间数字表示一个相带内放单层线圈的槽数。左、右两边的数字表示该单层槽左、右两边放双层线圈的槽数。
2. 理论数据指相对应的双层绕组的数据，适用于各槽线数相同的单双层绕组。
3. 短距比 $\beta = y/\tau$。

单双层绕组用于 2 极电动机较为有利，图 3-19 至图 3-21 分别为三相 18 槽 2 极、24 槽 2 极和 48 槽 2 极单双层绕组的展开图。

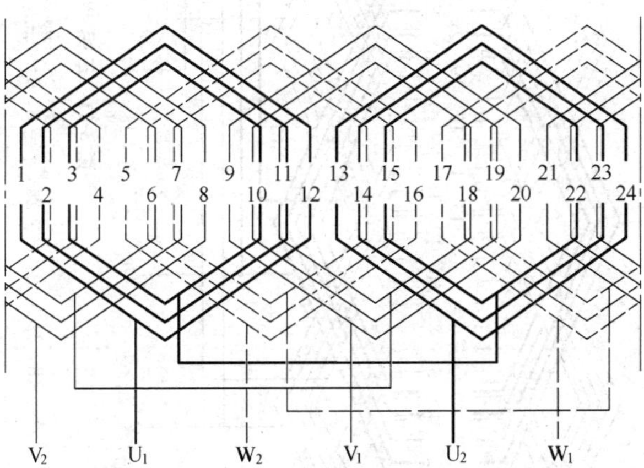

图 3-20　三相 24 槽 2 极单双层绕组展开图

$Z = 24$，$2p = 2$，$\tau = 12$，$q = 4$，$\beta = \frac{10}{12}$，$y = (1—12、2—11、3—10)$，$a = 1$

2. 嵌线方法

【例 3-10】 三相 18 槽 2 极单双层绕组的嵌线方法。

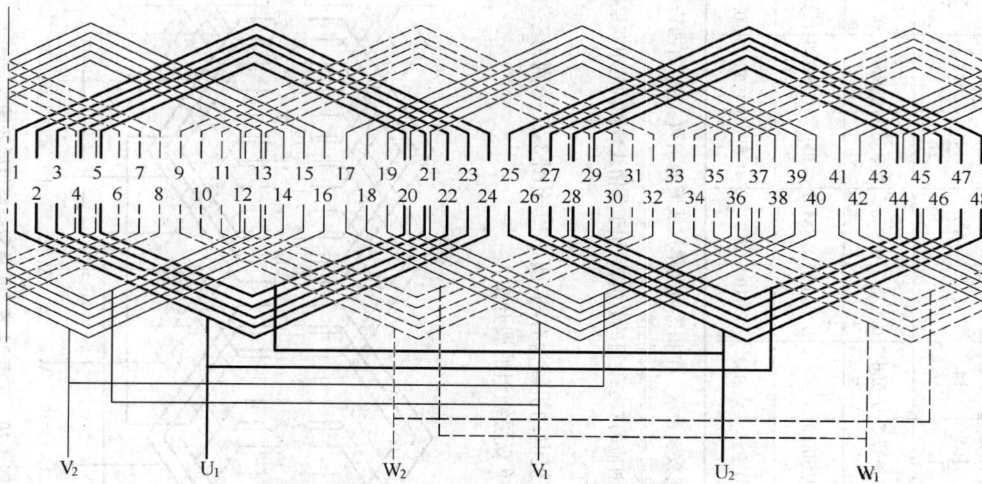

图 3-21　三相 48 槽 2 极单双层绕组展开图

$Z=48$，$2p=2$，$\tau=24$，$q=8$，$\beta=\frac{22}{24}$，$y=$（1—24、2—23、3—22、4—21、5—20），$a=2$

单双层绕组的嵌线方法与单层和双层绕组的嵌线方法大体相同，今以图 3-19 所示三相 18 槽 2 极单双层绕组为例，说明如下：

① 假设第 8、9 槽为选定的起嵌槽，将第一个线圈组(由大、小线圈各一构成一个线圈组)的两个下层线圈边分别嵌入第 8 槽和第 9 槽，其上层边暂时吊起不嵌。(注：嵌入第 9 槽中的是单层线圈边，由于该线圈边端部是被压在其他线圈下面的，故也称下层边)。

② 空一槽，把第二个线圈组的两个下层边分别嵌入第 11、12 槽，其上层边暂时也吊起不嵌。

③ 再空一槽，把第三个线圈组的两个下层边分别嵌入第 14、15 槽，并将小线圈的上层边按 $y = 1—7$，嵌入第 8 槽(双层槽中，嵌入上层边前，应先放好层间绝缘)，大线圈的上层边嵌入第 7 槽。

④ 按隔一槽嵌入一组线圈的规律，嵌完其余线圈。

⑤ 最后将吊把边依次分别嵌入第 1、2、4 和第 5 槽。

⑥ 同相线圈组之间“反串”连接。

第五节　混相绕组及Y-△混合绕组

一、混相(散布)绕组

把 60°相带整数槽双层绕组各相邻相带的相邻两槽的线圈边相互交换，即为混相绕组，又称散布绕组。混相绕组所产生的某些谐波磁动势的幅值较小，有利于改善磁场波形，但其基波绕组分布系数也有所降低，尤其是 q 值较小时降低较多，故这种绕组仅在 q 值较大时才考虑采用。

表 3-7 为 24 槽 2 极 60°相带绕组与混相绕组的排列对照表。

表 3-7　60°相带绕组与混相绕组的排列对照表

槽　　号	1	2	3	4	5	6	7	8	9	10	11	12
60°相带绕组	U	U	U	U	−W	−W	−W	−W	V	V	V	V
混相绕组	−V	U	U	−W	U	−W	−W	V	−W	V	V	−U
槽　　号	13	14	15	16	17	18	19	20	21	22	23	24
60°相带绕组	−U	−U	−U	−U	W	W	W	W	−V	−V	−V	−V
混相绕组	V	−U	−U	W	−U	W	W	−V	W	−V	−V	U

注：$Z = 24$，$2p = 2$，$q = 4$。

二、Y-△混合绕组(30°相带绕组)

每极每相槽数 q 为偶数的 60°相带双层绕组，若将每个相带内 q 个槽划分为 q_{Y} 和 $q_{\triangle}$ 两个相等的部分，各自为一相带，在空间各自占 30°电角度，把所有 q_{Y} 线圈按星形连接，所有 $q_{\triangle}$ 线圈按三角形连接，然后以串联或并联方法将这两套绕组连接起来，即成为Y-△混合绕组，又称30°相带绕组。与60°相带绕组相比，这种绕组的优点在于可进一步削弱高次谐波，并提高基波绕组分布系数。制作这种绕组，对绕组分布的对称性及接线的正确性均应有很严格的要求，否则，其优点可能不显著乃至有不良副作用。

表3-8为24槽2极60°相带绕组与Y-△混合绕组的排列对照表，图3-22为Y-△混合绕组的连接示意图。

表3-8　60°相带绕组与Y-△混合绕组的排列对照表

槽　号	1	2	3	4	5	6	7	8	9	10	11	12
60°相带绕组	U	U	U	U	−W	−W	−W	−W	V	V	V	V
Y-△混合绕组	$U_{\triangle}$	$U_{\triangle}$	U_{Y}	U_{Y}	$-W_{\triangle}$	$-W_{\triangle}$	$-W_{Y}$	$-W_{Y}$	$V_{\triangle}$	$V_{\triangle}$	V_{Y}	V_{Y}
槽　号	13	14	15	16	17	18	19	20	21	22	23	24
60°相带绕组	−U	−U	−U	−U	W	W	W	W	−V	−V	−V	−V
Y-△混合绕组	$-U_{\triangle}$	$-U_{\triangle}$	$-U_{Y}$	$-U_{Y}$	$W_{\triangle}$	$W_{\triangle}$	W_{Y}	W_{Y}	$-V_{\triangle}$	$-V_{\triangle}$	$-V_{Y}$	$-V_{Y}$

注：$Z=24$，$2p=2$，$q=4$。

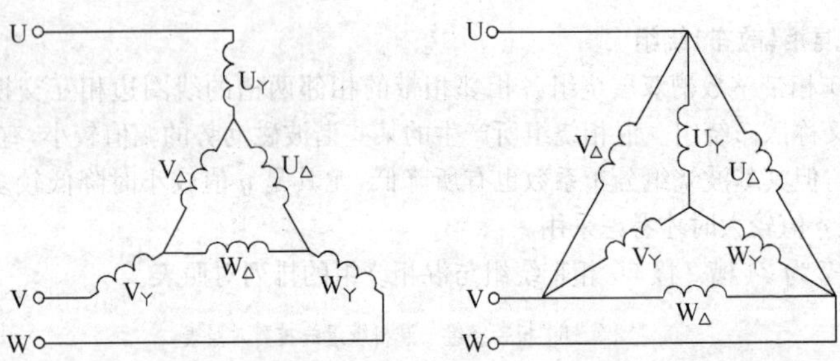

(a) 串联(△)接法　　(b) 并联(◬)接法

图3-22　Y-△混合绕组连接示意图

第六节　延边三角形绕组

延边三角形绕组共有九个出线头，在额定工况运行时为三角形接法；在电动机起动时，一部分绕组接成△形，另一部分绕组接成Y形，从图形上看，好像是△形的三条边延长了，故得名延边三角形，其符号为⊿，当起动阶段结束后，三相绕组转为三角形接法在额定电压下运行。

每相绕组中间的抽头位置不同时，即Y形绕组与△形绕组的线圈数之比不同时，延边三角形接法起动与三角形接法直接起动，两者的起动电流之比及起动转矩之比参考值，见表3-9。

表 3-9 起动电流之比及起动转矩之比(参考值)

抽头比 (Y：△)	延边三角形起动/三角形直接起动	
	起动电流(%)	起动转矩(%)
1：1	50	45
1：2	60	53
1：3	67	65

延边三角形绕组抽头及接线时，应十分注意其电磁的平衡问题，否则，可能使电动机产生单边磁拉力、局部环流或者不能运转等不良后果。

一、单边磁拉力问题

延边三角形绕组在起动时，Y 接法部分的极相组(线圈组)的磁动势较高，对转子的磁拉力较大，△接法部分的极相组的磁动势较低，对转子的磁拉力较小。在图 3-23(a)

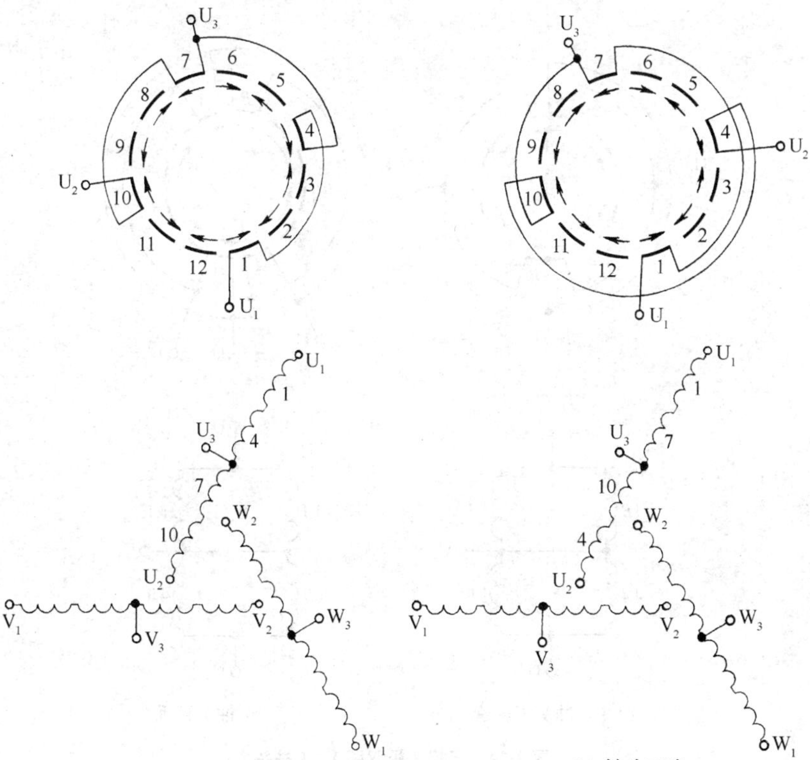

(a) 抽头不正确　　(b) 抽头正确

图 3-23 三相 4 极单路 1∶1 抽头

延边三角形绕组

中，以 U 相为例，其极相组 1 和 7、4 和 10，分别位于几何对称位置，由于极相组 1 和 4 位于丫形中，而极相组 7 和 10 位于△形中，所以极相组 1 对转子的磁拉力大于极相组 7 对转子的磁拉力，同理，极相组 4 对转子的磁拉力大于极相组 10 对转子的磁拉力，转子上承受的磁拉力不平衡，或者说出现了把转子拉向极相组 1 和 4 一侧的单边磁拉力，它将使电动机起动时噪声和振动加剧，有时甚至不能起动。当更改为图 3-23(b)所示的抽头方式时，极相组 1 和 7 以及 4 和 10 对转子的磁拉力均是平衡的，故能消除单边磁拉力。

二、多路进电时的平衡问题

对于多路进电的延边三角形绕组，其抽头的接法，应使互差$\frac{360°}{\text{绕组并联路数}}$几何角的线圈组同时对称进电，否则由于不对称，导致磁动势不平衡，电动机就难于正常起动和运转。今以双路进电为例，如图 3-24(a)所示，抽头的接法不正确；图 3-24(b)所示，抽头的接法属正确。

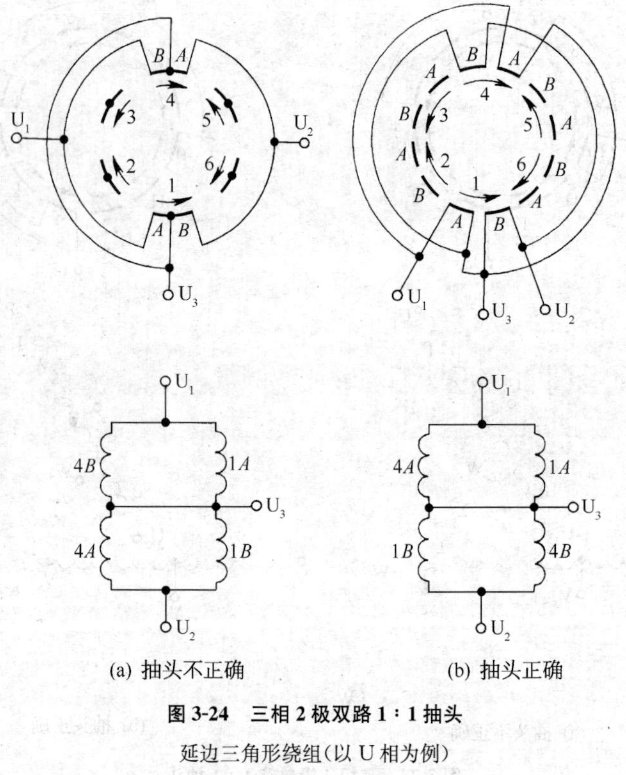

(a) 抽头不正确　　　　(b) 抽头正确

图 3-24　三相 2 极双路 1∶1 抽头

延边三角形绕组(以 U 相为例)

第七节　绕线式转子绕组

三相异步电动机的转子绕组有笼型和绕线式两类，笼型结构简单、可靠性较高、价格较低，故其应用最为广泛；绕线式通常应用于要求起动转矩大、起动电流小，以及有一定调速范围的场合。本节主要介绍绕线式转子绕组。

一、绕线式转子绕组的类型

小型三相异步电动机绕线式转子绕组，可采用与定子绕组同一型式，也可采用不同型式，转子绕组常用双层叠式或单层链式，个别采用同心式。小型转子绕组的排列、线圈的绕制和嵌线方法，通常均与同一型式的定子绕组相同。

容量较大的三相绕线转子异步电动机，其转子一般都采用波形绕组。

绕线式转子绕组所构成的磁极数，必须与同一电动机定子绕组的磁极数相等。绕线式转子绕组通常接成Y形，其三个端点分别接至三个滑环上。转子绕组端点的标志（符号）见表 3-10。

表 3-10　转子三相绕组端点的标志

相　别	新标志		曾用标志					
	始端	末端	始端	末端	始端	末端	始端	末端
第一相	K_1	K_2	Z_1	Z_4	A	X	U_1	U_2
第二相	L_1	L_2	Z_2	Z_5	B	Y	V_1	V_2
第三相	M_1	M_2	Z_3	Z_6	C	Z	W_1	W_2

二、转子波形绕组的结构

波形绕组由于其形状呈波浪形（如图 3-25 所示），因而得名。异步电动机转子的波形绕组，应用最广泛的是每个槽里有两根铜条（矩形电磁线）的单匝双层波绕组。

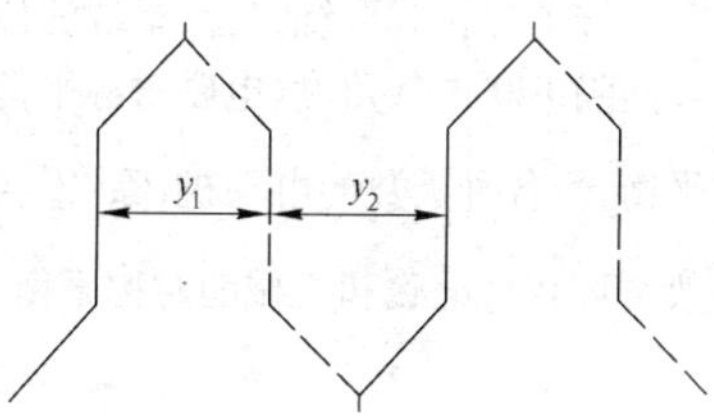

图 3-25　单匝波形绕组

1. 每相两个回路

异步电动机转子双层波形绕组每相有两个回路，且两回路的绕向是相反的。两回路之间串联连接的方法，早期生产的老式电动机是在两条槽的底层铜条上用导线将两回路连接起来，且三相绕组的六个出线头是放在转子的同一个端部，故位置较挤。改进后的接线方法，是通过某个槽内的单根铜条将两个回路连接起来（该槽内只放一根铜条，该铜条可理解为半根在槽的下层，另半根在槽的上层），这样就使转子三相绕组的三个首端和三个尾端分别位于转子的两侧，且每相的首、尾端在同一个槽内。老式接法波形绕组通常又称甲类波形绕组，改进接法波形绕组又称乙类波形绕组。改进接法波形绕组使转子磁动势的分布显现一定程度的不对称，这是改进接法的一个不足之处。

绕组回路沿转子圆周绕行的周数，见表 3-11。

表 3-11 绕组沿转子圆周绕行的周数

每极每相槽数	$q=$ 整数	$q=$ 带$\frac{1}{2}$的分数	
第一回路绕行周数	q	$q_1=q+\frac{1}{2}$	$q_1=q-\frac{1}{2}$
第二回路绕行周数	q	$q_2=q-\frac{1}{2}$	$q_2=q+\frac{1}{2}$
每相绕组总绕行周数	$2q$	$2q$	

2. 绕组节距

三相异步电动机转子波形绕组常用的节距，见表 3-12。

表 3-12 异步电动机转子波形绕组的节距

极　距	$\tau=$ 整数	$\tau=$ 带$\frac{1}{2}$的分数	
主节距	$y_1=\tau$ $y_2=\tau$	$y_1=\tau+\frac{1}{2}$ $y_2=\tau-\frac{1}{2}$	$y_1=\tau-\frac{1}{2}$ $y_2=\tau+\frac{1}{2}$
过渡短节距	$y_1'=y_1-1$ $y_2'=y_2-1$	$y_1'=y_1-1$ $y_2'=y_2-1$	

注：同一绕向的回路中，某一周最后一条线圈边与后一周第一条线圈边之间的跨槽数称为过渡节距，通常过渡节距较主节距少 1 槽，故名为过渡短节距。

3. 三相首端和尾端的位置

转子三相波形绕组首、尾端的位置，既要三个首端（或尾端）在槽电势星形图上相互间隔 120°电气角度（电磁对称平衡），又要尽可能均匀分布于转子圆周上（机械对称平衡）。各种极数的电动机，除 $\frac{2p}{3}=$ 整数的（例如 6 极和 12 极）电动机以外，其余一般均可获得电磁和机械的对称平衡。转子三相波形绕组首、尾端的位置，见表 3-13。

表 3-13 转子三相波形绕组首、尾端的位置（槽号）

极　数		2 极、8 极	4 极、10 极	6 极、12 极
首端	K_1	1	1	1
	L_1	$1+\frac{1}{3}Z$	$1+\frac{2}{3}Z$	$1+\frac{1}{3}Z+2q$
				$1+\frac{2}{3}Z+2q$

（续表）

<table>
<tr><td colspan="2">极　　数</td><td>2 极、8 极</td><td>4 极、10 极</td><td>6 极、12 极</td></tr>
<tr><td rowspan="2">首端</td><td rowspan="2">M_1</td><td rowspan="2">$1+\frac{2}{3}Z$</td><td rowspan="2">$1+\frac{1}{3}Z$</td><td>$1+\frac{1}{3}Z-2q$</td></tr>
<tr><td>$1+\frac{2}{3}Z-2q$</td></tr>
<tr><td rowspan="3">尾端</td><td>K_2</td><td colspan="3" rowspan="3">甲类(老式接法):尾端槽号 = 首端槽号 + 主节距 y
乙类(改进接法):尾端与首端同槽</td></tr>
<tr><td>L_2</td></tr>
<tr><td>M_2</td></tr>
</table>

注：1. 表中：

Z——转子槽数。

q——转子每极每相槽数，对于 60°相带绕组，$2q$ 所占区间的电角度为 120°。有时 $2q$ 可用 $8q$ 取代，因 $8q$ 所占区间的电角度为 480° − 360°，也是 120°。

y——y_1 或 y_2，当 $y_1 \neq y_2$ 时，通常是其中数值较小者。

2. 对于 6 极和 12 极，其三相绕组端点在转子端面圆周上为不均匀分布。

三、转子波形绕组的排列及布线图

【例 3-11】 三相 4 极、转子 24 槽、$\tau =$ 整数波形绕组的排列及布线图。

① 每极每相槽数

$$q=\frac{Z}{2pm}=\frac{24}{4\times 3}=2\text{ 槽}$$

② 每相沿转子圆周绕行周数

右绕回路和左绕回路各绕行 2 周，共绕行 4 周

③ 极距

$$\tau=\frac{Z}{2p}=\frac{24}{4}=6\text{ 槽}$$

④ 主节距

$$y_1=\tau=6\text{ 槽}$$

$$y_2=\tau=6\text{ 槽}$$

⑤ 过渡短节距

$$y_1'=y_1-1=6-1=5\text{ 槽}$$

$$y_2'=y_2-1=6-1=5\text{ 槽}$$

⑥ 首端位置(槽号)，由表 3-13 查得：

$$K_1=1$$

$$L_1=1+\frac{2}{3}Z=1+\frac{2}{3}\times 24=17$$

$$M_1=1+\frac{1}{3}Z=1+\frac{1}{3}\times 24=9$$

⑦ 尾端位置(槽号)，由表 3-13 查得：

甲类波形绕组 （老式接法）	$K_2=K_1+y_1=1+6=7$ $L_2=L_1+y_1=17+6=23$ $M_2=M_1+y_1=9+6=15$	乙类波形绕组 （改进接法）	$K_2=K_1=1$ $L_2=L_1=17$ $M_2=M_1=9$

⑧ 甲类波形绕组的布线图及其排列表

图 3-26(a)、图 3-26(b)和图 3-26(c)依次分别为 K 相、L 相和 M 相绕组的布线图及其排列表。

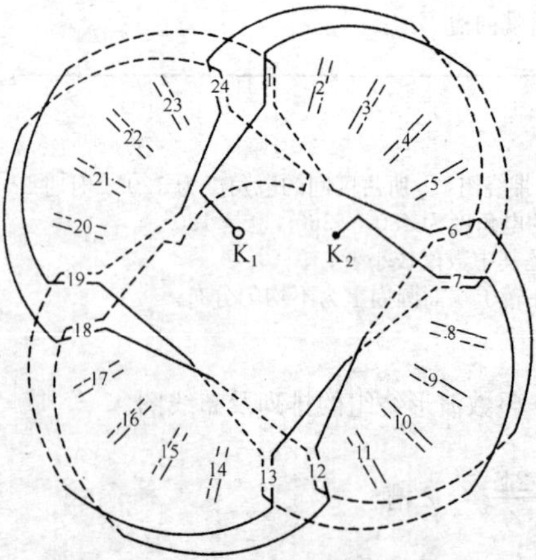

图 3-26(a)　K 相甲类波形绕组布线图

$Z=24,\ 2p=4$

K 相排列表[图 3-26(a)]

节距	右绕回路		层	左绕回路		节距
	K_1				K_2	
	1	24	上	6	7	
y_1						y_1
	7	6	下	12	13	
y_2						y_2
	13	12	上	18	19	
y_1						y_1
	19	18	下	24	1	
y_2'						y_2'

注：$y_1=y_2=6,\ y_2'=5$

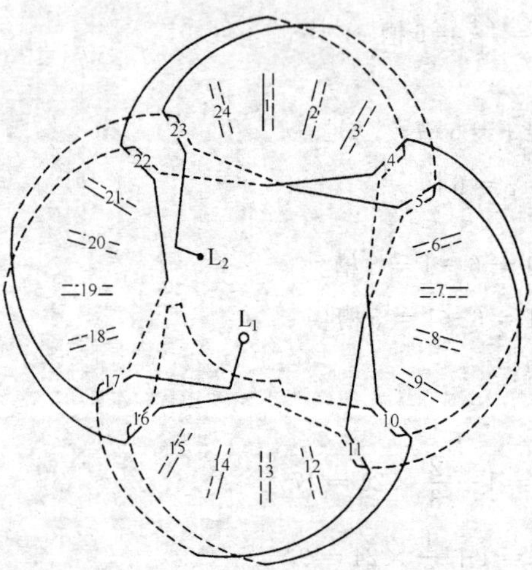

图 3-26(b)　L 相甲类波形绕组布线图

$Z=24,\ 2p=4$

L 相排列表[图 3-26(b)]

节距	右绕回路		层	左绕回路		节距
	L_1				L_2	
	17	16	上	22	23	
y_1						y_1
	23	22	下	4	5	
y_2						y_2
	5	4	上	10	11	
y_1						y_1
	11	10	下	16	17	
y_2'						y_2'

注：$y_1=y_2=6,\ y_2'=5$

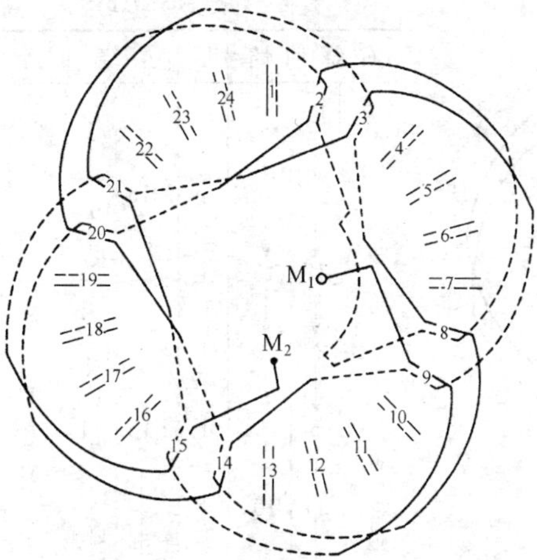

图 3-26(c)　M 相甲类波形绕组布线图

$Z=24,\ 2p=4$

M 相排列表[图 3-26(c)]

节距	右绕回路		层	左绕回路		节距
节距	M_1				M_2	节距
	9	8	上	14	15	
y_1						y_1
	15	14	下	20	21	
y_2						y_2
	21	20	上	2	3	
y_1						y_1
	3	2	下	8	9	
y_2'						y_2'

注：$y_1=y_2=6,\ y_2'=5$

⑨ 乙类波形绕组的布线图及其排列表

图 3-27(a)、图 3-27(b)和图 3-27(c)依次分别为 K 相、L 相和 M 相绕组的布线图及其排列表。

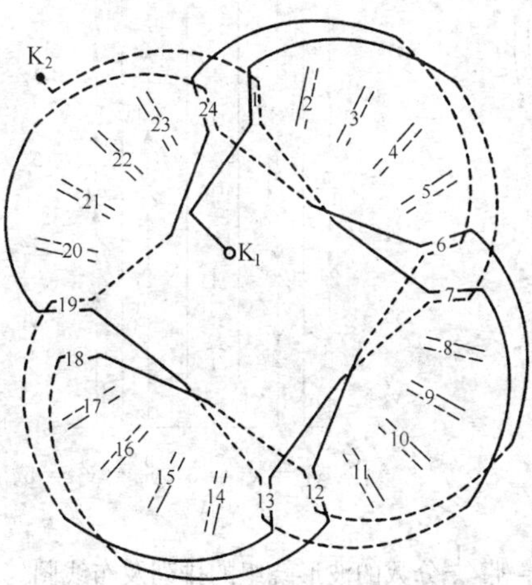

图 3-27(a)　K 相乙类波形绕组布线图

$Z=24,\ 2p=4$

K 相排列表[图 3-27(a)]

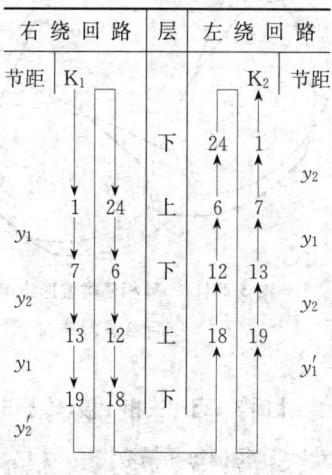

节距	右绕回路		层	左绕回路		节距
节距	K_1				K_2	节距
			下	24	1	
						y_2
	1	24	上	6	7	
y_1						y_1
	7	6	下	12	13	
y_2						y_2
	13	12	上	18	19	
y_1						y_1'
	19	18	下			
y_2'						

注：$y_1=y_2=6,\ y_1'=y_2'=5$

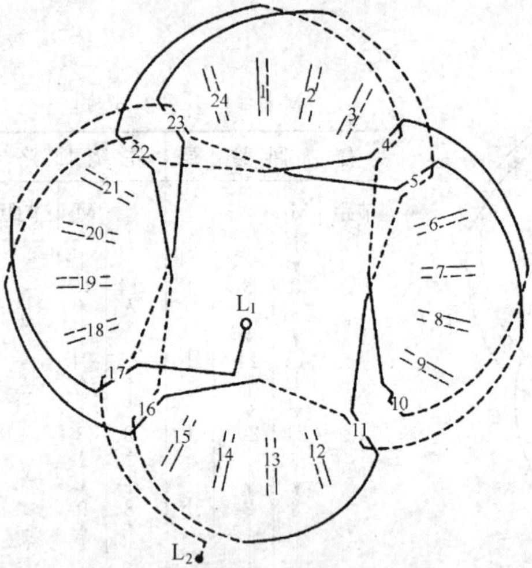

图 3-27(b)　L 相乙类波形绕组布线图

$Z=24,\ 2p=4$

L 相排列表[图 3-27(b)]

节距	右绕回路		层	左绕回路		节距
	L_1				L_2	
			下	16	17	
						y_2
	17	16	上	22	23	
y_1						y_1
	23	22	下	4	5	
y_2						y_2
	5	4	上	10	11	
y_1						y_1'
	11	10	下			
y_2'						

注：$y_1=y_2=6$，$y_1'=y_2'=5$

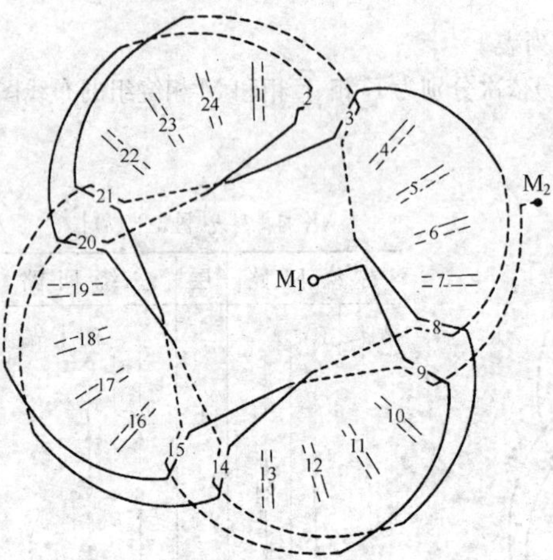

图 3-27(c)　M 相乙类波形绕组布线图

$Z=24,\ 2p=4$

M 相排列表[图 3-27(c)]

节距	右绕回路		层	左绕回路		节距
	M_1				M_2	
			下	8	9	
						y_2
	9	8	上	14	15	
y_1						y_1
	15	14	下	20	21	
y_2						y_2
	21	20	上	2	3	
y_1						y_1'
	3	2	下			
y_2'						

注：$y_1=y_2=6$，$y_1'=y_2'=5$

【例 3-12】　三相 4 极、转子 54 槽、$\tau=$ 带$\frac{1}{2}$分数的波形绕组的排列及布线图。

① 每极每相槽数

$$q=\frac{Z}{2pm}=\frac{54}{4\times 3}=4\frac{1}{2}\ 槽$$

② 每相沿转子圆周绕行周数

$$第一回路绕行周数\ q_1 = q + \frac{1}{2} = 4\frac{1}{2} + \frac{1}{2} = 5\ 周$$

$$\left(或\ q_1 = q - \frac{1}{2} = 4\frac{1}{2} - \frac{1}{2} = 4\ 周\right)$$

$$第二回路绕行周数\ q_2 = q - \frac{1}{2} = 4\frac{1}{2} - \frac{1}{2} = 4\ 周$$

$$\left(或\ q_2 = q + \frac{1}{2} = 4\frac{1}{2} + \frac{1}{2} = 5\ 周\right)$$

两回路共绕行 9 周。

③ 极距

$$\tau = \frac{Z}{2p} = \frac{54}{4} = 13\frac{1}{2}\ 槽$$

④ 主节距

$$y_1 = \tau - \frac{1}{2} = 13\frac{1}{2} - \frac{1}{2} = 13\ 槽$$

$$y_2 = \tau + \frac{1}{2} = 13\frac{1}{2} + \frac{1}{2} = 14\ 槽$$

⑤ 过渡短节距

$$y_1' = y_1 - 1 = 13 - 1 = 12\ 槽$$

$$y_2' = y_2 - 1 = 14 - 1 = 13\ 槽$$

⑥ 首端位置(槽号),由表 3-13 查得:

$$K_1 = 1$$

$$L_1 = 1 + \frac{2}{3}Z = 1 + \frac{2}{3} \times 54 = 37$$

$$M_1 = 1 + \frac{1}{3}Z = 1 + \frac{1}{3} \times 54 = 19$$

⑦ 尾端位置(槽号),由表 3-13 查得:

甲类波形绕组 (老式接法)	$K_2 = K_1 + y_1 = 1 + 13 = 14$ $L_2 = L_1 + y_1 = 37 + 13 = 50$ $M_2 = M_1 + y_1 = 19 + 13 = 32$	乙类波形绕组 (改进接法)	$K_2 = K_1 = 1$ $L_2 = L_1 = 37$ $M_2 = M_1 = 19$

⑧ 甲类波形绕组的布线图及其排列表

图 3-28(a)、图 3-28(b)和图 3-28(c)依次分别为 K 相、L 相和 M 相绕组布线图及其排列表。

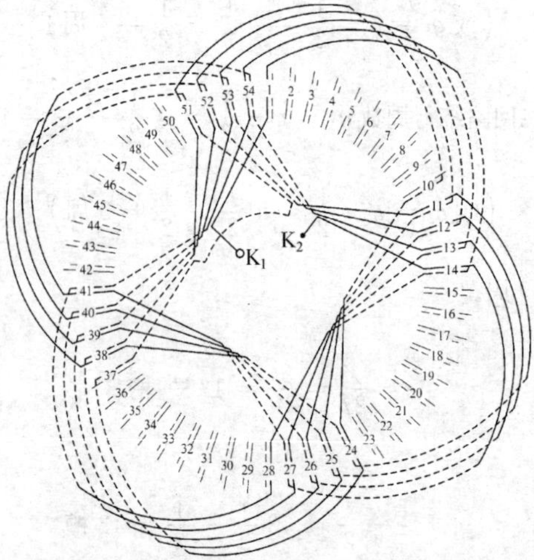

图 3-28(a)　K 相甲类波形绕组布线图

$Z = 54,\ 2p = 4$

K 相排列表[图 3-28(a)]

	右绕回路					层	左绕回路				
节距	K_1									K_2	节距
	1	54	53	52	51	上	11	12	13	14	
y_1											y_1
	14	13	12	11	10	下	24	25	26	27	
y_2											y_2
	28	27	26	25	24	上	38	39	40	41	
y_1											y_1
	41	40	39	38	37	下	51	52	53	54	
y_2'											y_2'

注：$y_1 = 13$，$y_2 = 14$，$y_2' = 13$

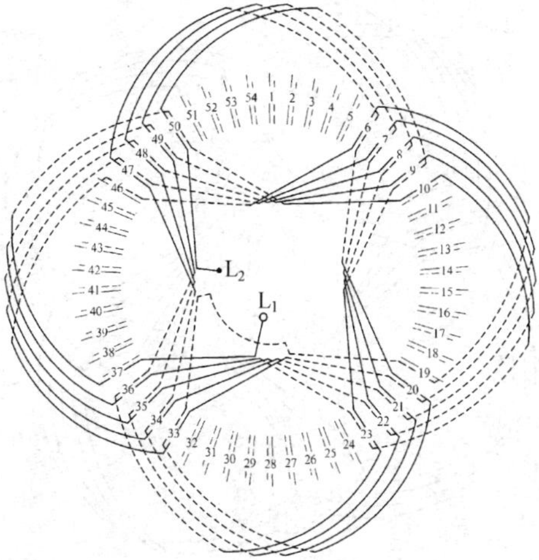

图 3-28(b)　L 相甲类波形绕组布线图

$Z=54$，$2p=4$

L 相排列表[图 3-28(b)]

节距	右绕回路					层	左绕回路				节距
	L_1									L_2	
	37	36	35	34	33	上	47	48	49	50	
y_1											y_1
	50	49	48	47	46	下	6	7	8	9	
y_2											y_2
	10	9	8	7	6	上	20	21	22	23	
y_1											y_1
	23	22	21	20	19	下	33	34	35	36	
y_2'											y_2'

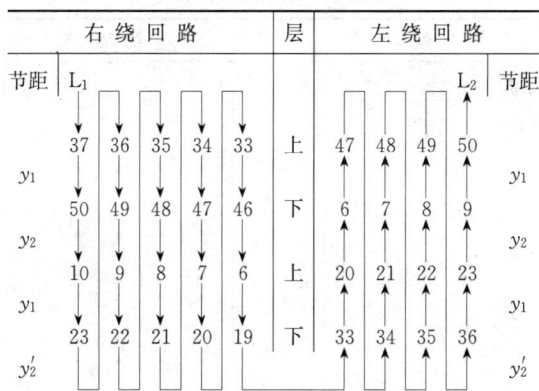

注：$y_1=13$，$y_2=14$，$y_2'=13$

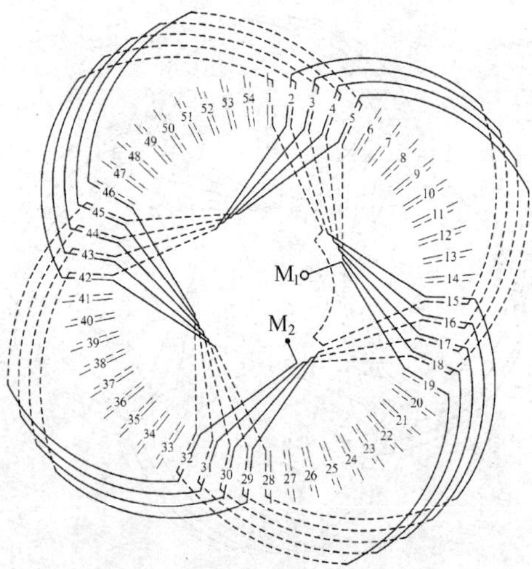

图 3-28(c) M 相甲类波形绕组布线图

$Z = 54,\ 2p = 4$

M 相排列表[图 3-28(c)]

节距	右绕回路					层	左绕回路				节距
	M$_1$									M$_2$	
	19	18	17	16	15	上	29	30	31	32	
y_1											y_1
	32	31	30	29	28	下	42	43	44	45	
y_2											y_2
	46	45	44	43	42	上	2	3	4	5	
y_1											y_1
	5	4	3	2	1	下	15	16	17	18	
y_2'											y_2'

注：$y_1 = 13$，$y_2 = 14$，$y_2' = 13$

⑨ 乙类波形绕组的布线图及其排列表

图 3-29(a)、图 3-29(b)和图 3-29(c)依次为 K 相、L 相和 M 相绕组的布线图及其排列表。

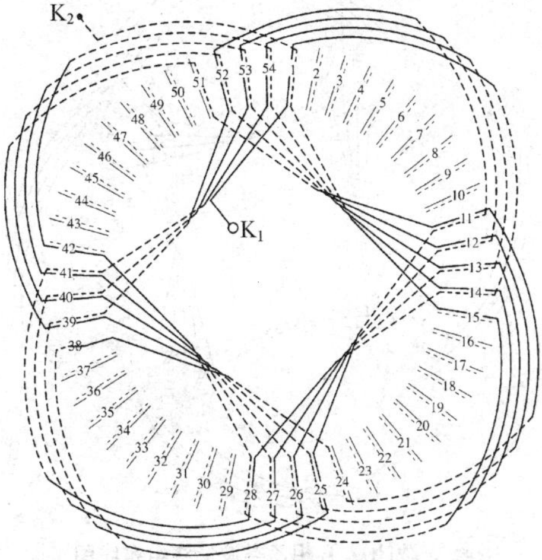

图 3-29(a)　K 相乙类波形绕组布线图

$Z=54,\ 2p=4$

K 相排列表[图 3-29(a)]

右绕回路					层	左绕回路					
节距	K_1									K_2	节距
					下	51	52	53	54	1	
											y_2
	1	54	53	52	上	11	12	13	14	15	
y_1											y_1
	14	13	12	11	下	24	25	26	27	28	
y_2											y_2
	28	27	26	25	上	38	39	40	41	42	
y_1											y_1'
	41	40	39	38	下						
y_2'											

注：$y_1=13$，$y_2=14$，$y_1'=12$，$y_2'=13$

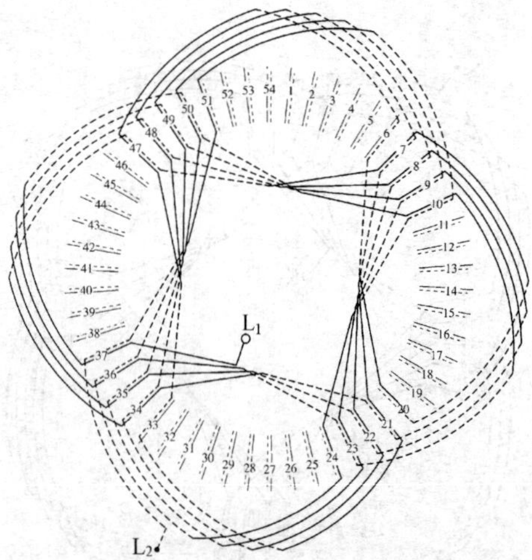

图 3-29(b)　L 相乙类波形绕组布线图

$Z = 54,\ 2p = 4$

L 相排列表[图 3-29(b)]

节距	右绕回路				层	左绕回路					节距
	L_1									L_2	
					下	33	34	35	36	37	
											y_2
	37	36	35	34	上	47	48	49	50	51	
y_1											y_1
	50	49	48	47	下	6	7	8	9	10	
y_2											y_2
	10	9	8	7	上	20	21	22	23	24	
y_1											y_1'
	23	22	21	20	下						
y_2'											

注：$y_1 = 13$，$y_2 = 14$，$y_1' = 12$，$y_2' = 13$

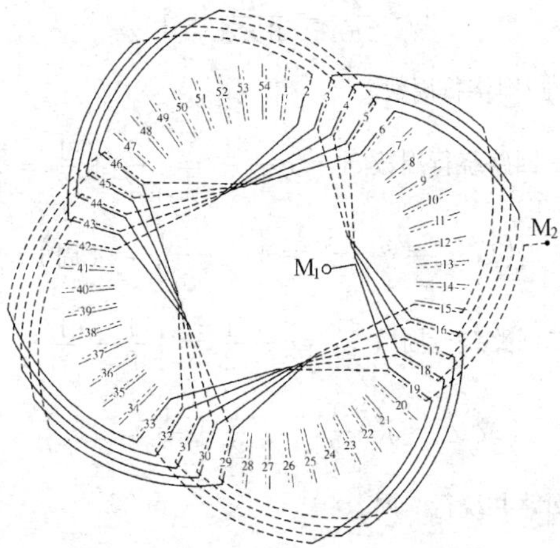

图 3-29(c)　M 相乙类波形绕组布线图

$Z=54,\ 2p=4$

M 相排列表[图 3-29(c)]

节距	右绕回路				层	左绕回路					节距
	M_1									M_2	
					下	15	16	17	18	19	
											y_2
	19	18	17	16	上	29	30	31	32	33	
y_1											y_1
	32	31	30	29	下	42	43	44	45	46	
y_2											y_2
	46	45	44	43	上	2	3	4	5	6	
y_1											y_1'
	5	4	3	2	下						
y_2'											

注：$y_1=13$，$y_2=14$，$y_1'=12$，$y_2'=13$

【例 3-13】 三相 6 极、转子 81 槽、$\tau=$ 带$\frac{1}{2}$分数的波形绕组的排列及布线图。

① 每极每相槽数

$$q=\frac{Z}{2pm}=\frac{81}{6\times 3}=4\frac{1}{2}$$

② 每相沿转子圆周绕行周数

$$第一回路绕行周数\ q_1=q+\frac{1}{2}=4\frac{1}{2}+\frac{1}{2}=5\ 周$$

$$\left(或\ q_1=q-\frac{1}{2}=4\frac{1}{2}-\frac{1}{2}=4\ 周\right)$$

$$第二回路绕行周数\ q_2=q-\frac{1}{2}=4\frac{1}{2}-\frac{1}{2}=4\ 周$$

$$\left(或\ q_2=q+\frac{1}{2}=4\frac{1}{2}+\frac{1}{2}=5\ 周\right)$$

两回路共绕行 9 周。

③ 极距

$$\tau=\frac{Z}{2p}=\frac{81}{6}=13\frac{1}{2}\ 槽$$

④ 主节距

$$y_1=\tau-\frac{1}{2}=13\frac{1}{2}-\frac{1}{2}=13\ 槽$$

$$y_2=\tau+\frac{1}{2}=13\frac{1}{2}+\frac{1}{2}=14\ 槽$$

⑤ 过渡短节距

$$y_1'=y_1-1=13-1=12\ 槽$$

$$y_2'=y_2-1=14-1=13\ 槽$$

⑥ 首端位置(槽号),由表 3-13 查得:

$$K_1=1$$

$$L_1=1+\frac{1}{3}Z+2q=1+\frac{1}{3}\times 81+9=37$$

$$M_1=1+\frac{1}{3}Z-2q=1+\frac{1}{3}\times 81-9=19$$

⑦ 尾端位置(槽号),由表 3-13 查得:

甲类波形绕组(老式接法)	$K_2=K_1+y_1=1+13=14$ $L_2=L_1+y_1=37+13=50$ $M_2=M_1+y_1=19+13=32$	乙类波形绕组(改进接法)	$K_2=K_1=1$ $L_2=L_1=37$ $M_2=M_1=19$

⑧ 甲类波形绕组的布线图及其排列表

图 3-30(a)、图 3-30(b)和图 3-30(c)依次为 K 相、L 相和 M 相绕组的布线图及其排列表。

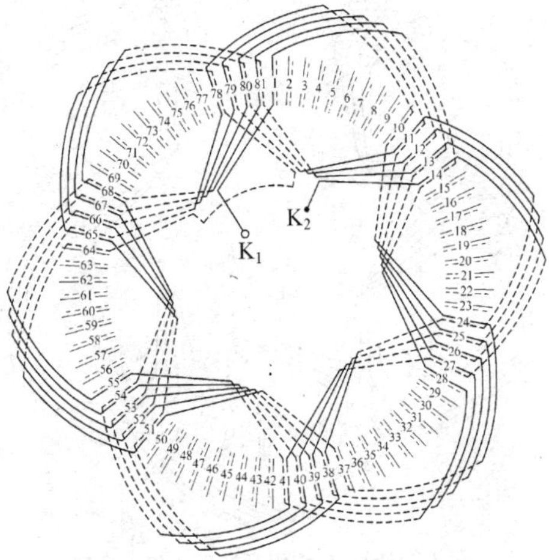

图 3-30(a) K 相甲类波形绕组布线图

$Z=81$, $2p=6$

K 相排列表[图 3-30(a)]

节距	右绕回路					层	左绕回路				节距
	K_1									K_2	
	1	81	80	79	78	上	11	12	13	14	
y_1											y_1
	14	13	12	11	10	下	24	25	26	27	
y_2											y_2
	28	27	26	25	24	上	38	39	40	41	
y_1											y_1
	41	40	39	38	37	下	51	52	53	54	
y_2											y_2
	55	54	53	52	51	上	65	66	67	68	
y_1											y_1
	68	67	66	65	64	下	78	79	80	81	
y_2'											y_2'

注：$y_1=13$，$y_2=14$，$y_2'=13$

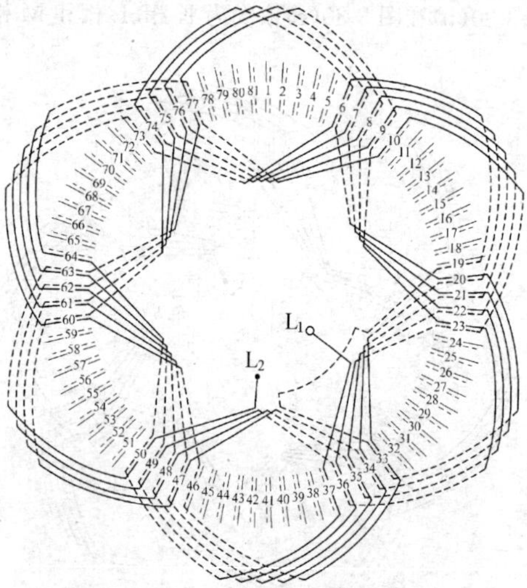

图 3-30(b)　L 相甲类波形绕组布线图

$Z = 81, \ 2p = 6$

L 相排列表[图 3-30(b)]

节距	右绕回路					层	左绕回路				节距
	L_1									L_2	
	37	36	35	34	33	上	47	48	49	50	
y_1											y_1
	50	49	48	47	46	下	60	61	62	63	
y_2											y_2
	64	63	62	61	60	上	74	75	76	77	
y_1											y_1
	77	76	75	74	73	下	6	7	8	9	
y_2											y_2
	10	9	8	7	6	上	20	21	22	23	
y_1											y_1
	23	22	21	20	19	下	33	34	35	36	
y_2'											y_2'

注：$y_1 = 13$，$y_2 = 14$，$y_2' = 13$

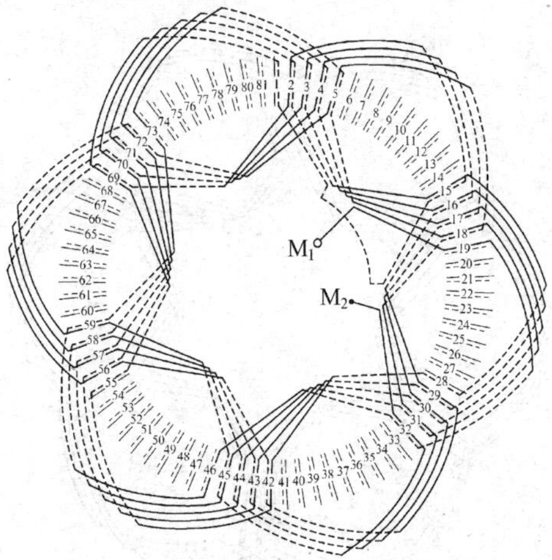

图 3-30(c)　M 相甲类波形绕组布线图

$Z = 81,\ 2p = 6$

M 相排列表[图 3-30(c)]

右绕回路						层	左绕回路				
节距	M_1									M_2	节距
	19	18	17	16	15	上	29	30	31	32	
y_1											y_1
	32	31	30	29	28	下	42	43	44	45	
y_2											y_2
	46	45	44	43	42	上	56	57	58	59	
y_1											y_1
	59	58	57	56	55	下	69	70	71	72	
y_2											y_2
	73	72	71	70	69	上	2	3	4	5	
y_1											y_1
	5	4	3	2	1	下	15	16	17	18	
y_2'											y_2'

注：$y_1 = 13$，$y_2 = 14$，$y_2' = 13$

⑨ 乙类波形绕组的布线图及排列表

图 3-31(a)、图 3-31(b)和图 3-31(c)依次为 K 相、L 相和 M 相绕组的布线图及其排列表。

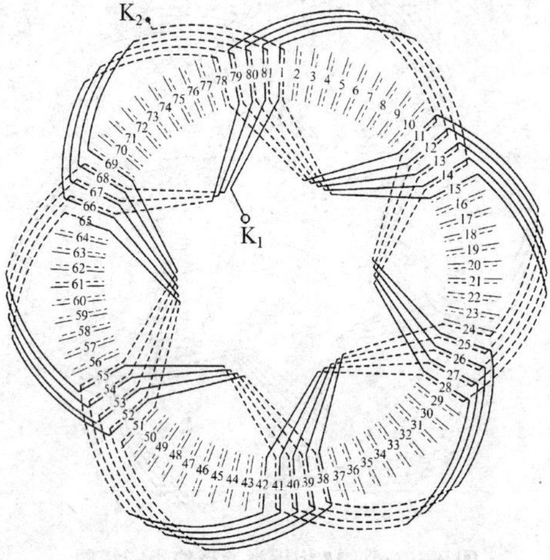

图 3-31(a)　K 相乙类波形绕组布线图

$Z=81$，$2p=6$

K 相排列表[图 3-31(a)]

节距	右绕回路				层	左绕回路					节距
	K_1									K_2	
	1	81	80	79	上						
y_1											
	14	13	12	11	下	78	79	80	81	1	
y_2											y_2
	28	27	26	25	上	11	12	13	14	15	
y_1											y_1
	41	40	39	38	下	24	25	26	27	28	
y_2											y_2
	55	54	53	52	上	38	39	40	41	42	
y_1											y_1
	68	67	66	65	下	51	52	53	54	55	
y_2'											y_2
					上	65	66	67	68	69	
											y_1'

注：$y_1=13$，$y_2=14$，$y_1'=12$，$y_2'=13$

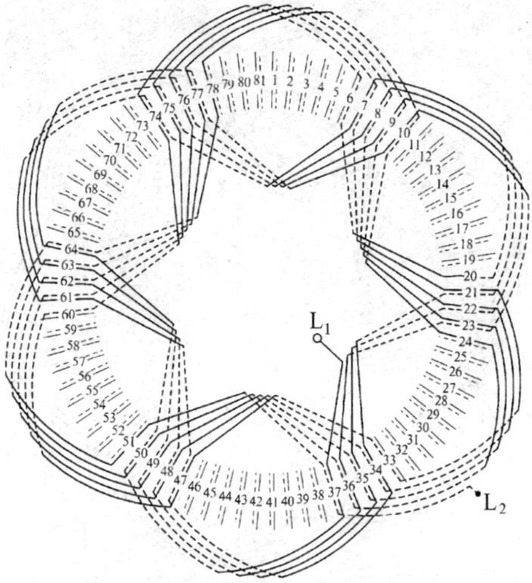

图 3-31(b)　L 相乙类波形绕组布线图

$Z = 81$，$2p = 6$

L 相排列表[图 3-31(b)]

节距	右绕回路				层	左绕回路					节距
	L_1									L_2	
	37	36	35	34	上						
y_1											
	50	49	48	47	下	33	34	35	36	37	
y_2											y_2
	64	63	62	61	上	47	48	49	50	51	
y_1											y_1
	77	76	75	74	下	60	61	62	63	64	
y_2											y_2
	10	9	8	7	上	74	75	76	77	78	
y_1											y_1
	23	22	21	20	下	6	7	8	9	10	
y_2'											y_2
					上	20	21	22	23	24	
											y_1'

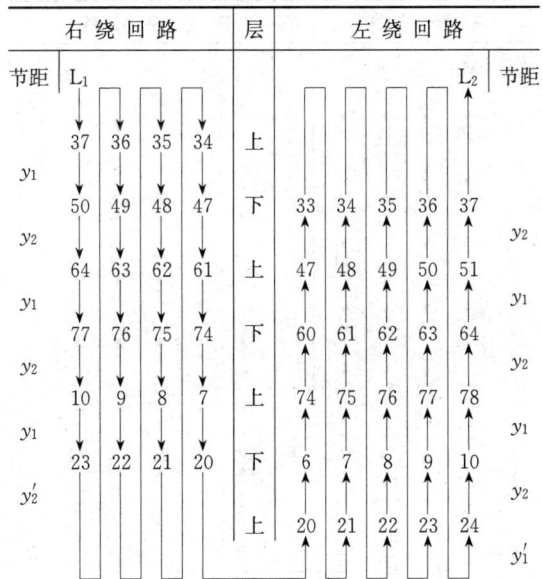

注：$y_1 = 13$，$y_2 = 14$，$y_1' = 12$，$y_2' = 13$

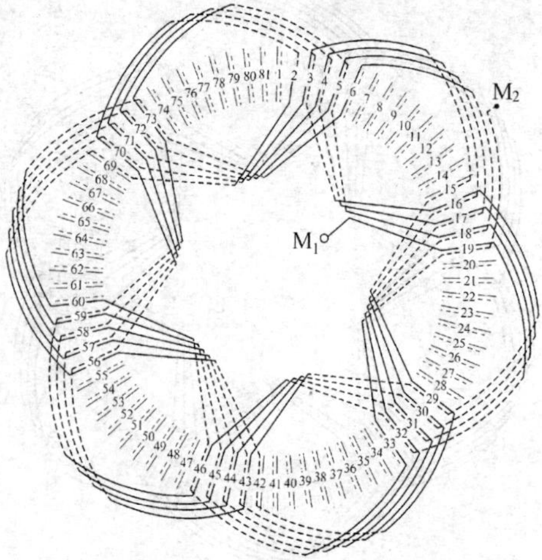

图 3-31(c)　M 相乙类波形绕组布线图

$Z = 81$，$2p = 6$

M 相排列表[图 3-31(c)]

节距	右绕回路				层	左绕回路					节距
	M_1									M_2	
	19	18	17	16	上						
y_1											
	32	31	30	29	下	15	16	17	18	19	
y_2											y_2
	46	45	44	43	上	29	30	31	32	33	
y_1											y_1
	59	58	57	56	下	42	43	44	45	46	
y_2											y_2
	73	72	71	70	上	56	57	58	59	60	
y_1											y_1
	5	4	3	2	下	69	70	71	72	73	
y_2'											y_2
					上	2	3	4	5	6	
											y_1'

注：$y_1 = 13$，$y_2 = 14$，$y_1' = 12$，$y_2' = 13$

第八节　直线异步电动机绕组

直线异步电动机有多种类型，以适应不同用途的需要，现今用来驱动宾馆、院校以及工矿企业围墙大门的单边型三相直线异步电动机，是其中较典型的一种。

假设将三相笼型异步电动机的定子和转子同时展开并拉直，即演变为一种单边型三相直线异步电动机，如图 3-32 所示。实际使用的单边型三相直线异步电动机如图 3-33 所示，其次级绕组并非笼型转子展开后的结构，而是整段的型钢，或者在型钢表面覆一层铜板或铝板，在初、次级之间也设置一道适量的气隙。在多数应用场合下，三相直线异步电动机初级所在的部分是固定不动的，故也称“定子”，其次级是作直线移动的部分，称为“动子”，又称“滑子”。

常用的三相 380 伏直线异步电动机的定子绕组，其型式、嵌线工艺及接线原理，均与旋转式的相同；不过直线电动机的三相绕组，通常最后是用环氧树脂封住的，使之具有较高的防潮、防腐性能。

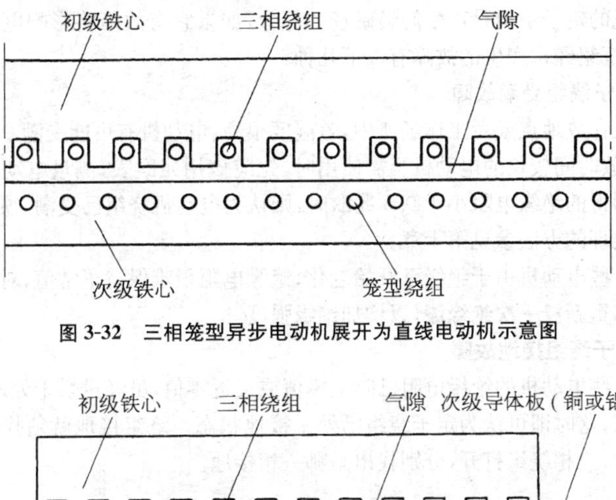

图 3-32　三相笼型异步电动机展开为直线电动机示意图

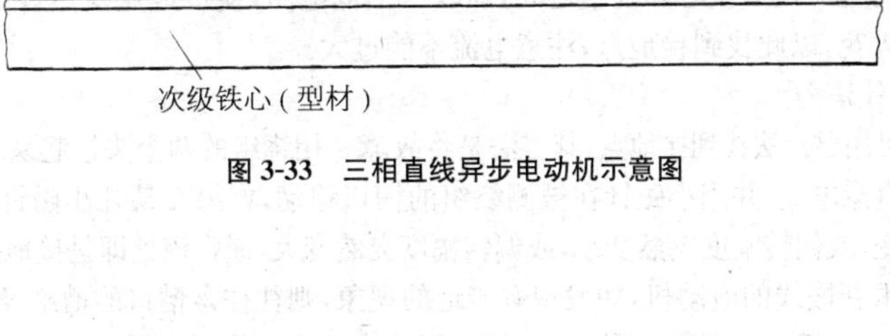

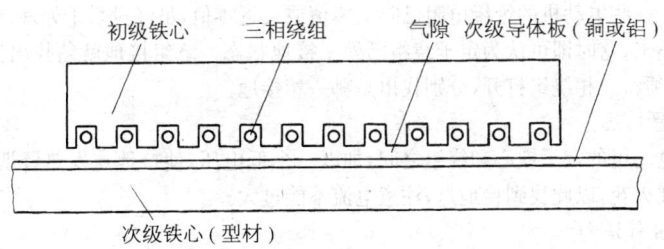

图 3-33　三相直线异步电动机示意图

第四章　三相异步电动机绕组故障与修理

三相异步电动机的故障是多种多样的，故障现象不外是电动机不转，转速下降，振动，噪声较大，或者是电动机温升较高，以至于烧坏等现象。但是，在许多现象中可能是由一种故障造成的，也可能是由不同的故障造成相同的故障现象。所以，在许多故障现象中，怎样来正确而且迅速找到故障的原因，就必须对电动机的故障作出全面的分析研究。

第一节　定子绕组故障检查与修理

电动机的定子绕组是产生旋转磁场的部分，如果它有故障将影响电动机的正常运行，定子绕组经常产生的故障有以下几种：

一、定子绕组受潮故障

电动机存放地点或者工作场所中，若湿度很高，电动机有可能受潮。所以在湿度很高时，存放时间较长的电动机当需使用时，先应该用兆欧表，测量电动机的绝缘电阻。如果测得的绝缘电阻小于 0.5 兆欧时，则认为电动机绕组已受潮，须进行烘干处理。烘干处理的方法参见第十章。

对于一些电动机由于绝缘已开始老化，绝缘电阻很难保持正常值，对这样的电动机可以考虑重新浸一次绝缘漆，以增加绝缘强度。

二、定子绕组接地故障

对于一些电动机的绝缘电阻已降至零值或接近零值，虽经过烘干处理，绝缘电阻仍然上不来，这时即可认为定子绕组已处于接地状态。绕组接地就须找出接地的部位，这时须将三相绕组打开，分别找出是哪一相接地。

1. 冒烟法

在电动机的定子铁心和绕组之间，加以一个低电压，使接地点发热冒烟，有时也可能出现火花，以此找到接地点，注意电流不能过大。

2. 磁针法

有时可用磁针法找到接地点，其方法是将故障一相绕组的两个头接起来。如图 4-1 所示通入直流电流，并用小磁针在被测绕组的槽口移动，如果在某处小磁针的偏转方向突然改变，或偏转幅度突然变小，或偏转幅度突然变大，通常该处即是接地故障点。

对于重新嵌线的电动机，如发现有接地的现象，则往往是槽口的槽绝缘被卡坏之故，这时只要在两个端部找到接地点，然后用绝缘纸将它垫好。

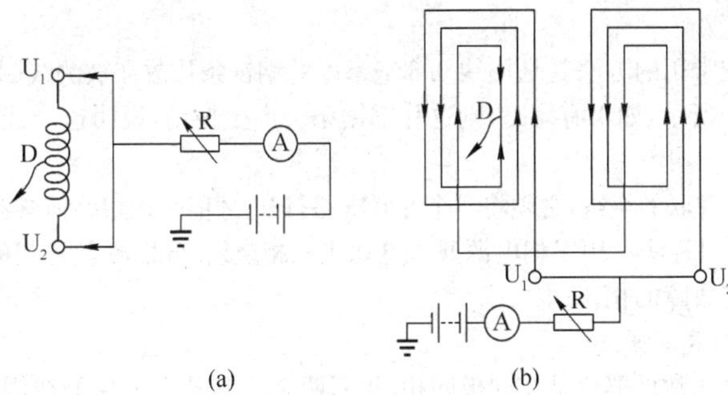

图 4-1　磁针法通电示意图

三、定子绕组短路检查与修理

绕组短路的主要原因，是由于电流过大，导线绝缘受损，绝缘漆的质量差等原因造成的。由于部分线匝短路，导致三相绕组不对称，气隙磁场不均匀，电动机运行时振动，有杂音甚至发热冒烟等现象。实践经验证明，绕组短路多见于匝间短路。

1. 检查方法

(1) 外表检查　将电动机空转数分钟，切断电源停车之后，立即将电动机端盖打开，取出转子，用手摸摸绕组的端部，感觉到哪一个线圈比较热，或者哪个线圈的颜色比较深，则认为这个线圈有故障。

(2) 用短路侦察器检查短路　侦察器是一个铁心开口的变压器，它与定子铁心接触的部分做成与定子铁心相同的弧形，宽度也做成与定子齿距相同，见图 4-2。其检查方法如下：

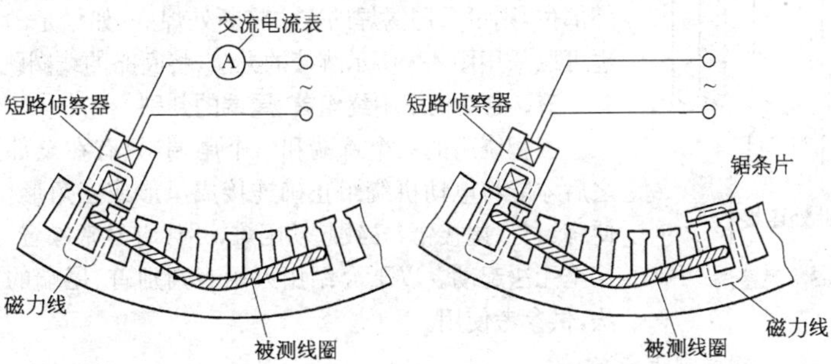

(a) 用电流表检查　　(b) 用锯条片检查

图 4-2　短路侦察器检查匝间短路

将短路侦察器的开口对准定子槽口，而线圈将通以交流电流，最好是用一个可调节电压的电源来供电。在侦察器的线圈中接入一个电流表，如图 4-2(a)所示，如果侦察器已处在短路线圈所在位置，则形成类似是一个短路的变压器，这时电流表显示出较大的电流值。

另一种较常用的方法就是用约 0.6 毫米厚的钢锯条片放在被测线圈的另一个槽口如图 4-2(b)所示,如果有短路,则这片钢锯条会产生振动,说明这个线圈是故障的线圈。

对于多路并联的绕组,必须将各个并联支路打开,才能采用短路侦察器进行测量。

(3) 电流对称法　用三相电源通入电动机三相绕组,分别测量各相的电流,电流大的相就是有故障的相。

2. 短路的修理方法

通常短路的常见部位是在同极同相、相邻两个线圈及上下层的线圈间的槽外部分等等。如果故障部位是能看得见的话,则可用划线片将故障处拨开,在其中间垫好绝缘材料,并扎紧,涂上绝缘漆。

如果短路比较严重,则可将这一个线圈拆去。方法是将电动机加热到 80～100 ℃,使绝缘材料软化。然后将这个线圈两端剪断,用钳子将导线拉出来,再换上新的槽绝缘和线圈。

也可以采用跳接的方法,将故障线圈跳接过去,并且将故障线圈的一个端部剪断。用绝缘材料将断头包好,如图 4-3 所示,但这样的修理方法会破坏绕组的平衡,将带来运转性能的下降。电动机修理应当了解到这一点。

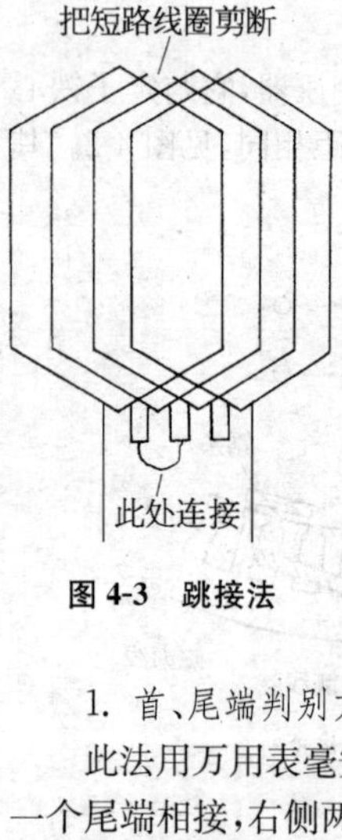

图 4-3　跳接法

四、绕组断路修理

电动机绕组内部断开,或者是引出线的接头没有焊牢等种种原因,都可能使电动机绕组断路。断路检查可以用万用表测量绕组的几个引出线,将断路的绕组查出来。找出断路的部位之后就可以采取措施。如果是断在电动机槽外部位,则可采用锡焊的方法将断处焊好;如果是断在槽内也可以采用图 4-3 所示跳接的办法,将断路的线圈跳接掉。

五、电动机三相绕组首、尾端的判别

三相绕组的三个首端和三个尾端,只有在全部弄清楚之后才能将电动机绕组正确连接成星形或三角形,否则易使绕组首、尾接错,导致起动困难,并伴有异常噪音,严重时甚至无法起动。以下介绍用万用表判别首、尾端的三种方法,供参考使用。

1. 首、尾端判别方法之一

此法用万用表毫安档进行判别,如图 4-4 所示。在图 4-4(a)中,左侧两个首端和一个尾端相接,右侧两个尾端和一个首端相接,用手转动转子时,因三相绕组中感应电势的矢量和不等于零,故万用表指针摆动。若将图(a)中的 W_1 和 W_2 线端对调,如图 4-4(b)所示,左侧为三个首端相接,右侧为三个尾端相接,转动转子,此时因三相绕组中感应电势的矢量和为零,故万用表指针不动。(若电机铁心中无剩磁,则此法无效。这时可用 12 伏或 24 伏汽车电瓶仅仅与一相绕组的两个线端连接,通电 1～2 秒钟进行充磁，然后重复上述试验）。

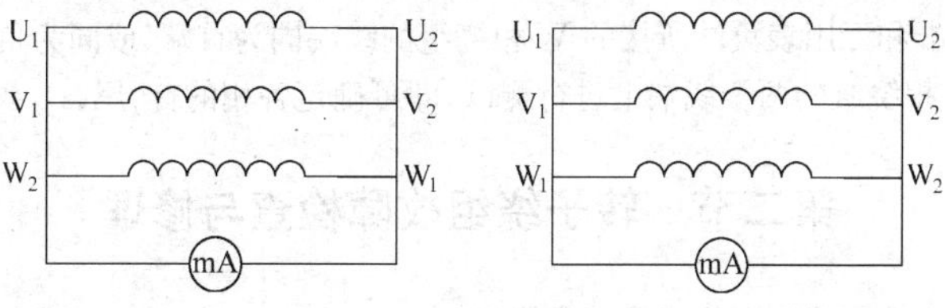

(a) 电表指针摆动　　(b) 电表指针不动

图 4-4　首、尾判别法之一

2. 首、尾端判别方法之二

此法使用万用表交流电压档，并需交流 36 伏电源配合试验，试验线路图如图 4-5 所示。在图 4-5(a)中，V_2 和 W_1 两个线端相接，线端 V_1 和 W_2 则与万用表相接，当 U 相绕组接通 36 伏电源后，万用表即有电压值指示，对于鼠笼转子电动机，电压值通常在 4～12 伏范围内，对于绕线式电动机，电压值可达 30 伏左右。

在图 4-5(b)中，V_2 和 W_2 两个线端相接，线端 V_1 和 W_1 与万用表相接，当 U 相绕组接通 36 伏电源后，万用表指示电压为零伏。

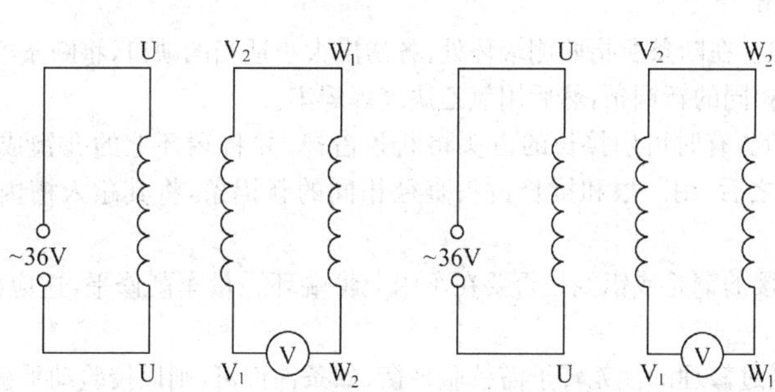

(a) 电表有电压值　　(b) 电表指示电压为零

图 4-5　首、尾判别法之二

当 V 相和 W 相的首、尾端弄清楚之后，将 V 相绕组与 U 相绕组互换，即 36 伏电源与 V 相绕组相接进行上述试验，便可判别出 U 相的首、尾端，至此三相首、尾端即告全部查明。

3. 首、尾端判别方法之三

此法用万用表毫安档，并需一节 1.5 伏 1 号干电池配合试验，试验接线图如图 4-6

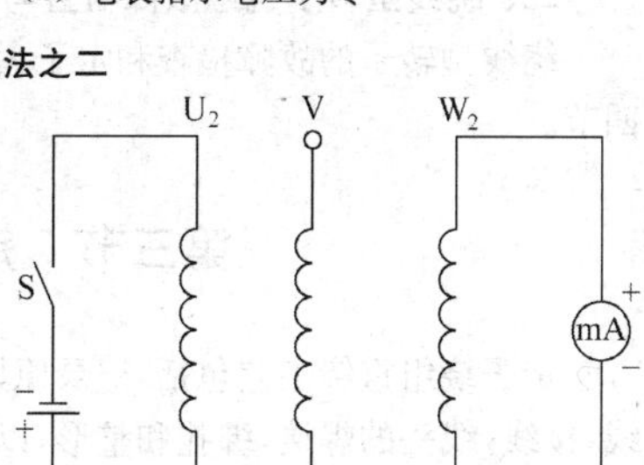

图 4-6　首、尾判别法之三

所示。

当合上开关S的瞬间，如万用表指针摆向大于零的一边，这说明电池正极所接U相绕组的线端和万用表负端所接的W相绕组的线端同为首端(或同为负端)，再将万用表接到V相绕组的两个线端上进行测试，即可确定各相的首、尾。

第二节　转子绕组故障检查与修理

转子绕组分为笼型和绕线式两种绕组。

一、笼型转子故障检查与修理

笼型转子(或称鼠笼转子)通常具有很高的可靠性，但有时由于材质不良、制作工艺欠妥以及由于频繁起动或频繁正反转运行，如果强度不够就有可能出现端环或导条断裂故障。

1. 端环断裂

通常凭肉眼就能发现故障所在位置。对于铜笼，先在断裂处凿成一个坡口后用氧乙炔气焊焊牢。对于铝笼，同样需要在断裂处凿成一个坡口，用氩弧焊焊牢。

2. 导条断裂

先用断条侦察器查明哪条槽内导条断裂，断条侦察器的原理和侦查方法参见第十一章第二节。

对于铜笼，在断条所指两侧端环处，各凿出大小适当的缺口，将断条敲出，换上一根与原截面相同的新铜条，然后用氧乙炔气焊焊牢。

对于铝笼，有时可用接长的占头将断条占掉，并将端环上的孔锪成锥形，把槽内清理干净之后，用一根和接长占头直径相同的新铝条，将其敲入槽内，用氩弧焊焊牢。

经过焊接的铜笼或铝笼是否要在车床上将端环适量车削修平，这应根据实物具体情况而定。

此外，经过修理的鼠笼转子需校验平衡，如条件许可，则以校验动平衡为最稳妥。

二、绕线型转子绕组故障检查与绑扎

绕线型转子的故障检查和定子大体上是相同的，转子绕组的绑扎参见第二章第四节。

第三节　定子绕组重嵌工艺

定子绕组重绕工艺包括：记录原始数据，拆除旧绕组，绕制线圈，放槽内绝缘，嵌线，接线，线头的焊接，绑扎和整形，以及浸漆等等的步骤。

一、记录和测量原始数据

在修理电动机之前，应尽可能将电动机需要记录下来的数据均应记录下来，以备查找参考。可以记录的有铭牌、绕组及铁心的数据。

1. 铭牌

铭牌上的数据一般应具有电动机的型号、转速、功率及工作状态等，有了电动机型号则可以查找到该电动机的绕组数据，转速和功率则可以在重绕计算时参考。

2. 定子铁心数据的测量

测出定子铁心外径、内径、铁心长度、铁心槽数，以及定子槽形的尺寸等等。在重绕计算中均需要这些数据，所以都应该全部测量出来。

3. 绕组数据的测量

在拆去定子绕组之前应先查明绕组型式、并联的导线根数、绕组的节距、并联支路数、导线直径、每槽导体数及绝缘的等级，以及接线的方法。并绘制出绕组展开图，量出线圈的端部长度，在测量出上述各项数据以后，将它填入表 4-1 中，在拆旧绕组时最好留下一个完整的旧线圈，作为制作绕线模的依据。

二、拆除旧绕组

由于经过绝缘处理，电动机绕组经过一定时间使用之后，绕组变得比较坚硬和牢固，尤其是在冷的状态下更是这样。所以，将已损坏的绕组从铁心中拆下来也不是一件容易的事情，需要采用一些方法才能将绕组拆下来。现将拆除旧绕组的方法介绍如下：

1. 通电加热法

对于一些电动机定子绕组绝缘损坏不能使用，但是导线仍能通电，或部分可通电，则可以用低电压加热绕组。低电压可由三相调压器得到，控制流入的电流不能超过两倍额定电流。如果没有三相调压器，则可用单相调压器分别一相一相加热。待加热到定子绕组软化时，则可拆绕组，可先取下槽楔，为了方便取槽楔可按图 4-7 所示进行。如果电动机绕组都已断线无法采用此种办法时，则可采用下面的方法。

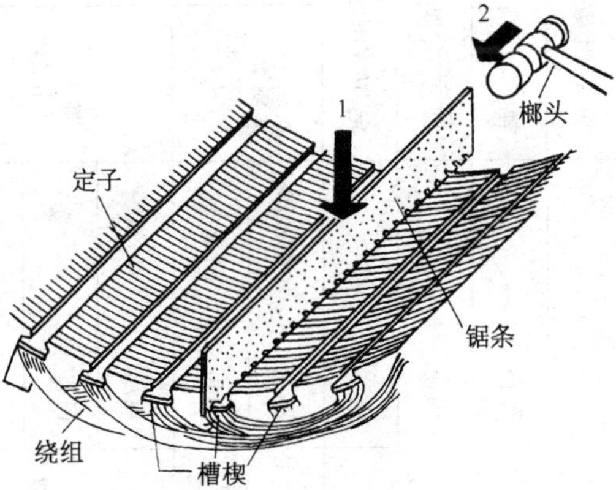

图 4-7　用锯条取槽楔

表 4-1 三相异步电动机修理记录单

型号		功率（千瓦）		转速（转/分）		制造厂
电压（伏）		电流（安）		绝缘等级		出厂日期
接法		功率因数		工作制（%）		出厂编号
定子铁心（毫米）	外径	轭高		绕组数据	型式	线圈组数
	内径	齿厚			节距	每组线圈数
	叠厚	定、转子槽数			并绕根数	每线圈匝数
修复后绝缘电阻	对地（兆欧）	耐压（一分钟）	对地（千伏）		线径（毫米）	并联路数
	相间（兆欧）		相间（千伏）	定子槽形尺寸		
修复后空载试验	电压（伏）	修复后每相电阻	U相（欧）			
	电流（安）		V相（欧）			
	转速（转/分）		W相（欧）			
线模尺寸（毫米）	形式（梭形、鼓形）	端距				
	有效边长	宽度		操作者	检查者	日期

2. 其他加热法

当无法使用通电加热时，就可以用其他方法加热。例如可用烘箱加热，或其他方法。同样，要加热到电动机绕组绝缘软化时就将电动机取下来，用上述方法将绕组拆下来。

当采用一般木炭加热时，可将电动机定子架空立放，在内腔中用木炭加热，逐步加热使绝缘软化之后就将绕组拆下来。

加热拆绕组还可以采用煤气、喷灯等的加热方法，但是加热不能过快，要慢一些，使热量能传到内部，使内外部分的温度比较均匀，这样使绝缘软化也会比较均匀，绕组拆除也就比较方便。

在拆除旧绕组时，要注意保护定子铁心，在拆除旧绕组完毕以后，要清除槽中的旧绝缘和整理定子铁心。

三、制作绕线模

电动机重绕是否能顺利进行，绕线模的尺寸是否合适将起到重要的作用。如果太短则使线圈嵌不进去；若太长则端部太长，将会增加绕组的电阻和电抗，会影响电动机的电气性能，所以制作绕线模时一定要仔细，认真。

绕线模是由模心，上下夹板组成，见图4-8。模心是绕线模的主要部分，它将决定线圈的长短，所以要正确决定模心的尺寸，最好是在拆除旧线圈时留出一个完整的旧线圈，作为制作新绕线模的依据，如果没有保留旧的线圈，就只好重新设计，重新设计的方法见第十一章。

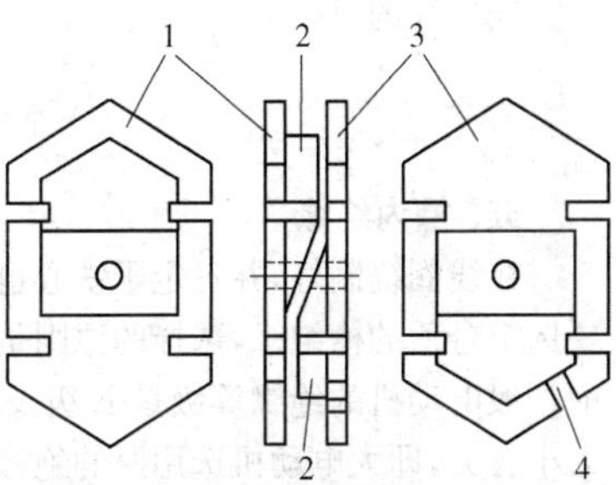

图 4-8　绕线模

1—下夹板；2—模心；3—上夹板；4—引线槽

绕线模可做成单个线圈的，也可做多个线圈的，视电动机的具体情况而定。做绕线模的木料应该是干燥的，以防止变形。

四、绕线

当准备工作完成之后，即可开始绕线。绕线前应对导线正确测量其线径，如果导线的线径超过 1.5 毫米，则因导线太硬，会使槽满率下降，这时宜采用多根并绕，但是要保持导线的截面积不变，它的简易计算如下：

$$d' = \sqrt{\frac{n}{n'}}\, d$$

式中　d'——代用导线的直径(毫米)；

d——原线圈导线直径(毫米)；

n'——代用导线的并绕根数；

n——原来导线的并绕根数。

如果原来是铝导线，准备改为铜导线，或原来是铜导线改为铝导线时，则可以用以下的方法将它进行变换：由于铜与铝的电阻率大约是 1∶1.6 的关系，所以如果是将铜导线变为铝导线时，则导线的截面积增加 1.6 倍，即

$$S_{Al} = 1.6S_{Cu}$$

式中 S_{Al}——铝导线的截面积(毫米^2)；

S_{Cu}——铜导线的截面积(毫米^2)。

导线的线径则可按下列式子计算：

$$d_{Al} = \sqrt{1.6}d_{Cu} = 1.26d_{Cu}$$

式中 d_{Al}——铝导线的线径(毫米)；

d_{Cu}——铜导线的线径(毫米)。

由以上可见，铜改铝显然要受到槽满率的限制。如果是将铝导线变换为铜导线时，则可按下式计算铜导线截面积：

$$S_{Cu} = \frac{1}{1.6}S_{Al}\ (\text{毫米}^2)$$

铜导线的直径为

$$d_{Cu} = \sqrt{\frac{1}{1.6}}d_{Al} = 0.8d_{Al}$$

五、槽内绝缘

在线圈绕制好，并且定子铁心也已清理完毕，就可以做嵌线的准备工作，首先是要选定合适的槽绝缘，选择的原则是根据这台电动机的温升等级来确定槽内绝缘，目前一般电动机的绝缘等级是 E 级及 B 级。电动机槽内绝缘的厚度一般与电动机的大小有关，即大电动机选用厚的绝缘，而且电压高的也选用厚的绝缘；如果电动机尺寸较小且电压较低，则选用较薄的绝缘，具体见表 4-2。

表 4-2 不同绝缘等级的槽绝缘材料

型号	机座号	绝缘等级	材料	总厚度(毫米)	伸出铁心长度(毫米)
JO	3	A	0.1 绝缘纸+0.17 黄蜡布+0.1 绝缘纸	0.37	7.5～10
JO	4～5	A	0.17 绝缘纸+0.17 黄蜡布+0.17 绝缘纸	0.51	7.5～10
JO	6～9	A	0.2 绝缘纸+0.2 黄蜡布+0.2 绝缘纸	0.6	10～15
JO2	1～3	E	0.27 聚酯薄膜青壳纸复合箔	0.27	7.5～10

（续表）

型号	机座号	绝缘等级	材　　料	总厚度（毫米）	伸出铁心长度（毫米）
JO2	4～6	E	0.27 聚酯薄膜青壳纸云母箔 +0.06 聚酯薄膜(或 0.15 绝缘纸)	0.33 (0.44)	10～15
JO2	7～9	E	0.27 聚酯薄膜青壳纸云母箔 +0.06 聚酯薄膜(或 0.15 绝缘纸)	0.33 (0.44)	10～15
Y	80～112	B	0.30 聚酯纤维聚酯薄膜复合箔(DMD，DMDM)	0.3	7.5～10
Y	132～180	B	0.35 聚酯纤维聚酯薄膜复合箔(DMD，DMDM)	0.35	7.5～10
Y	200～280	B	0.45 聚酯纤维聚酯薄膜复合箔(DMD，DMDM)	0.45	10～15

图 4-9 为槽内绝缘的示意图，图 4-10 为槽口绝缘的两种形式。

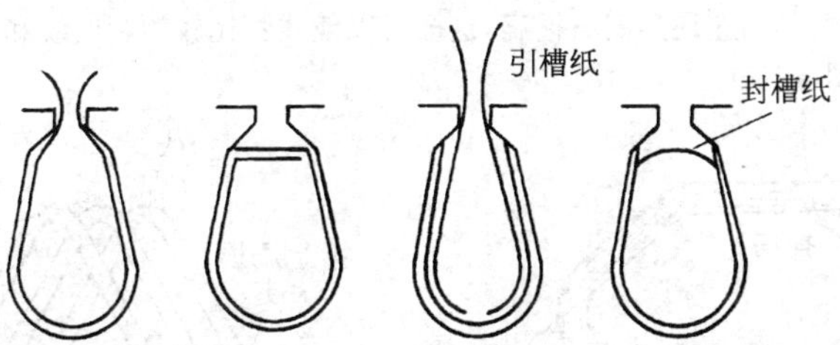

(a) 褶边式封口　　(b) 槽封式封口

图 4-9　槽内绝缘

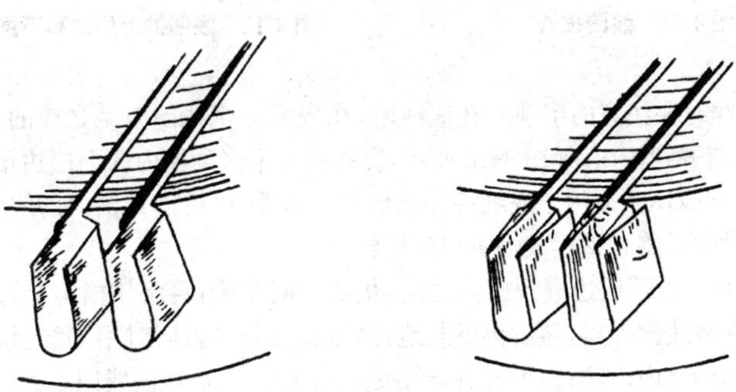

(a)　　(b)

图 4-10　槽口绝缘

六、嵌线

嵌线之前要了解绕组的嵌线工艺步骤。嵌线可按照已确定的定子绕组展开图进行的。

1. 嵌线的工具和辅助材料的准备

为了顺利地进行嵌线，就必须在嵌线之前做好必要的准备工作，如嵌线的工具、各种绝缘材料及槽楔等等。嵌线工具一般有压线板、划线板、弯头长柄剪刀及木制或橡皮榔头等工具，这些工具的具体要求详见第十一章。而绝缘材料可按照电动机的电压等级和电动机的耐热等级，参照表 4-2 中的材料进行选取。

2. 嵌线过程

按照定子绕组展开图和电动机的引出线位置来确定引出线的槽号、嵌线、划线、导线压实、层间绝缘、封槽口、垫端部相间绝缘及端部包扎等的过程。

(1) 线圈引出线及过线的处理　把已绕好的线圈引出线整直，套上相应的黄蜡管或塑料管。当线圈是由两个以上组成的线圈组时，则有线圈之间的连线称为过线，过线的长度不能过长，也不能过短，要求留有合适的长度。

(2) 线圈捏法　将线圈的宽度稍为压缩一下，对极对数少的电动机，尤其是对于一对极的电动机，线圈的宽度要比电动机的内孔稍微小一些，并且将线圈的直线部分捏扁，根据需要是向左还是向右捏扁，这样可以使线圈比较顺利嵌线和使绕组端部比较整齐。见图 4-11。

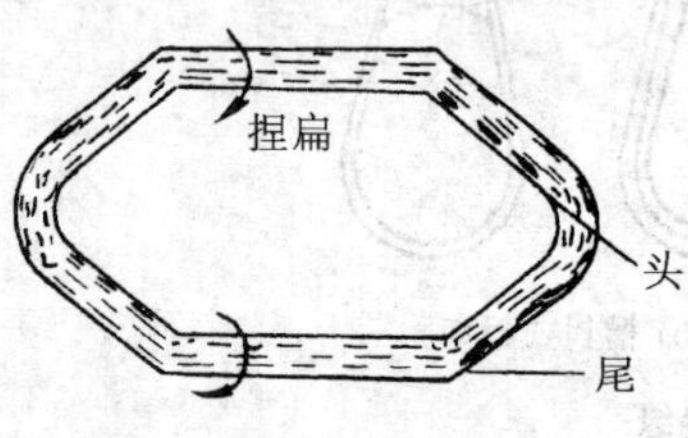

图 4-11　线圈捏法

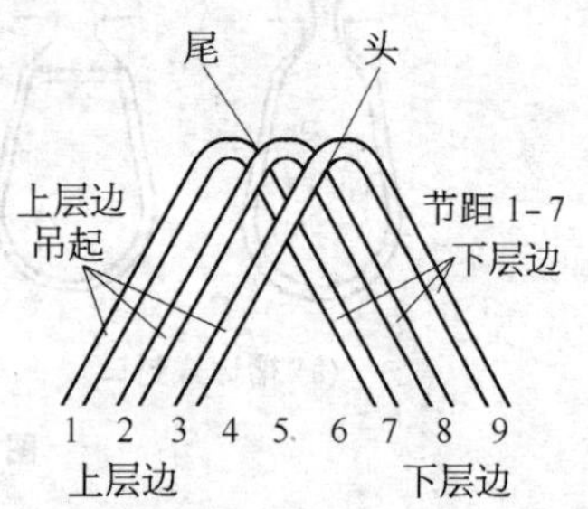

图 4-12　线圈的上层边和下层边示意图

(3) 嵌线时要注意的事项　在嵌线时，在嵌完一个线圈节距之前的各个线圈的上层边还不能嵌到槽内，如图 4-12 所示，应将所有未嵌到槽内的上层边吊起来，为了不使绝缘受到破坏还需用布或纸将导线垫好。另外，将已嵌到槽内的线圈端部用木榔头或橡皮榔头，将它整形成喇叭口的形状。

(4) 划线　当下层边嵌到槽内之后，垫好层间绝缘，再将该槽上层边压到槽口，理直导线，并将线圈捏扁，然后再不断地将导线送到槽内，同时用划线板在线圈的两侧，将导线划到槽内。注意，不要将导线交叉卡在槽口，造成嵌线困难。

(5) 导线压实　当嵌线过程中需将导线整理并压实，而当槽满率较高时，在压实时不能用力过猛，在整理端部时可用橡皮榔头轻轻地敲，有时需将竹板垫于敲打处，总之要注意不要损坏绝缘。

(6) 层间绝缘　在嵌好下层边之后，应该垫好层间绝缘，见图 4-13。将层间绝缘盖住下层边，要注意，不要有个别导线漏在上面，不然的话将容易造成相间击穿。

(7) 封槽口　嵌完线之后，就需将槽口封住，对于槽满率越高，封槽口就更重要。可先将导线压实，再用铁划板折合槽绝缘，包住导线，见图 4-13。用压线板压实绝缘纸之后，把槽楔打入槽内，槽楔比槽绝缘略为短一些，其厚度要适当，只要槽楔打进去之后松紧适当即可。

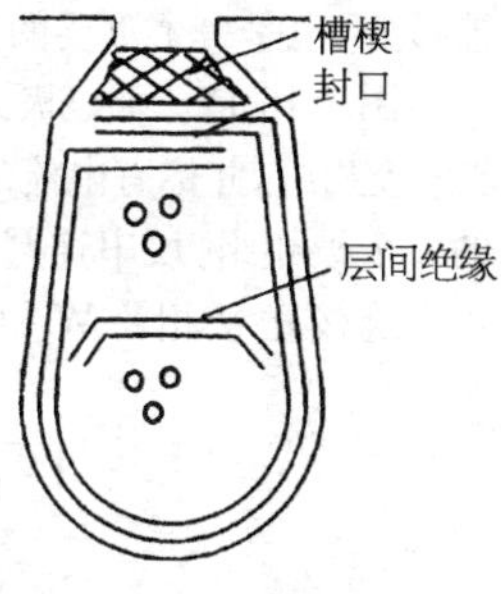

图 4-13　层间绝缘

(8) 垫好端部相间绝缘　对于工作电压较高的电动机，它的端部往往还需垫以相间绝缘，以增加电动机的绝缘强度，并将端部整形为所需要的尺寸。如果是定子绕组，则要整形到端部的尺寸比定子内孔大，并呈喇叭形。如果是转子绕组，则其端部不能超过转子外圆的尺寸。

(9) 包扎端部　为了使端部有较高的机械强度，和使相间绝缘不会错位，需要将端部扎紧，使在浸漆处理之后就成为一个整体，这样当电动机在起动或者堵转时都能承受较大的电磁力，不至于绕组变形。

七、接线和引线

在一个极下的属于同一相的所有线圈串联在一起，称为一个极相组。如何连接成一个完整的绕组，应该按以下的方法进行：

1. 接线

为了保证电动机线圈连接之后，能形成 N 极和 S 极互相间隔排列，如图 4-14 中所示显极式绕组，各极相组之间的连接，必须是头头相接和尾尾相接。通常均是上面的这种接法，但也有与此不同的接法，如图 4-15 所示庶极式绕组，则是头尾相接。从

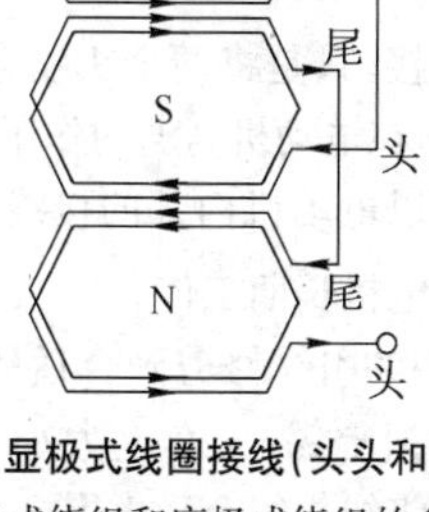

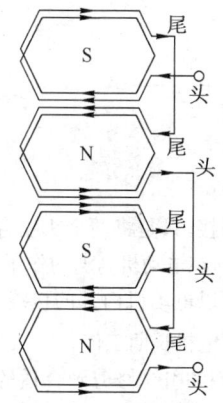

图 4-14　显极式线圈接线（头头和尾尾相接）

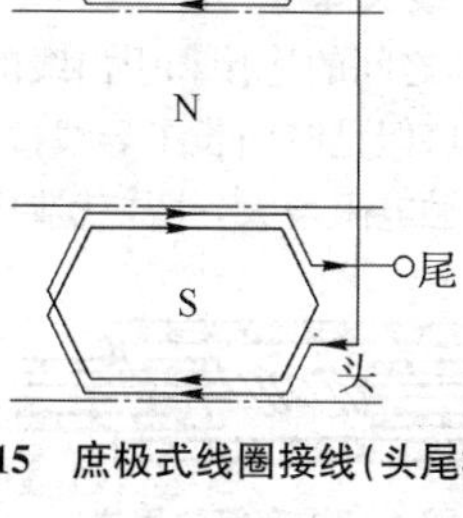

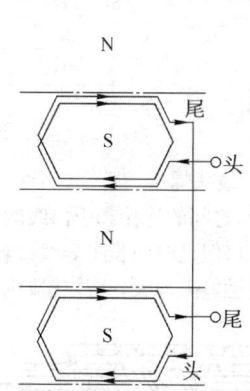

图 4-15　庶极式线圈接线（头尾相接）

注：显极式绕组和庶极式绕组的含义，见第一章第一节。

图 4-15 中可以看到，同样是四极电动机它只有两个极相组，它必须是头尾相接，才能形成四极的磁场，这种接法通常应用于单绕组多速电动机。

2. 引线

要使电动机能够正常工作，还需要外部接线正确，如何把已嵌好线圈的定子绕组连接好，也是一个重要的工作。现以 4 极电动机为例，来说明引线连接的一般规律。

图 4-16 是一个显极式 4 极三相电动机接线图，它有 12 个极相组，每个磁极内有 3 个极相组，并标有电流的方向，相邻极相组电流方向应相反。从图中可以看出 U 相的 4 个极相组，反串连起来，构成 U 相的绕组。依次相隔 120°电角度用同样的方法可以连接好 V 相及 W 相绕组。

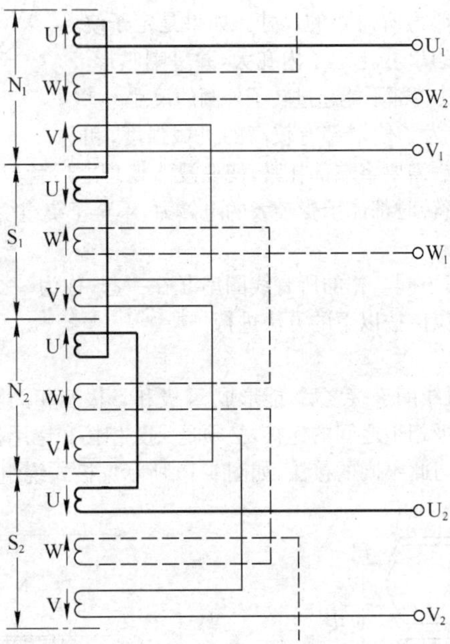

图 4-16　引出线的连接

八、线头焊接

线圈之间的连接和引出线的连接，如果不是焊接，只是将两个头绞合在一起，虽然能通电，但是时间长了导线接触的可靠性就变差，在电动机高温的作用下接头极易氧化，接触电阻增大，往往就造成电动机的故障，所以电动机内部的接线均应采用焊接，以保证电机长期工作。

将线圈的引线修剪到合适的长度，将导线刮光，并搪上锡，先套上大小合适的玻璃丝漆套管，将线头绞合后再焊接，见图 4-17。

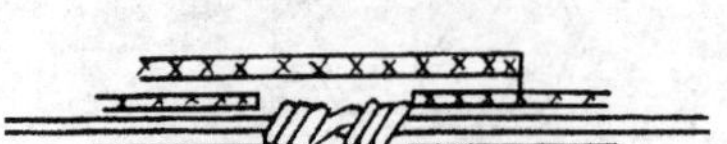

图 4-17　套管的用法

对于比较细的导线，可以直接绞合，见图 4-18。而对于比较粗的导线，则可以采用 0.3～0.6 毫米光铜线，扎在线头上，如图 4-19。如果是扁线或铜排的连接，则采用 0.5～1.0 毫米的铜薄片制成的铜套，称为并头套，见图 4-20。

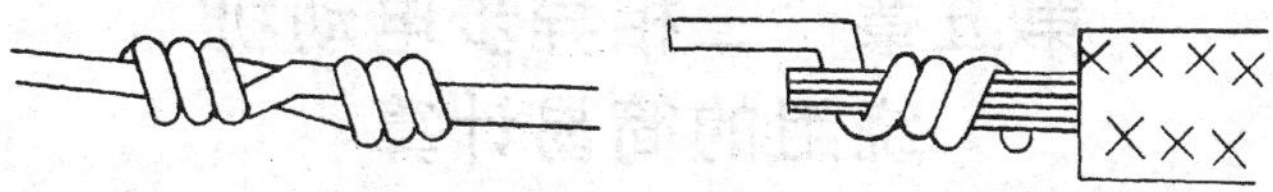

(a) 单线绞合　　(b) 引接线

图 4-18　线头连接

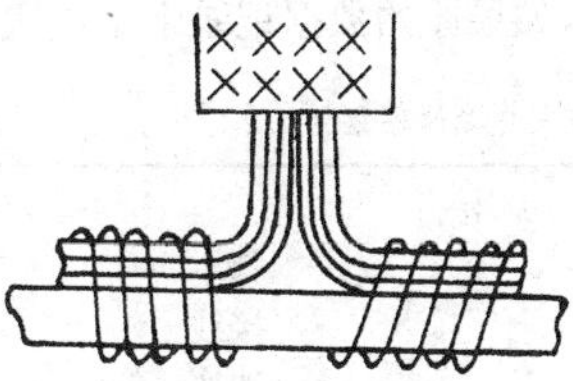

图 4-19　线头连接

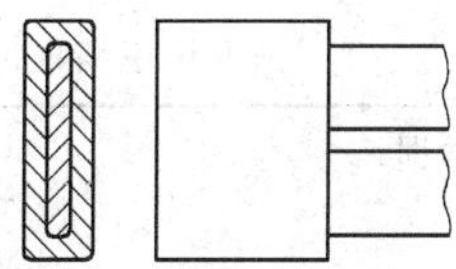

图 4-20　并头套连接

焊接的方法有锡焊、气焊和炭阻焊。锡焊用于焊铜线为主，它的材料是锡铅合金和去氧剂(松香和焊锡膏)。它适合于一般小型电动机的焊接。气焊常用于大截面积和铝导线的焊接，而炭阻焊常用于铜、铝导线的焊接。

在做完上述各项工作之后，需进行各相绕组的电阻检查，看看各路电阻是否在规定的范围内。

如果无异常情况则将引线绑扎到电动机端部上，并将绕组的端部整形为所需要的形状。如果导线较粗时，则可以用竹片垫好用木榔头敲修到所需的尺寸。

最后，在浸漆之前还需对绕组与铁心之间的介电强度进行检查，检查的电压是用 50 赫，根据电动机不同使用电压，加以不同的试验电压，对于三相 380 伏电动机，试验电压一般是 1 500 伏。

如果全部过程均通过，则电动机可以进行浸漆处理：有关浸漆过程请看第十章。

第五章　三相异步电动机绕组的简易计算

更换电动机绕组时，必须记录它的铭牌数据、铁心数据和绕组数据。制成原始数据记录卡，作为技术档案妥善地保存起来。表 5-1 所示为一种原始数据记录卡的形式。

电动机制造厂系列产品绕组的设计数据，应是最佳数据，因此电动机绕组重绕时应按原始设计数据加以重绕。但绕组拆除后，如果原始数据记录卡不慎遗失，且电动

表 5-1　三相异步电动机定子绕组重绕原始数据记录卡

一、铭牌数据

型号	功率	频率
电压	电流	接线
转速	效率	功率因数
运行方式	暂载率	转子电压
转子电流	绝缘等级	重量
制造厂	产品编号	出厂日期

二、铁心数据

定子铁心外径	定子铁心内径	定子铁心长度
气隙值	通风槽宽	通风槽数
定子槽数	转子槽数	

槽形及尺寸

例：

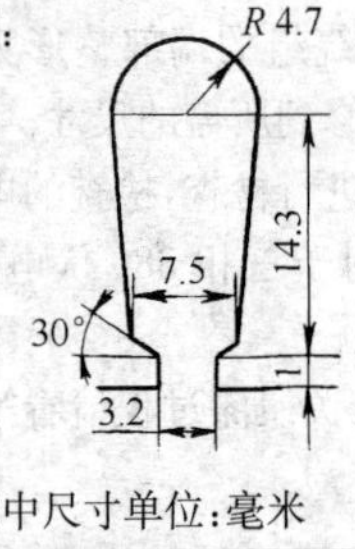

图中尺寸单位：毫米

三、定子绕组数据

绕组形式	线圈节距	导线型号
导线规格	并绕根数	并联支路数
每槽导体数	端接部尺寸	槽绝缘材料
槽绝缘厚度	槽楔尺寸	槽楔材料

绕组接线图：

四、故障原因及改进措施

机上的铭牌也失落时，这就成为一台无铭牌、无绕组数据的空壳电动机了，这就需要进行空壳电动机的重绕计算。还有一些情况也需进行计算：如电源电压与电动机额定电压不符，或电动机的极数不能适应机械的要求因而要改变电动机的极数，或者买不到设计要求的导线只能用其他线径的导线来代替，在这些情况下我们都需要作一些计算。有些计算方法比较复杂，并且涉及一些较深的理论。在本章中我们主要采用一些经验公式，用较简单的方法进行计算。计算结果可能存在一些误差，所以有时用几种方法加以比较，以便求得较正确的结果。

第一节　三相异步电动机定子绕组重绕计算

一、有铭牌的空壳电动机定子绕组重绕计算

如果绕组已拆除，且原始数据已丢失，但电动机上铭牌还在，我们可以根据铭牌上的型号、额定值等数据查阅本书附录 1 或有关手册，就可以得到完整的绕组数据。因而可以根据这些数据进行修理。

【例 5-1】 有一台空壳电动机，铭牌上的型号为 JO2-31-4，额定功率 $P = 2.2$ 千瓦。试确定此电动机定子绕组的数据。

【解】 先测出定子铁心数据：定子铁心外径 $D_1 = 16.7$ 厘米，内径 $D = 10.4$ 厘米，定子槽数 $Z_1 = 36$ 槽，铁心长度 $L = 13.5$ 厘米。查附表 1-6 中 JO2-31-4 项中定子铁心数据与需修理的电动机定子铁心数据一致。然后查出定子绕组的数据为：

单层交叉式，节距 1/1—8，2/1—9，每槽导体数 41 根，线径 0.96 毫米，并绕根数为 1，并联支路数为 1，E 级绝缘。

二、无铭牌的空壳电动机定子绕组重绕计算

无定子绕组且绕组数据已丢失的空壳电动机，若铭牌也已失落，则必须进行计算，以确定绕组数据。计算可分两种情况，见图 5-1。

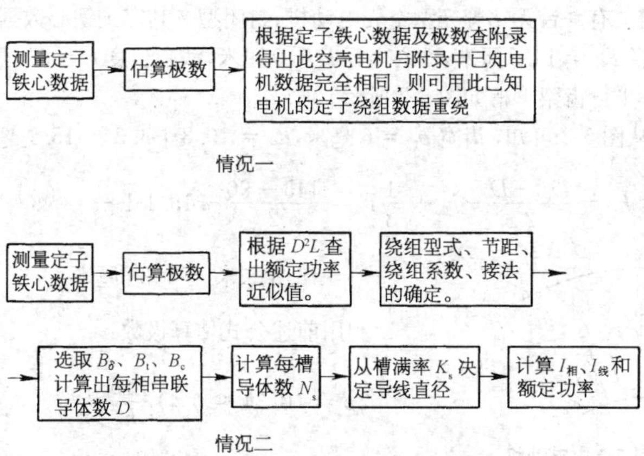

图 5-1　无铭牌的空壳电动机定子绕组重绕计算步骤

下面分别讨论这两种情况的计算步骤。

情况一：

1. 测量数据

测量定子铁心外径 D_1、内径 D、铁心长度 L、槽数 Z_1 和槽的尺寸。

2. 估算极数

(1) 电动机的极数可按下式估计：

$$2p=(0.34\sim0.40)\frac{Z_1b_t}{h_c}$$

式中 $2p$——极数，p 为极对数；

b_t——定子齿宽；

h_c——定子轭高。

式中系数，功率大者取大值，功率小者取小值。

(2) 从表 5-2，根据铁心内外径的比值 $\frac{D}{D_1}$ 估算极数。

表 5-2 极数与铁心内、外径比值 $\frac{D}{D_1}$ 的近似关系

内、外径比值 \ 极数 $2p$	2	4	6	8
$\frac{D}{D_1}$	0.5～0.58	0.58～0.69	0.62～0.71	0.65～0.75

3. 找参数相同的电动机

假如在附录 1 或手册中查出了与定子铁心数据及估算极数完全一致的电动机，则可按照该型号电动机绕组的数据来修理。

【例 5-2】 有一台无铭牌笼型空壳电动机，封闭型。其定子铁心数据如下：

铁心外径 $D_1=14.5$ 厘米，铁心内径 $D=9$ 厘米，铁心长度 $L=8.5$ 厘米，定子槽数 $Z_1=24$，平行齿梨形槽如图 5-2 所示。

【解】 从图 5-2 可知，齿宽 $b_t=6$ 毫米，$h_s=10.8+4.3=15.1$ 毫米

$$h_c=\frac{D_1-D}{2}-h_s+\frac{1}{3}R=\frac{145-90}{2}-15.1+\frac{1}{3}\times4.3$$

$$=13.8\text{ 毫米}=1.38\text{ 厘米}$$

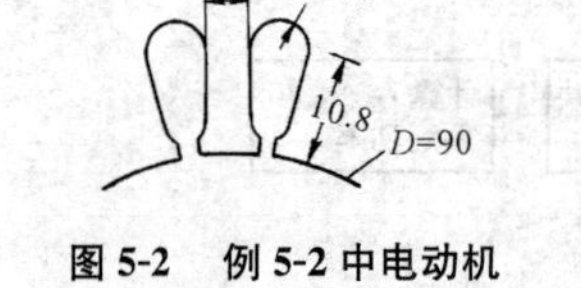

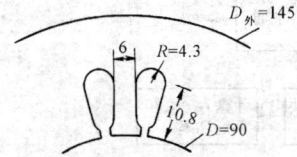

图 5-2 例 5-2 中电动机槽形尺寸(毫米)

利用前述公式估算极数：

$$2p=(0.34\sim0.4)\frac{Z_1b_t}{h_c}$$

$$=(0.34\sim0.4)\frac{24\times6}{13.8}=3.54\sim4.17$$

取 $$2p=4$$

又 $\frac{D}{D_1}=\frac{9}{14.5}=0.62$，查表 5-2 可知极数为 4 或 6，与用公式估算作比较，最后取极数 $2p=4$。

查附表 1-7，查到 JO2-21-4 的定子铁心数据和极数与该空壳电动机完全一致。所以可认为该空壳电动机的型号为 JO2-21-4。绕组数据为：

单层链式，节距 1—6，每槽导体数 80，线径 0.72 毫米，并绕根数为 1，并联支路数为 1，丫接法，$2p=4$，额定功率 $P=1.1$ 千瓦。

情况二：

测量空壳电动机铁心数据和估算极数的方法与情况一中相同。但是，在附录 1 或手册中找不到与此空壳电动机铁心数据和极数相同的电动机，因此就要根据下面的步骤继续计算：

1. 确定额定功率的近似值

根据电动机的计算尺寸 D^2L 和极数 $2p$ 从图 5-3 中查得对应的额定功率近似值。

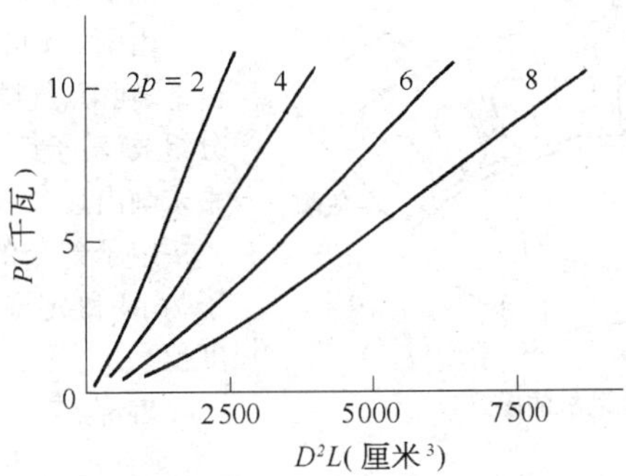

(a) 10 千瓦以下

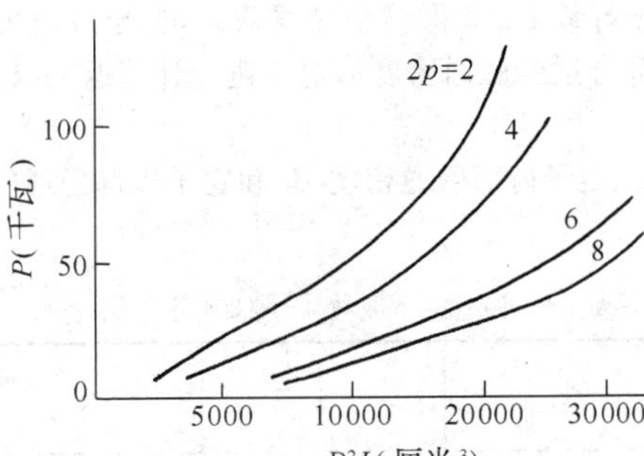

(b) 100 千瓦以下

图 5-3 三相异步电动机 D^2L 与额定功率 P 的关系曲线

2. 绕组型式、节距、绕组系数和三相绕组接法的确定

笼型三相异步电动机定子铁心外径小于等于 26 厘米，额定功率 10 千瓦以下，一般采用单层绕组。定子铁心外径大于 26 厘米，额定功率 10 千瓦以上，一般采用双层绕组。绕线式三相异步电动机的定子绕组都采用双层绕组。

单层绕组都是整距绕组。有时绕制时线圈的节距并不是整距，但实质上仍是整距绕组，所以计算时短距系数 $K_y = 1$。双层绕组一般采用短距绕组，$y = \beta\tau = \beta\frac{Z_1}{2p}$，$\beta$ 取 0.75～0.85。

分布系数 K_d、短距系数 K_y 的计算见第一章。绕组系数 $K_w = K_d \cdot K_y$。

我国笼型异步电动机小于等于 3 千瓦的采用Y接法，大于等于 4 千瓦的采用△接法。但 JZR 绕线型电动机定子绕组都采用Y接法，YR 绕线型电动机定子绕组都采用△接法。

3. 选取有关磁通密度及算出每相串联匝数

选取气隙磁通密度 B_δ，定子齿部磁通密度 B_t，定子轭部磁通密度 B_c，计算出每相串联匝数 W。

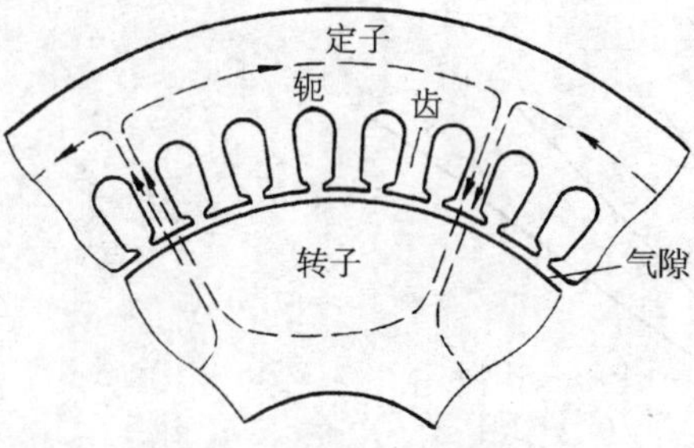

图 5-4　电动机的磁路

电动机的磁路如图 5-4 所示。

由图 5-4 可知，磁路由定子铁心齿部、轭部、气隙以及转子铁心各部分组成(转子铁心也有齿部、轭部，图中未画出)。

定子部分的计算涉及气隙、定子齿部和定子轭部三个磁通密度值。

齿部、轭部的磁通密度值过大，则铁心饱和，激磁电流比正常值增大很多，这样电动机就无法带负载运行。反之，磁通密度值太小，就得增加每相串联匝数及每槽导线数，就得缩小导线截面，也导致输出功率减小。所以，确定铁心齿部和轭部合适的磁通密度值对于避免计算返工以及充分利用铁心材料是很有必要的。

气隙磁通密度 B_δ、定子齿部磁通密度 B_t 和定子轭部磁通密度 B_c 的范围见表 5-3、表 5-4 和表 5-5。

表 5-3　中小型异步电动机气隙磁通密度 B_δ(特)

型式 \ 极数	2	4	6	8
封闭式	0.50～0.65	0.60～0.75	0.63～0.75	0.65～0.78
开启式	0.55～0.70	0.65～0.80	0.65～0.80	0.65～0.80

表 5-4　定子齿部磁通密度 B_t(特)

型式 \ 极数	2	4	6	8
封闭式	1.40～1.55	1.40～1.57	1.35～1.55	1.35～1.55
开启式	1.50～1.65	1.45～1.65	1.45～1.60	1.45～1.60

表 5-5　定子轭部磁通密度 B_c(特)

型式 \ 极数	2	4	6	8
封闭式	1.25～1.40	1.35～1.45	1.30～1.40	1.10～1.35
开启式	1.40～1.55	1.35～1.50	1.30～1.50	1.10～1.45

1940 年到 1953 年国内生产的和解放前从国外进口的电动机，其气隙磁通密度值较低，在 0.55～0.65 特左右，功率大者取大值，功率小者取小值。

早期生产的电动机定子齿部磁通密度应控制在 1.30～1.50 特左右。

早期生产的电动机定子轭部磁通密度应控制在 1.30 特左右。

每相串联匝数 W 与气隙磁通密度 B_δ、定子齿部磁通密度 B_t、定子轭部磁通密度 B_c 分别有如下的关系：

$$W = \frac{K_E U_{相} \times 10^2}{1.55\tau L K_w B_\delta}$$

$$W = \frac{2pK_E U_{相} \times 10^2}{1.44 b_t Z_1 L K_w B_t}$$

$$W = \frac{K_E U_{相} \times 10^2}{4.19 h_c L K_w B_c}$$

式中　K_E——压降系数，参考表 5-6，功率大者取大值，功率小者取小值；

$U_{相}$——相电压(伏)，Y形接法时 $U_{相} = \frac{1}{\sqrt{3}} U_{线}$，$U_{线}$ 为线电压，△ 接法时 $U_{相} = U_{线}$；

τ、L、b_t、h_c——分别为极距，铁心长度，齿宽和轭高(厘米)；

$2p$——极数；

K_w——绕组系数。

磁通密度 B_δ、B_t、B_c 的单位为特。

表 5-6　压降系数 K_E

功率范围 \ 极数	2	4	6	8
10 千瓦以下	0.83～0.93	0.87～0.92	0.87～0.91	0.88～0.90
10～30 千瓦	0.94～0.96	0.93～0.95	0.92～0.93	0.91～0.93
30～125 千瓦	0.95～0.98	0.95～0.96	0.94～0.95	0.93～0.94

定子齿部磁通密度 B_t、定子轭部磁通密度 B_c 与气隙磁通密度 B_δ 的关系式如下：

$$B_t = \frac{t}{0.93b_t}B_\delta$$

$$B_c = \frac{0.37\tau}{h_c}B_\delta$$

上面式子中的 t 为齿距，单位为厘米。

由上述公式可看出：在定子铁心、绕组方案和接法一定的情况下，气隙磁通密度、定子齿部磁通密度及定子轭部磁通密度完全取决于每相串联匝数 W。

计算 W 的方法可分成两种：一种是取定匝数 W 算出磁通密度，这些磁通密度的值应在表 5-3、表 5-4 和表 5-5 中数值的范围内；另一种方法是按表中数值范围取定磁通密度，算出匝数 W。无论哪一种方法，关键都在于所算出的每相串联匝数 W，既不使铁心齿部、轭部过分饱和，又能较充分地利用铁心材料。

本书采用第二种方法，即先取定气隙磁通密度、定子齿部磁通密度及定子轭部磁通密度，算出三种 W 值，最后取这三个 W 值中最大的一个值。这样，只计算一次就可以确定每相串联匝数 W 的值，而且使三种磁通密度都在范围以内无需反复计算。

如果算出的三种 W 值相差过大，则说明原来选择的极数不妥当，应该重选极数，再计算出 W 值。

4. 计算每槽导体数 N_s

每槽导体数 N_s 值可由下式得出：

$$N_s = \frac{2maW}{Z_1}\text{（根 / 槽）}$$

三相异步电动机并联支路数 a 可按表 5-7 选取。

表 5-7 三相异步电动机的并联支路数

定子槽数 Z_1	2 极		4 极		6 极		8 极	
	单层绕组	双层绕组	单层绕组	双层绕组	单层绕组	双层绕组	单层绕组	双层绕组
12	1、2		1、2	1、2、4				
18	1	1、2		1、2	1、2	1、2、3、6		
24	1、2		1、2、4	1、2、4			1、2、4	1、2、4、8
27		1		1		1、3		1
29	1			1、2				1、2
36	1、2		1、2	1、2、4	1、2、3、6	1、2、3、6		1、2、4
42	1	1、2	1	1、2				1、2
48	1、2		1、2、4	1、2、4			1、2、4、8	1、2、4、8

（续表）

定子槽数 Z_1	2极		4极		6极		8极	
	单层绕组	双层绕组	单层绕组	双层绕组	单层绕组	双层绕组	单层绕组	双层绕组
54	1		1	1、2	1、3	1、2、3、6		1、2
60	1、2		1、2	1、2、4				1、2、4
66	1		1	1、2				1、2
72	1、2		1、2、4	1、2、4	1、2、3、6	1、2、3、6	1、2、4	1、2、4、8
78	1	1、2	1	1、2				1、2
84	1、2		1、2	1、2、4				1、2、4
90	1		1	1、2	1、3	1、2、3、6		1、2
96	1、2		1、2、4	1、2、4			1、2、4、8	1、2、4、8
108	1、2		1、2	1、2、4	1、2、3、6	1、2、3、6		1、2、4

5. 从槽满率确定导线直径

中小型异步电动机除了部分转子绕组采用扁导线外，其余都采用圆导线。

采用圆导线的绕组嵌入槽内时，必须考虑槽满率 K_s。槽满率 K_s 的定义为

$$K_s = \frac{\text{槽内导线所占的面积}\, A_{\text{导线}}}{\text{槽截面积}\, A_s - \text{槽绝缘占的面积}\, A_i} \times 100\%$$

有时 K_s 也表示为 $\frac{A_{\text{导线}}}{A_s - A_i}$，此时 K_s 为小于 1 的数。槽内圆导线所占的面积为

$$A_{\text{导线}} = N_s n d_0^2$$

式中　N_s——每槽导体数；

n——并绕根数；

d_0——包括绝缘厚度在内的圆导线外径(毫米)。

式中，d_0^2 是一根圆导线所占的面积，以一个每边为 d_0 的正方形面积来计算，如图 5-5 所示。

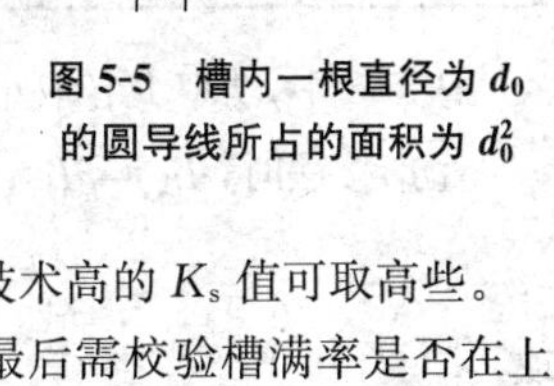

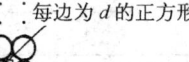

图 5-5　槽内一根直径为 d_0 的圆导线所占的面积为 d_0^2

截面积 A_s 及 A_i 的计算公式见第一章。

根据嵌线经验，槽满率 K_s 值应小于 80%，否则嵌线就有困难。常用数值在 65%～75%之间，小于 65%时槽利用率差。具体数值根据嵌线技术而定，嵌线技术高的 K_s 值可取高些。

导线的直径可以由电动机的额定功率计算出来，但最后需校验槽满率是否在上述范围内。也可先取定槽满率值，再由槽满率的公式求出导线直径 d_0（包括绝缘厚度的导线直径）。本章采用先取定槽满率的方法，假定并绕根数 $n = 1$，则带绝缘圆导线的直径为

$$d_0=\sqrt{\frac{(A_s-A_i)K_s}{N_s}}$$

然后查线规表，查出裸导线直径 d 和导线截面积 S。导线太粗嵌线不方便，所以 d 一般小于 1.6 毫米。如果计算出的 d 大于 1.6 毫米，则可用多根导线并绕，此时必需利用公式

$$d_0=\sqrt{\frac{(A_s-A_i)K_s}{N_s n}}$$

n 的值凑到使 d 不大于 1.6 毫米。

6. 计算相电流 $I_{相}$、线电流 $I_{线}$ 和额定功率 P

$$I_{相}=anSj$$

式中 a——并联支路数；

n——并绕根数；

S——一根导线的截面积(毫米^2)。

S 可以查线规表得出，或根据裸导线直径 d 用下式求出：

$$S=\frac{\pi}{4}d^2=0.785d^2$$

j 为电流密度，可按表 5-8 选取。

表 5-8 中小型三相异步电动机定子绕组电流密度 j(安/毫米^2)

型式 / 功率范围 / 极数	封闭式			开启式		
	10 千瓦以下	10～30 千瓦	30～100 千瓦	10 千瓦以下	10～30 千瓦	30～100 千瓦
2	5～6	4.5～5.5	3.54～4.5	5～6.5	5～6.5	5.5～6.2
4	5～6.5	4.5～6.0	3.5～5.0	5.5～6.5	5～6	5～6
6	5.5～7	4.5～6.0	4～5.1	5.5～6.5	5～6	5～6
8	5～6	4～5.5	4～5.5	5～6	5～6	5～5.5

表 5-8 中，功率大者取小值，功率小者取大值。

Y形接法时，$I_{线}=I_{相}$；△ 形接法时，$I_{线}=\sqrt{3}I_{相}$。电动机额定功率 P：

$$P=3U_{相}I_{相}\cos\varphi\eta\times10^{-3}(千瓦)$$

或

$$P=\sqrt{3}U_{线}I_{线}\cos\varphi\eta\times10^{-3}(千瓦)$$

式中 $\cos\varphi$——功率因数；

η——效率。

$\cos\varphi$ 及 η 可参考表 5-9 选取。

表 5-9　中小型三相异步电动机功率因数 $\cos\varphi$ 和效率 η

功　率	2 极		4 极		6 极		8 极	
	η%	$\cos\varphi$	η%	$\cos\varphi$	η%	$\cos\varphi$	η%	$\cos\varphi$
10 千瓦以下	76～86	0.85～0.88	74～86	0.76～0.78	70～85	0.68～0.80	68～85	0.65～0.77
10～30 千瓦	87～89	0.88～0.90	86～89	0.87～0.88	86～89	0.81～0.85	86～88	0.78～0.81
30～100 千瓦	90～92	0.91～0.92	90～92	0.88～0.90	90～92	0.86～0.89	89～91	0.82～0.84

【例 5-3】 有一台无铭牌的空壳电动机，为早期产品，但硅钢片质量较好，封闭式。测量其定子铁心尺寸得：$D = 23$ 厘米，$D_1 = 36.8$ 厘米，$L = 13.5$ 厘米，$Z_1 = 36$，平行齿齿宽 $b_t = 1.15$ 厘米，槽形尺寸如图 5-6 所示。试为该电动机设计一个用于 380 伏三相电源的定子绕组。

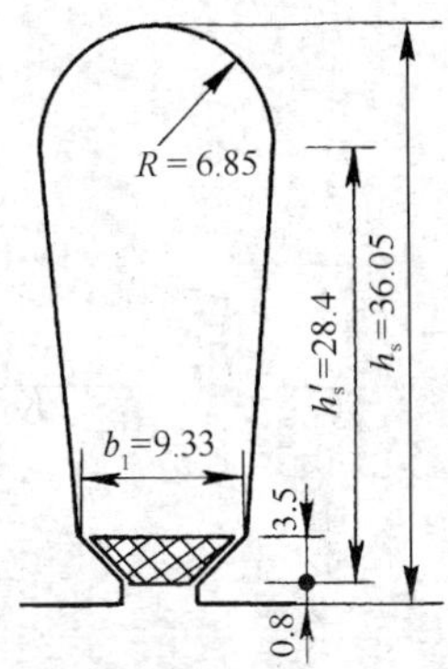

图 5-6　例 5-3 中定子铁心的槽形尺寸(毫米)

【解】

1. 定子铁心尺寸(如题中所述)

2. $b_t = 1.15$ 厘米，计算轭高 h_c

$$h_c = \frac{D_1 - D}{2} - h_s + \frac{1}{3}R$$

$$= \frac{36.8 - 23}{2} - 3.605 + \frac{1}{3} \times 0.685$$

$$= 3.523 \text{ 厘米}$$

估计极数 $2p$：

$$2p = (0.34 \sim 0.4)\frac{Z_1 b_t}{h_c}$$

$$= (0.34 \sim 0.4) \times \frac{36 \times 1.15}{3.523} = 4 \sim 4.7$$

又从 $\frac{D}{D_1}$ 的值估计极数：

$$\frac{D}{D_1} = \frac{23}{36.8} = 0.625$$

查表 5-2 可估计 $2p = 4$ 或 $2p = 6$，与计算值相互核算，可确定该电动机极数 $2p = 4$。

3. 确定额定功率的近似值

在附录 1 和手册中找不到与此空壳电动机相同的电动机,因此需继续计算。根据 D^2L 值确定额定功率的近似值。

$$D^2L = 23^2 \times 13.5 = 7\,141.5\ \text{厘米}^3$$

查图 5-3 曲线,得出额定功率近似值 P 为

$$P = 23\ \text{千瓦}$$

4. 绕组型式、节距、绕组系数 K_w 和三相绕组接法的确定

定子铁心外径为 36.8 厘米,功率为 23 千瓦,所以采用双层绕组。极距 τ 为

$$\tau = \frac{Z_1}{2p} = \frac{36}{4} = 9$$

采用短距绕组,节距 $y = 0.8\tau = 7.2$,取 $y = 7$ 槽。由第一章表 1-4 查得 $K_y = 0.94$。每极每相槽数

$$q = \frac{Z_1}{2mp} = \frac{36}{2 \times 3 \times 2} = 3$$

$$\alpha = \frac{2p \times 180^\circ}{Z_1} = \frac{4 \times 180^\circ}{36} = 20^\circ$$

$$K_d = \frac{\sin\dfrac{q\alpha}{2}}{q\sin\dfrac{\alpha}{2}} = \frac{\sin\dfrac{3 \times 20^\circ}{2}}{3\sin\dfrac{20^\circ}{2}}$$

$$= \frac{\sin 30^\circ}{3\sin 10^\circ} = \frac{0.5}{3 \times 0.173\,6} = 0.96$$

绕组系数 $K_w = K_d \cdot K_y = 0.96 \times 0.94 = 0.902$。电动机功率大于 3 千瓦,所以采用△接法。

5. 确定极距及压降系数

因为是△接法,所以 $U_{\text{相}} = 380$ 伏。以长度计量的极距

$$\tau = \frac{\pi D}{2p} = \frac{\pi \times 23}{4} = 18.06\ \text{厘米}$$

查表 5-6,压降系数 K_E 取为 0.94。

该定子铁心硅钢片的质量较好,因此气隙磁通密度取 0.65 特,定子齿部磁通密度取 1.4 特,定子轭部磁通密度取 1.3 特。从气隙磁通密度 B_δ 求 W:

$$W = \frac{K_E U_{\text{相}} \times 10^2}{1.55\tau L K_w B_\delta}$$

$$= \frac{0.94 \times 380 \times 10^2}{1.55 \times 18.06 \times 13.5 \times 0.904 \times 0.65} = 160\ \text{匝}$$

从定子齿部磁通密度 B_t 求 W：

$$W=\frac{2pK_EU_{相}\times 10^2}{1.44b_tZ_1LK_wB_t}$$

$$=\frac{4\times 0.94\times 380\times 10^2}{1.44\times 1.15\times 36\times 13.5\times 0.904\times 1.4}=140 \text{ 匝}$$

从定子轭部磁通密度 B_c 求 W：

$$W=\frac{K_EU_{相}\times 10^2}{4.19h_cLK_wB_c}$$

$$=\frac{0.94\times 380\times 10^2}{4.19\times 3.523\times 13.5\times 0.904\times 1.3}=152 \text{ 匝}$$

取计算出的三个 W 值中的最大值 160 匝，从下面的计算可知 W 选定为 159 匝。

6. 计算每槽导体数 N_s

查表 5-7，选择并联支路数 $a=4$，所以

$$N_s=\frac{2maW}{Z_1}=\frac{2\times 3\times 4\times 160}{36}=106.67\neq \text{整数}$$

N_s 应是整数，所以最后确定 $W=159$ 匝。则

$$N_s=\frac{2maW}{Z_1}=\frac{2\times 3\times 4\times 159}{36}=106 \text{ 根 / 槽}$$

双层绕组，所以每个线圈的匝数为 53 匝。

7. 从槽满率 K_s 确定导线直径

槽截面积 A_s 为

$$A_s=\frac{2R+b_1}{2}(h'_s-h)+1.57R^2$$

$$=\frac{2\times 6.85+9.33}{2}(28.4-3.5)+1.57\times 6.85^2$$

$$=360.4 \text{ 毫米}^2$$

E 级绝缘，采用 0.27 毫米厚的复合聚酯薄膜青壳纸加上 0.17 毫米厚的醇酸玻璃漆布，所以绝缘厚度 $C=0.44$ 毫米。槽绝缘占的面积 A_i 为

$$A_i=C(2h'_s+\pi R+2R+b_1)$$

$$=0.44\times(2\times 28.4+3.14\times 6.85+2\times 6.85+9.33)$$

$$=44.6 \text{ 毫米}^2$$

所以 $\quad A_s-A_i=360.4-44.6=315.8 \text{ 毫米}^2$

初步选槽满率 $K_s = 75\%$，并绕根数 $n = 1$，所以包括绝缘厚度在内的导线直径 d_0 为

$$d_0 = \sqrt{\frac{(A_s - A_i)K_s}{N_s}} = \sqrt{\frac{315.8 \times 0.75}{106}} = 1.49 \text{毫米}$$

查线规表得 QZ 漆包线外径为 1.46 毫米，裸导线直径 $d = 1.35$ 毫米，导线截面积 $S = 1.431$ 毫米^2。

8. 计算相电流 $I_{相}$、线电流 $I_{线}$ 和额定功率 P

$$I_{相} = anSj$$

查表 5-8，选取电流密度 $j = 5$ 安/毫米^2，已知并联支路数 $a = 4$，并绕根数 $n = 1$，所以

$$I_{相} = anSj = 4 \times 1 \times 1.431 \times 5 = 28.6 \text{安}$$

$$I_{线} = \sqrt{3} I_{相} = 1.73 \times 28.6 = 49.5 \text{安}$$

从表 5-9 选取效率 $\eta = 87\%$，功率因数 $\cos\varphi = 0.87$。所以可计算出额定功率 P 为

$$\begin{aligned} P &= 3U_{相}\, I_{相} \cos\varphi \cdot \eta \times 10^{-3} \\ &= 3 \times 380 \times 28.6 \times 0.87 \times 0.87 \times 10^{-3} \\ &= 24.7 \text{千瓦} \end{aligned}$$

最后计算结果归纳如下：

额定功率	$P = 24.7$ 千瓦
额定电压	$U = 380$ 伏
额定电流	$I = 49.5$ 安
绕组型式	双层叠绕组
接法	4△
节距	$y = 7(1—8)$
每槽导体数	106 根/槽
并绕根数	1
线规	$\phi 1.35$

第二节　三相异步电动机改极计算

三相异步电动机的转速主要由极数决定。两极电动机的转速为 2 800 转/分左右，四极电动机为 1 400 转/分左右，六极电动机为 950 转/分左右，八极电动机为 700 转/分左右。一般说来，转速 n 近似地等于 $0.95\,\frac{60 f_1}{p}$，式中 f_1 为电源频率，在我国 $f_1 = 50$ 赫，p 为极对数。

有时电动机与生产机械的转速不相配合，而手头又缺乏合适的电动机，这时就可

改变原有电动机的极数，以得到合适的转速。对于绕线式异步电动机来说，其定子绕组与转子绕组必须同时改极，工作量将大大增加。所以，改极的异步电动机一般都是笼型转子。笼型转子的极数随着定子绕组极数的改变而改变，两者总是相等的。所以笼型异步电动机改极时只需把定子绕组改极。

改极时须考虑下面的问题，并进行计算：

(1) 定子槽数 Z_1 和笼型转子槽数 Z_2 一定要配合，以避免不能起动、噪声过大、振动等问题。

Z_1 和 Z_2 必须符合下列关系式：

$$Z_1 - Z_2 \neq 0$$

$$Z_1 - Z_2 \neq \pm 2p$$

$$Z_1 - Z_2 \neq 1 \pm 2p$$

$$Z_1 - Z_2 \neq \pm 2 \pm 4p$$

表 5-10 中列出各种极数常用的定、转子槽数配合数据，供参考。

表 5-10　笼型三相异步电动机定、转子槽数配合推荐值

极数	定子槽数	直槽转子槽数	斜槽转子槽数
2	18		16、26
	24	32	20、33、34、35
	30	22、38	20、21、23、26、37、39、40
	36	26、28、44、46	25、27、29、43、45、47
	42	32、34、50、52	
	48	38、40、56、58	37、39、41、55、57、59
4	24		16、22、30、33、34、35、36
	36	26、46	27、45、48
	42	52、54	34、53
	48	34、38、56、58、62、64	40、57、59
	60	38、50、52、68、70、74	37、47、48、49、51、56、64、69、71
	72	62、64、80、82、86	61、63、68、76、81、83
6	27		24
	36	26、42	33、47、49、50
	54	44、64、66、68	42、43、58、64、65、67
	72	56、58、62、82、84、86、88	57、59、60、61、83、85、87
	90	74、76、78、80、100、102、104	75、77、79、101、103、105

（续表）

极数	定子槽数	直槽转子槽数	斜槽转子槽数
8	48	34、62	35、44、46、61、63、65
	54		58、62
	72	58、86、88、90	56、57、59、85、87、89
	84	66、70、98、100、102、104	
	96	78、82、110、112、114	79、80、81、83、109、111、113

(2) 改极时不宜使改极前后的极数相差太多。例如不宜将 6 极电动机改为 2 极电动机，也不宜将 2 极电动机改为 6 极电动机。

(3) 当极数减小时，转速就增加，这时要验算转子的机械强度，方法是计算转子表面的圆周速度 v_2。

$$v_2 = \frac{\pi D_2 n}{60 \times 100}\ (\text{米/秒})$$

式中 D_2——转子外径(厘米)；

n——转子转速(转/分)。

笼型异步电动机，v_2 不应超过 40～60 米/秒。

(4) 转速增加后，电动机的额定转矩要减小，所以要校验电动机转矩是否满足生产机械的要求。

$$M = 9\,550\,\frac{P'}{n}\ (\text{牛·米})$$

式中 M——转速增加后电动机的额定转矩(牛·米)；

P'——转速增加后电动机的额定功率(千瓦)；

n——转速增加后电动机的额定转速(转/分)。

P'可根据表 5-11 中经验公式进行计算。

(5) 极数增加时(即转速减小)，额定功率必须随之减小。根据表 5-11 中经验公式计算出来的额定功率 P'应该校验是否能满足生产机械的要求。

(6) 按表 5-11 进行计算以确定绕组数据。

【例 5-4】 一台 JO2-52-6 笼型异步电动机，额定功率 7.5 千瓦，额定电流 15.53 安。其铁心及定子绕组数据为：

$D_1 = 24.5$ 厘米，$D = 17.4$ 厘米，$L = 17$ 厘米，$Z_1/Z_2 = 36/33$，单层链式，每槽导体数 $N_s = 37$，并联支路数 $a = 1$，△形接法，导线 1-ϕ1.4(1 代表并绕根数，ϕ1.4 表示裸导线直径)，转子外径 $D_2 = 17.33$ 厘米。试改为 4 极，重配一个适当的定子绕组。

【解】 6 极时每相串联导体数 W_6 为

$$W_6 = \frac{Z_1 N_{s6}}{2ma_6} = \frac{36 \times 37}{2 \times 3 \times 1} = 222\ \text{匝}$$

表 5-11 三相异步电动机改极计算经验公式

改极方案	每相串联匝数 W(匝)	导线截面积 S(毫米^2)	裸导线直径(毫米)	功率(千瓦)
2 极改 4 极	$W_4=(1.70\sim1.80)\dfrac{a_4K_{w2}}{a_2K_{w4}}W_2$	$S_4=(0.55\sim0.60)\dfrac{a_2}{a_4}S_2$	$d_4=(0.74\sim0.77)\sqrt{\dfrac{a_2}{a_4}}d_2$	$P_4=(0.55\sim0.60)P_2$
4 极改 2 极	$W_2=(0.80\sim0.90)\dfrac{a_2K_{w4}}{a_4K_{w2}}W_4$	$S_2=(1.1\sim1.25)\dfrac{a_4}{a_2}S_4$	$d_2=(1.05\sim1.12)\sqrt{\dfrac{a_4}{a_2}}d_4$	$P_2=(1.15\sim1.20)P_4$
4 极改 6 极	$W_6=(1.35\sim1.45)\dfrac{a_6K_{w4}}{a_4K_{w6}}W_4$	$S_6=(0.69\sim0.74)\dfrac{a_4}{a_6}S_4$	$d_6=(0.83\sim0.86)\sqrt{\dfrac{a_4}{a_6}}d_4$	$P_6=(0.6\sim0.65)P_4$
6 极改 4 极	$W_4=(0.85\sim0.90)\dfrac{a_4K_{w6}}{a_6K_{w4}}W_6$	$S_4=(1.1\sim1.17)\dfrac{a_6}{a_4}S_6$	$d_4=(1.05\sim1.08)\sqrt{\dfrac{a_6}{a_4}}d_6$	$P_4=(1.15\sim1.25)P_6$
6 极改 8 极	$W_8=(1.25\sim1.30)\dfrac{a_8K_{w6}}{a_6K_{w8}}W_6$	$S_8=(0.75\sim0.79)\dfrac{a_6}{a_8}S_6$	$d_8=(0.87\sim0.89)\sqrt{\dfrac{a_6}{a_8}}d_6$	$P_8=(0.70\sim0.75)P_6$
8 极改 6 极	$W_6=(0.85\sim0.95)\dfrac{a_6K_{w8}}{a_8K_{w6}}W_8$	$S_6=(1.04\sim1.17)\dfrac{a_8}{a_6}S_8$	$d_6=(1.02\sim1.08)\sqrt{\dfrac{a_8}{a_6}}d_8$	$P_6=(1.15\sim1.20)P_8$

注：(1) 表中下标 2、4、6、8 代表 2 极、4 极、6 极、8 极。
(2) 每相串联匝数经验公式前系数的选择，对于铁心质量不好的取大值，反之取小值。
(3) 导线截面积经验公式前系数，对于早年产品取大值。
(4) 表中数据，适用于供电电压、频率及接法均不改变的情况。

6 极时每极每相槽数 q_6 为

$$q_6 = \frac{Z_1}{2mp} = \frac{36}{2 \times 3 \times 3} = 2$$

因为是单层绕组，所以 $K_w = K_d$，查表 1-3 得 $K_{w6} = 0.966$。

4 极时每极每相槽数 q_4 为

$$q_4 = \frac{Z_1}{2mp} = \frac{36}{2 \times 3 \times 2} = 3$$

查表 1-3 得 $K_{w4} = 0.96$。

根据表 5-14 经验公式计算：

$$W_4 = (0.85 \sim 0.90)\frac{a_4 K_{w6}}{a_6 K_{w4}} W_6$$

$$= 0.9 \times \frac{1 \times 0.966}{1 \times 0.96} \times 222 = 201 \text{ 匝}$$

4 极时每槽导体数 N_{s4} 为

$$N_{s4} = \frac{2mW_4 a_4}{Z_1} = \frac{2 \times 3 \times 201}{36} = 33.5 \neq \text{整数}$$

所以 W_4 改取 198 匝，则

$$N_{s4} = \frac{2 \times 3 \times 198}{36} = 33 \text{ 根 / 槽}$$

$$d_4 = (1.05 \sim 1.08) d_6$$

$$= (1.05 \sim 1.08) \times 1.4 = 1.47 \sim 1.51 \text{ 毫米}$$

取 $d_4 = 1.5$ 毫米，漆包线外径为 1.58 毫米。

4 极时额定功率 P_4 为

$$P_4 = (1.15 \sim 1.25) P_6$$

$$= (1.15 \sim 1.25) \times 7.5 = 8.6 \sim 9.4$$

取 $$P_4 = 9 \text{ 千瓦}$$

验算转子表面的圆周速度：

$$v_2 = \frac{\pi D_2 n_4}{60 \times 100} = \frac{\pi \times 17.33 \times 1\,400}{60 \times 100} = 12.7 \text{ 米 / 秒}$$

v_2 符合要求。

额定转矩 M_4 为

$$M_4 = 9\,550 \frac{P_4}{n_4} = 9\,550 \times \frac{9}{1\,400} = 61.4 \text{ 牛} \cdot \text{米}$$

M_4 应大于负载转矩。

最后,4 极绕组的数据归纳如下:

单层链式	
每槽导体数	33 根/槽
线径	1.5 毫米
并绕根数	1
并联支路数	1
接法	△
额定功率	9 千瓦

第三节　三相异步电动机改压计算

电动机在额定电压下才能正常运行。但实际上有时会遇到电网电压与电动机的额定电压不相符合的情况,例如三相 380 伏电源,而电动机的额定电压为 3 000 伏,这就需要改变该电动机的额定电压,为此需进行改压计算。

改压有两种方法:一种是改接定子线圈组之间的连接线,而不需拆掉绕组重绕;另一种是拆换绕组。尽可能采用前一种方法,因为它简单、迅速、费用省。但当第一种方法不能满足要求时,就只能用第二种方法了。

对于笼型或绕线式三相异步电动机,改压时只需改接定子绕组,不必改变转子绕组。改压时还必须考虑绝缘材料的耐压。

一、改接线圈组之间的连接线(不需拆换绕组)

改压时若能使绕组中每一个线圈或线圈组上所承受的电压保持不变,则电动机的电磁性能就保持不变。如图 5-7(a)中的每一个线圈组承受的电压为 55 伏。若改接成图 5-7(b),电源电压为 190 伏,则相电压为 110 伏,每个线圈组所承受的电压仍为 55 伏。虽然电源电压从 380 伏改成 190 伏,但改接线圈组之间的连接线,把图(a)改成图(b)后,电动机的电磁性能没有变化。

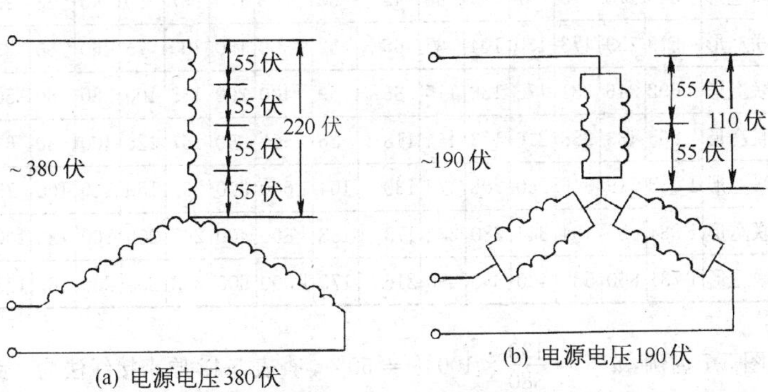

图 5-7　改压时每一个线圈组承受的电压不变

改压的具体方法如下：

(1) 计算改压前后的线电压比值的百分数 $u\%$：

$$u\% = \frac{U'_{线}}{U_{线}} \times 100\%$$

式中　$U'_{线}$——改压后电动机的线电压(伏)；

$U_{线}$——改压前电动机的线电压(伏)。

根据上式计算出来的 $u\%$，查表 5-12 就可以得到改压后的接线法。

表 5-12　三相绕组改变接线后的电压比值(原来电源电压＝100)

绕组原接线法	绕组改压后接线法															
	一路Y形	二路并联Y形	三路并联Y形	四路并联Y形	五路并联Y形	六路并联Y形	八路并联Y形	十路并联Y形	一路△形	二路并联△形	三路并联△形	四路并联△形	五路并联△形	六路并联△形	八路并联△形	十路并联△形
一路Y形	100	50	33	25	20	17	12.5	10	58	29	19	15	12	10	7	6
二路并联Y形	200	100	67	50	40	33	25	20	116	58	39	29	23	19	15	11
三路并联Y形	300	150	100	75	60	50	38	30	173	87	58	43	35	29	22	17
四路并联Y形	400	200	133	100	80	67	50	40	232	116	77	58	46	39	29	23
五路并联Y形	500	250	167	125	100	83	63	50	289	144	96	72	58	48	36	29
六路并联Y形	600	300	200	150	120	100	75	60	346	173	115	87	69	58	43	35
八路并联Y形	800	400	267	200	160	133	100	80	460	232	152	120	95	79	58	46
十路并联Y形	1 000	500	333	250	200	167	125	100	580	290	190	150	120	100	72	58
一路△形	173	86	58	43	35	29	22	17	100	50	33	25	20	17	12.5	10
二路并联△形	346	173	115	87	69	58	43	35	200	100	67	50	40	33	25	20
三路并联△形	519	259	173	130	104	87	65	52	300	150	100	75	60	50	33	30
四路并联△形	692	346	231	173	138	115	86	69	400	200	133	100	80	60	50	40
五路并联△形	865	433	288	216	173	144	118	86	500	250	167	125	100	80	63	50
六路并联△形	1 038	519	346	260	208	173	130	104	600	300	200	150	120	100	75	60
八路并联△形	1 384	688	464	344	280	232	173	138	800	400	267	200	160	133	100	80
十路并联△形	1 731	860	580	430	350	290	216	173	1 000	500	333	250	200	167	125	100

以图 5-7 为例，$u\% = \frac{190}{380} \times 100\% = 50\%$，查表 5-12 原来接线法为一路Y形，$u\% = 50\%$ 时，绕组改压后接线法应为二路并联Y形，与图中(a)、(b)完全一致。

(2) 计算得到的线电压比值 $u\%$ 不一定能在表 5-12 中查到相同的数值，有时只能找到相近的数值，但两者的值相差不要超过 5%，即

$$\left|\frac{u\%_{\text{计算值}}-u\%_{\text{表中值}}}{u\%_{\text{表中值}}}\right|\times 100\%\leqslant 5\%$$

若满足上式，就可以采用表 5-12 中的改接法。

(3) 改接后的并联支路数 a 的可能值应该查表 5-7。a 的可能值与极数、定子槽数以及单层还是双层绕组有关，在表 5-7 中查不到的值就不能改接。例如二极电动机要改接成三路并联是办不到的。

(4) 电动机的绝缘是按改接前的电动机额定电压设计的。低压电动机改接成高压电动机应考虑绝缘材料的耐压。高压电动机改接成低压电动机，则不需考虑绝缘材料的耐压。

【例 5-5】 有一台 100 千瓦，2 极三相异步电动机，定子△接法，并联支路数 $a=1$，额定电压 500 伏，若使用在 220 伏三相电源上，问如何改接？

【解】 改接为三相 220 伏时：

$$u\%=\frac{U'_{\text{线}}}{U_{\text{线}}}\times 100\%=\frac{220}{500}\times 100\%=44\%$$

查表 5-12 四路并联丫形接法 $u\%_{\text{表中值}}=43\%$，此时

$$\left|\frac{u\%_{\text{计算值}}-u\%_{\text{表中值}}}{u\%_{\text{表中值}}}\right|\times 100\%=\left|\frac{44-43}{43}\right|\times 100\%$$

$$=2.3\%<5\%$$

所以四路并联丫形接法满足上式 $\leqslant 5\%$ 的要求，但因为是 2 极电动机，从表 5-7 中得知并联支路数 a 不可能等于 4，所以无法改接成四路并联丫接法。此电动机必须用拆换绕组的方法。

【例 5-6】 有一台 125 千瓦，3 000 伏，8 极的三相异步电动机，已知定子为双层绕组，并联支路数 $a=1$，丫形接法。要求改接后使用在三相 380 伏电源上，问应如何改接？

【解】 计算

$$u\%=\frac{U'_{\text{线}}}{U_{\text{线}}}\times 100\%=\frac{380}{3\,000}\times 100\%=12.65\%$$

查表 5-12，最接近的接法为八路并联丫形接法，$u\%_{\text{表中值}}=12.5\%$，五路并联△形接法 $u\%=12\%$。双层绕组，8 极电动机可能的并联支路数为 2、4、8 三种。可见八路并联丫形接法符合要求，且

$$\left|\frac{u\%_{\text{计算值}}-u\%_{\text{表中值}}}{u\%_{\text{表中值}}}\right|\times 100\%=\left|\frac{12.65-12.5}{12.5}\right|\times 100\%=1.6\%<5\%$$

由高压电动机改成低压电动机，绝缘材料的耐压也无问题。所以该高压电动机

可改接为八路并联Y形接法，用在 380 伏电源上。

改接前后的接线图见图 5-8(a)和(b)所示。

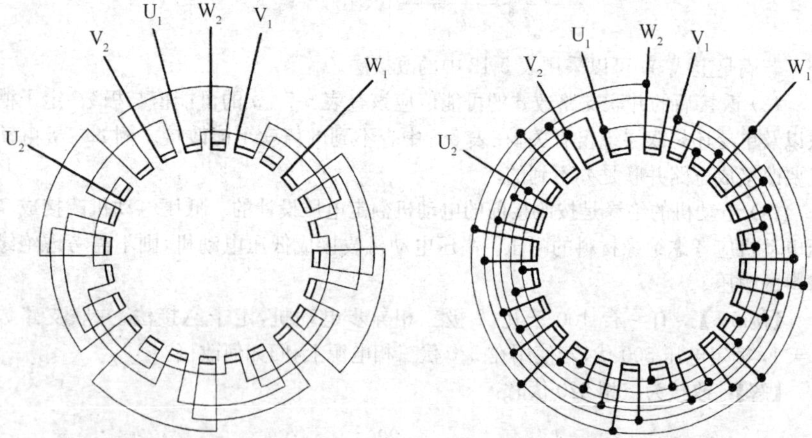

(a) 改接前 8 极一路Y形接法三相绕组接线图

(b) 改接后 8 极八路并联Y形接法三相绕组接线图

图 5-8 例 5-6 中改接前后的接线图

二、拆换绕组改压

如果改接的方法行不通或绝缘材料的耐压要加强，就要拆换绕组。在铁心磁通密度保持不变的条件下，新绕组的每槽导体数 N'_s 为

$$N'_s = N_s \frac{U'_{相}\ a'}{U_{相}\ a}\ (根/槽)$$

式中 N_s——原绕组的每槽导体数；

N'_s——新绕组的每槽导体数；

$U_{相}$——原绕组的相电压(伏)；

$U'_{相}$——新绕组的相电压(伏)；

a——原绕组的并联支路数；

a'——新绕组的并联支路数。

在导线的电流密度保持不变的条件下，新绕组的导线截面积 S' 为

$$S' = S \frac{U_{相}\ an}{U'_{相}\ a'n'}$$

式中 S——原绕组导线的截面积(毫米^2)；

S'——新绕组导线的截面积(毫米^2)；

n——原绕组导线的并绕根数；

n'——新绕组导线的并绕根数。

计算时可先假定新绕组并绕根数 $n'=1$，计算出 S'，如果计算出的导线直径大于 1.6 毫米，则应该用多根导线并绕。此外，还要注意下面三个问题：

① 当高压改成低压时，因槽内绝缘变薄，因此实际的导线截面积可选择得比上式计算出的值大；或者可以由槽满率来决定导线的截面积，这样可提高电动机效率。

② 当低压改高压时，由于槽内绝缘变厚，因此实际的导线截面积要比上式计算出的值小，也可以由槽满率来决定导线截面积。

③ 早期电动机槽内绝缘较厚，改绕后采用较薄新型绝缘材料，导线截面积可以增加，这样可提高电动机效率。

【例 5-7】 一台 4 极 20 千瓦三相异步电动机，380 伏，定子绕组一路Y形接法，用 $\phi1.56$ 双纱包线五根并绕而成，双纱包线外径为 1.85 毫米，每槽导体数 $N_s=14$，双层绕组。因为要用Y/△起动，所以请把定子绕组改成△形接法（电源仍为 380 伏）。

【解】 Y形接法时，相电压为 220 伏。改成△形接法后，相电压为 380 伏，所以实质上这是改压问题。

$$u\%=\frac{U'_{线}}{U_{线}}\times100\%=\frac{380}{380}\times100\%=100\%$$

查表 5-12，第一行中找不到与此 $u\%$ 接近的△形接法，所以只能采用拆换绕组的方法，设并联支路数不变，即 $a'=a$，则新绕组的每槽导体数 N'_s 为

$$N'_s=N_s\frac{U'_{相}\ a'}{U_{相}\ a}=14\times\frac{380\times1}{220\times1}=24.2\ 根/槽$$

取 $N'_s=24$ 根/槽。

直径 1.56 毫米的导线截面积为 1.911 毫米^2，设新绕组的并绕根数 $n'=1$，则新绕组导线的截面积 S' 为

$$S'=S\frac{U_{相}\ an}{U'_{相}\ a'n'}=1.911\times\frac{220\times1\times5}{380\times1\times1}=5.52\ 毫米^2$$

可选用 4 根 $\phi1.35$ 的 QZ 漆包线并绕，$\phi1.35$ 漆包线的截面积为 1.431 毫米^2，包括绝缘层在内的直径为 1.46 毫米，在槽内原绕组导线所占的面积为 $N_s nd_0^2=14\times5\times1.85^2=239.6$ 毫米^2，而直径为 d' 的新绕组导线所占的面积为 $N'_s n'd'^2_0=24\times4\times1.46^2=204.6$ 毫米^2，可知槽满率降低了。如果想要保持槽满率不变，设新绕组的并绕根数 $n'=4$，则

$$N'_s n'd'^2_0=N_s nd_0^2$$

$$d'_0=\sqrt{\frac{N_s n}{N'_s n'}}d_0=\sqrt{\frac{14\times5}{24\times4}}\times1.85=1.58\ 毫米$$

查线规表，外径为 1.58 毫米的 QZ 漆包线，其裸导线直径为 1.45 毫米，截面积

为 1.651 毫米^2。这样铜线截面积增加了 $\frac{1.651-1.431}{1.431}\times 100\% = 15\%$，电动机的效率可以提高。计算后结果可以归纳如下：

(1) 每槽导体数　24

导线　4-ϕ1.35

槽满率减小

(2) 每槽导体数　24

导线　4-ϕ1.45

槽满率不变，电机效率提高。

第四节　导线的替代计算

三相异步电动机绕组修理时，有时手头找不到所需线径的导线；或在重绕计算时计算出来的导线太粗，造成嵌线困难，这时我们可用几根导线并绕来代替，使裸导线直径不超过 1.6 毫米。或△、Y接法间进行变换，或改变绕组的并联支路数。

一、导线并绕的替代计算

在绕组型式、接法及线圈匝数不变的情况下，计算的原则是替代前后导线的截面积相等或近似地相等，即

$$n'S' = nS$$

式中　n'——替代后的导线并绕根数；

n——替代前的导线并绕根数；

S'——替代后的导线截面积(毫米^2)；

S——替代前的导线截面积(毫米^2)。

这样，代用导线的截面积 S' 为

$$S' = \frac{n}{n'}S$$

或

$$d' = \sqrt{\frac{n}{n'}}\,d$$

式中　d'——替代后裸导线的直径(不包括绝缘层厚度)(毫米)；

d——原来裸导线的直径(毫米)。

裸导线直径与截面积的关系可查线规表或用下式转换：

$$d' = 1.13\sqrt{S'}$$

或

$$S' = 0.785d'^2$$

【例 5-8】 有一台电动机重绕计算得所需导线截面积为 5.19 毫米^2，查线规表得出与它相接近的单根裸导线直径应为 $d = 2.63$ 毫米。此导线太粗，嵌线困难，应改为

n'根并绕，利用前述公式得

$$S' = \frac{n}{n'}S = \frac{5.19}{n'}$$

查线规表可得，当 $n' = 3$ 时，$d_{裸} = 1.5$ 毫米的漆包线其截面积为 1.767 毫米^2，能近似地满足上面公式。所以最后选取 $d = 1.5$ 毫米导线三根并绕，总截面积为 $3 \times 1.767 = 5.301$ 毫米^2。

二、改变绕组的并联支路数

当导线的并绕根数太多时，不容易使线圈绕制得平正整齐。如果线圈导线零乱，又会给嵌线造成困难，这时我们可改变绕组的并联支路数 a。

改变并绕根数 n 和改变并联支路数 a 其本质是一样的。例如同样线径的导线 2 根并绕支路数为 1 的情况与单根导线支路数为 2 的情况完全一样。

改变并联支路数计算原则仍然是使改变前后的导线总截面积不变。当并绕根数不变时有

$$a'S' = aS$$

若支路数和并绕根数都改变的话，则有

$$a'n'S' = anS$$

所以

$$S' = \frac{an}{a'n'}S$$

代用导线的直径为

$$d' = \sqrt{\frac{an}{a'n'}}\,d$$

在改变绕组的并联支路数时，必须注意两点：

(1) 若并联支路数由 a 改变成 a'，同时要按下式改变每槽导体数

$$N'_s = \frac{a'}{a}N_s$$

式中 N'_s——并联支路数改变为 a' 时的每槽导体数；

N_s——并联支路数为 a 时的每槽导体数。

(2) 并联支路数 a 不能取任意数值，而只能取表 5-7 中的值。例如 4 极电动机，在定子槽数 $Z_1 = 36$ 时，双层绕组的并联支路数可以是 1、2、4；但单层绕组的并联支路数只能是 1、2。

【例 5-9】 一台 8 极电动机，定子槽数 $Z_1 = 72$，单层绕组。若设计成并联支路数 $a = 1$，并绕根数 $n = 1$ 时，则要求导线截面为 10.5 毫米^2，每槽导体数 $N_s = 8$。试选择并绕根数为 2 时的导线。

【解】 先设并联支路数 $a' = 1$，则根据上述公式

$$S' = \frac{an}{a'n'}S = \frac{1\times 1}{1\times 2}\times 10.5 = 5.25\text{ 毫米}^2$$

此截面积的线径太粗。查表 5-7，$Z_1 = 72$，$2p = 8$，单层绕组时可取并联支路数为 4，则

$$S' = \frac{1\times 1}{4\times 2}\times 10.5 = 1.3125\text{ 毫米}^2$$

查线规表得 $d = 1.3$ 毫米导线的截面积为 1.327 毫米^2，每槽导体数 N'_s 为

$$N'_s = \frac{a'}{a}N_s = \frac{4}{1}\times 8 = 32\text{ 根 / 槽}$$

最后设计成：

每槽导体数　32

并联支路数　4

并绕根数　2

每根导线直径　$\phi 1.3$

三、改变绕组接线方式

三相交流异步电动机的绕组接线方式可以是丫形接法或△形接法。修理绕组时，也可以改变绕组接线方式来解决导线的替代问题。

1. △形接法改成丫形接法

同样的电源电压，例如三相 380 伏，在△形接法时，每相绕组所承受的电压为 380 伏。改成丫形接法时，则每相绕组所承受的电压降低为 220 伏，如图 5-9 所示。

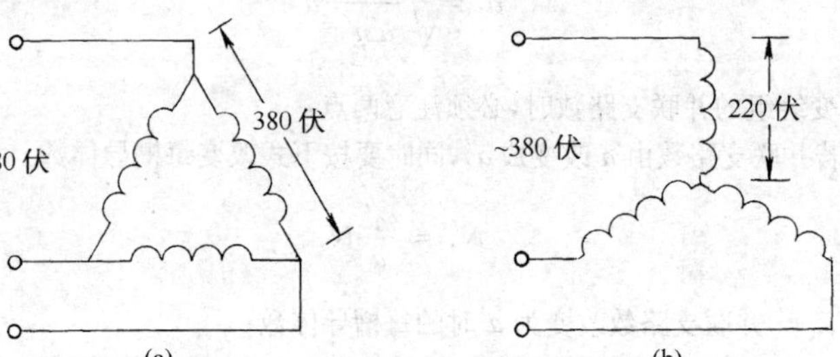

图 5-9　△形接法和丫形接法时每相绕组承受的电压不同

△形接法改成丫形接法时，每相所承受的电压之比为

$$380 : 220 = \sqrt{3} : 1$$

这样每槽导体数

$$N_{s\triangle} : N_{s丫} = \sqrt{3} : 1$$

即
$$N_{s\curlyvee} = \frac{1}{\sqrt{3}}N_{s\triangle} = 0.58N_{s\triangle}$$

式中 $N_{s\curlyvee}$——Y形接法时每槽导体数；

$N_{s\triangle}$——△形接法时每槽导体数。

如果要保持改接前后电动机的额定功率不变，则因为△形接法改成Y形接法时电压之比为

$$U_{相\triangle} : U_{相\curlyvee} = 380 : 220 = \sqrt{3} : 1$$

所以相电流之比为

$$I_{相\triangle} : I_{相\curlyvee} = 1 : \sqrt{3}$$

$$I_{相\curlyvee} = \sqrt{3}I_{相\triangle}$$

式中 $U_{相\triangle}$——△形接法时的相电压(伏)；

$U_{相\curlyvee}$——Y形接法时的相电压(伏)；

$I_{相\triangle}$——△形接法时的相电流(安)；

$I_{相\curlyvee}$——Y形接法时的相电流(安)。

导线的截面积应该与相电流成正比，所以

$$S_{\curlyvee} = \sqrt{3}S_{\triangle} = 1.73S_{\triangle}$$

$$d_{\curlyvee} = \sqrt{1.73}d_{\triangle} = 1.32d_{\triangle}$$

式中 $S_{\curlyvee}$——Y形接法时导线的截面积(毫米^2)；

$S_{\triangle}$——△形接法时导线的截面积(毫米^2)；

$d_{\curlyvee}$——Y形接法时裸导线的直径(毫米)；

$d_{\triangle}$——△形接法时裸导线的直径(毫米)。

2. Y形接法改成△形接法

Y形接法改成△形接法时，在同样的电源电压下，相电压要增大到$\sqrt{3}$倍，所以每槽导体数也要增大到$\sqrt{3}$倍，即

$$N_{s\triangle} = \sqrt{3}N_{s\curlyvee} = 1.73N_{s\curlyvee}$$

要求电动机额定功率不变，则

$$S_{\triangle} = \frac{1}{\sqrt{3}}S_{\curlyvee} = 0.58S_{\curlyvee}$$

$$d_{\triangle} = \frac{1}{\sqrt{1.73}}d_{\curlyvee} = 0.76d_{\curlyvee}$$

【例 5-10】 有一台需重绕绕组的三相异步电动机，原绕组数据为一路Y形接法，每槽导体数 $N_{s\curlyvee} = 24$ 根/槽，裸导线直径 $d_{\curlyvee} = 1.5$ 毫米，并绕根数为 1，因手头无这

种规格的导线，请改用其他规格的导线来代替。

【解】 查线规表得出 $d_{\curlyvee} = 1.5$ 毫米时，$S_{\curlyvee} = 1.767$ 毫米^2。

(1) 采用 2 根导线并绕，每根导线的截面积为

$$S'_{\curlyvee} = \frac{n}{n'} S_{\curlyvee} = \frac{1}{2} \times 1.767 = 0.8835 \text{ 毫米}^2$$

查线规表得出，用 $\phi 1.08$ 毫米的导线 2 根并绕，$\phi 1.08$ 毫米导线的截面积为 0.916 毫米^2。

(2) 丫形接法改成△形接法，每根导线的截面积为

$$S_{\triangle} = 0.58 S_{\curlyvee} = 0.58 \times 1.767 = 1.025 \text{ 毫米}^2$$

查线规表，应选用 $\phi 1.16$ 毫米的导线，其截面积为 1.057 毫米^2。同时每槽导体数要改成

$$N_{s\triangle} = 1.73 N_{s\curlyvee} = 1.73 \times 24 = 41.52 \text{ 根/槽}$$

取

$$N_{s\triangle} = 42 \text{ 根/槽}$$

最后把计算结果归纳如下：

(1) 用 2 根并绕的方法

每槽导体数	24
并绕根数	2
导线直径	1.08

(2) 丫形接法改成△形接法

每槽导体数	42
并绕根数	1
导线直径	1.16

第五节　三相异步电动机在单相电源上运行的计算

当手头只有三相异步电动机，而电源却是单相电源时，我们可将三相异步电动机改成单相异步电动机使用。

将三相异步电动机定子绕组按照下面介绍的电路与适当容量的电容联接，就可接在单相电源上，作单相异步电动机使用，可以正转，也可以反转。只需一个方向旋转的接法有四种，见图 5-10。图中 $C_{工作}$ 为常接于线路上的工作电容，$C_{起动}$ 只在起动的短时间内接在线路上，起动结束后，断开 SA，把起动电容 $C_{起动}$ 切除。

图 5-10 中(c)(d)只能用于三相绕组的六个端子都引出到接线合上的情况，当只有三个端子引出时就只能用(a)、(b)的接线图了。

既需正转，也需反转时，图 5-10(a)接线图可改成图 5-11 中所示的接线图。

图 5-11 中，SA1 为单刀双掷开关，闸刀打到 a 上时电动机正转；闸刀打到 b 上

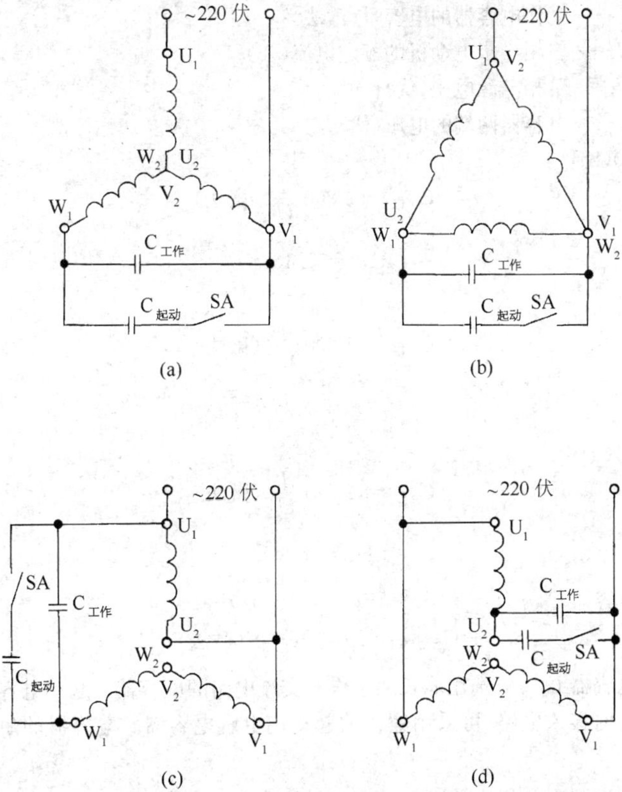

图 5-10　三相异步电动机在单相电源上运行时的接线图

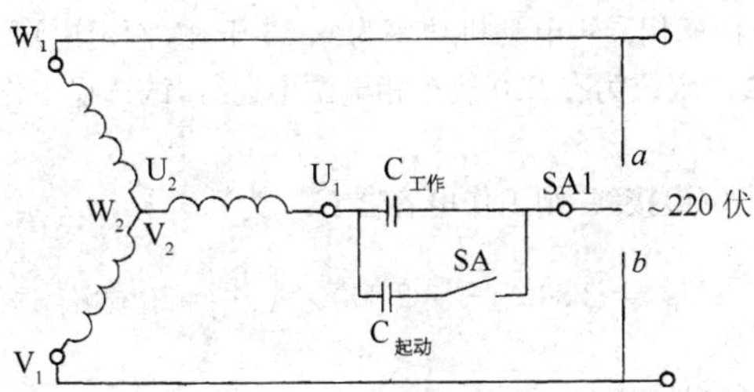

图 5-11　可以正、反转的线路图

时，电动机反转。下面我们利用经验公式来决定工作电容器 $C_{工作}$ 的大小。

图 5-10(a)中：

$$C_{工作} = 2\,800\,\frac{I}{U}\ （微法）$$

$$U_c = 1.15U$$

式中　$C_{工作}$——工作电容器的电容量(微法)；

I——三相异步电动机的额定电流(安)；

U——单相电源电压(伏)；

U_c——电容器两端的电压(伏)。

图 5-10(b)中：

$$C_{工作}=4\,800\frac{I}{U}\ (微法)$$

$$U_c=1.15U$$

图 5-10(c)中：

$$C_{工作}=1\,600\frac{I}{U}\ (微法)$$

$$U_c=2.2U$$

图 5-10(d)中：

$$C_{工作}=2\,740\frac{I}{U}\ (微法)$$

$$U_c=1.3U$$

起动电容器 $C_{起动}$ 为

$$C_{起动}=(2\sim3)C_{工作}\ (微法)$$

工作电容器 $C_{工作}$ 应选用能长期工作于交流电路的电容器。起动电容器 $C_{起动}$ 只在起动时短时接入电路，可采用廉价的起动用电解电容器。电容器的耐压应该大于$\sqrt{2}U_c$。

三相异步电动机在单相电源上运行时，其功率仅能达到电动机原来额定功率的60%～70%。

【例 5-11】　一台三相异步电动机功率为 0.55 千瓦，额定电压为 380 伏，额定电流为 1.6 安，Y接法。现改为在 220 伏单相电源上运行，试选择工作电容器 $C_{工作}$ 和起动电容器 $C_{起动}$。

【解】　按图 5-10(a)接线，则工作电容器 $C_{工作}$ 为

$$C_{工作}=2\,800\frac{I}{U}=2\,800\times\frac{1.6}{220}=20\ 微法$$

电容器两端的交流电压 U_c 为

$$U_c=1.15U=1.15\times220=253\ 伏$$

$C_{起动}=(2\sim3)C_{工作}$，系数取 2.5，则

$$C_{起动}=2.5C_{工作}=2.5\times20=50\ 微法$$

电容器的耐压应该大于 $\sqrt{2}U_c=\sqrt{2}\times253=358$ 伏。

第六章　单相异步电动机重绕

单相异步电动机是用单相交流电源供电的一类驱动用微电机，具有结构简单，成本低廉，运行可靠及维修方便等一系列的优点。特别是因为它可以直接使用普通民用电源，所以广泛地应用于各行各业和日用电器之中，作为各类工农业生产工具、日用电器、仪器仪表、商业服务及办公用具等设备中的动力源，与人们的工作、学习和生活有着极为密切的关系。由于相同容量(功率)的单相异步电动机与三相异步电动机相比较，有较大的体积，技术性能指标也较三相电动机差，所以，单相异步电动机的容量都做得比较小，一般均不会大于 2 千瓦。

单相异步电动机一般是指通常所讲的小功率单相异步电动机，单相异步电动机占小功率异步电动机的大部分，到目前为止已经过四次改型，也即是经过四次统一设计。

不同使用场合对电动机的要求差别甚大，因此就需要采用各种不同类型的电动机产品，以满足使用要求。通常是根据电动机的起动和运行方式的特点，将单相异步电动机分为：

(1) 单相电阻起动异步电动机。其代号:JZ、BO、BO2。

(2) 单相电容起动异步电动机。其代号:JY、CO、CO2。

(3) 单相电容运转异步电动机。其代号:JX、DO、DO2。

(4) 单相电容起动和运转异步电动机。其代号:YL。

(5) 单相罩极式异步电动机。

由于电动机的输出功率不大，一般单相异步电动机的转子都采用笼型转子，它的定子都有一套工作绕组，称主绕组，它在电动机气隙中，只能产生正、负交变的脉振磁场，不能产生旋转磁场，因此，也就不能产生起动转矩。为了使电动机气隙中能产生旋转磁场，还需要有一套辅助绕组，称为副绕组，由副绕组产生的磁场与主绕组的磁场在电动机气隙中合成产生旋转磁场，使电动机产生起动转矩，自行起动。

单相电阻起动异步电动机:它的定子嵌有主相绕组和副相绕组，这两个绕组的轴线在空间成 90°电角度。副相绕组一般是串入一个外加电阻经过离心开关，与主相绕组并联，并一起接入电源。当电动机起动到转速达到同步转速的 75%～80%时，离心开关断开，将副相绕组切离电源，这时电动机将是一台名副其实的单相电动机，这种电动机的功率为 40～370 瓦。

单相电容起动异步电动机:它与单相电阻起动电动机基本上是相同的，在定子上也有主相、副相成 90°电角度的两套绕组。副相绕组与外接电容器接入离心开关，并与主相绕组并联，并一起接入电源，同样在达到同步转速的 75%～80%时，副相绕组就被切去，成为一台单相电动机。这种电动机的功率为120～750瓦。

单相电容运转异步电动机：这种电动机的定子绕组同样也有两套绕组，而且结构基本上是相同的，电容运转电动机的运行技术指标较之其他形式运转的电动机要好些。虽然有较好的运转性能，但是起动性能比较差，即是起动转矩较低，而且电动机容量越大，起动转矩与额定转矩的比值越小。因此，电容运转电动机的容量做得不大，多在小于180瓦的范围内。

单相电容起动和运转异步电动机：这种电动机在副相绕组中接入两个电容器：其中一个通过离心开关，在起动完了之后就切离电源；另一个则始终参与副绕组的工作。这两个电容器中，起动电容器的容量大，而运转电容器的容量小。这种单相电容起动和运转异步电动机，综合单相电容起动和电容运转电动机的优点，所以这种电动机具有比较好的起动性能和运转性能，在相同的机座号，功率可以提高1～2个容量等级，可达到1.5～2.2千瓦。

单相罩极式异步电动机：它是一种结构简单的异步电动机，一般采用凸极定子，主绕组是一个集中绕组，而副绕组通常是一个单匝的短路环，称为罩极线圈。这种电动机的性能较差，但是由于结构牢固，价格便宜，所以这种电动机的生产量还是很大的，但是输出功率一般都不超过20瓦。

第一节　单相异步电动机绕组的基础知识

单相异步电动机的励磁绕组都在定子上，一般分有主相和副相绕组，统称定子绕组。定子绕组通电后在气隙中建立旋转磁场，在转子中感应电势，产生电磁转矩，实现电气和机械的能量转换，所以它是电动机中的关键部件。除了罩极电动机用集中绕组整体地套在定子凸极上外，单相异步电动机的定子绕组的各个线圈有效边通常都嵌在圆周上均匀分布的定子槽内，属于分布绕组的形式。

和前面所说其它电动机一样，单相异步电动机的定子绕组型式有多种，如叠绕组、同心绕组和正弦绕组等，它们又可分为单层和双层、整距和短距等方式。但是，由于单相异步电动机尺寸较小，为便于嵌线，提高槽面积利用率，一般都用单层同心式绕组。同心绕组由于线圈端部较短和定子电阻及漏抗较小，便于改善电动机运行性能，而用得最多。它又分成一般同心式绕组（简称同心绕组）和正弦绕组（是同心式绕组的特殊形式）两种。

同心绕组是由几个轴线重合而跨距不同的线圈串联组成的。图6-1(a)是一个庶极式4极24槽定子的单相同心式定子绕组分布示意图。它由两个相同的线圈组串联构成，每个线圈组又有6个不同跨距的线圈，将其定子圆周展开成平面，则成为图6-1(b)所示的绕组展开图。庶极式的含义参见第一章第一节。

极距τ常用每极所占的槽数表示，因为定子槽在圆周上是均匀分布的，所以有

$$\tau=\frac{Z_1}{2p}\ (\text{槽}) \tag{6-1}$$

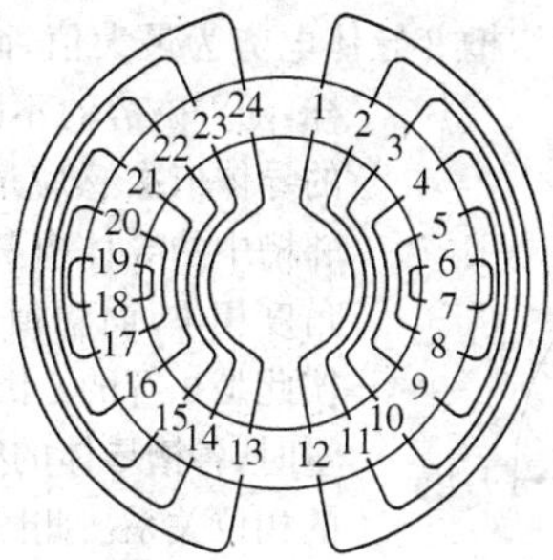

(a)

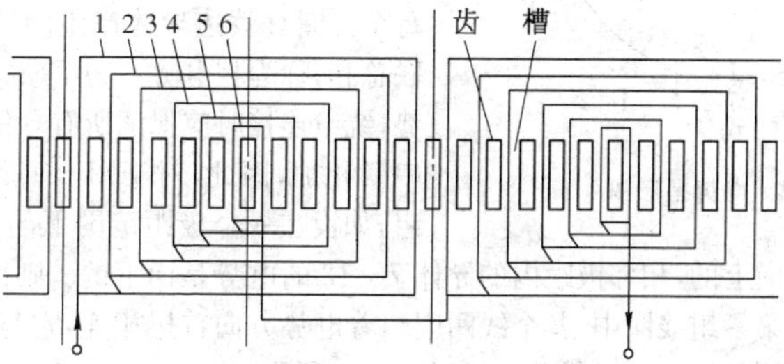

(b)

图 6-1　庶极式 4 极同心绕组的分布及其展开图

式中，Z_1 是定子齿数(槽数)，p 为磁极对数。在图 6-1 情况下，$Z_1 = 24$，$p = 2$，则 $\tau = 24/2 \times 2 = 6$(槽)。可见，4 极电动机的一个极距 τ 所占的范围为四分之一圆周，在几何上为 90°，称作机械角。但在电磁关系上，一对磁极下的气隙磁势变化一个周期，不论电动机有多少对极，一个极距 τ 范围内，气隙磁势总是变化半个周期，对应于 180°，称为电角度。所以，沿电动机整个气隙圆周的机械角为 360°，对应的电角度为 $p360°$。两个相邻的槽在磁场内的距离，称为槽电角度 α，其表达式为

$$\alpha = \frac{p360°}{Z_1}\text{（电角度）} \tag{6-2}$$

对于图 6-1，$\alpha = 2 \times 360°/24 = 30°$（电角度）

每个线圈的两个直线段分别嵌入不同的槽内，它们所跨的槽数称为线圈的节距 y。由图 6-1 可见，同心绕组各个线圈的 y 是不等的，线圈 1 的两条导体分别在槽 1 和槽 12 中，跨 11 个槽，即 $y_1 = 11$，同理，线圈 2～6 分别为 $y_2 = 9$，$y_3 = 7$，$y_4 = 5$，$y_5 = 3$，$y_6 = 1$。

当定子绕组在空间建立按顺时针方向旋转的磁场时，将分别切割各个线圈导体，并在其中产生感应电势。在图 6-1 中，如旋转磁势的基波最大值在槽 1 导体中感应最大电势时，其他各槽导体由于位置都与槽 1 错开一定角度，其中的电势均小于最大

值。磁势转过一个槽距角 α 后，槽 2 导体电势为最大值，而槽 1 电势相应减小。这样，随着磁势的不断旋转，槽 1、2、3、…中的导体依次感应最大电势，也就是说，各相邻槽中的导体电势在时间上相互错开 α 电角度相位，而辐值则由于各槽导体数相同，彼此是相等的。因此，表示成电势有效值相量时，各槽导体的感应电势有如图 6-2 所示的相位关系。此图称为电势星形图。

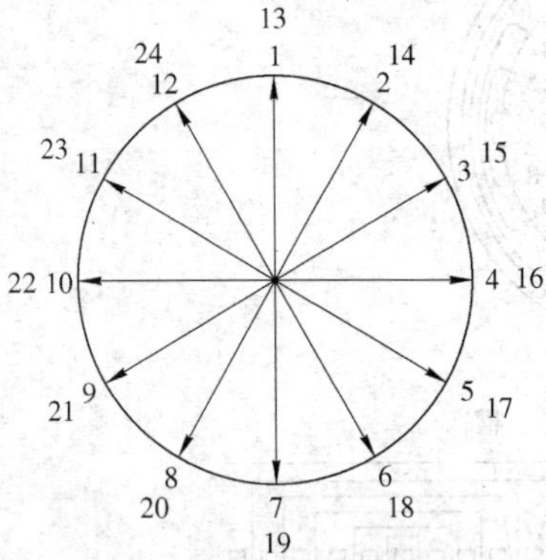

图 6-2　电势星形图

定子每相绕组的总电势是每相绕组中每个线圈有效边导体产生的感应电势的串联总和，称为相电势。为了获得最大的相电势，绕组连接时应保证所有导体的电势都能串联相加，因此，对于图 6-1 所示的单相绕组，如设在一个极距范围下的导体 1～6 的电势方向都是向上的，相邻极距内的导体 7～12 的电势是向下的。则由槽 1～12 的导体所组成的第一组线圈中，各个线圈应顺着电势方向首尾相连，它与槽 13～24 组成的第二组线圈间，也应首尾相连，如图 6-3(a)所示。

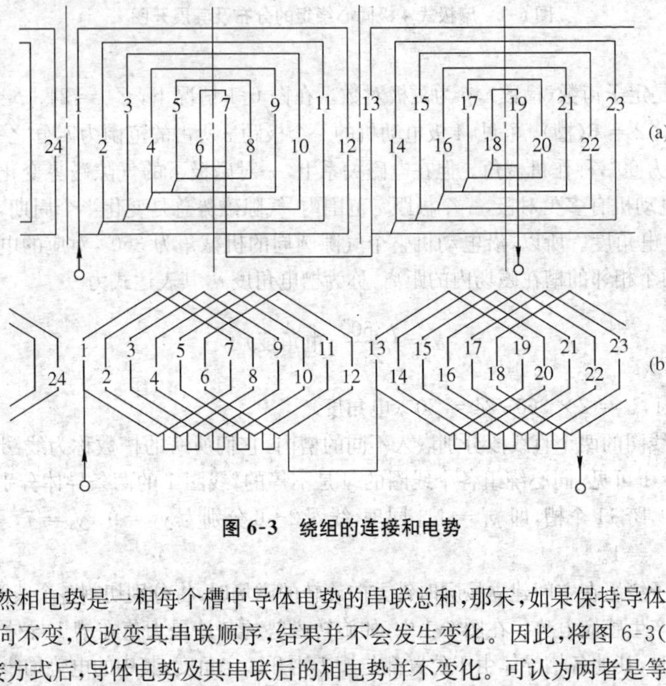

图 6-3　绕组的连接和电势

既然相电势是一相每个槽中导体电势的串联总和，那末，如果保持导体串联时的电势方向不变，仅改变其串联顺序，结果并不会发生变化。因此，将图 6-3(a)改成图(b)连接方式后，导体电势及其串联后的相电势并不变化。可认为两者是等效的。而

图 6-3(b)是一个单层叠绕组，每个线圈的节距相等，即 $y=\tau=6$(槽)，是整距的。可见，图 6-3(a)也可以看成是一个整距绕组。

由图 6-3 还可以看出，在一相串联的各槽导体中，槽 24 和 1、6 和 7、12 和 13 以及 18 和 19 这四对槽的导体，电势方向相反，相隔只有一个槽电角度 α，参照电势星形图 6-2 可知，它们槽中导体数虽与其它各槽相同，但对串联总和的相电势值的影响却不大，常可省去不用，即这几个槽空着不放导体，绕组展开图就成为图 6-4 所示。一般，单相绕组占有的定子槽数不超过定子全部槽数的三分之二。

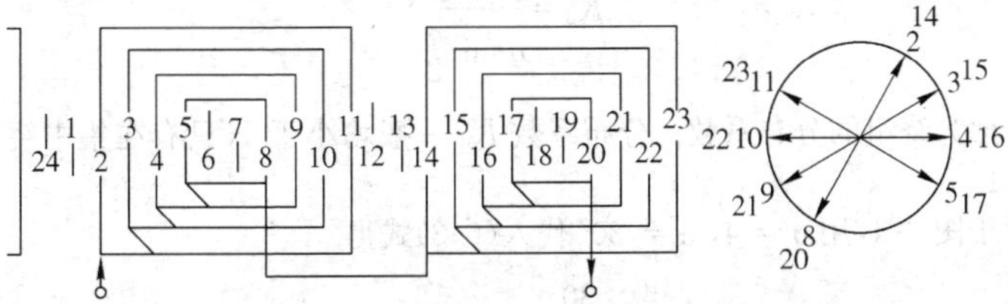

图 6-4　同心绕组展开图和电势星形图

定子绕组例如图 6-4 所示的同心绕组，由于各个线圈的有效边导体是分布在空间位置不同的定子槽里的，即导体电势在时间上有相位差，所以，在全部导体电势串联相加时，应是电势相量的相量和，以致相电势值小于各导体电势的代数和，即存在分布系数 K_d。

对于图 6-4 所示的一相绕组，每极每相槽数为

$$q=\frac{Z_1}{2pm}=\frac{24}{2\times2\times1}=6\text{ 槽}$$

但整个定子槽中有 8 个槽空着，每极每相的槽数 q 实际上是 4，而且如前所述，改变各槽导体相加的次序并不影响相电势的值，所以，可取任何一个磁极范围内的各槽导体作为每极每相下的导体来讨论。这里取图 6-4 中的槽 2、3、4 和 5 四槽，由电势星形图，它们的电势相位关系和相量相加后的总电势 E 如图 6-5 所示。有

$$\frac{E_2}{2}=R\sin\frac{\alpha}{2},\ \frac{E}{2}=R\sin\frac{q\alpha}{2}$$

两者相除消去 R，可得总电势 E 的大小为

$$E=\frac{\sin\dfrac{q\alpha}{2}}{\sin\dfrac{\alpha}{2}}E_2$$

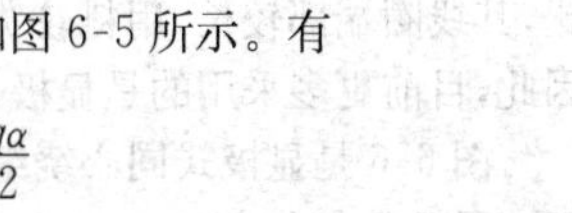

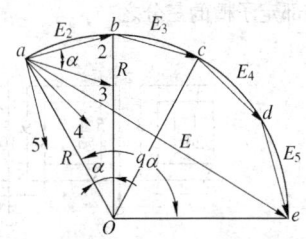

图 6-5　导体电势的叠加

每个导体电势 E_i（$i=2,\ 3,\ 4,\ 5$）的相位不同，但幅值是相等的，因此，每极下导体电势的代数

和 $\sum E_i$ 应为

$$\sum E_i = qE_i = qE_2$$

代入上式后得

$$E = \frac{\sin\frac{q\alpha}{2}}{q\sin\frac{\alpha}{2}}\sum E_i = K_d\sum E_i$$

即

$$K_d = \frac{\sin\frac{q\alpha}{2}}{q\sin\frac{\alpha}{2}} \tag{6-3}$$

式中，K_d 称为绕组的分布系数。分布系数 K_d 一般均小于 1，只有在集中绕组时，才有 $K_d = 1$。

而对于图 6-4，用 $q = 4$，$\alpha = 30°$ 代入(6-3)式得

$$K_d = \frac{\sin\frac{4\times 30°}{2}}{4\sin\frac{30°}{2}} = \frac{0.866}{4\times 0.259} = 0.84$$

如果绕组占有全部定子槽，即图 6-1(b)所示，此时，$q = 6$，$\alpha = 30°$，代入(6-3)式后得

$$K_d = \frac{\sin\frac{6\times 30°}{2}}{6\sin\frac{30°}{2}} = \frac{1}{6\times 0.259} = 0.65$$

可见，每极每相导体数虽从 4 增加为 6，增加了 $(6-4)/4 = 0.5$ 即 50%，而总电势值增加 $(6\times 0.65 - 4\times 0.84)/4\times 0.84 = 0.163$，即只增加了 16.3%，显然是不经济的。因此，单相绕组一般不占用全部定子槽。

上述庶极式同心绕组嵌线和连接很方便，只要把不同节距的线圈一个套一个地嵌入槽内，再将两组线圈的引出线首尾端相连就可以了。但是，与显极式同心绕组相比，其线圈端部较长，用料较费，而且定子电阻和漏抗较大，不利于改善电动机性能。因此，目前更多采用的是显极式同心绕组。

图 6-6 是显极式同心绕组的连接方式和电势星形图，图中，绕组导体也只占用全部定子槽的三分之二。

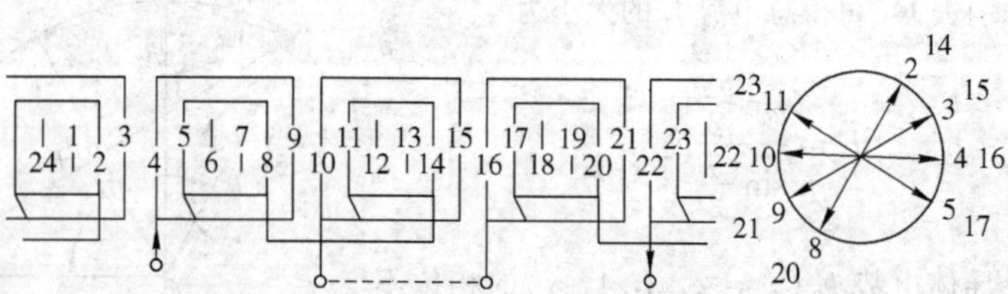

图 6-6　显极式同心绕组展开图

与图 6-4 相比可见，两种连接方式中，各槽导体的电势方向相同，电势星形图也一样，但图 6-6 中有 4 组线圈，每组线圈由两个线圈串联组成，且引出线的位置改变了。

显极式同心绕组的引出线连接要稍较复杂些，但线圈端部长度较短，可减少用铜量，降低定子电阻和漏抗，有利于改善电机性能，因而是一种实用的绕组形式。

图 6-6 所示，外层线圈导体在槽 4 和槽 9 中，节距为 5，内层线圈在槽 5 和槽 8 中，节距为 3，都小于极距（$\tau = 6$）。二线圈各导体的电势相量及其相加，如图 6-7 所示。

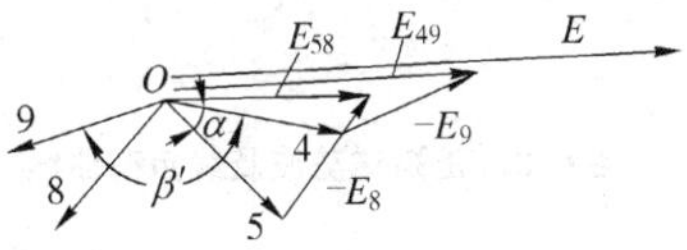

图 6-7　短距线圈的电势

如用 β' 表示线圈节距 y 所对应的电角度，即

$$\beta' = \frac{y}{\tau}180^\circ \text{（电角度）}$$

对于线圈 4～9，两导体电势的幅值相等，即 $E_4 = E_9$，而相位相差 β'，其相量和为 E_{49}，由图 6-7 可见：

$$\frac{E_{49}}{2} = E_4\cos\left(\frac{180^\circ - \beta'}{2}\right) = E_4\sin\frac{\beta'}{2}$$

上式可改写成

$$\frac{E_{49}}{2E_4} = \frac{E_{49}}{E_4 + E_9} = \sin\frac{\beta'}{2}$$

式中 $\frac{E_{49}}{E_4 + E_9}$ 的含义为两导体电势的相量和 E_{49} 与幅值和 $E_4 + E_9$ 之比值，即该线圈的短距系数 K_y

$$K_y = \frac{E_{49}}{E_4 + E_9} = \sin\frac{\beta'}{2}$$

上式可简化为

$$K_y = \sin\frac{\beta'}{2} \tag{6-4}$$

式(6-4)适用于任一线圈。短距系数 K_y 通常也是一个小于 1 的系数，只有在整距线圈时，$K_y = 1$。

对于图 6-6 的线圈 4～9，$y = 5$，$\beta' = (5/6)\times 180^\circ = 150^\circ$，即 $K_y = \sin(150^\circ/2) = 0.966$。对于线圈 5 ～ 8，$y = 3$，$\beta' = 90^\circ$，$K_y = \sin(90^\circ/2) = 0.707$。

为了尽可能地减少以至消除气隙磁势中的谐波分量，是电动机绕组设计时的重要出发点。采用短距和分布绕组后，基波磁势虽略有减少，但可显著削弱谐波磁势，使气隙磁势波形接近于正弦形，因而是常用的绕组形式。如果组成绕组的各个槽内导体在数量上以适当规律分布，构成所谓正弦绕组，则可几乎完全消除三次谐波，显著削弱其它各次谐波，从而产生更接近于正弦分布的气隙磁势。

如图 6-8 所示，只有当绕组的导体在空间按余弦规律连续分布时，才能在空间产生一个正弦波磁势，而不包含任何谐波。

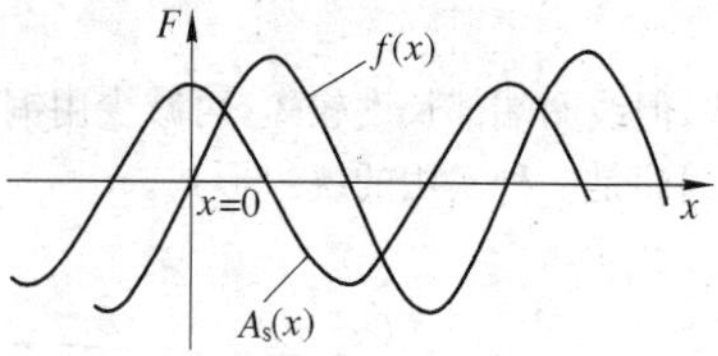

图 6-8　正弦磁势波及线负荷曲线

实际上，电动机绕组的导体是嵌放在数量有限的定子槽内的，如以 4 极 24 槽电动机为例，则一对极下共有 12 槽，其导体位置和磁势波形如图 6-9 所示。由图可见，槽 1 离纵轴原点为 $\frac{1}{2}\alpha = 15°$，槽 2 为 $\frac{3}{2}\alpha = 45°$，槽 3 为 $\frac{5}{2}\alpha = 75°$…… 且槽 1 和槽 6、槽 2 和槽 5、槽 3 和槽 4……分别为一个线圈的两条有效边，每对槽内导体数是分别相等的，因此，在一个线圈组内，槽 1 和槽 6 的余弦值相等，为 $\cos\frac{30°}{2} = 0.966$，槽 2 和槽 5 的余弦值为 $\cos\frac{3}{2}\times 30° = 0.707$，槽 3 和槽 4 的余弦值为 $\cos\frac{5}{2}\times 30° = 0.259$。一个极下槽内导体的余弦值总和为 $0.966 + 0.707 + 0.259 = 1.932$，因此，槽 1 和槽 6 内的导体数占每极总匝数的百分率应为 $\frac{0.966}{1.932}\times 100\% = 50\%$，槽 2 和槽 5 占 $\frac{0.707}{1.932}\times 100\% = 36.6\%$，槽 3 和槽 4 则占 $\frac{0.259}{1.932}\times 100\% = 13.4\%$。如果每极总匝数已确定，则各槽的导体分配数就可由此算得。这种形式的正弦绕组称为正弦绕组的第一种形式。

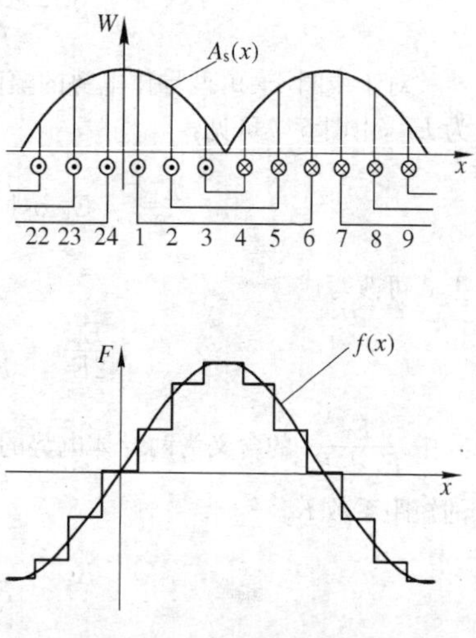

图 6-9　正弦绕组槽内导体数(*W*)的分布及其磁势 *f*(*x*)

正弦绕组的另一种导体分布如图 6-10 所示。槽 1 位于纵坐标原点，距离为 0°，槽 2 离原点为 $\alpha = 30°$，槽 3 为 60°，槽 4 为空槽……。同样，槽 1 和槽 7、槽 2 和槽 6、槽 3 和槽 5 为一个线圈的两条有效边，导体数相同。在一个线圈组内，槽 1 和槽 7 的余弦值相等，但只有计算值的一半(另一半在相邻的极面下)，因而为 $\frac{1}{2}\cos 0° = 0.5$；槽 2 和槽 6 的余弦值为 $\cos 30° = 0.866$；槽 3 和

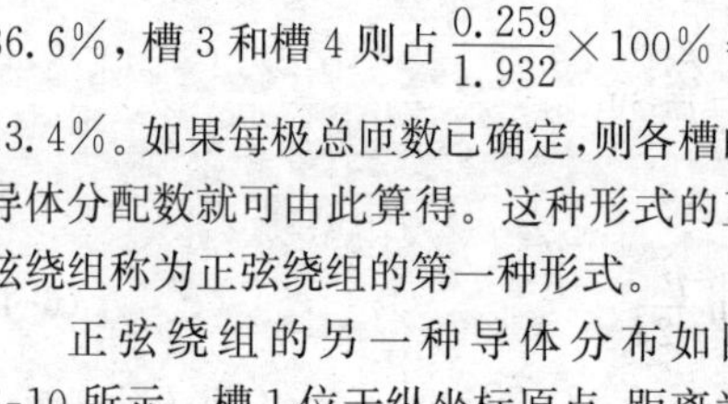

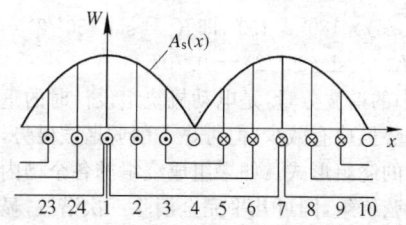

图 6-10　正弦绕组另一种槽内导体数(*W*)的分布

槽 5 为 $\cos 60^\circ=0.5$；一极下各槽的余弦值总和为 $0.5+0.866+0.5=1.866$。于是：槽 1 和槽 7 中的线圈匝数占每极总匝数的百分率为 $\frac{0.5}{1.866}\times100\%=26.8\%$；槽 2 和槽 6 占 $\frac{0.866}{1.866}\times100\%=46.4\%$；槽 3 和槽 5 则占 $\frac{0.5}{1.866}\times100\%=26.8\%$。这种形式的正弦绕组称为正弦组的第二种形式。

如前所述，为了降低用铜量，单相绕组的导体只占用全部定子槽的三分之二以下。因此，正弦绕组的导体分布也可相应简化，如对图 6-9 可将槽 3、槽 4 等 8 个槽空着不放导体，此时，一极下各槽的余弦值总和为 $0.966+0.707=1.673$，各槽匝数占总匝数的百分率分别为 57.7%和 42.3%。对于图 6-10，可将槽 3、槽 4、槽 5 等共 12 个槽空着，一极下各槽的余弦值总和为 $0.5+0.866=1.366$，各槽匝数的百分率分别为 36.6%和 63.4%。按此分布后，绕组的制造和连接是简单了，但导体总匝数不变，只是将节距较小的线圈匝数分别增添入其他节距较大的线圈内，用料并不减少，而产生的气隙磁势却偏离了正弦波形，唯其绕组系数可稍高，在实际选用时，需按具体要求确定。

比较图 6-9 和图 6-10 两种导体分布形式可见，前者的最内层线圈节距为 1，端部很短，嵌线比较困难，且这种分布的绕组系数较小。

正弦绕组的基波绕组系数的计算，在原理上与一般同心绕组是相同的，既可按(6-3)式看成是整距的分布绕组，也可按(6-4)式看成是短距的集中绕组，结果是相同的，由于正弦绕组各个线圈的匝数不相等，用短距系数概念来计算，要方便一些。

例如，对于图 6-9 的导体分布方式，令每极每相总匝数为 100，则由(6-4)式和前面算得的各槽匝数百分率，各个线圈的实际匝数 W_i 和有效匝数 $W_{efi}=K_{yi}W_i$ 可列成表 6-1。

表 6-1 正弦绕组基波绕组系数的计算

线 圈	节 距 y_i	节距角 $\beta_i'=\frac{y_i}{\tau}\pi$	短距系数 $K_{yi}=\sin\frac{\beta_i'}{2}$	实际匝数 W_i	有效匝数 $W_{efi}=K_{yi}W_i$
1～6	5	150°	0.966	50	48.3
2～5	3	90°	0.707	36.6	25.9
3～4	1	30°	0.259	13.4	3.5
总 和				100.0	77.7

因此，绕组系数 $K_{w1}=\frac{\sum W_{efi}}{\sum W_i}=77.7/100=0.777$

对于图 6-10，同样可列出表 6-2。

绕组系数 $K_{w1}=\frac{\sum W_{efi}}{\sum W_i}=80.4/100=0.804$，比前一种分布方式要大。

表 6-2　正弦绕组的基波绕组系数计算

线　圈	节　距 y_i	节距角 $\beta'_i=\dfrac{y_i}{\tau}\pi$	短距系数 $K_{yi}=\sin\dfrac{\beta'_i}{2}$	实际匝数 W_i	有效匝数 $W_{efi}=K_{yi}W_i$
1～7	6	180°	1	26.8	26.8
2～6	4	120°	0.866	46.4	40.2
3～5	2	60°	0.5	26.8	13.4
总　和				100	80.4

表 6-3 列出了在不同的每极每相槽数 q 时，常用的正弦绕组匝数分布及其基波绕组系数。

由表 6-3 可以看出：

(1) 在正弦绕组中，各个线圈的跨距(节距)和匝数都不同，跨距大的线圈匝数多，反之则少；

(2) 每极槽数 q 越大，可实现正弦绕组的匝数分布方式也越多；

(3) 根据正弦绕组的匝数分布规律，在结构上只能采用同心绕组的结构形式。

第二节　分相电动机重绕计算

分相起动电动机包括单相电阻起动电动机和单相电容起动电动机。这两种电动机的共同特点是，在工作时只有一个绕组工作称为主相绕组，它的引出线标记为 U_1、U_2，与主相绕组在空间成 90°电角度而结构与主相绕组相似的起动绕组，称为副相绕组，用 Z_1、Z_2 来表示。两种电动机均在转速到达 75%～80%额定转速之后，即将副相绕组从电源切离，只有工作绕组单独工作。因此，这两种电动机的整个起动过程中均需要有一个起动装置，这个起动装置可以用机械式的离心开关，也可以用继电器来完成。

上述两种电动机都是由起动绕组来完成起动的，参与工作的时间很短，因此起动绕组匝数相对比较少，电流密度选取也比较高。为了使电动机在起动时，主、副绕组有足够的相位差，对单相电阻起动电动机的副相绕组的导线应选取细些，有时还采取反接的方法以增加副相绕组的电阻，从而可以提高电动机的起动转矩。而对于单相电容起动电动机，则可调整起动电容器的容量以达到理想的起动转矩。

一、分相电动机重绕计算

电动机重绕计算是指那些已丢失电动机的铭牌和原始的绕组数据，已无法按照原来电动机的数据进行重绕，因此需要进行重绕计算，它的步骤如下：

1. 确定电动机原来的极对数

$$p=(0.35\sim0.40)\frac{Z_1b_t}{2h_c}$$

表 6-3 正弦绕组的匝数分布及绕组系数

每极槽数 q	不同节距(跨槽数)的各线圈匝数所占百分率(%)																		基波绕组系数 K_{w1}
	1	2	3	4	5	6	7	8	9	10	11	12	13	14	15	16	17	18	
4		58.6		41.4															0.828
6	13.5		36.5		50.0														0.776
		26.8		46.4		26.8													0.804
8		15.3		28.0		36.8		19.9											0.795
			23.5		35.1		41.4												0.829
9		12.1		22.7		30.6		34.6											0.793
			18.5		28.3		34.7		18.5										0.821
12	3.4		10.0		15.9		20.7		24.1		25.9								0.783
		6.8		13.2		18.6		22.8		25.4		13.2							0.789

（续表）

每极槽数 q	不同节距（跨槽数）的各线圈匝数所占百分率（%）																		基波绕组系数 K_{w1}
	1	2	3	4	5	6	7	8	9	10	11	12	13	14	15	16	17	18	
12			10.3		16.5		21.4		25.0		26.8								0.806
				14.1		20.0		24.5		27.3		14.1							0.829
16			5.8		9.4		12.7		15.4		17.6		19.2		19.9				0.798
				7.9		11.3		14.4		17.2		18.9		20.0		10.3			0.812
					10.0		13.4		16.4		18.7		20.4		21.1				0.829
						12.4		15.7		18.5		20.5		21.8		11.1			0.848
18			4.6		7.5		10.2		12.5		14.5		16.0		17.1		17.6		0.795
				6.1		9.0		11.6		13.8		15.7		17.0		17.8		9.0	0.806
					7.8		10.6		13.2		15.2		16.8		17.9		18.5		0.821
						9.6		12.4		14.7		16.7		18.1		18.9		9.6	0.837

式中　Z_1——定子齿数(毫米);

b_t——定子齿宽(毫米);

h_c——定子轭高(毫米);

其中 b_t 和 h_c 的计算参见第一章第六节。

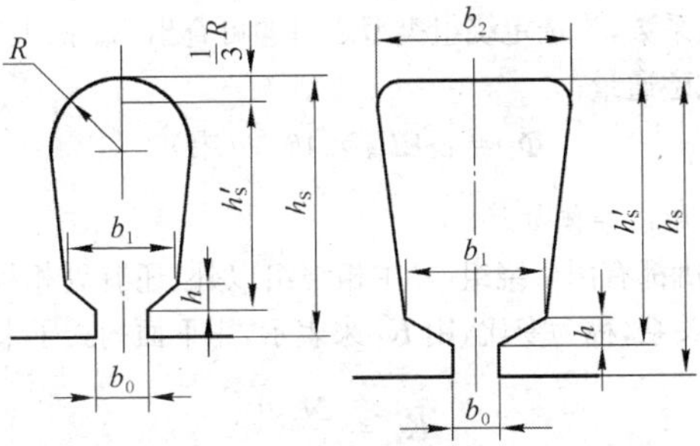

图 6-11　槽形

2. 检查定子齿的磁通密度 B_t

$$B_t = \frac{B_\delta t}{K_{Fe} b_t} \text{(特)}$$

式中:t 为齿距,K_{Fe} 为铁心叠压系数,通常 $K_{Fe} = 0.93 \sim 0.94$,B_δ 为气隙磁密,它的数值大小,对电动机的容量影响很大,如果取大值,则可以使电动机的出力增加,但是电机温升高;如果取小值,电动机输出功率减少,但对于修理的电动机只是设法恢复电动机原来的技术指标。因此气隙磁密只能在一般的范围选取,见表 6-4。

表 6-4　单相异步电动机电磁负荷选用范围

电　磁　负　荷	选用范围
气隙磁密 B_δ(特)	0.4～0.65
定子齿磁密 B_t(特)	1.30～1.60
转子齿磁密 B_t(特)	1.30～1.60
定子轭磁密 B_c(特)	1.0～1.30
转子轭磁密 B_c(特)	1.1～1.30
线负荷($2p=2$)A(安/厘米)	105～125
线负荷($2p=4$)A(安/厘米)	120～165
单相电动机主绕组电流密度 j_m(安/毫米^2)	6～8
单相分相电机副相绕组电流密度 j_a(安/毫米^2)	30～90
单相电容运转电动机副绕组电流密度 j(安/厘米^2)	6～10

3. 确定主相串联导体数

$$N_m = \frac{UK_E}{2K_\phi fK_w\Phi_a}$$

式中 K_E——电势系数，一般在 0.85～0.95 之间选取，电动机容量大的取大值；

K_ϕ——波形系数，一般取 $K_\phi=1.09$；

K_w——绕组系数，当选定绕组类型之后即可查出 K_w 的大小；

Φ_a——气隙磁通量；

$$\Phi_a = \alpha\tau LB_\delta \times 10^{-6}\ （韦）$$

4. 确定副相绕组的导体数

单相异步电动机都有两个绕组，除主相绕组以外，还有副相绕组，两个绕组的导体数比值有一定的关系，称为变比，用 K_a 来表示，用下面的式子来表示：

$$K_a = \frac{N_a}{N_m}$$

式中 N_a——副相绕组的导体数。

对于电阻起动的电动机，变比 K_a 在 0.4～0.7 之间选取，这时如果增加变比 K_a，而副相绕组线径保持不变时，则起动转矩下降，起动电流减少，槽满率增加，下线困难。电容起动电动机，变比 $K_a=0.7\sim1.2$。若副绕组的电流是容性电流时，一般若增大变比 K_a 值，而电容量 C 值不变，则起动转矩 M_{st}、起动电流 I_{st} 和电容器上的电压 U_c 都增大，而希望减少 I_{st} 和电容器上的电压 U_c，而又不需要增大起动转矩时，则可以减少电容器的容量。

前面已经讲过，分相起动电动机的副相绕组只是起动时起作用，当转速到达75%～80%额定转速时，就脱离电源，参与工作的时间很短，所以电流密度选取比较高，见表 6-4，也即是导线的线径可以选用比较细，一般是主相绕组导线截面的 1/3，或者还要细一些。也可用下式来确定副相绕组导体截面积：

$$S_a = \frac{S}{K_a}$$

式中 K_a——变比，一般电阻起动电动机取 2～3，而电容起动电动机则取 1.5～2.2。

5. 确定绕组的分布型式

在前面，第 3、4 项确定主、副绕组导体数中，应该讲绕组的型式就已基本确定了，但还需将重绕的绕组接线图画出来。这里还要注意到在主相绕组的绕组系数确定之后，往往是副相绕组的绕组系数也采用与主相绕组相同，但也可以采用不相同的绕组系数，也即是主、副绕组的排列是不相同的。

6. 估算电动机的工作电流

从空壳中测算得到的定子槽有效面积为 A_w，按一般电动机选取一个槽满率 K_s，计算出电动机绕组导体所占的槽面积为

$$S_m = K_s A_w \text{（毫米}^2\text{）}$$

式中　S_m——主相导体在槽内所占的面积。

根据已确定的绕组型式，找到导体数最多的那个槽的全部导体，该槽内或者均是主相绕组所占，或者绝大部分为主相导体所占，而副相绕组只占很小的一部分，所以可以近似用以下的公式计算：

$$S_0 = \frac{S_m}{N_y} \text{（毫米}^2\text{）}$$

式中　N_y——主相绕组在槽中导体数最多的槽内的导体数；

S_0——一根导线所占的正方形面积（包括绝缘厚度）。

从 S_0 就可以求出绝缘导线的直径 d_0：

$$d_0 = \sqrt{S_0} \text{（毫米）}$$

由 d_0 查标准漆膜的厚度，便可找到铜导线的直径 d，从而便可以找到标准的导线截面积。如果该电动机的电流密度是已知的，则主相绕组的工作电流即可求出：

$$I = Sj_m \text{（安）}$$

式中　S——裸导线的截面积（毫米^2）；

j_m——电流密度，可由表 6-4 中查出。

7. 估算电动机的额定功率

电阻起动和电容起动电动机的估算功率为

$$P = UI\eta\cos\varphi$$

式中　$\eta\cos\varphi$——效率和功率因数的乘积，可由图 6-16 查到。

从这个过程就完成了重绕计算，但应该注意到重绕的计算是近似的，它是基于这台电动机的各部分尺寸已定，也就是各部分的磁密也是在一定范围内变化。因此，作为空壳重绕只要气隙磁密 B_δ 在一定范围内选取，可不必校核各部的磁通密度，如果是改变电动机的极对数，则校核各部的磁通密度是不可缺少的。另一方面，将上述计算出来的电流和功率对照相同型号电动机的技术指标，看看是否合适，如果出入太大，则可重新计算，作适当的调整。

8. 确定起动电容器的容量（见表 6-5）

表 6-5　小功率异步电动机所需电容器容量

电动机输出功率 P（瓦）	4	8	15	25	40	60	90	120	180	250	370	750
电动机极对数	1/2	1/2	1/2	1/2	1/2	1/2	1/2	1/2	1/2	1/2	1/2	1/2
工作电容器容量（微法）	1	1	1.2	1.2/2	2/2	2/4	4/4	4/6	6			
起动电容器容量（微法）								75	75	100	100	200

注：表 6-5 中：例如功率 $P_2 = 25$ 瓦，极对数为 1，则相对应电容器容量是 1.2 微法。

电容器容量的确定，可以用计算方法，也可以用经验来选取。计算方法比较麻烦，而且计算出来的数值一般还需进行调整，所以在重绕计算中电容器容量的确定，通常是采用经验来确定，它的确定可按表 6-5 中的范围选取。

而对于洗衣机电动机的电容器容量与表 6-5 有所不同，而应按表 6-6 中选取。

表 6-6　洗衣机用电动机所需电容器容量

功率 P(瓦)	90	120	150
电容器容量(微法)	6～8	8～10	10～12

9. 绕线模制作

在做好全部计算要进行嵌线之前，需做好绕组的绕线模。如果有一个从原来电机上拆下来的旧线圈则做起绕线模来就最容易而且也准确，但往往没有这一旧线圈，就得自己动手进行计算。

绕线模是由模心和夹板所组成，如图 6-12 所示。模心是绕线模的主要部分，它是决定线圈的长短，所以对模心尺寸的确定应慎重些。如果是用一根导线在空壳上预先量好模心的周长，作为制作模心的依据，但是往往是一根导线和一股导线的情况不同，会给人们错觉，这样量下来的尺寸一般是偏短。下面介绍用计算的方法来确定绕线模的尺寸。首先确定模心的尺寸，见图 6-13。

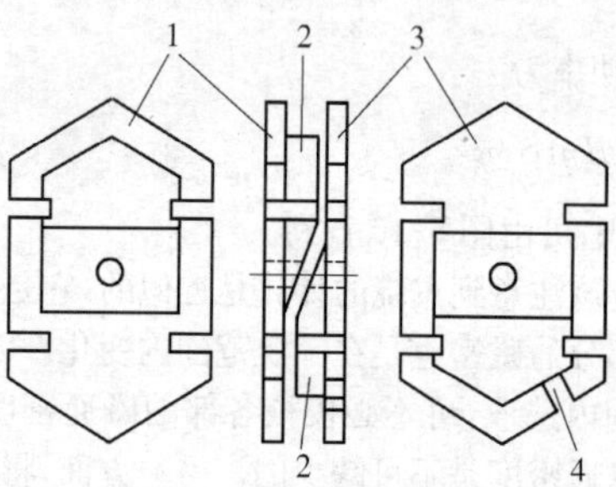

图 6-12　绕线模

1—下夹板；2—模心；3—上夹板；4—引线槽

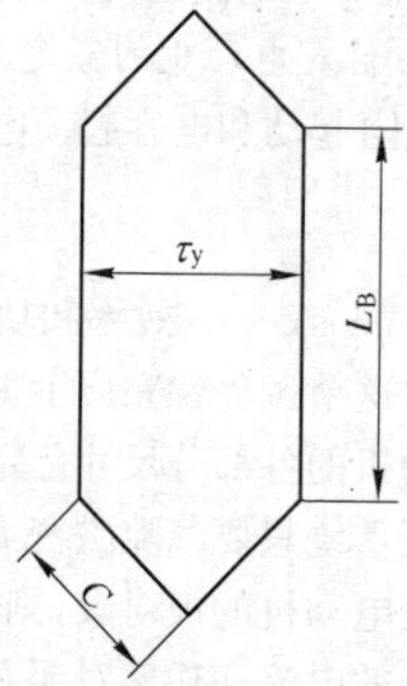

图 6-13　模心尺寸图

(1) 模心宽度

$$\tau_y = \frac{\pi(D+h_s)}{Z_1} y_i \text{（毫米）}$$

式中　D——定子铁心内径(毫米)；

Z_1——定子槽数；

y_i——用槽数表示的节距；

h_s——定子槽高，对于圆底槽还要加 $R/3$。

(2) 模心直线部分的长度

$$L_B = L + 2L' \text{（毫米）}$$

式中 L——定子铁心长度(毫米)；

L'——线圈直线部分伸出铁心长度的部分，一般取 $L' = 5 \sim 15$，功率大的取大值。

(3) 模心端部的长度

$$2C = K\tau_y \text{（毫米）}$$

式中 K——系数，对 2 极电动机取 $K = 1.2 \sim 1.25$，对于 4 极电动机，取 $K = 1.25 \sim 1.3$，而对于 6 极电动机，取 $K = 1.35 \sim 1.4$。

(4) 模心厚度 H

它可以用下面的经验公式来计算：

$$H = d_0\sqrt{N}$$

式中 d_0——绝缘导线直径(毫米)；

N——一个线圈导体数。

上述所讲的是一个线圈。如果是多个线圈，则应做出多个串在一起绕线。如果是采用正弦绕组，则每个线圈的尺寸都不同，就要按上述方法逐一计算出不同的尺寸，将多个模板串在绕线机上，即可绕出各种宝塔形的线圈。

二、重绕例题

【例 6-1】 有一台电动机已失去铭牌，并且绕组已拆下，只剩下一个空壳电动机，要求重绕成一台电阻起动的单相电动机。

已测量得到的数据有：定子铁心外径 $D_1 = 102$ 毫米；定子铁心内径 $D = 52$ 毫米；定子铁心长度 $L = 56$ 毫米；定子槽数 $Z_1 = 24$；定子齿距 $t = 6.8$ 毫米；定子齿宽 $b_t = 2.5$ 毫米及定子槽形尺寸见图 6-14。

1. 确定电动机的极对数

定子轭高

$$h_c = \frac{D_1 - D}{2} - h_s + \frac{1}{3}R$$

$$= \frac{102 - 52}{2} - 14.59 + \frac{1}{3} \times 3.59$$

$$= 11.61 \text{ 毫米}$$

式中：槽深 $h_s = 0.7 + 0.55 + 9.75 + 3.59 = 14.59$ 毫米

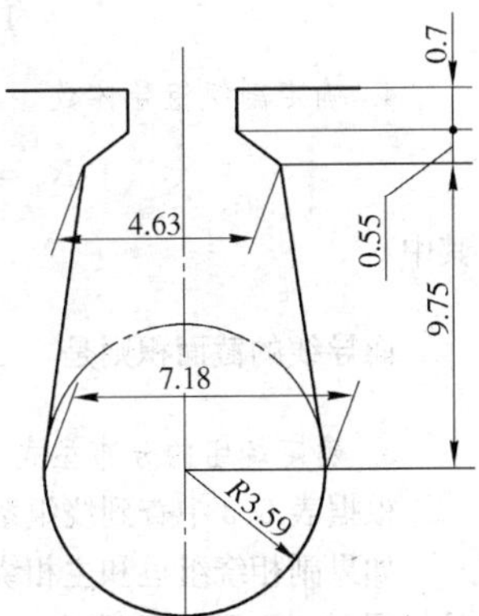

图 6-14 定子槽形尺寸

极对数

$$p=(0.35\sim0.40)\frac{Z_1b_t}{2h_c}$$

$$=(0.35\sim0.40)\frac{24\times2.5}{2\times11.61}=0.9\sim1.03\approx1$$

2. 检查定子齿的磁通密度 B_t

由表 6-4 先选定电动机气隙磁密 $B_\delta=0.5$ 特，则

$$B_t=\frac{B_\delta t}{K_{Fe}b_t}=\frac{0.5\times6.8}{0.94\times2.5}=1.4468\text{ 特}$$

对照表 6-4，可知 $B_t=1.4468$ 特在一般范围内。

3. 确定主相串联导体数

每极槽数：

$$q=\frac{Z_1}{2p}=\frac{24}{2\times1}=12$$

以每极槽数查表 6-3 初步确定 $K_w=0.783$。

$$\Phi_a=\alpha\tau LB_\delta\times10^{-6}$$

$$=0.68\times\frac{\pi\times52}{2}\times56\times0.5\times10^{-6}$$

$$=155\,521\times10^{-8}\text{ 韦}$$

$$N_m=\frac{UK_E}{2K_\phi fK_w\Phi_a}$$

$$=\frac{220\times0.88}{2\times1.09\times50\times0.783\times155\,521\times10^{-8}}$$

$$=1\,458$$

4. 确定副绕组导体数

$$N_a=K_aN_m=0.5\times1\,458=729$$

其中 $K_a=0.5$

而导线的截面积则是 $S_a=\frac{S}{K_a}$

5. 确定绕组的分布型式

根据表 6-3 中查到绕组系数 $K_w=0.783$ 的绕组分配如下表及图 6-15 所示。

如果副相绕组也和主相绕组一样，绕组系数 $K_w=0.783$ 的话，则绕组结构形式是相同的，只不过匝数少一半而已，即 47，44，38，29，18，6。线圈的排列见图 6-15。

节　距	11	9	7	5	3	1
百分率	25.9	24.1	20.7	15.9	10	3.4
匝　数	94	88	76	58	36	12

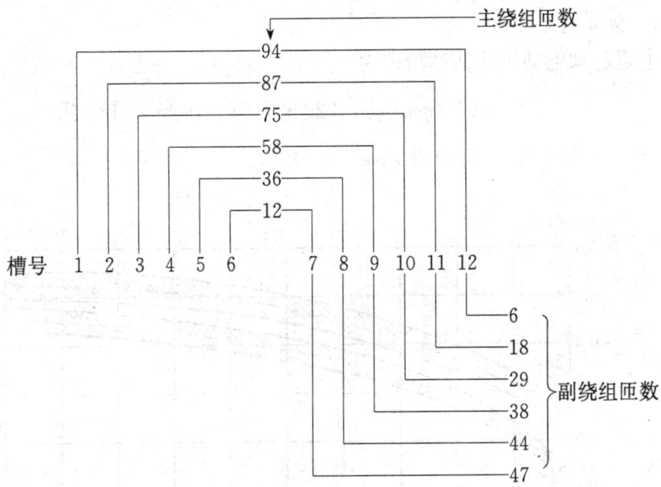

图 6-15　线圈排列图

6. 估算电动机的工作电流

从空壳中测得的定子槽有效面积 $A_w = 64.75$ 毫米^2，并且选取绕组槽满率 $K_s = 0.65$，即可求得，导体在槽中所占的面积：

$$S_m = K_s A_w = 0.65 \times 64.75 = 42.08 \text{ 毫米}^2$$

一根导线所占的正方形面积(包括绝缘厚度)为

$$S_0 = \frac{S_m}{N_y} = \frac{42.08}{94} = 0.4477 \text{ 毫米}^2$$

式中：N_y 为主相绕组的导体数最多的槽内的导体数，由于副相绕组的导体数很少，而且导线也很细，所以就不考虑副相绕组的导体所占的面积。

由下面的式子就可求出带漆膜的导线直径

$$d_0 = \sqrt{S_0} = \sqrt{0.4477} = 0.67 \text{ 毫米}$$

裸导线的直径 $d = 0.63$ 毫米，$S = 0.3117$ 毫米^2

按表 6-4 中选取主相绕组的电流密度 $j_m = 6$ 安 / 毫米^2，则主相工作电流

$$I_m = j_m S = 6 \times 0.3117 = 1.87 \text{ 安}$$

而副相绕组导体截面积

$$S_a = \frac{S}{K_a} = \frac{0.3117}{3} = 0.1039\ \text{毫米}^2$$

式中，变比 $K_a = 3$。

选取 $S_a = 0.1134$ 毫米^2，导线直径 $d_a = 0.38$ 毫米。

7. 估算电动机额定功率

电阻起动电动机的估算功率为

$$P = UI_m\eta\cos\varphi = 220 \times 1.87 \times 0.45 = 185\ \text{瓦}$$

式中，$\eta\cos\varphi$ 是由图 6-16 查得 $\eta\cos\varphi = 0.45$。

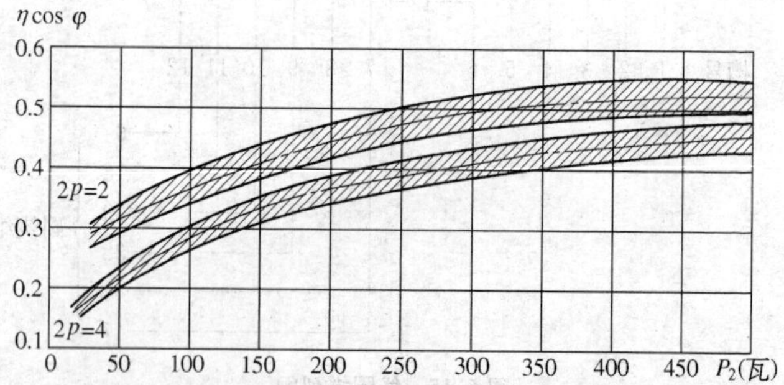

图 6-16　带起动元件单相异步电动机 P_2 与 $\eta\cos\varphi$ 曲线

8. 绕线模的制作

这台电动机是采用正弦绕组，因此绕线模的周长各不相同，需做成宝塔式的绕线模，可先由最外层计算起，即是从最大的线圈算起。

(1) 模心宽度

$$\tau_{yi} = \frac{\pi(D + h_s)}{Z_1}y_i$$

$$\tau_{yi} = \frac{\pi(D + h_s)}{Z_1}y_i = \frac{\pi(52 + 14.59)}{24} \times 11 = 96\ \text{毫米}$$

式中　$D = 52$ 毫米，$h_s = 14.59$ 毫米，$Z_1 = 24$，$y_i = 11$

(2) 模心直线部分的长度

$$L_B = L + 2L' = 50 + 2 \times 10 = 70\ \text{毫米}$$

式中　$L = 50$ 毫米，$L' = 10$ 毫米

(3) 模心端部的长度

$$2C = K\tau_{yi} = 1.2\tau_{yi}\ \text{毫米}$$

式中　$K = 1.2$

(4) 模心的厚度

$$H = d_0\sqrt{N_i} = 0.67\sqrt{N_i}\ 毫米$$

宝塔式的绕线模的具体尺寸列入表 6-7。

表 6-7 绕线模尺寸表

i	1	2	3	4	5	6
y_i	11	9	7	5	3	1
τ_{yi}	96	78.4	61	43.6	26.2	8.7
$2C = K\tau_{yi}$	115	94	73	52	31	10.4
$H = d_0\sqrt{N_i}$	6.6	6.3	5.9	5.2	4.1	2.4

【例 6-2】 一台已失去铭牌，并且绕组已拆下，成为一个空壳的电动机，要求将这台空壳重绕成一台电容起动电动机。

在空壳的电动机中已测得的数据有：定子铁心外径 $D_1 = 120$ 毫米；定子铁心内径 $D = 66$ 毫米；定子铁心长度 $L = 62$ 毫米；定子槽数 $Z_1 = 24$；定子齿宽 $b_t = 4$ 毫米；以及槽形尺寸，见图 6-17。

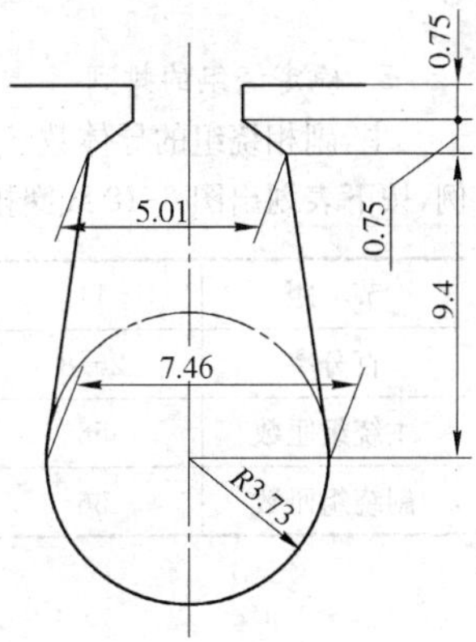

图 6-17 槽形尺寸

1. 确定电动机极对数

轭高 $h_c = \dfrac{D_1 - D}{2} - h_s + \dfrac{1}{3}R$

$$= \frac{120-66}{2} - 14.63 + \frac{1}{3}\times 3.73$$

$$= 13.61\ 毫米$$

式中，槽深 $h_s = 0.75 + 0.75 + 9.4 + 3.73 = 14.63$

极对数

$$p = (0.35 \sim 0.40)\frac{Z_1 b_t}{2h_c}$$

$$= (0.35 \sim 0.40)\frac{24\times 4}{2\times 13.61} = 1.23 \sim 1.41 \approx 1$$

2. 选择气隙磁通密度

按照表 6-4 选取气隙磁通密度 $B_\delta = 0.62$ 特。

3. 检查定子齿的磁通密度 B_t

$$t = \frac{\pi D}{Z_1} = \frac{\pi\times 66}{24} = 8.64\ 毫米$$

$$B_t = \frac{B_\delta t}{K_{Fe} b_t} = \frac{0.62\times 8.64}{0.94\times 4} = 1.425\ 特$$

4. 确定主相绕组导体数

$$\Phi_a = \alpha\tau LB_\delta \times 10^{-6} = 0.69 \times 103.6 \times 62 \times 0.62 \times 10^{-6}$$

$$= 0.002\,747\,8 \text{ 韦}$$

式中
$$\tau = \frac{\pi D}{2p} = \frac{\pi \times 66}{2 \times 1} = 103.6 \text{ 毫米}$$

导体数

$$N_m = \frac{UK_E}{2K_\phi fK_w\Phi_a} = \frac{220 \times 0.92}{2 \times 1.09 \times 50 \times 0.806 \times 27.478 \times 10^{-4}}$$

$$= 838$$

式中：K_w 是按表 6-3 中找到相应数值，选用 $K_w = 0.806$；并选取变比 $K_a = 0.65$。

副绕组的导体数

$$N_a = K_a N_m = 0.65 \times 838 = 544.7$$

5. 确定绕组的排列

主、副相绕组的导体数已求出，可按表 6-3，由 $K_w = 0.806$ 可查出绕组分配的比例，按下表划出图 6-18 线圈排列图。

节　距	11	9	7	5	3
百分率	26.8	25	21.4	16.5	10.3
主绕组匝数	56	52	45	35	22
副绕组匝数	36	34	29	22	14

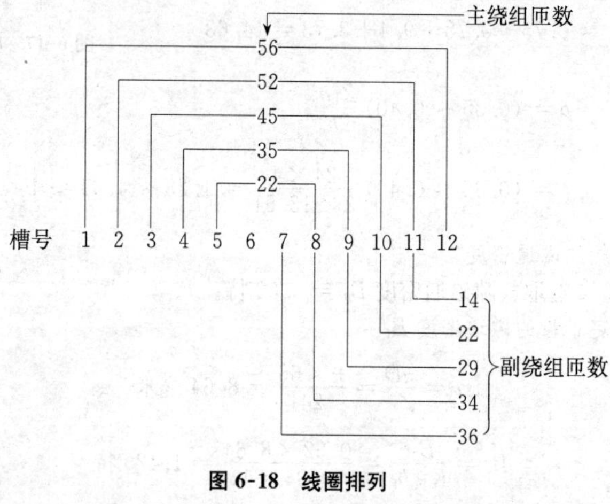

图 6-18　线圈排列

6. 估算电动机的工作电流

从空壳中可测得定子槽面积，用 A_w 代表，并按一般情况取一个槽满率。从已知的槽形可算出槽有效面积 $A_w = 67.2$ 毫米^2，并选取 $K_s = 0.55$，则主绕组导线在槽内所占面积

$$S_m = K_s A_w = 0.55 \times 67.2 = 36.96 \text{ 毫米}^2$$

一根导线所占的正方形面积

$$S_0 = \frac{S_m}{N_y} = \frac{36.96}{56} = 0.66 \text{ 毫米}^2$$

从而 $$d_0 = \sqrt{S_0} = \sqrt{0.66} = 0.812 \text{ 毫米}$$

从附录 2 中可查得

$$d_0 = 0.81 \text{ 毫米} \quad \text{而 } d = 0.75 \text{ 毫米}, S = 0.4418 \text{ 毫米}^2$$

而副绕组 $$S_a = \frac{S}{K_a} = \frac{0.4418}{2} = 0.2209 \text{ 毫米}^2$$

查标准导线即可得 $$d_a = 0.53,\ d_{0a} = 0.58 \text{ 毫米}$$

工作电流

$$I_m = j_m S = 6.5 \times 0.4418 = 2.87 \text{ 安}$$

式中，j_m 取 6.5 安/毫米^2。

7. 估算电动机输出功率

由图 6-16 查得 $\eta \cos\varphi = 0.56$。

电容起动电动机功率

$$P = UI\eta\cos\varphi = UI_m\eta\cos\varphi$$

$$= 220 \times 2.87 \times 0.56 = 354 \text{ 瓦}$$

8. 起动电容器的选择

按照表 6-5，370 瓦电容起动电动机的起动电容器的容量选用 100 微法起动用电解电容器。

9. 绕线模的制作

电动机是采用正弦绕组，因此各档的绕线模尺寸均不相同，需做成一个宝塔式绕线模。

(1) 模心宽度

$$\tau_{yi} = \frac{\pi(D + h_s)}{Z_1} y_i = \frac{\pi(66 + 14.36)}{24} y_i$$

式中 $D = 66$ 毫米 $h_s = 14.36$ 毫米

(2) 绕线模直线部分长度

$$L_B = L + 2L' = 62 + 2 \times 10 = 82 \text{ 毫米}$$

式中　$L = 62$ 毫米　$L' = 10$ 毫米

(3) 模心端部长度

$$2C = K\tau_{yi} = 1.2\tau_{yi} \text{ 毫米}$$

式中　$K = 1.2$

(4) 模心厚度

$$H = d_0\sqrt{N_i} = 0.81\sqrt{N_i} \text{ 毫米}$$

宝塔式绕线模的具体尺寸列于表 6-8。

表 6-8　绕线模尺寸

i	1	2	3	4	5
y_i	11	9	7	5	3
τ_{yi}	115.7	94.7	73.6	52.6	31.6
$2C = K\tau_{yi}$	139	114	88	63	38
$H = d_0\sqrt{N_i}$	6.1	5.8	5.4	4.8	3.8

上述是电阻起动和电容起动异步电动的空壳重绕具体例子，按照上面计算出来的数据，对照已有相似电动机的技术数据，如果有较大的差别，则需要检查计算时选择参数是否有不妥之处，或者调整设计，使达到满意的结果。

第三节　电容运转异步电动机重绕计算

电容运转异步电动机重绕计算与电阻起动和电容起动异步电动机重绕计算基本相同，它的步骤如下：

1. 确定电动机的极对数

$$p = (0.35 \sim 0.4)\frac{Z_1 b_t}{2h_c}$$

取近似的极对数。

2. 选用电动机气隙磁通密度 B_δ

可按表 6-4 选取。

3. 检验定子齿的磁通密度 B_t

$$B_t = \frac{B_\delta t}{K_{Fe} b_t}$$

算出来的磁通密度 B_t 应符合表 6-4 中推荐指标。

4. 确定主、副绕组导体数

主相绕组

$$N_m = \frac{UK_E}{2K_\phi f K_w \Phi_a}$$

式中：$K_E = 0.75 \sim 0.95$；$K_\phi = 1.09$；K_w 按线圈的结构确定。

$$\Phi_a = \alpha\tau L B_\delta \times 10^{-6}\ (韦)$$

副相绕组

$$N_a = K_a N_m$$

式中，变比 $K_a = 1 \sim 2$ 选取。

5. 确定绕组的结构形式

一般电容运转电动机的主、副绕组结构形式是采用相同的结构，也即是相同的绕组系数，且多数采用正弦绕组。

6. 估算电动机的工作电流和导体直径

从空壳中得到的定子槽有效面积 A_w，并选取一定的槽满率 K_s，则

$$S_m = K_s \cdot A_w\ (毫米^2)$$

根据已确定的绕组形式，找到主相绕组导体数最多的槽内的导体数，来计算导线直径 d_0：

由 $S_0 = \dfrac{S_m}{N_y}$ (毫米²)，从而可以求出导线直径(带绝缘)：

$$d_0 = \sqrt{S_0}\ (毫米)$$

而裸导线直径 d(毫米)，导线截面 S(毫米²)，可从附录 2 中查得。

如果导体中的电流密度 j_m 为已知，则定子工作电流

$$I_m = S j_m\ (安)$$

副绕组导体截面积

$$S_{0a} = \frac{S_m}{K_a N_y}\ (毫米^2)$$

式中，$K_a = 1 \sim 2$ 选取，副绕组导体直径

$$d_{0a} = \sqrt{S_{0a}}(毫米),\ d = \quad (毫米),\ S = \quad (毫米^2)$$

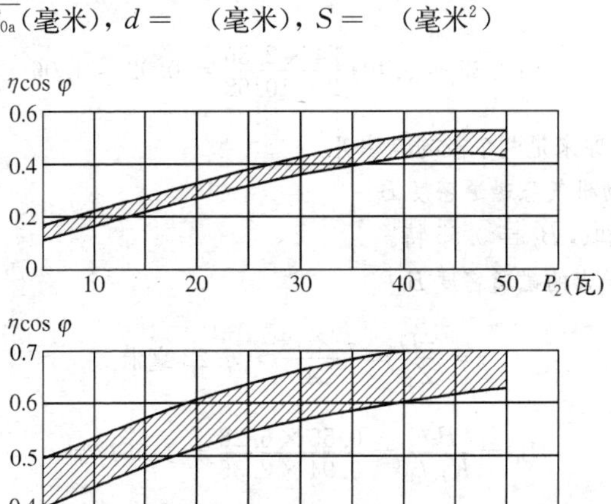

图 6-19 单相电容运转电动机 P_2 与 $\eta\cos\varphi$ 曲线

7. 估算电动机的输出功率

电容运转电动机的输出功率的近似计算公式为

$$P = UI\eta\cos\varphi$$

8. 运转电容器的选择

电容器容量的计算不甚准确，通常以实际经验来选择，见表 6-5。

9. 绕线模的制作

其设计方法和制作与前面第二节的完全一致。

【例 6-3】 有一台电动机已失去铭牌，并且绕组已拆下，只剩下一个空壳，要求重绕成一台电容运转电动机，已知空壳上测得的数据：

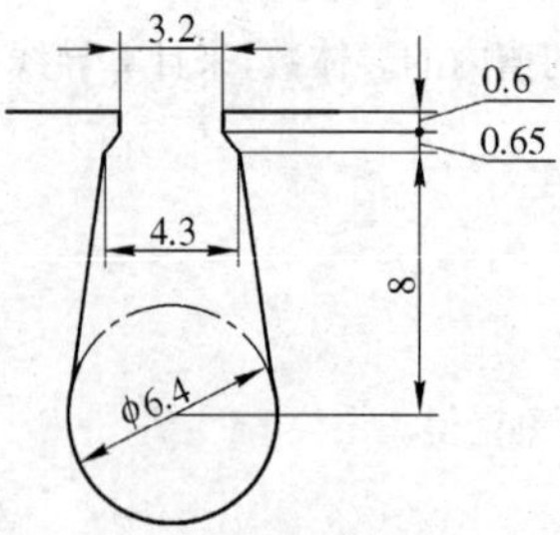

图 6-20 槽形尺寸

（单位：毫米）

定子铁心外径 $D_1 = 90$ 毫米；定子铁心内径 $D = 48$ 毫米；定子铁心长度 $L = 48$ 毫米；定子槽数 $Z_1 = 24$；定子齿宽 $b_t = 2.36$ 毫米；以及定子槽形尺寸，见图 6-20。

1. 确定电动机的极对数

定子轭高

$$h_c = \frac{D_1 - D}{2} - h_s + \frac{1}{3}R$$

$$= \frac{90 - 48}{2} - 12.55 + \frac{1}{3} \times 3.2$$

$$= 10.68 \text{ 毫米}$$

极对数

$$p = (0.35 \sim 0.40)\frac{Z_1 b_t}{2h_c}$$

$$= (0.35 \sim 0.40)\frac{24 \times 2.36}{2 \times 10.68} = 0.92 \sim 1.06$$

可见这台电动机原来是两个极的电动机。

2. 选用电动机气隙磁通密度 B_δ

按表 6-4 选取，$B_\delta = 0.55$ 特。

3. 检验定子齿的磁通密度 B_t

$$t = \frac{\pi D}{Z_1} = \frac{\pi \times 48}{24} = 6.28 \text{ 毫米}$$

$$B_t = \frac{B_\delta t}{K_{Fe} b_t} = \frac{0.55 \times 6.28}{0.94 \times 2.36} = 1.557 \text{ 特}$$

4. 确定主、副相绕组导体数及导体截面积

主相绕组：

主相绕组导体数

$$N_m = \frac{UK_E}{2K_\phi fK_w\Phi_a}$$

$$= \frac{220 \times 0.86}{2 \times 1.09 \times 50 \times 0.82 \times 137\,350 \times 10^{-8}} = 1\,541$$

式中 $\Phi_a = \alpha\tau LB_\delta \times 10^{-6} = 0.69 \times 75.4 \times 48 \times 0.55 \times 10^{-6}$

$= 137\,350 \times 10^{-8}$ 韦

其中 $$\tau = \frac{\pi D}{2p} = \frac{\pi \times 48}{2 \times 1} = 75.4\ \text{毫米}$$

计算电动机定子槽有效面积，按照已给出的定子槽形图，可算出槽的有效面积为 $A_w = 45.3$ 毫米²，并选取槽满率 $K_s = 0.55$，则主相绕组导体所占的面积为

$$S_m = K_s A_w = 0.55 \times 45.3 = 24.5\ \text{毫米}^2$$

一根绝缘导线所占的方形面积为

$$S_0 = \frac{S_m}{N_y} = \frac{24.5}{113} = 0.215\ \text{毫米}^2$$

式中 $N_y = \frac{N_m}{4} \times 0.293 = \frac{1\,541}{4} \times 0.293 = 113$

其中，0.293 是查表 6-3 根据 $K_w = 0.783$ 知主相导体数最多的槽中导体数所占的比例为 25.9%，其中另有副相占 3.4%，两者加起来是 0.293。

主相带漆膜导线直径

$$d_0 = \sqrt{S_0} = \sqrt{0.215} = 0.463\ \text{毫米}$$

由 d_0 可查表得裸导线直径 d 和导线截面积 S。

$$d = 0.42\ \text{毫米} \quad S = 0.138\,5\ \text{毫米}^2$$

副相绕组：

一相总导体数

$$N_a = K_a N_m = 1.4 \times 1\,541 = 2\,158$$

副相绕组导体带绝缘截面积 S_{0a} 和导线直径 d_{0a}

$$S_{0a} = \frac{S_m}{K_a N_y} = \frac{24.5}{1.4 \times 113} = 0.154\,8\ \text{毫米}^2$$

$$d_{0a} = \sqrt{S_{0a}} = \sqrt{0.154\,8} = 0.39\ \text{毫米}$$

副相绕组导线可以选细些，查表选用裸导线直径 $d_a = 0.28$ 毫米和导线截面积 $S_a = 0.061\,6$ 毫米²。

5. 计算主相绕组的工作电流

选取主相绕组电流密度 $j_m = 5$ 安/毫米^2，并用下式计算出主相电流：

$$I_m = Sj_m = 0.1385 \times 5 = 0.693 \text{ 安}$$

总工作电流

$$I = \sqrt{2} I_m = \sqrt{2} \times 0.693 = 0.98 \text{ 安}$$

6. 确定绕组的结构型式

按照绕组系数 $K_w = 0.783$，每极槽数 $q = 12$，可由表 6-3 查到正弦绕组匝数的百分率分布为：25.9，24.1，20.7，15.9，10.0，3.4，电容运转电动机主、副绕组一般选用相同的绕组系数，这时主、副绕组匝数分布为：

主相绕组：100，93，80，61，39，13

副相绕组：18，55，85，112，130，140

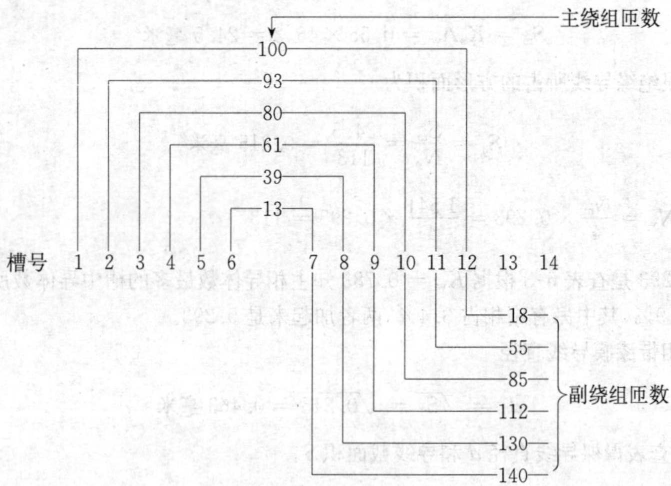

图 6-21 线圈排列

7. 估算电动机输出功率

$$P = UI\eta\cos\varphi = 220 \times 0.98 \times 0.53 = 114 \text{ 瓦}$$

其中，$\eta\cos\varphi$ 由图 6-19 查得，$\eta\cos\varphi = 0.53$。

应选用交流电容器，查表 6-5 可知，容量为 4 微法，耐压为 630 伏。

8. 绕线模的设计和制作

其设计的方法和前单相电阻起动和电容起动相同。

【例 6-4】 有一台家用洗衣机的洗涤电动机已烧坏，而且绕组已被拆下，只剩一个空壳，请将这空壳重绕一台洗衣机用的电动机。已知洗衣机用的电动机是一台电容运转电动机，而且可以正、反转工作，见图 6-22。也即是这种电动机的主、副相绕组是具有相同的匝数和线径，以及有相同的绕组系数。首先从空壳中可测量到以下的数值：定子铁心外径 $D_1=107$ 毫米；定子铁心内径 $D=67.8$ 毫米；定子铁心长度 $L=41$ 毫米；定子槽数 $Z_1=24$；定子齿宽 $b_t=4.24$ 毫米；以及定子槽形图，见图 6-23。

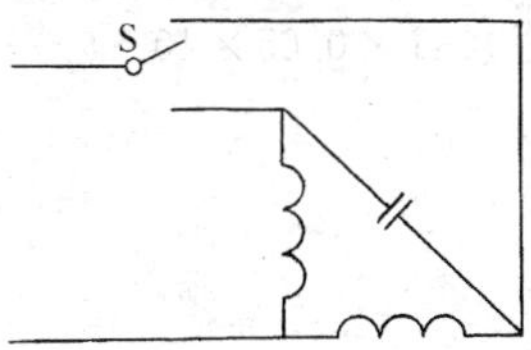

图 6-22　洗衣机用电容运转电动机

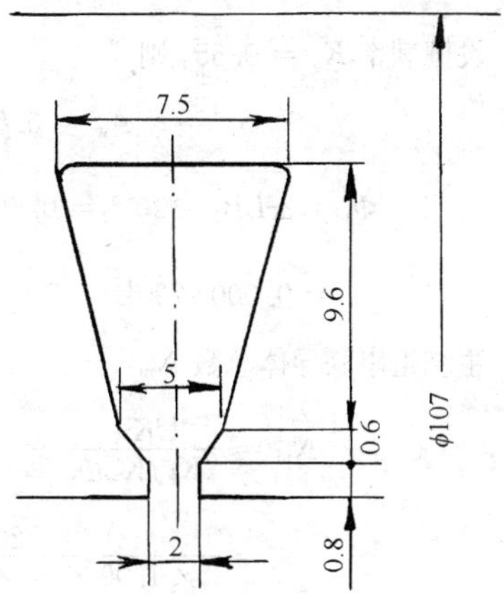

图 6-23　槽形尺寸

1. 确定电动机的极对数

轭高 h_c

$$h_c=\frac{D_1-D}{2}-h_s$$

$$=\frac{107-67.8}{2}-(0.8+0.6+9.6)$$

$$=19.6-11=8.6\text{ 毫米}$$

极对数

$$p=(0.35\sim0.40)\frac{Z_1b_t}{2h_c}$$

$$=(0.35\sim0.40)\frac{24\times4.24}{2\times8.6}=2.07\sim2.36$$

p 接近 2，即是 $2p=4$，事实上洗衣机电动机均为 $2p=4$。

2. 选用电动机的气隙磁密

按表 6-4 选取 $B_\delta=0.65$ 特。

3. 检验定子齿的磁通密度 B_t

$$t=\frac{\pi D}{Z_1}=\frac{\pi\times67.8}{24}=8.87\text{ 毫米}$$

$$B_t=\frac{B_\delta t}{K_{Fe}b_t}=\frac{0.65\times8.87}{0.94\times4.24}=1.446\text{ 特}$$

4. 确定主、副绕组导体数和截面积及计算工作电流

定子槽有效面积 A_w

$$A_w = 9.6\left(\frac{7.5+5}{2}\right) - 0.3(2\times 10.2 + 2\times 7.5 + 5) = 47.9\ 毫米^2$$

设槽满率 $K_s = 0.65$，则

$$S_m = K_s A_w = 0.65\times 47.9 = 31.1\ 毫米^2$$

$$\Phi_a = \alpha\tau L B_\delta \times 10^{-6} = 0.69\times\frac{\pi\times 67.8}{2\times 2}\times 41\times 0.65\times 10^{-6}$$

$$= 0.000\,979\ 韦$$

主绕组串联导体总数 N_m

$$N_m = \frac{UK_E}{2K_\phi f K_w \Phi_a}$$

$$= \frac{220\times 0.8}{2\times 1.09\times 50\times 0.804\times 0.000\,979} = 2\,010$$

式中，K_w 是由表 6-3，$q = 6$ 选用 $K_w = 0.804$。

匝数的百分率分布为：0.268，0.464，0.268

相应的匝数分布为：67，117，67

而主相绝缘导体截面积为

$$S_0 = \frac{S_m}{N_y} = \frac{31.1}{184} = 0.169\ 毫米^2$$

式中，$N_y = 184$ 是导体最多的槽中的导体数，即 $67 + 117 = 184$。

线圈绝缘导体的直径

$$d_0 = \sqrt{S_0} = \sqrt{0.169} = 0.411\ 毫米^2$$

查表可得标准裸导体直径 d 和裸导体截面积 S。

$$d = 0.35\ 毫米 \quad S = 0.096\,2\ 毫米^2$$

如果选取电流密度 $j_m = 6.5$ 安/毫米^2，则主相电流为

$$I_m = Sj_m = 0.096\,2\times 6.5 = 0.625\ 安$$

$$I_a = \frac{I_m}{K_a} = \frac{0.625}{1.0} = 0.625\ 安$$

式中，$K_a = 1$，因为要求有正反转功能。

总的输入电流为

$$I = \sqrt{I_m^2 + I_a^2} = \sqrt{2}I_m = \sqrt{2}\times 0.625 = 0.884\ 安$$

5. 估算电动机输出功率

$$P = UI\eta\cos\varphi$$

$$= 220 \times 0.884 \times 0.45 = 87.5 \text{ 瓦}$$

式中，$\eta\cos\varphi$ 由图 6-19 查得 $\eta\cos\varphi = 0.45$。

6. 绕线模的制作

绕线模的设计和制造和以前的例子一样，这里从略。

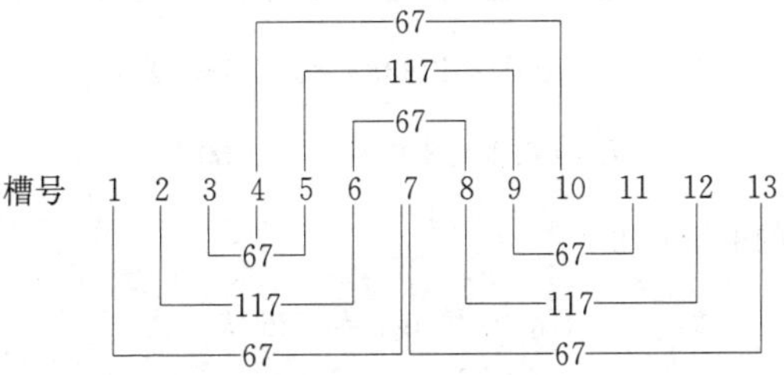

图 6-24　线圈排列

7. 移相电容器的确定

移相电容的计算不甚准确，所以这里就不进行计算，而是按表 6-6 选取。

【例 6-4】 有一台电扇电动机已烧坏，只有一个空壳，看看各个部位的零件还好，要求将这台电扇电动机修好，已知：电风扇电动机的铁心尺寸有：定子槽数 $Z_1 = 16$；定子铁心长度 $L = 35$ 毫米。

通常电风扇的电动机转速都在 1 500 转/分以下，也即是一般电扇电动机均采用 $2p = 4$，可先用同前面的计算方法先将主、副绕组匝数计算出来。

如果这台电风扇电动机是要求可以调速，则可以外接一个电抗器进行调速，如图 6-25 所示。

如果这台电扇电动机是要求抽头调速，并采用一般 L_2 型的抽头调速，见图 6-26。其抽头调速的简易计算方法如下：

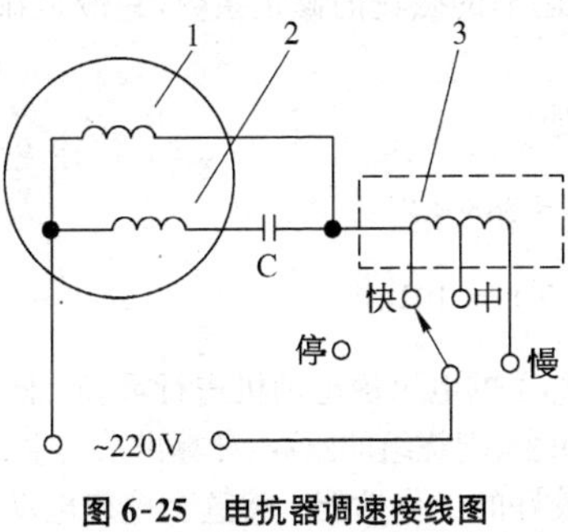

图 6-25　电抗器调速接线图

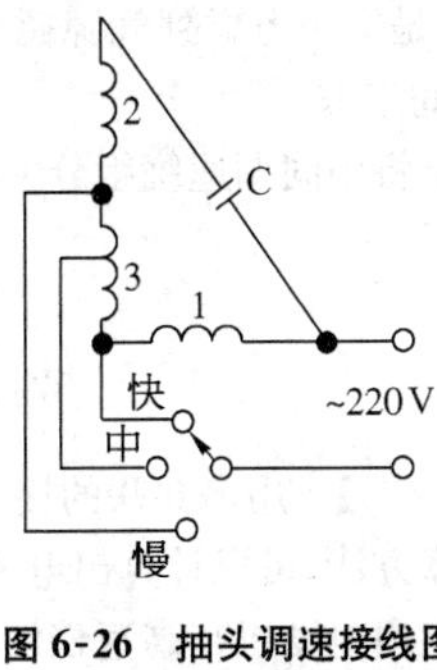

图 6-26　抽头调速接线图

按前面的方法计算出主相绕组 $W_m = 4 \times 490$ 匝，而副相绕组 $W_a = 4 \times 792$ 匝，要求转速在 $n = 1\,000$ 转 / 分和 $n = 800$ 转 / 分时，匝数为多少时抽一个头。

$$U = K_n n + U_0 \text{ 伏}$$

式中 K_n——是一个与电动机参数和叶片有关的系数，一般选取 0.1～0.2；

U_0——电动机的起动电压，一般是在 75～90 伏之间选取；

n——是要求抽头后的转速。

U——是当转速在高档降至 n 转速时，与之相对应的输入电压。

$$U_1 = 0.1 \times 1\,000 + 80 = 180 \text{ 伏}$$

$$U_2 = 0.1 \times 800 + 80 = 160 \text{ 伏}$$

计算出中间绕组的电压和角度：

$$U_{1L} = U_1 \operatorname{tg} \alpha = 126 \text{ 伏}$$

$$U_{2L} = U_2 \operatorname{tg} \alpha = 151 \text{ 伏}$$

式中：U_{1L} 和 U_{2L} 为中间绕组的电压降，并用下式求出 α 角度：

$$\alpha_1 = \arccos \frac{U_1}{U} = \arccos \frac{180}{220} = 35^\circ$$

$$\alpha_2 = \arccos \frac{U_2}{U} = \arccos \frac{160}{220} = 43.4^\circ$$

其中：U 为电源电压：

求出中间绕组匝数：

$$W_1 = K' W_m \operatorname{tg} \alpha_1 = 0.42 \times 4 \times 490 \times \operatorname{tg} 35^\circ = 576$$

$$W_2 = K' W_m \operatorname{tg} \alpha_1 = 0.42 \times 4 \times 490 \times \operatorname{tg} 43.4^\circ = 778$$

式中，K' 是一个考虑到气隙磁场是一个椭圆形的磁场的修正系数，一般是在 0.4～0.45 之间选取。

如果将中间调速绕组分为两个线圈，则

$$W_1 = 576 = 288 \times 2$$

$$W_2 = (778 - 576) = 101 \times 2$$

【例 6-5】 用串并联的接线来对一台坏了的电风扇电动机进行重绕。同样用前面的计算方法，可以计算出电风扇电动机的主、副绕组的匝数，计算出来的主、副绕组匝数是电扇电动机在高速档情况下，具有较好的工作性能。将这台电扇电动机改为串并联调速只需将主相绕组的导线改为由两根导线并绕，其中一根导线在中间抽头，而两根导线的截面积之和是与一根导线的截面积相等，它的接线方法见图 6-27。

它的调速方法是这样的：当在高速档工作时，接点 1 闭合，接点 4 也闭合，其余接点断开，两个主相绕组处在并联的状态。当在中速档工作时，接点 2 闭合，其余接点断开，这时主相绕组的串联匝数增加一半，这时主相绕组导线的截面小了一半而已。当在低速档工作接点 3 闭合，而其余接点断开，这时主相绕组的匝数相当于原来主相绕组的两倍。

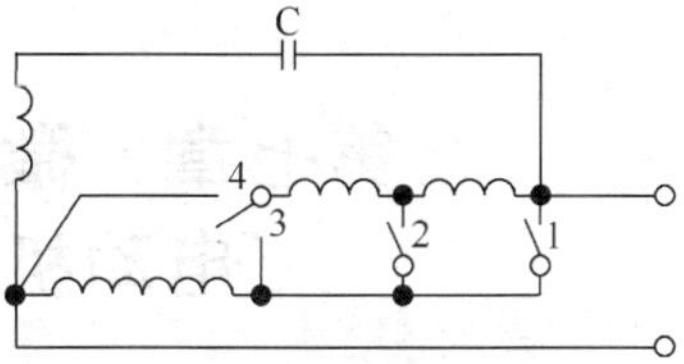

图 6-27　串并联接法电路图

在电扇或一般风机中，多数是采用副绕组抽头调速，也即是通常称为 L_2 型调速，是经常被采用的一种调速方法，而 L_1 型的调速并不多见，所以此处不介绍，而主绕组串并联调速是一种比较好的调速方法，它有较宽的调速比，和较高的效率，但是它的开关与一般的开关不一样，需用专门的开关。

第七章　微型直流和交直流串励电动机绕组故障与修理

微型直流和交直流串励电动机都是属于小功率电动机范围。它的功率一般均不超过1千瓦，由于这种电动机功率不大，所以电动机的体积也相应不大，通常它的直径都在100毫米以内。这两种电动机它们的转子(称为电枢)是相同的，都是由转子铁心、电枢绕组、风扇和换向器所组成，由于这两种电动机均带有换向器，也有称为换向器电动机。因此，它们所产生的故障也是相同的。这种电动机的转速一般均比较高，在转子做好之后，均需校验动平衡。而定子部分则略有不同，微型直流电动机的定子励磁部分可以是永磁体，也可以用电励磁。电励磁分为串励磁和他励磁两种。交直流电动机则采用串励磁一种。

上述这两种电动机均有电刷。其结构示意图见图7-1和图7-2。

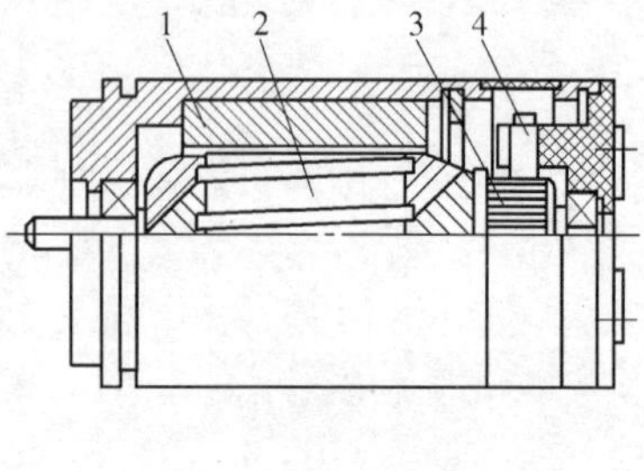

图7-1　永磁体微型直流电动机

1—永磁体磁极；2—转子；
3—换向器；4—电刷

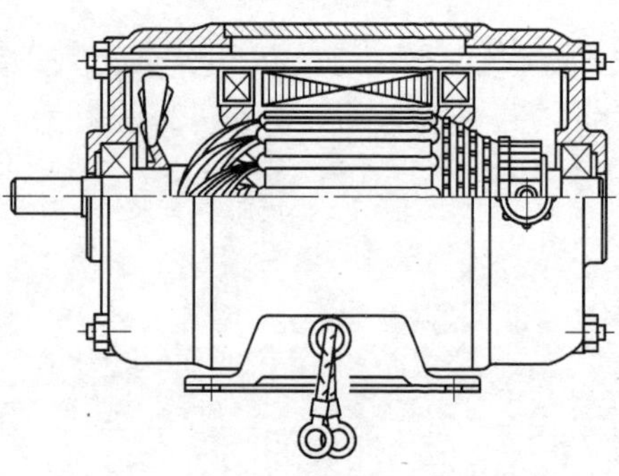

图7-2　串励电动机

从上述的介绍可以看到，这两种电动机是十分相似的。

第一节　微型直流和交直流串励电动机绕组简介

一、定子绕组

微型直流和交直流串励电动机一般均做成两极，并且也无需增加附加极，所以定子绕组是一个比较简单的2极集中绕组，或者就是采用永磁体。图7-3表示一台并励2极直流电动机；图7-4表示一台串励2极电动机；图7-5表示一台永磁体磁场2极电动机。

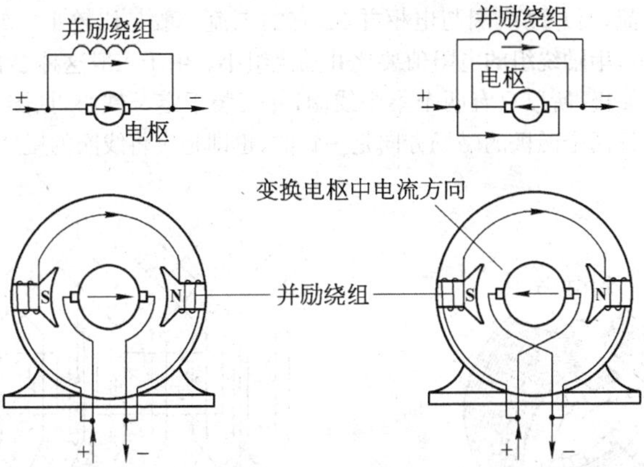

图7-3　2极并励接线图

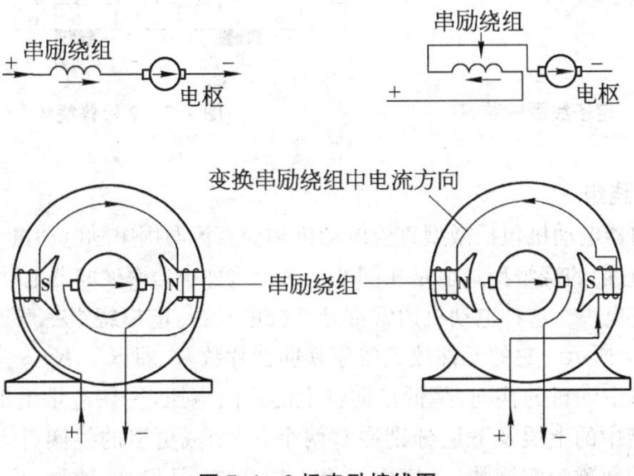

图7-4　2极串励接线图

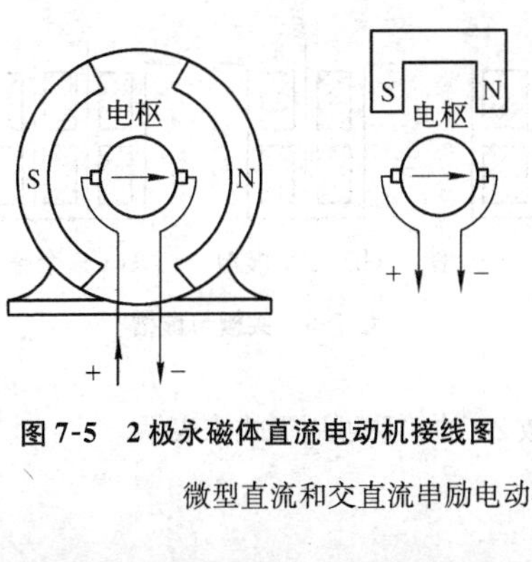

图7-5　2极永磁体直流电动机接线图

图 7-3 和图 7-4 除了两种接法不同以外，它们都是集中式励磁绕组，外表看上去均是一个样。但是从接线图来看，串励磁场的线圈是与电枢串联，串励线圈通入的电流就是电枢电流，而并励线圈与电枢并联，它的电流一般是比较小。如果测量其电阻，则可以知道，串励绕组的电阻值要比并励绕组小。由于一般这种小容量的电动机定子均设计为 2 极，所以只有两个集中线圈，并安装于定子铁心，见图 7-6。两个线圈的接线要保证两个磁极的磁场方向是一致的，也即是应将线圈的尾尾相接。

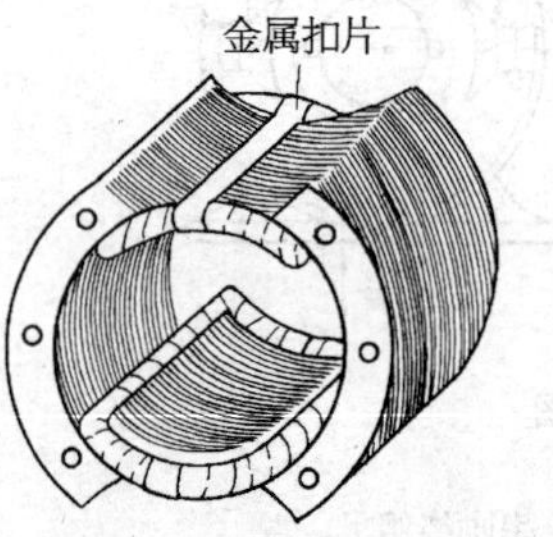

图 7-6　定子线圈安装

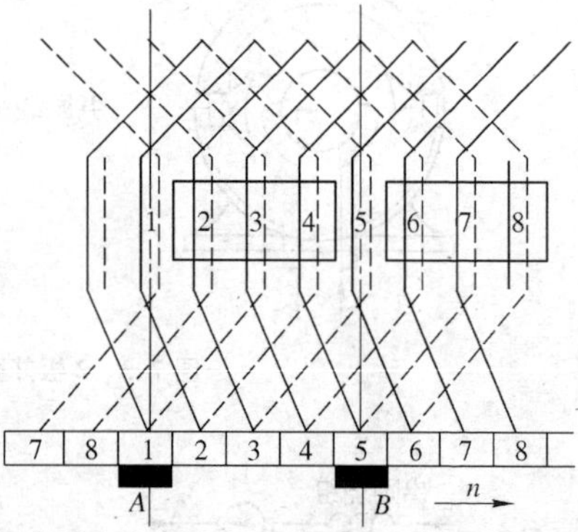

图 7-7　2 极叠绕组

二、转子绕组

微型换向器电动机包括微型直流电动机和交直流两用串励电动机。它们的转子是相同的，而它们的绕组型式也是相同的。由于这种小功率换向器电动机的功率小，所以体积相应也小。这种电动机通常都是 2 极电动机，电枢绕组一般就做成双层叠绕组，如图 7-7 所示。它的元件数 S 等于换向器片数 K，即 $S = K$。

为了改善电动机的换向，降低换向器上的片间电压，往往适量增加换向器的片数并在一个槽中的上层及下层分别嵌有两个，三个或更多的线圈有效边。电枢上实际存在的槽数称为实槽数，而槽中每个上层边或下层边的数量，称为虚槽数，见图 7-8 所示。

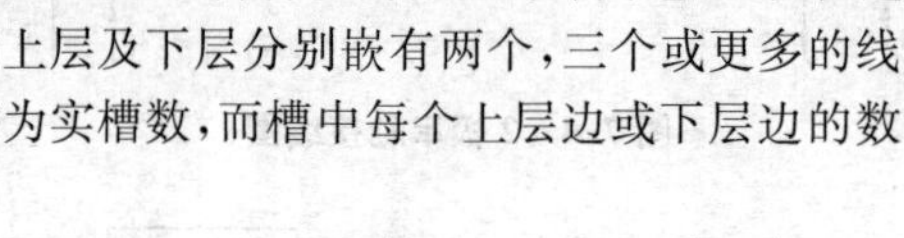

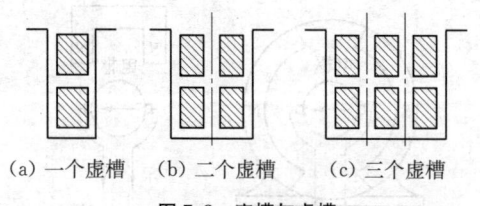

(a) 一个虚槽　(b) 二个虚槽　(c) 三个虚槽

图 7-8　实槽与虚槽

实槽数 Z 与虚槽数 Z_0 的关系可用下式来表示。

$$Z_0 = uZ$$

式中　u——一个实槽中的虚槽数。

电枢绕组几个参数(见图 7-9)：

第一节距 y_1——是一个线圈(元件)两条有效边跨过的槽数，它可以 $y_1 = \tau$，也可以 $y_1 \geqslant \tau$，当 $y_1 = \tau$ 时可以使电动机产生较大转矩，当 $y_1 < \tau$ 时则可以改善换向，所以要兼顾地选取 y_1 的大小，而 $y_1 > \tau$ 是不采用的。

第二节距 y_2——它是第一个线圈的下层边到和它相串联的第二个线圈的上层边之间的距离。

合成节距 y——它是第一个线圈的上层边和它相串联的第二个线圈的上层边之间的距离。

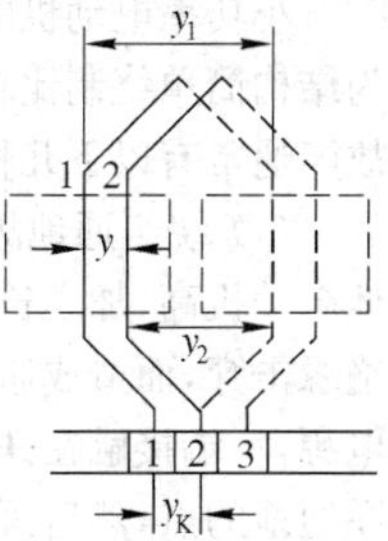

图 7-9　线圈几个参数

对于具体电动机的绕组见图 7-10 所示，这是一台 2 极 12 槽单叠电枢绕组展开图。

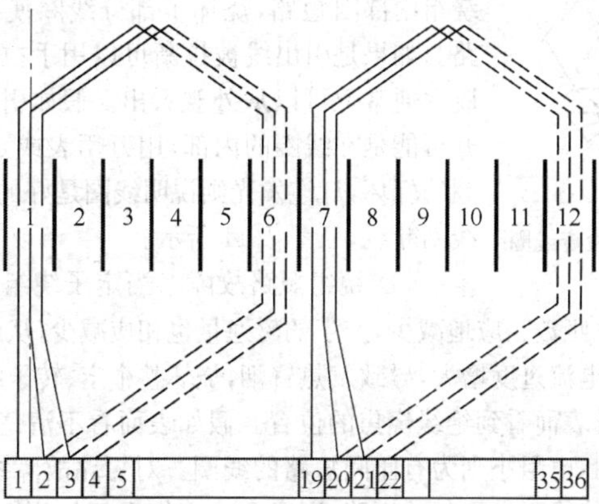

图 7-10　$2p=2$, $Z_2=12$ 叠绕组展开图

第二节　微型直流串励电动机故障与检查

微型换向器电动机的转速一般均为高速，在高速情况下工作的电动机的故障将会比低转速的电动机多。尤其是带有换向器的电动机产生故障的可能性就比不带换向器的电动机多。总的来说，这类电动机的故障率是比较高的。为了要排除这些故障，就需弄清故障的原因和故障所在部位并提出排除这些故障的方法。

一、定子绕组故障与检查

定子是静止不动的部分，它的故障相对比转子要少。并且由于它的结构简单，故障的检查和修理也比较容易。定子的励磁可以是电励磁，也可以是永磁体励磁，它们的故障略有不同。现分述如下。

1. 电励磁的定子

小功率电动机的定子一般设计成为 2 极，很少有 4 极，绕组都做成集中绕组，因为结构简单绕制比较方便，所以产生质量问题相应比较少。但是故障也是难免的，其故障通常有以下几种情况。

(1) 绕组通地故障　由于这种电动机的转速较高，所以振动也较大，温升也较其他电动机高，加之长期使用之后绝缘老化，变脆，很容易破裂，导致绝缘强度下降或者绝缘击穿，而造成通地。通地的检查一般可以采取试灯法：可用一个串接灯泡的交流电源，一端接触在铁心上，另一端接触定子绕组引线，如果灯泡发亮，则说明绕组中存在通地的点，然后再将磁极间的接线断开，分别一个极一个极检查，找出是哪一个极通地。通地的部位如果是用一般绝缘垫上就可以解决，就用绝缘垫好并固定之，假如用这个方法不能解决的话，则只有重新绕一个新的线圈。

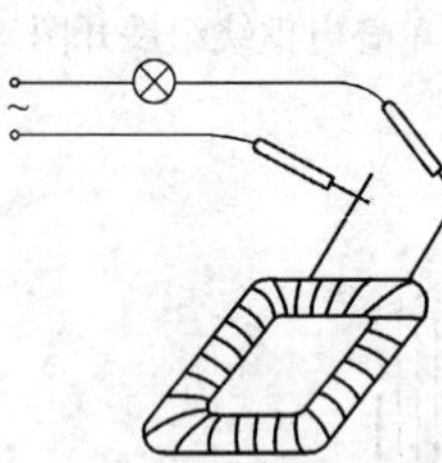

图 7-11　灯泡法检查线圈

(2) 绕组开路故障　定子绕组产生开路有两种可能性：①引出线被拉断，或者是引出线的接头脱焊；②定子绕组内部因短路，烧坏了部分线圈使绕组断线，形成开路。如果是引出线被拉断可以用手拉拉感觉出来，若是脱焊通常也可以从外观看出。假如引出线均很好，则断开可能是在线圈的内部，用万用表或是灯泡法来检查线圈的好坏，灯泡发光则说明线圈是好的，灯泡不亮则说明线圈断线，见图 7-11 所示。

(3) 绕组短路故障　当定子绕组发生匝间短路，从而使这个线圈的总匝数相应地减少，产生的磁通量也相应减少，从而使电动机的转速升高，有时因输入电流过度增大，导致发热冒烟，烧坏整个定、转子绕组。定子线圈短路可以从线圈的外表面看到绝缘烧焦的位置。假如表面看不清楚的话，用万用表检查各个线圈的电阻，电阻小则为有匝间短路的线圈。对短路故障线圈的修理要具体分析，如果是线圈绝缘不良引起的短路，则只要将它们重新包扎好即可，若是线圈已烧坏，无法修复则需重新绕一只新的线圈。

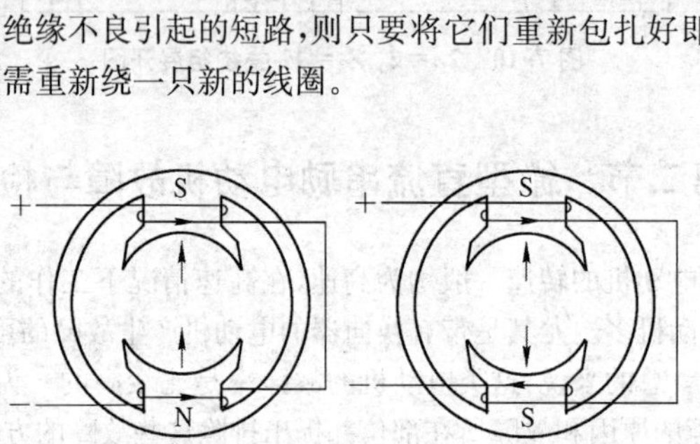

(a) 正确　(b) 错误

图 7-12　定子线圈的接法

(4) 磁极线圈接反　当磁极线圈的线端(头、尾)接错时，则电动机转不起来，要正确接线使磁极形成沿圆周 S，N 的极性交替排列。检查极性是否正确可以用指南针，见图 7-12 所示。用右手定则可判断磁力线的方向，从图 7-12(a)可以看出，它的磁力线是从 N 极出来向 S 极进去，所以是正确的。而图 7-12(b)的磁力线方向均为进入磁极，所以是错误的；对于 2 极电动机，只要将其中一个极的线圈的 2 个引线对调一下即可。

2. 定子永磁体的故障

对于小容量的直流电动机，采用永磁体励磁的也不少。永磁体材料通常是采用永磁铁氧体，要求高的也有采用铝镍钴磁钢或稀土磁钢。由于永磁体的性能不同，如果是采用铝镍钴磁钢的话，则在修理这种电动机时，要注意这种磁钢会退磁，需要在取出转子之前，在磁钢的端面放上一个合适的短路环，以保证磁钢的磁能不会衰减。

另外这种电动机的磁极均有较强的吸引磁力，在取出和放入转子时均要注意磁力的影响，不要擦坏转子绕组。

二、转子绕组故障与检查

换向器电动机转子，经常处在高速的情况下旋转，转子的可靠性较之笼型转子的可靠性要差，出故障的机会也多，转子绕组常见的故障如图 7-13 所示：开路(4)、脱焊(5、6、16)，短路(8、10)、通地(14)、焊头位置错(12)、反接(2)等等。

查找转子的故障，一般有以下几种方法：检查换向器上的片间电压、短路侦察器和摇表或电灯泡等三种方法。

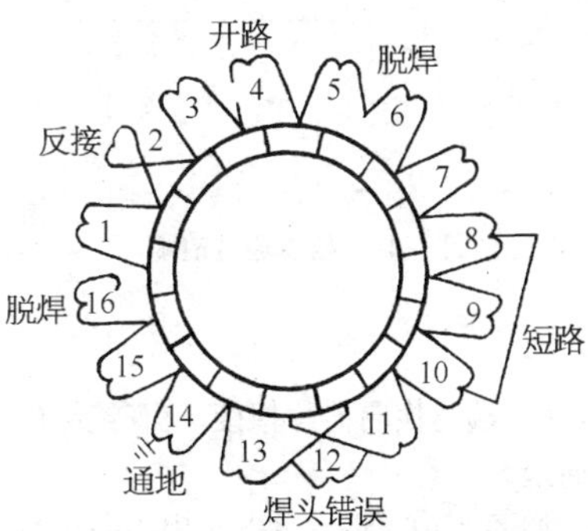

图 7-13　转子各种故障

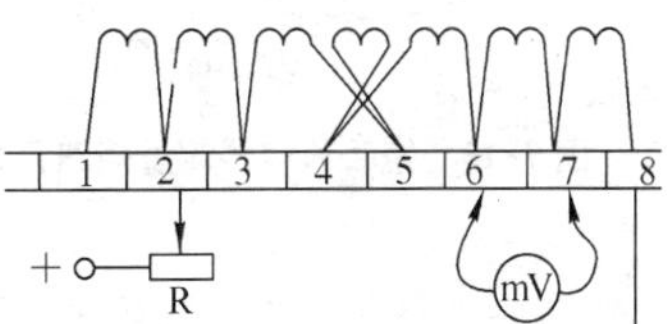

图 7-14　检查片间电压法

1. 检查片间电压法

将低电压的直流电源加到换向器相隔 180°度角的换向片上，用一只毫伏表依次测量相邻换向片上的电压，见图 7-14，如果将表接在 2—3 号换向片上，这时的表上电压几乎接近于外加电压，因为线圈 2 是开路。如果用表测量 3—4 号换向器片，测出的电压是正常片间电压的 2 倍，说明线圈的接法是错的；如果测量 4—5 换向片时，这时表上出现反向的指示，说明这个线圈是头尾调错；测量 6—7 或 7—8 换向器片时，如果测得的片间电压值比正常值小，说明这个线圈有短路存在。

2. 短路侦察器法

用短路侦察器测量转子线圈的方法见图 7-15，将侦察器放在要检测线圈的槽口上，这时侦察器的铁心与电枢铁心形成一个变压器。侦察器的线圈通以交流电，如果被测线圈有短路存在，则在侦察器的线圈中就有较大的电流，这样可以看到线圈是否有短路，如果没有电流表则按图所示，在被测线圈的另一有效边的槽口放一钢锯条片，如果被测线圈有短路，则钢锯条片会振动，这样就可以找到有故障的线圈。注意，在使用侦察器时，应先将它放在电枢铁心上，然后再通电，不然会使侦察器铁心磁力线回路中因磁阻过大，电流骤增，容易烧坏线圈。

侦察器的容量一般取 20～100 伏安即可。

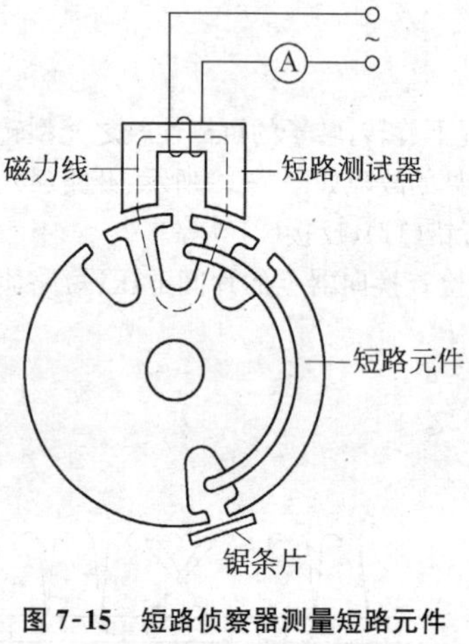

图 7-15 短路侦察器测量短路元件

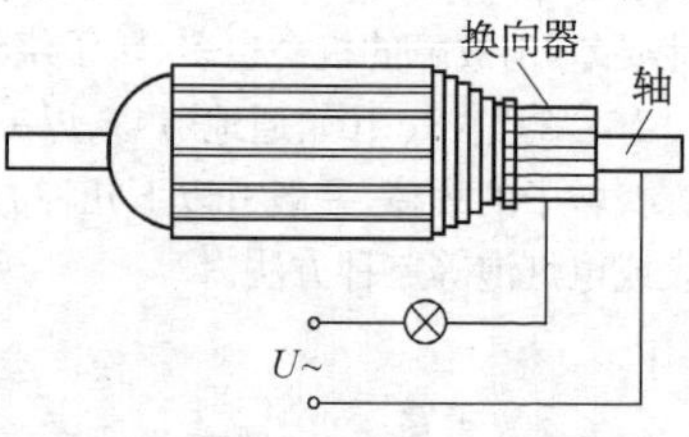

图 7-16 检查通地故障

3. 用摇表或试灯法来检查转子通地与否

将摇表的两个引线头，一端与转轴相接，另一端与换向器片相接，检查绝缘电阻，如果绝缘电阻为零，则认为这个转子绕组已通地。

如果没有摇表，则可以用试灯法来测量。如图 7-16 所示：将电源串入一个灯泡，将一端接于转轴，另一端接于换向器，如果灯泡亮则说明绕组通地。

第三节 微型直流和交直流串励电动机故障修理

一、定子故障修理

上面叙述了定子绕组故障和简单的修理方法。当然，有时用简单的方法可以将绕组修好，但也有修不好的绕组，这时就需重新绕一只新的绕组。在绕制新的绕组时，就要知道已坏绕组的参数，如导线的线径和匝数，以及绕线模的具体尺寸。要知道这些数据就要对已不能修复的旧线圈进行测量其尺寸，并进行解剖。

绕制好的线圈用绝缘带包扎，并且将引线头绑扎紧，套在定子铁心上，再烘干、浸漆，其具体方法见第十章第一节。

如果定子是永磁体，并且是采用铝镍钴磁钢，则要防止退磁。如果确已退磁就需重新充磁，充磁可以是外充磁和内充磁，但是以内充磁为好，内充磁需做一个与之相配的充磁头。而且充好磁之后需用短路环来保护。

二、转子故障修理

1. 通地故障修理

电枢绕组通地通常是在电枢的槽口部分，或者绕组的端部，这时如果能排除故障，则将通地部位修复。如果是在槽的内部，无法排除故障的话，则只有这一部分的绕组甩掉，即所称的“跳接法”如图 7-17 所示。将通地的绕组两个引线头断开，并用一根线将两个换向片连接，以代替线圈，使绕组仍然成为闭合回路。

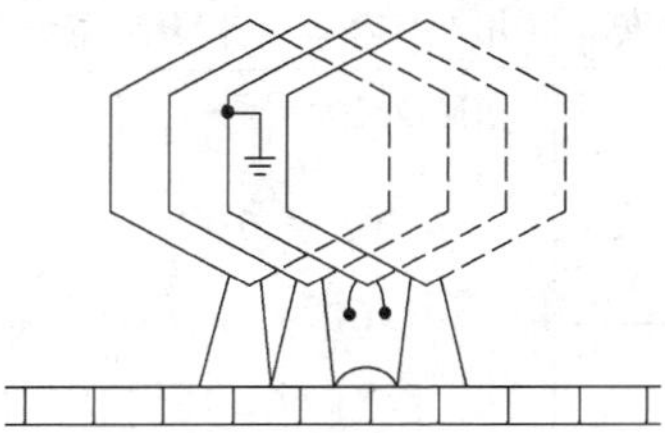

图 7-17　跳接法示意图

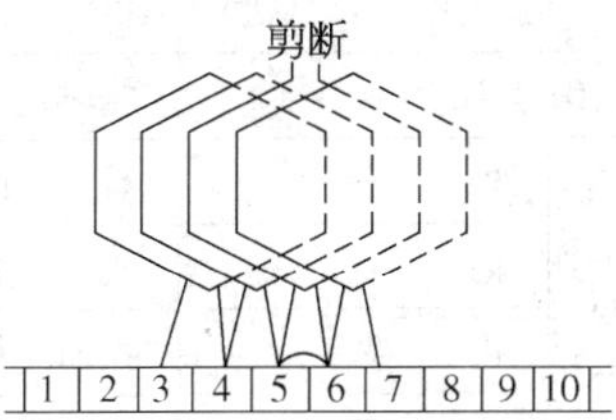

图 7-18　跳接法示意图

2. 短路故障修理

经检查确定转子绕组是有短路存在，则可以将这部分的绕组从整个绕组分离出来，见图 7-18 所示。将有故障的线圈接换向器的两个头断开并用一根导线将两片换向器片联起来，以代替原来的线圈，同时要将短路的线圈剪成开路。

跳接法修理短路线圈时，也有可能损坏周围的其他线圈，所以操作时要注意周围线圈。跳接法虽能使电动机工作，但是将会降低电动机的性能，这种修理方法是临时的措施。

3. 开路故障修理

经检查确定电动机绕组确是有开路元件存在，而开路的原因是由于与换向器焊接不良或虚焊时，只要将焊点重新焊好即可，如果开路产生在电动机槽内，这时要将它接好是不可能的，为了临时能够工作，只需将断路元件相对应的两片换向器片短接起来，见图 7-19 所示。这时电枢绕组形成的两个支路就接通了，虽然这样接法会引起绕组的不平衡，但它还能够工作。

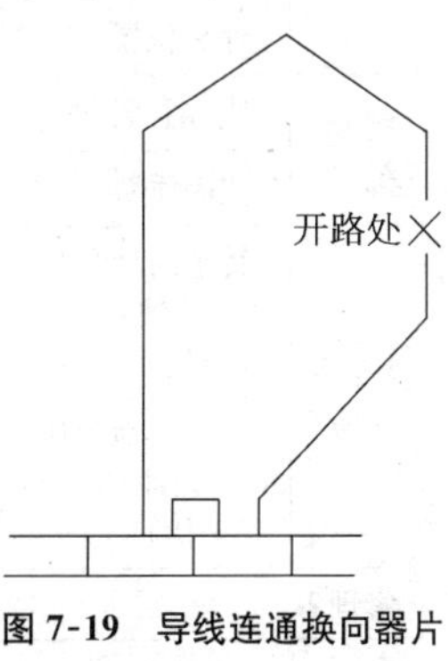

图 7-19　导线连通换向器片

上述的三种修理方法，均是临时的措施，只能解决一时的使用问题，因为这种修理方法不能解决电动机的故障元件的修理，所以电动机的运行是不平衡的，运行的性能也比较差，但它还是能够勉强使用。要彻底将电动机修理好就要进行重绕修理。

第四节 微型直流与串励电动机重绕

微型直流与交直流串励电动机的重绕，最好是已知原来绕组的技术数据，重新绕一套新的绕组，这样就可以保证经过重绕后的电动机能够保持原来的技术指标。但是需要重绕的电动机有时不具备这种条件，也即电动机原来的技术数据不齐全，或者只有一个空铁心，没有绕组的任何技术数据的情况下要求重绕。

表 7-1 单相串励电动机重绕数据记录表 修理编号____

<table>
<tr><td colspan="2">型 号</td><td>功 率 (瓦)</td><td>转速(转/分)</td><td>电机型式</td></tr>
<tr><td colspan="2">电 压 (伏)</td><td>电 流 (安)</td><td>用 途</td><td>绝缘等级</td></tr>
<tr><td colspan="2">出厂编号</td><td>制 造 厂</td><td colspan="2" rowspan="8">槽形及尺寸</td></tr>
<tr><td rowspan="4">转子
铁心
(毫米)</td><td>外 径</td><td>叠 厚</td></tr>
<tr><td>内 径</td><td>轭 高</td></tr>
<tr><td>齿 宽</td><td>换向片数</td></tr>
<tr><td>槽 数</td><td></td></tr>
<tr><td rowspan="3">定子
铁心
(毫米)</td><td>外 径</td><td>叠 厚</td></tr>
<tr><td>内 径</td><td>极 宽</td></tr>
<tr><td>轭 高</td><td>极 数</td></tr>
<tr><td rowspan="4">转子
绕组</td><td>绕组型式</td><td>线 规 (毫米)</td><td colspan="2" rowspan="8">绕组展开图</td></tr>
<tr><td>线圈匝数</td><td>线 圈 数</td></tr>
<tr><td>每槽边数</td><td>节 距</td></tr>
<tr><td>焊头位置</td><td>导线牌号</td></tr>
<tr><td rowspan="2">定子
绕组</td><td>线 圈 数</td><td>线 规 (毫米)</td></tr>
<tr><td>线圈匝数</td><td>导线牌号</td></tr>
<tr><td rowspan="2">修复后
试验</td><td>转子对地耐压
(1 分钟)
(千伏)</td><td>转子绝缘
(兆欧)</td></tr>
<tr><td>定子对地耐压
(1 分钟)
(千伏)</td><td>定子绝缘
(兆欧)</td></tr>
<tr><td colspan="2">修理者</td><td>检验者</td><td colspan="2">完工日期</td></tr>
</table>

一、拆除电动机旧绕组

在拆除旧绕组之前应将需要留下来的原始数据尽量留下来，而且有些数据是在拆除旧绕组的过程中逐步得到的，都应将这些数据记录下来，并填入表 7-1，将这些表保留起来，作为以后修理时参考。

在拆除电动机上的绕组时，一般都要加热，拆除的方法有许多办法，详见第十一章。

二、微型直流与交流串励电动机重绕计算

微型直流与交流串励电动机重绕计算可分为以下两种情况进行。

1. 改变使用电压的重绕计算

改变使用电压是对一些老型号的电动机要改为目前的使用电压，或者是由 220 伏改为 36 伏的安全电压，反之也可以。改电压一般是匝数和电压成比例，为了使电动机功率基本上保持不变，还需改变导线的截面积。

(1) 改压后定子每极的匝数 W_1' 和导线直径 d_1'

定子每极匝数 W_1' 由下式确定：

$$W_1' = \frac{U'}{U}W_1$$

式中 U——原来电动机的工作电压(伏)；

U'——改压后的工作电压(伏)；

W_1——原来定子绕组每极匝数。

绕组的匝数确定之后，还需对导线的直径进行换算：

$$d_1' = d_1\sqrt{\frac{W_1}{W_1'}}$$

式中 d_1——改电压前的导线直径(毫米)；

d_1'——改电压后的导线直径(毫米)。

(2) 改压后转子绕组每个线圈匝数 W_y' 和导线直径 d_y'

转子每个线圈的匝数为

$$W_y' = \frac{U'}{U}W_y$$

式中 W_y——改电压前每个线圈的匝数；

W_y'——改电压以后每个线圈的匝数。

改电压以后转子导线的直径为

$$d_y' = d_y\sqrt{\frac{W_y}{W_y'}}$$

式中 d_y——改电压前导线直径(毫米)；

d_y'——改电压后导线直径(毫米)。

【例 7-1】 有一台单相串励电动机，电压为 220 伏，电流 1.1 安，希望改为电压

36伏。

【解】

已知：电压为220伏时的数据为：定子每极匝数为225匝，导线直径 $\phi 0.35$ 毫米，转子每槽线数 $2\times3\times38$ 匝，转子导线直径 $\phi 0.25$ 毫米。

(1) 定子改电压后的匝数和导线直径

改压后定子每极匝数为

$$W_1'=\frac{U'}{U}W_1=\frac{36}{220}\times225=37\text{ 匝}$$

而导线直径为

$$d_1'=d_1\sqrt{\frac{W_1}{W_1'}}=0.35\sqrt{\frac{225}{37}}=0.86\text{ 毫米(选取 0.85 毫米)}$$

(2) 转子改电压后的匝数和导线直径

改压后转子每个槽的导体数为

$$W_y'=\frac{U'}{U}W_y=\frac{36}{220}(2\times3\times38)=2\times3\times6\text{ 匝}$$

而导线直径为

$$d_y'=d_y\sqrt{\frac{W_y}{W_y'}}=0.25\sqrt{\frac{38}{6}}=0.63\text{ 毫米}$$

220伏改为36伏时，要注意电刷的电流密度是否过高。如果是将使用电压36伏改为使用电压220伏时，要注意换向片间电压不能过高，不然的话在改压之后可能产生换向困难。

2. 空壳重绕

在一些已坏了的电动机中不存在铭牌以及任何数据，只留下一个空壳，要求将这个空壳重新计算出一套新的绕组，并达到一定的技术指标。它的重绕计算要按以下的步骤进行：

在进行计算之前，应尽量将需要用到的数据记录下来，也就是说，要填好表7-1中的数据。

(1) 电动机的估算功率 P'

$$P'=\frac{\alpha D_2^2L_2B_\delta An}{8.5}\ \text{(伏安)}$$

式中 α——极弧系数，一般取0.6～0.7；

D_2——电枢铁心外径(米)；

L_2——电枢铁心长度(米)；

B_δ——气隙磁密，一般取 $B_\delta=0.4\sim0.6$ 特，小功率电机和长期工作取小值，反之则取大值；

A——线负荷，一般取短时工作 $A=9\,000\sim16\,000$ 安/米，连续工作 $A=7\,000\sim12\,000$ 安/米，并按电动机的大小进行选择；

n——电动机转速(转/分)，一般约在 4 000～14 000 转/分之间，少数的有超过 14 000 转/分，达到 20 000 转/分以上。

(2) 电动机输出功率 P

$$P=(0.58\sim0.70)P'\ (\text{瓦})$$

(3) 估算电动机的工作电压 U'

这种串励电动机由于有换向器，受到换向电势的限制，片间的电压一般设计在 24 伏以内，通常是在 10～18 伏的范围，如果已知电动机换向器的片数，则可以通过上述的关系大约估算出电动机的使用电压 U'。

$$U'=\frac{K}{2}e_{\text{t}}\ (\text{伏})$$

式中 K——换向器片数；

e_{t}——换向器的片间电压。

(4) 转子电流

$$I=\frac{P}{\eta\cos\varphi\cdot U}$$

式中 $\eta\cos\varphi$——效率与功率因数乘积，一般取 0.45～0.57。

(5) 转子绕组总导体数 N

当无法知道绕组数据时，而需要计算出转子绕组的总导体数时，可按下式进行：

$$N=\frac{\sqrt{2}60aE}{pn\Phi}\ (\text{根})$$

式中 a——转子绕组并联支路对数，一般微型单相串励电动机 $a=1$；

E——电枢电势，$E=\dfrac{2+\eta}{3}U\cos\varphi$；

p——极对数；

n——转速(转/分)；

Φ——每极总磁通(韦)。

如果用 $\eta=0.5\sim0.6$，功率因数 $\cos\varphi=0.9\sim0.95$ 代入上述各式并加整理则可得到

$$N=(64\sim70)\frac{U}{pn\Phi}\ (\text{根})$$

假如转子电流已知，则可以通过转子的线负荷来得知导体数：

$$N=\frac{2\pi D_2A}{I}\ (\text{根})$$

式中 D_2——转子外径(米)；

A——转子线负荷(安/米);

I——转子电流(安)。

(6) 转子每线圈匝数 W_y

$$W_y = \frac{N}{2K} \text{(匝)}$$

计算出来的数值要取整数。

(7) 校验实际线负荷

按实际的总导体数 N,代入下式:

$$A = \frac{NI}{2\pi D_2} \text{(安/米)}$$

计算出来的 A 不能超过一般选取的数值,同时也不能与预先选取的数值相差过大,通常不要超过±10%。

(8) 转子每槽导体数 N_y

$$N_y = \frac{N}{Z_2}$$

式中 Z_2——转子槽数。

(9) 校验转子铁心齿部磁密

$$B_t = \frac{B_\delta t_2}{0.93 b_t}$$

式中 t_2——转子齿距(毫米);

b_t——转子齿宽(毫米)。

在连续工作中,齿磁密 B_t 的数值一般是在 1.2~1.6 特范围内选取,短时工作时则可以取高一些。

(10) 转子导线截面 S_2 和导线直径 d_2

$$S_2 = \frac{I}{2aj} \text{(毫米}^2\text{)}$$

式中 I——转子电流(安);

a——转子绕组并联支路对数,2 极单叠绕组 $a=1$;

j——导体电流密度(安/毫米²)的大小取决于电动机的工作状态,一般取 8~10 安/毫米²,对短时工作状态可取到 10~15 安/毫米²,取得太高将增加损耗,温升提高,从而效率也下降,所以要适当选取。

导线直径可按下式求出:

$$d_2 = 1.13\sqrt{S_2} \text{(毫米)}$$

(11) 校核槽满率 K_s

已选定的导线是否能嵌到槽里面,还需进行槽满率的校核。

$$K_s = \frac{N_y S_2}{A_w} 100\%$$

式中　A_w——槽面积(毫米^2)是指槽的有效面积。

K_s 这个数值要选取适当，过大过小均不好。

(12) 定子激磁绕组每极匝数 W_1

在串励电动机中，定子每极匝数 W_1 与转子总匝数 N 之间有一定的比例关系，其比值为 K_c，即

$$K_c = \frac{W_1}{N/2} = \frac{2W_1}{N}$$

故
$$W_1 = K_c \frac{N}{2} \text{（匝/极）}$$

式中，K_c 为系数，对于 $p = 1$ 时，$K_c = 0.1 \sim 0.25$；$p = 2$ 时，$K_c = 0.05 \sim 0.1$。K_c 的数值，对于各种不同的串励电动机，会有所不同，可以参阅附录Ⅱ中同类型电动机的参数计算出 K_c，作为重绕时的参考。

(13) 定子绕组导线截面积 S_1 和导线直径 d_1

为了保证定子绕组的电流密度和转子的电流密度大致相等，就需使定子绕组导线的截面积等于或接近等于转子绕组各并联支路导线的截面积之和，即：

$$S_1 = 2aS_2 \text{（毫米}^2\text{）}$$

式中　S_2——转子导体的截面积(毫米^2)。

导线直径则为

$$d_1 = 1.13\sqrt{S_1} \text{（毫米）}$$

【例 7-2】　有一台单相串励电动机，已无铭牌，又无线圈数据，只有一个空壳，但是可以测得转子外径 $D_2 = 3.03$ 厘米，铁心总长度 $L_2 = 3.8$ 厘米，转子实际槽数 $Z_2 = 9$，转子最小齿宽 $b_t = 0.285$ 厘米，转子轭高 $h_2 = 0.725$ 厘米，换向片数 $K = 27$，定子极数 2 个，定子磁极宽度 $b_1 = 3.75$ 厘米，要求重绕为额定转速 14 000 转/分。

【解】

(1) 电动机的计算功率 P'

$$P' = \frac{\alpha D_2^2 L_2 B_\delta A n}{8.5}$$

$$= \frac{0.67 \times 0.0303^2 \times 0.038 \times 0.4 \times 12\,000 \times 14\,000}{8.5}$$

$$= 185 \text{ 伏安}$$

式中
$$\alpha = 0.67$$

$$B_\delta = 0.4 \text{ 特}$$

$$A = 12\,000 \text{ 安 / 米}$$

(2) 电动机输出功率 P

$$P = (0.58 \sim 0.70)P' = 107 \sim 130 \text{ 瓦}$$

取

$$P = 130 \text{ 瓦}$$

(3) 估算电动机工作电压

$$U = \frac{K}{2p}e_t = \frac{27}{2 \times 1}(12 \sim 18)$$

$$= 162 \sim 243 \text{ 伏}$$

选取额定电压为 220 伏。

(4) 转子电流 I

$$I = \frac{P}{\eta\cos\varphi \cdot U} = \frac{130}{(0.45 \sim 0.57) \times 220}$$

$$= 1.3 \sim 1.03 \text{ 安}$$

选取 $I = 1.1$。

(5) 转子绕组总导体数

$$N = \frac{2\pi D_2 A}{I} = \frac{2\pi \times 0.030\,3 \times 12\,000}{1.1}$$

$$= 2\,076.88 \approx 2\,076$$

(6) 转子每线圈匝数 W_y

$$W_y = \frac{N}{2K} = \frac{2\,076}{2 \times 27} = 38.44 \approx 38$$

(7) 转子每槽导体数 N_y

$$N_y = 2\frac{K}{Z_2}W_y = 2 \times \frac{27}{9} \times 38 = 228$$

(8) 校验转子铁心齿部磁密

$$B_t = \frac{B_\delta t_2}{0.93 \times b_t} = \frac{0.4 \times 1.057}{0.93 \times 0.285} = 1.59 \text{ 特}$$

式中

$$t_2 = \frac{\pi D_2}{Z_2} = \frac{\pi \times 3.03}{9} = 1.057 \text{ 厘米}$$

(9) 转子导线截面积 S_2 和导线直径 d_2

截面

$$S_2 = \frac{I}{2aj} = \frac{1.1}{2 \times 1 \times 13} = 0.042\,3 \text{ 毫米}^2$$

直径 $d_2 = 1.13\sqrt{S_2} = 0.232$ 毫米

带绝缘导线直径 $d_{02} = 0.28$ 毫米

(10) 校核槽满率 K_s

由空壳已知转子槽的截面积 $A_w = 25.1$ 毫米^2，则

$$K_s = \frac{N_y d_{02}^2}{A_w} = \frac{228 \times 0.28^2}{25.1} = 0.712$$

(11) 定子励磁绕组每极匝数

$$W_1 = K_c \frac{N}{2} = \frac{0.2 \times 2\,076}{2} = 208 \text{ 匝}$$

式中 $K_c = 0.2$

(12) 定子绕组截面积 S_1 和导线直径 d_1

截面 $S_1 = 2aS_2 = 2 \times 1 \times 0.042\,3 = 0.084\,6$ 毫米^2

线径 $d_1 = 1.13\sqrt{S_1} = 0.328 \approx 0.33$ 毫米

第八章　三相多速异步电动机绕组

三相异步电动机结构简单、坚固耐用、运行可靠、维修方便，它的调速技术已日趋成熟，正在逐步替代传统的直流调速。异步电动机调速有多种方法。在定子绕组上有：改变绕组极对数的变极调速，改变电源电压的调压调速，改变电源频率的变频调速。在转子绕组上有：串电阻调速，将转差功率经整流、逆变反馈回电网的串级调速。在输出轴上有转差离合器的电磁调速等。

三相多速异步电动机是一种交流变极有级调速电动机，具有简单、可靠、高效的优点，在对调速范围要求不高的许多生产机械中有着广泛的应用。

三相多速异步电动机有双速、三速及四速多种。从绕组上区分，有单绕组、双绕组两种。单绕组多速异步电动机是利用一套定子绕组，通过外部接线变换获得多种转速的电动机。双绕组多速电动机是在定子铁心内嵌放两套相互独立、具有不同极对数的绕组而获得多种转速的电动机；两个绕组本身可以是单速的，也可以是多速的。本章叙述的是单绕组多速异步电动机的定子绕组。

绕线转子式异步电动机变更极对数时，转子绕组和定子绕组极对数要同步变更，比较复杂。笼型转子能自动适应定子绕组的极对数，因此三相多速异步电动机都是笼型异步电动机。

第一节　变极调速原理

异步电动机的同步转速 n_c 和电源频率 f、绕组极对数 p 有如下关系：

$$n_c = \frac{60f}{p}\ (\text{转/分})$$

由上式可知，如能设法改变绕组极对数 p，就能改变同步转速 n_c，从而改变转子转速 n。p 愈大，n 愈小；p 愈小，n 愈大；两者接近为反比关系。

单绕组多速电动机改变绕组极对数最常用的是反向变极法。下面以倍极比 4/2 极为例来说明反向变极的原理。

图 8-1 表示定子 1 个相绕组、2 个极相组的连接情况。图(a)2 个极相组为尾尾连接，当电流如图方向流过线圈时，每个线圈边产生的磁场方向可用右手螺旋定则确定，如图中所示。图中圆点表示磁力线从纸面穿出，×号表示磁力线从纸面穿入，正好形成 2 个极。图(b)2 个极相组为尾、头连接，由图可见，正好形成 2 对(4 个)极。比较图(a)、(b)可知，极数加倍的原因在于相绕组一半线圈电流反了向，所以叫反向

变极法(4 极接法就是前述的庶极接法)。

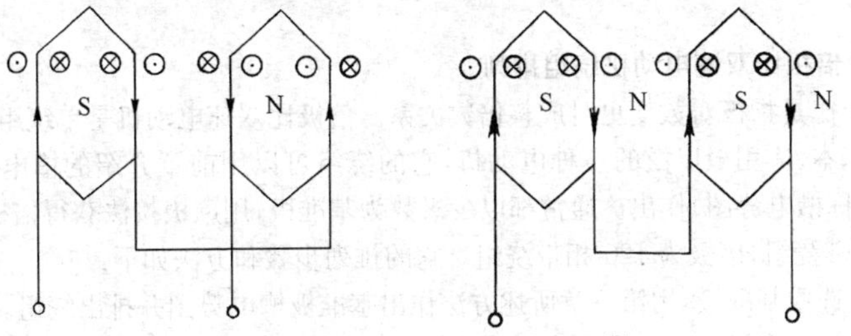

图 8-1 反向变极原理示意

利用反向法原理除了得到倍极比(4/2 极、8/4 极等)双速电动机外,还可以得到非倍极比(6/4 极、8/6 极等)双速电动机。图 8-2(a)表示一台 4 极电动机的 1 个相绕组、4 个极相组的连接。图 8-2(b)中第 3、4 极相组线圈电流反向(一半)形成了 6 个极。

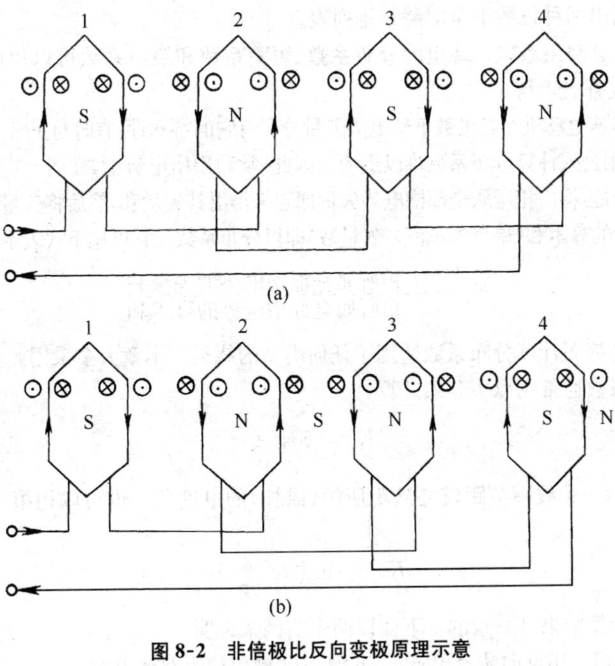

图 8-2 非倍极比反向变极原理示意

第二节 倍极比双速电动机绕组及接线

一、倍极比双速电动机绕组排列

倍极比是指极对数变更时成整倍数关系。倍极比双速电动机是单绕组多速电动机中最基本、应用最广泛的一种电动机，它的绕组可以用前章介绍的槽电势矢量图（以下简称槽电势图）作出。通常都以少极数为基准极，用庶极接法获得倍极；少极数为60°相带绕组，倍极为120°相带绕组。它的排列步骤和方法如下：

(1) 选取基准极，用第一章所述方法作出基准极槽电势图并排出绕组。

(2) 画出多极数时的槽电势图并在各矢量方向上标出槽号。

(3) 按照各槽相号不变的原则（反向法只变部分线圈电流方向，槽所属相不变），在多极数槽电势图上各槽号旁标出相号。

(4) 选定三个相矢量方向，据此确定各槽相号的正负。三个相矢量选时必须对称。各槽相号的正、负可根据它与所选定的本相矢量交角的大小来决定：交角小于90°的为正，交角大于90°的为负。取定相矢量方向时应考虑到使由此决定的本相各槽正、负号尽量按组连号，以便于绕制线圈并嵌放。

(5) 检查各极下三相是否对称，如不对称应重新考虑排列方案。

(6) 列出两种极数下全部绕组排列表。

(7) 计算绕组系数。绕组的分布系数、短距系数和绕组系数可以用前章介绍的计算公式或查表求得。

由于多速电动机在各极数下槽电势矢量分布有它的特殊性；有时与正常60°相带绕组差别较大，用公式计算分布系数难以适应。因此，常利用槽电势图，在图上直接求出分布系数。方法是：将一相所属全部槽电势矢量加起来得出其矢量和，然后将矢量和除以本相槽电势矢量的算术和（单个矢量值×矢量数）即得分布系数。它可用下式表示：

$$K_{\mathrm{d}} = \frac{\text{一相所属全部槽电势的矢量和}}{\text{一相所属全部槽电势的算术和}}$$

用槽电势图计算分布系数适用于任何类型的绕组。本章大多采用此法。

短距系数通常用以下公式计算：

$$K_{\mathrm{y}} = \cos\frac{\gamma}{2}$$

式中，γ表示一个线圈节距较之满距所短（或长）的电度角。也可以用第一章介绍的公式计算：

$$K_{\mathrm{y}} = \sin\left(90°\frac{y}{\tau}\right)$$

两个公式计算结果是一致的。下面以两个实例来说明。

【例8-1】 用反向法排出定子36槽、8/4极单绕组双速方案。

(1) 选4极作基准极，作出4极槽电势图并排出绕组，如图8-3所示。每槽电度角

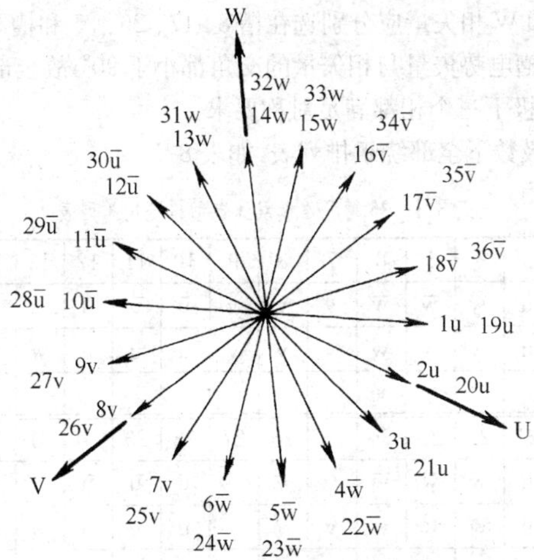

图 8-3　36 槽 4 极槽电势图

$$\alpha=\frac{4\times180^{\circ}}{36}=20^{\circ}$$

(2) 画出 8 极槽电势图,在各矢量方向上标出如图槽号。每槽电度角

$$\alpha=\frac{8\times180^{\circ}}{36}=40^{\circ}$$

(3) 对照 4 极各槽电势矢量相号,按照相号不变原则在 8 极各槽电势矢量上标出相号。

(4) 选定 8 极时三个相矢量方向。观察图 8-4,显然 U 相矢量应选在槽 2、11、

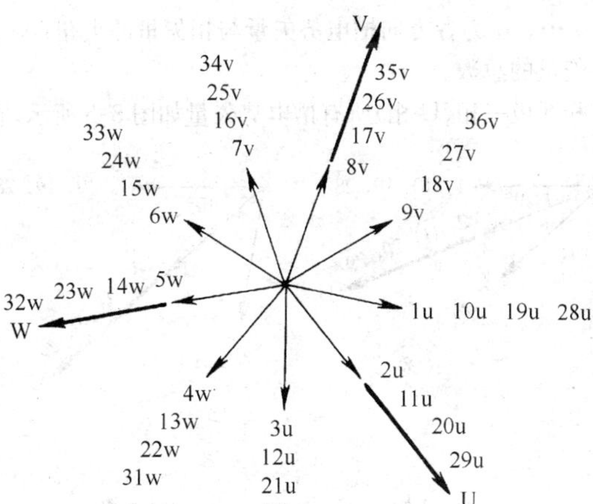

图 8-4　36 槽 8 极槽电势图

20、29 方向，V 相和 W 相矢量应分别选在槽 8、17、26、35 和槽 5、14、23、32 方向。由于各相所属全部槽电势矢量与相矢量的交角都小于 90°，故全部槽的相号都为正。

(5) 检查 4、8 极下三个相都满足对称要求。

(6) 列出两个极数下全部绕组排列表，如表 8-1。

表 8-1　36 槽 8/4 极双速电动机绕组排列表

槽　号	1	2	3	4	5	6	7	8	9	10	11	12	13	14	15	16	17	18
4　极	u	u	u	$\overline{w}$	$\overline{w}$	$\overline{w}$	v	v	v	$\overline{u}$	$\overline{u}$	$\overline{u}$	w	w	w	$\overline{v}$	$\overline{v}$	$\overline{v}$
8　极	u	u	u	w	w	w	v	v	v	u	u	u	w	w	w	v	v	v
反向指示				*	*	*				*	*	*				*	*	*
槽　号	19	20	21	22	23	24	25	26	27	28	29	30	31	32	33	34	35	36
4　极	u	u	u	$\overline{w}$	$\overline{w}$	$\overline{w}$	v	v	v	$\overline{u}$	$\overline{u}$	$\overline{u}$	w	w	w	$\overline{v}$	$\overline{v}$	$\overline{v}$
8　极	u	u	u	w	w	w	v	v	v	u	u	u	w	w	w	v	v	v
反向指示				*	*	*				*	*	*				*	*	*

表中 * 记号表示该槽线圈在变极时反向。由表 8-1 可清楚看出无论 U 相、V 相和 W 相，变极时都有一半线圈电流反向，这和前节变极原理中所述结论一致。

(7) 计算绕组系数

1) 求分布系数

用槽电势图求。为简单计，我们规定每根槽矢量数值为 1，由此可得一相所属全部槽电势矢量的算术和就等于一相所占的总槽数。画出一相所有的槽电势矢量，其中相号为负的要归到正向；用投影和三角函数的方法求一相所属全部槽电势矢量的矢量和，它等于

$$N_1\cos\alpha_1 + N_2\cos\alpha_2 + \cdots + N_n\cos\alpha_n$$

式中，α_1、α_2、…、α_n 为各方向槽电势矢量与相矢量的夹角；N_1、N_2、…、N_n 为各方向上槽电势矢量的总数。

本例中 4 极和 8 极一相(U 相)所有槽电势矢量如图 8-5 所示，它共有三个方向，

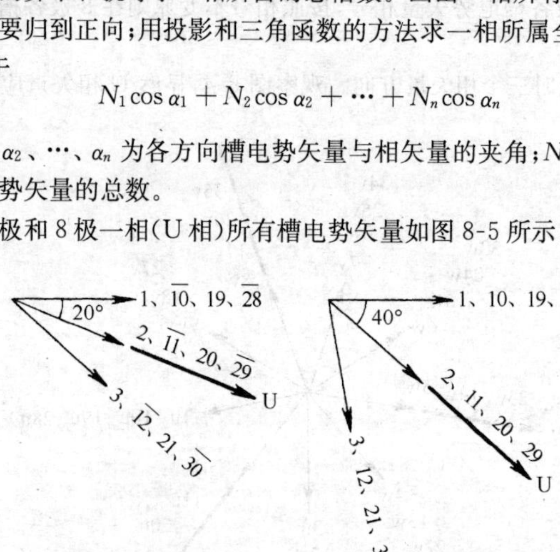

(a) 4 极　　(b) 8 极

图 8-5　一相所有槽电势矢量

每个方向槽电势矢量值为 4。一相共占 12 个槽。4 极为 60°相带绕组，8 极为 120°相带绕组。

4 极时分布系数

$$K_{d4}=\frac{4\cos 20^\circ+4\cos 0^\circ+4\cos 20^\circ}{12}$$

$$=\frac{11.518}{12}=0.96$$

8 极时分布系数

$$K_{d8}=\frac{4\cos 40^\circ+4\cos 0^\circ+4\cos 40^\circ}{12}$$

$$=\frac{10.128}{12}=0.844$$

2）求短距系数

欲求短距系数必先确定节距。通常为照顾多极数下的出力，倍极比双速绕组节距常取为接近或等于多极数的满距。本例中取节距 $y=5$。4 极时较满距短 4 槽，相当于 80°电度角。8 极时较满距长 0.5 槽，相当于 20°电度角。

所以

$$K_{y4}=\cos\frac{80^\circ}{2}=0.766$$

$$K_{y8}=\cos\frac{20^\circ}{2}=0.985$$

3）求绕组系数

4 极时　$K_{w4}=K_{d4}K_{y4}=0.96\times0.766=0.735$

8 极时　$K_{w8}=K_{d8}K_{y8}=0.844\times0.985=0.831$

比较 4、8 极两槽电势图中三个相矢量的相序，两者正相反。4 极为顺序，8 极为逆序，因此两种极数下电机的转向相反。这种绕组方案叫“反转向方案”。如果使用场合要求两种极数的转向相同，只要在 8 极控制线路中将三根电源线中的任意两根对调即可。

此绕组方案即彩图Ⅲ-[5]。

【例 8-2】 用反向法排出定子 24 槽、4/2 极单绕组双速方案。

（1）选 2 极为基准极，作出 2 极槽电势图并排出绕组如图 8-6 所示。每槽电度角

$$\alpha=\frac{2\times180^\circ}{24}=15^\circ$$

（2）画出 4 极槽电势图，标上槽号如图 8-7。每槽电度角

$$\alpha=\frac{4\times180^\circ}{24}=30^\circ$$

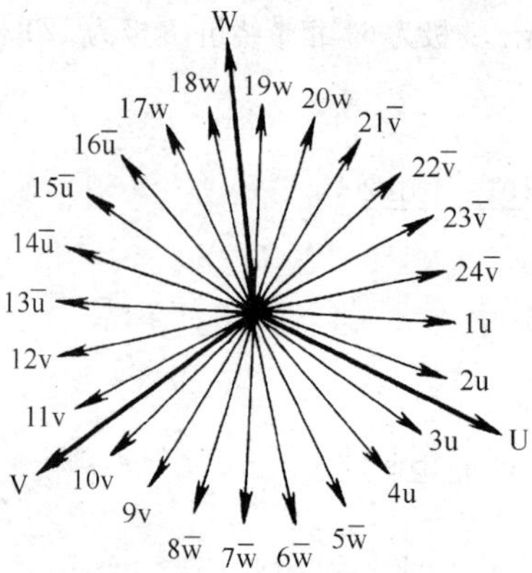

图 8-6 24 槽 2 极槽电势图

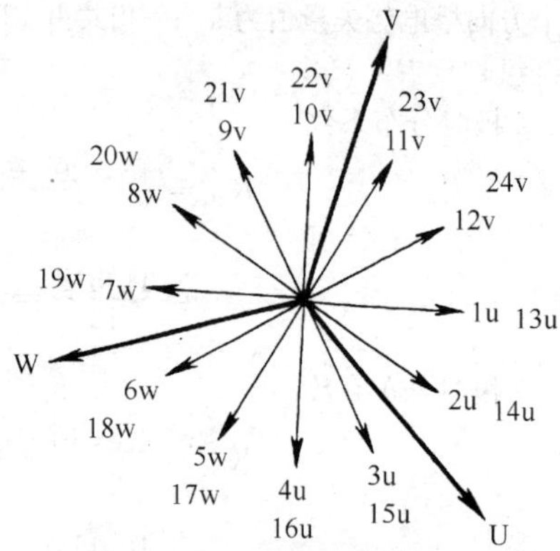

图 8-7 24 槽 4 极槽电势图

(3) 对照 2 极各槽相号,按相号不变原则在 4 极槽电势图上标出各槽相号。

(4) 观察图 8-7 上各相矢量分布情况,选定三个相矢量方向如图所示。据此确定各槽相号都为正。

(5) 检查 2、4 极下三相均对称。

(6) 列出两个极数下全部绕组排列表。

表 8-2 24 槽 4/2 极双速电动机绕组排列表

槽 号	1	2	3	4	5	6	7	8	9	10	11	12
2 极	u	u	u	u	$\overline{w}$	$\overline{w}$	$\overline{w}$	$\overline{w}$	v	v	v	v
4 极	u	u	u	u	w	w	w	w	v	v	v	v
反向指示					*	*	*	*				
槽 号	13	14	15	16	17	18	19	20	21	22	23	24
2 极	$\overline{u}$	$\overline{u}$	$\overline{u}$	$\overline{u}$	w	w	w	w	$\overline{v}$	$\overline{v}$	$\overline{v}$	$\overline{v}$
4 极	u	u	u	u	w	w	w	w	v	v	v	v
反向指示	*	*	*	*					*	*	*	*

(7) 计算绕组系数:

2 极分布系数

$$K_{d2} = \frac{4\cos 7.5^\circ + 4\cos 22.5^\circ}{8} = \frac{7.66}{8} = 0.958$$

4 极分布系数

$$K_{d4} = \frac{4\cos 15^\circ + 4\cos 45^\circ}{8} = \frac{6.69}{8} = 0.836$$

选节距 $y = 6$。2 极时较满距短 6 槽,相当于 90°电度角。4 极时正好满距。所以

$$K_{y2} = \cos 45^\circ = 0.707,\ K_{y4} = 1$$

绕组系数分别为

$$K_{w2} = 0.958 \times 0.707 = 0.677$$

$$K_{w4} = 0.836 \times 1 = 0.836$$

该绕组方案也是“反转向”方案，它就是彩图Ⅲ-[1]。从以上两例可看出，2∶1倍极比单绕组双速一般都是利用庶极接法获得的，并且都是“反转向”方案。少极数为60°相带绕组，倍极为120°相带绕组。

利用反向法实际上还可获得高于2∶1，例如4∶1的远倍极比单绕组双速方案。下面举一个36槽8/2极的例子来说明。

【例8-3】 用反向法排出36槽、8/2极单绕组双速方案。

排列4∶1远倍极比双速绕组可以选少极数作基准极，也可以选多极数作基准极，只要在两种极数下都能排出三相对称绕组就行。但是，选少极数作基准极和选多极数作基准极，两者排出的绕组方案特点不会相同。最后究竟选用哪个方案，应该根据使用场合的要求，对照两个方案各自特点来确定。本例中选多极数为基准极。

(1) 选8极为基准极，作出槽电势图，每槽电度角$\alpha = 40^\circ$。按各相1、2、1、2、1、2、1、2的分数槽分布排出绕组如图8-8所示。

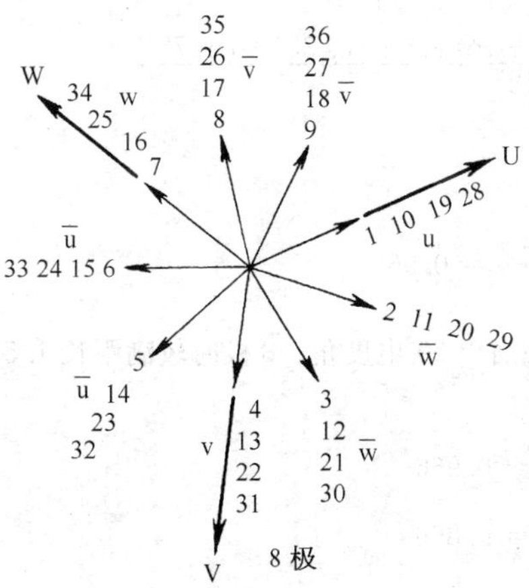

图8-8 36槽8极槽电势图

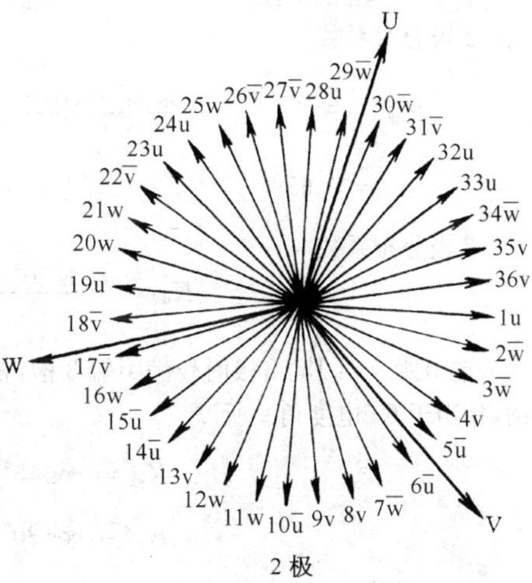

图8-9 36槽2极槽电势图

(2) 画出2极槽电势图标上槽号，如图8-9所示。每槽电度角$\alpha = 10^\circ$。

(3) 按相号不变原则在图8-9上标出各槽相号。

(4) 观察图8-9，以U相为例其所占12个槽分布有对称性。23、24、28、32、33、1六槽和5、6、10、14、15、19六槽为对称分布。选定U相矢量时可使对称分布的各六个槽一半为正(23、24、28、32、33、1)，一半为负(5、6、10、14、15、19)，由此确定的相矢量方向如图中所示，它位于29和30槽矢量夹角的角平分线上。V、W相相矢量以及各槽相号也以同法确定。

(5) 检查2、8极槽电势图，三相都对称。

(6) 列出两个极数下全部绕组排列表，如表8-3。

表8-3 36槽8/2极双速电动机绕组排列表

槽号	1	2	3	4	5	6	7	8	9	10	11	12	13	14	15	16	17	18
2极	u	$\overline{w}$	$\overline{w}$	v	$\overline{u}$	$\overline{u}$	$\overline{w}$	v	v	$\overline{u}$	w	w	v	$\overline{u}$	$\overline{u}$	w	$\overline{v}$	$\overline{v}$
8极	u	$\overline{w}$	$\overline{w}$	v	$\overline{u}$	$\overline{u}$	w	$\overline{v}$	$\overline{v}$	u	$\overline{w}$	$\overline{w}$	v	$\overline{u}$	$\overline{u}$	w	$\overline{v}$	$\overline{v}$
反向指示							*	*	*	*	*	*						
槽号	19	20	21	22	23	24	25	26	27	28	29	30	31	32	33	34	35	36
2极	$\overline{u}$	w	w	$\overline{v}$	u	u	w	$\overline{v}$	$\overline{v}$	u	$\overline{w}$	$\overline{w}$	$\overline{v}$	u	u	$\overline{w}$	v	v
8极	u	$\overline{w}$	$\overline{w}$	v	$\overline{u}$	$\overline{u}$	w	$\overline{v}$	$\overline{v}$	u	$\overline{w}$	$\overline{w}$	v	$\overline{u}$	$\overline{u}$	w	$\overline{v}$	$\overline{v}$
反向指示	*	*	*	*	*	*							*	*	*	*	*	*

由表8-3可看出，变极时各相仍是一半线圈电流反向。

(7) 计算绕组系数

2极分布系数

$$K_{d2}=\frac{2(\cos 15^\circ+\cos 55^\circ+\cos 65^\circ+\cos 25^\circ+\cos 35^\circ+\cos 75^\circ)}{12}$$

$$=0.658$$

8极分布系数

$$K_{d8}=\frac{8\cos 20^\circ+4}{12}=0.96$$

选节距 $y=15$。2极时较满距短3槽，相当于30°电度角。8极时较满距长1.5槽，相当于60°电度角。所以

$$K_{y2}=\cos 15^\circ=0.966$$

$$K_{y8}=\cos 30^\circ=0.866$$

绕组系数为

$$K_{w2}=0.658\times 0.966=0.636$$

$$K_{w8}=0.96\times 0.866=0.831$$

此绕组方案即彩图Ⅲ-[13]，系"同转向"方案。

二、倍极比双速电动机绕组接线

单绕组倍极比双速电动机不论是2∶1或是4∶1倍极，都是利用反向变极法获

得两种转速，它们的共同点是变极时每个相绕组有一半线圈电流反向。这个一半线圈电流反向的要求由绕组接线以及变极时外部接线的适当变换来实现。

倍极比双速电动机用得较多的接线方法有△/2Y和Y/2Y两种，出线头 6 根。有时也用到Y/2△和 2Y/2Y，出线头分别为 8 根和 9 根，见图 8-10 所示。

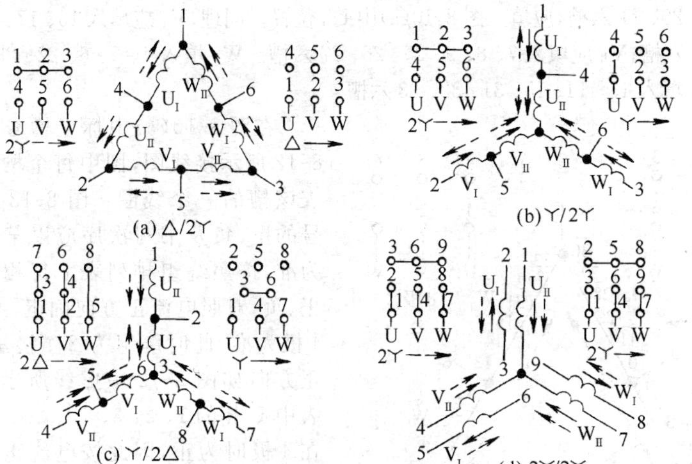
(a) △/2Y　(b) Y/2Y　(c) Y/2△　(d) 2Y/2Y

图 8-10　双速电动机绕组接法

图 8-10 中分别用实线和虚线表示双速绕组不同接法时线圈电流方向。为比较起见，Y和△两种接法一律用电流正方向(规定：Y接法电流正方向为流入中点方向，△接法电流正方向为反时针方向)。U_{I}、U_{II} 各表示 U 相绕组的一半线圈，V、W 两相也如此。从图中可清楚看出，不同接法时 U_{I}、V_{I}、W_{I} 反了向，满足了变极时各相绕组一半线圈电流反向要求。图 8-10(c)Y/2△两种接法线圈电流反向情况不很明显，但若将Y和 2△两种接法分别画出，如图 8-11 所示，就可清楚地看到绕组由Y

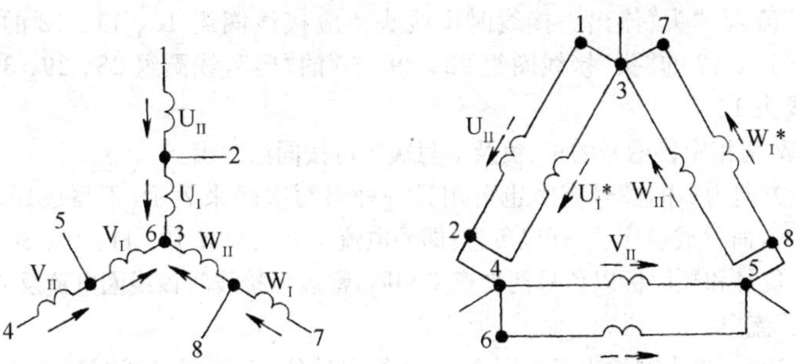

图 8-11　图 8-10(c)的两种接法

接法变成 2△接法时线圈组 U_{I}、V_{I}、W_{I} 电流反了向。

下面再用几个实例来说明具体接线方法。

【例 8-4】 用△/2丫接法实现本章例 8-1 36 槽、8/4 极双速电动机绕组接线。

观察表 8-1，36 槽、8/4 极绕组排列表，U 相由 4 极变 8 极时反向的是 10、11、12，28、29、30 六槽线圈，应作为 U_{I} 填入图 8-10(a)中相应位置；不反向的是 1、2、3，19、20、21 六槽，应填入图 8-10(a)中 U_{II} 位置。同理，V_{I} 应填入 16、17、18、34、35、36 六槽；V_{II} 应填入 7、8、9、25、26、27 六槽。W_{I} 填入 4、5、6、22、23、24 六槽；W_{II} 填入 13、14、15、31、32、33 六槽。

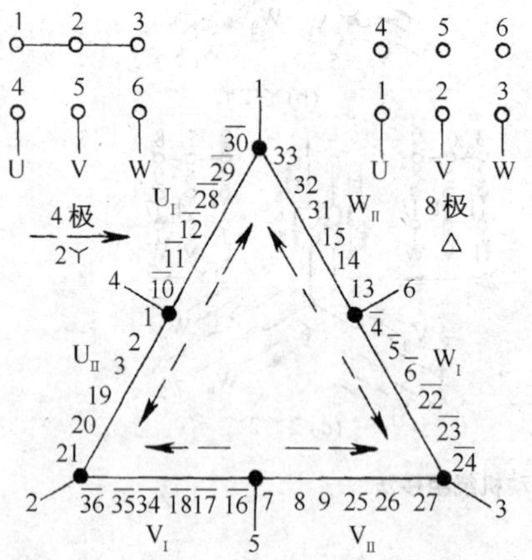

图 8-12　36 槽 8/4 极△/2丫绕组接线简图

在图 8-10(a)中标上槽号即成图 8-12 所示接线图，图中每个槽号均代表该槽的一个线圈。图 8-12 中各槽号的正、负及书写次序应以某一极数为准，按照绕组排列表上每相各槽的正、负，对照电流正方向确定。本例以 4 极为准，此时绕组为 2丫接法，电流正方向如图 8-12 中虚线所示。绕组表中 U 相的 1、2、3、19、20、21 六槽在 4 极时为正，因此按电流正方向应顺次写为 1、2、3、19、20、21。绕制时 1、2、3 三槽和 19、20、21 三槽连号又同号，因此线圈可连绕，各成为一个线圈组。按此书写次序接线时出线头 4 应接线圈组 1、2、3 的"头"，1、2、3 线圈组的"尾"接线圈组 19、20、21 的"头"，线圈组 19、20、21 的"尾"即为出线头 2。这样保证了两个线圈组电流方向均为正向（自"头"流入，"尾"流出）。再看 U_{I} 一半线圈即 10、11、12、28、29、30 六槽，4 极时都是负，因此按电流方向应写为$\overline{10}$、$\overline{11}$、$\overline{12}$、$\overline{28}$、$\overline{29}$、$\overline{30}$。槽号上标以"负"号表示该槽线圈电流反向，即自"尾"流入，"头"流出。接线时出线头 4 应接线圈组 10、11、12 的"尾"，线圈组 10、11、12 的"头"接线圈组 28、29、30 的"尾"，线圈组 28、29、30 的"头"即为出线头 1。

V、W 两相中各槽号的正、负及书写次序可按同法写出。

电流方向为负的槽号有时也可用另一种书写次序来表示，不写成$\overline{10}$、$\overline{11}$、$\overline{12}$、$\overline{28}$、$\overline{29}$、$\overline{30}$，而写成逆序、不标以负号；即顺电流正方向写成 12、11、10、30、29、28。逆序不标负号和顺序标以负号两者意义相同，都表示接线时该线圈电流反向，自"尾"流入、"头"流出。

为更清楚、更直观地表示出图 8-12 的绕组接线，下面再以圆图形式画出以供比较，见图 8-13。图中线圈符号白色部分引出线为"头"，黑色部分引出线为"尾"。

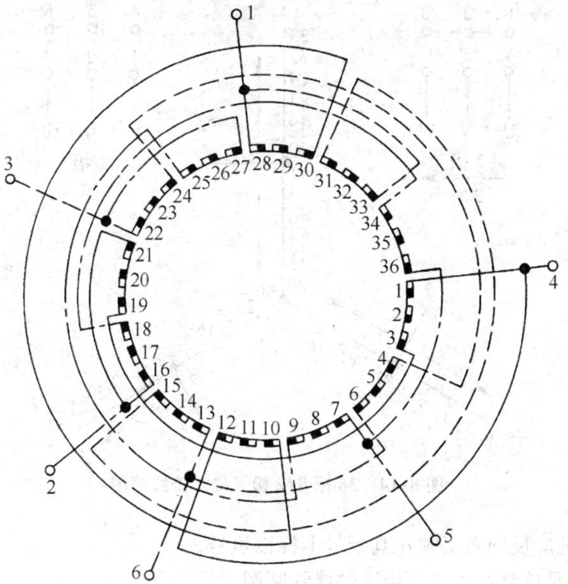

图 8-13　36 槽 8/4 极△/2Y 接线圆图

【例 8-5】 用Y/2Y接法实现本章【例 8-3】36 槽、8/2 极双速电动机绕组接线。

观察表 8-3 绕组排列表，U 相由 2 极变 8 极时，反向的是 10、19、23、24、32、33 六槽，应填入图 8-10(b)中 U_{I} 位置；不反向的是 1、5、6，14、15、28 六槽，应填入 U_{II} 位置。依次 V_{I} 填入 8、9、22、31、35、36 六槽，V_{II} 填入 4、13、17、18、26、27 六槽，W_{I} 填入 7、11、12、20、21、34 六槽，W_{II} 填入 2、3、16、25、29、30 六槽。

以 2 极为准，按 2Y接法标出电流正方向，如图 8-14 虚线所示。对照绕组排列表中 2 极时各槽正、负号，U_{II} 部分线圈顺电流方向书写次序为 1、$\overline{5}$、$\overline{6}$、$\overline{14}$、$\overline{15}$、28。其中 1、28 两槽线圈应单独绕制，保持电流正向；5、6 两槽和 14、15 两槽因连号又同号故线圈可分别连绕，保持电流反向。接线时，出线头 4 接 1 槽线圈“头”，其“尾”接 5、6 线圈组“尾”；5、6 线圈组“头”接 14、15 线圈组“尾”，其“头”接 28 槽线圈“头”；28 槽线圈“尾”接中性点。

顺电流方向，U_{I} 部分各槽书写次序为$\overline{10}$、$\overline{19}$、23、24、32、33。V_{II} 部分各槽书写次序为 4、13、$\overline{17}$、$\overline{18}$、$\overline{26}$、$\overline{27}$；V_{I} 部分次序为 8、9、$\overline{22}$、$\overline{31}$、35、36。W_{II} 部分次序为$\overline{2}$、$\overline{3}$、16、25、$\overline{29}$、$\overline{30}$；W_{I} 部分次序为$\overline{7}$、11、12、20、21、$\overline{34}$。各部分线圈按书写次序的接线方法和 U_{II} 部分一样，不再赘述。

这里有一点要强调：前述顺序标以负号或逆序不标负号两种书写方法都可用，但仅适用于连号又同号的线圈组。本例中 1、4、7、10、13、16、19、22、25、28、31、34 共 12 个槽线圈都是单独绕制的，在图 8-14 中书写时不存在什么逆序写法，按基

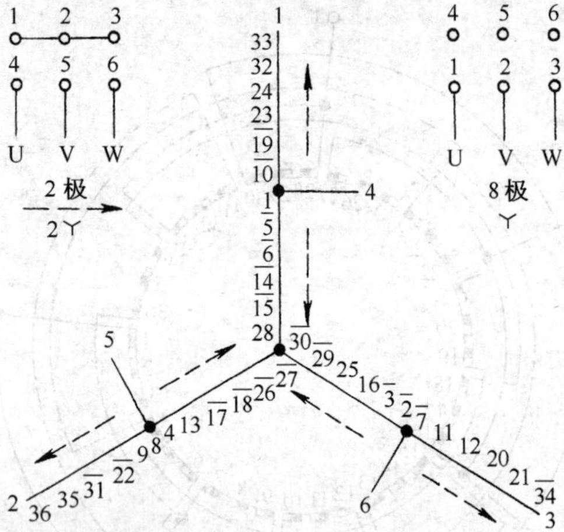

图 8-14　36 槽 8/2 极Y/2Y接线简图

准电流方向凡应反向者必须在其槽号上标以负号。

图 8-15 是该绕组Y/2Y接法的接线圆图。

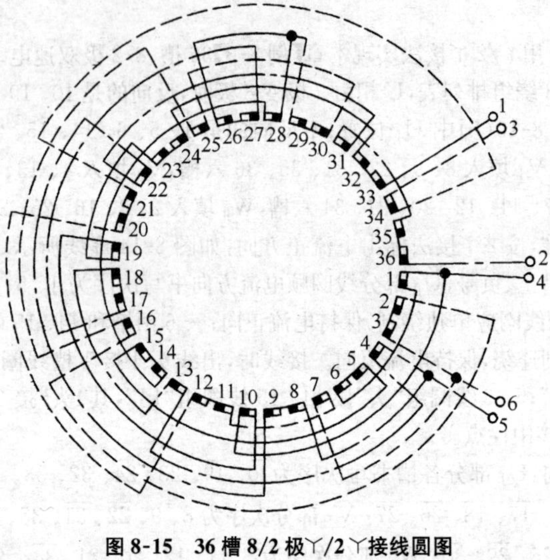

图 8-15　36 槽 8/2 极Y/2Y接线圆图

第三节　非倍极比双速电动机绕组及接线

非倍极比是指极对数变更时不成整倍数关系，例如按 2∶3 及 3∶4 关系变极。

由第一节变极调速原理可知，非倍极比单绕组双速绕组也可用反向变极法获得。

第二节叙述的倍极比单绕组双速绕组基本上都是正规分布绕组，即每相槽电势矢量的分布是有规则的。本节中非倍极比单绕组双速绕组既用到正规分布绕组，也用到非正规分布绕组，在某些特殊情况下还用到分裂线圈法以获得三相对称绕组。

一、正规分布绕组排列

排列非倍极比双速绕组和 4∶1 远倍极比一样，在两种极数下都排出对称绕组前提下，可以选少极数，也可以选多极数作基准极。两个不同性能绕组方案的最后选定，由使用场合的要求确定。但是对于非倍极比双速绕组，完全有可能在选某一极数作基准极时能排出对称绕组，选另一极数作基准极时就排不出对称绕组。

非倍极比双速正规分布绕组排列方法和倍极比双速绕组排列方法一样，下面以实例说明。

【例 8-6】 用反向法排出定子 36 槽、6/4 极单绕组双速方案。

(1) 选 4 极作基准极作出槽电势图，并排出绕组如例 8-1 中的图 8-3。

(2) 画出 6 极槽电势图，每槽电度角

$$\alpha=\frac{6\times180^{\circ}}{36}=30^{\circ}$$

标上各矢量槽号，见图 8-16。

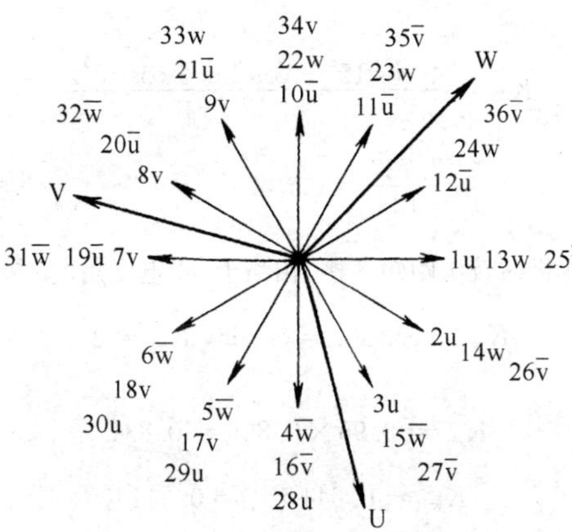

图 8-16 36 槽 6 极槽电势图

(3) 按相号不变原则，对照 4 极相号标出 6 极各槽相号。

(4) 观察图 8-16 可看到 U、V、W 每相 12 个槽都是均匀散开，每槽 1 个矢量方向，布满一个圆周。因此相矢量方向可任意选定，每相都是六槽为正、六槽为负。三个相矢量之间应对称。

在图 8-16 上选定相矢量方向无法做到各相槽按组全部连号。按图中所选 V 相

的 16、17、18 和 34、35、36 槽，W 相的 13、14、15 槽和 31、32、33 槽，其中都有一个槽和另两槽不同号、接法相反，所以绕制线圈时这三只不能连绕。

(5) 检查三相，显然对称。

(6) 列出两个极数下全部绕组排列表，如表 8-4。

表 8-4　36 槽 6/4 极正规分布双速电动机绕组排列表

槽　　号	1	2	3	4	5	6	7	8	9	10	11	12	13	14	15	16	17	18
4　　极	u	u	u	$\bar{w}$	$\bar{w}$	$\bar{w}$	v	v	v	$\bar{u}$	$\bar{u}$	$\bar{u}$	w	w	w	$\bar{v}$	$\bar{v}$	$\bar{v}$
6　　极	u	u	u	$\bar{w}$	$\bar{w}$	$\bar{w}$	v	v	v	$\bar{u}$	$\bar{u}$	$\bar{u}$	w	w	$\bar{w}$	$\bar{v}$	v	v
反向指示															*		*	*
槽　　号	19	20	21	22	23	24	25	26	27	28	29	30	31	32	33	34	35	36
4　　极	u	u	u	$\bar{w}$	$\bar{w}$	$\bar{w}$	v	v	v	$\bar{u}$	$\bar{u}$	$\bar{u}$	w	w	w	$\bar{v}$	$\bar{v}$	$\bar{v}$
6　　极	$\bar{u}$	$\bar{u}$	$\bar{u}$	w	w	w	$\bar{v}$	$\bar{v}$	$\bar{v}$	u	u	u	$\bar{w}$	$\bar{w}$	w	v	$\bar{v}$	$\bar{v}$
反向指示	*	*	*	*	*	*	*	*	*	*	*	*	*	*		*		

(7) 计算绕组系数：

4 极分布系数

$$K_{d4} = 0.96$$

6 极分布系数

$$K_{d6} = \frac{4(\cos 15^\circ + \cos 45^\circ + \cos 75^\circ)}{12}$$

$$= \frac{7.727}{12} = 0.644$$

选节距 $y = 6$。4 极时较满距短 3 槽，相当于 60°电度角。6 极时满距。所以

$$K_{y4} = \cos 30^\circ = 0.866,\ K_{y6} = 1$$

绕组系数

$$K_{w4} = 0.96 \times 0.866 = 0.831$$

$$K_{w6} = 0.644 \times 1 = 0.644$$

该绕组方案 4 极每相矢量分布为 4、4、4，每个矢量含 4 槽(负方向也算在内)，属 60°相带绕组。6 极每相矢量分布为 2、2、2、2、2、2，属 180°相带绕组。两种极数时同转向。本例绕组方案即彩图Ⅲ-[22]。

二、非正规分布绕组排列

【例 8-6】 排出的 6/4 极非倍极比正规分布双速绕组的缺点是 6 极分布系数低，引起绕组系数较低。为了不使 6 极时电动机空载电流过大，就要增加匝数、减小线径，其结果必降低电动机输出功率。因此，如要求两种极数下电动机出力比较接

近，这个方案就不适宜。这种情况下可以采用非正规分布绕组。

非正规分布绕组是每相矢量分布不正规的绕组。比之正规分布绕组，它的磁势谐波较多、起动性能相对较差，在单速电动机中不被采用。但是，在非倍极比双速绕组中，为使两种极数下获得相接近的出力，在采取一定措施的情况下（例如选择恰当的节距，合适的定、转子槽数配合等）就可以采用这种绕组。

为获得两种极数下较接近的电动机出力，排列非正规分布双速绕组的基本出发点是提高原来分布系数低的那个极数下的绕组分布系数。下面以实例说明。

【例 8-7】 36 槽、6/4 极非正规分布双速绕组排列。

该绕组排列基本出发点是提高 6 极分布系数。观察图 8-16 的 36 槽 6 极一相槽电势矢量分布情况，将负向反向归入正向后共有六个矢量，每个矢量含两槽，一相矢量分布是 2、2、2、2、2、2。由于分布较散，分布系数就低。为提高分布系数，必须将它改得比较集中一些。今把它改成 2、4、4、2 的不正规分布，即将离相矢量方向最远的（75°电度角）槽电势移至最近的（15°电度角）方向上来，六极槽矢量分布如图 8-17 所示那样：2u、4u、4u、2u，2v、4v、4v、2v，2w、4w、4w、2w。实现了这样的分布，绕组的分布系数比原来就会有较大提高。

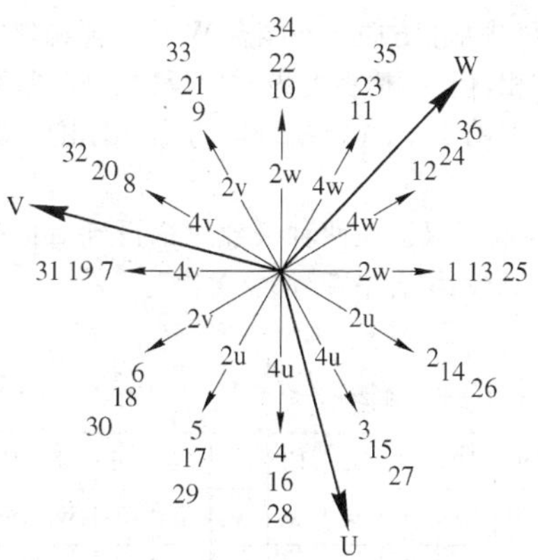

图 8-17 矢量分布为 2、4、4、2 的 36 槽 6 极槽电势图

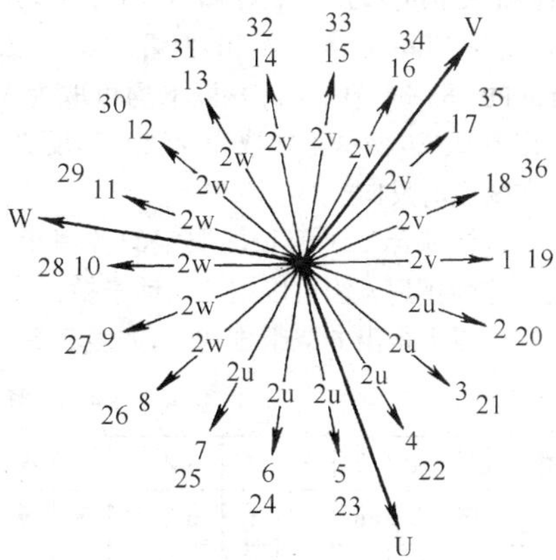

图 8-18 矢量分布为 2、2、2、2、2、2 的 36 槽 4 极槽电势

要满足图 8-17 所示每相矢量分布，每一矢量方向（负方向也算在内）的 6 个槽要有两个相号，其中 4 个槽为一个相号、余 2 个槽为另一相号。究竟确定那一槽为何相，决定于怎样能同时得到一个对称的 4 极绕组。

提高 6 极分布系数，必同时降低 4 极分布系数。为此，将 4 极原每相矢量 4、4、4 分布改为 2、2、2、2、2、2 分布，如图 8-18 所示。

现以 U 相为例，看它应占那 12 个槽号。同时观察图 8-17 和图 8-18，两图中在取定的 U 相矢量方向附近，2、3、4、5 四个槽是共有的，因此可马上确定取作 U 相。

再观察图 8-18，20、21、22、23 四槽也可取作 U 相；看图 8-17，该四槽也可取为 U 相，不过应为负，即对 4 极而言应反向。这样，八个槽已取定，在图 8-18 四个矢量方向上每个方向都已取足 2u。再继续在另两个矢量方向上取定四槽。看图 8-18，6、24 两槽也可取为 U 相，但看图 8-17，该两槽所在的矢量方向只允许 V 相和 W 相，不能有 U 相，故否定。再进一步看负向的 15、33 两槽，4 极时为$\bar{u}$；而图 8-17 中该两槽也可成为 U 相，不过 15 槽为正、对 4 极而言反向。同理，16、34 两槽也可取为 U 相，4 极时均为负，6 极时 16 槽反向。至此，U 相 12 个槽就取定了。在取定各槽时已尽可能使一相所占槽连号，以便于绕制线圈。

再取 V 相的 12 个槽。同时观察图 8-17 和图 8-18 可看到，24、25、26、27 四槽是共有的，两种极数时均为负；此外，6、7、8、9 四槽也共有，可取作 V 相，不过变极时应反向。这样，八个槽就取定，在图 8-18 中四个矢量方向上都已取足 2V，余下两个矢量方向需要从中再取定四槽。看图 8-18，14、32 两槽可取为 V 相；而图 8-17 中该两槽也可取为 V 相，不过 14 槽在变极时应反向。同理，1、19 两槽也可取为 V 相，1 槽变极时反向。至此 V 相 12 个槽也已取足。

对 W 相，同时观察两图可立即取定 10、11、12、13 和 28、29、30、31 八槽，其中后四槽变极时应反向。在图 8-18 余下两个矢量方向上还有八个槽，先看 9、27 两槽，图 8-18 中可取为 W 相，但看图 8-17 该两槽矢量方向上不能有 W 相。再看其反方向的 18、36 两槽，4、6 极下均可取为 W 相，但 36 槽在变极时应反向。同理，图 8-18上 8、26 两槽不能取为 W 相，其反方向上的 17、35 两槽可取为 W 相，其中 35 槽在变极时反向。

这样综合 4、6 极情况取定的各槽相号，就可保证在两种极数时都得到对称绕组。这种排列方法可以用三句话概括："兼顾两极，综合平衡，都要对称"。

由以上得出的绕组排列表，如表 8-5。

表 8-5　36 槽 6/4 极非正规分布双速电动机绕组排列表

槽　　号	1	2	3	4	5	6	7	8	9	10	11	12	13	14	15	16	17	18
4　　极	v	u	u	u	u	$\bar{v}$	$\bar{v}$	$\bar{v}$	$\bar{v}$	w	w	w	w	v	$\bar{u}$	$\bar{u}$	$\bar{w}$	$\bar{w}$
6　　极	$\bar{v}$	u	u	u	u	v	v	v	v	w	w	w	w	$\bar{v}$	u	u	$\bar{w}$	$\bar{w}$
反向指示	*					*	*	*	*					*	*	*		
槽　　号	19	20	21	22	23	24	25	26	27	28	29	30	31	32	33	34	35	36
4　　极	v	u	u	u	u	$\bar{v}$	$\bar{v}$	$\bar{v}$	$\bar{v}$	w	w	w	w	v	$\bar{u}$	$\bar{u}$	$\bar{w}$	$\bar{w}$
6　　极	v	$\bar{u}$	$\bar{u}$	$\bar{u}$	$\bar{u}$	$\bar{v}$	$\bar{v}$	$\bar{v}$	$\bar{v}$	$\bar{w}$	$\bar{w}$	$\bar{w}$	$\bar{w}$	v	$\bar{u}$	$\bar{u}$	w	w
反向指示		*	*	*	*					*	*	*	*				*	*

4 极分布系数

$$K_{d4}=\frac{4(\cos 10^\circ+\cos 30^\circ+\cos 50^\circ)}{12}=\frac{9.974}{12}=0.831$$

6 极分布系数

$$K_{d6} = \frac{8\cos 15° + 4\cos 45°}{12} = \frac{10.556}{12} = 0.88$$

和例 8-6 两种极数时绕组分布系数相比，6 极分布系数大为提高，4 极分布系数则相应降低，两者相当接近。同样取节距 $y = 6$，$K_{y4} = 0.866$，$K_{y6} = 1$。

绕组系数

$$K_{w4} = 0.831 \times 0.866 = 0.72$$

$$K_{w6} = 0.88 \times 1 = 0.88$$

此绕组方案即彩图Ⅲ-[23]。它适用于两种极数下要求出力较接近的场合。4 极为 120°相带绕组，6 极为非正规分布绕组。

【例 8-8】 36 槽、8/6 极非正规分布双速绕组排列。

36 槽非倍极比 8/6 极双速绕组可以按正规分布绕组，以 8 极作基准极（6 极作基准极排不出对称绕组）反向得 6 极。排出的绕组见彩图Ⅲ-[27]。8 极每相矢量分布 4、4、4，6 极每相矢量分布 2、2、2、2、2、2。8 极分布系数 $K_{d8} = 0.96$，6 极分布系数 $K_{d6} = 0.644$；取节距 $y = 5$，8 极短距系数 $K_{y8} = 0.985$，6 极短距系数 $K_{y6} = 0.966$；8 极绕组系数 $K_{w8} = 0.946$，6 极绕组系数 $K_{w6} = 0.622$。该方案和例 8-6 一样，6 极绕组系数偏低，不适用于要求两种极数下出力较接近的场合。

为提高 6 极分布系数，和例 8-7 一样，将其一相矢量分布由 2、2、2、2、2、2 改为 2、4、4、2；同时将 8 极一相矢量分布由 4、4、4 改为 2、2、2、2、2、2，见图 8-19 和图 8-20。

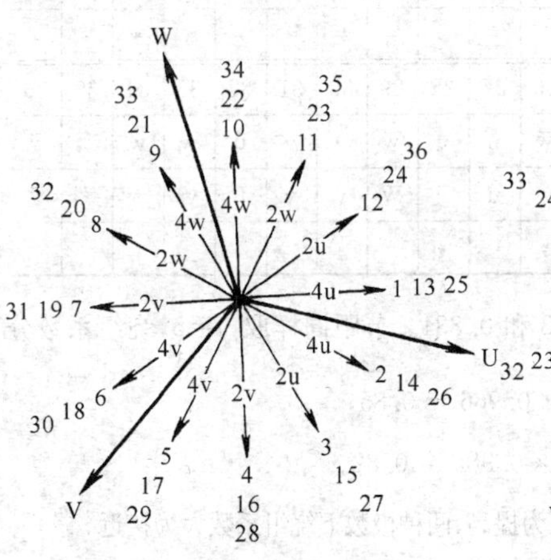

图 8-19 36 槽非正规分布 8/6 极绕组 6 极时分布

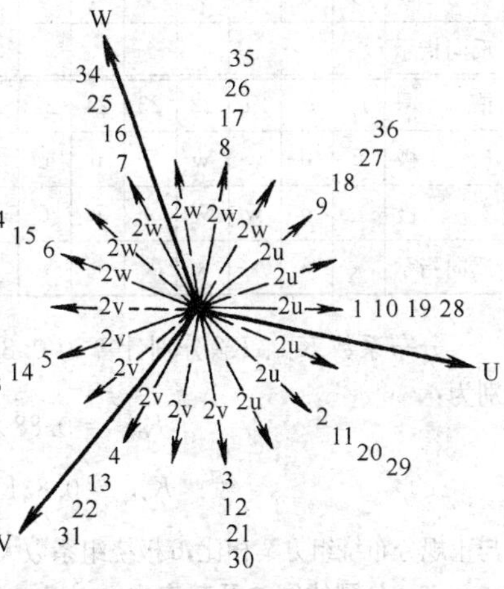

图 8-20 36 槽非正规分布 8/6 极绕组 8 极时分布

确定各相应占槽号的原则也是“兼顾两极,综合平衡,都要对称”。先看U相情况,同时观察图8-19和图8-20,可知1、2、6、7和19、20、24、25八槽可取为U相,前四槽变极时不反向,后四槽变极时反向。由此,图8-20中U相尚余两个矢量方向,先看5、14、23、32四槽方向,由图8-19知5、23两槽方向上不允许有U相,故该两槽不可能取作U相;14、32两槽可取作U相,但14槽变极时应反向。最后一个矢量方向上9、18、27、36四个槽中,18、36已不能取作U相,因为在图8-19上6、24两槽已取为U相,该矢量方向上已取足2U;9、27两槽可取为U相,其中9槽变极时反向。至此U相12个槽已选定。

再取W相。观察图8-19和图8-20,3、4、33、34和15、16、21、22八槽可取作W相;前四槽变极时不反向,后四槽变极时反向。图8-20余下两个矢量方向上再取11、29和8、26四槽,其中11、26两槽变极时反向。

最后取V相12个槽。同时观察图8-19和图8-20,首先可取定的是12、13,17、18和30、31,35、36八个槽,两个极数下都可取定为V相。其中12、13,17、18四槽变极时反向,30、31,35、36四槽变极时不反向。余下的槽号只有5、10、23、28四槽;其中5、23为一个矢量方向,10、28为另一个矢量方向,两个极数下均可取作V相。其中23、28两槽变极时反向,5、10两槽变极时不反向。如此,三个相所占槽就全部取定,且在两种极数下绕组都达到了对称。所得绕组排列表见表8-6。该方案即彩图Ⅲ-[28]。

表8-6 36槽8/6极非正规分布双速电动机绕组排列表

槽号	1	2	3	4	5	6	7	8	9	10	11	12	13	14	15	16	17	18
6极	u	u	$\overline{w}$	$\overline{w}$	v	$\overline{u}$	$\overline{u}$	w	$\overline{u}$	$\overline{v}$	w	$\overline{v}$	$\overline{v}$	u	$\overline{w}$	$\overline{w}$	v	v
8极	u	u	$\overline{w}$	$\overline{w}$	v	$\overline{u}$	$\overline{u}$	w	u	$\overline{v}$	$\overline{w}$	v	v	$\overline{u}$	w	w	$\overline{v}$	$\overline{v}$
反向指示									*		*	*	*	*	*	*	*	*
槽号	19	20	21	22	23	24	25	26	27	28	29	30	31	32	33	34	35	36
6极	$\overline{u}$	$\overline{u}$	w	w	$\overline{v}$	u	u	$\overline{w}$	u	v	$\overline{w}$	v	v	$\overline{u}$	w	w	$\overline{v}$	$\overline{v}$
8极	u	u	$\overline{w}$	$\overline{w}$	v	$\overline{u}$	$\overline{u}$	w	u	$\overline{v}$	$\overline{w}$	v	v	$\overline{u}$	w	w	$\overline{v}$	$\overline{v}$
反向指示	*	*	*	*	*	*	*	*		*								

分布系数 K_{d6}、K_{d8} 分别计算为0.88和0.831。节距同样取 $y=5$,绕组系数分别为:

$$K_{w6} = 0.88 \times 0.966 = 0.85,$$

$$K_{w8} = 0.831 \times 0.985 = 0.82。$$

与正规分布绕组方案相比,6极绕组系数大为提高,两种极数下绕组系数大为接近。

三、分裂线圈法及其应用

在排列非倍极比双速单绕组时,可能会碰到在某一极数下排不出对称绕组的情况。此时可以试用分裂线圈的方法，即将一个槽内的线圈分拆成两部分分别接线，来得出对称绕组。下面以例说明。

【例 8-9】 一台定子 72 槽电动机，欲绕成 8/6 极双速，要求两极下功率接近，试以反向法排出绕组。

72 槽电动机绕成 8/6 极可以按正规分布排出绕组。以 8 极作基准极排成 60°相带绕组，反向获得 6 极 180°相带绕组。排出的绕组方案 8 极一相矢量分布为 8、8、8，6 极一相矢量分布为 2、2、2、2、2、2、2、2、2、2、2、2，缺点是 6 极分布系数低（$K_{d8}=0.96$，$K_{d6}=0.638$），绕组利用率低，不能满足两个极数下功率接近的使用要求。

为提高 6 极分布系数，将 6 极改成非正规分布绕组。为此将 8 极改为 120°相带绕组，按 4、4、4、4、4、4 分布得出图 8-21 的槽电势图，再反向得 6 极如图 8-22 所示。由图可知，6 极每相矢量分布比原来是集中了，但此时 U、V、W 三个相矢量却不能满足对称要求——V 相矢量幅值大于 U、W 两相，三相矢量相位差也不等于 120°（计算得三个相位差角分别是 112.5°、112.5°和 135°）。

应用分裂线圈法可以在此基础上获得对称绕组。仔细分析图 8-22，其不对称情况是：V 相矢量幅值大，且 U、W 两相矢量夹角为 135°，大于 120°。针对此情况，提出基本构思是减小 V 相矢量幅值但相角不变，同时设法使 U、W 相矢量分别顺时针和反时针转过一定的相等角度——理想情况是 7.5°，以减小 U、W 两相矢量之间夹角使之等于 120°。做到了这一点，W、V 和 U、V 之间相矢量夹角也就自然等于 120°。

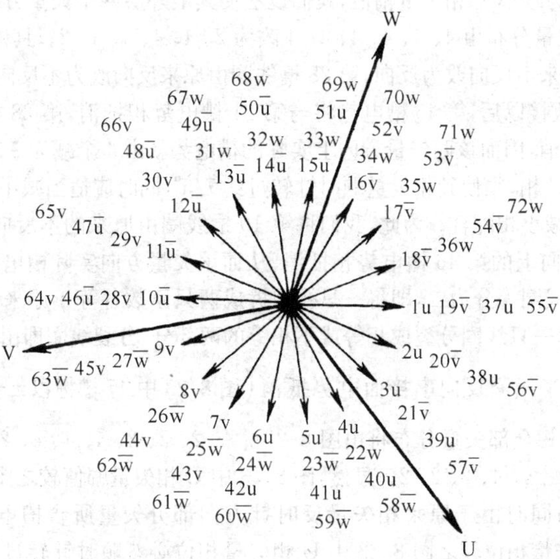

图 8-21　一相矢量分布为 4、4、4、4、4、4 的 72 槽 8 极槽电势图

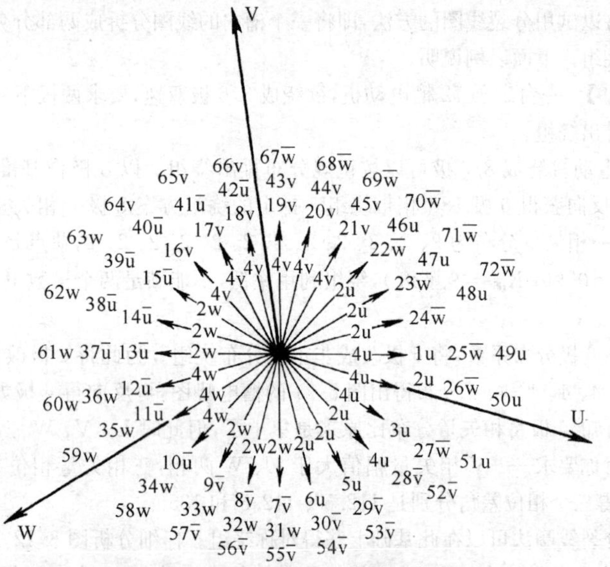

图 8-22　反向得 6 极的槽电势图

为实现这个构思,采取以下措施:

(1) 对于 V 相,因为相矢量相位角不须变动,因此其矢量分布对于相矢量来说仍须保持对称。为减小 V 相矢量幅值,我们设法使其最外层两个矢量方向由含四槽减为含两槽,即矢量分布由 4、4、4、4、4、4 改为 2、4、4、4、4、2。具体办法是:使第 45 槽线圈由原来不反向改为反向;第 28 槽线圈由原来反向改为不反向(参看图 8-21 和图 8-22)。改接以后,第 45 槽电势将与第 21 槽电势相抵消,第 28 槽电势将与第 52 槽电势相抵消,因而该两矢量方向上实际的槽电势就由 4 个减为 2 个。

(2) 对于 U 相,须使其相矢量顺时针转过约 7.5°,同时应适当减小其幅值使和 V 相矢量幅值的减小相配合。为此,我们将第 10 槽线圈由原来的不反向变成反向,使它与该矢量方向上的第 46 槽电势相抵消,从而该矢量方向实际槽电势变为零。另外,将第 47 槽线圈一分为二,即将一只线圈拆成两只匝数各等于原来一半的线圈嵌放在同一槽内(一只线圈分裂成相等或不相等的两部分,分裂线圈即由此得名),并且在 6 极时使两半线圈反向串接而电势抵消$\left(\text{图 8-23 中 47 槽标以}\pm\frac{u}{2}\text{即为此意}\right)$。这样改动后 U 相全部矢量分布将由图 8-22 中的 2、2、2、4、4、4、2、2、2 变为图 8-23 的 1、2、4、4、4、2、2、2。显然,图 8-23 中 U 相矢量幅值较之图 8-22 中 U 相矢量幅值为小;同时由于原来相矢量反时针方向部分矢量所含槽电势值减小,图 8-23 中 U 相矢量相位较之图 8-22 中 U 相矢量相位必然顺时针转过一个角度。按照 1、2、4、4、4、2、2、2 的矢量分布情况,可算得顺时针转动角度正好是 7.5°,同时其幅值和变动后的 V 相矢量幅值也几乎相等。

(3) 对 W 相，其措施和 U 相雷同。系将第 27 槽线圈由原来不反向改为反向，使它与第 63 槽电势抵消而使该矢量方向槽电势为零。同时，将第 62 槽线圈分裂为相

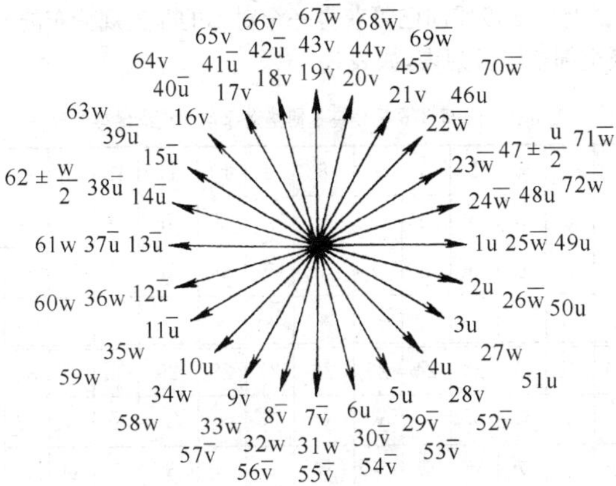

图 8-23 用分裂线圈法获得的 72 槽 6 极槽电势图

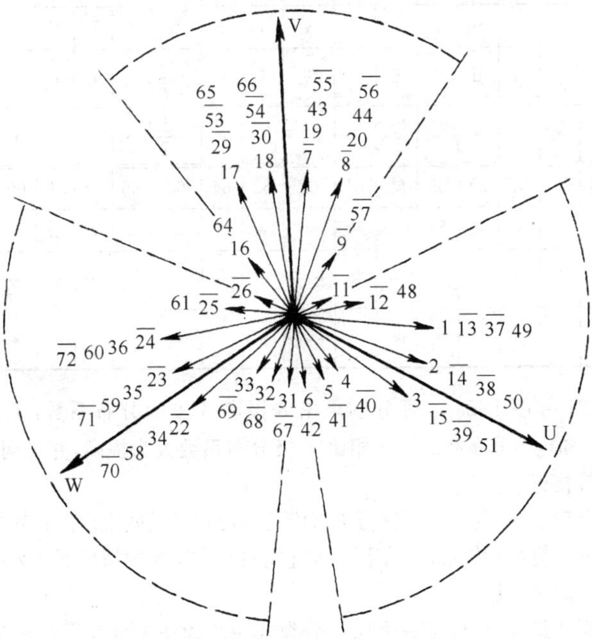

图 8-24 图 8-23 的各相矢量分布

等的两半,6 极时两半反向串接,电势抵消。如此,W 相全部矢量分布也变为 1、2、4、4、4、2、2、2,较之图 8-22 的相矢量相角正好反时针转过 7.5°,幅值与变动后的 U、V 相矢量相等。

经过调整以及采用分裂线圈后,6 极的槽电势图以及各相矢量分布见图 8-23 和图 8-24。由图可知,由 8 极反向已可获得一个对称的非正规分布的 6 极绕组。

上述 8/6 极全部绕组排列表,如表 8-7。

表 8-7 72 槽 8/6 极分裂线圈法双速电动机绕组排列表

槽号	1	2	3	4	5	6	7	8	9	10	11	12	13	14	15	16	17	18
8 极	u	u	u	u	u	u	v	v	v	$\bar{u}$	$\bar{u}$	$\bar{u}$	$\bar{u}$	$\bar{u}$	$\bar{u}$	$\bar{v}$	$\bar{v}$	$\bar{v}$
6 极	u	u	u	u	u	u	$\bar{v}$	$\bar{v}$	$\bar{v}$	u	$\bar{u}$	$\bar{u}$	$\bar{u}$	$\bar{u}$	$\bar{u}$	v	v	v
反向指示							*	*	*	*						*	*	*
槽号	19	20	21	22	23	24	25	26	27	28	29	30	31	32	33	34	35	36
8 极	$\bar{v}$	$\bar{v}$	$\bar{v}$	$\overline{w}$	$\overline{w}$	$\overline{w}$	$\overline{w}$	$\overline{w}$	$\overline{w}$	v	v	v	w	w	w	w	w	w
6 极	v	v	v	$\overline{w}$	$\overline{w}$	$\overline{w}$	$\overline{w}$	$\overline{w}$	w	v	$\bar{v}$	$\bar{v}$	w	w	w	w	w	w
反向指示	*	*	*						*		*	*						
槽号	37	38	39	40	41	42	43	44	45	46	47	48	49	50	51	52	53	54
8 极	u	u	u	u	u	u	v	v	v	$\bar{u}$	$\bar{u}$	$\bar{u}$	$\bar{u}$	$\bar{u}$	$\bar{u}$	$\bar{v}$	$\bar{v}$	$\bar{v}$
6 极	$\bar{u}$	$\bar{u}$	$\bar{u}$	$\bar{u}$	$\bar{u}$	$\bar{u}$	v	v	$\bar{v}$	u	$\pm\frac{u}{2}$	u	u	u	u	$\bar{v}$	$\bar{v}$	$\bar{v}$
反向指示	*	*	*	*	*	*			*	*	$*\frac{1}{2}$	*	*	*	*			
槽号	55	56	57	58	59	60	61	62	63	64	65	66	67	68	69	70	71	72
8 极	$\bar{v}$	$\bar{v}$	$\bar{v}$	$\overline{w}$	$\overline{w}$	$\overline{w}$	$\overline{w}$	$\overline{w}$	$\overline{w}$	v	v	v	w	w	w	w	w	w
6 极	$\bar{v}$	$\bar{v}$	$\bar{v}$	w	w	w	w	$\pm\frac{w}{2}$	w	v	v	v	$\overline{w}$	$\overline{w}$	$\overline{w}$	$\overline{w}$	$\overline{w}$	$\overline{w}$
反向指示				*	*	*	*	$*\frac{1}{2}$	*				*	*	*	*	*	*

在图 8-21 和图 8-23 上可分别求出 8 极和 6 极的分布系数:$K_{d8}=0.831$,$K_{d6}=0.77$。和正规分布绕组方案相比,6 极分布系数大为提高,并且两种极数下分布系数也比较接近了。

通过这个例子,我们可以了解分裂线圈法的应用及其效果。但必须指出,分裂线圈法终究降低了绕组和铁心的利用率,因此它只是在特定的情况下才采用,不宜作为一个普遍的方法来应用。

本书中彩图Ⅲ-[24]也是一个应用分裂线圈法而使 6 极获得对称绕组的方案。该方案中线圈分裂有两种情况,有分裂为相等的各一半匝数的,也有分裂为原匝数的

5/6 和 1/6 两半的。

四、非倍极比双速电动机绕组接线

非倍极比双速电动机绕组和倍极比双速一样是通过反向法排列出来的，变极时同样是每相一半线圈电流反向。因此，它的绕组接线方法和倍极比双速电动机绕组一样，不再赘述。

第四节　三速电动机绕组及接线

三速以上变极多速电动机中以三速电动机为多见。三速电动机绕组有用一套绕组通过外部接线变换获得三种转速的单绕组三速电动机；也有用两套绕组再通过外部接线变换获得三种转速的双绕组三速电动机。双绕组三速电动机绕组，可以由一个倍极比双速单绕组(例如 6/4/2 极中的 4/2 极，8/6/4 极中的 8/4 极)加一个普通单速绕组(例如 6/4/2 极和 8/6/4 极中的 6 极)组成；也可以由一个非倍极比双速单绕组加一个普通单速绕组(例如 6/4/2 极中的 6/4 极加 2 极)组成。四速电动机虽也可以用一套单绕组通过外部接线变换来获得四种转速，但由于引出线多，接线变换复杂，以及各极下功率难以照顾等原因一般不予采用。实际产品中四速电动机绕组都由两个倍极比双速单绕组组成，例如 12/8/6/4 极四速电动机就由一个 8/4 极倍极比双速单绕组加一个 12/6 极倍极比双速单绕组组成。

本节叙述单绕组三速电动机的绕组排列和接线。单绕组三速电动机三种转速的获得有利用通常的反向变极法，也有用换相变极法，还有用变节距法的。下面分别叙述。

一、反向变极法三速电动机绕组排列和接线

1. 反向变极法三速电动机绕组排列

反向变极法单绕组三速电动机的绕组可以用前述倍极比和非倍极比两种绕组排列方法组合而成。例如，36 槽、8/6/4 极三速电动机 6/4 极由例 8-6 非倍极比双速绕组获得，8 极则可在 4 极基础上用庶极接法获得。整个 8/6/4 极三速电动机绕组排列表，如表 8-8。

表 8-8　36 槽、8/6/4 极三速电动机绕组排列表

槽　号	1	2	3	4	5	6	7	8	9	10	11	12	13	14	15	16	17	18
4　极	u	u	u	$\bar{w}$	$\bar{w}$	$\bar{w}$	v	v	v	$\bar{u}$	$\bar{u}$	$\bar{u}$	w	w	w	$\bar{v}$	$\bar{v}$	$\bar{v}$
6　极	u	u	u	$\bar{w}$	$\bar{w}$	$\bar{w}$	v	v	v	$\bar{u}$	$\bar{u}$	$\bar{u}$	w	w	$\bar{w}$	$\bar{v}$	v	v
8　极	u	u	u	w	w	w	v	v	v	u	u	u	w	w	w	v	v	v
槽　号	19	20	21	22	23	24	25	26	27	28	29	30	31	32	33	34	35	36
4　极	u	u	u	$\bar{w}$	$\bar{w}$	$\bar{w}$	v	v	v	$\bar{u}$	$\bar{u}$	$\bar{u}$	w	w	w	$\bar{v}$	$\bar{v}$	$\bar{v}$
6　极	$\bar{u}$	$\bar{u}$	$\bar{u}$	w	w	w	$\bar{v}$	$\bar{v}$	$\bar{v}$	u	u	u	$\bar{w}$	$\bar{w}$	w	v	$\bar{v}$	$\bar{v}$
8　极	u	u	u	w	w	w	v	v	v	u	u	u	w	w	w	v	v	v

此绕组方案即彩图Ⅲ-[36]。取节距 $y=5$，三种极数下绕组系数分别为

$$K_{w4}=0.96\times0.766=0.735$$

$$K_{w6}=0.644\times0.966=0.622$$

$$K_{w8}=0.844\times0.985=0.831$$

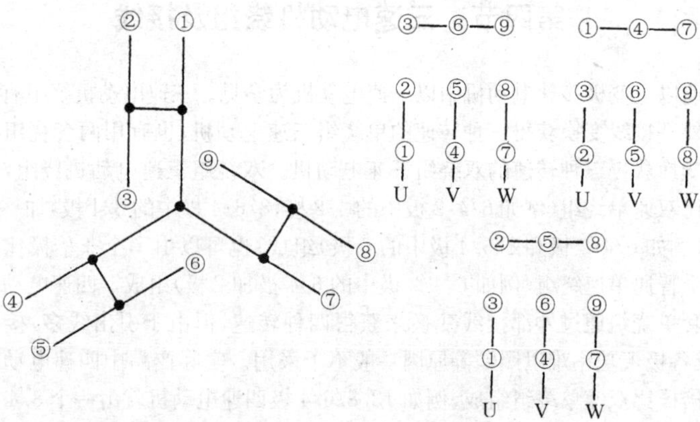

图 8-25　2丫/2丫/2丫接法

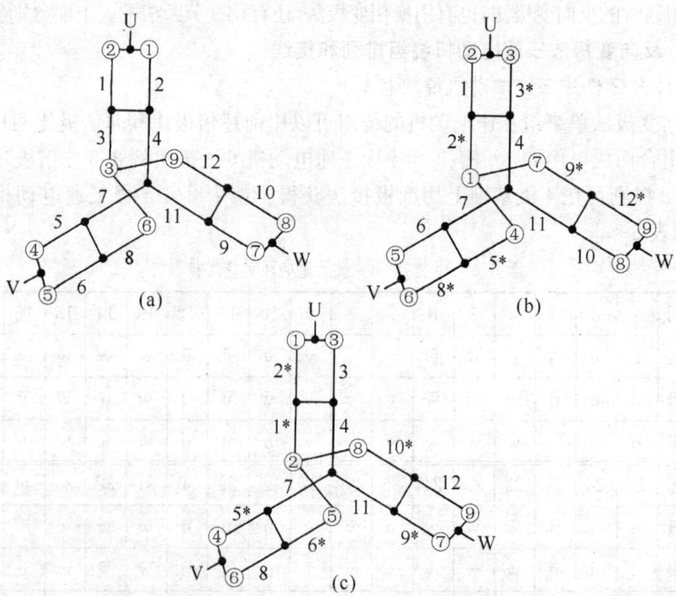

图 8-26　2丫/2丫/2丫的三种接线示意

2. 反向变极法三速电动机绕组接线

用反向变极法得到的单绕组三速电动机接线方法常用的有 2Y/2Y/2Y 和 2Y/2△/2△ 两种,引出线头 9 根;也有用到 12 根引出线头的 2Y/2Y/2△接线方法。

(1) 2Y/2Y/2Y接线方法

这种接线方法见图 8-25。在图 8-26 中分别画出了三种情况下的接线示意图,图中 1、2、3、4、5、6、7、8、9、10、11、12 分别表示 U、V、W 三相的线圈组号,“*”为反向记号。

由图 8-26 可清楚看出:由 2Y接法(a)变成 2Y接法(b)时线圈组 2、3、5、8、9、12 电流反向,满足各相线圈电流一半反向的要求;由 2Y接法(b)变成 2Y接法(c)时,线圈组 1、2、5、6、9、10 电流反向,也满足各相线圈电流一半反向的要求。接法变换时,各线圈组电流具体反向情况列于表 8-9。

表 8-9 2Y/2Y/2Y接法接线变换时各线圈组电流反向情况表

线圈组号 / 反向情况		相号 U	相号 V	相号 W
2Y接法(a)→2Y接法(b) 2Y接法(b)→2Y接法(c)	都不反向	4	7	11
2Y接法(a)→2Y接法(b) 2Y接法(b)→2Y接法(c)	都反向	2	5	9
2Y接法(a)→2Y接法(b) 2Y接法(b)→2Y接法(c)	反向 不反向	3	8	12
2Y接法(a)→2Y接法(b) 2Y接法(b)→2Y接法(c)	不反向 反向	1	6	10

下面再以上述 36 槽、8/6/4 极三速电动机为例,具体说明 2Y/2Y/2Y接线方法。观察表 8-8 绕组排列表,列出 12 个线圈组各自对应的槽号填入表 8-9 即可得表 8-10。

表 8-10 采用 2Y/2Y/2Y接法的 36 槽 8/6/4 极三速电动机各线圈组槽号和反向情况

(线圈组号)槽号 / 反向情况		相号 U	相号 V	相号 W
4 极→6 极 6 极→8 极	都不反向	(4) 1、2、3	(7) 7、8、9	(11) 13、14、33
4 极→6 极 6 极→8 极	都反向	(2) 19、20、21	(5) 25、26、27	(9) 15、31、32
4 极→6 极 6 极→8 极	反向 不反向	(3) 28、29、30	(8) 17、18、34	(12) 22、23、24
4 极→6 极 6 极→8 极	不反向 反向	(1) 10、11、12	(6) 16、35、36	(10) 4、5、6

由此可画出接线图如图 8-27 所示,图中各槽线圈正、负号均以 4 极为准。图 8-28 是图 8-27 的另一种画法。

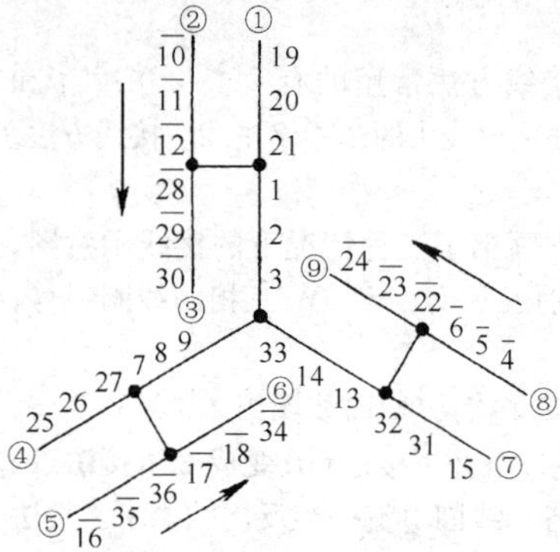

图 8-27　36 槽 8/6/4 极三速电动机 2Y/2Y/2Y接线图

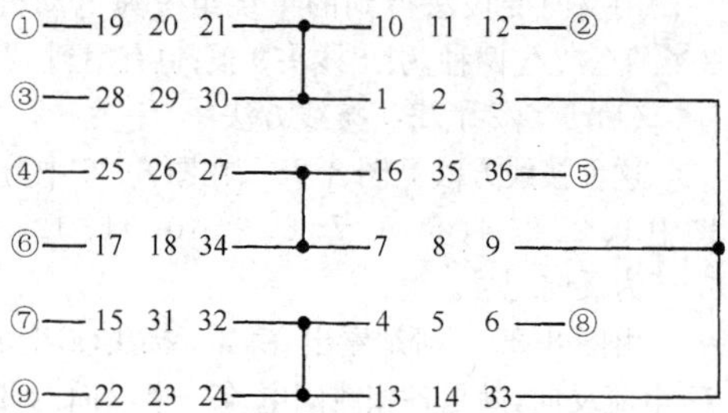

图 8-28　图 8-27 的另一种画法

(2) 2Y/2△/2△接线方法

接线方法见图 8-29。图 8-30 分别画出了三种情况下接线示意图,各线圈组在接法变换时电流反向情况列于表 8-11。

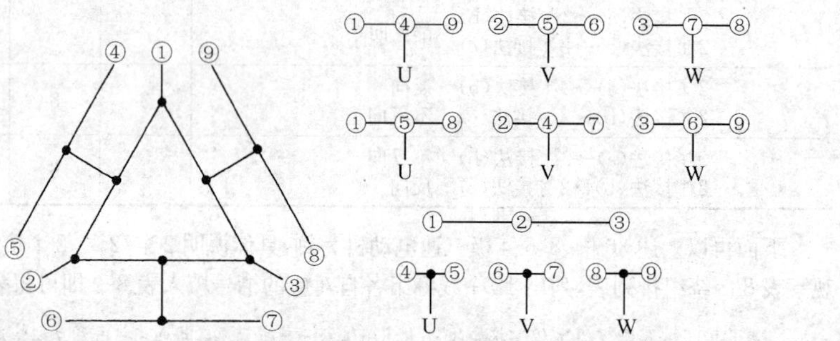

图 8-29　2Y/2△/2△接法

表 8-11　2Y/2△/2△接法接线变换时各线圈组电流反向情况表

线圈组号 / 反向情况		相号		
		U	V	W
2△接法(a)→2△接法(b) 2△接法(b)→2Y接法(c)	都不反向	1	6	10
2△接法(a)→2△接法(b) 2△接法(b)→2Y接法(c)	都反向	4	7	11
2△接法(a)→2△接法(b) 2△接法(b)→2Y接法(c)	反向 不反向	3	8	12
2△接法(a)→2△接法(b) 2△接法(b)→2Y接法(c)	不反向 反向	2	5	9

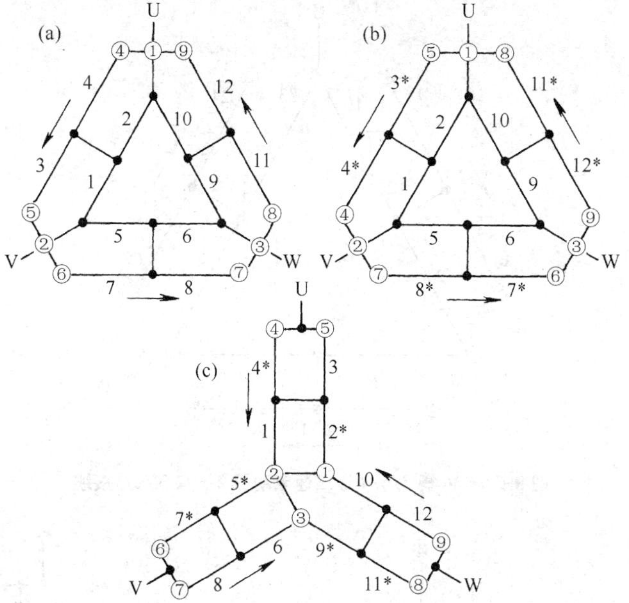

图 8-30　2Y/2△/2△三种接线示意

仍以上述 36 槽 8/6/4 极三速电动机为例，将各线圈组对应槽号填入，见表 8-12。接线图见图 8-31，各槽正、负号仍以 4 极(2△接法)为准。

表 8-12　采用 2Y/2△/2△接法的 36 槽 8/6/4 极三速电动机各线圈组槽号和反向情况

反向情况 ＼ (线圈组号)槽号		相号 U	相号 V	相号 W
4 极→6 极 6 极→8 极	都不反向	(1) 1、2、3	(6) 7、8、9	(10) 13、14、33
4 极→6 极 6 极→8 极	都反向	(4) 19、20、21	(7) 25、26、27	(11) 15、31、32
4 极→6 极 6 极→8 极	反向 不反向	(3) 28、29、30	(8) 17、18、34	(12) 22、23、24
4 极→6 极 6 极→8 极	不反向 反向	(2) 10、11、12	(5) 16、35、36	(9) 4、5、6

(3) 2Y/2Y/2△接线方法

这种接线方法出线头为 12 根，接线方法见图 8-32。它在三种情况下接线示意见图 8-33，接线变换时各线圈组电流反向情况如表 8-13。

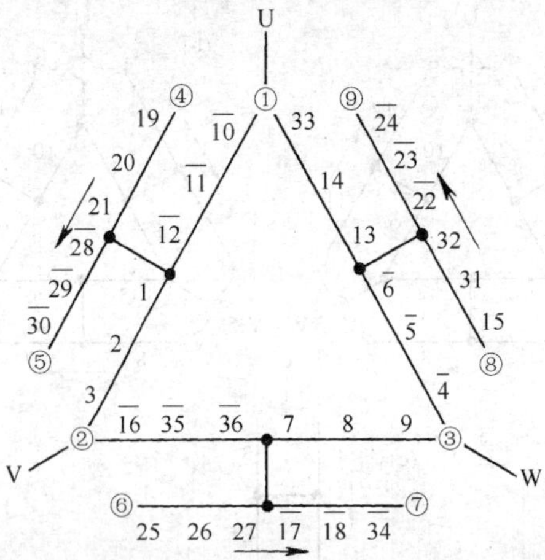

图 8-31　36 槽 8/6/4 极三速电动机 2Y/2△/2△接线

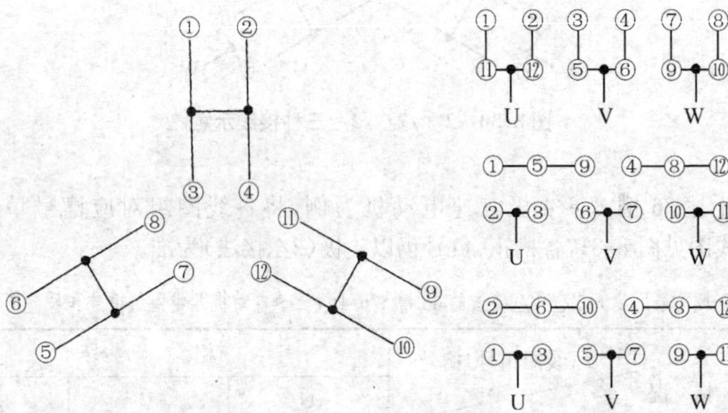

图 8-32　2Y/2Y/2△接法

表 8-13　2Y/2Y/2△接法接线变换时各线圈组电流反向情况表

反向情况 \ 线圈组号		相号 U	相号 V	相号 W
2△接法(a)→2Y接法(b) 2Y接法(b)→2Y接法(c)	都不反向	4	8	12
2△接法(a)→2Y接法(b) 2Y接法(b)→2Y接法(c)	都反向	1	5	9
2△接法(a)→2Y接法(b) 2Y接法(b)→2Y接法(c)	反向 不反向	3	7	11
2△接法(a)→2Y接法(b) 2Y接法(b)→2Y接法(c)	不反向 反向	2	6	10

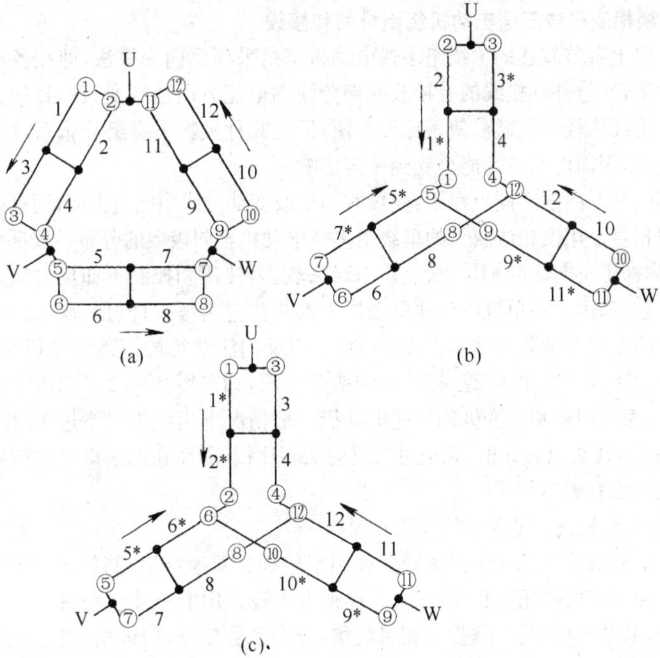

图 8-33　2Y/2Y/2△三种接线示意

2Y/2Y/2△接法时，上述 36 槽 8/6/4 极三速电动机接线图如图 8-34（各槽正负号仍以 4 极为准）所示。

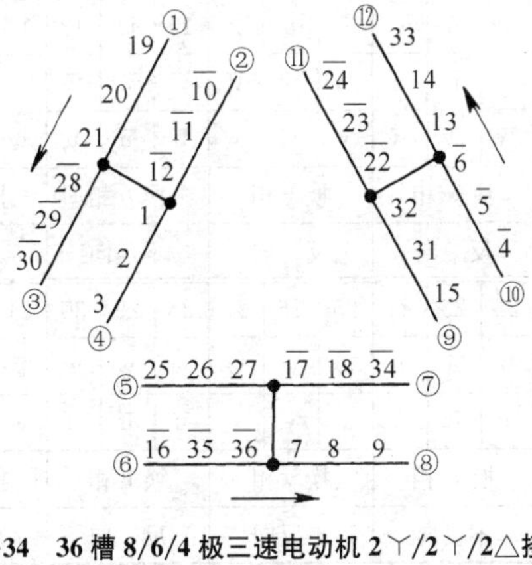

图 8-34　36 槽 8/6/4 极三速电动机 2Y/2Y/2△接线图

二、换相变极法三速电动机绕组排列和接线

本章以上各节叙述的单绕组多速电动机都是采用反向变极法，即在各槽相号不变的条件下，通过外部接线的变换改变部分线圈电流方向达到变极的目的。这种方法优点是出线头较少，改绕、使用比较方便；但是几种极数下绕组分布系数总不能同时做到较高，因而电动机性能会受到一定影响。

换相法和反向法不同点在于：变极时不仅改变部分线圈电流方向，而且改变部分槽内线圈相号。用换相法获得的单绕组多速电动机不同极数的分布系数都可保持较高，从而弥补了反向法的不足；缺点是出线头较多，使用和控制不如反向法方便。由于出线头较多，因此在单绕组双速电动机中换相法应用很少；但是，在三速以上电动机中这个缺点相对地就不明显。我们知道，用反向法获得的三速电动机绕组，采用 2Y/2Y/2Y 或 2Y/2△/2△ 接法出线头是 9 根，如采用 2Y/2Y/2△ 接法出线头要 12 根。而采用换相法变极的三速电动机一般情况下出线头也不过 12 根，而在采用△接法时出线头只有 9 根，完全可与反向法相比拟，因而在三速以上单绕组多速电动机中换相法有相当的应用。

1. 换相变极法三速电动机绕组排列

三速电动机采用换相法变极较多地用于倍极比双速绕组，例如 8/4/2 极三速绕组中的 2 极到 4 极采用换相法变极，8 极则由 4 极采用庶极接法获得。在反向法双速绕组中，通常少极数为正规 60°相带绕组，分布系数较高；倍极由庶极接法获得，为 120°相带绕组，分布系数较低（一般为 60°相带绕组的 87%）。换相法变极的基本出发点是使两种极数下都保持正规 60°相带绕组，从而两种极数下都获得较高的分布系数（由于 120°相带绕组谐波磁场较 60°相带绕组大，因而电机性能也有提高）。以 4/2 极为例，换相法绕组排列如表 8-14。

表 8-14　采用换相变极法的 36 槽 4/2 极双速电动机绕组排列表

槽　号	1	2	3	4	5	6	7	8	9	10	11	12	13	14	15	16	17	18
2　极	u	u	u	u	u	u	$\overline{w}$	$\overline{w}$	$\overline{w}$	$\overline{w}$	$\overline{w}$	$\overline{w}$	v	v	v	v	v	v
4　极	u	u	u	$\overline{w}$	$\overline{w}$	$\overline{w}$	v	v	v	$\overline{u}$	$\overline{u}$	$\overline{u}$	w	w	w	$\overline{v}$	$\overline{v}$	$\overline{v}$
换相情况	不换相			换 w 相			换 v 相			换 u 相			换 w 相			不换相		
反向情况	不反向			反　向			反　向			不反向			不反向			反　向		
槽　号	19	20	21	22	23	24	25	26	27	28	29	30	31	32	33	34	35	36
2　极	$\overline{u}$	$\overline{u}$	$\overline{u}$	$\overline{u}$	$\overline{u}$	$\overline{u}$	w	w	w	w	w	w	$\overline{v}$	$\overline{v}$	$\overline{v}$	$\overline{v}$	$\overline{v}$	$\overline{v}$
4　极	u	u	u	$\overline{w}$	$\overline{w}$	$\overline{w}$	v	v	v	$\overline{u}$	$\overline{u}$	$\overline{u}$	w	w	w	$\overline{v}$	$\overline{v}$	$\overline{v}$
换相情况	不换相			换 w 相			换 v 相			换 u 相			换 w 相			不换相		
反向情况	反　向			不反向			不反向			反　向			反　向			不反向		

由上表可知，2 极和 4 极都是正规 60°相带绕组，分布系数 $K_{d2}=0.956$，$K_{d4}=$

0.96，两极下都较高。

2极到4极采用换相法，8极用庶极接法的8/4/2极三速电动机绕组排列如表8-15，此即彩图Ⅲ-[33]。

表8-15　4/2极采用换相变极的36槽8/4/2极三速电动机绕组排列表

槽　号	1	2	3	4	5	6	7	8	9	10	11	12	13	14	15	16	17	18
2　极	u	u	u	u	u	u	$\overline{w}$	$\overline{w}$	$\overline{w}$	$\overline{w}$	$\overline{w}$	$\overline{w}$	v	v	v	v	v	v
4　极	u	u	u	$\overline{w}$	$\overline{w}$	$\overline{w}$	v	v	v	$\overline{u}$	$\overline{u}$	$\overline{u}$	w	w	w	$\overline{v}$	$\overline{v}$	$\overline{v}$
8　极	u	u	u	w	w	w	v	v	v	u	u	u	w	w	w	v	v	v
槽　号	19	20	21	22	23	24	25	26	27	28	29	30	31	32	33	34	35	36
2　极	$\overline{u}$	$\overline{u}$	$\overline{u}$	$\overline{u}$	$\overline{u}$	$\overline{u}$	w	w	w	w	w	w	$\overline{v}$	$\overline{v}$	$\overline{v}$	$\overline{v}$	$\overline{v}$	$\overline{v}$
4　极	u	u	u	$\overline{w}$	$\overline{w}$	$\overline{w}$	v	v	v	$\overline{u}$	$\overline{u}$	$\overline{u}$	w	w	w	$\overline{v}$	$\overline{v}$	$\overline{v}$
8　极	u	u	u	w	w	w	v	v	v	u	u	u	w	w	w	v	v	v

2. 换相变极法三速电动机绕组接线

换相变极法多速电动机的绕组接线方法有两种。一种是用一般的△和丫接法，另一种是用特殊的◬接法。

(1) 一般接法的绕组接线

观察表8-14可知，换相变极法绕组接线在变极时既要满足换相要求，又要满足反向要求，因此比较复杂。

为了清楚地、由简到繁地得出换相变极法的绕组接线方法，我们分两步来叙述。第一步，先看如何在接线上满足换相要求。

仔细观察表8-14，U、V、W三个相在变极时换相要求如下：

U相 { 一半线圈组1、2、3和19、20、21不换相
　　 { 一半线圈组4、5、6和22、23、24换W相

V相 { 一半线圈组16、17、18和34、35、36不换相
　　 { 一半线圈组13、14、15和31、32、33换W相

W相 { 一半线圈组7、8、9和25、26、27换V相
　　 { 一半线圈组10、11、12和28、29、30换U相

为此，我们可把各相均分成两半线圈组。以△接法为例来说明，见图8-35。设2极时接线如图8-35(a)所示，出线头1、2、3进电，4、5、6空接。线圈组Ⅰ、Ⅱ为U相，各表示其一半线圈；线圈组Ⅲ、Ⅳ为V相，Ⅴ、Ⅵ为W相。现在若从出线头4、5、6进电，1、2、3空接，并取相序与前相反，如图8-35(b)。可以看到图8-35(a)中原为U相的线圈组Ⅰ仍为U相、不换相，线圈组Ⅱ则变为W相；原为V相的线圈组Ⅳ仍为V相，线圈组Ⅲ则变为W相；原为W相的线圈组Ⅵ变为U相，线圈组Ⅴ变为V相。这正好满足表8-14变极时换相要求。

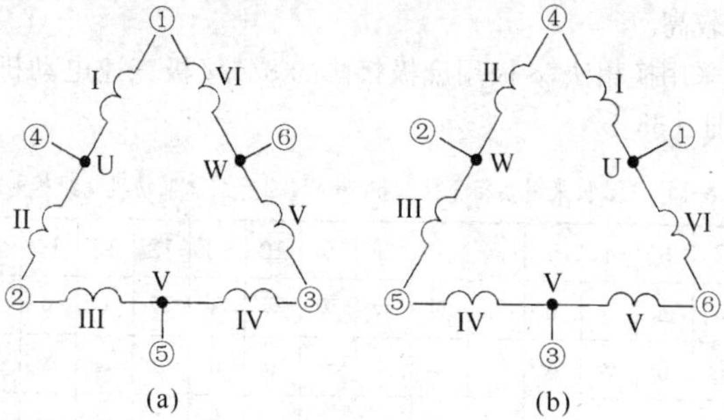

图 8-35　换相接线示意

第二步，看如何在换相基础上再满足反向要求。由表 8-14 可知，变极时不论是 U 相的Ⅰ、Ⅱ线圈组，V 相的Ⅲ、Ⅳ线圈组或 W 相的Ⅴ、Ⅵ线圈组都要求有一半线圈反向、一半线圈不反向。为实现此要求，各相每个线圈组必须拆成两个，即三个相原来 6 个线圈组必须变成 12 个线圈组，每相 4 个线圈组，每组 3 个槽线圈；并且两者必须并联，一路△变成两路△，见图 8-36。比较图 8-36(a)和(b)可知，线圈组 $Ⅰ_2$、$Ⅱ_2$、$Ⅲ_2$、$Ⅳ_2$、$Ⅴ_2$、$Ⅵ_2$ 变极时都反了向，另一半则不反向。图 8-36 既满足了换相又满足了反向要求，它就是换相变极法的绕组接线示意图。

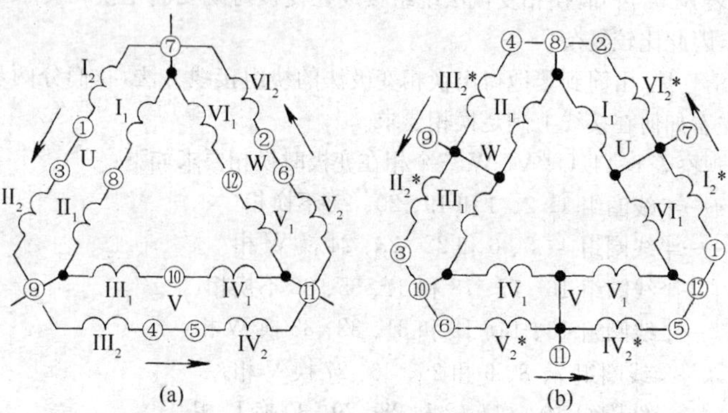

图 8-36　换相(并反向)变极法接线示意

将表 8-14 中对应槽号填入 12 个线圈组中即得到 36 槽 4/2 极换相变极绕组接线图，如图 8-37 所示，出线头 12 根。实际上它就是 36 槽 8/4/2 极换相变极三速电动机绕组接线图。因为三速中 8 极是在 4 极基础上采用庶极接法获得的，而我们已经知道，庶极接法只通过外部接线变换来实现，并不改变绕组内部接线。图 8-38 是图 8-37 的另一种画法，接线次序看起来更为清楚。

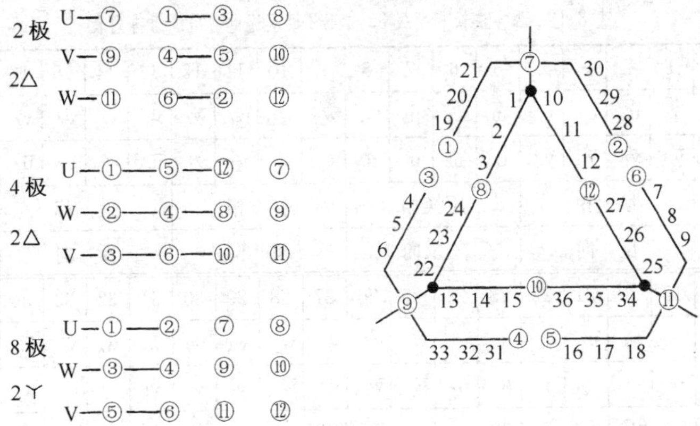

图 8-37　换相变极 36 槽 8/4/2 极三速电动机绕组接线图

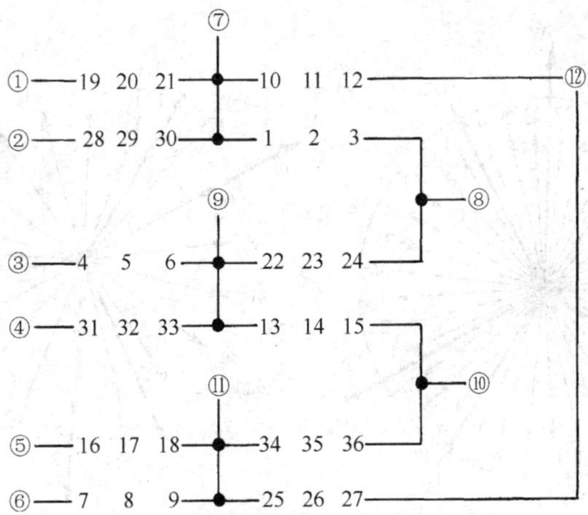

图 8-38　图 8-37 的另一种画法

(2) ◬接法的绕组接线

◬接法的特点是每相所含全部槽线圈都分成两个部分。其中：一部分槽线圈三相之间作△形连接，形成一个对称绕组；另一部分槽线圈三相之间作⅄形连接，形成另一个对称绕组。△部分和⅄部分并接于三相电源。△部分和⅄部分彼此的合成电势相位也不同，⅄部分滞后△部分 30°电度角。

由于◬接法的一些特殊要求，它的绕组排列与一般接法换相法的绕组排列也有所不同。以 36 槽 4/2 极为例，◬接法换相法的绕组排列如表 8-16，2、4 极时槽电势图如图 8-39 所示。

表 8-16 △接法换相变极 36 槽 4/2 极双速电动机绕组排列表

槽　号	1	2	3	4	5	6	7	8	9	10	11	12	13	14	15	16	17	18
2　极	$u_{\triangle}$	$u_{\triangle}$	$u_{\triangle}$	$u_{\triangle}$	$u_{⅄}$	$u_{⅄}$	$u_{⅄}$	$u_{⅄}$	$\overline{w}_{\triangle}$	$\overline{w}_{\triangle}$	$\overline{w}_{\triangle}$	$\overline{w}_{\triangle}$	$v_{\triangle}$	$v_{\triangle}$	$v_{\triangle}$	$v_{\triangle}$	$v_{⅄}$	$v_{⅄}$
4　极	$\overline{v}_{\triangle}$	$\overline{v}_{\triangle}$	$\overline{v}_{\triangle}$	$\overline{v}_{\triangle}$	$u_{⅄}$	$u_{⅄}$	$u_{⅄}$	$u_{⅄}$	$v_{\triangle}$	$v_{\triangle}$	$v_{\triangle}$	$v_{\triangle}$	$\overline{u}_{\triangle}$	$\overline{u}_{\triangle}$	$\overline{u}_{\triangle}$	$\overline{u}_{\triangle}$	$w_{⅄}$	$w_{⅄}$
换相情况	换 v 相				不换相				换 v 相				换 u 相				换	
反向情况	反　向				不反向				反　向				反　向				不	
槽　号	19	20	21	22	23	24	25	26	27	28	29	30	31	32	33	34	35	36
2　极	$v_{⅄}$	$v_{⅄}$	$\overline{u}_{\triangle}$	$\overline{u}_{\triangle}$	$\overline{u}_{\triangle}$	$\overline{u}_{\triangle}$	$w_{\triangle}$	$w_{\triangle}$	$w_{\triangle}$	$w_{\triangle}$	$w_{⅄}$	$w_{⅄}$	$w_{⅄}$	$w_{⅄}$	$\overline{v}_{\triangle}$	$\overline{v}_{\triangle}$	$\overline{v}_{\triangle}$	$\overline{v}_{\triangle}$
4　极	$w_{⅄}$	$w_{⅄}$	$u_{\triangle}$	$u_{\triangle}$	$u_{\triangle}$	$u_{\triangle}$	$\overline{w}_{\triangle}$	$\overline{w}_{\triangle}$	$\overline{w}_{\triangle}$	$\overline{w}_{\triangle}$	$v_{⅄}$	$v_{⅄}$	$v_{⅄}$	$v_{⅄}$	$w_{\triangle}$	$w_{\triangle}$	$w_{\triangle}$	$w_{\triangle}$
换相情况	w 相		不换相				不换相				换 v 相				换 w 相			
反向情况	反　向		反　向				反　向				不反向				反　向			

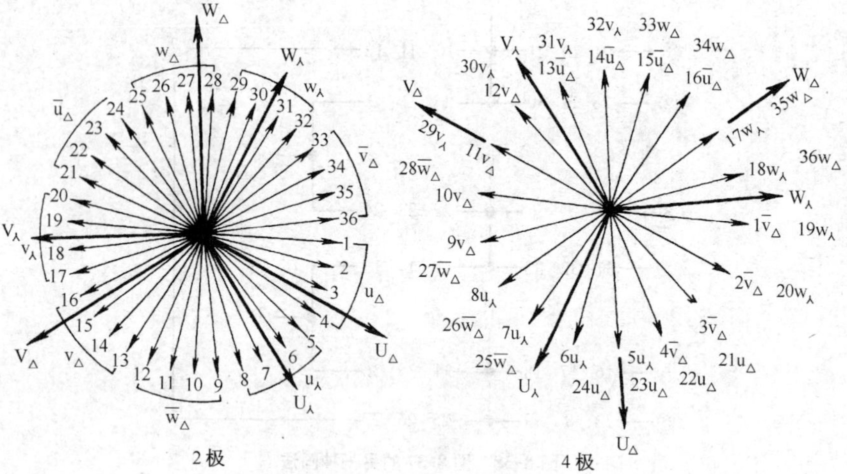

图 8-39　△接法 36 槽 4/2 极槽电势图

变极时 U、V、W 三个相线圈换相及反向要求如下：

U 相
- △部分
  - 一半线圈组 1、2、3、4（Ⅰ）换 V 相，反向
  - 一半线圈组 21、22、23、24（Ⅱ）不换相，反向
- ⅄部分 5、6、7、8 不换相，不反向

V 相
- △部分
  - 一半线圈组 13、14、15、16（Ⅲ）换 U 相，反向
  - 一半线圈组 33、34、35、36（Ⅳ）换 W 相，反向
- ⅄部分 17、18、19、20 换 W 相，不反向

W 相 △部分 一半线圈组 9、10、11、12(Ⅴ)换 V 相，反向
一半线圈组 25、26、27、28(Ⅵ)不换相，反向
⅄部分 29、30、31、32 换 V 相，不反向

分析以上情况，⅄部分线圈变极时没有反向要求，只是 V、W 两相互换。因此可通过外部 V、W 两相线互换来实现，不必更动绕组内部接线。绕组内部⅄接中性点可固定接死，外引出线头只需 3 个。

△部分各相线圈变极时都有反向要求。换相要求只是线圈组Ⅰ、Ⅲ相号互换，线圈组Ⅳ、Ⅴ相号互换。这可采用图 8-40 的接线方法。2 极时如图(a)，由出线头 4、5、6 分别进 U、V、W 三相电，出线头 1、2、3 空接，各槽线圈电流流向符合表 8-16 2 极绕组要求。4 极时如图(b)，出线头 2、1、3 分别进 U、V、W 三相电，出线头 4、5、6 空接。由图可知，完全满足变极时换相和反向要求。△部分引出线共 6 根。综合△、⅄两部分，整个⧊接法换相变极 36 槽 4/2 极绕组接线图如图 8-41(a)，引出线 9 根。图 8-41(b)是另一种画法。

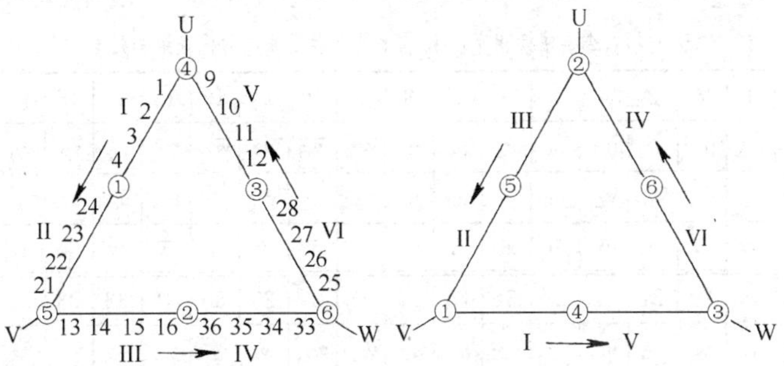

(a) 2 极　　(b) 4 极

图 8-40　⧊接法换相变极△部分接线示意图

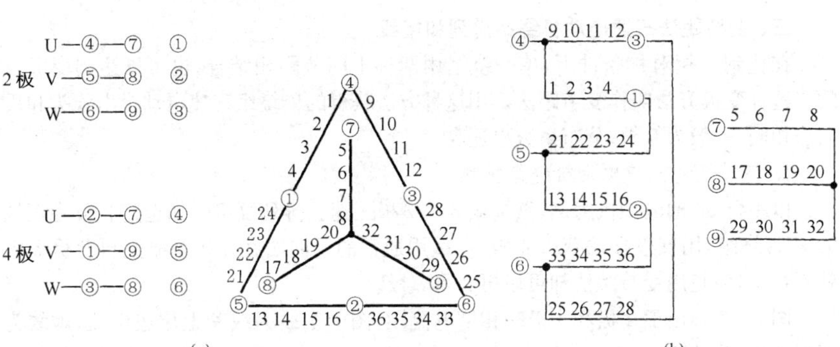

(a)　　(b)

图 8-41　⧊接法换相变极 36 槽 4/2 极双速电动机绕组接线图

比较图 8-41 和图 8-37 可知△⅄接法换相变极比一般接法换相变极引出线要少 3 根。主要原因是△⅄接法绕组中⅄部分线圈中性点固定接死，只有 3 根引出线。在两种极数下都可获得较高分布系数，引出线又较少，这是△⅄接法换相变极的优点。实际上，除此之外它的绕组磁势波形也更接近于正弦形（所以又叫作“正弦绕组”），很多次数的谐波磁势被消除或削弱，电机性能也获得提高。△⅄接法换相变极缺点是绕制比较复杂。由于各相⅄部分线圈较之△部分线圈电流大$\sqrt{3}$倍，电压小$\sqrt{3}$倍，因此两部分线圈的线径和匝数应不等。⅄部分线圈导线总截面应比△部分线圈导线总截面大$\sqrt{3}$倍，而有效匝数应为△部分有效匝数的$\dfrac{K_{w\triangle}}{\sqrt{3}K_{w\curlywedge}}$倍。式中，$K_{w\triangle}$ 和 $K_{w\curlywedge}$ 分别为△部分和⅄部分绕组的绕组系数。满足导线截面要求可以保证⅄和△两部分线圈电流密度相同，两部分绕组温升相同；满足匝数要求可以保证接上电源时绕组内部不产生环流。

△⅄接法换相变极 36 槽 4/2 极电动机不能在 4 极基础上用庶极接法得到 8 极，因而不能获得 8/4/2 极三速电动机。但是用△⅄接法和通常接法相结合的方法可获得 36 槽 6/4/2 极三速电动机，其绕组排列见表 8-17，接线图见图 8-42，此即彩图Ⅲ-[32]。

表 8-17　△⅄接法换相变极 36 槽 6/4/2 极三速电动机绕组排列表

槽　号	1	2	3	4	5	6	7	8	9	10	11	12	13	14	15	16	17	18
2　极	$u_{\triangle}$	$u_{\triangle}$	$u_{\triangle}$	$u_{\triangle}$	$u_{\curlywedge}$	$u_{\curlywedge}$	$u_{\curlywedge}$	$u_{\curlywedge}$	$\bar{w}_{\triangle}$	$\bar{w}_{\triangle}$	$\bar{w}_{\triangle}$	$\bar{w}_{\triangle}$	$v_{\triangle}$	$v_{\triangle}$	$v_{\triangle}$	$v_{\triangle}$	$v_{\curlywedge}$	$v_{\curlywedge}$
4　极	$\bar{v}_{\triangle}$	$\bar{v}_{\triangle}$	$\bar{v}_{\triangle}$	$\bar{v}_{\triangle}$	$u_{\curlywedge}$	$u_{\curlywedge}$	$u_{\curlywedge}$	$u_{\curlywedge}$	$v_{\triangle}$	$v_{\triangle}$	$v_{\triangle}$	$v_{\triangle}$	$\bar{u}_{\triangle}$	$\bar{u}_{\triangle}$	$\bar{u}_{\triangle}$	$\bar{u}_{\triangle}$	$w_{\curlywedge}$	$w_{\curlywedge}$
6　极	$\bar{w}$	$\bar{w}$	$\bar{w}$	$\bar{w}$	$\bar{u}$	$\bar{u}$	$\bar{u}$	$\bar{u}$	$\bar{v}$	$\bar{v}$	$\bar{v}$	$\bar{v}$	$\bar{w}$	$\bar{w}$	$\bar{w}$	$\bar{w}$	$\bar{u}$	$\bar{u}$
槽　号	19	20	21	22	23	24	25	26	27	28	29	30	31	32	33	34	35	36
2　极	$v_{\curlywedge}$	$v_{\curlywedge}$	$\bar{u}_{\triangle}$	$\bar{u}_{\triangle}$	$\bar{u}_{\triangle}$	$\bar{u}_{\triangle}$	$w_{\triangle}$	$w_{\triangle}$	$w_{\triangle}$	$w_{\triangle}$	$w_{\curlywedge}$	$w_{\curlywedge}$	$w_{\curlywedge}$	$w_{\curlywedge}$	$\bar{v}_{\triangle}$	$\bar{v}_{\triangle}$	$\bar{v}_{\triangle}$	$\bar{v}_{\triangle}$
4　极	$w_{\curlywedge}$	$w_{\curlywedge}$	$u_{\triangle}$	$u_{\triangle}$	$u_{\triangle}$	$u_{\triangle}$	$\bar{w}_{\triangle}$	$\bar{w}_{\triangle}$	$\bar{w}_{\triangle}$	$\bar{w}_{\triangle}$	$v_{\curlywedge}$	$v_{\curlywedge}$	$v_{\curlywedge}$	$v_{\curlywedge}$	$w_{\triangle}$	$w_{\triangle}$	$w_{\triangle}$	$w_{\triangle}$
6　极	$\bar{u}$	$\bar{u}$	$\bar{v}$	$\bar{v}$	$\bar{v}$	$\bar{v}$	$\bar{w}$	$\bar{w}$	$\bar{w}$	$\bar{w}$	$\bar{u}$	$\bar{u}$	$\bar{u}$	$\bar{u}$	$\bar{v}$	$\bar{v}$	$\bar{v}$	$\bar{v}$

三、变节距法三速电动机绕组排列和接线

在达到三相对称条件下，单一绕组用两种不同节距相结合，也可以达到变极目的。这种变极方法叫作变节距法。用这种方法获得的单绕组三速电动机出线头和反向法相同，一般为 9 根；分布系数也还高。

1. 变节距法三速电动机绕组排列

以一台 36 槽电动机为例，欲绕成 8/4/2 极三速。排列绕组时如选定 2 极为正规 60°相带绕组，用庶极接法获得 4 极，那么用通常的反向法在 4 极基础上再获得 8 极就不行了，但是用变节距法却可以再获得 8 极。

图 8-43 画出了 2 极和 4 极一相槽电流图，图中实线为线圈上层边电流，虚线为下层边电流，节距 $y=9$。

现在的问题是：如何在庶极接法的 4 极基础上再获得 8 极？为此，我们仔细观察

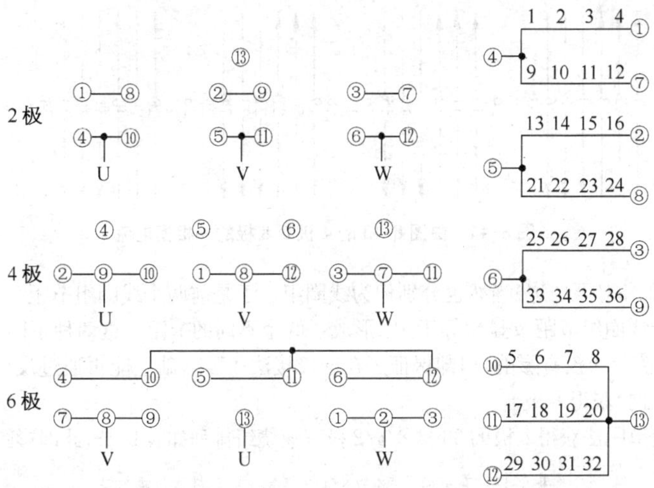

图 8-42 △接法换相变极 36 槽 6/4/2 极三速电动机绕组接线图

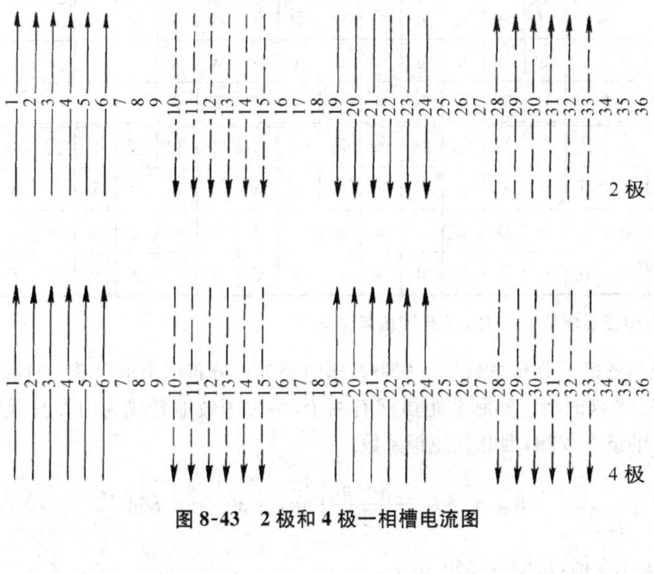

图 8-43 2 极和 4 极一相槽电流图

4 极时的槽电流分布情况，如果设想 4、5、6、10、11、12 及 22、23、24、28、29、30 共十二槽电流能反向成图 8-44 所示，显然一相槽电流就形成了 8 个极（一相形成 8 个极，三相合成必能形成 8 个极的旋转磁势）。

为使上述十二个槽电流反向而其余十二个槽不反向，我们可把 4、5、6（上层边）和 10、11、12（下层边）以及 22、23、24（上层边）和 28、29、30（下层边）分别单独作为线圈组。剩下的 1、2、3（上层边）和 13、14、15（下层边）以及 19、20、21（上层边）

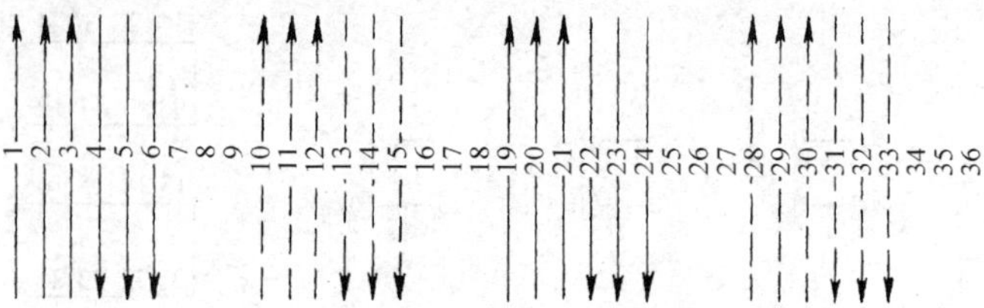

图 8-44　由图 8-43 的 4 极变 8 极的一相槽电流

和 31、32、33(下层边)当然也分别作为线圈组。于是前两个线圈组节距 y 显然等于 6,后两个线圈组节距 y 显然等于 12,形成了两个不同的节距。这两种不同节距对 2、4 极槽电流分布没有影响,但却保证了在底极接法 4 极基础上能再通过反向(一半线圈电流反向)获得 8 极。

用变节距法获得 8 极的 36 槽 8/4/2 极三速绕组排列如表 8-18,此即彩图Ⅲ-[34]。

表 8-18　变节距法 36 槽 8/4/2 极三速电动机绕组排列表

槽　号	①	②	③	4	5	6	⑦	⑧	⑨	10	11	12	⑬	⑭	⑮	16	17	18
2　极	u	u	u	u	u	u	$\overline{w}$	$\overline{w}$	$\overline{w}$	$\overline{w}$	$\overline{w}$	$\overline{w}$	v	v	v	v	v	v
4　极	u	u	u	u	u	u	w	w	w	w	w	w	v	v	v	v	v	v
8　极	u	u	u	$\overline{u}$	$\overline{u}$	$\overline{u}$	w	w	w	$\overline{w}$	$\overline{w}$	$\overline{w}$	v	v	v	$\overline{v}$	$\overline{v}$	$\overline{v}$
槽　号	⑲	⑳	㉑	22	23	24	㉕	㉖	㉗	28	29	30	㉛	㉜	㉝	34	35	36
2　极	$\overline{u}$	$\overline{u}$	$\overline{u}$	$\overline{u}$	$\overline{u}$	$\overline{u}$	w	w	w	w	w	w	$\overline{v}$	$\overline{v}$	$\overline{v}$	$\overline{v}$	$\overline{v}$	$\overline{v}$
4　极	u	u	u	u	u	u	w	w	w	w	w	w	v	v	v	v	v	v
8　极	u	u	u	$\overline{u}$	$\overline{u}$	$\overline{u}$	w	w	w	$\overline{w}$	$\overline{w}$	$\overline{w}$	v	v	v	$\overline{v}$	$\overline{v}$	$\overline{v}$

注:表中带圈槽号 $y = 12$,不带圈槽号 $y = 6$。

该绕组各极下分布系数仍可从一相槽电势矢量分布图上求出其矢量和再除以算术和求得。8 极时绕组实际节距虽然有两个,但可等效地看成为由 3 只线圈组成的节距为 3 的链形线圈,因此其短距系数

$$K_{y8} = \cos\frac{1.5\times 40^\circ}{2} = \cos 30^\circ = 0.866$$

(较满距短 1.5 槽,每槽电度角 40°)。

2. 变节距法三速电动机绕组接线

用变节距法得到的三速电动机绕组方案,其不同节距只体现在绕制和嵌放线圈中。线圈的反向情况和反向法是一样的,不论由 2 极变 4 极,或 4 极变 8 极,都是一半线圈电流反向,因而接线方法和反向法三速电动机绕组接线方法一样。一般采用 2Y/2Y/2Y或 2Y/2△/2△接法,引出线 9 根。

第九章　三相单绕组多速电动机的改绕步骤和计算

三相单速异步电动机可以通过定子绕组的改绕成为多速电动机。由于单绕组多速电动机较之双绕组能充分利用电动机的铜、铁材料以及笼型转子绕组能自动适应定子绕组极对数，因而改绕都选用单绕组多速方案并且被改电动机都采用笼型异步电动机。绕组型式一律采用双层绕组。本章说明它的改绕步骤和计算方法。

为充分利用铜、铁材料，提高经济性能，保证正常运转，并达到一定的力能指标，电动机铁心的磁通密度必须有恰当的数值。铁心磁通密度过高，会使铁心过饱和而导致电动机空载电流过大、发热而不能正常运转。铁心磁通密度过低，铜、铁材料未能充分利用会导致电机输出功率下降。

在电源频率、绕组方案、绕组接法已定的条件下，电机铁心磁通密度的高低完全取决于绕组每相串联匝数。单速改多速改绕计算的主要任务就是通过对电动机定子磁路各部分(气隙、铁心齿部和轭部)磁通密度的计算来确定合适的每相串联匝数，从而取定每槽导线数和线径，保证改绕后多速电动机在各极下均能正常运转并有足够的输出功率。

第一节　改 绕 步 骤

三相单速异步电动机改绕成多速，一般可按以下步骤进行：

一、物色被改电动机

物色被改电动机主要应考虑以下几点：

1. 极数

选择被改电动机极数应尽量接近改绕后所需极数，因为远极比电动机性能较之近极比要差。对于双速电动机，改绕时以提高转速为好。例如改 4/2 极双速以物色 4 极，改 6/4 极双速以物色 6 极改绕为好。改绕三速电动机原电动机极数最好是改后三速的中间极数，例如改 6/4/2 极以物色 4 极为好，改 8/6/4 极以物色 6 极为好。

如被改电动机功率裕量较大，允许改后电动机输出功率降低，尤其是多极数时允许输出功率降低，也可以选择少极数的电动机进行改绕，改绕后降低转速。

如原电动机铭牌不清则可参照第五章所述极数估算式大致判断其极数。

2. 功率

被改电动机功率应选择得比改后同极数所需功率为大。因为一般情况在相同极数下改后电动机功率往往比原电动机功率小。

3. 定、转子槽数

观察定子槽数的目的是决定在此槽数下按照改后所需极数能否得出一对称的三相绕组。这对整数槽绕组不存在问题，问题在于分数槽绕组。分数槽绕组能否得出对称三相绕组可以简单地用一算式判明。我们仍以 Z_1 表示定子槽数，p 表示极对数，m 表示相数。先求出 Z_1 和 p 的最大公约数 t，然后以 Z_1 除以 t 和 m 的乘积，看式 $\frac{Z_1}{tm}$ 是否整数。如是，则可得出对称三相绕组；如否，则不能。举例如下：

(1) 一台定子 36 槽电动机欲绕成 8/4 极双速，试判断各极数下能否得出三相对称绕组。

4 极时：$q=\frac{Z_1}{2pm}=\frac{36}{4\times 3}=3$，为整数槽绕组，肯定能得到对称绕组。

8 极时：$q=\frac{36}{8\times 3}=\frac{36}{24}=1\frac{1}{2}$，为分数槽绕组。为作出判断，求 $Z_1=36$ 和 $p=4$ 的最大公约数 t，$t=4$，于是

$$\frac{Z_1}{tm}=\frac{36}{4\times 3}=3,$$

为整数。也能得出对称绕组。

(2) 一台定子 24 槽电动机欲绕 6/4 极双速，试判断各极下能否得出三相对称绕组。

4 极时：$q=\frac{24}{4\times 3}=2$，能得出对称绕组。

6 极时：$q=\frac{24}{6\times 3}=1\frac{1}{3}$。因 $p=3$，$Z_1=24$ 可求得

$$t=3,\ \frac{Z_1}{tm}=\frac{24}{3\times 3}\neq \text{整数},$$

不能得出对称绕组。

观察转子槽数的目的是考虑它与定子槽数的配合在所需极数以及既定的绕组方案下是否适当。

众所周知，三相异步电动机定、转子槽数要有适当的配合，否则对电动机的起动性能和噪声将有不良影响。多速电动机对定、转子槽数配合的要求比单速电动机高。在单速电动机中，定子绕组通常都是正规 60°相带绕组；多速电动机定子绕组除 60°相带绕组外还有 120°、180°相带绕组，更有非正规分布绕组，因此绕组的谐波磁势比单速电动机严重。对定、转子槽数的配合要求必然要高。

通过分析，改绕多速电动机时各极下一般应满足如下的定、转子槽数配合：

为减小径向振动和噪声应满足 $\begin{cases} Z_1-Z_2\neq\pm 1 \\ Z_1-Z_2\neq\pm p\pm 1 \\ Z_1-Z_2\neq 2p\pm 1 \end{cases}$

为避免起动时产生“死点”和“低速潜行”应满足

$$\begin{cases} Z_1 \neq Z_2 \\ Z_1 - Z_2 \neq \pm p \\ Z_1 - Z_2 \neq \pm 2p \end{cases}$$

所谓“死点”是指电动机转轴在某些位置起动不出。“低速潜行”是指电动机起动达不到正常转速，而是在低转速处爬行。不论发生“死点”还是“低速潜行”，此时电动机电流均很大。

必须说明，定、转子槽数配合是个复杂问题，它和电动机所选绕组方案、节距以及其他一些因素有关。上式所列关系只供大致判断的参考，并非绝对。槽数配合的具体数据需要对既定绕组作出谐波磁势分析并通过实验而确定。表9-1列出了部分国产新老型号中小型多速电动机的定、转子槽配合数据可供参考。由于绕组类型、节距和槽配合数据有关，故表中同时列出了各多速电动机所采用的绕组类型和节距。表中所列绕组方案数即本书彩图Ⅲ中单绕组多速电动机绕组方案数。

表9-1 国产中小型多速电动机定、转子槽数配合

极数	彩图图例	绕组类型	槽数配合 Z_1/Z_2（节距）
4/2	Ⅲ-[1] Ⅲ-[2] Ⅲ-[3]	4极：120°相带 2极：60°相带	24/22（1—7或1—8），36/26（1—10），36/27（1—10），36/28（1—10），36/32（1—10或1—11），36/34（1—10），48/44（1—13）
8/4	Ⅲ-[4] Ⅲ-[5] Ⅲ-[6] Ⅲ-[7] Ⅲ-[8]	8极：120°相带 4极：60°相带	24/22（1—4），36/26（1—6），36/27（1—6），36/32（1—6），36/33（1—6），36/34（1—6），48/38（1—8），48/44（1—7），48/58（1—7），54/44（1—8），54/58（1—8），72/56（1—10），72/58（1—10），72/86（1—10）
12/6	Ⅲ-[9] Ⅲ-[10] Ⅲ-[11]	12极：120°相带 6极：60°相带	36/33（1—4），54/44（1—6），54/58（1—6），54/63（1—6），72/56（1—7），72/58（1—7），72/86（1—7）
8/2			36/26（1—16）
24/6（电梯专用）	Ⅲ-[19] Ⅲ-[20]	24极：120°相带 6极：非正规分布	72/58（1—10），72/113（1—10）

（续表）

极　数	彩图图例	绕组类型	槽　数　配　合 Z_1/Z_2（节距）
6/4	Ⅲ-[23] Ⅲ-[25]	6极:非正规分布 4极:120°相带	36/32 (1—7 或1—8)，36/33 (1—7 或1—8)，36/28 (1—7)，72/56 (1—14)
8/6	Ⅲ-[28]	8极:120°相带 6极:非正规分布	36/32 (1—5 或1—6)，36/33 (1—5 或1—6 1—7)
8/6	Ⅲ-[29]	8极:非正规分布 6极:60°相带	54/44 (1—7)，54/68 (1—7)
8/6	Ⅲ-[31]	8极:120°相带 6极:非正规分布	72/96 (1—9)
6/4/2	Ⅲ-[32]	6极:120°相带 2极:△接法正弦绕组 4极:△接法正弦绕组	36/26 (1—7)，36/33 (1—7)
6/4/2 (双绕组 4/2+6)		6极:60°相带 4极:120°相带 2极:60°相带	36/26 (6极:1—6 4/2极:1—10)，36/27 (6极:1—6 4/2极:1—10)，36/32 (6极:1—6 4/2极:1—10)
6/4/2 (双绕组 6/4+2)		6极:非正规分布 4极:120°相带 2极:60°相带	36/32 (6/4极:1—7 2极:同心1—18，2—17，3—16)
8/4/2	Ⅲ-[33]	8极:120°相带 4极:60°相带 2极:60°相带	36/26 (1—7)，36/33 (1—7)
8/4/2	Ⅲ-[34]	8极:非正规分布 4极:120°相带 2极:60°相带	36/26 (1—7 1—13)，36/32 (1—7 1—13)，36/46 (1—7 1—13)
8/4/2 (双绕组 4/2+8)		8极:60°相带 4极:120°相带 2极:60°相带	36/26 (8极:1—5 4/2极:1—10)，36/32 (8极:1—5 4/2极:1—10)
8/6/4	Ⅲ-[36]	8极:120°相带 6极:180°相带 4极:60°相带	36/26 (1—5 或1—6)，36/32 (1—6)，36/33 (1—6)

（续表）

极 数	彩图图例	绕组类型	槽数配合 Z_1/Z_2（节距）
8/6/4（双绕组 8/4+6）		8极:120°相带 6极:60°相带 4极:60°相带	36/33(1—6)，36/44(1—6)，54/44(6极:1—8 8/4极:1—8)，54/50(6极:1—9 8/4极:1—8)，60/48(6极:1—10 8/4极:1—9)，72/58(6极:1—11或1—12 8/4极:1—10或1—11)
10/8/6/4（双绕组 8/6/4+10）		10极:60°相带 8极:120°相带 6极:180°相带 4极:60°相带	36/33(10极:1—4 8/6/4极:1—6)
12/8/6/4（双绕组 8/4+12/6）		12极:120°相带 6极:60°相带 8极:120°相带 4极:60°相带	36/44(12/6极:1—4 8/4极:1—6)，54/44(12/6极:1—6 8/4极:1—8)，54/50(12/6极:1—6 8/4极:1—8)，60/34(12/6极:1—6 8/4极:1—9)，72/58(12/6极:1—7 8/4极:1—11)，72/86(12/6极:1—7 8/4极:1—12)

注：表中未注明双绕组者均为单绕组多速电动机。

二、选择绕组方案和接线方法

根据被改电动机槽数选择所需的单绕组多速方案，本书中彩图Ⅲ所示各种绕组方案可供参考。各种绕组方案的绕组系数一般有两种情况：一是各种极数下绕组系数较接近；二是相差较大。选择时应以使用场合要求决定。要求改绕后各种极数下输出功率较接近，可选用前一种情况的绕组方案；要求不同极数时转矩较近（即低速时输出功率低），可选用后一种情况的绕组方案。

多速电动机的特性取决于绕组的接线方法如表 9-2 和表 9-3 所示。选择时应根据使用场合被拖动机械的要求——恒功率、恒转矩、可变转矩，参考表 9-2 和表 9-3 决定，使电动机特性和机械要求相匹配。

表 9-2　倍极比单绕组双速电动机特性

	极数Ⅰ($2p$)接线方法	极数Ⅱ($2\times 2p$)接线方法	转矩比 $M_{Ⅱ}/M_{Ⅰ}$	功率比 $P_{Ⅱ}/P_{Ⅰ}$	特 性
1	2Y	Y	1	0.5	恒转矩
2	2Y	2Y	2	1	恒功率
3	2Y	△	1.732	0.866	可变转矩
4	△	2Y	2.3	1.15	可变转矩
5	2△	Y	0.577	0.288	可变转矩

表 9-3 非倍极比单绕组双速电动机特性

	极数Ⅰ 接线方法	极数Ⅱ 接线方法	功率比 $P_{Ⅱ}/P_{Ⅰ}$	特 性
1	2Y	Y	0.5	可变转矩
2	2Y	2Y	1	恒功率
3	2Y	△	0.866	可变转矩
4	△	2Y	1.154	可变转矩
5	2△	Y	0.288	可变转矩

注：表 9-2 和表 9-3 均未考虑绕组系数的影响。

三、旧电动机试验、拆除、数据记录

对旧电动机应作空载和负载试验，试验时应记下试验电压及空载、负载电流。拆除旧绕组禁止用火烧，尤其是用喷灯烧，以防止降低铁心的导磁性能及增加铁心损耗。具体拆除方法参见第十一章。

原电动机数据测量和记录的项目有：

(1) 铭牌数据　额定功率 P，额定电压 U，额定电流 I，转速 n，接法，并联路数 a。

(2) 定子铁心数据　外径 D_1，内径 D，长度 L，定子槽数 Z_1，转子槽数 Z_2，轭高 h_c，齿宽 b_t，槽形尺寸。

(3) 线圈数据　绕组型式——双层绕组或单层绕组，链形或同心绕组等。每槽导线数 N_s，并绕根数 n，导线线径(裸)d，节距 y。

四、改绕计算

首先应算出原电动机气隙磁密、定子铁心齿部磁密和定子铁心轭部磁密。算出的磁密数据可作为改绕计算的依据，有很大参考价值。

改绕计算主要是计算改后电动机各极下各部分磁通密度，以确定改后绕组每槽导线数 N_s、每相串联匝数 W，进而算出导线线径、槽满率并算出改后电动机各极下额定功率。

五、绕制新绕组、嵌接试验

根据计算出的多速绕组数据绕出新线圈，嵌好并按接线图接好绕组。空载试验时主要是测空载电流、转速、三相电流偏差以及观察电动机机械运转状态——轴承是否过热，声音是否匀称，有无异常振动、噪声。空载运行时间不宜少于 30 分钟，时间短有些缺陷可能不会暴露。

空载电流数值很难具体确定。它和电动机功率(功率大者空载电流占额定电流的百分比小，反之为大)、电动机极数(极数多空载电流比例高)、磁路磁密高低以及绕组方案(绕组系数、谐波磁势)都有关系。一般情况下，空载电流为额定电流的 30%～70%均可进行负载试验。但空载电流三相应对称，与平均值的偏差不超过 10%；如偏差太大，可能绕组接线或绕制、嵌放有问题。

空载试验前应先用摇表和万用电表检查电动机的绝缘电阻及各相绕组直流电阻是否正常。

负载试验的目的是观察电动机在负载条件下能否起动到正常转速，振动噪声情况以及负载电流大小，温升是否正常。如果试验时发现电动机停留在低速潜行(此时电流很大)可用转速表测出其转速以利于分析和采取相应措施。在额定负载及以下运行时，电动机的电流不应超过计算所得的额定电流。

除了以上五个步骤外，改绕后的电动机还需进行浸漆、烘干和安装。

第二节　改绕计算内容和方法

一、基本数据计算

改绕计算的第一步是要算出电动机的一些基本数据。包括极距 τ、齿距 t、每相串联匝数 W、分布系数 K_d、短距系数 K_y、绕组系数 K_w。在以后的计算中这些基本数据都将用到。

二、磁通密度计算

磁通密度包括气隙磁通密度 B_δ、定子齿部磁通密度 B_t、定子轭部磁通密度 B_c 三项。它们的计算公式是：

$$B_\delta = \frac{K_E U_{相} \times 10^2}{1.55 W K_w \tau L}\ (特)$$

$$B_t = \frac{B_\delta t}{0.93 b_t}\ (特)$$

$$B_c = \frac{0.37 \tau B_\delta}{h_c}\ (特)$$

上式中长度单位均取厘米。K_E 为压降系数，数值可参考本书第五章表 5-6 选取。

计算磁通密度的目的是算出改绕后每相串联匝数 W 应取多少，才能既不使各极下铁心齿、轭部分过饱和，又能较充分地利用铁心材料。

磁通密度的计算一般有以下两种方法：

1. 取定匝数、算出磁密

如果改绕后的多速电动机其中有一个极数与原单速电动机极数相同，通常可采用此法。

匝数取多少可以从保证改绕后多速电动机在同一极数下各部分磁密和原单速电动机相同的原则出发来决定。

我们以带“′”符号表示原单速电动机数据，不带“′”为改绕后同极数多速电动机数据。

$$B'_\delta = \frac{K'_E U'_{相} \times 10^2}{1.55 W' K'_w \tau' L}$$

$$B_\delta = \frac{K_E U_{相} \times 10^2}{1.55 W K_w \tau L}$$

$$\because B'_\delta = B_\delta,\ \tau' = \tau,\ K'_E = K_E$$

$$\therefore \frac{U'_{相}}{K'_w W'} = \frac{U_{相}}{K_w W}$$

得
$$\frac{W}{W'} = \frac{U_{相}\ K'_w}{U'_{相}\ K_w}$$

实际上最先得到的是原单速电动机每槽导线数 N'_s，因此计算时也可先算出改绕后多速电动机的每槽导线数 N_s。

由于 $$W' = \frac{N'_s Z_1}{2ma'},\ W = \frac{N_s Z_1}{2ma}\ (式中\ m\ 为相数)$$

$$\therefore \frac{W}{W'} = \frac{N_s a'}{N'_s a}$$

代入前式得

$$N_s = \frac{U_{相}\ K'_w a}{U'_{相}\ K_w a'} N'_s$$

式中，$U'_{相}$、K'_w、a'、N'_s 为已知的原单速电动机数据。多速电动机绕组方案和接法确定后 $U_{相}$、K_w、a 也确定。于是由上式就可算出改绕后多速电动机的每槽导线数 N_s。

算出 N_s 值之后，再据此算出相应的每相串联匝数 W，各极下多速电动机的气隙、定子铁心齿部、轭部磁密。如算出的磁密数值不合适，应对 N_s 值作适当修正，再次计算磁密，如此反复直至各极数下各部分磁密合适为止。

2. 取定磁密、倒算匝数

在改绕后多速电动机极数和原电动机极数不相同，以及空铁心重绕的情况下用前法作改绕计算，一是初步估算匝数有困难，二是反复计算次数可能较多。这时可采用先取定磁密，再倒算每相串联匝数和每槽导线数的方法来作改绕计算。

欲取定磁密，必须先估计一下改后多速电动机在哪一极数、哪一部分磁密可能最高。取定这个最高的磁密数值并把它限制在允许范围内（避免铁心过饱和），即可根据此值算出其余极数下各部分的磁密数值，以及所需的每相串联匝数和每槽导线数。

估计改后多速电动机哪一极数、哪一部分磁密最高，可以利用下式：

$$\frac{B_{t\text{II}}}{B_{t\text{I}}} = \frac{B_{\delta\text{II}}}{B_{\delta\text{I}}} = \frac{p_{\text{II}}\ K_{E\text{II}}\ U_{相\text{II}}\ W_{\text{I}}\ K_{w\text{I}}}{p_{\text{I}}\ K_{E\text{I}}\ U_{相\text{I}}\ W_{\text{II}}\ K_{w\text{II}}}$$

$$\frac{B_{c\text{I}}}{B_{c\text{II}}} = \frac{p_{\text{II}}\ B_{\delta\text{I}}}{p_{\text{I}}\ B_{\delta\text{II}}}$$

式中，注脚“Ⅰ”表示少极数，注脚“Ⅱ”表示多极数。

一般情况下，极数多时由于极距减小，齿部磁密相对较高，容易饱和，可作为取定对象。极数少时由于极距增大，轭部磁密相对较高，可作为取定对象。

三、线径与槽满率计算

每槽导线数确定之后就可以计算所用导线线径。这里的关键在于取定槽满率。

通常，改绕后多速电动机槽满率可取与原单速电动机相等。这样，就可以利用原单速电动机导线线径直接计算出改后多速电动机的导线线径。

我们仍以带“′”表示原单速电动机数据，不带“′”表示改后多速电动机数据。

$$\begin{matrix}\text{原单速电动机槽内导线总截面积}\\\text{（包括导线绝缘层在内）}\end{matrix}=n'N'_s(d'_0)^2\cdot\frac{\pi}{4}$$

$$\begin{matrix}\text{改后多速电动机槽内}\\\text{绝缘导线总截面积}\end{matrix}=nN_s d_0^2\cdot\frac{\pi}{4}$$

由于两者槽满率相等，因此

$$n'N'_s(d'_0)^2=nN_s d_0^2$$

于是得

$$d_0^2=\frac{n'N'_s}{nN_s}d_0'^2$$

改后绝缘导线线径

$$d_0=\sqrt{\frac{n'N'_s}{nN_s}}d'_0$$

如果是空壳改绕，原电动机每槽导线数不知，则可用下式计算线径(带绝缘)：

$$d_0=1.13\sqrt{\frac{K_s A_w}{N_s n}}$$

式中，A_w 表示槽有效面积，K_s 表示所取的槽满率。槽有效面积为槽净面积与槽绝缘所占面积之差。槽满率一般取 0.65～0.75，嵌线技术高者可取大值。

带绝缘线径求出后，按照本书附表 2-7 可查到相应的裸线线径。如导线线径较粗则可采用多根并绕。

四、功率计算

按电流密度不变的原则，改绕后多速电动机与原单速电动机相同极数的额定功率可按下式计算：

$$P=\frac{U_{相}\ ad^2}{U'_{相}\ a'(d')^2}P'\ (\text{千瓦})$$

式中 P'——原电动机额定功率(千瓦)；

d'——原电动机绕组导线直径(毫米)；

d——改绕后多速电动机绕组导线直径(毫米)。

另一极数下额定功率可按双速电动机的功率比算式求得：

$$\frac{P_{\text{II}}}{P_{\text{I}}}=\frac{U_{相\text{II}}a_{\text{II}}}{U_{相\text{I}}a_{\text{I}}}K$$

第三个极数下的额定功率再按下式求出：

$$\frac{P_{Ⅲ}}{P_{Ⅱ}}=\frac{U_{相Ⅲ}a_{Ⅲ}}{U_{相Ⅱ}a_{Ⅱ}}K$$

式中，K 为考虑到低速运转时通风散热条件差及力能指标较低而使功率降低的系数，可近似取 0.7～0.9，远极比取较小值，近极比取较大值。

对于空壳重绕无原数据的电动机或改绕后与原电动机无相同极数的多速电动机其额定功率可按下式计算：

$$P=\sqrt{3}U_{线}I_{线}\eta\cos\varphi$$

式中，$U_{线}$、$I_{线}$ 为电动机的额定线电压、额定线电流。按电动机的极数、功率、型式取定电流密度 j，乘以裸导线截面 S 即得一条支路的额定电流，再乘以并联路数及考虑接法(△或Y)就可算出电动机额定线电流。

η 为电动机效率，$\cos\varphi$ 为功率因数，两者数值可参考附表 1-9～附表 1-12，按相近极数、功率的多速电动机产品数据选定。

第三节　改绕计算实例

【例 9-1】　一台 JO2-22-4 三相异步电动机改绕 4/2 极双速电动机。

(一) 原电动机数据

额定功率　$P=1.5$ 千瓦
额定电压　380/220 伏
接　　法　Y/△
额定电流　3.43/6.86 安
极　　数　4
定子槽数　$Z_1=24$
转子槽数　$Z_2=18$
定子内径　$D=9.0$ 厘米
铁心长度　$L=11.5$ 厘米
定子齿宽　$b_t=0.6$ 厘米
定子轭高　$h_c=1.25$ 厘米
每槽导线数　$N_s=62$
裸线线径　$d=0.8$ 毫米(QZ)
节　　距　$y=5$
并绕根数　$n=1$

(二) 确定 4/2 极单绕组双速方案及接法

该电动机在 2、4 极时每极每相槽数 q 分别等于 4 和 2，都是整数槽绕组，因此都能得出三相对称绕组。定、转子槽配合 $Z_1/Z_2=24/18$ 对照第一节所列关系式也大致符合要求。

单绕组双速方案采用通用的庶极接法倍极比双速方案。2 极为正规 60°相带绕组，4 极为 120°相带绕组。绕组排列即彩图Ⅲ-[1]。为使两个极数下绕组系数接近，选择节距 $y=7$，此时绕组系数 $K_{w2}=0.760$，$K_{w4}=0.808$。

根据使用场合变速要求，选用具有接近恒功率特性的△(4 极)/2Y(2 极)接法。

(三) 原电动机有关数据计算

1. 基本数据

(1) 极距

$$\tau=\frac{\pi D}{2p}=\frac{3.14\times 9.0}{4}=7.065\text{ 厘米}$$

(2) 齿距

$$t=\frac{\pi D}{Z_1}=\frac{3.14\times 9.0}{24}=1.178\text{ 厘米}$$

(3) 每相串联匝数

$$W=\frac{N_s Z_1}{2ma}=\frac{62\times 24}{2\times 3\times 1}=248\text{ 匝}$$

(4) 分布系数、短距系数、绕组系数

每极相槽数

$$q=\frac{24}{4\times 3}=2$$

求得分布系数

$$K_d=\frac{\sin\dfrac{q\alpha}{2}}{q\sin\dfrac{\alpha}{2}}=\frac{\sin\dfrac{2\times 30^\circ}{2}}{2\sin\dfrac{30^\circ}{2}}=\frac{\sin 30^\circ}{2\sin 15^\circ}=0.966$$

短距系数

$$K_y=\sin\left(90^\circ\frac{y}{\tau}\right)=\sin\left(90^\circ\frac{5}{6}\right)=0.966$$

绕组系数

$$K_w=K_dK_y=0.966\times 0.966=0.933$$

2. 磁通密度

取压降系数 $K_{E4}=0.91$，按前述磁密计算式计算。

(1) 气隙磁密

$$B_\delta=\frac{K_E U_{相}\times 10^2}{1.55WK_w\tau L}=\frac{0.91\times 220\times 10^2}{1.55\times 248\times 0.933\times 7.065\times 11.5}$$

$$=0.687\text{ 特}$$

(2) 齿部磁密

$$B_t=\frac{B_\delta t}{0.93b_t}=\frac{0.687\times 1.178}{0.93\times 0.6}=1.450\text{ 特}$$

(3) 轭部磁密

$$B_c = \frac{0.37\tau B_\delta}{h_c} = \frac{0.37 \times 7.065 \times 0.687}{1.25} = 1.437\ 特$$

(四) 改绕计算

1. 每相串联匝数

改绕后双速电动机 4 极与原电动机极数相同。原电动机 $U_{相} = 220$ 伏，$a = 1$，改绕后 4 极 $U_{相} = 380$ 伏，$a = 1$。

于是改绕后每槽导线数

$$N_s = \frac{U_{相}\ K'_w a}{U'_{相}\ K_w a'} N'_s = \frac{380 \times 0.933 \times 1}{220 \times 0.808 \times 1} \times 62 = 123.66$$

N_s 值必须是整数，双层绕组又必须是偶数。考虑到 2 极时铁心轭部磁密可能较高，实取 $N_s = 128$。此时 4 极和 2 极每相串联匝数：

$$W_4 = \frac{N_s Z_1}{2ma} = \frac{128 \times 24}{2 \times 3 \times 1} = 512\ 匝$$

$$W_2 = \frac{W_4}{2} = 256\ 匝$$

2. 磁通密度

(1) 双速磁密比

取 2 极压降系数 $K_{E2} = 0.92$，双速磁密比

$$\frac{B_{t4}}{B_{t2}} = \frac{B_{\delta 4}}{B_{\delta 2}} = \frac{p_4 K_{E4} U_{相4} W_2 K_{w2}}{p_2 K_{E2} U_{相2} W_4 K_{w4}}$$

$$= \frac{2}{1} \times \frac{0.91}{0.92} \times \frac{380}{220} \times \frac{256}{512} \times \frac{0.76}{0.808}$$

$$= 1.607$$

$$\frac{B_{c2}}{B_{c4}} = \frac{p_4 B_{\delta 2}}{p_2 B_{\delta 4}} = \frac{2}{1} \times \frac{1}{1.607} = 1.245$$

(2) 气隙磁密

$$B_{\delta 4} = \frac{0.91 \times 380 \times 10^2}{1.55 \times 512 \times 0.808 \times 7.065 \times 11.5}$$

$$= 0.664\ 特$$

$$B_{\delta 2} = \frac{B_{\delta 4}}{1.607} = \frac{0.664}{1.607} = 0.413\ 特$$

(3) 齿部磁密

$$B_{t4} = \frac{0.664 \times 1.178}{0.93 \times 0.6} = 1.402\ 特$$

$$B_{t2}=\frac{B_{t4}}{1.607}=\frac{1.402}{1.607}=0.872\text{特}$$

（4）轭部磁密

$$B_{c4}=\frac{0.37\times7.065\times0.664}{1.25}=1.389\text{特}$$

$$B_{c2}=1.245B_{c4}=1.245\times1.389=1.729\text{特}$$

计算结果除2极轭部磁密略高外，其余各部磁密均在容许范围内。2极时由于齿部磁密较低，轭部磁密略高问题不大，故取定的每槽导线数 $N_s=128$ 可用，因为是双层绕组，每只线圈匝数等于 $\frac{N_s}{2}=64$ 匝。

3. 线径与槽满率

查附表2-7知原电动机含绝缘在内导线线径 $d_0=0.89$ 毫米。槽满率取与原电动机相同，于是改绕后含绝缘在内导线线径（并绕根数 $n=1$）

$$d_0=\sqrt{\frac{n'N'_s}{nN_s}}d'_0=\sqrt{\frac{1\times62}{1\times128}}\times0.89=0.62\text{毫米}$$

查附表2-7相应裸线线径 $d=0.55$ 毫米（QZ聚脂漆包线）。

4. 额定电流

原电动机裸线截面

$$S=\frac{3.14\times0.8^2}{4}=0.5\text{毫米}^2$$

原电动机额定电流（Y接法）

$$I=3.43\text{安}$$

原电动机电流密度

$$j=\frac{3.43}{0.5}=6.86\text{安/毫米}^2$$

改绕后裸线截面

$$S=\frac{3.14\times0.55^2}{4}=0.237\text{毫米}^2$$

按同一电流密度计算改绕后每路电流 $=0.237\times6.86=1.63$ 安。于是：

4极额定电流（△接法）

$$I_4=\sqrt{3}\times1.63=2.82\text{安}$$

2极额定电流（2Y接法）

$$I_2=2\times1.63=3.26\text{安}$$

5. 额定功率

改绕后4极额定功率可由原4极电动机有关数据按下式求得：

$$P_4 = \frac{U_{相}\ ad^2}{U'_{相}\ a'(d')^2}P'_4 = \frac{380 \times 1 \times 0.55^2}{220 \times 1 \times 0.80^2} \times 1.5$$

$$= 1.23 \text{ 千瓦}$$

取功率降低系数 $K = 0.85$，双速功率比为

$$\frac{P_4}{P_2} = \frac{380 \times 1}{220 \times 2} \times 0.85 = 0.734$$

由此可求出 2 极额定功率

$$P_2 = \frac{P_4}{0.734} = \frac{1.23}{0.734} = 1.68 \text{ 千瓦}$$

由计算可知，两个极数下额定功率相近，为近似恒功率的特性。

（五）运转试验

起动情况、转速、温升均正常。4 极空载电流 1.5 安，2 极空载电流 1 安，三相电流对称。

【例 9-2】 一台 JO2-52-4 三相异步电动机改绕 6/4 极双速电动机。

（一）原电动机数据

额定功率　$P = 10$ 千瓦

额定电压　$U = 380$ 伏

接　　法　△

额定电流　$I = 19.9$ 安

极　　数　4

定子槽数　$Z_1 = 36$

转子槽数　$Z_2 = 26$

定子内径　$D = 16.2$ 厘米

铁心长度　$L = 16.0$ 厘米

定子齿宽　$b_t = 0.7$ 厘米

定子轭高　$h_c = 2.4$ 厘米

每槽导线数　$N_s = 29$

裸线线径　$d = 1.12$ 毫米(QZ)

节　　距　$y = 9$

并绕根数　$n = 2$

（二）确定 6/4 极单绕组双速方案及接法

该电动机在 4、6 极时都是整数槽绕组，都能得到三相对称绕组。定转子槽配合 $Z_1/Z_2 = 36/26$ 大致符合要求。

改绕后要求两个极数下出力较接近，故采用彩图Ⅲ-[23]非正规分布绕组方案。接法采用△(6 极)/2Y(4 极)。节距 $y = 6$，绕组系数 $K_{w4} = 0.72$，$K_{w6} = 0.88$。

（三）原电动机有关数据计算

1. 基本数据

(1) 极距

$$\tau=\frac{3.14\times16.2}{4}=12.72\text{ 厘米}$$

(2) 齿距

$$t=\frac{3.14\times16.2}{36}=1.413\text{ 厘米}$$

(3) 每相串联匝数

$$W=\frac{29\times36}{2\times3\times1}=174\text{ 匝}$$

(4) 分布系数、短距系数、绕组系数

每极相槽数

$$q=\frac{36}{4\times3}=3$$

分布系数

$$K_d=\frac{\sin\frac{3\times20^\circ}{2}}{3\sin\frac{20^\circ}{2}}=\frac{0.5}{3\sin10^\circ}=0.96$$

短距系数

$$K_y=\sin\left(90^\circ\frac{y}{\tau}\right)=\sin\left(90^\circ\frac{9}{9}\right)=1$$

绕组系数

$$K_w=K_dK_y=0.96\times1=0.96$$

2. 磁通密度

(1) 气隙磁密

取压降系数 $$K_{E4}=0.93$$

$$B_\delta=\frac{0.93\times380\times10^2}{1.55\times174\times0.96\times12.72\times16.0}$$

$$=0.671\text{ 特}$$

(2) 齿部磁密

$$B_t=\frac{0.671\times1.413}{0.93\times0.7}=1.456\text{ 特}$$

(3) 轭部磁密

$$B_c=\frac{0.37\times12.72\times0.671}{2.4}=1.316\text{ 特}$$

（四）改绕计算

1. 每相串联匝数

改绕后双速电动机 4 极与原电动机极数相同。

原电动机相电压 380 伏，并联路数 $a=1$，改绕后 4 极为 2Y 接法，相电压 220 伏；并联路数 $a=2$。

$$N_s=\frac{220\times0.96\times2}{380\times0.72\times1}\times29=44.77$$

实取每槽导线数 $N_s=44$，双层绕组每只线圈 22 匝。4 极和 6 极每相串联匝数分别是：

$$W_4=\frac{44\times36}{2\times3\times2}=132 \text{ 匝}$$

$$W_6=2\times132=264 \text{ 匝}$$

2. 磁通密度

(1) 双速磁密比

取 6 极压降系数 $K_{E6}=0.91$。

$$\frac{B_{t6}}{B_{t4}}=\frac{B_{\delta6}}{B_{\delta4}}=\frac{3\times0.91\times380\times132\times0.72}{2\times0.93\times220\times264\times0.88}=1.037$$

(2) 气隙磁密

$$B_{\delta4}=\frac{0.93\times220\times10^2}{1.55\times132\times0.72\times12.72\times16}$$

$$=0.682 \text{ 特}$$

$$B_{\delta6}=0.682\times1.037=0.707 \text{ 特}$$

(3) 齿部磁密

$$B_{t4}=\frac{0.682\times1.413}{0.93\times0.7}=1.480 \text{ 特}$$

$$B_{t6}=1.037\times1.48=1.535 \text{ 特}$$

(4) 轭部磁密

$$B_{c4}=\frac{0.37\times12.72\times0.682}{2.4}=1.337 \text{ 特}$$

$$B_{c6}=1.337\,\frac{2\times0.707}{3\times0.682}=0.924 \text{ 特}$$

计算结果各极下各部分磁密均在容许范围内故取值可行。

3. 线径与槽满率

查附表 2-7 得原电动机导线带绝缘在内线径 $d_0=1.23$ 毫米。

槽满率不变条件下改绕后带绝缘在内导线线径(并绕根数 $n=2$)为

$$d_0=\sqrt{\frac{2\times29}{2\times44}}\times1.23=1.0 \text{ 毫米}$$

查附表 2-7 选用相近的 $d_0=0.99$ 毫米的 QZ 型聚脂漆包圆铜线，其裸线线径 $d=0.9$ 毫米。

4. 额定电流

原电动机裸线截面

$$S=\frac{3.14\times1.12^2}{4}=0.985\ \text{毫米}^2$$

原电动机额定电流(△接法)　$I=19.9$ 安

原电动机电流密度

$$j=\frac{19.9/\sqrt{3}}{0.985\times2}=5.832\ \text{安/毫米}^2$$

改绕后裸线截面

$$S=\frac{3.14\times0.9^2}{4}=0.636\ \text{毫米}^2$$

按同一电流密度计算：

4 极额定电流(2Y接法)

$$I_4=(2\times0.636)\times5.832\times2=14.84\ \text{安}$$

6 极额定电流(△接法)

$$I_6=(2\times0.636)\times5.832\times\sqrt{3}=12.85\ \text{安}$$

如考虑功率降低系数则 6 极额定电流 I_6 应降低为 $12.85\times0.9=11.57$ 安。

5. 额定功率

改绕后 4 极额定功率

$$P_4=\frac{220\times2\times0.9^2}{380\times1\times1.12^2}\times10=7.5\ \text{千瓦}$$

取功率降低系数 $K=0.90$，双速功率比

$$\frac{P_6}{P_4}=\frac{380\times1}{220\times2}\times0.90=0.777$$

于是，6 极额定功率

$$P_6=0.777\times7.5=5.8\ \text{千瓦}$$

【例 9-3】　一台早年生产的 4 极三相异步电动机改绕 8/6 极双速电动机。

(一) 原电动机数据

额定功率　　$P=3$ 马力

额定电压　　380/220 伏

接　　法　　Y/△

额定电流　　4.6/7.82 安

极　　数　4

定子槽数　$Z_1 = 36$

转子槽数　$Z_2 = 45$

定子内径　$D = 11.5$ 厘米

铁心长度　$L = 9.6$ 厘米

定子齿宽　$b_t = 0.4$ 厘米

定子轭高　$h_c = 2.0$ 厘米

每槽导线数　$N_s = 42$

裸线线径　$d = 1.20$ 毫米

节　　距　$y = 9$

并绕根数　$n = 1$

(二) 确定 8/6 极单绕组双速方案及接法

定子槽数为 36，8 极时将出现分数槽绕组。接 Z_1 和 $p(=4)$ 的最大公约数 $t = 4$ 求得

$$\frac{Z_4}{tm} = \frac{36}{4 \times 3} = 3$$

可知 8 极时能得出三相对称绕组。

由于分数槽绕组谐波磁势较整数槽绕组多；该电动机定转子槽数配合 $Z_1 - Z_2 = 36 - 45 = -9 = -2p - 1$(8 极时)不很理想；加之改绕后 8 极运转机会又较多。所以决定采用非倍极比正规分布绕组方案，8 极采用正规 60°相带绕组，反向得 6 极 180°相带绕组。绕组排列即彩图Ⅲ-[27]。

根据使用场合负载转矩恒定的情况，决定选用具有接近恒转矩特性的△(8 极)/2Y(6 极)接法。节距 $y = 6$，绕组系数 $K_{w6} = 0.644$，$K_{w8} = 0.831$。

(三) 原电动机有关数据计算

1. 基本数据

(1) 极距

$$\tau = \frac{3.14 \times 11.5}{4} = 9.028 \text{ 厘米}$$

(2) 齿距

$$t = \frac{3.14 \times 11.5}{36} = 1.003 \text{ 厘米}$$

(3) 每相串联匝数

$$W = \frac{42 \times 36}{2 \times 3 \times 1} = 252 \text{ 匝}$$

(4) 分布系数、短距系数、绕组系数

每极相槽数

$$q = \frac{36}{4 \times 3} = 3$$

分布系数

$$K_{\mathrm{d}}=\frac{\sin\frac{3\times20^{\circ}}{2}}{3\sin\frac{20^{\circ}}{2}}=0.96$$

短距系数

$$K_{\mathrm{y}}=\sin\left(90^{\circ}\frac{9}{9}\right)=1$$

绕组系数 $K_{\mathrm{w}}=0.96$

2. 磁通密度

(1) 气隙磁密

取压降系数 $K_{\mathrm{E4}}=0.91$

$$B_{\delta}=\frac{0.91\times220\times10^{2}}{1.55\times252\times0.96\times9.028\times9.6}=0.616\text{ 特}$$

(2) 齿部磁密

$$B_{\mathrm{t}}=\frac{0.616\times1.003}{0.93\times0.4}=1.661\text{ 特}$$

(3) 轭部磁密

$$B_{\mathrm{c}}=\frac{0.37\times9.028\times0.616}{2.0}=1.029\text{ 特}$$

(四) 改绕计算

1. 每相串联匝数

由于改绕后极数和原电动机极数都不相同，所以用取定磁密、倒算匝数的方法进行计算。先计算两个极数的磁密化。取 8 极、6 极压降系数分别为 0.89 和 0.90。

$$\frac{B_{\mathrm{t8}}}{B_{\mathrm{t6}}}=\frac{B_{\delta8}}{B_{\delta6}}=\frac{4}{3}\times\frac{0.89}{0.90}\times\frac{380}{220}\times\frac{1}{2}\times\frac{0.644}{0.831}=0.882$$

$$\frac{B_{\mathrm{c6}}}{B_{\mathrm{c8}}}=\frac{4}{3}\times\frac{1}{0.882}=1.512$$

改绕后电动机极数增多，轭部磁密必较原电动机为低，齿部相对易饱和。由上述计算式可预计 6 极齿部磁密将是最高的，应作为取定对象。今取定 $B_{\mathrm{t6}}=1.6$ 特，倒算每相串联匝数 W_6。

先算 6 极气隙磁密

$$B_{\delta6}=\frac{0.93\times1.6\times0.4}{1.003}=0.593\text{ 特}$$

6 极时极距

$$\tau_6=\frac{3.14\times11.5}{6}=6.018\text{ 厘米}$$

倒算

$$W_6 = \frac{0.90 \times 220 \times 10^2}{1.55 \times 0.593 \times 0.644 \times 6.018 \times 9.6} = 579 \text{ 匝}$$

每槽导线数

$$N_s = \frac{579 \times 2 \times 3 \times 2}{36} = 193$$

实取每槽导线数 $N_s = 200$，相应的每相串联匝数 $W_6 = 600$ 匝，8 极每相串联匝数 $W'_8 = 2W_6 = 1\,200$ 匝。

2. 磁通密度

(1) 气隙磁密

$$B_{\delta 6} = \frac{0.90 \times 220 \times 10^2}{1.55 \times 600 \times 0.644 \times 6.018 \times 9.6} = 0.572 \text{ 特}$$

$$B_{\delta 8} = 0.882 \times 0.572 = 0.505 \text{ 特}$$

(2) 齿部磁密

$$B_{t6} = \frac{0.572 \times 1.003}{0.93 \times 0.4} = 1.542 \text{ 特}$$

$$B_{t8} = 0.882 \times 1.542 = 1.360 \text{ 特}$$

(3) 轭部磁密

$$B_{c6} = \frac{0.37 \times 6.018 \times 0.572}{2.0} = 0.637 \text{ 特}$$

$$B_{c8} = \frac{0.637}{1.512} = 0.421 \text{ 特}$$

在允许范围内，且均低于原电动机磁密值。故取定的每槽导体数 $N_s = 200$ 可行。

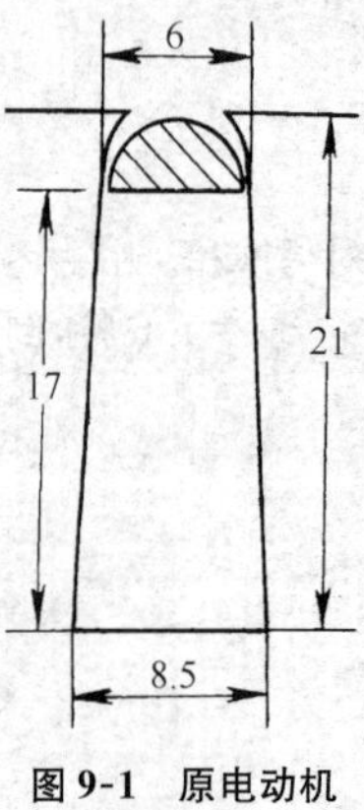

图 9-1　原电动机槽形尺寸

3. 线径与槽满率

原电动机系早年生产的电动机，槽满率较低，拆原绕组时觉得槽内导线较松。为增大改绕后电动机出力，决定提高槽满率。为此需计算槽有效面积 A_w。

原电动机槽形尺寸(毫米)如图 9-1。除去槽楔后，槽净面积 $= \frac{6+8.5}{2} \times 17 = 123.25$ 毫米^2。槽绝缘采用一层 0.25 毫米厚薄膜青壳纸和一层 0.05 毫米厚聚脂薄膜，层间绝缘也用 0.25 毫米厚薄膜青壳纸(纸宽 10 毫米)，于是，槽绝缘占面积 $=(0.25+0.05)\times(2\times21+8.5+6)+0.25\times10=19.45$ 毫米^2。槽有效面积 $A_w = 123.25 - 19.45 = 103.8$ 毫米^2。取槽满率 $K_s = 0.72$，由此算得改绕后绝缘导线线径

$$d_0 = 1.13\sqrt{\frac{K_s A_w}{N_s}} = 1.13\sqrt{\frac{0.72\times 103.8}{200}}$$

$$= 0.69\text{ 毫米}$$

查附表 2-7 知相应裸线线径 $d = 0.62$ 毫米（QZ 型聚脂漆包圆铜线）。

4. 额定电流

原电动机裸线截面

$$S = \frac{3.14\times 1.2^2}{4} = 1.13\text{ 毫米}^2$$

原电动机电流密度

$$j = \frac{4.6}{1.13} = 4.07\text{ 安 / 毫米}^2$$

改绕后裸线截面

$$S = \frac{3.14\times 0.62^2}{4} = 0.30\text{ 毫米}^2$$

按同一电流密度计算，改绕后，每路电流 $= 0.30\times 4.07 = 1.22$ 安，于是：

6 极额定电流（2丫接法）

$$I_6 = 2\times 1.22 = 2.44\text{ 安}$$

8 极额定电流（△接法）

$$I_8 = \sqrt{3}\times 1.22 = 2.11\text{ 安}$$

该电动机为开启式，使用场合通风良好，电流密度可适当提高。取 $j = 5$ 安 / 毫米^2

则
$$I_6 = 2\times 0.30\times 5 = 3\text{ 安}$$

$$I_8 = \sqrt{3}\times 0.30\times 5 = 2.6\text{ 安}$$

5. 额定功率

查附表 1-9YD 系列变极多速电动机性能数据表。相近极数、功率的双速电动机为 YD100L-8/6，△/2丫接法，额定功率 0.75/1.1 千瓦，额定电流 2.9/3.1 安。取其 η 和 $\cos\varphi$ 数据来计算改绕后电动机额定功率。

$$\eta_6 = 0.75,\ \cos\varphi_6 = 0.73$$

$$\eta_8 = 0.65,\ \cos\varphi_8 = 0.60$$

于是，改绕后两极下额定功率为

$$P_6 = \sqrt{3}\times 380\times 3\times 0.75\times 0.73 = 1.08\text{ 千瓦}$$

$$P_8 = \sqrt{3}\times 380\times 2.6\times 0.65\times 0.60 = 0.67\text{ 千瓦}$$

（五）运转试验

起动、转速均正常，各极下三相电流对称。6 极空载电流为 2.1 安、负载电流为

3.2安；8极空载电流为1.6安，负载电流为3安。长期运转温升正常。

【例9-4】 一台4极三相异步电动机空铁心改绕6/4极双速电动机。

（一）原电动机数据

极　　数　　4

定子槽数　　$Z_1 = 36$

转子槽数　　$Z_2 = 32$

定子内径　　$D = 11.8$ 厘米

铁心长度　　$L = 12.5$ 厘米

定子齿宽　　$b_t = 0.52$ 厘米

定子轭高　　$h_c = 1.6$ 厘米

（二）确定6/4极单绕组双速方案及接法

由于使用场合要求两极下出力接近，故采用彩图Ⅲ-[23]。6/4极接法△/2Y，节距 $y = 6$，$K_{w4} = 0.72$，$K_{w6} = 0.88$。

参考表9-1国产中小型多速电动机定转子槽数配合知，对于所选6/4极绕组方案定、转子槽配合 $Z_1/Z_2 = 36/32$ 是可行的。

（三）原电动机有关数据计算

(1) 极距

$$\tau_4 = \frac{3.14 \times 11.8}{4} = 9.263 \text{ 厘米}$$

(2) 齿距

$$t = \frac{3.14 \times 11.8}{36} = 1.029 \text{ 厘米}$$

（四）改绕计算

1. 每相串联匝数

空壳改绕采用取定磁密倒算匝数方法进行计算。先计算两个极数的磁密比。取6极压降系数 $K_{E6} = 0.90$，4极压降系数 $K_{E4} = 0.91$。

于是

$$\frac{B_{t6}}{B_{t4}} = \frac{B_{\delta 6}}{B_{\delta 4}} = \frac{3}{2} \times \frac{0.90 \times 380}{0.91 \times 220} \times \frac{1}{2} \times \frac{0.72}{0.88} = 1.048$$

$$\frac{B_{c4}}{B_{c6}} = \frac{3}{2} \times \frac{1}{1.048} = 1.431$$

改绕后极数增多、预计6极齿部磁密相对较高，将此作为取定对象。考虑到该电动机空铁心质量不很好，轭部又有缺角，磁密不宜取高。现取 $B_{t6} = 1.4$ 特，倒算每相串联匝数 W_4。

$$B_{t4} = \frac{1.4}{1.048} = 1.336 \text{ 特}$$

$$B_{\delta 4} = \frac{0.93 \times 0.52 \times 1.336}{1.029} = 0.628 \text{ 特}$$

倒算

$$W_4=\frac{0.91\times220\times10^2}{1.55\times0.628\times0.72\times9.263\times12.5}$$

$$=247\text{ 匝}$$

每槽导线数

$$N_s=\frac{247\times2\times3\times2}{36}=82.3$$

实取 $N_s=82$，相应 $W_4=246$ 匝，$W_6=492$ 匝。

2. 磁通密度

(1) 气隙磁密

已求得　$B_{\delta4}=0.628$ 特

由此　$B_{\delta6}=1.048\times0.628=0.658$ 特

(2) 齿部磁密

已求得

$$B_{t4}=1.336\text{ 特}$$

$$B_{t6}=1.40\text{ 特}$$

(3) 轭部磁密

$$B_{c4}=\frac{0.37\times9.263\times0.628}{1.6}=1.345\text{ 特}$$

$$B_{c6}=\frac{1.345}{1.431}=0.940\text{ 特}$$

计算所得各部分磁密符合要求，故算得的每槽导体数 $N_s=82$ 可行。

3. 线径与槽满率

空铁心槽形尺寸(毫米)如图 9-2。

槽净面积$=\frac{8+5.5}{2}(14.5-2.5)+\frac{3.14\times4^2}{2}=106.12$ 毫米^2。槽绝缘用材与例 9-3 相同，槽绝缘占面积$=(0.25+0.05)\times(2\times12+3.14\times4+5.5)+0.25\times7=14.37$ 毫米^2。槽有效面积 $A_w=106.12-14.37=91.75$ 毫米^2。选槽满率 $K_s=0.65$，算得改绕后含绝缘层在内的导线线径为

$$d_0=1.13\sqrt{\frac{0.65\times91.75}{82}}=0.964\text{ 毫米}$$

查附表 2-7，选相应裸线线径 $d=0.90$ 毫米 (QZ 型聚酯漆包圆铜线)。

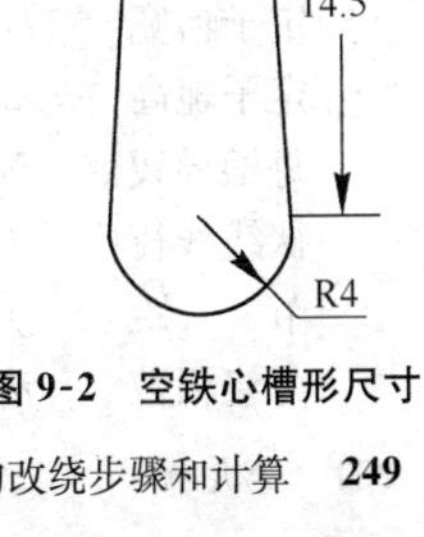

图 9-2　空铁心槽形尺寸

4. 额定电流

该电动机为封闭式，电流密度取 5.5 安/毫米^2。

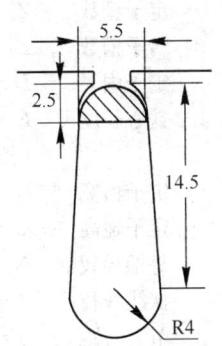

改绕后裸线截面

$$S = \frac{3.14 \times 0.90^2}{4} = 0.636 \text{ 毫米}^2$$

每路电流 $= 0.636 \times 5.5 = 3.5$ 安

4 极额定电流(2丫接法)

$$I_4 = 2 \times 3.5 = 7 \text{ 安}$$

6 极额定电流(△接法)

$$I_6 = \sqrt{3} \times 3.5 = 6.1 \text{ 安}$$

5. 额定功率

查附表 1-10,相近极数、功率的双速电动机为 JDO2-32-6/4,△/2丫接法,额定功率 1.7/2.5 千瓦,额定电流 5.0/6.1 安。查得其 $\eta_4 = 0.78$, $\cos\varphi_4 = 0.80$; $\eta_6 = 0.74$, $\cos\varphi_6 = 0.70$。由此算出改绕后电动机额定功率:

$$P_4 = \sqrt{3} \times 380 \times 7 \times 0.78 \times 0.80 = 2.87 \text{ 千瓦}$$

$$P_6 = \sqrt{3} \times 380 \times 6.1 \times 0.74 \times 0.70 = 2.1 \text{ 千瓦}$$

(五) 运转试验

起动情况、转速均正常。4 极空载电流 2.7 安,6 极空载电流 3.2 安,三相电流对称。负载运行时 4 极电流 5.6 安,6 极电流 4.8 安,连续运转温升正常。

【例 9-5】 一台早年生产的 8 极三相异步电动机改绕 8/6/4 极三速电动机。

(一) 原电动机数据

额定功率　$P = 24$ 马力

额定电压　$U = 350$ 伏

接　　法　2△

额定电流　$I = 40$ 安

极　　数　8

定子槽数　$Z_1 = 72$

转子槽数　$Z_2 = 96$

定子内径　$D = 37.2$ 厘米

铁心长度　$L = 16.3$ 厘米

(径向通风道宽 0.9 厘米已除去)

定子齿宽　$b_t = 0.67$ 厘米

定子轭高　$h_c = 3.92$ 厘米

每槽导线数　$N_s = 36$

裸线线径　$d = 1.62 + 1.30$ 毫米(单纱漆包圆铜线)

节　　距　$y = 8$

并绕根数　$n = 2$

（二）确定 8/6/4 极单绕组三速方案及接法

该电动机在 4、6、8 极时都是整数槽绕组，能得到三相对称绕组。定转子槽配合 $Z_1/Z_2 = 72/96$ 符合要求。

采用彩图Ⅲ-[37]。该绕组方案 4 极分布系数 $K_{d4} = 0.956$，6 极分布系数 $K_{d6} = 0.638$，8 极分布系数 $K_{d8} = 0.831$。为使三个极数下绕组系数接近，节距取 6 极时的满距 $y = 12$，因此 4 极短距系数

$$K_{y4} = \cos\frac{60^\circ}{2} = 0.866$$

6 极短距系数 $K_{y6} = 1$，8 极短距系数

$$K_{y8} = \cos\frac{60^\circ}{2} = 0.866$$

于是，三个极数下绕组系数

$$K_{w4} = 0.956 \times 0.866 = 0.828$$

$$K_{w6} = 0.638 \times 1 = 0.638$$

$$K_{w8} = 0.831 \times 0.866 = 0.72$$

8/6/4 极接法采用 2Y/2△/2△。

（三）原电动机有关数据计算

1. 基本数据

(1) 极距

$$\tau = \frac{3.14 \times 37.2}{8} = 14.601 \text{ 厘米}$$

(2) 齿距

$$t = \frac{3.14 \times 37.2}{72} = 1.622 \text{ 厘米}$$

(3) 每相串联匝数

$$W = \frac{36 \times 72}{2 \times 3 \times 2} = 216 \text{ 匝}$$

(4) 分布系数、短距系数、绕组系数

每极相槽数

$$q = \frac{72}{8 \times 3} = 3$$

分布系数

$$K_d = \frac{\sin\frac{3 \times 20^\circ}{2}}{3\sin\frac{20^\circ}{2}} = 0.96$$

短距系数

$$K_y = \sin\left(90° \frac{8}{9}\right) = 0.985$$

绕组系数

$$K_w = 0.96 \times 0.985 = 0.946$$

2. 磁通密度

(1) 气隙磁密

取压降系数 $K_{E8} = 0.92$

$$B_\delta = \frac{0.92 \times 350 \times 10^2}{1.55 \times 216 \times 0.946 \times 14.601 \times 16.3} = 0.427 \text{ 特}$$

(2) 齿部磁密

$$B_t = \frac{0.427 \times 1.622}{0.93 \times 0.67} = 1.112 \text{ 特}$$

(3) 轭部磁密

$$B_c = \frac{0.37 \times 14.601 \times 0.427}{3.92} = 0.588 \text{ 特}$$

由以上计算可知，该电动机设计磁密较低。实际上运行于380伏电网上也正常，温升很低。

电源电压为380伏时，各部分磁通密度均升高 $\frac{380}{350} = 1.086$ 倍，即：

$$B_\delta = 1.086 \times 0.427 = 0.464 \text{ 特}$$

$$B_t = 1.086 \times 1.112 = 1.208 \text{ 特}$$

$$B_c = 1.086 \times 0.588 = 0.639 \text{ 特}$$

(四) 改绕计算

1. 每相串联匝数

由于原电动机磁密较低，为增大出力，改绕时准备适当提高磁密。故采用取定磁密、倒算匝数方法进行计算。

先计算三个极数下的磁密比。取4极压降系数 $K_{E4} = 0.93$，6极压降系数 $K_{E6} = 0.92$，8极已取 $K_{E8} = 0.92$。

$$\frac{B_{t8}}{B_{t4}} = \frac{B_{\delta8}}{B_{\delta4}} = \frac{4}{2} \times \frac{0.92}{0.93} \times \frac{1}{\sqrt{3}} \times \frac{1}{1} \times \frac{0.828}{0.72} = 1.314$$

$$\frac{B_{t6}}{B_{t4}} = \frac{B_{\delta6}}{B_{\delta4}} = \frac{3}{2} \times \frac{0.92}{0.93} \times \frac{1}{1} \times \frac{1}{1} \times \frac{0.828}{0.638} = 1.926$$

$$\frac{B_{c4}}{B_{c8}} = \frac{4}{2} \times \frac{1}{1.314} = 1.522$$

$$\frac{B_{c4}}{B_{c6}}=\frac{3}{2}\times\frac{1}{1.926}=0.779$$

该电动机改绕系提高转速，极数少时铁心轭部磁密将较原电动机升高。但该电动机铁心轭部较厚，原轭磁密较低，所以极数减少时轭部磁密问题不大。由以上计算三个极数下磁密比值看来，6 极齿磁密将是最高的，故作为取定对象。现取定 $B_{t6}=1.55$ 特，倒算每相串联匝数 W_6。

6 极气隙磁密

$$B_{\delta6}=\frac{0.93\times1.55\times0.67}{1.622}=0.595\text{ 特}$$

6 极时极距

$$\tau_6=\frac{3.14\times37.2}{6}=19.468\text{ 厘米}$$

倒算

$$W_6=\frac{0.92\times380\times10^2}{1.55\times0.595\times0.638\times19.468\times16.3}=187.24\text{ 匝}$$

每槽导线数

$$N_s=\frac{187.24\times2\times3\times2}{72}=31.21$$

实取 $N_s=34$。此时

$$W_6=W_8=W_4=\frac{34\times72}{2\times3\times2}=204\text{ 匝}$$

2. 磁通密度

(1) 气隙磁密

$$B_{\delta6}=\frac{0.92\times380\times10^2}{1.55\times204\times0.638\times19.468\times16.3}=0.546\text{ 特}$$

$$B_{\delta4}=\frac{0.546}{1.926}=0.283\text{ 特}$$

$$B_{\delta8}=1.314\times0.283=0.372\text{ 特}$$

(2) 齿部磁密

$$B_{t6}=\frac{0.546\times1.622}{0.93\times0.67}=1.421\text{ 特}$$

$$B_{t4}=\frac{1.421}{1.926}=0.738\text{ 特}$$

$$B_{t8}=1.314\times0.738=0.970\text{ 特}$$

(3) 轭部磁密

$$B_{c6} = \frac{0.37 \times 19.468 \times 0.546}{3.92} = 1.003 \text{ 特}$$

$$B_{c4} = 0.779 \times 1.003 = 0.781 \text{ 特}$$

$$B_{c8} = \frac{0.781}{1.522} = 0.513 \text{ 特}$$

计算所得三个极数下各部分磁密均可,故取定每槽导线数为 34。

3. 线径与槽满率

原电动机裸导线为 1.62 和 1.30 毫米单纱漆包圆铜线双股并绕。查附表 2-8 常用线规 1.62 和 1.30 毫米 M 型单纱漆包线含绝缘在内外径分别是 1.78 和 1.46 毫米,相应截面积分别是 2.487 和 1.673 毫米^2。

原电动机槽内含绝缘在内,导线总截面=(2.487+1.673)×36=149.76 毫米^2。

早年生产电动机槽满率较低。为提高出力,适当提高槽满率。改绕后每根导线取两股 1.68 毫米 QZ 型聚脂漆包圆铜线并绕。1.68 毫米裸铜线含绝缘在内外径为 1.79 毫米,相应截面 2.515 毫米^2。

改绕后电动机槽内绝缘导线总截面 $= 2 \times 2.515 \times 34 = 171.02$ 毫米^2

比原绝缘导线总截面增加 14%,槽满率也相应提高。因原电动机槽内较松,嵌时仍不费力。

4. 额定电流

原电动机裸线截面

$$S = \frac{3.14 \times 1.62^2}{4} + \frac{3.14 \times 1.30^2}{4} = 3.387 \text{ 毫米}^2$$

原电动机额定电流(2△接法)　$I = 40$ 安

原电动机电流密度

$$j = \frac{40/\sqrt{3}}{2 \times 3.387} = 3.41 \text{ 安 / 毫米}^2$$

改绕后裸线截面

$$S = 2 \times \frac{3.14 \times 1.68^2}{4} = 4.431 \text{ 毫米}^2$$

按同一电流密度计算

4 极额定电流(2△接法)

$$I_4 = 2 \times \sqrt{3} \times 3.41 \times 4.431 = 52.34 \text{ 安}$$

8 极额定电流(2Y接法)

$$I_8 = 2 \times 3.41 \times 4.431 = 30.22 \text{ 安}$$

6 极接法与 4 极相同，额定电流与 4 极也相同。

5. 额定功率

查附表 1-10，相近极数、功率、绕组方案的三速电动机为 JDO2-72-8/6/4，2丫/2丫/2丫接法，额定功率 13/13/19 千瓦，额定电流 37/36.5/37.7 安。其绕组方案与本例方案类同，4 极为 60°相带绕组、6 极为 180°相带绕组、8 极为 120°相带绕组。取其效率和功率因数值作参考。

$$\eta_4 = 0.88,\ \cos\varphi_4 = 0.87$$

$$\eta_6 = 0.86,\ \cos\varphi_6 = 0.63$$

$$\eta_8 = 0.86,\ \cos\varphi_8 = 0.62$$

由此估算改绕后三速电动机各极下额定功率。

$$P_4 = \sqrt{3} \times 380 \times 52.34 \times 0.88 \times 0.87 = 26.4 \text{ 千瓦}$$

$$P_6 = \sqrt{3} \times 380 \times 52.34 \times 0.86 \times 0.63 = 18.7 \text{ 千瓦}$$

$$P_8 = \sqrt{3} \times 380 \times 30.22 \times 0.86 \times 0.62 = 10.6 \text{ 千瓦}$$

（五）运转试验

起动、转速、温升均正常。4 极空载电流 5.5 安，6 极空载电流 26 安，8 极空载电流 8 安。

第十章　绕组浸漆烘干处理及电动机试验

第一节　绕组浸漆烘干处理

一、绕组浸漆和烘干的作用

重绕后的绕组应该进行浸漆和烘干处理，浸漆和烘干可以提高电动机绕组的性能。

1. 驱除潮气、提高防潮能力及增强电气绝缘强度

绕组的绝缘材料中有很多的毛细孔和缝隙，容易吸收潮气而降低绝缘电阻。烘干时先把潮气驱除，浸漆后绝缘漆把毛细孔和缝隙全部填满，并在表面上形成一层光滑的漆膜，使潮气很难进入绕组。绝缘漆的介电强度比空气高得多，因而浸漆后绕组的绝缘强度增大了。

2. 增加绕组的散热效果

绝缘漆的热传导能力比空气大得多。浸漆后导线中产生的热量经绝缘漆传导出去，增加了绕组的散热效果，可降低绕组的温升。

3. 增强绕组的机械强度

电流流过绕组时在导线上产生电动力。在重载和起动时电流很大，电动力也很大。如未浸漆处理，电动力会使导线震动，时间一长，导线便会松动，进而导线绝缘会被擦伤，结果可能发生短路或接地故障。浸漆处理后，绕组被粘结成一个整体，提高了机械强度，减少了损坏的可能性。

综上所述，可知浸漆烘干对提高绕组的性能有很大的作用。所以，浸漆烘干是绕组修理的一道非常重要的工序。

二、浸渍漆的种类和浸漆时的黏度

浸渍用绝缘漆要渗透到绕组线圈以及绝缘材料的所有空隙，并填满这些空隙，所以要求绝缘漆具有黏度小、流动性好、渗透力强、含固体成分高，以及吸潮性小等的特点。

常用的绝缘漆见表 10-1。

表中所列绝缘漆按是否用溶剂来分，分为有溶剂漆和无溶剂漆两种。由于溶剂最后挥发到空气中，对环境造成污染，又因 F 级电机的发展，所以无溶剂漆的使用有增多的趋势。

浸漆时，有溶剂绝缘漆的黏度要进行调整，采用 1032 绝缘漆时，要浸漆两次。第一次浸渍时绝缘漆的黏度要稀些，室温 20 ℃时用 4 号黏度计，黏度为 18～22 秒，这

表 10-1 电动机绕组常用绝缘漆

耐热等级	名称	溶剂	特点和用途
E、B	三聚氰胺醇酸漆 1032	二甲苯和 200 号溶剂汽油	耐潮性、耐油性、内干性较好，机械强度较高，且耐电弧，可供浸渍在湿热地区使用的线圈
	环氧酯漆 1033	二甲苯和丁醇	耐潮性、内干性好，机械强度高，黏结力强。可供浸渍用于湿热地区的线圈
	环氧聚酯快干无溶剂漆 1034		固化快，挥发物较少，耐霉性较差（适用于滴浸）
	环氧聚酯酚醛无溶剂漆 5152-2		黏度低，贮存稳定性好，击穿强度高。用于 B 级绝缘的直流电机电枢和低压电动机
F	环氧聚酯无溶剂漆 EIU		黏度低，击穿强度高，贮存稳定性较好。用于 F 级绝缘的中小型电动机
	不饱和聚酯无溶剂漆 319-2		黏度较低，电气性能较好，贮存稳定性较好，用于 F 级绝缘定子绕组和小型直流电动机电枢
H	有机硅浸渍漆 1053	二甲苯	耐热性和电气性能好，但烘干温度较高。供浸渍 H 级电机、电器线圈和绝缘零部件
	低温干燥有机硅漆 9111	甲苯	耐热性较 1053 稍差，但烘干温度低，干燥快。用途同 1053

样绝缘漆可渗透到绝缘材料毛细孔内。第二次浸渍的目的是填满空气隙和加厚漆膜，黏度要高些，室温 20 ℃时用 4 号黏度计，黏度为 30～38 秒。在不同温度时，浸漆所需的黏度不同。用 1032 绝缘漆时，第一次浸漆时的黏度和第二次浸漆时的黏度与温度的关系见表 10-2。

表 10-2 1032 绝缘漆黏度-温度对照表（用 4 号黏度计）

温度（℃）	40	35	30	25	20	15	10	5	0
第一次浸漆时的黏度（秒）	16	16.2	17.6	18.4	20	24	27	33	36.5
第二次浸漆时的黏度（秒）	19.5	21.5	24	27.5	30	36.5	43.5	53.5	53

无溶剂绝缘漆的黏度随温度上升而迅速下降。在浸漆时的温度下，黏度下降，所以能浸透并填充到绕组中去。在常温下保存无溶剂漆，有时采用分组分包装贮存，使用时再混合，最好一次用完。

三、浸漆方法

1. 滴漆（浇漆） 采用快干无溶剂漆如环氧聚酯快干无溶剂漆 1034（见表 10-1）。

先把电动机竖直放在滴漆盘上，用漆壶浇绕组的一端，然后经过 20～30 分钟滴漆，再将电动机翻过来，浇绕组的另一端，直到浇透。

2. 沉浸　把需浸漆的电动机吊入漆罐中，要使漆面没过电动机 200 毫米以上，以便绝缘漆渗透到绝缘材料的所有空隙内，填满所有空隙。

3. 真空浸漆　采用真空浸漆，绝缘漆能完全渗透到绝缘材料的毛细孔深处，浸漆彻底，并且烘干时间较短。

四、无溶剂漆浸漆烘干工艺

在修理绕组时，用无溶剂漆浸漆，一般使用滴漆方法。该工艺处理时间短，铁心内外圆无漆沾上，不必刮漆；绕组中绝缘漆填充好，所以散热好；操作场地小。

滴漆需三个工序：

预热→滴漆→凝胶固化

【例 10-1】 修理小型电机定子绕组后，用 1034 无溶剂漆滴浸。

1. 预热　通电加热，也可放在烘箱中加热。温度控制在 100～115 ℃。

2. 滴浸　在 100～115 ℃时滴浸，方法见浸漆方法所述。

3. 凝胶固化　加热到 150 ℃，经过 24 分钟完成浸漆。

五、有溶剂漆浸漆烘干工艺

典型的浸漆烘干工艺如下所示：

预烘⟶第一次浸漆⟶滴漆⟶第一次烘干⟶第二次浸漆⟶第二次滴漆⟶第二次烘干。

今介绍 JO2 系列及 Y 系列浸 1032 绝缘漆的浸漆烘干工艺如下：

1. 预烘

电动机浸漆前应进行预烘。预烘的目的是使绕组在浸漆前将绕组内潮气和挥发物驱除，并使电动机具有较适当的温度，使绝缘漆容易渗透。

预烘时，温度要逐渐增加，一般升温速度不大于 20～30 ℃/小时。若升温太快，会造成绕组表面水分很快蒸发，使潮气由表面向绕组内部扩散，绕组内部水分不易排出。

预烘温度为 120 ℃±5 ℃。预烘初期要不断换掉烘房内含水分较多的空气，预烘后期也要换气，但要保持温度。

预烘时间随电动机尺寸大小而定，对于 JO2 系列来说，1～5 号机座（Y 系列，80～160 机座），需 5～7 小时，6～9 号机座（Y 系列，180～280 机座）需 9～11 小时。预烘时每隔一小时左右测量绝缘电阻一次，当绕组绝缘电阻值大于 20 兆欧，且其值在 3 小时内基本保持稳定，变化不大于 10%时，可认为预烘已经完成，可以浸漆。

2. 第一次浸漆

电动机浸漆前的温度为 50～70 ℃，温度过高，绝缘漆溶剂易挥发；温度过低，绝缘漆流动性差，渗透性不好，且易吸入潮气。第一次浸漆的时间大于 15 分钟，直到不冒气泡为止。

3. 滴漆

将浸好漆的电动机提出漆桶，滴去多余的漆。滴漆的时间应大于 30 分钟，然后擦去定子铁心及机座止口等处的余漆。

4. 第一次烘干

余漆滴干后，即可进行烘干。目的是将漆中的溶剂和水分挥发掉，使绕组表面形成较坚固的漆膜。烘干过程分两个阶段：第一阶段是低温阶段，温度控制在 60～80 ℃，约烘 3～4 小时，如果这时温度太高会使溶剂挥发太快，在绕组表面会形成许多小孔，影响浸漆质量，如果温度过高，将使绕组表面的漆很快结成一层膜，而渗入绕组内部的溶剂受热后产生的气体无法排出，也会影响浸漆质量；第二阶段是高温阶段，温度控制在 130 ℃±5 ℃左右，烘干 12～18 小时，目的是要在绕组表面形成坚固的漆膜。烘干过程中每隔一小时就要用兆欧表测量一次绕组对地绝缘电阻，通常要求其值在 6 兆欧以上，且在三小时内绝缘电阻基本稳定，第一次烘干才算结束。在实际操作中，由于烘干设备和方法不同，烘干的温度和时间都会有所不同，需由具体情况决定。总之，应使绕组对地绝缘电阻稳定而且合格为准。

5. 第二次浸漆

烘干结束后，等绕组冷却到 50～70 ℃，再进行第二次浸漆。第二次浸漆的目的是增加漆膜厚度，提高绕组防潮能力。漆的黏度要比第一次浸漆时的黏度要高些，在 20 ℃用 4 号黏度计时黏度为 30～38 秒。浸漆时间可短些，7～8 分钟即可，时间过长反而会损伤第一次浸漆已形成的漆膜。

6. 第二次滴漆

滴漆时间要大于 30 分钟，滴干后把机壳止口与铁心上的绝缘漆擦掉。

7. 第二次烘干

第二次烘干也分两个阶段：第一阶段烘干温度为 60～80 ℃，时间为 3～4 小时；第二阶段烘干温度为 130 ℃ ± 5 ℃，时间为 12～18 小时，具体时间应使绕组对地绝缘电阻值大于 10 兆欧，且最后三小时其值应稳定。到此绕组的浸漆烘干工作就完成了。

六、烘干方法

1. 烘房或烘箱烘干法

烘房的布置见图 10-1。烘房可以由两层耐火砖砌成，两层耐火砖之间填隔热保温材料，以减少热量损失。烘房内部靠墙处放置管状或板状电热元件。烘房应配备温度控制仪，并应具有通风孔或通风装置以便排出潮气及溶剂气体。此外，一旦烘房内压力骤增，烘房门应能自动推开，以策安全。

2. 绕组中通入电流加热法

把三相电动机的转子抽出，用交流电焊变压器或直流电焊机，或调压器作为电压可调节的电源接到定子绕组上，通到绕组中的电流约为额定电流的 70%。若无调压设备，可把三相绕组串联后接到单相 220 伏电源上，线路中串一变阻器来调节电流大小，其接线图如图 10-2 所示。

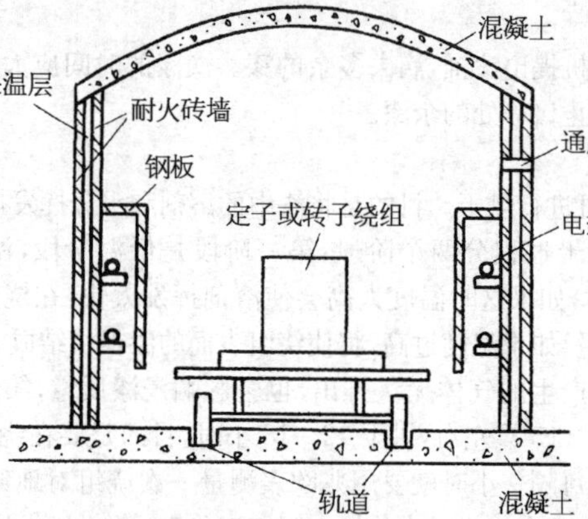

图 10-1 烘房

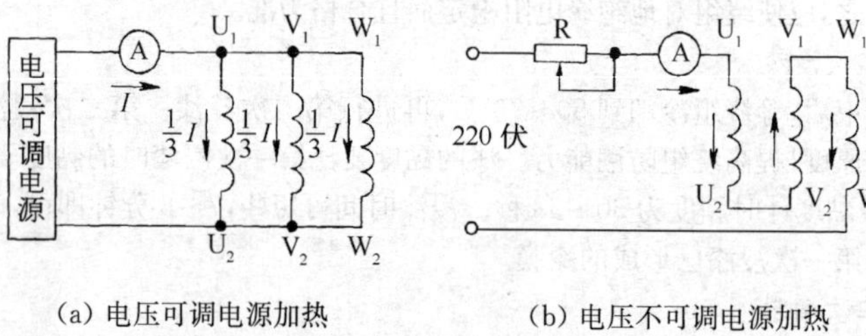

图 10-2 三相绕组通电流加热法

烘干过程中，必须经常监视绕组温度，如果温度超出允许范围，应立即断开电源，到温度下降到允许范围内时，再通电并应减小电流。同时还要不断测量绕组的绝缘电阻，符合要求后就停止烘干过程。

3. 利用大功率白炽灯泡烘干

把一只或数只大功率灯泡悬吊在定子铁心膛内，注意不能接触绕组，以防止温度过高而损坏。烘干时在电动机上面盖上木板以防止热量散失，并要注意防火。

4. 铁损加热法

在铁心上绕一励磁线圈如图 10-3 所示。

当线圈接到交流电源 U 上以后，在定子铁心轭部就产生交变磁场，此交变磁场引起了铁心中的涡流和磁滞损耗，通常称为铁损。这铁损转变为热量，加热定子绕组。这种方法对于体积大而无法放到烘房中去的大型电动机很适用。今介绍励磁线圈的匝数及导线线规的计算方法如下：

定子铁心轭高 h_c

$$h_c = \frac{D_1 - D}{2} - h_s \text{（厘米）}$$

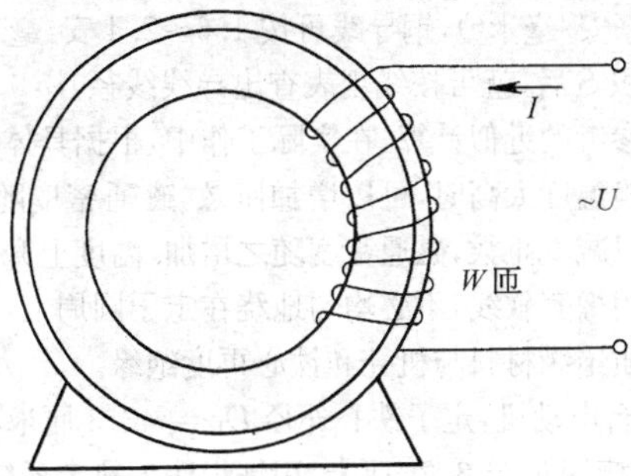

图 10-3 铁损加热法

式中 D_1——定子铁心外径(厘米)；

D——定子铁心内径(厘米)；

h_s——定子槽深(厘米)。

铁轭截面积 A_c

$$A_c = 0.93 h_c L \text{（厘米}^2\text{）}$$

式中 L——定子铁心长度(厘米)。

铁轭平均直径 $D_{平均}$

$$D_{平均} = D_1 - h_c \text{(厘米)}$$

当电源频率为 50 赫时，激磁绕组匝数 W 为

$$W = \frac{45U}{BA_c} = \frac{48.4U}{Bh_cL}$$

式中 U——图 10-3 上电源电压(伏)；

B——铁轭中的磁通密度(特)，B 值可在 0.6～0.8 特范围内选取。

励磁绕组中的电流 I

$$I = \frac{\pi D_{平均} H}{W} = 3.14 \frac{(D_1 - h_c)H}{W} \text{（安）}$$

式中 H——铁轭单位长度励磁安匝(安/厘米)，H 值可按表 10-3 选取。

表 10-3 铁损加热法中铁轭单位长度励磁安匝 H 值

磁通密度 B(特)	0.6	0.7	0.8
单位长度励磁安匝 H(安/厘米)	1.54	1.88	2.31

导线截面积 S

$$S = \frac{I}{j} \text{（毫米}^2\text{）}$$

式中　j——电流密度(安/毫米^2),铜导线可按1.6~2.4安/毫米^{2}选取。

计算出导线截面积S后,就可按线规表查出导线线径。

上述计算是作为参考的近似计算,在实际工作中,根据具体情况可适当增加或减少励磁线圈的匝数。当温度太高时,可以增加匝数,磁通密度随之降低,温度相应降低;当温度太低时,可以减少匝数,磁通密度随之增加,温度上升。

励磁绕组导线宜用橡套软线,不必均匀地绕在定子圆周上,在从定子孔内引出以及在弯曲的地方用硬质绝缘材料与机壳和铁心再度绝缘。

【例10-2】　有一台电动机,定子铁心外径$D_1=42.3$厘米,铁心内径$D=30$厘米,长度$L=42$厘米,槽深$h_s=3.25$厘米。用铁损法加热定子绕组,励磁线圈的电源电压为交流220伏、50赫。请计算励磁线圈的匝数和线径。

【解】　定子轭高h_c

$$h_c=\frac{D_1-D}{2}-h_s=\frac{42.3-30}{2}-3.25$$
$$=2.9\text{ 厘米}$$

定子轭部截面积A_c

$$A_c=0.93h_cL=0.93\times2.9\times42$$
$$=113.3\text{ 厘米}^2$$

轭部平均直径$D_{平均}$

$$D_{平均}=D_1-h_c=42.3-2.9=39.4\text{ 厘米}$$

取磁通密度$B=0.7$特,则

$$W=\frac{48.4U}{Bh_cL}=\frac{48.4\times220}{0.7\times2.9\times42}=125\text{ 匝}$$

从表10-3,当$B=0.7$特时,单位长度励磁安匝$H=1.88$安/厘米,所以

$$I=\frac{\pi D_{平均}H}{W}=\frac{3.14\times39.4\times1.88}{125}$$
$$=1.86\text{ 安}$$

选电流密度$j=2$安/毫米^2,所以导线截面积S为

$$S=\frac{I}{j}=\frac{1.86}{2}=0.93\text{ 毫米}^2$$

选用截面积为1毫米^{2}的铜芯橡皮软线。

七、浸漆前绕组的检查与试验

重绕的电动机绕组在浸漆前必须进行检查与试验,发现问题及时改正。浸漆以后发现问题就不容易改正了。浸漆前的检查和试验有以下几个方面:

1) 检查绕组线圈之间的接线、并联支路数是否正确,首端和末端引出线的位置

及其标志是否正确。

2）检查各相绕组是否断路。测量各相绕组的直流电阻是否相等(其相差不应超过平均电阻值的±4％)。

3）用兆欧表测量相绕组之间，相绕组与地之间的绝缘电阻是否合格。

4）用短路侦察器检查绕组是否有短路的地方。

上面四项检查通过后，就进行通电试验。

5）通电试验：装配好电动机，接上电源，进行空载试验。试验时注意力要集中，一出现异常现象应立即切断电源。其步骤如下：

① 看、闻、听、摸。看是否冒烟，闻有否异味，听声音有否异常，摸电动机温度是否过高，若有问题，应立即切断电源。

② 测量三相电流是否平衡。任一相空载电流与三相电流平均值的偏差不应超过±10％。

③ 核对空载电流是否在规定范围之内，见表 10-6。

以上几项检查测试中，如出现问题，则按故障处理方法处理。

浸漆前要将电动机表面上的尘土、铁屑及油污清除掉。螺孔处要用螺钉封堵，以免装配时发生困难。

第二节　电动机修理后的试验

电动机修理后试验的目的，是保证电动机修理后的质量，并测量出修理后电动机的运行数据。本节介绍修理后的各种常规试验。

一、绝缘电阻的测量

1. 测量内容

电动机修理后的第一项试验，就是测定绕组对机壳及绕组相互间的绝缘电阻。修理时可能由于技术不熟练或不当心损坏了绝缘，或有潮气、污物进入绕组，这样就会造成严重后果，如烧毁绕组或机壳带电危及人身安全，因此电动机修理后一定要进行绝缘电阻的测定。

测量交流异步电动机绕组的绝缘电阻时，如果各相绕组的始、末端都引到机壳外，那么应分别测量每相绕组对机壳的绝缘电阻，并测量各相绕组之间的绝缘电阻。例如，三相异步电动机定子绕组的情况就要测量六次：第一相对机壳，第二相对机壳，第三相对机壳；第一相与第二相之间，第二相与第三相之间和第三相与第一相之间的绝缘电阻。如果绕组只有始端或只有末端引到机壳外，即在内部三相绕组已连接在一起，则允许测量所有绕组对机壳的绝缘电阻，这样就只需测量一次。测量绕线式异步电动机的绝缘电阻时，定子和转子绕组应该分别进行。对于直流电动机，电枢绕组、串励绕组和并励绕组对机壳及相互间的绝缘电阻应该分别测量。

2. 测量仪表及使用方法

兆欧表又称摇表，是用来测量绝缘电阻的仪表。绝缘电阻的数值很大，所以它的单位用兆欧表示，1 兆欧等于一百万欧。按照被测电动机绕组不同的额定电压采用不同等级的兆欧表，见表 10-4。

表 10-4　兆欧表选用表

电动机绕组额定电压	兆欧表规格
500 伏以下	500 伏
500～3 000 伏	1 000 伏
3 000 伏以上	2 500 伏

兆欧表的使用方法如下：

1) 兆欧表有三个端子：线路 L、接地 E 和保护环 G。接线不能用双股绝缘线或绞线，应该用两根分开的不同颜色的导线，以免由于两根线之间绝缘不良而引起误差。

2) 测量前，兆欧表要进行一次开路和短路试验来检查兆欧表是否良好。把 L，E 两端开路，摇动手柄，指针应指在“∞”的位置。把 L，E 两端短路，摇动手柄，指针应指在“0”处，否则兆欧表应该检修。

3) 测量前应把电源切断，绕组的外部接线全部拆除。

4) 测量绕组对机壳的绝缘电阻时，应把接地端子 E 接机壳，被测绕组接端子 L，其余未被测绕组接端子 G，摇动手柄进行测量。测量绕组之间的绝缘电阻时，可把端子 E、L 接到两个绕组上，其余未被测绕组和机壳接 G，摇动手柄进行测量，见图 10-4 所示。

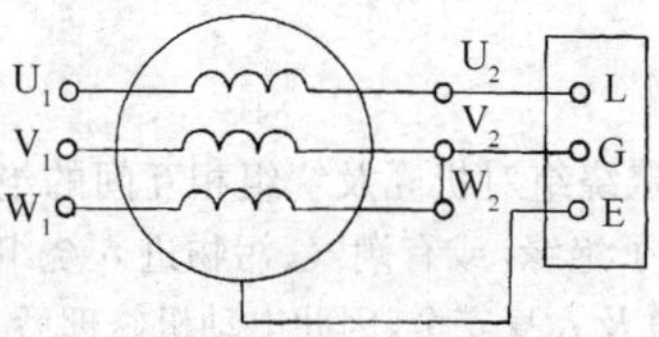

(a) 测量对机壳的绝缘电阻

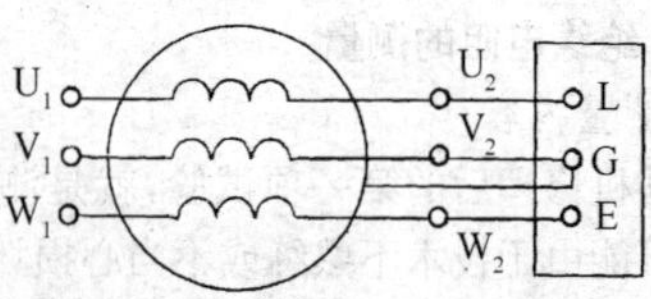

(b) 测量绕组之间的绝缘电阻

图 10-4　兆欧表测量绕组绝缘电阻的接线图

5) 摇动手柄的转速应接近 120 转/分，转速应保持恒定，等到指针的指示稳定后读取其读数。

6) 测量高压电动机绕组的绝缘电阻后，绕组应该与机壳连接放电一段时间，电动机功率小于 1 000 千瓦的不少于 15 秒；1 000 千瓦及以上的不少于 1 分钟。

7) 为了判断高压绕组绝缘的干燥情况，要测定吸收系数 K，即读取兆欧表开始旋转第 15 秒时的和第 60 秒时的绝缘电阻 R_{15} 和 R_{60}，则

$$K=\frac{R_{60}}{R_{15}}$$

一般要求 $K \geqslant 1.3$。

导体的电阻随着温度的升高而增大，但绝缘电阻却随着温度的升高而减小。电动机运行较长时间后，温度升高，此时用兆欧表测出的绝缘电阻称为热态绝缘电阻。电动机停车后，经过较长时间，电动机的温度即为环境温度，此时用兆欧表测出的绝缘电阻称为冷态绝缘电阻。电动机绕组修理后，冷态绝缘电阻应该大于或等于 1 兆欧，热态绝缘电阻应该大于或等于 0.5 兆欧。额定电压为 1 000 伏及以上者，定子绕组的绝缘电阻一般不低于每千伏 1 兆欧，转子绕组不应低于每千伏 0.5 兆欧。

二、绕组直流电阻的测量

1. 测量绕组直流电阻的目的

1) 将电阻的测定值与计算值比较，可判断修理时匝数、线径和接线是否正确，焊接是否良好。

2) 热状态下绕组的平均温升可以根据绕组在冷态与热态下的电阻值计算出来。

3) 对于三相异步电动机，可检查出三相绕组的电阻是否平衡。三相电阻的差异应满足下面的方程式：

$$\left|\frac{\text{三相绕组中任一相的电阻}-\text{三相绕组电阻平均值}\ R_{\text{平均}}}{R_{\text{平均}}}\right|\times 100\% \leqslant 4\%$$

不定式左边取绝对值。

2. 测量方法

(1) 直流电桥法　直流电桥分单臂电桥和双臂电桥两种。单臂电桥又叫惠斯登电桥，适用于测量 1～10^6 欧的电阻。双臂电桥又叫凯尔文电桥，适用于测量 1 欧以下的低值电阻。

(2) 电压表电流表法　用电压表和电流表测量绕组电阻时，其接线如图 10-5 所示。

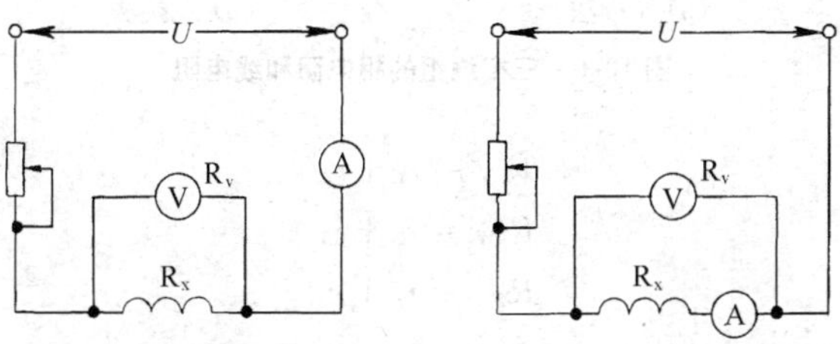

(a) $\frac{R_v}{R_x} > 200$ 时的接线图　　(b) $\frac{R_v}{R_x} < 200$ 时的接线图

图 10-5　用电压表和电流表法测量绕组电阻的接线图

图 10-5(a)的接线图适用于

$$\frac{R_v}{R_x} > 200$$

时的情况，式中 R_v 为电压表内阻，R_x 为被测量的绕组电阻。

图 10-5(b)的接线图适用于

$$\frac{R_v}{R_x} < 200$$

时的情况。计算公式为

$$R_x = \frac{U}{I}$$

式中 U——电压表读数(伏)；

I——电流表读数(安)。

测量时，电流表读数不应大于被测绕组额定电流的 20%。

对于交流电动机，如果每相绕组有始、末两端引出时，就应该把相绕组之间的连接线拆开，分别测量每相绕组的电阻。如果绕组已接成Y形，中性点在电动机内部，外部只有三个出线端，那么只能测出线电阻 R_{UV}、R_{VW} 和 R_{WU}，如图 10-6(a)所示。各相电阻 r_1、r_2 和 r_3 则可以根据线电阻 R_{UV}、R_{VW} 和 R_{WU} 计算出来。

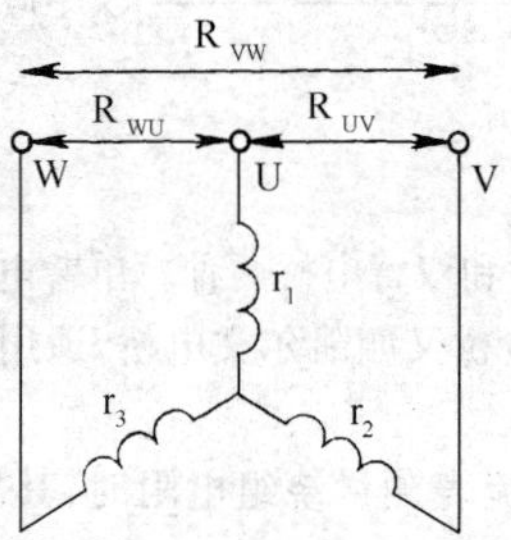

(a) Y接法

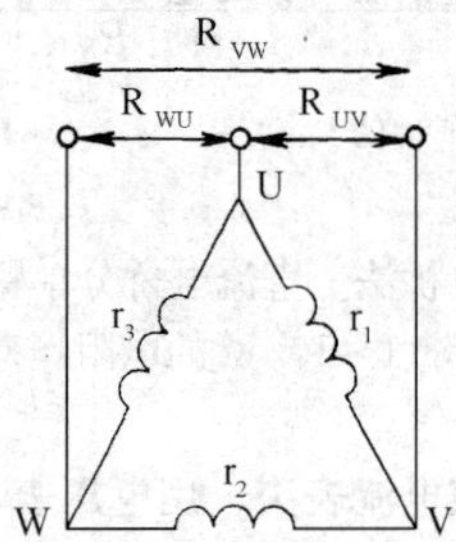

(b) △接法

图 10-6 三相绕组的相电阻和线电阻

$$R_{UV} = r_1 + r_2$$

$$R_{VW} = r_2 + r_3$$

$$R_{WU} = r_3 + r_1$$

所以各相电阻为

$$r_1 = \frac{1}{2}(R_{UV} + R_{WU} - R_{VW})$$

$$r_2 = \frac{1}{2}(R_{VW} + R_{UV} - R_{WU})$$

$$r_3 = \frac{1}{2}(R_{WU} + R_{VW} - R_{UV})$$

如果三相绕组在电动机内部已接成△，那么从外部的三个出线端测量出的电阻

为线电阻 R_{UV}、R_{VW} 和 R_{WU}，如图 10-6(b)所示。由 R_{UV}、R_{VW} 和 R_{WU} 可计算出各相电阻 r_1、r_2 和 r_3 为

$$r_1 = \frac{R_{VW}R_{WU}}{R_P - R_{UV}} + R_{UV} - R_P$$

$$r_2 = \frac{R_{WU}R_{UV}}{R_P - R_{VW}} + R_{VW} - R_P$$

$$r_3 = \frac{R_{UV}R_{VW}}{R_P - R_{WU}} + R_{WU} - R_P$$

上面三式中

$$R_P = \frac{1}{2}(R_{UV} + R_{VW} + R_{WU})$$

测出的三相线电阻 R_{UV}、R_{VW} 和 R_{WU} 的平均值 $R_{平均}$ 为

$$R_{平均} = \frac{1}{3}(R_{UV} + R_{VW} + R_{WU})$$

如果满足下面的不等式

$$\left|\frac{R_{平均} - R_{UV}}{R_{平均}}\right| \times 100\% < 1.5\%$$

$$\left|\frac{R_{平均} - R_{VW}}{R_{平均}}\right| \times 100\% < 1.5\%$$

$$\left|\frac{R_{平均} - R_{WU}}{R_{平均}}\right| \times 100\% < 1.5\%$$

上面三式中左边均取绝对值。

则相电阻 r_1、r_2 和 r_3 可认为是相等的。在Y接法时

$$r_1 = r_2 = r_3 = 0.5R_{平均}$$

在△接法时

$$r_1 = r_2 = r_3 = 1.5R_{平均}$$

对于绕线式电动机转子绕组的电阻，应尽可能在绕组和集电环连接的接线螺柱上测量。

对直流电动机电枢绕组的电阻，应在两片换向片上进行测量，这两片换向片位于两组相邻电刷的中心线下面，其相互间的距离应等于或接近于一个极距。

三、绝缘耐压试验

用兆欧表测量电动机的绝缘电阻时，绝缘电阻低于规定值，说明该电动机绝缘不良。但绝缘电阻达到规定值或绝缘电阻值很大也并不说明该电动机绝缘一定良好。在修理过程中绝缘已经受到机械损伤，但导线与铁心隔着空气而并未直接接触，此时绝缘电阻很高，用兆欧表就检查不出。检查绝缘良好与否最可靠的方法是绝缘耐压试验。

1. 试验方法和要求

试验应在电动机静止的状态下进行。在试验前应先测定绕组的绝缘电阻,如果绝缘电阻数值偏低,则不宜进行此试验。如果电动机要进行超速、温升等试验,则本项试验应在这些试验之后进行。试验电压应施加于绕组与机壳之间,其他不参加试验的绕组均应与铁心和机壳连接。试验接线图如图 10-7 所示。

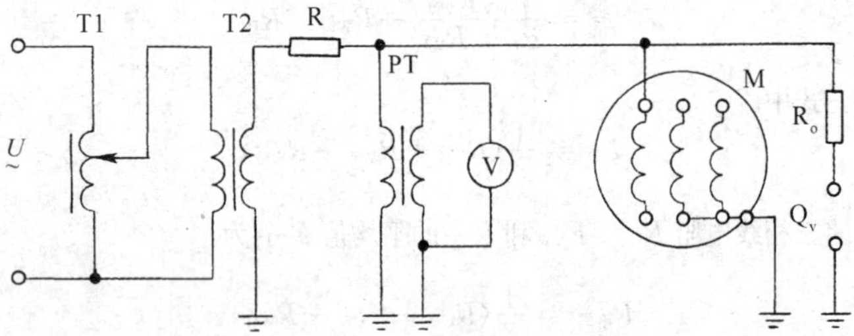

图 10-7　绕组对机壳耐压试验接线图

T1—调压变压器;T2—高压试验变压器;R—限流保护电阻(每伏 0.2～1 Ω);R_o—球隙保护电阻(低压电动机不接);Q_v—球隙(低压电机不接);PT—测量用电压互感器;V—电压表;M—被试电动机

本项试验应对每相绕组轮流进行。试验时施加的电压应从不超过试验电压全值的一半开始,然后稳步地或分段地增加到全值。电压从开始值增加到全值的时间应不少于 10 秒。全值电压施加时间应维持 1 分钟。试验完毕,应均匀降低电压,然后断开电源,并将被试验绕组接地放电。试验中如发现电压表急剧下降或指针摆动很大,冒烟或发生响声等异常现象,应立即降低试验电压,断开电源,接地放电后进行检查。

2. 对试验电压和试验变压器的要求

在三相异步电动机、直流电动机、多速电动机等的耐压试验中,施加的电压都用 50 赫、正弦波电压。试验电压的数值如表 10-5 所示。对绕组部分重绕的电动机,试验电

表 10-5　绕组耐压试验的试验电压

电动机或部件	绕组全部重绕的试验电压,伏(有效值),50 赫
1 千瓦以下的电动机或额定电压不超过 36 伏的电动机	500＋2 倍额定电压
1 千瓦以上至 10 000 千瓦以下,额定电压超过 36 伏的电动机	1 000＋2 倍额定电压,最低为 1 500 伏
直流电动机的他励磁场绕组	1 000＋2 倍额定电压,最低为 1 500 伏
允许逆转的绕线式异步电动机的转子绕组	1 000＋4 倍转子额定电压
不允许逆转或停车后才允许逆转的绕线式异步电动机的转子绕组	1 000＋2 倍转子额定电压

压应不超过表 10-5 所规定值的 75%。试验前应对未重绕的部分进行清洁和干燥。

同一台电动机不应重复进行本项试验，但如用户提出要求，允许再进行一次试验，试验电压不超过表 10-5 所规定的试验电压值的 80%。

对于因定期保养而拆装清理过的电动机，在清洁干燥后，用 1.5 倍额定电压作试验。但对额定电压为 100 伏以下的电动机试验电压应不小于 500 伏；对额定电压为 100 伏及 100 伏以上的应不小于 1 000 伏。

试验中所用调压变压器和高压试验变压器应有足够的容量，对于低压电动机绕组来说，每 1 千伏试验电压，变压器的容量宜不小于 1 千伏安。

在耐压试验中要注意安全，高压试验变压器及调压变压器的外壳接地必须良好。

四、匝间绝缘试验

匝间绝缘试验又叫短时升高电压试验。

1. 匝间绝缘试验的一般要求

匝间绝缘试验的目的是检查定子或转子绕组匝间的绝缘。可以考察修理过程中，嵌线、浸漆、装配、搬运时绕组绝缘是否受到损伤。

试验是在电动机空载时进行。试验时外加电压为额定电压的 130%，试验时间为 3 分钟。如果在 130%额定电压下，空载电流超过额定电流，则试验时间可缩短至 1 分钟。

试验时先施加额定电压，如电动机情况正常，则继续提高电压到 130%额定电压。如发生异常现象，要立即断开电源。损坏处将会过热、变色、流胶、焦味、冒烟。我们根据这些现象来判断故障部位。

2. 交流电动机的匝间绝缘试验

试验时需要一个电压可调节的交流电源，如调压变压器。要进行超速试验的电动机，匝间绝缘试验必须在超速试验之后进行。对于双绕组多速电动机，应对每一额定转速的绕组进行试验。若为单一绕组时，可仅对其最大转速接线方式进行试验。对绕线式三相异步电动机（大型二极四极电动机除外）及交流换向器电动机，试验应在转子静止及开路时进行。其他电动机匝间绝缘试验是在空载运转状态下进行的。

3. 直流电动机的匝间绝缘试验

试验时需要一个电压可调节的直流电源。四极以上的直流电动机试验时应使换向器相邻片间的电压不超过 24 伏。试验中在提高外加电压时，允许提高其转速，但转速的数值应不超过 115%额定转速或该电动机的最高转速。

五、空转试验

1. 试验目的

① 检查电动机的转动情况。首先应注意定、转子是否有碰擦，转动是否平稳、轻快，声音应均匀而不含有害的杂声，轴承应无漏油及温度过高等不正常现象，两端轴承的温度彼此不应有明显的差别。

② 对于三相异步电动机，空载电流与额定电流的百分比值范围如表 10-6

所示。

表 10-6　三相异步电动机空载电流与额定电流百分比值的范围

极数＼功率(千瓦)	0.125 以下	0.125～0.5	0.55～2	2.2～10	11～50	55～100
2	75～95	45～70	40～55	30～45	25～35	18～30
4	80～96	65～85	45～60	35～55	25～40	20～30
6	85～98	70～90	50～65	35～65	30～45	22～33
8	90～98	75～90	50～70	37～70	35～50	25～35

若试验中测得的电动机空载电流超出此表中的范围很多,则说明电动机有问题,需进一步查明原因,并作出处理。

对于三相异步电动机,还应检查三相空载电流是否平衡。任一相空载电流与三相空载电流平均值的偏差应不超过 10%,即应满足下面式子:

$$\left|\frac{I_{01}-I_{0平均}}{I_{0平均}}\right|\times 100\% \leqslant 10\%$$

$$\left|\frac{I_{02}-I_{0平均}}{I_{0平均}}\right|\times 100\% \leqslant 10\%$$

$$\left|\frac{I_{03}-I_{0平均}}{I_{0平均}}\right|\times 100\% \leqslant 10\%$$

式中　$I_{0平均}$——三相空载电流平均值,

$$I_{0平均}=\frac{1}{3}(I_{01}+I_{02}+I_{03})\text{(安)}$$

I_{01}、I_{02}、I_{03}——分别为第一相、第二相、第三相的空载电流(安)。

上式中左边的两条竖线表示计算后的值取绝对值,即不考虑负号,总取正值。如果任一相的空载电流超过平均值的 20%,则可能存在匝间短路或轻微接地;试验时电流表指针不应有大的摆动,如果发生这种情况应立即停止试验,检查绕组是否有故障。

2. 试验方法

对于直流电动机先加额定励磁,再在电枢上施加额定电压。对于三相交流异步电动机则施加额定频率且三相平衡的额定电压。空载运转时间一般在 30 分钟到 1 小时。大电机运转时间长一些,小电机运转时间短一些。

3. 起动方法

除了小容量的笼型异步电动机可以施加额定电压直接起动外,其他各种电动机在空转试验或其他试验时需注意电动机的起动方法

(1) 他励直流电动机的起动方法　接线图如图 10-8 所示。图中 R_a、R_f 均为变

阻器。起动时，他励绕组先通电，电枢后通电。调节 $R_f=0$，调节 R_a 值使电枢电路中的电流在起动时不要超过 2 倍额定电流。起动结束后，再切除 R_a（即使 $R_a=0$），增大 R_f，使励磁电流到达额定值。

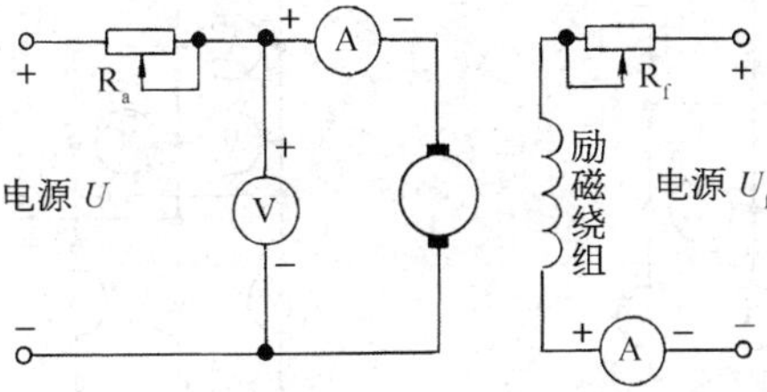

图 10-8　他励直流电动机的起动接线图

(2) 并励直流电动机的起动方法　可采用类似他励方式起动使并励绕组先通电，电枢后通电。

(3) 串励直流电动机的起动方法　空载时串励直流电动机的转速很高，俗称飞车，所以串励直流电动机绝对不允许在空载时起动。应将串励绕组由其他电源供电，即改接成他励。

(4) 复励直流电动机的起动方法　复励直流电动机应避免在差复励励磁方式下起动和运转。起动方法与并励电动机相同。

(5) 三相绕线式异步电动机的起动方法　转子绕组串接变阻器或频敏变阻器起动，线路图如图 10-9 所示。起动前，转子绕组串接电阻值 R 较大，起动结束后，调节 R 使等于零。

(6) 三相笼型异步电动机定子绕组串接电抗器或变阻器起动线路图如图 10-10 所示。K1 合上，K2 断开时，笼型异步电动机定子绕组串接电抗器（或变阻器）起动。起动后，K2 再闭合，则电抗器被短路，电源电压全部施加到电动机上。

(7) 三相笼型异步电动机调压变压器起动方法　接线图如图 10-11 所示。

图中 T 为调压变压器，P 点是滑动触点，P 点位于最下面时，调压变压器的输出电压为零，P 点向上移动时，输出电压升高。如果被试电动机中通过的电流小于或等于调压变压器的额定输出电流，就可用它来起动电动机，不需另外再加设备。起动时，先把调压变压器的输出电压调到被试电机额定电压的 25%～40%，电动机接入后，随着转速的升高，再逐渐升高到电机的额定电压。

(8) 三相笼型异步电动机变频降压起动方法　利用变频电源，先把频率降低到 5～10 赫，电压也降低到额定电压的百分之十几到二十几，起动电动机后，逐步提高频率到额定频率，同时电压也随着频率的升高而升高到额定电压。

(9) 三相笼型异步电动机的自耦变压器起动方法　自耦变压器与调压变压器原理相同，但调压变压器有一滑动触点，输出电压可以调节；而自耦变压器无滑动触点，

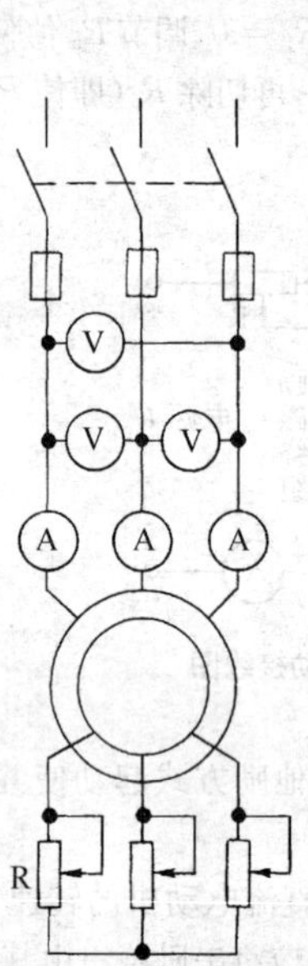

图 10-9　转子绕组串接变阻器 R 起动

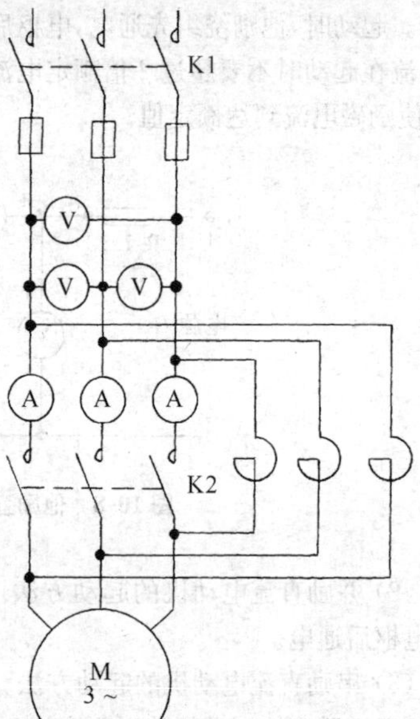

图 10-10　定子绕组串接电抗器起动

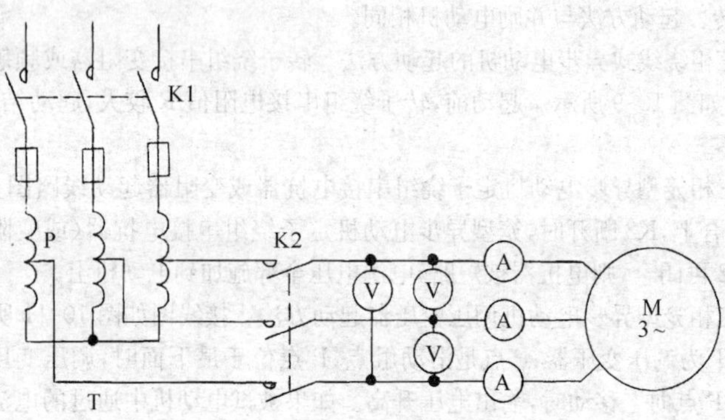

图 10-11　调压变压器降压起动接线图

只有固定的输出电压，接线原理图如图 10-12 所示。图中 K1、K2 和 K3 为接触器，T 为自耦变压器，自耦变压器的输出电压一般为被试电机额定电压的 40%～80%，起动时 K1 断开，K2、K3 闭合，电动机降压起动，当转速接近额定值时，K2、K3 断开，K1 闭合，电源电压全部施加在电机上。

(10) 三相笼型异步电动机Y-△起动方法　接线图如图 10-13 所示。此方法只能用于电动机正常运行时定子绕组是△接法的电动机。当 K 闭合后，三刀双掷开关

QS 掷向下面，则定子绕组接成丫形，电动机起动。起动后，QS 掷向上面，则定子绕组接成△形，电动机进入正常空转运行状态。

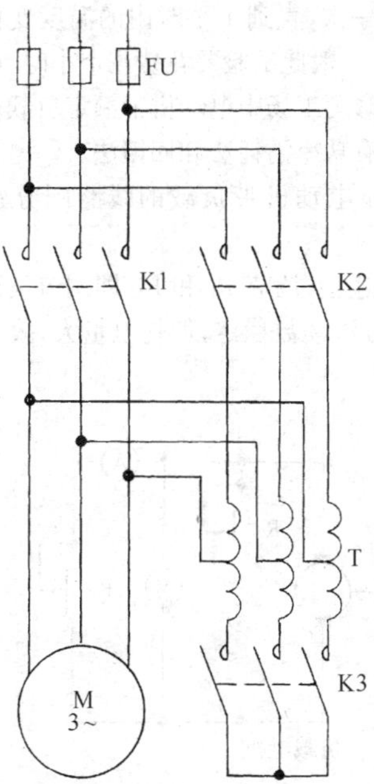

图 10-12　自耦变压器降压起动接线原理图

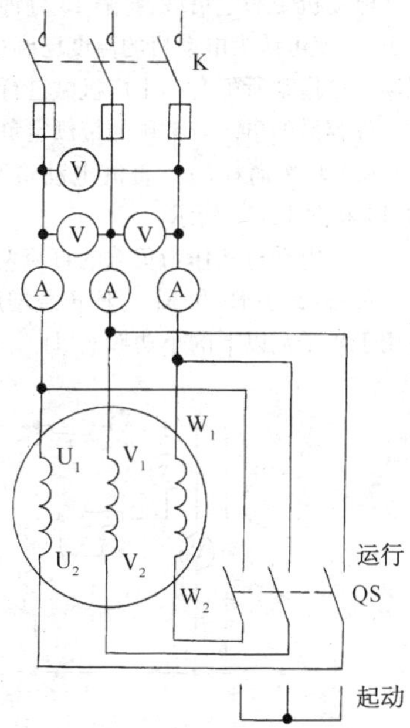

图 10-13　丫-△起动接线原理图

六、温升试验

电动机运行时，在导线中的损耗叫铜损，在铁心中的损耗叫铁损，此外还有机械损耗等，这些损耗都转化为热能，使电动机的温度高于周围环境的温度。当温度超过某一限度，电动机的绝缘材料的寿命就急剧降低。电动机的使用寿命主要决定于绝缘材料的寿命。电动机运行时，若绝缘材料的温度接近或达到这一限度，这时电动机的负载就称为额定负载。电动机的负载若超过额定负载，则电动机的温度就超过了这一限度，绝缘材料迅速老化，电动机的寿命就缩短了。因此电动机修理好以后，如要查明它的额定负载到底有多大，是否符合设计要求，则应该由温升试验来决定。此外，电动机的很多故障也会造成电动机温升过高，因此温升试验也是判断电动机故障的一种手段。电动机运行前的温度应该和周围环境温度相同。而运行后，电动机的温度是从环境温度开始升高，在计算和试验中我们关心的是温升 θ。

$$温升\ \theta = 电动机的温度 - 环境温度$$

一台电动机在相同负载的情况下，温升是相同的，但电动机温度却随着环境温度的不同而不同。在试验中不但要记录电动机温度，还要记录环境温度，以便计算出温升。

1. 试验方法

电动机带额定负载，每隔 15 分钟测量温度一次，直到 1 小时内的温度变化不超过 1 ℃，就可认为电动机的温度已到达稳定值。一般此试验要花费几个小时，可以在现场直接拖动所配套的生产机械进行试验。在修理工场中电动机带额定负载往往不是一件容易的事。较常用的带额定负载的方法有功率消耗法和回馈法。

(1) 功率消耗法　直流电动机和交流异步电动机带负载的线路图分别如图 10-14 和图 10-15 所示。

被试电动机和作为负载的直流发电机同轴连接，调节 R_f 和 R_L 即调节被试电动机的负载，减小 R_f 和 R_L 可使负载增加。这种方法读数稳定，但耗电量大，故一般只适用于 4 千瓦以下的小功率电机。

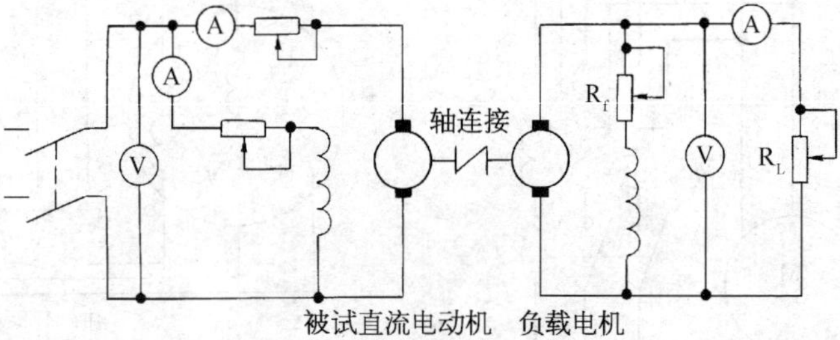

图 10-14　直流电动机带负载的接线图

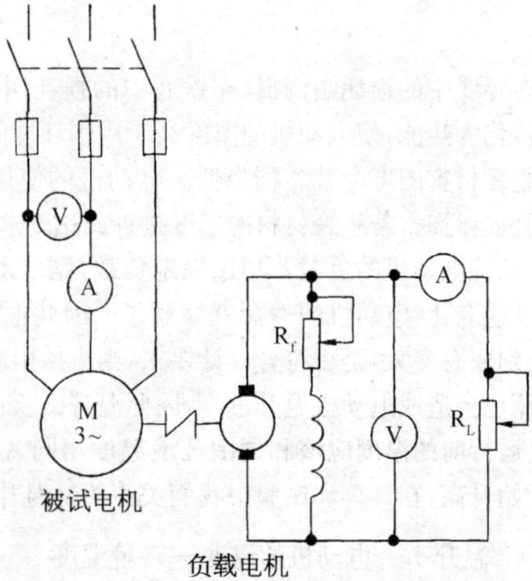

图 10-15　三相异步电动机带负载的接线图

(2) 回馈法　功率大于 4 千瓦的电动机采用回馈法。直流电动机的并联回馈法的接线图如图 10-16 所示。

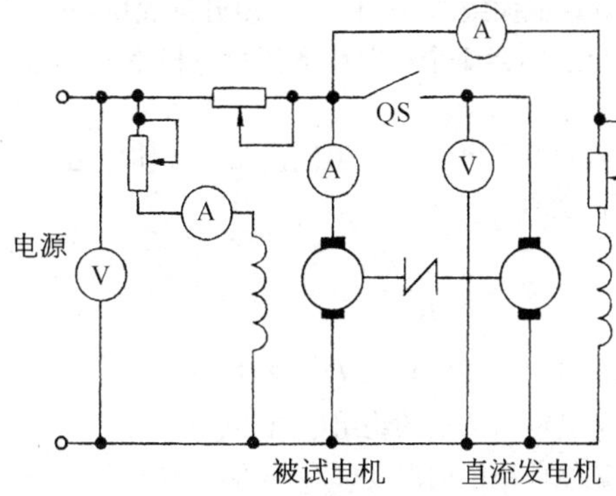

图 10-16　并联回馈法接线图

被试直流电动机和直流发电机的轴互相连接。首先起动被试电动机并调节到额定转速，再调节发电机的电压，使此电压与电源电压相等，极性一致，然后合上开关 QS，使被试电动机与直流发电机并联，调节直流发电机的励磁电流，使被试电动机的电流、转速等达到额定值。

交流异步电动机的 V 带轮回馈法的接线和机组连接如图 10-17 所示。被试电动机与负载电动机为两台极数相同的三相异步电动机，它们用 V 带和 V 带轮连接，转向相同(两台电动机分别独自接通电源，V 带轮转向应相同)，两只 V 带轮的直径比约 1∶1.15，靠调节 V 带张力来改变负载大小。此法简单易行，耗电量少。

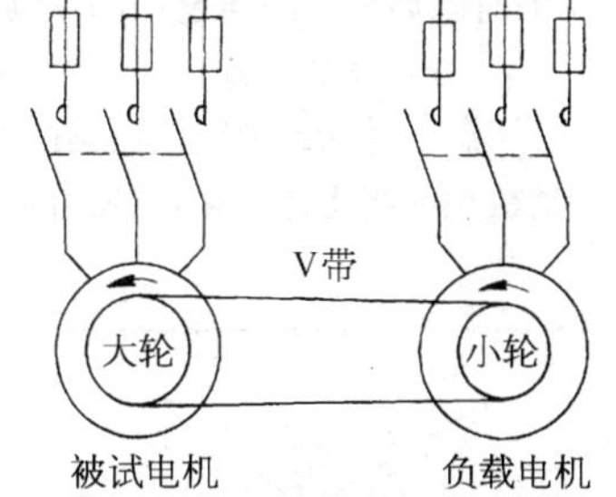

图 10-17　V 带轮回馈法的接线和机组连接

电动机带负载的方法很多，前面只举出了几种方法以供参考。

2. 测量温度的方法

测量温度的方法一般有温度计法和电阻法两种。

(1) 温度计法　此法就是用温度计测量电动机的温度。首先起动电动机，然后使电动机带额定负载运转。用温度计紧贴于被测量的部位(一般主要测量铁心和绕组温度)，温度计的玻璃球可用锡箔、棉花裹住。电动机运转中温度不断上升，运转数小时后温度达到某一稳定值而几乎不再上升，这个温度与周围环境温度之差就是该电动机的温升。对于封闭式电动机，不可能把温度计直接贴在线圈上测量，可将温度计塞在吊环孔中测量，四周用棉花裹住。用温度计测量温度需注意：温度计应使用酒精温度计，不能使用水银温度计，因为电动机中有交变磁场，水银在这个交变磁场中将产生涡流而发热，影响测量的准确性。其次，用温度计测量的都是表面温度，内部最高温度比测量值大致高 5～10 ℃。温升试验所需时间很长，测量时每隔 15 分钟读一次温度计读数，当 1 个小时内的读数只相差 1 ℃时，可认为电动机的温度已达到稳定值。

(2) 电阻法　绕组的温升也可用电阻法测量。导体电阻随着温度升高而增大。电阻与温升存在如下的关系：

$$\theta = \frac{R_2 - R_1}{R_1}(K + t_1) + t_1 - t_2$$

式中　K——常数，对于铜 $K = 234.5$，对于铝 $K = 228$；

R_1——电动机运转前所测出的绕组电阻(欧)；

t_1——电动机运转前绕组的温度(即环境温度)(℃)；

R_2——电动机额定负载运转到温度稳定后停机马上测出的绕组电阻(欧)；

t_2——试验完毕时电动机周围的环境温度(℃)，一般 t_2 值不等于 t_1。

测量出 R_2、R_1，同时测量出环境温度 t_1、t_2，就可以计算出绕组温升 θ。

由电阻法测得的温升是绕组的平均温升，比绕组的最热点约低 5 ℃左右。

电阻的测量可用伏安法或电桥法测量，这在前面已讨论过。在切断电源后测定，则测得的温升要比断电瞬间的实际温升低。据统计，对于一般中小型电动机，如果电阻值 R_2 在断电后 20 秒左右测得，则计算出的温升比实际的温升低 3 ℃左右。测定 R_2 的时间离断电瞬间越长，则差别也越大。

3. 温升限度

用温度计法或电阻法测出的温升不能超出表 10-7 和表 10-8 的温升限度，否则电动机绝缘将迅速老化，缩短寿命。

表 10-7　异步电动机各部分的温升限度(℃)

绝缘等级 / 试验方法 / 电动机部件名称	A		E		B		F		H	
	温度计法	电阻法	温度计法	电阻法	温度计法	电阻法	温度计法	电阻法	温度计法	电阻法
绕组(额定功率在 5 000 千瓦以下)	50	60	65	70	75	80	85	100	105	125
与绕组接触的铁心及其他部件	60		75		80		100		125	
集电环	60		70		80		90		100	

表 10-8 直流电动机各部分温升限度

绝缘等级 / 试验方法 / 电动机部件名称	A		E		B		F		H	
	温度计法	电阻法	温度计法	电阻法	温度计法	电阻法	温度计法	电阻法	温度计法	电阻法
电枢绕组励磁绕组	50	60	65	75	70	80	85	100	105	125
与绕组接触的铁心及其他部件	60		75		80		100		125	
换向器	60		75		80		100		100	

七、超速试验

超速试验是将电动机转速提高到 1.2 倍的额定转速，历时 2 分钟而不发生有害的变形。试验的目的是检查电动机的安装质量、考验转子各部分承受离心力的机械强度和轴承的机械强度。

超速试验前应仔细检查电动机的装配质量，特别是转动部分的装配质量。被试电动机周围应该有可靠的防护装置，被试电动机转速等的测量应该在远离被试电动机的安全地区进行。

超速试验后应仔细检查电动机转动部分是否有损坏，是否产生有害变形，紧固件是否松动，以及是否产生其他不正常现象。

异步电动机的超速试验可以由其他电动机拖动被试电动机，使它的转速达到 1.2 倍额定转速，或提高电源的频率，提高电源频率的方法在目前都采用变频电源。

直流电动机的超速试验也可由其他电动机拖动被试电动机，使它的转速达到 1.2 倍额定转速，或减小励磁电流，或增加端电压使电动机超速。但端电压的增加不应超过 130％额定电压，减小励磁电流应使转速平稳上升。

第十一章　电动机绕组修理常用工器具

在修理绕组过程中除了一般工具外，还必须有专用工具和专用的检测故障的器具，才能保证修理质量，提高工作效率。有些工具比较简单，可以自制。本章介绍几种常用的工器具。

第一节　专 用 工 具

一、清槽片

清槽片是清除电动机定子、转子或电枢铁心槽内残存绝缘物、锈斑等杂物的专用工具，也可清除换向片间金属屑等尘垢，或修齐换向片间云母片。清槽片可用断钢锯条在砂轮上磨成如图 11-1 所示的形状，尾部用包布或塑料带包扎，以免弄破手掌。

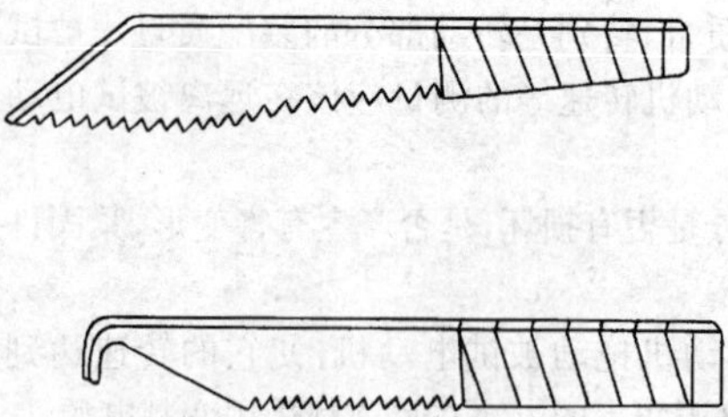

图 11-1　清槽片

二、划线片

划线片又称理线板，是嵌线时的专用工具。嵌线时用它分开槽口的绝缘纸，把导线划进槽内，还用来整理已嵌进槽里的导线。划线片最好用不锈钢制成，也可用竹片或层压板在砂轮上磨削制作。划线部分要倒圆，并用砂纸打光，以免划线时刮破导线的绝缘。划线片的头部要能深入到槽内三分之二的地方，宽度以 20～30 毫米为适宜。图 11-2 画出了划线片的形状，图上注出了一种较常用的划线片的尺寸。

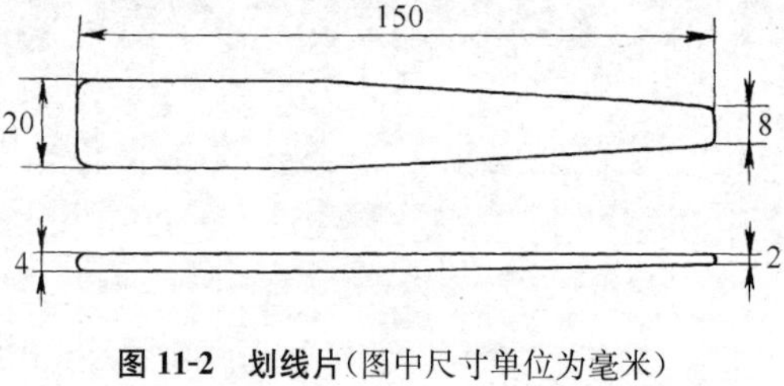

图 11-2　划线片(图中尺寸单位为毫米)

三、划针

划针最好用不锈钢磨制，也是嵌线时的专用工具。也可用粗钢丝制造，将钢丝烧红后锻成半圆形截面，并将头部磨制成楔形，见图 11-3。

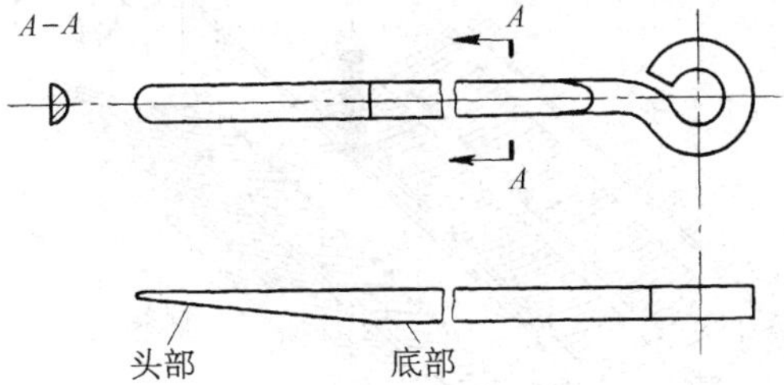

图 11-3　划针

划针有两种作用：一是利用楔形头部将槽内导线压紧，便于打槽楔；二是将槽绝缘折合、封口。

划针制造时，要求头部圆滑，底部平整、光滑，以免操作时损伤导线的绝缘和槽绝缘。

四、压线板

压线板用来压紧槽内导线和把高于槽口的绝缘材料压倒并覆盖在线圈的上部，以便打入槽楔。它的形状如图 11-4(a)所示。图 11-4(b)是装手柄后的形状。

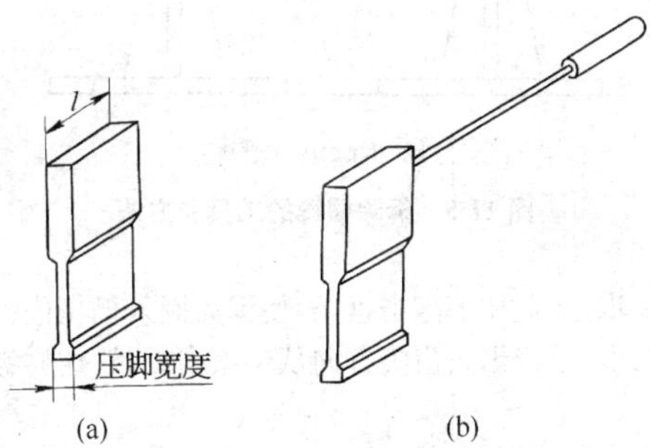

图 11-4　压线板

压线板一般用钢板制造。压脚宽度一般比槽顶部的尺寸小 0.6～1.0 毫米，长度 l 以 30～60 毫米较为适宜。压线板的边缘要倒圆，并用砂纸打光，以免压线时损伤导线的绝缘和槽绝缘。由于各种电动机的槽形尺寸不同，所以应多备几把压线板。

五、拆除槽楔的工具和方法

拆除已损坏的绕组时，当槽为开口槽或半开口槽时，要先拆除槽楔。槽楔是紧紧地置放在槽内，因而拆除它是较困难的。槽楔可以用一段钢锯条和一把榔头来拆除，见图 11-5。

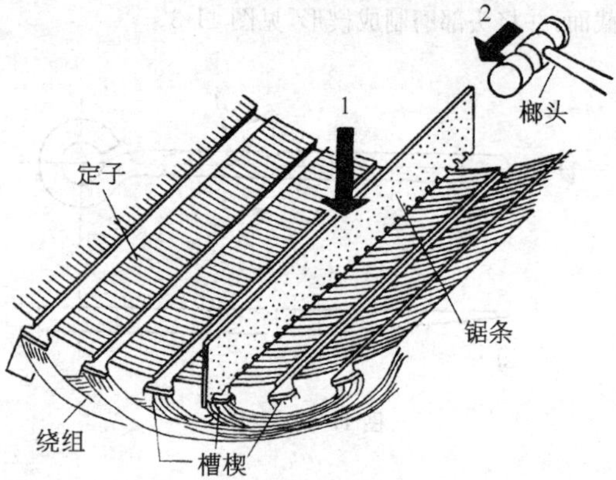

(a) 拆除定子槽楔

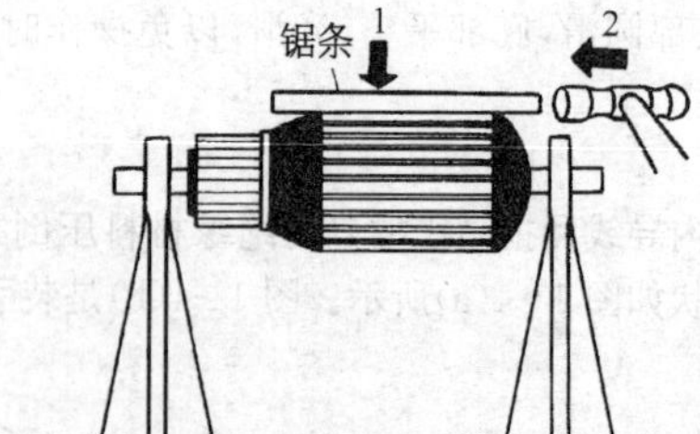

(b) 拆除电枢槽楔

图 11-5　拆除槽楔的工具和方法

图中 1 表示第一步，从上往下敲击锯条，使锯齿嵌入槽楔内。

图中 2 表示第二步，沿着锯条齿尖方向从旁敲击锯条，这样锯条和槽楔一起从槽中出来了。

六、拆除绕组的工具和方法

当槽为开口槽或半开口槽时，可先把槽楔拆除，再把线圈逐一从槽内取出。当槽为半闭口槽时，可先将线圈的一端切断，自另一端将线圈拉出。或加热绕组，使绝缘软化后再拉出线圈，如图 11-6 所示。

如果用人力无法拉出线圈，或为了提高工作效率，可以用电动拆线机或液压拆线机。先将电动机加热到 200 ℃左右，最好在烘房内加热，也可以用喷灯或煤气火焰加热。但要注意，不要过热，否则，硅钢片的性能要发生变化，硅钢片间的绝缘被破坏。然后，用拆线机拆线。电动拆线机见图 11-7。电动机带动减速机构，减速机构可以是蜗轮蜗干减速机或齿轮减速机，减速机构的低速轴带动钢丝绳滚筒，钢丝绳末端带一只钩子，先把要拆除绕组的电动机固定好，把钩子钩住线圈端部(另一端已被切断)，开动电动机,即可拉出绕组中的一只线圈。电动拆线机也可用电动葫芦来代替。

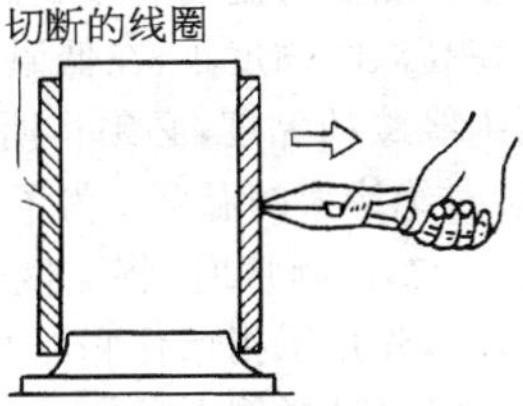

图 11-6 拆除绕组的方法

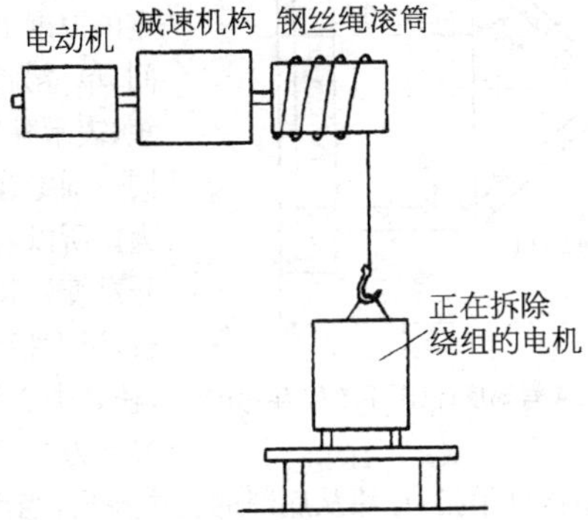

图 11-7 电动拆线机示意图

液压拆线机见图 11-8。该机主体构架由槽钢和钢板焊接而成。工作时,先将要修理的电动机绕组一端切断,未剪切的一端朝上放在底盘上,固定好。把吊钩挂在绕组的一个线圈上,起动电动机,操作分配器,线圈就可从槽中拔出。有条件时,可将绕组加热到 200 ℃左右再拔,较为方便。

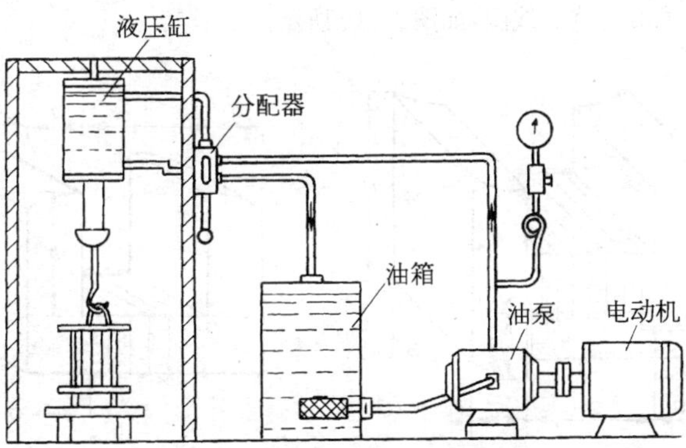

图 11-8 液压拆线机

第二节 修理电动机绕组的计量与测试器具

一、4 号黏度计

4 号黏度计又叫 4 号福特杯,是测量绝缘漆粘度的计量用具。它的形状和尺寸如图 11-9 所示。

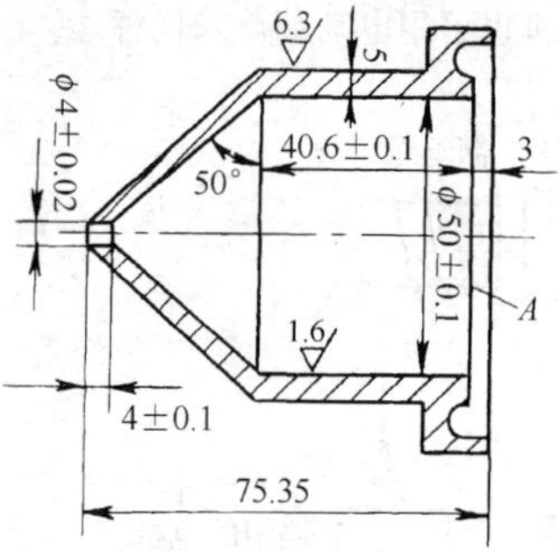

图 11-9 4 号黏度计(图中单位为毫米)

它是用黄铜或紫铜制成,有效容积为 100 厘米^3。绝缘漆的黏度是指一定体积的漆,在一定的温度下,从规定直径的孔中流出时所需的时间,单位为秒。时间越长,表示黏度越大;时间越短,表示黏度越小。黏度与温度有较大的关系,同一桶绝缘漆,在高温时黏度小,在低温时黏度大。所以,说到绝缘漆的黏度,必须指明是用 4 号黏度计和测量时绝缘漆的温度。为了互相比较,温度指定为 20 ℃。测量时,将黏度计摆正(使其中心线垂直),先用手指堵住底部的孔,将温度为 20 ℃的绝缘漆试样倒入黏度计,倒满一杯,然后松开手指,让漆从底部的孔中流出,当漆面下降到图中 A 面一样平时,按下秒表开始计时,直到杯内所有的漆流完,此时读得的秒数即为绝缘漆在 20 ℃时的黏度。一般需要测量三次,取其平均值。

二、短路侦察器

1. 结构与原理

检查绕组匝间短路的有效方法是用短路侦察器检查。短路侦察器的结构相当于一个开口变压器。铁心用 0.35 或 0.5 毫米厚的硅钢片冲成 H 形或 U 形叠成,也可用小型变压器铁心或废旧日光灯镇流器的铁心改制而成,两边用 1.5～2 毫米厚的钢板压紧固定。铁心上绕有线圈,如图 11-10 所示。

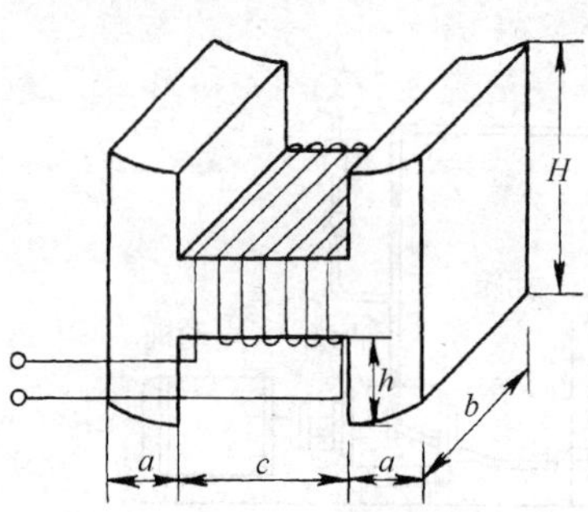

(a) H 形短路侦察器

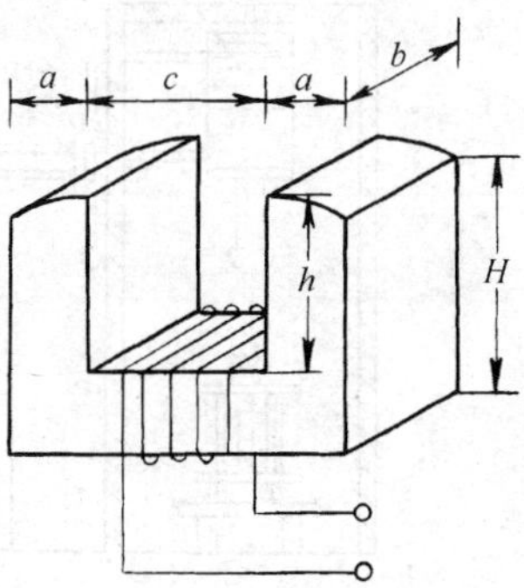

(b) U 形短路侦察器

图 11-10 短路侦察器

短路侦察器的上部和下部都做成圆弧形,这些圆弧与被测电动机的定子内圆和转子外圆基本吻合。H 形短路侦察器既可用于定子绕组,也可用于转子绕组;U 形短路侦察器只能用于一种绕组。

用短路侦察器检查定子绕组匝间短路的方法如下:检查时定子绕组不接电源,把侦察器的开口部分放在被检查的定子铁心槽口上，如图 11-11 所示。

短路侦察器线圈的两端接到单相交流电源上（最好用低压电源）。这样，短路侦察器的线圈与图 11-11 上槽中的线圈组成变压器的原、副绕组，图上的虚线就是此变压器中的磁通。当线圈中不存在匝间短路时，相当于一个空载变压器，电流表的读数较小，见图 11-12(a)。如果线圈中有匝间短路，就相当于一个短路变压器，电流表上的读数就会增大，见图 11-12(b)。被测线圈的另一条有效边所处的槽上，由短路线圈产生了磁通，就会经过钢片形成回路，把钢片吸附在定子铁心上，并发出吱吱的响声。把短路侦察器沿定子铁心逐槽移动检查，可检查出短路线圈。

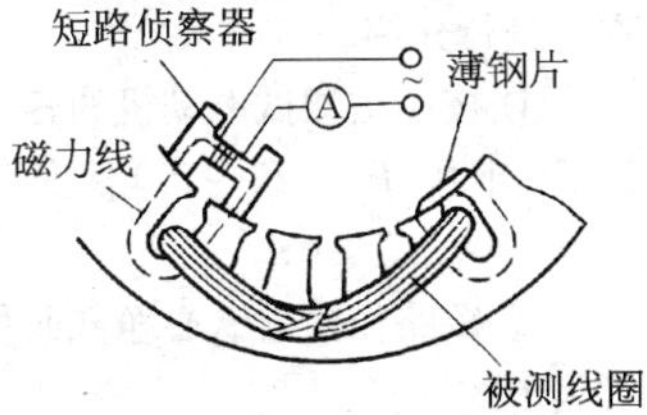

图 11-11　用短路侦察器检查线圈的匝间短路

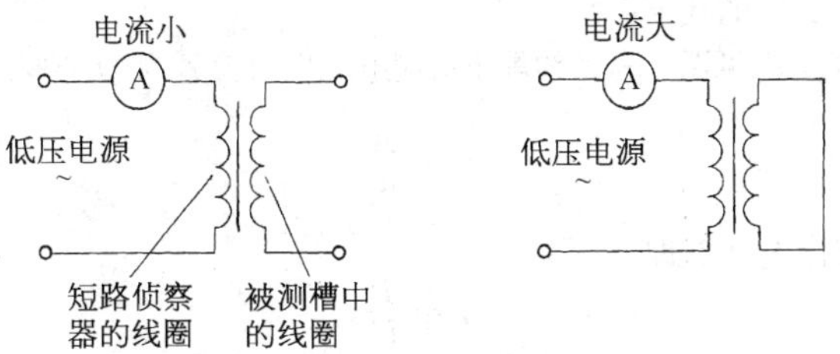

(a) 不存在匝间短路时相当于一个空载变压器　　(b) 存在匝间短路时相当于一个短路变压器

图 11-12　短路侦察器线圈与被测线圈组成一个变压器

短路侦察器在使用时应注意以下几点：

① 如果电动机绕组接成△，则要将△拆开，不能闭合。

② 绕组是多路并联时，要拆开并联支路。

③ 如果是双层绕组，被测槽中有两个线圈，它们分别隔一个线圈节距跨于左右两边，若电流表上读数增大，存在匝间短路时，要把薄钢片在左右两边对应的槽上都试一下，以确定槽中两个线圈中哪一个线圈存在匝间短路。

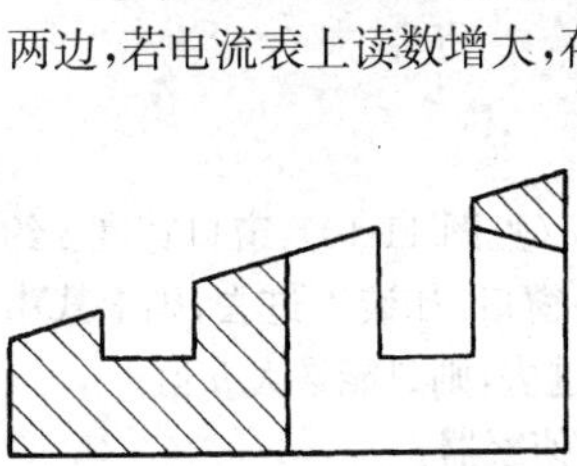

图 11-13　用 E 形冲片改成 U 形冲片（剪去图中阴线部分）

2. 短路侦察器的设计和制作

短路侦察器一般采用 H 形铁心，但也可利用废旧变压器的 E 形冲片改制成 U 形冲片，如图 11-13 所示。

设计时步骤如下：

选择短路侦察器的容量→计算出短路侦察器铁心截面积→确定铁心厚度→计算线圈电流→计算及选择导线直径→计算线圈匝数→确定铁心窗口宽度和高度。下面逐步进行介绍。

① 按照被测试电动机的容量选择短路侦察器的容量 P。被测试电动机的容量 1～50 千瓦，P 为 20～100 伏安；被测试电动机的容量 50～500 千瓦，P 为 100～1 000 伏安。

② 短路侦察器铁心净截面积（即去掉硅钢片之间间隙和绝缘层后的净截面积）可用下式计算：

$$A_{净} = 1.25\sqrt{P}\ (厘米^2)$$

式中　P——短路侦察器的容量（伏安）。

铁心几何截面积 A（考虑间隙和绝缘层后的截面积）为

$$A = \frac{A_{净}}{0.9}$$

式中　0.9——铁心的叠压系数。

③ 铁心宽度 a（见图 11-10）约等于被测电动机的齿宽，则铁心厚度 b 为

$$b = \frac{A}{a}$$

④ 计算线圈电流 I，即

$$I = \frac{P}{U}$$

式中　U——短路侦察器线圈上的交流电源电压（伏）。

⑤ 线圈裸导线的直径 d（不考虑导线上的绝缘厚度）为

$$d = 0.9\sqrt{I}\ (毫米)$$

根据算得导线裸直径 d，选择相近的标准直径，并查出漆包线的外径 d_0。

⑥ 确定短路侦察器线圈的匝数 W，其计算公式为

$$W = (32 \sim 40)\frac{U}{A_{净}}$$

式中　$A_{净}$——铁心净截面积（厘米²）。

式中，常数（32～40）尽量取最大值。

⑦ 确定短路侦察器铁心的窗口宽度 c 和窗口高度 h（见图 11-10）：窗口宽度 c 约等于槽宽；选择窗口高度 h 时要核算线圈能否装入铁心窗口，如装不进去，则上式中常数（32～40）可以取较小值，若已取值 32，线圈仍装不进去，则只能增大 h 值。

【例 11-1】　设计一个测试 20 千瓦电动机用的短路侦察器。

【解】

① 被测电动机为 20 千瓦，所以选择短路侦察器的容量 P 为 50 伏安。

② 铁心净截面积 $A_{净}$ 为

$$A_{净} = 1.25\sqrt{P} = 1.25\sqrt{50} = 8.84\ 厘米^2$$

铁心几何截面积 A 为

$$A = \frac{A_{净}}{0.9} = \frac{8.84}{0.9} = 9.8\ 厘米^2$$

③ 短路侦察器铁心宽度 a(见图 11-10)约等于电动机的齿宽。取 $a = 1.5$ 厘米。所以铁心厚度 b 为

$$b = \frac{A}{a} = \frac{9.8}{1.5} = 6.5\ 厘米$$

④ 计算线圈电流 I,即

$$I = \frac{P}{U} = \frac{50}{220} = 0.227\ 安$$

式中　U——线圈的电源电压,$U = 220$ 伏。

⑤ 裸导线的直径 d 为

$$d = 0.9\sqrt{I} = 0.9\sqrt{0.227} = 0.43\ 毫米$$

采用裸直径为 0.44 毫米的高强度聚脂漆包线。漆包线的外径 d_0 为 0.5 毫米。

⑥ 线圈匝数 W 为

$$W = (32 \sim 40)\frac{U}{A_{净}} = (32 \sim 40)\frac{220}{8.84} = (796 \sim 996)\ 匝$$

取 W 为 996 匝。

⑦ 确定窗口宽度 c 和窗口高度 h:c 约等于电动机的槽宽,取 $c = 13$ 毫米。线圈每层的匝数 $W_{层}$ 为

$$W_{层} = \frac{0.9c}{d} = \frac{0.9 \times 13}{0.5} \approx 23\ 匝$$

式中,0.9 是考虑绝缘而引入的一个系数。线圈层数 n 为

$$n = \frac{W}{W_{层}} = \frac{996}{23} = 44\ 层$$

所以,线圈高度为 $nd \doteq 22$ 毫米。铁心窗口高度 h 为

$$h = nd + 8 = 22 + 8 = 30\ 毫米$$

上式中,8 是层间绝缘厚度及空气隙。所设计出的短路侦察器的尺寸如图 11-14 所示。

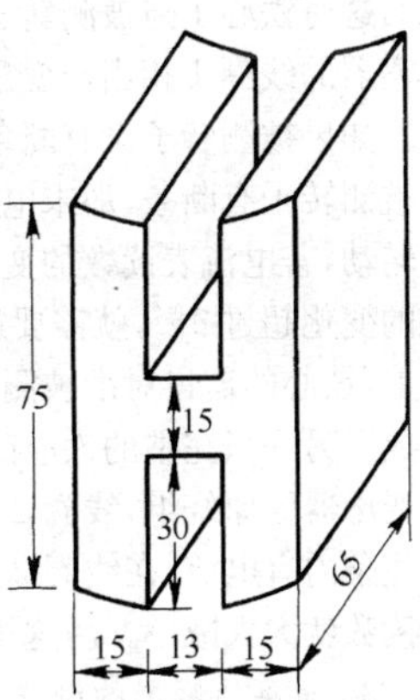

图 11-14　用于 20 千瓦电动机的短路侦察器的尺寸(单位为毫米)

三、断条侦察器

1. 断条侦察器的原理和侦查方法

断条侦察器又称断条测试器，是利用变压器原理来侦察笼型异步电动机转子断条的工具。它由一大一小两只开口变压器组成。侦察的方法见图 11-15 所示。

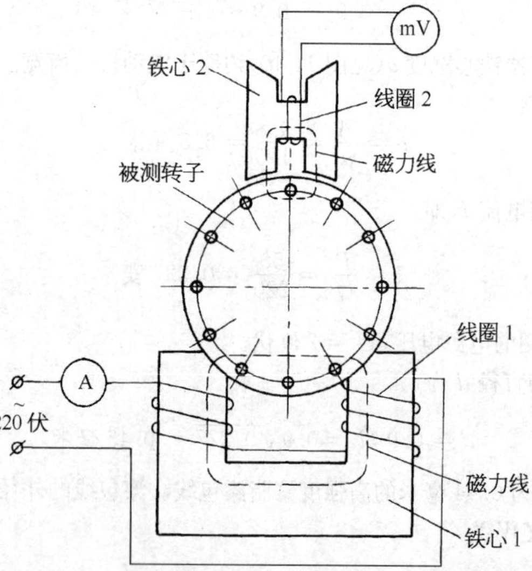

图 11-15　用断条侦察器侦察笼型转子断条的方法

使用时，先将被测转子放在大的开口变压器铁心 1 上，线圈 1 接上 220 伏交流电源。这时铁心 1 与被测转子的铁心构成磁回路，组成一个完整的铁心闭合的变压器。侦察器的线圈 1 相当于变压器的原绕组，被测转子的鼠笼绕组相当于变压器的副绕组。如果被测转子没有断条，就相当于变压器副绕组短路，因此电流表读数较大。如果被测转子有断条，那末电流表读数就会减小。侦察时，将被测转子放在铁心 1 上慢慢转动，若电流表读数的变化不超过 5%，可以认为被测转子没有断条；若电流表读数的变化超过 5%，就需要逐槽侦察。侦察时将小的开口变压器放在被测转子的外圆上，铁心的窗口对准被测鼠笼条。这时铁心 2 与被测转子的铁心又构成了磁回路，组成了另一只完整的铁心闭合的变压器。变压器铁心 2 的窗口所对准的鼠笼条相当于变压器的原绕组，线圈 2 相当于变压器的副绕组。如果被测的鼠笼条不断条，那么鼠笼条内有电流，在线圈 2 内会感应电势，毫伏表有较大的读数；若有断条，则毫伏表的读数就大大减小。用这样的方法可以侦察出断条的正确位置。

2. 断条侦察器的制作

图 11-16 所示是小型电动机常用的一种断条侦察器铁心的形状和尺寸。

断条侦察器的铁心是用 0.35 毫米或 0.5 毫米厚的硅钢片迭成。铁心 1 上线圈 1

的导线用漆包圆铜线，裸铜线的直径为 1.0 毫米，共 1 200 匝，电源为 220 伏交流电。铁心 2 上的线圈 2 的导线也用漆包圆铜线，裸铜线的直径为 0.19 毫米，共 2 500 匝。

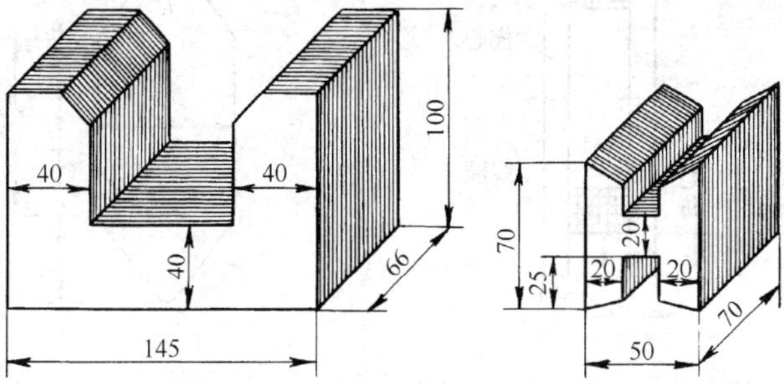

图 11-16　断条侦察器铁心的形状和尺寸

第三节　绕线模计算与制作

电动机绕组的嵌线能否顺利进行，绕线模的尺寸做得是否合适起着决定性的作用。绕线模尺寸过大，会造成导线的浪费；而且还增加电阻与漏抗，影响电动机的电气性能；端部过长使端盖内空间过小影响了电动机的通风；甚至绕组端部与端盖碰擦，损坏导线绝缘，也会造成绕组短路。绕线模尺寸过小，会造成嵌线困难，容易损坏绝缘，甚至使线圈边嵌不到槽里去，所以在绕线前一定要选定合适的绕线模。

有四种确定绕线模尺寸的方法。第一种方法是某些型号电动机的绕线模尺寸在该电动机的技术数据中可以查到。第二种方法是在拆除旧绕组时，注意拆下一个完整的线圈，取出其中最小的一匝，参考它的形状及周长制作绕线模；如果有几种不同尺寸的线圈，则必须按照不同尺寸做几个绕线模。第三种方法是用于空壳电动机的，旧线圈已经找不到了，可以用一根导线按规定的节距放入槽内形成一个线圈，特别注意端部尺寸一定要合适，以这个线圈为准来制作绕线模。最后一种方法是根据铁心的实测数据和绕组型式来计算绕线模的尺寸，但根据计算制成的绕线模必须先试制一个线圈，嵌到槽中，按照实际情况对绕线模作些修改。

绕线模由模心及夹板组成，导线绕在模心上，如图 11-17 所示。

一、绕线模尺寸计算

1. 双层叠绕组

双层叠绕组绕线模模心形状及尺寸符号如图 11-18 所示。

①
$$A=\frac{\pi(D+h_s)}{Z}(y-x)$$

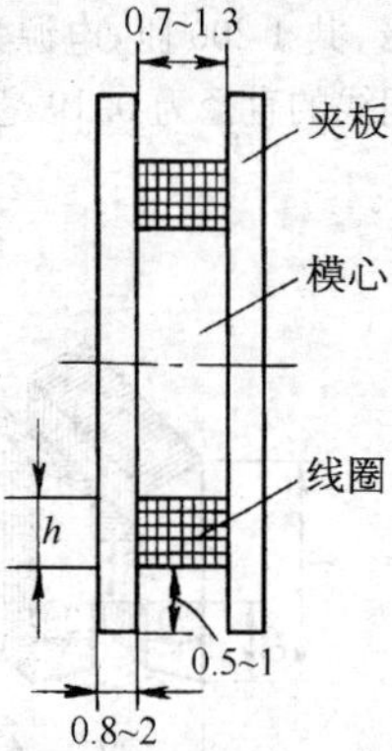

图 11-17　绕线模的构成(图中尺寸单位为厘米)

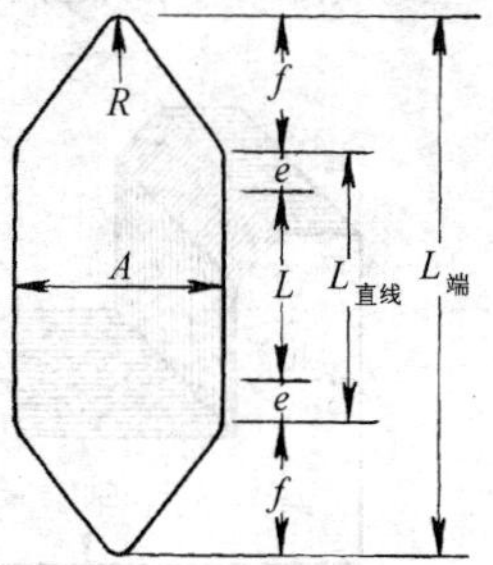

图 11-18　双层叠绕组的模心

式中　A——绕线模模心宽度(厘米);

D——定子铁心内径(厘米);

h_s——槽深(厘米);

Z——定子槽数;

y——节距,以槽数为单位;

x——经验值,可从表 11-1 中选取,容量大者取大值。

表 11-1　双层叠绕组的经验值 x、K 和 b

极　数	2	4	6	8	10
x	1.5～2	0.5～0.75	0～0.25	0～0.2	－0.1～－0.2
K	0.44～0.49	0.38～0.44	0.41～0.45	0.5	0.5
b(厘米)	1.1～1.3	0.9～1.0	0.7～0.8	0.7～0.8	0.8

注意 10 极时 x 为负值,即上式中$(y-x)$为绝对值相加,而不是相减。

②
$$L_{直线} = L + 2e$$

式中　$L_{直线}$——绕线模模心直线部分的长度(厘米);

e——绕线模模心直线部分一端伸出铁心的部分(厘米),可从表 11-2 中选取。

表 11-2　绕线模模心直线部分一端伸出铁心的长度(厘米)

定子外径(厘米)	≤14.5	16.7～24.5	28.0～32.7	36.8～42.3
e(厘米)	1.0～1.25	1.5	1.5～2.0	2.0

$$L_{端} = L + 2e + 2f$$

式中　$L_{端}$——绕线模模心两端的距离(厘米);

f——绕线模模心端部一端的长度(厘米)。

其中 $$f = KA$$

式中 K——经验值,可从表 11-1 中选取。

③ 模心厚度 b 可参考表 11-1 选取。

④ 端部圆弧半径 $R = 2$ 厘米。

2. 单链绕组

单链绕组绕线模模心形状及尺寸符号如图 11-19 所示。

① $$A = \frac{\pi(D + h_s)}{Z}(y - x)$$

式中 x——经验值,可从表 11-3 中取得。

② $$L_{直线} = L + 2e$$

式中,e 值从表 11-2 中选取。

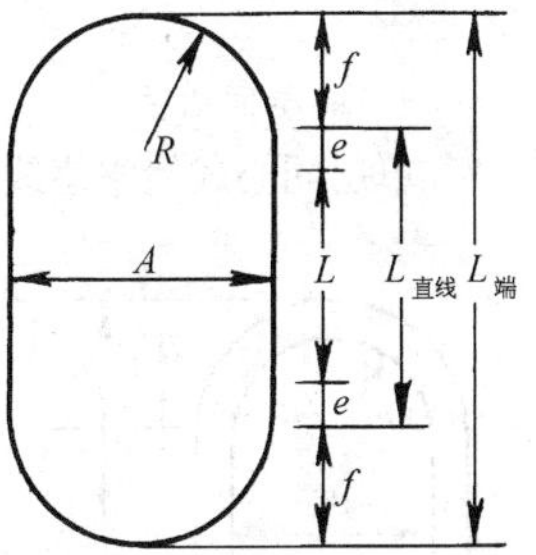

图 11-19 单链绕组的模心

表 11-3 单层绕组的经验值 x

绕组型式 / 极数	单链	单层同心式		单层交叉式	
		大线圈	小线圈	大线圈	小线圈
2		2.1	1.6	2.1	1.85
4	0.85	1.1	0.6	1.1	0.85
6	0.55				

表 11-4 单层绕组的 K 值

绕组型式	单链	单层同心式	单层交叉式
K	0.43～0.48	0.33～0.37	0.46～0.64

表 11-5 单层绕组的模心厚度 b(厘米)

定子外径(厘米)	≤12	12～14.5	14.5～21	21～24.5
b	0.8	0.85～0.9	0.9～1.0	1.1～1.2

$$L_{端} = L + 2e + 2f$$

其中 $$f = KA$$

式中,K 值可从表 11-4 中选取。

③ 模心厚度 b:模心厚度 b 可以根据定子外径从表 11-5 中选取。

模心厚度 b 也可由下面的公式计算:

$$b = 0.1\sqrt{nWd}\ (厘米)$$

式中　W——线圈的匝数；

n——线圈的并绕根数；

d——带绝缘厚度的导线外径(毫米)。

④ $$R = 0.625A$$

3. 单层同心式

单层同心式绕组绕线模模心形状及尺寸符号如图 11-20 所示。

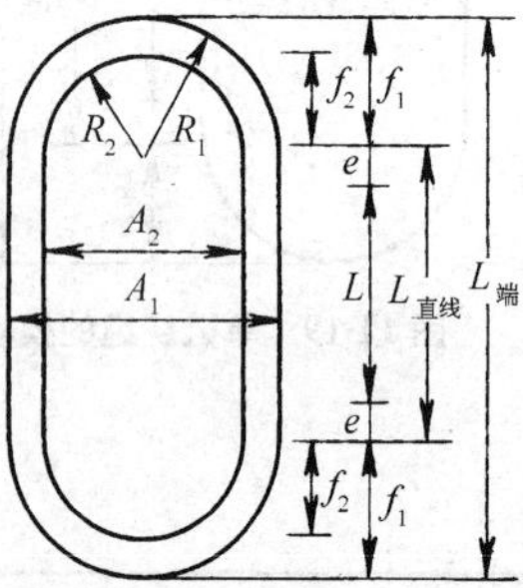

图 11-20　单层同心式绕组的模心

① $$A_1 = \frac{\pi(D+h_s)}{Z}(y_{大} - x_{大})$$

$$A_2 = \frac{\pi(D+h_s)}{Z}(y_{小} - x_{小})$$

式中　$y_{大}$——大线圈的节距，以槽数为单位；

$y_{小}$——小线圈的节距，以槽数为单位；

$x_{大}$——经验值，见表 11-3；

$x_{小}$——经验值，见表 11-3。

② $$L_{直线} = L + 2e$$

式中，e 值可从表 11-2 中选取。

$$L_{端} = L + 2e + 2f$$

其中 $$f_1 = KA_1$$

$$f_2 = KA_2$$

式中，K 值可从表 11-4 中选取。

③ 模心厚度 b：模心厚度 b 可从表 11-5 中选取；或利用前述公式计算得出。

④ $$R_1 = 0.5A_1$$

$$R_2 = 0.5A_2$$

4. 单层交叉式

单层交叉式绕组绕线模的模心形状及尺寸符号见图 11-21。

① $$A_1 = \frac{\pi(D+h_s)}{Z}(y_{大} - x_{大})$$

$$A_2 = \frac{\pi(D+h_s)}{Z}(y_{小} - x_{小})$$

式中，$x_{大}$、$x_{小}$ 值见表 11-3 中单层交叉式项中的值。

② $$L_{直线} = L + 2e$$

式中，e 的取值见表 11-2。

$$L_{端} = L + 2e + 2f$$

$$f = KA$$

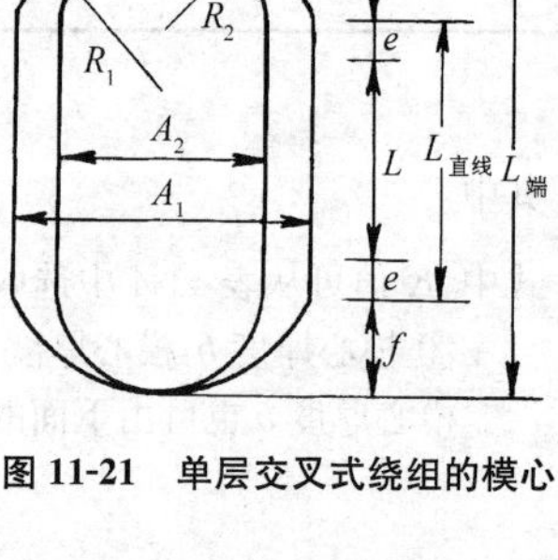

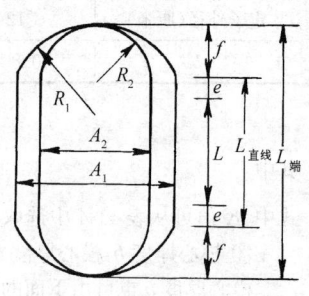

图 11-21　单层交叉式绕组的模心

式中，K 值见表 11-4。

③ 模心厚度 b：模心厚度 b 见表 11-5。

④
$$R_1 = 0.56A_1$$
$$R_2 = 0.53A_2$$

5. 直流电动机电枢软元件

直流电动机 1～6 号机座电枢绕组常用软元件，其模心的形状及尺寸符号如图 11-22 所示。

①
$$A = \frac{\pi(D - h_s)}{Z}y$$

式中　D——电枢外径(厘米)；

Z——电枢槽数；

y——节距，以槽数为单位。

②
$$L_1 = L + 3(\text{厘米})$$
$$L_2 = L + 0.4A(\text{厘米})$$

式中　L——电枢铁心长度(厘米)。

③ 模心厚度 b：模心厚度 b 可由前述公式计算得出。

④
$$R_1 = 0.5\ \text{厘米}$$
$$R_2 = 1.5\ \text{厘米}$$

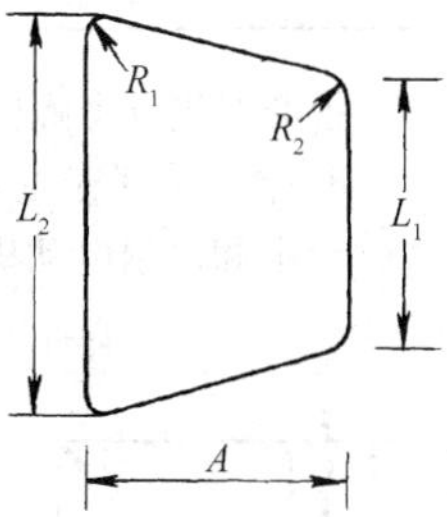

图 11-22　直流电动机电枢软元件的模心

6. 直流电动机电枢硬元件

直流电动机 7 号及 7 号以上机座的电枢绕组一般采用由扁导线绕成的硬元件，元件成形分两步，先用图 11-23 的绕线模绕制，再经过拉型工艺拉制成形。

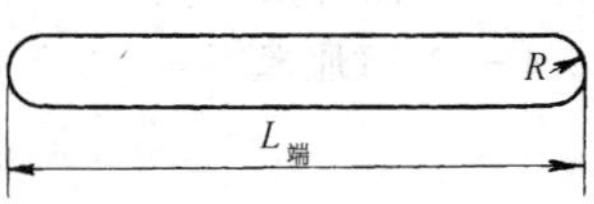

图 11-23　直流电动机电枢硬元件的模心

$$L_{端} = 1.45\tau + L(\text{厘米})$$

式中　τ——极距(厘米)。

$$R \geqslant 0.5\ \text{厘米}$$

模心厚度 b，则应由扁导线的尺寸、导线的布置，并考虑绝缘后得出。

7. 直流电动机磁极绕组

磁极绕组绕线模的形状如图 11-24 所示，模心的形状为矩形。

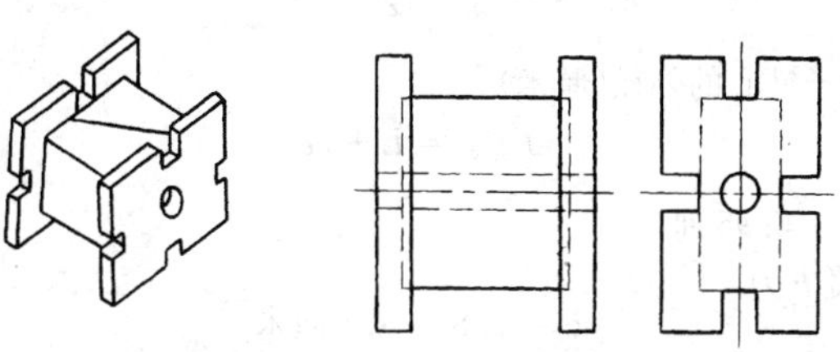
图 11-24　磁极绕组的绕线模

按照磁极铁心尺寸制作绕线模时，应该放一定的尺寸，留给绝缘层及线圈的变形，如表 11-6 所示。

表 11-6　磁极绕组模心的尺寸

磁极铁心尺寸(厘米)	模心比铁心放宽(厘米)	模心比铁心放长(厘米)
10 以下	0.6	0.8
10～20	0.7	1.0
20 以上	0.8	1.2

模心厚度 b 由磁极的高度决定。

8. 台扇和吊扇电动机绕组

台扇和吊扇电动机绕组的模心形状为矩形，如图 11-25 所示。

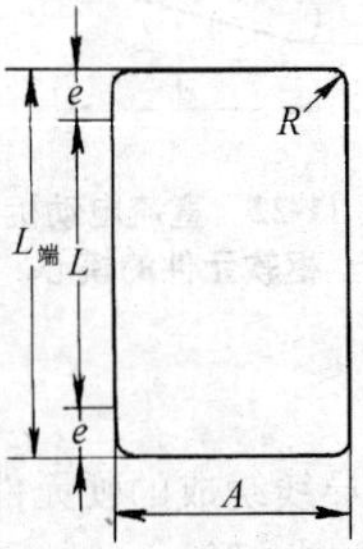

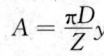

图 11-25　台扇和吊扇电动机绕组的模心

(1) 台扇电动机绕组的模心尺寸

① A 尺寸的计算公式

双层绕组为

$$A=\frac{\pi D}{Z}y$$

单层绕组为

$$A=\frac{\pi(D+h_s)}{Z}y$$

② $L_{直线}=L+2e$

双层绕组　　$e=0.6\sim0.75$ 厘米

单层绕组　　$e=0.4\sim0.75$ 厘米

③ 模心厚度 b：

双层绕组　　$b=0.45\sim0.55$ 厘米

单层绕组　　$b=0.7\sim0.8$ 厘米

(2) 吊扇电动机绕组的模心尺寸

吊扇电动机的定子在里面，转子在外面。定子绕组的模心尺寸的计算如下：

① $$A=\frac{\pi D}{Z}y$$

式中　D——定子铁心的外径(厘米)。

② $$L_{直线}=L+2e$$

式中，$e=0.85\sim0.95$ 厘米。

③ 模心厚度 b 为

$$b=0.8\sim1.1 \text{ 厘米}$$

台扇和吊扇电动机绕组的模心四角要制成圆角，圆角的 R 为 0.2～0.4 厘米。

9. 夹板尺寸

夹板的形状与模心相同，每边比模心放出的长度为：线圈厚度 $h+(0.5\sim1)$ 厘米，见图 11-17。线圈厚度 h 为

$$h=0.01\times\frac{Wnd_0^2}{0.9b}\text{（厘米）}$$

式中 W——线圈的匝数；

n——并绕根数；

d_0——带绝缘的导线外径（毫米）；

b——模心厚度（厘米）。

夹板的厚度为 0.8～2.0 厘米，大电动机取大值。

【例 11-2】 有一台三相异步电动机，定子铁心数据如下：铁心外径 $D_1=29$ 厘米，铁心内径 $D=16$ 厘米，铁心长度 $L=17.5$ 厘米；2 极，节距 1—14，槽数 $Z=36$，槽深 $h_s=2.8$ 厘米，试计算双层叠绕组绕线模的尺寸。

【解】 双层叠绕组的模心尺寸符号如图 11-18 所示。

① $$A=\frac{\pi(D+h_s)}{Z}(y-x)$$

查表 11-1，取 $x=1.5$，所以

$$A=\frac{\pi(16+2.8)}{36}\times(13-1.5)=18.9\text{ 厘米}$$

② $$L_{直线}=L+2e$$

查表 11-2，取 $e=1.5$ 厘米，所以

$$L_{直线}=17.5+2\times1.5$$
$$=20.5\text{ 厘米}$$
$$f=KA$$

查表 11-1，取 $K=0.44$，所以

$$f=0.44\times18.9=8.3\text{ 厘米}$$
$$L_{端}=L+2e+2f=17.5+2\times1.5+2\times8.3$$
$$=37.1\text{ 厘米}$$

③ 查表 11-1，取模心厚度 $b=1.1$ 厘米。

④ $R=2$ 厘米。

【例 11-3】 有一台笼型三相异步电动机，其定子铁心数据如下：铁心外径 $D_1=13$ 厘米，铁心内径 $D=8$ 厘米，铁心长度 $L=12$ 厘米，槽数 $Z=24$，4 极，节距 1—6，槽深 $h_s=1.26$ 厘米。试计算单链绕组绕线模尺寸。

【解】 单链绕组绕线模的尺寸符号见图 11-19。

① $$A=\frac{\pi(D+h_s)}{Z}(y-x)$$

查表 11-3，得 $x = 0.85$，所以

$$A = \frac{\pi(8 + 1.26)}{24} \times (5 - 0.85) = 5\ 厘米$$

② $$L_{直线} = L + 2e$$

查表 11-2，取 $e = 1$ 厘米，所以

$$L_{直线} = 12 + 2 \times 1 = 14\ 厘米$$
$$f = KA$$

查表 11-4，取 $K = 0.43$，所以

$$f = 0.43 \times 5 = 2.15\ 厘米$$
$$L_{端} = L + 2e + 2f$$
$$= 12 + 2 \times 1 + 2 \times 2.15 = 18.3\ 厘米$$

③ 模心宽度 b 取为 0.9 厘米。

④ $R = 0.625A = 0.625 \times 5 = 3.125$ 厘米

二、绕线模制作

绕线模的材料一般用木材，也可用金属材料。选用木材时，应该用不易变形的硬质木板。制成后要用砂皮磨光，不能有刺或锐利的边缘以免损伤绝缘。制成后应该先用导线在绕线模上制作一个线圈，将此线圈嵌到电动机槽内看是否合适，再对绕线模作些修改，就完成了绕线模的制作。

模心及夹板的数目，在三相异步电动机中可根据每极每相的线圈数来决定。如每极每相的线圈数为 3，则可做三块模心，四块夹板串在一起，如图 11-26(a)所示。

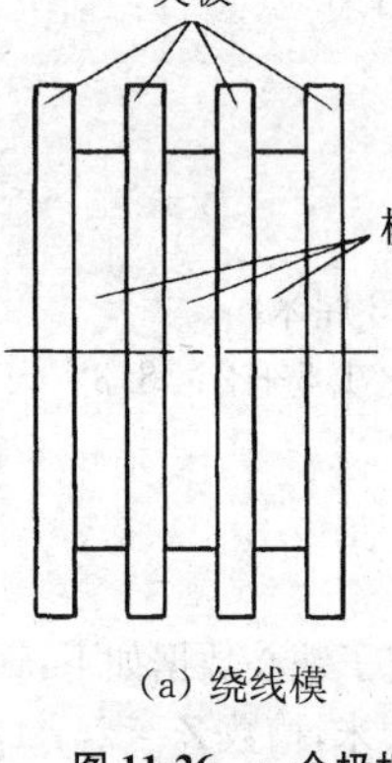

(a) 绕线模

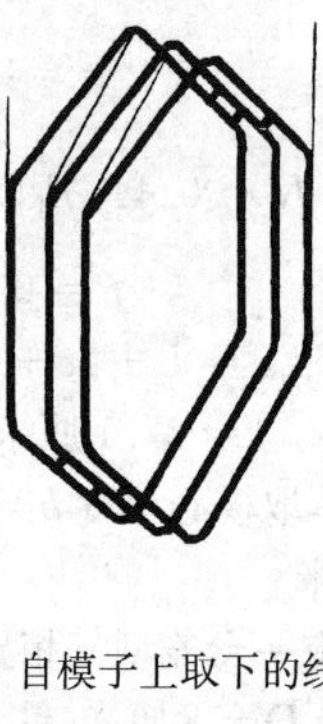
(b) 自模子上取下的线圈

图 11-26　一个极相组的线圈连绕(每极每相三个线圈)

绕线时可以三只线圈连绕，省去了线圈之间的连接线的焊接，如图 11-26(b)所示。还可以按照每相的线圈数来做模心及夹板，这样一相绕组由一条导线绕成，仅两个头，中间不需焊接。在修理绕组时，可以只做一块模心，两块夹板，每绕完一只线

圈,扎牢后卸下,挂在旁边,再绕下一个线圈,直到绕完整个极相组,再剪断导线,这样中间也不需焊接。

制成绕线模时,必须考虑到绕好的线圈要容易脱下来。图 11-27 中所示为一种容易脱模的结构。

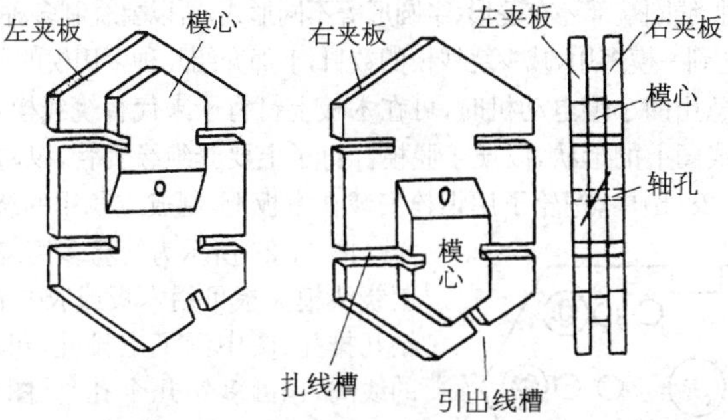

图 11-27　容易脱模的绕线模结构

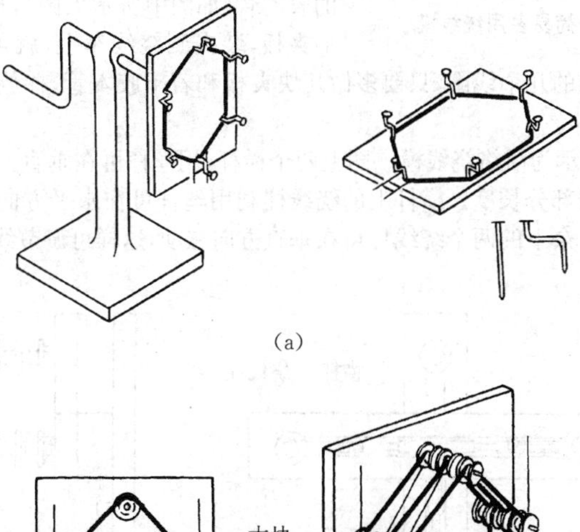

(a)

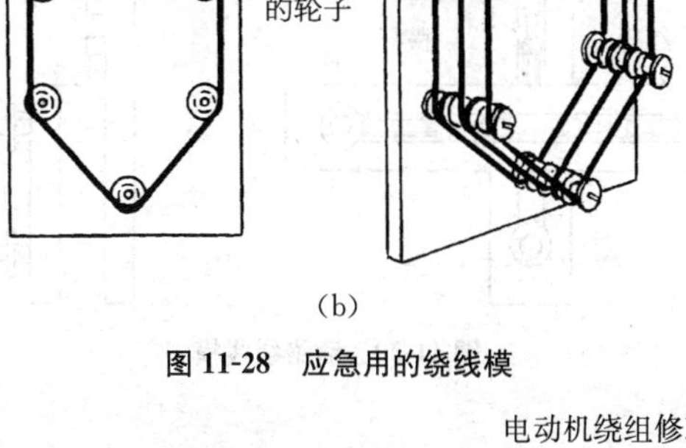

(b)

图 11-28　应急用的绕线模

图 11-27 中，模心一分为二，分开处是一斜面。图中上模心固定在左夹板上，下模心固定在右夹板上，线圈绕好，中间的螺栓松开后，线圈很容易脱模。绕线模上还有扎线槽，以便把绕好的线圈扎牢，以免松开。此外，还有引出线槽。

电动机的规格很多，三相异步电动机定子绕组有单层链式、单层同心式、单层交叉式、双层叠式等多种，线圈端部还有菱形、半圆形等不同形式，所以要绕制多种线圈，就需要很多绕线模。为达到一模多用，减少绕线模的数目，下面介绍几种多用模的制作方法。

如果抢修急用的小型电动机时，可在木板上钉钉子来代替绕线模，如图 11-28(a) 所示。钉子弯成图上的形状，以便于脱模。钉子上要套绝缘套管，以防绕线时损伤导线绝缘。图 11-28(b) 中，把轮子用螺栓安装在木板上，制成应急用的绕线模。

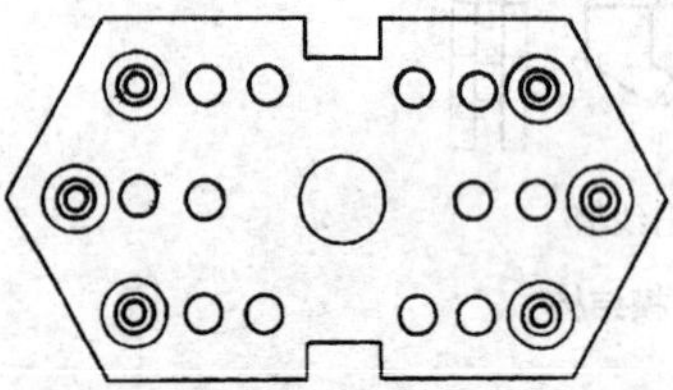

图 11-29　简易多用绕线模

图 11-29 所示为简易多用绕线模。简易多用绕线模夹板可用木板或胶木板制作，在板上钻几排孔（图中画了三排孔，可绕制三种规格的线圈，也可多钻几个孔）。图中六个大圆表示一种规格的绕线模。六根棒插入这六个孔中，每根棒上套一个外径约 1.2 厘米、长 1 厘米的胶木管（如图中所示大圆），再安上一块同样的夹板，装夹到绕线车上，就可绕线。如果要连绕一个极相组的几个线圈，只要多做几块夹板和若干胶木管，棒放长些，装夹在一起就可以了。

图 11-30 所示为活络绕线模。图上两个横杆，用丝杆可在垂直方向移动，这样可调节线圈的直线部分长度。横杆上的绕线柱利用丝杆可在水平方向移动，这样可调节线圈的宽度。余下的两个绕线柱可在垂直方向移动，这样可调节线圈端部的尺寸。

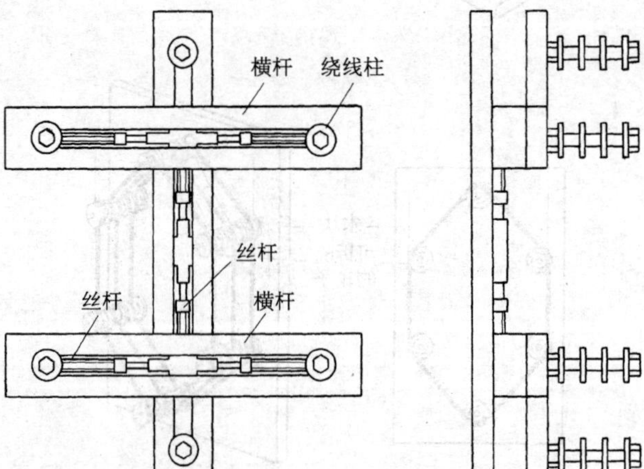

图 11-30　活络绕线模

附录1 常用中小微型电动机铁心、绕组数据及绕线木模参考尺寸

附表 1-1 Y 系列(IP44)三相异步电动机铁心及绕组技术数据(统一设计)

型号	功率（千瓦）	定子：铁心长度（毫米）	定子：气隙长度（毫米）	定子：外径（毫米）	定子：内径（毫米）	定子：并联支路数	定子：每槽线数	定子：绕组型式	定子：线规 根数	定子：线规 直径（毫米）	定子：节距	定/转子槽数	电压（伏）	额定电流（安）	空载电流（安）	线重（千克/台）
2极																
Y-801-2	0.75	65	0.30	120	67	1	111	单层交叉式	1	0.63	2(1—9) 1(1—8)	18/16	380丫	1.71	0.65	1.30
Y-802-2	1.1	80	0.30				90			0.71		18/16		2.41	0.82	1.45
Y-90S-2	1.5	85	0.35	130	72		74			0.85	2(1—9) 1(1—8)	18/16		3.33	1.24	1.60
Y-90L-2	2.2	110					58			0.95				4.66	1.60	1.90
Y-100L-2	3	100	0.40	155	84		40	单层同心式		1.18	1—12 2—11	24/20		6.12	2.2	2.80
Y-112M-2	4	105	0.45	175	98		48			1.06		30/26	380△	7.99	2.70	3.70
Y-132S-2	5.5		0.55	210	116		44			0.90 0.95	1—16 2—15 3—14； 1—14 2—13			10.76	3.0	5.70
Y-132M-2	7.5	125		210	116		37			1.00 1.06				14.32	3.5	6.30
Y-160M1-2	11		0.65	260	150		28		2 1	1.18 1.25				21.24	6.0	11.20
Y-160M2-2	15	155					23		2 2	1.12 1.18				28.28	7.1	12

（续表）

型号	功率（千瓦）	定子 铁心长度（毫米）	气隙长度（毫米）	外径（毫米）	内径（毫米）	并联支路数	每槽线数	绕组型式	线规 根数	线规 直径（毫米）	节距	定/转子槽数	电压（伏）	额定电流（安）	空载电流（安）	线重（千克/台）
2极																
Y-160L-2	18.5	195	0.65	260	150	1	19	单层同心式	3 2	1.12 1.18	1—16 2—15 3—14； 1—14 2—13	30/26	380△	34.29	8.0	13.3
Y-180M-2	22	175	0.8	260	150	2	16	双层叠绕	2 2	1.30 1.40	1—14	36/28		41.8	12.3	14.65
Y-200L1-2	30	180	1.0	327	182		28		2 2	1.12 1.18				56.5	15.9	20.2
Y-200L2-2	37	210		327	182		24		1 2	1.40 1.50				68.8	18.7	22.4
Y-225M-2	45		1.1	368	210		22		3 1	1.40 1.50				83.7	24.3	28.8
Y-250M-2	55	195	1.2	400	225		20		6	1.40				102.8	29.9	37.6
Y-280S-2	75	225	1.5	445	225		14		7	1.50	1—16	42/34		139.2	38.5	45.6
Y-280M-2	90	260					12		8	1.50				165.8	46.4	47

（续表）

型号	功率（千瓦）	定子 铁心长度（毫米）	气隙长度（毫米）	外径（毫米）	内径（毫米）	并联支路数	每槽线数	绕组型式	线规 根数	线规 直径（毫米）	节距	定/转子槽数	电压（伏）	额定电流（安）	空载电流（安）	线重（千克/台）
4 极																
Y-801-4	0.55	65	0.25	120	75	1	128	单层链式	1	0.56	1—6	24/22	380Y	1.46	0.76	1.15
Y-802-4	0.75	80		120	75		103			0.63				1.93	0.97	1.30
Y-90S-4	1.1	90		130	80		81			0.71				2.7	1.30	1.40
Y-90L-4	1.5	120					63			0.80				3.55	1.60	1.60
Y-100L1-4	2.2	105	0.30	155	98		41	单层交叉式	2	0.71	2(1—9) 1(1—8)	36/32		4.87	2.1	2.5
Y-100L2-4	3	135		155	98		31		1	1.18				6.6	3.0	2.9
Y-112M-4	4			175	110		46			1.06			380△	8.56	3.8	3.7
Y-132S-4	5.5	115	0.4	210	136		47		1 1	0.90 0.95				11.26	4.2	5.7
Y-132M-4	7.5	160					35		2	1.06				15	5.4	6.5

（续表）

型号	功率（千瓦）	定子 铁心长度（毫米）	气隙长度（毫米）	外径（毫米）	内径（毫米）	并联支路数	每槽线数	绕组型式	线规 根数	线规 直径（毫米）	节距	定/转子槽数	电压（伏）	额定电流（安）	空载电流（安）	线重（千克/台）
4 极																
Y-160M-4	11	155	0.5	260	170	2	56	单层交叉式	1	1.3	2(1—9)	36/26	380△	22.07	7.6	8.4
Y-160L-4	15	195		260		1	22		2 1	1.25 1.18	1(1—8)			29.9	10	9.9
Y-180M-4	18.5	190	0.55	290	187	2	32	双层叠绕	2	1.18	1—11	48/44		36	13.5	12.5
Y-180L-4	22	220		290			28			1.3				42.3	15.2	14.2
Y-200L-4	30	230	0.65	327	210	4	48		1 1	1.06 1.12				56.9	19.4	18.4
Y-225S-4	37	200	0.7	368	245		46		2	1.25	1—12			69.4	21.3	24.1
Y-225M-4	45	235		368			40		1 1	1.30 1.40				83.4	23.6	26.3
Y-250M-4	55	240	0.8	400	260		36		3	1.3				101.7	29.2	34.6
Y-280S-4	75		0.9	445	300		26		2 2	1.25 1.30	1—14	60/50		137.5	38.8	42.1
Y-280M-4	90	325	0.9	445	300	4	20	双叠	5	1.30	1—14	60/50	380△	163.7	47.1	48.4

（续表）

型号	功率（千瓦）	定子：铁心长度（毫米）	定子：气隙长度（毫米）	定子：外径（毫米）	定子：内径（毫米）	定子：并联支路数	定子：每槽线数	定子：绕组型式	定子：线规 根数	定子：线规 直径（毫米）	定子：节距	定/转子槽数	电压（伏）	额定电流（安）	空载电流（安）	线重（千克/台）
6极																
Y-90S-6	0.75	100		130	86		77			0.67				2.13	1.30	1.7
Y-90L-6	1.1	125	0.25				63			0.75				2.97	1.60	1.9
Y-100L-6	1.5	100		155	106		53			0.85			380Y	3.83	2.10	2.0
Y-112L-6	2.2	110	0.30	175	120		44		1	1.06				5.44	2.90	2.8
Y-132S-6	3		0.35	210	148	1	38	单层链式		0.85 0.90	1—6	36/33		6.99	3.50	3.5
Y-132M1-6	4	140	0.35	210	148		52			1.06				9.12	4.4	4.0
Y-132M2-6	5.5	180					42			1.25				12.04	5.1	5.2
Y-160M-6	7.5	145	0.40	260	180		38		2	1.12			380△	16.35	7.3	7.1
Y-160L-6	11	195					28		4	0.95				23.7	10.1	8.9
Y-180L-6	15	200	0.45	290	205	2	34	双层叠绕	1	1.50	1—9	54/44		31	13.3	11.1

（续表）

型号	功率（千瓦）	定子：铁心长度（毫米）	定子：气隙长度（毫米）	定子：外径（毫米）	定子：内径（毫米）	定子：并联支路数	定子：每槽线数	定子：绕组型式	定子：线规 根数	定子：线规 直径（毫米）	定子：节距	定/转子槽数	电压（伏）	额定电流（安）	空载电流（安）	线重（千克/台）
6 极																
Y-200L1-6	18.5	190	0.50	327	230		32		1 1	1.12 1.18				37.5	14.8	12.3
Y-200L2-6	22	220	0.50	327	230	2			2	1.25	1—9	54/44		44	16.6	13.8
Y-225M-6	30	200		368	260		28	双层叠绕	2 1	1.30 1.40			380△	58	17.8	23.8
Y-250M-6	37	225	0.55	400	285				1 2	1.12 1.18				69.3	19.4	27.2
Y-280S-6	45	215	0.65	445	325	3	26		2 1	1.30 1.40	1—12	72/58		84.2	22.8	34.4
Y-280M-6	55	260		445			22		1 2	1.40 1.50				102	26.2	38.6
8 极																
Y-132S-8	2.2	110	0.35	210	148		39			1.12			380Y	5.77	3.4	4.0
Y-132M-8	3	140				1	31	单层链式	1	1.30	1—6	48/44		7.56	4.2	4.4
Y-160M1-8	4	110	0.40	260	180		49			1.25			380△	9.68	5.3	6.3

（续表）

型号	功率	定子										定/转子槽数	电压	额定电流	空载电流	线重
		铁心长度	气隙长度	外径	内径	并联支路数	每槽线数	绕组型式	线规		节距					
									根数	直径（毫米）						
	（千瓦）	（毫米）											（伏）	（安）	（安）	（千克/台）
8极																
Y-160M2-8	5.5	145	0.40	260	180	1	39	单层链式	2	1.0	1—6	48/44	380△	13	6.9	7.2
Y-160L-8	7.5	195					30		1 1	1.12 1.18				17.2	8.5	8.7
Y-180L-8	11	200	0.45	290	205	2	46	双层叠绕	2	0.9	1—7	54/58		24.4	12.2	9.9
Y-200L-8	15	190	0.50	327	230		40		1	1.5				32.9	16	11.9
Y-225S-8	18.5	170		368	260		38		2	1.4				39.7	18.2	20.8
Y-225M-8	22	210					32			1.5				46.4	20.2	21.9
Y-250M-8	30	225	0.55	400	285		22		3	1.3	1—9	72/58		61.6	25.7	23.9
Y-280S-8	37	215	0.65	445	325	4	40		2					76.1	32.1	29.5
Y-280M-8	45	260					34		1 1	1.4 1.5				90.8	35.8	24.7

附表 1-2 Y2 系列三相异步电动机性能和绕组技术数据

机座号	功率（千瓦）	电压（伏）	额定电流（安）	额定转速（转/分）	功率因数 cos φ	效率（%）	定/转子槽数	气隙长度（毫米）	定子绕组 绕组型式	并联支路数	每槽线数	线规（F级）根数-直径（毫米）	节距 y	空载电流（安）
2 极														
Y2-801-2	0.75	380丫	1.8	2 825	0.835	76.59	18/16	0.30	单层交叉式	1	109	1-0.60	2(1—9) 1(1—8)	0.75
Y2-802-2	1.10		2.6		0.853	78.52					87	1-0.67		0.96
Y2-90S-2	1.50		3.4	2 840	0.858	79.31		0.35			77	1-0.80		1.22
Y2-90L-2	2.20		4.9		0.868	81.94					59	1-0.95		1.61
Y2-100L-2	3.0		6.3	2 880	0.886	83.54	24/20	0.40	单层同心式		43	2-0.80	1—12 2—11	2.06
Y2-112M-2	4.0	380△	8.1	2 890	0.908	85.56	30/26	0.45	单层同心式	1	54	1-0.95	1—16 2—15 3—14 1—14 2—13	1.36
Y2-132S1-2	5.5		11.0	2 900	0.891	87.60		0.55			44	2-0.90		2.06
Y2-132S2-2	7.5		14.9		0.907	88.25					38	1-0.95 1-1.00		2.34
Y2-160M1-2	11.0		21.3	2 930	0.897	88.99		0.65			28	3-1.06		3.59
Y2-160M2-2	15.0		28.8		0.905	90.10					23	3-1.18		4.41
Y2-160L-2	18.5		34.7		0.912	91.03					19	3-1.32		5.05

（续表）

机座号	功率（千瓦）	电压（伏）	额定电流（安）	额定转速（转/分）	功率因数 cos φ	效率（%）	定/转子槽数	气隙长度（毫米）	定子绕组 绕组型式	并联支路数	每槽线数	线规（F级）根数-直径（毫米）	节距 y	空载电流（安）
2极														
Y2-180M-2	22	380△	41	2 940	0.911	90.56	36/28	0.80	双层叠绕	2	34	2-1.25	1—14	6.42
Y2-200L1-2	30		55.5	2 950	0.909	91.50		1.00			31	1-1.18 2-1.25		8.32
Y2-200L2-2	37		67.9		0.916	92.22					26	2-1.12 2-1.18		9.54
Y2-225M-2	45		82.3	2 970	0.910	92.79		1.10			24	3-1.50		12.33
Y2-250M-2	55		100.4		0.899	93.28		1.20			20	1-1.30 4-1.40		16.29
Y2-280S-2	75	380△	134.4	2 970	0.915	93.45	42/34	1.30	双层叠绕	2	16	6-1.30 1-1.40	1—16	19.08
Y2-280M-2	90		160.2		0.920	93.97					14	6-1.30 2-1.40		21.19
Y2-315S-2	110	380△	195.4	2 980	0.911	94.08	48/40	1.50	双层叠绕	2	10	11-1.40 4-1.50	1—18	28.09
Y2-315M-2	132		233.2		0.916	94.55					9	7-1.40 9-1.50		30.66
Y2-315L1-2	160		279.3		0.919	94.63					8	7-1.40 11-1.50		34.53
Y2-315L2-2	200		348.4		0.921	94.84					7	13-1.40 8-1.50		39.37

（续表）

机座号	功率（千瓦）	电压（伏）	额定电流（安）	额定转速（转/分）	功率因数 cos φ	效率（%）	定/转子槽数	气隙长度（毫米）	定子绕组 绕组型式	定子绕组 并联支路数	定子绕组 每槽线数	定子绕组 线规（F级）根数-直径（毫米）	定子绕组 节距 y	空载电流（安）
2 极														
Y2-355M-2	250	380△	433.2	2 985	0.927	95.43	48/40	1.60	双层叠绕	2	6	14-1.40 19-1.50	1—18	42.55
Y2-355L-2	315		544.2		0.928	95.70					5	20-1.40 20-1.50		50.68
4 极														
Y2-801-4	0.55	380Y	1.6	1 390	0.752	71.86	24/22	0.25	单层链式	1	129	1-0.53	1—6	0.82
Y2-802-4	0.75		2.0		0.772	73.86					110	1-0.60		0.99
Y2-90S-4	1.10		2.9	1 400	0.794	75.05					90	1-0.67		1.27
Y2-90L-4	1.50		3.7		0.797	78.25					67	1-0.80		1.63
Y2-100L1-4	2.2		5.2	1 420	0.818	80.78	36/28	0.30	单层交叉式		44	1-0.67 1-0.71	2(1—9) 1(1—8)	2.21
Y2-100L2-4	3.0		6.8		0.831	82.30					34	1-1.12		2.76

（续表）

机座号	功率（千瓦）	电压（伏）	额定电流（安）	额定转速（转/分）	功率因数 cos φ	效率（%）	定/转子槽数	气隙长度（毫米）	定子绕组 绕组型式	定子绕组 并联支路数	定子绕组 每槽线数	定子绕组 线规（F级）根数-直径（毫米）	定子绕组 节距 y	空载电流（安）
4极														
Y2-112M-4	4.0		8.8		0.828	85.17		0.35			52	1-1.10		2.07
Y2-132S-4	5.5		11.8	1 440	0.840	86.62		0.40			47	1-1.18		2.55
Y2-132M-4	7.5	380△	15.6		0.848	87.81	36/28		单层交叉式	1	35	2-0.95	2(1—9) 1(1—8)	3.32
Y2-160M-4	11		22.3	1 460	0.841	89.35		0.50			29	1-1.18 1-1.25		4.82
Y2-160L-4	15		30.1		0.846	90.32					22	1-1.12 2-1.18		6.31
Y2-180M-4	18.5		36.5	1 470	0.857	90.98		0.60			34	1-1.06 1-1.12		7.87
Y2-180L-4	22		43.2		0.858	91.35					30	2-1.18	1—11	9.23
Y2-200L-4	30	380△	57.6		0.865	92.18	48/38	0.70	双层叠绕	2	26	3-1.18		11.75
Y2-225S-4	37		69.9	1 480	0.872	92.63		0.80			50	3-0.95	1—12	12.56
Y2-225M-4	45		84.7		0.873	93.23					41	2-1.30		15.42

（续表）

机座号	功率（千瓦）	电压（伏）	额定电流（安）	额定转速（转/分）	功率因数 cos φ	效率（%）	定/转子槽数	气隙长度（毫米）	定子绕组 绕组型式	并联支路数	每槽线数	线规（F级）根数-直径（毫米）	节距 y	空载电流（安）
4 极														
Y2-250M-4	55	380△	103.3	1 480	0.870	93.30	48/38	0.90	双层叠绕	2	20	1-1.40 3-1.50	1—11	18.76
Y2-280S-4	75		139.6		0.881	93.73	60/50	1.00		4	26	3-1.40	1—14	23.11
Y2-280M-4	90		166.9	1 485	0.875	94.32					22	1-1.30 3-1.40		31.00
Y2-315S-4	110	380△	201	1 485	0.882	94.69	72/64	1.10	双层叠绕	4	17	2-1.40 4-1.50	1—16	33.32
Y2-315M-4	132		240.4		0.883	94.95					15	3-1.40 4-1.50		38.53
Y2-315L1-4	160		287.8		0.889	94.94					13	3-1.40 5-1.50		42.68
Y2-315L2-4	200		359.4		0.892	94.93					11	8-1.40 2-1.50		51.00
Y2-355M-4	250	380△	442.9	1 490	0.909	95.47	72/64	1.20	双层叠绕	4	11	7-1.40 8-1.50	1—16	53.43
Y2-355L-4	315		556.2		0.913	95.78					9	6-1.40 12-1.50		63.47

（续表）

机座号	功率（千瓦）	电压（伏）	额定电流（安）	额定转速（转/分）	功率因数 $\cos\varphi$	效率（%）	定/转子槽数	气隙长度（毫米）	定子绕组					空载电流（安）
									绕组型式	并联支路数	每槽线数	线规(F级) 根数-直径（毫米）	节距 y	
6极														
Y2-801-6	0.37	380Y	1.3	900	0.707	62.61	36/28	0.25	单层链式	1	127	1-0.45	1—6	0.74
Y2-802-6	0.55		1.8		0.724	66.02					98	1-0.53		0.96
Y2-90S-6	0.75		2.3	910	0.725	70.29					84	1-0.63		1.24
Y2-90L-6	1.10		3.2		0.737	73.02					63	1-0.75		1.64
Y2-100L-6	1.50		3.9	940	0.761	76.29					61	1-0.85		1.88
Y2-112M-6	2.2		5.6		0.765	79.73		0.30			50	1-1.10		2.63
Y2-132S-6	3.0	380Y	7.4	960	0.770	83.43	36/42	0.35	单层链式	1	43	1-1.18	1—6	3.67
Y2-132M1-6	4.0	380△	9.9		0.773	84.74					56	2-0.71		2.76
Y2-132M2-6	5.5		12.9		0.790	86.29					43	1-1.18		3.43

（续表）

机座号	功率（千瓦）	电压（伏）	额定电流（安）	额定转速（转/分）	功率因数 $\cos\varphi$	效率（%）	定/转子槽数	气隙长度（毫米）	定子绕组 绕组型式	定子绕组 并联支路数	定子绕组 每槽线数	定子绕组 线规（F级）根数-直径（毫米）	定子绕组 节距 y	空载电流（安）
6　极														
Y2-160M-6	7.5	380△	16.9	970	0.781	87.51	36/42	0.40	单层链式	1	40	1-1.00 1-1.06	1—6	4.67
Y2-160L-6	11		24.2		0.796	88.81					29	2-1.25		6.20
Y2-180L-6	15	380△	31.6	970	0.827	89.75	54/44	0.45	双层叠绕	2	38	1-0.95 1-1.10	1—9	7.39
Y2-200L1-6	18.5		38.6		0.824	90.32		0.50			34	2-1.06		9.20
Y2-200L2-6	22		44.7		0.835	90.74					30	1-1.12 1-1.18		10.09
Y2-225M-6	30		59.3	980	0.843	92.56		0.55		4	44	2-1.30		11.57
Y2-250M-6	37	380△	71.1	980	0.866	92.25	72/58	0.60	双层叠绕	2	28	1-1.30 1-1.40	1—12	14.34
Y2-280S-6	45		85.9		0.863	92.71		0.70		3	26	3-1.18		17.29
Y2-280M-6	55		104.7		0.868	93.16					22	3-1.30		20.13

(续表)

机座号	功率（千瓦）	电压（伏）	额定电流（安）	额定转速（转/分）	功率因数 cos φ	效率（%）	定/转子槽数	气隙长度（毫米）	定子绕组 绕组型式	定子绕组 并联支路数	定子绕组 每槽线数	定子绕组 线规（F级）根数-直径（毫米）	定子绕组 节距 y	空载电流（安）
6 极														
Y2-315S-6	75	380△	141.7	980	0.863	94.14	72/58	0.9	双层叠绕	6	40	1-1.18 3-1.25	1—11	25.48
Y2-315M-6	90		169.5	985	0.867	94.47					34	2-1.30 2-1.40		29.75
Y2-315L1-6	110		206.7		0.872	94.78					28	4-1.50		34.72
Y2-315L2-6	132		244.7		0.872	94.96					24	3-1.40 2-1.50		41.67
Y2-355M1-6	160	380△	292.3	990	0.891	94.76	72/84	1.00	双层叠绕	6	24	6-1.50	1—11	44.93
Y2-355M2-6	200		364.6		0.892	95.04					20	6-1.40 2-1.50		55.25
Y2-355L-6	250		454.8		0.896	95.31					16	9-1.50		66.68
8 极														
Y2-801-8	0.18	380Y	0.9	690	0.609	52.04	36/28	0.25	单层链式	1	172	1-0.40	1—5	0.57
Y2-802-8	0.25		1.2			54.61					138	1-0.45		0.75

（续表）

机　座　号	功率（千瓦）	电压（伏）	额定电流（安）	额定转速（转/分）	功率因数 cos φ	效率（%）	定/转子槽数	气隙长度（毫米）	定子绕组					空载电流（安）
									绕组型式	并联支路数	每槽线数	线规（F级）根数-直径（毫米）	节距 y	
8　极														
Y2-90S-8	0.37	380Y	1.5	690	0.606	63.05	36/28	0.25	单层链式	1	110	1-0.56	1—5	0.98
Y2-90L-8	0.55		2.2		0.618	64.15					84	1-0.63		1.37
Y2-100L1-8	0.75		2.4		0.684	70.88		0.25			79	1-0.71		1.44
Y2-100L2-8	1.10		3.3	700	0.717	72.31					62	1-0.80		1.81
Y2-112M-8	1.50	380Y	4.4		0.684	75.32	48/44	0.30	单层链式	1	51	1-0.95	1—6	2.70
Y2-132S-8	2.2		6.0	710	0.716	78.00		0.35			42	1-1.00		3.47
Y2-132M-8	3.0		7.9		0.748	79.70					33	2-0.80		4.02
Y2-160M1-8	4.0		10.3		0.735	82.80					56	1-1.06		3.13
Y2-160M2-8	5.5	380△	13.6	720	0.741	84.66	48/44	0.40	单层链式	1	41	1-0.85 1-0.90	1—6	4.13
Y2-160L-8	7.5		17.8		0.748	85.69					30	2-1.00		5.39

（续表）

机座号	功率（千瓦）	电压（伏）	额定电流（安）	额定转速（转/分）	功率因数 cos φ	效率（%）	定/转子槽数	气隙长度（毫米）	定子绕组 绕组型式	定子绕组 并联支路数	定子绕组 每槽线数	定子绕组 线规（F级）根数-直径（毫米）	定子绕组 节距 y	空载电流（安）
8 极														
Y2-180L-8	11	380△	25.1	720	0.763	87.82	48/44	0.45	双层叠绕	2	56	1-1.30	1—6	7.11
Y2-200L-8	15		34.1	730	0.760	89.87		0.50			46	1-1.06 1-1.12		9.54
Y2-225S-8	18.5		41.1		0.771	90.85		0.55			44	2-1.25		11.13
Y2-225M-8	22		47.5		0.783	91.16					38	4-0.95		12.32
Y2-250M-8	30	380△	63.4	730	0.791	91.50	72/58	0.60	双层叠绕	2	22	3-1.25	1—9	16.86
Y2-280S-8	37		77.8		0.801	92.13		0.70		4	42	1-1.12 1-1.18		18.81
Y2-280M-8	45		94.1	740	0.799	92.49					34	2-1.25		23.39
Y2-315S-8	55	380△	111.2	740	0.812	93.25	72/58	0.80	双层叠绕	8	64	2-1.25	1—9	25.12
Y2-315M-8	75		151.3		0.821	93.76					48	1-1.40 1-1.50		31.99

（续表）

机座号	功率（千瓦）	电压（伏）	额定电流（安）	额定转速（转/分）	功率因数 cos φ	效率（%）	定/转子槽数	气隙长度（毫米）	定子绕组 绕组型式	定子绕组 并联支路数	定子绕组 每槽线数	定子绕组 线规（F级）根数-直径（毫米）	定子绕组 节距 y	空载电流（安）
8 极														
Y2-315L1-8	90	380△	177.8	740	0.819	94.00	72/58	0.80	双层叠绕	8	40	3-1.30	1—9	39.27
Y2-315L2-8	110		216.8		0.822	94.17					34	2-1.18 2-1.25		46.47
Y2-355M1-8	132	380△	261	745	0.828	94.31	72/86	1.00	双层叠绕	8	36	3-1.30 2-1.40	1—9	52.79
Y2-355M2-8	160		314.7		0.836	94.52					32	3-1.40 2-1.50		57.67
Y2-355L-8	200		387.4		0.837	94.78					26	2-1.40 4-1.50		71.27
10 极														
Y2-315S-10	45	380△	99.6	590	0.772	92.99	90/72	0.80	双层叠绕	5	42	3-1.25	1—9	23.31
Y2-315M-10	55		121.1		0.768	93.29					34	5-1.06		29.75
Y2-315L1-10	75		162.1		0.778	93.70					26	1-1.30 3-1.40		37.53
Y2-315L2-10	90		191		0.778	93.89					22	4-1.50		45.04

（续表）

机座号	功率（千瓦）	电压（伏）	额定电流（安）	额定转速（转/分）	功率因数 cos φ	效率（%）	定/转子槽数	气隙长度（毫米）	定子绕组 绕组型式	并联支路数	每槽线数	线规（F级）根数-直径（毫米）	节距 y	空载电流（安）
10 极														
Y2-355M1-10	110		229.9		0.795	93.54					46	2-1.18 2-1.25		50.51
Y2-355M2-10	132	380△	275	595	0.791	93.86	90/72	1.00	双层叠绕	10	38	2-1.30 2-1.40	1—9	63.01
Y2-355L-10	160		333.3		0.801	94.06					32	1-1.40 3-1.50		69.98

注：在满足产品性能指标的前提下，制造厂有可能根据自已的条件，对某些技术数据作了调整，故上述数据仅供电机维修时参考之用。

附表 1-3　YR 系列(IP44)铁心及绕组技术数据

型号	功率（千瓦）	铁心长度（毫米）	气隙长度（毫米）	外径（毫米）	内径（毫米）	定子 槽数	每槽线数	线规 根数	线规 直径（毫米）	绕组型式	节距	并联路数	平均半匝长（毫米）	转子 槽数	每槽线数	线规 根数	线规 直径或长×宽（毫米）	平均半匝长（毫米）	相电阻（欧）	节距	并联路数
4 极																					
YR132M1-4	4	115	0.4	210	136	36	102	1	0.8	双层叠绕	1—9	2	280	24	28	3	1.03	237	0.435	1—6	1
YR132M2-4	5.5	155					74		0.95				320		24	2 1	1.12 1.18	297	0.376		

（续表）

型号	功率（千瓦）	铁心长度（毫米）	气隙长度（毫米）	外径（毫米）	内径（毫米）	定子 槽数	定子 每槽线数	定子 线规 根数	定子 线规 直径（毫米）	定子 绕组型式	定子 节距	定子 并联路数	定子 平均半匝长（毫米）	转子 槽数	转子 每槽线数	转子 线规 根数	转子 线规 直径或长×宽（毫米）	转子 平均半匝长（毫米）	转子 相电阻（欧）	转子 节距	转子 并联路数
4 极																					
YR160M-4	7.5	130	0.5	260	170	36	74	1	1.12	双层叠绕	1—9	2	321	24	44	2 1	1.00 1.06	262	0.204	1—6	2
YR160L-4	11	185					52	2	0.95		1—11		376		34	3	1.18	317	0.143		
YR180L-4	15	205	0.55	290	187	48	32		1.06				403	36	18	3	1.30	369	0.109	1—9	
YR200L1-4	18.5	175		327	210		64	1	1.18			4	395		16	4	1.40	355	0.060 1		
YR200L1-4	18.5						64						395		8	1	2×5.6	412	0.078		1
YR200L2-4	22	205					54		1.30				425		16	4	1.40	385	0.065 2		2
YR200L2-4	22						54						425		8	1	2.24×5.6	442	0.083 7		1
YR225M-4	30	215	0.7	368	245		22	3	1.25			2	458		16	6	1.25	416	0.058 8		2
YR225M-4	30						22				1—12		458		8	1	2.5×5.6	477	0.073 5		1
YR250M1-4	37	220	0.8	400	260		40	2				4	506		12	8	1.40	437	0.027 7		2

（续表）

型号	功率（千瓦）	铁心长度（毫米）	气隙长度（毫米）	外径（毫米）	内径（毫米）	定子 槽数	定子 每槽线数	定子 线规 根数	定子 线规 直径（毫米）	定子 绕组型式	定子 节距	定子 并联路数	定子 平均半匝长（毫米）	转子 槽数	转子 每槽线数	转子 线规 根数	转子 线规 直径或长×宽（毫米）	转子 平均半匝长（毫米）	转子 相电阻（欧）	转子 节距	转子 并联路数
4极																					
YR250M1-4	37	220					40	2	1.25				506	36	6	2	2×5.6	501	0.035 6		1
YR250M2-4	45	260	0.8	400	260	48	34	3	1.12		1—12		546	36	12	8	1.40	477	0.030 3	1—9	2
YR250M2-4	45						34	3	1.12				546	36	6	2	2×5.6	541	0.038 4		1
YR280S-4	55	240					26	2	1.50	双层叠绕		4	544	48	12	7	1.40	499	0.048 2		2
YR280S-4	55		0.9	445	300	60	26	2	1.50		1—14		544	48	6	2	2×5	562	0.059 8	1—12	1
YR280M-4	75	340					18	1 2	1.40 1.50				644	48	12	7	1.40	599	0.014 5		4
YR280M-4	75						18	1 2	1.40 1.50				644	48	6	2	2×5	662	0.017 6		2
6极																					
YR132M1-6	3	125	0.35	210	148	48	40	1	1.00	双层叠绕	1—8	1	248	36	20	3	1.00	223	0.493	1—6	1
YR132M2-6	4	165					70		0.80			2	288	36	34	2	0.95	263	0.411		2

（续表）

型号	功率（千瓦）	铁心长度（毫米）	气隙长度（毫米）	外径（毫米）	内径（毫米）	定子 槽数	定子 每槽线数	定子 线规 根数	定子 线规 直径（毫米）	定子 绕组型式	定子 节距	定子 并联路数	定子 平均半匝长（毫米）	转子 槽数	转子 每槽线数	转子 线规 根数	转子 线规 直径或长×宽（毫米）	转子 平均半匝长（毫米）	转子 相电阻（欧）	转子 节距	转子 并联路数
6 极																					
YR160M-6	5.5	140	0.4	260	180	48	66		1.00		1—8		278	36	34	2	1.06	245	0.307		
YR160L-6	7.5	185					50		1.18				323	36	28	2	1.18	290	0.242		2
YR180L-6	11	205		290	205		38		1.25				366	36	28	4	1.00	329	0.191		
YR200L-6	15	190	0.45	327	230		34	1	1.06 1.12	双层叠绕		2	365	36	16	2 4	1.18 1.25	325	0.047 6	1—6	
YR200L-6	15					54	34		1.06 1.12		1—9		365	36	8	1	2.24×5.6	388	0.067 1		1
YR225M1-6	18.5	160	0.5	368	260		36		1.18 1.25				351	36	16	8	1.25	325	0.032 3		2
YR225M1-6	18.5						36		1.18 1.25				351	36	8	1	2.8×6.3	371	0.045 1		1
YR225M2-6	22	190	0.5	368	260	54	30	1	1.30 1.40		1—9	2	381	36	16	8	1.25	335	0.035 5	1—6	2
YR225M2-6									1.30 1.40						8	1	2.8×6.3	401	0.048 7		1

（续表）

型号	功率（千瓦）	铁心长度（毫米）	气隙长度（毫米）	外径（毫米）	内径（毫米）	定子 槽数	定子 每槽线数	定子 线规 根数	定子 线规 直径（毫米）	定子 绕组型式	定子 节距	定子 并联路数	定子 平均半匝长（毫米）	转子 槽数	转子 每槽线数	转子 线规 根数	转子 线规 直径或长×宽（毫米）	转子 平均半匝长（毫米）	转子 相电阻（欧）	转子 节距	转子 并联路数
6 极																					
YR250M1-6	30	230	0.55	400	285	72	18	3 1	1.12 1.18	双层叠绕	1—12	2	453	48	12	7	1.40	407	0.039 4	1—8	2
YR250M1-6								3 1	1.12 1.18						6	2	2.24×5	476	0.046		1
YR250M2-6	37	260	0.55	400	285	72	16	3	1.40				483		12	5 3	1.30 1.40	437	0.041		2
YR250M2-6								3	1.40						6	2	2.24×5	506	0.049		1
YR280S-6	45	250	0.65	445	325	72	14	3 1	1.40 1.50				493		12	3 6	1.30 1.40	448	0.035 3		2
YR280S-6								3 1	1.40 1.50						6	2	2.5×5.6	514	0.040		1
YR280M-6	55	290	0.65	445	325	72	12	3 1	1.50 1.60				533		12	9	1.40	499	0.038		2
YR280M-6								3 1	1.50 1.60						6	2	2.5×5.6	554	0.043		1

（续表）

型号	功率（千瓦）	铁心长度（毫米）	气隙长度（毫米）	外径（毫米）	内径（毫米）	定子								转子							
						槽数	每槽线数	线规 根数	线规 直径（毫米）	绕组型式	节距	并联路数	平均半匝长（毫米）	槽数	每槽线数	线规 根数	线规 直径或长×宽（毫米）	平均半匝长（毫米）	相电阻（欧）	节距	并联路数
8 极																					
YR160M-8	4	140	0.4	260	180	48	92	1	0.9	双层叠绕	1—6	2	247	36	42	2	0.95	230	0.443	1—5	2
YR160L-8	5.5	185					70		1.0			2	292		34	2	1.06	275	0.345		
YR180L-8	7.5	180	0.45	290	205	54	28		1.06 1.12		1—7	1	310		34	1 1	1.25 1.30	287	0.249		
YR200L-8	11	190	0.5	327	230	54	44	2	0.95			2	332		16	2 4	1.18 1.25	313	0.046		
YR200L-8	11								0.95			2	332		8	1	2.2×5.6	373	0.064		1
YR225M1-8	15	190	0.5	368	260	54	40	2	1.12		1—7	2	344	36	16	8	1.25	314	0.033 3	1—5	2
YR225M1-8	15														8	1	2.8×6.3	381	0.046 3		1
YR225M2-8	18.5	235					32		1.30				389		16	8	1.25	359	0.038 1		2
YR225M2-8	18.5														8	1	2.8×6.3	426	0.051 8		1

（续表）

型号	功率	铁心长度	气隙长度	外径	内径	定子								转子							
						槽数	每槽线数	线规		绕组型式	节距	并联路数	平均半匝长（毫米）	槽数	每槽线数	线规		平均半匝长（毫米）	相电阻（欧）	节距	并联路数
	（千瓦）	（毫米）						根数	直径（毫米）							根数	直径或长×宽（毫米）				
8极																					
YR250M1-8	22	230	0.55	400	285	72	48	1	1.40	双层叠绕	1—9	4	406	48	12	7	1.40	370	0.035 8	1—6	2
YR250M1-8	22	230													6	2	2.24×5	443	0.043		1
YR250M2-8	30	280					74		1.12			8	456		12	7	1.40	430	0.041		2
YR250M2-8	30														6	2	2.24×5	493	0.047		1
YR280S-8	37	250	0.65	445	325		36	3	1.00			4	440		12	9	1.40	414	0.031		2
YR280S-8	37														6	2	2.5×5.6	476	0.037		1
YR280M-8	45	340					28	2	1.40				530		12	3 6	1.30 1.40	494	0.039		2
YR280M-8	45														6	2	2.5×5.6	566	0.044		1

附表 1-4 YR 系列(IP23)铁心及绕组技术数据

型号	功率（千瓦）	铁心长度（毫米）	气隙长度（毫米）	外径（毫米）	内径（毫米）	定子 槽数	定子 每槽线数	定子 线规 根数	定子 线规 直径（毫米）	定子 绕组型式	定子 节距	定子 并联路数	定子 平均半匝长（毫米）	转子 槽数	转子 每槽线数	转子 线规 根数	转子 线规 直径或长×宽（毫米）	转子 平均半匝长（毫米）	转子 相电阻（欧）	转子 节距	转子 并联路数
4 极																					
YR160M-4	7.5	85					34	1	1.50			1	283		18	3	1.12	245	0.389		
YR160L1-4	11	115		290	187		50	2	0.85				313		14	4	1.12	275	0.255		
YR160L2-4	15	150	0.55				38	2	1.00			2	348		10	3 1	1.30 1.40	310	0.146		
YR180M-4	18.5	135		327	210		40	2	1.12	双层叠绕	1—11		354		8	1	1.8×5	373	0.088		
YR180L-4	22	155				48	34	1 1	1.18 1.25				374	36			1.8×5	393	0.093	1—9	1
YR200M-4	30	140	0.7	368	245		62	2	0.95			4	383		8	1	2×5.6	401	0.076		
YR200L-4	37	175					50	2	1.00				418				2×5.6	436	0.083		
YR225M1-4	45	155	0.8	400	260		24	1 3	1.12 1.18		1—12	2	440		6	2	1.8×4.5	439	0.043		
YR225M2-4	55	185					40	1 1	1.25 1.30			4	470				1.8×4.5	469	0.046		

（续表）

型号	功率（千瓦）	铁心长度（毫米）	气隙长度（毫米）	外径（毫米）	内径（毫米）	定子 槽数	定子 每槽线数	定子 线规 根数	定子 线规 直径（毫米）	定子 绕组型式	定子 节距	定子 并联路数	定子 平均半匝长（毫米）	转子 槽数	转子 每槽线数	转子 线规 根数	转子 线规 直径或长×宽（毫米）	转子 平均半匝长（毫米）	转子 相电阻（欧）	转子 节距	转子 并联路数
4 极																					
YR250S-4	75	185	0.9	445	300	60	14	2 3	1.25 1.30	双层叠绕	1—14	2	489	48	6	2	1.6×4.5	504	0.075	1—12	1
YR250M-4	90	215					12	4 2	1.25 1.30				519				1.6×4.5	534	0.079 5		
YR280S-4	110	200	1.0	493	330		24	4	1.25			4	533		4		2.24×6.3	557	0.028		
YR280M-4	132	240					20	4	1.40				573				2.24×6.3	597	0.030 4		
6 极																					
YR160M-6	5.5	95	0.45	290	205	54	36	2	0.95	双层叠绕	1—9	1	256	36	24	1 1	1.18 1.25	217	0.584	1—6	1
YR160L-6	7.5	115					58	1	1.06			2	276		18	3	1.12	237	0.376		
YR180M-6	11	125		327	230		46	1	1.40				300		8	1	1.8×4	325	0.097		
YR180L-6	15	155					36	2	1.06				330				1.8×4	355	0.106		
YR200M-6	18.5	135	0.50	368	260		36	2	1.18				326				1.8×5	346	0.082 1		

（续表）

型号	功率（千瓦）	铁心长度（毫米）	气隙长度（毫米）	外径（毫米）	内径（毫米）	定子 槽数	定子 每槽线数	定子 线规 根数	定子 线规 直径（毫米）	定子 绕组型式	定子 节距	定子 并联路数	定子 平均半匝长（毫米）	转子 槽数	转子 每槽线数	转子 线规 根数	转子 线规 直径或长×宽（毫米）	转子 平均半匝长（毫米）	转子 相电阻（欧）	转子 节距	转子 并联路数
6 极																					
YR200L-6	22	165	0.50	368	260	54	30	1 1	1.30 1.40	双层叠绕	1—9	2	356	36	8	1	1.8×5	376	0.089 2	1—6	1
YR225M1-6	30	145	0.55	400	285	72	38	2	1.12		1—12	3	368	54	6	2	1.6×4.5	390	0.065	1—9	
YR225M2-6	37	175					30	1 1	1.18 1.25				398				1.6×4.5	420	0.070 4		
YR250S-6	45	165	0.65	445	325		28	2	1.40				408				1.8×4.5	428	0.064		
YR250M-6	55	195					24	4	1.06				438				1.8×4.5	458	0.068		
YR280S-6	75	185	0.7	493	360		22	3	1.40				448				2×5	474	0.057		
YR280M-6	90	240					18	3	1.50				503				2×5	529	0.063 3		
8 极																					
YR160M-8	4	95	0.45	290	205	54	48	1	1.18	双层叠绕	1—7	1	226	36	30	1 1	1.06 1.12	201	0.839	1—5	1
YR160L-8	5	115					38	2	0.95				246		22	2	1.25	221	0.515		

（续表）

型号	功率	铁心长度	气隙长度	外径	内径	定子								转子							
						槽数	每槽线数	线规		绕组型式	节距	并联路数	平均半匝长（毫米）	槽数	每槽线数	线规		平均半匝长（毫米）	相电阻（欧）	节距	并联路数
	（千瓦）	（毫米）						根数	直径（毫米）							根数	直径或长×宽（毫米）				
8 极																					
YR180M-8	7.5	125	0.45	327	230	54	64	1	1.18	双层叠绕	1—7	2	267	36	8	1	1.8×4	307	0.092	1—5	1
YR180L-8	11	155					48	1	1.30				297			1	1.8×4	337	0.1		
YR200M-8	15	135	0.50	368	260		44	1	1.60				288			1	1.8×5	326	0.077 3		
YR200L-8	18.5	165					36	2	1.25				318			1	1.8×5	356	0.084		
YR225M1-8	22	145	0.55	400	285	72	62	1	1.25		1—9	4	321	48	6	2	1.6×4.5	352	0.052 3	1—6	
YR225M2-8	30	200					46	2	1.00				376			2	1.6×4.5	406	0.060 5		
YR225M2-8	30	175					50	1	1.40				351			2	1.6×4.5	382	0.057		
YR250S-8	37	165	0.65	445	325		46	1 1	1.06 1.12				355			2	1.8×4.5	385	0.051		
YR250M-8	45	195					38	1 1	1.18 1.25				385			2	1.8×4.5	415	0.055		
YR280S-8	55	185	0.70	493	360		36	1 1	1.30 1.40				390			2	2×5	426	0.045		
YR280M-8	75	240					28	1 1	1.50 1.60				445			2	2×5	481	0.051 1		

附表 1-5 J2 系列三相异步电动机铁心及绕组技术数据

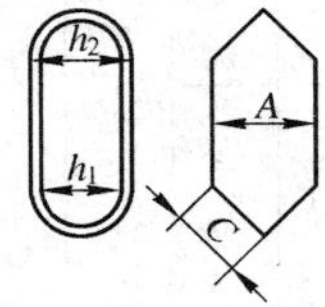

型号	功率（千瓦）	定子 铁心长度（毫米）	气隙长度（毫米）	外径（毫米）	内径（毫米）	每槽线数	并联支路数	线规 根数	线规 直径（毫米）	绕组型式	线模尺寸 h_1（毫米）	h_2（毫米）	A（毫米）	C（毫米）	节距	电压（伏）	额定电流（安）	空载电流（安）	定/转子槽数	线重（千克/台）
2 极																				
J2-61-2	17	110	0.8	280	155	32	1	1 1	1.40 1.35	双层叠绕			158	100	1—13	380△	31.45	7.06	36/22	5.04 4.7
J2-62-2	22	130		280	155	26		2	1.60								40	7.65		10.67
J2-71-2	30	130		327	182	20		4	1.30				190	135			55.6	11	36/28	15.75
J2-72-2	40	155		327	182	16			1.50								73	16.3		17.70
J2-81-2	55	180	1.1	368	210	28	2	2					202	155			100	15.9		26.90
J2-82-2	75	230		368	210	22		2 3	1.25 1.30								134.5	20.8		28.6
J2-91-2	100	230	1.25	423	245	16		5	1.45				245	185	1—15		179	19	42/34	32.7
J2-92-2	125	260	1.50	423	245	14			1.68								244.5	21.8		40.8

（续表）

型号	功率（千瓦）	定子 铁心长度（毫米）	气隙长度（毫米）	外径（毫米）	内径（毫米）	每槽线数	并联支路数	线规 根数	线规 直径（毫米）	绕组型式	线模尺寸（毫米） h_1 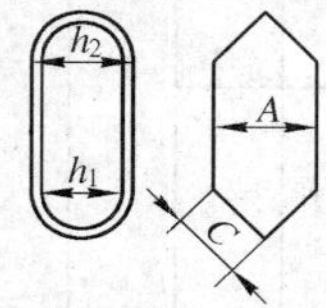	h_2	A	C	节距	电压（伏）	额定电流（安）	空载电流（安）	定/转子槽数	线重（千克/台）
4极																				
J2-61-4	13	120	0.5	280	182	34	1	2	1.20	双层叠绕			125	75	1—8	380△	25.65	8.5	36/28	7.1
J2-62-4	17	155				54	2	1	1.40								32.5	12.3		7.8
J2-71-4	22	145		327	210	24	1	3	1.30				170	90	1—9		42.6	10.8		12.05
J2-72-4	30	175				38	2	2	1.35								58.4	9.39		14.82
J2-81-4	40	180	0.65	368	245	54	4	1	1.50				180	110	1—11		75.4	19.52	48/38	18.9
J2-82-4	55	240				20	2	3	1.50								98	25		23.8
J2-91-4	75	210	0.85	423	280	16	2	4	1.50				195	125	1—13		137.7	20.8	60/5	31.8
J2-92-4	100	260				26	4	3	1.45								182	26		39.8

（续表）

型号	功率（千瓦）	定子 铁心长度（毫米）	气隙长度（毫米）	外径（毫米）	内径（毫米）	每槽线数	并联支路数	线规 根数	线规 直径（毫米）	绕组型式	线模尺寸 h_1（毫米）	h_2（毫米）	A（毫米）	C（毫米）	节距	电压（伏）	额定电流（安）	空载电流（安）	定/转子槽数	线重（千克/台）
6 极																				
J2-61-6	10	165	0.40	280	200	28	1	2	1.12	双层叠绕			105	62	1—9	380△	21.2	9.65	54/44	7.9
J2-62-6	18	205				22			1.25								27			10
J2-71-6	17	155	0.45	327	230	40	2	1	1.40				120	70			32.8	11.2		10.1
J2-72-6	22	200				32			1.62								41.9	13.2		12.3
J2-81-6	30	180	0.50	368	260	24		2	1.40				130	80	1—11		55.7	19.95	72/58	18.9
J2-82-6	40	240				28	3		1.35								73	22		23.7
J2-91-6	55	255	0.5	423	300	46	6	1	1.56				145	90			101.8	14.4	72/56	28.1
J2-92-6	75	340	0.6			34		2	1.30								136.8	24.1		34

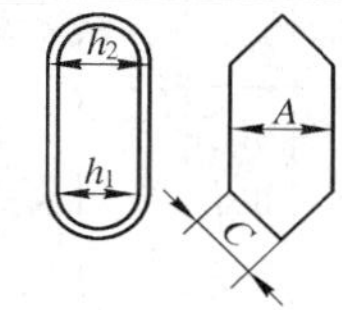

（续表）

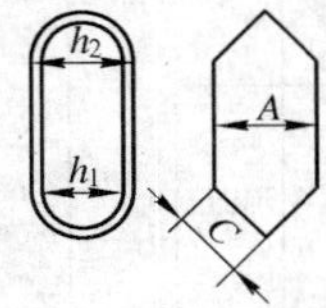

型号	功率（千瓦）	定子 铁心长度	气隙长度	外径	内径	每槽线数	并联支路数	线规 根数	直径（毫米）	绕组型式	线模尺寸 h_1	h_2	A	C	节距	电压（伏）	额定电流（安）	空载电流（安）	定/转子槽数	线重（千克/台）
		（毫米）									（毫米）									
8极																				
J2-61-8	7.5	165	0.40	280	200	36	1	1	1.45	双层叠绕			74	46	1—7	380△	16.2	8.50	54/58	8
J2-62-8	10	205				54	2	1	1.20								21.2	10.1		9.5
J2-71-8	13	155	0.45	327	230	50			1.30				90	55			27.3	11.7		9.88
J2-72-8	17	200				20	1	1 1	1.45 1.50								34.6	14.4		11.72
J2-81-8	22	180	0.50	368	260	30	2	2	1.25				100	65	1—9		44.8	18.63	72/58	17.6
J2-82-8	30	240				46	4	1	1.50								60	24.6		22.5
J2-91-8	40	255		423	300	36		2	1.16				112	75			80	17.8	72/56	22.8
J2-92-8	55	340				28		1	1.40 1.45								106.5	21.4		31.9

（续表）

型号	功率（千瓦）	定子铁心长度	气隙长度	外径	内径	每槽线数	并联支路数	线规根数	线规直径（毫米）	绕组型式	线模尺寸 h_1	h_2	A	C	节距	电压（伏）	额定电流（安）	空载电流（安）	定/转子槽数	线重（千克/台）
		（毫米）									（毫米）									
10 极																				
J2-81-10	17	180	0.45	368	260	40	2	1 1	1.16 1.25	双层叠绕			80	50	1—6	380△	39.3	21.9	60/64	16.4
J2-82-10	22	240				30	2	2	1.35								50.6	29.1		18.35
J2-91-10	30		0.50	423	300	62	5	1	1.35				90	55			64.35	19		19.4
J2-92-10	40	320				48		2	1.16								83.5	23.2		26.7

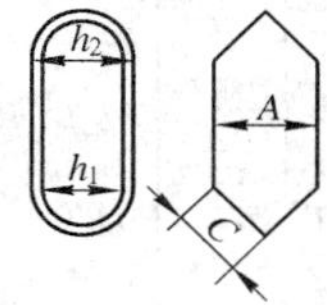

附表1-6 J系列三相异步电动机技术数据

型号	额定功率（千瓦）	额定电压（伏）	满载时				定子										定/转子槽数
			转速（转/分）	电流（安）	效率（%）	功率因数 cos φ	外径（毫米）	内径（毫米）	铁心长度（毫米）	气隙长度（毫米）	每槽线数	并联支路数	绕组型式	线规 根数	线规 直径（毫米）	节距 y	线重（千克）	
同步转速 3 000 转/分（2极）																		
J31-2	1.0	220/380	2 850	3.6/2.06	78.5	0.86	145	80	55	0.40	78	1	单层同心式	1	0.69	1—12 2—11	1.65	24/20
J32-2	1.7	220/380	2 850	6.3/3.64	81.5	0.87	145	80	82	0.40	55	1	单层同心式	1	0.8	1—12 2—11	1.93 1.91	24/20
J41-2	2.8	220/380	2 870	10/5.8	83.5	0.88	182	102	72	0.50	47	1	单层同心式	1	1.12	1—12 2—11	3.27	24/20
J42-2	4.5	220/380	2 870	15.8/9.15	85	0.88	182	102	105	0.50	33	1	单层同心式	1	1.3	1—12 2—11	3.2	24/20
J51-2	7.0	220/380	2 890	24/13.8	86	0.90	245	145	82	0.60	28	1	单层同心式	2	1.2	1—12 2—11	5.55	24/20
J52-2	10	220/380	2 890	33.6/19.4	87	0.90	245	145	115	0.60	22	1	单层同心式	2	1.35	1—12 2—11	5.63	24/20
J61-2	14	220/380	2 910	47/27.5	87.5	0.90	327	182	80	0.70	34	2	双层叠绕	2	1.25	1—13	9.8	36/28
J62-2	20	220/380	2 910	66/38	88.3	0.91	327	182	105	0.70	26	2	双层叠绕	2	1.45	1—13	10.9	36/28
J71-2	28	220/380	2 920	92/53	89	0.91	368	210	105	0.80	24	2	双层叠绕	1 2	1.45 1.35	1—13	6.3 11	36/28

(续表)

型号	额定功率（千瓦）	额定电压（伏）	满载时 转速（转/分）	满载时 电流（安）	满载时 效率（%）	满载时 功率因数 cos φ	定子 外径（毫米）	定子 内径（毫米）	定子 铁心长度（毫米）	定子 气隙长度（毫米）	定子 每槽线数	定子 并联支路数	定子 绕组型式	定子 线规 根数	定子 线规 直径（毫米）	定子 节距 y	定子 线重（千克）	定/转子槽数
同步转速 3 000 转/分（2 极）																		
J72-2	40	220/380	2 920	129/74.5	89.6	0.91	368	210	135	0.80	18	2	双层叠绕	1 3	1.45 1.35	1—13	5 13.2	36/28
J81-2	55	220/380	2 930	177/102	90.1	0.91	423	245	130	1.10	16	2	双层叠绕	3 2	1.56 1.45	1—13	17.5 10	36/28
J82-2	75	220/380	2 930	239/138	90.6	0.91	423	245	180	1.10	12	2	双层叠绕	1 6	1.56 1.45	1—13	4.8 25	36/28
同步转速 1 500 转/分（4 极）																		
J31-4	0.6	220/380	1 420	2.8/1.6	74	0.76	145	90	84	0.25	108	1	单层链式	1	0.57	1—6	1.12	24/18
J32-4	1.0	220/380	1 420	4.25/2.45	78.5	0.79	145	90	100	0.25	89	1	单层链式	1	0.69	1—6	1.34	24/18
J41-4	1.7	220/380	1 430	6.7/3.9	81.5	0.82	182	110	80	0.27	52	1	单层交叉式	1	0.96	1/1—8	2.85	36/26
J42-4	2.8	220/380	1 430	10.5/6.1	83.5	0.84	182	110	115	0.27	36	1	单层交叉式	1	1.2	2/1—9	3.5	36/26
J51-4	4.5	220/380	1 440	16.4/9.5	85	0.85	245	155	90	0.40	31	1	单层交叉式	1	1.4	2/1—9	5.9	36/26
J52-4	7.0	220/380	1 440	25/14.5	86	0.856	245	155	115	0.40	21	1	单层交叉式	1	1.56	2/1—9	3.95	36/26
J61-4	10	220/380	1 450	34.4/19.9	86.8	0.88	327	210	80	0.60	50	2	双层叠绕	1	1.56	1—8	9.55	36/44
J62-4	14	220/380	1 450	47.8/27.6	87.55	0.88	327	210	105	0.60	38	2	双层叠绕	2	1.25	1—8	10.1	36/44

（续表）

型号	额定功率（千瓦）	额定电压（伏）	满载时				定子											定/转子槽数
			转速（转/分）	电流（安）	效率（%）	功率因数 cos φ	外径（毫米）	内径（毫米）	铁心长度（毫米）	气隙长度（毫米）	每槽线数	并联支路数	绕组型式	线规 根数	线规 直径（毫米）	节距 y	线重（千克）	
同步转速 1 500 转/分(4 极)																		
J71-4	20	220/380	1 450	67.5/39	88.5	0.88	368	230	105	0.60	34	2	双层叠绕	2	1.56	1—8	15.2	36/44
J72-4	28	220/380	1 450	93/54	89.5	0.88	368	230	135	0.60	26	2	双层叠绕	3	1.45	1—8	16.3	36/44
J81-4	40	220/380	1 460	133/77	89.5	0.89	423	280	130	0.70	18	2	双层叠绕	4	1.45	1—10	22.7	48/47
J82-4	55	220/380	1 460	180/104.4	90.15	0.89	423	280	180	0.70	26	4	双层叠绕	2 1	1.35 1.45	1—10	16.6 9.3	48/47
J91-4	75	220/380	1 460	246/142	90.6	0.89	493	327	160	0.90	20	4	双层叠绕	4	1.45	1—13	37.5	60/47
J92-4	100	220/380	1 460	320/185	91	0.90	493	327	220	0.90	16	4	双层叠绕	3 2	1.56 1.35	1—13	29 14.5	60/47
同步转速 1 000 转/分(6 极)																		
J41-6	1.0	220/380	940	4.93/2.84	76.7	0.72	182	110	80	0.27	74	1	单层链式	1	0.86	1—6	2.6	36/26
J42-6	1.7	220/380	940	7.65/4.43	79.6	0.75	182	110	115	0.27	51	1	单层链式	1	1.08	1—6	3.2	36/26
J51-6	2.8	220/380	960	11.6/6.7	82	0.775	245	155	90	0.40	45	1	单层链式	1	1.25	1—6	4.6	36/44
J52-6	4.5	220/380	960	17.7/10.2	84	0.80	245	155	135	0.40	30	1	单层链式	1	1.56	1—6	5.7	36/44
J61-6	7	220/380	960	27/15.5	85.5	0.81	327	210	80	0.50	34	1	双层叠绕	2	1.35	1—6	8.3	36/44
J62-6	10	220/380	960	37/21.5	86.5	0.82	327	210	105	0.50	26	1	双层叠绕	2	1.56	1—6	9.3	36/44
J71-6	14	220/380	970	49.4/28.5	87	0.85	368	260	105	0.50	48	3	双层叠绕	1	1.56	1—8	14.3	54/58

（续表）

型号	额定功率（千瓦）	额定电压（伏）	满载时 转速（转/分）	满载时 电流（安）	满载时 效率（%）	满载时 功率因数 cos φ	定子 外径（毫米）	定子 内径（毫米）	定子 铁心长度（毫米）	定子 气隙长度（毫米）	定子 每槽线数	定子 并联支路数	定子 绕组型式	定子 线规 根数	定子 线规 直径（毫米）	定子 节距 y	定子 线重（千克）	定/转子槽数
同步转速 1 000 转/分(6 极)																		
J72-6	20	220/380	970	70/40.5	88	0.86	368	260	135	0.50	38	3	双层叠绕	2	1.25	1—8	15.9	54/58
J81-6	28	220/380	975	96/55.5	88.5	0.87	423	300	130	0.60	24	3	双层叠绕	1 1	1.45 1.35	1—11	9.9 8.5	72/58
J82-6	40	220/380	975	135/78	89.5	0.88	423	300	180	0.60	12	2	双层叠绕	4	1.45	1—11	22.5	72/58
J91-6	55	220/380	980	182/105	90.5	0.88	493	350	160	0.65	34	6	双层叠绕	2	1.45	1—11	34.6	72/58
J92-6	75	220/380	980	242/140	91.5	0.89	493	350	220	0.65	26	6	双层叠绕	3	1.35	1—11	38.5	72/58
同步转速 750 转/分(8 极)																		
J61-8	4.5	220/380	730	18.4/10.6	83.5	0.77	327	230	80	0.45	34	1	双层叠绕	2	1.16	1—6	7.5	48/58
J62-8	7	220/380	730	28.2/16.3	85	0.779	327	230	105	0.45	24	1	双层叠绕	1 1	1.35 1.45	1—6	3.95 4.55	48/58
J71-8	10	220/380	730	38.5/22.3	85.5	0.80	368	260	105	0.50	40	2	双层叠绕	2	1.16	1—7	11.9	54/58
J72-8	14	220/380	730	52/30	87	0.81	368	260	135	0.50	32	2	双层叠绕	2	1.35	1—7	14.3	54/58
J81-8	20	220/380	730	73.5/42.5	88	0.82	423	300	130	0.60	20	2	双层叠绕	2	1.56	1—9	17.4	72/58
J82-8	28	220/380	730	101/58.5	88.5	0.829	423	300	180	0.60	30	4	双层叠绕	2	1.25	1—9	19.3	72/58
J91-8	40	220/380	730	141/81.5	90	0.838	493	350	160	0.65	28	4	双层叠绕	2 1	1.25 1.35	1—8	17.7 10.3	72/58
J92-8	55	220/380	730	190/110	90.5	0.845	493	350	220	0.65	22	4	双层叠绕	3	1.45	1—8	32.2	72/58

附表1-7 JO2系列三相异步电动机铁心及绕组技术数据

型号	功率（千瓦）	定子									线模尺寸				节距	电压（伏）	额定电流（安）	空载电流（安）	定/转子槽数	线重（千克/台）
		铁心长度	气隙长度	外径	内径	每槽线数	并联支路数	线规		绕组型式	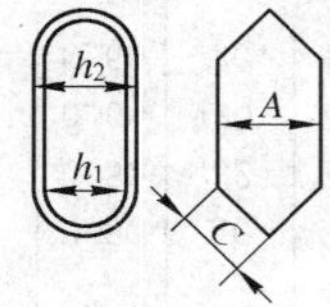									
		（毫米）						根数	直径（毫米）		h_1	h_2	A	C						
											（毫米）									
2极																				
JO2-11-2	0.8	65	0.3	120	67	94	1	1	0.67	单层同心式	69	86			1—12 2—11	380Y	1.72	0.78	24/20	1.61
JO2-12-2	1.1	85				72			0.77						1—12 2—11		2.35	1.03		1.775
JO2-21-2	1.5	75	0.4	145	82	80			0.83	单层交叉式	90	94			2(1—9) 1(1—8)		3.22	1.23	18/16	1.805
JO2-22-2	2.2	100				60			0.93								4.53	1.71		1.88
JO2-31-2	3	95	0.45	167	94	41		1	1.12	单层同心式	95	116			1—12 2—11	380△	6.29	2.29	24/20	2.74
JO2-32-2	4	125				56			0.96								8.0	2.74		3.02
JO2-41-2	5.5	110	0.6	210	114	53		2	0.93		115	138					10.7	3.5		5.76
JO2-42-2	7.5	135				43			1.08								14.33	4.6		6.77

（续表）

型　号	功率（千瓦）	定子：铁心长度	定子：气隙长度	定子：外径	定子：内径	定子：每槽线数	定子：并联支路数	定子：线规 根数	定子：线规 直径（毫米）	定子：绕组型式	线模尺寸 h_1	线模尺寸 h_2	线模尺寸 A	线模尺寸 C	节距	电压（伏）	额定电流（安）	空载电流（安）	定/转子槽数	线重（千克/台）
		（毫米）									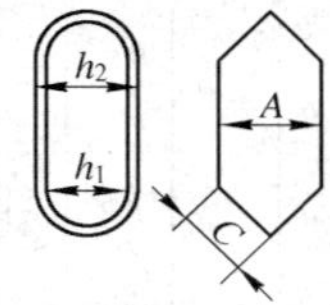 （毫米）									
2　极																				
JO2-51-2	10	120	0.7	245	136	40	1	2	1.35	单层同心式	143	175			1—12 2—11	380△	19.44	6.1	24/20	10.4
JO2-52-2	13	160				32		1 2	1.16 1.25								24.45	6.5		11.22
JO2-61-2	17	155	0.7	280	155	50	2	1	1.45	双层叠绕			158	100	1—11	380△	31.45	7.06	30/22	9.15
JO2-71-2	22		0.8	327	182	20	1	4	1.35				190	135	1—13		39.8	7.73	36/28	17.92
JO2-72-2	30	200				16		2 2	1.56 1.62				190				55.5	9.15		21.8
JO8-82-2	40	240	1.1	368	210	26	2	1 2	1.5 1.56				202	155			71.7	13.95		29.8
JO2-91-2	55	260	1.5	423	245	20		2 2	1.5 1.56				245	185	1—15		100.2	9.65	42/34	38.7
JO2-92-2	75	300				16		5	1.56								133	12.78		42.7
JO2-93-2	100	365	1.4			12		7	1.56								180.1	17.9		48.9

（续表）

型号	功率（千瓦）	定子 铁心长度（毫米）	气隙长度（毫米）	外径（毫米）	内径（毫米）	每槽线数	并联支路数	线规 根数	线规 直径（毫米）	绕组型式	线模尺寸 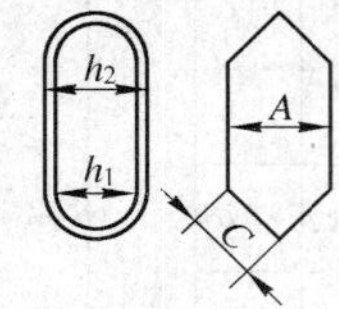 h_1（毫米）	h_2（毫米）	A（毫米）	C（毫米）	节距	电压（伏）	额定电流（安）	空载电流（安）	定/转子槽数	线重（千克/台）
						4					极									
JO2-11-4	0.6	85	0.25	120	75	115	1	1	0.57	单层链式	50				1—6	380Y	1.57	0.875	24/22	1.217
JO2-12-4	0.8	100				96			0.67								1.99	1.1		1.52
JO2-21-4	1.1	85		145	90	80			0.72		60						2.64	1.362		1.445
JO2-22-4	1.5	115				62			0.83								3.42	1.588		1.715
JO2-31-4	2.2	95	0.3	167	104	41	1	1	0.96	单层交叉式	65	73			2(1—9) 1(1—8)	380Y	4.85	2.38	36/26	2.27
JO2-32-4	3	135				31			1.12								6.31	2.70		2.74
JO2-41-4	4	100	0.35	210	136	52			1.0		84	94				380△	8.4	3.5		3.55
JO2-42-4	5.5	125				42			1.12								11.2	4.25		3.96

（续表）

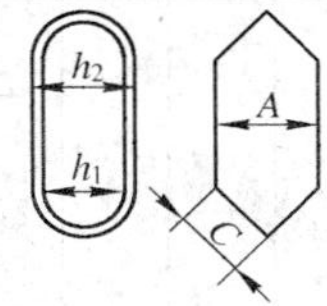

型号	功率（千瓦）	定子 铁心长度（毫米）	气隙长度（毫米）	外径（毫米）	内径（毫米）	每槽线数	并联支路数	线规 根数	线规 直径（毫米）	绕组型式	线模尺寸 h_1（毫米）	h_2（毫米）	A（毫米）	C（毫米）	节距	电压（伏）	额定电流（安）	空载电流（安）	定/转子槽数	线重（千克/台）
4 极																				
JO2-51-4	7.5	120	0.4	245	162	38	1	2	1.0	单层交叉式	99	110			2(1—9) 1(1—8)	380△	14.85	4.54	36/26	6.08
JO2-52-4	10	160				29			1.12								19.7	5.9		6.56
JO2-61-4	13	155	0.45	280	182	54	2	1	1.25	双层叠绕			125	75	1—8	380△	25.65	8.62	36/28	7.58
JO2-62-4	17	190				42			1.45								32.5	12.23		8.75
JO2-71-4	22	175	0.5	327	210	42		2	1.25				170	90	1—9		43.5	9.59		14.05
JO2-72-4	30	235				32			1.50								56.5	11.7		17.7
JO2-82-4	40	275	0.65	368	245	22		3	1.40				180	110	1—11		72	15.1	48/38	24.4

（续表）

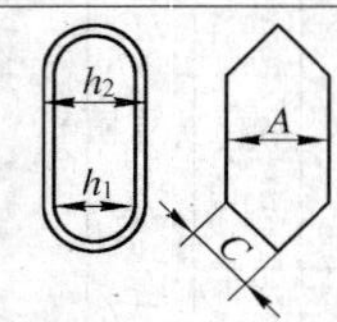

型号	功率（千瓦）	定子 铁心长度（毫米）	气隙长度（毫米）	外径（毫米）	内径（毫米）	每槽线数	并联支路数	线规 根数	线规 直径（毫米）	绕组型式	线模尺寸 h_1（毫米）	h_2（毫米）	A（毫米）	C（毫米）	节距	电压（伏）	额定电流（安）	空载电流（安）	定/转子槽数	线重（千克/台）
4极																				
JO2-91-4	55	260				34		2	1.50								96.9	11.02	60/50	37.1
JO2-92-4	75	340	0.85	423	280	26	4	3	1.45	双层叠绕			195	125	1—13	380△	134	14.33	60/50	45.5
JO2-93-4	100	380				22		4	1.40								180	18.4		50.8
6极																				
JO2-21-6	0.8	85	0.25	145	94	81			0.67		42						2.22	1.53		1.62
JO2-22-6	1.1	115				61	1	1	0.77	单层链式					1—6	380Y	2.88	1.89	36/33	1.895
JO2-31-6	1.5	95	0.8	167	114	60			0.83		50						3.29	2.16		2.28
JO2-32-6	2.2	135				42			1.04								5.52	3.18		2.81

（续表）

型号	功率（千瓦）	定子 铁心长度（毫米）	气隙长度（毫米）	外径（毫米）	内径（毫米）	每槽线数	并联支路数	线规 根数	线规 直径（毫米）	绕组型式	线模尺寸 h_1（毫米）	h_2（毫米）	A（毫米）	C（毫米）	节距	电压（伏）	额定电流（安）	空载电流（安）	定/转子槽数	线重（千克/台）
6 极																				
JO2-41-6	3	110		210	148	40	1	1	1.20	单层链式	65					380Y	6.86	3.33		3.44
JO2-42-6	4	140	0.35			55			1.04						1—6		8.9	4.02	36/33	4.03
JO2-51-6	5.5	130		245	174	47	1	1	1.20		76					380△	11.6	4.9		4.70
JO2-52-6	7.5	170				37			1.40								15.53	6.1		5.81
JO2-61-6	10	175	0.4	280	200	22	1	1	1.16 1.12	双层叠绕			110	65	1—9		21.05	10.1	54/44	7.6
JO2-62-6	13	220	0.40	280	200	18	1	1	1.35 1.30				110	65	1—9	380△	26.8	11.6	54/44	9.53
JO2-71-6	17	200	0.45	327	230				1.50 1.45				120	70			32.6	9.8		11.5

（续表）

型号	功率（千瓦）	定子 铁心长度（毫米）	气隙长度（毫米）	外径（毫米）	内径（毫米）	每槽线数	并联支路数	线规 根数	线规 直径（毫米）	绕组型式	线模尺寸 h_1（毫米）	h_2（毫米）	A（毫米）	C（毫米）	节距	电压（伏）	额定电流（安）	空载电流（安）	定/转子槽数	线重（千克/台）
6极																				
JO2-72-6	22	250	0.45	327	230	28	2		1.20	双层叠绕			120	70	1—9	380△	41.2	12.8	54/44	13.42
JO2-81-6	30	240	0.5	368	260	32		2	1.25				130	80	1—11		54	14.83	72/58	23.3
JO2-82-6	40	310				24	3		1.45								73.75	24		27.2
JO2-91-6	55	320	0.6	423	300	20		3	1.40				145	90			98.8	15.69	72/56	38.6
JO2-92-6	75	420	0.625			30	6	2									134.5	22.8		39.8
8极																				
JO2-41-8	2.2	110	0.35	210	148	37	1	1	1.12	单层链式	49				1—6	380Y	5.94	4.18	48/44	3.40
JO2-42-8	3	140				31			1.30								7.47	4.41		4.39

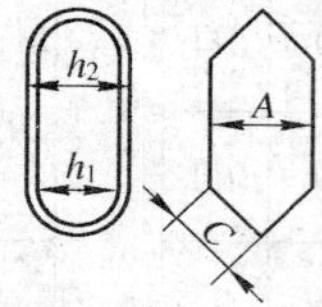

（续表）

型号	功率（千瓦）	定子 铁心长度（毫米）	气隙长度（毫米）	外径（毫米）	内径（毫米）	每槽线数	并联支路数	线规 根数	线规 直径（毫米）	绕组型式	线模尺寸 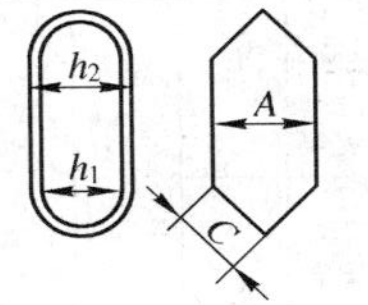 h_1（毫米）	h_2（毫米）	A（毫米）	C（毫米）	节距	电压（伏）	额定电流（安）	空载电流（安）	定/转子槽数	线重（千克/台）
8 极																				
JO2-51-8	4	130	0.35	245	174	48	1	1	1.12	单层链式	58				1—6	380△	9.07	4.61	48/44	4.95
JO2-52-8	5.5	170				37			1.30								12.16	5.81		5.95
JO2-61-8	7.5	175	0.4	280	200	58	2	1	1.04	双层叠绕			80	50	1—7	380△	16.0	8.75	54/58	7.58
JO2-62-8	10	220				46			1.20								20.8	10.5		9.2
JO2-71-8	10	200	0.45	327	230	42			1.35				90	55			26.6	12.5		10.32
JO2-72-8	17	250				34			1.56								34	15.2		12.8
JO2-81-8	22	240	0.50	368	260	24		2	1.35				100	65	1—9		46.1	20.95	72/58	19
JO2-82-8	30	310				20			1.62								57.5	22.5		26.6

（续表）

型号	功率（千瓦）	定子 铁心长度	气隙长度	外径	内径	每槽线数	并联支路数	线规 根数	直径（毫米）	绕组型式	线模尺寸 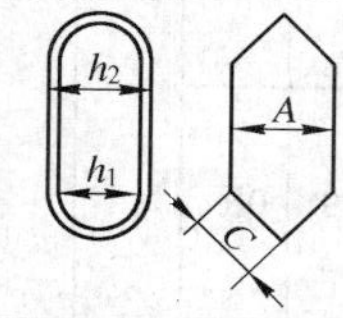 h_1	h_2	A	C	节距	电压（伏）	额定电流（安）	空载电流（安）	定/转子槽数	线重（千克/台）
		（毫米）									（毫米）									
8 极																				
JO2-91-8	40	320	0.6	423	300	34	4	2	1.30	双层叠绕			112	75	1—9	380△	77.9	15.67	72/56	30.9
JO2-92-8	55	420				26			1.50								104	19.7		37.6
10 极																				
JO2-81-10	17	240	0.45	368	260	34	2	2	1.25	双层叠绕			80	50	1—6	380△	36.4	19.2	60/64	17.8
JO2-82-10	22	310				26			1.45								48	27		21.7
JO2-91-10	30	320	0.5	423	300	52	5	1	1.40				90	55			62.2	18.6		21.7
JO2-92-10	40	400				42			1.62								82.0	23.4		26.7

注：1. 铁心采用D22硅钢片。2. 定子绝缘是E级。3. 定子绕组采用QZ高强度聚酯漆包线。

附表 1-8　JO3 系列三相异步电动机铁心及绕组技术数据(铜线)

型号	功率	定子									节距	电压	额定电流	定/转子槽数	线重
	(千瓦)	铁心长度	气隙长度	外径	内径	每槽线数	并联支路数	绕组型式	线规 根数	线规 直径(毫米)		(伏)	(安)		(千克/台)
		(毫米)													
2 极															
JO3-801-2	1.1	65	0.3	130	70	107	1	单层交叉式	1	0.77	2(1—9) 1(1—8)	380Y	2.52	18/16	1.57
JO3-802-2	1.5	85				82				0.86			3.40	18/16	1.75
JO3-90S-2	2.2	90		145	80	52		单层同心式		1.0	2—11 1—12		4.86	24/20	2.45
JO3-100S-2	3		0.35	167	94	42			2	0.86			6.39		2.95
JO3-100L-2	4	120				55			1	1.04		380△	8.27		3.05
JO3-112S-2	5.5	110	0.40	188	104	45				1.96 1.0	1—16 2—15 3—14 1—14 2—13		11.24	30/26	2.66 2.94
JO3-112L-2	7.5	145				35			3	0.9			15.14		6.20
JO3-140M-2	11	155	0.50	245	136	64	2		2	0.96	1—12 2—11		22	24/20	7.9
JO3-160S-2	15	160	0.6	280	150	55				1.2			30		10.8
JO3-160M-2	18.5	200				47				1.3			36.5		14

（续表）

型号	功率（千瓦）	定子 铁心长度（毫米）	定子 气隙长度（毫米）	定子 外径（毫米）	定子 内径（毫米）	定子 每槽线数	定子 并联支路数	定子 绕组型式	定子 线规 根数	定子 线规 直径（毫米）	节距	电压（伏）	额定电流（安）	定/转子槽数	线重（千克/台）
4 极															
JO3-801-4	0.75	75	0.25	130	80	113	1	单层链式	1	0.69	1—6	380Y	2.03	24/22	1.67
JO3-802-4	1.1	100				85				0.80			2.86		1.82
JO3-90S-4	1.5	100		145	90	69				0.86			3.86		1.77
JO3-100S-4	2.2	85	0.30	167	104	48		单层交叉式	2	0.74			5.19	36/26	2.84
JO3-100L-4	3	115				36				0.86	2(1—9) 1(1—8)		6.22		3.2
JO3-112S-4	4	110		188	118	54				0.74		380△	8.72	36/32	3.8
JO3-112L-4	5.5	140				42				0.86			11.70		4.75
JO3-140S-4	7.5	120	0.35	245	162	74	2		1	1.04			15.4	36/26	6.4
JO3-140M-4	11	170				53				1.25			22.5		7.5
JO3-160S-4	15		0.45	280	180	46		双层	2	1.04	1—9		30.4	36/28	9.7
JO3-160M-4	18.5	210				40				1.16			37.2		11.7

（续表）

型号	功率（千瓦）	定子 铁心长度（毫米）	气隙长度（毫米）	外径（毫米）	内径（毫米）	每槽线数	并联支路数	绕组型式	线规 根数	线规 直径（毫米）	节距	电压（伏）	额定电流（安）	定/转子槽数	线重（千克/台）
6 极															
JO3-801-6	0.55	80	0.25	130	80	128	1	双层	1	0.64	1—5	380丫	1.90	27/24	1.47
JO3-802-6	0.75	100				104				0.72			2.48		2.12
JO3-90S-6	1.1	105	0.25	145	94	65		单层链式	1	0.83	1—6		3.20	36/26	2.22
JO3-100S-6	1.5	90		167	114	62				0.90			3.97	36/33	2.30
JO3-100L-6	2.2	125				45			2	0.77			5.57		2.95
JO3-112S-6	3	110		188	128	41				0.90			7.26		3.70
JO3-112L-6	4	150				54			1	0.80		380△	9.26		2.30
										0.83					2.60
JO3-140S-6	5.5	120	0.35	245	174	47				1.3			12.6		5.1
JO3-140M-6	7.5	170				70	2			1.08			17		6.9
JO3-160S-6	11	180	0.40	280	200	60		双层		1.3			24		8.8
JO3-160M-6	15	240				46				1.45			32		9.6

（续表）

<table>
<tr><th rowspan="3">型号</th><th rowspan="3">功率
（千瓦）</th><th colspan="9">定子</th><th rowspan="3">节距</th><th rowspan="3">电压
（伏）</th><th rowspan="3">额定电流
（安）</th><th rowspan="3">定/转子槽数</th><th rowspan="3">线重
（千克/台）</th></tr>
<tr><th>铁心长度</th><th>气隙长度</th><th>外径</th><th>内径</th><th rowspan="2">每槽线数</th><th rowspan="2">并联支路数</th><th rowspan="2">绕组型式</th><th colspan="2">线规</th></tr>
<tr><th colspan="4">（毫米）</th><th>根数</th><th>直径
（毫米）</th></tr>
<tr><td colspan="16">8　极</td></tr>
<tr><td>JO3-100S-8</td><td>1.1</td><td>105</td><td rowspan="4">0.25</td><td rowspan="2">167</td><td rowspan="2">114</td><td>72</td><td rowspan="5">1</td><td rowspan="2">双层</td><td rowspan="2">1</td><td>0.80</td><td rowspan="2">1—5</td><td rowspan="4">380Y</td><td>3.56</td><td rowspan="2">36/33</td><td>2.35</td></tr>
<tr><td>JO3-100L-8</td><td>1.5</td><td>140</td><td>54</td><td>0.96</td><td>4.72</td><td>3.30</td></tr>
<tr><td>JO3-112S-8</td><td>2.2</td><td>115</td><td rowspan="2">188</td><td rowspan="2">128</td><td>40</td><td rowspan="4">单层链式</td><td rowspan="2">2</td><td>0.83</td><td rowspan="6">1—6</td><td>5.95</td><td rowspan="2">48/44</td><td>3.85</td></tr>
<tr><td>JO3-112L-8</td><td>3</td><td>145</td><td>31</td><td>0.96</td><td>8.06</td><td>4.5</td></tr>
<tr><td>JO3-140S-8</td><td>4</td><td>120</td><td rowspan="2">0.35</td><td rowspan="2">245</td><td rowspan="2">174</td><td>49</td><td rowspan="4">1</td><td>1.20</td><td rowspan="4">380△</td><td>10.1</td><td rowspan="4">48/44</td><td>5.7</td></tr>
<tr><td>JO3-140M-8</td><td>5.5</td><td>170</td><td>70</td><td rowspan="3">2</td><td>1.04</td><td>13.5</td><td>6.9</td></tr>
<tr><td>JO3-160S-8</td><td>7.5</td><td>180</td><td rowspan="2">0.40</td><td rowspan="2">280</td><td rowspan="2">200</td><td>64</td><td rowspan="2">双层</td><td>1.20</td><td>17.6</td><td>8.5</td></tr>
<tr><td>JO3-160M-8</td><td>11</td><td>240</td><td>48</td><td>1.35</td><td>24.7</td><td>10.7</td></tr>
</table>

附表1-9　YD系列变极多速三相异步电动机铁心及绕组技术数据(380伏、50赫)

型号	极数	额定功率(千瓦)	接法	额定转速(转/分)	额定电流(安)	效率(%)	功率因数	定子外径(毫米)	定子内径(毫米)	铁心长度(毫米)	定/转子槽数	绕组型式	节距	每槽线数	线规(根-毫米)
YD801-4/2	4	0.45	△	1 420	1.4	66	0.74	120	75	65	24/22	双层叠式	1—8或1—7	260	1-ϕ0.38
	2	0.55	2Y	2 860	1.5	65	0.85								
YD802-4/2	4	0.55	△	1 420	1.7	68	0.74			80			1—8或1—7	210	1-ϕ0.42
	2	0.75	2Y	2 860	2.0	66	0.85								
YD90S-4/2	4	0.85	△	1 430	2.3	74	0.77	130	80	90			1—7	166	1-ϕ0.47
	2	1.1	2Y	2 850	2.8	72	0.85								
YD90L-4/2	4	1.3	△	1 430	3.3	76	0.78			120				128	1-ϕ0.56
	2	1.8	2Y	2 850	4.3	74	0.85								
YD100L1-4/2	4	2.0	△	1 430	4.8	78	0.81	155	98	105	36/32		1—11	80	1-ϕ0.71
	2	2.4	2Y	2 850	5.6	76	0.86								
YD100L2-4/2	4	2.4	△	1 430	5.6	79	0.83			135				68	1-ϕ0.77
	2	3.0	2Y	2 850	6.7	77	0.89								

（续表）

型号	极数	额定功率（千瓦）	接法	额定转速（转/分）	额定电流（安）	效率（%）	功率因数	定子外径（毫米）	定子内径（毫米）	铁心长度（毫米）	定/转子槽数	绕组型式	节距	每槽线数	线规（根-毫米）
YD112M-4/2	4	3.3	△	1 450	7.4	82	0.83	175	110	135	36/32	双层叠式	1—11	56	1-ϕ0.95
	2	4.0	2Y	2 890	8.6	79	0.89								
YD132S-4/2	4	4.5	△	1 450	9.8	83	0.84	210	136	115				58	1-ϕ1.18
	2	5.5	2Y	2 860	11.9	79	0.89								
YD132M-4/2	4	6.5	△	1 450	13.8	84	0.85			160				44	2-ϕ0.95
	2	8.0	2Y	2 880	17.1	80	0.89								
YD160M-4/2	4	9	△	1 460	18.5	87	0.85	260	170	155	36/26		1—10	36	1-ϕ1.18 1-ϕ1.12
	2	11	2Y	2 920	22.9	82	0.89								
YD100L-4/2	4	11	△	1 460	22.3	87	0.86			195				30	1-ϕ1.30 1-ϕ1.25
	2	14	2Y	2 920	28.8	82	0.90								
YD180M-4/2	4	15	△	1 470	29.4	89	0.87	290	187	190	48/44		1—13	20	3-ϕ1.25
	2	18.5	2Y	2 940	36.7	85	0.90								

（续表）

型号	极数	额定功率（千瓦）	接法	额定转速（转/分）	额定电流（安）	效率（%）	功率因数	定子外径（毫米）	定子内径（毫米）	铁心长度（毫米）	定/转子槽数	绕组型式	节距	每槽线数	线规（根-毫米）
YD180L-4/2	4	18.5	△	1 470	35.9	89	0.88	290	187	220	48/44		1—13	18	4-ϕ1.12
	2	22	2Y	2 940	42.7	86	0.91								
YD90S-6/4	6	0.65	△	920	2.2	64	0.68	130	86	100	36/33	双	1—7/1—8	152/146	1-ϕ0.45/1-ϕ0.45
	4	0.85	2Y	1/20	2.3	70	0.79								
YD90L-6/4	6	0.85	△	930	2.8	66	0.70			120		层		126/116	1-ϕ0.50/1-ϕ0.53
	4	1.1	2Y	1 400	3.0	71	0.79								
YD100L1-6/4	6	1.3	△	940	3.8	74	0.70	155	98	115	36/32	叠	1—7	100	1-ϕ0.63
	4	1.8	2Y	1 440	4.4	77	0.80								
YD100L2-6/4	6	1.5	△	940	4.3	75	0.70			135		式		86	1-ϕ0.69
	4	2.2	2Y	1 440	5.4	77	0.80								
YD112M-6/4	6	2.2	△	960	5.7	78	0.75	175	120	135	36/33		1—7/1—8	76/76	1-ϕ0.80/1-ϕ0.80
	4	2.8	2Y	1 440	6.7	77	0.82								

（续表）

型号	极数	额定功率（千瓦）	接法	额定转速（转/分）	额定电流（安）	效率（%）	功率因数	定子外径（毫米）	定子内径（毫米）	铁心长度（毫米）	定/转子槽数	绕组型式	节距	每槽线数	线规（根-毫米）
YD132S-6/4	6	3.0	△	970	7.7	79	0.75	210	148	125	36/33	双层叠式	1—7/1—8	68/66	1-ϕ0.95/1-ϕ1.0
	4	4.0	2Y	1 440	9.5	78	0.82								
YD132M-6/4	6	4.0	△	970	9.8	82	0.76			180				52/48	2-ϕ0.75/2-ϕ0.8
	4	5.5	2Y	1 440	12.3	80	0.85								
YD160M-6/4	6	6.5	△	970	15.1	84	0.78	260	180	145				48/46	1-ϕ1.06/1-ϕ1.0
	4	8	2Y	1 460	17.4	83	0.84								1-ϕ1.0 1-ϕ1.06
YD160L-6/4	6	9	△	970	20.6	85	0.78			195				36/34	2-ϕ1.18/2-ϕ1.18
	4	11	2Y	1 460	23.4	84	0.85								
YD180M-6/4	6	11	△	980	25.9	85	0.76	290	205	200	36/32			32/30	1-ϕ1.25/1-ϕ1.30
	4	14	2Y	1 470	29.8	84	0.85								3-ϕ0.95 1-ϕ0.90
YD180L-6/4	6	13	△	980	29.4	86	0.78			230				28/26	3-ϕ0.95/1-ϕ1.0
	4	16	2Y	1 470	33.6	85	0.85								2-ϕ1.18 1-ϕ1.12

（续表）

型号	极数	额定功率（千瓦）	接法	额定转速（转/分）	额定电流（安）	效率（%）	功率因数	定子外径（毫米）	定子内径（毫米）	铁心长度（毫米）	定/转子槽数	绕组型式	节距	每槽线数	线规（根-毫米）
YD90L-8/4	8	0.45	△	700	1.9	58	0.63	130	86	120	36/33	双层叠式	1—6	172	1-ϕ0.42
	4	0.75	2Y	1 420	1.8	72	0.87								
YD100L-8/4	8	0.85	△	700	3.1	67	0.63	155	106	135				114	1-ϕ0.56
	4	1.5	2Y	1 410	3.5	74	0.88								
YD112M-8/4	8	1.5	△	700	5.0	72	0.63	175	120					94	1-ϕ0.71
	4	2.4	2Y	1 410	5.3	78	0.88								
YD132S-8/4	8	2.2	△	720	7.0	75	0.64	210	148	125				84	1-ϕ0.85
	4	3.3	2Y	1 440	7.1	80	0.88								
YD132M-8/4	8	3.0	△	720	9.0	78	0.65			180				60	1-ϕ0.67 1-ϕ0.71
	4	4.5	2Y	1 440	9.4	82	0.89								
YD160M-8/4	8	5.0	△	730	13.9	83	0.66	260	180	145				54	1-ϕ1.40
	4	7.5	2Y	1 450	15.2	84	0.89								

注：表中6/4极的每槽线数和线规分子/分母分别为节距1—7、1—8时的数据。

（续表）

型号	极数	额定功率（千瓦）	接法	额定转速（转/分）	额定电流（安）	效率（%）	功率因数	定子外径（毫米）	定子内径（毫米）	铁心长度（毫米）	定/转子槽数	绕组型式	节距	每槽线数	线规（根-毫米）
YD160L-8/4	8	7	△	730	19	85	0.66	260	180	195	36/33	双层叠式	1—6	40	2-ϕ1.12
	4	11	2Y	1 450	21.8	86	0.89								
YD180L-8/4	8.	11	△	730	26.7	87	0.72	290	205	260	54/58		1—8	22	2-ϕ1.30
	4	17	2Y	1 470	32.6	88	0.91								
YD90S-8/6	8	0.35	△	700	1.6	56	0.60	130	86	100	36/33		1—6	208	1-ϕ0.40
	6	0.45	2Y	930	1.4	70	0.72								
YD90L-8/6	8	0.45	△	700	1.9	59	0.60	130	86	120				170	1-ϕ0.45
	6	0.65	2Y	920	1.9	71	0.73								
YD100L-8/6	8	0.75	△	710	2.9	65	0.60	155	106	135				116	1-ϕ0.53
	6	1.1	2Y	950	3.1	75	0.73								
YD122M-8/6	8	1.3	△	710	4.5	72	0.61	175	120					98	1-ϕ0.67
	6	1.8	2Y	950	4.8	78	0.73								

（续表）

型号	极数	额定功率（千瓦）	接法	额定转速（转/分）	额定电流（安）	效率（%）	功率因数	定子外径（毫米）	定子内径（毫米）	铁心长度（毫米）	定/转子槽数	绕组型式	节距	每槽线数	线规（根-毫米）
YD132S-8/6	8	1.8	△	730	5.8	76	0.62	210	148	110	36/33	双层叠式	1—5	94	1-ϕ0.53 1-ϕ0.56
	6	2.4	2Y	970	6.2	80	0.73								
YD132M-8/6	8	2.6	△	730	8.2	78	0.62			180				62	1-ϕ0.67 1-ϕ0.71
	6	3.7	2Y	970	9.4	82	0.73								
YD160M-8/6	8	4.5	△	730	13.3	83	0.62	260	180	145				56	2-ϕ0.95
	6	6	2Y	980	14.7	85	0.73								
YD160L-8/6	8	6	△	730	17.5	84	0.62			195				42	3-ϕ0.9
	6	8	2Y	980	19.4	86	0.73								
YD180M-8/6	8	7.5	△	730	21.9	84	0.62	290	205	200	36/32			36	2-ϕ1.0 1-ϕ0.95
	6	10	2Y	980	24.2	86	0.73								
YD180L-8/6	8	9	△	730	24.7	85	0.65			230				32	1-ϕ1.30 1-ϕ1.25
	6	12	2Y	980	28.3	86	0.75								

（续表）

型号	极数	额定功率（千瓦）	接法	额定转速（转/分）	额定电流（安）	效率（%）	功率因数	定子（毫米）外径	定子（毫米）内径	铁心长度（毫米）	定/转子槽数	绕组型式	节距	每槽线数	线规（根-毫米）
YD160M-12/6	12	2.6	△	480	11.6	74	0.46	260	180	145	36/33	双层叠式	1—4	74	1-φ0.80 1-φ0.85
	6	5	2Y	970	11.9	84	0.76								
YD160L-12/6	12	3.7	△	480	16.1	76	0.46			205				52	1-φ1.40
	6	7	2Y	970	15.8	85	0.79								
YD180L-12/6	12	5.5	△	490	19.6	79	0.54	290	205	230	54/58		1—6	32	1-φ1.06 1-φ1.12
	6	10	2Y	980	20.5	86	0.86								
YD100L-6/4/2	6	0.75	Y	950	2.6	67	0.65	155	98	135	36/32	单层链式	1—6	54	1-φ0.53
	4	1.3	△	1 450	3.7	72	0.75					双层叠式	1—10	68	
	2	1.8	2Y	2 900	45	71	0.85								
YD122M-6/4/2	6	1.1	Y	960	3.5	73	0.65	175	110			单层链式	1—6	45	1-φ0.67
	4	2.0	△	1 450	5.1	73	0.81					双层叠式	1—10	62	1-φ0.60
	2	2.4	2Y	2 920	5.8	74	0.85								

型号	极数	额定功率（千瓦）	接法	额定转速（转/分）	额定电流（安）	效率（%）	功率因数	定子外径（毫米）	定子内径（毫米）	铁心长度（毫米）	定/转子槽数	绕组型式	节距	每槽线数	线规（根-毫米）
	6	1.8	Y	970	5.1	75	0.71				36/32	单层链式	1—6	45	1-ϕ0.83
YD132S-6/4/2	4	2.6	△	1 460	6.1	78	0.83			115		双层叠式	1—10	64	1-ϕ0.80
	2	3.0	2Y	2 910	7.4	71	0.87								
	6	2.2	Y	970	6	77	0.72					单层链式	1—6	37	1-ϕ0.90
YD132M1-6/4/2	4	3.3	△	1 460	7.5	80	0.84	210	136	140		双层叠式	1—10	56	1-ϕ0.85
	2	4.0	2Y	2 910	8.8	76	0.91								
	6	2.6	Y	970	6.9	80	0.72					单层链式	1—6	30	2-ϕ0.75
YD132M2-6/4/2	4	4.0	△	1 460	9	80	0.84			180		双层叠式	1—10	44	1-ϕ0.90
	2	5.0	2Y	2 910	10.8	77	0.91								
	6	3.7	Y	980	9.5	82	0.72					单层链式	1—6	27	2-ϕ0.90
YD160M-6/4/2	4	5.0	△	1470	11.2	81	0.84	260	170	155		双层叠式	1—10	40	2-ϕ0.75
	2	6.0	2Y	2 930	13.2	76	0.91								

（续表）

型　　号	极数	额定功率（千瓦）	接法	额定转速（转/分）	额定电流（安）	效率（%）	功率因数	定子外径（毫米）	定子内径（毫米）	铁心长度（毫米）	定/转子槽数	绕组型式	节　距	每槽线数	线　规（根-毫米）
	6	4.5	Y	980	11.4	83	0.72					单层链式	1—6	22	3-ϕ0.80
YD160L-6/4/2	4	7	△	1 470	15.1	83	0.85	260	170	195	36/26	双层叠式	1—10	32	1-ϕ1.18
	2	9	2Y	2 930	18.8	79	0.92								
	8	0.65	Y	700	2.7	59	0.63						1—5	68	1-ϕ0.53
YD112M-8/4/2	4	2.0	△	1 450	5.1	73	0.81	175	110	135			1—10	62	1-ϕ0.60
	2	2.4	2Y	2 920	5.8	74	0.85								
	8	1.0	Y	720	3.6	69	0.61						1—5	62	1-ϕ0.75
YD132S-8/4/2	4	2.0	△	1 460	6.1	78	0.83			115	36/32		1—10	64	1-ϕ0.75
	2	3.0	2Y	2 910	7.1	74	0.87	210	136						
	8	1.3	Y	720	4.6	71	0.61						1—5	48	1-ϕ0.85
YD132M-8/4/2	4	3.7	△	1 460	8.4	80	0.84			160			1—10	48	1-ϕ0.85
	2	4.5	2Y	2 910	10	75	0.91								

（续表）

型号	极数	额定功率（千瓦）	接法	额定转速（转/分）	额定电流（安）	效率（%）	功率因数	定子外径（毫米）	定子内径（毫米）	铁心长度（毫米）	定/转子槽数	绕组型式	节距	每槽线数	线规（根-毫米）
YD160M-8/4/2	8	2.2	Y	720	7.6	75	0.59	200	170	155	36/26	双层叠式	1—5	36	2-φ0.71
	4	5.0	△	1 440	11.2	81	0.84						1—10	40	2-φ0.75
	2	6.0	2Y	2 910	13.2	76	0.91								
YD160L-8/4/2	8	2.8	Y	720	9.2	77	0.60	260		195		双层叠式	1—5	30	1-φ1.18
	4	7.0	△	1440	15.1	83	0.85						1—10	32	
	2	9.0	2Y	2 910	18.8	79	0.92								
YD112M-8/6/4	8	0.85	△	710	3.7	62	0.56	175	120	135	36/33	双层叠式	1—6	100	1-φ0.53
	6	1.0	Y	950	3.1	68	0.73					单层链式		46	1-φ0.56
	4	1.5	2Y	1 440	3.5	75	0.86					双层叠式		100	1-φ0.53
YD132S-8/6/4	8	1.1	△	730	4.1	68	0.60	210	148	120		双层叠式		98	1-φ0.60
	6	1.5	Y	970	4.2	74	0.73					单层链式		41	1-φ0.71
	4	1.8	2Y	1 460	4.0	78	0.87					双层叠式		98	1-φ0.60

（续表）

型号	极数	额定功率（千瓦）	接法	额定转速（转/分）	额定电流（安）	效率（%）	功率因数	定子外径（毫米）	定子内径（毫米）	铁心长度（毫米）	定/转子槽数	绕组型式	节距	每槽线数	线规（根-毫米）
YD132M1-8/6/4	8	1.5	△	730	5.2	71	0.62	210	148	160	36/33	双层叠式	1—6	78	1-ϕ0.67
	6	2.0	Y	970	5.4	77	0.73					单层链式		32	1-ϕ0.85
	4	2.2	2Y	1 460	4.9	79	0.87					双层叠式		78	1-ϕ0.67
YD132M2-8/6/4	8	1.8	△	730	6.1	72	0.62			180		双层叠式		66	1-ϕ0.71
	6	2.6	Y	970	6.8	78	0.74					单层链式		27	1-ϕ0.90
	4	3.0	2Y	1 460	6.5	80	0.87					双层叠式		66	1-ϕ0.71
YD160M-8/6/4	8	3.3	△	720	10.2	79	0.62	260	180	145		双层叠式		58	2-ϕ0.75
	6	4.0	Y	960	9.9	81	0.76					单层链式		25	2-ϕ0.75
	4	5.5	2Y	1 440	11.6	83	0.87					双层叠式		58	2-ϕ0.75

（续表）

型号	极数	额定功率（千瓦）	接法	额定转速（转/分）	额定电流（安）	效率（%）	功率因数	定子外径（毫米）	定子内径（毫米）	铁心长度（毫米）	定/转子槽数	绕组型式	节距	每槽线数	线规（根-毫米）
YD160L-8/6/4	8	4.5	△	720	13.8	80	0.62					双层叠式		44	2-ϕ0.85
	6	6.0	Y	960	14.5	83	0.76	260	180	195	36/33	单层链式	1—6	18	3-ϕ0.80
	4	7.5	2Y	1 440	15.6	84	0.87					双层叠式		44	2-ϕ0.85
YD180L-8/6/4	8	7	△	740	20.2	81	0.65					双层叠式	1—8	22	2-ϕ1.0
	6	9	Y	980	20.6	83	0.80						1—9	10	2-ϕ1.12
	4	12	2Y	1 470	24.1	84	0.90						1—8	22	2-ϕ1.0
YD180L-12/8/6/4	12	3.3	△	480	13	72	0.55	290	205	260	54/50		1—6	36	2-ϕ0.75
	8	5.0	△	740	16	79	0.62						1—8	24	1-ϕ0.80 1-ϕ0.75
	6	6.5	2Y	970	14	82	0.88						1—6	36	2-ϕ0.75
	4	9.0	2Y	1 470	19	83	0.89						1—8	24	1-ϕ0.80 1-ϕ0.75

附表 1-10 JDO2 系列三相变极多速异步电动机铁心及绕组技术数据(380 伏、50 赫)(一)

型号	极数	额定功率（千瓦）	接法	额定转速（转/分）	额定电流（安）	效率（%）	功率因数	定子外径（毫米）	定子内径（毫米）	铁心长度（毫米）	定/转子槽数	绕组型式	节距	每槽线数	线规（根-毫米）
JDO2-21-4/2	4	0.8	△	1 450	2.1	76.6	0.77	145	90	80	24/22	双层叠式	1—7	196	1-ϕ0.51
	2	1.1	2Y	2 890	2.55	74.6	0.88								
JDO2-22-4/2	4	1.5	△	1 410	3.5	77.5	0.83			110				128	1-ϕ0.62
	2	1.8	2Y	2 860	4.1	75.1	0.92								
JDO2-31-4/2	4	1.5	△	1 445	3.9	76	0.77	167	104	95	36/26		1—10	84	1-ϕ0.67
	2	2.2	2Y	2 875	5.2	73.5	0.87								
JDO2-32-4/2	4	2.2	△	1 435	5.4	78	0.82			135				64	1-ϕ0.77
	2	3.0	2Y	2 880	7.0	74	0.88								
JDO2-41-4/2	4	3.3	△	1 430	7.6	80	0.82	210	136	100				64	1-ϕ0.93
	2	4.0	2Y	2 860	9.1	76	0.88								
JDO2-42-4/2	4	4.0	△	1 440	9.3	80	0.82			125				52	1-ϕ1.08
	2	5.5	2Y	2 870	12.5	76	0.88								
JDO2-51-4/2	4	5.5	△	1 460	12.3	82	0.83	245	162	120				48	2-ϕ0.96
	2	7.5	2Y	2 880	16.6	78	0.88								
JDO2-52-4/2	4	7.5	△	1 450	16.8	82	0.83			160				38	1-ϕ1.45
	2	10	2Y	2 880	22.2	78	0.88								

(续表)

型号	极数	额定功率（千瓦）	接法	额定转速（转/分）	额定电流（安）	效率（%）	功率因数	定子外径（毫米）	定子内径（毫米）	铁心长度（毫米）	定/转子槽数	绕组型式	节距	每槽线数	线规（根-毫米）
JDO2-61-4/2	4	10	△	1 470	20.5	87	0.85	280	182	155	36/28	双层叠式	1—10	34	2-ϕ1.12
	2	11	2Y	2 940	21.1	86	0.92								
JDO2-62-4/2	4	13	△	1 465	26.4	88	0.85			190				28	2-ϕ1.25
	2	15	2Y	2 940	28.3	87.5	0.92								
JDO2-21-6/4	6	0.6	△	960	2.0	68	0.66	145	94	85	36/33		1—7	150	1-ϕ0.50
	4	0.8	2Y	1 465	2.4		0.74								
JDO2-22-6/4	6	0.8	△	960	2.6	70	0.66			115				116	1-ϕ0.57
	4	1.0	2Y	1 465	2.8	74	0.74								
JDO2-31-6/4	6	1.3	△	930	4.0	70	0.7	167	104	95	36/32			104	1-ϕ0.59
	4	1.7	Y	1 430	4.3	75	0.8								
JDO2-32-6/4	6	1.7	△	930	5.0	74	0.7			135				76	1-ϕ0.69
	4	2.5	2Y	1 450	6.1	78	0.8								
JDO2-41-6/4	6	2.8	△	930	7.5	78	0.73	210	148	110				82	1-ϕ0.9
	4	3.0	2Y	1 430	7.6	76	0.79								
JDO2-42-6/4	6	3.5	△	930	9.4	78	0.73			140				66	1-ϕ1.04
	4	4.0	2Y	1 440	10	76	0.79								

（续表）

型号	极数	额定功率（千瓦）	接法	额定转速（转/分）	额定电流（安）	效率（%）	功率因数	定子外径（毫米）	定子内径（毫米）	铁心长度（毫米）	定/转子槽数	绕组型式	节距	每槽线数	线规（根-毫米）
JDO2-51-6/4	6	6.0	△	960	13.9	84	0.78	245	162	160	36/32	双层叠式	1—7	44	1-ϕ1.35
	4	8.0	2Y	1 460	18.7	80	0.81								
JDO2-52-6/4	6	8.0	△	955	18.4	85	0.78			195				36	2-ϕ1.03
	4	10.0	2Y	1 450	21.5		0.83								
JDO2-61-6/4	6	8.0	△	970	18.6	85	0.77	280	182	155				38	1-ϕ1.50
	4	10	2Y	1 460	22	83	0.83								
JDO2-62-6/4	6	10	△	970	23.8	85	0.75			190				30	2-ϕ1.20
	4	13	2Y	1 460	28.7	83	0.83								
JDO2-71-6/4	6	13	△	970	28.4	88	0.79	327	230	200				28	2-ϕ1.56
	4	17	2Y	1 470	34.1	89	0.85								
JDO2-72-6/4	6	15	△	970	32.8	88	0.79			250				24	3-ϕ1.40
	4	19	2Y	1 460	40	85	0.85								
JDO2-81-6/4	6	22	△	970	46.4	89	0.81	368	260	240	72/56		1—14	12	4-ϕ1.45
	4	28	2Y	1 470	56.7	86	0.87								
JDO2-12-8/4	8	0.3	△	690	1.6	52	0.54	120	75	100	24/22		1—4	146	1-ϕ0.38
	4	0.6	2Y	1 400		71	0.83								

（续表）

型号	极数	额定功率（千瓦）	接法	额定转速（转/分）	额定电流（安）	效率（%）	功率因数	定子外径（毫米）	定子内径（毫米）	铁心长度（毫米）	定/转子槽数	绕组型式	节距	每槽线数	线规（根-毫米）
JDO2-21-8/4	8	0.3	△	680	1.7	53	0.50	145	94	90	36/26	双层叠式	1—6	190	1-ϕ0.41
	4	0.75	2Y	1 360	2.0	72	0.81								
JDO2-22-8/4	8	0.45	△	680	2.0	63	0.53			110				156	1-ϕ0.49
	4	0.75	2Y	1 360	1.8	76	0.83								
JDO2-31-8/4	8	0.9	△	685	3.3	67	0.61	167	114	95				146	1-ϕ0.62
	4	1.5	2Y	1 365	3.8	71	0.84								
JDO2-32-8/4	8	1.1	△	685	4.1	68	0.60			135				106	1-ϕ0.72
	4	2.2	2Y	1 370	5.4	74	0.84								
JDO2-41-8/4	8	1.8	△	710	6.0	74	0.62	210	148	110				92	1-ϕ0.86
	4	3.0	2Y	1 410	6.8	78	0.86								
JDO2-42-8/4	8	2.5	△	710	8.3	74	0.62			140				74	1-ϕ1.0
	4	4.0	2Y	1 410	9.0	78	0.86								
JDO2-51-8/4	8	3.5	△	720	10.8	78	0.63	245	174	130				64	1-ϕ1.16
	4	5.5	2Y	1 430	12.5	82	0.88								
JDO2-52-8/4	8	4.5	△	720	13.9	78	0.63			170				50	2-ϕ0.96
	4	7.5	2Y	1 430	15.8	82	0.88								

（续表）

型号	极数	额定功率（千瓦）	接法	额定转速（转/分）	额定电流（安）	效率（%）	功率因数	定子外径（毫米）	定子内径（毫米）	铁心长度（毫米）	定/转子槽数	绕组型式	节距	每槽线数	线规（根-毫米）
JDO2-61-8/4	8	7.5	△	720	21.4	82	0.65	280	200	230	54/44	双层叠式	1—8	30	2-ϕ1.04
	4	10	2Y	1 460	20	85	0.89								
JDO2-62-8/4	8	8.5	△	720	24.2	82	0.65							26	2-ϕ1.16
	4	13	2Y	1 460	26.1	85	0.89								
JDO2-71-8/4	8	11	△	720	29.8	84	0.67	327	230	220				22	1-ϕ1.35 1-ϕ1.40
	4	17	2Y	1 460	33.4	86	0.9								
JDO2-72-8/4	8	15	△	720	40.4	84	0.67			250				18	1-ϕ1.56 1-ϕ1.50
	4	22	2Y	1 460	43.2	86	0.9								
JDO2-91-8/4	8	40	△	740	85.4	89	0.8	423	300	320	72/56		1—10	9	7-ϕ1.40
	4	55	2Y	1 480	106	88	0.9								
JDO2-31-8/6	8	0.8	△	720	3.4	63	0.56	167	114	95	36/33		1—6	140	1-ϕ0.59
	6	1.3	2Y	950	3.5	75	0.76								
JDO2-32-8/6	18	1.3	△	720	4.2	74	0.64	167	114	135				106	1-ϕ0.72
	6	1.8	2Y	950	4.3	80	0.79								
JDO2-41-8/6	8	1.8	△	730	5.5	77	0.64	210	148	110				92	1-ϕ0.83
	6	2.5	2Y	970	5.9	82	0.79								

（续表）

型号	极数	额定功率（千瓦）	接法	额定转速（转/分）	额定电流（安）	效率（%）	功率因数	定子外径（毫米）	定子内径（毫米）	铁心长度（毫米）	定/转子槽数	绕组型式	节距	每槽线数	线规（根-毫米）
JDO2-42-8/6	8	2.5	△	730	7.5	78	0.65	210	148	140	36/33	双层叠式	1—6	76	1-φ0.93
	6	3.5	2Y	960	8.2	82	0.79								
JDO2-51-8/6	8	3.0	△	720	9.4	78	0.62	245	174	130	54/44		1—7	60	1-φ1.04
	6	4.0	2Y	950	9.9	82	0.75								
JDO2-52-8/6	8	4.5	△	720	13.5	78	0.65			170	36/33			56	1-φ1.35
	6	6.0	2Y	950	13.7	82	0.81								
JDO2-61-8/6	8	6.0	△	725	17.9	82	0.62	280	200	175	36/32		1—6	44	1-φ1.50
	6	8.5	2Y	975	18.6	87	0.80								
JDO2-71-8/6	8	10	△	730	28.3	86.5	0.62	327	230	200				30	2-φ1.50
	6	15	2Y	970	32.8	88	0.79								
JDO2-81-8/6	8	17	△	740	45.7	87	0.65	368	260	240	72/56		1—10	12	4-φ1.45
	6	24	2Y	980	51.9	89	0.79								
JDO2-51-12/6	12	2.2	△	480	7.7	72	0.6	245	174	130	54/44		1—6	68	1-φ0.96
	6	3.5	2Y	960	8.3	80	0.8								
JDO2-61-12/6	12	3.5	△	480	14.2	75	0.5	280	200	200	54/58			36	1-φ1.35
	6	7.5	2Y	970	16.7	83	0.82								

（续表）

型号	极数	额定功率（千瓦）	接法	额定转速（转/分）	额定电流（安）	效率（%）	功率因数	定子外径（毫米）	定子内径（毫米）	铁心长度（毫米）	定/转子槽数	绕组型式	节距	每槽线数	线规（根-毫米）
JDO2-72-12/6	12	4	△	480	13.6	80	0.56	327	230	250	54/44	双层叠式	1—6	24	2-ϕ1.35
	6	14	2Y	970	31.3		0.85								
JDO2-81-12/6	12	12.5	△	480	35.5	85	0.63	368	260	260	72/56		1—7	18	3-ϕ1.40
	6	20	2Y	970	40.6	88	0.85								
JDO2-91-12/6	12	19	△	480	58	83	0.6	423	300	320				12	6-ϕ1.30
	6	33	2Y	960	67.8	86	0.85								
JDO2-31-8/2	8	0.5	Y	690	2.3	56	0.58	167	104	110	36/26		1—16	84	1-ϕ0.67
	2	1.5	2Y	2 900	3.3	76	0.9								
JDO2-42-8/2	8	1.4	Y	690	5.3	68	0.59	210	136	140				46	1-ϕ1.12
	2	4	2Y	2 920	8.9	76	0.9								
JDO2-22-6/4/2	6	0.6	3Y	975	2.6	68	0.51	145	94	110	36/33		1—7	200	1-ϕ0.41
	4	0.8	△Y	1 450	1.9	75	0.84								
	2	1.1		2 880	2.9	63	0.92								
JDO2-31-6/4/2	6	0.8	Y	965	2.7	67	0.65	167	104	115	36/26	单层链式	1—6	53	1-ϕ0.57
	4	1.1	△	1 470	3.8	68						双层叠式	1—10	66	1-ϕ0.53
	2	1.5	2Y	2 940	4.3	64	0.80								

（续表）

型号	极数	额定功率（千瓦）	接法	额定转速（转/分）	额定电流（安）	效率（%）	功率因数	定子外径（毫米）	定子内径（毫米）	铁心长度（毫米）	定/转子槽数	绕组型式	节距	每槽线数	线规（根-毫米）
	6	1.8	2丫	970	6.7	76	0.54								
JDO2-41-6/4/2	4	2.2	△Y	1 430	5.2	78	0.83	210	136	100				126	1-ϕ0.67
	2	2.8		2 890	6.8	70	0.90								
	6	5.0	3丫	950	12.9	82	0.72					双			
JDO2-51-6/4/2	4	5.5	△Y	1 420	11.6		0.88	245	162	120	36/33			96	1-ϕ0.86
	2	5.5		2 890	12.2	76	0.90								
	6	6.0	3丫	950	15.5	82	0.72					层	1—7		
JDO2-52-6/4/2	4	6.5	△Y	1 420	13.1	81	0.92	245	162	160				70	1-ϕ1.04
	2	7.5		2 890	16.5	75						叠			
	8	0.8	2丫	730	3.6	60	0.57								
JDO2-32-8/4/2	4	2.2	2△	1 440	5.0	80	0.84	167	104	135				140	1-ϕ0.55
	2	2.5		2 910	6.9	68	0.81					式			
	8	1.3	2丫	730	5.1	65	0.60				36/26				
JDO2-41-8/4/2	4	3.0	2△	1 440	6.6	82	0.84	210	136	110			1—6	132	1-ϕ0.67
	2	3.5		2 920	9.1	72	0.81								

（续表）

型　　号	极数	额定功率（千瓦）	接法	额定转速（转/分）	额定电流（安）	效率（%）	功率因数	定子（毫米）		铁心长度（毫米）	定/转子槽数	绕组型式	节　距	每槽线数	线　规（根-毫米）
								外径	内径						
	8	1.5	2Y	710	5.9	65	0.60								
JDO2-42-8/4/2	4	4.5	2△	1 420	9.9	82	0.84	210	136	150				104	1-ϕ0.74
	2	5.0		2 910	12.8	73	0.81				36/33				
	8	2.2	2Y	710	9.3	65	0.55					双			
JDO2-51-8/4/2	4	5.5	2△	1 420	12.2	84	0.82			140				96	1-ϕ0.90
	2	6.6		2 900	16.5	74		245	162						
	8	3.0	2Y	730	10.9	70	0.60					层			
JDO2-52-8/4/2	4	6.5	2△	1 450	13.7	85	0.85			175	36/26		1—6	78	1-ϕ1.04
	2	8		2 920	19.1	75						叠			
	8	0.9		700	2.9	70	0.68								
JDO2-31-8/6/4	6	1.0		950	3.1	68	0.72			95				190	1-ϕ0.55
	4	1.2	2Y	1 390	2.8	74	0.88	167	114		36/33	式			
	8	1.3		700	4.2	70	0.68								
JDO2-32-8/6/4	6	1.5		950	4.7	68	0.72			135				122	1-ϕ0.67
	4	1.8		1 390	4.2	74	0.88								

（续表）

型号	极数	额定功率（千瓦）	接法	额定转速（转/分）	额定电流（安）	效率（%）	功率因数	定子 外径（毫米）	定子 内径（毫米）	铁心长度（毫米）	定/转子槽数	绕组型式	节距	每槽线数	线规（根-毫米）
JDO2-41-8/6/4	8	2.0	2Y	720	6.6	74	0.62	210	148	110	36/33	双层叠式	1—6	106	1-ϕ0.77
	6	2.2		970	7.1	72	0.65								
	4	2.8		1 420	6.1	78	0.90								
JDO2-42-8/6/4	8	2.6		720	7.9	78	0.64			140				84	1-ϕ0.90
	6	2.8		970	8.4	76	0.67								
	4	3.8		1 410	8.0	80	0.90								
JDO2-51-8/6/4	8	3.5		730	10.4	80	0.64	245	174	130				72	1-ϕ1.04
	6	3.5		960	10.2	78	0.67								
	4	5.0		1 400	10.4	81	0.90								
JDO2-52-8/6/4	8	4.5		730	13.4	80	0.64			170				56	1-ϕ1.16
	6	5.0		980	14.5	78	0.67								
	4	7.0		1 430	14.4	82	0.90								
JDO2-61-8/6/4	8	5		730	14.9	82	0.62	280	200	185				48	1-ϕ1.35
	6	7		980	21	80	0.63								
	4	9		1 450	19.2	84	0.85								

（续表）

型号	极数	额定功率（千瓦）	接法	额定转速（转/分）	额定电流（安）	效率（%）	功率因数	定子外径（毫米）	定子内径（毫米）	铁心长度（毫米）	定/转子槽数	绕组型式	节距	每槽线数	线规（根-毫米）
JDO2-62-8/6/4	8	8	2丫	730	23.2	84.5	0.62	280	200	220	36/33	双层叠式	1—6	38	2-ϕ1.16
	6			980	23	84	0.63								
	4	11		1 450	21.7	86.5	0.89								
JDO2-71-8/6/4	8	10		730	28.7	85.5	0.62	327	230	200				36	2-ϕ1.40
	6			985	28.4	85	0.63								
	4	15		1 450	30.1	87	0.87								
JDO2-72-8/6/4	8	13		735	37	86	0.62			250				28	2-ϕ1.30 1-ϕ1.35
	6			985	36.5		0.63								
	4	19		1 465	37.7	88	0.87								
JDO2-52-10/8/6/4	10	2.5	丫	580	7.3	75	0.7	245	174	170			1—4	38	1-ϕ1.04
	8	3.0	2丫	725	9.5	77	0.62						1—6	60	1-ϕ0.93
	6	3.0		980	10.5	70									
	4	4.5		1 440	9.1	81	0.92								
JDO2-61-10/8/6/4	10	2.5	丫	580	9.2	69	0.60	280	200	185			1—4	30	1-ϕ1.08
	8	3.5	2丫	730	12	78	0.57						1—6	48	1-ϕ1.04
	6	4.0		980	12.4		0.63								
	4	5.5		1 450	12.1	83	0.83								

（续表）

型号	极数	额定功率（千瓦）	接法	额定转速（转/分）	额定电流（安）	效率（%）	功率因数	定子外径（毫米）	定子内径（毫米）	铁心长度（毫米）	定/转子槽数	绕组型式	节距	每槽线数	线规（根-毫米）
JDO2-62-10/8/6/4	10	3.5	Y	570	12.4	69	0.62	280	200	220	36/33	双层叠式	1—4	26	1-ϕ1.35
	8	5.0	2Y	730	15.7	78	0.62						1—6	44	1-ϕ1.12
	6	5.5		985	15.8	78	0.68								
	4	7.5		1 445	16.8	80	0.85								
JDO2-72-10/8/6/4	10	6.5	Y	580	21	76	0.62	327	230	250			1—4	18	2-ϕ1.30
	8	8.5	2Y	735	26	80	0.62						1—6	30	1-ϕ1.56
	6	10		980	30	79	0.64								
	4	13		1 460	28	83	0.85								
JDO2-61-12/8/6/4	12	2.2	△	480	8	70	0.60	280	200	175	54/44		1—6	52	1-ϕ0.83
	8	3.5		730	11	74.5	0.65						1—8	32	1-ϕ0.93
	6	4	2Y	960	8.9	78	0.88						1—6	52	1-ϕ0.83
	4	5.5		1 460	12.5	79	0.85						1—8	32	1-ϕ0.93
JDO2-62-12/8/6/4	12	3	△	475	10.9	70	0.60			220			1—6	42	1-ϕ1.0
	8	5.0		730	14	75	0.70						1—8	28	
	6	5.5	2Y	960	11.6	80	0.87						1—6	42	
	4	7.5		1 460	15.8	80	0.90						1—8	28	

附表1-11 JDO2系列三相变极多速异步电动机铁心及绕组技术数据(380伏、50赫)(二)

型号	极数	额定功率(千瓦)	额定电流(安)	效率(%)	铁心长度(毫米)	定子外径(毫米)	定子内径(毫米)	气隙(毫米)	接法	每槽导体数	线规(根-毫米)	定/转子槽数	节距
JDO2-21-4/2	4	0.45	1.32	69	70	145	90	0.25	△	162	ϕ0.41	36/27	1—10
	2	0.6	1.5	72					2Y				
JDO2-22-4/2	4	0.75	2.02	73	100				△	120	ϕ0.49		
	2	1	2.38	75					2Y				
JDO2-31-4/2	4	1.3	3.15	77.5	100	167	104	0.3	△	106	ϕ0.69	36/26	
	2	1.7	3.85	78					2Y				
JDO2-32-4/2	4	2.1	4.91	79	140				△	74	ϕ0.86		
	2	2.8	6.20	80					2Y				
JDO2-52-4/2	4	5.2	11.1	85	140	245	150	0.5	△	46	ϕ1.4		
	2	7.0	14.9	79					2Y				
JDO2-62-4/2	4	10	21.8	85	160	280		0.6	△	36	2-ϕ1.45		
	2	13	26	81					2Y				
JDO2-21-8/4	8	0.25	1.11	55.5	70	145	90	0.25	△	290	ϕ0.35	36/27	1—6
	4	0.37	0.9	73.5					2Y				
JDO2-21-8/4	8	0.3	1.72	73	90	145	94	0.25	△	190	ϕ0.41	36/26	
	4	0.75	1.95	72					2Y				

（续表）

型号	极数	额定功率（千瓦）	额定电流（安）	效率（%）	铁心长度（毫米）	定子外径（毫米）	定子内径（毫米）	气隙（毫米）	接法	每槽导体数	线规（根-毫米）	定/转子槽数	节距
JDO2-22-8/4	8	0.45	2.04	63	110	145	94	0.25	△	156	ϕ0.49	36/26	1—6
	4	0.75	1.8	76					2Y				
JDO2-32-8/4	8	0.7	2.6	0.65	140	167	104	0.30	△	136	ϕ0.62	36/34	
	4	1.2	2.66	0.78					2Y				
JDO2-32-8/4	8	1.0	3.4	66	140				△	120	ϕ0.64		
	4	1.5	3.6	78					2Y				
JDO2-41-8/4	8	1.5	5	68	100	210	136	0.35	△	92	ϕ0.77	48/38	1—8
	4	2.2	4.88	78					2Y				
JDO2-42-8/4	8	2.0	6.3	73	130				△	70	ϕ0.90		
	4	3.0	6.46	80					2Y				
JDO2-51-8/4	8	1.5	4.6	74	80	245	174	0.4	△	88	ϕ0.80	48/44	1—7
	4	2.5	5.9	77					2Y				
JDO2-52-8/4	8	2.5	7.3	76	110	245	174	0.4	△	62	ϕ0.96		
	4	3.5	7.9	79					2Y				
JDO2-61-8/4	8	3.5	8.8	81	120	280	200		△	56	ϕ1.16		
	4	5.0	10.3	82					2Y				

（续表）

型号	极数	额定功率（千瓦）	额定电流（安）	效率（%）	铁心长度（毫米）	定子外径（毫米）	定子内径（毫米）	气隙（毫米）	接法	每槽导体数	线规（根-毫米）	定/转子槽数	节距
JDO2-62-8/4	8	5	12.3	82	160	280	200	0.4	△	42	φ1.35	48/44	1—7
	4	7	14.2	83					2Y				
JDO2-71-8/4	8	7	16	83.6	125	328	230	0.45	△	34	φ1.45	54/44	1—8
	4	10	19.2	85.4					2Y				
JDO2-72-8/4	8	10	22.6	85	175	328	230		△	28	2-φ1.20	48/44	1—7
	4	14	26.5	87					2Y				
JDO2-61-12/6	12	2	6.3	71	120	280	200	0.4	△	74	φ1.04	54/63	1—6
	6	3.5	7.18	81					2Y				
JDO2-62-12/6	12	3	9.45	73	160	280	200		△	52	φ1.16		
	6	5	10.25	83					2Y				
JDO2-71-12/6	12	4.5	13	77.2	125	328	230	0.45	△	50	φ1.20	54/44	1—6
	6	7	14.5	83					2Y				
JDO2-72-12/6	12	6.5	18	78.5	175	328	230	0.45	△	36	φ1.40		1—6
	6	10	20	84.3					2Y				
JDO2-31-6/4/2	6	0.6	1.91	65	100	167	104	0.3	Y	80	φ0.55	36/27	1—6
	4	0.75	2.1	70					△				
	2	1	2.8	67					2Y	114	φ0.44		1—10

（续表）

型号	极数	额定功率（千瓦）	额定电流（安）	效率（%）	铁心长度（毫米）	定子外径（毫米）	定子内径（毫米）	气隙（毫米）	接法	每槽导体数	线规（根-毫米）	定/转子槽数	节距
JDO2-32-6/4/2	6	1	2.84	73	125	167	104	0.3	Y	57	ϕ0.67	36/27	1—6
	4	1.3	3.4	73					△	88	ϕ0.55		1—10
	2	1.7	4.25	73					2Y				
JDO2-41-8/4/2	8	0.5	2.66	62	120	210	136	0.35	2Y	158	ϕ0.64	36/26	1—7
	4	1.2	2.92	82					2△				1—13
	2	1.5	3.12	81					2△				
JDO2-42-8/4/2	8	1.1	4.08	63	140	210	136	0.35	2Y	124	ϕ0.72		1—7
	4	1.7	4	80					2△				1—13
	2	2.2	4.9	73					2△				
JDO2-52-8/4/2	8	1.8	6.5	70	140	245	162	0.5	2Y	102	ϕ0.96	36/46	1—7
	4	4	9	85					2△				1—13
	2	4.5	9.6	75					2△				
JDO2-51-8/6/4	8	1.2	4.2	66.5	80		174	0.4	△	122	ϕ0.72	36/44	1—6
	6	1.75	4.87	73					Y	52	ϕ0.96		
	4	2.1	5.0	74					2Y				

（续表）

型　　号	极数	额定功率（千瓦）	额定电流（安）	效率（%）	铁心长度（毫米）	定子 外径（毫米）	定子 内径（毫米）	气隙（毫米）	接法	每槽导体数	线规（根-毫米）	定/转子槽数	节距
JDO2-62-8/6/4	8	3.5	9.1	73	150	280	200	0.4	△	18	ϕ1.3	60/48	1—10
	6	4.5	10.2	78					Y				
	4	5.0	10.5	79					2Y	42	ϕ1.0		1—9
JDO2-71-8/6/4	8	5	12.3	79	125	328	230	0.45	△	40	ϕ1.12	54/44	1—8
	6	6.5	13.8	82					Y				
	4	7.0	14.7	81					2Y	20	ϕ1.56		
JDO2-72-8/6/4	8	7	17.3	80.8	175				△	28	ϕ1.30		
	6	9	18.5	84.1					Y				
	4	10	19.8	87.6					2Y	14	2-ϕ1.25		
JDO2-61-8/4/12/6	8	2	5.8	70	120	280	200	0.4	△	56	ϕ0.83	60/34	1—9
	4	3	6.9	73					2Y				
	12	1.3	4.9	63					△	80	ϕ0.74		1—6
	6	2.5	5.8	74					2Y				

（续表）

型号	极数	额定功率（千瓦）	额定电流（安）	效率（%）	铁心长度（毫米）	定子外径（毫米）	定子内径（毫米）	气隙（毫米）	接法	每槽导体数	线规（根-毫米）	定/转子槽数	节距
JDO2-62-8/4/12/6	8	3	8.1	72	160	280	200	0.4	△	42	ϕ0.96	60/34	1—9
	4	4.5	10	75					2Y				
	12	2	7.4	64					△	58	ϕ0.93		1—6
	6	3.5	8	76					2Y				
JDO2-71-8/4/12/6	8	4	10.7	78.4	125	328	230	0.45	△	40	ϕ1.08	54/44	1—8
	4	6.5	14	80					2Y				
	12	3	9.3	60.8					△	58	ϕ0.96		1—6
	6	5	11.2	78.6					2Y				
JDO2-72-8/4/12/6	8	6	15	80.6	175				△	28	ϕ1.25		1—8
	4	9	18.3	83					2Y				
	12	4	12.4	74					△	42	ϕ1.12		1—6
	6	7	14.6	81.1					2Y				

附表1-12 JDO3系列三相变极多速异步电动机铁心及绕组技术数据(380伏、50赫)

型号	极数	额定功率（千瓦）	额定电流（安）	效率（%）	铁心长度（毫米）	定子外径（毫米）	定子内径（毫米）	气隙（毫米）	接法	每槽导体数	线规（根-毫米）	定/转子槽数	节距
JDO3-801-4/2	4	0.5	1.45	68	75	130	80	0.25	△	250	ϕ0.44	24/22	1—8
	2	0.7	1.82	68					2Y				
JDO3-802-4/2	4	0.7	1.9	73	100	130	80		△	190	ϕ0.53		
	2	1.0	2.46	72					2Y				
JDO3-90S-4/2	4	1.1	2.82	75	100	145	90		△	158	ϕ0.59		
	2	1.5	3.58	74					2Y				
JDO3-100S-4/2	4	1.3	3.06	77	85	167	104	0.3	△	124	ϕ0.64	36/26	1—10
	2	1.7	3.86	76					2Y				
JDO3-100L-4/2	4	2.1	4.81	78	115	167	104		△	90	ϕ0.77		
	2	2.8	6.28	77					2Y				
JDO3-112S-4/2	4	2.8	6.18	80	110	188	118		△	80	ϕ0.86	36/32	
	2	3.5	7.66	78					2Y				
JDO3-112L-4/2	4	3.5	7.49	82.5	140	188	118		△	62	ϕ1.00		
	2	4.5	9.55	80					2Y				

（续表）

型号	极数	额定功率（千瓦）	额定电流（安）	效率（%）	铁心长度（毫米）	定子外径（毫米）	定子内径（毫米）	气隙（毫米）	接法	每槽导体数	线规（根-毫米）	定/转子槽数	节距
JDO3-140S-4/2	4	5	10	86	120	245	162	0.45	△	50	ϕ1.20	36/26	1—10
	2	7	14.9	81					2Y				
JDO3-140M-4/2	4	7	14	87	170				△	36	2-ϕ1.0		
	2	10	20.8	83					2Y				
JDO3-160S-4/2	4	9	17.8	87	170	280	180	0.55	△	32	2-ϕ1.25		
	2	12	23.6	84					2Y				
JDO3-160M-4/2	4	13	25.5	87.5	210				△	26	2-ϕ1.35		
	2	17	32.6	86					2Y				
JDO3-90S-8/4	8	0.55	2.39	61.5	105	145	94	0.52	△	160	ϕ0.53	36/33	1—6
	4	1.1	2.77	71					2Y				
JDO3-100S-8/4	8	0.75	2.82	66	95	167	114	0.25	△	148	ϕ0.59		
	4	1.5	3.48	74.5					2Y				
JDO3-100L-8/4	8	1.1	3.84	69	130				△	108	ϕ0.69		
	4	2.2	4.88	77					2Y				

（续表）

型号	极数	额定功率（千瓦）	额定电流（安）	效率（%）	铁心长度（毫米）	定子外径（毫米）	定子内径（毫米）	气隙（毫米）	接法	每槽导体数	线规（根-毫米）	定/转子槽数	节距
JDO3-112S-8/4	8	1.5	4.82	75	115	188	128	0.25	△	104	ϕ0.80	36/32	1—6
	4	3.0	6.70	79					2Y				
JDO3-112L-8/4	8	2.2	6.44	77.5	150				△	80	ϕ0.93		
	4	3.6	7.76	80					2Y				
JDO3-140S-8/4	8	3.2	7.8	80	120	245	174	0.4	△	62	ϕ1.04	48/44	1—7
	4	4.5	9.8	80					2Y				
JDO3-140M-8/4	8	4.5	11	80	170				△	44	ϕ1.25		
	4	7	15.3	81					2Y				
JDO3-1801M-8/4	8	11	24	87.6	175	328	230		△	28	2-ϕ1.35		
	4	15	28	88.6					2Y				
JDO3-1802M-8/4	8	15	32.4	88	250				△	20	3-ϕ1.30		
	4	22	40.7	89					2Y				
JDO3-200M-8/4	8	22	46.4	89.7	240	368	260	0.45	△	18	4-ϕ1.35		
	4	30	55.5	90					2Y				

（续表）

型号	极数	额定功率（千瓦）	额定电流（安）	效率（%）	铁心长度（毫米）	定子 外径（毫米）	定子 内径（毫米）	气隙（毫米）	接法	每槽导体数	线规（根-毫米）	定/转子槽数	节距
JDO3-225S-8/4	8	28	62.6	90.6	270	368	245	0.6	△	18	6-ϕ1.45	48/44	1—7
	4	40	74	91.3					2Y				
JDO3-250S-8/4	8	40	86	92	320	405	275		△	26 $a=2$(8极) $a=4$(4极)	4-ϕ1.56	48/58	
	4	55	100	92.1					2Y				
JDO3-100S-6/4	6	1.1	3.22	73	85	167	104	0.3	△	132	ϕ0.64	36/32	
	4	1.5	3.61	77					2Y				
JDO3-100L-6/4	6	1.5	4.22	76	115				△	98	ϕ0.74		
	4	2.2	5.23	78					2Y				
JDO3-112S-6/4	6	2.2	5.7	78	110	188	118		△	84	ϕ0.83		
	4	3.0	6.78	80					2Y				
JDO3-112L-6/4	6	3	7.4	80	140				△	66	ϕ0.96		
	4	4	8.72	82					2Y				
JDO3-140S-6/4	6	3.5	7.9	81.5	120	245	162	0.4	△	62	ϕ1.3	36/28	
	4	5.0	11	81					2Y				

（续表）

型　号	极数	额定功率（千瓦）	额定电流（安）	效率（%）	铁心长度（毫米）	定子 外径（毫米）	定子 内径（毫米）	气隙（毫米）	接法	每槽导体数	线规（根-毫米）	定/转子槽数	节距
JDO3-140M-6/4	6	4.5	10.8	81.5	170	245	162	0.4	△	48	2-ϕ1.0	36/28	1—7
	4	7.0	15	82					2Y				
JDO3-160S-12/6	12	3.5	10.7	74	180	280	200		△	46	ϕ1.25	54/63	1—6
	6	7	14.4	84					2Y				
JDO3-160M-12/6	12	4.5	13.6	75	240				△	36	2-ϕ1.0		
	6	10	20.4	85					2Y				
JDO3-1801M-12/6	12	6.5	17.4	81.8	175	328	230		△	32	2-ϕ1.08	54/44	
	6	11	22	85.3					2Y				
JDO3-1802M-12/6	12	9	24.3	83.7	250				△	22	2-ϕ1.30		
	6	15	30	87.1					2Y				
JDO3-200M-12/6	12	14	36.5	87.1	260	368	260	0.45	△	18	3-ϕ1.35		
	6	22	42.5	89.1					2Y				
JDO3-225S-12/6	12	18	49	87.6	305			0.5	△	44 $a=3$(12极) $a=6$(6极)	2-ϕ1.25	72/58	1—7
	6	28	53.3	90.5					2Y				

（续表）

型号	极数	额定功率（千瓦）	额定电流（安）	效率（%）	铁心长度（毫米）	定子外径（毫米）	定子内径（毫米）	气隙（毫米）	接法	每槽导体数	线规（根-毫米）	定/转子槽数	节距
JDO3-250S-12/6	12	25	70.7	88	320	405	275	0.6	△	40 $a=3$(12 极) $a=6$(6 极)	ϕ1.56 +ϕ1.62	72/58	1—7
	6	40	75.9	91					2Y				
JDO3-100S-8/4/2	8	0.4	2.05	55	85	167	104	0.3	2Y	240	ϕ0.47	36/32	1—7
	4	1.1	2.61	79					2△				
	2	1.5	3.34	76					2△				1—13
JDO3-100L-8/4/2	8	0.6	2.76	58	115				2Y	184	ϕ0.53		1—7
	4	1.5	3.56	80					2△				
	2	2.2	5.0	77					2△				1—13
JDO3-112S-8/4/2	8	0.8	3.76	61	110	188	118		2Y	150	ϕ0.64		1—7
	4	2.2	4.8	83					2△				
	2	3	6.5	78					2△				1—13
JDO3-112L-8/4/2	8	1.3	5.25	66	140				2Y	116	ϕ0.72		1—7
	4	3	6.4	84					2△				
	2	4	8.35	81					2△				1—13

（续表）

型号	极数	额定功率（千瓦）	额定电流（安）	效率（%）	铁心长度（毫米）	定子外径（毫米）	定子内径（毫米）	气隙（毫米）	接法	每槽导体数	线规（根-毫米）	定/转子槽数	节距
JDO3-100S-6/4/2	6	0.7	2.64	66	85	167	104	0.3	△	128	ϕ0.47	36/32	1—7
	4	1.0	3.10	70					2Y				
	2	1.3	3.06	73.5					Y	43	ϕ0.74		1—18 2—17 3—16
JDO3-100L-6/4/2	6	1	3.61	69	115				△	96	ϕ0.57		1—7
	4	1.3	3.86	73					2Y				
	2	2	4.52	75.5					Y	32	ϕ0.83		1—18 2—17 3—16
JDO3-112S-6/4/2	6	1.3	4.05	75	110	188	118		△	86	ϕ0.64		1—7
	4	2	4.92	78					2Y				
	2	2.6	5.9	76					Y	27	ϕ0.93		1—18 2—17 3—16
JDO3-112L-6/4/2	6	2	5.8	77	140				△	68	ϕ0.74		1—7
	4	2.6	6.33	79					2Y				
	2	3.2	7.1	78					Y	22	ϕ1.0		1—18 2—17 3—16

（续表）

型号	极数	额定功率（千瓦）	额定电流（安）	效率（%）	铁心长度（毫米）	定子外径（毫米）	定子内径（毫米）	气隙（毫米）	接法	每槽导体数	线规（根-毫米）	定/转子槽数	节距
JDO3-140S-6/4/2	6	2.5	6.8	70	120	245	150	0.5	3Y	140	φ0.80	36/26	1—7
	4	3	6.5	79					△Y				
	2	3.5	9.1	66					△Y				
JDO3-140M-6/4/2	6	3	8	79	170				3Y	108	φ0.90		
	4	3.8	8	82					△Y				
	2	4.5	11.3	68					△Y				
JDO3-100S-8/6/4	8	0.6	2.4	68	90	167	114	0.25	2Y	176	φ0.53	36/32	1—6
	6	0.8	2.92	65					2Y				
	4	1.1	2.63	71.5					2Y				
JDO3-100L-8/6/4	8	1	3.64	72	125				2Y	128	φ0.64		
	6	1.3	4.34	69					2Y				
	4	1.7	4	72.5					2Y				
JDO3-112S-8/6/4	8	1.3	4.37	74	115	188	128		2Y	120	φ0.74		
	6	1.5	4.71	71					2Y				
	4	2.0	4.41	77.5					2Y				

（续表）

型号	极数	额定功率（千瓦）	额定电流（安）	效率（%）	铁心长度（毫米）	定子外径（毫米）	定子内径（毫米）	气隙（毫米）	接法	每槽导体数	线规（根-毫米）	定/转子槽数	节距
JDO3-112L-8/6/4	8	2	6.43	75	150	188	128	0.25	2Y	92	ϕ0.86	36/32	1—6
	6	2.2	6.51	73.5									
	4	2.8	6.05	79									
JDO3-140S-8/6/4	8	2	6.06	77	120	245	162	0.45	2Y	98	ϕ0.90	36/26	1—5
	6	2.8	7.9	77									
	4	3.5	7.7	79									
JDO3-140M-8/6/4	8	3	9.1	77	170				2Y	70	ϕ1.04	36/26	
	6	4	11.6	77									
	4	5	10.6	79									
JDO3-160S-8/6/4	8	4.5	13	78	170	280	180	0.5	2Y	62	ϕ1.30		1—6
	6	5.5	14.5	80									
	4	7.5	15.8	82									
JDO3-160M-8/6/4	8	5.5	15	79	210				2Y	52	ϕ1.40		
	6	7	17.5	82									
	4	10	20.5	84									

（续表）

型号	极数	额定功率（千瓦）	额定电流（安）	效率（%）	铁心长度（毫米）	定子外径（毫米）	定子内径（毫米）	气隙（毫米）	接法	每槽导体数	线规（根-毫米）	定/转子槽数	节距
JDO3-1801M-8/6/4	8	7.5	17.4	83.5	175	328	230	0.4	△	26	ϕ1.35	54/44	1—8
	4	11	22.2	84.4					2丫				
	6	10	20	84.7					丫	14	2-ϕ1.35		
JDO3-1802M-8/6/4	8	10	23	84.8	250				△	18	2-ϕ1.16		
	4	15	30	86					2丫				
	6	13	25.7	85.8					丫	10	3-ϕ1.25		
JDO3-200M-8/6/4	8	15	32.8	87	260	368	260	0.45	△	16	2-ϕ1.40		
	4	22	41.7	88					2丫				
	6	18.5	35.6	87.8					丫	8	4-ϕ1.30		
JDO3-225S-8/6/4	8	20	45.2	88.8	290		250	0.5	△	21	4-ϕ1.40	72/58	1—11
	4	28	52	90					2丫				
	6	25	48.4	89.8					丫	16($a=3$)	2-ϕ1.45		1—12
JDO3-250S-8/6/4	8	28	61.5	89.5	320	405	275	0.6	△	10	5-ϕ1.40		1—11
	4	40	71.6	90.2					2丫				
	6	36	68.9	60.4					丫	13($a=3$)	3-ϕ1.35		1—12

（续表）

型号	极数	额定功率（千瓦）	额定电流（安）	效率（%）	铁心长度（毫米）	定子外径（毫米）	定子内径（毫米）	气隙（毫米）	接法	每槽导体数	线规（根-毫米）	定/转子槽数	节距
JDO3-140S-12/8/6/4	8	1.5	4.65	70	120	245	162	0.35	△	78	ϕ0.80	36/44	1—6
	4	3	7.4	75					2Y				
	12	1	3.6	65					△	114	ϕ0.74		1—4
	6	2.2	6	72					2Y				
JDO3-140M-12/8/6/4	8	2.2	9	72	170				△	60	ϕ0.93		1—6
	4	4	8.4	84					2Y				
	12	1.3	6	63					△	90	ϕ0.93		1—4
	6	3	8	74					2Y				
JDO3-160S-12/8/6/4	8	3.5	10.2	70.5	180	280	200	0.4	△	38	ϕ1.08	60/34	1—9
	4	5.5	12.5	75					2Y				
	12	2.2	8	64					△	50	ϕ0.93		1—6
	6	4.5	10.4	75					2Y				
JDO3-160M-12/8/6/4	8	4.5	12.2	72	240				△	30	ϕ1.20		1—9
	4	7.0	15	80					2Y				
	12	2.8	9.2	68					△	38	ϕ1.08		1—6
	6	5.5	12.5	78					2Y				

（续表）

型号	极数	额定功率（千瓦）	额定电流（安）	效率（%）	铁心长度（毫米）	定子外径（毫米）	定子内径（毫米）	气隙（毫米）	接法	每槽导体数	线规（根-毫米）	定/转子槽数	节距
JDO3-1801M-12/8/6/4	8	7	16.5	82.5	175	328	230	0.4	△	26	ϕ1.30	54/44	1—8
	4	10	20.5	84					2Y				
	12	5	14.3	78					△	36	ϕ1.20		1—6
	6	7.5	15.4	84					2Y				
JDO3-1802M-12/8/6/4	8	9	22	84.4	250				△	18	2-ϕ1.08		1—8
	4	13	26.5	85.8					2Y				
	12	6.5	18	79.2					△	26	2-ϕ1.0		1—6
	6	11	22.3	84.4					2Y				
JDO3-200M-12/8/6/4	8	12	28.6	85.8	260	368	260	0.45	△	16	2-ϕ1.25		1—8
	4	18.5	36.7	86.4					Y				
	12	9	25	82.6					△	22	2-ϕ1.16		1—6
	6	15	29.7	86.3					2Y				
JDO3-225S-12/8/6/4	8	17	41.4	86.7	290		250	0.5	△	12	3-ϕ1.35	75/58	1—11
	4	25	48	88.3					2Y				
	12	12	34.5	83.8					△	18	3-ϕ1.35		1—7
	6	20	37.8	88.5					2Y				
JDO3-250S-12/8/6/4	8	24	57.7	87.6	320	405	275	0.6	△	10	4-ϕ1.45		1—11
	4	36	67.8	89					2Y				
	12	17	44.8	85.6					△	16	3-ϕ1.56		1—7
	6	28	56	89.1					2Y				

附表 1-13 JZR_2 系列三相异步电动机铁心及绕组技术数据

机座号	输出功率（千瓦）	定子外径（毫米）	定子内径（毫米）	转子内径（毫米）	铁心长度（毫米）	气隙长度（毫米）	定子槽数	转子槽数	定子绕组 节距	定子绕组 线规（根-毫米）	定子绕组 每槽线数	定子绕组 绕组型式	定子绕组 接法	定子绕组 槽满率	定子绕组 用铜量（千克）
$JZR_2$11-6	2.2	175	122	50	100	0.35	45	36	6	1-ϕ0.93	36	双层	Y	0.76	2.1
$JZR_2$12-6	3.5				155					1-ϕ1.12	24			0.74	2.6
$JZR_2$21-6	5.0	210	150	60	130	0.40			7	2-ϕ0.93	22			0.76	3.2
$JZR_2$22-6	7.5				190				6	2-ϕ1.12	16			0.78	4.05
$JZR_2$31-6	11	245	176	70	200	0.45	54	36	8	1-ϕ1.35	20		2Y	0.76	5.0
$JZR_2$31-8	7.5								6	1-ϕ1.20	26			0.79	4.6
$JZR_2$41-8	11	280	215	85	175	0.50	60	48	7	1-ϕ1.40	22			0.79	6.0
$JZR_2$42-8	16				255					1-ϕ1.20	30		4Y	0.80	7.5

（续表）

机座号	输出功率（千瓦）	定子外径	定子内径	转子内径	铁心长度	气隙长度	定子槽数	转子槽数	定子绕组						
		（毫米）							节距	线规（根-毫米）	每槽线数	绕组型式	接法	槽满率	用铜量（千克）
$JZR_2$51-8	22	327	250	150	230	0.55	60	48		1-ϕ1.45	30		4Y	0.77	10.7
$JZR_2$52-8	30				300					2-ϕ1.16	24			0.80	12.8
$JZR_2$61-10	30				230				7	2-ϕ1.16	30	双层		0.77	17.7
$JZR_2$62-10	45	423	340	220	320	0.75	75	90		2-ϕ1.40	22		5Y	0.77	23
$JZR_2$63-10	60				435					3-ϕ1.30	16			0.76	26.5
$JZR_2$71-10	80				280					2-ϕ1.30	30			0.74	30.6
$JZR_2$72-10	100	560	450	255	350	1.00	90	105	8	3-ϕ1.20	24		10Y	0.76	37.1
$JZR_2$73-10	125				430					3-ϕ1.35	20			0.78	44.6

（续表）

机座号	定子线模				转子绕组							转子线模		
	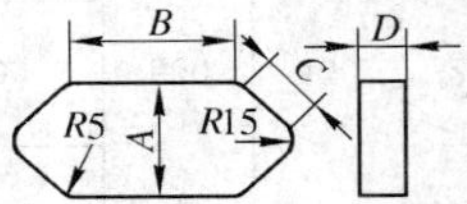				绕组型式	接法	节距	线规（根-毫米）	每槽线数	槽满率	用铜量（千克）	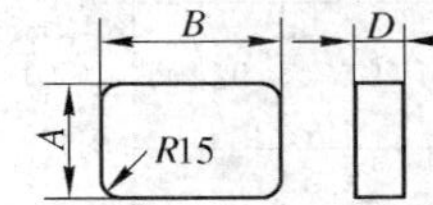		
	A	B	C	D								A	B	D
$JZR_2$11-6	58	130	37	5.2	单层	Y	5	2-φ0.93	16	0.74	1.45	48	160	8.2
$JZR_2$12-6		185									1.80		215	
$JZR_2$21-6	80	162	47	6.5				2-φ1.20	14		2.60	55	194	8.0
$JZR_2$22-6	70	222	42	5.0							3.25		254	
$JZR_2$31-6	90	240	51	6.0		2Y		2-φ1.16	18	0.77	4.25	65	268	
$JZR_2$31-8	67	240	38	5.5	双层	2Y	4	2-φ1.12	18	0.73	3.70	52	270	7.6
$JZR_2$41-8	85	215	49	6.0	单层		5	2-φ1.45	11	0.77	5.00	60	255	9.5
$JZR_2$42-8		295		5.4							6.30	60	335	

（续表）

机座号	定子线模				转子绕组							转子线模		
	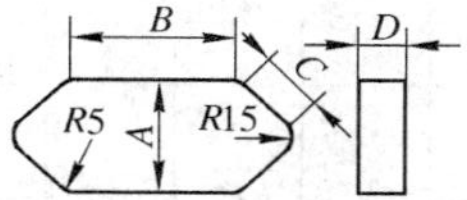				绕组型式	接法	节距	线规（根-毫米）	每槽线数	槽满率	用铜量（千克）	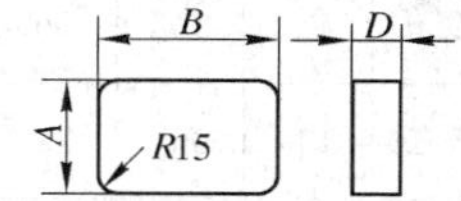		
	A	B	C	D								A	B	D
$JZR_2$51-8	96	275	58	6.5	单层	4Y	5	2-ϕ1.35	22	0.78	10.40	70	315	8.4
$JZR_2$52-8		345		7.8							12.30	70	385	9.0
$JZR_2$61-10	106	285	66		双层波形	Y	9	2.1×13.5	2		20.4			
$JZR_2$62-10		375		6.4							24.4			
$JZR_2$63-10		490		8.6							29.5			
$JZR_2$71-10	132	335	82	8.6			10	2.83×12.5			36.2			
$JZR_2$72-10		405		8							41.2			
$JZR_2$73-10		485		8.8							46.3			

附表1-14 JZ_2 系列三相异步电动机铁心及绕组技术数据

机座号	输出功率（千瓦）	定子外径（毫米）	定子内径（毫米）	转子内径（毫米）	铁心长度（毫米）	气隙长度（毫米）	定子槽数	转子槽数	定子绕组 绕组型式	线规（根-毫米）	每槽线数	接法	节距	槽满率	用铜量（千克）	定子线模 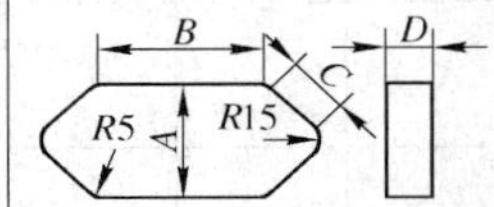 A	B	C	D
$JZ_2$11-6	2.2	175	122	55	100	0.35			双层	1-φ0.93	36		6	0.76	2.1	58	130	37	5.2
$JZ_2$12-6	3.5				155		45	41		1-φ1.12	24	Y	6	0.74	2.6	58	185	37	5.2
$JZ_2$21-6	5.0	210	150	60	130	0.40				2-φ0.93	22		7	0.76	3.2	80	162	47	6.5
$JZ_2$22-6	7.5				190				双	2-φ1.12	16		6	0.78	4.05	70	222	42	5.0
$JZ_2$31-6	11	245	176	70	200	0.45	54	44		1-φ1.35	20		8	0.76	5.0	90	240	51	6.0
$JZ_2$31-8	7.5									1-φ1.20	26	2Y	6	0.79	4.6	67	240	38	5.5
$JZ_2$41-8	11	280	215	85	175	0.50				1-φ1.40	22			0.79	6.0	85	215	49	6.0
$JZ_2$42-8	16				255				层	1-φ1.20	30			0.80	7.5	85	295	49	5.4
$JZ_2$51-8	22	327	250	150	230	0.55	60	56		1-φ1.45	30	4Y	7	0.77	10.7	96	275	58	6.5
$JZ_2$52-8	30				300					2-φ1.10	24			0.80	12.8	96	345	58	7.8

附表 1-15　YZR 系列电动机铁心及绕组技术数据

机座号	功率（千瓦）	定子外径	定子内径	转子内径	铁心长度	气隙长度	定子槽数	转子槽数	定子绕组						
		（毫米）							绕组型式	线规（根-毫米）	每槽线数	接法	节距	槽满率	用铜量（千克）
112M-6	1.5	182	127	55	100	0.35	45	36	双层	1-ϕ0.8	42	Y	7	0.76	1.90
132M$_1$-6	2.2	210	148	60	110	0.40				1-ϕ1.0	34			0.73	2.62
132M$_2$-6	3.7				160					2-ϕ0.85	24			0.75	3.25
160M$_1$-6	5.5	245	182	70	115	0.45	54			1-ϕ1.0	40	2Y	8		4.10
160M$_2$-6	7.5				150					1-ϕ1.18	30			0.76	4.80
160L-8	7.5				210					3-ϕ1.0	14	Y	6		5.40
160L-6	11									2-ϕ0.95	22	2Y	8		5.52
180L-8	11	280	210	80	200	0.50	60	48		2-ϕ1.06	24		7		8.30
180L-6	15						54	36		2-ϕ0.9	28	3Y	8		6.70
200L-8	15	327	245	130	195	0.55	60	48		3-ϕ1.12	20	2Y	7	0.73	11.80
200L-6	22						54	36		2-ϕ1.25	24	3Y	8	0.75	11.54
225M-8	22				245		60	48		3-ϕ1.3	16	2Y	6	0.76	14.0
225M-6	30						54	36		2-ϕ1.4	20	3Y	7	0.77	13.1
250M$_1$-8	30	368	280	150	270	0.60	60	48		2-ϕ1.25	24	4Y	7	0.75	14.6
250M$_2$-6	37						72	54		3-ϕ1.3	14	3Y	10	0.74	18.0

（续表）

机座号	功率（千瓦）	定子外径	定子内径	转子内径	铁心长度	气隙长度	定子槽数	转子槽数	定子绕组						
		（毫米）							绕组型式	线规（根-毫米）	每槽线数	接法	节距	槽满率	用铜量（千克）
$250M_2$-8	37	368	280	150	340	0.60	60	48	双层	3-ϕ1.12	20	4Y	6	0.77	16.4
$250M_2$-6	45						72	54		3-ϕ1.4	12	3Y	10	0.72	20.5
280S-6	55	423	310	180	285	0.75				2-ϕ1.18 1-ϕ1.12	24	6Y	11	0.76	27.0
280S-8	45							48		2-ϕ1.3 1-ϕ1.4	18	4Y	8	0.73	24
280S-10	37		340		310		60	75		3-ϕ1.12	30	5Y	5	0.75	24
280M-6	75		310		360		72	54		3-ϕ1.18 1-ϕ1.12	18	6Y	11	0.76	31
280M-8	55							48		2-ϕ1.25	30	8Y	7	0.72	26.5
280M-10	45		340		355		60	75		2-ϕ1.25 1-ϕ1.18	26	5Y	5	0.77	27.2
315S-8	75	493	400	255	340	0.80	72	96		3-ϕ1.18	26	8Y	8		33.5
315S-10	55						75	90		3-ϕ1.25	18	5Y	7	0.73	25.5
315M-8	90				430		72	96		3-ϕ1.25	22	8Y	8		36.5
315M-10	75						75	90		4-ϕ1.25	14	5Y	7	0.75	31
355M-10	90	560	460		380		90	105		3-ϕ1.18	26	10Y	8	0.76	43.3
$355L_1$-10	110		460		455					3-ϕ1.3	22	10Y		0.77	50
$355L_2$-10	132		460		540	1.00				3-ϕ1.4	18	10Y		0.72	53.4

（续表）

机座号	定子线模（毫米）				转子绕组							转子线模（毫米）		
	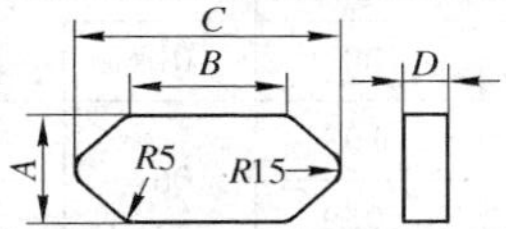				绕组型式	线规（根-毫米）	每槽线数	接法	节距	槽满率	用铜量（千克）	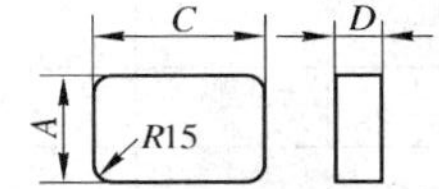		
	A	B	C	D								A	C	D
112M-6	69	132	177	6.7	单层	2-ϕ0.95	14			0.73	1.4	47.4	163	6.7
132M$_1$-6	80	145	192			2-ϕ1.12	15	Y		0.72	2.16	55.5	175	7.5
132M$_2$-6	80	195	242	6.0	单层	2-ϕ1.12	15		5	0.72	2.7	55.5	225	7.7
160M$_1$-6	93	155	210			3-ϕ1.00	22			0.76	4.0	68.0	183	10.3
160M$_2$-6	93	190	245	5.5		3-ϕ1.00	22			0.76	4.6	68.0	218	10.3
160L-8	70	250	289	5.0	双层	2-ϕ1.18	24		4	0.77	5.3	54.0	282	10.5
160L-6	93	250	305	6.5		3-ϕ1.00	22	2Y		0.76	5.6	68.0	278	10.3
180L-8	85		295	7.3		3-ϕ1.25	14			0.72	7.4	60.0	272	12.5
180L-6	100	240	300	6.2		3-ϕ1.30	16			0.73	7.3	80.0	287	13.0
200L-8	99		300	7.7	单层	4-ϕ1.30	12		5	0.74	9.63	70.0	280	11.6
200L-6	124		315	5.7		4-ϕ1.25	19	3Y		0.73	11.73	92.0	285	11.2
225M-8	85	290	340	8.8		4-ϕ1.30	12	2Y		0.74	11.10	70	330	11.6
225M-6	109	290	355	6.3		4-ϕ1.25	19	3Y		0.73	13	92	335	11.2
250M$_1$-8	111.5	315	375	11.2	单层	2-ϕ1.40	22	4Y	5	0.72	12.9	80	355	12.5
250M$_1$-6	132.5		405	8.8		4-ϕ1.40	12	3Y	7×1 8×2	0.71	17.2	99×1 113.5×2	365	12.5

（续表）

机座号	定子线模（毫米）				转子绕组							转子线模（毫米）		
	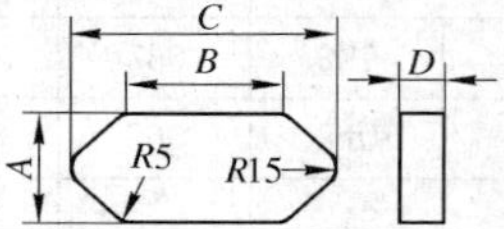				绕组型式	线规（根-毫米）	每槽线数	接法	节距	槽满率	用铜量（千克）	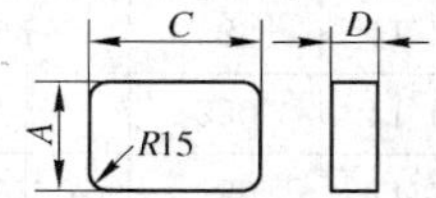		
	A	B	C	D								A	C	D
$250M_2$-8	95.5	385	436	7.7	单层	2-ϕ1.40	22	4Y	5	0.72	15	80	425	12.5
$250M_2$-6	132.5		475	9.4		4-ϕ1.40	12	3Y	7×1 8×2	0.71	19.8	99×1 113.5×2	435	12.5
280S-6	163	335	433	8.0	双层	3-ϕ1.30	24	6Y	8	0.76	23	125	398	8.8
280S-8	119		405	9.0	单层	2-ϕ1.30 1-ϕ1.40	22	4Y	5	0.74	19	90	398	13.2
280S-10	96	365	430	7.9	双层	2.8×12.5	2	Y	7		25.2			
280M-6	163	410	508	10.5		3-ϕ1.30	24	6Y	8	0.76	27	125	473	8.8
280M-8	104		472	8.5	单层	2-ϕ1.30 1-ϕ1.40	20	4Y	5	0.74	20	90	468	13.2
280M-10	96		475	8.6	双层	2.8×12.5	2	Y	7		27.3			
315S-8	149	400	500	8.5		2.36×16			12		39.6			
315S-10	125		474			2.36×16			9		35.3			
315M-8	149	490	590			2.36×16			12		45.2			
315M-10	125		564	6.0		2.36×16			9		39.5			
355M-10	136	440	530	8.5		3.15×16			11		51.8			
$355L_1$-10		515	605	9.0		3.15×16					58			
$355L_2$-10		600	690	9.6		3.15×16					64			

附表 1-16　YZ 系列电动机铁心及绕组技术数据

机座号	输出功率（千瓦）	定子外径（毫米）	定子内径（毫米）	转子内径（毫米）	铁心长度（毫米）	气隙长度（毫米）	定子槽数	转子槽数	定子绕组：绕组型式	定子绕组：线规（根-毫米）	定子绕组：每槽线数	定子绕组：接法	定子绕组：节距	定子绕组：槽满率	定子绕组：用铜量（千克）	定子线模：A	定子线模：B	定子线模：C	定子线模：D
112M-6	1.5	182	127	55	100	0.35	45	36	双层	1-ϕ0.80	42	Y	7	0.76	1.90	69	132	177	6.7
132M$_1$-6	2.2	210	148	60	110	0.40				1-ϕ1.00	34			0.73	2.62	80	145	192	6
132M$_2$-6	3.7				160					2-ϕ0.85	24			0.75	3.25	80	195	242	6
160M$_1$-6	5.5	245	182	70	115	0.45	54			1-ϕ1.00	40	2Y	8	0.75	4.10	93	155	210	6
160M$_2$-6	7.5				150					1-ϕ1.18	30			0.76	4.80	93	190	245	5.5
160L-8	7.5				210					3-ϕ1.00	14	Y	6	0.76	5.40	70	250	289	5
160L-6	11				210					2-ϕ0.95	22	2Y	8	0.76	5.52	93	250	345	6.5
180L-8	11	280	210	80	200	0.50	60	48		2-ϕ1.06	24		7	0.76	8.30	85	240	295	7.3
200L-8	15	327	245	130	195	0.55				3-ϕ1.12	20		7	0.73	11.80	99	240	300	7.7
225M-8	22				245					3-ϕ1.30	16		6	0.76	14.0	85	290	340	8.8
250M$_1$-8	30	368	280	150	270	0.60				2-ϕ1.15	24	4Y	7	0.75	14.6	111.5	315	375	11.2

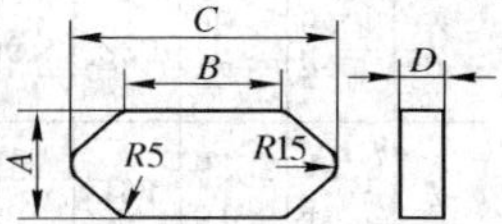

附表1-17 ZD、ZDY系列电动机铁心及绕组技术数据

型号	输出功率（千瓦）	定子外径	定子内圆中径尺寸	转子内径	铁心长度	气隙长度	定子槽数	转子槽数	定子绕组							定子线模					
		（毫米）							绕组型式	接法	线规（根-毫米）	每槽线数	节距	槽满率	用铜量（千克）	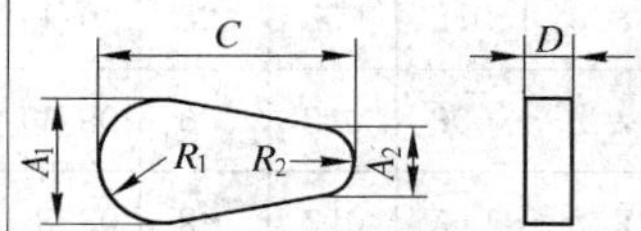					
																A_1	A_2	C	R_1	R_2	D
ZDY11-4	0.2	120	70	25	40	0.25	24	22	单层	Y	1-ϕ0.38	215	5	0.72	0.74	51	45	94	27	24	6
ZDY12-4	0.4				60						1-ϕ0.47	145		0.71	0.87	53	43	115	27	24	6
ZDY21-4 ZD21-4	0.8	167	98	30	62	0.35					1-ϕ0.67	95		0.74	1.35	73	64	130	39	34	6.4
ZD22-4	1.5				100						1-ϕ0.85	60		0.73	1.66	76	61	168	40.5	32.5	6
ZD31-4	3.0	210	128	40	86	0.45	36				1-ϕ1.18	34	8×2 7×1	0.74	2.90	100 87	90 77.5	170	45 54	40 49	5.5
ZD32-4	4.5				112			30			2-ϕ0.95	26		0.73	3.20	103 91	85 75	194	51.5 62.5	40 48.5	7
ZD41-4	7.5	245	155	50	130	0.50		30	双层		2-ϕ1.15	20	7	0.76	4.62	118	96	220	73 90	53 64	7
ZD51-4	13	280	175	65	165	0.55		30			2-ϕ1.12	28		0.76	6.30	124	95	268	64	48	7.5

附表 1-18　JTD、YTD 系列电梯专用三相变极多速异步电动机技术数据(380 伏、50 赫)

型号	极数	功率（千瓦）	额定电流（安）	接法	定子外径（毫米）	定子内径（毫米）	铁心长度（毫米）	定/转子槽数	节距	每槽导体数	线规（毫米）	气隙（毫米）	功率因数	效率（%）
JTD-430	24 6	— 6.4	— 21.5	Y 3Y	430	305	100	72/113	1—4 1—13	40 40	φ1.35 φ1.45	0.8	—	—
JTD-430	24 6	— 7.5	— 23.7	Y 3Y			125		1—4 1—13	32 32	φ1.56 φ1.56		—	—
JTD-430	24 6	— 11.2	— 35	Y 3Y			165		1—4 1—13	24 24	φ1.81 φ1.81		—	—
JTD-560	24 6	— 15	— 41.1	Y 2Y	560	410	135		1—4 1—13	22 14	φ1.81 2/φ1.81		—	—
JTD560	24 6	— 19	— 51.3	Y 2Y			150		1—4 1—13	20 12	φ2.02 2/φ2.02		—	—
JTD-333	24 6	— 6.4	— 18	Y 2Y	340	230	100	72/86	1—10	36	φ1.56	0.7	—	—
JTD-333	24 6	— 7.5	— 21	Y 2Y			120			32	φ1.62		—	—
JTD-333	24 6	— 11.2	— 30	Y 2Y			175			22	2/φ1.40		—	—
JTD-430	24 6	— 15	— 41	Y 2Y	440	305	145	72/113		22	3/φ1.62	1	—	—
JTD-430	24 6	— 19	— 48.6	Y 2Y			165			20	3/φ1.74	0.8	—	—
YTD225M	24 6	1.5 7.5	22 17	Y 2Y	368	250	120	72/58		28	2/φ1.30	0.7	0.34 0.81	30 80
YTD225M₂	24 6	2.3 11	32 24.8	Y 2Y			180			20	3/φ1.25		0.34 0.81	32 83

注：表内所列各型号电动机均为短时工作制。6 极定额 30 分钟，24 极定额 3 分钟。

附表 1-19 BJO_2 系列隔爆型三相异步电动机铁心及绕组技术数据(3～6 号机座)

型号	功率(千瓦)	铁心长度(毫米)	定子内径(毫米)	定子槽数	转子槽数	绕组型式	每槽线数	线规(根-毫米)	并联路数	节距	单边气隙(毫米)	引出线(n-毫米^2)	线模尺寸 A	线模尺寸 B	线模尺寸 C	线模尺寸 D	导线重(千克)
$BJO_2$31-2	3.0	90	98	24	20	单层同心	44	2-ϕ1.08	1	1—12 2—11	0.4	3-1.5	134 108	125		42 30	5.6
$BJO_2$32-2	4.0	110					60	2-ϕ0.95					134 108	145		42 30	6.1
$BJO_2$41-2	5.5	110	120				54	2-ϕ1.06			0.45	3-2.5	195 160	135		45 31	7.25
$BJO_2$42-2	7.5	140					82	2-ϕ0.85					195 160	175		45 31	8.45
$BJO_2$51-2	10	130	136				70	1-ϕ0.90 1-ϕ0.96	2		0.55	3-4	220 180	170		52 38	9.0
$BJO_2$52-2	13	160					58	1-ϕ1.0 1-ϕ1.06			0.55	3-6	220 180	200		52 38	9.0
$BJO_2$61-2	17	170	155	30	26	双层	48	2-ϕ1.25	2	1—12	0.65	3-6	178	210	128		16.8
$BJO_2$31-4	2.2	95	112	36	32	单层交叉	47	1-ϕ1.25	1	1—9 2—10 11—18	0.3	3-1.5	84 74	125		25	4.26
$BJO_2$32-4	3.0	115					74	2-ϕ1.0	2				84 74	145		25	4.68
$BJO_2$41-4	4.0	110	136		34	双层	56	1-ϕ1.25	1	1—9	0.35	3-2.5	95	145	58		5.6
$BJO_2$42-4	5.5	135				单层交叉	46	1-ϕ0.95 1-ϕ1.0		1—9 2—10 11—18	0.4	3-4	95 82	170		25	6.8
$BJO_2$51-4	7.5	120	162		26		37	2-ϕ1.04					118 105	155		30	6.75
$BJO_2$52-4	10	150					29	2-ϕ1.2					118 105	185		30	8.4
$BJO_2$61-4	13	160	180			双层	54	2-ϕ1.0	2	1—9	0.5	3-6	137	200	82		10.45
$BJO_2$62-4	17	190					44	2-ϕ1.12					137	230	82		11.7
$BJO_2$31-6	1.5	90	122	36	33	单层链式	60	1-ϕ1.04	1	1—6	0.25	3-1.5	60	120		20	3.3
$BJO_2$32-6	2.2	110					48	1-ϕ1.2						140		20	3.8
$BJO_2$41-6	3.0	125	148			双层	86	1-ϕ1.06			0.3	3-1.5	74	155	50		4.35

（续表）

型号	功率（千瓦）	铁心长度（毫米）	定子内径（毫米）	定子槽数	转子槽数	绕组型式	每槽线数	线规（根-毫米）	并联路数	节距	单边气隙（毫米）	引出线（n-毫米^2）	线模尺寸 A	线模尺寸 B	线模尺寸 C	线模尺寸 D	导线重（千克）
$BJO_2$42-6	4.0	150	148	36	33	单层链式	61	2-ϕ0.90	1	1—6	0.3	3-1.5	74	180		20	5.05
$BJO_2$51-6	5.5	120	174				49	2-ϕ0.95			0.35	3-4	78	150		28	6.1
$BJO_2$52-6	7.5	155					38	2-ϕ1.06						185		28	6.8
$BJO_2$61-6	10	160	200			双层	68	1-ϕ1.20	2		0.4	3-4	96	195	56		10
$BJO_2$62-6	13	200					56	2-ϕ0.93			0.4	3-6		235			11.7
$BJO_2$41-8	2.2	125	148	48	44		70	1-ϕ0.95			0.3	3-1.5	54	155	36		4.8
$BJO_2$42-8	3.0	150					58	ϕ1.06						180			5.4
$BJO_2$51-8	4.0	120	174			单层链式	50	1-ϕ0.9 1-ϕ0.96	1		0.35	3-2.5	64	150		25	7.0
$BJO_2$52-8	5.5	155					40	2-ϕ1.0						185		25	7.75
$BJO_2$61-8	7.5	160	200			双层	72	1-ϕ1.12	2		0.4	3-4	73	195	42		8.3
$BJO_2$62-8	10	200					58	1-ϕ0.9 1-ϕ0.95						235			11.4

注：1. 表中数据适用于 380 伏、50 赫；功率在 3 千瓦及以下为Y接，其他为△接，绝缘为 E 级或 F 级。
2. 绕线模尺寸见附图 1-1。

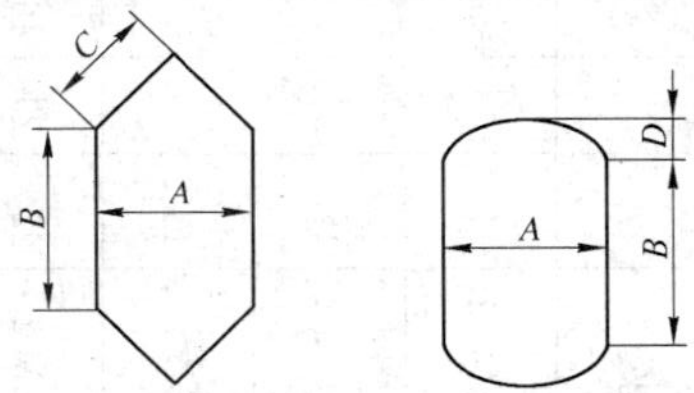

(a) 双层绕组　(b) 单层绕组

附图 1-1　BJO_2 系列绕线模尺寸

附表1-20　YX系列高效率三相异步电动机铁心及绕组数据

型　号	功率 （千瓦）	定子铁心			定　子　绕　组					气隙长度 （毫米）	定/转子槽数	电压 （伏）	额定电流 （安）
		外径	内径	长度	每槽线数	并联路数	绕组型式	线规 （根-毫米）	节距 y				
		（毫米）											
2　极													
YX100L-2	3	155	84	115	38	1	单层同心	2-φ0.85	1—12 2—11	0.4	24/20	380 Y	5.9
YX112M-2	4	175	98	130	37			1-φ1.18	1—18 2—17 3—16	0.45	36/28	380 △	7.7
YX132S1-2	5.5	210	116	110	34			1-φ1.0 1-φ1.06		0.55			10.6
YX132S2-2	7.5			145	26			2-φ1.18					14.3
YX160M1-2	11	260	150	150	20	1	单层同心	3-φ1.25	1—18 2—17 3—16	0.65	36/28	380 △	20.9
YX160M2-2	15			190	16			2-φ1.18 2-φ1.25					27.8
YX160L-2	18.5			215	14			4-φ1.3					34.3
YX180M-2	22	290	160	205	28	2	双层叠式	2-φ1.25 1-φ1.18	1—14	0.8	36/28	380 △	40.1
YX200L1-2	30	327	182	200				3-φ1.4		1.0			54.5
YX200L2-2	37			235	24			4-φ1.3					67
YX225M-2	45	368	210	220	20			5-φ1.4		1.1			80.8
YX250M-2	55	400	225	240	14	2	双层叠式	5-φ1.5 1-φ1.6	1—17	1.2	42/34	380 △	99.7
YX280S-2	75	445	255	245				9-φ1.5	1—16	1.5			135.8
YX280M-2	90			275	12			6-φ1.5 4-φ1.6					162.6

（续表）

型　号	功率（千瓦）	定子铁心 外径（毫米）	定子铁心 内径（毫米）	定子铁心 长度（毫米）	定子绕组 每槽线数	定子绕组 并联路数	定子绕组 绕组型式	定子绕组 线规（根-毫米）	定子绕组 节距 y	气隙长度（毫米）	定/转子槽数	电压（伏）	额定电流（安）
4　极													
YX100L1-4	2.2	155	98	135	35	1	单层交叉	1-φ1.18	2 (1—9)	0.3	36/32	380 Y	4.7
YX100L2-4	3			160	29			1-φ1.30					6.4
YX112M-4	4	175	110	160	46			1-φ1.25				380 △	8.3
YX132S-4	5.5	210	136	145	40			1-φ0.9 2-φ0.85	1 (1—8)	0.4			11.2
YX132M-4	7.5			180	32			2-φ1.18					14.8
YX160M-4	11	260	170	175	20		单层链式	2-φ1.18 1-φ1.25	1—11	0.5	48/44	380 △	20.9
YX160L-4	15			215	16			1-φ1.12 3-φ1.18					28.5
YX180M-4	18.5	290	187	220	60	4	双层叠式	2-φ0.95		0.55			35.2
YX180L-4	22			250	52			1-φ1.06 1-φ0.95					41.7
YX200L-4	30	327	210	250	26	2	双层叠式	3-φ1.4	1—11	0.65	48/44	380 △	56
YX225S-4	37	368	245	235	42	4		1-φ1.3 1-φ1.5	1—12	0.7			68.9
YX225M-4	45			260	38			2-φ1.5					83.5
YX250M-4	55	400	260	260	34	4	双层叠式	2-φ1.4 1-φ1.3	1—12	0.8	48/44	380 △	100.2
YX280S-4	75	445	300	290	24			4-φ1.3 1-φ1.4	1—14	0.9	60/50		136.7
YX280M-4	90			345	20			2-φ1.4 3-φ1.5					161.7

（续表）

型　号	功率（千瓦）	定子铁心			定　子　绕　组					气隙长度（毫米）	定/转子槽数	电压（伏）	额定电流（安）
		外径	内径	长度	每槽线数	并联路数	绕组型式	线规（根-毫米）	节距 y				
		（毫米）											
6　极													
YX100L-6	1.5	155	106	115	50	1	单层链式	1-ϕ0.95	1—6	0.25	36/33	380 Y	3.8
YX112M-6	2.2	175	120	130	41			1-ϕ1.18		0.3			5.3
YX132S-6	3	210	148	125	35			1-ϕ1.0 1-ϕ0.95		0.35		380 △	6.9
YX132M1-6	4			150	49			2-ϕ0.85					9
YX132M2-6	5.5			195	38			2-ϕ0.95					12.1
YX160M-6	7.5	260	180	165	24	1	单层链式	1-ϕ1.25 1-ϕ1.30	1—9	0.4	54/44	380 △	16
YX160L-6	11			220	18			2-ϕ1.18 1-ϕ1.25					23.4
YX180L-6	15	290	205	235	48	3		2-ϕ0.95		0.45			30.7
YX200L1-6	18.5	327	230	215	24	2	双层叠式	2-ϕ1.0 1-ϕ1.06	1—12	0.5	72/58		36.9
YX200L2-6	22			225	22			2-ϕ1.0 1-ϕ1.18					43.2
YX225M-6	30	368	260	240	28	3	双层叠式	2-ϕ1.18 1-ϕ1.06	1—12	0.5	72/58	380 △	57.7
YX250M-6	37	400	285	235	30			3-ϕ1.25		0.55			70.8
YX280S-6	45	445	325		24			3-ϕ1.18 1-ϕ1.25		0.65			84
YX280M-6	55			280	20			2-ϕ1.25 1-ϕ1.60					102.4

附表 1-21　YZR 系列电动机铁心及绕组数据(380 伏、50 赫，方案 1)

型　　号	功率（千瓦）	定子外径（毫米）	定子内径（毫米）	转子内径（毫米）	铁心长度（毫米）	气隙长度（毫米）	定子槽数	转子槽数	定子绕组						
									绕组型式	接法路数	节距 y	线规（根-毫米）	每槽线数	槽满率	用铜量（千克）
112M-6	1.5	182	127	55	100	0.35	45	36	双层	Y	7	1-ϕ0.8	42	0.76	1.90
132M1-6	2.2	210	148	60	110	0.40	45	36	双	Y	7	1-ϕ1.0	34	0.73	2.62
132M2-6	3.7	210	148	60	160	0.40	45	36	双	Y	7	2-ϕ0.85	24	0.75	3.25
160M1-6	5.5	245	182	70	115	0.45	54	36	双	2Y	8	1-ϕ1.0	40	0.75	4.10
160M2-6	7.5	245	182	70	150	0.45	54	36	双	2Y	8	1-ϕ1.18	30	0.76	4.80
160L-8	7.5	245	182	70	210	0.45	54	36	双	Y	6	3-ϕ1.0	14	0.76	5.40
160L-6	11	245	182	70	210	0.45	54	36	双	2Y	8	2-ϕ0.95	22	0.76	5.52
180L-8	11	280	210	80	200	0.50	60	48	双	2Y	7	2-ϕ1.06	24	0.76	8.30
180L-6	15	280	210	80	200	0.50	54	36	双	3Y	8	2-ϕ0.9	28	0.76	6.70
200L-8	15	327	245	130	195	0.55	60	48	双	2Y	7	3-ϕ1.12	20	0.73	11.80
200L-6	22	327	245	130	195	0.55	54	36	双	3Y	8	2-ϕ1.25	24	0.75	11.54
225M-8	22	327	245	130	245	0.55	60	48	双	2Y	6	3-ϕ1.3	16	0.76	14.0
225M-6	30	327	245	130	245	0.55	54	36	双	3Y	7	2-ϕ1.4	20	0.77	13.1
250M1-8	30	368	280	150	270	0.60	60	48	双	4Y	7	2-ϕ1.25	24	0.75	14.6
250M1-6	37	368	280	150	270	0.60	72	54	双	3Y	10	3-ϕ1.3	14	0.74	18.0

（续表）

型　号	功率（千瓦）	定子外径（毫米）	定子内径（毫米）	转子内径（毫米）	铁心长度（毫米）	气隙长度（毫米）	定子槽数	转子槽数	定子绕组						
									绕组型式	接法路数	节距 y	线规（根-毫米）	每槽线数	槽满率	用铜量（千克）
250M2-8	37	368	280	150	340	0.60	60	48	双	4Y	6	3-ϕ1.12	20	0.77	16.4
250M2-6	45	368	280	150	340	0.60	72	54	双	3Y	10	3-ϕ1.4	12	0.72	20.5
280S-6	55	423	310	180	285	0.75	72	54	双	6Y	11	2-ϕ1.18 1-ϕ1.12	24	0.76	27.0
280S-8	45	423	310	180	285	0.75	72	48	双	4Y	8	2-ϕ1.3 1-ϕ1.4	18	0.73	24
280S-10	37	423	340	180	310	0.75	60	75	双	5Y	5	3-ϕ1.12	30	0.75	24
280M-6	75	423	310	180	360	0.75	72	54	双	6Y	11	3-ϕ1.18 1-ϕ1.12	18	0.76	31
280M-8	55	423	310	180	360	0.75	72	48	双	8Y	7	2-ϕ1.25	30	0.72	26.5
280M-10	45	423	340	180	355	0.75	60	75	双	5Y	5	2-ϕ1.25 1-ϕ1.18	26	0.77	27.2
315S-8	75	493	400	255	340	0.80	72	96	双	8Y	8	3-ϕ1.18	26	0.77	33.5
315S-10	55	493	400	255	340	0.80	75	90	双	5Y	7	3-ϕ1.25	18	0.73	25.5
315M-8	90	493	400	255	430	0.80	72	96	双	8Y	8	3-ϕ1.25	22	0.73	36.5
315M-10	75	493	400	255	430	0.80	75	90	双	5Y	7	4-ϕ1.25	14	0.75	31
355M-10	90	560	460	255	380	1.00	90	105	双	10Y	8	3-ϕ1.18	26	0.76	43.3
355L1-10	110	560	460	255	455	1.00	90	105	双	10Y	8	3-ϕ1.3	22	0.77	50
355L2-10	132	560	460	255	540	1.00	90	105	双	10Y	8	3-ϕ1.4	18	0.72	53.4

（续表）

型　号	定子线模(毫米)				转子绕组							转子线模(毫米)		
	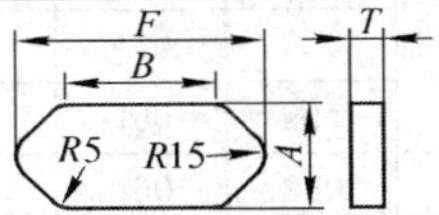				绕组型式	接法路数	节距 y	线规（根-毫米）	每槽线数	槽满率	用铜量（千克）	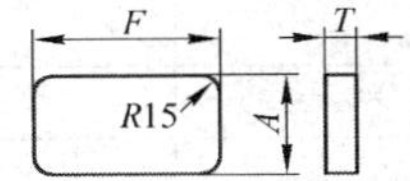		
	A	B	F	T								A	F	T
112M-6	69	132	177	6.7	单层	Y	5	2-ϕ0.95	14	0.73	1.4	47.4	163	6.7
132M1-6	80	145	192	6.0	单	Y	5	2-ϕ1.12	15	0.72	2.16	55.5	175	7.5
132M2-6	80	195	242	6.0	单	Y	5	2-ϕ1.12	15	0.72	2.7	55.5	225	7.7
160M1-6	93	155	210	6.0	单	2Y	5	3-ϕ1.00	22	0.76	4.0	68.0	183	10.3
160M2-6	93	190	245	5.5	单	2Y	5	3-ϕ1.00	22	0.76	4.6	68.0	218	10.3
160L-8	70	250	289	5.0	双	2Y	4	2-ϕ1.18	24	0.77	5.3	54.0	282	10.5
160L-6	93	250	305	6.5	单	2Y	5	3-ϕ1.00	22	0.76	5.6	68.0	278	10.3
180L-8	85	240	295	7.3	单	2Y	5	3-ϕ1.25	14	0.72	7.4	60.0	272	12.5
180L-6	100	240	300	6.2	单	2Y	5	3-ϕ1.30	16	0.73	7.3	80.0	287	13.0
200L-8	99	240	300	7.7	单	2Y	5	4-ϕ1.30	12	0.74	9.63	70.0	280	11.6
200L-6	124	240	315	5.7	单	3Y	5	4-ϕ1.25	19	0.73	11.73	92.0	285	11.2
225M-8	85	290	340	8.8	单	2Y	5	4-ϕ1.30	12	0.74	11.10	70	330	11.6
225M-6	109	290	355	6.3	单	3Y	5	4-ϕ1.25	19	0.73	13	92	335	11.2
250M1-8	111.5	315	375	11.2	单	4Y	5	2-ϕ1.40	22	0.72	12.9	80	355	12.5
250M1-6	132.5	315	405	8.8	单	3Y	7×1 8×2	4-ϕ1.40	12	0.71	17.2	99×1 113.5×2	365	12.5

（续表）

型号	定子线模(毫米)				转子绕组							转子线模(毫米)		
	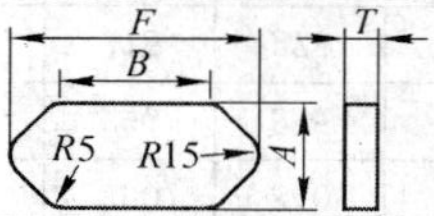				绕组型式	接法路数	节距 y	线规（根-毫米）	每槽线数	槽满率	用铜量（千克）	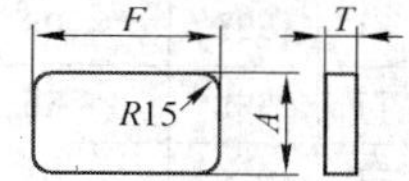		
	A	B	F	T								A	F	T
250M2-8	95.5	385	436	7.7	单	4Y	5	2-ϕ1.40	22	0.72	15	80	425	12.5
250M2-6	132.5	385	475	9.4	单	3Y	7×1 8×2	4-ϕ1.40	12	0.71	19.8	99×1 113.5×2	435	12.5
280S-6	163	335	433	8.0	双	6Y	8	3-ϕ1.30	24	0.76	23	125	398	8.8
280S-8	119	335	405	9.0	单	4Y	5	2-ϕ1.30 1-ϕ1.40	22	0.74	19	90	398	13.2
280S-10	96	365	430	7.9	双	Y	7	2.8×12.5	2		25.2			
280M-6	163	410	508	10.5	双	6Y	8	3-ϕ1.30	24	0.76	27	125	473	8.8
280M-8	104	410	472	8.5	单	4Y	5	2-ϕ1.30 1-ϕ1.40	20	0.74	20	90	468	13.2
280M-10	96	410	475	8.6	双	Y	7	2.8×12.5	2		27.3			
315S-8	149	400	500	8.5	双	Y	12	2.36×16	2		39.6			
315S-10	125	400	474	8.5	双	Y	9	2.36×16	2		35.3			
315M-8	149	490	590	8.5	双	Y	12	2.36×16	2		45.2			
315M-10	125	490	564	6.0	双	Y	9	2.36×16	2		39.5			
355M-10	136	440	530	8.5	双	Y	11	3.15×16	2		51.8			
355L1-10	136	515	605	9.0	双	Y	11	3.15×16	2		58			
355L2-10	136	600	690	9.6	双	Y	11	3.15×16	2		64			

附表 1-22　YZR 系列电动机铁心及绕组数据(380 伏、50 赫，方案 2)

型　号	功率（千瓦）	定子铁心 外径（毫米）	定子铁心 内径（毫米）	定子铁心 长度（毫米）	定子铁心 槽数	气隙长度（毫米）	定子绕组 每槽线数	定子绕组 线规（根-毫米）	定子绕组 绕组型式	定子绕组 节距 y	定子绕组 接法	转子绕组 每槽线数	转子绕组 线规（根-毫米）	转子绕组 绕组型式	转子绕组 节距 y	转子绕组 接法	转子绕组 槽数
YZR112M-6	1.5	182	127	95		0.35	42	1-φ0.75				14	1-φ0.9 1-φ1.0				
YZR132M1-6	2.2	210	148	100	45	0.40	34	1-φ0.95	双层叠式	1—8	Y	15	2-φ1.12	单层链式	1—6	Y	
YZR132M2-6	3.7			150			24	2-φ0.85									36
YZR160M1-6	5.5			115			40	1-φ1.0									
YZR160M2-6	7.5	245	182	150	54	0.45	30	1-φ1.18	双层叠式	1—9	2Y	22	3-φ1.0	单层链式	1—6	2Y	
YZR160L-6	11			210			22	2-φ0.95									
YZR180L-6	15	280	210	200		0.50	28	2-φ0.9		1—9		16	3-φ1.3			2Y	
YZR200L-6	22	327	245		54	0.55	24	2-φ1.25	双层叠式		3Y	19	4-φ1.25	单层链式	1—6	3Y	36
YZR225M-6	30			255			20	2-φ1.4		1—8							

（续表）

型号	功率（千瓦）	定子铁心 外径（毫米）	定子铁心 内径（毫米）	定子铁心 长度（毫米）	定子铁心 槽数	气隙长度（毫米）	定子绕组 每槽线数	定子绕组 线规（根-毫米）	定子绕组 绕组型式	定子绕组 节距 y	定子绕组 接法	转子绕组 每槽线数	转子绕组 线规（根-毫米）	转子绕组 绕组型式	转子绕组 节距 y	转子绕组 接法	转子绕组 槽数
YZR250M1-6	37	368	280	280	72	0.60	14	3-φ1.3	双层叠式	1—11	3Y	12	3-φ1.4 1-φ1.3	双层叠式	2(1—9) 1(1—8)	3Y	54
YZR250M2-6	45			330			12	3-φ1.4									
YZR280S-6	55	423	310	285		0.75	24	2-φ1.18 1-φ1.12		1—12	6Y		6-φ1.3		1—9		48
YZR280M-6	75			360			18	3-φ1.18 1-φ1.12									
YZR160L-8	7.5	245	182	210	54	0.45	14	2-φ1.18	双层叠式	1—7	Y	24	2-φ1.18		1—5	2Y	36
YZR180L-8	11	280	210	200	60	0.50	24	2-φ1.06		1—8	2Y	14	3-φ1.25	单层链式	1—6		48
YZR200L-8	15	327	245			0.55	20	3-φ1.12				12	4-φ1.3				
YZR225M-8	22	327	245	255	60	0.55	16	3-φ1.3	双层叠式	1—7	2Y	12	4-φ1.3	单层链式	1—6	2Y	48
YZR250M1-8	30	368	280	280		0.60	12	2-φ1.4 1-φ1.3		1—8		11	3-φ1.4 1-φ1.3				
YZR250M2-8	37			350			10	4-φ1.3									

（续表）

型号	功率（千瓦）	定子铁心 外径（毫米）	内径（毫米）	长度（毫米）	槽数	气隙长度（毫米）	定子绕组 每槽线数	线规（根-毫米）	绕组型式	节距 y	接法	转子绕组 每槽线数	线规（根-毫米）	绕组型式	节距 y	接法	槽数
YZR280S-8	45	423	310	285	72	0.75	18	1-ϕ1.4 1-ϕ1.3	双层叠式	1—9	4Y	10	6-ϕ1.4	双层叠式	1—7	2Y	54
YZR280M-8	55			360			16	4-ϕ1.25		1—8							
YZR315S-8	75	493	400	340		0.80	14	3-ϕ1.4 1-ϕ1.3				2	2.24×16	双层波式	1—13 1—12	Y	96
YZR315M-8	90			430			12	4-ϕ1.3 1-ϕ1.4									
YZR280S-10	37	423	310	325	60	0.75	30	2-ϕ1.3	双层叠式	1—6	5Y	2	2.8×12.5	双层叠式	1—8	Y	75
YZR280M-10	45			370			26	3-ϕ1.18									
YZR315S-10	55	493	400	340	75	0.80	18	1-ϕ1.25 2-ϕ1.18		1—8			2.24×16	双层波式	1—9 1—10		90
YZR315M-10	75			430			14	3-ϕ1.4									
YZR355M-10	90	560	460	380	90	1.0	26	2-ϕ1.18 1-ϕ1.12	双层叠式	1—9	10Y	2	3.15×16	双层波式	1—11 1—12	Y	105
YZR355L1-10	110			470			22	2-ϕ1.25 1-ϕ1.3									
YZR355L2-10	132			540			18	3-ϕ1.4									

附表 1-23　JS2 系列三相异步电动机

型　　号	额定功率（千瓦）	满　载　时				堵转电流/额定电流	堵转转矩/额定转矩	最大转矩/额定转矩
		定子电流（安）	转速（转/分）	效率（%）	功率因数			
JS2-355S1-2	112	213	2 960	92	0.87	6.9	1.0	2.0
JS2-355S2-2	132	248		92	0.88			
JS2-355M1-2	160	300		92	0.88			
JS2-355M2-2	190	355		92.5	0.88			
JS2-355S1-4	112	209	1 475	91.5	0.89	6.5	1.0	2.0
JS2-355S2-4	132	242		92	0.90			
JS2-355M1-4	160	292		92.5	0.90			
JS2-355M2-4	190	347		92.5	0.90			
JS2-355S1-6	75	144	985	91	0.87	6.0	1.0	1.8
JS2-355S2-6	95	179		91.5	0.88			
JS2-355M1-6	112	211		91.5	0.88			
JS2-355M2-6	132	248		92	0.88			
JS2-355M3-6	160	300		92	0.88			

铁心及绕组数据(380 伏、50 赫)

定子外径/内径(毫米)	铁心长度(毫米)	气隙长度(毫米)	定子线规(根-毫米)	每槽线数	接法	节距 y	定/转子槽数	转动惯量(千克·米^2)
560/300	160＋1×10	1.5	2-1.4×5.6	18	2△	1—12	36/28	1
	180＋1×10		2-1.5×5.6	16				1
	200＋2×10		2-1.7×5.6	15				1.25
	230＋3×10		2-2.0×5.6	13				1.5
560/350	160＋1×10	0.9	2-2.12×3.55	14	2△	1—14	60/47	2
	190＋1×10		2-2.5×3.55	12				2.25
	220＋3×10		2-1.32×3.55	21	4△			2.5
	260＋3×10		2-1.6×3.55	18				3
560/400	160＋1×10	0.8	3-ϕ1.5 1-ϕ1.4	26	3△	1—11	72/58	3.5
	190＋1×10		2-ϕ1.5 3-ϕ1.4	22				4
	230＋2×10		4-ϕ1.4 2-ϕ1.5	19				4.5
	260＋3×10		7-ϕ1.4	16		1—9	72/58	5
	300＋3×10		4-ϕ1.4 4-ϕ1.5	14				6

型　号	额定功率（千瓦）	满载时				堵转电流/额定电流	堵转转矩/额定转矩	最大转矩/额定转矩
		定子电流(安)	转速(转/分)	效率(%)	功率因数			
JS2-355S1-8	60	122	735	90	0.83	5.5	1.0	1.8
JS2-355M1-8	75	149		91	0.84			
JS2-355M2-8	95	188		91.5	0.84			
JS2-355M3-8	112	221		91.5	0.84			
JS2-355S2-10	60	127	590	89.5	0.80	5.5	1.0	1.8
JS2-355M2-10	75	155		90.5	0.81			
JS2-355M3-10	95	197		90.5	0.81			
JS2-400S1-2	220	411	2 960	92.5	0.88	6.5	1.0	2.0
JS2-400S2-2	250	476		92.5	0.88			
JS2-400M1-2	280	520		93	0.88			
JS2-400S1-4	220	402	1 480	92.5	0.90	6.5	1.0	2.0
JS2-400S2-4	250	454		93	0.90			
JS2-400M1-4	280	500		93.5	0.91			
JS2-400M2-4	320	571		93.5	0.91			

（续表）

定子外径/内径（毫米）	铁心长度（毫米）	气隙长度（毫米）	定子线规（根-毫米）	每槽线数	接法	节距 y	定/转子槽数	转动惯量（千克·米^2）
560/400	160＋1×10	0.8	3-ϕ1.4 2-ϕ1.5	22	2△	1—9	72/58	3.5
	230＋2×10		4-ϕ1.3 4-ϕ1.4	16				4.5
	260＋3×10		4-ϕ1.4 4-ϕ1.5	14				5
	300＋3×10		4-ϕ1.5 4-ϕ1.6	12				6
560/423	190＋1×10	0.8	1-ϕ1.3 1-ϕ1.5	44	5△	1—9	90/72	4.25
	260＋3×10		3-ϕ1.3	34				5.5
	300＋3×10		1-ϕ1.4 2-ϕ1.5	28				6.25
650/350	200＋1×10	1.7	2-2.24×6	12	2△	1—12	36/28	2.25
	220＋3×10		2-2.5×6	11				2.5
	260＋4×10		2-2.8×6	10				3
650/423	220＋1×10	1.0	2-1.6×4	18	4△	1—14	60/47	5
	230＋2×10		2-1.8×4	16				5.75
	270＋3×10		2-2.12×4	14				6.5
	310＋4×10		2-2.5×4	12				7.25

型号	额定功率（千瓦）	满载时				堵转电流/额定电流	堵转转矩/额定转矩	最大转矩/额定转矩
		定子电流(安)	转速（转/分）	效率（%）	功率因数			
JS2-400S2-6	190	353	985	92	0.89	6.0	1.0	1.8
JS2-400S3-6	220	408		92.5	0.89			
JS2-400M2-6	250	459		93	0.89			
JS2-400M3-6	280	508		93	0.90			
JS2-400S2-8	132	256	740	92	0.85	5.5	1.0	1.8
JS2-400S3-8	160	309		92.5	0.85			
JS2-400M2-8	190	367	740	92.5	0.85	5.5	1.0	1.8
JS2-400M3-8	220	425		92.5	0.85			
JS2-400M4-8	250	480		93	0.85			
JS2-400S3-10	112	224	590	91.5	0.83	5.5	1.0	1.8
JS2-400M2-10	132	264		91.5	0.83			
JS2-400M3-10	160	320		91.5	0.83			
JS2-400M4-10	190	376		91.5	0.84			

（续表）

定子外径/内径（毫米）	铁心长度（毫米）	气隙长度（毫米）	定子线规（根-毫米）	每槽线数	接法	节距 y	定/转子槽数	转动惯量（千克·米²）
650/475	230＋2×10	0.8	4-ϕ1.5	29	6△	1—11	72/86	8.25
	270＋3×10		2-ϕ1.4 3-ϕ1.5	25				9.25
	310＋4×10		6-ϕ1.4	22				10.75
	350＋5×10		6-ϕ1.5	20				12
650/475	230＋2×10	0.8	5-ϕ1.5	24	4△	1—9	72/86	8.25
	270＋3×10		6-ϕ1.5	20				9.25
650/475	340＋4×10	0.8	3-ϕ1.5 3-ϕ1.6	18	4△	1—9	72/86	10.75
	350＋5×10		4-ϕ1.5 3-ϕ1.6	16				12
	390＋5×10		4-ϕ1.4 5-ϕ1.5	14				13.25
650/493	270＋3×10	0.8	4-ϕ1.4	26	5△	1—9	90/72	10.75
	310＋4×10		2-ϕ1.3 3-ϕ1.4	22				12.25
	350＋5×10		2-ϕ1.4 3-ϕ1.5	20				13.75
	390＋5×10		6-ϕ1.4	18				15.25

附表1-24 JG2系列辊道用三相

型号	连续定额					定子铁心		铁心长度（毫米）	定/转子槽数	绕组型式
	额定功率（千瓦）	额定电流（安）	额定转速（转/分）	效率（%）	功率因数	外径（毫米）	内径（毫米）			
JG2-41-6	1.1	3.47	830	68	0.71	182	122	115	36/26	单层链式
JG2-42-6	1.7	4.86		70	0.76			150		
JG2-41-8	0.85	3.53	600	60	0.61			115		单层交叉式
JG2-42-8	1.1	4.66		63	0.57			150		
JG2-41-10	0.65	3.72	480	51	0.52	182	122	115	36/26	双层叠式
JG2-42-10	0.85	4.7		55	0.5			150		
JG2-42-12	0.65	5.1	400	44	0.44					
JG2-51-8	2.5	6.76	630	74	0.76	260	190	155	45/42	双层叠式
JG2-52-8	4.0	11.4			0.72			220		
JG2-51-10	2.1	7.35	480	67	0.65			155		
JG2-52-10	3.2	10.7		69	0.66			220		
JG2-51-12	1.7	7.56	400	61	0.56			155		
JG2-52-12	2.5	10.8	400	63	0.56	260	190	220	45/42	双层叠式
JG2-52-16	1.5	9.6	290	54	0.44					

异步电动机技术数据(380 伏、50 赫)

并联路数	节距 y	每槽线数	线规 (根-毫米)	在各种负载持续率下的动态常数(千克·米^2/时)				堵转转矩 (牛·米)	堵转电流 (安)	转动惯量 (千克·米^2)	质量 (千克)
				15%	25%	40%	60%				
1	1—6	54	1-ϕ1.0	330	325	318	305	42	13.5	0.017 5	62
		41	1-ϕ1.20	380	375	365	350	65	18.5	0.022 5	68
	2/1—5 1/1—6	64	1-ϕ0.93	563	550	528	498	35	10	0.017 5	62
		49	1-ϕ1.08	693	675	645	605	54	14	0.022 5	68
1	1—5	74	1-ϕ0.86	828	800	758	700	33	9	0.017 5	62
		58	1-ϕ1.0	913	875	820	745	45	12	0.022 5	68
	1—4	70	1-ϕ0.93	925		798	698		10		
1	1—6	30	1-ϕ1.56	1 228	1 200	1 160	1 105	150	32	0.14	145
		20	2-ϕ1.4	1 358	1 325	1 275	1 208	280	55	0.197 5	165
	1—5	34	1-ϕ1.5	1 960	1 925	1 873	1 803	150	27	0.14	145
		24	2-ϕ1.25	2 173	2 100	2 000	1 850	240	40	0.197 5	165
	1—4	40	1-ϕ1.35	2 438	2 375	2 275	2 150	130	21	0.14	145
1	1—4	28	2-ϕ1.2	3 213	3 125	3 000	2 825	210	33	0.197 5	165
		32	1-ϕ1.04 1-ϕ1.25	4 720	4 500	4 175	3 750	160	23		

型号	连续定额					定子铁心		铁心长度（毫米）	定/转子槽数	绕组型式
	额定功率（千瓦）	额定电流（安）	额定转速（转/分）	效率（%）	功率因数	外径（毫米）	内径（毫米）			
JG2-61-10	5.0	14.5	490	72	0.73	327	245	210	54/46	双层叠式
JG2-62-10	6.4	18		74				280		
JG2-61-12	3.5	12.4	400	68	0.63	327	245	210	54/46	双层叠式
JG2-62-12	4.5	16.6		71	0.58			280		
JG2-61-16	3.0	15.2	290	60	0.50			210		
JG2-62-16	4.0	19.3		63				280		
JG2-71-10	8.5	24	510	76	0.71	368	280	230	54/46	双层叠式
JG2-72-10	11	29.8	520	79				315		
JG2-71-12	6.4	21.1	440	77	0.60			230		
JG2-72-12	8.0	25.3	430	75	0.64			315		
JG2-71-16	5.0	28.4	325	67	0.40	368	280	230	54/46	双层叠式
JG2-72-16	6.2	28.1	300		0.50			315		
JG2-72-20	4.5	28.5	235	60	0.40					

（续表）

并联路数	节距 y	每槽线数	线规（根-毫米）	在各种负载持续率下的动态常数（千克·米²/时） 15%	25%	40%	60%	堵转转矩（牛·米）	堵转电流（安）	转动惯量（千克·米²）	质量（千克）
2	1—6	36	1-ϕ1.56	3 063	3 000	2 905	2 780	340	58	0.505	275
		28	2-ϕ1.20	3 325	3 250	3 138	2 988	420	73	0.685	310
1	1—5	22	2-ϕ1.45	4 465	4 375	4 250	4 060	280	40	0.505	275
2		32	2-ϕ1.20	5 100	5 000	4 838	4 613	400	58	0.685	310
1	1—4	24	2-ϕ1.35	6 750	6 500	6 125	5 625	270	35	0.505	275
		18	2-ϕ1.56	7 575	7 250	6 875	6 125	380	48	0.685	310
2	1—6	26	2-ϕ1.40	3 845	3 700	3 483	3 200	650	110	0.855	390
		20	3-ϕ1.40	4 698	4 525	4 275	3 925	750	140	1.165	445
	1—5	30	1-ϕ1.25 1-ϕ1.35	5 150	5 000	4 775	4 250	540	87	0.855	390
		24	2-ϕ1.56	6 410	6 250	6 010	5 690	700	100	1.165	445
1	1—4	16	4-ϕ1.35	9 063	8 650	8 025	7 200	620	80	0.855	390
		14	4-ϕ1.50	10 115	9 875	9 515	9 035	650	85	1.165	445
		16	4-ϕ1.35	14 550	13 750	12 550	10 950	550	63		

附表1-25 JFO2系列电动机技术数据

型号	功率（千瓦）	电流（安）	定子外径（毫米）	转子外径（毫米）	定子长度（毫米）	定子槽数	每槽线数	气隙（毫米）	节距 y	定子线规
JFO2-61-4	10	19.15	280	182	155	36	34	0.45	1—9	两路并联 $\phi1.62$
JFO2-62-4	13	24.6	280	182	190	36	14	0.45	1—9	$3\times\phi1.45$
JFO2-61-6	7.5	15.8	280	200	—	—	—	0.4	—	$2\times\phi1.08$
JFO2-62-6	10	20.6	280	200	—	—	—	0.4	—	$2\times\phi1.2$
JFO2-41A-6	1.8	4.08	210	148	155	36	52	—	1—6	$\phi1.08$
JFO2-41B-6	2.6	5.93	210	148	185	36	39	—	1—6	$\phi1.3$
JFO2-42-6	3	6.67	210	148	200	36	35	—	1—6	$\phi1.35$
JFO2-42B-6	3.5	7.66	210	148	225	36	31	—	1—6	$\phi1.45$

附表1-26 AO2系列分马力三相异步电动机铁心及绕组技术数据

型号	额定功率（瓦）	额定电压（伏）	满载时			定子		铁心长度	气隙长度	定/转子槽数	定子绕组			
			电流（安）	转速（转/分）	效率（%）	外径	内径				线规（根-毫米）	每槽线数	每相串联匝数	节距
						（毫米）								
AO2-4512	16	380	0.092	2 800	46	71	38	45	0.2	12/18	1-0.15	710	2 840	1—6
AO2-4522	25		0.12		52						1-0.17	615	2 460	
AO2-5012	40		0.17		55	80	44	45			1-0.21	480	1 920	
AO2-5022	60		0.23		60						1-0.23	435	1 740	
AO2-5612	90		0.323		62	90	48	50	0.25	24/18	1-0.28	185	1 480	1—12 2—11
AO2-5622	120		0.382		67						1-0.31	180	1 440	

(续表)

型号	额定功率（瓦）	额定电压（伏）	满载时			定子		铁心长度	气隙长度	定/转子槽数	定子绕组			
			电流（安）	转速（转/分）	效率（%）	外径	内径				线规（根-毫米）	每槽线数	每相串联匝数	节距
						（毫米）								
AO2-6312	180	380	0.53	2 800	69	96	50	45	0.25	24/18	1-0.35	165	1 320	1—12 2—11
AO2-6322	250		0.67		72						1-0.38	140	1 120	
AO2-7112	370		0.95		73.5	110	58	50	0.25		1-0.45	116	928	1—12 2—11
AO2-7122	550		1.35		75.5			62			1-0.50	93	744	
AO2-8012	750		1.75		76.5	128	67	58			1-0.6	84	672	
AO2-4514	10		0.12	1 400	28	71	38	45	0.2	12/18	1-0.14	1 100	4 400	1—4
AO2-4524	16		0.155		32						1-0.16	950	3 800	
AO2-5014	25		0.17		42	80	44				1-0.18	800	3 200	
AO2-5024	40		0.224		50						1-0.21	670	2 680	
AO2-5614	60		0.28		56	90	54	50	0.25	24/18	1-0.25	310	2 480	1—8 2—7
AO2-5624	90		0.385		58						1-0.28	275	2 200	
AO2-6314	120		0.48		60	96	58	45	0.25	24/30	1-0.31	270	2 160	1—8 2—7
AO2-6324	180		0.65		64			54			1-0.35	220	1 760	
AO2-7114	250		0.83		67	110	67	50			1-0.4	188	1 504	
AO2-7124	370		1.12		69.5			62			1-0.45	150	1 200	
AO2-8014	550		1.55		73.5	128	77	58	0.25		1-0.56	134	1 072	1—8 2—7
AO2-8024	750		2.01		75.5			75			1-0.63	105	840	

注：63 及以上机座亦可制成 220/380 伏。

附表1-27　BO2系列分马力单相电阻分相起动异步电动机铁心及绕组技术数据

型　号	额定功率（瓦）	额定电压（伏）	满载时			定子		铁心长度	气隙长度	定/转子槽数	主绕组			副绕组		
			电流（安）	转速（转/分）	效率（%）	外径	内径				线规（根-毫米）	每极匝数	平均半匝长（毫米）	线规（根-毫米）	每极匝数	平均半匝长（毫米）
						（毫米）										
BO2-6312	90	220	1.09	2 800	56	96	50	45	0.25	24/18	1-0.45	436	132	1-0.33	192	132
BO2-6322	120		1.36		58			54			1-0.50	357	141	1-0.35	182	140
BO2-7112	180		1.89		60	110	58	50			1-0.56	297	148.2	1-0.38	167	148.5
BO2-7122	250		2.40		64			62			1-0.63	235	160.2	1-0.40	156	160.6
BO2-8012	370		3.36		65	128	67	58			1-0.71	206	170.4	1-0.45	136	171.3
BO2-6314	60		1.23	1 400	39	96	58	45		24/30	1-0.42	315	97.3	1-0.31	127	93.5
BO2-6324	90		1.64		43			54			1-0.45	270	166.3	1-0.35	117	103
BO2-7114	120		1.88		50	110	67	50			1-0.53	224	109.4	1-0.33	124	109.4
BO2-7124	180		2.49		53			62			1-0.60	183	121.4	1-0.35	102	121.4
BO2-8014	250		3.11		58	128	77	58			1-0.71	158	126.4	1-0.40	104	126.4
BO2-8024	370		4.24		62			75			1-0.85	124	143.9	1-0.47	89	143.4

附表 1-28　CO2 系列分马力单相电容起动异步电动机铁心及绕组技术数据

型号	额定功率（瓦）	额定电压（伏）	满载时			定子		铁心长度	气隙长度	定/转子槽数	主绕组			副绕组		
			电流（安）	转速（转/分）	效率（%）	外径	内径				线规（根-毫米）	每极匝数	平均半匝长（毫米）	线规（根-毫米）	每极匝数	平均半匝数（毫米）
						（毫米）										
CO2-7112	180		1.89		60	110	58	50			1-0.56	297	148.2	1-0.38	247	158.3
CO2-7122	250		2.40		64			62	0.25		1-0.63	235	160.2	1-0.47	204	170.3
CO2-8012	370		3.36	2 800	65	128	67	58		24/18	1-0.71	206	170.4	1-0.53	206	182
CO2-8022	550		4.65		68			75			1-0.85	159	187.6	1-0.56	154	192
CO2-90S2	750		5.94		70	145	77	70	0.30		1-1.0	147	198.2	1-0.63	133	211.2
CO2-7114	120	220	1.88		50	110	67	50			1-0.53	224	109.4	1-0.35	145	120.3
CO2-7124	180		2.49		53			62			1-0.60	183	121.4	1-0.38	124	132.2
CO2-8014	250		3.11	1 400	58	128	77	58	0.25	24/30	1-0.71	158	126.4	1-0.47	133	139
CO2-8024	370		4.24		62			75			1-0.85	124	143.4	1-0.50	134	155.8
CO2-90S4	550		5.57		65	145	87	70			1-0.95	127	144.6	1-0.60	108	157.2
CO2-90L4	750		6.77		69			90		36/42	1-1.06	96	165	1-0.63	120	177

注：电容器为 CDJ 型电解电容，工作电压 220V。

附表1-29 DO2系列分马力单相电容运转异步电动机铁心及绕组技术数据

型号	额定功率（瓦）	额定电压（伏）	满载时 电流（安）	满载时 转速（转/分）	满载时 效率（%）	定子 外径（毫米）	定子 内径（毫米）	铁心长度（毫米）	气隙长度（毫米）	定/转子槽数	主绕组 线规（根-毫米）	主绕组 每极匝数	主绕组 平均半匝长（毫米）	副绕组 线规（根-毫米）	副绕组 每极匝数	副绕组 平均半匝长（毫米）
DO2-4512	10	220	0.20	2 800	28	71	38	45	0.2	12/18	1-0.18	868	106	1-0.16	971	106
DO2-4522	16		0.26		35						1-0.20	750		1-0.19	796	
DO2-5012	25		0.33		40	80	44				1-0.25	519	125.7	1-0.23	819	125.7
DO2-5022	40		0.42		42							489		1-0.25	698	
DO2-5612	60		0.57		53	90	48	50	0.25	24/18	1-0.28	454	131.6	1-0.31	527	131.6
DO2-5622	90		0.81		56						1-0.38	363			467	
DO2-6312	120		0.91		63	96	50	45			1-0.40	415	132		593	132
DO2-6322	180		1.29		67			54			1-0.45	320	140.7	1-0.33	427	140.7
DO2-7112	250		1.73		69	110	58	50			1-0.50	271	148.1	1-0.45	382	148.1
DO2-4514	6		0.20	1 400	17	71	38	45	0.2	12/18	1-0.18	700	83.3	1-0.16	675	83.3
DO2-4524	10		0.26		24						1-0.20	600			620	
DO2-5014	16		0.28		33	80	44				1-0.21	560	85.4	1-0.21	455	85.4
DO2-5024	25		0.36		38	80	44	45	0.2		1-0.25	436	85.4	1-0.21	435	85.4
DO2-5614	40		0.49		45	90	54	50	0.25	24/18	1-0.28	356	98.7	1-0.23	508	98.7
DO2-5624	60		0.64		50						1-0.31	348		1-0.28	339	
DO2-6314	90		0.94		51	96	58	45			1-0.35	302	93.7	1-0.31	374	93.7
DO2-6324	120		1.17		55			54			1-0.40	259	106.3		365	106.3
DO2-7114	180		1.58		59	110	67	50		24/30	1-0.42	206	109.4	1-0.38	330	109.4
DO2-7124	250		2.04		62			62			1-0.47	165	121.4	1-0.42	268	121.4

附表 1-30　QY 型油浸式潜水电泵铁心及绕组技术数据

型号	功率（千瓦）	极数	定子外径（毫米）	定子内径（毫米）	定子铁心长度（毫米）	槽数	绕组线规（根-毫米）	每槽线数	每圈匝数	每联圈数	每台联数	并联路数	绕组型式	节距	每台线重（千克）	型式 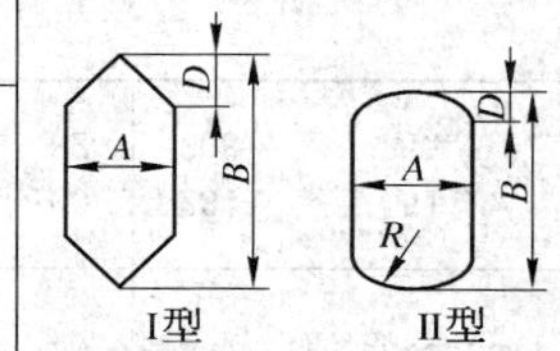	A	B	D(R)
QY-3.5 QY-7A QY-15 QY-25 QY-40A			145	82	100		QZ-2 1-0.75	94	94						2.45		96 86	231 201	(48) (43)
QY-3.5（节能型） QY-7A（节能型） QY-15（节能型） QY-25（节能型） QY-40A（节能型）	2.2	2	143	78	95	24	QZ-2 1-0.71	96	96	2	6	2	同心	1—12 2—11	2.33	Ⅱ	100 82	225 197	31(51) 31(43)
QY40-16-3 QY25-26-3 QY15-36-3	3		143	78	120		QZ-2 1-0.8	76	76						2.57		100 82	250 222	31(51) 31(43)

附表1-31 QX型污水电泵铁心及绕组技术数据

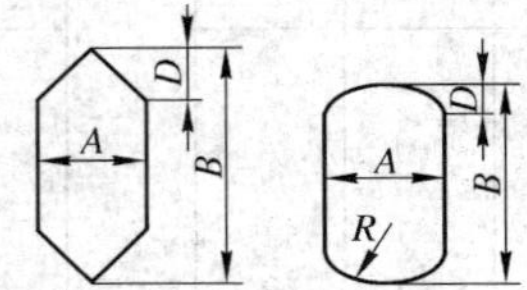

Ⅰ型 Ⅱ型

型号	功率（千瓦）	极数	定子外径（毫米）	定子内径（毫米）	铁心长度（毫米）	槽数	绕组 线规QZ-2（根-毫米）	每槽线数	每圈匝数	每联圈数	每台联数	并联路数	绕组型式	节距	型式	A	B	D(R)
QX6-15J	0.75	2	125	65	60	24	1-0.6	86	86	4	3	1	同心	1—12 2—11	Ⅱ	85 70	155 38	(48) (36)
QX10-10J														1—12 2—11		85 70	155 38	(43) (36)
QX120-10J	5.5	4	175	110	170	36	1-0.85 2-0.9	23	23	3	6	1	单层交错	1—9 2—10 11—18		82 82 70	244 244 244	22(48.5) 22(48.5) 22(39.5)
QX22-15J	2.2	2	145	82	100	24	1-0.75	94	94	4	3	2	同心	1—12 2—11		100 82	234 208	51 45.5

附表 1-32　QD 型单相电泵铁心及绕组技术数据

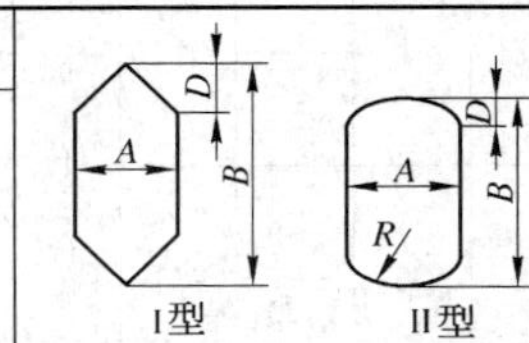

型号	功率（千瓦）	极数	定子外径（毫米）	定子内径（毫米）	铁心长度（毫米）	槽数	绕组 线规 QZ-2（根-毫米）	每圈匝数	每联圈数	每台联数	并联路数	绕组型式	节距	每台线重（千克）	型式	A	B	D(R)
QD7. 8-6. 5J	0. 4	2	125	65	60	24	主 1-0. 8	50 50 42 42	4	2	1	同心	1—12 2—11 3—10 4—9	0. 6	Ⅱ	85 72 58 45	148 132 116 100	44. 5 38 32 27
							副 1-0. 55	72 72 28 28					7—18 8—17 9—16 10—15	0. 31		85 72 58 45	148 132 116 100	44. 5 38 32 27
QD6-9J	0. 4	2	125	65	60	24	主 1-0. 8	50 50 42 42					1—12 2—11 3—10 4—9	0. 6		85 72 58 45	148 132 116 100	44. 5 38 32 27
							副 1-0. 55	72 72 28 28					7—18 8—17 9—16 10—15	0. 31		85 72 58 45	148 132 116 100	44. 5 38 32 27
QD3-15J	0. 4	2	125	65	60	24	主 1-0. 8	50 50 42 42					1—12 2—11 3—10 4—9	0. 6		85 72 58 45	148 132 116 100	44. 5 38 32 27
							副 1-0. 55	72 72 28 28					7—18 8—17 9—16 10—15	0. 31		85 72 58 45	148 132 116 100	44. 5 38 32 27

附表1-33 YLB系列深井泵电动机铁心及绕组技术数据(380伏、△接法)

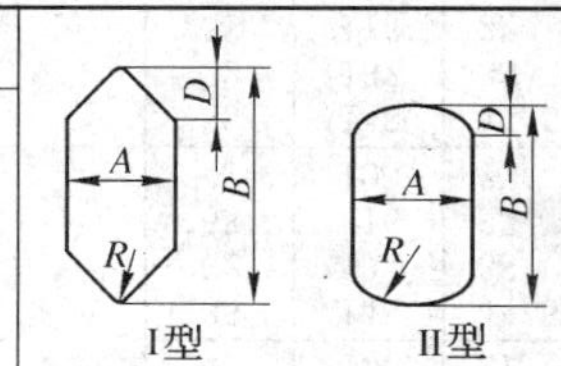

型号	功率（千瓦）	极数	定子 外径（毫米）	定子 内径（毫米）	铁心长度（毫米）	槽数	绕组 线规 QZ-2（根-毫米）	每槽线数	每圈匝数	节距	并联路数	绕组型式	每联圈数	每台联数	每台线重（千克）	型式	A	B	D	R
YLB132-1-2	5.5	2	210	116	105	30	1-0.95 1-1.0	44	44	1—16 2—15 3—14 17—30 18—29	1	同心	3、2	6	6.5	Ⅱ	146 124 102 124 102	330 306 282 306 282		73 62 51 62 51
YLB132-2-2	7.5				125		2-1.06	37	37						6.8					
YLB160-1-2	11	2	290	160	85	36	2-1.0 1-0.95	29	14 15	1—14	1	双层	6	6	8.2	Ⅰ	155	285	80	45
YLB160-2-2	15				100		2-1.06 1-1.12	24	12						8.6			300		
YLB160-1-4	11	4		187	100	48	1-1.18	54	27	1—11	2		4	12	7.9		120	220	40	20
YLB160-2-4	15				130		1-1.3	42	21						8.2			250		
YLB180-1-2	18.5	2	327	182	105	36	1-1.16 1-1.12	42	21	1—14	2		6	6	11.1	Ⅰ	175	325	90	54
YLB180-2-2	22				115		2-0.95 1-1.0	38	19						12			335		
YLB180-1-4	18.5	4		210	120	48	1-1.05 1-1.12	40	20	1—11			4	12	11.4		140	249	42	20
YLB180-2-4	22				135		2-1.12	36	18						11.3			264		

（续表）

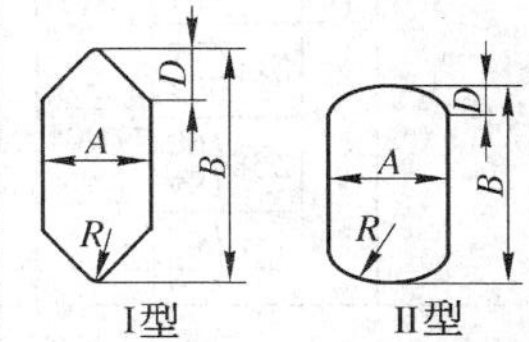

型号	功率（千瓦）	极数	定子 外径（毫米）	定子 内径（毫米）	铁心长度（毫米）	槽数	绕组 线规 QZ-2（根-毫米）	每槽线数	每圈匝数	节距	并联路数	绕组型式	每联圈数	每台联数	每台线重（千克）	型式	A	B	D	R
YLB200-1-2	30	2	368	210	115	36	1-1.3 1-1.4	32	16	1—14	2	双层	6	6	14.7	I	200	380	110	45
YLB200-2-2	37				135		1-1.4 1-1.5	28	14						15.4			400		
YLB200-1-4	30	4		245	125	48	2-1.3	32	16	1—11			4	12	14.1		160	266	48	20
YLB200-2-4	37				155		1-1.12 2-1.18	26	13						10.2			296		
YLB200-3-4	45				185		3-1.3	22	11						16.9			326		
YLB250-1-4	55		445	300	145	60	1-1.4 2-1.5	18	9	1—14			5	12	16		205	326	68	
YLB250-2-4	75				185		2-1.25 3-1.3	14	7						15.3			366		
YLB250-3-4	90				215		4-1.25 2-1.3	12	6						26.5			396		
YLB280-1-4	110		498	330	200		4-1.2	24	12		4				35.2		220	405	80	
YLB280-2-4	132				240		4-1.4	20	10						39.6			445		

附表 1-34 JQS、YQS_2 系列井用潜水泵三相异步电动机铁心及绕组技术数据

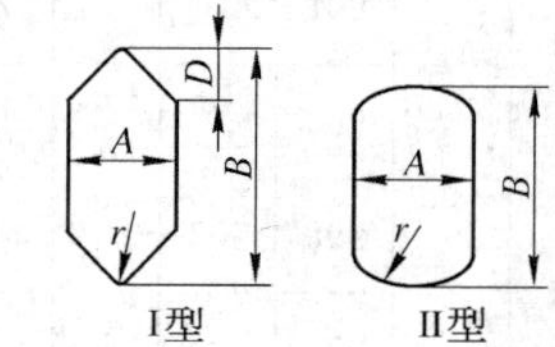

型号	功率（千瓦）	极数	定子 外径（毫米）	定子 内径（毫米）	铁心长度（毫米）	槽数	绕组 引出线（毫米²）	线规（根-毫米）	每圈匝数	每联圈数	每台联数	并联路数 接法—路数	绕组型式	节距	每台线重（千克）	线模内框尺寸（毫米） 型式	A	B	D	r
6JQS	10		130	65	570			1-φ1.81	12						80					
	17				450		10	7-φ0.8	10						63					
	22				560	24		7-φ0.9	8					1—12 2—11	57					
SJQS	28		167	32	640			7-φ1.0	7				单		55					
	34				750		16	7-φ1.12	6						53	QYN 聚乙烯耐水绕组线，穿线				
	40				600			19-φ0.74	8						50					
	50				690		25	19-φ0.80	7				层		48					
10JQS	70	2	200	100	800			19-φ0.96	6			Y-1			45					
	92				960		35	19-φ1.08	5						43					
	3				240	18		1-φ1.06	36				同	1—10 2—9 18—11	95.7			381 347 347		
	4				290			1-φ1.25	30						89.2			431 397 397		
YQS_2-150	5.5		134	65	325		6	1-φ1.4	26	2；1	3		心		83.1	Ⅱ	100 75 75	466 432 432	—	50 37.5 37.5
	7.5				355			1-φ1.5	23						77.8			496 462 462		

（续表）

型号	功率（千瓦）	极数	定子 外径（毫米）	定子 内径（毫米）	铁心长度（毫米）	槽数	绕组 引出线（毫米²）	线规（根-毫米）	每圈匝数	每联圈数	每台联数	并联路数 接法—路数	绕组型式	节距	每台线重（千克）	线模内框尺寸（毫米） 型式	A	B	D	r
YQS₂-200	18.5	2	172	82	340	24	10	1-ϕ2.24	12	—	—	Y-1	单层同心	1—12 2—11	57	QYN聚乙烯耐水绕组线，穿线				
	22				410			1-ϕ2.5	10						54					
	25				470			1-ϕ2	15			△-1			88					
	30				550			1-ϕ2.12	13						85					
	37				640			1-ϕ2.36	11						80					
	45				695			1-ϕ2.24	12			Y-2			2×46.5					
YQS₂-250	11		220	104	130			1-ϕ1.4	38	4	3	△-1			129	Ⅱ	136 106	333 298	—	69 53
	13				153			1-ϕ1.5	33						118.1			355 320		
	15				170			1-ϕ1.6	30						111.9			373 338		
	18.5				245			1-ϕ2.5	13	—	—	Y-1			59.6	QYN聚乙烯耐水绕组线，穿线				
	22				260		16	7-ϕ1.0	12						57.1					
	25				285			7-ϕ1.12	11						54.6					
	30				350			19-ϕ0.75	9						50					

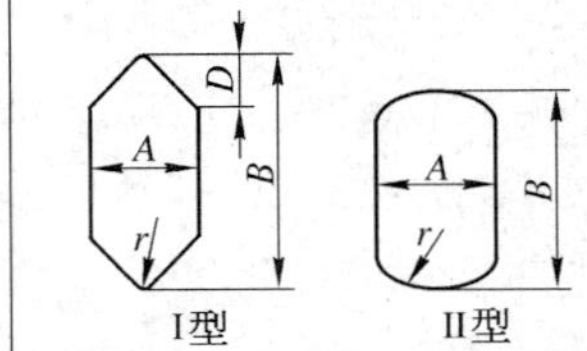

（续表）

型号	功率（千瓦）	极数	定子外径（毫米）	定子内径（毫米）	铁心长度（毫米）	槽数	绕组 引出线（毫米^2）	绕组 线规（根-毫米）	绕组 每圈匝数	绕组 每联圈数	绕组 每台联数	绕组 并联路数 接法—路数	绕组 绕组型式	绕组 节距	绕组 每台线重（千克）	线模内框尺寸（毫米） 型式 A B D r
YQS_2-250	37	2	220	104	395	24	16	19-φ0.8	8	—	—	Y-1	单层同心	1—12 2—11	47.8	QYN 聚乙烯耐水绕组线，穿线
	45				450		25	19-φ0.9	7						45	
	55				525			19-φ0.95	6						42.6	
	63				610			19-φ0.75	9			△-1			70.8	
	75				710		35					Y-2			2×39	
	90				845			7-φ1.0	13			△-2			2×65	
	100				915			19-φ0.9	7			Y-2			2×74.1	
YQS_2-300	55		262	122	430		25	19-φ1.22	6			Y-1			39.7	
	63				495			19-φ0.9	9			△-1			64.9	
	75				555		35	19-φ0.95	8						62	
	90				645			19-φ1.4	4			Y-1			34.2	
	110				740		25	19-φ1.12	6			△-1			56.3	
	125				865							Y-2			2×31.4	
	140				890		35	19-φ1.25	5			△-1			53.4	
	160				1 040							Y-2			2×30.1	
	185															

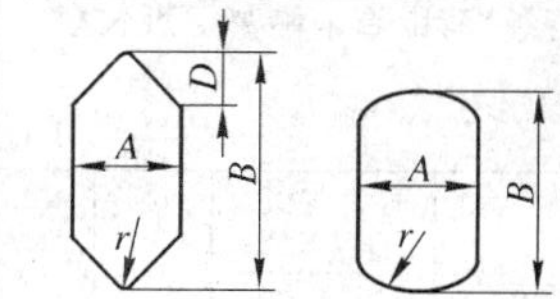

I型 II型

附表 1-35 电动工具用奇数槽单相串励电动机技术参数

定子冲片外径(毫米)	电动机额定参数					定、转子参数						转子槽数	换向器		电刷				采用该规格电动机产品的型号及名称
	输入功率(瓦)	输出功率(瓦)	电压(伏)	电流(安)	负载转速(转/分)	定子每极匝数	定子线规 d_1/d_1' (毫米)	转子每元件匝数	转子线规 d_2/d_2' (毫米)	铁心长度(毫米)	气隙(毫米)		外径(毫米)	换向片数	刷盒结构	电刷长度(毫米)	电刷宽度(毫米)	电刷高度(毫米)	
56	165	90	220	0.78	10 000	310	0.28/0.33	46	0.21/0.25	38	0.35	9	22.4	27	盒式	6.5	4	12.5	J1Z-6K 电钻
	230	120		1.10	13 000	248	0.33/0.38	36	0.23/0.28									12.5	J1Z-6 电钻、J1S-8 攻螺纹机
	185	92	36	5.60	10 000	40	2×0.56/2×0.63		0.56/0.63									12.5	J1Z-6 电钻
	250	140	220	1.20	14 000	247	0.33/0.38	36	0.23/0.28									10	J1Z-6 电钻、J1J-1.5 电剪刀、J1Q-40 曲线锯、P1L-6 螺丝刀
	370	220		1.75	14 000	175	0.41/0.47	25	0.29/0.34	55					盘簧			13	S1M-100 角向磨光机
	280	160		1.40	15 000	240	0.35/0.41	31	0.25/0.30	38					盒式			12.5	Z1J-10 冲击电钻
	250	140		1.10	14 000	247	0.33/0.38	36	0.23/0.28						盘簧			12.5	J1J-2 电剪刀、J1Q-40 曲线锯、S1J-25 电磨
	140	80		0.8	8 000	315	0.29/0.34	53	0.19/0.23									12.5	P1B-12 电扳手 P1L-5 螺钉旋具
	380	230		1.78	14 300	175	0.41/0.47	25	0.29/0.34	55								12.5	S1M-100 角向磨光机
	240	140		1.10	14 000	247	0.33/0.38	36	0.23/0.28	38					压簧			12.5	J1Z-6 电钻、回 J1J-1.6 电剪刀、J1S-8 攻螺纹机
	140	80		0.79	8 000	315	0.29/0.34	53	0.19/0.23						盘簧			12.5	P1B-12 电扳手
	250	140		1.10	14 000	247	0.33/0.38	36	0.23/0.28						盒式			12.5	J1Z-6 电钻
	220	130		1.10	13 500	255	0.31/0.37	38	0.23/0.28	34					盘簧		4.3	12.1	J1Z-6 电钻
	210	120		1.10	12 000	265	0.31/0.36	42	0.23/0.28									14	J1Z-6 电钻
62	328	164	36	9.6	8 900	36	0.56×3/0.63×3	5	0.47×2/0.53×2	38	0.40	9			盒式	6.5	4.3	14	J1Z-10 电钻
	334	184	220	1.6	12 600	216	0.42/0.48	32	0.32/0.27									14	J1Z-10 电钻、J1Z-16 冲击电钻
	320	210	220	1.6	12 600	210	0.41/0.47	32	0.29/0.34	41								12	J1Z-10 电钻
	340	220	220	1.6	13 040	204	0.41/0.47	32	0.29/0.34	36					盘簧			12.5	J1Z-10 电钻

（续表）

定子冲片外径（毫米）	电动机额定参数 输入功率（瓦）	输出功率（瓦）	电压（伏）	电流（安）	负载转速（转/分）	定、转子参数 定子每极匝数	定子线规 d_1/d_1'（毫米）	转子每元件匝数	转子线规 d_2/d_2'（毫米）	铁心长度（毫米）	气隙（毫米）	转子槽数	换向器 外径（毫米）	换向片数	电刷 刷盒结构	电刷长度（毫米）	电刷宽度（毫米）	电刷高度（毫米）	采用该规格电动机产品的型号及名称
	430	275		2.1	12 100	185	0.5/0.56	20	0.3/0.39						盒式		5	16	J1Z-13 电钻
	430	275		2.1	12 100	185	0.49/0.55	20	0.3/0.39						管式		5		J1Z-13 电钻、Z1J-20 冲击电钻、J1FH-100 往复锯
71	305	195		1.51	8 500	212	0.41/0.47	27	0.29/0.34	44	0.45	11	26	33		8	4.5	17	P1B-16 电扳手
	430	275		2.1	12 100	185	0.49/0.55	20	0.33/0.38						盒式		15		J1J-3 电剪刀、J1H-2.5 电冲剪、J1Q-6.5 曲线锯
	485	310		2.4	13 000	152	0.57/0.63	19	0.42/0.48	38	0.50		26		管式	8	6.3	16	M1B-90×2 电刨
	520	360		2.5	13 300	160	0.57/0.63	18	0.41/0.47		0.45		30			8	5	16	Z1C-26 电锤
	550	350		2.4	8 900	178	0.55/0.62	24	0.36/0.44	42	0.55		26.5			10.5	4	18	P1B-20 电扳手
80	780	375		3.7	14 500	115	0.57/0.63	14	0.47/0.53		0.45	11	30	33	盒式	8	5	16	Z1C-38 电锤
	630	450	220	3.2	11 000	148	0.59/0.60	16	0.44/0.50		0.55					10	4.5	18	P1BD-60 定扭矩扳手
	630	450		3.2	11 300	144	0.59/0.66	17	0.44/0.50	48	0.50		26.5		管式	8	6.3	16	M1B-80×2 电刨
	700	600		4.1	11 000	136	0.44/0.50	16	0.47/0.53	60	0.55				盒式	10.5	4.5	18	P1B-24 电扳手
	830	470		4.1	9 900	134	2×0.5/2×0.56	13	0.5/0.56		0.6				盒式			20	J1Z-19、23 电钻
	820	500		4.0	11 000	132	0.55/0.50	12	0.52/0.59		0.65				盒式			22	P1BD-150 定扭矩砜手
	810	550		4.1	9 900	134	2×0.49/2×0.55	13	0.49/0.55						盘簧			19	J1Z-16、19、23 电钻
90	920	630		4.5	11 000	126	2×0.5/2×0.56	12	0.53/0.6	52	0.60	19	33	38	盘簧	12.5	8	19	J1Z-23/32 双速电钻、S1S-150 砂轮机
	1 000	660		4.9	12 100	110	0.55/0.6	11	0.57/0.62						管式			16	M1Y-200 电圆锯、M1B-90×2 电刨
	1 800	1 200		7.7	12 000	76	2×0.64/2×0.72	8	0.64/0.72	76	0.60				拉簧			16	S1M-180 角向磨光机

附表 1-36　电动工具用偶数槽单相串励电动机技术参数

定子冲片外径(毫米)	转子槽数	铁心长度(毫米)	电动机额定参数					定、转子参数					换向器		电刷		采用该规格电动机的产品型号和名称
			电压(伏)	电流(安)	输入功率(瓦)	输出功率(瓦)	负载转速(转/分)	定子每极匝数	定子线规 d_1/d_1'(毫米)	转子每元件匝数	转子线规 d_2/d_2'(毫米)	气隙(毫米)	外径(毫米)	换向片数	电刷长度(毫米)	电刷宽度(毫米)	
		32		1.2	250	110	11 800	325	0.28/0.33	52	0.21/0.25						J1Z-6C 电钻
		32		1.1	240	130	14 700	323	0.31/0.36	42	0.23/0.28						J1J-1.6 电剪刀
		34		1.2	250	140	15 700	277	0.31/0.36	40	0.23/0.28				6.5		M1Q-40 曲线锯
56	12	36		1.6	340	150	15 700	254	0.31/0.36	38	0.23/0.28	0.35	22.4			5.0	J1Z-6A 电钻
		40		1.4	300	170	14 500	261	0.33/0.39	34	0.25/0.30						J1J-2 电剪刀
		42		1.8	380	190	15 500	212	0.35/0.41	32	0.29/0.34				8.0		Z1J-10 冲击电钻
		55		1.9	400	250	14 300	193	0.40/0.46	27	0.31/0.36						S1M-100 角向磨光机
		30		0.7	150	60	10 000	425	0.23/0.28	64	0.19/0.23					4.0	S1B-225×115 平板摆动式砂光机
		38		1.9	420	190	15 400	255	0.35/0.41	34	0.27/0.32		25.0		6.5		Z1J-10 冲击电钻
		40		1.8	380	240	15 700	226	0.38/0.44	32	0.29/0.34		25.0				J1J-2.5 电剪刀，M1B-60×1 电刨
		42		1.7	360	160	12 000	261	0.33/0.39	38	0.25/0.30		22.4				J1Z-10C 电钻
		42		2.0	440	210	15 200	230	0.38/0.44	32	0.29/0.34		22.4				J1Z-10A 电钻
58	12	42	220	2.2	480	225	15 700	232	0.38/0.44	30	0.29/0.34	0.40		24	8.0		Z1J-13 冲击电钻
		45		1.9	420	250	15 700	210	0.40/0.46	28	0.31/0.36					5.0	M1Q-55 曲线锯，Z1C-16 电锤
		45		2.0	430	270	16 000	192	0.40/0.46	28	0.31/0.36						M1Q-65 曲线锯
		50		2.5	550	270	15 700	200	0.42/0.48	26	0.31/0.36		25.0				Z1J-16 冲击电钻
		52		2.3	500	300	16 200	180	0.42/0.48	24	0.33/0.39						J1J-3.2 电剪刀，S1S-80 直向砂轮机
		54		2.2	470	280	15 700	185	0.42/0.48	24	0.33/0.39						Z1C-18、20 电锤
		55		3.0	650	430	17 000	142	0.50/0.56	21	0.38/0.44						S1M-115 角向磨光机
		39		1.9	390	240	14 500	216	0.40/0.46	25	0.31/0.36		22.4		6.5	4.0	P1M-5 电动拉铆枪
		40		2.2	480	240	14 300	223	0.40/0.46	31	0.31/0.36						J1Z-10A 电钻
62	12	45		2.5	550	290	14 000	185	0.42/0.48	28	0.33/0.39	0.45					Z1J-16 冲击电钻
		46		2.7	580	290	14 000	185	0.42/0.48	28	0.33/0.39		25.0			5.0	J1Z-10B、13A 电钻
		50		2.3	500	300	15 700	180	0.42/0.48	24	0.33/0.39						M1B-80×2 电刨
		52		2.6	560	360	16 000	163	0.50/0.56	22	0.35/0.41						Z1C-22 电锤

（续表）

定子冲片外径(毫米)	转子槽数	铁心长度(毫米)	电动机额定参数					定、转子参数					换向器		电刷		采用该规格电动机的产品型号和名称
			电压(伏)	电流(安)	输入功率(瓦)	输出功率(瓦)	负载转速(转/分)	定子每极匝数	定子线规 d_1/d_1'(毫米)	转子每元件匝数	转子线规 d_2/d_2'(毫米)	气隙(毫米)	外径(毫米)	换向片数	电刷长度(毫米)	电刷宽度(毫米)	
65	12	40	220	2.6	560	270	13 500	220	0.42/0.48	30	0.33/0.39	0.45	25.0	24	6.5	5.0	Z1J-16 冲击电钻
		40		3.0	650	320	15 200	201	0.45/0.51	27	0.35/0.41						Z1J-20 冲击电钻
		50		2.9	640	400	15 200	168	0.50/0.56	22	0.40/0.46						S1S-100 直向砂轮机
		50		3.9	860	380	15 200	174	0.50/0.56	22	0.40/0.46						J1Z-16A 电钻
72	12	35		2.6	560	350	14 900	201	0.47/0.53	27	0.38/0.44	0.5	28.0		10.0	6.5	Z1C-26 电锤
		36		3.0	660	320	13 200	221	0.47/0.53	28	0.38/0.44						Z1J-20 冲击电钻
		45		3.0	660	410	13 200	178	0.53/0.60	23	0.40/0.46		25.0		6.5	5.0	M1B-80×3、90×2 电刨
		45		3.2	700	450	14 500	163	0.43/0.60	22	0.42/0.48						M1Y-160 电圆锯
		50		3.3	720	470	13 500	156	0.56/0.63	21	0.42/0.48						M1B-90×3 电刨
		50		3.7	800	500	15 200	150	0.56/0.63	19	0.45/0.51		28.0		10.0	6.5	J1X-205 斜切割机
		50		3.7	800	520	14 500	144	0.56/0.63	20	0.45/0.51		25.0		6.5	5.0	M1Y-180 电圆锯
		50		3.8	830	550	15 200	140	0.56/0.63	19	0.45/0.51						J1J-4.5 电剪刀，S1S-125 直向砂轮机
		50		3.9	850	560	14 700	149	0.60/0.67	19	0.47/0.53		28.0		10.0	6.5	Z1C-32 电锤
		54		4.1	880	600	14 000	136	0.60/0.67	19	0.47/0.53						S1M-150 角向磨光机，Z1E-110 石材切割机
		55		4.0	860	600	15 000	126	0.60/0.67	19	0.47/0.53						S1M-125 角向磨光机
80		40		3.7	800	500	14 700	168	0.56/0.63	16	0.47/0.53	0.6	28.0	32	12.5	5.5	M1Y-160 电圆锯
		42		4.6	1 000	500	13 700	166	0.56/0.63	16	0.47/0.53						M1Y-180 电圆锯
		45		3.9	850	550	14 200	148	0.60/0.67	15	0.47/0.53		30.0				J1Z-19 电钻
		45		5.0	1 100	550	13 500	152	0.56/0.63	15	0.47/0.53						J1Z-23 电钻
90	16	48		5.0	1 050	700	12 800	132	0.69/0.77	13	0.60/0.67		33.5			8.0	M1Y-200 电圆锯
		55		6.0	1 300	900	12 500	104	0.77/0.86	12	0.63/0.70						M1Y-250 电圆锯
		60		7.3	1 600	1 200	13 500	95	0.90/0.99	11	0.67/0.75						J1G-350 型材切割机
		66		7.1	1 550	1 100	12 500	90	2*0.60/0.67	10	0.69/0.77						S1M-180 角向磨光机
		70		8.2	1 800	1 200	13 200	83	2*0.63/0.70	9	0.71/0.79		36.0		13.5		S1M-230 角向磨光机
95		50		6.4	1 400	1 030	12 500	106	2*0.60/0.67	12	0.63/0.70	0.65	33.5		12.5	6.0	M1YT-250 台式电圆锯
		65		7.3	1 600	1 120	12 500	81	2*0.60/0.67	10	0.67/0.75						M1BY-300 台式压刨
		78		9.1	2 000	1 560	12 500	72	2*0.71/0.79	8	0.80/0.89		37.0			8.0	J1G-350 型材切割机

附表 1-37　电动工具用三相异步电动机技术参数

工具名称	工具型号	电动机额定参数				定子参数									转子参数	
		电源频率（赫）	电压（伏）	电流（安）	输出功率（千瓦）	外径（毫米）	槽数	极数	线规（毫米）	每槽线数	绕线型式	节距（以槽计）	每线圈圈数	接法	外径（毫米）	槽数
电钻	J3Z-32	50	380	2.4	1.1	120	18	2	0.72	95	同心绕组	1—9	95	Y	64.4	16
	J3Z-38			2.4	1.32								95			
	J3Z-49			3.35	1.54				0.77	84			84			
型材切割机	J3G-400			4.7	2.2	145	24		0.95	46	单层同心	1—12，2—11	46		80	30
手提砂轮机	S3S-100			0.5	0.18	88	18		0.35	235	单层一二分装	2(1—9)，2—8	235		45.45	12
	S3S-125、150			0.68	0.25	88			0.38	190		2(1—9)，2—8	190			
	$S3S_2$-150			1.28	0.5	98			0.47	138	单层链式	1—9，2—8	138		52.8	
软轴砂轮机	S3SR-100			1.3	0.5	102	18		0.57	130	单层一二分装	2(1—9)，2—8	130		51.4	12
	S3SR-150			2.23	1	130	24		0.67	74	同心绕组	1—12，2—11	74		69.4	18
	S3SR-200			3.24	1.5	145	24		0.83	58		1—12，2—11	58		74.4	16
中频角向磨光机	S2MJ-100	300	42	7.2	0.31	48			0.55×2	8	穿绕链式单层	1—9	8		26	16
电动磨管机	S3M-38、57、76	50	380	0.86	0.27	88			0.38	176	同心绕组	1—10，2—9，11—18	176		44	16
电动胀管机	P3Z-13、19、25			0.86	0.27	88	18			176		1—10，2—9，11—18	176		44	16
	P3Z-38			1.9	0.6	102				216		1—10，2—9，11—18	216		53.4	
	P3Z-51、76			2.6	1	102			0.44	156		1—10，2—9，11—18	156			
平板振动器	B11			2.34	1.1	120			0.67	96	单双层混合	1—9，2—8，3—7	96		67	16
软轴振动器	ZX35、50			2.52	1.1	130	18		0.77	82	同心绕组	1—12，2—11	82		71.4	16
	ZX_o-50			2.5	1.1	120	24								67	22
	ZX70			3.45	1.5	130	18								71.4	16
中频振动器	Z2D-100	200	42	3	1.5	90	18		0.69	9	单层链式	1—8	9			16
电链锯	$M3L_2$-950	50	380	2.52	1	102.5	18		0.64	102	双层叠绕	1—9	51		46.25	16
中频电链锯	$M2L_2$-950	200	220	7.5	1.5	97	12			200		1—6	25		43.8	17

附表 1-38　洗衣机用电动机铁心及绕组技术数据

电动机型号	额定输出功率（瓦）	定子外径（毫米）	定子内径（毫米）	铁心长度（毫米）	定/转子槽数	气隙（毫米）	定子主绕组 线径（毫米）	定子主绕组 节距	定子主绕组 匝数	定子主绕组 电阻值 20℃（欧）	定子副绕组 线径（毫米）	定子副绕组 节距	定子副绕组 匝数	定子副绕组 电阻值 20℃（欧）
XDC-X-2	85	方形 101×101	68	39	24/34	0.35	0.38	1—6	170	33.7	0.35	4—9	170	38.8
								2—5	80			5—8	80	
XDC-T-2	20			19			0.25	1—6	310	109.2	0.19	4—9	455	276
								2—5	150			5—8	225	
JXX-90B	90	方形 124×124	80	25		0.20	0.41	1—7	107	37	0.41	4—10	107	37
								2—6	214			5—9	214	
XD-90	90	方形 120×120	70	30	24/22	0.30	0.42	1—6	220	32	0.42	4—9	220	32
								2—5	110			5—8	110	
XD-120	120			35			0.45	1—6	161	24.8	0.45	4—9	161	24.8
								2—5	118			5—8	118	
XD-180	180			45			0.53	1—6	160	18.5	0.53	4—9	160	18.5
								2—5	80			5—8	80	
XD-250	250			60			0.56	1—6	96	12.5	0.56	4—9	96	12.5
								2—5	69			5—8	69	
XD-90	90	方形 107×107	65	35	24/30	0.30	0.38	1—6	200	38.4	0.38	4—9	200	38.4
								2—5	100			5—8	100	
XD-120	120			40			0.41	1—6	176	27	0.41	4—9	176	27
								2—5	88			5—8	88	

注：1. 相同型号的电动机的铁心及绕组数据，因制造厂不同或同一厂但制造时间不同而会有差异。
　　2. 表中所列数据供维修参考。

附表 1-39　XDL、XDS 型洗衣机电动机铁心及绕组技术数据

型号		XDL-90 XDS-90	XDL-120 XDS-120	XDL-180 XDS-180	XDL-250 XDS-250
额定功率(瓦)		90	120	180	250
额定电压(伏)		220			
额定频率(赫)		50			
满载时	电流(安)	0.88	1.1	1.54	2.0
	转速(转/分)	1 370			
	效率(%)	49	52	56	59
	功率因数	0.95			

型号			XDL-90 XDS-90	XDL-120 XDS-120	XDL-180 XDS-180	XDL-250 XDS-250
定子	外径	(毫米)	107			
	内径		68			
铁心长度			34	40	50	62
气隙长度			0.35			
槽数	定子		24			
	转子		34			
每套定子绕组	线径(毫米)		0.35	0.38	0.45	0.5
	每极匝数		296	253	195	156
	半匝平均长(毫米)		108.5	114.5	124.5	136.5
	绕组节距		1—7 2—6	1—7 2—6	1—7 2—6	1—7 2—6

注：定子有两套绕组，其线径、匝数、节距完全相同。电机采用 E 级绝缘。

附表 1-40　吸尘器用电动机绕组数据(220 伏、50 赫)

功率(瓦)		200	400	600	800
电枢	电枢槽数	10	12		
	换向器片数	20	36	24	24
	每槽导体数	50×4	22×6	23×4	17×4
	每只线圈匝数	50	22	23	17
	线圈节距(槽)	1—5	1—6		

功率(瓦)		200	400	600	800
电枢	线径(毫米)	0.21	0.38		0.47
磁极	线径(毫米)	0.31	0.53		0.67
	线圈只数	2			
	每只线圈匝数	330	190	160	136
	线模尺寸(毫米)		43×51	44×34	45×40

附表1-41 电吹风用电动机铁心及绕组技术数据(220伏、50赫)(一)

	型式	广州三角牌罩式电吹风 HD450-A	上海串励式电吹风	广州幸福牌永磁式电吹风	上海万里牌罩式电吹风	广州三角牌串励式电吹风 HD450
电吹风	规格(瓦)	450	550	350	450	450
电吹风	电流(安)	2	2.1	1.58	1.9	2.1
电动机	输入功率(瓦)	24	29	10.8	25	22.5
电动机	电流(安)	0.15	0.15	0.6	0.16	0.11
电动机	转速(转/分)	2 800	3 500	8 800	2 500	14 500
电动机	轴伸(毫米)	4×18	4×14	2×50	4×20	3.2×6
电动机	气隙(毫米)	0.25	0.3	0.25	0.3	0.25
电动机	定子线径(毫米)	0.14	0.11		0.15	0.10
电动机	定子绕组(串联)	1 700×2	1 300×2		1 600×2	1 800×2
电动机	铁心长度(毫米)	20.5	24	13	19	16
电动机	转子线规(毫米)	2.8	0.09	0.12	2.64	0.08
电动机	转子绕组		300×8(1—4)	210×3(1—2)		450×8(1—4)
电动机	转子端环(毫米)	0.75×2			0.75×2	
电动机	转子斜槽数	1			1	
电动机	电刷规格(毫米)		DS 8.3×4.5	DS 2.5×2.5×5		DS 4.3×4.3×8

附表1-42 电吹风用电动机铁心及绕组技术数据(二)

电吹风	电压、频率		220伏、50赫				20伏(直流)
电吹风	规格(瓦)		550	450	450	450	550
电吹风	电流(安)		2.3	1.9	2.1	2.1	2.3
电动机	型　式		638型2极罩极式电机	642型两极罩极式电机	636型交流串励式换向器电机	604型交流串励式换向器电机	782型直流串励式电机
电动机	输入功率(瓦)		24	25	29	28	6
电动机	电流(安)		0.26	0.16	0.15		0.3
电动机	转速(转/分)		2 500		3 500		5 000
电动机	轴　承		5804球形铜基含油轴承				
电动机	轴伸(毫米)		$\phi4\times20$		$\phi4\times14$		$\phi2.5\times1$
电动机	气隙(毫米)		0.3				0.35
电动机	绝缘等级		A	E			
定子	绕组	线径(毫米)	油基漆包线$\phi0.21$	QZ$\phi0.15$	QZ$\phi0.11$	QZ$\phi0.12$	
定子	绕组	匝数×线圈数	2 300×1	1 600×2(串联)	1 300×2(串联)	1 200×2(串联)	永磁(700～800 Gs)
定子	罩极铜棒		$\phi2.3\times53.5$	$\phi2.34$(二根)	—	—	
定子	铁心长度		18	19	24	20	14
转子	线　规		$\phi2.34$	$\phi2.64$	QE$\phi0.09$	QE$\phi0.09$	QE$\phi0.13$
转子	匝数×线圈数		—	—	300×8(1—4)	250×8(1—4)	510×3(串)
转子	端　环		0.75×2紫铜板				
转子	斜槽数		1	1			
电动机	电　刷		—	—	DS8.3×4.5	DS8.3×4.5	2.5×2×2.5

附表 1-43　YYKF-120-4 型空调器风扇电动机铁心数据

项　目	外径(毫米)	叠厚(毫米)	槽　数	气隙(毫米)
定子铁心	ϕ139.8	40±1	36	0.3
转子铁心	ϕ82		44	

附表 1-44　YYKF-120-4 型空调器风扇 220 伏电动机绕组数据

绕组类型	节　距	A(毫米)	B(毫米)	R(毫米)	线径(毫米)	匝　数	绕组类型	节　距	A(毫米)	B(毫米)	R(毫米)	线径(毫米)	匝　数
主绕组	1—9 2—8 3—7	68 58 50	76 56 38	8 5 3	ϕ0.42	139 123 88	副绕组Ⅱ	2—9 3—8	58 50	58 42	5 3	ϕ0.31	220 88
副绕组Ⅰ	3—8 2—9 1—10	50 58 68	42 58 76	3 5 8	ϕ0.31	88 220 280	调速绕组	1—9 2—8 3—7	68 58 50	76 56 38	8 5 3	ϕ0.42	35 31 24

注：1. 绕线模尺寸见附图 1-2。
2. 附表 1-43～附表 1-45 中的数据因制造厂不同各有差异，仅供参考。

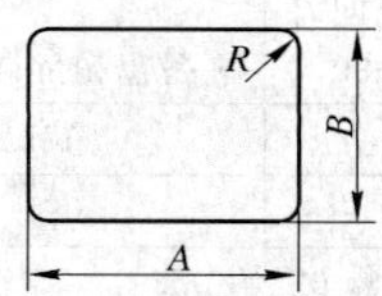

附图 1-2　YYKF-120-4 型电动机绕线模尺寸图

附表 1-45　YYKF-120-4 型空调器风扇 380 伏电动机绕组数据

绕组类型	节　距	*A*（毫米）	*B*（毫米）	*R*（毫米）	线径（毫米）	匝　数	绕组类型	节　距	*A*（毫米）	*B*（毫米）	*R*（毫米）	线径（毫米）	匝　数
主绕组	1—9	68	76	8	ϕ0.33	227	副绕组Ⅱ	2—9	58	58	5	ϕ0.29	207
	2—8	58	56	5		198		3—8	50	42	3		175
	3—7	50	38	3		143							
副绕组Ⅰ	3—8	50	42	3	ϕ0.29	175	调速绕组	1—9	68	76	8		58
	2—9	58	58	5		207		2—8	58	56	5		50
	1—10	68	76	8		216		3—7	50	38	3		36

注：220 伏及 380 伏绕组电磁线均为 QZ-2 聚酯漆包线绝缘等级为 E 级。

附表 1-46　电动剃须刀及其电动机技术数据

型　式	额定工作电压（伏）	额定转速（转/分）	额定空载电流（毫安）	额定负载电流（毫安）		电源种类	电动机 电枢 直径（毫米）	长度（毫米）	线圈导线直径（毫米）	线圈数（个）	槽数（个）	磁钢 外径（毫米）	内径（毫米）	间隙（毫米）	表面磁场强度（特）
直筒式	1.5	4 500～5 500	200	<400		1 号干电池	21.5	9.0	ϕ0.35	86	3	30	23	1.5	0.07 左右
卧　式	3	5 500～6 500	140	剃刀工作 <220	轧刀工作 <280	5 号干电池或交流整流装置	23.5	6.5	ϕ0.25	120	3	34.5	10.5	1.0	0.07～0.08

附表 1-47　交流单相电扇电动机铁心及绕组技术数据

产品规格及型号	电压(伏)	极数	槽数	定子铁心长度(毫米)	绕组 主绕组线径(毫米)/匝数	绕组 副绕组线径(毫米)/匝数	线圈只数 主相	线圈只数 副相	线圈只数 调速相	线模尺寸(毫米) 长×宽/厚	电容器 电压(伏)/容量(微法)
$\frac{200}{230}$毫米 DW_1-79 台扇	220	4	8	28	$\frac{0.17}{840}$	$\frac{0.15}{1\,160}$调$\frac{0.15}{680}$	4	2	2	$\frac{40\times30}{5.5}$	$\frac{400}{1}$
250 毫米 QB-64 台扇				20	$\frac{0.17}{935}$	$\frac{0.15}{1\,020}$		4		$\frac{35\times34}{4.5}$	$\frac{500}{1}$
300 毫米 QB-62 台扇				26	$\frac{0.17}{780}$	$\frac{0.19}{620}$				$\frac{41\times34}{4.5}$	$\frac{400}{1.5}$
350 毫米 QB-61 台扇					$\frac{0.21}{590}$	$\frac{0.19}{780}$				$\frac{41\times34}{4.5}$	$\frac{400}{1}$
400 毫米 QB-61 台扇					$\frac{0.23}{580}$	$\frac{0.21}{730}$				$\frac{41\times34}{4.5}$	$\frac{400}{1}$
300 毫米 QB-64 台扇					$\frac{0.17}{634}$	$\frac{0.19}{620}$				$\frac{41\times34}{4.5}$	$\frac{400}{1.5}$
350 毫米 QB-64 台扇				32	$\frac{0.23}{560}$	$\frac{0.19}{700}$				$\frac{47\times34}{4.5}$	$\frac{400}{1.2}$
400 毫米 QB-64 台扇					$\frac{0.23}{530}$	$\frac{0.17}{890}$				$\frac{47\times34}{4.5}$	$\frac{400}{1.2}$
400 毫米 QB-76 台扇					$\frac{0.23}{520}$	$\frac{0.17}{1\,000}$调$\frac{0.19}{560}$		2	2	$\frac{47\times34}{4.5}$	$\frac{400}{1.5}$
300 毫米 DQ-63 台扇			16	30	$\frac{0.17}{796}$	$\frac{0.13}{1\,275}$		4		$\frac{32\times42}{5.5}$	$\frac{500}{0.8}$
350 毫米 DQ-63 台扇				34	$\frac{0.19}{685}$	$\frac{0.13}{976}$				$\frac{32\times46}{5.5}$	$\frac{400}{1.2}$
400 毫米 DQ-63 台扇					$\frac{0.23}{555}$	$\frac{0.15}{955}$				$\frac{32\times46}{5.5}$	$\frac{400}{1}$

(续表)

产品规格及型号	电压(伏)	极数	槽数	定子铁心长度(毫米)	绕组		线圈只数			线模尺寸(毫米) $\frac{长×宽}{厚}$	电容器 $\frac{电压(伏)}{容量(微法)}$
					主绕组线径 $\frac{(毫米)}{匝数}$	副绕组线径 $\frac{(毫米)}{匝数}$	主相	副相	调速相		
900 毫米 36CC-48 吊扇			28	26	$\frac{0.295}{360}$	$\frac{0.295}{360}$	14	14		$\frac{26×35}{12}$	$\frac{400}{2.5}$
1 050 毫米 42CC-48 吊扇					$\frac{0.295}{300}$	$\frac{0.295}{300}$				$\frac{26×42}{12}$	$\frac{400}{3}$
1 400 毫米 56CC-54 吊扇		4		32	$\frac{0.315}{200}$	$\frac{0.315}{225}$				$\frac{22×42}{11}$	$\frac{400}{4}$
1 400 毫米 56CC-46 吊扇			36		$\frac{0.315}{210}$	$\frac{0.295}{250}$				$\frac{22×49}{11}$	$\frac{400}{4}$
1 200 毫米 DD_2-64 吊扇					$\frac{0.27}{328}$	$\frac{0.25}{280}$	18	18		$\frac{21.5×43}{11}$ 二端 R14	$\frac{400}{2}$
1 400 毫米 DD_2-64 吊扇	220	18		25	$\frac{0.27}{280}$	$\frac{0.25}{328}$				$\frac{21.5×43}{11}$ 二端 R14	$\frac{400}{2}$
150 毫米 BY 仪表扇					$\frac{0.15}{1\ 500}$					$\frac{24×30}{7}$	
180 毫米 1861 微型台扇					$\frac{0.15}{1\ 175}$					$\frac{24×37}{7}$	
200 毫米 2062 摇头台扇		2	2	32	$\frac{0.19}{1\ 050}$		2			$\frac{30×42}{7}$	
200 毫米 BW_1 摇头台扇					主$_1$ $\frac{0.19}{1.75}$	$\frac{0.19}{925+250}$				$\frac{30×42}{7}$	
200 毫米 BW_2 摇头台扇				26	主$_1$ $\frac{0.19}{1\ 350}$	主$_2$ $\frac{0.19}{825+500}$				$\frac{34×34}{7}$	

（续表）

产品规格及型号	电压（伏）	极数	槽数	定子铁心长度（毫米）	绕组 主绕组线径（毫米）/匝数	绕组 副绕组线径（毫米）/匝数	线圈只数 主相	线圈只数 副相	线圈只数 调速相	线模尺寸（毫米）长×宽/厚	电容器 电压（伏）/容量（微法）
230 毫米 BW_2 摇头台扇		2	2	32	主$_1$ $\frac{0.21}{1\,100}$	主$_2$ $\frac{0.21}{810+290}$	2			$\frac{34\times40}{7}$	
250 毫米 BW_2 摇头台扇				38	主$_1$ $\frac{0.23}{990}$	主$_2$ $\frac{0.23}{700+290}$				$\frac{34\times46}{7}$	
300 毫米 12AD-61 台扇				26	$\frac{0.25}{390}$					$\frac{33\times24}{9}$	
300 毫米 12AD-49 台扇				32	$\frac{0.28}{480}$						
300 毫米 12BQ-62 台扇			4		$\frac{0.27}{510}$		4			$\frac{27\times40}{6}$	
400 毫米 16AD-50 台扇	220				$\frac{0.417}{420}$	采用包线圈				$\frac{44\times39}{14.5}$	
400 毫米 16AD-61 台扇		4		38	$\frac{0.376}{420}$					$\frac{44\times39}{14.5}$	
400 毫米 16AL-54 台扇			6		$\frac{0.417}{360}$		6			$\frac{46\times26}{12}$	
400 毫米 16BQ-64 台扇			4	32	$\frac{0.417}{450}$		4			$\frac{31\times40}{10}$	
900 毫米 36AC-48 吊扇			14	38	$\frac{0.475}{185}$	线直接绕于磁极	14				
1 050 毫米 42AC-48 吊扇				51	$\frac{0.51}{155}$	线直接绕于磁极					

（续表）

产品规格及型号	电压（伏）	极数	定子铁心 长度（毫米）/槽数	绕组 主绕组线径（毫米）/匝数	绕组 副绕组线径（毫米）/匝数	线圈只数 主相	线圈只数 副相	线圈只数 调速相	线模尺寸（毫米）长×宽/厚	电容器 电压（伏）/容量（微法）
400 毫米 56AC-51 吊扇	220	12	32/14	0.55/240	采用包线圈	12				
400 毫米 JD 型 0.15 kW	220	4	35/24	0.31/540	三相电机接线采用△					
变压器风扇	380	4	35/24	0.31/540	三相电机接线采用Y					
16AL 风扇	220			0.27/360						
400FA3-6 排气扇	220	4	L53ϕ58/16	0.35/240	0.35/330	线圈节距 1—4				400/4
400FA 排气扇	220	4	L36ϕ60/24	0.33/260	0.33/260				青 72×32×8 岛 100×60×8	400/4
500FA4-7 排气扇	220	6	L40ϕ72/24	0.29/295	0.23/510	主 1—4 副 1—5			广 62×35×8 州 62×31×8	400/2
500FA 排气扇	220	4	L56ϕ72/24	0.47/105	0.35/170	1—6			天津 42×40×8	500/6

附表 1-48 三相排气扇电动机铁心及绕组技术数据

产品规格型号	电压（伏）	频率（赫）	极数	铁心长度与内径（毫米）/槽数	绕组 线径（毫米）/匝数	线圈节距	产地
400FA3-6 排气扇	380	50	4	$\frac{L46\phi58}{12}$	$\frac{0.295}{580}$	1—4	
400FTA8-6 排气扇				$\frac{L40\phi58}{12}$	$\frac{0.27}{625}$		
500FTA4-7 排气扇			6	$\frac{L40\phi72}{18}$	$\frac{0.29}{450}$		广州 50×40×9
600JA12-4 排气扇			4	$\frac{L55\phi80}{24}$	$\frac{0.47}{140}$	1—6	苏州
600FTA 排气扇				$\frac{L59\phi72}{24}$	$\frac{0.44}{150}$		天津 60×75×8

附表 1-49 单相轴流风扇电动机和转页扇电动机铁心及绕组技术数据

产品规格型号	电压（伏）	极数	频率（赫）	定子铁心 长度(毫米)/槽数	主绕组 线径(毫米)/匝数	副绕组 线径(毫米)/匝数	线圈数量		其他	备注
							主相数	副相数		
400 毫米轴流式通风扇	220	6	50	$\frac{55}{24}$	$\frac{\phi 0.38}{205}$	$\frac{\phi 0.38}{205}$	12	12	倒顺转	配用电容器 6 μF/400 V
400 毫米轴流式通风扇				$\frac{55}{24}$	$\frac{\phi 0.38}{205}$	$\frac{\phi 0.27}{415}$			单向转	配用电容器 2.5 μF/400 V
400 毫米轴流式通风扇				$\frac{55}{24}$	$\frac{\phi 0.38}{205}$	$\frac{\phi 0.38}{205}$			单/双向转	配用电容器 6 μF/400 V
300 毫米转页扇		4		$\frac{20}{16}$	$\frac{\phi 0.18}{880}$	$\frac{\phi 0.18}{880}$	4	4	单向转	
50TYS-JB-01 ▲转页扇微电机(3 W)		12		磁钢 $\phi 23\times 8$ 强度≥90 毫特	$\frac{\phi 0.03\sim 0.05}{(1.1\sim 1.25)\times 10^4}$	出轴转速 6 转/分			线架尺寸 $\phi 26\times 10$ 双向转	转矩 （牛·厘米） 15
50TYS-JB-02 ▲转页扇微电机(3 W)				磁钢 $\phi 23\times 8$ 强度≥90 毫特	$\frac{\phi 0.03\sim 0.05}{(1.1\sim 1.25)\times 10^4}$	出轴转速 33 转/分			线架尺寸 $\phi 26\times 10$ 双向转	转矩 （牛·厘米） 8
M12 5917 ▲转页扇微电机(3 W)				磁钢 $\phi 23\times 8$ 强度≥90 毫特	$\frac{\phi 0.03\sim 0.05}{1.25\times 10^4}$	出轴转速 33 转/分			双向转	转矩 （牛·厘米） 6

注：有▲标记为参考数据。

附表 1-50　Y 系列三相异步电动机(IP44)定子线圈的绕线用木模参考尺寸(参见附图 1-3)

电机型号	容量(千瓦)	定子绕组							定子线圈木模参考尺寸(毫米)											图号
		线圈型式	线规(根-毫米)	并联支路数	每槽线数	节距	每台线圈数	接法	h_1	h_2	h_3	H_1	H_2	H_3	C	r_1	r_2	r_3	F	
Y-801-2	0.75		1-φ0.63		111				170			60	72			单 30 双 36			8	
Y-802-2	1.1	单层交叉	1-φ0.71	1	90	2(1—9) 1(1—8)	9		185			60	72			单 30 双 36				(b)
Y-90S-2	1.5		1-φ0.85		74			380 Y	190			66	80			单 33 双 44				
Y-90L-2	2.2		1-φ0.95		58				210			66	80			单 33 双 44				
Y-100L-2	3		1-φ1.18		40	1—12 2—11	12		208	224		82	98			44	52			
Y-112M-2	4		1-φ1.06		48				218 (双)	232 232	263 263	88 88	104 104	120 (双)		44	52	66	10	
Y-132S1-2	5.5		1-φ0.9 1-φ0.95		44				237 (双)	259 259	281 281	102 102	124 124	146 (双)						
Y-132M-2	7.5	单层同心	1-φ1.0 1-φ1.06		37	1—16 2—15 3—14			257 (双)	279 279	301 301	102 102	124 124	146 (双)		51	62	73		(a)
Y-160M1-2	11		2-φ1.18 1-φ1.25	1	28	1—14 2—13	15		287 (双)	313 313	339 339	132 132	158 158	184 (双)						
Y-160M2-2	15		2-φ1.12 2-φ1.18		23				317 (双)	343 343	369 369	132 132	158 158	184 (双)		66	79	92		
Y-160L-2	18.5		3-φ1.12 2-φ1.18		19				357 (双)	383 383	409 409	132 132	158 158	184 (双)						
Y-180M-2	22		2-φ1.3 2-φ1.4		16			380 △	215			202			126				12	
Y-200L1-2	30		2-φ1.12 2-φ1.18		28				225			190			140					
Y-200L2-2	37		1-φ1.4 2-φ1.5		24	1—14	36		255			190			140					
Y-225M-2	45	双层叠绕	3-φ1.4 1-φ1.5	2	22				260			230			159	20	5			(d)
Y-250M-2	55		6-φ1.4		20				245			284			173					
Y-280S-2	75		7-φ1.5		14	1—16	42		275			312			192				13	
Y-280M-2	90		8-φ1.5		12				310			312			192					

（续表）

电机型号	容量（千瓦）	定子绕组 线圈型式	线规（根-毫米）	并联支路数	每槽线数	节距	每台线圈数	接法	定子线圈木模参考尺寸（毫米） h_1	h_2	h_3	H_1	H_2	H_3	C	r_1	r_2	r_3	F	图号
Y-801-4	0.55		1-ϕ0.56		128				125			50							8	
Y-802-4	0.75	单层链式	1-ϕ0.63		103	1—6	12		140			50				31				(c)
Y-90S-4	1.1		1-ϕ0.71		81				135			53							9	
Y-90L-4	1.5		1-ϕ0.80		63			380 Y	165			53								
Y-100L1-4	2.2		2-ϕ0.71	1	41				180			59	67			双 37 单 32			8	
Y-100L2-4	3		1-ϕ1.18		31				210			59	67			双 37 单 32			10	
Y-112M-4	4		1-ϕ1.06		46				215			66	71			双 39 单 34			10	
Y-132S-4	5.5	单层交叉	1-ϕ0.90 1-ϕ0.95		47	2(1—9) 1(1—8)	18		195			84	94			双 65 单 53			10	(b)
Y-132M-4	7.5		2-ϕ1.06		35				240			84	94			双 65 单 53				
Y-160M-4	11		1-ϕ1.30	2	56				253			104	116			双 69 单 53			11	
Y-160L-4	15		2-ϕ1.25 1-ϕ1.18	1	22				293			104	116			双 69 单 60				
Y-180M-4	18.5		2-ϕ1.18	2	32			380 △	230			132			79					
Y-180L-4	22		2-ϕ1.30		28	1—11	48		260			132			79					
Y-200L-4	30		1-ϕ1.06 1-ϕ1.12	4	48				275			150			87					
Y-225S-4	37	双层叠绕	2-ϕ1.25		46				240			173			108	20	5		10	(d)
Y-225M-4	45		1-ϕ1.30 1-ϕ1.40		40	1—12	48		270			173			108					
Y-250M-4	55		3-ϕ1.30	4	36				290			202			119					
Y-280S-4	75		2-ϕ1.25 2-ϕ1.30		26	1—14	60		290			217			137					

（续表）

电机型号	容量（千瓦）	定子绕组							定子线圈木模参考尺寸(毫米)											图号
		线圈型式	线规（根-毫米）	并联支路数	每槽线数	节距	每台线圈数	接法	h_1	h_2	h_3	H_1	H_2	H_3	C	r_1	r_2	r_3	F	
Y-90S-6	0.75		1-ϕ0.67		77				145			36				22			9	
Y-90L-6	1.1		1-ϕ0.75		63				170			36				22				
Y-100L-6	1.5		1-ϕ0.85		53			380 Y	154			47				28			10	
Y-112M-6	2.2		1-ϕ1.06		44				171			53				30				
Y-132S-6	3	单层链式	1-ϕ0.85 1-ϕ0.90	1	38	1—6	18		170			65				43				(c)
Y-132M1-6	4		1-ϕ1.06		52				200			65				43				
Y-132M2-6	5.5		1-ϕ1.25		42				240			65				43			11	
Y-160M6	7.5		2-ϕ1.12		38				220			79								
Y-160L-6	11		4-ϕ0.95		28				270			79				47				
Y-180L-6	15		1-ϕ1.50		34				235			100			61					
Y-200L1-6	18.5		1-ϕ1.12 1-ϕ1.18		32				230			113			65					
Y-200L2-6	22		2-ϕ1.25	2		1—9	54	380 △	260			113			65				7	
Y-225M-6	30	双层叠绕	1-ϕ1.30 1-ϕ1.40		28				250			128			78	20	5			(d)
Y-250M-6	37		1-ϕ1.12 2-ϕ1.18		28				275			145			92					
Y-280S-6	45		2-ϕ1.30 1-ϕ1.40	3	26	1—12	72		265			164			100					
Y-280M-6	55		1-ϕ1.40 2-ϕ1.50		22				310			164			100				8	
Y-132S-8	2.2		1-ϕ1.12		39			380 Y	165			49				30				
Y-132M-8	3	单层链式	1-ϕ1.30	1	31	1—6	24		195			49								(c)
Y-160M1-8	4		1-ϕ1.25 2-ϕ1.0		49 39			380 △	168			60				37				

(续表)

电机型号	容量(千瓦)	定子绕组 线圈型式	线规(根-毫米)	并联支路数	每槽线数	节距	每台线圈数	接法	h_1	h_2	h_3	H_1	H_2	H_3	C	r_1	r_2	r_3	F	图号
Y-160M2-8	5.5	单层链式	1-φ1.12	1	30	1—6	24		203			60				37				(c)
Y-160L-8	7.5		1-φ1.18						253			60								
Y-180L-8	11		2-φ0.90		46				235			74			45					
Y-200L-8	15		1-φ1.50	2	40	1—7	54		230			83			50					
Y-225S-8	18.5		2-φ1.40		38			380 △	210			94			58				8	
Y-225M-8	22	双层叠绕	2-φ1.50		32				250			94			58	20	5			(d)
Y-250M-8	30		3-φ1.30	2	22				275			103			67					
Y-280S-8	37		2-φ1.30		40	1—9	72		265			117			75					
Y-280M-8	45		1-φ1.40 1-φ1.50	4	34				310			117			75					

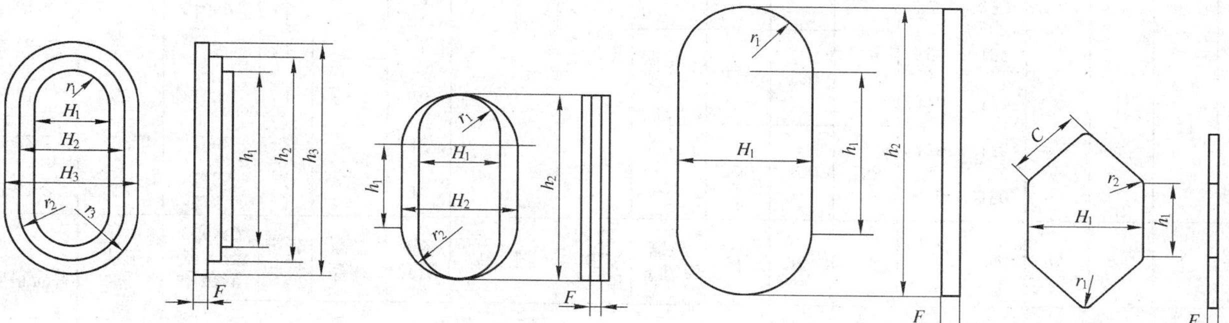

(a) 单层同心式　(b) 单层交叉式　(c) 单层链式　(d) 双层叠式

附图 1-3　Y 系列三相异步电动机线圈木模参考尺寸

附表 1-51 J2系列异步电动机定子线圈的绕线用木模参考尺寸(参见附图 1-4)

电动机型号	容量（千瓦）	定子绕组 电磁线直径（毫米）	并绕根数	线圈型式	线圈匝数	节距	每台电动机线圈数	并联支路数	定子线圈木模参考尺寸（毫米） H_1	H_2	C	h_1	h_2	r_1	r_3	F	图号
J2-61-2	17	1.4 1.35	1 1	双叠	16	1—13	36	1	100	100	158	150	150	20	5	11	(b)
J2-62-2	22	1.62	2		13							175	175				
J2-71-2	30	1.3	4		10				130	130	182	170	170				
J2-72-2	40	1.5	4		8							195	195				
J2-81-2	55	1.45 1.5	1 2		14			2	155	155	202	220	220			13	
J2-82-2	75	1.25 1.3	2 3		11							270	270				
J2-91-2	100	1.45	5		8	1—15			177	177	234	260	260				
J2-92-2	125	1.68	5		7							300	300				
J2-61-4	13	1.2	2		17	1—8		1	75	75	125	160	160			9	
J2-62-4	17	1.4	1		27			2				195	195				
J2-71-4	22	1.4	3		12	1—9		1	92	92	162	185	185			10	
J2-72-4	30	1.4	1		37			4				230	230				
J2-81-4	40	1.5	1		27	1—11	48	4	104	104	170	220	220				
J2-82-4	55	1.5	3		10			2				280	280				

（续表）

电动机型号	容量（千瓦）	定子绕组 电磁线直径（毫米）	并绕根数	线圈型式	线圈匝数	节距	每台电动机线圈数	并联支路数	定子线圈木模参考尺寸（毫米） H_1	H_2	C	h_1	h_2	r_1	r_3	F	图号
J2-91-4	75	1.5	4		8	1—13	60	2	120	120	187	250	250			10	
J2-92-4	100	1.45	3		13			4				300	300				
J2-61-6	10	1.12	2		14				62	62	105	205	205				
J2-62-6	13	1.25	2		11			1				250	250				
J2-71-6	17	1.5 1.45	1 1		9	1—9	54		67	67	115	230	230			7	
J2-72-6	22	1.2			14			2				280	280				
J2-81-6	30	1.4	2	双叠	12				76	76	124	220	220	20	5		(b)
J2-82-6	40	1.35			14			3				280	280				
J2-91-6	55	1.56	1		23	1—11	72	6	86	86	138	295	295			8	
J2-92-6	75	1.3	2		17							380	380				
J2-61-8	7.5	1.45			18			1	46	46	74	135	135				
J2-62-8	10	1.2	1		27	1—7	54	2				175	175			7	
J2-71-8	13	1.35			25				52	52	85	185	185				

（续表）

电动机型号	容量（千瓦）	定子绕组							定子线圈木模参考尺寸（毫米）								图号
		电磁线直径（毫米）	并绕根数	线圈型式	线圈匝数	节距	每台电动机线圈数	并联支路数	H_1	H_2	C	h_1	h_2	r_1	r_3	F	
J2-72-8	17	1.5 1.45	1	双叠	10	1—7	54	1	52	52	85	230	230	20	5	7	(b)
J2-81-8	22	1.25	2		15	1—9	72	2	61	61	94	220	220				
J2-82-8	30	1.25	1		23			4				280	280				
J2-91-8	40	1.16	2		18				71	71	104	295	295			8	
J2-92-8	55	1.4 1.45	1		14							380	380				
J2-81-10	17	1.16 1.25			20	1—6	60	2	46	46	74	220	220				
J2-82-10	22	1.35	2		15							280	280				
J2-91-10	30	1.35	1		31			5	56	56	84						
J2-92-10	40	1.62	1		24							360	360				

附表 1-52 JO2 系列异步电动机定子线圈的绕线用木模参考尺寸(参见附图 1-4)

电动机型号	容量(千瓦)	定子绕组							定子线圈木模参考尺寸(毫米)									
		电磁线直径(毫米)	并绕根数	线圈型式	线圈匝数	节距	每台电动机线圈数	并联支路数	H_1	H_2	C	h_1	h_2	r_1	r_2	r_3	F	图号
JO2-11-2	0.8	0.67	1	单层同心式	94	1—12 2—11	12	1*	86	69	—	—	151	43	35	5	8	(a)
JO2-12-2	1.1	0.77			72	1—12 2—11					—	—	171					
JO2-21-2	1.5	0.83		单层交叉式	80	1—9 2—10 18—11	9			73	—	190	—		36	10	8.5	(d)
JO2-22-2	2.2	0.93		单层同心式	60	1—9 2—10 18—11	12		116	95	—	221	—					
JO2-31-2	3	1.12			41	1—12 2—11					—	—	215	58	47	5	10	(a)
JO2-32-2	4	0.96			56	1—12 2—11		1			—	—	245					
JO2-41-2	5.5	0.93	2		53	1—12 2—11			138	115	—	—	251	70	57			
JO2-42-2	7.5	1.08			43	1—12 2—11					—	—	276					
JO2-51-2	10	1.35			40	1—12 2—11			175	143	—	—	273	87	72		12	
JO2-52-2	13	1.16 1.25	1 2		32	1—12 2—11					—	—	313					
JO2-61-2	17	1.45	1	双叠	25	1—11	30	2	100	100	158			20	—		11	(b)

（续表）

电动机型号	容量（千瓦）	定子绕组							定子线圈木模参考尺寸（毫米）									
		电磁线直径（毫米）	并绕根数	线圈型式	线圈匝数	节距	每台电动机线圈数	并联支路数	H_1	H_2	C	h_1	h_2	r_1	r_2	r_3	F	图号
JO2-71-2	22	1.35	4	双叠	10	1—13	36	1	130	130	182	195	195	20	—	5	11	(b)
JO2-72-2	30	1.56 1.62	2 2		8			1				250	250		—			
JO2-82-2	40	1.45	3		13			2	155	155	202	280	280		—		13	
JO2-91-2	55	1.56	4		10	1—15	42		177	177	234	300	300		—			
JO2-92-2	75	1.56	5		8							340	340		—			
JO2-93-2	100	1.56 1.5	3 4		6							400	400		—			
JO2-11-4	0.6	0.57	1	单链	115	1—6	12	1*	50	—	—	—	134	31	—		8	(c)
JO2-12-4	0.8	0.67			96					—	—	—			—			
JO2-21-4	1.1	0.72			80				60	—	—	—	141	36	—		9	
JO2-22-4	1.5	0.83		单层交叉式	62	1—6				—	—	—	171		—	10		(d)

（续表）

电动机型号	容量（千瓦）	定子绕组							定子线圈木模参考尺寸（毫米）									
		电磁线直径（毫米）	并绕根数	线圈型式	线圈匝数	节距	每台电动机线圈数	并联支路数	H_1	H_2	C	h_1	h_2	r_1	r_2	r_3	F	图号
JO2-31-4	2.2	0.96	1	单层交叉式	41	1—9 2—10 18—11	18	1*	73	65	—	175	—	39	34	10	10	(d)
JO2-32-4	3	1.12			31	1—9 2—10 18—11					—	215	—					
JO2-41-4	4	1.00			52	1—9 2—10 18—11		1	94	84	—	185	—	65	53			
JO2-42-4	5.5	1.16			42	1—9 2—10 18—11					—	210	—					
JO2-51-4	7.5	1.00	2		38	1—9 2—10 18—11			110	99	—	213	—		56		11	
JO2-52-4	10	1.12			29	1—9 2—10 18—11					—	253	—					
JO2-61-4	13	1.25	1	双叠	27	1—8	36	2	75	75	125	190	190	20	—	5	9	(b)
JO2-62-4	17	1.45			21	1—8						225	225		—			
JO2-71-4	22	1.35	2		20	1—9			92	92	162	230	230		—		10	
JO2-72-4	30	1.56			15	1—9						300	300		—			
JO2-82-4	40	1.4	3		11	1—11	48		104	104	170	315	315		—			

（续表）

电动机型号	容量（千瓦）	定子绕组							定子线圈木模参考尺寸(毫米)									
		电磁线直径（毫米）	并绕根数	线圈型式	线圈匝数	节距	每台电动机线圈数	并联支路数	H_1	H_2	C	h_1	h_2	r_1	r_2	r_3	F	图号
JO2-91-4	55	1.5	2		17							300	300		—			
JO2-92-4	75	1.45	3	双叠	13	1—13	60	4	120	120	187	380	380	20	—	5	10	(b)
JO2-93-4	100	1.45	4		11							420	420		—			
JO2-21-6	0.8	0.67			81				42	—	—	—	132	25	—		9	
JO2-22-6	1.1	0.77			61					—	—	—	162		—			
JO2-31-6	1.5	0.93			60			1*	50	—	—	—	150	31	—		10	
JO2-32-6	2.2	1.04	1	单链	42	1—6	18			—	—	—	190		—	10		(c)
JO2-41-6	3	1.2			40				65	—	—	—	170	43	—		9	
JO2-42-6	4	1.04			55					—	—	—	200		—			
JO2-51-6	5.5	1.2			47			1	76	—	—	—	199	47	—		11	
JO2-52-6	7.5	1.4			37					—	—	—	239		—			

（续表）

电动机型号	容量（千瓦）	定子绕组							定子线圈木模参考尺寸（毫米）									
		电磁线直径（毫米）	并绕根数	线圈型式	线圈匝数	节距	每台电动机线圈数	并联支路数	H_1	H_2	C	h_1	h_2	r_1	r_2	r_3	F	图号
JO2-61-6	10	1.16 1.12	1	双叠	11	1—9	54	1	62	62	105	205	205	20	—	5	7	(b)
JO2-62-6	13	1.35 1.3			9							250	250		—			
JO2-71-6	17	1.5 1.45			9				67	67	115	230	230		—			
JO2-72-6	22	1.2	2		14			2				280	280		—			
JO2-81-6	30	1.25			16	1—11	72	3	76	76	124	280			—			
JO2-82-6	40	1.45			12							350	350		—		8	
JO2-91-6	55	1.4	3		10				86	86	138	360	360		—			
JO2-92-6	75	1.4	2		15			6				460	460		—			
JO2-41-8	2.2	1.12	1	单链	37	1—6	24	1*	49	—	—	—	165	30	—	10	9	(c)
JO2-42-8	3	1.3			31					—	—	—	195		—			

（续表）

电动机型号	容量（千瓦）	定子绕组							定子线圈木模参考尺寸（毫米）										
		电磁线直径（毫米）	并绕根数	线圈型式	线圈匝数	节距	每台电动机线圈数	并联支路数	H_1	H_2	C	h_1	h_2	r_1	r_2	r_3	F	图号
JO2-51-8	4	1.12	1	单链	48	1—6	24	1	58	—	—	—	188	37	—	10	11	(c)
JO2-52-8	5.5	1.3			37					—	—	—	228		—			
JO2-61-8	7.5	1.04		双叠	29	1—7	54	2	46	46	74	205	205	20	—	5	7	(b)
JO2-62-8	10	1.2			23							250	250		—			
JO2-71-8	13	1.35			21				52	52	85	230	230		—			
JO2-72-8	17	1.56			17							280	280		—			
JO2-81-8	22	1.35	2		12	1—9	72		61	61	94				—			
JO2-82-8	30	1.62			10							350	350		—			
JO2-91-8	40	1.3			17			4	71	71	104	360	360		—		8	
JO2-92-8	55	1.5			13							460	460		—			

（续表）

电动机型号	容量（千瓦）	定子绕组：电磁线直径（毫米）	并绕根数	线圈型式	线圈匝数	节距	每台电动机线圈数	并联支路数	定子线圈木模参考尺寸（毫米）：H_1	H_2	C	h_1	h_2	r_1	r_2	r_3	F	图号
JO2-81-10	17	1.25	2	双叠	17	1—6	60	2	46	46	74	280	280	20	—	5	8	(b)
JO2-82-10	22	1.45			13							350	350		—			
JO2-91-10	30	1.4	1		26			5	56	56	84	360	360		—			
JO2-92-10	40	1.16	2		21							440	440		—			

注：标有 1* 的这些电动机的接线为△/Y，适用于电压 220/380 伏；表中其余电动机均为△接法，适用于 380 伏。

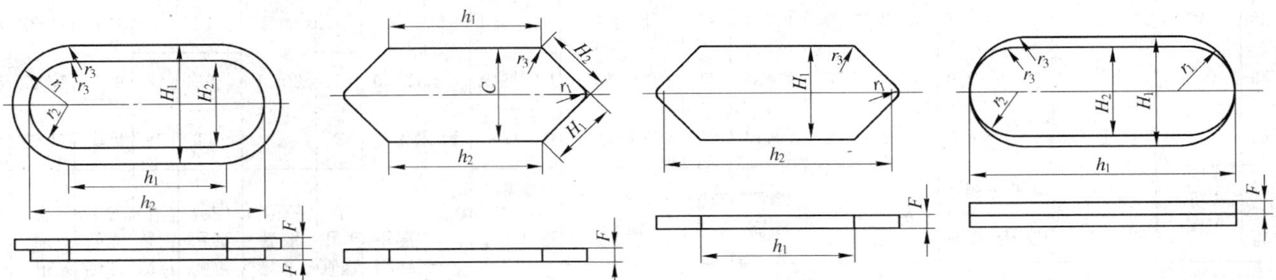

(a) J2 及JO2系列单层同心式　(b) J2 及JO2 系列双层叠式　(c) J2及 JO2 系列单层链式　(d) JO2 系列单层交叉式

附图 1-4　J2、JO2 系列异步电动机线圈的木模外形参考尺寸

附表1-53 Z2系列直流电动机绕组技术数据

序号	机座号	额定功率（千瓦）	额定电压（伏）	额定电流（安）	额定转速（转/分）	励磁电压（伏）	励磁电流（安）	电枢												
								槽数	外径（毫米）	长度（毫米）	线规（根-毫米）	每槽线数	线圈总数	每圈匝数	气隙（毫米）主极	气隙（毫米）换向极	绕组型式	节距	电阻（欧）	槽满率（%）
1	Z2-11	0.4	48	11.4		22	0.873	14	83	70	ϕ1.12	40	14×4	5、5、5、5	0.7	1.2	单叠	1—8	0.517	72.6
2	Z2-21	0.6	24	36	1 500	24	0.51		106	70	2-ϕ1.45	12	18×4	2、2、1、1	0.8					62.1
3	Z2-31	1.1		31			2	18	120	75	2-ϕ1.4	18	18×4	3、2、2、2	1			1—10	0.14	63
4	Z2-32	1.2	48	35	900/1 200		2.6		120	110	3-ϕ1.25	18	18×4	2、2、2、3	1	1.5			0.129	77.2
5	Z2-42	1.2		34	900/1 200	48	1.02	27	138	105	3-ϕ1.35	12	27×3	2、2、2	1.2				0.092 3	76
6	Z2-51	4	48	109	1 500		4		161	90	2-ϕ1.62	28	28×3	2、2、2	1.7			1—8	0.027 2	70.5
7	Z2-51	4.5	24	237	1 500	24	7.2	28	162	90	1-1.45×6.4	6	28×3	1、1、1	1.2	1.7			0.007	
8	Z2-62	5.5	48	143	750	48	48	31	195	125	5-ϕ1.8	6	31×3	1、1、1	1.5				0.024 2	60.7
9	Z2-72	7.5		84		220	1.327	33	210	145	1-1.6×5.0	12	33×3	2、2、2		2.5	单波	1—9	0.11	
10	Z2-92	22		242.5	600		5	39	294	165	2-1.56×5.9	6	39×3	1、1、1				1—11	0.027 8	
11	Z2-91	17		192		110	5.04	29	294	125	2-1.25×5.9	10	29×5	1、1、1、1、1	2.5	5		1—8	0.039 6	

（续表）

序号	机座号	额定功率（千瓦）	额定电压（伏）	额定电流（安）	额定转速（转/分）	励磁电压（伏）	励磁电流（安）	电枢 槽数	外径（毫米）	长度（毫米）	线规（根-毫米）	每槽线数	线圈总数	每圈匝数	气隙（毫米）主极	气隙（毫米）换向极	绕组型式	节距	电阻（欧）	槽满率（%）
12	Z2-101	30	110	327	600	110	5.5	31	327	185	2-2.44×6.4	6	31×3	1、1、1	2.5	5	单波	1—9	0.0147	
13	Z2-102	40		430			8	46	327	240	2-1.45×6.4	6	46×3	1、1、1				1—12	0.01	
14	Z2-31	0.6		8.2	750		1.01	18	120	75	1-ϕ1.06	72	18×4	9、9、9、9	1	1.5	单叠	1—10	1.88	76
15	Z2-32	0.8		10.2			0.89		120	110	ϕ1.25	52	18×4	6、7、6、7					1.12	76.3
16	Z2-42	1.5		18.5			0.947	27	138	105	ϕ1.45	28	27×3	4、5、5			单波	1—8	0.56	67
17	Z2-41	1.1		14.4			0.69		138	75	ϕ1.35	40	27×3	6、7、7					0.8	82.2
18	Z2-51	2.2		26.5			1.36	31	162	90	ϕ1.7	22	31×3	3、4、4	1.2	1.7		1—9	0.399	76.8
19	Z2-52	3		35.6			1.45		162	130	2-ϕ1.5	16	31×3	3、2、3					0.217	81.1
20	Z2-61	4		46.3			1.62		192	95	2-ϕ1.7	18	31×3	3、3、3	1.5	2.5			0.184	68.2
21	Z2-62	5.5		61.5			2.02		195	125	2-ϕ1.90	14	31×3	2、3、2					0.127	65.5
22	Z2-71	7.5		86			3.165		210	120	1.95×5.1	12	31×3	2、2、2		3.0			0.104	

（续表）

序号	型号	换向器					电刷		绕组													
		外径	内径	总长	片数	节距	牌号	尺寸	并励线圈				串励线圈			换向极			铜重（千克）			
		（毫米）						（毫米）	个数	线规（毫米）	匝数	电阻（欧）	个数	线规（毫米）	匝数	个数	线规（毫米）	匝数	电枢	并励	换向极	串励
1	Z2-11	60	30	45	56			10×12.5×25		ϕ2.53	940	55	2				ϕ1.95	92	1.01	1.21		
2	Z2-21	ϕ80/90		50		1—2			2	ϕ0.42	500	47.25	2	1.5×7.1	18	1	1.5×7.1	36	1.48	0.39	0.87	1.17
3	Z2-31	80	40		72					ϕ0.8	768	22.55					1.8×5.0	58	2.3	2.6	1.04	
4	Z2-32			70			J201			ϕ0.95	680	18.48	2	1.6×6.3	5		1.6×6.3	57	3.3	4	1.35	0.4
5	Z2-42	100	55	50	81	1—41		12.5×12.5×35		ϕ0.80	720	47.1	4	1.6×6.3	2		1.6×6.3	26	3.1	5.2	2.5	0.3
6	Z2-51	125		70	84	1—43				ϕ1.12	380	12					1~2.26×12.5	13	3.75	5.3	3.5	
7	Z2-51		75	105						ϕ1.50	200	3.33					1~2.26×12.5	13.5	4.3	4.7	3.6	
8	Z2-62	125（ϕ210）		85	93	1—47			4				4	2.44×14.5	13	4	2.44×14.5	14	6.8		5.9	8
9	Z2-72	150	95		99	1—50	D172	12.5×25×40		ϕ0.77	1 650	160					1.32×16	32	12.5	16	10	
10	Z2-92	200	135	155	117	1—59	D214	16×25×35		ϕ1.56	690	16.12	4	3.8×19.5	1		3.8×19.5	18	20	36.5	24	1.8
11	Z2-91			125	145	1—73				ϕ1.5	720	16.3		3.05×19.5	1		3.05×19.5	23	18.5	31	19.5	1.15

（续表）

序号	型号	换向器 外径（毫米）	换向器 内径（毫米）	换向器 总长（毫米）	换向器 片数	换向器 节距	电刷 牌号	电刷 尺寸（毫米）	并励线圈 个数	并励线圈 线规（毫米）	并励线圈 匝数	并励线圈 电阻（欧）	串励线圈 个数	串励线圈 线规（毫米）	串励线圈 匝数	换向极 个数	换向极 线规（毫米）	换向极 匝数	铜重（千克） 电枢	铜重（千克） 并励	铜重（千克） 换向极	铜重（千克） 串励
12	Z2-101	230	156	150	93	1—47	D214	20×32×35	4	φ1.6	590	15.23	4	5.1×19.5	1		4.7×19.5	14	30	34.2	26	4
13	Z2-102			190	138	1—2				φ1.8	460	10.85		3.53×19.5	1		3.5×19.5	11	30	37.8	35	4
14	Z2-31	80/90	40	50	72		D172	12.5×12.5×35	2	φ0.63	2 000	108.5	2	1.12×2.5	3	1	φ1.8	226	2.63	4.36	1.37	0.1
15	Z2-32									φ0.63	1 900	124		1.18×4.0	4		1.18×4.0	164	2.89	5.2	2.3	0.114
16	Z2-42	100	55	48	81	1—41			4	φ0.63	1 100	116	4	1.18×5.0	4		1.18×5.0	56	2.7	4.85	3.4	0.35
17	Z2-41			32		1—42				φ0.56	1 400	159.1		1.12×5.0	4		φ2.5	79	2.82	4.15	3.23	0.28
18	Z2-51	125	75		93	1—47				φ0.75	1 160	80.8		1.8×5.0	2	4	1.8×5.0	51	3.68	6.99	4.53	0.3
19	Z2-52			50						φ0.85	900	59.4		1.6×6.3	5		1.6×6.3	37	5.14	8.65	4.25	0.9
20	Z2-61									φ0.8	1 000	67.9		2.26×5.1	3		2.26×5.1	41	6.8	7.8	4.6	0.6
21	Z2-62									φ0.9	900	54.5		2.5×6.3	3		2.5×6.3	31	7.43	10	4.85	0.87
22	Z2-71	150	95	85			D175			φ1.12	850	34.75		1.68×12.5	1		1.68×12.5	28	9.25	14.15	6.75	0.54

（续表）

序号	机座号	额定功率（千瓦）	额定电压（伏）	额定电流（安）	额定转速（转/分）	励磁电压（伏）	励磁电流（安）	电枢 槽数	外径（毫米）	长度（毫米）	线规（根-毫米）	每槽线数	线圈总数	每圈匝数	气隙（毫米）主极	气隙（毫米）换向极	绕组型式	节距	电阻（欧）	槽满率（%）
23	Z2-72	10		112			3.83	27	210	145	1.95×5.1	12	27×3	2、2、2	1.5	3.0		1—8	0.071 4	
24	Z2-81	13		148.5			3.85	29	245	125	1.16×5.1	10	29×5	1、1、1	2	4			0.054 5	
25	Z2-82	17		188.3	750		4.04	39	245	165	2-1.56×5.1		39×3	1、1、1			单波	1—11	0.036	
26	Z2-91	22		242			5.8	41	294	125	2-1.56×5.9	6	41×3	1、1、1					0.026 9	
27	Z2-92	30		325			5.67	31	294	165	2-2.1×5.9		31×3	1、1、1	2.5	5		1—9	0.006 8	
28	Z2-101	40	110	427.5		110	6.97	38	327	185	2-1.56×6.4	8	38×4	1、1、1、1					0.009 3	
29	Z2-21	0.4		5.31			0.45		106	70	1-ϕ0.9	78	18×4	9、10、10、10	0.8	1.2	单叠	1—10	2.64	
30	Z2-22	0.6		7.8			0.56	18	106	95	1-ϕ1.0	56	18×4	7、7、7、7					1.71	
31	Z2-32	1.1		13.3	1 000		0.895		120	110	ϕ1.40	40	18×4	5、5、5、5					0.712	75
32	Z2-41	1.5		18.3			0.98	27	138	75	ϕ1.5	30	27×3	5、5、5	1	1.5	单波	1—8	0.486	77.2
33	Z2-42	2.2		26.4			1.31		138	105	ϕ1.6	20	27×3	3、3、4					0.32	71

（续表）

序号	机座号	额定功率（千瓦）	额定电压（伏）	额定电流（安）	额定转速（转/分）	励磁电压（伏）	励磁电流（安）	电枢 槽数	外径（毫米）	长度（毫米）	线规（根-毫米）	每槽线数	线圈总数	每圈匝数	气隙（毫米） 主极	换向极	绕组型式	节距	电阻（欧）	槽满率（%）
34	Z2-51	3		35			1.21		162	90	2-ϕ1.4	18		3、3、3	1.2	1.7			0.242	81
35	Z2-52	4		45.2			1.355	31	162	130	2-ϕ1.6	14	31×3	2、3、2				1—9	0.158 5	80.1
36	Z2-61	5.5		62			1.605		195	95	2-ϕ1.8	14		2、3、2		2.5			0.127 5	60
37	Z2-62	7.5		84			2.46		195	125	3-ϕ1.7	10		1、2、2	1.5				0.077 2	68.8
38	Z2-71	10		111.6			3.68	25	210	120	1.45×5.1	12	25×3	2、2、2		3	单波	1—7	0.061 9	
39	Z2-72	13	110	142.5	1 000	110	3.47		210	145	2-1.08×5.1	10	25×5	1、1、1、1、1					0.050 6	
40	Z2-81	17		188.4			3.8	39	245	125	2-1.45×5.1		39×3	1、1、1	2	4		1—11	0.034 9	
41	Z2-82	22		238			4	31	245	165	2-1.95×5.1	6	31×3	1、1、1				1—9	0.022 5	
42	Z2-91	30		324			5.41	33	294	125	2-2.1×5.9		33×3	1、1、1					0.016 35	
43	Z2-92	40		425			5.05	36	294	165	2-1.25×5.9	8	36×4	1、1、1、1	2.5	5	单叠	1—10	0.015 3	
44	Z2-101	55		580			5.7	38	327	185	2-1.81×6.4	6	38×3	1、1、1				1—8	0.008 4	

（续表）

序号	型号	换向器					电刷		绕组										铜重（千克）			
		外径	内径	总长	片数	节距	牌号	尺寸（毫米）	并励线圈				串励线圈			换向极			电枢	并励	换向极	串励
		（毫米）							个数	线规（毫米）	匝数	电阻（欧）	个数	线规（毫米）	匝数	个数	线规（毫米）	匝数				
23	Z2-72	150	95	85	81	1—41		12.5×12.5×35		ϕ1.25	780	28.7		2.26×12.5	1		2.26×12.5	24	11.64	18.5	8.08	0.76
24	Z2-81	180	120	115	145	1—73		12.5×25×35		ϕ1.3	840	28.6		2.26×14.5	1		2.26×14.5	24	12.3	21.6	10.3	0.86
25	Z2-82				117	1—59			4	ϕ1.35	750	27.2	4	2.63×16.8	2		2.68×19.5	19	16.5	24	16	2
26	Z2-91	200	135	125	123	1—62	D214	16×25×35		ϕ1.5	620	14.1		3.8×19.5	1	4	3.8×19.5	19	20	25	23	1.5
27	Z2-92			155	93	1—47				ϕ1.6	640	13.75		4.7×19.5	1		4.4×19.5	14½	21	35.5	23	1.1
28	Z2-101	230	156	190	152			20×25×35		ϕ1.7	500	14.05		3.28×19.5	1		3.28×19.5	11½	32	34.8	25.5	3.4
29	Z2-21				72	1—2				ϕ0.42	2 400	245		1.0×2.5	6		ϕ1.4	274	1.5	2.0	1.0	0.3
30	Z2-22	ϕ80/90	40	50	72				2	ϕ0.47	2 100	196	2	1.0×2.5	4	1	ϕ1.6	176	1.82	2.52	0.9	0.2
31	Z2-32				72		D172	12.5×12.5×35		ϕ0.63	1 900	123		1.18×3.5	4		1.18×3.15	130	3	5	1.4	0.1
32	Z2-41	100	55	48	81	1—41			4	ϕ0.6	1 150	113	4	1.12×5.0	2	4	1.12×5.0	56	2.61	3.9	2.52	0.13
33	Z2-42				81	1—41				ϕ0.69	940	84		1.7×5.0			1.7×5.0	40	2.92	5.1	3.3	0.27

（续表）

序号	型号	换向器 外径（毫米）	换向器 内径（毫米）	换向器 总长（毫米）	换向器 片数	换向器 节距	电刷 牌号	电刷 尺寸（毫米）	绕组 并励线圈 个数	并励线圈 线规（毫米）	并励线圈 匝数	并励线圈 电阻（欧）	串励线圈 个数	串励线圈 线规（毫米）	串励线圈 匝数	换向极 个数	换向极 线规（毫米）	换向极 匝数	铜重（千克） 电枢	铜重（千克） 并励	铜重（千克） 换向极	铜重（千克） 串励
34	Z2-51									ϕ0.69	1 060	91.2		1.7×6.3			1.7×6.3	42	4.72	5.5	4.3	0.35
35	Z2-52	125	75	50	93	1—47	D172	12.5×12.5×35		ϕ0.7	836	81.2		2.0×6.3	2		2.0×6.3	32	5.56	5.74	4.7	0.51
36	Z2-61									ϕ0.77	950	68.5		2.26×6.4			2.26×6.4	32	6	6.7	4.03	0.51
37	Z2-62			70						ϕ1.0	850	44.6		1.45×12.5	3		1.45×12.5	23	5.9	12.9	4.07	1.03
38	Z2-71	150	95	85	75	1—38				ϕ1.06	680	29.9		2.1×12.5			2.1×12.5	22	10.12	10	6.56	0.66
39	Z2-72				125	1—63		12.5×25×35	4	ϕ1.12	710	31.7	4	2.63×12.5		4	2.63×12.5	18½	9.78	13.22	7.82	0.9
40	Z2-81	180	120	115	117	1—59	D214			ϕ1.25	800	29		2.63×14.5			2.63×14.5	20	12.5	18.8	10.5	1
41	Z2-82			145	93	1—47				ϕ1.25	670	27.5		2.28×14.5	1		3.28×14.5	15	14.8	17.9	11.6	1.4
42	Z2-91	200	135	155	99	1—50		16×25×35		ϕ1.4	580	14.7		4.4×19.5			4.4×19.5	16	21	21	21	1.7
43	Z2-92			185	144	1—2				ϕ1.5	640	20.2		6×19.5			5.5×19.5	12	20	28.5	23.5	3
44	Z2-101	230	156	225	114		D172	20×32×35		ϕ1.56	580	18.7		5.1×3.5			3.8×19.5	9	29	32	27	4.8

（续表）

序号	机座号	额定功率（千瓦）	额定电压（伏）	额定电流（安）	额定转速（转/分）	励磁电压（伏）	励磁电流（安）	电枢 槽数	外径（毫米）	长度（毫米）	线规（根-毫米）	每槽线数	线圈总数	每圈匝数	气隙（毫米）主极	气隙（毫米）换向极	绕组型式	节距	电阻（欧）	槽满率（%）
45	Z2-11	0.4	110	5.4	1 500	110	0.37	14	83	70	ϕ0.75	88	14×4	11、11、11、11	0.7	1.2	单叠	1—8	2.84	73
46	Z2-12	0.6		7.6			0.5	14	83	95	ϕ0.9	64	14×4	8、8、8、8					1.624	76
47	Z2-21	0.8		10.2			0.62	18	106	70	ϕ1.06	52	18×4	6、6、7、7	0.8			1—10	1.27	71
48	Z2-22	1.1		11.2			0.423	18	106	95	ϕ1.18	40	18×4	5、5、5、5	1				0.846	79
49	Z2-31	1.5		18			0.97	18	120	75	ϕ1.5	38	18×4	4、5、5、5		1.5			0.495	78
50	Z2-32	2.2		25.8			1.325	18	120	110	2-ϕ1.25	18	18×4	4、3、3、3					0.297	75
51	Z2-41	3		34.5			0.97	27	138	75	2-ϕ1.30	20	27×3	3、3、4			单波	1—8	0.212	78
52	Z2-42	4		45.2			1.25	27	138	105	2-ϕ1.45	14	27×3	3、2、2				1—9	0.147 5	78.6
53	Z2-51	5.5		61			1.495	31	162	90	2-ϕ1.80	12	31×3	2、2、2	1.2	1.7			0.097 2	78.5
54	Z2-52	7.5		82.9			2.20	31	162	130	3-ϕ1.80	8	31×3	1、2、1					0.047 9	78.5
55	Z2-61	10		108.8			1.5	31	195	95	3-ϕ1.9	10	31×3	2、1、2	1.5	2.5			0.054 4	70.4

（续表）

序号	机座号	额定功率（千瓦）	额定电压（伏）	额定电流（安）	额定转速（转/分）	励磁电压（伏）	励磁电流（安）	电枢												
								槽数	外径（毫米）	长度（毫米）	线规（根-毫米）	每槽线数	线圈总数	每圈匝数	气隙（毫米）主极	气隙（毫米）换向极	绕组型式	节距	电阻（欧）	槽满率（%）
56	Z2-62	13	110	140	1 500	110	1.87	31	195	125	4-ϕ1.8	8	31×3	1、1、2	1.5	2.5	单波	1—9	0.04	67.5
57	Z2-71	17		186			3.88	33	210	120	2-1.35×5.1	6	33×3	1、1、1		3			0.029	
58	Z2-72	22		235			4.4	27	210	145	2-1.68×5.1	6	27×3	1、1、1				1—8	0.020 8	
59	Z2-81	30		317			4.47	27	245	125	2-2.63×5.1	6	27×3	1、1、1	2	4			0.013 47	
60	Z2-11	0.8		10	3 000		0.389	14	83	70	ϕ1.0	46	14×4	5、6、6、6	0.7	1.2	单叠		0.833	68
61	Z2-12	1.1		13			0.58	14	83	95	ϕ1.18	34	14×4	4、4、4、5	0.7				0.5	70
62	Z2-21	1.5		18			0.54	18	106	70	ϕ1.4	28	18×4	3、3、4、4	0.8			1—10	0.392	79
63	Z2-22	2.2		25.3			0.9	18	106	95	ϕ1.18	20	18×4	2、3、2、3	0.8				0.22	67
64	Z2-31	3		34.3			1.01	18	120	75	ϕ1.4	20	18×4	2、3、2、3	1	1.5			0.15	73.4
65	Z2-32	4		44.5			1.16	18	120	110	2-ϕ1.7	14	18×4	1、2、2、2					0.085	74
66	Z2-41	5.5		62.3			1.09	27	138	75	2-ϕ1.8	10	27×3	1、2、2			单波	1—8	0.056	70

（续表）

序号	型号	换向器					电刷		绕组										铜重（千克）			
		外径（毫米）	内径（毫米）	总长（毫米）	片数	节距	牌号	尺寸（毫米）	并励线圈 个数	并励线圈 线规（毫米）	并励线圈 匝数	并励线圈 电阻（欧）	串励线圈 个数	串励线圈 线规（毫米）	串励线圈 匝数	换向极 个数	换向极 线规（毫米）	换向极 匝数	电枢	并励	换向极	串励
45	Z2-11	60	30	45	56	1—2	D172	10×12.5×25	2	ϕ0.35	2 180	297.5	2	1.0×2.5	12	1	ϕ1.35	245	1	1.2	0.82	0.4
46	Z2-12									ϕ0.4	1 790	216		1×2.5	7		ϕ1.56	183	1.13	1.5	0.97	0.1
47	Z2-21	80/90	40	50	72			12.5×12.5×35		ϕ0.47	2 200	178		1.12×3.15	5		1.18×2.83	180	1.78	2.4	1.5	0.5
48	Z2-22									ϕ0.45	2 500	260		1.18×3.15	15		1.18×3.15	125	1.8	2.9	1.18	0.4
49	Z2-31									ϕ0.60	1 900	114		1.4×3.15	12		1.4×3.15	265	3.93	1.3	2.12	
50	Z2-32									ϕ0.69	1 600	83.1		1.4×5.0	12		1.4×5.0	85	3.2	5	1.9	0.8
51	Z2-41	100	55	48	81	1—41			4	ϕ0.60	1 160	114	4	1.7×5.0	6	4	1.7×5.0	40	3.12	3.94	2.82	0.65
52	Z2-42									ϕ0.67	950	88		1.7×6.3	2		1.7×6.3	27	2.9	4.82	3.05	0.337
53	Z2-51	125	75	50	93	1—47				ϕ0.71	900	73.7		2.0×6.3	3		2.01×6.3	28	4.49	4.96	3.3	0.55
54	Z2-52			70						ϕ0.85	730	50		1.32×12.5	1		1.3×12.5	18	6.2	7.32	3.96	0.38
55	Z2-61									ϕ0.71	900	75.1		1.81×12.5	2		1.81×12.5	22	7	5.5	5.75	0.7

（续表）

序号	型号	换向器 外径（毫米）	换向器 内径（毫米）	换向器 总长（毫米）	换向器 片数	换向器 节距	电刷 牌号	电刷 尺寸（毫米）	并励线圈 个数	并励线圈 线规（毫米）	并励线圈 匝数	并励线圈 电阻（欧）	串励线圈 个数	串励线圈 线规（毫米）	串励线圈 匝数	换向极 个数	换向极 线规（毫米）	换向极 匝数	铜重（千克） 电枢	铜重（千克） 并励	铜重（千克） 换向极	铜重（千克） 串励
56	Z2-62	125	75	85	93	1—47	D172			ϕ0.77	750	58.8		2.26×12.5	3		2.26×12.5	18	8.2	5.5	5.28	1.5
57	Z2-71	150	95	115	99	1—50		12.5×12.5×35	4	ϕ1.12	710	28.4	4	3.18×14.5	1	4	2.44×19.5	17	9.42	12.35	11.5	1.05
58	Z2-72				81	1—41	D214			ϕ1.12	570	24.9		3.53×14.5	1		3.53×14.5	12	10	10.42	8.1	1.41
59	Z2-81	180	120	145				16×23×35		ϕ1.25	700	24.6		3.53×16.8	1		3.53×16.8	13	19.5	16.6	11.9	1.7
60	Z2-11	60	30	45	56			10×12.5×25		ϕ0.35	2 100	283		1.12×3.15	8		ϕ1.7	133	1.1	1.08	0.78	0.15
61	Z2-12									ϕ0.42	1 760	190		1.12×3.15	2		1.12×3.15	93	1.07	1.6	0.91	0.05
62	Z2-21	80/90				1—2			2	ϕ0.42	2 000	204	2	1×5.0	12	1	1.0×5.0	90	1.6	1.65	1.1	0.42
63	Z2-22		40	50	72		D172			ϕ0.53	1 600	122.5		1.25×50	3		1.25×5.0	60	1.9	2.6	1.1	0.12
64	Z2-31	80						12.5×12.5×35		ϕ0.6	1 800	109		1.7×5.0	7		1.7×5.0	65	2.5	3.8	1.35	0.4
65	Z2-32			70						ϕ0.63	1 450	94.5		2.5×5.0	8		2.5×5.0	45	3.5	4	1.75	
66	Z2-41	100	55	48	81	1—41			4	ϕ0.63	1 000	101	4	1.25×1.25	4	4	12.5×12.5	20	3.63	3.47	3	0.8

（续表）

序号	机座号	额定功率（千瓦）	额定电压（伏）	额定电流（安）	额定转速（转/分）	励磁电压（伏）	励磁电流（安）	电枢											
								槽数	外径（毫米）	长度（毫米）	线规（根-毫米）	每槽线数	线圈总数	每圈匝数	气隙（毫米）主极	气隙（毫米）换向极	绕组型式	节距	电阻（欧）	槽满率（%）
67	Z2-42	7.5	110	83	3 000	110	1.05	27	138	105	3-ϕ1.56	8	27×3	1、1、2	1	1.5	单波	1—8	0.046	66
68	Z2-51	10		110			1.24	31	162	90	3-ϕ1.80	6	31×3	1、1、1	1.2	1.7		1—9	0.031 7	61.7
69	Z2-52	13		143			1.79	25	162	130	1-1.7×6.3	6	31×3	1、1、1				1—7	0.025 6	
70	Z2-61	17		185			1.77		195	95	2-2.0×5.0	6	25×3	1、1、1	1.5	2.5			0.013	
71	Z2-71	22		227			2.96	36	210	120	2-1.0×5.1	6	36×3	1、1、1		3		1—10	0.015 2	
72	Z2-11	0.8	220	5.0		220	0.2	14	83	70	1-ϕ0.69	96	14×4	12、12、12、12	0.7	1.2	单叠	1—8	3.65	73.3
73	Z2-12	1.1		6.5			0.28		83	95	1-ϕ0.83	70	14×4	8、9、9、9					2.11	70
74	Z2-21	1.5		8.8			0.36	18	106	70	1-ϕ1.0	54	18×4	6、7、7、7	0.8			1—10	1.48	67
75	Z2-22	2.2		12.2			0.29		106	95	1-ϕ1.25	42	18×4	5、5、5、6					0.82	78
76	Z2-31	3.0		16.6			0.59		120	75	1-ϕ1.3	40	18×4	5、5、5、5	1	1.5			0.722	67
77	Z2-32	4.0		22.4			0.58		120	110	1-ϕ1.12	28	18×4	3、3、4、4					0.402	74

（续表）

序号	机座号	额定功率（千瓦）	额定电压（伏）	额定电流（安）	额定转速（转/分）	励磁电压（伏）	励磁电流（安）	电枢 槽数	外径（毫米）	长度（毫米）	线规（根-毫米）	每槽线数	线圈总数	每圈匝数	气隙（毫米）主极	气隙（毫米）换向极	绕组型式	节距	电阻（欧）	槽满率（%）
78	Z2-41	5.5		31			0.66	27	138	75	2-ϕ1.12	20	27×3	3、3、4	1	1.5	单波	1—8	0.233	76.9
79	Z2-42	7.5		41.5			0.57		138	105	2-ϕ1.35	16	27×3	2、3、3					0.185	73.6
80	Z2-51	10		54.5			0.545	31	162	90	2-ϕ1.56	14	31×3	2、3、2	1.2	1.7		1—9	0.151	75
81	Z2-52	13		68.3			0.536		162	130	2-ϕ1.80	10	31×3	2、1、2					0.094	70
82	Z2-61	17		88.8			0.641		195	95	3-ϕ1.8	10	31×3	2、1、2	1.5	2.5			0.061	63.4
83	Z2-62	22	220	113.6	3 000	220	0.985		195	125	4-ϕ1.7	8	31×3	1、2、1					0.045	60.5
84	Z2-11	0.4		2.64			0.22	14	83	70	1-ϕ0.56	170	14×4	21、21、21、21	0.7	1.2	单叠	1—8	9.82	76.5
85	Z2-12	0.6		3.8			0.392		83	95	1-ϕ0.63	126	14×4	15、16、16、16					6.5	76
86	Z2-21	0.8		5.05			0.32	18	106	70	1-ϕ0.71	102	18×4	12、13、13、13	0.8			1—10	4.31	71
87	Z2-22	1.1		6.5			0.40		106	95	1-ϕ0.9	78	18×4	9、10、10、10					2.94	77
88	Z2-31	1.5		8.7			0.37		120	75	1-ϕ1.06	80	18×4	10、10、10、10	1	1.5			2.1	80

（续表）

序号	型号	换向器 外径	内径	总长	片数	节距	电刷 牌号	尺寸（毫米）	绕组 并励线圈 个数	线规（毫米）	匝数	电阻（欧）	串励线圈 个数	线规（毫米）	匝数	换向极 个数	线规（毫米）	匝数	铜重（千克） 电枢	并励	换向极	串励
		（毫米）																				
67	Z2-42	100	55		81	1—41				φ0.56	850	109		1.6×12.5	2		1.6×12.5	15	2.73	3	3.52	0.72
68	Z2-51	125	75	70	93	1—47				φ0.71	1 060	88.9		2.24×16	2		2.24×16	14	3.4	6.0	5.31	1
69	Z2-52				75	1—38	D172	12.5×12.5×35	4	φ0.75	700	61.5	4	2.12×12.5 补偿双进	2	4	2.12×12.5	11	4.7	5.1	3.5	0.9 补偿
70	Z2-61	150	95	105						φ0.85	800	62.3		10-φ1.7	12		2.65×18	5	8.85	8.58	2.68	6.45
71	Z2-71			115	108		D214	16×12.5×35		φ0.93	650	37.2		3.28×12.5	1		3.28×12.5	8½	7	7.4	4.4	0.95
72	Z2-11	60	30	45	56			10×12.5×25		1-φ0.23	3 800	1 100		1-φ1.25	15		φ1.25	224	0.88	0.82	0.6	0.2
73	Z2-12									φ0.29	3 400	789	2	1×2.5	8		φ1.4	184	1.07	1.5	0.65	0.1
74	Z2-21					1—2			2	φ0.33	3 700	612		1×2.5	18	1	φ1.7	160	1.65	2	0.8	0.3
75	Z2-22	80/90	40	50	72		D172	12.5×12.5×35		φ0.31	3 500	764		1.12×3.15	20		1.12×3.15	125	2.3	2	1.22	0.5
76	Z2-31									φ0.42	3 300	370	1	1.32×3.15	18		1.32×3.15	130	2.19	3.05	1.07	1.1
77	Z2-32									φ0.42	2 700	380	2	1.18×5.0	20		1.18×5.0	90	2.6	3.1	1.5	0.9

（续表）

序号	型号	换向器					电刷		绕组										铜重（千克）			
		外径	内径	总长	片数	节距	牌号	尺寸（毫米）	并励线圈				串励线圈			换向极			电枢	并励	换向极	串励
		（毫米）							个数	线规（毫米）	匝数	电阻（欧）	个数	线规（毫米）	匝数	个数	线规（毫米）	匝数				
78	Z2-41	100	55		81	1—41				ϕ0.42	2 000	332		1.5×5.0	4		1.5×5.0	40	2.7	4.5	2.4	0.35
79	Z2-42									ϕ0.38	1 400	389		1.6×6.3	6		2×5.0	30	3	2.16	3.1	0.9
80	Z2-51			50				12.5×12.5×35	4	ϕ0.42	1 800	403	4	2.0×6.3	7	4	2×6.3	32	3.8	3.35	3.05	1.26
81	Z2-52	125	75		93	1—47				ϕ0.42	1 500	410		1.25×12.5	5		1.25×12.5	23	4.22	3.38	4	1.35
82	Z2-61									ϕ0.53	2 240	330		1.45×12.5	4		1.95×12.5	22	5.9	6.9	4.34	1.32
83	Z2-62			85			D172			ϕ0.53	1 300	223.5		1.8×12.5	3		1.8×12.5	18	7.2	5	5.2	1.24
84	Z2-11	60	30	45	56			10×12.5×25		1-ϕ0.27	4 120	1 000		1×2.5	10		ϕ0.93	450	1.1	1.3	0.72	0.11
85	Z2-12									ϕ0.35	2 990	560		1×2.5	10		ϕ1.06	384	1.15	1.62	1.05	0.13
86	Z2-21					1—2			2	ϕ0.35	4 500	690	2	1×2.5	10	1	ϕ1.3	310	1.7	2.8	0.9	0.13
87	Z2-22	80/90	40	50	72			12.5×12.5×35		ϕ0.38	3 700	537.7		1×2.5	16		ϕ1.5	237	2.1	3.0	1.1	0.3
88	Z2-31									ϕ0.38	4 000	602		1×2.5	14		ϕ1.8	258	2.9	2.95	1.6	0.2

（续表）

序号	机座号	额定功率（千瓦）	额定电压（伏）	额定电流（安）	额定转速（转/分）	励磁电压（伏）	励磁电流（安）	电枢												
								槽数	外径（毫米）	长度（毫米）	线规（根-毫米）	每槽线数	线圈总数	每圈匝数	气隙（毫米）主极	气隙（毫米）换向极	绕组型式	节距	电阻（欧）	槽满率（%）
89	Z2-32	2.2		12.5			0.61	18	120	110	1-ϕ1.25	54	18×4	6、7、7、7			单叠	1—10	1.21	78
90	Z2-41	3.0		17.2			0.51	27	138	75	1-ϕ1.25	40	27×3	6、7、7	1	1.5		1—8	0.934	73.4
91	Z2-42	4.0		22.7	3 000		0.63	27	138	105	1-ϕ1.45	28	27×3	4、5、5					0.56	67
92	Z2-51	5.5		30.9			0.84	31	162	90	1-ϕ1.70	24	31×3	4、4、4	1.2	1.7			0.437	61.2
93	Z2-52	7.5		41.0			0.98	31	162	130	2-ϕ1.40	16	31×3	4、4、4		1.7			0.25	72.2
94	Z2-61	10	220	53.5		220	1.14	31	195	95	2-ϕ1.56	18	31×3	3、3、3		2.5		1—9	0.218	60
95	Z2-62	13		68.6			1.2	31	195	125	2-ϕ1.8	14	31×3	2、3、2	1.5	2.5	单波		0.14	65.4
96	Z2-71	17		91	1 500		2.08	33	210	120	1-1.6×5.0	12	31×3	2、2、2		4			0.102	
97	Z2-72	22		116			2.01	27	210	145	1-1.9×5.0	12	27×3	2、2、2		2		1—8	0.075	
98	Z2-81	30		157.5			2.25	29	245	125	2-1.32×5.0	10	29×5	1、1、1、1、1	2	4		1—8	0.048 8	
99	Z2-82	40		207.5			2.0	41	245	165	1.68×5.1	6	41×3	1、1、1				1—11	0.034 7	

（续表）

序号	机座号	额定功率（千瓦）	额定电压（伏）	额定电流（安）	额定转速（转/分）	励磁电压（伏）	励磁电流（安）	电枢												
								槽数	外径（毫米）	长度（毫米）	线规（根-毫米）	每槽线数	线圈总数	每圈匝数	气隙（毫米）主极	气隙（毫米）换向极	绕组型式	节距	电阻（欧）	槽满率（%）
100	Z2-91	55		287			3.53	41	294	125	1.68×5.3	6	41×3	1、1、1				1—11	0.024 8	
101	Z2-92	75		383			3.38	31	294	165	2-2.26×5.3	6	31×3	1、1、1	2.5	5		1—9	0.015 5（15 ℃）	
102	Z2-101	100		511	1 500		4.23	38	327	185	2-1.56×6.4	8	38×4	1、1、1、1			单波	1—10	0.009 3	
103	Z2-102	125		630			4.88	38	327	240	2-1.95×6.4	6	38×3	1、1、1				1—10	0.008 4	
104	Z2-111	160		808			5.5	54	368	205	3-2.1×6.4	4	54×2	1、1	3	6		1—14	0.007 83	
105	Z2-112	200	220	1 000		220	5.4	46	368	255	1-2.63×6.4	8	46×2×2	1、1			单蛙腿	1—12 1—13	0.005 7	
106	Z2-21	0.4		2.64			0.25	18	106	70	ϕ0.6	152	18×4	19、19、19、19	0.8	1.2			1.57	74
107	Z2-22	0.6		3.7			0.30	18	106	95	ϕ0.69	112	18×4	14、14、14、14			单叠	1—10	7.18	77.5
108	Z2-31	0.8		5.0	1 000		0.47	18	120	75	ϕ0.85	118	18×4	14、15、15、15					4.28	79
109	Z2-32	1.1		6.6			0.51	18	120	110	ϕ0.93	80	18×4	10、10、10、10	1	1.5			3.23	73
110	Z2-41	1.5		8.9			0.51	27	138	75	ϕ1.06	60	27×3	10、10、10			单波	1—8	2.07	75.3

（续表）

序号	型号	换向器					电刷		绕组													
		外径（毫米）	内径（毫米）	总长（毫米）	片数	节距	牌号	尺寸（毫米）	并励线圈				串励线圈			换向极			铜重（千克）			
									个数	线规（毫米）	匝数	电阻（欧）	个数	线规（毫米）	匝数	个数	线规（毫米）	匝数	电枢	并励	换向极	串励
89	Z2-32	80/90	40	50	72	1—2			2	φ0.47	3 000	358.6	2	1.18×2.8	12	1	1.18×2.8	176	3.26	3.6	1.75	0.3
90	Z2-41	100	55	32	81	1—41			4	φ0.42	2 200	436	4		4	4	1.32×3.15	82	2.84	3.86	2.87	0.25
91	Z2-42									φ0.47	1 850	352		1.12×5.0	6		1.12×5.0	54	2.9	4.6	2.84	0.6
92	Z2-51	125	75	50	93	1—47	D172	12.5×12.5×35		φ0.53	1 800	262			3		1.25×5.0	53	3.87	5.46	3.3	0.3
93	Z2-52									φ0.60	1 540	216		1.6×5.0	4		1.6×5.0	37	4.1	7.46	3.1	0.8
94	Z2-61									φ0.63	1 900	215		2.12×5.0	5		2.12×5.0	40	6.5	9.5	3.62	0.93
95	Z2-62									φ0.63	1 460	183.1		1.4×12.5	5		2.12×6.3	31	7.41	7	4.72	1.51
96	Z2-71	150	95	85	99	1—50	D214	16×25×35		φ0.77	1 260	106		1.5×12.5	2		2-1.6×8	32	10.8	10	10.3	1
97	Z2-72				81	1—41		12.5×25×35		φ0.85	1 350	109.5		1.8×16	2		1.8×16	24	11.5	14.7	9	1.4
98	Z2-81	180	120	115	145	1—73		16×25×35		φ0.93	1 500	98		2.24×18	3		2.24×18	23	15.7	20	12.8	2
99	Z2-82			145	123	1—62				φ0.93	1 440	109.9		2.63×18	3		2.63×18	19	16.8	21.8	13.7	3.2

（续表）

序号	型号	换向器 外径（毫米）	换向器 内径（毫米）	换向器 总长（毫米）	换向器 片数	换向器 节距	电刷 牌号	电刷 尺寸（毫米）	并励线圈 个数	并励线圈 线规（毫米）	并励线圈 匝数	并励线圈 电阻（欧）	串励线圈 个数	串励线圈 线规（毫米）	串励线圈 匝数	换向极 个数	换向极 线规（毫米）	换向极 匝数	铜重（千克） 电枢	铜重（千克） 并励	铜重（千克） 换向极	铜重（千克） 串励
100	Z2-91	200	135	155	123	1—62		16×25×35		ϕ1.12	1 210	50.2		3.8×19.5	2		3.8×22	19	20.2	29.2	24.3	2.8
101	Z2-92			185	93	1—47				ϕ1.18	1 000	41.5		4.7×19.5	2		4.4×19.5	14½	22.7	30.8	23.1	4.4
102	Z2-101	230	156	190	152		D214	20×32×38	4	ϕ1.18	880 450	41.39	4	6.5×19.5	1½	4	6.5×19.5	11	32	25.6	25	5
103	Z2-102			225	114	1—2				ϕ1.45	400	38.9		4.4×19.5	1		4.4×19.5	8½	33.4	48.4	32.5	5.25
104	Z2-111	250	174	265	108			25×32×35		ϕ1.5	850	86.6		2-5.1×19.5	1½		2-5.1×19.5	8	34	53	33	8.5
105	Z2-112				92	1—2 1—47				ϕ1.5	730	33.5		2-6×19.5	1		2-6×19.5	7	40	51.5	43	8
106	Z2-21	80/90	40	50	72	1—2	D172	12.5×12.5×35	2	ϕ0.33	4 800	888	2	1×2.5	20	1	ϕ1.0	450	1.7	2.8	0.75	0.28
107	Z2-22									ϕ0.35	4 200	744		1.0×2.5	10		ϕ1.12	340	1.73	2.9	0.85	0.17
108	Z2-31									ϕ0.40	3 550	468.4		1×2.5	5		ϕ1.5	372	2.77	3.2	1.62	0.07
109	Z2-32									ϕ0.45	3 500	435		1×2.5	4		ϕ1.56	258	2.6	4.7	1.42	0.1
110	Z2-41	100	55	32	81	1—41			4	ϕ0.4	2 200	430	4	1.0×2.5	4	4	ϕ1.8	118	2.78	3.7	2.6	0.18

（续表）

序号	机座号	额定功率（千瓦）	额定电压（伏）	额定电流（安）	额定转速（转/分）	励磁电压（伏）	励磁电流（安）	电枢 槽数	外径（毫米）	长度（毫米）	线规（根-毫米）	每槽线数	线圈总数	每圈匝数	气隙（毫米）主极	气隙（毫米）换向极	绕组型式	节距	电阻（欧）	槽满率（%）
111	Z2-42	2.2		12.7			0.56	27	138	105	ϕ1.25	42	27×3	7、7、7	1	1.5		1—8	1.13	70.6
112	Z2-51	3.0		17.1			0.67	31	162	90	ϕ0.50	36	31×3	6、6、6					0.84	75.5
113	Z2-52	4.0		22.4			0.89	31	162	130	ϕ1.56	24	31×3	4、4、4	1.2	1.7			0.623	65
114	Z2-61	5.5		30.4			0.81	31	195	95	2-ϕ1.25	28	31×3	5、4、5				1—9	0.545	63.3
115	Z2-62	7.5		41.1			1.08	31	195	125	2-ϕ1.5	22	31×3	4、3、4					0.32	63.5
116	Z2-71	10	220	55	1 000	220	1.74	33	210	120	1.45×3.28	18	33×3	3、3、3	1.5	3	单波		0.275	
117	Z2-72	13		70.1			1.82	39	210	145	1-1.08×5.1	12	39×3	2、2、2				1—11	0.19	
118	Z2-81	17		93.6			1.76	39	245	125	1.7×5.6		39×3	2、2、2	2	4			0.123 4	
119	Z2-82	22		118.3			1.85	31	245	165	1-2.1×5.9		31×3	2、2、2				1—9	0.090 3 15 ℃	
120	Z2-91	30		161			3.2	33	294	125	2-1.25×6.3		33×3	2、2、2	2.5	5			0.065 5	
121	Z2-92	40		211.5			2.87	29	294	165	2-1.8×6.4	10	29×5	1、1、1、1、1				1—8	0.050 2	

序号	机座号	额定功率（千瓦）	额定电压（伏）	额定电流（安）	额定转速（转/分）	励磁电压（伏）	励磁电流（安）	电枢												
								槽数	外径（毫米）	长度（毫米）	线规（根-毫米）	每槽线数	线圈总数	每圈匝数	气隙（毫米）主极	气隙（毫米）换向极	绕组型式	节距	电阻（欧）	槽满率（%）
122	Z2-101	55		285.5			3.88	37	327	185	2-2.63×6.4		37×3	1、1、1	2.5	5	单波	1—10	0.023 2	
123	Z2-102	75		385	1 000		3.7	31	327	240	2-1.35×6.4	6	31×3	1、1、1				1—9	0.015	
124	Z2-111	100		510			4.43	54	368	205	2-1.35×6.4		54×3	1、1、1	3	6	单叠	1—14	0.018	
125	Z2-112	125		630			5.8	46	368	255	2-1.81×6.4		46×3	1、1、1				1—12	0.012 2	
126	Z2-31	0.6		3.95			0.47	18	120	75	1-ϕ0.75	148	18×4	18、18、19、19				1—10	7.7	79.1
127	Z2-32	0.8	220	5.1		220	0.45	18	120	110	1-ϕ0.85	112	18×4	14、14、14、14					5.4	75
128	Z2-41	1.1		7.1			0.4	27	138	75	1-ϕ0.93	78	27×3	13、13、13	1	1.5		1—8	3.29	76
129	Z2-42	1.5		9.2	750		0.58	27	138	105	1-ϕ1.12	56	27×3	9、9、10			单波		1.88	78
130	Z2-51	2.2		13.2			0.843	31	162	90	1-ϕ1.25	46	31×3	8、7、8					1.55	80
131	Z2-52	3		17.7			1.068	31	162	130	1-ϕ1.6	32	31×3	5、6、5	1.2	1.7		1—9	0.763	76.1
132	Z2-61	4		22.8			0.92	31	195	95	1-ϕ1.6	36	31×3	6、6、6	1.5	2.5			0.82	60.6

（续表）

序号	型号	换向器 外径（毫米）	换向器 内径（毫米）	换向器 总长（毫米）	换向器 片数	换向器 节距	电刷 牌号	电刷 尺寸（毫米）	绕组 并励线圈 个数	并励线圈 线规（毫米）	并励线圈 匝数	并励线圈 电阻（欧）	串励线圈 个数	串励线圈 线规（毫米）	串励线圈 匝数	换向极 个数	换向极 线规（毫米）	换向极 匝数	铜重（千克） 电枢	铜重（千克） 并励	铜重（千克） 换向极	铜重（千克） 串励
111	Z2-42	100	55		81	1—41				φ0.47	1 900	351		1.18×3.15	4		1.18×3.15	80	3.07	4.75	3	0.216
112	Z2-51			32						φ0.50	2 000	328		1.25×4.0	6		1.25×4.0	80	4.52	5.4	3.47	0.4
113	Z2-52	125	75		93	1—47	D172	12.5×12.5×35		φ0.60	1 600	323		1.12×5.0	2		1.12×5.0	55	4.25	8.2	3.8	0.2
114	Z2-61			50						φ0.56	1 900	273		1.5×5.05	5		1.5×5.05	64	5.32	7	4.5	0.6
115	Z2-62									φ0.60	1 500	203.5	4	2.0×5.0	4		2.0×5.0	49	8.2	7.5	6.1	0.72
116	Z2-71	150	95	55	99	1—50			4	φ0.77	1 400	126.5		1.68×8	3	4	1.68×8	44	8.67	32	7.7	0.78
117	Z2-72				117	1—59		12.5×25×35		φ0.83	1 400	121					2.1×8	35	9.6	16	7.2	
118	Z2-81	180	120	85	117	1—59				φ0.90	1 700	124.7		1.7×12.5	3		1.7×12.5	35	14.1	21.5	9.1	1.3
119	Z2-82				93	1—47	D214			φ0.90	1 460	119 15 ℃		1.95×12.5	3		1.95×12.5	29	14.8	20.7	11.1	1.7
120	Z2-91	200	155	125	99	1—50		16×25×35		φ1.04	1 150	51.3	1				2.1×19.5	31	21	21	18	
121	Z2-92				145	1—73				φ1.12	1 260	76.7	4	3.0×20	2		3.0×20	23	24.7	32.8	25	2.8

（续表）

序号	型号	换向器 外径（毫米）	换向器 内径（毫米）	换向器 总长（毫米）	换向器 片数	换向器 节距	电刷 牌号	电刷 尺寸（毫米）	并励线圈 个数	并励线圈 线规（毫米）	并励线圈 匝数	并励线圈 电阻（欧）	串励线圈 个数	串励线圈 线规（毫米）	串励线圈 匝数	换向极 个数	换向极 线规（毫米）	换向极 匝数	铜重（千克） 电枢	铜重（千克） 并励	铜重（千克） 换向极	铜重（千克） 串励
122	Z2-101	230	156	150	111	1—56	D214	20×25×35	4	ϕ1.12	850	43.53	4	2-2.1×19.5	2	4	2-2.1×19.5	17½	27	27	25	4.2
123	Z2-102				93	1—2				ϕ1.18	820	52.37		2-2.83×19.5	1½		2-2.63×19.5	14½	36	31.9	33	5
124	Z2-111	250	174	190	162			25×32×35		ϕ1.4	1 020	40.3		2-3.53×19.5	1½		2-3.5×19.5	11½	33	58	33	6.2
125	Z2-112				138					ϕ1.5	730	33.5		2-4.1×19.5	1		2-3.8×19.5	11	41	48	44	5.5
126	Z2-31	80/90	40	50	72		D172	12.5×12.5×35	2	ϕ0.4	3 800	472.5	1	1×2.5	4	1	ϕ1.3	468	2.7	3.9	1.5	0.6
127	Z2-32									ϕ0.4	3 200	491.4		1×2.5			ϕ1.56	340	3.1	3.34	1.9	0.07
128	Z2-41	100	55	32	81	1—41			4	ϕ0.42	2 600	530	4	1×2.5	8	4	ϕ1.7	155	2.62	4.56	3.06	0.18
129	Z2-42									ϕ0.47	2 000	381		1.06×3.15	5		1.06×3.15	112	3.28	5	3.7	0.23
130	Z2-51	125	75	32	93	1—47				ϕ0.56	2 100	261		1.0×5.0	6		1.0×5.0	104	4.01	7.23	4.6	0.5
131	Z2-52									ϕ0.63	1 700	206		1.06×5.0	4		1.06×5.0	74	5.35	9.2	4.27	0.4
132	Z2-61									ϕ0.56	1 820	240		1.08×5.1	5		1.08×5.1	80	6.5	7.03	4.3	0.4

（续表）

序号	机座号	额定功率（千瓦）	额定电压（伏）	额定电流（安）	额定转速（转/分）	励磁电压（伏）	励磁电流（安）	电枢												
								槽数	外径（毫米）	长度（毫米）	线规（根-毫米）	每槽线数	线圈总数	每圈匝数	气隙（毫米）主极	气隙（毫米）换向极	绕组型式	节距	电阻（欧）	槽满率（%）
133	Z2-62	5.5		30.5			1.12	31	195	125	1-ϕ1.9	28	31×3	5、4、5		2.5		1—9	0.517	65.5
134	Z2-71	7.5		42.8			1.73	31	210	120	2-ϕ1.56	24	31×3	4、4、4	1.5	3		1—9	0.354 3	
135	Z2-72	10		55.4			2.0	27	210	145	2-ϕ1.68	24	27×3	4、4、4		3		1—8	0.287	
136	Z2-81	13		73.8			2.07	29	245	125	1-1.16×5.1	20	29×5	2、2、2、2、2	2	4		1—8	0.218	
137	Z2-82	17		93.6			1.99	39	245	165	1-1.45×5.1	12	39×3	2、2、2	2	4		1—11	0.574	
138	Z2-91	22	220	121	750	220	3.03	41	294	125	1-1.56×5.9	12	41×3	2、2、2			单波	1—11	0.107 5	
139	Z2-92	30		161.5			3.29	31	294	165	1-2.1×5.9	12	31×3	2、2、2				1—9	0.067	
140	Z2-101	40		212.5			4.18	37	327	185	2-1.56×6.4	8	37×4	2、2、2	2.5	5		1—10	0.035 9	
141	Z2-102	55		285			5.0	37	327	240	2-1.95×6.4	6	37×3	1、1、1				1—10	0.237 5	
142	Z2-111	75		387			4.82	37	368	205	2-2.26×6.4	6	37×3	1、1、1	3	6		1—10	0.029 7	
143	Z2-112	100		514			7	42	368	255	2-1.35×6.4	8	42×4	1、1、1、1			单叠	1—11	0.014 4	

（续表）

序号	机座号	额定功率（千瓦）	额定电压（伏）	额定电流（安）	额定转速（转/分）	励磁电压（伏）	励磁电流（安）	电枢												
								槽数	外径（毫米）	长度（毫米）	线规（根-毫米）	每槽线数	线圈总数	每圈匝数	气隙（毫米）主极	气隙（毫米）换向极	绕组型式	节距	电阻（欧）	槽满率（%）
144	Z2-91	17		95.5			2.81	29	294	125	1-1.25×5.9	20	29×5	2、2、2、2、2				1—8	0.159	
145	Z2-92	22		120.5			2.61	39	294	165	1-1.56×5.9	12	39×3	2、2、2	2.5	5		1—11	0.111	
146	Z2-101	30	220	162.5	600		3.65	31	327	185	2.44×6.4	12	31×3	2、2、2			单波	1—9	0.058 8	
147	Z2-102	40		214			4.64	47	327	240	2-1.45×6.4	6	47×3	1、1、1				1—13	0.057	
148	Z2-111	55		287		220	4.88	45	368	205	2-1.68×6.4	6	45×3	1、1、1	3	6		1—12	0.034	
149	Z2-112	75		387			5.35	37	368	255	2-2.44×6.4	6	37×3	1、1、1				1—10	0.028 8	
150	Z2-31	3	440	8.4	3 000		0.39	24	120	75	1-ϕ1.0	60	24×4	7、7、8、8				1—13	2.39	71
151	Z2-32	2.2	440	6	1 500		0.57	24	120	110	1-ϕ0.85	84	24×4	10、10、11、11			单叠	1—13	5.4	65
152	Z2-32	4	340	14	3 000		0.68	18	120	110	2-ϕ0.9	44		6、6、5、5	1	1.5		1—10	0.914	75
153	Z2-41	3	440	8	1 500		0.56	27	138	75	1-ϕ0.85	82	27×5	8、8、9、8、8			单波	1—8	4.1	72
154	Z2-42	4	340	14.4	1 500	340	0.46	27	138	105	2-ϕ0.85	44	27×5	4、4、4、5、5				1—8	1.28	71.3

（续表）

序号	型号	换向器 外径（毫米）	换向器 内径（毫米）	换向器 总长（毫米）	换向器 片数	换向器 节距	电刷 牌号	电刷 尺寸（毫米）	并励线圈 个数	并励线圈 线规（毫米）	并励线圈 匝数	并励线圈 电阻（欧）	串励线圈 个数	串励线圈 线规（毫米）	串励线圈 匝数	换向极 个数	换向极 线规（毫米）	换向极 匝数	铜重（千克） 电枢	铜重（千克） 并励	铜重（千克） 换向极	铜重（千克） 串励
133	Z2-62	125	75	32	93	1—47	D172	12.5×12.5×35	4	ϕ0.63	1 550	254	4	1.5×5.0	4	4	1.5×5.0	62	7.43	8.15	5.3	0.47
134	Z2-71	150	95	55				16×25×35		ϕ0.80	1 580	127.2		1.35×8	5		1.35×8	55	9.3	13.85	6.38	1.1
135	Z2-72				81	1—41	D214	12.5×25×35		ϕ0.90	1 540	110		1.68×8	2		1.68×8	48	10	19.1	7.83	0.72
136	Z2-81	180	120		145	1—73				ϕ0.93	1 600	106.5		1.35×12.5	3		2.63×6.4	47	12.3	21.2	9.5	1
137	Z2-82			85	117	1—59		16×25×35		ϕ0.95	1 500	110.4		2.83×8	3		2.83×8	37	15.2	23.9	11.8	1.8
138	Z2-91	200	135	95	123	1—62	D172			ϕ1.12	1 240	50.6		2-2.68×8	2		2-2.26×8	38	20	28.6	21	1.4
139	Z2-92				93	1—47	D214			ϕ1.12	1 100	50.1		2.44×19.5	2		2.26×19.5	29	22	30	23	2.2
140	Z2-101	230	156	115	147	1—74		20×25×35		ϕ1.3	900	43.7		3.28×19.5	2		3.28×19.5	24	31	37	27	3.4
141	Z2-102			150	111	1—56				ϕ1.45	950	44		5.1×19.5	1½		4.1×19.5	17½	33	56.6	33	4
142	Z2-111	250	174				D172	25×32×35		ϕ1.45	900	32.4		1-5.1×19.5	1		5.1×19.5	16	38	50	38	4
143	Z2-112			190	168	1—2	D214			ϕ1.74	800	28.2	4				2-3.28×19.5	12½	35	72	39	

（续表）

序号	型号	换向器 外径（毫米）	换向器 内径（毫米）	换向器 总长（毫米）	换向器 片数	换向器 节距	电刷 牌号	电刷 尺寸（毫米）	并励线圈 个数	并励线圈 线规（毫米）	并励线圈 匝数	并励线圈 电阻（欧）	串励线圈 个数	串励线圈 线规（毫米）	串励线圈 匝数	换向极 个数	换向极 线规（毫米）	换向极 匝数	铜重（千克） 电枢	铜重（千克） 并励	铜重（千克） 换向极	铜重（千克） 串励
144	Z2-91	200	135	95	145	1—73	D214	16×25×35	4	ϕ1.12	1 340	55.5	4	2.1×19.5	2	4	2-2.26×6.4	45	18	33	20	1.2
145	Z2-92				117	1—59				ϕ1.12	1 350	15 ℃ 63.7	4	1.85×19.5	2		1-1.81×19.5	37	20	37	24	1.8
146	Z2-101	230	156	115	93	1—47		20×32×35		ϕ1.25	1 000	54					2.44×19.5	27	30	40	25	
147	Z2-102				141	1—71				ϕ1.4	900	43.5					3.13×19.5	20	28	45	30	
148	Z2-111	250	174		135	1—68		25×32×35		ϕ1.4	900	34.3	4	4.16×19.5	1		4.1×19.5	21	34	49.5	36	2.5
149	Z2-112			150	111	1—56	D172			ϕ1.56	830	28.9	4	5.5×19.5	1½		5.1×19.5	16	45	60	45	0.73
150	Z2-31	100	54		96	1—2		10×12.5×35	2	1-ϕ0.38	3 600		2	1-ϕ1.5	64	1	1-ϕ1.5	235	2.66	3.1	0.93	0.25
151	Z2-32									1-ϕ0.4	2 600		2	1.0×2.5	14		1-ϕ1.35	310	3.2	2.6	1.5	1.06
152	Z2-32	80/90	40	50	72			12.5×12.5×35		1-ϕ0.42	2 300	323	2	0.9×4.5	32		0.95×4.5	142	2.54	2.66	1.85	
153	Z2-41	125/135	55		135	1—68		9×20×25	4	1-ϕ0.45	2 250					4	ϕ1.6	160	2.4	4.4	2.6	
154	Z2-42		75							1-ϕ0.38	2 600						ϕ2.12	88	2.9	4.05	3.1	

（续表）

序号	机座号	额定功率（千瓦）	额定电压（伏）	额定电流（安）	额定转速（转/分）	励磁电压（伏）	励磁电流（安）	电枢												
								槽数	外径（毫米）	长度（毫米）	线规（根-毫米）	每槽线数	线圈总数	每圈匝数	气隙（毫米）主极	气隙（毫米）换向极	绕组型式	节距	电阻（欧）	槽满率（%）
155	Z2-42	7.5		20	3 000	190	0.74	27	138	105	1-ϕ1.0	32		3、3、3、3、4	1	1.5		1—8	0.67	78.3
156	Z2-42	4	440	11	1 500	220	0.77	27		105	2-ϕ0.75	56	27×5	5、5、6、6、6					2.09	77.2
157	Z2-51	5.5		14.8	1 500	220	0.74			90	ϕ1.18	48		4、5、5、5、5					1.81	64.4
158	Z2-51	10	380	31.5	3 000	380	0.4			90	2-ϕ1.16	22		2、2、2、2、3					0.43	72.2
159	Z2-52	4	440	11.2	1 000	110	1.14		162	130	ϕ1.25	50		5、5、5、5、5					1.95	74.8
160	Z2-52	4	340	14.6	1 000	220	1.24			130	2-ϕ1.0	40		4、4、4、4、4			单波		1.225	
161	Z2-52	13		33.5	3 000	220	0.829			130	2-ϕ1.25	18	31×5	2、2、1、2、2	1.2	1.7		1—9	0.352	54
162	Z2-61	5.5		15.5	1 000	220	0.438	31		95	1-ϕ1.4	54		5、6、5、6、5					1.625	74
163	Z2-61	10	440	26.2	1 500	220	1.1		195	95	1-ϕ1.56	36		3、4、4、4、3					0.87	72.8
164	Z2-61	13		33.7	1 800	180	1.23			95	2-ϕ1.3	32		3、3、3、3、4					0.558	74
165	Z2-62	5.5		14.9	1 350	440	0.66			125	2-ϕ1.08	32		3、3、4、3、3					0.896	71.5

（续表）

序号	机座号	额定功率（千瓦）	额定电压（伏）	额定电流（安）	额定转速（转/分）	励磁电压（伏）	励磁电流（安）	电枢 槽数	外径（毫米）	长度（毫米）	线规（根-毫米）	每槽线数	线圈总数	每圈匝数	气隙（毫米） 主极	换向极	绕组型式	节距	电阻（欧）	槽满率（%）
166	Z2-62	11		28.5	1 500	220	1.31			125	2-ϕ1.18	28		3、3、3、3、2					0.65	74.1
167	Z2-62	13		33.7	1 500	220	0.9	31	195	125	2-ϕ1.3	30	31×5	3、3、3、3、3	1.2	1.7		1—9	0.581	71.9
168	Z2-62	7.5		20	1 000	440	0.613			125	2-ϕ1.12	42		4、4、5、4、4					1.09	70.7
169	Z2-71	4		11.6	500	220	1.4	29		120	1-ϕ1.35	84		8、8、8、9、9					3.01	78
170	Z2-72	10	440	34.5	1 000	110/220	1.69	29	210	120	2-ϕ1.3	34		3、3、3、4、4	1.5	3			0.706	73
171	Z2-71	17		44	1 500	190	2.61	29		120	2-ϕ1.5	28		3、3、3、3、2			单波		0.406	72.5
172	Z2-81	17		46.8	1 000	220	1.9	32		125	2-ϕ1.5	32	29×5	3、3、4、3、3				1—8	0.56	70
173	Z2-81	30		79	1 500	220	2.19	29		165	3-ϕ1.6	22		2、2、3、2、2					0.227	71.5
174	Z2-82	22		59.5	1 000	110	4.4	29	245	165	2-ϕ1.8	26		2、2、3、3、3	2	4			0.35	75
175	Z2-82	40	340	138	1 500	220	1.8	33		165	1-2.12×5.6	12	33×3	2、2、2				1—9	0.081 3	
176	Z2-91	17	440	47.5	600	440	1.5	29	294	125	1-1.25×2.33	40	29×5	4、4、4、4、4	2.5	5		1—8	0.685	

（续表）

序号	型号	换向器					电刷		绕组													
		外径	内径	总长	片数	节距	牌号	尺寸（毫米）	并励线圈				串励线圈			换向极			铜重(千克)			
		（毫米）							个数	线规(毫米)	匝数	电阻（欧）	个数	线规（毫米）	匝数	个数	线规（毫米）	匝数	电枢	并励	换向极	串励
155	Z2-42	125/135	55		135	1—68	D172	9×20×25		1-φ0.45	1 300	256.7	4	1.0×5.0	6							
156	Z2-42									1-φ0.5	1 760	287					φ1.8	110	2.95	4.75	2.8	
157	Z2-51						D104	10×12.5×35		1-φ0.58	1 800	262		1×3.35	6		1-φ2.0	106	3.72	5.48	2.95	0.23
158	Z2-51			50				12.5×12.5×35		1-φ0.35	2 900	954	4	1.45×5.1	5		1.45×5.1	49	3.5	3.8	3.3	0.5
159	Z2-52	162/125					D172	10×12.5×35		φ0.47 φ0.63	750 750			1.12×3.0	16		1-φ1.9	111	5.1	2.3 4.1	3.8	0.9
160	Z2-52						D104	12.5×12.5×35	4	φ0.63	1 520					4	φ2.24	90	5.7	7.6	4.35	
161	Z2-52		75		155		D172	10×12.5×35		φ0.53	1 500	265.5		1.5×5.0	4		1-1.5×5.0	40	3.7	5.6	3.6	0.6
162	Z2-61			32		1—78	D104	10×12.5×35		φ0.42	3 860			1.0×5.0	12		1-φ2.12	121	6.7	8.3	4.3	0.91
163	Z2-61	183/125								φ0.67	1 968		4	1.25×6.7	12		1.06×5.0	78	5.22	8.5	3.34	1.37
164	Z2-61			50			D172	10×12.5×35		φ0.71	1 620			1.6×5.0	10		1.6×5.0	72	7	9.8	5.8	1.1
165	Z2-62	158/125								φ0.49	3 000	630		1.08×5.1	4		1.08×5.1	77	5.4	10	4.72	0.4

（续表）

序号	型号	换向器					电刷		绕组										铜重(千克)			
		外径	内径	总长	片数	节距	牌号	尺寸（毫米）	并励线圈				串励线圈			换向极			电枢	并励	换向极	串励
		（毫米）							个数	线规（毫米）	匝数	电阻（欧）	个数	线规（毫米）	匝数	个数	线规（毫米）	匝数				
166	Z2-62			50				10×12.5×35		ϕ0.67	1 470	168		1.6×5.0	11		1.6×5.0	61	5.4	9.4	5.6	1.5
167	Z2-62	183/125	75		155	1—78				ϕ0.6	1 720	245		1.6×5.0	8		1.6×5.0	65	7.36	8.8	6	1.5
168	Z2-62			32				10×12.5×35		ϕ0.47	3 070	717		1.12×5.0	10		1.12×5.0	94	7.4	9.29	6.09	0.96
169	Z2-71	150	95	60						ϕ0.75	1 580	149		1.0×4.0	20		1.0×4.0	178	10.6	12.5	7.8	1.3
170	Z2-72									ϕ0.8	1 400	120.8	4	1.4×6.3	8		1.4×6.3	73	9	14.8	8.8	1.4
171	Z2-71			85	145	1—73	D172		4	ϕ0.85	1 000			1.6×6.3	4	4	1.6×6.3	59	9.2	10.1	7	0.7
172	Z2-81			55				12.5×12.5×35		ϕ0.9	1 520	107.6		1.32×8	6		1.6×6.3	72	12.1	18.8	8.7	11
173	Z2-81	180	120	85						ϕ0.9	1 400			2.12×8	4		2.65×6.3	49	15.3	18	9.5	1.15
174	Z2-82			55						ϕ1.35	700						1-1.8×6.3	57	15.2	23	9	
175	Z2-82			85	99	1—50				ϕ0.93	1 550		4	1-2.0×16	5		1-1.9×16	32	18	24.2	15	3.6
176	Z2-91	200	135	95	145	1—73	D214	16×25×35		ϕ0.83	2 680	254		2.44×6.4	4		2.44×6.4	93	17.5	34	20	1.42

（续表）

序号	机座号	额定功率（千瓦）	额定电压（伏）	额定电流（安）	额定转速（转/分）	励磁电压（伏）	励磁电流（安）	电枢 槽数	外径（毫米）	长度（毫米）	线规（根-毫米）	每槽线数	线圈总数	每圈匝数	气隙（毫米） 主极	气隙（毫米） 换向极	绕组型式	节距	电阻（欧）	槽满率（%）
177	Z2-91	30		82.5	1 000		3.17	41		125	1-1.56×4.1	18	41×3	3、3、3				1—11	0.328	
178	Z2-92	40		104.2	1 000		3.83	29		165	1.25×5.9	20	29×5	2、2、2、2、2				1—8	0.242	
179	Z2-93	55		141	1 500	220	3.67	31	294	230	2-1.4×6.3	10	31×5	1、1、1、1、1				1—9	0.055	
180	Z2-93	75		191.5	1 500		3.67	31		230	2-1.5×6.3	10	31×5	1、1、1、1、1				1—9	0.051 2	
181	Z2-101	40		106	750		4.9	49		185	1-1.6×6.3	12	49×3	2、2、2	2.5	5		1—13	0.141	
182	Z2-102	40		107	600	110/220	4.4	49		240	1-1.6×6.3	12	49×3	2、2、2			单波	1—13	0.157	
183	Z2-102	55		155	1 000		3.19	35	327	240	2-1.32×6.3	10	35×5	1、1、1、1、1				1—10	0.08	
184	Z2-102	100		253	1 500		4.3	41		240	2-1.68×6.4	6	41×3	1、1、1				1—11	0.043 8	
185	Z2-103	125	440	310	1 500		4.46	50		295	2-1.12×6.3	8	50×4	1、1、1、1				1—13	0.029 2 12 ℃	
186	Z2-111	75		191	750	220	4.46	43		205	2-1.16×6.4	10	43×5	1、1、1、1、1				1—12	0.079 6	
187	Z2-111	100		258	1 000		5.55	55		205	2-1.6×6.3	6	55×3	1、1、1				1—15	0.055 4	
188	Z2-111	160		410	1 500		5.8	54		205	2-1.16×6.4	8	54×3	1、1、1			单叠	1—14	0.027 9	
189	Z2-112	75		191	600		4.78	43	368	255	2-1.18×6.3	10	43×5	1、1、1、1、1				1—12	0.086 1	
190	Z2-112	125		318	1 000	440	2.77	45		255	2-1.8×6.3	6	45×3	1、1、1	3	6		1—12	0.049 8	
191	Z2-113	100		225	750		6.88	51		280	2-1.5×6.3	6	51×3	1、1、1			单波	1—14	0.061 7	
192	Z2-113	160		404	1 300	220	5.9	46		280	1-1.18×6.4	8	46×4	1、1、1、1				1—12	0.026 78	
193	Z2-113	225		560	1 500		5.5	52		280	1-1.6×6.3	12	52×6	1、1、1 1、1				1—4	0.016 6	

（续表）

序号	型号	换向器 外径（毫米）	换向器 内径（毫米）	换向器 总长（毫米）	换向器 片数	换向器 节距	电刷 牌号	电刷 尺寸（毫米）	并励线圈 个数	并励线圈 线规（毫米）	并励线圈 匝数	并励线圈 电阻（欧）	串励线圈 个数	串励线圈 线规（毫米）	串励线圈 匝数	换向极 个数	换向极 线规（毫米）	换向极 匝数	铜重（千克） 电枢	铜重（千克） 并励	铜重（千克） 换向极	铜重（千克） 串励
177	Z2-91			95	123	1—62	D214			φ1.18	1 330	58.2					2-2.1×6.4	59	20	31.1	22	
178	Z2-92	200	135		145	1—73		16×25×35		φ1.12	940	53.5		2-2.44×6.4	2		2-2.44×6.4	46	20	23.1	24.5	1.83
179	Z2-93			125	155	1—78	D172			φ1.18	945			1-2.5×20	2		1-2.5×20	23	31	31.1	31	3.5
180	Z2-93									φ1.18	945		4	1-2.65×20	2		1-2.65×20	23	31	31.3	31	3.5
181	Z2-101									φ1.3	900			1.8×20	4		1-1.8×20	43	31	37	27	3.4
182	Z2-102	230	156	115	147	1—74		20×25×35		φ1.3	900			1.8×20	4		1-1.8×20	43	34	40	35	4.3
183	Z2-102				175	1—88	D214			φ1.12	850	62.2		2.5×20	3		2.5×20	25	33.3	27.2	29	4.7
184	Z2-102				123	1—2		20×32×35		φ1.3	860	47.6					4.1×19.5	19	30	33	29	
185	Z2-103			150	200				4	φ1.3	800	49.2		4.0×20	2	4	4.0×20	14	34.8	39.1	30.2	5.68
186	Z2-111				215	1—108		16×25×35		φ1.45	1 000	49.8		2.44×19.5			2.44×19.5	33	37	61.2	34	4.5
187	Z2-111			115	165	1—2	D172	20×32×35		φ1.4	800	37.4		3.35×20			3.15×20	24	35.6	43.5	33.5	6.1
188	Z2-111				216		D214	25×32×35		φ1.56	850	34		4.7×19.5	3		4.7×19.5	16	37.1	56	34	9.5
189	Z2-112	250	174	150	215	1—108		16×25×35		φ1.56	1 050	46	4	2.5×20			2.5×20	33	40	76	40.5	5
190	Z2-112				135	1—68	D172	20×32×35		φ1.06 带补偿	1 680	159		3.15×25			3.15×25	20	39.7	63	36	8.2 补偿
191	Z2-113			115	153	1—77				φ1.7	810	32		6-φ1.6	40		3.15×20	11	37.5	73	21	3.9
192	Z2-113			150	184	1—2	D214	25×32×38		φ1.5	790	37.3		4.75×20	2		4.75×20	13	35.63	52.5	36.5	6.9
193	Z2-113			190	156	1—2 1—77				φ1.56	880	40		2-3×25	2		2-3.0×25	12	41	66	53.2	10.2

附表 1-54　Z3 系列 1～6 号直流电动机的技术参数(电枢、换向器)

机座号	序号	额定功率（千瓦）	额定电压（伏）	额定转速（转/分）	额定电流（安）	励磁方式	电枢						换向器			
							每元件匝数	线规（QZ-2）（根-毫米）	节距	总导体数	支路数	绕组铜重（千克）	长度（毫米）	片数	节距	每杆电刷数
Z3-11	1		110		7.14	并	30/4	ϕ0.77		840		0.57				
	2	0.55	160	3 000	4.5	他	11	ϕ0.63		1 232		0.64				
	3		220		3.52	并	15	ϕ0.53		1 680		0.54				
	4		110		3.7		14	ϕ0.56		1 568		0.56				
	5	0.25	160	1 500	2.3	他	81/4	ϕ0.47		2 268		0.57				
	6		220		1.85	并	28	ϕ0.40		3 136		0.58				
Z3-12	1		110		9.2		23/4	ϕ0.90	1—8	644		0.68		56		
	2	0.75	160	3 000	5.9	他	33/4	ϕ0.71		924		0.61				
	3		220		4.55	并	46/4	ϕ0.63		1 288		0.66				
	4		110		5.05		42/4	ϕ0.67		1 176	2	0.69	32		1—2	1
	5	0.37	160	1 500	3.2	他	16	ϕ0.53		1 792		0.65				
	6		220		2.51	并	21	ϕ0.47		2 352		0.68				
Z3-21	1		110		13.2		4	ϕ1.12		576		0.97				
	2	1.1	160	3 000	8.65	他	23/4	ϕ0.95		828		0.91				
	3		220		6.5	并	8	ϕ0.8		1 152		0.9				
	4		110		7.1		29/4	ϕ0.83	1—10	1 044		0.86		72		
	5	0.55	160	1 500	4.5	他	43/4	ϕ0.69		1 548		1.1				
	6		220		3.52	并	58/4	ϕ0.56		2 088		0.88				

（续表）

机座号	序号	额定功率（千瓦）	额定电压（伏）	额定转速（转/分）	额定电流（安）	励磁方式	电枢						换向器			
							每元件匝数	线规（QZ-2）（根-毫米）	节距	总导体数	支路数	绕组铜重（千克）	长度（毫米）	片数	节距	每杆电刷数
Z3-22	1	1.5	110	3 000	17.7	并	3	ϕ1.3	1—10	432	2	1.12	32	72	1—2	1
	2		160		11.6	他	18/4	ϕ1.06		648		1.18				
	3		220		8.74	并	6	ϕ0.93		864		1.14				
	4	0.75	110	1 500	9.34		22/4	ϕ0.95		792		1.2				
	5		160		5.85	他	8	ϕ0.8		1 152		1.58				
	6		220		4.64	并	11	ϕ0.67		1 584		1.37				
	7	0.37	110	1 000	5.17		8	ϕ0.77		1 152		1.1				
	8		160		3	他	46/4	ϕ0.63		1 656		1.12				
	9		220		2.55	并	16	ϕ0.53		2 304		1.1				
Z3-31	1	2.2	110	3 000	25.3		3	ϕ1.56		432		1.71	50			2
	2		160		16.8	他	18/4	ϕ1.25		648		1.65				
	3		220		12.5	并	6	ϕ1.12		864		1.76				
	4	1.1	110	1 500	13.15		22/4	ϕ1.18		792		1.79				
	5		160		8.6	他	8	ϕ0.95		1 152		1.7				
	6		220		6.54	并	46/4	ϕ0.8		1 656		1.72				
	7	0.55	110	1 000	7.04		33/4	ϕ0.95		1 188		1.74				
	8		160		4.5	他	49/4	ϕ0.77		1 764		1.7				
	9		220		3.5	并	66/4	ϕ0.67		2 376		1.73				

（续表）

机座号	序号	额定功率（千瓦）	额定电压（伏）	额定转速（转/分）	额定电流（安）	励磁方式	电枢						换向器			
							每元件匝数	线规（QZ-2）（根-毫米）	节距	总导体数	支路数	绕组铜重（千克）	长度（毫米）	片数	节距	每杆电刷数
Z3-32	1	3	110	3 000	34.7	并	9/4	2-ϕ1.25	1—10	324	2	1.84	70	72	1—2	3
	2		160		23	他	13/4	ϕ1.45		468		1.79	50			2
	3		220		17.1	并	18/4	ϕ1.25		648		1.84				
	4	1.5	110	1 500	17.6		17/4	ϕ1.3		612		1.88				
	5		160		11.6	他	25/4	ϕ1.06		900		1.84				
	6		220		8.68	并	35/4	ϕ0.9		1 260		1.86				
	7	0.75	110	1 000	9.4		26/4	ϕ1.06		936		1.91				
	8		160		6	他	37/4	ϕ0.9		1 332		1.96				
	9		220		4.64	并	50/4	ϕ0.75		1 800		1.84				
	10	0.55	110	750	7.25		8	ϕ0.95		1 152		1.89				
	11		160		4.55	他	47/4	ϕ0.77		1 692		1.82				
	12		220		3.57	并	65/4	ϕ0.67		2 340		1.91				
Z3-33	1	4	110	3 000	45.4		6/4	2-ϕ1.45		216		1.9	70			3
	2		160		30.3	他	9/4	2-ϕ1.25		324		2.11				
	3		220		22.4	并	13/4	ϕ1.45		468		2.05	50			2
	4	2.2	110	1 500	25		3	ϕ1.56		432		2.2				
	5		160		16.5	他	18/4	ϕ1.3		648		2.3				
	6		220		12.3	并	25/4	ϕ1.06		900		2.11				

（续表）

机座号	序号	额定功率（千瓦）	额定电压（伏）	额定转速（转/分）	额定电流（安）	励磁方式	电枢						换向器			
							每元件匝数	线规（QZ-2）（根-毫米）	节距	总导体数	支路数	绕组铜重（千克）	长度（毫米）	片数	节距	每杆电刷数
Z3-33	7	1.1	110	1 000	13.3	并	18/4	ϕ1.25	1—10	648	2	2.11	50	72	1—2	2
	8		160		8.46	他	26/4	ϕ1.06		936		2.2				
	9		220		6.6	并	37/4	ϕ0.85		1 332		2.0				
	10	0.75	110	750	9.4		6	ϕ1.12		864		2.26				
	11		160		5.84	他	34/4	ϕ0.93		1 224		2.21				
	12		220		4.64		12	ϕ0.77		1 728		2.14				
Z3-41	1	5.5	110	3 000	61.3	并	5/3	3-ϕ1.4	1—7	250		2.16	70	75	1—38	3
	2		220		30.5		10/3	2-ϕ1.18		500		2.05	50			2
	3	3	110	1 500	34.3		3	2-ϕ1.25		450		2.06				
	4		160		22.1	他	13/3	ϕ1.45		650		2.01	32			1
	5		220		17	并	19/3	ϕ1.25		950		2.18				
	6	1.5	110	1 000	18		14/3	ϕ1.4		700		2.02				
	7		160		11.5	他	7	ϕ1.18		1 050		2.05				
	8		220		8.9	并	28/3	ϕ1		1 400		1.9				
	9	1.1	110	750	14.2		6	ϕ1.25		900		2.07				
	10		160		8.9	他	26/3	ϕ1		1 300		1.91				
	11		220		7	并	12	ϕ0.85		1 800		1.91				
	12	2.2	115	1 450	19.2	复	13/3	ϕ1.45		650		2.01				
	13		230		9.6		26/3	ϕ1		1 300		1.91				

（续表）

机座号	序号	额定功率（千瓦）	额定电压（伏）	额定转速（转/分）	额定电流（安）	励磁方式	电枢：每元件匝数	电枢：线规（QZ-2）（根-毫米）	电枢：节距	电枢：总导体数	电枢：支路数	电枢：绕组铜重（千克）	换向器：长度（毫米）	换向器：片数	换向器：节距	每杆电刷数
Z3-42	1	7.5	110	3 000	83	并	4/3	3-ϕ1.56	1—7	200	2	2.46	70	75	1—38	3
	2		220		41.3		8/3	2-ϕ1.35		400		2.46	50			2
	3	4	110	1 500	44.9		7/3	2-ϕ1.45		350		2.48				
	4		160		29	他	10/3	2-ϕ1.18		500		2.35	32			1
	5		220		22.3	并	14/3	ϕ1.45		700		2.48				
	6	2.2	110	1 000	25.8		11/3	ϕ1.6		550		2.37				
	7		160		16.7	他	16/3	ϕ1.35		800		2.46				
	8		220		12.8	并	22/3	ϕ1.12		1 100		2.46				
	9	1.5	110	750	18.8		14/3	ϕ1.45		700		2.48				
	10		160		11.8	他	20/3	ϕ1.18		1 000		2.35				
	11		220		9.3	并	28/3	ϕ1		1 400		2.36				
	12	3	115	1 450	26.1	复	10/3	2-ϕ1.18		500		2.35				
	13		230		13.1		20/3	ϕ1.18		1 000						
Z3-51	1	10	220	3 000	54.8	并	7/3	2-ϕ1.5	1—8	378		2.75	50	81	1—41	2
	2	5.5	110	1 500	61			2-ϕ1.56				2.97	70			3
	3		220		30.3		13/3	2-ϕ1.12		702		2.84	32			1
	4		440		14.4	他	26/5	ϕ1.12		1 404			32	135	1—68	

（续表）

机座号	序号	额定功率（千瓦）	额定电压（伏）	额定转速（转/分）	额定电流（安）	励磁方式	电枢 每元件匝数	电枢 线规（QZ-2）（根-毫米）	电枢 节距	电枢 总导体数	电枢 支路数	电枢 绕组铜重（千克）	电枢 长度（毫米）	换向器 片数	换向器 节距	每杆电刷数
Z3-51	5	3	110	1 000	34.5	并	10/3	2-ϕ1.25	1—8	540	2	2.73	50	81	1—41	2
	6		160		22.4	他	5	ϕ1.5		810		2.94	32			1
	7		220		17.2	并	20/3	ϕ1.25		1 080		2.73	32			
	8	2.2	110	750	26.2		13/3	2-ϕ1.12		702		2.84	32			
	9		160		17.2	他	19/3	ϕ1.3		1 026		2.8	32			
	10		220		13	并	26/3	ϕ1.12		1 404		2.84	32			
	11	4.2	115	1 450	36.5	复	3	2-ϕ1.3		486		2.65	50			2
	12		230		18.3		6	ϕ1.3		972			32			1
Z3-52	1	13	220	3 000	70.8	并	2	2-ϕ1.7		324		3.3	70			3
	2	7.5	110	1 500	82.1		5/3	3-ϕ1.5		270		3.41	70			
	3		220		40.8		10/3	2-ϕ1.3		540		3.42	50			2
	4		440		19.5	他	4	ϕ1.3		1 080			32	135	1—68	1
	5	4	110	1 000	45.2	并	8/3	2-ϕ1.45		432		3.4	50	81	1—41	2
	6		160		29.6	他	4	2-ϕ1.18		648			32			1
	7		220		22.3	并	16/3	ϕ1.45		864						
	8	3	110	750	35.2		10/3	2-ϕ1.3		540		3.42	50			2
	9		160		22.7	他	14/3	ϕ1.56		756		3.44				
	10		220		17.4	并	20/3	ϕ1.3		1 080		3.42	32			1

（续表）

机座号	序号	额定功率（千瓦）	额定电压（伏）	额定转速（转/分）	额定电流（安）	励磁方式	电枢						换向器			
							每元件匝数	线规（QZ-2）（根-毫米）	节距	总导体数	支路数	绕组铜重（千克）	长度（毫米）	片数	节距	每杆电刷数
	11		110		26.7	并	4	2-φ1.18		648		3.4				
	12	2.2	160	600	16.8	他	17/3	φ1.4		918		3.37	32			1
Z3-52	13		220		13.3	并	8	φ1.18	1—8	1 296		3.38		81	1—41	
	14	6	115	1 450	52.2	复	7/3	2-φ1.56		378		3.44	50			2
	15		230		26.1		14/3	φ1.56		756						
	1	17	220	3 000	92		4/3	4-φ1.45		248		4	80	93		3
	2		110		108.2	并		4-φ1.5							1—47	
	3	10	220	1 500	53.8		8/3	2-φ1.5		496		4.26	60	93		2
	4		440		26	他	16/5	2-φ1.06		992			50	155	1—78	1
	5		110		61.4		2	2-φ1.7		372	2		60	93		2
	6	5.5	220	1 000	30.3	并	4	1-φ1.7		744		4.1	40	93	1—47	
Z3-61	7		440		14.4	他	24/5	1-φ1.18	1—9	1 488		3.95	50	155	1—78	
	8		110		46.6	并	8/3	2-φ1.5		496		4.26				
	9	4	160	750	30.3	他	11/3	2-φ1.25		682		4.07				
	10		220		23		5	1-φ1.56		930		4.32				1
	11		110		35.9	并	3	2-φ1.4		558		4.2	40	93	1—47	
	12	3	160	600	23	他	13/3	2-φ1.12		806		3.9				
	13		220		17.8	并	19/3	1-φ1.35		1 178		4.1				

（续表）

机座号	序号	额定功率（千瓦）	额定电压（伏）	额定转速（转/分）	额定电流（安）	励磁方式	电枢						换向器			
							每元件匝数	线规（QZ-2）（根-毫米）	节距	总导体数	支路数	绕组铜重（千克）	长度（毫米）	片数	节距	每杆电刷数
Z3-61	14	8.5	115	1 450	74	复	5/3	4-ϕ1.3		310		4	60	93		2
	15		230		37		10/3	2-ϕ1.3		620			40			1
	1	22	220	3 000	117.6		1	4-ϕ1.7		186			80		1—47	3
	2		110		139.8	并		4-ϕ1.7				4.81		93		
	3	13	220	1 500	69.5		2	2-ϕ1.7		372			60			2
	4		440		33.5	他	12/5	2-ϕ1.18		744			50	155	1—78	1
	5		110		83	并	4/3	4-ϕ1.45		248		4.67	60	93	1—47	2
	6	7.5	220	1 000	41.3		3	2-ϕ1.4		558			40			1
	7		440		19.8	他	18/5	1-ϕ1.4	1—9	1 116	2	4.9	50	155	1—78	
Z3-62	8		110		62.8	并	2	3-ϕ1.4		372			60	93	1—47	2
	9	5.5	220	750	31.2		11/3	1-ϕ1.8		682		4.95	40			
	10		440		14.7	他	22/5	1-ϕ1.25		1 364		4.77	50	155	1—78	
	11		110		47.5	并	7/3	2-ϕ1.56		434		4.73				1
	12	4	160	600	30.8	他	10/3	2-ϕ1.3		620		4.69	40			
	13		220		23.6	并	14/3	1-ϕ1.56		868		4.73		93	1—47	
	14		115		95.7		4/3	4-ϕ1.5		248			80			3
	15	11	230	1 450	47.8	复	8/3	2-ϕ1.5		496		5	60			2

附表1-55　Z3系列1～6号直流电动机的技术参数(主极、换向极)

机座号	序号	主极 每极匝数 串	主极 每极匝数 并	主极 线规(QZ-2或QZB或TBR)(毫米) 串	主极 线规(QZ-2或QZB或TBR)(毫米) 并	主极 并(他)励绕组 额定电流(安)	主极 并(他)励绕组 铜重(千克)	换向极 每极匝数	换向极 绕组铜重(千克)	换向极 线规(QZ-2或QZB或TBR)(毫米)
Z3-11	1		2 000		ϕ0.38	0.50	1.06	152	0.32	ϕ1.30
	2		3 500		ϕ0.28	0.28	1	220	0.3	ϕ1.06
	3		4 000		ϕ0.27	0.25	1.08	294	0.33	ϕ0.93
	4		2 200		ϕ0.35	0.40	0.98	292	0.29	ϕ0.90
	5		3 100		ϕ0.27	0.30	0.8	420	0.35	ϕ0.80
	6		4 000		ϕ0.25	0.23	0.9	554	0.28	ϕ0.63
Z3-12	1		1 800		ϕ0.38	0.52	1.08	116	0.40	ϕ1.50
	2		2 900		ϕ0.31	0.34	1.19	164	0.39	ϕ1.25
	3		3 400		ϕ0.27	0.29	1.03	222	0.38	ϕ1.06
	4		1 800		ϕ0.38	0.52	1.08	212	0.36	ϕ1.06
	5		3 000		ϕ0.27	0.27	0.9	315	0.39	ϕ0.90
	6		3 800		ϕ0.28	0.28	1.28	410	0.37	ϕ0.77
Z3-21	1		2 000		ϕ0.40	0.525	1.3	100	0.48	ϕ1.8
	2		2 900		ϕ0.33	0.39	1.35	141	0.49	ϕ1.5
	3		4 000		ϕ0.29	0.27	1.2	194	0.50	ϕ1.3
	4		2 200		ϕ0.42	0.5	1.6	183	0.49	ϕ1.3
	5		3 000		ϕ0.33	0.365	1.2	263	0.50	ϕ1.12
	6		4 000		ϕ0.29	0.277	1.4	353	0.45	ϕ0.93

机座号	序号	主极 每极匝数 串	主极 每极匝数 并	主极 线规(QZ-2或QZB或TBR)(毫米) 串	主极 线规(QZ-2或QZB或TBR)(毫米) 并	主极 并(他)励绕组 额定电流(安)	主极 并(他)励绕组 铜重(千克)	换向极 每极匝数	换向极 绕组铜重(千克)	换向极 线规(QZ-2或QZB或TBR)(毫米)
Z3-22	1		1 600		ϕ0.45	0.68	1.28	74	0.57	ϕ2.12
	2		2 700		ϕ0.33	0.379	1.43	109	0.63	ϕ1.8
	3		3 000		ϕ0.31	0.365	1.4	144	0.51	ϕ1.45
	4		1 600		ϕ0.45	0.712	1.56	137	0.54	ϕ1.5
	5		2 700		ϕ0.38	0.437	1.56	195	0.5	ϕ1.25
	6		3 400		ϕ0.33	0.344	1.5	264	0.51	ϕ1.06
	7		1 700		ϕ0.45	0.638	1.5	204	0.6	ϕ1.12
	8		2 700		ϕ0.35	0.42	1.55	286	0.38	ϕ0.9
	9		3 700		ϕ0.33	0.301	1.6	389	0.41	ϕ0.8
Z3-31	1		1 600		ϕ0.47	0.772	1.72	75	0.92	1.12×4.75
	2		2 300		ϕ0.35	0.496	1.35	108	0.89	ϕ2.12
	3		3 200		ϕ0.35	0.4	1.97	143	0.84	ϕ1.8
	4		2 000		ϕ0.5	0.655	2.57	130	0.97	ϕ2
	5		3 100		ϕ0.4	0.435	2.6	190	1.06	ϕ1.7
	6		4 200		ϕ0.33	0.281	2.34	270	1.08	ϕ1.45
	7		2 400		ϕ0.47	0.475	2.76	200	0.82	ϕ1.5
	8		3 700		ϕ0.35	0.292	2.33	300	0.94	ϕ1.3
	9		4 300		ϕ0.33	0.271	2.4	400	0.81	ϕ1.06

（续表）

机座号	序号	主极 每极匝数 串	主极 每极匝数 并	主极 线规（QZ-2 或 QZB 或 TBR）（毫米） 串	主极 线规（QZ-2 或 QZB 或 TBR）（毫米） 并	主极 并（他）励绕组 额定电流（安）	主极 并（他）励绕组 铜重（千克）	换向极 每极匝数	换向极 绕组铜重（千克）	换向极 线规（QZ-2 或 QZB 或 TBR）（毫米）
Z3-32	1		1 500		ϕ0.5	0.8	2.1	55	1.02	1.25×5.6
	2		2 400		ϕ0.4	0.525	2.2	80	1.08	ϕ2.5
	3		3 400		ϕ0.38	0.371	2.93	110	1.06	ϕ2.12
	4		1 500		ϕ0.5	0.8	2.1	105	1.14	ϕ2.24
	5		3 000		ϕ0.4	0.393	2.85	150	1.19	ϕ1.9
	6		3 900		ϕ0.35	0.29	2.85	210	1.0	ϕ1.5
	7		2 000		ϕ0.47	0.515	2.56	160	0.97	ϕ1.7
	8		2 800		ϕ0.38	0.404	2.34	225	1.0	ϕ1.45
	9		3 400		ϕ0.35	0.341	2.42	300	0.87	ϕ1.18
	10		2 100		ϕ0.5	0.548	3.1	200	1.04	ϕ1.56
	11		3 000		ϕ0.38	0.37	2.53	285	1.03	ϕ1.3
	12		3 900		ϕ0.35	0.29	2.84	390	1.18	ϕ1.18
Z3-33	1		1 200		ϕ0.67	1.39	3.77	37	1.03	1.6×5.6
	2		2 000		ϕ0.5	0.78	3.45	55	1.15	1.4×4.75
	3		2 500		ϕ0.42	0.544	3	80	1.25	1.25×4
	4		1 400		ϕ0.63	1.05	3.9	73	1.31	1.25×4.5
	5		2 300		ϕ0.47	0.596	3.54	108	1.4	ϕ2.24
	6		2 900		ϕ0.42	0.459	3.56	150	1.39	ϕ1.9
	7		1 500		ϕ0.6	0.88	3.8	110	1.24	ϕ2.12

机座号	序号	主极 每极匝数 串	主极 每极匝数 并	主极 线规（QZ-2 或 QZB 或 TBR）（毫米） 串	主极 线规（QZ-2 或 QZB 或 TBR）（毫米） 并	主极 并（他）励绕组 额定电流（安）	主极 并（他）励绕组 铜重（千克）	换向极 每极匝数	换向极 绕组铜重（千克）	换向极 线规（QZ-2 或 QZB 或 TBR）（毫米）
Z3-33	8		2 400		ϕ0.47	0.567	3.71	160	1.14	ϕ1.7
	9		3 000		ϕ0.4	0.407	3.34	220	1.15	ϕ1.45
	10		1 700		ϕ0.56	0.712	3.73	150	1.39	ϕ1.9
	11		2 500		ϕ0.45	0.528	3.52	210	1.18	ϕ1.5
	12		3 100		ϕ0.4	0.4	3.47	285	1.38	ϕ1.35
Z3-41	1		660		ϕ0.67	2	2.72	19	1.73	1.7×6.3
	2		1 350		ϕ0.47	1	2.74	37	1.76	1.25×4.5
	3		800		ϕ0.75	1.94	4.33	34	1.95	1.6×4.75
	4		1 200		ϕ0.6	1.33	4.12	49	1.84	1.12×4
	5		1 450		ϕ0.5	0.95	3.4	70	2.18	ϕ2.12
	6		1 000		ϕ0.67	1.27	4.34	54	2.01	1.12×4
	7		1 500		ϕ0.5	0.79	3.52	79	1.75	ϕ1.8
	8		1 800		ϕ0.5	0.74	4.31	104	2.08	ϕ1.7
	9		900		ϕ0.67	1.45	3.85	69	2.16	ϕ2.12
	10		1 500		ϕ0.53	0.87	4.04	98	1.97	ϕ1.7
	11		2 000		ϕ0.47	0.65	4.25	134	1.98	ϕ1.45
	12	20	820	1.12×4	ϕ0.63	1.21	3.18	49	1.84	1.12×4
	13	36	1 500	ϕ1.7	ϕ0.47	0.67	3.2	96	1.93	ϕ1.7

（续表）

机座号	序号	主极 每极匝数 串	主极 每极匝数 并	主极 线规(QZ-2或QZB或TBR)(毫米) 串	主极 线规(QZ-2或QZB或TBR)(毫米) 并	主极 并(他)励绕组 额定电流(安)	主极 并(他)励绕组 铜重(千克)	换向极 每极匝数	换向极 绕组铜重(千克)	换向极 线规(QZ-2或QZB或TBR)(毫米)
Z3-42	1		600		ϕ0.69	2	3.111	15	2.2	2.24×6.3
	2		1 160		ϕ0.5	1.06	3.163	29	2.2	1.18×6.3
	3		650		ϕ0.8	2.35	4.64	26	2.15	1.25×6.3
	4		1 010		ϕ0.67	1.62	5.15	37	2.27	1.32×4.5
	5		1 300		ϕ0.6	1.21	5.34	52	2.26	0.95×4.5
	6		780		ϕ0.71	1.56	4.4	41	2.52	1.32×4.5
	7		1 230		ϕ0.56	1	4.335	60	2.44	1×4
	8		1 630		ϕ0.53	0.77	5.21	81	2.77	ϕ2
	9		750		ϕ0.75	1.72	4.76	53	2.56	1.18×4
	10		1 240		ϕ0.6	1.1	5.08	75	2.51	ϕ2
	11		1 630		ϕ0.53	0.81	5.21	103	2.51	ϕ1.7
	12	14	670	1.4×4	ϕ0.69	1.53	3.63	37	2.14	1.4×4
	13	25	1 290	ϕ1.9	ϕ0.5	0.785	3.68	73	2.45	ϕ1.9
Z3-51	1		1 250		ϕ0.6	1.42	4.4	27	2.08	1.8×5
	2		700		ϕ0.75	2.2	3.79	28	2.91	2.12×5.6
	3		1 520		ϕ0.6	1.286	5.45	51	2.62	1.18×5
	4		1 200		ϕ0.67	1.65	5.38	100	2.58	ϕ1.9
	5		950		ϕ0.77	1.66	5.65	40	2.8	1.6×5

机座号	序号	主极 每极匝数 串	主极 每极匝数 并	主极 线规(QZ-2或QZB或TBR)(毫米) 串	主极 线规(QZ-2或QZB或TBR)(毫米) 并	主极 并(他)励绕组 额定电流(安)	主极 并(他)励绕组 铜重(千克)	换向极 每极匝数	换向极 绕组铜重(千克)	换向极 线规(QZ-2或QZB或TBR)(毫米)
Z3-51	6		1 500		ϕ0.6	1	5.38	59	2.8	1.12×5
	7		1 750		ϕ0.56	0.917	5.49	78	2.5	ϕ2.12
	8		1 080		ϕ0.77	1.42	6.5	52	3.06	1.32×5
	9		1 600		ϕ0.6	0.956	5.8	75	2.93	1×4.5
	10		2 040		ϕ0.56	0.79	6.54	102	2.93	ϕ2
	11	14	650	1.5×5.6	ϕ0.75	1.95	3.63	36	2.53	1.6×5
	12	28	1 250	0.95×4.5	ϕ0.53	1	3.52	70	2.56	0.95×4.5
Z3-52	1		1 000		ϕ0.53	1.3	3.34	23	2.92	2×5.6
	2		540		ϕ0.9	3.3	5.36	20	3.63	2.5×6.3
	3		1 150		ϕ0.67	1.61	6.44	39	3.56	1.0×5
	4		940		ϕ0.71	1.99	5.87	77	3.64	ϕ2.24
	5		760		ϕ0.8	1.82	6.03	32	3.61	2×5
	6		1 100		ϕ0.6	1.21	4.8	47	3.76	1.4×5
	7		1 450		ϕ0.56	0.975	5.6	62	3.51	1.12×4.5
	8		780		ϕ0.83	1.94	6.7	40	3.83	1.7×5
	9		1400		ϕ0.69	1.23	8.57	55	3.68	1.18×5
	10		1 600		ϕ0.6	0.98	7.28	78	3.78	0.95×4.5
	11		820		ϕ0.85	1.95	7.48	48	3.84	1.4×5

（续表）

机座号	序号	主极 每极匝数 串	主极 每极匝数 并	主极 线规(QZ-2或QZB或TBR)(毫米) 串	主极 线规(QZ-2或QZB或TBR)(毫米) 并	主极 并(他)励绕组 额定电流(安)	主极 并(他)励绕组 铜重(千克)	换向极 每极匝数	换向极 绕组铜重(千克)	换向极 线规(QZ-2或QZB或TBR)(毫米)
Z3-52	12		1 450		ϕ0.71	1.23	9.48	67	3.84	1.12×4.5
	13		1 700		ϕ0.63	0.97	8.66	94	3.96	ϕ2.12
	14	7	600	2×5.6	ϕ0.8	2.03	4.82	27	3.42	2×5.6
	15	14	1 350	1.12×5	ϕ0.56	0.89	5.36	54	3.41	1.12×5
Z3-61	1	1	1 000	1.5×12.5	ϕ0.69	2.12	5.7	19	3.89	1.5×12.5
	2	1	620	1.7×12.5	ϕ0.9	3.02	6.0	10	4.44	1.7×12.5
	3	2	1 320	1.7×6.3	ϕ0.67	1.48	7.1	37	4.56	1.7×6.3
	4	3	1 050	ϕ2.5	ϕ0.75	1.94	7.21	72	4.04	ϕ2.5
	5	2	800	2.5×6.3	ϕ0.9	2.12	5.78	28	5.12	2.5×6.3
	6	4	1 420	1.32×6.3	ϕ0.63	1.23	6.63	56	5.45	1.32×6.3
	7	5	1 280	ϕ2.24	ϕ0.71	1.38	6.74	108	4.93	ϕ2.24
	8		760		ϕ0.85	2.16	6.08	37	4.85	1.8×6.3
	9		1 150		ϕ0.75	1.74	7.9	50	4.32	1.4×5.6
	10		1 450		ϕ0.71	1.5	9.1	69	4.5	1.06×5.6
	11		900		ϕ1.06	2.49	12.3	42	4.42	1.5×6.3
	12		1 450		ϕ0.83	1.572	13	60	4.34	1.18×5.6
	13		1 600		ϕ0.67	1.175	8.95	88	5.02	ϕ2.5
Z3-61	14	9	600	1.25×12.5	ϕ0.9	2.62	5.8	23	3.93	1.25×12.5
	15	16	1 100	1.4×6.3	ϕ0.63	1.42	5.35	46	4.5	1.4×6.3
Z3-62	1	2	880	1.6×12.5	ϕ0.71	2.08	6.5	14	4.07	1.6×12.5
	2	1	550	1.9×12.5	ϕ0.95	3.45	6.6	14	4.76	1.9×12.5
	3	2	1 100	2.12×5.6	ϕ0.71	1.63	8.3	27	4.5	1.9×6.3
	4	5	780	1.25×6.3	ϕ0.77	2.27	6.8	56	6.33	1.25×6.3
	5	1	640	1.4×12.5	ϕ1.18	3.78	13.78	18	4.4	2.8×6.3
	6	2	1 060	1.4×6.3	ϕ0.69	1.6	7.5	41	5.1	1.4×6.3
	7	4	940	0.8×5.6	ϕ0.75	1.79	7.82	82	4.96	0.8×5.6
	8		710		ϕ0.93	2.24	9.1	28	5.33	2.12×6.3
	9		1 170		ϕ0.77	1.812	10.4	51	4.48	1.12×5.6
	10		940		ϕ0.85	2.28	10.1	102	5.33	ϕ2.12
	11		650		ϕ1.0	2.8	9.7	33	5.59	1.9×6.3
	12		1 080		ϕ0.8	1.8	10.3	46	5.46	1.32×6.3
	13		1 350		ϕ0.71	1.39	10.2	64	5	1.0×5.6
	14	4	620	3.35×6.3	ϕ0.9	2.19	7.43	18	5.12	1.6×12.5
	15	9	850	1.7×6.3	ϕ0.63	1.43	4.86	36	6.1	1.9×6.3

注：电枢导线牌号为QZ-2，主极及换向极导线牌号为QZ-2或QZB或TBR。

附表1-56 Z4系列直流电动机技术数据

型号	额定功率（千瓦）	额定转速（转/分）			弱磁转速（转/分）	电枢电流（安）	励磁功率（瓦）	电枢回路电阻（欧）20 ℃	电枢回路电感（毫亨）	磁场电感（亨）	外接电感（毫亨）	效率（%）	转动惯量（千克·米²）	质量（千克）
		160伏	400伏	440伏										
Z4-100-1	2.2	1 490			3 000	17.9	315	1.19	11.2	22	15	67.8	0.044	72
	1.5	955			2 000	13.3		2.17	21.4	13	15	58.5		
	4		2 630		4 000	12		2.82	26	18		78.9		
	4			2 960	4 000	10.7						80.1		
	2		1 310		3 000	6.6		9.12	86	18		68.4		
	2.2			1 480	3 000	6.5						70.6		
	1.4		860		2 000	5.1		16.76	163	18		60.3		
	1.5			990	2 000	4.77						63.2		
Z4-112/2-1	3	1 540			3 000	24	320	0.785	7.1	14	20	69.1	0.072	100
	2.2	975			2 000	19.6		1.498	14.1	13	20	62.1		
	5.5		2 630		4 000	16.4		1.933	17.9	17		79.9		
	5.5			2 940	4 000	14.7						81.1		
	2.8		1 340		3 000	9.1		6	59	17		71.2		
	3			1 500	3 000	8.6						72.8		
	1.9		855		2 000	6.9		11.67	110	13		61.1		
	2.2			965	2 000	7.1						63.5		
Z4-112/2-2	4	1 450			3 000	31.3	350	0.567	6.2	14	12	72.6	0.088	107
	3	1 070			2 000	24.8		0.934	10.3	14	10	66.8		
	7		2 660		4 000	20.4		1.305	14	19		82.4		
	7.5			2 980	4 000	19.7						83.5		

（续表）

型　　号	额定功率（千瓦）	额定转速（转/分）			弱磁转速（转/分）	电枢电流（安）	励磁功率（瓦）	电枢回路电阻（欧）20 ℃	电枢回路电感（毫亨）	磁场电感（亨）	外接电感（毫亨）	效　率（%）	转动惯量（千克・米²）	质　量（千克）
		160 伏	400 伏	440 伏										
Z4-112/2-2	3.7		1 320		3 000	11.7	350	4.24	48.5	19		74.1	0.088	107
	4			1 500	3 000	11.2						76		
	2.6		895		2 000	9		7.62	83	14		65.1		
	3			1 010	2 000	9.1						67.3		
Z4-112/4-1	5.5	1 520			3 000	42.5	500	0.38	3.85	6.8	6.5	73	0.128	106
	4	990			2 000	33.7		0.741	7.7	6.7	4.5	64.9		
	10		2 680		4 000	29		0.89	9	6.8		82.7		
	11			2 950	4 000	28.8						83.3		
	5		1 340		2 200	15.7		3.01	30.5	6.8		74.3		
	5.5			1 480	2 200	15.4						75.7		
	3.7		855		1 400	13		5.78	60	6.7		65.2		
	4			980	1 400	12.2						68.7		
Z4-112/4-2	5.5	1 090			2 000	43.5	570	0.441	5.1	7.8	6	69.5	0.156	114
	13		2 740		4 000	37		0.574	6.4	5.8		84.4		
	15			3 035	4 000	38.6						85.4		
	6.7		1 330		2 200	20.6		2.12	24.1	7.8		76.8		
	7.5			1 480	2 200	20.6						78.4		
	5		955		1 500	16.1		3.46	40.5	5.8		71.1		
	5.5			1 025	1 500	15.7						71.9		

（续表）

型　号	额定功率（千瓦）	额定转速（转/分）		弱磁转速（转/分）	电枢电流（安）	励磁功率（瓦）	电枢回路电阻（欧）20 ℃	电枢回路电感（毫亨）	磁场电感（亨）	效　率（%）	转动惯量（千克·米^2）	质　量（千克）
		400 伏	440 伏									
Z4-132-1	18.5	2 610		4 000	52.2	650	0.368	5.3	6.5	85	0.32	140
	18.5		2 850	4 000	47.1					85.9		
	10	1 330		2 400	30.1		1.309	18.9	8.9	79.4		
	11		1 480	2 500	29.6					80.9		
	7	865		1 600	22.7		2.56	37.5	6.3	71.9		
	7.5		975	1 600	21.4					74.5		
Z4-132-2	20	2 800		3 600	55.4	730	0.226	3.65	10	87.8	0.4	160
	22		3 090	3 600	55.3					88.3		
	15	1 360		2 500	44.5		0.811	13.5	7.7	81.2		
	15		1 510	2 500	39.5					83.4		
	10	905		1 600	31.1		1.565	26	6	75.6		
	11		995	1 600	30.5					77.7		
Z4-132-3	27	2 720		3 600	74.5	800	0.190 5	3.4	21	88.2	0.48	180
	30		3 000	3 600	75					88.6		
	18.5	1 390		2 800	53.2		0.531	9.8	6.6	83.6		
	18.5		1 540	3 000	47.6					84.7		
	15.5	945		1 600	40.5		0.976	19.4	6.5	79.4		
	15		1 050	1 600	40.5					80.5		

（续表）

型　　号	额定功率（千瓦）	额定转速（转/分）		弱磁转速（转/分）	电枢电流（安）	励磁功率（瓦）	电枢回路电阻（欧）20 ℃	电枢回路电感（毫亨）	磁场电感（亨）	效　率（%）	转动惯量（千克·米²）	质　量（千克）
		400 伏	440 伏									
Z4-160-11	33	2 710		3 500	93.4	820	0.183 5	3.15	10	87.4	0.64	220
	37		3 000							88.5		
	19.5	1 350		3 000	58.8		0.593	10.4	7.7	80.4		
	22		1 500							82.6		
Z4-160-　22	40.5	2 710		3 500	113	920	0.142 6	2.7	10	88.2	0.76	242
	45		3 000							89.1		
21	16.5	900		2 000	50.5		0.862	17.7	6	77.9		
	18.5		1 000							79.4		
32	49.5	2 710		3 500	137	1 050	0.097	2.07	11	89.1	0.88	268
	55		3 010							90.2		
Z4-160-31	27	1 350		3 000	77.8		0.376	8.3	10	84.7		
	30		1 500							85.7		
31	19.5	900		2 000	59.1		0.675	15.2	6.3	79.1		
	22		1 000							81.7		
Z4-180-11	33	1 350		3 000	95.4	1 200	0.29	5.8	7.1	84.7	1.52	326
	37		1 500							86.5		
	16.5	670		1 900	51.4		0.947	17.6	5.6	75.5		
	18.5		750							78.1		
	13	540		2 000	42.4		1.264	25	5.6	73		
	15		600							74.1		

（续表）

型号	额定功率（千瓦）	额定转速（转/分） 400伏	额定转速（转/分） 440伏	弱磁转速（转/分）	电枢电流（安）	励磁功率（瓦）	电枢回路电阻（欧）20 ℃	电枢回路电感（毫亨）	磁场电感（亨）	效率（%）	转动惯量（千克·米²）	质量（千克）
Z4-180-22	67	2 710		3 400	185	1 400	0.055 5	1.16	6.9	89.5	1.72	350
	75		3 000							90.7		
Z4-180-21	40.5	1 350		2 800	115		0.212 5	4.65	6.6	85.8		
	45		1 500							87		
Z4-180-21	27	900		2 000	78.7		0.419	9.3	7.3	82.2		
	30		1 000							83.7		
Z4-180-21	19.5	670		1 400	60.3		0.756	15.7	7.1	77.3		
	22		750							79.7		
Z4-180-21	16.5	540		1 600	52		1.003	21.9	5	73.8		
	18.5		600							76.8		
Z4-180-31	33	900		2 000	96.6	1 500	0.332	7.7	6.6	82.8	1.92	380
	37		1 000							83.6		
	19.5	540		1 250	61.8		0.801	19	6.6	74.8		
	22		600							76.6		
Z4-180-42	81	2 710		3 200	221	1 700	0.051	1.16	12	91	2.2	410
	90		3 000							91.3		
Z4-180-41	50	1 350		3 000	139		0.141 7	3.2	5.7	87.5		
	55		1 500							87.7		
Z4-180-41	27	670		2 250	79.5		0.459	10.4	6.3	80.4		
	30		750							81.1		

(续表)

型　　号	额定功率（千瓦）	额定转速（转/分） 400 伏	额定转速（转/分） 440 伏	弱磁转速（转/分）	电枢电流（安）	励磁功率（瓦）	电枢回路电阻（欧）20 ℃	电枢回路电感（毫亨）	磁场电感（亨）	效　率（%）	转动惯量（千克·米²）	质　量（千克）
Z4-180-12	99	2 710		3 000	271	1 400	0.037 3	0.83	7.62	90.2	3.68	485
	110		3 000							91.6		
11	40.5	900		2 000	118		0.265 3	8.4	7.01	83.4		
	45		1 000							85.5		
Z4-200-11	33	670		2 000	99		0.369	10.6	7.77	80.9		
	37		750							83.5		
11	19.5	450		1 350	63.5		0.93	21.9	7.3	73.5		
	22		500							78.6		
21	67	1 350		3 000	188	1 500	0.088 5	2.8	6.78	88.7	4.2	530
	75		1 500							89.6		
Z4-200- 21	27	540		1 000	82		0.535	14	9.64	78.8		
	30		600							80.4		
32	119	2 710		3 200	322	1 750	0.026 6	0.79	10.9	91.7	4.8	580
	132		3 000							92.4		
Z4-200-31	81	1 350		2 800	224		0.077 1	2.6	5.61	88.7		
	90		1 500							90		
31	49.5	900		2 000	141		0.175 1	4.8	8.54	85.6		
	55		1 000							87.1		

（续表）

型号	额定功率（千瓦）	额定转速（转/分） 400 伏	额定转速（转/分） 440 伏	弱磁转速（转/分）	电枢电流（安）	励磁功率（瓦）	电枢回路电阻（欧）20 ℃	电枢回路电感（毫亨）	磁场电感（亨）	效率（%）	转动惯量（千克·米²）	质量（千克）
31	40.5	670		1 400	119	1 750	0.283	8.5	8.35	82.5	4.8	580
	45		750							84.1		
Z4-200-31	33	540		1 600	101		0.42	12.2	8.42	79.6		
	37		600							82		
31	27	450		750	83.5		0.598	17.1	8.4	77.5		
	30		500							79.5		
Z4-225-11	99	1 360		3 000	276	2 300	0.066 4	2.1	4.45	87.9	5	680
	110		1 500							89.4		
	67	900		2 000	193		0.140 6	4.9	4.28	84.4		
	75		1 000							86.5		
	49	680		1 600	146		0.243 3	8.7	5.77	81.2		
	55		750							84		
	40	540		1 800	123		0.356	9.5	6.38	78.2		
	45		600							80.8		
	33	450		1 600	103		0.476	15.2	6.10	76.5		
	37		500							78.8		
Z4-225-21	49	540		1 200	148	2 470	0.264 8	9.5	4.14	79.3	5.6	740
	55		600							82.4		
	40	450		1 400	125		0.397	13.7	5.41	76.6		
	45		500							78.9		

（续表）

型号	额定功率（千瓦）	额定转速（转/分） 400 伏	额定转速（转/分） 440 伏	弱磁转速（转/分）	电枢电流（安）	励磁功率（瓦）	电枢回路电阻（欧）20 ℃	电枢回路电感（毫亨）	磁场电感（亨）	效率（%）	转动惯量（千克·米²）	质量（千克）
Z4-225-31	119	1 360		2 400	327	2 580	0.045 4	1.5	5.33	89.3	6.2	800
	132		1 500							90.5		
	81	900		2 000	227		0.093	3.4	5.3	86.9		
	90		1 000							88		
	67	680		2 250	197		0.167	5.1	5.44	82.5		
	75		750							85.1		
Z4-250-12	144	1 360		2 100	399	2 500	0.044 4	1.3	4.29	88.8	8.8	890
	160		1 500							89.9		
Z4-250-11	99	900		2 000	281		0.091 1	2.4	4.55	86.2		
	110		1 000							88.1		
Z4-250-21	167	1 360		2 200	459	2 750	0.032 5	0.91	4.28	89.8	10	970
	185		1 500							90.5		
	81	680		2 250	234		0.130 6	3.9	5.41	84.3		
	90		750							86.3		
	67	540		2 000	202		0.198	4.4	4.4	80.5		
	75		600							84.1		
	49	450		1 000	150		0.294	7.9	5.44	78.4		
	55		500							82.2		

（续表）

型　　号	额定功率（千瓦）	额定转速（转/分）400 伏	额定转速（转/分）440 伏	弱磁转速（转/分）	电枢电流（安）	励磁功率（瓦）	电枢回路电阻（欧）20 ℃	电枢回路电感（毫亨）	磁场电感（亨）	效率（%）	转动惯量（千克·米²）	质量（千克）
Z4-250-31	180	1 360		2 400	493	2 850	0.028 1	0.87	5.32	90.4	11.2	1 070
	200		1 500							91.5		
	119	900		2 000	334		0.066 8	1.7	5.46	87.4		
	132		1 000							89.1		
	99	680		1 900	283		0.098 7	2.8	5.58	85.3		
	110		750							86.9		
41	198	1 360		2 400	539	3 000	0.023 7	0.93	6.19	91	12.8	1 180
	220		1 500							91.7		
42	144	900		2 000	401		0.048 5	1.9	4.53	88.3		
Z4-250-	160		1 000							89.4		
41	81	540		2 000	236		0.141	4.7	6.36	83.4		
	90		600							85		
41	67	450		1 900	201		0.195	5.1	4.97	80		
	75		500							83.5		
Z4-280-11	226	1 355		2 000	614	3 100	0.021 34	0.69	4.58	90.9	16.4	1 280
	250		1 500							91.6		
22	253	1 355		1 800	684	3 500	0.017 96	0.77	5.3	91.5	18.4	1 400
Z4-280-	280		1 500							92.1		
21	180	900		2 000	498		0.037 3	1.2	4.46	89.1		
	200		1 000							90.1		

（续表）

型号	额定功率（千瓦）	额定转速（转/分）		弱磁转速（转/分）	电枢电流（安）	励磁功率（瓦）	电枢回路电阻（欧）20 ℃	电枢回路电感（毫亨）	磁场电感（亨）	效率（%）	转动惯量（千克·米^2）	质量（千克）
		400 伏	440 伏									
Z4-280-21	119	675		1 600	333	3 500	0.066 2	2.3	4.37	87.1	18.4	1 400
	132		750							88.6		
Z4-280-21	99	540		1 500	281		0.093	3.1	4.57	85.3		
	110		600							86.6		
Z4-280-32	284	1 360		1 800	768	3 600	0.014 93	0.59	6.94	91.7	21.2	1 550
	315		1 500							92.6		
Z4-280-31	198	900		2 000	545		0.031 4	1.1	5.54	89.7		
	220		1 000							90.6		
Z4-280-32	144	675		1 700	402		0.053 2	2	5.47	87.8		
	160		750							89.1		
Z4-280-31	118	540		1 200	339		0.083 9	2.6	5.77	85.4		
	132		600							86.8		
Z4-280-31	80	450		1 800	234		0.137 7	5.3	9.03	84.1		
	90		500							85.4		
Z4-280-42	321	1 360		1 800	863	4 000	0.013 36	0.77	5.67	92.1	24	1 700
	355		1 500							92.6		
Z4-280-42	225	900		1 800	616		0.025 45	0.96	5.29	90.2		
	250		1 000							91.1		

（续表）

型号	额定功率（千瓦）	额定转速（转/分） 400伏	额定转速（转/分） 440伏	弱磁转速（转/分）	电枢电流（安）	励磁功率（瓦）	电枢回路电阻（欧）20℃	电枢回路电感（毫亨）	磁场电感（亨）	效率（%）	转动惯量（千克·米^2）	质量（千克）
Z4-280-41	166	675		1 900	464	4 000	0.045 7	1.7	5.19	88.1	24	1 700
	185		750							89.4		
Z4-280-41	98	450		1 200	282		0.099 3	3.7	6.86	85.1		
	110		500							86.9		
Z4-315-12	253	990		1 600	690	3 850	0.023 55	0.46	5.06	90.4	21.2	1 890
	280		1 000							91.6		
	180	680		1 900	500		0.043 71	0.83	4.97	88.4		
	200		750							89.4		
Z4-315-11	144	540		1 900	409		0.069 19	1.3	7.6	86.4		
	160		600							87.4		
	118	450		1 600	344		0.1	2.3	9.43	84.4		
	132		500							86.3		
	98	360		1 200	294		0.141 5	2.9	9.96	81.7		
	110		400							84.3		
Z4-315-22	284	900		1 600	772	4 350	0.020 34	0.49	5.91	91	24	2 080
	315		1 000							91.5		
	225	680		1 600	624		0.033 92	0.74	18.8	88.7		
	250		750							89.6		

（续表）

型　　号	额定功率（千瓦）	额定转速（转/分） 400 伏	额定转速（转/分） 440 伏	弱磁转速（转/分）	电枢电流（安）	励磁功率（瓦）	电枢回路电阻（欧）20 ℃	电枢回路电感（毫亨）	磁场电感（亨）	效　率（%）	转动惯量（千克·米^2）	质　量（千克）
Z4-315-21	166	540		1 600	468	4 350	0.053 82	1.2	25	87.2	24	2 080
	185		600							88.5		
	143	450		1 500	413		0.076	1.5	19	84.7		
	160		500							86		
Z4-315-32	320	900		1 600	867	4 650	0.016 58	0.39	23.1	91.3	27.2	2 290
	355		1 000							92.3		
	252	680		1 600	698		0.030 43	0.82	21.5	89.1		
	280		750							89.8		
	180	540		1 500	501		0.045 36	0.95	31.6	88.2		
	200		600							89.4		
Z4-315-31	118	360		1 200	344		0.100 2	2.1	23.3	83.2		
	132		400							85.3		
Z4-315-42	361	900		1 600	971	5 200	0.013 02	0.33	29	92.1	30.8	2 520
	400		1 000							92.7		
	284	680		1 600	778		0.023 64	0.67	20.8	90		
	315		750							90.7		
	225	540		1 600	626		0.035 54	0.87	21.9	88.3		
	250		600							89		

（续表）

型号	额定功率（千瓦）	额定转速（转/分）400 伏	额定转速（转/分）440 伏	弱磁转速（转/分）	电枢电流（安）	励磁功率（瓦）	电枢回路电阻（欧）20 ℃	电枢回路电感（毫亨）	磁场电感（亨）	效率（%）	转动惯量（千克·米²）	质量（千克）
Z4-315-41	166	450		1 500	468	5 200	0.055	1.4	37.4	87.3	30.8	2 520
	185		500							88.3		
	143	360		1 200	416		0.080 3	1.8	22.2	84		
	160		400							85.3		
Z4-355-12	406	900		1 500	1 094	5 400	0.012 59	0.36	37.6	91.8	42	2 890
	450		1 000							92.8		
	321	680		1 500	877		0.020 87	0.59	28.1	90.4		
	355		750							91.2		
Z4-355-11	253	540		1 600	697		0.029 52	0.91	22	89.2		
	280		600							90.2		
	180	450		1 500	506		0.050 2	1.5	8.91	87.6		
	200		500							88.9		
	166	360		1 200	478		0.066	1.8	22.4	84.9		
	185		400							85.9		
Z4-355-22	361	680		1 600	978	5 900	0.015 83	0.44	15.6	90.8	46	3 170
	400		750							91.7		
	284	540		1 500	783		0.026 76	0.81	34.7	89.5		
	315		600							90.5		

（续表）

型号	额定功率（千瓦）	额定转速（转/分）		弱磁转速（转/分）	电枢电流（安）	励磁功率（瓦）	电枢回路电阻（欧）20 ℃	电枢回路电感（毫亨）	磁场电感（亨）	效率（%）	转动惯量（千克·米^2）	质量（千克）
		400 伏	440 伏									
Z4-355-22	225	450		1 600	624	5 900	0. 034 62	1. 0	20. 5	88. 4	46	3 170
	250		500							89. 5		
Z4-355-21	180	360		1 200	511		0. 056 42	1. 6	35. 5	86. 3		
	200		400							87. 5		
Z4-355-32	406	680		1 500	1 098	6 200	0. 013 62	0. 39	19	91. 3	52	3 490
	450		750							92. 1		
	320	540		1 600	877		0. 021 53	0. 7	24. 3	89. 9		
	355		600							91		
	284	450		1 500	789		0. 029 3	0. 91	18. 5	88. 3		
	315		500							89. 5		
Z4-355-31	197	360		1 200	559		0. 049 57	1. 3	34. 6	86. 6		
	220		400							88. 4		
Z4-355-42	361	540		1 600	985	6 700	0. 018 36	0. 64	29. 6	90. 5	60	3 840
	400		600							91. 2		
	320	450		1 600	882		0. 023 61	0. 76	17. 7	88. 9		
	355		500							89. 2		
	225	360		1 200	627		0. 035 8	1. 2	17. 7	87. 5		
	250		400							88. 8		

附表 1-57 Z4系列直流电动机绕组数据

序号	机座号	额定功率(千瓦)	额定电压(伏)	额定电流(安)	额定转速(转/分)	励磁电压(伏)	励磁电流(安)	电枢外径(毫米)	电枢长度(毫米)	槽数	线规(根-毫米)	每槽线数	线圈总数	每圈匝数	绕组型式	槽节距	电阻20℃(欧)	气隙(毫米)主极	气隙(毫米)换向极
1		2.2		17.9	1 500		1.19				ϕ1.18	42		4、4、5、4、4			0.74		
			160																
2		1.5		13.3	1 000		1.39				ϕ1.0	58		6、6、5、6、6			1.43		
3	100-1	4		10.7	3 000		1.39	105	110	17	ϕ0.95	64	5×17	6、7、6、7、6		1—9	1.75	1.1	2.8
4		2.2	440	6.7	1 500		1.39				ϕ0.71	116		12、11、12、11、12			5.68		
5		1.5		4.8	1 000		1.39				ϕ0.63	160		16、16、16、16、16			9.95		
6		3	160	24	1 500		1.84				2-ϕ1.0	34		3、4、3、4、3			0.487		
7		2.2	220	14.4	1 000		1.39				ϕ1.0	68		7、7、7、7、6	单叠		1.95		
8		5.5		14.7	3 000		1.56		100		ϕ1.12	54		5、6、5、6、5			1.23		
9	112-2	3	440	9.0	1 500		1.56	120		19	ϕ0.85	98	5×19	10、10、9、10、10		1—10	3.88	1.2	3
						180													
10		2.2		7.1	1 000		1.56				ϕ0.71	134		13、14、13、14、13			7.61		
11		4		31.3	1 500		1.69				2-ϕ1.12	28		3、3、3、3、3			0.355		
			160						130										
12		3		24.8	1 000		2.07				2-ϕ1.0	36		4、3、4、3、4			0.573		

(续表)

序号	机座号	额定功率（千瓦）	额定电压（伏）	额定电流（安）	额定转速（转/分）	励磁电压（伏）	励磁电流（安）	电枢 外径（毫米）	长度（毫米）	槽数	线规（根-毫米）	每槽线数	线圈总数	每圈匝数	绕组型式	槽节距	电阻 20 ℃（欧）	气隙（毫米） 主极	换向极
13		7.5		19.7	3 000		1.43				ϕ1.3	42		4、4、4、4、5			0.79		
14		4		12.8	1 500	180	1.69	120			ϕ1.0	70		7、7、7、7、7			2.23		
15	112-2	4	440	11.5	1 500		1.69		130	19	ϕ0.95	76	5×19	8、7、8、7、8		1—10	2.68	1.2	3
16		4		11.5	1 500	220	1.63				ϕ0.95	76		8、7、8、7、8			2.68		
17		3		9.1	1 000		2.07	130			ϕ0.8	102		10、10、11、10、10			5.07		
18		5.5	160	42.5	1 500		2.49				2-ϕ1.0	34		5、4、4、4	单叠		0.192		
19		4		35	1 000		2.49				ϕ1.18	48		6、6、6、6			0.39		
20		11		28.8	3 000	180	2.49		120		ϕ1.12	52		6、7、6、7			0.469		
21	112-4	5.5	440	15.4	1 500		2.89	132		30	ϕ0.85	94	4×30	11、12、12、12		1—8	1.48	1.15	3.25
22		4		12.5	1 000		2.89				ϕ0.71	132		16、17、16、17			2.96		
23		5.5	160	43.5	1 000		3.09		160		2-ϕ1.0	34		5、4、4、4			0.221		
24		15	440	38.6	3 000		3.09				2-ϕ0.95	38		5、5、5、4			0.273		

（续表）

序号	换向器 外径（毫米）	换向器 内径（毫米）	换向器 总长（毫米）	换向器 片数	电刷 牌号	电刷 尺寸 长×宽×高（毫米）	励磁绕组 个数	励磁绕组 匝数	励磁绕组 线规（毫米）	换向极绕组 个数	换向极绕组 匝数	换向极绕组 线规（毫米）	绕组铜重（千克） 电枢	绕组铜重（千克） 励磁	绕组铜重（千克） 换向极	轴承 前	轴承 后
1	88/85		27					2 400	ϕ0.42		98	ϕ2.0	1.9	3	1.9		
2			40								136	ϕ1.7	2		2.3		
3	95/85	44	44	85		10×12.5×25		1 500	ϕ0.56		150	ϕ1.5	1.93	3.2	1.9	305	305
4											271	ϕ1.12	2		2		
5			40								374	ϕ0.95	2.2		1.9		
6								1 350	ϕ0.63		88	ϕ2.36	2.7		2.8		
7					D374N		2	1 700	ϕ0.56	2	175	ϕ1.7	2.6		2.8		
8											139	ϕ1.8	2.67	3.7	2.54		
9	100/90	51	57	95		12.5×16×32		1 500	ϕ0.6		253	ϕ1.4	2.8		2.8	306	306
10											345	ϕ1.18	2.7		2.7		
11								530	ϕ0.63		72	ϕ2.5	3.1	4.2	3		
12								1 200	ϕ0.67		92	ϕ2.24			3		

（续表）

序号	换向器				电刷		励磁绕组			换向极绕组			绕组铜重(千克)			轴承	
	外径	内径	总长	片数	牌号	尺寸 长×宽×高 (毫米)	个数	匝数	线规 (毫米)	个数	匝数	线规 (毫米)	电枢	励磁	换向极	前	后
	(毫米)																
13		51						1 500	ϕ0.6		108	ϕ2.0	3.1		2.8		
14		67						1 350	ϕ0.63		180	ϕ1.6		4.2	3		
15	100/90			95		12.5×16×32	2			2	195	ϕ1.5	2.9		2.8	306	306
16		51						1 500	ϕ0.60		195	ϕ1.5	3	4.5	2.9		
17			57					1 200	ϕ0.67		262	ϕ1.4	2.9	4.2	3.4		
18					D374N						81	ϕ1.9	4.2	4.4	3.3		
19								700	ϕ0.71		59	ϕ2.36	4.2	4.7	3.7		
20											66	ϕ2.24	4.1	4.4	3.7		
21	130/112	67		120		10×16×32	4			4	110	ϕ1.6	4.23	5	2.9	307	307
22			36					660	ϕ0.75		156	ϕ1.35	4.1	4.8	3.2		
23			57					600	ϕ0.8		81	ϕ1.9	4.5	5.6	3.7		
24											45	ϕ2.5	4.9	5.5	3.8		

（续表）

序号	机座号	额定功率（千瓦）	额定电压（伏）	额定电流（安）	额定转速（转/分）	励磁电压（伏）	励磁电流（安）	电枢										气隙（毫米）	
								外径（毫米）	长度（毫米）	槽数	线规（根-毫米）	每槽线数	线圈总数	每圈匝数	绕组型式	槽节距	电阻 20 ℃（欧）	主极	换向极
25	112-4	7.5	440	20.6	1 500		3.12	132	160	30	ϕ0.95	72	4×30	9、9、9、9	单叠	1—8	1.04	1.15	3.25
26		5.5		16	1 000		3.09				ϕ0.85	98		12、12、12、13			1.15	1.2	3
27	132-1	18.5		47.1	3 000	180	2.79	160	130	34	2-ϕ1.06	34	4×34	4、4、4、5		1—9	0.222	1.25	3.75
28		11		29.6	1 500		4.09				ϕ1.18	62		8、8、8、7			0.655		
29		7.5		21.6	1 000		4.09				ϕ0.95	88		11、11、11、11			1.43		
30		7.5		21.4	1 000	220	3.19				ϕ0.95	88		11、11、11、11			1.43		
31	132-2	22		55.3	3 000		3.19		180		2-ϕ1.25	26		3、3、3、4			0.142		
32		15		40	1 500	180	3.52				ϕ1.3	46		6、6、6、5			0.465		
33		11		30.7	1 000		6.4				ϕ1.12	64		8、8、8、8			0.87		
34	132-3	30		75	3 000		4.45		240		3-ϕ1.18	18		2、2、2、3			0.085 9		
35		18.5		48.5	1 500		4.35				2-ϕ1.06	36		4、5、4、5			0.319		
36		15		41.7	1 000		4.45				ϕ1.3	50		6、6、6、7			0.59		

（续表）

序号	机座号	额定功率（千瓦）	额定电压（伏）	额定电流（安）	额定转速（转/分）	励磁电压（伏）	励磁电流（安）	电枢 外径（毫米）	长度（毫米）	槽数	线规（根-毫米）	每槽线数	线圈总数	每圈匝数	绕组型式	槽节距	电阻 20 ℃（欧）	气隙（毫米） 主极	换向极
37	160-1	37	440	93.4	3 000	180	4.48	185	190	38	2-ϕ1.4	22	4×38	3、3、3、2	单叠	1—10	0.026 5	2.1	4.9
38		22		58.8	1 500		4.09				ϕ1.45	40		5、5、5、5			0.373	1.9	5.0
39	160-2	45		113	3 000		3.7				3-ϕ1.25	18		2、2、2、3			0.083 5	2.0	5.2
40		18.5		51	1 000		5.18				2-ϕ0.95	46		5、6、6、6			0.554	2.1	5.2
41	160-3	55		137	3 000		4.01		240		3-ϕ1.35	14		2、2、2、1			0.062	1.7	5.1
42		30		77.8	1 500		4.01				ϕ1.7	28		4、3、4、3			0.236	2	5.1
43		22		59.1	1 000		5.56				ϕ1.5	38		5、5、5、4			0.412	2.1	4.9
44	180-1	37		95	1 500		5.18		300		2-ϕ1.4	22		3、3、2、3			0.155	2.1	5.0
45		18.5		51.4	750		6.27	210	180		2-ϕ1.0	52	5×38	5、5、6、5、5			0.552	1.8	5.4
46		15		42.4	600		6.4		220		ϕ1.3	58		5、6、6、6、6			0.8	2.6	5.5
47	180-2	75		185	3 000		6.12				2-1.25×4	10		1、1、1、1、1			0.087 6	2.4	5
48		45		115	1 500		6.4				3-ϕ1.18	24					0.135	2.3	5.7

（续表）

序号	换向器 外径（毫米）	换向器 内径（毫米）	换向器 总长（毫米）	换向器 片数	电刷 牌号	电刷 尺寸 长×宽×高（毫米）	励磁绕组 个数	励磁绕组 匝数	励磁绕组 线规（毫米）	换向极绕组 个数	换向极绕组 匝数	换向极绕组 线规（毫米）	绕组铜重（千克） 电枢	绕组铜重（千克） 励磁	绕组铜重（千克） 换向极	轴承 前	轴承 后
25	130/112	67	57	120		10×16×32		590	ϕ0.8		83	ϕ1.8	4.6	5.7	3.4	307	307
26								600	ϕ0.8		114	ϕ1.6	5.1	5.5	4		
27			70					750	ϕ0.8		86	ϕ2.12	6.2	6.8	4.6		
28								600	ϕ0.9		79	ϕ2.12	7	7.2	3.9		
29			57			12.5×20×32		600	ϕ0.9		112	ϕ1.9	6.4	7.2	4		
30					D374N		4	750	ϕ0.8	4	112	ϕ1.9	6.4	7.2	4.7		
31	155/125	75	70	136				850	ϕ0.75		66	ϕ2.36	7.7	8.2	5.5	308	308
32						12.5×16×32		600	ϕ0.9		116	ϕ1.9	7.5	8.3	6.2		
33			50					1 070	ϕ0.67		80	ϕ2.24	7.6	8.2	6		
34						12.5×20×32		950	ϕ0.71		23	2.5×4.5	9	10	5.8		
35			70					490	ϕ1.0		90	ϕ2.12	9.5	10	7.5		
36								950	ϕ0.71		124	ϕ1.9	9.3	9.9	8.5		

（续表）

序号	换向器 外径	换向器 内径	换向器 总长	换向器 片数	电刷 牌号	电刷 尺寸 长×宽×高（毫米）	励磁绕组 个数	励磁绕组 匝数	励磁绕组 线规（毫米）	换向极绕组 个数	换向极绕组 匝数	换向极绕组 线规（毫米）	绕组铜重（千克） 电枢	绕组铜重（千克） 励磁	绕组铜重（千克） 换向极	轴承 前	轴承 后
	（毫米）																
37	175/145	97	77	152	D374N	12.5×25×32	4	600	ϕ1.06	4	63	2×4	10.5	12.9	9.4	310	210
38								670	ϕ1.0		63	1.8×5	15.8	22.5	14.5	312	220
39			107					670	ϕ1.0		52	1.8×5	10	12.5	9.16	310	210
40			70					570	ϕ1.12		133	ϕ2.12	10	17.7	13.9		
41			77					600	ϕ1.06		40	2.5×5	10.3	14.6	11		
42								600	ϕ1.06		40	2.5×5	11	14	11		
43		75						510	ϕ1.18		54	1.8×5	11.8	14.8	11.5	308	308
44		97						490	ϕ1.18		63	1.6×5	13.1	17.7	13.9	310	210
45	205/170	118	86	190				570	ϕ1.25		150	ϕ2.12	12.1	16.7	10.7	312	212
46			58			12.5×25×40		550	ϕ1.3		168	ϕ2.0	12.6	19.6	12		312
47			116	152				600	ϕ1.3		55	2.5×6.3	13.4	22	12.1		212
48			86	190		12.5×25×32		720	ϕ1.3		35	3.15×5.6	14.5	19.6	13.7		312

（续表）

序号	机座号	额定功率（千瓦）	额定电压（伏）	额定电流（安）	额定转速（转/分）	励磁电压（伏）	励磁电流（安）	电枢 外径（毫米）	长度（毫米）	槽数	线规（根-毫米）	每槽线数	线圈总数	每圈匝数	绕组型式	槽节距	电阻 20 ℃（欧）	气隙（毫米） 主极	换向极
49		30		79	1 000		6.4				2-ϕ1.25	34		3、4、3、4、3			0.254	2.0	5.3
50	180-2	22		60.3	750		6.4		220		2-ϕ1.12	44		4、5、4、5、4			0.409	1.8	5.6
51		18.5		52	600		6.4			38	2-ϕ1.0	52	5×38	5、5、6、5、5		1—10	0.607	2.3	5.4
52	180-3	22		61.8	600	180	7.41	210	270		2-ϕ1.12	44		4、5、4、5、4			0.456	2.1	5.4
53		37		94.5	1 000		7.58		400		3-ϕ1.25	20		2、2、2、2、2			0.14	2.3	5.8
54		90	440	224	3 000		6.8			42	2-1×4	8	4×42	1、1、1、1	单叠	1—11	0.082	2.8	6
55	180-4	55		139	1 500		8.45		330	33	2-1.25×4	10	5×33	1、1、1、1、1		1—9	0.087 6	2.4	5
56		30		79.5	750	110	14.2			38	ϕ1.8	30	4×38	3、4、4、4		1—10	0.27	2.3	5.4
57		110		270	300		7.17			46	2-1×5	8	4×46	1、1、1、1		1—12	0.021 9	2.8	6
58	200-1	45		118	1 000	180	7.0	240	240	42	3-ϕ1.25	26	5×42	3、2、3、2、3		1—11	0.159	2.3	6.7
59		37		99	750		9.0			33	2-1.25×5	20	5×33	2、2、2、2、2		1—9	0.249	2.8	7
60	200-2	75		188	1 500		7.58		280	31	2-1.4×5	10	5×31	1、1、1、1、1	单波		0.056 1	2.3	6.5

（续表）

序号	机座号	额定功率（千瓦）	额定电压（伏）	额定电流（安）	额定转速（转/分）	励磁电压（伏）	励磁电流（安）	电枢 外径（毫米）	电枢 长度（毫米）	电枢 槽数	电枢 线规（根-毫米）	电枢 每槽线数	电枢 线圈总数	电枢 每圈匝数	电枢 绕组型式	电枢 槽节距	电枢 电阻20 ℃（欧）	气隙（毫米） 主极	气隙（毫米） 换向极
61	200-2	30	440	82	600	180	8. 2	240	280	42	ϕ1. 8	36	4×42	4、5、4、5	单叠	1—11	0. 345	2. 5	6. 5
62		132		324	3 000		6. 21		330	38	2-1. 4×5	8	4×38	1、1、1、1		1—10	0. 015	3	7. 5
63	200-3	90		225	1 500		9. 63			47	2-1. 6×5	6	3×47	1、1、1		1—13	0. 048 5	2. 6	6. 5
64		55		141	1 000		7. 72			39	2-1×5	10	5×39	1、1、1、1、1		1—11	0. 109	2. 1	6. 3
65		45		120	750		7. 47			42	3-ϕ1. 25	42	5×42	3、2、3、2、3			0. 189	2. 7	7. 1
66		37		100	600		9. 63			31	1. 4×5	20	5×31	2、2、2、2、2		1—9	0. 244	2. 2	6
67	225-1	110		276	1 500		12. 3	260	290	43	2-1. 8×5	6	3×43	1、1、1		1—12	0. 040 6	3. 1	8. 5
68		75		193	1 000		12. 4			39	2-1. 25×5	10	5×39	1、1、1、1、1	单波	1—11	0. 087 9	3. 0	7
69	225-3	55		149	600		12		340	43	1. 6×5	12	3×43	1、1、1		1—12	0. 195	3. 1	7. 0
70		55		161	600	220	12. 6		400	35	2-1. 06×4. 5	10	5×35	1、1、1、1、1	单叠	1—10	0. 123	3. 8	7
71		45		123	600	180	10. 6		290	43	1. 4×5	12	3×43	2、2、2	单波	1—12	0. 207	3. 2	9
72		132		328	1 500		13. 1		400	38	2-1. 12×5	10	5×38	1、1、1、1、1	单叠	1—10	0. 028 2	3. 0	8. 0

（续表）

序号	换向器 外径（毫米）	换向器 内径（毫米）	换向器 总长（毫米）	换向器 片数	电刷 牌号	电刷 尺寸 长×宽×高（毫米）	励磁绕组 个数	励磁绕组 匝数	励磁绕组 线规（毫米）	换向极绕组 个数	换向极绕组 匝数	换向极绕组 线规（毫米）	补偿 个数	补偿 匝数	补偿 线规（根-毫米）	绕组铜重（千克） 电枢	绕组铜重（千克） 励磁	绕组铜重（千克） 换向极	绕组铜重（千克） 补偿	轴承 前	轴承 后
49								550	ϕ1.3		49	2.5×5.0				13.7	19.6	13.4			
50								550	ϕ1.3		64	2×4.5				14.2	19.6	12.5			
51			86	190				510	ϕ1.4		75	2×4				13.4	27.1	12			
52	205/170	118				12.5×25×32		350	ϕ1.9		63	1.8×5				15.8	22.6	14.4		312	312
53								420	ϕ1.5		40	3.15×5.6				17	30	18.4			
54			116	168	D374N		4	480	ϕ1.4	4	25	2.24×6.3				14.6	27.2	10			
55			86	165				420	ϕ1.5		48	2.5×5				18	27	17			
56				152		12.5×20×32		260	ϕ1.9		43	3.15×4.5				15.6	27.1	18.3			
57			120	184		16×25×40		520	ϕ1.4		26	3.15×5.6				18	24	10			
58	235/190	132	90	210				520	ϕ1.4		41	3.55×5.6				18.8	24	17.7			
59				165		12.5×25×32		460	ϕ1.5		50	3.15×5				20.3	24	18		314	214
60	235/160	110	116	155				500	ϕ1.5		23	2×16				21.5	29	21.5			

(续表)

序号	换向器 外径	内径	总长	片数	电刷 牌号	尺寸 长×宽×高 (毫米)	励磁绕组 个数	匝数	线规 (毫米)	换向极绕组 个数	匝数	线规 (毫米)	补偿 个数	匝数	线规 (根-毫米)	绕组铜重(千克) 电枢	励磁	换向极	补偿	轴承 前	后
	(毫米)																				
61	235/190	132	90	168	D374N	12.5×25×32	4	460	ϕ1.5	4	56	2.5×5.6				20	27.8	20.7		314	214
62	235/160	110	142	152		16×25×40		520	ϕ1.4		43	2.24×5.6				24	30.4	16			
63			116	141		12.5×25×32		400	ϕ1.6		42	3.55×5.6				26.5	29	25			
64	235/190	130	90	195				460	ϕ1.5		58	2.24×5.6				22.5	29	22			
65		132		210				460	ϕ1.5		41	3.55×5.6				22.8	30.9	24.8			
66	235/160	110	86	155				400	ϕ1.6		45	3.15×5.6				25	29	24			
67	235/180	120	156	129		16×25×40		410	ϕ1.8		19	2.5×16				27	36	22		316	216
68	250/212	150	120	195				410	ϕ1.8		28	1.8×6				28.6	36	24			
69	235/180	120	86	129				390	ϕ1.8		39	3.55×7.1				26.4	38	33			
70			126	175		12.5×25×32		420	ϕ1.9		13	1.8×14	4	6	7-ϕ2.2	20.7	59.5	12.6	17.2	318	216
71			86	129		12.5×25×40		460	ϕ1.8		22	1.4×14	4	18	5-ϕ2.0	20.7	46	13.6	13.6		
72	250/212	150	150	190		16×25×40		350	ϕ1.9		14	3.55×16				29	44	28		316	

（续表）

序号	机座号	额定功率（千瓦）	额定电压（伏）	额定电流（安）	额定转速（转/分）	励磁电压（伏）	励磁电流（安）	电枢 外径（毫米）	电枢 长度（毫米）	槽数	线规（根-毫米）	每槽线数	线圈总数	每圈匝数	绕组型式	槽节距	电阻 20 ℃（欧）	气隙（毫米） 主极	气隙（毫米） 换向极
73	225-3	90	440	229	1 000	180	13.3	260	400	51	2-1.6×5	6	3×53	1、1、1	单波	1—14	0.062 9	3.8	8
74		75		196	250		13.3			39	2-1.25×5.6	10	5×39	1、1、1、1、1	单叠	1—11	0.092	2.6	7.0
75	250-1	160		400	1 500		14.2	300	290	54	2-1.12×5	8	4×54	1、1、1、1		1—14	0.029	3.2	7.5
76		110		282	1 000		12.36			53	2-1.4×5.6	6	3×53	1、1、1			0.060 3	3	7
77	250-2	185		458	1 500		15.6		340	46	2-1.25×5.6	8	4×46	1、1、1、1		1—12	0.021 1	2.8	6.5
78		90		234	75		13.5			57	2-1.25×5	6	3×57	1、1、1		1—10	0.088 2	2.5	7.8
79		75		200	600		16.1			41	2-1×5	10	5×41	1、1、1、1、1		1—11	0.133	2.9	7.5
80	250-3	200		492	1 500		14.8		400	54	2-1.4×5.6	6	3×54	1、1、1		1—14	0.017 9	3.1	7.5
81		132		334	1 000		14.8			46	2-1×4.5	10	5×46	1、1、1、1、1		1—12	0.045 3	3	8.8
82	250-4	110		283	750		16.9		470	49	2-1.8×5	6	3×49	1、1、1	单波	1—13	0.062 7	4.5	9
83		220		541	1 500		16.8			46	2-1.8×5		3×49	1、1、1	单叠	1—12	0.014 7	3.1	8.5
84		160		400	1 000		16.8			54	2-1.25×5.6	8	4×54	1、1、1、1		1—14	0.029 3	2.7	6.5

（续表）

序号	机座号	额定功率（千瓦）	额定电压（伏）	额定电流（安）	额定转速（转/分）	励磁电压（伏）	励磁电流（安）	电枢 外径（毫米）	长度（毫米）	槽数	线规（根-毫米）	每槽线数	线圈总数	每圈匝数	绕组型式	槽节距	电阻20℃（欧）	气隙（毫米）主极	换向极
85	250-4	90	440	236	600	180	16.8	300	470	53	2-1.25×5	6	3×53	1、1、1	单波	1—14	0.0971	3.3	7.5
86	280-1	250		613	1 500		17.2	340	340	54	2-1.8×56		3×54	1、1、1	单叠		0.0139	3.3	8.5
87	280-2	280		685	1 500		18.8		400	46	2-2.5×6		3×46	1、1、1		1—12	0.0104	3.2	9.5
88		200		500	1 000		19			50	2-1.4×5	8	4×50	1、1、1、1		1—13	0.0265	3.9	11.5
89		132		334	750		16.1			54	2-1.12×5	10	5×54	1、1、1、1、1		1—14	0.0451	3.1	11.3
90		110		284	600		18.7			53	2-1.8×5	6	3×53	1、1、1	单波		0.0662	3.1	10.3
91	280-3	315		768	1 500		17.8		470	62	2-2.8×5	4	2×62	1、1	单叠	1—16	0.029	3.0	9.8
92		220		547	1 000		17.7			46	2-1.8×5	8	4×46	1、1、1、1		1—12	0.0208	3.4	9.1
93		160		404	750		17.6			58	2-1.25×5		4×58	1、1、1、1		1—15	0.0375	3.5	10.5
94		132		339	600		17.7			49	2-2.24×5	6	3×49	1、1、1	单波	1—15	0.0529	3.3	9
95	280-4	250		618	1 000		19.6		550	50	2-2×5		3×50	1、1、1	单叠		0.0166	3	11
96		185		466	750		19.6			50	2-1.4×5	8	4×50	1、1、1、1			0.0313	3.5	8.8

（续表）

序号	换向器外径（毫米）	换向器内径（毫米）	换向器总长（毫米）	换向器片数	电刷牌号	电刷尺寸 长×宽×高（毫米）	励磁绕组个数	励磁绕组匝数	励磁绕组线规（毫米）	换向极绕组个数	换向极绕组匝数	换向极绕组线规（毫米）	绕组铜重（千克）电枢	绕组铜重（千克）励磁	绕组铜重（千克）换向极	轴承前	轴承后
73	250/180	120	150	153		12.5×25×32		350			23	2.24×16	34.5	43	31	316	
74	250/212	150	120	195		16×25×40			φ1.9		28	1.8×16	40	45	30		
75	240/290	170	210	216		12.5×25×32		370			16	3.35×18	30.2	39	30		
76	250/212		156	159				390	φ1.8		23	2.24×20	32	39	32		
77			186	184		16×25×40		340	φ2.0		13	4×18	35	47	32		
78	212/250	136	126	171	D374N		4	370	φ1.9	4	25	2×8	33.5	42.5	31		216
79			126	205		12.5×25×32					30	1.7×18	28	42	33	318	
80			186	162		16×25×40		330	φ2.0		23	2.24×18	37.5	47	38		
81	290/240	176	180	230		12.5×25×32					17	3.15×18	30	47	38		
82	250/212	136	125	147							21	2.5×18	42	54	40		
83			186	138		20×25×40		290	φ2.12		20	2.5×18	40	52	40		
84	290/240	176	210	216							15	3.55×18	39	54	43		

（续表）

序号	换向器 外径（毫米）	换向器 内径（毫米）	换向器 总长（毫米）	换向器 片数	电刷 牌号	电刷 尺寸 长×宽×高（毫米）	励磁绕组 个数	励磁绕组 匝数	励磁绕组 线规（毫米）	换向极绕组 个数	换向极绕组 匝数	换向极绕组 线规（毫米）	绕组铜重（千克） 电枢	绕组铜重（千克） 励磁	绕组铜重（千克） 换向极	轴承 前	轴承 后
85	250/212	136	120	159		16×25×40		290	φ2.12		23	2.24×18	32.3	52	42	318	216
86			186	162		20×25×40		330			23	2.5×20	43	50	41		
87	290/240	166	221	139				310	φ2.24		20	2.8×20	53	58	45		
88			186	200				300			15	4×20	43.6	60.7	48		
89	330/270	188	150	270		16×25×40		330	φ2.12		20	2.8×20	37	55	45		
90			128	159				310			24	2.24×20	35	58	43		
91	240	166	251	124	D374N		4			4	18	3.15×20	58.2	62	52	320	218
92			186	184		20×25×40			φ2.24		13	4.5×20	55.4	61	53		
93	270/330	188	210	232				300			17	3.55×20	48.8	65	57.5		
94			156	147		16×25×40					21	2.8×20	55.5	62	53		
95	240	166	251	150				270	φ2.36		22	2.65×20	55	69	66		
96			186	200		20×25×40					14	4×20	51.6	69	57		

（续表）

序号	机座号	额定功率（千瓦）	额定电压（伏）	额定电流（安）	额定转速（转/分）	励磁电压（伏）	励磁电流（安）	电枢 外径（毫米）	电枢 长度（毫米）	槽数	线规（根-毫米）	每槽线数	线圈总数	每圈匝数	绕组型式	槽节距	电阻20 ℃（欧）	气隙（毫米） 主极	气隙（毫米） 换向极
97		280		694	1 000		16.6			54	2-2.24×5	6	3×54	1、1、1		1—14	0.014 6	3.6	13.5
98	315-1	200		501	1 500		21.4		470	50	2-1.4×5.6	8	4×50	1、1、1、1		1—13	0.025 6	4	13.8
99		160		407	600		21.4			50	2-1.25×5.6	10	5×50	1、1、1、1、1		1—13	0.036	3.4	11.8
100		315		865	1 000		13.7			62	2-3.15×5.6	4	2×62	1、1		1—16	0.007 08	4	13.8
101	315-2	250	440	624	750	180	24	340	550	58	2-1.8×5.6	6	3×58	1、1、1	单叠	1—15	0.019	3.6	11
102		185		468	600		20			54	2-1.4×5.6	8	4×54	1、1、1、1		1—14	0.030 1	3.4	13.5
103	315-3	355		865	1 500		13.7		470	62	2-3.15×5.6	4	2×62	1、1		1—16	0.007 08	4	13.8
104		200		502	600		22.4		640	46	2-1.6×5	8	4×46	1、1、1、1		1—12	0.027 5	3.9	14
105	315-4	400		972	1 000		20.9		740	50	2-3.15×5.6	4	2×50	1、1		1—13	0.007 44	3.0	10.3
106		250		629	600		25			58	2-2×5.6	6	3×58	1、1、1		1—15	0.020 5	4.1	13

（续表）

序号	机座号	额定功率（千瓦）	额定电压（伏）	额定电流（安）	额定转速（转/分）	励磁电压（伏）	励磁电流（安）	电枢 外径（毫米）	长度（毫米）	槽数	线规（根-毫米）	每槽线数	线圈总数	每圈匝数	绕组型式	槽节距	电阻 20 ℃（欧）	气隙（毫米）主极	换向极
107	315-4	315		779	750		29.8	340	740	46	2.28×5	6	3×46	1、1、1		1—12	0.013	4	14
108		450		1 095	1 000		21.3			58	2-3.55×5.6	4	2×58	1、1		1—15	0.006 71	4.1	15.5
109		355		876	750		25.1			50	2-2.8×5.6	6	3×50	1、1、1		1—13	0.011	4.0	15.0
	355-1								550										
110		280		696	600		24.8			62	2-2.24×5.6	6	3×62	1、1、1		1—16	0.017 1	3.4	13
111		200	440	509	500	180	17.3			58	2-1.8×5	8	4×58	1、1、1、1	单叠	1—15	0.03	3.5	13.6
								390											
112		400		978	750		34.3			62	2-3.15×5.6	4	2×62	1、1		1—16	0.008 83	3.5	15.5
113	355-2	315		783	600		19.8		640	54	2-5.6×25	6	3×54	1、1、1		1—14	0.014 7	3.8	13
114		250		631	500		23.5			62	2-2×5	6	3×62	1、1、1		1—16	0.023 5	4	14
115	355-4	400		985	600		35.4		850	58	2-3.15×5.6	4	2×58	1、1		1—15	0.009 8	3.7	15.5

（续表）

序号	换向器 外径（毫米）	换向器 内径（毫米）	换向器 总长（毫米）	换向器 片数	电刷 牌号	电刷 尺寸 长×宽×高（毫米）	励磁绕组 个数	励磁绕组 匝数	励磁绕组 线规（毫米）	换向极绕组 个数	换向极绕组 匝数	换向极绕组 线规（毫米）	补偿 个数	补偿 匝数	补偿 线规（根-毫米）	绕组铜重（千克） 电枢	绕组铜重（千克） 励磁	绕组铜重（千克） 换向极	绕组铜重（千克） 补偿	轴承 前	轴承 后
97	240	166	251	162	D374N	20×25×40	4	340	ϕ2.36	4	11	3.55×18	4	12	12-ϕ2.12	61	86	33	34	321	220
98			221	200		16×25×40		580	ϕ1.8		18	2.24×18		12	10-ϕ2.12	54	85	34	29		
99	270/330	188	180	250		16×25×40		580	ϕ1.8		9	4.5×18		9	16-ϕ2.12	59.2	85	34	34		
100	240	166	281	124		20×25×40		380	ϕ2.24		9	4×18				74	90	30.3			
101			251	174		16×25×40		520	ϕ1.9		13	3.15×18		12	12-ϕ2.12	64.2	94	39	39.8		
102			186	216		16×25×40		580	ϕ1.8		17	2.5×18		15	12-ϕ1.9	63	94	41	38		
103			281	124		20×25×40		380	ϕ2.24		9	4×18		9	16-ϕ2.12	74	90	30.3	34		
104			221	184		16×25×40		520	ϕ1.9		15	2.8×18		12	11-ϕ2.1	60	105	45	37		
105			281	100		20×25×40		520	ϕ1.9		8	2-2.5×18		9	22-ϕ2.12	72.5	120	45	42		
106			221	174		20×25×40		470	ϕ2.0		25	1.6×18		24	6-ϕ2.12	85.4	120	49	45		

（续表）

序号	换向器 外径（毫米）	换向器 内径（毫米）	换向器 总长（毫米）	换向器 片数	电刷 牌号	电刷 尺寸 长×宽×高（毫米）	励磁绕组 个数	励磁绕组 匝数	励磁绕组 线规（毫米）	换向极绕组 个数	换向极绕组 匝数	换向极绕组 线规（毫米）	补偿 个数	补偿 匝数	补偿 线规（根-毫米）	绕组铜重（千克） 电枢	绕组铜重（千克） 励磁	绕组铜重（千克） 换向极	绕组铜重（千克） 补偿	轴承 前	轴承 后
107	240	166	251	138		20×25×40		420	ϕ2.12		21	2×18		18	8-ϕ2.12	84.5	115	51	45	321	220
108			311	116		20×25×40		590	ϕ1.9		8	5×20		9	22-ϕ2.12	90	112	43	55		
109			311	150		20×25×40		540	ϕ2.0		19	2.5×20		24	8-ϕ2.12	90.5	114	52	54		
110	270	188	221	186		20×25×40		540	ϕ2.0		14	3.55×20		12	16-ϕ2.12	90.6	114	54	54		224
111			221	232	D374N	16×25×40	4	320	ϕ2.5	4	15	2.8×20	4	18	11-ϕ2.12	70.1	105	49	56	324	
112			311	124		20×25×40		430	ϕ2.24		18	2.5×20		18	11-ϕ2.2	92.2	131	55	60		218
113	330/270		251	162		20×25×40		590	ϕ1.9		11	4×20		12	16-ϕ2.12	95.1	124	54	58		224
114	270	188	251	186		16×25×40		540	ϕ2.0		12	4×20		15	13-ϕ2.12	78	131	59	59		
115			311	116		20×25×40		390	ϕ2.36		8	5×20		6	24-ϕ2.12	72.5	120	45	42	321	220

附表1-58 ZZY-3～4号机座直流电动机铁心及绕组技术数据

转速分类	机座号	励磁方式	电枢 铁心 外径（毫米）	电枢 铁心 长度（毫米）	电枢 槽数	电枢 每槽单元数	电枢 每元件匝数	电枢 总导体数	电枢 支路数	电枢 节距	电枢 线规（牌号SBEGB）（根-毫米）	主极 他励绕组匝数	主极 串励绕组匝数	主极 气隙（毫米）	主极 他励绕组线规QY（毫米）	主极 串励绕组线规（根-毫米）	主极 他励绕组电流（安）	换向极 匝数	换向极 线规（毫米）	换向极 气隙（毫米）	换向器 外径（毫米）	换向器 片数	换向器 节距	每杆刷数	电刷尺寸（毫米）
低速	31	串	210	125	31	4	3	738	2	1—9	1.25×3.05	2 220	44	1.5	ϕ0.41	2.83×6.4 SBEGB	0.273	55	2.83×5.5 SBEGB	2	180	123	1—62	1	12.5×32
		复										2 300	11		ϕ0.69	2.44×8 SBEGB	0.685								
		并										1 750	4		ϕ0.83	1.56×14.5 TBR	1.19								
	32	串		195		3		558			1.81×3.05	2 580	35		ϕ0.41	2.83×6.4 SBEGB	0.195	41	2.44×8 SBEGB			93	1—47	1	16×32
		复										1 530	9		ϕ0.74	2.44×8 SBEGB	1.02	43							
		并										1 480	3		ϕ0.90	1.81×14.5 TBR	1.4	44							
	41	串	245	190		4	2	492			1.56×5.9	1 550	31	1.75	ϕ0.38	2-1.81×8.6 SBEGB	0.227	36	1.56×19.5 TBR	2.5	200	123	1—62	2	16×32
		复										1 460	10		ϕ0.90	2.44×12.5 TBR	1.34								
		并										1 400	3		ϕ1.04	2.83×22 TBR	1.783								
	42	串		275		3		372			2.1×5.9	1 220	23		ϕ0.41	2-2.83×8 SBEGB	0.264	27	2.26×14.5 TBR			93	1—47	2	16×32
		复										1 174	8		ϕ1.0	3.8×12.5 TBR	1.66								
		并										1 214	3		ϕ1.12	2.83×22 TBR	2.07								

（续表）

转速分类	机座号	励磁方式	电枢 铁心 外径（毫米）	电枢 铁心 长度（毫米）	电枢 槽数	电枢 每槽单元数	电枢 每元件匝数	电枢 总导体数	电枢 支路数	电枢 节距	电枢 线规（牌号SBEGB）（根-毫米）	主极 他励绕组匝数	主极 串励绕组匝数	主极 气隙（毫米）	主极 他励绕组线规QY（毫米）	主极 串励绕组线规（根-毫米）	主极 他励绕组电流（安）	换向极 匝数	换向极 线规（毫米）	换向极 气隙（毫米）	换向器 外径（毫米）	换向器 片数	换向器 节距	每杆刷数	电刷尺寸（毫米）
高速	31	串	210	125	31	4	2	492	2	1—9	1.25×4.7	3 000	41	1.5	ϕ0.41	2.83×6.4 SBEGB	0.181	36	3.8×5.5 SBEGB	2	180	123	1—62	1	12.5×32
		复										1 820	11		ϕ0.72	2.44×8 SBEGB	0.9	37							
		并										1 750	4		ϕ0.83	1.56×14.5 TBR	1.19	37							
	32	串		195		3		372			1.81×4.7	2 300	30		ϕ0.41	3.28×8.6 SBEGB	0.171	28	1.81×14.5 TBR			93	1—47		
		复										1 420	8		ϕ0.80	3.28×8 SBEGB	1.1								
		并										1 480	3		ϕ0.90	1.81×14.5 TBR	1.4								
	41	串	245	190		5	1	310			2-1.16×5.9	1 568	31	1.75	ϕ0.44	2-1.81×8.6 SBEGB	0.304	23	2.63×15.6 TBR	2.5	220	155	1—78	2	16×32
		复										1 410	8		ϕ1.0	2.83×1.25 TBR	1.385								
		并										1 400	3		ϕ1.04	2.83×22 TBR	1.785								
	42	串		275		4		246			2-1.56×5.9	1 230	20		ϕ0.47	2-3.28×8.6 SBEGB	0.347	18	3.53×14.5 TBR			123	1—62		
		复										1 174	6		ϕ1.0	3.8×12.5 TBR									
		并										1 214	3		ϕ1.12	2.83×22 TBR	2.07								

附表 1-59　ZZJ2 系列起重及冶金用直流电动机铁心及绕组技术数据(220 伏)

型号	励磁方式	持续率	电枢 铁心外径(毫米)	电枢 铁心长度(毫米)	电枢 槽数	电枢 每槽单元数	电枢 每元件匝数	电枢 总导体数	电枢 支路数	电枢 节距	电枢 线规(根-毫米)	主极 他励绕组匝数	主极 气隙(毫米)	主极 串励绕组匝数	主极 他励绕组线规(牌号QY)(毫米)	主极 串励绕组线规(牌号SBEGB)(毫米)	主极 他励绕组电流(安)	换向极 匝数	换向极 线规(牌号SBEGB)(毫米)	换向极 气隙(毫米)	换向器 外径(毫米)	换向器 片数	换向器 节距	每杆刷数	电刷尺寸(毫米)
	串															1.18×3.55									
ZZJ2-12	复		138	130	25	4	5	990		1—5	2-φ1.06		1.2		φ0.38	1.18×3.55			1.18×3.55	2.0	125	99	1—50		
	他														φ0.41		0.5								
	串															2.24×4.5									12.5×20
ZZJ2-22	复		162	150	29	3	4	696			2-φ1.4		1.5		φ0.45	1.8×4.5			1.8×4.5	2.5	150	87	1—44		
	他														φ0.67		0.797								
	串	25%							2	1—8				80		2.5×5.6		56						1	
ZZJ2-31	复		210	115	27	4		642			1.4×3.35	1 446		32	φ0.67	3.15×6.0	0.85	55	2.5×5.6		180	107	1—54		
	他											1 650	1.5～3.75		φ1.0		1.59	55							
	串						3							62		3.55×6.3		49		3.5					16×32
ZZJ2-32	复		210	150	31	3		558		1—9	1.8×3.35	1 522		27	φ0.75	3.55×6.3	0.9	48	3.55×6.3		180	93	1—47		
	他											1 588			φ1.06		1.72	48							

（续表）

型号	励磁方式	持续率	电枢 铁心 外径（毫米）	电枢 铁心 长度（毫米）	电枢 槽数	电枢 每槽单元数	电枢 每元件匝数	电枢 总导体数	电枢 支路数	电枢 节距	电枢 线规（牌号SBEGB）（毫米）	主极 他励绕组匝数	主极 气隙（毫米）	主极 串励绕组匝数	主极 他励绕组线规（牌号QY）（毫米）	主极 串励绕组线规（牌号TBR）（毫米）	主极 他励绕组电流（安）	换向极 匝数	换向极 线规（牌号TBR）（毫米）	换向极 气隙（毫米）	换向器 外径（毫米）	换向器 片数	换向器 节距	每杆刷数	电刷尺寸（毫米）
ZZJ2-41	串	25%	245	180	31	4	2	492	2	1—9	1.76×6.3		1.8～4.5	38		1.08×3.2		40	1.56×32	4.5	200	123	1—62	2	16×32
		100%												38											
	复	25%										1 158		19	ϕ0.85	1.35×25	1.28								
		100%										1 423		16	ϕ0.83		1.06	41							
	他	25%										1 301			ϕ1.12		2.09	40							
		100%										1 502			ϕ1.25		2.06								
ZZJ2-42	串	25%	245	240	33	3		396			2.12×6.3			28		1.25×32		33	1.81×22			99	1—50		
		100%												31				34							
	复	25%										1 079		14	ϕ0.9	1.25×32	1.24	33							
		100%										1 315		13			1.12								
	他	25%										1 046			ϕ1.25		2.46								
		100%										1 272			ϕ1.30		2.45								

（续表）

型号	励磁方式	持续率	电枢 铁心 外径（毫米）	电枢 铁心 长度（毫米）	电枢 槽数	电枢 每槽单元数	电枢 每元件匝数	电枢 总导体数	电枢 支路数	电枢 节距	电枢 线规（牌号SBEGB）（根-毫米）	主极 他励绕组匝数	主极 气隙（毫米）	主极 串励绕组匝数	主极 他励绕组线规（牌号QY）（毫米）	主极 串励绕组线规（牌号TDR）（毫米）	主极 他励绕组电流（安）	换向极 匝数	换向极 线规（牌号TBR）（毫米）	换向极 气隙（毫米）	换向器 外径（毫米）	换向器 片数	换向器 节距	每杆刷数	电刷尺寸（毫米）
ZZJ2-51	串	25%	294	225	31	5	1	310	2	1—9	2-1.35×6.9		2～5	28		2.63×25		26	2.26×22	5	250	155	1—78	2	16×32
		100%												31											
	复	25%										1 351		14	φ1.03	2.63×28	1.28								
		100%															1.5								
	他	25%										1 227			φ1.45		2.9								
		100%															3.51								
ZZJ2-52	串	25%	294	300		4		246			2-1.81×6.9			23		2.63×30		21	3.28×19.5			123	1—62	3	
		100%												24											
	复	25%										1 125		12	φ1.16	2.63×30	1.79								
		100%												11			1.8								
	他	25%										1 127			φ1.68		3.21								
		100%															4.55								

（续表）

型号	励磁方式	持续率	电枢 铁心外径（毫米）	电枢 铁心长度（毫米）	电枢 槽数	电枢 每槽单元数	电枢 每元件匝数	电枢 总导体数	电枢 支路数	电枢 节距	电枢 线规（牌号SBEGB）（根-毫米）	主极 他励绕组匝数	主极 气隙（毫米）	主极 串励绕组匝数	主极 他励绕组线规（牌号QY）（毫米）	主极 串励绕组线规（毫米）	主极 他励绕组电流（安）	换向极 匝数	换向极 线规（牌号TBR）（毫米）	换向极 气隙（毫米）	换向器 外径（毫米）	换向器 片数	换向器 节距	每杆刷数	电刷尺寸（毫米）
ZZJ2-62	串	25%	327	330	35	3	1	210	2	1—10	2-2.26×7.4		2.5～6.25	20		3.53×35 TBR		18	4.7×18	5.5	280	105	1—53	3	20×32
		100%												21											
	复	25%										1 191		9	ϕ1.3	3.53×35 TBR	1.86								
		100%															1.95								
	他	25%										1 022			ϕ1.95		4.07								
		100%															5.02								
ZZJ2-71	串	25%	368	340	47	2		186		1—13	2-2.83×7.4			16		5×35 TMR		15	6×18	6	305	93	1—47	3	2-12.5×32
		100%																							
	复	25%										1 180		7	ϕ1.35	5×35 TMR	2								
		100%															2								
	他	25%										1 185			ϕ1.95		4								
		100%															5								

（续表）

型号	励磁方式	持续率	电枢 铁心外径（毫米）	电枢 铁心长度（毫米）	电枢 槽数	电枢 每槽单元数	电枢 每元件匝数	电枢 总导体数	电枢 支路数	电枢 节距	电枢 线规（牌号SBEGB）（根-毫米）	主极 他励绕组匝数	主极 气隙（毫米）	主极 串励绕组匝数	主极 他励绕组线规（毫米）	主极 串励绕组线规（牌号TMR）（毫米）	主极 他励绕组电流（安）	换向极 匝数	换向极 线规（牌号TBR）（毫米）	换向极 气隙（毫米）	换向器 外径（毫米）	换向器 片数	换向器 节距	每杆刷数	电刷尺寸（毫米）
	串	25%												13		5×35									
		100%																							
ZZJ2-72	复	25%	368	410	43	2		170	2	1—12	2-3.53×7.4	1 015	2.5～6.25	6	ϕ1.4 QY	5×35	2.32	13	7×18	6	305	85	1—43	4	
		100%															2.21								
	他	25%										1 003			ϕ2.02 QY		4.88								
		100%					1										5.04								2-12.5×32
	串	25%												13		6×45									
		100%																							
ZZJ2-82	复	25%	423	430	50	3		300	4	1—13	2-2.1×8	800	3～7.5	6	ϕ1.62 QY	6×40	3.44	12	7×28	7	355	150	1—2	5	
		100%															3.36								
	他	25%										725			1.35×3.53 SBEGB		6.5								
		100%															8.5								

（续表）

型号	励磁方式	持续率	电枢 铁心 外径（毫米）	电枢 铁心 长度（毫米）	电枢 槽数	电枢 每槽单元数	电枢 每元件匝数	电枢 总导体数	电枢 支路数	电枢 节距	电枢 线规（牌号SBEGB）（根-毫米）	主极 他励绕组匝数	主极 气隙（毫米）	主极 串励绕组匝数	主极 他励绕组线规（毫米）	主极 串励绕组线规（牌号TMR）（毫米）	主极 他励绕组电流（安）	换向极 匝数	换向极 线规（毫米）	换向极 气隙（毫米）	换向器 外径（毫米）	换向器 片数	换向器 节距	每杆刷数	电刷尺寸（毫米）
ZZJ2-91	串	25%	493	420	42	3	1	252	4	1—11	2-2.63×8		3～7.5	11		6×45		10	8×25 TMR	8	415	126	1—2	6	2-12.5×32
		100%																							
	复	25%										816		5	ϕ1.81 QY	5.5×45	3.44								
		100%															4								
	他	25%										725			1.45×3.53 SBEGB		6.85								
		100%															9.61								
ZZJ2-92	串	25%	493	510	38	3		228		1—10	2-3.53×8			9		7×45		9	2-5.1×25 TBR			114			2-16×32
		100%												10											
	复	25%										740		5	ϕ1.95 QY	5.5×45	3.67								
		100%															4.32								
	他	25%										565			1.56×4.4 SBEGB		10.14								
		100%															13.7								

附表 1-60 ZZJ2 系列起重及冶金用直流电动机铁心及绕组技术数据(440 伏)

型号	励磁方式	持续率	电枢 铁心外径(毫米)	电枢 铁心长度(毫米)	电枢 槽数	电枢 每槽元件数	电枢 每元件匝数	电枢 总导体数	电枢 支路数	电枢 节距	电枢 线规(牌号SBEGB)(毫米)	主极 他励绕组匝数	主极 气隙(毫米)	主极 串励绕组匝数	主极 他励绕组线规(牌号QY)(毫米)	主极 串励绕组线规(牌号SBEGB)(毫米)	主极 他励绕组电流(安)	换向极 匝数	换向极 线规(牌号SBEGB)(毫米)	换向极 气隙(毫米)	换向器 外径(毫米)	换向器 片数	换向器 节距	每杆刷数	电刷尺寸(毫米)
ZZJ2-41	串	25%	245	180	31	4	4	984	2	1—9	1.6×3.0		1.8～4.5	78		2.44×7.5		81	2.44×7.5	4.5	200	123	1—62	2	16×32
		100%												83				84							
	复	25%										1 361		39	ϕ0.80	2.24×7.5	1.03	81							
		100%										1 681		34	ϕ0.77		0.894								
	他	25%										1 301			ϕ1.12		1.981								
		100%										1 834			ϕ1.12		1.711	82							
ZZJ2-42	串	25%		240	33	3	2	792			2.12×3.15			58		2.12×9.0		65	2.12×9.0			99	1—50		
		100%												64				68							
	复	25%										1 268		29	ϕ0.83	2.12×9.0	1.06	65							
		100%										1 386		26	ϕ0.83		1.12	66							
	他	25%										1 162			ϕ1.18		2.2	65							
		100%										1 386			ϕ1.25		2.4	66							

（续表）

型号	励磁方式	持续率	电枢 铁心外径（毫米）	电枢 铁心长度（毫米）	电枢 槽数	电枢 每槽元件数	电枢 每元件匝数	电枢 总导体数	电枢 支路数	电枢 节距	电枢 线规（牌号SBEGB）（毫米）	主极 他励绕组匝数	主极 气隙（毫米）	主极 串励绕组匝数	主极 他励绕组线规（牌号QY）（毫米）	主极 串励绕组线规（牌号TDR）（毫米）	主极 他励绕组电流（安）	换向极 匝数	换向极 线规（牌号TDR）（毫米）	换向极 气隙（毫米）	换向器 外径（毫米）	换向器 片数	换向器 节距	每杆刷数	电刷尺寸（毫米）
ZZJ2-51	串	25%	294	225	31	5	2	620	2	1—9	1.35×6.9		2～5	61		1.08×30		51	1.16×18	5	250	155	1—78	1	16×32
		100%												65											
	复	25%										1 351		29	ϕ1.08	1.08×30	1.28								
		100%															1.44								
	他	25%										1 227			ϕ1.45		2.79								
		100%															3.25								
ZZJ2-52	串	25%		300		4		492			1.81×6.9			48		1.35×30		40	1.68×18			123	1—62	2	
		100%												47											
	复	25%										1 125		23	ϕ1.16	1.35×30	1.53								
		100%												20			1.78								
	他	25%										1 126			ϕ1.68		3								
		100%															3.57								

（续表）

型号	励磁方式	持续率	电枢 铁心 外径（毫米）	电枢 铁心 长度（毫米）	电枢 槽数	电枢 每槽单元数	电枢 每元件匝数	电枢 总导体数	电枢 支路数	电枢 节距	电枢 线规（牌号SBEGB）（根-毫米）	主极 他励绕组匝数	主极 气隙（毫米）	主极 串励绕组匝数	主极 他励绕组线规（牌号QY）（毫米）	主极 串励绕组线规（牌号TDR）（毫米）	主极 他励绕组电流（安）	换向极 匝数	换向极 线规（毫米）	换向极 气隙（毫米）	换向器 外径（毫米）	换向器 片数	换向器 节距	每杆刷数	电刷尺寸（毫米）
	串	25%												40		1.81×35									
		100%												43											
ZZJ2-62	复	25%	327	330	35	3	2	420	2	1—10	2.26×7.4	1 191	2.5～6.25	20	ϕ1.3	1.95×30	1.63	35	2.26×18 TDR	5.5	280	105	1—53	2	20×32
		100%												18			1.91								
	他	25%										830			ϕ1.81		4.62								
		100%															5.61								
	串	25%												34		2.1×40									
		100%												32											
ZZJ2-71	复	25%	368	340	47	4	1	374	2	1—13	2-1.25×7.4	1 134	2.5～6.25	16	ϕ1.3	2.63×35	1.8	28	2.83×18 TBR	6	305	187	1—94	2	2-12.5×32
		100%												14			2.02								
	他	25%										1 185			ϕ1.95		3.4								
		100%															4.02								

（续表）

型号	励磁方式	持续率	电枢 铁心 外径（毫米）	电枢 铁心 长度（毫米）	电枢 槽数	电枢 每槽单元数	电枢 每元件匝数	电枢 总导体数	电枢 支路数	电枢 节距	电枢 线规（牌号SBEGB）（根-毫米）	主极 他励绕组匝数	主极 气隙（毫米）	主极 串励绕组匝数	主极 他励绕组线规（毫米）	主极 串励绕组线规（牌号TDR）（毫米）	主极 他励绕组电流（安）	换向极 匝数	换向极 线规（牌号TBR）（毫米）	换向极 气隙（毫米）	换向器 外径（毫米）	换向器 片数	换向器 节距	每杆刷数	电刷尺寸（毫米）
ZZJ2-72	串	25%	368	410	43	4	1	342	2	1—12	2-1.68×7.4		2.5～6.25	27		2.83×32		26	3.28×19.5	6	305	171	1—86	2	2-12.5×32
		100%												25											
	复	25%										1 015		13	φ1.4 QY		2.12								
		100%												11			2.29								
	他	25%										1 003			φ2.02 QY		3.8								
		100%															4.65								
ZZJ2-82	串	25%	423	430	49	3		294		1—13	2-2.1×8		3～7.5	25		2.83×45		23	3.28×28	7	355	147	1—74		
		100%																							
	复	25%										800		12	φ1.62 QY	2.83×40	3.14								
		100%															3.31								
	他	25%										725			1.35×3.53 SBEGB		6.26								
		100%															8.56								

（续表）

型号	励磁方式	持续率	电枢 铁心外径（毫米）	电枢 铁心长度（毫米）	电枢 槽数	电枢 每槽元数	电枢 每元件匝数	电枢 总导体数	电枢 支路数	电枢 节距	电枢 线规（牌号SBEGB）（根-毫米）	主极 他励绕组匝数	主极 气隙（毫米）	主极 串励绕组匝数	主极 他励绕组线规（毫米）	主极 串励绕组线规（毫米）	主极 他励绕组电流（安）	换向极 匝数	换向极 线规（牌号TBR）（毫米）	换向极 气隙（毫米）	换向器 外径（毫米）	换向器 片数	换向器 节距	每杆刷数	电刷尺寸（毫米）
ZZJ2-91	串	25%	493	420	43	3	1	258	2	1—12	2-2.63×8		3～7.5	21		3.8×35 TBR		19	4×25	7	415	129	1—65	3	2-12.5×32
		100%																							
	复	25%										816		10	φ1.81 QY	4.4×28 TBR	3.41								
		100%												9			4.01								
	他	25%										725			1.45×3.53 SBEGB		7								
		100%															8.95								
ZZJ2-92	串	25%		510	39			234		1—11	2-3.53×8			18		3.28×45 TDR		18	5.1×25	8		117	1—59		2-16×32
		100%												20											
	复	25%										740		9	φ1.95 QY	3.28×45 TDR	3.58								
		100%															4.52								
	他	25%										565			1.56×4.4 SBEGB		9.25								
		100%															13.3								

附表 1-61　蓄电池供电的直流电动机绕组技术数据

型号	额定功率（千瓦）	工作定额（分）	额定电压（伏）	额定电流（安）	额定转速（转/分）	励磁方式	电枢 外径（毫米）	电枢 长度（毫米）	电枢 槽数	电枢 线规（根-毫米）	电枢 每槽线数	电枢 线圈总数	电枢 每圈匝数	电枢 节距	电枢 绕组型式	电枢 气隙（毫米）
ZXQ-65/48	6.5	15	48	158	1 800	串	138	140	32	1-1.0×5.6	6	32×3	1-1-1	1—9	单叠	1.2
ZXQ-55/48	5.5	30		135	1 600					1-1.0×5.0						
ZXQ-50/48	5			124	1 400				36	1-1.0×4.5		36×3		1—10		
ZXQ-45/48	4.5	60		112	1 300/1 500			160								
ZXQ-40/30	4	30	30	168	720/960		182	113	29	2-2.65×5.0	4	29×2	1-1	1—8	单波	1.5
ZXQ-13.5/30		3		186	920		120	90	25	1-1.6×6.3	6	25×3	1-1-1	1—7		0.85
ZXQ-13.5/30	1.35	60		62	1 730					1.35×6.4						1.2
ZXQ-13.5/30			24	78	1 300					1.16×6.3						0.85
ZXQ-25/40	3		48		1 500		138	100	27	1.32×5.0		27×3		1—8		1.2
ZXQ-25/40	2.5		40		1 250											
ZXQ-12/48	1.2	5	48	34	1 800	复	95	80	25	2-ϕ1.25	10	25×3	1-2-2	1—7		0.8
ZXQ-12/48	1.5	1		42	1 500					2-ϕ1.2	12		2-2-2			
ZXQ-3/24	0.8	5	24	48	2 000	串				3-ϕ1.06	6		1-1-1			

（续表）

型号	换向器 外径	换向器 内径	换向器 总长	换向器 片数	换向器 节距	电刷尺寸（毫米）	并励线圈 磁极个数	并励线圈 磁场线规（毫米）	并励线圈 匝数	串励线圈 串励个数	串励线圈 线规（根-毫米）	串励线圈 匝数	铜重（千克） 电枢	铜重（千克） 串励	铜重（千克） 换向器	轴承 前/后
	（毫米）															
ZXQ-65/48	φ133/φ115	69	63	96	1—2	9×20×25	4			4	2-1.8×6.0	17	3.33	6	4.8	60308/305
ZXQ-55/48											2-1.8×5.0	23	2.8	8		308/305
ZXQ-50/48				108							2-1.4×6	27	2.7	7.4		60308/305
ZXQ-45/48										4 4 4	2-1.4×6 1-2.8×6 1-2.8×6	26.5 10.5 15	3	8.4		307/305
ZXQ-40/30	φ125/φ170	75	60	57	1—79	9×40×50				4 4 4	2.8×7.1	12.5 24.5 28	8.8	12.8	4.2	/36208
ZXQ-13.5/30	φ115/φ80	40	45	75	1—38	10×25×32				4	2.12×8	24	3.2	5.9	1.5	204/205
ZXQ-13.5/30											1-2.63×8	15	2.9	4.3		
ZXQ-13.5/30											2.12×8	24	3.2	5.9		
ZXQ-25/40	φ115/φ135	60	63	81	1—41	10×20×32					2-1.6×6	28	2.8	8.7	5.1	305/306
ZXQ-25/40																
ZXQ-12/48	φ95/φ85	30	40	75	1—38	8×16×25		φ0.67	230		1.0×2.8	24	0.9	0.72	0.9	60308/305
ZXQ-12/48								φ0.67	260		1.18×2.8	12		0.393	1.6	
ZXQ-8/24										2 2	1.81×6.4 1.81×6.4	12 11	0.62	1.45		

注：电刷牌号均为J201。

附表 1-62 ZK-32 型直流电动机绕组数据

序号	型号	额定功率（千瓦）	额定电压（伏）	额定电流（安）	额定转速（转/分）	励磁电压（伏）	励磁电流（安）	电枢 外径（毫米）	电枢 长度（毫米）	电枢 槽数	电枢 线规（根-毫米）	电枢 每槽线数	电枢 线圈总数	电枢 每圈匝数	电枢 绕组型式	电枢 节距	电枢 电阻（75℃）（欧）	电枢 槽满率（%）	气隙（毫米）主极	气隙（毫米）换向极
1	ZK-32	0.37		2.2	1 000		0.193				1-ϕ0.75	70	29×3	12、11、12			5.3	66.8	0.5	
2	ZK-32	0.45		2.7	1 500	220	0.16		115		1-ϕ0.93	52	29×3	8、9、8			2.46	74	0.5	
3	ZK-32	0.76	220	4.32	2 500		0.182				1-ϕ1.18	32	29×3	5、5、6			0.941	72	0.5	
4	ZK-32	0.76		4.62	2 500		0.163				1-ϕ1.18	30	29×3	5、5、5			0.92	70	0.5	
5	ZK-32	1.3		8	1 500/4 000	110	0.35		116	29	1-ϕ0.96	44	29×3	7、8、7			2.01	76	0.9	1.5
6	ZK-32	1.6		9.2	2 500	220	0.202	103	115		1-ϕ1.18	32	29×3	5、6、5	单波	1—8	0.94	74	0.7	1.2
7	ZK-32	0.37		4.4	1 000	110	0.32		115		1-ϕ1.06	36	29×3	6、6、6			1.37	77.3	0.5	1
8	ZK-32	0.45		3.78	1 500	110	0.26		116		ϕ1.3	24	29×3	4、4、4			0.583	75.7	0.5	1
9	ZK-32	0.45	110	5.5	1 500	220	0.16		115		1-ϕ1.3	26	29×3	4、5、4			0.63		0.5	1
10	ZK-32	1.2		14.5	3 000	110	0.682		130	27	2-ϕ1.4	12	27×3	2、2、2			0.129	76.5	0.5	1.5
11	ZK-32	1.7		19.5	3 000	110	0.69		65	29	2-ϕ1.06	20	29×3	3、4、3			0.29	75.5	0.5	1

（续表）

序号	换向器 外径（毫米）	换向器 总长（毫米）	换向器 片数	电刷 牌号	电刷 尺寸（毫米）	他励线圈 个数	他励线圈 线规（根-毫米）	他励线圈 匝数	他励线圈 电阻75 ℃（欧）	串励线圈 个数	串励线圈 线规（毫米）	串励线圈 匝数	换向极 个数	换向极 线规（毫米）	换向极 匝数	铜重（千克） 电枢	铜重（千克） 并励	铜重（千克） 串励	铜重（千克） 换向极	轴承号
1							1-ϕ0.35	3 500	1 140							2.8	5.2			6206/6206
2							1-ϕ0.31		1 380					1-ϕ1.12	115	2.04	3.6		1	
3						4	ϕ0.33	3 300	1 211				4	ϕ1.6	65	2.03	3.8		1.1	
4							ϕ0.35	3 600	1 350		ϕ1.56	10				1.9	4	0.25		
5		45	87	D172		2×4	ϕ0.35	2×875	253	4	ϕ1.6	16		ϕ1.3	95	2.2	2.5	0.42	1.5	206/206
6	85				7×20×25		ϕ0.29	2 400	1 032					ϕ1.8	70	2.1	2		1.5	
7							ϕ0.45	1 740	331.2					ϕ1.56	81	1.7	3.6		1.4	
8							ϕ0.44	2 000	387	4	ϕ1.74	16	4	ϕ1.74	55	1.95	3.8	0.19	1.76	
9						4	ϕ0.31	3 500	342					ϕ1.7	60	2	4		2.2	6206/6206
10		35	81	D308			ϕ0.47	920	161					1.12×4.0	22	2.8	3.5		1.7	206/206
11		32	87	D172	8×16×26		ϕ0.42	1 150	159					1.18×3.15	43	1.67	1.34		1.1	6206/6206

附表 1-63 ZZD 型直流电动机铁心及绕组技术数据

序号	型号	额定功率(千瓦)	额定电压(伏)	额定电流(安)	额定转速(转/分)	励磁	电枢 外径(毫米)	电枢 长度(毫米)	电枢 槽数	电枢 线规(根-毫米)	电枢 每槽线数	电枢 线圈总数	电枢 每圈匝数	电枢 绕组型式	电枢 节距	电枢 电阻(欧)	气隙(毫米) 主极	气隙(毫米) 换向极
1	ZZD-0.4	0.04	220	0.4	1 800	串	50	62	14	1-ϕ0.23	384	14×3	64、64、64	单叠	1—7	88.9	0.7	
2	ZZD-0.4		110	0.85						1-ϕ0.33	192	14×3	32、32、32			21.6		
3	ZZD-5	0.5	220	4	3 000	串	70	50	14	1-ϕ0.59	112	14×4	14、14、14、14	单叠	1—8	4.11	0.7	1.2
4	ZZD-5		110	8.3						2-ϕ0.6	56		7、7、7、7			0.97		
5	ZZD-10	1	220	7	3 000	串	70	100	14	1-ϕ0.8	60	14×4	7、8、7、8	单叠	1—8	1.54	0.7	1.2
6	ZZD-10		110	14						2-ϕ0.8	30		4、4、4、3			0.39		

（续表）

<table>
<tr><th rowspan="2">序号</th><th colspan="3">换向器</th><th colspan="2">电刷</th><th colspan="3">串励线圈</th><th colspan="3">换向极线圈</th><th colspan="3">铜重(千克)</th><th colspan="2">轴承</th></tr>
<tr><th>外径（毫米）</th><th>长度（毫米）</th><th>片数</th><th>牌号</th><th>尺寸（毫米）</th><th>个数</th><th>线规（根-毫米）</th><th>匝数</th><th>个数</th><th>线规（根-毫米）</th><th>匝数</th><th>电枢</th><th>换向极</th><th>串励</th><th>前</th><th>后</th></tr>
<tr><td>1</td><td rowspan="2">φ38</td><td rowspan="2">13</td><td rowspan="2">42</td><td rowspan="2">D172</td><td rowspan="2">6.5×8×20</td><td rowspan="2">2</td><td>1-φ0.27</td><td>1 320</td><td rowspan="2"></td><td rowspan="2"></td><td rowspan="2"></td><td>0.28</td><td>0.39</td><td rowspan="2">0.5</td><td>N200</td><td rowspan="2">N201</td></tr>
<tr><td>2</td><td>1-φ0.38</td><td>646</td><td>0.33</td><td>0.37</td><td>N200</td></tr>
<tr><td>3</td><td rowspan="2">φ60</td><td rowspan="2">30</td><td rowspan="2">56</td><td rowspan="2">D172</td><td rowspan="2">8×16×25</td><td rowspan="2">2</td><td>1-φ0.64</td><td>390</td><td rowspan="2">1</td><td>φ0.64</td><td>285</td><td>0.67</td><td rowspan="2">0.5</td><td>0.6</td><td rowspan="2">303</td><td rowspan="2">303</td></tr>
<tr><td>4</td><td>1-φ0.9</td><td>196</td><td>1-φ0.9</td><td>145</td><td>0.67</td><td>0.16</td></tr>
<tr><td>5</td><td rowspan="2">φ60</td><td rowspan="2">60</td><td rowspan="2">56</td><td rowspan="2">D172</td><td rowspan="2">8×16×25</td><td rowspan="2">2</td><td>1-φ0.9</td><td>225</td><td rowspan="2">1</td><td>φ0.9</td><td>152</td><td>0.9</td><td rowspan="2">0.9</td><td rowspan="2">0.6</td><td rowspan="2">304</td><td rowspan="2">303</td></tr>
<tr><td>6</td><td>1-φ1.25</td><td>113</td><td>φ1.25</td><td>76</td><td>0.9</td></tr>
</table>

附录 2　电动机修理常用材料

附表 2-1 直流电机常用电磁线和绝缘材料

名称	B级	F级	H级
电磁线	聚酯漆包圆铜线 QZ-1，QZ-2 聚酯漆包圆铝线 QZL-1，QZL-2 聚酯漆包扁铜线 QZB 聚酯漆包扁铝线 QZLB 双玻璃丝包扁铜线 SBECB 双玻璃丝包扁铝线 SBELCB 单玻璃丝包聚酯漆包扁铜线 QZSBCB	聚酯亚胺漆包圆铜线 QZY-1，QZY-2 聚酯亚胺漆包扁铜线 QZYB	聚酰亚胺漆包圆铜线 QY-1，QY-2 聚酰胺酰亚胺漆包圆铜线 QXY-1，QXY-2 聚酰胺酰亚胺漆包扁铜线 QYB 聚酰胺酰亚胺漆包扁铜线 QXYB 硅有机浸渍双玻璃丝包圆铜线 SBEG 硅有机浸渍双玻璃丝包扁铜线 SBEGB 单玻璃丝包聚酰亚胺漆包扁铜线 QYSBGB
对地绝缘匝间绝缘槽绝缘	环氧玻璃粉云母带 5438-1 聚酯薄膜聚酯纤维纸复合箔（简称 DMD） 醇酸玻璃柔软云母板 5131 醇酸玻璃漆布 2432 聚酯薄膜玻璃漆布复合箔 6530	聚酯薄膜耐高温合成纤维复合箔(简称 NMN) 环氧酚醛上胶玻璃漆布	聚酰亚胺薄膜耐高温合成纤维纸复合箔(简称 NHN) 有机硅玻璃云母带 5450 有机硅玻璃粉云母带 5450-1 有机硅玻璃柔软云母板 5151 耐高温合成纤维纸 聚酰亚胺薄膜
层间绝缘	DMD 醇酸玻璃柔软云母板 5131 聚酯薄膜玻璃漆布复合箔 6530	NMN 耐高温合成纤维纸	NHN 耐高温合成纤维纸 有机硅玻璃柔软云母板 5151-1

（续表）

名　称	B　　级	F　　级	H　　级
槽楔、垫条出线板	环氧酚醛层压玻璃布板 3240	环氧酚醛层压玻璃布板 3240	有机硅层压玻璃布板 3251 聚二苯醚层压玻璃布板 聚酰亚胺层压玻璃布板
浸渍漆	环氧聚酯酚醛无溶剂漆 5152-2 三聚氰胺醇酸漆 1032	不饱和聚酯无溶剂漆 319-2 聚酯浸渍漆 155	有机硅浸渍漆 1053 低温干燥有机硅漆 931
引接线	橡皮绝缘丁腈护套引接线 JBQ	硅橡皮绝缘引接线 JHXG	硅橡皮绝缘引接线 JHXG
刷架装置绝缘	酚醛定长玻璃纤维压塑料，聚酯料团	聚胺酰亚胺定长玻璃纤维压塑料	聚胺酰亚胺定长玻璃纤维压塑料
换向器片间绝缘	虫胶换向器云母板 5535-2 环氧换向器粉云母板 5536-1	磷酸胺换向器金云母板 5560-2	磷酸胺换向器金云母板 5560-2
换向器 V 型绝缘环	虫胶塑型云母板 5231 聚酯薄膜环氧玻璃坯布	硅有机塑型云母板	硅有机塑型云母板
换向器用压塑料	酚酰定长玻璃纤维压塑料	聚胺酰亚胺定长玻璃纤维压塑料	聚胺酰亚胺定长玻璃纤维压塑料
绑扎带	聚酯绑扎带	环氧绑扎带	聚胺-酰亚胺绑扎带

附表 2-2　交流电机常用电磁线和绝缘材料

耐热等级	电磁线[①]	槽绝缘材料	绕包绝缘材料	槽楔、垫条、接线板等绝缘件	漆管、套管	绑扎带（转子）	引接线	浸渍漆
E	缩醛漆包线 QQ-2，QQB，QQL-2，QQLB	聚酯薄膜绝缘纸复合箔 6520 聚酯薄膜玻璃漆布复合箔 6530	油性玻璃漆布 2412	酚醛层压纸板 3020～3023 竹(经处理)酚醛塑料 4010，4013	油性玻璃漆管 2714	聚酯绑扎带	橡皮绝缘丁腈护套引接线 JBQ （500 V，1 140 V）	三聚氰胺醇酸漆 1032
B	聚酯漆包线 QZ-2，QZB，QZL-2，QZLB 双玻璃丝包线 SBEC，SBECB，SBELCB 双玻璃丝包聚酯漆包线 QZSBECB	聚酯薄膜玻璃漆布复合箔 6530 聚酯薄膜聚酯纤维纸复合箔 DMD，DMDM	沥青醇酸玻璃漆布 2430，醇酸玻璃漆布 2432，环氧玻璃漆布 2433 环氧玻璃粉云母带 5438-1 钛改性环氧玻璃粉云母带 9541-1	酚醛层压玻璃布板 3230 苯胺酚醛层压玻璃布板 3231 酚醛玻璃纤维压塑料 4330	醇酸玻璃漆管 2730	聚酯绑扎带	氯磺化聚乙烯橡皮绝缘引接线 JBYH (500 V，1 140 V，6 000 V) 6 kV 橡皮绝缘氯丁护套引接线 JBHF	三聚氰胺醇酸漆 1032 环氧聚酯酚醛无溶剂漆 5152-2
F	聚酯亚胺漆包线 QZY-2，QZYB 双玻璃丝包聚酯亚胺漆包线 QZYSBECB	聚酯薄膜芳香族聚酰胺纤维纸复合箔 NMN（或聚酯薄膜芳香族聚砜酰胺纤维纸复合箔 SMS，聚酯薄膜噁二唑纤维纸复合箔 OMO）	聚萘酯薄膜，其他材料同 H 级	环氧酚醛层压玻璃布板 3240	同 H 级	环氧绑扎带	乙丙橡胶绝缘引接线 JFEH (6 000 V 及以下)	聚酯浸渍漆 155 不饱和聚酯无溶剂漆聚 319-2

（续表）

耐热等级	电磁线①	槽绝缘材料	绕包绝缘材料	槽楔、垫条、接线板等绝缘件	漆管、套管	绑扎带（转子）	引接线	浸渍漆
H	聚酰胺酰亚胺漆包线 QXY-2QXYB 聚酰亚胺漆包线 QY-2，QYB 硅有机漆双玻璃丝包线 SBEG，SBEGB 聚酰亚胺薄膜绕包线	聚酰亚胺薄膜芳香族聚酰胺纤维纸复合箔 NHN（或聚酰亚胺薄膜芳香族聚砜酰胺纤维纸复合箔 SMS，聚酯薄膜噁二唑纤维纸复合箔 OMO）	有机硅玻璃漆布 2450 聚酰亚胺玻璃漆布 2560 聚酰亚胺薄膜 有机硅玻璃粉云母带 5450-1	有机硅环氧层压玻璃布板 3250 有机硅层压玻璃布板 3251 聚二苯醚层压玻璃布板 聚胺酰亚胺层压玻璃布板	有机硅玻璃漆管 2750 硅橡胶玻璃丝管 2751	聚胺酰酰亚胺绑扎带	硅橡胶绝缘引接线 JHS（500 V） 聚四氟乙烯引接线（500 V）	有机硅浸渍漆 1053W30-1 低温干燥有机硅漆 931

注：① 根据需要某些型号可选用自黏性电磁线。

附表 2-3　电磁线型号的含义

绝缘层				导体		派生
绝缘漆	绝缘纤维	其他绝缘层	绝缘特征	导体材料	导体特征	
Q 油性漆	M 棉纱	V 聚氯乙烯	B 编织	L 铝线	B 扁线	—1 薄漆层
QA 聚氨酯漆	SB 玻璃丝	YM 氧化膜	C 醇酸胶黏漆浸渍	TWC 无磁性铜	D 带箔	—2 厚漆层
QG 硅有机漆	SR 人造丝		E 双层		J 绞制	
QH 环氧漆	ST 天然丝		G 硅有机胶黏漆浸渍		R 柔软	

（续表）

绝缘层				导体		派生
绝缘漆	绝缘纤维	其他绝缘层	绝缘特征	导体材料	导体特征	
QQ 缩醛漆	Z 纸		J 加厚			
QXY 聚酰胺酰亚胺漆			N 自粘性			
QY 聚酰亚胺漆			F 耐致冷性			
QZ 聚酯漆			S 彩色			
QZY 聚酯亚胺漆			S 三层			

注：举例，QZL-1 表示：聚酯漆、铝线、薄漆层，即薄漆层聚酯漆包铝线。
QZJBSB 表示：聚酯漆、绞制、编织、玻璃丝，即中频绕组线。
SBELCB 表示：玻璃丝、双层、铝线，醇酸胶黏漆浸渍。扁，即双玻璃丝包扁铝线。

附表 2-4 漆包线和纤维绕包铜线的型号和名称

型号	名称	型号	名称
Q	油基性漆包圆铜线	M	单纱包圆线
QQ	高强度聚乙烯醇缩醛漆包圆铜线	ME	双纱包圆线
QZ	高强度聚酯漆包圆铜线	QQSBC	单玻璃丝包高强度漆包圆铜线
QST	单丝(天然丝)漆包线	SBEC	双玻璃丝包圆铜线
QSR	单人丝(人造丝)漆包线	QY	耐高温聚酰亚胺漆包圆铜线
QM	单纱漆包线	QXY	耐高温聚酰胺-亚胺漆包圆铜线
QME	双纱漆包线	QQS	彩色高强度聚乙烯醇缩醛漆包圆铜线

附表 2-5 电磁线应用范围

电磁线名称	型号	耐热等级(℃)	交流发电机		交流电动机						轧钢、牵引型直流电动机
			中小型	一般用途	通用中小型	通用微型	起重辊道型	防爆型	耐致冷剂型	电动工具	
缩醛漆包线	QQ-1，QQ-2 QQB	E(120)		0	0	0				0	
聚氨酯漆包线	QA-1，QA-2	E(120)				0					
环氧漆包线	QH-1，QH-2	E(120)			0				0		
聚酯漆包线	QZ-1，QZ-2 QZL-1，QZL-2 QZB，QZL-B	B(130)		0	0	0					
聚酯亚胺漆包线	QZY-1，QZY-2 QZYB	F(155)		0	0	0	0	0	0	0	0
聚酰亚胺漆包线	QY-1，QY-2 QYB	220								0	0
聚酰胺酰亚胺漆包线	QXY-1，QXY-2 QXYB	220	0		0	0	0		0	0	0
聚酯亚胺-聚酰胺酰亚胺漆包线	QZY/QXY	F(155)	0		0	0	0	0	0	0	0
玻璃丝包线	SBEC，SBECB SBEG，SBEGB	B(130) H(180)	0	0	0		0	0			0
玻璃丝包漆包线	QZSBCB，QZSBECB QZYSBEFB，QZYSBFB SBEGB，SBGB	E(120) F(155) H(180)	0				0	0			0
聚酰亚胺薄膜绕包线	Y，YB	220					0				0
玻璃丝包聚酯薄膜绕包线		E(120)	0		0		0	0			
耐致冷剂漆包线	QF	A(105)							0		

附表 2-6　圆电磁线的常用数据

铜导线规格		直流电阻 20 ℃ 不大于（欧/米）	聚酯漆包线		双线包线最大外径（毫米）	丝漆包线最大外径（毫米）				玻璃丝包线最大外径（毫米）	
线径（毫米）	标称截面（毫米^2）		最大外径（毫米）	近似重量（千克/千米）		单丝包油性漆包线	双丝包油性漆包线	单丝包聚酯漆包线	双丝包聚酯漆包线	单玻璃丝包漆包线	双玻璃丝包线
0.05	0.001 964	10.08	0.065	0.018 0	0.16	0.14	0.18	0.14	0.18		
0.06	0.002 83	6.851	0.080	0.028 0	0.17	0.15	0.19	0.16	0.20		
0.07	0.003 85	4.958	0.090	0.038 0	0.18	0.16	0.20	0.17	0.21		
0.08	0.005 03	3.754	0.100	0.049 0	0.19	0.17	0.21	0.18	0.22		
0.09	0.006 36	2.940	0.110	0.062 0	0.20	0.18	0.22	0.19	0.23		
0.10	0.007 85	2.466	0.125	0.075 0	0.21	0.19	0.23	0.20	0.24		
0.11	0.009 50	2.019	0.135	0.091 0	0.22	0.20	0.24	0.21	0.25		
0.12	0.011 31	1.683	0.145	0.107 3	0.23	0.21	0.25	0.22	0.26		
0.13	0.013 27	1.424	0.155	0.125 3	0.24	0.22	0.26	0.23	0.27		
0.14	0.015 39	1.221	0.165	0.145	0.25	0.23	0.27	0.24	0.28		
0.15	0.017 67	1.059	0.180	0.166	0.26	0.24	0.28	0.25	0.29		
0.16	0.020 1	0.926 4	0.190	0.188	0.28	0.26	0.30	0.28	0.32		
0.17	0.022 7	0.817 5	0.200	0.212	0.29	0.27	0.31	0.29	0.33		
0.18	0.025 4	0.726 7	0.210	0.237	0.30	0.28	0.32	0.30	0.34		
0.19	0.028 4	0.650 3	0.220	0.263	0.31	0.29	0.33	0.31	0.35		
0.20	0.031 4	0.585 3	0.230	0.290	0.32	0.30	0.35	0.32	0.36		
0.21	0.034 6	0.529 6	0.240	0.320	0.33	0.32	0.36	0.33	0.37		
0.23	0.041 5	0.439 6	0.265	0.383	0.36	0.35	0.39	0.36	0.41		
0.25	0.049 1	0.370 8	0.290	0.452	0.38	0.37	0.42	0.38	0.43		
0.28	0.061 6	0.305 2	0.320	0.564	0.41	0.40	0.45	0.41	0.46		

（续表）

铜导线规格		直流电阻 20 ℃ 不大于 (欧/米)	聚酯漆包线		双线包线最大外径 (毫米)	丝漆包线最大外径(毫米)				玻璃丝包线最大外径(毫米)	
线径 (毫米)	标称截面 (毫米^2)		最大外径 (毫米)	近似重量 (千克/千米)		单丝包油性漆包线	双丝包油性漆包线	单丝包聚酯漆包线	双丝包聚酯漆包线	单玻璃丝包漆包线	双玻璃丝包线
0.31	0.075 5	0.247 3	0.35	0.690	0.44	0.43	0.48	0.44	0.49		
0.33	0.085 5	0.217 3	0.37	0.780	0.47	0.46	0.51	0.48	0.53		
0.35	0.096 2	0.192 5	0.39	0.876	0.49	0.48	0.53	0.51	0.55		
0.38	0.113 4	0.162 6	0.42	1.030	0.52	0.51	0.56	0.53	0.58		
0.40	0.125 7	0.146 3	0.44	1.165	0.54	0.53	0.58	0.55	0.60		
0.42	0.183 5	0.132 4	0.46	1.290	0.56	0.55	0.60	0.57	0.62		
0.45	0.159 0	0.115 0	0.49	1.415	0.59	0.58	0.63	0.60	0.65		
0.47	0.173 5	0.105 2	0.51	1.570	0.61	0.60	0.65	0.62	0.67		
0.50	0.196 4	0.092 69	0.54	1.834	0.64	0.63	0.68	0.65	0.70		
0.53	0.221	0.082 31	0.58	2.010	0.67	0.67	0.72	0.69	0.74	0.73	0.79
0.56	0.246	0.073 57	0.61	2.269	0.70	0.70	0.75	0.72	0.77	0.76	0.82
0.60	0.283	0.063 94	0.65	2.581	0.74	0.74	0.79	0.76	0.81	0.80	0.86
0.63	0.312	0.057 90	0.68	2.813	0.77	0.77	0.83	0.79	0.84	0.83	0.89
0.67	0.353	0.051 09	0.72	3.199	0.82	0.82	0.87	0.85	0.90	0.88	0.93
0.71	0.396	0.046 08	0.76	3.575	0.86	0.86	0.91	0.89	0.94	0.93	0.98
0.75	0.442	0.039 04	0.81	3.998	0.91	0.91	0.97	0.94	1.00	0.97	1.02
0.80	0.503	0.033 51	0.86	4.569	0.96	0.96	1.02	0.99	1.05	1.02	1.07
0.85	0.567	0.031 92	0.91	5.189	1.01	1.01	1.07	1.04	1.10	1.07	1.12
0.90	0.636	0.028 42	0.96	5.865	1.06	1.06	1.12	1.09	1.15	1.12	1.17

（续表）

铜导线规格		直流电阻 20 ℃ 不大于（欧/米）	聚酯漆包线		双线包线最大外径（毫米）	丝漆包线最大外径（毫米）				玻璃丝包线最大外径（毫米）	
线径（毫米）	标称截面（毫米^2）		最大外径（毫米）	近似重量（千克/千米）		单丝包油性漆包线	双丝包油性漆包线	单丝包聚酯漆包线	双丝包聚酯漆包线	单玻璃丝包漆包线	双玻璃丝包线
0.95	0.700	0.025 46	1.01	6.711	1.11	1.11	1.17	1.14	1.20	1.17	1.22
1.00	0.785	0.022 94	1.07	7.156	1.17	1.18	1.24	1.22	1.28	1.25	1.29
1.06	0.882	0.020 58	1.14	8.245	1.23	1.25	1.31	1.28	1.34	1.31	1.35
1.12	0.985	0.018 39	1.20	8.910	1.29	1.31	1.37	1.34	1.40	1.37	1.41
1.18	1.094	0.016 54	1.26	9.782	1.35	1.37	1.43	1.40	1.46	1.43	1.47
1.25	1.227	0.014 71	1.33	11.10	1.42	1.44	1.50	1.47	1.53	1.50	1.54
1.30	1.327	0.013 58	1.38	12.00	1.47	1.49	1.55	1.52	1.58	1.55	1.59
1.35	1.431	0.012 82	1.43	12.90							
1.40	1.539	0.011 69	1.48	13.90	1.57	1.59	1.65	1.62	1.68	1.65	1.69
1.50	1.767	0.010 16	1.58	15.99	1.67	1.69	1.75	1.72	1.78	1.75	1.81
1.60	2.01	0.008 915	1.69	18.40	1.78	1.80	1.87	1.83	1.90	1.87	1.91
1.70	2.27	0.007 933	1.79	20.37	1.88	1.90	1.97	1.93	2.00	1.97	2.01
1.80	2.54	0.007 064	1.89	22.81	1.98	2.00	2.07	2.03	2.10	2.07	2.11
1.90	2.84	0.006 331	1.99	25.40	2.08	2.10	2.17	2.13	2.20	2.17	2.21
2.00	3.14	0.005 706	2.09	28.20	2.18	2.20	2.27	2.23	2.30	2.27	2.31
2.12	3.53	0.005 071	2.21	31.40	2.30	2.32	2.39	2.35	2.42	2.39	2.48
2.24	3.94	0.004 557	2.33	36.00	2.42	2.44	2.51	2.47	2.54	2.51	2.60
2.36	4.37	0.004 100	2.45	41.23	2.54	2.56	2.63	2.50	2.66	2.63	2.72
2.50	4.91	0.003 648	2.59	44.51	2.68	2.70	2.77	2.73	2.80	2.77	2.86

附表 2-7　漆包圆铜线的常用数据

裸导线标称直径（毫米）	允许公差（毫米）	裸导线截面积（毫米²）	在 20 ℃时的直流电阻计算值（欧/千米）	漆包线最大外径（毫米）		单位长度漆包线的近似重量（千克/千米）	
				Q	QZ、QQ、QY、QXY、QQS	Q	QZ、QQ、QY、QXY、QQS
0.020	±0.002	0.000 31	55 587		0.035		
0.025		0.000 49	35 574		0.040		
0.030	±0.003	0.000 71	24 704		0.045		
0.040		0.001 26	13 920		0.055		
0.050		0.001 96	8 949	0.065	0.065	0.019	0.022
0.060		0.002 83	6 198	0.075	0.090	0.027	0.029
0.070		0.003 85	4 556	0.085	0.100	0.036	0.039
0.080		0.005 03	3 487	0.095	0.110	0.047	0.050
0.090		0.006 36	2 758	0.105	0.120	0.059	0.063
0.100	±0.005	0.007 85	2 237	0.120	0.130	0.073	0.076
0.110		0.009 50	1 846	0.130	0.140	0.088	0.092
0.120		0.011 31	1 551	0.140	0.150	0.104	0.108
0.130		0.013 27	1 322	0.150	0.160	0.122	0.126
0.140		0.015 39	1 139	0.160	0.170	0.141	0.145
0.150		0.017 67	993	0.170	0.190	0.162	0.167
0.160		0.020 1	872	0.180	0.200	0.184	0.189
0.170		0.022 7	773	0.190	0.210	0.208	0.213
0.180		0.025 5	689	0.200	0.220	0.233	0.237
0.190		0.028 4	618	0.210	0.230	0.259	0.264
0.200		0.031 4	558	0.225	0.240	0.287	0.292

（续表）

裸导线标称直径（毫米）	允许公差（毫米）	裸导线截面积（毫米^2）	在20℃时的直流电阻计算值（欧/千米）	漆包线最大外径（毫米）		单位长度漆包线的近似重量（千克/千米）	
				Q	QZ、QQ、QY、QXY、QQS	Q	QZ、QQ、QY、QXY、QQS
0.210	±0.005	0.034 6	506	0.235	0.250	0.316	0.321
0.230		0.041 5	422	0.255	0.280	0.378	0.386
0.250		0.049 1	357	0.275	0.300	0.446	0.454
0.27	±0.010	0.057 3	306	0.31	0.32	0.522	0.529
0.29		0.066 1	265	0.33	0.34	0.601	0.608
0.31		0.075 5	232	0.35	0.36	0.689	0.693
0.33		0.085 5	205	0.37	0.38	0.780	0.784
0.35		0.096 2	182	0.39	0.41	0.876	0.884
0.38		0.113 4	155	0.42	0.44	1.03	1.04
0.41		0.132 0	133	0.45	0.47	1.20	1.21
0.44		0.152 1	115	0.49	0.50	1.38	1.39
0.47		0.173 5	101	0.52	0.53	1.57	1.58
0.49		0.188 6	93	0.54	0.55	1.71	1.72
0.51		0.204	85.9	0.56	0.58	1.86	1.87
0.53		0.221	79.5	0.58	0.60	2.00	2.02
0.55		0.238	73.7	0.60	0.62	2.16	2.17
0.57		0.255	68.7	0.62	0.64	2.32	2.34
0.59		0.273	64.1	0.64	0.66	2.48	2.50
0.62		0.302	58.0	0.67	0.69	2.73	2.76
0.64		0.322	54.5	0.69	0.72	2.91	2.94

（续表）

裸导线标称直径（毫米）	允许公差（毫米）	裸导线截面积（毫米^2）	在20℃时的直流电阻计算值（欧/千米）	漆包线最大外径（毫米）		单位长度漆包线的近似重量（千克/千米）	
				Q	QZ、QQ、QY、QXY、QQS	Q	QZ、QQ、QY、QXY、QQS
0.67	±0.010	0.353	49.7	0.72	0.75	3.19	3.21
0.69		0.374	46.9	0.74	0.77	3.38	3.41
0.72	±0.015	0.407	43.0	0.78	0.80	3.67	3.70
0.74		0.430	40.7	0.80	0.83	3.89	3.92
0.77		0.466	37.6	0.83	0.86	4.21	4.24
0.80		0.503	34.8	0.86	0.89	4.55	4.58
0.83		0.541	32.4	0.89	0.92	4.89	4.92
0.86		0.581	30.1	0.92	0.95	5.25	5.27
0.90		0.636	27.5	0.96	0.99	5.75	5.78
0.93		0.679	25.8	0.99	1.02	6.13	6.16
0.96		0.724	24.2	1.02	1.05	6.53	6.56
1.00		0.785	22.4	1.07	1.11	7.10	7.14
1.04	±0.020	0.850	20.6	1.12	1.15	7.67	7.72
1.08		0.916	19.1	1.16	1.19	8.27	8.32
1.12		0.985	17.8	1.20	1.23	8.89	8.94
1.16		1.057	16.6	1.24	1.27	9.53	9.59
1.20		1.131	15.5	1.28	1.31	10.2	10.4

（续表）

裸导线标称直径（毫米）	允许公差（毫米）	裸导线截面积（毫米²）	在 20 ℃时的直流电阻计算值（欧/千米）	漆包线最大外径（毫米）		单位长度漆包线的近似重量（千克/千米）	
				Q	QZ、QQ、QY、QXY、QQS	Q	QZ、QQ、QY、QXY、QQS
1.25	±0.020	1.227	14.3	1.33	1.36	11.1	11.2
1.30		1.327	13.2	1.38	1.41	12.0	12.1
1.35		1.431	12.3	1.43	1.46	12.9	13.0
1.40		1.539	11.3	1.48	1.51	13.9	14.0
1.45		1.651	10.6	1.53	1.56	14.9	15.0
1.50		1.767	9.93	1.58	1.61	15.9	16.0
1.56		1.911	9.17	1.64	1.67	17.2	17.3
1.62		2.06	8.50	1.71	1.73	18.5	18.6
1.68	±0.025	2.22	7.91	1.77	1.79	19.9	20.0
1.74		2.38	7.37	1.83	1.85	21.4	21.4
1.81		2.57	6.81	1.90	1.93	23.1	23.3
1.88		2.78	6.31	1.97	2.00	25.0	25.2
1.95		2.99	5.87	2.04	2.07	26.8	27.0
2.02		3.21	5.47	2.12	2.14	28.9	29.0
2.10		3.46	5.06	2.20	2.23	31.2	31.3
2.26	±0.030	4.01	4.37	2.36	2.39	36.2	36.3
2.44		4.68	3.75	2.54	2.57	42.1	42.2

铜线直径（毫米）	绝缘线最大外径（毫米）						
	QST、QSR	QM	QME	M	ME	QQSBC	SBEC
0.05	0.13						
0.06	0.14						
0.07	0.15						
0.08	0.16						
0.09	0.17						
0.10	0.18						
0.11	0.19						
0.12	0.20						
0.13	0.21						
0.14	0.22						
0.15	0.23						
0.16	0.24						
0.17	0.25						
0.18	0.26						
0.19	0.27						
0.20	0.30	0.33		0.31	0.40		
0.21	0.31	0.34		0.32	0.41		
0.23	0.33	0.36		0.34	0.43		
0.25	0.35	0.38		0.36	0.45		
0.27	0.38	0.44		0.40	0.50		

绝缘线重量(千克/千米)						
QST、QSR	QM	QME	M	ME	QQSBC	SBEC
0.0329						
0.0423						
0.0531						
0.0653						
0.0790						
0.0932						
0.110						
0.127						
0.147						
0.167						
0.189						
0.212						
0.237						
0.263						
0.290						
0.322	0.335		0.324	0.385		
0.352	0.367		0.355	0.417		
0.417	0.432		0.421	0.485		
0.488	0.504		0.492	0.560		
0.569	0.598		0.581	0.667		

铜线直径（毫米）	绝缘线最大外径（毫米）						
	QST、QSR	QM	QME	M	ME	QQSBC	SBEC
0.29	0.40	0.46		0.42	0.52		
0.31	0.43	0.48		0.44	0.54		
0.33	0.45	0.50		0.46	0.56		
0.35	0.47	0.52		0.48	0.58		
0.38	0.50	0.56		0.51	0.61		
0.41	0.53	0.59		0.54	0.64		
0.44	0.56	0.62		0.57	0.67		
0.47	0.59	0.65		0.60	0.70		
0.49	0.61	0.67		0.62	0.72		
0.51	0.64	0.69		0.64	0.74		0.75
0.53	0.66	0.71		0.66	0.76		0.79
0.55	0.68	0.73		0.68	0.78		0.81
0.57	0.70	0.75		0.70	0.80		0.83
0.59	0.72	0.77		0.72	0.82		0.85
0.62	0.75	0.80		0.75	0.85		0.88
0.64	0.77	0.82		0.77	0.87		0.90
0.67	0.80	0.85		0.80	0.90		0.93
0.69	0.82	0.87		0.82	0.92		0.95
0.72	0.86	0.92	1.02	0.86	0.96		0.99
0.74	0.88	0.94	1.04	0.88	0.98		1.01

（续表）

绝缘线重量（千克/千米）						
QST、QSR	QM	QME	M	ME	QQSBC	SBEC
0.651	0.682		0.663	0.753		
0.742	0.774		0.751	0.845		
0.836	0.874		0.845	0.942		
0.935	0.971		0.944	1.050		
1.09	1.13		1.11	1.222		
1.27	1.31		1.27	1.395		
1.45	1.50		1.46	1.588		
1.65	1.69		1.66	1.791		
1.79	1.84		1.80	1.939		
1.94	1.99		1.94	2.088		2.476
2.09	2.14		2.09	2.236		2.679
2.25	2.30		2.24	2.395		2.853
2.40	2.46		2.41	2.554		3.033
2.57	2.63		2.57	2.732		3.216
2.83	2.89		2.88	2.923		3.502
3.01	3.07		3.01	3.184		3.701
3.30	3.36		3.29	3.467		4.008
3.49	3.55		3.48	3.636		4.222
3.78	3.85	4.04	3.77	3.959		4.531
4.02	4.08	4.27	3.99	4.187		4.776

铜线直径(毫米)	绝缘线最大外径(毫米)						
	QST、QSR	QM	QME	M	ME	QQSBC	SBEC
0.77	0.91	0.97	1.07	0.91	1.01		1.04
0.80	0.94	1.00	1.10	0.94	1.04		1.07
0.83	0.97	1.03	1.13	0.97	1.07		1.10
0.86	1.00	1.06	1.16	1.00	1.10		1.13
0.90	1.04	1.10	1.20	1.04	1.14		1.17
0.93	1.07	1.13	1.23	1.07	1.17		1.20
0.96	1.10	1.16	1.26	1.10	1.20		1.23
1.00	1.15	1.23	1.35	1.16	1.29	1.24	1.29
1.04	1.20	1.27	1.39	1.20	1.33	1.28	1.33
1.08	1.24	1.31	1.43	1.24	1.37	1.32	1.37
1.12	1.28	1.35	1.47	1.28	1.41	1.36	1.41
1.16	1.32	1.39	1.51	1.32	1.45	1.40	1.45
1.20	1.36	1.43	1.55	1.36	1.49	1.44	1.49
1.25	1.41	1.48	1.60	1.41	1.54	1.49	1.54
1.30	1.46	1.53	1.65	1.46	1.59	1.54	1.59
1.35	1.51	1.58	1.70	1.51	1.64	1.59	1.64
1.40	1.56	1.63	1.75	1.56	1.69	1.64	1.69
1.45	1.61	1.68	1.80	1.61	1.74	1.69	1.74
1.50	1.68	1.73	1.85	1.66	1.79	1.74	1.80
1.56	1.74	1.79	1.91	1.72	1.85	1.82	1.86

(续表)

绝缘线重量(千克/千米)						
QST、QSR	QM	QME	M	ME	QQSBC	SBEC
4.34	4.41	4.60	4.32	4.520		5.725
4.68	4.75	4.95	4.64	4.863		5.488
5.02	5.09	5.30	5.00	5.216		5.861
5.36	5.46	5.67	5.36	5.569		6.249
5.88	5.96	6.19	5.87	6.097		6.787
6.27	6.36	6.58	6.26	6.489		7.201
6.68	6.76	6.99	6.65	6.902		7.630
7.27	7.39	7.66	7.25	7.510	7.67	8.224
7.83	7.97	8.25	7.83	8.097	8.25	8.337
8.44	8.58	8.86	8.43	8.706	8.85	9.474
9.06	9.21	9.51	9.06	9.348	9.55	10.132
9.71	9.86	10.2	9.71	10.005	10.15	10.815
10.40	10.50	10.9	10.41	10.622	10.85	11.516
11.30	11.50	11.7	11.2	11.546	11.72	12.428
12.20	12.40	12.6	12.2	12.470	12.70	13.373
13.10	13.30	13.6	13.1	13.393	13.59	14.354
14.00	14.30	14.6	14.1	14.415	14.60	15.370
15.00	15.30	15.7	15.1	15.439	15.62	16.419
16.20	16.30	16.7	16.1	16.463	16.80	17.505
17.50	17.60	18.0	17.4	17.790	18.08	18.885

铜线直径（毫米）	绝缘线最大外径（毫米）						
	QST、QSR	QM	QME	M	ME	QQSBC	SBEC
1.62	1.80	1.85	1.97	1.78	1.91	1.88	1.92
1.68	1.86	1.92	2.04	1.85	1.98	1.95	1.99
1.74	1.92	1.98	2.10	1.91	2.04	2.01	2.05
1.81	1.99	2.05	2.17	1.98	2.11	2.08	2.12
1.88	2.06	2.12	2.24	2.05	2.18		2.19
1.95	2.13	2.19	2.31	2.12	2.25		2.26
2.02	2.20	2.26	2.38	2.19	2.32		2.33
2.10	2.28	2.34	2.46	2.27	2.40		2.41
2.26					2.62		2.62
2.44					2.80		2.80
2.63					2.99		2.99
2.83					3.19		3.19
3.06					3.42		3.42
3.28					3.65		3.65
3.53					3.90		3.90
3.80					4.17		4.17
4.10					4.47		4.47
4.50					4.88		4.88
4.80					5.18		5.18
5.20					5.53		5.53

（续表）

绝缘线重量（千克/千米）						
QST、QSR	QM	QME	M	ME	QQSBC	SBEC
18.80	18.90	19.4	18.7	19.118	19.46	20.254
20.20	20.40	20.8	20.1	20.545	20.91	21.797
21.70	21.90	22.2	21.6	21.972	22.37	23.289
23.40	23.60	24.1	23.4	23.807	24.16	25.116
25.20	25.40	25.9	25.2	25.639		27.000
27.10	27.30	27.8	27.0	27.481		28.944
29.10	29.40	29.8	29.0	29.505		30.925
31.40	31.70	32.2	31.4	31.939		33.369
				36.956		38.913
				42.950		45.063
				49.749		52.045
				57.452		59.942
				66.568		69.273
				76.975		79.750
				88.915		91.977
				102.855		106.161
				119.610		123.106
				143.820		147.672
				163.473		167.550
				191.580		196.003

附表 2-9　直径 0.50～0.99 毫米的圆单线质量

直径（毫米）	计算截面（毫米²）	铝线及铝合金线计算质量（千克/千米）	铜线计算质量（千克/千米）	直径（毫米）	计算截面（毫米²）	铝线及铝合金线计算质量（千克/千米）	铜线计算质量（千克/千米）
0.50	0.196 35	0.530 14	1.745 6	0.75	0.441 79	1.192 80	3.927 2
0.51	0.204 28	0.551 56	1.816 0	0.76	0.453 65	1.224 80	4.032 9
0.52	0.212 37	0.573 40	1.888 0	0.77	0.465 66	1.257 30	4.139 7
0.53	0.220 62	0.595 67	1.961 3	0.78	0.477 84	1.290 20	4.218 0
0.54	0.229 02	0.618 86	2.036 0	0.79	0.490 17	1.323 50	4.357 6
0.55	0.237 58	0.641 47	2.112 1	0.80	0.502 65	1.357 20	4.468 6
0.56	0.246 80	0.665 01	2.189 6	0.81	0.515 30	1.391 30	4.581 0
0.57	0.255 18	0.688 97	2.268 6	0.82	0.528 10	1.425 90	4.694 8
0.58	0.264 21	0.713 36	2.348 8	0.83	0.541 06	1.460 90	4.810 0
0.59	0.273 40	0.738 17	2.430 5	0.84	0.554 18	1.496 30	4.926 7
0.60	0.282 74	0.763 41	2.513 6	0.85	0.567 45	1.532 10	5.044 6
0.61	0.292 25	0.789 07	2.598 1	0.86	0.580 38	1.568 40	5.164 0
0.62	0.301 91	0.815 15	2.684 0	0.87	0.594 47	1.605 10	5.284 8
0.63	0.311 72	0.841 66	2.771 2	0.88	0.603 21	1.642 20	5.497 0
0.64	0.321 70	0.868 59	2.859 9	0.89	0.622 11	1.679 70	5.530 6
0.65	0.331 83	0.895 94	2.950 0	0.90	0.636 17	1.717 70	5.655 6
0.66	0.342 12	0.923 72	3.041 4	0.91	0.650 39	1.756 10	5.782 9
0.67	0.352 57	0.951 93	3.134 3	0.92	0.664 76	1.794 90	5.909 7
0.68	0.363 17	0.980 55	3.228 6	0.93	0.679 29	1.834 10	6.038 9
0.69	0.373 93	1.009 60	3.324 2	0.94	0.693 98	1.873 70	6.169 5
0.70	0.384 85	1.039 10	3.421 2	0.95	0.708 82	1.913 80	6.301 4
0.71	0.395 92	1.069 00	3.519 7	0.96	0.723 82	1.954 30	6.434 8
0.72	0.407 15	1.099 30	3.601 8	0.97	0.738 8	1.995 30	6.569 5
0.73	0.418 54	1.130 10	3.720 8	0.98	0.754 30	2.036 60	6.705 7
0.74	0.430 08	1.161 20	3.823 4	0.99	0.769 77	2.070 40	6.843 3

注：表中“质量”的惯用名词即“重量”。

附表 2-10　直径 1.00～1.99 毫米的圆单线质量

直径（毫米）	计算截面（毫米²）	铝线及铝合金线计算质量（千克/千米）	铜线计算质量（千克/千米）	直径（毫米）	计算截面（毫米²）	铝线及铝合金线计算质量（千克/千米）	铜线计算质量（千克/千米）
1.00	0.785 40	2.120 6	6.982 2	1.24	1.207 63	3.260 6	10.735 6
1.01	0.801 18	2.163 2	7.122 7	1.25	1.227 19	3.313 4	10.909 8
1.02	0.817 13	2.206 3	7.264 0	1.26	1.246 90	3.366 6	11.084 9
1.03	0.833 23	2.249 7	7.407 1	1.27	1.266 77	3.420 3	11.261 9
1.04	0.849 49	2.293 6	7.552 1	1.28	1.286 80	3.474 4	11.439 7
1.05	0.865 90	2.337 9	7.697 9	1.29	1.306 98	3.528 9	11.619 2
1.06	0.882 47	2.382 7	7.845 4	1.30	1.327 32	3.583 8	11.799 7
1.07	0.899 20	2.427 9	7.993 9	1.31	1.347 82	3.639 1	11.981 9
1.08	0.916 09	2.473 4	8.144 1	1.32	1.368 48	3.694 9	12.166 0
1.09	0.933 13	2.519 5	8.295 3	1.33	1.389 29	3.751 1	12.350 9
1.10	0.950 33	2.565 9	8.448 2	1.34	1.410 26	3.807 7	12.537 6
1.11	0.967 69	2.612 8	8.602 9	1.35	1.431 39	3.864 8	12.725 1
1.12	0.985 20	2.660 1	8.758 4	1.36	1.452 67	3.922 2	12.914 5
1.13	1.002 88	2.707 8	8.915 8	1.37	1.474 11	3.980 1	13.104 7
1.14	1.020 70	2.755 9	9.074 0	1.38	1.495 71	4.038 4	13.296 8
1.15	1.038 69	2.804 5	9.234 0	1.39	1.517 47	4.097 2	13.490 6
1.16	1.056 83	2.853 5	9.395 0	1.40	1.539 38	4.156 3	13.685 3
1.17	1.075 13	2.902 9	9.557 6	1.41	1.561 45	4.215 9	13.880 8
1.18	1.093 59	2.952 7	9.722 1	1.42	1.583 68	4.275 9	14.079 1
1.19	1.112 20	3.003 0	9.887 5	1.43	1.606 06	4.336 4	14.278 2
				1.44	1.628 60	4.397 2	14.478 3
1.20	1.130 97	3.053 6	10.054 6	1.45	1.651 30	4.458 5	14.680 1
1.21	1.149 90	3.104 7	10.222 6	1.46	1.674 16	4.520 2	14.883 6
1.22	1.168 99	3.156 3	10.392 4	1.47	1.697 17	4.582 4	15.088 1
1.23	1.188 23	3.208 2	10.563 1	1.48	1.720 34	4.644 9	15.293 5
				1.49	1.743 66	4.707 9	15.501 5

（续表）

直径（毫米）	计算截面（毫米^2）	铝线及铝合金线计算质量（千克/千米）	铜线计算质量（千克/千米）	直径（毫米）	计算截面（毫米^2）	铝线及铝合金线计算质量（千克/千米）	铜线计算质量（千克/千米）
1.50	1.767 15	4.771 3	15.709 5	1.74	2.377 87	6.420 3	21.130 5
1.51	1.790 79	4.835 1	15.920 2	1.75	2.405 28	6.494 3	21.383 1
1.52	1.814 58	4.899 1	16.131 8	1.76	2.432 85	6.568 7	21.627 6
1.53	1.838 54	4.694 1	16.344 3	1.77	2.460 57	6.643 5	21.874 7
1.54	1.862 65	5.029 2	16.558 5	1.78	2.488 46	6.718 8	22.122 7
1.55	1.886 92	5.094 7	16.774 5	1.79	2.516 49	6.794 5	22.371 7
1.56	1.911 35	5.160 7	16.991 5	1.80	2.544 69	6.870 7	22.622 4
1.57	1.935 93	5.227 0	17.210 2	1.81	2.573 04	6.947 2	22.874 0
1.58	1.960 67	5.293 8	17.430 6	1.82	2.601 55	7.024 2	23.128 2
1.59	1.985 57	5.361 0	17.652 0	1.83	2.630 22	7.101 6	23.382 5
1.60	2.010 62	5.428 7	17.874 2	1.84	2.659 04	7.179 4	23.638 5
1.61	2.035 83	5.496 7	18.098 3	1.85	2.688 03	7.257 7	23.896 3
1.62	2.061 20	5.565 2	18.324 1	1.86	2.717 16	7.336 3	24.155 9
1.63	2.086 72	5.634 1	18.550 8	1.87	2.746 46	7.415 4	24.416 4
1.64	2.112 14	5.703 5	18.779 2	1.88	2.775 91	7.495 0	24.677 8
1.65	2.138 25	5.773 3	19.008 6	1.89	2.805 52	7.574 9	24.940 9
1.66	2.164 24	5.843 5	19.239 7	1.90	2.835 29	7.655 3	25.205 8
1.67	2.190 40	5.914 1	19.472 7	1.91	2.865 21	7.736 1	25.471 6
1.68	2.216 71	5.985 1	19.706 5	1.92	2.895 29	7.817 2	25.739 2
1.69	2.243 18	6.056 6	19.942 0	1.93	2.925 53	7.898 9	26.007 7
				1.94	2.955 93	7.981 0	26.278 0
1.70	2.269 80	6.128 5	20.178 5	1.95	2.986 48	8.063 5	26.541 0
1.71	2.296 58	6.200 8	20.416 8	1.96	3.017 19	8.146 4	26.822 9
1.72	2.323 52	6.273 5	20.655 9	1.97	3.048 05	8.229 7	27.097 6
1.73	2.350 62	6.346 7	20.896 8	1.98	3.079 08	8.313 5	27.373 2
				1.99	3.110 26	8.397 7	27.649 7

附表 2-11　直径 2.00～2.99 毫米的圆单线质量

直径（毫米）	计算截面（毫米^2）	铝线及铝合金线计算质量（千克/千米）	铜线计算质量（千克/千米）	直径（毫米）	计算截面（毫米^2）	铝线及铝合金线计算质量（千克/千米）	铜线计算质量（千克/千米）
2.00	3.141 59	8.482 3	27.928 8	2.25	3.976 08	10.735 4	35.347 5
2.01	3.173 09	8.567 3	28.208 9	2.26	4.011 50	10.831 1	35.662 2
2.02	3.204 74	8.652 8	28.489 8	2.27	4.047 08	10.927 1	30.978 7
2.03	3.236 55	8.738 7	28.772 5	2.28	4.082 81	11.023 6	36.296 1
2.04	3.268 51	8.825 0	29.057 0	2.29	4.118 71	11.120 5	36.615 2
2.05	3.300 64	8.911 7	29.342 3	2.30	4.154 76	11.217 9	36.936 2
2.06	3.332 92	8.998 9	29.629 5	2.31	4.190 96	11.315 6	37.258 0
2.07	3.365 35	9.086 5	29.918 4	2.32	4.227 33	11.413 8	37.580 7
2.08	3.397 95	9.174 5	30.207 3	2.33	4.263 85	11.512 4	37.905 2
2.09	3.430 70	9.262 9	30.498 9	2.34	4.300 53	11.611 4	38.231 4
2.10	3.463 61	9.351 8	30.791 4	2.35	4.337 36	11.710 9	38.559 5
2.11	3.496 67	9.441 0	31.085 7	2.36	4.374 35	11.810 8	38.888 4
2.12	3.529 89	9.530 7	31.380 8	2.37	4.411 50	11.911 1	39.218 2
2.13	3.563 27	9.620 8	31.677 7	2.38	4.448 81	12.011 8	39.549 8
2.14	3.596 81	9.711 4	31.975 6	2.39	4.486 27	12.112 9	39.883 2
2.15	3.630 50	9.802 4	32.275 1	2.40	4.523 89	12.214 5	40.217 5
2.16	3.664 35	9.893 8	32.576 5	2.41	4.561 67	12.316 5	40.553 5
2.17	3.698 36	9.985 6	32.878 8	2.42	4.599 61	12.419 0	40.890 4
2.18	3.732 53	10.077 8	33.181 9	2.43	4.637 70	12.521 8	41.229 2
2.19	3.766 85	10.170 5	33.486 9	2.44	4.675 95	12.625 1	41.568 8
2.20	3.801 33	10.263 6	33.793 6	2.45	4.714 35	12.728 8	41.911 0
2.21	3.835 96	10.357 1	34.102 0	2.46	4.752 92	12.832 9	42.253 3
2.22	3.870 76	10.451 1	34.411 4	2.47	4.791 64	12.937 4	42.597 3
2.23	3.905 71	10.545 4	34.721 7	2.48	4.830 51	13.042 4	42.943 1
2.24	3.940 81	10.610 2	35.033 7	2.49	4.869 55	13.147 8	43.288 9

（续表）

直径（毫米）	计算截面（毫米²）	铝线及铝合金线计算质量（千克/千米）	铜线计算质量（千克/千米）	直径（毫米）	计算截面（毫米²）	铝线及铝合金线计算质量（千克/千米）	铜线计算质量（千克/千米）
2.50	4.908 74	13.253 6	43.638 3	2.75	5.939 57	16.036 8	52.803 0
2.51	4.948 09	13.359 8	43.988 6	2.76	5.982 85	16.153 7	53.188 0
2.52	4.987 59	13.466 5	44.339 8	2.77	6.026 28	16.271 0	53.573 8
2.53	5.027 26	13.573 6	44.692 7	2.78	6.069 87	16.388 7	53.961 4
2.54	5.067 08	13.681 1	45.046 5	2.79	6.113 62	16.506 8	54.352 6
2.55	5.107 05	13.789 0	45.402 1	2.80	6.157 52	16.625 3	54.740 2
2.56	5.147 19	13.897 4	45.758 6	2.81	6.201 58	16.744 3	55.132 2
2.57	5.187 48	14.006 2	46.116 9	2.82	6.245 80	16.863 7	55.525 2
2.58	5.227 92	14.115 4	46.476 0	2.83	6.290 18	16.983 5	55.919 9
2.59	5.268 53	14.225 0	46.837 0	2.84	6.334 71	17.103 7	56.315 5
2.60	5.309 29	14.335 1	47.199 7	2.85	6.379 40	17.224 4	56.712 9
2.61	5.350 21	14.445 6	47.643 3	2.86	6.424 24	17.345 5	57.112 0
2.62	5.391 29	14.556 5	47.928 7	2.87	6.469 25	17.467 0	57.512 1
2.63	5.432 52	14.667 8	48.294 9	2.88	6.514 41	17.588 9	57.913 0
2.64	5.473 91	14.779 6	48.663 0	2.89	6.559 72	17.711 2	58.135 7
2.65	5.515 46	14.891 7	49.032 8	2.90	6.605 20	17.834 0	58.720 2
2.66	5.557 16	15.004 3	49.403 5	2.91	6.650 83	17.957 2	59.125 6
2.67	5.599 03	15.117 4	49.775 1	2.92	6.696 62	18.080 9	59.532 8
2.68	5.641 04	15.230 8	50.149 4	2.93	6.742 57	18.204 9	59.941 7
2.69	5.683 22	15.344 7	50.523 6	2.94	6.788 67	18.329 4	60.351 5
2.70	5.725 55	15.459 0	50.900 6	2.95	6.834 93	18.454 3	60.762 3
2.71	5.768 04	15.573 7	51.273 4	2.96	6.881 35	18.579 7	61.175 6
2.72	5.810 69	15.688 9	51.657 1	2.97	6.927 92	18.705 4	61.589 0
2.73	5.853 49	15.804 4	52.037 6	2.98	6.974 65	18.831 6	62.005 1
2.74	5.896 46	15.920 4	52.179 9	2.99	7.021 54	18.958 2	62.421 1

附表 2-12　直径 3.00～3.99 毫米的圆单线质量

直径（毫米）	计算截面（毫米²）	铝线及铝合金线计算质量（千克/千米）	铜线计算质量（千克/千米）	直径（毫米）	计算截面（毫米²）	铝线及铝合金线计算质量（千克/千米）	铜线计算质量（千克/千米）
3.00	7.068 58	19.085 2	62.839 9	3.25	8.295 77	22.398 6	73.749 7
3.01	7.115 79	19.212 6	63.259 5	3.26	8.346 90	22.536 6	74.203 9
3.02	7.163 15	19.340 5	63.680 8	3.27	8.398 18	22.675 1	74.659 1
3.03	7.210 66	19.468 8	64.103 1	3.28	8.449 63	22.814 0	75.116 9
3.04	7.258 34	19.597 5	64.526 3	3.29	8.501 23	22.953 3	75.575 7
3.05	7.306 17	19.726 7	64.952 1	3.30	8.552 99	23.093 1	76.036 2
3.06	7.354 15	19.856 2	65.378 8	3.31	8.604 90	23.233 2	76.497 6
3.07	7.402 30	19.986 2	65.806 4	3.32	8.656 97	23.373 8	76.960 7
3.08	7.450 60	20.116 6	66.235 8	3.33	8.709 20	23.514 8	77.424 8
3.09	7.499 06	20.247 5	66.667 0	3.34	8.761 59	23.656 3	77.890 6
3.10	7.547 68	20.378 7	67.099 1	3.35	8.814 13	23.798 2	78.357 3
3.11	7.596 45	20.510 4	67.532 9	3.36	8.866 83	23.940 4	78.825 9
3.12	7.645 38	20.642 5	67.967 6	3.37	8.919 69	24.083 2	79.296 1
3.13	7.694 47	20.775 1	68.404 1	3.38	8.972 70	24.226 3	79.767 3
3.14	7.743 71	20.908 0	68.841 5	3.39	9.025 87	24.369 9	80.240 3
3.15	7.793 11	21.041 4	69.280 7	3.40	9.079 20	24.513 8	80.714 1
3.16	7.842 67	21.175 2	69.721 6	3.41	9.132 69	24.658 3	81.189 7
3.17	7.892 39	21.309 5	70.163 4	3.42	9.186 33	24.803 1	81.666 2
3.18	7.942 26	21.444 1	70.607 0	3.43	9.240 13	24.948 4	82.144 5
3.19	7.992 29	21.579 2	71.051 5	3.44	9.294 09	25.094 0	82.624 5
3.20	8.042 48	21.714 7	71.497 3	3.45	9.348 20	25.240 1	83.105 5
3.21	8.092 82	21.850 6	71.945 0	3.46	9.402 47	25.386 7	83.588 2
3.22	8.143 32	21.987 0	72.393 9	3.47	9.456 90	25.533 6	84.071 8
3.23	8.193 98	22.123 8	72.844 7	3.48	9.511 49	25.681 0	84.557 2
3.24	8.244 80	22.261 0	73.296 3	3.49	9.566 23	25.828 8	85.043 5

（续表）

直径（毫米）	计算截面（毫米²）	铝线及铝合金线计算质量（千克/千米）	铜线计算质量（千克/千米）	直径（毫米）	计算截面（毫米²）	铝线及铝合金线计算质量（千克/千米）	铜线计算质量（千克/千米）
3.50	9.621 13	25.977 1	85.531 6	3.75	11.044 66	29.820 6	98.190 1
3.51	9.676 18	26.125 7	86.021 4	3.76	11.103 65	29.979 9	98.714 6
3.52	9.731 40	26.274 8	86.512 1	3.77	11.162 79	30.139 5	99.239 1
3.53	9.786 77	26.424 3	87.004 7	3.78	11.222 08	30.299 6	99.763 5
3.54	9.842 30	26.574 2	87.498 0	3.79	11.281 54	30.460 2	100.288
3.55	9.897 98	26.724 6	87.993 2	3.80	11.341 15	30.621 1	100.821
3.56	9.953 82	26.875 3	88.489 3	3.81	11.400 92	30.782 5	101.355
3.57	10.009 82	27.026 5	88.988 9	3.82	11.460 84	30.944 3	101.888
3.58	10.065 98	27.178 2	89.486 7	3.83	11.520 93	31.106 5	102.422
3.59	10.122 29	27.330 2	89.984 6	3.84	11.581 17	31.269 2	102.955
3.60	10.178 76	27.482 7	90.491 3	3.85	11.641 56	31.432 2	103.488
3.61	10.235 39	27.635 6	90.989 2	3.86	11.702 12	31.595 7	104.031
3.62	10.292 17	27.788 9	91.495 9	3.87	11.762 83	31.759 6	104.573
3.63	10.349 11	27.942 6	92.002 6	3.88	11.823 70	31.924 0	105.115
3.64	10.406 21	28.096 8	92.509 3	3.89	11.884 72	32.088 7	105.658
3.65	10.463 47	28.251 4	93.016 1	3.90	11.945 91	32.254 0	106.200
3.66	10.520 88	28.406 4	93.531 7	3.91	12.007 25	32.419 6	106.742
3.67	10.578 45	28.561 8	94.038 4	3.92	12.068 74	32.585 6	107.293
3.68	10.636 18	28.717 7	94.554 0	3.93	12.130 40	32.752 1	107.836
3.69	10.694 06	28.874 0	95.069 7	3.94	12.192 21	32.919 0	108.387
3.70	10.752 10	29.030 7	95.585 3	3.95	12.254 17	33.086 3	108.938
3.71	10.810 30	29.187 8	96.100 9	3.96	12.316 30	33.254 0	109.489
3.72	10.866 65	29.345 4	96.625 4	3.97	12.378 58	33.422 2	110.049
3.73	10.927 17	29.593 4	97.141 0	3.98	12.441 02	33.590 8	110.600
3.74	10.985 84	29.661 8	97.665 5	3.99	12.503 62	33.759 8	111.161

附表 2-13 直径 4.00～5.00 毫米的圆单线质量

直径（毫米）	计算截面（毫米²）	铝线及铝合金线计算质量（千克/千米）	铜线计算质量（千克/千米）	直径（毫米）	计算截面（毫米²）	铝线及铝合金线计算质量（千克/千米）	铜线计算质量（千克/千米）
4.00	12.566 37	33.929 2	111.712	4.25	14.186 25	38.302 9	126.114
4.01	12.692 28	34.099 1	112.272	4.26	14.253 09	38.483 3	126.709
4.02	12.692 35	34.269 4	112.832	4.27	14.320 09	38.664 2	127.305
4.03	12.755 57	34.440 0	113.401	4.28	14.387 24	88.845 6	127.900
4.04	12.818 95	34.611 2	113.961	4.29	14.454 55	39.027 3	128.496
4.05	12.882 49	34.782 7	114.521	4.30	14.522 01	39.209 4	129.101
4.06	12.946 19	34.954 7	115.090	4.31	14.589 63	39.392 0	129.705
4.07	13.010 04	35.127 1	115.659	4.32	14.657 41	39.575 0	130.461
4.08	13.074 05	35.299 9	116.228	4.33	14.725 35	39.758 5	130.903
4.09	13.138 22	35.473 2	116.797	4.34	14.793 45	39.942 3	131.510
4.10	13.202 54	35.646 9	117.366	4.35	14.861 70	40.126 6	132.123
4.11	13.267 02	35.821 0	117.944	4.36	14.930 10	40.311 3	132.728
4.12	13.331 66	35.995 5	118.521	4.37	14.998 67	40.496 4	133.341
4.13	13.396 46	36.170 4	119.090	4.38	15.067 39	40.682 0	133.946
4.14	13.461 41	36.345 8	119.668	4.39	15.136 27	40.867 9	134.559
4.15	13.526 52	36.521 6	120.246	4.40	15.205 31	41.054 3	135.172
4.16	13.591 79	36.697 8	120.833	4.41	15.274 50	41.241 2	135.786
4.17	13.657 21	36.874 5	121.411	4.42	15.343 85	41.428 4	136.408
4.18	13.722 79	37.051 5	121.997	4.43	15.413 36	41.616 1	137.022
4.19	13.788 53	37.229 0	122.575	4.44	15.483 03	41.804 2	138.644
4.20	13.854 42	37.406 9	123.162	4.45	15.552 85	41.992 7	138.266
4.21	13.920 48	37.585 3	123.749	4.46	15.622 83	42.181 6	138.888
4.22	13.986 68	37.764 0	124.344	4.47	15.692 96	42.371 0	139.511
4.23	14.053 05	37.943 2	124.931	4.48	15.763 26	42.560 8	140.133
4.24	14.119 57	38.122 8	125.527	4.49	15.833 71	42.751 0	140.764
				4.50	15.904 81	42.941 6	141.387

(续表)

直径（毫米）	计算截面（毫米^2）	铝线及铝合金线计算质量（千克/千米）	铜线计算质量（千克/千米）	直径（毫米）	计算截面（毫米^2）	铝线及铝合金线计算质量（千克/千米）	铜线计算质量（千克/千米）
4.51	15.975 08	43.132 7	142.018	4.76	17.795 24	48.047 2	158.198
4.52	16.046 00	43.324 2	142.649	4.77	17.870 09	48.249 2	158.864
4.53	16.117 08	43.516 1	143.280	4.78	17.945 09	48.451 7	159.531
4.54	16.188 31	43.708 4	143.911	4.79	18.020 25	48.654 7	160.198
4.55	16.259 71	43.901 2	144.551	4.80	18.095 57	48.858 0	160.873
4.56	16.331 26	44.094 4	145.183	4.81	18.171 05	49.061 8	161.540
4.57	16.402 96	44.288 0	145.823	4.82	18.246 68	49.266 0	162.216
4.58	16.474 83	44.482 0	146.463	4.83	18.322 48	49.470 7	162.883
4.59	16.546 85	44.676 5	147.103	4.84	18.398 42	49.675 7	163.558
4.60	16.619 03	44.871 4	147.743	4.85	18.474 53	49.881 2	164.234
4.61	16.691 36	45.066 7	148.383	4.86	18.550 79	50.087 1	164.918
4.62	16.763 85	45.262 4	149.032	4.87	18.627 21	50.293 5	165.594
4.63	16.836 50	45.458 6	149.672	4.88	18.703 79	50.500 2	166.279
4.64	16.909 31	45.655 1	150.321	4.89	18.780 52	50.707 4	166.963
4.65	16.982 27	45.852 1	150.970	4.90	18.857 41	50.915 0	167.639
4.66	17.055 39	46.049 6	151.619	4.91	18.934 46	51.123 0	168.323
4.67	17.128 67	46.247 4	152.277	4.92	19.011 66	51.331 5	169.017
4.68	17.202 10	46.445 7	152.926	4.93	19.089 02	51.540 4	169.701
4.69	17.275 70	46.644 4	153.584	4.94	19.166 54	51.749 7	170.386
4.70	17.349 45	46.843 5	154.233	4.95	19.244 22	51.959 4	171.079
4.71	17.423 35	47.043 1	154.890	4.96	19.322 05	52.169 5	171.773
4.72	17.497 41	47.243 0	155.548	4.97	19.400 04	52.380 1	172.466
4.73	17.571 63	47.443 4	156.215	4.98	19.478 19	52.591 1	173.150
4.74	17.646 01	47.644 2	156.873	4.99	19.556 40	52.802 5	173.850
4.75	17.720 55	47.245 5	157.531	5.00	19.645	53.014 4	174.555

注：直径小于 0.50 毫米或大于 5.00 毫米的圆单线，按附表 2-14 进行换算。

附表 2-14　直径小于 0.50 毫米及大于 5.00 毫米截面及质量换算表

直径(毫米)	标称截面(毫米^2)	质量(千克/千米)
÷100	÷10 000	÷10 000
÷10	÷100	÷100
×10	×100	×100

附表 2-15　英美线规对照表

线规号	相当于线规号的线径(毫米)		线规号	相当于线规号的线径(毫米)	
	A. W. G (B. S.)	S. W. G		A. W. G (B. S.)	S. W. G
0000	11.68	10.16	24	0.510 6	0.558 8
000	10.40	9.449	25	0.454 7	0.508 0
00	9.266	8.839	26	0.404 9	0.457 2
0	8.252	8.230	27	0.360 6	0.416 6
1	7.348	7.620	28	0.321 1	0.375 9
2	6.544	7.010	29	0.285 9	0.345 4
3	5.827	6.401	30	0.254 8	0.335 3
4	5.189	5.893	31	0.226 8	0.294 6
5	4.621	5.835	32	0.201 9	0.274 3
6	4.115	4.877	33	0.179 8	0.254 0
7	3.665	4.470	34	0.160 1	0.223 7
8	3.264	4.064	35	0.142 6	0.214 3
9	2.906	3.658	36	0.127 0	0.193 0
10	2.588	3.251	37	0.113 1	0.172 7
11	2.305	2.946	38	0.100 7	0.152 4
12	2.053	2.642	39	0.089 69	0.132 1
13	1.828	2.337	40	0.079 85	0.121 9
14	1.628	2.032	41	0.071 12	0.111 18
15	1.450	1.829	42	0.063 35	0.101 6
16	1.291	1.626	43	0.056 41	0.091 44
17	1.150	1.422	44	0.050 24	0.081 28
18	1.024	1.219	45	0.044 73	0.071 12
19	0.911 6	1.016	46	0.039 84	0.060 96
20	0.811 8	0.914 4	47	0.035 47	0.050 80
21	0.722 9	0.812 3	48	0.031 59	0.040 64
22	0.643 9	0.711 2	49	0.028 13	0.030 48
23	0.573 3	0.609 6	50	0.025 05	0.025 40

注：S. W. G 是英国标准线规，A. W. G 是美国线规(明布朗，夏普线规)。

附表 2-16　中国线规与近似英规对照表

中国线规		近似英规(S. W. G)		中国线规		近似英规(S. W. G)	
直径(毫米)	标称截面(毫米²)	线号	直径(毫米)	直径(毫米)	标称截面(毫米²)	线号	直径(毫米)
0.05	0.001 96	47	0.050 8	0.31	0.075 5	30	0.315
0.06	0.002 83	46	0.061 0	0.33	0.085 5		
0.07	0.003 85	45	0.071 1	0.35	0.096 2	29	0.345
0.08	0.005 03	44	0.081 3	0.38	0.113 4	28	0.376
0.09	0.006 36	43	0.091 4	0.41	0.132 0	27	0.417
0.10	0.007 85	42	0.102	0.44	0.152 1	26	0.457
0.11	0.009 50	41	0.112	0.47	0.173 5		
0.12	0.011 31	40	0.122	0.49	0.188 6		
0.13	0.013 27	39	0.132	0.51	0.204	25	0.508
0.14	0.015 39			0.53	0.221		
0.15	0.017 67	38	0.152	0.55	0.238	24	0.559
0.16	0.020 1			0.57	0.255		
0.17	0.022 7	37	0.173	0.59	0.273	23	0.610
0.18	0.025 5			0.62	0.302		
0.19	0.028 4	36	0.193	0.64	0.322		
0.20	0.031 4			0.67	0.353		
0.21	0.034 6	35	0.213	0.69	0.374	22	0.712
0.23	0.041 5	34	0.234	0.72	0.407		
0.25	0.049 1	33	0.254	0.74	0.430		
0.27	0.057 3	32	0.274	0.77	0.466		
0.29	0.066 1	31	0.295	0.80	0.503	21	0.813

（续表）

中国线规		近似英规（S. W. G）		中国线规		近似英规（S. W. G）	
直径（毫米）	标称截面（毫米^2）	线号	直径（毫米）	直径（毫米）	标称截面（毫米^2）	线号	直径（毫米）
0.83	0.541	21	0.813	1.81	2.57	15	1.829
0.86	0.581			1.88	2.78		
0.90	0.636	20	0.914	1.95	2.99		
0.93	0.679			2.02	3.21	14	2.032
0.96	0.724			2.10	3.46		
1.00	0.785	19	1.016	2.26	4.01	13	2.337
1.04	0.850			2.44	4.68		
1.08	0.916			2.63	5.43	12	2.642
1.12	0.985			2.83	6.29	11	2.946
1.16	1.057			3.05	7.31		
1.20	1.131	18	1.219	3.28	8.45	10	3.251
1.25	1.227			3.53	9.79	9	3.658
1.30	1.327			3.8	11.34		
1.35	1.431			4.1	13.2	8	4.064
1.40	1.539	17	1.422	4.5	15.9	7	4.470
1.45	1.651			4.8	18.1	6	4.877
1.50	1.767			5.2	21.24		
1.56	1.911			5.5	23.76	4	5.893
1.62	2.06	16	1.626	6.0	28.3		
1.68	2.22			6.5	33.2	3	6.401
1.74	2.38			7.0	38.5	2	7.010

附表 2-17 漆包扁铜线规格尺寸

扁铜线尺寸 *a*×*b*（毫米）	漆层最小厚度（毫米）	漆包扁线最大尺寸 *A*×*B*（毫米）	参考质量（千克/千米）
0.90×2.50	0.06	1.04×2.66	18.90
0.90×2.65		1.04×2.81	20.12
0.90×2.80		1.04×2.96	21.34
0.90×3.00		1.04×3.17	22.99
0.90×3.15	0.06	1.04×3.32	24.21
0.90×3.35		1.04×3.52	25.84
0.90×3.55		1.04×3.72	27.47
0.90×3.75		1.04×3.92	29.10
0.90×4.00	0.06	1.04×4.17	31.14
0.90×4.25		1.04×4.42	33.17
0.90×4.50		1.04×4.67	35.21
0.90×4.75		1.04×4.93	37.26
0.90×5.00	0.07	1.05×5.19	39.38
0.90×5.30	0.07	1.05×5.49	41.83
0.90×5.60	0.07	1.05×5.79	44.28
0.95×2.50	0.06	1.09×2.66	19.84
0.95×2.80	0.06	1.09×2.96	22.42
0.95×3.15		1.09×3.32	25.44
0.95×3.35		1.09×3.72	28.87
0.95×4.00		1.09×4.17	32.74
0.95×4.50	0.06	1.09×4.67	37.04
0.95×5.00	0.07	1.10×5.19	41.43
0.95×5.60	0.07	1.10×5.79	46.60
1.00×2.50	0.06	1.14×2.66	20.77
1.00×2.65	0.06	1.14×2.18	22.12
1.00×2.80		1.14×2.96	23.48
1.00×3.00		1.14×3.17	25.30
1.00×3.15		1.14×3.32	26.65
1.00×3.35	0.06	1.14×3.52	28.46
1.00×3.55		1.14×3.72	30.27
1.00×3.75		1.14×3.92	32.08
1.00×4.00		1.14×4.17	34.34
1.00×4.25	0.06	1.14×4.42	36.60
1.00×4.50	0.06	1.14×4.67	38.86
1.00×4.75	0.06	1.14×4.93	41.13
1.00×5.00	0.07	1.15×5.19	43.47

（续表）

扁铜线尺寸 $a\times b$（毫米）	漆层最小厚度 （毫米）	漆包扁线最大尺寸 $A\times B$（毫米）	参考质量 （千克/千米）
1.00×5.30 1.00×5.60 1.00×6.00 1.00×6.30	0.07	1.15×5.49 1.15×5.79 1.15×6.19 1.15×6.50	46.19 48.91 52.53 55.27
1.06×2.50 1.06×2.80 1.06×3.15 1.06×3.55	0.06	1.20×2.66 1.20×2.96 1.20×3.32 1.20×3.72	22.11 24.98 28.34 32.17
1.06×4.00 1.06×4.50 1.06×5.00 1.06×5.60	0.06 0.06 0.07 0.07	1.20×4.17 1.20×4.67 1.21×5.19 1.21×5.79	36.48 41.27 41.15 51.90
1.06×6.30 1.12×2.50 1.12×2.65 1.12×2.80	0.07 0.06 0.06 0.06	1.21×6.50 1.26×2.66 1.26×2.81 1.26×2.96	58.64 23.45 24.97 26.48
1.12×3.00 1.12×3.15 1.12×3.35 1.12×3.55	0.06	1.26×3.17 1.26×3.32 1.26×3.52 1.26×3.72	28.52 30.03 32.05 34.07
1.12×3.75 1.12×4.00 1.12×4.25 1.12×4.50	0.06	1.26×3.92 1.26×4.17 1.26×4.42 1.26×4.67	36.10 38.62 41.15 43.67
1.12×4.75 1.12×5.00 1.12×5.30 1.12×5.60	0.06 0.07 0.07 0.07	1.26×4.93 1.27×5.19 1.27×5.49 1.27×5.79	46.22 48.83 51.86 54.90
1.12×6.00 1.12×6.30 1.12×6.70 1.12×7.10	0.07	1.27×6.19 1.27×6.50 1.27×6.90 1.27×7.30	58.95 62.01 66.05 70.11
1.18×2.50 1.18×2.80 1.18×3.15 1.18×3.55	0.06	1.32×2.66 1.32×2.96 1.32×3.32 1.32×3.72	24.80 27.99 31.72 35.98

（续表）

扁铜线尺寸 $a\times b$（毫米）	漆层最小厚度 （毫米）	漆包扁线最大尺寸 $A\times B$（毫米）	参考质量 （千克/千米）
1.18×4.00	0.06	1.32×4.17	40.76
1.18×4.50	0.06	1.32×4.67	46.08
1.18×5.00	0.07	1.33×5.19	51.50
1.18×5.60	0.07	1.33×5.79	57.90
1.18×6.30	0.07	1.33×6.50	65.38
1.18×7.10	0.07	1.39×7.30	73.91
1.25×2.50	0.06	1.40×2.66	26.37
1.25×2.65	0.06	1.40×2.81	28.06
1.25×2.80	0.06	1.40×2.96	29.75
1.25×3.00		1.40×3.17	32.02
1.25×3.15		1.40×3.32	33.71
1.25×3.35		1.40×3.52	35.96
1.25×3.55	0.06	1.40×3.72	38.21
1.25×3.75		1.40×3.92	40.46
1.25×4.00		1.40×4.17	43.28
1.25×4.25		1.40×4.42	46.10
1.25×4.50	0.06	1.40×4.67	48.91
1.25×4.75	0.06	1.40×4.93	51.75
1.25×5.00	0.07	1.41×5.19	54.15
1.25×5.30	0.07	1.41×5.49	58.03
1.25×5.60	0.07	1.41×5.79	61.42
1.25×6.00		1.41×6.19	65.93
1.25×6.30		1.41×6.50	69.34
1.25×6.70		1.41×6.90	73.85
1.25×7.10	0.07	1.41×7.30	78.36
1.25×7.50	0.07	1.41×7.70	82.88
1.25×8.00	0.07	1.41×8.20	88.52
1.32×2.50	0.06	1.47×2.66	27.94
1.32×2.80	0.06	1.47×2.96	31.50
1.32×3.15		1.47×3.32	35.68
1.32×3.55		1.47×3.72	40.43
1.32×4.00		1.47×4.17	45.78
1.32×4.50	0.06	1.47×4.67	51.72
1.32×5.00	0.07	1.48×5.19	57.77
1.32×5.60	0.07	1.48×5.79	64.91
1.32×6.30	0.07	1.48×6.50	73.27

（续表）

扁铜线尺寸 $a\times b$（毫米）	漆层最小厚度 （毫米）	漆包扁线最大尺寸 $A\times B$（毫米）	参考质量 （千克/千米）
1.32×7.00	0.07	1.48×7.30	82.79
1.32×8.00	0.07	1.48×8.20	93.51
1.40×2.50	0.06	1.55×2.66	29.73
1.40×2.65	0.06	1.55×2.81	31.62
1.40×2.80	0.06	1.55×2.96	33.51
1.40×3.00		1.55×3.17	36.04
1.40×3.15		1.55×3.32	37.93
1.40×3.35		1.55×3.52	40.45
1.40×3.55	0.06	1.55×3.72	42.97
1.40×3.75		1.55×3.92	45.49
1.40×4.00		1.55×4.17	48.64
1.40×4.25		1.55×4.42	51.79
1.40×4.50	0.06	1.55×4.67	54.94
1.40×4.75	0.06	1.55×4.93	58.11
1.40×5.00	0.07	1.56×5.19	61.34
1.40×5.30	0.07	1.56×5.49	65.13
1.40×5.60	0.07	1.56×5.79	68.91
1.40×6.00		1.56×6.19	73.96
1.40×6.30		1.56×6.50	77.76
1.40×6.70		1.56×6.90	82.81
1.40×7.10	0.07	1.56×7.30	87.86
1.40×7.50		1.56×7.70	92.91
1.40×8.00		1.56×8.20	99.21
1.40×8.50		1.56×8.70	105.52
1.40×9.00	0.07	1.56×9.20	111.83
1.50×2.50	0.06	1.65×2.66	31.87
1.50×2.80	0.06	1.65×2.96	36.01
1.50×3.15	0.06	1.65×3.32	40.74
1.50×3.55	0.06	1.65×3.72	46.14
1.50×4.00	0.06	1.65×4.17	52.21
1.50×4.50	0.06	1.65×4.67	58.35
1.50×5.00	0.07	1.65×5.19	65.80

（续表）

扁铜线尺寸 $a\times b$（毫米）	漆层最小厚度 （毫米）	漆包扁线最大尺寸 $A\times B$（毫米）	参考质量 （千克/千米）
1.50×5.60 1.50×6.30 1.50×7.10 1.50×8.00	0.07	1.66×5.79 1.66×6.50 1.66×7.30 1.66×8.20	73.91 83.38 94.19 106.34
1.50×9.00 1.60×2.50 1.60×2.65 1.60×2.80	0.07 0.06 0.06 0.06	1.66×9.20 1.75×2.66 1.75×2.81 1.75×2.96	119.85 34.20 36.36 38.52
1.60×3.00 1.60×3.15 1.60×3.35 1.60×3.55	0.06	1.75×3.17 1.75×3.32 1.75×3.52 1.75×3.72	41.40 43.56 46.44 49.31
1.60×3.75 1.60×4.00 1.60×4.25 1.60×4.50	0.06	1.75×3.92 1.75×4.17 1.75×4.42 1.75×4.67	52.19 55.78 59.37 62.97
1.60×4.75 1.60×5.00 1.60×5.30 1.60×5.60	0.06 0.07 0.07 0.07	1.75×4.93 1.76×5.19 1.76×5.49 1.76×5.79	66.58 70.26 74.58 78.90
1.60×6.00 1.60×6.30 1.60×6.70 1.60×7.10	0.07	1.76×6.19 1.76×6.50 1.76×6.90 1.76×7.30	84.66 89.00 94.76 100.52
1.60×7.50 1.60×8.00 1.60×8.50 1.60×9.00	0.07	1.76×7.70 1.76×8.20 1.76×8.70 1.76×9.20	106.27 113.47 120.67 127.87
1.60×8.50 1.60×10.00 1.70×2.50 1.70×2.80	0.07 0.07 0.06 0.06	1.76×9.70 1.76×10.23 1.85×2.66 1.85×2.96	135.07 142.26 35.11 39.68

（续表）

扁铜线尺寸 $a \times b$（毫米）	漆层最小厚度 （毫米）	漆包扁线最大尺寸 $A \times B$（毫米）	参考质量 （千克/千米）
1.70×3.15 1.70×3.55 1.70×4.00 1.70×4.50	0.06	1.85×3.32 1.85×3.72 1.85×4.17 1.85×4.67	45.04 51.15 58.02 65.65
1.70×5.00 1.70×5.60 1.70×6.30 1.70×7.10	0.07	1.86×5.19 1.86×5.79 1.86×6.50 1.86×7.30	73.39 82.56 93.28 105.51
1.70×8.00 1.70×9.00 1.70×10.00 1.80×2.50	0.07 0.07 0.07 0.06	1.86×8.20 1.86×9.20 1.86×10.23 1.95×2.66	119.26 134.55 149.95 37.34
1.80×2.65 1.80×2.80 1.80×3.00 1.80×3.15	0.06	1.95×2.81 1.95×2.96 1.95×3.17 1.95×3.32	39.77 42.19 45.39 47.86
1.80×3.35 1.80×3.55 1.80×3.75 1.80×4.00	0.06	1.95×3.52 1.95×3.72 1.95×3.92 1.95×4.17	51.09 54.32 57.55 61.59
1.80×4.25 1.80×4.50 1.80×4.70 1.80×5.00	0.06 0.06 0.06 0.07	1.95×4.42 1.95×4.67 1.95×4.93 1.96×5.19	65.62 69.66 73.72 77.85
1.80×5.30 1.80×5.60 1.80×6.00 1.80×6.30	0.07	1.96×5.49 1.96×5.79 1.96×6.19 1.96×6.50	82.70 87.55 94.02 98.90
1.80×6.70 1.80×7.10 1.80×7.50 1.80×8.00	0.07	1.96×6.90 1.96×7.30 1.96×7.70 1.96×8.20	105.37 111.84 118.31 126.39

（续表）

扁铜线尺寸 $a \times b$（毫米）	漆层最小厚度 （毫米）	漆包扁线最大尺寸 $A \times B$（毫米）	参考质量 （千克/千米）
1.80×8.50 1.80×9.00 1.80×9.50 1.80×10.00	0.07	1.96×8.70 1.96×9.20 1.96×9.70 1.96×10.23	134.48 142.57 150.65 158.86
1.90×2.80 1.90×3.15 1.90×3.55 1.90×4.00	0.06	2.05×2.96 2.05×3.32 2.05×3.72 2.05×4.17	44.69 50.67 57.49 65.16
1.90×4.50 1.90×5.00 1.90×5.60 1.90×6.30	0.06 0.07 0.07 0.07	2.05×4.67 2.06×5.19 2.06×5.79 2.06×6.50	73.68 82.31 92.55 104.52
1.90×7.10 1.90×8.00 1.90×9.00 1.90×10.00	0.07	2.06×7.30 2.06×8.20 2.06×9.20 2.06×10.23	118.17 133.52 150.59 167.77
2.00×2.80 2.00×3.00 2.00×3.15 2.00×3.35	0.06	2.16×2.96 2.16×3.17 2.16×3.32 2.16×3.52	47.21 50.81 53.50 57.09
2.00×3.55 2.00×3.75 2.00×4.00 2.00×4.25	0.06	2.16×3.72 2.16×3.92 2.16×4.17 2.16×4.42	60.68 64.26 68.75 73.37
2.00×4.50 2.00×4.75 2.00×5.00 2.00×5.30	0.06 0.06 0.07 0.07	2.16×4.67 2.16×4.93 2.17×5.19 2.17×5.49	77.72 82.22 86.77 92.16
2.00×5.60 2.00×6.00 2.00×6.30 2.00×6.70	0.07	2.17×5.79 2.17×6.19 2.17×6.50 2.17×6.90	97.54 104.72 110.13 117.31

（续表）

扁铜线尺寸 $a \times b$（毫米）	漆层最小厚度 （毫米）	漆包扁线最大尺寸 $A \times B$（毫米）	参考质量 （千克/千米）
2.00×7.10 2.00×7.50 2.00×8.00 2.00×8.50	0.07	2.17×7.03 2.17×7.70 2.17×8.20 2.17×8.70	124.29 131.68 140.65 149.63
2.00×9.00 2.00×9.50 2.00×10.00 2.12×3.15	0.07 0.07 0.07 0.06	2.17×9.20 2.17×9.70 2.17×10.23 2.28×3.32	158.60 167.58 176.68 56.88
2.12×3.55 2.12×4.00 2.12×4.50 2.12×5.00	0.06 0.06 0.06 0.07	2.28×3.72 2.28×4.17 2.28×4.67 2.29×5.19	64.48 73.03 82.54 92.13
2.12×5.60 2.12×6.30 2.12×7.10 2.12×8.00	0.07	2.29×5.79 2.29×6.50 2.29×7.30 2.29×8.20	103.54 116.87 132.09 149.21
2.12×9.00 2.12×10.00 2.24×3.15 2.24×3.35	0.07 0.07 0.06 0.06	2.29×9.20 2.29×10.23 2.40×3.32 2.40×3.52	168.23 187.37 60.26 64.28
2.24×3.55 2.24×3.75 2.24×4.00 2.24×4.25	0.06	2.40×3.72 2.40×3.92 2.40×4.17 2.40×4.42	68.29 72.30 77.32 82.34
2.24×4.50 2.24×4.75 2.24×5.00 2.24×5.30	0.06 0.06 0.07 0.07	2.40×4.67 2.40×4.93 2.41×5.19 2.41×5.49	87.85 92.39 97.48 103.51
2.24×5.60 2.24×6.00 2.24×6.30 2.24×6.70	0.07	2.41×5.79 2.41×6.19 2.41×6.50 2.41×6.90	109.53 117.57 123.62 131.65

（续表）

扁铜线尺寸 $a \times b$（毫米）	漆层最小厚度 （毫米）	漆包扁线最大尺寸 $A \times B$（毫米）	参考质量 （千克/千米）
2.24×7.10	0.07	2.41×7.30	139.68
2.24×7.50		2.41×7.70	147.72
2.24×8.00		2.41×8.20	157.76
2.24×8.50		2.41×8.70	167.80
2.24×9.00	0.07	2.41×9.20	177.85
2.24×9.50	0.07	2.41×9.70	187.89
2.24×10.00	0.07	2.41×10.23	198.06
2.36×3.55	0.06	2.52×3.72	70.42
2.36×4.00	0.06	2.52×4.17	79.93
2.36×4.50	0.06	2.52×4.67	90.49
2.36×5.00	0.07	2.53×5.19	101.16
2.36×5.60	0.07	2.53×5.79	113.85
2.36×6.30	0.07	2.53×6.50	128.68
2.36×7.10		2.53×7.30	145.60
2.36×8.00		2.53×8.20	164.64
2.36×9.00		2.53×9.20	185.79
2.36×10.00	0.07	2.53×10.23	207.07
2.50×3.55	0.06	2.66×3.72	74.86
2.50×3.75	0.06	2.66×3.92	79.33
2.50×4.00	0.06	2.66×4.17	84.93
2.50×4.25	0.06	2.66×4.42	90.52
2.50×4.50	0.06	2.66×4.97	96.12
2.50×4.75	0.06	2.66×4.93	101.74
2.50×5.00	0.07	2.67×5.19	107.40
2.50×5.30	0.07	2.67×5.49	114.12
2.50×5.60		2.67×5.79	120.84
2.50×6.00		2.67×6.19	129.80
2.50×6.30		2.67×6.50	136.54
2.50×6.70	0.07	2.67×6.90	145.50
2.50×7.10		2.67×7.30	154.46
2.50×7.50		2.67×7.70	163.42
2.50×8.00		2.67×8.20	174.62

（续表）

扁铜线尺寸 a×b（毫米）	漆层最小厚度 （毫米）	漆包扁线最大尺寸 A×B（毫米）	参考质量 （千克/千米）
2.50×8.50	0.07	2.67×8.70	185.81
2.50×9.00		2.67×9.20	197.01
2.50×9.50		2.67×9.70	208.21
2.50×10.00		2.67×10.23	219.54
2.65×4.00	0.06	2.81×4.17	90.28
2.65×4.50	0.06	2.81×4.67	102.14
2.65×5.00	0.07	2.82×5.19	114.10
2.65×5.60	0.07	2.82×5.79	128.33
2.65×6.30	0.07	2.82×6.50	144.97
2.65×7.10		2.82×7.30	163.95
2.65×8.00		2.82×8.20	185.31
2.65×9.00		2.82×9.20	209.04
2.65×10.00		2.82×10.23	232.90
2.80×4.00	0.06	2.96×4.17	95.64
2.80×4.25		2.96×4.42	101.90
2.80×4.50		2.96×4.67	108.17
2.80×4.75		2.96×4.93	114.45
2.80×5.00	0.07	2.97×5.19	120.79
2.80×5.30		2.97×5.49	128.31
2.80×5.60		2.97×5.79	135.83
2.80×6.00		2.97×6.19	145.85
2.80×6.30	0.07	2.97×6.50	153.40
2.80×6.70		2.97×6.90	163.42
2.80×7.10		2.97×7.30	173.45
2.80×7.50		2.97×7.70	183.47
2.80×8.00	0.07	2.97×8.20	196.00
2.80×8.50		2.97×8.70	208.54
2.80×9.00		2.97×9.20	221.07
2.80×9.50		2.97×9.70	233.60
2.80×10.00	0.07	2.97×10.23	246.26
3.00×4.50	0.06	3.17×4.67	116.22
3.00×5.00	0.07	3.18×5.19	129.76
3.00×5.60	0.07	3.18×5.79	145.87
3.00×6.30	0.07	3.18×6.50	164.69
3.00×7.10		3.18×7.30	186.17
3.00×8.00		3.18×8.20	210.34
3.00×9.00		3.18×9.20	237.18
3.00×10.00		3.18×10.23	264.16

附表 2-18 玻璃丝包扁线品种、规格和特点

类别	产品名称	型号	规格(毫米)	特点		
				耐温等级(℃)	优点	局限性
玻璃丝包线及玻璃丝包漆包线	双玻璃丝包扁铜线	SBECB	a边 0.9～5.6 b边 2.0～18.0	B(130)	1. 过负载性优 2. 耐电晕性优 3. 玻璃丝包漆包线的耐潮性好	1. 弯曲性较差 2. 耐潮性较差
	双玻璃丝包扁铝线	SBELCB	a边 0.9～5.6 b边 2.0～18.0			
	单玻璃丝包聚酯漆包扁铜线	QZSBCB	a边 0.9～5.6 b边 2.0～18.0			
玻璃丝包线及玻璃丝包漆包线	单玻璃丝包聚酯漆包扁铝线	QZSBLCB	a边 0.9～5.6 b边 2.0～18.0	B(130)		
	双玻璃丝包聚酯漆包扁铜线	QZSBECB	a边 0.9～5.6 b边 2.0～18.0			
	双玻璃丝包聚酯漆包扁铝线	QZSBELCB	a边 0.9～5.6 b边 2.0～18.0			
	三玻璃丝包扁铜线	SBSB	a边 0.9～5.5 b边 2.1～14.5	B(130)		
	双玻璃丝包聚酯亚胺漆包扁铜线	QZYSBEFB	a边 0.9～5.6 b边 2.0～18.0	F(155)	1. 过负载性优 2. 耐电晕性优 3. 耐潮性优	弯曲性较差
	单玻璃丝包聚酯亚胺漆包扁铜线	QZYSBFB	a边 0.9～5.6 b边 2.0～18.0			

（续表）

类　别	产　品　名　称	型　号	规格（毫米）	特　点		
				耐温等级（℃）	优　点	局限性
玻璃丝包线及玻璃丝包漆包线	单玻璃丝复合漆包扁铜线	QZY/QXYSBNB	a 边 0.9～3.0 b 边 2.5～10.0	H(180)	1. 过负载性优 2. 耐电晕性优 3. 耐潮性优	弯曲性较差
	双玻璃丝复合漆包扁铜线	QZY/QXYSBENB	a 边 0.9～3.0 b 边 2.5～10.0			
	硅有机漆双玻璃丝包扁铜线	SBEGB	a 边 0.9～5.6 b 边 2.0～18.0	H(180)	1. 过负载性优 2. 耐电晕性优 3. 用硅有机漆浸渍改进了耐水耐潮性能	1. 弯曲性较差 2. 硅有机浸渍漆粘合能力较差，绝缘层的机械强度较差
玻璃丝包漆包线	双玻璃丝包聚酰亚胺漆包扁铜线	QYSBEGB	a 边 0.9～5.6 b 边 2.0～18.0	H(180)	1. 过负载性优 2. 耐电晕性优 3. 耐潮性优	弯曲性较差
	单玻璃丝包聚酰亚胺漆包扁铜线	QYSBGB	a 边 0.9～5.6 b 边 2.0～18.0			

附表 2-19 单、双玻璃丝包扁线绝缘厚度

导线标称尺寸(毫米)		绝缘厚度(毫米)					
		双玻璃丝包扁线		单玻璃丝包漆包扁线		双玻璃丝包漆包扁线	
a(窄边)	*b*(宽边)	*A*—*a*	*B*—*b*	*A*—*a*	*B*—*b*	*A*—*a*	*B*—*b*
0.90～1.90	2.00～3.75	0.28～0.35	0.25	0.24～0.37	0.29	0.34～0.47	0.37
	4.00～6.00	0.30～0.37	0.25	0.25～0.39	0.29	0.36～0.50	0.37
	6.30～8.00	0.31～0.39	0.25	0.26～0.40	0.29	0.38～0.52	0.37
	8.50～14.00	0.34～0.43	0.25	0.27～0.42	0.29	0.40～0.55	0.37
2.00～3.75	2.80～6.00	0.30～0.38	0.31	0.25～0.39	0.33	0.36～0.51	0.43
	6.30～10.00	0.33～0.41	0.31	0.27～0.41	0.33	0.44～0.54	0.43
	10.60～14.00	0.35～0.44	0.31				
	15.00～18.00	0.37～0.46	0.31				
4.00～5.60	5.60～10.00	0.36～0.45	0.40	0.30～0.45	0.42	0.43～0.58	0.52
	10.60～14.00	0.38～0.48	0.40				
	15.00～18.00	0.42～0.52	0.40				

注：*A*—绝缘线窄边尺寸；*B*—绝缘线宽边尺寸。

附表 2-20 铜、铝裸扁线截面尺寸

a(毫米)	b (毫米)									
	2.00	2.12	2.24	2.36	2.50	2.65	2.80	3.00	3.15	3.35
	标称截面 (毫米²)									
0.80	1.463	1.559	1.655	1.751	1.863	1.983	2.103	2.263	2.383	2.543
0.85	1.545	—	1.749	—	1.970	—	2.225	—	2.522	—
0.90	1.626	1.734	1.842	1.950	2.076	2.211	2.346	2.526	2.661	2.841
0.95	1.706	—	1.934	—	2.181	—	2.466	—	2.799	—
1.00	1.785	1.905	2.025	2.145	2.285	2.435	2.585	2.785	2.935	3.135
1.06	1.905	—	2.160	—	2.435	—	2.753	—	3.124	—
1.12	2.025	2.160	2.294	2.429	2.585	2.753	2.921	3.145	3.313	3.537
1.18	2.145	—	2.429	—	2.736	—	3.089	—	3.502	—
1.25	2.285	2.435	2.585	2.735	2.910	3.098	3.285	3.535	3.723	3.973
1.32	2.425	—	2.742	—	3.085	—	3.481	—	3.943	—
1.40	2.585	2.753	2.921	3.089	3.285	3.495	3.705	3.985	4.195	4.475
1.50	—	—	3.145	—	3.535	—	3.985	—	4.510	—
1.60	—	—	3.369	3.561	3.785	4.025	4.265	4.585	4.825	5.145
1.70					3.887	—	4.397	—	4.992	—
1.80					4.137	4.407	4.677	5.038	5.307	5.667
1.90					—	—	4.957	—	5.622	—
2.00							5.237	5.638	5.937	6.337
2.12							—	—	6.315	—
2.24							—	—	6.693	7.141

（续表）

a(毫米)	b (毫米)									
	3.55	3.75	4.00	4.25	4.50	4.75	5.00	5.30	5.60	6.00
	标 称 截 面 (毫米²)									
0.80	2.703	2.863	3.063	3.263	3.463	3.663	3.863	4.103	4.343	4.663
0.85	2.862	—	3.245	—	3.670	—	4.095	—	4.605	—
0.90	3.021	3.201	3.426	3.651	3.876	4.101	4.326	4.596	4.866	5.226
0.95	3.179	—	3.606	—	4.081	—	4.556	—	5.126	—
1.00	3.335	3.535	3.785	4.035	4.285	4.535	4.785	5.085	5.385	5.785
1.06	3.548	—	4.025	—	4.555	—	5.085	—	5.721	—
1.12	3.761	3.985	4.265	4.545	4.825	5.105	5.385	5.721	2.057	6.505
1.18	3.974	—	4.505	—	5.095	—	5.685		6.393	—
1.25	4.223	4.473	4.785	5.098	5.410	5.723	6.035	6.410	6.785	7.285
1.32	4.471	—	5.065	—	5.725	—	6.385	—	7.177	—
1.40	4.755	5.035	5.385	5.735	6.085	6.435	6.785	7.205	7.625	8.185
1.50	5.110	—	5.785	—	6.535	—	7.285	—	8.185	—
1.60	5.465	5.785	6.185	6.585	6.985	7.385	7.785	8.265	8.745	9.385
1.70	5.672	—	6.437	—	7.287	—	8.137	—	9.157	—
1.80	6.027	6.387	6.837	7.287	7.737	8.188	8.637	9.177	9.717	10.44
1.90	6.382	—	7.237	—	8.187	—	9.137		10.28	—
2.00	6.737	7.137	7.637	8.137	8.637	9.137	9.637	10.24	10.84	11.64
2.12	7.163	—	8.117		9.177	—	10.24	—	11.51	—
2.24	7.589	8.037	8.597	9.157	9.717	10.28	10.84	11.51	12.18	13.08
2.36	7.829	—	8.891	—	10.07	—	11.25	—	12.67	—
2.50	8.326	8.826	9.451	10.08	10.70	11.33	11.95	12.70	13.45	14.45
2.65	—	—	10.05	—	11.38	—	12.70	—	14.29	—
2.80	—	—	10.65	11.35	12.05	12.75	13.45	14.29	15.13	16.25
3.00					12.95	—	14.45	—	16.25	—
3.15					13.63	14.41	15.20	16.15	17.09	18.35
3.35					—	—	16.20	—	18.21	—
3.55					—	—	17.20	18.27	19.33	20.75
3.75									20.14	—
4.00									21.54	23.14

（续表）

a(毫米)	b　（毫米）									
	6.30	6.70	7.10	7.50	8.00	8.50	9.00	9.50	10.00	10.60
	标称截面（毫米²）									
0.80	4.903	—	—	—	—					
0.85	5.200	—	—	—	—					
0.90	5.496	5.856	6.216	—	—					
0.95	5.791	—	6.551	—	—					
1.00	6.085	6.485	6.885	7.285	7.785					
1.06	6.463	—	7.311	—	8.265	—	—	—	—	
1.12	6.841	7.289	7.737	8.185	8.745	9.305	9.865	—	—	
1.18	7.219	—	8.163	—	9.225	—	10.41	—	—	
1.25	7.660	8.160	8.660	9.160	9.785	10.41	11.04	11.66	12.29	
1.32	8.101	—	9.157	—	10.35	—	11.67	—	12.99	—
1.40	8.605	9.165	9.725	10.29	10.99	11.69	12.39	13.09	13.79	14.63
1.50	9.235	—	10.44	—	11.79	—	13.29	—	14.79	—
1.60	9.865	10.51	11.15	11.79	12.59	13.39	14.19	14.99	15.79	16.75
1.70	10.35	—	11.71	—	13.24	—	14.94	—	16.64	—
1.80	10.98	11.70	12.42	13.14	14.04	14.94	15.84	16.74	17.64	18.72
1.90	11.61	—	13.13	—	14.84	—	16.74	—	18.64	—
2.00	12.24	13.04	13.84	14.64	15.64	16.64	17.64	18.64	19.64	20.84
2.12	12.99	—	14.69	—	16.60	—	18.72	—	20.84	—
2.24	13.75	14.65	15.54	16.44	17.56	18.68	19.80	20.92	22.04	23.38
2.36	14.32	—	16.21	—	18.33	—	20.69	—	23.05	—
2.50	15.20	16.20	17.20	18.20	19.45	20.70	21.95	23.20	24.45	25.95
2.65	16.15	—	18.27	—	20.65	—	23.30	—	25.95	—
2.80	17.09	18.21	19.33	20.45	21.85	23.25	24.65	26.05	27.45	29.13
3.00	18.35	—	20.75	—	23.45	—	26.45	—	29.45	—
3.15	19.30	20.56	21.82	23.08	24.65	26.23	27.80	29.38	30.95	32.84
3.35	20.56	—	23.24	—	26.25	—	29.60	—	32.95	—
3.55	21.82	23.24	24.66	26.08	27.85	29.63	31.40	33.18	34.95	37.08
3.75	22.77	—	25.77	—	29.14	—	32.89	—	36.64	—
4.00	24.34	25.94	27.54	29.14	31.14	33.14	35.14	37.14	39.14	41.54
4.25	25.92	—	29.32	—	33.14	—	37.39	—	41.64	—
4.50	27.49	29.29	31.09	32.89	35.14	37.39	39.64	41.89	44.14	46.84
4.75			32.87	—	37.14	—	41.89	—	46.64	—
5.00			34.64	36.64	39.14	41.64	44.14	46.64	49.14	52.14
5.30			—	—	41.54	—	46.84	—	52.14	—
5.60			—	—	43.94	46.74	49.54	52.34	55.14	58.50

（续表）

a(毫米)	b （毫米）									
	11.20	11.80	12.50	13.20	14.00	15.00	16.00	17.00	18.00	19.00
	标 称 截 面 （毫米^2）									
1.40	15.47	—	—							
1.50	16.59	—	—							
1.60	17.71	18.67	19.79							
1.70	18.68	—	20.89	—	—					
1.80	19.80	20.88	22.14	23.40	24.84					
1.90	20.92	—	23.39	—	26.24					
2.00	22.04	23.24	24.64	26.04	27.64	29.64	31.64	—	—	
2.12	23.38	—	26.14	—	29.32	—	33.56	—	—	
2.24	24.73	26.07	27.64	29.21	31.00	33.24	35.48	37.72	39.96	
2.36	25.88	—	28.95	—	32.49	—	37.21	—	41.93	—
2.50	27.45	28.95	30.70	32.45	34.45	36.95	39.45	41.95	44.45	46.95
2.65	29.13	—	32.58	—	36.55	—	41.85	—	47.15	—
2.80	30.81	32.49	34.45	36.41	38.65	41.45	44.25	47.05	49.85	52.65
3.00	33.05	—	36.95	—	41.45	—	47.45	—	53.45	—
3.15	34.73	36.62	38.83	41.03	43.55	46.70	49.85	53.00	56.15	59.30
3.35	36.97	—	41.33	—	46.35	—	53.05	—	59.75	—
3.55	39.21	41.34	43.83	46.31	49.15	52.70	56.25	59.80	63.35	66.90
3.75	41.14	—	46.02	—	51.64	—	59.14	—	66.64	—
4.00	43.94	46.34	49.14	51.94	55.14	59.14	63.14	67.14	71.14	75.14
4.25	46.74	—	52.27	—	58.64	—	67.14	—	75.64	—
4.50	49.54	52.24	55.39	58.54	62.14	66.64	71.14	75.64	80.14	84.64
4.75	52.34	—	58.52	—	65.64	—	75.14	—	84.64	—
5.00	55.14	58.14	61.64	65.14	69.14	74.14	79.14	84.14	89.14	94.14
5.30	58.50	—	65.39	—	73.34	—	83.94	—	94.54	—
5.60	61.86	65.22	69.14	73.06	77.54	83.14	88.74	94.34	99.94	105.54
6.00			74.14	—	83.14	—	95.14	—	107.14	—
6.30			77.51	81.92	86.96	93.26	99.56	105.86	112.16	118.46
6.70			82.51	—	92.56	—	105.96	—	119.36	—
7.10			87.51	92.48	98.16	105.26	112.36	119.46	126.56	133.66

（续表）

a(毫米)	b （毫米）					
	20.0	21.2	22.4	23.6	25.0	26.5
	标 称 截 面 （毫米^2）					
2.50	49.45	52.45	55.45		—	
2.65	52.45	—	58.81		—	
2.80	55.45	58.81	62.17		—	
3.00	59.45	—	66.65		74.45	
3.15	62.45	66.23	70.01	73.79	78.20	82.93
3.35	66.45	—	74.49	—	83.20	—
3.55	70.45	74.01	78.97	83.23	88.20	93.53
3.75	74.14	—	83.14	—	92.89	—
4.00	79.14	83.94	88.74	93.54	99.14	105.14
4.25	84.14	—	94.34	—	105.39	—
4.50	89.14	94.54	99.94	105.34	111.64	118.39
4.75	94.14	—	105.54	—	117.89	—
5.00	99.14	105.14	111.14	117.14	124.14	131.64
5.30	105.14	—	117.86	—	131.64	—
5.60	111.14	117.86	124.58	131.30	139.14	147.54
6.00	119.14	—	133.54	—	149.14	—
6.30	124.76	132.32	139.88	147.44	156.26	
6.70	132.76	—	148.84	—	166.26	
7.10	140.76	149.29	157.80	166.32	176.26	

(续表)

a(毫米)	b (毫米)				
	28.0	30.0	31.5	33.5	35.5
	标称截面 (毫米^2)				
2.50					
2.65					
2.80					
3.00					
3.15	—	—	—		—
3.35	93.25	—	—		—
3.55	98.85	105.95	—		—
3.75	104.14	—	117.27		132.27
4.00	111.64	119.14	125.14	133.14	141.14
4.25	118.14	—	133.02	—	150.02
4.50	125.14	134.14	140.89	149.89	158.89
4.75	132.14	—	148.77	—	167.77
5.00	139.14	149.14	156.64		
5.30	147.54	—	166.09		
5.60	155.94	167.14	175.54		
6.00	167.14	—	—		
6.30					
6.70					
7.10					

注：1. a—裸线厚度；b—裸线宽度。
2. 标称截面已考虑圆角的影响。

附表 2-21 电刷的类别、型号、特征和主要应用范围

类别	型号	基本特征	主要应用范围
石墨电刷	S-3	硬度较低，润滑性较好	换向正常、负荷均匀、电压为80～120伏的直流电机
	S-4	以天然石墨为基体、树脂为黏结剂的高阻石墨电刷，硬度和摩擦系数较低	换向困难的电机，如交流整流子电动机，高速微型直流电机
	S-6	多孔、软质石墨电刷，硬度低	汽轮发电机的集电环，80～230伏的直流电机
电化石墨电刷	D104	硬度低，润滑性好，换向性能好	一般用于0.4～200千瓦直流电机，充电用直流发电机，轧钢用直流发电机，汽轮发电机、绕线转子异步电动机集电环，电焊直流发电机等
	D172	润滑性好，摩擦因数低，换向性能好	大型汽轮发电机的集电环，励磁机，水轮发电机的集电环，换向正常的直流电机
	D202	硬度和机械强度较高，润滑性好，耐冲击振动	电力机车用牵引电动机，电压为120～400伏的直流发电机
	D207	硬度和机械强度较高，润滑性好，换向性能好	大型轧钢直流电机，矿用直流电机
	D213	硬度和机械强度较D214高	汽车、拖拉机的发电机，具有机械振动的牵引电动机
	D214 D215	硬度和机械强度较高，润滑、换向性能好	汽轮发电机的励磁机，换向困难、电压在200伏以上的带有冲击性负荷的直流电机，如牵引电动机，轧钢电动机
	D252	硬度中等，换向性能好	换向困难、电压为120～440伏的直流电机，牵引电动机，汽轮发电机的励磁机

（续表）

类别	型号	基本特征	主要应用范围
电化石墨电刷	D308 D309	质地硬，电阻系数较高，换向性能好	换向困难的直流牵引电动机，角速度较高的小型直流电机，以及电机扩大机
	D373		电力机车用直流牵引电动机
	D374	多孔，电阻系数高，换向性能好	换向困难的高速直流电机，牵引电动机，汽轮发电机的励磁机，轧钢电动机
	D479		换向困难的直流电机
金属石墨电刷	J101 J102 J164	高含铜量，电阻系数小，允许电流密度大	低电压、大电流直流发电机，如：电解、电镀、充电用直流发电机，绕线转子异步电动机的集电环
	J104 J104A		低电压、大电流直流发电机，汽车、拖拉机用发电机
	J201	中含铜量，电阻系数较高含铜量电刷大，允许电流密度较大	电压在60伏以下的低电压、大电流直流发电机。如：汽车发电机，直流电焊机，绕线转子异步电动机的集电环
			电压在40伏以下的低电压、大电流直流电机，汽车辅助电动机，绕线转子异步电动机的集电环
	J204		
	J205		电压在60伏以下的直流发电机，汽车、拖拉机用直流起动电动机，绕线转子异步电动机的集电环
	J206		电压为25～80伏的小型直流电机
	J203 J220	低含铜量，与高、中含铜量电刷相比，电阻系数较大，允许电流密度较小	电压在80伏以下的大电流充电发电机，小型牵引电动机，绕线转子异步电动机的集电环

附表 2-22　电刷技术性能及工作条件

类别	型号		电阻系数（分接触法）（欧·毫米²/米）	压入法硬度（牛/毫米²）	一对电刷的接触电压降（伏）	摩擦系数不大于	50小时磨损（毫米）不大于	工作条件		
	新	旧						额定电流密度（安/厘米²）	允许圆周速度（米/秒）	电刷使用单位压力（牛/厘米²）
石墨电刷	S3	S-3	8～20	100～350	1.5～2.3	0.25	0.2	11	25	2.0～2.5
	S6M	SQF-6	15～25	40～70	1.2～2.2	0.25	0.15	12	70	1.5～2.0
	S26		100～150	150～250	2～3.5	0.25	0.15	8	35	2.0～2.5
电化石墨电刷	D104	DS-4	6～16	30～90	2～3	0.2	0.25	12	40	1.5～2.0
	D172	DS-72	10～16	50～100	2.4～3.4	0.25	0.2	12	70	1.5～2.0
	D172NM		10～20	50～100	2.4～3.4	0.2	0.2	12	70	1.5～2.0
	D213	DS-13	22～40	100～500	2.5～3.5	0.25	0.15	10	40	2.0～4.0
	D214	DS-14	22～36	170～340	2～3	0.25	0.15	10	40	2.0～4.0
	D252	DS-52	12～22	120～240	2～3.2	0.23	0.15	12	45	2.0～2.5
	D308	DS-8	31～50	220～440	1.9～2.9	0.25	0.15	10	40	2.0～4.0
	D374B	DS-74B	45～70	250～500	2.3～3.5	0.25	0.15	12	50	2.0～4.0
	D374N		45～75	250～500	2.3～3.5	0.2	0.15	12	60	2.0～4.0

（续表）

类别	型号		电阻系数（分接触法）（欧·毫米²/米）	压入法硬度（牛/毫米²）	一对电刷的接触电压降（伏）	摩擦系数不大于	50小时磨损（毫米）不大于	工作条件		
	新	旧						额定电流密度（安/厘米²）	允许圆周速度（米/秒）	电刷使用单位压力（牛/厘米²）
电化石墨电刷	D376	DS-76	50～75	200～400	2.5～3.5	0.25	0.15	12	50	2.0～4.0
	D376N		50～80	200～400	2.5～3.5	0.2	0.15	12	60	2.0～4.0
金属石墨电刷	J102	TS-2	0.1～0.35	60～140	0.3～0.7	0.2	0.4	20	20	1.8～2.3
	J105	TSQ-A	≤0.25	60～200	≤0.4	0.25	0.8	20	20	1.8～2.3
	J164	TS-64	0.05～0.15	60～180	0.1～0.3	0.2	0.7	20	20	1.8～2.3
	J201	T-1	1～6	120～350	1～2	0.25	0.18	15	25	1.5～2.0
	J203	T-3	5～12	90～280	1.4～2.2	0.25	0.15	12	20	1.5～2.0
	J204	TS-4	0.2～1.3	150～360	0.6～1.6	0.2	0.3	15	20	2.0～2.5
	J205	TSQ-5	1～12	80～280	≤2	0.25	0.5	15	35	1.5～2.0
	J213	TS-103	0.2～1	100～280	0.6～1.6	0.2	0.3	15	20	2.0～2.5

附表 2-23　电化石墨电刷

定货编号	电刷型号	规格(毫米)	单重(克)	结构型式	导线截面(毫米^2)	导线长度(毫米)	其　他	适　用　电　机
140	D308	3.5×9×50	3	M_1				1～3千伏安调压器
164	D374L	4×6.5×12.5	1	T_3	0.3	23	上顶有槽 绝缘套管	角向磨光机、电磨
311	D214	4×8×18	2	T_{31}	0.16	35	带弹簧	微型电动机
152	D308	4.3×6×14	1	T_3	0.3	25	顶部有槽	6 毫米手枪式电钻(新式)
118	D308	4.3×6.4×14	1	T_4	0.3	25	绝缘套管	6 毫米手枪式电钻(老式)
132	D308	5×8.1×20	2	T_1	0.5	45		13 毫米手枪式电钻(大威)
141	D308	5×10×50	4	M_1				5～10千伏安调压器
119	D308	5×12×18	2	T_1	0.75	45		13 毫米手电钻、吹吸尘器用
136	D308	5×16×20	4	T_1	0.75	45	绝缘套管	19 毫米电钻
130	D308	5×16×25	7	T_{21}	0.75	50	有弹簧	ZKK 型功率扩大机
120	D308	5×20×25	7	T_6	0.5	60		
133	D308	6.8×10×20	4	G_{11}	1.5	50		10～15 千伏安调压变压器
114A	D214	7×12×30	7	T_4	2	60	绝缘套管	交流变速电动机换向器

注：表中“定货编号”为上海电碳厂产品编号，下表同。

（续表）

定货编号	电刷型号	规格（毫米）	单重（克）	结构型式	导线截面（毫米^2）	导线长度（毫米）	其　他	适　用　电　机
114B	D376	7×12×30	7	T_4	2	60	绝缘套管	交流变速电动机换向器
126A	D104	7×12.5×32	7	T_{17}	0.75	80		交流发电机励磁机
126B	D214	7×12.5×32	7	T_{17}	0.75	80		
115	D376	7×15×30	8	T_4	2	60		交流变速电动机换向器
131	D308	7×20×25	8	T_6	0.75	60		ZKK 型功率扩大机
116	D376	7×20×30	13	T_4	2	70	绝缘套管	交流变速电动机换向器
104	D104	7×20×40	14	K_1	3	110	顶部有槽	AB-500 或 AG-500 型电焊机辅助电刷
165	D374L	7.5×12×18	3	T_1	0.75	45	绝缘套管	13 mm 低压电钻用
139	D104	8×10×25	6	T_4	0.75	90	绝缘套管	交流发电机励磁机

（续表）

定货编号	电刷型号	规格（毫米）	单重（克）	结构型式	导线截面（毫米^2）	导线长度（毫米）	其　他	适　用　电　机
127	D376	8×15×30	10	T_4	2	60	绝缘套管	交流变速电动机换向器
117	D376	8×20×30	15	T_6	2	70	绝缘套管	交流变速电动机换向器
167	D104	10×10×25	5	T_{17}	1.5	60		交直流发电机
106A	D104	10×12.5×35	10	T_4	2	80		交直流发电机，直流电动机
106B	D172	10×12.5×35	10	T_4	2	80		
106C	D252	10×12.5×35	10	T_4	2	80		
150	D104	10×16×40	15	T_4	2.5	90		交流发电机
129	D104	10×20×30	15	T_1	4	40	顶部有斜度	AB-165型直流电焊机
102	D104	10×20×50	25	K_3	4	100		AT-320或AX-320型直流电焊机辅助电刷
109B	D172	12.5×25×40	30	T_9	2.5	110		交直流发电机、直流电动机

（续表）

定货编号	电刷型号	规格（毫米）	单重（克）	结构型式	导线截面（毫米²）	导线长度（毫米）	其　他	适　用　电　机
157A	D104	12.5×25×40	30	T_4	6	110	顶部有孔	交直流发电机励磁机
157B	D172	12.5×25×40	30	T_4	6	110		
157C	D214	12.5×25×40	30	T_4	6	110		
159	D214	12.5×32×50	55	T_6	4	120		交流发电机
163	D374B	12.5×32×60	55	T_{22}	2.5	120	上顶 $\alpha = 30$ 绝缘套管	交流发电机
105	D104	15×25×32	30	T_1	6	100		AG-300 型直流电焊机
110A	D104	16×25×40	40	T_9	4	110		交直流发电机、直流电动机
110B	D172	16×25×40	40	T_9	4	110		交直流发电机、直流电动机
110C	D214		40	T_9	4	110		
158A	D104	16×25×40	35	T_4	8	110	顶部有孔	交直流发电机励磁机、直流电动机
158B	D172		35	T_4	8	110		
158C	D214		35	T_4	8	110		

（续表）

定货编号	电刷型号	规格（毫米）	单重（克）	结构型式	导线截面（毫米^2）	导线长度（毫米）	其　他	适　用　电　机
108A	D104	16×32×40	50	T_9	6	120		交直流发电机
108B	D172		50	T_9	6	120		
121	D104	16×32×50	60	T_1	10	100		交流发电机
160	D214	16×32×50	60	T_9	6	120	顶部配鞋眼	交直流发电机
156	D374B	16×32×60	65	T_6	4	130	加层压板绝缘套管	发电机、励磁机
103	D104	18×20×40	30	K_3	6	110	顶部有孔	AB -500（AX 1-500）AG-500 型直流电焊机
101	D104	18×20×50	40	K_3	6	100		AT-320 或 AX-320 型直流电焊机
161A	D104	20×25×50	60	T_9	6	120	顶部配鞋眼	交直流发电机
161B	D214	20×25×50	60	T_9	6	120	顶部配鞋眼	交直流发电机
18	D104		65	G_{13}	4	140		AM-1000 多头电焊机

（续表）

定货编号	电刷型号	规格（毫米）	单重（克）	结构型式	导线截面（毫米^2）	导线长度（毫米）	其　他	适　用　电　机
111A	D104	20×32×40	60	T_9	6	120		交直流发电机
111B	D172		60	T_9	6	120		
111C	D214		60	T_9	6	120		
154	D104	25×25×40	55	K_{11}	2	110	顶部有孔	AX 7-500 型电焊机
112A	D104	25×32×10	80	T_9	8	120	顶部有孔 配鞋眼	交直流发电机 直流电动机
112B	D172		80	T_9				
112C	D214		80	T_9				
113A	D104	25×32×60	100	T_8				交流发电机集电环
113B	D172		100	T_8				
113C	D214		100	T_8				
155	S-6M	25×32×65	110	T_6		130	顶部有斜度 加层压板	汽轮发电机集电环

附表 2-24　铜石墨电刷

定货编号	电刷型号	规格(毫米)	单重(克)	结构型式	导线截面(毫米^2)	导线长度(毫米)	其　他	适　用　电　机
248	J201	6×10×22	5	T_6	1.5	40	上顶有槽绝缘套管	工农 68-Ⅱ型机动车
212	J164	6×25×40	35	K_1	4	100	绝缘套管	交流变速电动机集电环
215A	J201	8×10×25	8	T_4	0.75	90		交流发电机集电环直流电动机
215B	J204		10	T_4	0.75	90		
242	J102	8×12×32	15	M_2				吊车电机
234	J201	8×12.5×32	13	T_4	2.5	60	绝缘套管	吊车电机集电环
207	J102	8×12.5×32	17	T_1	1.5	90	顶部有孔	JZR 型车电动机集电环
213	J164	8×25×40	45	K_1	5	110	绝缘套管	交流变速电动机集电环
250	J164	8×25×50	70	K_1	5	67	绝缘套管底部 R	交流变速电动机集电环(恒压式)
230	J102	9×12×32	20	T_3	1.5	100	侧面有孔	交流吊车电动机

（续表）

定货编号	电刷型号	规格（毫米）	单重（克）	结构型式	导线截面（毫米²）	导线长度（毫米）	其 他	适 用 电 机
243	J201	9×20×25	17	T_4	1	60	顶部有槽	电瓶车直流电机
246	J204	10×16×40	35	T_1	2.5	60	绝缘套管	交流电动机
245	J102	10×20×40	45	T_1	4	57	绝缘套管	交流电动机
228	J201	10×25×32	30	T_6	2	70	顶部有槽	ZXQ 直流牵引电动机（铲车）
235	J201	10×25×32	30	T_4	6	60	绝缘套管	吊车电机集电环
222	J102	12×25×40	70	T_1	10	110		交流集电环电动机
247	J201	10×25×50	55	T_1	2	62	绝缘套管 底部 R	吊车电机集电环
201	J201	12×30×35	45	T_1	6	100		电瓶车直流电动机
216	J164	12×32×40	100	T_1	10	110	绝缘套管	交流变速电动机集电环
225	J204	12.5×12.5×32	20	T_{17}	2.5	70	绝缘套管	交直流发电机、JR 电动机（革新厂）
220	J201	12.5×12.5×35	15	T_{17}	2.5	70		交直流电机
241	J204	12.5×16×40	55	T_1	4	50	绝缘套管	交流电动机集电环

（续表）

定货编号	电刷型号	规格（毫米）	单重（克）	结构型式	导线截面（毫米^2）	导线长度（毫米）	其　他	适　用　电　机
205	J102	12.5×20×32	40	M_1				交流集电环电动机
238	J204	12.5×25×40	70	T_1	8	110	绝缘套管	发电机、电动机集电环
226	J102	12.5×25×40	75	T_1	8	110		交流发电机集电环、发电机、电动机
249	J164	12.5×32×42	95	M_1	—	—		吊车电机集电环
236	J201	12.5×32×48	75	T_4	8	70	绝缘套管	吊车电机集电环
221	J204	15×25×32	60	T_1	8	100		AG-300 型直流电焊机
240	J204	16×25×40	85	T_9	6	120	顶部有孔	发电机、电动机集电环
227	J164	16×25×40	105	T_9	6	120		直流发电机
224	J201	16×32×30	55	T_4	6	60 70	顶部有斜度	AB-165 型直流电焊机
251	J102	16×32×33	85	M_2	—	—		
217	J164	16×32×40	135	T_1	12	110	绝缘套管	交流变速电动机集电环
229	J201	16×40×50	115	T_6	6	90		ZXQ 直流牵引电动机（铲车）

（续表）

定货编号	电刷型号	规格（毫米）	单重（克）	结构型式	导线截面（毫米^2）	导线长度（毫米）	其他	适用电机
237A	J201	16×40×50	130	K_{11}	4	160		吊车电机集电环
237B	J102	16×40×50	190	K_{11}	4	160		
244	J204	16×44×36	100	M_2				JR 型交流电动机集电环
206	J164	16×44×36	140	M_2				
211	J164	20×25×40	130	T_9	8	120	顶部有孔	低压直流发电机
233	J164	20×25×48	160	T_8	8	120		直流发电机
214	J204	20×32×48	150	T_9	10	120		
209	J164	20×32×48	210	T_9	10	120		低压直流发电机（上直）
208	J164	25×32×48	250	T_9	10	120	顶部有孔	
219	J201	25×32×60	175	T_8	10	120		低压直流发电机、交流电动机集电环，同步电动机
223	J204	25×32×60	240	T_8	10	120	顶部有孔	交流发电机集电环，同步电动机
239	J204	25×32×60	240	T_9	10	120		发电机、电动机集电环
210	J164	25×32×60	300	T_8	10	120		交流电动机集电环

附表 2-25　各种弹簧电刷

定货编号	电刷型号	规格(毫米)	单重(克)	结构型式	导线截面(毫米^2)	导线长度(毫米)	适用电机
301	D214	4×4×24	2	T_{21}			微型电动机
302	D214	5.4×5.4×20	2		0.16	32	串励电动机
303	D214	6.4×6.4×20	2		0.16	35	奇异电扇
304	D214	6×8×25	3		0.3	35	微型直流电机
305	D214	3.8×9×22	3		0.16	35	SU930 串励电动机
306	D214	5×10×25	4		0.3	35	微型直流电机
307	D214	6×6.5×26	3		0.3	35	直流电扇(上扇厂)
308	D104	7×12×34	6		0.5	48	3 千瓦励磁机(老式)
309	D308	4×7×18	3		0.16	25	微型直流电机
310	J204	7×7×18	6		0.5	38	16 毫米电影放映机用
311	D308	4×8×14	2		0.3	30	10 毫米电钻(沈阳)

附表 2-26 汽车电机电刷

定货编号	电刷型号	规格(毫米)	单重(克)	结构型式	导线截面(毫米^2)	导线长度(毫米)	其他	适用电机
401	D252	6.4×16×21	5	T_5	1.5	60	绝缘套管(各半)	F-330 汽车发电机
402	D252	6.5×22.3×23.5	7	T_5	1.5	60		F-31 汽车发电机
403	J213	8.8×19.2×14	20	T_9	4	100	绝缘套管无接头(长瓣)	ST-8、ST-9 型汽车起动机
405A	J213		16	T_9	4	55	绝缘套管(短瓣)	
405B	J213		16	T_9	4	55	无套管(短瓣)	
406	J204	12×32×27	55	T_9	6	62	顶部有槽	ST-700、ST-710 型汽车起动机
407A	J213	10×18×20	20	T_9	2.5	50	绝缘套管(各半)	ST-60、ST-62 型汽车起动机
407B	J205	10×18×20	18	T_9	2.5	50		ST-604、ST-614 汽车起动机
408	J204	7×16×20	13	T_3	4	40	顶部有槽	ST-812 型汽车起动机
409	J201	5×7×14	3	T_3	0.5	35		JF11、12 硅整流汽车发电机(长沙)
410	D252	5×7×14	2	T_3	0.5	35		JF11、12 硅整流汽车发电机(上海)
411	D104	7×16×23	6	T_3	1.5	60	绝缘套管(各半)	F-33 汽车发电机

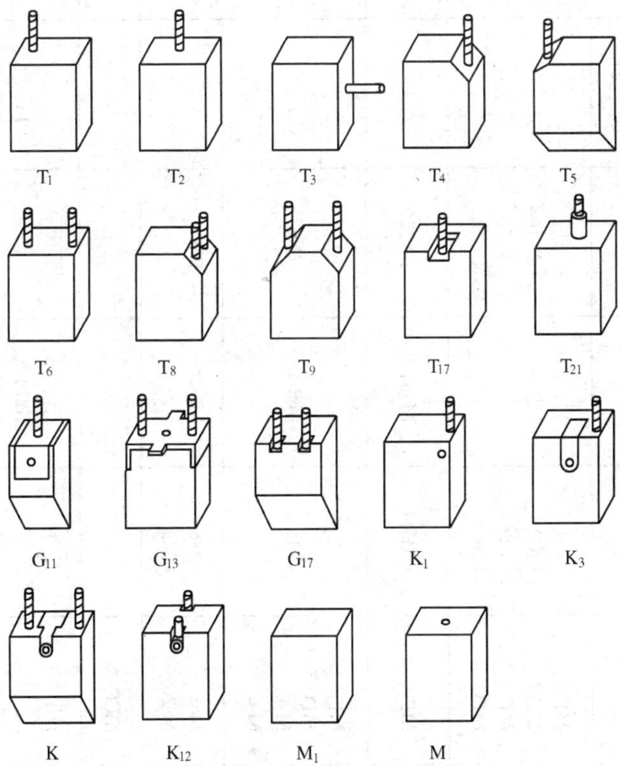

附图 2-1　电刷的结构型式

附表 2-27 国产电刷与国外电刷型号对照表

序号	国产	原苏联	英国	原民主德国	原联邦德国	原捷克斯洛伐克	日本	其他
1	TS-64 TS-2 TS TS-51	MГ-64 MГ-2 MГ MГC	CM1 CM2 CM0 CM	M603 M509	EN10	G75	MH-30 MH-31	MC-2666 OMC MC-0 53(美),MC-2
2	TS-4	MГ-4	CM5H	M594	FN150	CG-4	MH-33 MH-34	
3	TSQ-4 TSQ-5 T-1 T-6	MГC-17 MГC-5 M-1 M-6	CM5	M604	EN60	CG-50	MH-33	MM63R
4	T-3 T-20	M-3 M-20	CM6 CM9	M549	RW3		MH-35	
5	TSQ-A	MCC-A						
6	S-3	Г-3	A、B	G189 G274 GWC H95		CFC-1-3 MM31G		

（续表）

序　号	国　产	原苏联	英　国	原民主德国	原联邦德国	原捷克 斯洛伐克	日　本	其　他
7	DS-4 DS-72	ЭГ-4 ЭГ-72	E22		RU5	EGA EG MM44F	C4 C6	EC(法）
8	DS-8	ЭГ-8	EG-3	E335 E149	RE-1	MM41F	HC-125	H. C. C258(美）
9	DS-14 DS-13 DS-74 DS-52	ЭГ-14 ЭГ-13 ЭГ-72 ЭГ-52	MG-12 EF-14 EG6749 EG8565	E87 EKG E98	6818 8611 8698 RE59		CH-45 EC. 41. B	HC. 97. B(法）
10	DS-20	ЭГ-20						
11	DS-83-2 DS-79	ЭГ-83-2 ЭГ-79	HM-5 HM-6 HM-3					
12	TQ-2 TQS-2 S-1	T-2 уГ-2 T-1	BB-6 C4	rM. KG	SI. W K135	QS. P10 836		P450

附表 2-28 漆布的品种、组成和用途

名称	型号	组成		耐热等级	特性和用途
		底材	绝缘漆		
油性漆布（黄漆布）	2010 2012	白细布	油性漆	A	2010 柔软性好，但不耐油。可用于一般电机、电器的衬垫或线圈绝缘。2012 耐油性好，可用于有变压器油或汽油气侵蚀的环境中工作的电机、电器的衬垫或线圈绝缘
油性漆绸（黄漆绸）	2210 2212	薄绸	油性漆	A	具有较好的电气性能和良好的柔软性，2210 适用于电机、电器薄层衬垫或线圈绝缘；2212 耐油性好，适用于有变压器油或汽油气侵蚀的环境中工作的电机，电器的薄层衬垫或线圈绝缘
油性玻璃漆布（黄玻璃漆布）	2412	无碱玻璃布	油性漆	E	耐热性较 2010、2012 漆布好。适用于一般电机、电器的衬垫和线圈绝缘，以及在油中工作的变压器、电器的线圈绝缘
沥青醇酸玻璃漆布	2430	无碱玻璃布	沥青醇酸漆	B	耐潮性较好，但耐苯和耐变压器油性差。适用于一般电机、电器的衬垫和线圈绝缘
醇酸玻璃漆布	2432	无碱玻璃布	醇酸三聚氰胺漆	B	耐油性较好，并具有一定的防霉性。可用作油浸变压器、油断路等线圈绝缘
醇酸玻璃-聚酯交织漆布	2432-1	玻璃纤维聚酯纤维交织布			
醇酸薄玻璃漆布	—	无碱玻璃布	醇酸三聚氰胺漆	B	具有良好的弹性和韧性，较高的机械性能、电气性能和耐热性，并具有一定的防霉性和耐油性。可代替漆绸作电器线圈绝缘
醇酸薄玻璃-聚酯交织漆布	—	玻璃纤维聚酯纤维交织布			

（续表）

名称	型号	组成		耐热等级	特性和用途
		底材	绝缘漆		
环氧玻璃漆布	2433	无碱玻璃布	环氧酯漆	B	具有良好的耐化学药品腐蚀性，良好的耐湿热性和较高的机械性能和电气性能。适用于化工电机、电器槽绝缘、衬垫和线圈绝缘
环氧玻璃-聚酯交织漆布	2433-1	玻璃纤维聚酯纤维交织布	环氧酯漆	B	具有良好的耐化学药品腐蚀性，良好的耐湿热性和较高的机械性能和电气性能。适用于化工电机、电器槽绝缘、衬垫和线圈绝缘
有机硅玻璃漆布	2450	无碱玻璃布	有机硅漆	H	具有较高的耐热性，良好的柔软性。耐霉、耐油和耐寒性好。适用于H级电机、电器的衬垫和线圈绝缘
有机硅薄玻璃漆布	—	无碱玻璃布	有机硅漆	H	具有较高的耐热性，良好的柔软性，耐霉、耐油和耐寒性好。适用于H级特种电器线圈绝缘
硅橡胶玻璃漆布	2550	无碱玻璃布	甲基硅橡胶瓷漆	H	具有较高的耐热性，良好的柔软性和耐寒性。适用于特种用途的低压电机端部绝缘和导线绝缘
聚酰亚胺玻璃漆布	256	无碱玻璃布	聚酰亚胺漆	C	具有很高的耐热性，良好的电气性能，耐溶剂和耐辐照性好，但较脆。适用于工作温度高于200℃的电机槽绝缘和端部衬垫绝缘，以及电器线圈和衬垫绝缘
有机硅防电晕玻璃漆布	2650	无碱玻璃布	有机硅防电晕瓷漆	H	具有稳定的低电阻率，耐热性好。适于作高压电机定子线圈防电晕材料

附表 2-29 漆管的品种、组成、性能和用途

名称	型号	组成		耐热等级	击穿电压(千伏)				特性和用途
		底材	绝缘漆		常态	缠绕后	受潮后	热态	
油性漆管	2710	棉纱管	油性漆	A	5～7	2～6	1.5～5	—	具有良好的电气性能和弹性，但耐热性、耐潮性和耐霉性差。可作电机、电器和仪表等设备引出线和联接线绝缘
油性玻璃漆管	2714	无碱玻璃纱管	油性漆	E	>5	>2	>2.5	—	
聚氨酯涤纶漆管	—	涤纶纱管	聚氨酯漆	E	3～5	2.5～3	2～4	3～5 (105 ℃)	具有优良的弹性和一定的电气性能和机械性能。适用于电机、电器、仪表等设备的引出线和联接线绝缘
醇酸玻璃漆管	2730	无碱玻璃纱管	醇酸漆	B	5～7	2～6	2.5～5	—	具有良好的电气性能和机械性能。耐油性和耐热性好，但弹性稍差。可代替油性漆管作电机、电器和仪表等设备引出线和联接线绝缘
聚氯乙烯玻璃漆管	2731	无碱玻璃纱管	改性聚氯乙烯树酯	D	4～7 2.5～4 1～2.5	—	1.5～2.8 0.8～1.8 —	2～2.8 1.2～1.6 —	具有优良的弹性和一定的电气性能、机械性能和耐化学性。适于作电机、电器和仪表等设备引出线和联接线绝缘
有机硅玻璃漆管	2750	无碱玻璃纱管	有机硅漆	H	4～7	1.5～4	2～6	—	具有较高的耐热性和耐潮性，良好的电气性能。适于作 H 级电机、电器等设备的引出线和联接线绝缘
硅橡胶玻璃丝管	2751	无碱玻璃纱管	硅橡胶	H	4～7 2.5～4 1.5～2.5	—	1.5～2.8 0.8～1.8 —	3～5.5 1.7～3 1.1～1.8	具有优良的弹性、耐热性和耐寒性，电气性能和机械性能良好。适用于在－60～180 ℃工作的电机、电器和仪表等设备的引出线和联接线绝缘

附表 2-30 复合箔的品种、组成、性能和用途

名称	型号或代号	厚度（毫米）	组成	耐热等级	抗张力(牛)		击穿电压（千伏）	用途
					纵向	横向	常态	
聚酯薄膜绝缘纸复合箔	6520	0.15～0.30	一层聚酯薄膜、一层绝缘纸(青壳纸)	E	180～330	120～300	6.5～12	用于E级电机槽绝缘、端部层间绝缘
聚酯薄膜玻璃漆布复合箔	6530	0.17～0.24	一层聚酯薄膜、一层玻璃漆布	B	250～330	200～300	8～12	用于B级电机槽绝缘、端部层间绝缘、匝间绝缘和衬垫绝缘。可用于湿热地区
聚酯薄膜聚酯纤维纸复合箔	DMD	0.20～0.25	一层聚酯薄膜、两层聚酯纤维纸	B	180～270	150～220	10～12	
聚酯薄膜芳香族聚酰胺纤维纸复合箔	NMN	0.25～0.30	一层聚酯薄膜、两层芳香族聚酰胺纤维纸	F	>90	>70	10～11	用于F级电机槽绝缘、端部层间绝缘、匝间绝缘和衬垫绝缘
聚酰亚胺薄膜芳香族聚酰胺纤维纸复合箔	NHN	0.25～0.30	一层聚酰亚胺薄膜、两层芳香族聚酰胺纤维纸	H	130～280	100～210	7～12	用于F级电机槽绝缘、端部层间绝缘、匝间绝缘和衬垫绝缘，适用于H级电机

附表 2-31 电工常用薄膜的品种、性能和用途

名词	结晶定向程度	耐热等级	厚度（毫米）	击穿强度（千伏/毫米）		电阻率（欧·厘米）		用途
				常态	热态	常态	热态	
聚丙烯薄膜	定向	—	0.006～0.02	>180	—	10^{15}～10^{17}	—	可用作电容器介质
聚酯薄膜	定向	E	0.006～0.10	130～230	100～180（130 ℃）	10^{15}～10^{17}	10^{13}～10^{14}	可用作低压电机、电器线圈匝间、端部包扎绝缘，衬垫绝缘，电磁线绕包绝缘，E级电机槽绝缘和电容器介质
聚萘酯薄膜	定向	F	0.02～0.10	>210	155（155 ℃）	10^{16}	—	可用作F级电机槽绝缘，导线绕包绝缘和线圈端部绝缘
芳香族聚酰胺薄膜	不定向	H	0.03～0.06	90～130	87（180 ℃）	10^{13}～10^{14}	—	可用作F、H级电机槽绝缘
聚酰亚胺薄膜	不定向	C	0.03～0.06	100～190	80～130（200 ℃）	10^{15}～10^{16}	10^{12}～10^{13}（200 ℃）	可用作H级电机、微电机槽绝缘，电机、电器绕组和起重电磁铁外包绝缘以及导线绕包绝缘

（续表）

名　词	结晶定向程度	耐热等级	厚度（毫米）	击穿强度（千伏/毫米）		电阻率（欧·厘米）		用　途
				常态	热态	常态	热态	
聚四氟乙烯薄膜	定向	C	0.01～0.10	>60（直流）	—	10^{15}～10^{17}	—	可用作工作温度为－60～250 ℃电容器介质，电器、仪表，无线电装置的层间衬垫绝缘和耐热电磁铁、安装线、耐油电缆、耐热导线绝缘
	半定向	C	0.04～0.12	>50（直流）	—	>10^{16}	—	
	不定向	C	0.02～0.05	>40（直流）	—	10^{15}～10^{16}	—	
全氟乙丙烯薄膜	不定向	C	0.01～0.05	196	—	10^{18}～10^{19}	—	可用作电线、同轴电缆的包复层和印刷电路板
聚苯乙烯薄　膜	定　向	Y以下	0.02～0.10	>110	—	10^{17}	—	可用作高频电信电缆绝缘和电容器介质
聚乙烯薄　膜	不定向	Y以下	0.02～0.20	>40	—	10^{17}	—	可用作电信电缆绝缘及工作温度不超过70 ℃的电缆绝缘护层

附表 2-32 常用黏带的品种、特性和用途

名称	厚度（毫米）	组成	击穿强度（千伏/毫米）			特性和用途
			常态	受潮后	热态	
聚乙烯薄膜黏带	0.22～0.26	聚乙烯薄膜、橡胶型胶黏剂	>30	—	—	有一定的电气性能和机械性能，柔软性好，黏结力较强，但耐热性低（低于 Y 级）。可用于一般电线接头包扎绝缘
聚乙烯薄膜纸黏带	0.10	聚乙烯薄膜、纸、橡胶型胶黏剂	>10	—	—	包扎服贴，使用方便，可代替黑胶布带作电线接头包扎绝缘
聚氯乙烯薄膜黏带	0.14～0.19	聚氯乙烯薄膜、橡胶型胶黏剂	>10	—	—	有一定的电气性能和机械性能，较柔软，黏结力强，但耐热性低（低于 Y 级）。供作电压为 500～6 000 伏电线接头包扎绝缘
聚酯薄膜黏带	0.055～0.17	聚酯薄膜、橡胶型胶黏剂或聚丙烯酸酯胶黏剂	>100	—	—	耐热性较好，机械强度高。可用作半导体元件密封绝缘和电机线圈绝缘
聚酰亚胺薄膜黏带	0.045～0.07	聚酰亚胺薄膜、聚胺酰亚胺树脂胶黏剂	190～210	120～150	130～150（180 ℃）	电气性能和机械性能较高，耐热性优良，但成型温度较高（180～200 ℃）。适于作 H 级电机线圈绝缘和槽绝缘
聚酰亚胺薄膜黏带	0.05	聚酰亚胺薄膜、F_{46}树脂胶黏剂	>120	—	80（180 ℃）	同上，但成型温度更高（300 ℃以上）。可用于 H 级或 C 级电机、潜油电机线圈绝缘和槽绝缘

（续表）

名称	厚度（毫米）	组成	击穿强度（千伏/毫米）			特性和用途
			常态	受潮后	热态	
环氧玻璃黏带	0.17	无碱玻璃布，环氧树脂胶黏剂	>6	3.8	—	具有较高的电气性能和机械性能。供作变压器铁心绑扎材料，属B级绝缘
有机硅玻璃黏带	0.15	无碱玻璃布，有机硅树脂胶黏剂	>0.6	—	—	有较高的耐热性、耐寒性和耐潮性，以及较好的电气性能和机械性能。可用于H级电机、电器线圈绝缘和导线联接绝缘
硅橡胶玻璃黏带	—	无碱玻璃布，硅橡胶胶黏剂	3～5	—	—	具有较高的耐热性、耐寒性，以及较好的电气性能和机械性能。可用于H级电机、电器线圈和导线联接绝缘，但柔软性较好
自黏性硅橡胶三角带	—	硅橡胶、填料、硫化剂	20～30	—	—	具有耐热、耐潮、抗震动、耐化学腐蚀等特性。但抗张强度较低，适于用半叠包法作高压电机线圈绝缘，但需注意胶带保持清洁才能黏牢
自黏性丁基橡胶带	—	丁基橡胶、薄膜隔离材料等	>20	—	—	有硫化型和非硫化型两种。胶带弹性好，伸缩性大，包扎紧密性好。主要用于电力电缆联接和端头包扎绝缘

附表 2-33 绑扎带的性能和应用工艺参数

项 目 名 称	聚酯绑扎带	环氧绑扎带	聚芳烷基醚酚绑扎带	聚胺酰亚胺绑扎带
胶含量 (%) 其中可溶性树脂占总胶量 (%)	27±3 97	25±2 93	27±3 —	30±3 —
挥发物 (%)	3±0.5	3±0.5	—	—
环抗张力 (牛/厘米^2) 常态 热态	 80 000～110 000 保留 60%～65%(130 ℃)	 90 000～124 000 保留 60%～65%(130 ℃)	 — >6 000(180 ℃)	 >60 000 >5 000(180 ℃)
耐热等级	B	F	H	H
贮存期 月 常态 5 ℃	 3 —	 — 1	 3 —	 3 —
工件预热温度 (℃)	80～100	80～100	—	60～100
烘焙固化工艺的温度和时间 (℃/小时)	1. 80～90/2 2. 110～120/2 3. 130～140/17～20	1. 80～90/2 2. 110～120/2 3. 130～155/17～20	1. 80～90/2 2. 140/2 3. 160/2 4. 180/15～16	1. 80/2 2. 100～120/4 3. 160/2 4. 180/2 5. 200/2

附表 2-34　云母带及粉云母带的品种、性能和用途

名　称	型　号	产品标准号	主　要　组　成	耐热等级	厚度（毫米）	击穿强度（千伏/毫米）	抗张力（牛）	特　性　和　用　途
沥青绸云母带	5032	JB896-75	白云母＞45%，沥青漆20%～35%，挥发物＞6%，单面绸，单面云母带纸	A～E	0.13 0.16	16～25	50～60	柔软性、防潮性和介电性能好，贮存期较长（6 个月），作线圈绕包绝缘。易嵌线，但绝缘厚度偏差大，耐热性较低。可作高压电机主绝缘
沥青玻璃云母带	5034	JB896-75	白云母＞45%，沥青漆20%～35%，挥发物＞6%，单面玻璃布，单面云母带纸	E	0.13 0.16	16～25	50～100	
醇酸纸云母带	5430	JB896-75	白云母＞50%，醇酸漆15%～30%，挥发物＜4%，双面云母带纸	B	0.10 0.13 0.16	16～25	30～60	耐热性较高，但防潮性较差。可作直流电机电枢线圈和低压电机线圈的绕包绝缘
醇酸绸云母带	5432	JB896-75	白云母＞45%，醇酸漆10%～30%，挥发物＜4%，单面绸，单面云母带纸	B	0.13 0.16	16～25	50～100	
醇酸玻璃云母带	5434	JB896-75	白云母＞45%，醇酸漆15%～30%，挥发物＜4%，单面无碱玻璃布，单面云母带纸	B	0.10 0.13 0.16	16～25	70～140	
环氧聚酯玻璃粉云母带	5437-1	JB1480-74	粉云母＞37%，环氧树脂漆 20%～40%，挥发物＜3%，双面无碱玻璃布	B	0.14 0.17	20～35	70～140	热弹性较高。在室温下贮存期可达 6 个月，但介质损耗较大，可代替醇酸云母带作电机匝间绝缘和端部绝缘，不宜作高压电机主绝缘

（续表）

名称	型号	主要组成	耐热等级	厚度（毫米）	击穿强度（千伏/毫米）	抗张力（牛）	特性和用途
环氧玻璃粉云母带	5438-1	粉云母＞37%，桐油酸酐环氧树脂漆34%～41%，挥发物＜2%，双面无碱玻璃布	B	0.14 0.17	24～45	100～200	含胶量大，厚度均匀，固化后电气，机械性能较好，但贮存期较短（半个月），适用于模压或液压成型的高压电机线圈绝缘
钛改性环氧玻璃粉云母带	9541-1	粉云母＞37%，桐油酸酐钛改性环氧树脂漆34%～41%，挥发物＜2%，双面无碱玻璃布	B	0.14 0.17	24～45	100～200	柔软性好，绕包工艺性好，由于胶黏剂流动性大，故固化时间长，适宜作液压成型的高压电机的主绝缘
环氧玻璃粉云母带		粉云母＞37%，硼胺环氧树脂漆28%～40%，挥发物＜3%，双面无碱玻璃布	B	0.11 0.13	24～45	100～200	贮存期长，适用于整浸式中型高压电机的主绝缘
有机硅玻璃云母带	5450	白云母＞40%，有机硅漆15%～35%，挥发物＜2%，单面或双面无碱玻璃布	H	0.10 0.13 0.16	16～25	70～170	耐热性高。主要用于要求耐高温电机或牵引电机线圈绝缘
有机硅玻璃粉云母带	5450-1	粉云母＞37%，有机硅漆20%～40%，挥发物＜2%，双面无碱玻璃布	H	0.14 0.17	16～30	70～170	
有机硅玻璃金云母带	5450-2	金云母＞40%，有机硅漆15%～35%，挥发物＜2%，单面或双面无碱玻璃布	H	0.10 0.13 0.16	16～20	70～170	

附表 2-35 柔软云母板和塑型云母板的品种、组成、性能和用途

名称	型号	主要组成	耐热等级	击穿强度(千伏/毫米)(常态)				用途
				厚 0.15 毫米	厚 0.2～0.25 毫米	厚 0.3～0.5 毫米	厚 0.6～1.2 毫米	
醇酸纸柔软云母板	5130	白云母＞50%，醇酸漆15%～30%，双面云母带纸	B	15～28	20～30	15～26	—	供作低压交直流电机槽衬和端部层间绝缘
醇酸纸柔软粉云母板	5130-1	粉云母＞38%，醇酸漆25%～45%，双面云母带纸	B	16～35	18～55	＞16	—	
醇酸玻璃柔软云母板	5131	白云母＞45%，醇酸漆15%～30%，双面无碱玻璃布	B	16～20	18～25	16～22	—	用于一般电机槽衬和端部层间绝缘
醇酸玻璃柔软粉云母板	5131-1	粉云母＞38%，醇酸漆25%～45%，双面无碱玻璃布	B	16～25	18～25	16～22	—	
沥青玻璃柔软云母板	5135	白云母＞45%，沥青漆15%～30%，双面无碱玻璃布	E	16～25	18～25	16～22	—	用于低压电机槽绝缘
环氧纸柔软粉云母板	5136-1	白云母＞38%，环氧胶25%～45%，挥发物＜3%，双面云母带纸	B	＞16	＞18	＞16	—	用作电机槽绝缘及匝间绝缘

（续表）

名称	型号	主要组成	耐热等级	击穿强度（千伏/毫米）（常态）				用途
				厚 0.15 毫米	厚 0.2～0.25 毫米	厚 0.3～0.5 毫米	厚 0.6～1.2 毫米	
环氧玻璃柔软粉云母板	5137-1	粉云母＞40%，环氧胶 15%～35%，无碱玻璃布	B	＞25	＞30	＞30	—	用于低压电机槽绝缘和端部层间绝缘或外包绝缘
环氧薄膜玻璃柔软粉云母板	5138-1	粉云母＞30%，环氧聚酯 10%～30%，聚酯薄膜与无碱玻璃布	B		＞35	＞35	—	用于高压电机定子线圈匝间和换位绝缘或其他衬垫绝缘
醇酸柔软云母板	5133	白云母＞65%，醇酸漆 15%～35%	B	25～30	25～32	25～28	—	用于高压电机定子线圈匝间和换位绝缘或其他衬垫绝缘
有机硅柔软云母板	5150	白云母＞75%，有机硅漆 15%～25%	H	＞20	＞25	＞20	—	
有机硅玻璃柔软云母板	5151	白云母＞45%，有机硅漆 15%～30%，单面或双面无碱玻璃布	H	16～26	18～28	16～26	—	用于 H 级电机槽部或端部层间绝缘
有机硅玻璃柔软粉云母板	5151-1	粉云母＞40%，有机硅漆 15%～30%，双面无碱玻璃布	H	＞15	＞25	＞20	—	

（续表）

名称	型号	主要组成	耐热等级	击穿强度（千伏/毫米）（常态）				用途
				厚0.15毫米	厚0.2～0.25毫米	厚0.3～0.5毫米	厚0.6～1.2毫米	
醇酸塑型云母板	5230	白云母75%～85%，醇酸漆15%～25%	B	35～50	35～50	30～40	25～30	用于电机整流子V型环和电器绝缘结构件
虫胶塑型云母板	5231	白云母75%～85%，虫胶漆15%～25%	B	35～47	35～47	30～38	＞25	
醇酸塑型云母板	5235	白云母85%～92%，醇酸漆8%～15%	B	35～50	35～50	30～40	＞25	用于温升较高、转速较快的电机整流子V型环和绝缘结构件
虫胶塑型云母板	5236	白云母85%～92%，虫胶漆8%～15%	B	35～50	35～50	30～40	25～30	
有机硅塑型云母板	5250	白云母75%～85%，有机硅漆15%～25%	H	35～50	35～50	30～40	＞25	用于耐热电机、电器、仪表绝缘结构件

附表 2-36 换向器云母板和衬垫云母板的品种、组成、性能和用途

名称	型号	主要组成	耐热等级	击穿强度（千伏/毫米）（常态）		体积电阻率（欧·厘米）		收缩率%不大于（压力 6 000 牛/厘米²）		主要用途
				厚 0.15 毫米	厚 0.4～2.0 毫米	常态	受潮 48 小时后	20 ±5 ℃	160 ±5 ℃	
虫胶换向器云母板	5535	白云母 >94%，虫胶漆 <6%	B	—	18～35	—	—	9 7	1.4	用于一般直流电机换向器绝缘
虫胶换向器金云母板	5535-2	金云母 >94%，虫胶漆 <6%	B	—	>18	—	—	9 7	1.4	
环氧换向器粉云母板	5536-1	粉云母纸 >90%，环氧树脂漆 <10%	B	—	20～40	—	—	9	2.5	用于汽车电机和其他小型直流电机换向器绝缘
磷酸铵换向器金云母板	5560-2	金云母和磷酸铵	H	—	>18	5×10^{12} ～10^{13}	5×10^{10} ～10^{11}	10	1.0	用于耐高温电机换向器绝缘
醇酸衬垫云母板	5730	白云母 75%～85%，醇酸漆 15%～25%	B	—	20～40	$>10^{13}$	$>10^{12}$	—	—	用于电机、电器衬垫绝缘

（续表）

名　称	型　号	主要组成	耐热等级	击穿强度（千伏/毫米）（常态）		体积电阻率（欧·厘米）		收缩率% 不大于(压力 6 000 牛/厘米²)		主要用途
				厚 0.15 毫米	厚 0.4～2.0 毫米	常态	受潮 48 小时后	20 ±5 ℃	160 ±5 ℃	
虫胶衬垫云母板	5731	白云母 75%～85%，虫胶漆 15%～25%	B	—	20～40	$>10^{13}$	$>10^{12}$	—	—	用于电机，电器衬垫绝缘
环氧衬垫粉云母板	5737-1	粉云母纸 86%～94%，环氧树脂漆 6%～14%	B	—	20～40	—	—	—	—	
有机硅衬垫云母板	5755	白云母 80%～95%，有机硅漆 5%～20%	H	30～50	>20	$5\times10^{12}\sim10^{13}$	$5\times10^{10}\sim10^{11}$	—	—	用于耐高温电机、电器衬垫绝缘
有机硅衬垫金云母板	5755-2	金云母 80%～95%，有机硅漆 5%～20%	H	>30	>20	$5\times10^{12}\sim10^{13}$	$5\times10^{10}\sim10^{11}$	—	—	
硝酸铵衬垫金云母板	5760-2	金云母和磷酸铵	H	—	>10	$5\times10^{12}\sim10^{13}$	$5\times10^{10}\sim10^{11}$	—	—	

附表 2-37 云母箔的品种、组成、性能和用途

名称	型号	耐热等级	标称厚度（毫米）	主要组成	击穿强度（千伏/毫米）	用途
醇酸纸云母箔	5830	D	0.15 0.20 0.25 0.30	白云母>50%，醇酸漆12%～30%，挥发物<4.0%，电话纸	16～35	用于一般电机、电器卷烘绝缘、磁极绝缘
醇酸纸粉云母箔	5830-1	B	0.17 0.22	粉云母纸>40%，醇酸漆>25%，挥发物<4.0%，电话纸	25～40	
虫胶纸云母箔	5831	E～B	0.15 0.20 0.25 0.30	白云母>50%，虫胶漆12%～30%，挥发物<4.0%，电话纸	16～35	
虫胶纸粉云母箔	5831-1	E～B	0.15 0.20 0.25	粉云母纸>50%，虫胶漆20%～35%，挥发物<4.0%，电话纸	25～40	
虫胶纸金云母箔	5831-2	E～B	0.15 0.20 0.25 0.30	金云母>50%，虫胶漆12%～30%，挥发物<4.0%，电话纸	16～30	

（续表）

名　称	型　号	耐热等级	标称厚度（毫米）	主　要　组　成	击穿强度（千伏/毫米）	用　　途
醇酸玻璃云母箔	5832	B	0.15 0.20 0.25 0.30	白云母>45%，醇酸漆15%～30%，挥发物<4.0%，无碱玻璃布	16～35	用于要求机械强度较高的电机、电器卷烘绝缘、磁极绝缘
虫胶玻璃云母箔	5833	B	0.15 0.20 0.25 0.30	白云母>45%，虫胶漆15%～30%，挥发物<4.0%，无碱玻璃布	16～35	
虫胶玻璃金云母箔	5833-2	B	0.15 0.20 0.25 0.30	金云母>45%，虫胶漆15%～30%，挥发物<4.0%，无碱玻璃布	16～30	
环氧玻璃粉云母箔	5836-1	B	0.15 0.20 0.25	粉云母纸>50%，环氧树脂漆20%～35%，挥发物<4.0%，无碱玻璃布	25～50	
有机硅玻璃云母箔	5850	H	0.15 0.20 0.25 0.30	白云母>45%，有机硅漆15%～30%，挥发物<4.0%，无碱玻璃布	16～35	用于H级电机、电器卷烘绝缘、磁极绝缘

附表 2-38 常用有溶剂漆的品种、组成、特性和用途

名称	型号	主要组成	耐热等级	特性和用途
沥青漆	1010 L30-10	石油沥青、干性植物油、松脂酸盐。溶剂为二甲苯和 200 号溶剂汽油	A	耐潮性好。供浸漆不要求耐油的电机线圈
油改性醇酸漆	1030	亚麻油、桐油、松香改性醇酸树脂，溶剂为 200 号溶剂汽油	B	耐油性和弹性好。供浸渍在油中工作的线圈和绝缘零部件
丁基酚醛醇酸漆	1031	蓖麻油改性醇酸树脂，丁醇改性酚醛树脂。溶剂为二甲苯和 200 号溶剂汽油		耐潮性、内干性较好，机械强度较高，供浸渍线圈，可用于湿热地区
三聚氰胺醇酸漆	1032 A30-1	油改性醇酸树脂、丁醇改性三聚氰胺树脂，溶剂为二甲苯和 200 号溶剂汽油		耐潮性、耐油性、内干性较好，机械强度较高，且耐电弧，供浸渍在湿热地区使用的线圈
醇酸玻璃丝包线漆	1230 C34-1	干性植物油改性醇酸树脂		耐油性和弹性好，黏结力较强。供浸涂玻璃丝包线
环氧酯漆	1033 H30-2	干性植物油酸、环氧树脂，丁醇改性三聚氰胺树脂；溶剂为二甲苯和丁醇		耐潮性、内干性好，机械强度高，黏结力强。可供浸渍用于湿热地区的线圈
环氧醇酸漆	H30-6 8340	酸性醇酸树脂与环氧树脂共聚物、三聚氰胺树脂		耐热性、耐潮性较好，机械强度高，黏结力强。可供浸渍用于湿热地区的线圈

（续表）

名称	型号	主要组成	耐热等级	特性和用途
聚酯浸渍漆	155 Z30-2	干性植物油改性对苯二甲酸聚酯树脂，溶剂为二甲苯和丁醇	F	耐热性、电气性能较好，黏结力强。供浸渍F级电机、电器线圈
有机硅浸渍漆	1053 W30-1	有机硅树脂，溶剂为二甲苯	H	耐热性和电气性能好。但烘干温度较高。供浸渍H级电机、电器线圈和绝缘零部件
低温干燥有机硅漆	9111	有机硅树脂，固化剂，溶剂为甲苯		耐热性较1053稍差，但烘干温度低，干燥快，用途同1053
聚酯改性有机硅漆	931 W30-P	聚酯改性有机硅树脂，溶剂为二甲苯		黏结力较强，耐潮性和电气性能好，烘干温度较1053低，若加入固化剂可在150 ℃固化。用途同1053
有机硅玻璃丝包线漆	1152	有机硅树脂，溶剂为甲苯或二甲苯		漆膜柔软，机械强度高。供浸涂H级玻璃丝包线
聚酰胺酰亚胺浸渍漆	PAI-Z	聚酰胺酰亚胺树脂，溶剂为二甲基乙酰胺，稀释剂为二甲苯		耐热性优于有机硅漆，电气性能优良，黏结力强，耐辐照性好。供浸渍耐高温或在特殊条件下工作的电机、电器线圈

附表 2-39 常用无溶剂漆的品种、组成、特性和用途

名称	主要组成	耐热等级	特性和用途
环氧无溶剂漆 110	6101 环氧树脂、桐油酸酐、松节油酸酐、苯乙烯	B	黏度低、击穿强度高、贮存稳定性好。可用于沉浸小型低压电机、电器线圈
环氧无溶剂漆 672-1	672 环氧树脂、桐油酸酐、苄基二甲胺、70 酸酐		挥发物少，固化快，体积电阻高。适于滴浸小型电机、电器线圈
环氧无溶剂漆 9102	618 或 6101 环氧树脂、桐油酸酐、70 酸酐、903 或 901 固化剂、环氧丙烷丁基醚		挥发物少，固化较快。可用于滴浸小型低压电机、电器线圈
环氧无溶剂漆 111	6101 环氧树脂、桐油酸酐、松节油酸酐、苯乙烯、二甲基咪唑乙酸盐		黏度低，固化快，击穿强度高。可用于滴浸小型低压电机、电器线圈
环氧无溶剂漆 H30-5	苯基苯酚环氧树脂、桐油酸酐、二甲基咪唑		特性用途与 111 相同
环氧无溶剂漆 594 型	618 环氧树脂、594 固化剂、环氧丙烷丁基醚		黏度低，体积电阻高。贮存稳定性好。可用于整浸中型高压电机、电器线圈
环氧无溶剂漆 9101	618 环氧树脂、901 固化剂、环氧丙烷丁基醚		黏度低，固化较快，体积电阻高，贮存稳定性好。可用于整浸中型高压电机、电器线圈

（续表）

名　　称	主　要　组　成	耐热等级	特　性　和　用　途
环氧聚酯无溶剂漆1034	618环氧树脂、甲基丙烯酸聚酯、不饱和聚酯、正钛酸丁酯、过氧化二苯甲酰、萘酸钴、苯乙烯	B	挥发物较少，固化快，耐霉性较差。用于滴浸小型低压电机、电器线圈
聚丁二烯环氧聚酯无溶剂漆	聚丁二烯环氧树脂、甲基丙烯酸聚酯、不饱和聚酯、邻苯二甲酸二丙烯酯，过氧化二苯甲酰、萘酸钴、对苯二酚		黏度较低，挥发物较少。固化较快，贮存稳定性好，耐热性较1034高。用于沉浸小型低压电机、电器线圈
环氧聚酯酚醛无溶剂漆5152-2	6101环氧树酯、丁醇改性甲酚甲醛树脂、不饱和聚酯、桐油酸酐、过氧化二苯甲酰、苯乙烯、对苯二酚	F	黏度低，击穿强度高。贮存稳定性好。用于沉浸小型低压电机、电器线圈
环氧聚酯无溶剂漆EIU	不饱和聚酯亚胺树脂、618和6101环氧酯、桐油酸酐、过氧化二苯甲酰、苯乙烯、对苯二酚		黏度低、挥发物较少，击穿强度高，贮存稳定性好。用于沉浸小型F级电机、电器线圈
不饱和聚酯无溶剂漆319-2	二甲苯树脂、改性间苯二甲酸不饱和聚酯、苯乙烯、过氧化二异丙苯		黏度较低，电气性能较好，贮存稳定性好。可用于沉浸小型F级电机、电器线圈

附表 2-40 常用覆盖漆的品种、组成、特性和用途

名称	型号	主要组成	耐热等级	特性和用途
晾干醇酸漆	1231 C31-1	干性植物油或脂肪酸改性邻苯二甲酸季戊四醇醇酸树脂、干燥剂	B	晾干或低温干燥，漆膜的弹性、电气性能、耐气候性和耐油性较好。用于覆盖电器或绝缘零部件
晾干醇酸灰瓷漆	1321 C32-9	油改性醇酸树脂、干燥剂、颜料		晾干或低温干燥、漆膜硬度较高，耐电弧性和耐油性好。用于覆盖电机、电器线圈及绝缘零部件表面修饰
醇酸灰瓷漆	1320 C32-8	油改性醇酸树脂、颜料		烘焙干燥，漆膜坚硬，机械强度高，耐电弧性和耐油性好。用于覆盖电机、电器线圈
晾干环氧酯漆	9120 H31-3	干性植物油酸与环氧酯化物、干燥剂		晾干或低温干燥，干燥快，漆膜附着力好，耐潮、耐油和耐气候性好，有弹性。用于覆盖电器或绝缘零部件。可用于湿热地区
环氧酯灰瓷漆	163 H31-4	环氧树脂酯化物、氨基树脂、防霉剂		烘焙干燥，漆膜硬度大，耐潮、耐霉、耐油性好，用于覆盖电机、电器线圈，可用于湿热地区
晾干环氧酯灰瓷漆	164 H31-2	环氧树脂酯化物、颜料、干燥剂、防霉剂		晾干或低温干燥，漆膜坚硬，耐潮、耐霉、耐油性好，用于覆盖电机、电器线圈及绝缘零部件表面修饰，可用于湿热地区
环氧聚酯铁红瓷漆	6341 H31-7	环氧树脂、酚醛树脂、己二酸聚酯树脂		烘焙干燥，漆膜附着力强，耐潮、耐霉、耐油性好，用于覆盖电机、电器线圈，可用于湿热地区
晾干有机硅红瓷漆	167	有机硅树脂、醇酸树脂、颜料	H	晾干或低温干燥，漆膜耐热性高，电气性能好。用于覆盖耐高温电机、电器线圈或绝缘零部件表面修饰
有机硅红瓷漆	1350 W32-3	有机硅树脂、颜料		烘焙干燥，漆膜耐热性，电气性能比 167 好，且硬度大、耐油。用途同晾干有机硅红瓷漆

电动机绕组布线和接线彩图

目　　录

I　三相异步电动机绕组布线和接线图例

[1]　12 槽 2 极单层链式绕组 ($y = 5$, $a = 1$)

绕组结构参数

线圈个数 $Q = 6$	线圈组数 $u = 6$	每组线圈数 $x = 1$	并联支路数 $a = 1$
极距 $\tau = 6$	节距 $y = 1—6$	绕组系数 $K_w = K_d \cdot K_y = 0.966 \times 1 = 0.966$	

应用举例:AO2-5012

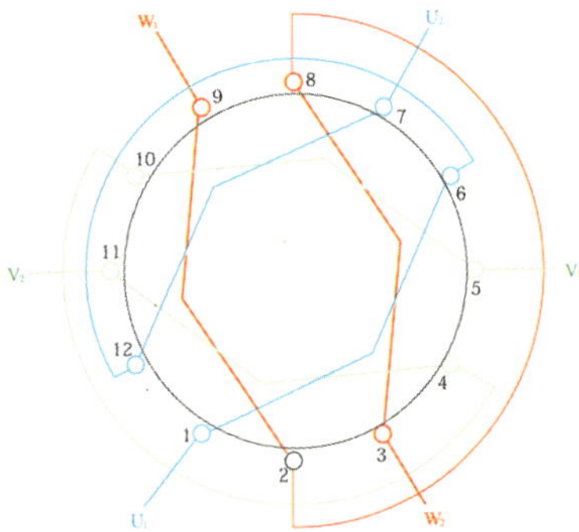

图 I-[1](a)　布线接线圆图

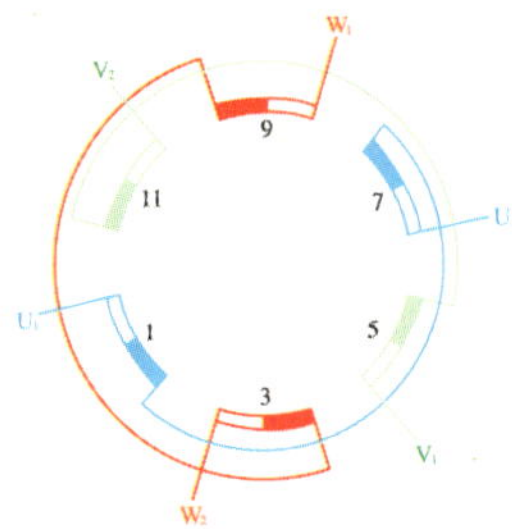

图 I-[1](b)　简化接线圆图

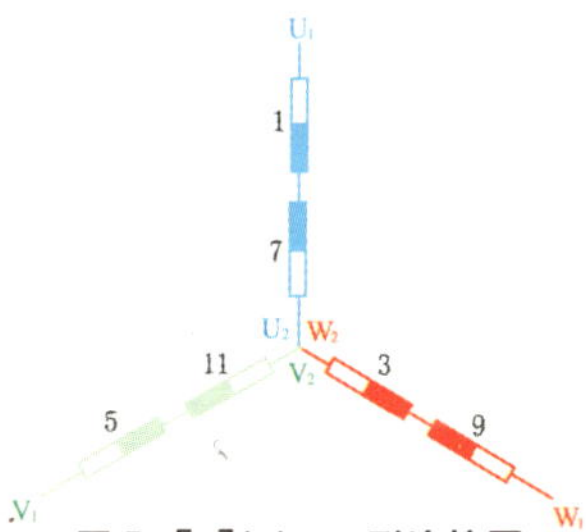

图 I-[1](c)　Y形连接图

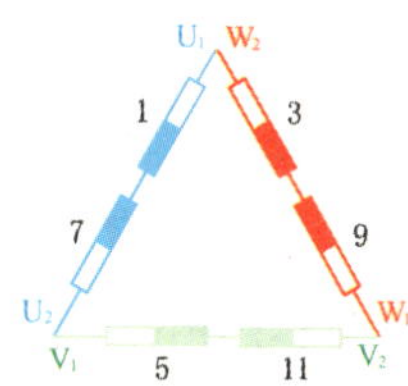

图 I-[1](d)　△形连接图

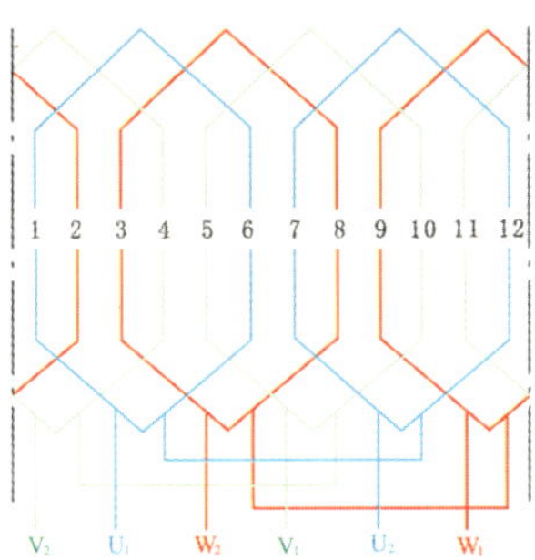

图 I-[1](e)　展开图

［2］ 12 槽 2 极双层叠式绕组（$y=5$，$a=1$）

绕组结构参数

线圈个数 $Q=12$	线圈组数 $u=6$	每组线圈数 $x=2$	并联支路数 $a=1$
极距 $\tau=6$	节距 $y=1—6$	绕组系数 $K_w=K_d \cdot K_y=0.966\times0.966=0.933$	

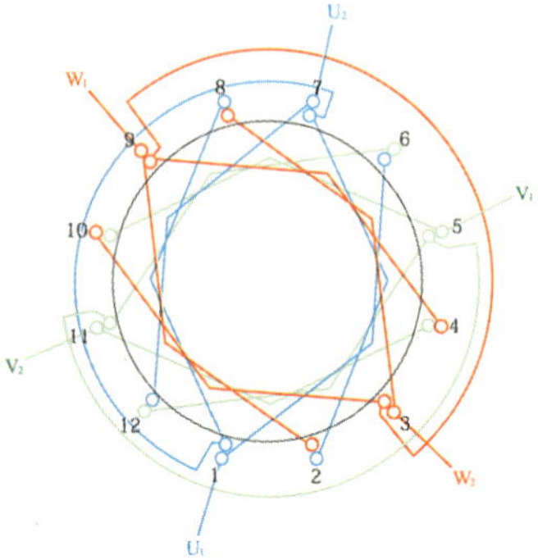

图Ⅰ-［2］(a) 布线接线圆图

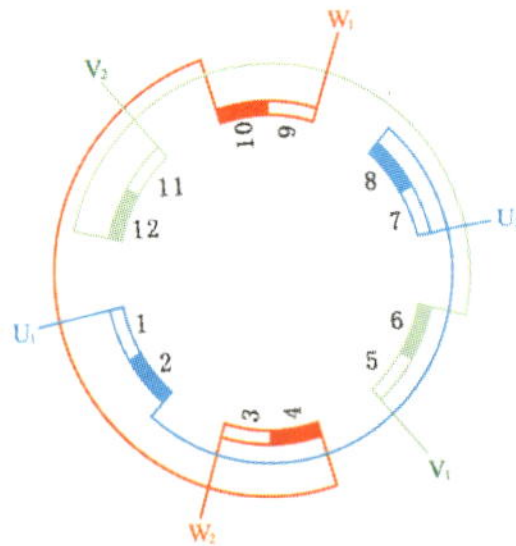

图Ⅰ-［2］(b) 简化接线圆图

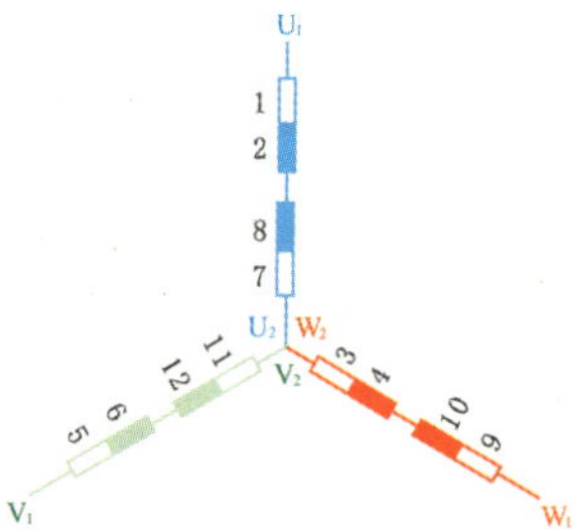

图Ⅰ-［2］(c) Y形连接图

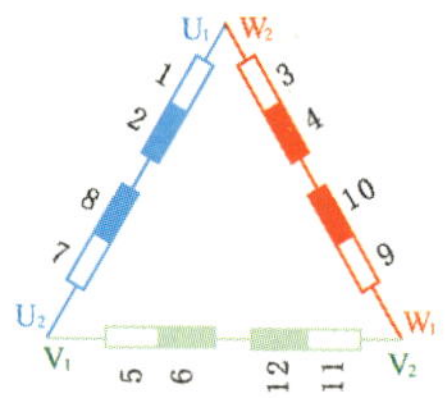

图Ⅰ-［2］(d) △形连接图

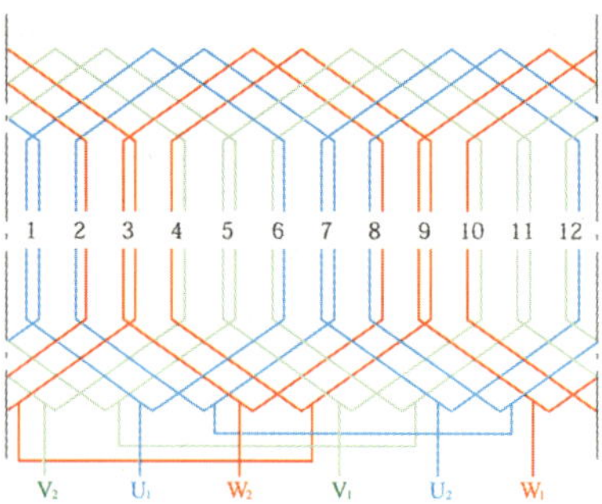

图Ⅰ-［2］(e) 展开图

[3] 18 槽 2 极单层交叉式绕组 ($a=1$)

绕组结构参数

线圈个数 $Q=9$	线圈组数 $u=6$	每组线圈数 $x=1$ 和 2	并联支路数 $a=1$
极距 $\tau=9$	节距 $y=1(1—8)$、$2(1—9)$	绕组系数 $K_w=K_d \cdot K_y=0.96\times1=0.96$	

应用举例:Y-90L-2

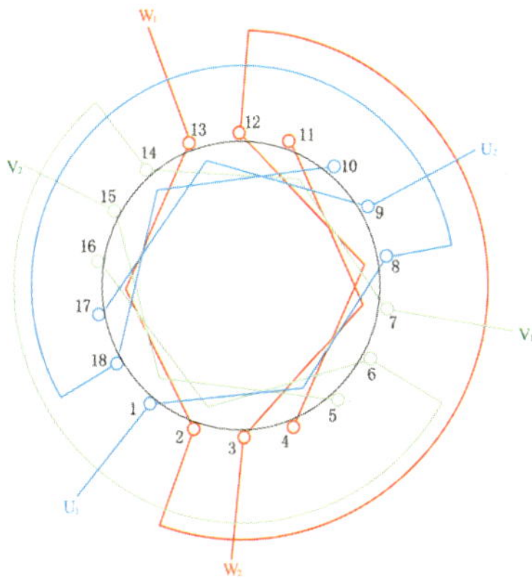

图 Ⅰ-[3](a) 布线接线圆图

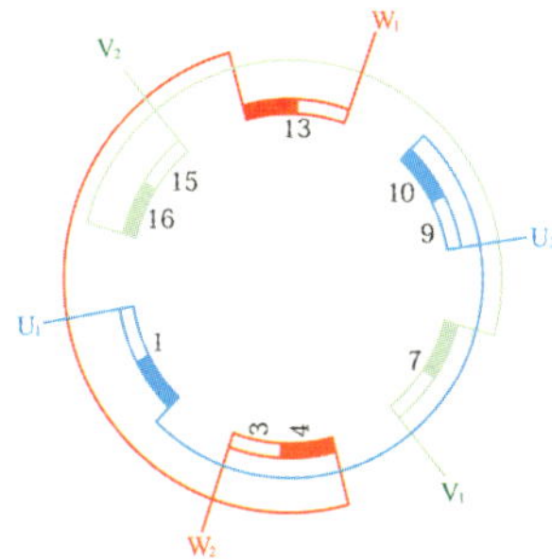

图 Ⅰ-[3](b) 简化接线圆图

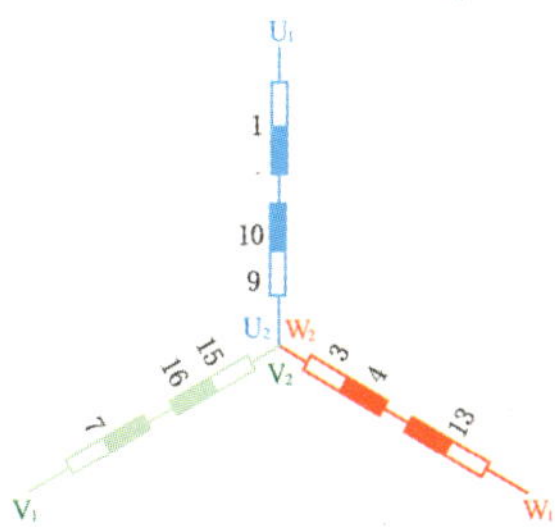

图 Ⅰ-[3](c) Y形连接图

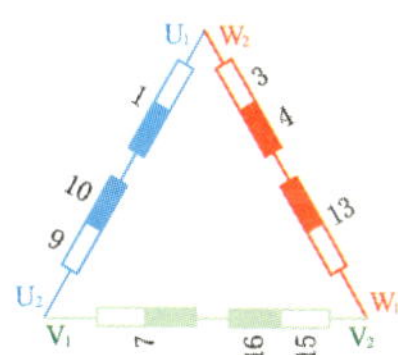

图 Ⅰ-[3](d) △形连接图

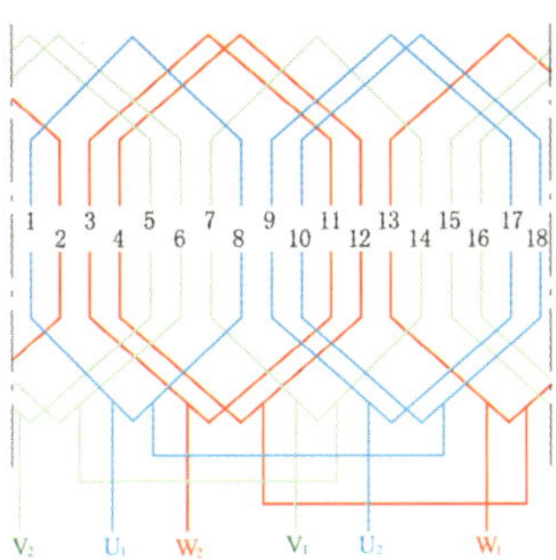

图 Ⅰ-[3](e) 展开图

［4］ 24槽2极单层同心式绕组（$a=1$）

绕组结构参数

线圈个数 $Q=12$	线圈组数 $u=6$	每组线圈数 $x=2$	并联支路数 $a=1$
极距 $\tau=12$ 节距 $y=(1—12)$、$(2—11)$		绕组系数 $K_w=K_d \cdot K_y=0.958\times1=0.958$	

应用举例：Y-100L-2

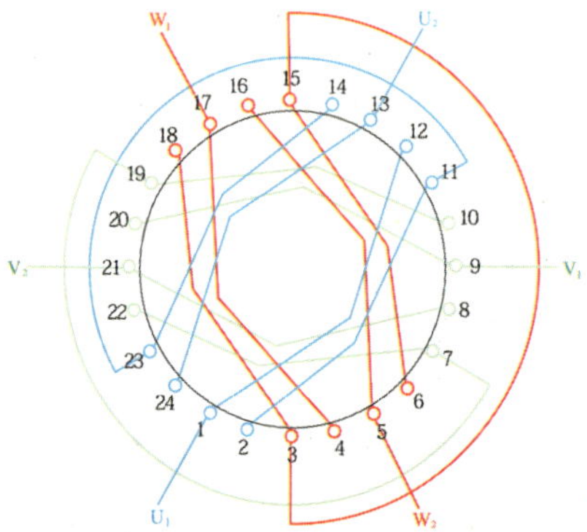

图Ⅰ-［4］(a) 布线接线圆图

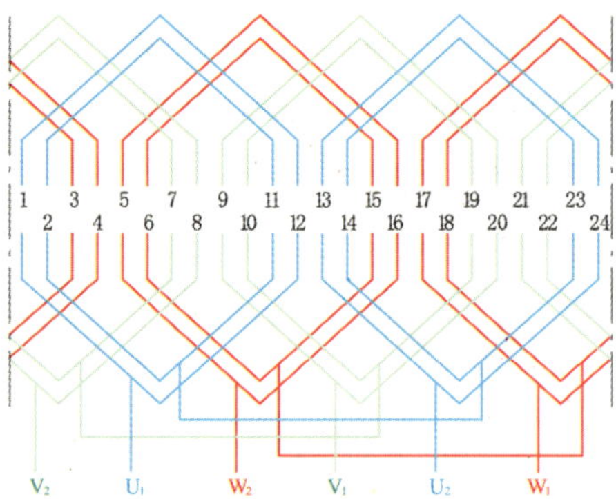

图Ⅰ-［4］(b) 展开图

[5]　24 槽 2 极双层叠式绕组 ($y=9$, $a=2$)

绕组结构参数

线圈个数 $Q=24$	线圈组数 $u=6$	每组线圈数 $x=4$	并联支路数 $a=2$
极距 $\tau=12$	节距 $y=1—10$	绕组系数 $K_w=K_d \cdot K_y=0.958\times0.924=0.885$	

应用举例:J-61-2

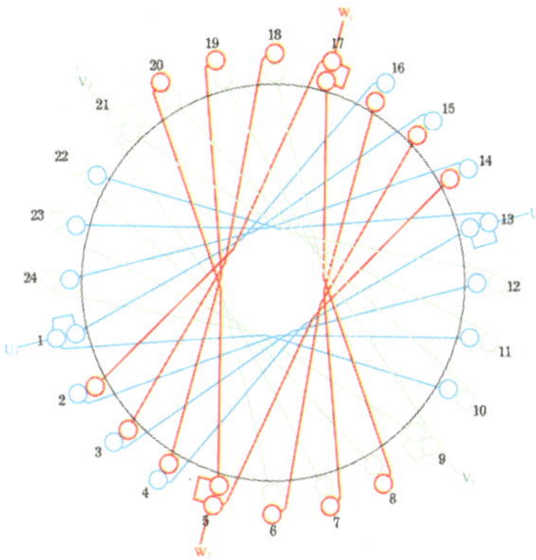

图 Ⅰ-[5](a)　布线接线圆图

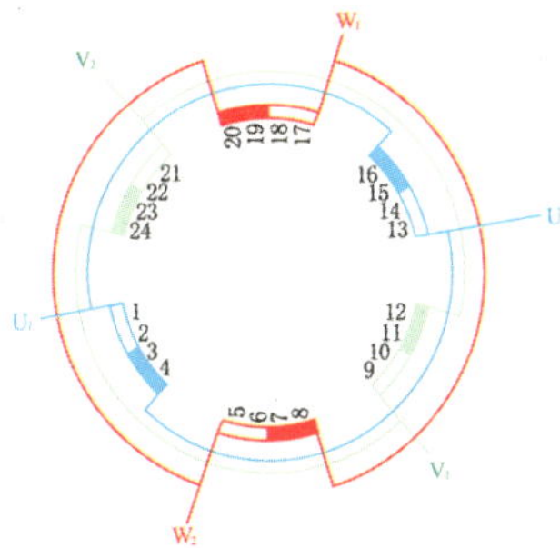

图 Ⅰ-[5](b)　简化接线圆图

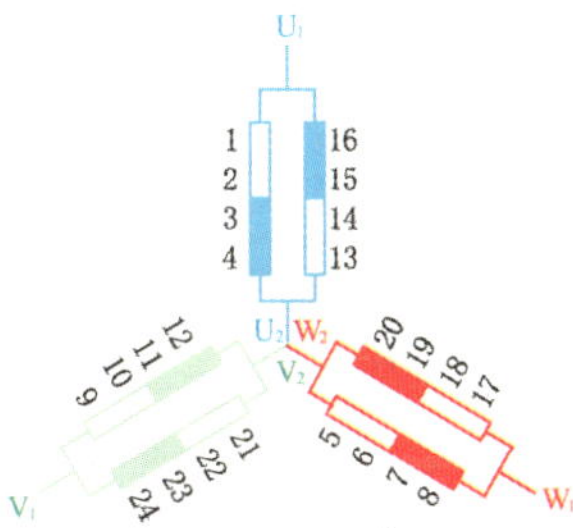

图 Ⅰ-[5](c)　Y形连接图

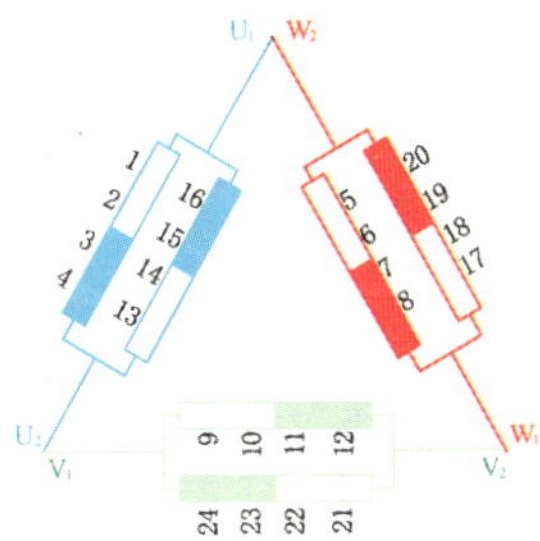

图 Ⅰ-[5](d)　△形连接图

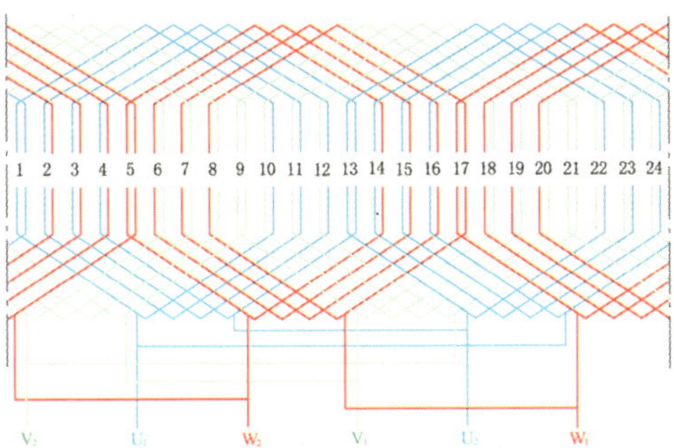

图 Ⅰ-[5](e)　展开图

[6] 30 槽 2 极单层同心式绕组 ($a=1$)

绕组结构参数

线圈个数 $Q=15$	线圈组数 $u=6$	每组线圈数 $x=3$ 和 2	并联支路数 $a=1$
极距 $\tau=15$	节距 $y=(1—16)$、$(2—15)$、$(3—14)$；$(1—14)$、$(2—13)$	绕组系数 $K_w=K_d \cdot K_y=0.957\times1=0.957$	

应用举例：Y-160L-2

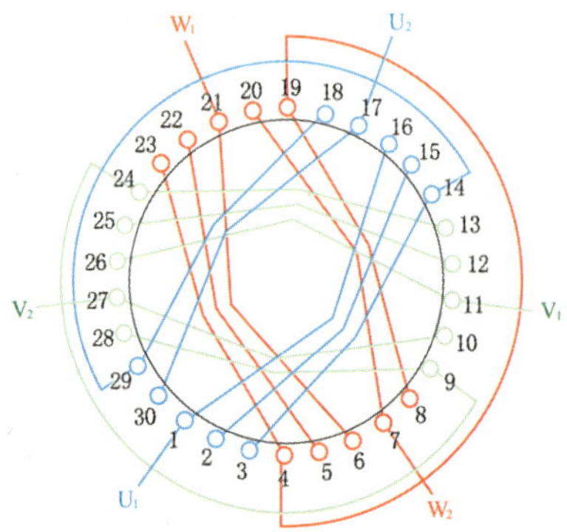

图 I-[6](a) 布线接线圆图

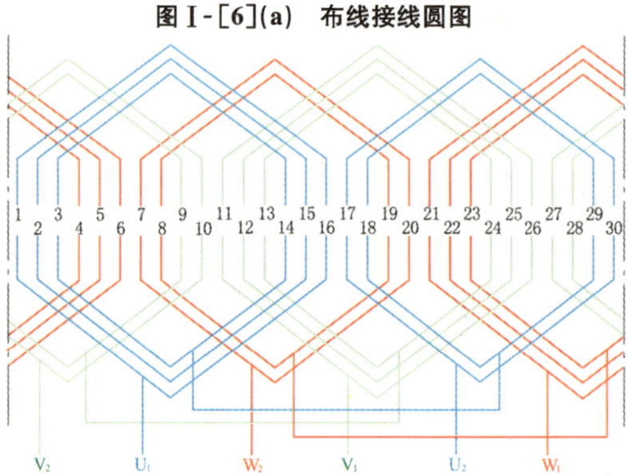

图 I-[6](b) 展开图

[7]　30 槽 2 极双层叠式绕组（$y=11$，$a=2$）

绕组结构参数

线圈个数 $Q=30$	线圈组数 $u=6$	每组线圈数 $x=5$	并联支路数 $a=2$
极距 $\tau=15$	节距 $y=1—12$	绕组系数 $K_w=K_d \cdot K_y=0.9567\times0.9135=0.874$	

应用举例：BJO2-61-2

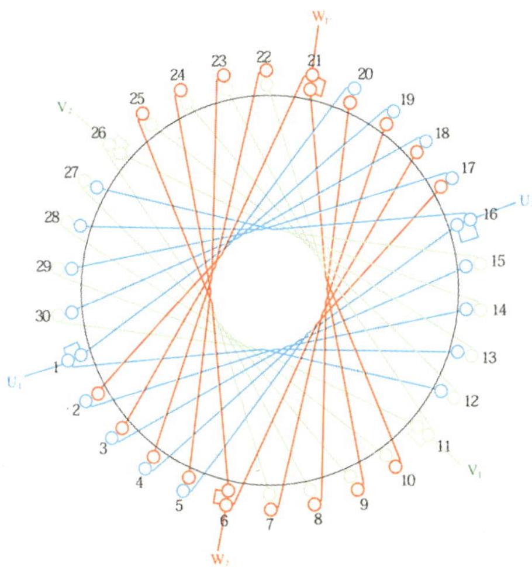

图 Ⅰ-[7](a)　布线接线圆图

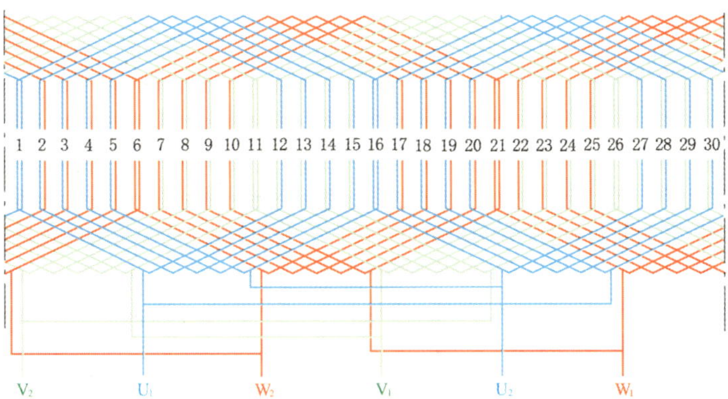

图 Ⅰ-[7](b)　展开图

[8] 36 槽 2 极双层叠式绕组 ($y=11$, $a=2$)

绕组结构参数

线圈个数 $Q=36$		线圈组数 $u=6$	每组线圈数 $x=6$	并联支路数 $a=2$
极距 $\tau=18$	节距 $y=1—12$	绕组系数 $K_w=K_d \cdot K_y=0.956\times0.819=0.783$		

应用举例:JS2-355S1-2

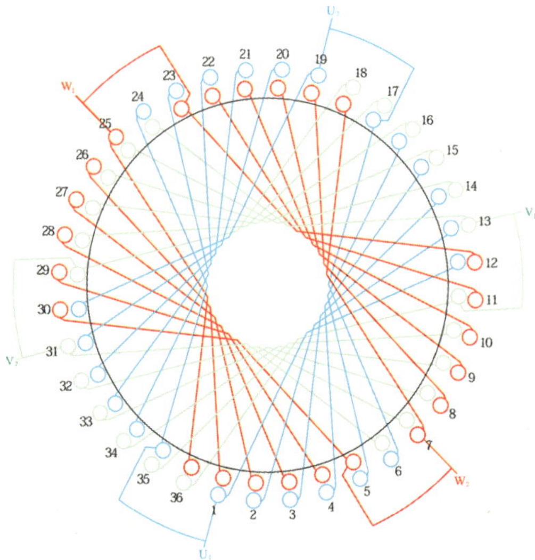

图Ⅰ-[8](a) 布线接线圆图

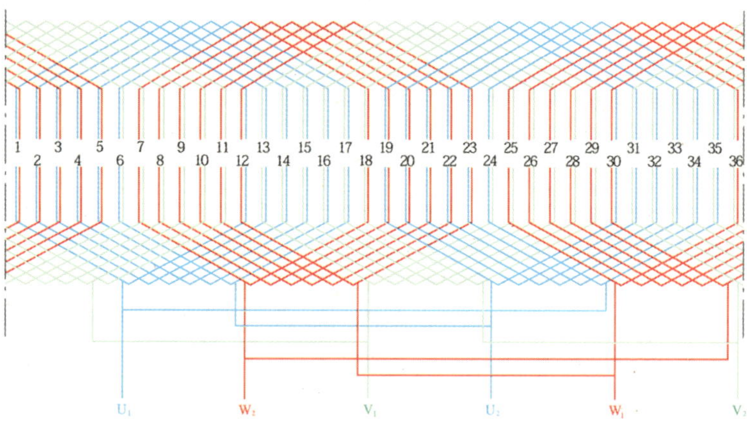

图Ⅰ-[8](b) 展开图

[9] 36 槽 2 极双层叠式绕组 ($y = 12$, $a = 1$)

绕组结构参数

线圈个数 $Q = 36$	线圈组数 $u = 6$	每组线圈数 $x = 6$	并联支路数 $a = 1$
极距 $\tau = 18$	节距 $y = 1—13$	绕组系数 $K_w = K_d \cdot K_y = 0.956 \times 0.866 = 0.828$	

应用举例:JO2-72-2

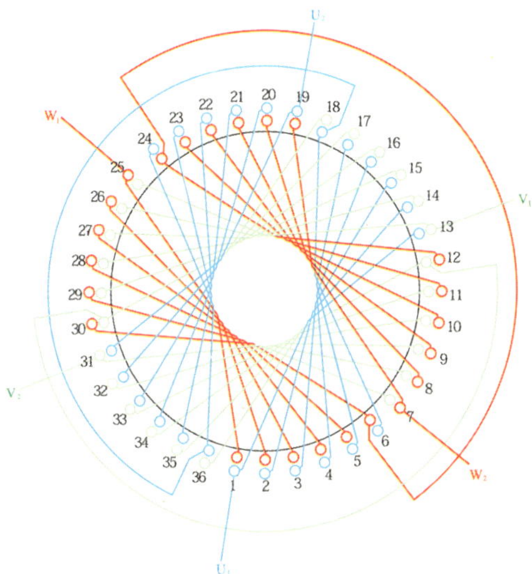

图 I-[9](a) 布线接线圆图

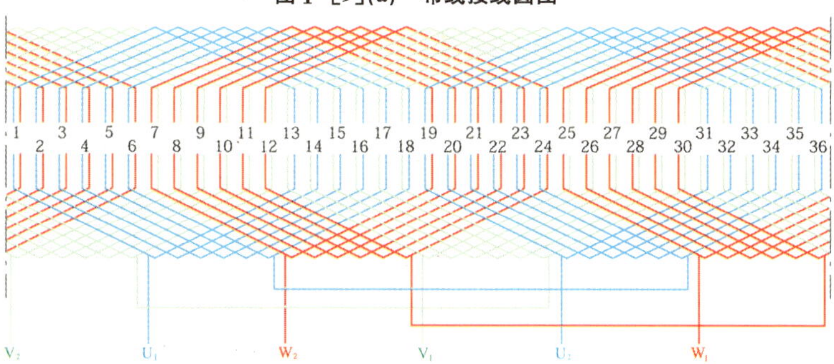

图 I-[9](b) 展开图

［10］ 42 槽 2 极双层叠式绕组（$y=15$，$a=2$）

绕组结构参数

线圈个数 $Q=42$		线圈组数 $u=6$	每组线圈数 $x=7$	并联支路数 $a=2$
极距 $\tau=21$	节距 $y=1—16$	绕组系数 $K_w=K_d \cdot K_y=0.956\times0.901=0.861$		

应用举例：Y-280M-2

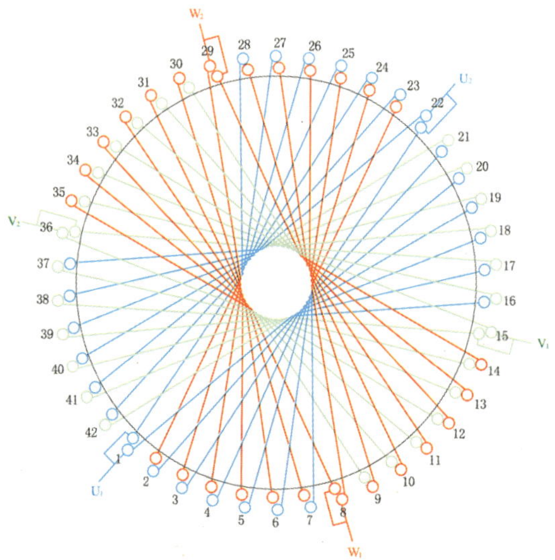

图Ⅰ-［10］(a)　布线接线圆图

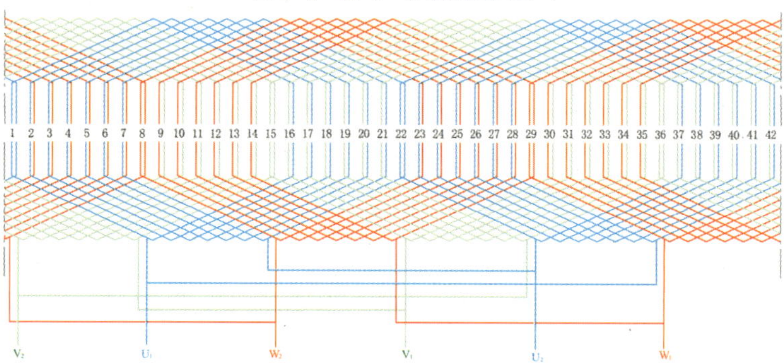

图Ⅰ-［10］(b)　展开图

[11] 42 槽 2 极双层叠式绕组 ($y=16$, $a=2$)

绕组结构参数

线圈个数 $Q=42$	线圈组数 $u=6$	每组线圈数 $x=7$	并联支路数 $a=2$
极距 $\tau=21$	节距 $y=1—17$	绕组系数 $K_w=K_d \cdot K_y=0.956\times0.931=0.89$	

应用举例:YX-250M-2

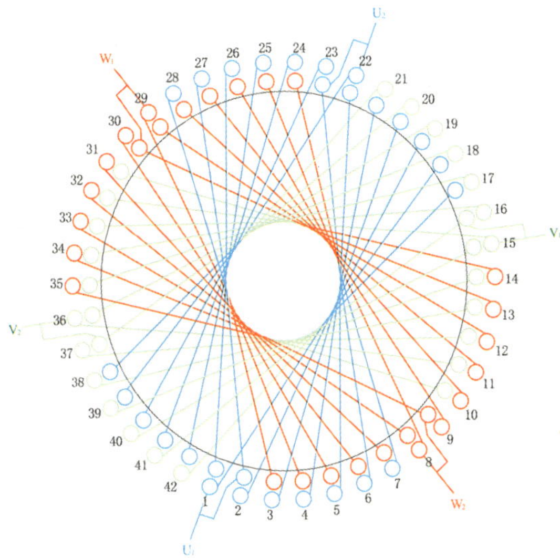

图Ⅰ-[11](a) 布线接线圆图

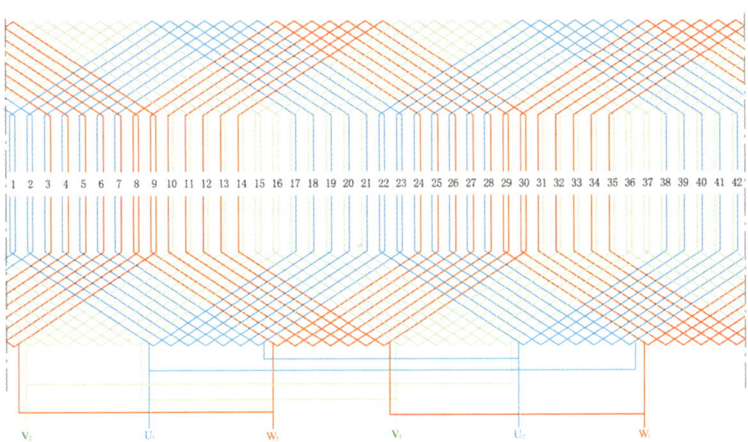

图Ⅰ-[11](b) 展开图

［12］ 48 槽 2 极双层叠式绕组（$y=17$，$a=2$）

绕组结构参数

线圈个数 $Q=48$	线圈组数 $u=6$	每组线圈数 $x=8$	并联支路数 $a=2$
极距 $\tau=24$	节距 $y=1—18$	绕组系数 $K_w=K_d \cdot K_y=0.9556\times0.8968=0.857$	

应用举例：Y-315S-2

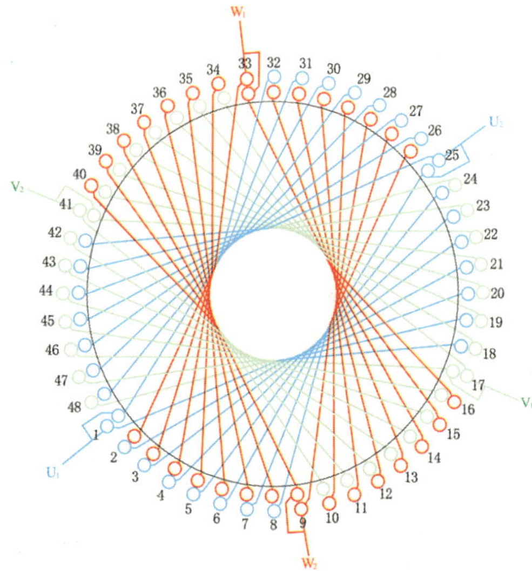

图Ⅰ-［12］(a)　布线接线圆图

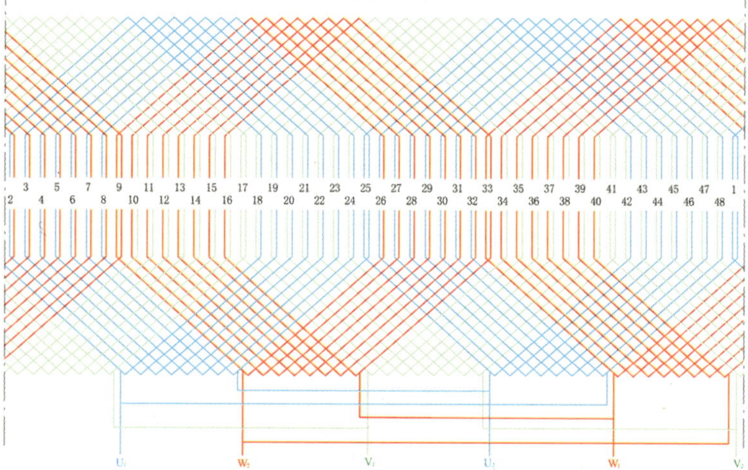

图Ⅰ-［12］(b)　展开图

[13]　12槽4极(庶极式)单层链式绕组($y=3$, $a=1$)

绕组结构参数

线圈个数 $Q=6$	线圈组数 $u=6$	每组线圈数 $x=1$	并联支路数 $a=1$
极距 $\tau=3$	节距 $y=1$—4	绕组系数 $K_w=K_d\cdot K_y=1\times1=1$	

应用举例:AO2-4514

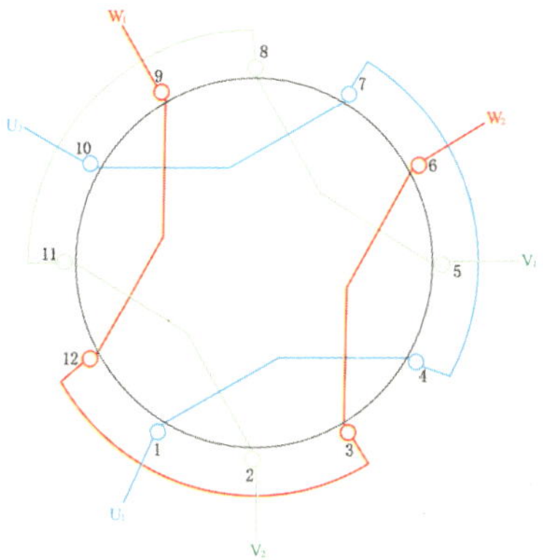

图Ⅰ-[13](a)　布线接线圆图

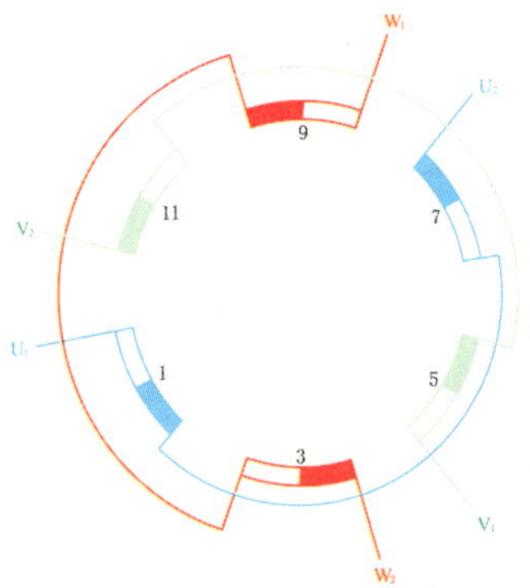

图Ⅰ-[13](b)　简化接线圆图

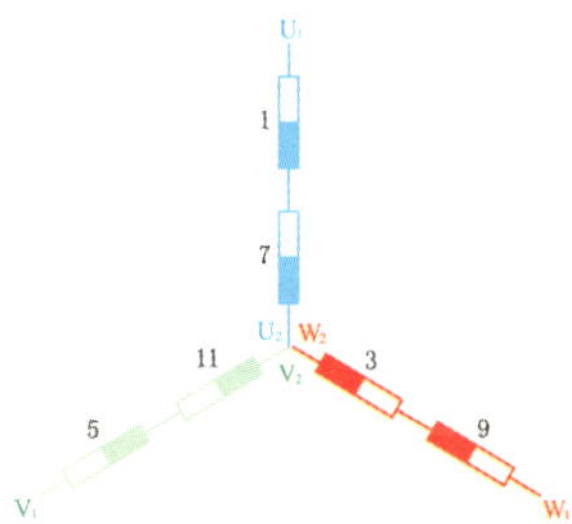

图Ⅰ-[13](c)　Y形连接图

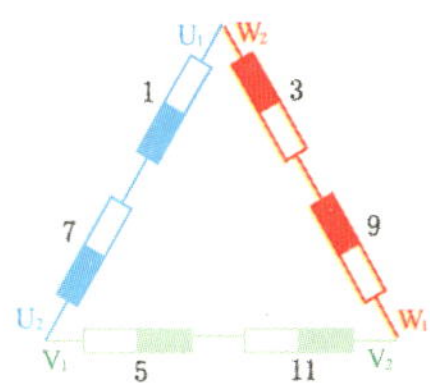

图Ⅰ-[13](d)　△形连接图

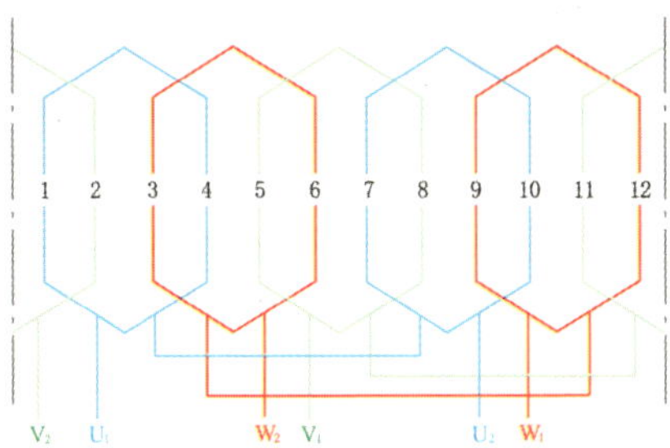

图Ⅰ-[13](e)　展开图

［14］ 24 槽 4 极单层链式绕组（$y=5$，$a=1$）

绕组结构参数

线圈个数 $Q=12$	线圈组数 $u=12$	每组线圈数 $x=1$	并联支路数 $a=1$
极距 $\tau=6$	节距 $y=1—6$	绕组系数 $K_w=K_d\cdot K_y=0.966\times1=0.966$	

应用举例：Y-90L-4

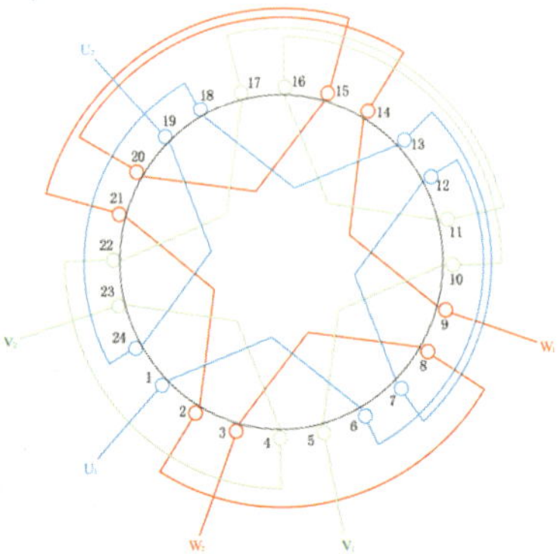

图Ⅰ-［14］(a) 布线接线圆图

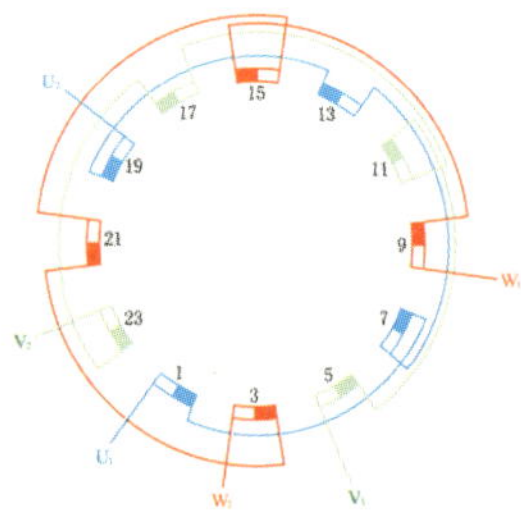

图Ⅰ-［14］(b) 简化接线圆图

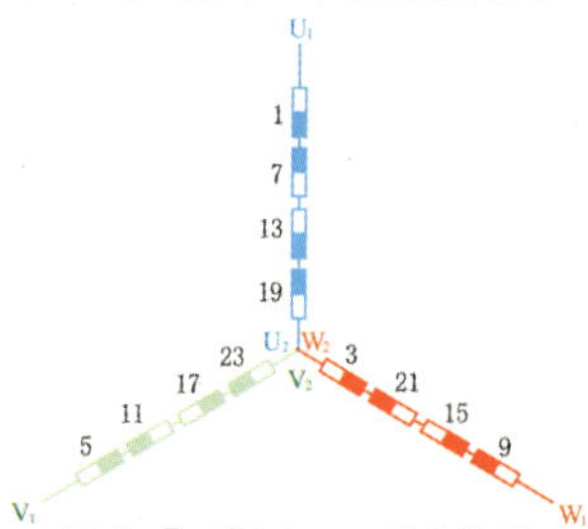

图Ⅰ-［14］(c) Y形连接图

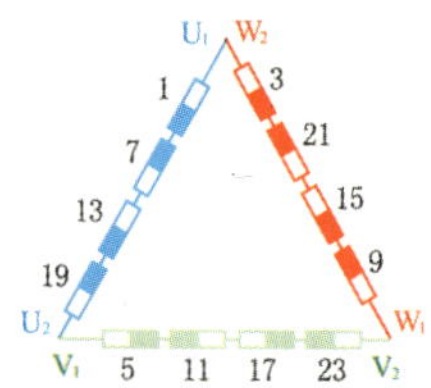

图Ⅰ-［14］(d) △形连接图

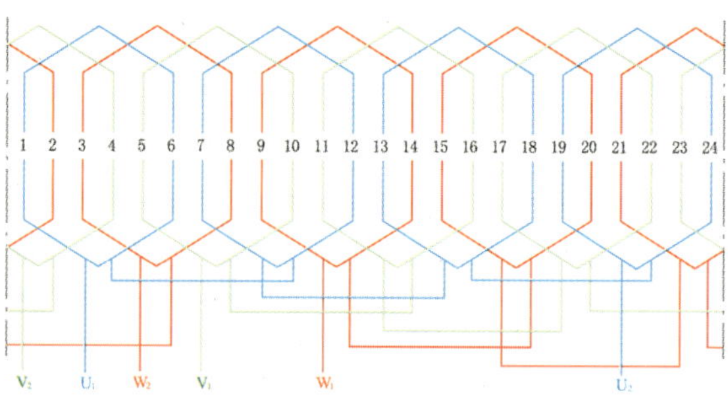

图Ⅰ-［14］(e) 展开图

[15] 24 槽 4 极(庶极式)单层同心式绕组 ($a = 1$)

绕组结构参数

线圈个数 $Q = 12$	线圈组数 $u = 6$	每组线圈数 $x = 2$	并联支路数 $a = 1$
极距 $\tau = 6$	节距 $y = (1—8)$、$(2—7)$	绕组系数 $K_w = K_d \cdot K_y = 0.966 \times 1 = 0.966$	

应用举例:AO2-8024

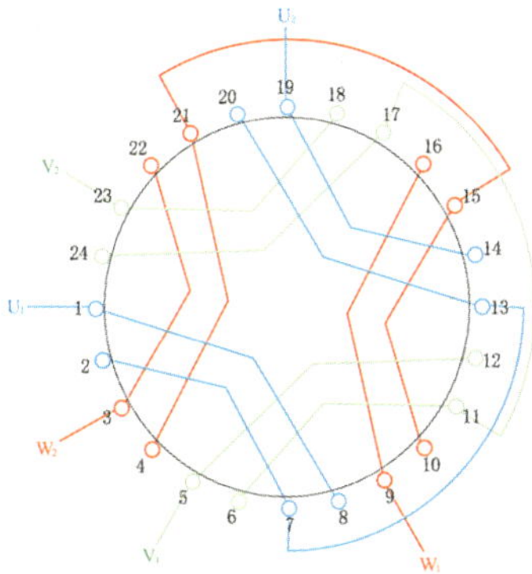

图Ⅰ-[15](a) 布线接线圆图

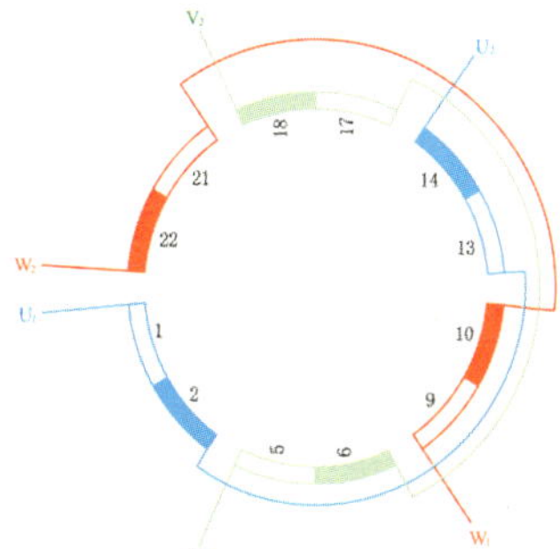

图Ⅰ-[15](b) 简化接线圆图

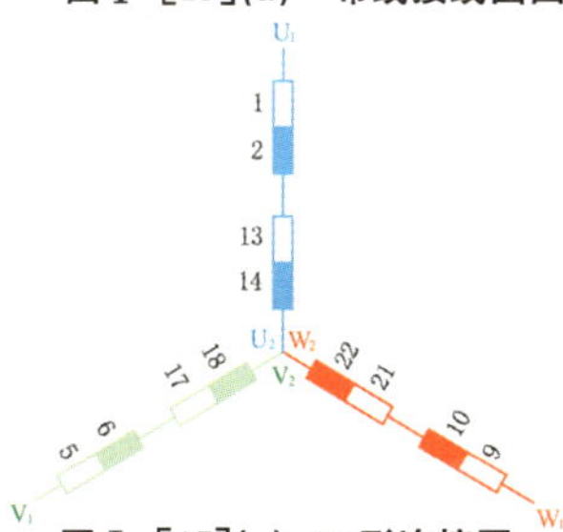

图Ⅰ-[15](c) 丫形连接图

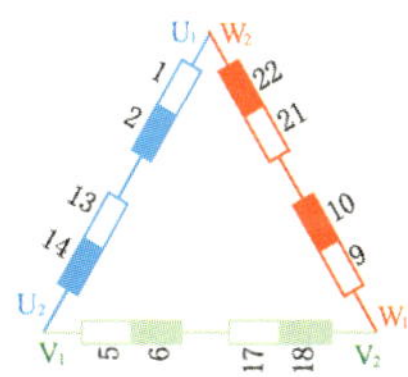

图Ⅰ-[15](d) △形连接图

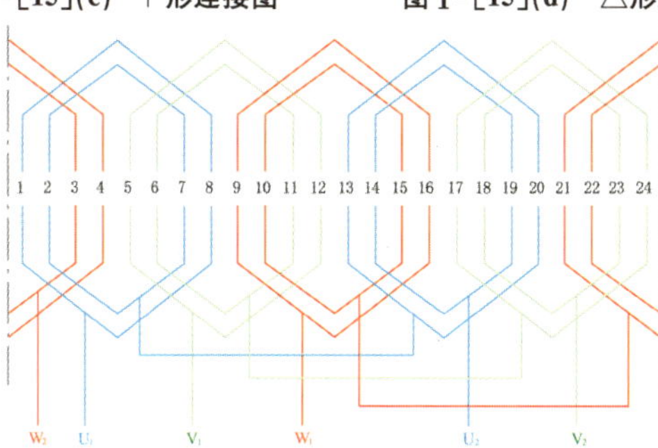

图Ⅰ-[15](e) 展开图

[16] 24槽4极双层叠式绕组($y=5$, $a=4$)

绕组结构参数

线圈个数 $Q=24$	线圈组数 $u=12$	每组线圈数 $x=2$	并联支路数 $a=4$
极距 $\tau=6$	节距 $y=1—6$	绕组系数 $K_w=K_d\cdot K_y=0.966\times0.966=0.933$	

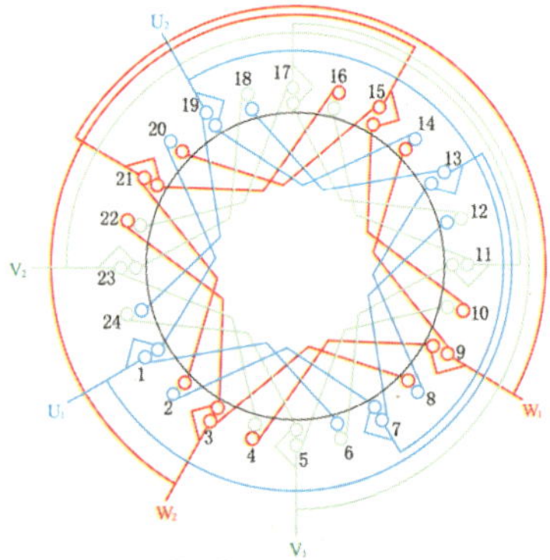

图Ⅰ-[16](a) 布线接线圆图

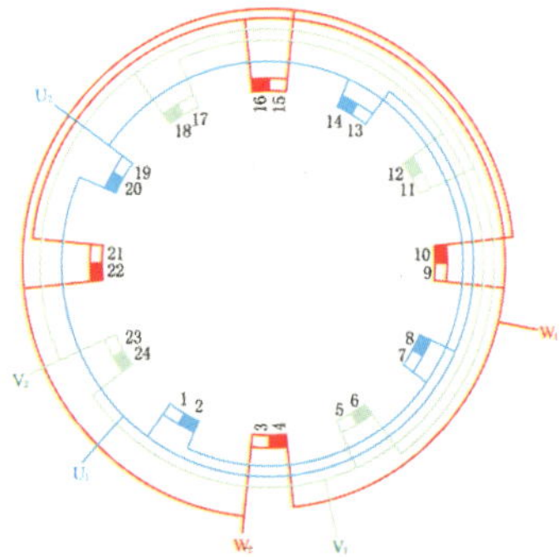

图Ⅰ-[16](b) 简化接线圆图

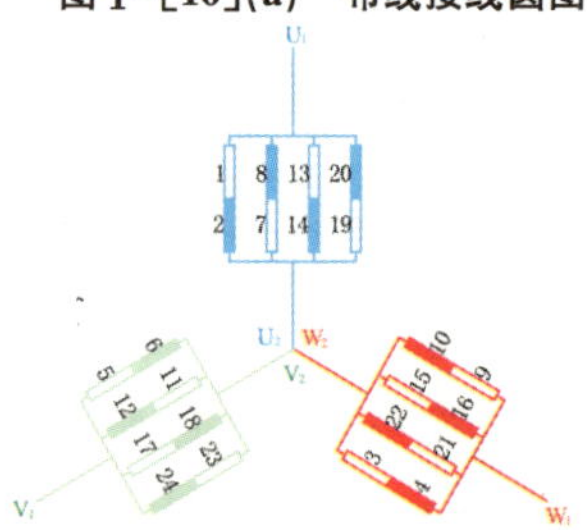

图Ⅰ-[16](c) Y形连接图

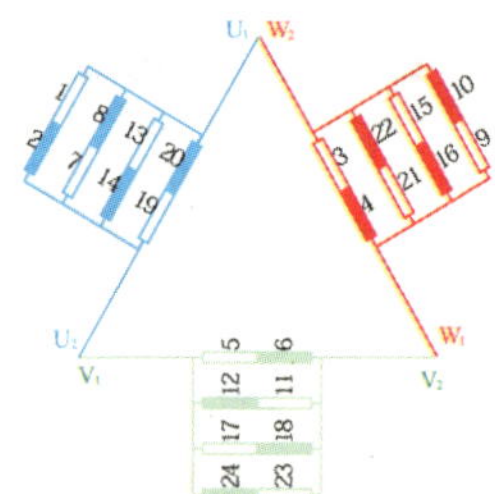

图Ⅰ-[16](d) △形连接图

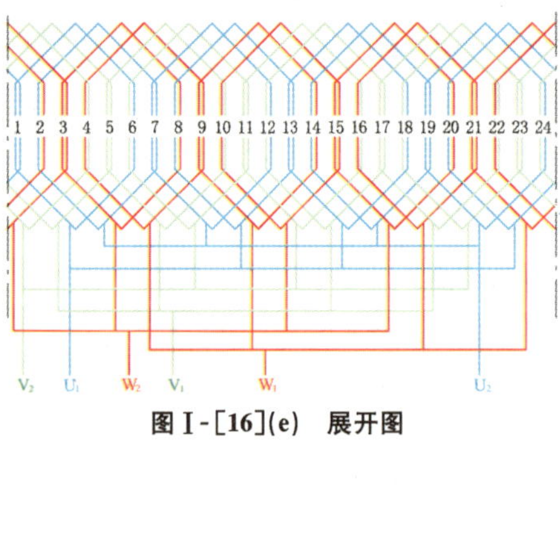

图Ⅰ-[16](e) 展开图

[17] 36 槽 4 极单层交叉式绕组 ($a=1$)

绕组结构参数

线圈个数 $Q=18$	线圈组数 $u=12$	每组线圈数 $x=1$ 和 2	并联支路数 $a=1$
极距 $\tau=9$	节距 $y=2(1—9)$、$1(1—8)$	绕组系数 $K_w=K_d \cdot K_y=0.96\times1=0.96$	

应用举例：Y-112M-4

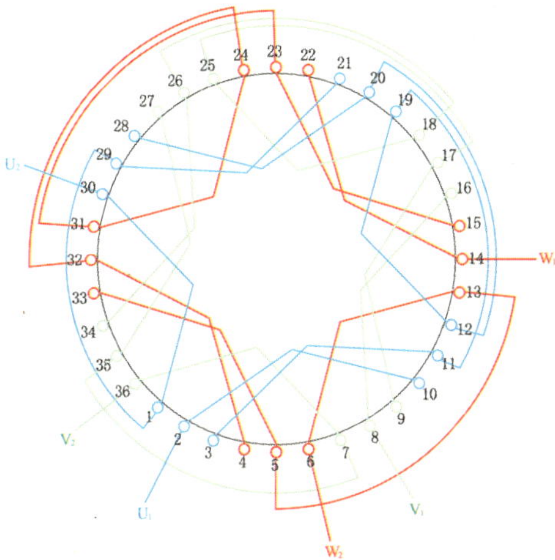

图 I-[17](a)　布线接线圆图

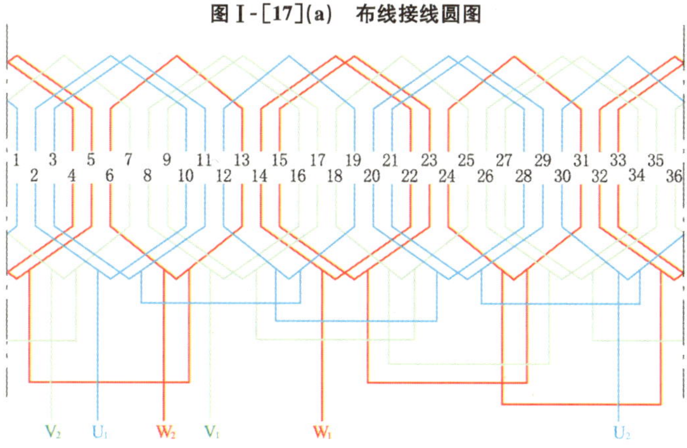

图 I-[17](b)　展开图

[18] 36 槽 4 极单层交叉式绕组 ($a=2$)

绕组结构参数

线圈个数 $Q=18$	线圈组数 $u=12$	每组线圈数 $x=1$ 和 2	并联支路数 $a=2$
极距 $\tau=9$	节距 $y=2(1—9)$、$1(1—8)$	绕组系数 $K_w=K_d \cdot K_y=0.96\times1=0.96$	

应用举例:Y-132M-4

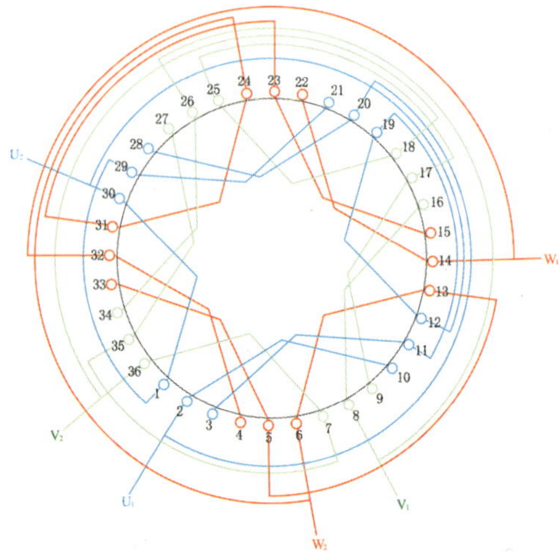

图Ⅰ-[18](a) 布线接线圆图

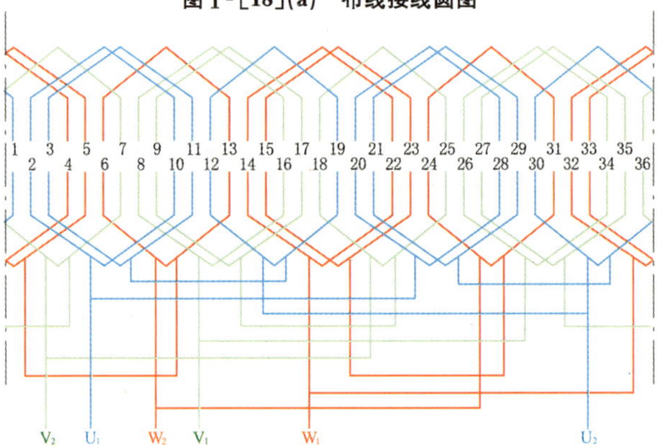

图Ⅰ-[18](b) 展开图

[19] 36 槽 4 极双层叠式绕组 ($y=7$, $a=2$)

绕组结构参数

线圈个数 $Q=36$	线圈组数 $u=12$	每组线圈数 $x=3$	并联支路数 $a=2$	
极距 $\tau=9$	节距 $y=1—8$	绕组系数 $K_w=K_d \cdot K_y=0.96\times0.94=0.902$		

应用举例:JO2-61-4

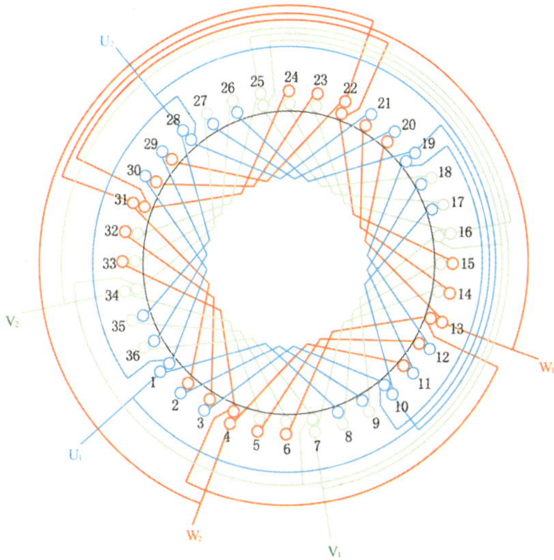

图 I-[19](a) 布线接线圆图

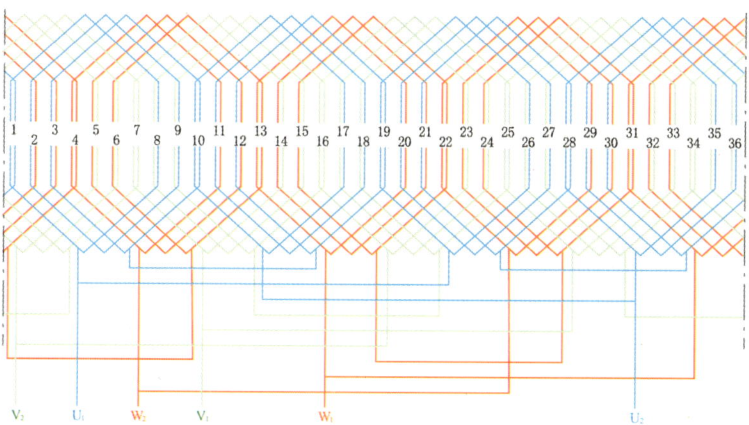

图 I-[19](b) 展开图

[20] 48槽4极双层叠式绕组 ($y=9$, $a=2$)

绕组结构参数

线圈个数 $Q=48$	线圈组数 $u=12$	每组线圈数 $x=4$	并联支路数 $a=2$
极距 $\tau=12$	节距 $y=1—10$	绕组系数 $K_w=K_d \cdot K_y=0.958\times0.924=0.885$	

应用举例:T2-225M-4

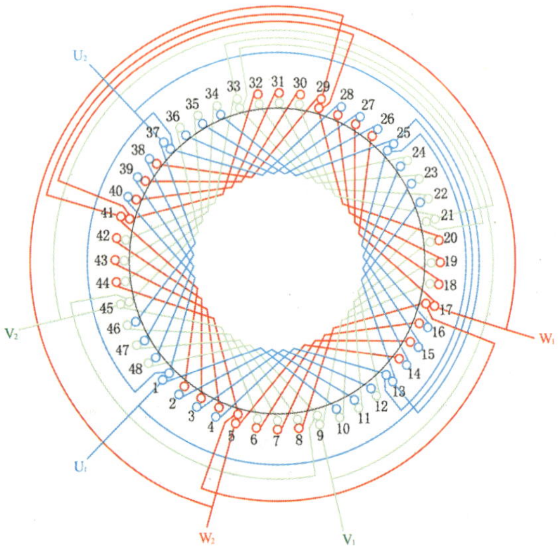

图Ⅰ-[20](a) 布线接线圆图

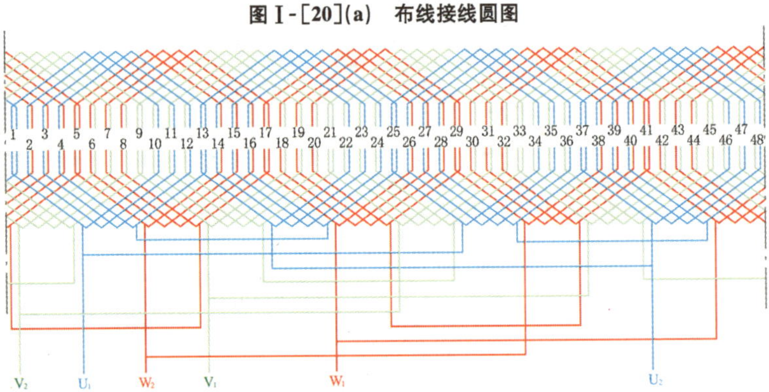

图Ⅰ-[20](b) 展开图

[21] 48 槽 4 极双层叠式绕组 ($y = 10, a = 2$)

绕组结构参数

线圈个数 $Q = 48$	线圈组数 $u = 12$	每组线圈数 $x = 4$	并联支路数 $a = 2$
极距 $\tau = 12$	节距 $y = 1—11$	绕组系数 $K_w = K_d \cdot K_y = 0.958 \times 0.966 = 0.925$	

应用举例:Y-180M-4

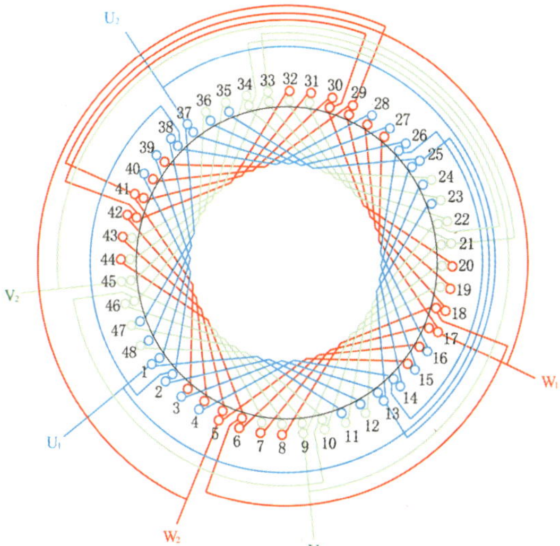

图 I-[21](a) 布线接线圆图

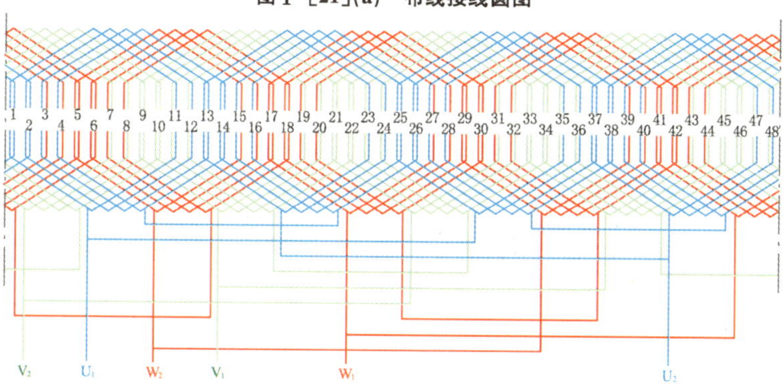

图 I-[21](b) 展开图

［22］ 48槽4极双层叠式绕组（$y=10$，$a=4$）

绕组结构参数

线圈个数 $Q=48$		线圈组数 $u=12$	每组线圈数 $x=4$	并联支路数 $a=4$
极距 $\tau=12$	节距 $y=1—11$	绕组系数 $K_w=K_d\cdot K_y=0.958\times0.966=0.925$		

应用举例：YX-180L-4

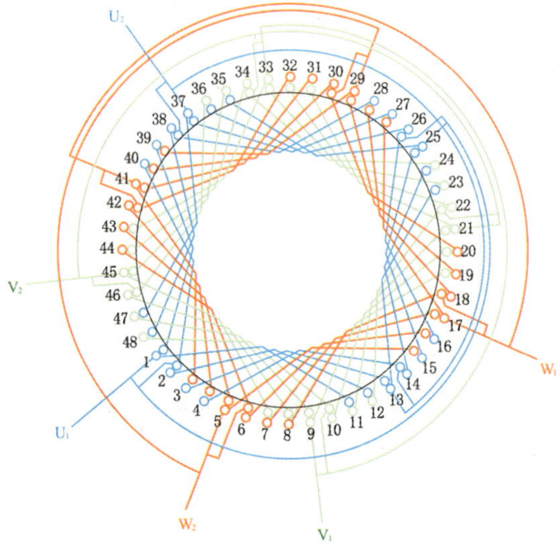

图Ⅰ-［22］(a) 布线接线圆图

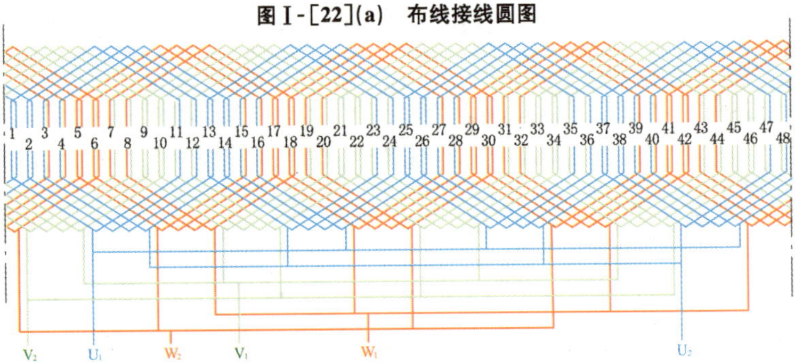

图Ⅰ-［22］(b) 展开图

[23] 60 槽 4 极双层叠式绕组 ($y = 11$, $a = 4$)

绕组结构参数

线圈个数 $Q = 60$	线圈组数 $u = 12$	每组线圈数 $x = 5$	并联支路数 $a = 4$
极距 $\tau = 15$	节距 $y = 1—12$	绕组系数 $K_w = K_d \cdot K_y = 0.957 \times 0.914 = 0.875$	

应用举例：T2-250M-4

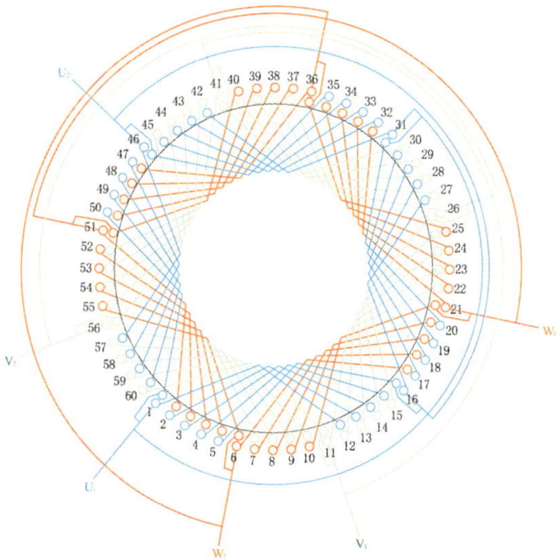

图 Ⅰ-[23](a) 布线接线圆图

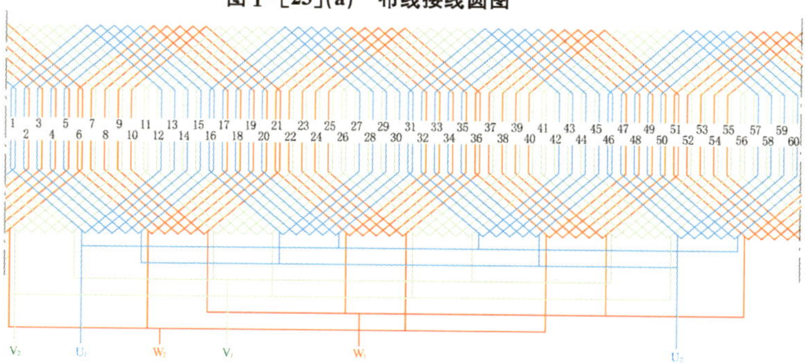

图 Ⅰ-[23](b) 展开图

[24] 72 槽 4 极双层叠式绕组（$y = 16$，$a = 4$）

绕组结构参数

线圈个数 $Q = 72$	线圈组数 $u = 12$	每组线圈数 $x = 6$	并联支路数 $a = 4$
极距 $\tau = 18$	节距 $y = 1—17$	绕组系数 $K_w = K_d \cdot K_y = 0.956 \times 0.985 = 0.942$	

应用举例：Y-315S-4

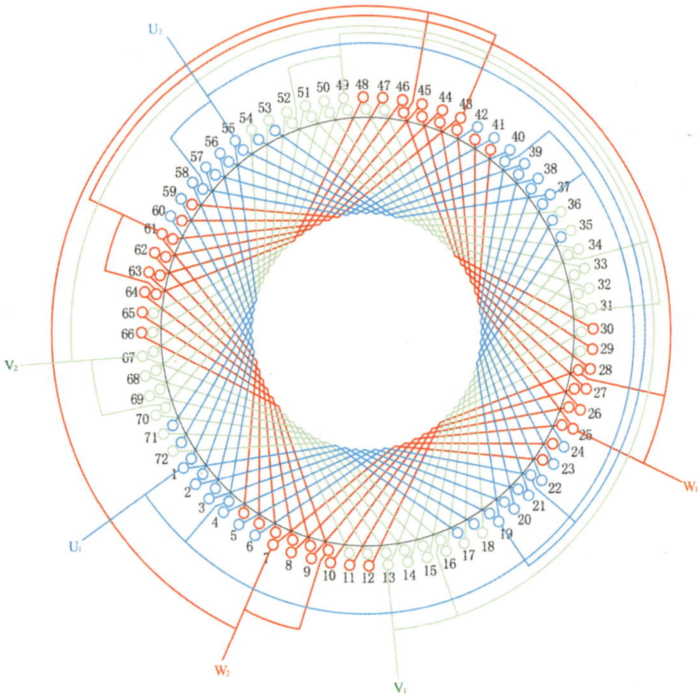

图 I-[24](a) 布线接线圆图

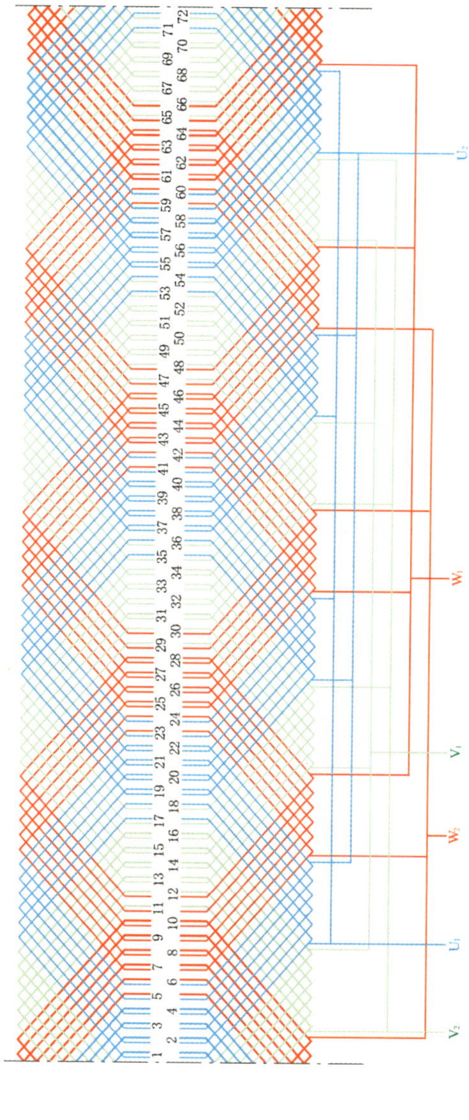
1 2 3 4 5 6 7 8 9 10 11 12 13 14 15 16 17 18 19 20 21 22 23 24 25 26 27 28 29 30 31 32 33 34 35 36 37 38 39 40 41 42 43 44 45 46 47 48 49 50 51 52 53 54 55 56 57 58 59 60 61 62 63 64 65 66 67 68 69 70 71 72
U_2
W_1
V_1
W_2
U_1
V_2

图 I-[24](b)　展开图

［25］ 27槽6极双层叠式绕组（$y=4$, $a=1$）

绕组结构参数

线圈个数 $Q=27$	线圈组数 $u=18$	每组线圈数 $x=1$ 和 2	并联支路数 $a=1$
极距 $\tau=4\frac{1}{2}$	节距 $y=1—5$	绕组系数 $K_w=K_d\cdot K_y=0.960\times0.985=0.946$	

应用举例:JO3-801-6

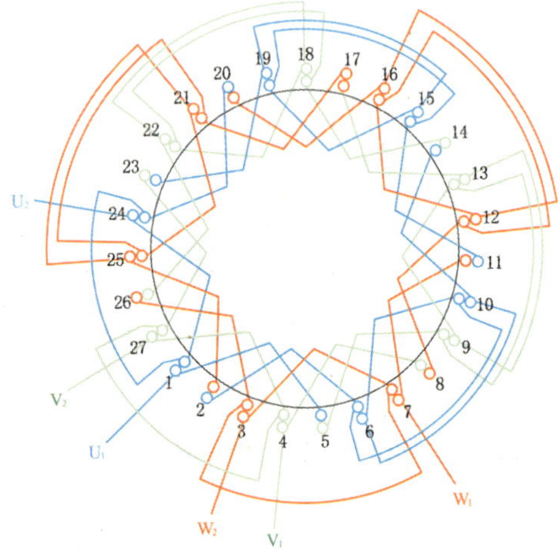

图Ⅰ-［25］(a) 布线接线圆图

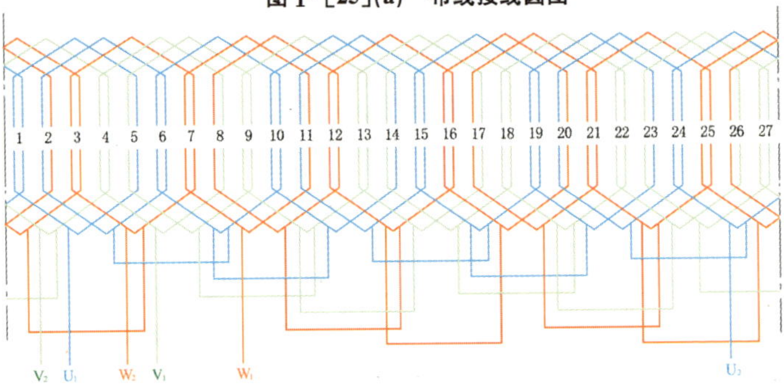

图Ⅰ-［25］(b) 展开图

[26] 36 槽 6 极单层链式绕组 ($y=5$, $a=3$)

绕组结构参数

线圈个数 $Q=18$	线圈组数 $u=18$		每组线圈数 $x=1$	并联支路数 $a=3$
极距 $\tau=6$	节距 $y=1$—6	绕组系数 $K_w=K_d \cdot K_y=0.966\times1=0.966$		

应用举例:YZR-200L-6 转子

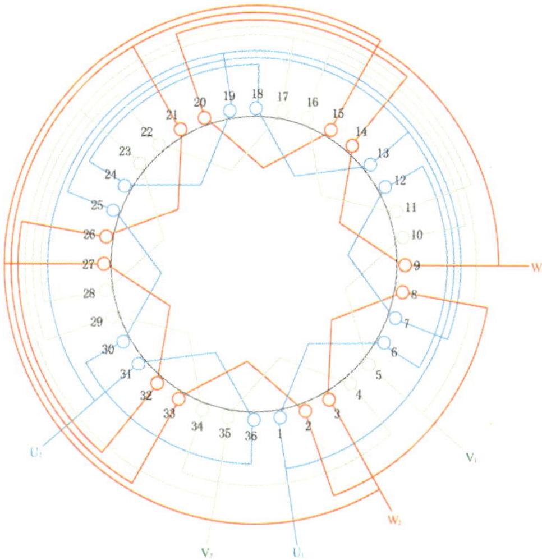

图 I-[26](a) 布线接线圆图

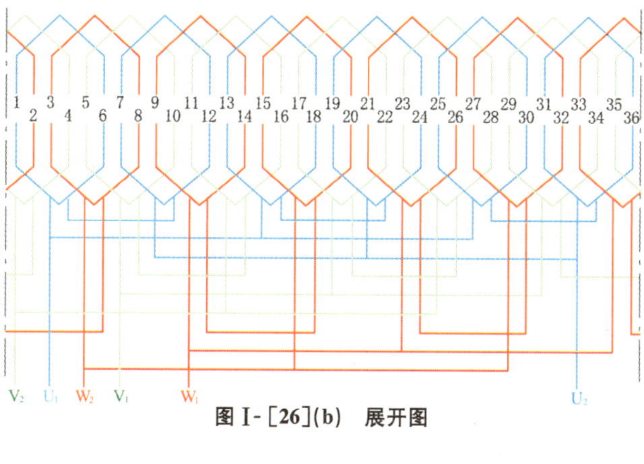

图 I-[26](b) 展开图

[27]　45 槽 6 极双层叠式绕组（$y=7$，$a=1$）

绕组结构参数

线圈个数 $Q=45$		线圈组数 $u=18$	每组线圈数 $x=2$ 和 3	并联支路数 $a=1$
极距 $\tau=7\frac{1}{2}$	节距 $y=1—8$	绕组系数 $K_w=K_d\cdot K_y=0.957\times0.995=0.952$		

应用举例：YZR-112M-6

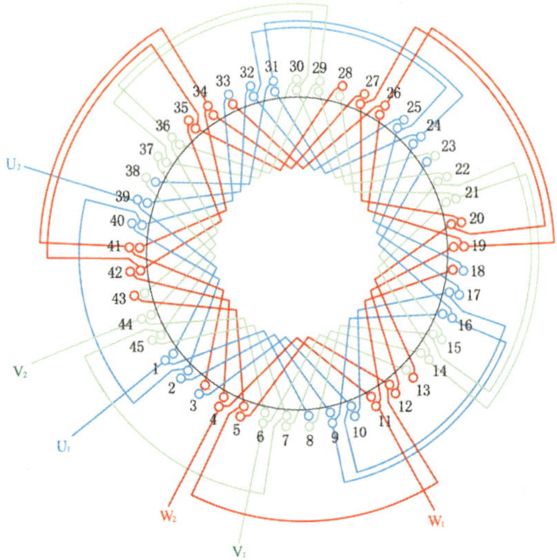

图 Ⅰ-[27](a)　布线接线圆图

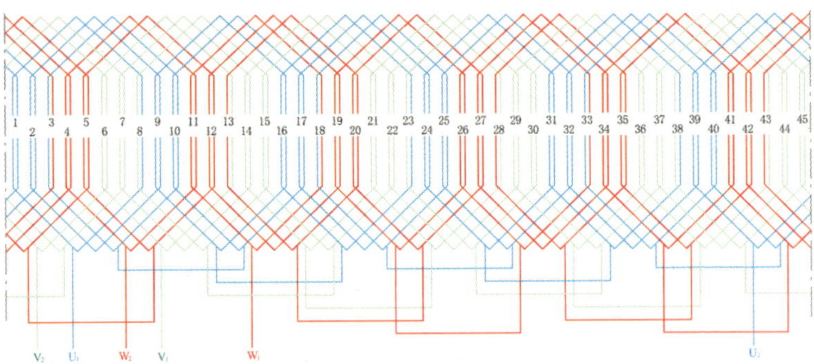

图 Ⅰ-[27](b)　展开图

[28] 54 槽 6 极双层叠式绕组 ($y = 8$, $a = 2$)

绕组结构参数

线圈个数 $Q = 54$	线圈组数 $u = 18$	每组线圈数 $x = 3$	并联支路数 $a = 2$
极距 $\tau = 9$	节距 $y = 1—9$	绕组系数 $K_w = K_d \cdot K_y = 0.96 \times 0.985 = 0.946$	

应用举例:Y-225M-6

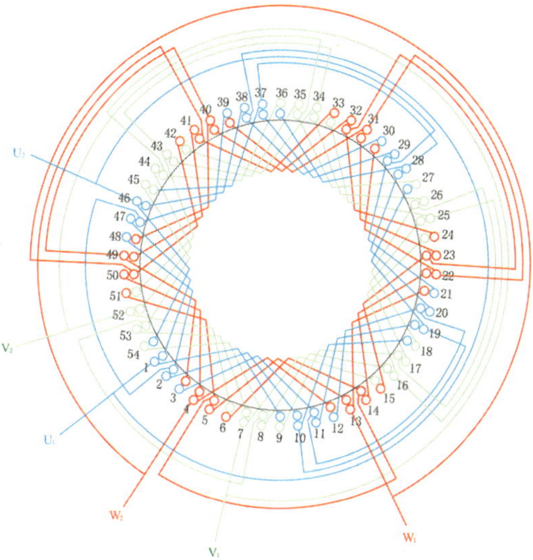

图 Ⅰ-[28](a) 布线接线圆图

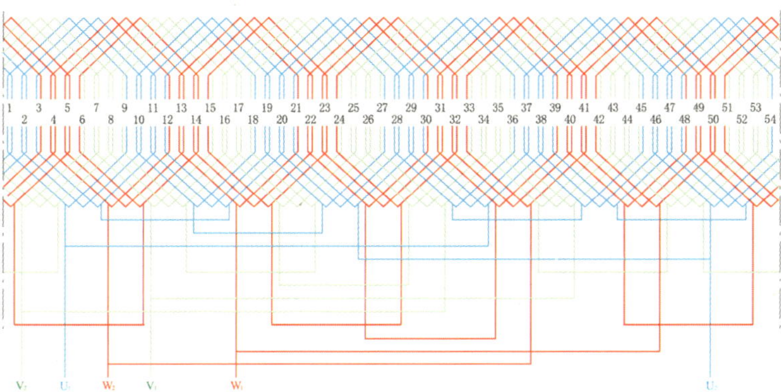

图 Ⅰ-[28](b) 展开图

［29］ 54 槽 6 极双层叠式绕组（$y=8$, $a=3$）

绕组结构参数

线圈个数 $Q=54$	线圈组数 $u=18$	每组线圈数 $x=3$	并联支路数 $a=3$
极距 $\tau=9$	节距 $y=1—9$	绕组系数 $K_w=K_d\cdot K_y=0.96\times0.985=0.946$	

应用举例：YX-180L-6

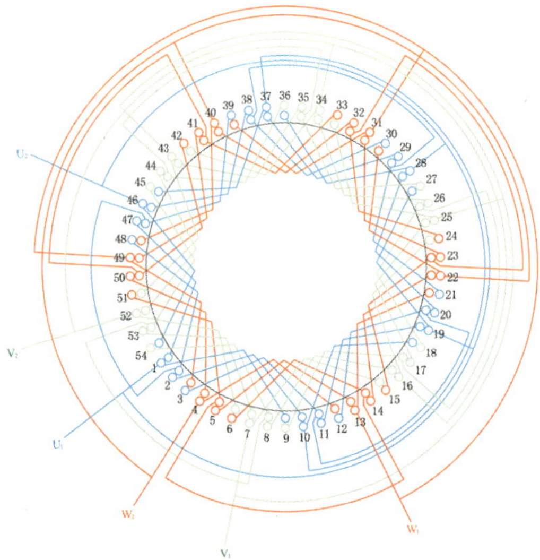

图 I -［29］(a) 布线接线圆图

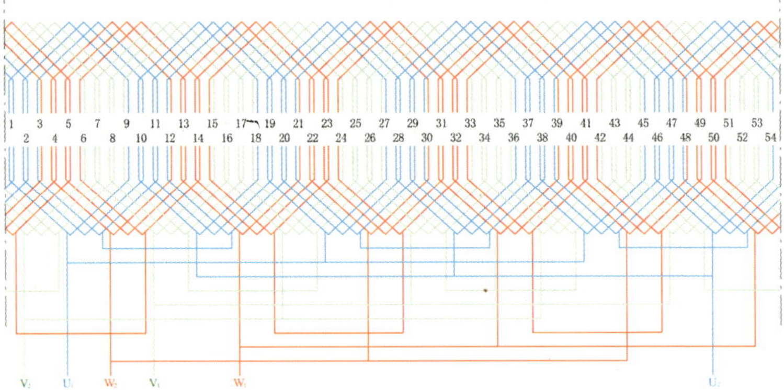

图 I -［29］(b) 展开图

［30］ 72 槽 6 极双层叠式绕组（$y=10$，$a=6$）

绕组结构参数

线圈个数 $Q=72$		线圈组数 $u=18$		每组线圈数 $x=4$	并联支路数 $a=6$
极距 $\tau=12$	节距 $y=1—11$	绕组系数 $K_w=K_d\cdot K_y=0.958\times0.966=0.925$			

应用举例：Y-315S-6

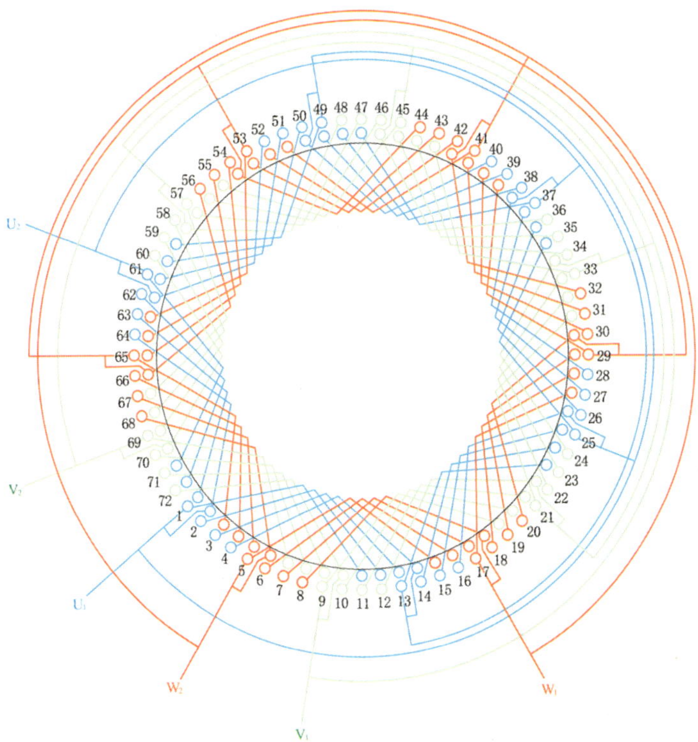

图 Ⅰ-［30］(a) 布线接线圆图

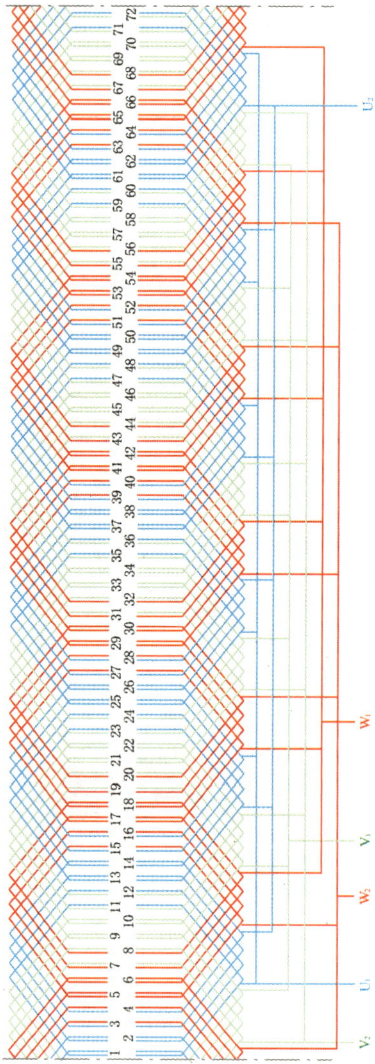

图 I-[30](b) 展开图

[31] 72 槽 6 极双层叠式绕组 ($y = 11$, $a = 3$)

绕组结构参数

线圈个数 $Q = 72$	线圈组数 $u = 18$	每组线圈数 $x = 4$	并联支路数 $a = 3$
极距 $\tau = 12$	节距 $y = 1—12$	绕组系数 $K_w = K_d \cdot K_y = 0.958 \times 0.991 = 0.949$	

应用举例：YR-280M-6

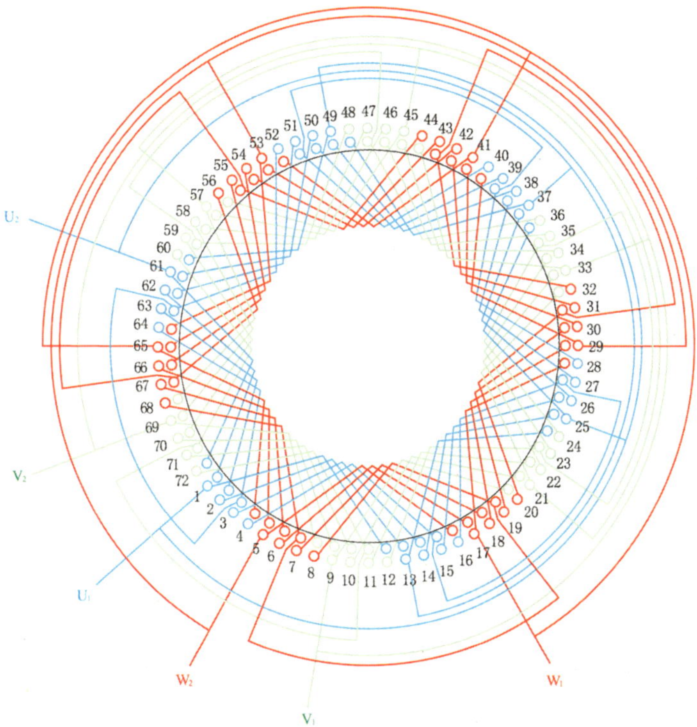

图 Ⅰ-[31](a) 布线接线圆图

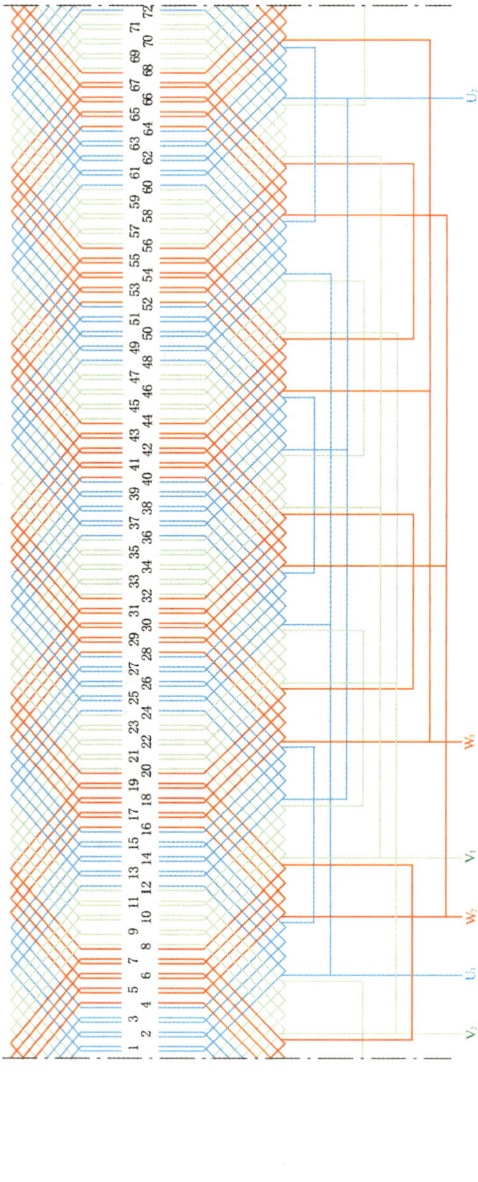
1 2 3 4 5 6 7 8 9 10 11 12 13 14 15 16 17 18 19 20 21 22 23 24 25 26 27 28 29 30 31 32 33 34 35 36 37 38 39 40 41 42 43 44 45 46 47 48 49 50 51 52 53 54 55 56 57 58 59 60 61 62 63 64 65 66 67 68 69 70 71 72
U_2
W_1
V_1
W_2
U_1
V_2

图 I-［31］(b)　展开图

［32］ 36 槽 8 极(庶极式)单层交叉式绕组 ($a=1$)

绕组结构参数

线圈个数 $Q=18$	线圈组数 $u=12$	每组线圈数 $x=1$ 和 2	并联支路数 $a=1$
极距 $\tau=4\frac{1}{2}$	节距 $y=1(1—6)$、$2(1—5)$	绕组系数 $K_w=K_d\cdot K_y=0.945\times0.985=0.931$	

应用举例:JG2-41-8

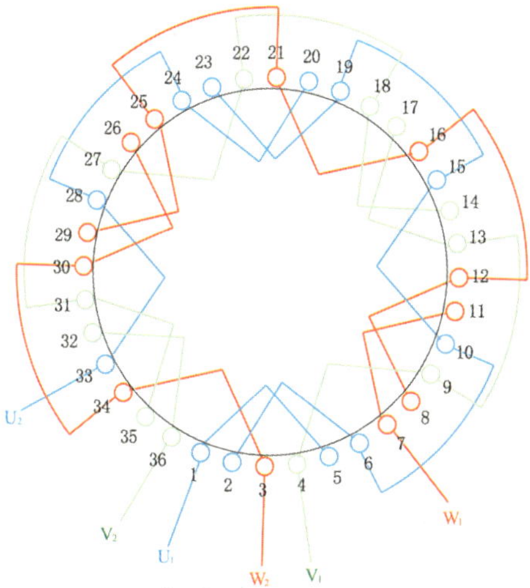

图 Ⅰ-［32］(a) 布线接线圆图

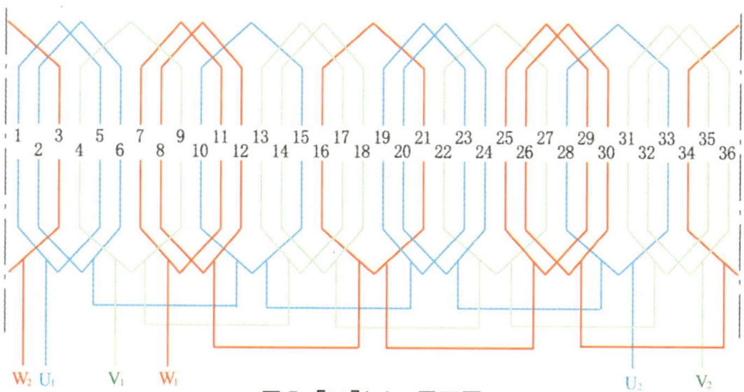

图 Ⅰ-［32］(b) 展开图

[33] 48 槽 8 极单层链式绕组 ($y=5$, $a=1$)

绕组结构参数

线圈个数 $Q=24$	线圈组数 $u=24$	每组线圈数 $x=1$	并联支路数 $a=1$
极距 $\tau=6$	节距 $y=1—6$	绕组系数 $K_w=K_d \cdot K_y=0.966\times1=0.966$	

应用举例:Y-132M-8

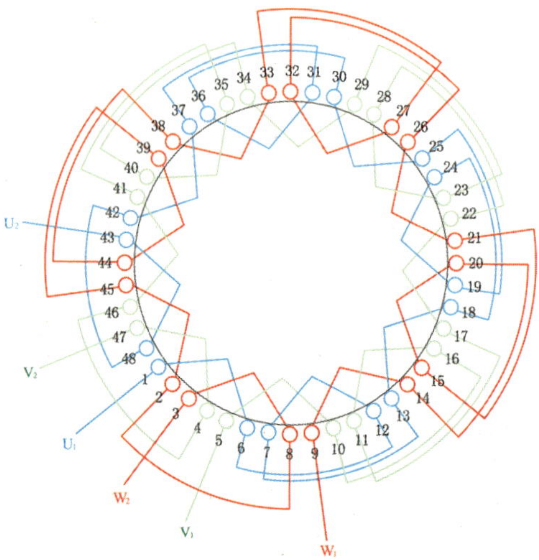

图 I-[33](a) 布线接线圆图

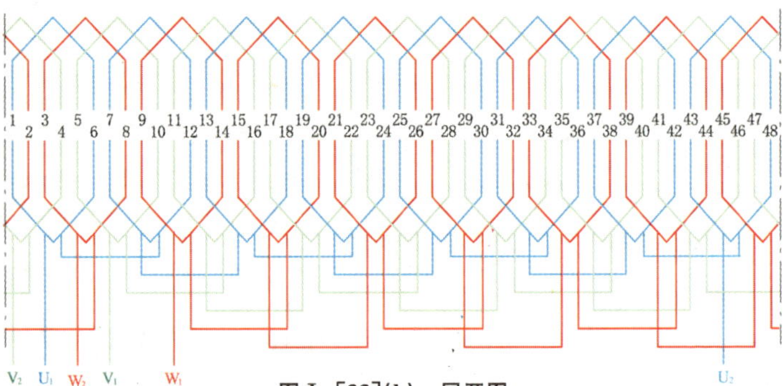

图 I-[33](b) 展开图

[34] 54 槽 8 极双层叠式绕组 ($y = 6$, $a = 2$)

绕组结构参数

线圈个数 $Q = 54$		线圈组数 $u = 24$		每组线圈数 $x = 2$ 和 3	并联支路数 $a = 2$
极距 $\tau = 6\frac{3}{4}$	节距 $y = 1—7$	绕组系数 $K_w = K_d \cdot K_y = 0.955 \times 0.985 = 0.941$			

应用举例:Y-180L-8

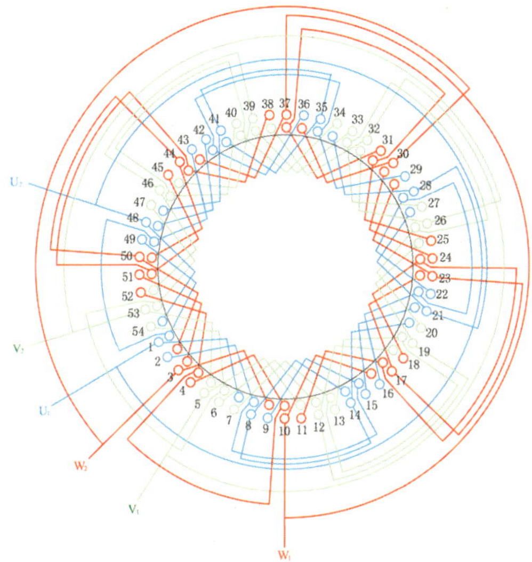

图 I-[34](a) 布线接线圆图

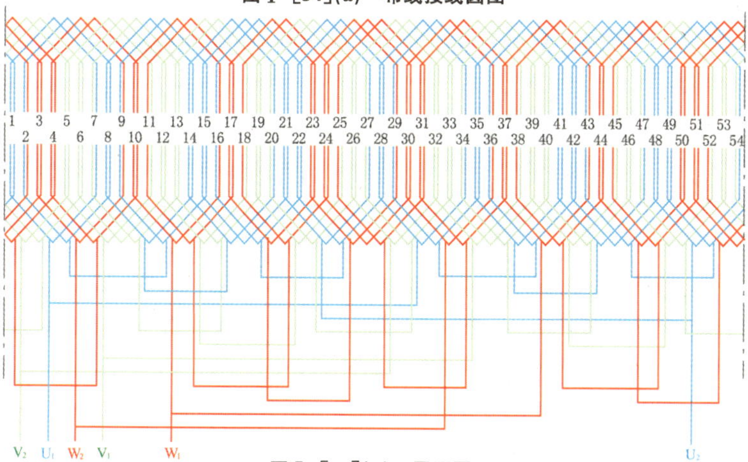

图 I-[34](b) 展开图

[35] 60槽8极(庶极式)单层交叉式绕组(a = 2)

绕组结构参数

线圈个数 $Q = 30$	线圈组数 $u = 12$	每组线圈数 $x = 2$ 和 3	并联支路数 $a = 2$
极距 $\tau = 7\frac{1}{2}$	节距 $y = 2(1—9)$、$3(1—8)$	绕组系数 $K_w = K_d \cdot K_y = 0.951 \times 0.995 = 0.946$	

应用举例:JZR-52-8 转子

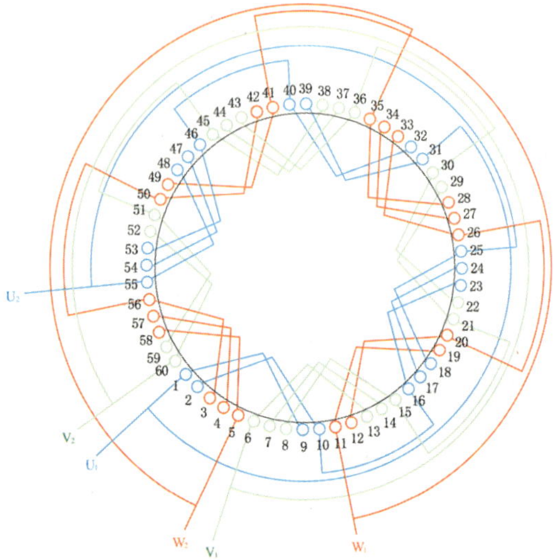

图Ⅰ-[35](a) 布线接线圆图

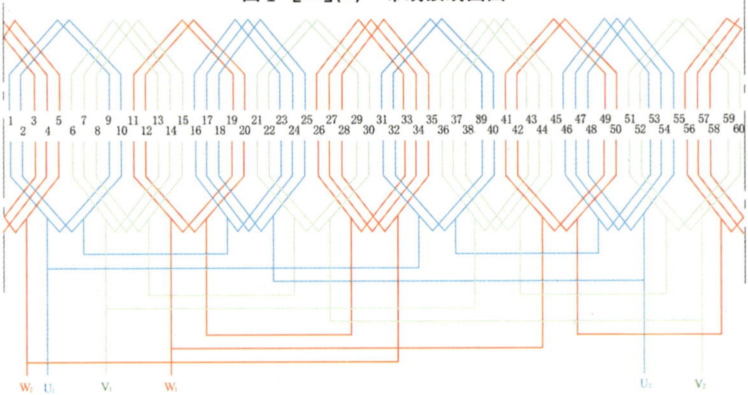

图Ⅰ-[35](b) 展开图

[36] 60槽8极双层叠式绕组（$y=7$，$a=4$）

绕组结构参数

线圈个数 $Q=60$	线圈组数 $u=24$	每组线圈数 $x=2$ 和 3	并联支路数 $a=4$
极距 $\tau=7\frac{1}{2}$	节距 $y=1—8$	绕组系数 $K_w=K_d\cdot K_y=0.957\times0.995=0.952$	

应用举例：YZR-250M1-8

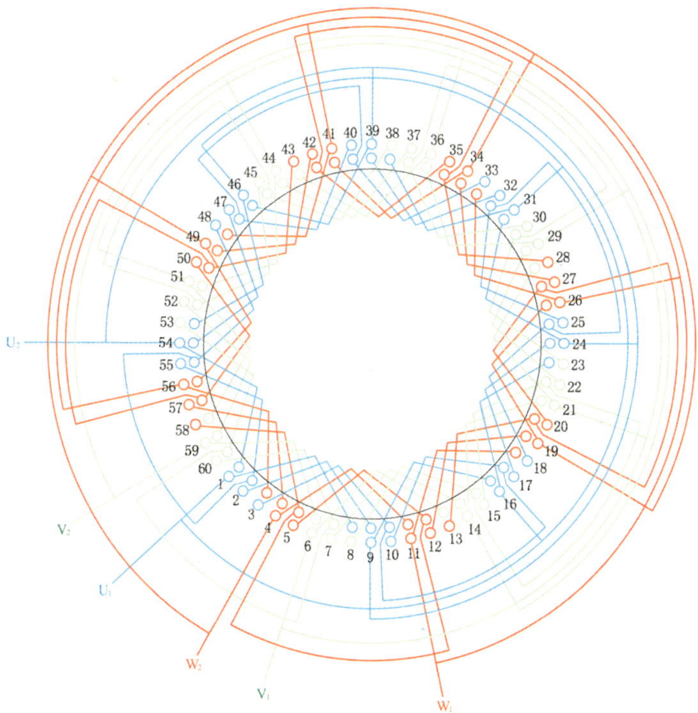

图Ⅰ-[36](a) 布线接线圆图

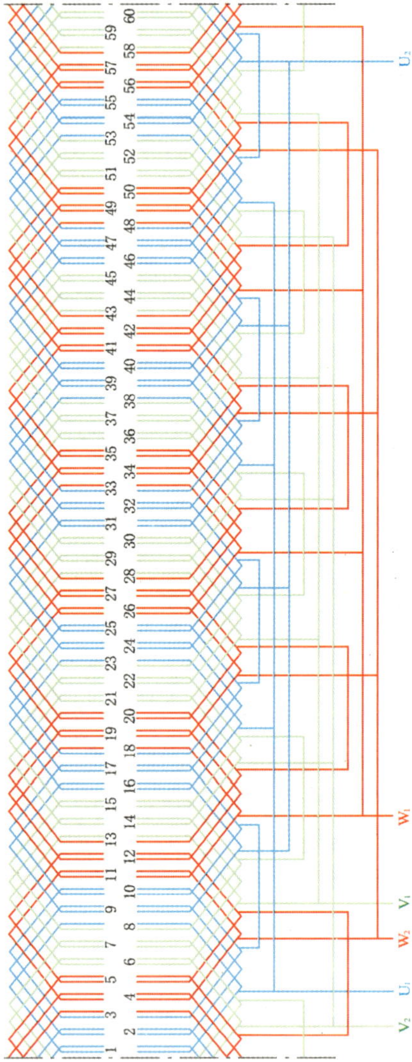

图Ⅰ-[36](b) 展开图

[37] 72槽8极双层叠式绕组（$y=8$，$a=4$）

绕组结构参数

线圈个数 $Q=72$	线圈组数 $u=24$	每组线圈数 $x=3$	并联支路数 $a=4$
极距 $\tau=9$	节距 $y=1—9$	绕组系数 $K_w=K_d\cdot K_y=0.96\times0.985=0.946$	

应用举例：Y-280M-8

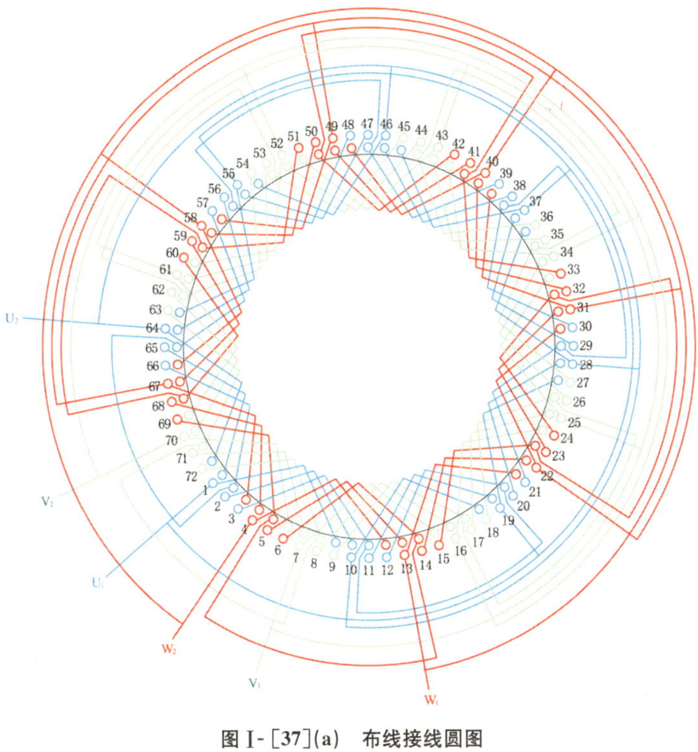

图Ⅰ-[37](a) 布线接线圆图

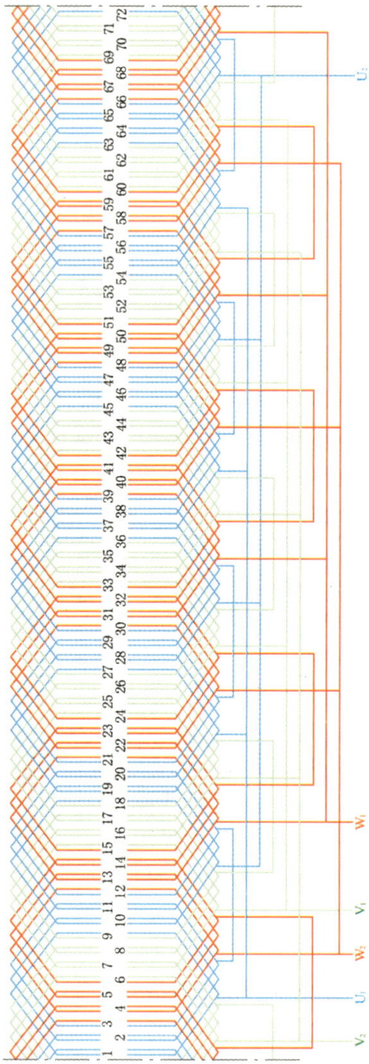

图Ⅰ-[37](b) 展开图

[38] 72 槽 8 极双层叠式绕组（$y=8$, $a=8$）

绕组结构参数

线圈个数 $Q=72$		线圈组数 $u=24$	每组线圈数 $x=3$	并联支路数 $a=8$
极距 $\tau=9$	节距 $y=1—9$	绕组系数 $K_w=K_d\cdot K_y=0.96\times0.985=0.946$		

应用举例：Y-315M3-8

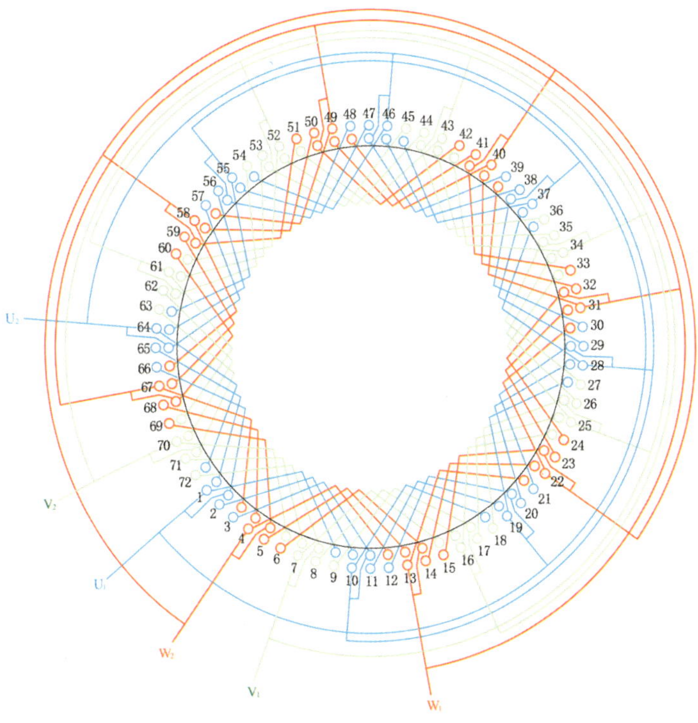

图 I-[38](a) 布线接线圆图

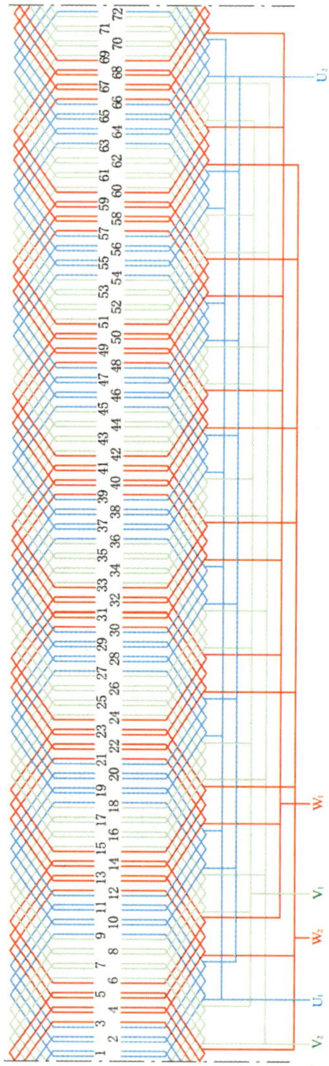
1 2 3 4 5 6 7 8 9 10 11 12 13 14 15 16 17 18 19 20 21 22 23 24 25 26 27 28 29 30 31 32 33 34 35 36 37 38 39 40 41 42 43 44 45 46 47 48 49 50 51 52 53 54 55 56 57 58 59 60 61 62 63 64 65 66 67 68 69 70 71 72
U_2
W_1
V_1
W_2
U_1
V_2

图Ⅰ-[38](b)　展开图

［39］ 54 槽 10 极双层叠式绕组（$y=5$, $a=2$）

绕组结构参数

线圈个数 $Q=54$	线圈组数 $u=30$	每组线圈数 $x=1$ 和 2	并联支路数 $a=2$
极距 $\tau=5\frac{2}{5}$	节距 $y=1—6$	绕组系数 $K_w=K_d \cdot K_y=0.955\times0.993=0.949$	

应用举例:JG2-62-10

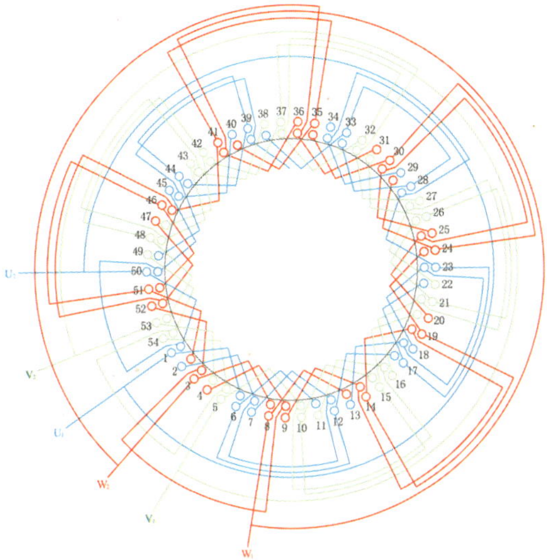

图Ⅰ-［39］(a) 布线接线圆图

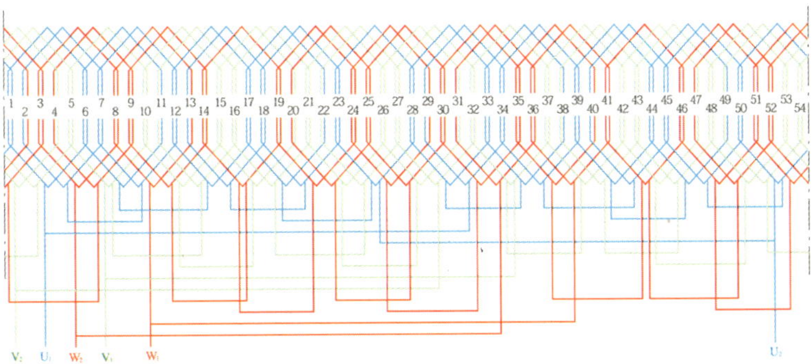

图Ⅰ-［39］(b) 展开图

[40] 60 槽 10 极双层叠式绕组 ($y = 5$, $a = 5$)

绕组结构参数

线圈个数 $Q = 60$	线圈组数 $u = 30$	每组线圈数 $x = 2$	并联支路数 $a = 5$
极距 $\tau = 6$	节距 $y = 1—6$	绕组系数 $K_w = K_d \cdot K_y = 0.966 \times 0.966 = 0.933$	

应用举例:J2-92-10

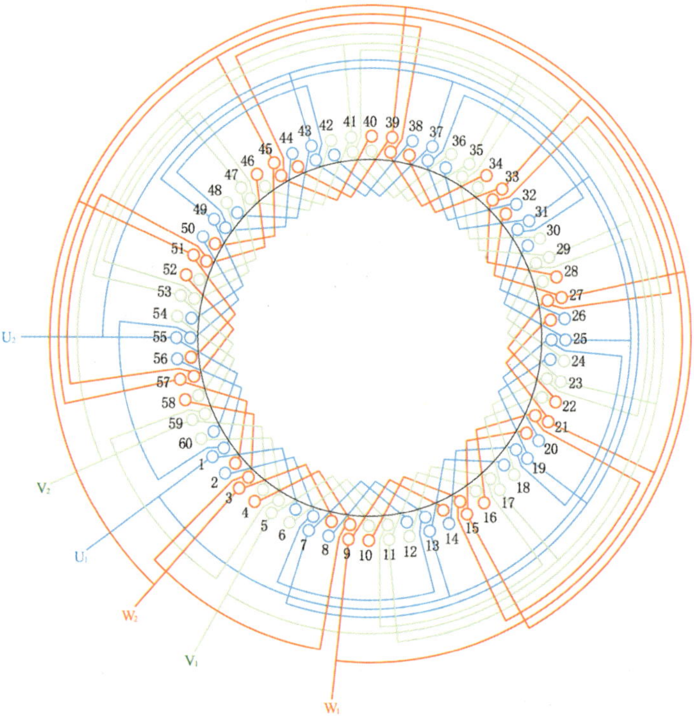

图 I-[40](a) 布线接线圆图

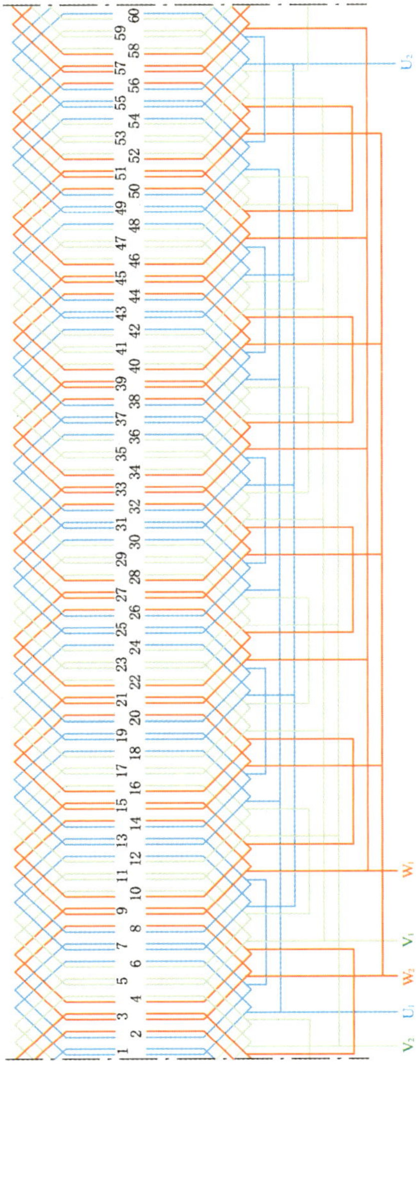
1 2 3 4 5 6 7 8 9 10 11 12 13 14 15 16 17 18 19 20 21 22 23 24 25 26 27 28 29 30 31 32 33 34 35 36 37 38 39 40 41 42 43 44 45 46 47 48 49 50 51 52 53 54 55 56 57 58 59 60
U_2
W_1
V_1
W_2
U_1
V_2

图 I-［40］(b)　展开图

[41] 90 槽 10 极双层叠式绕组（$y=8$, $a=10$）

绕组结构参数

线圈个数 $Q=90$	线圈组数 $u=30$		每组线圈数 $x=3$	并联支路数 $a=10$
极距 $\tau=9$	节距 $y=1—9$	绕组系数 $K_w=K_d\cdot K_y=0.96\times0.985=0.946$		

应用举例：Y-315S-10

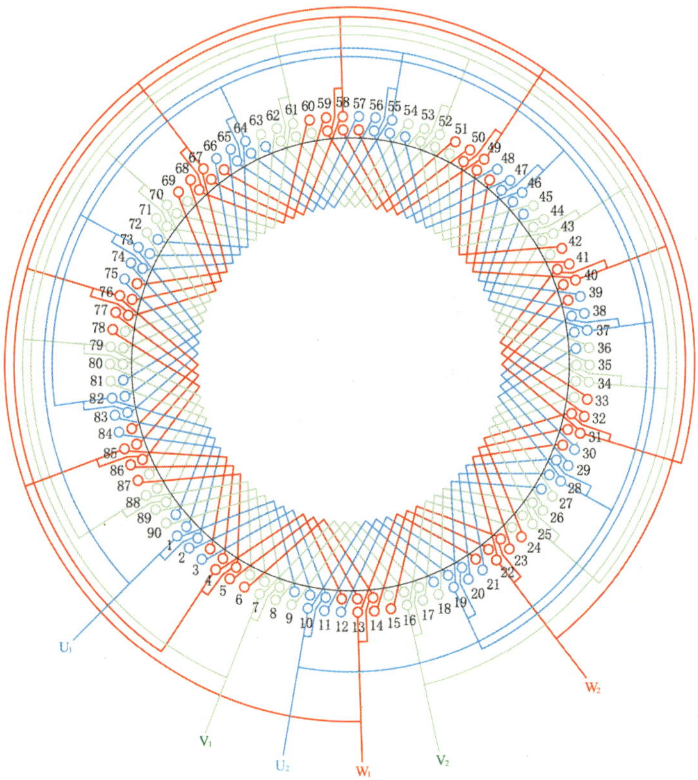

图 I-[41](a) 布线接线圆图

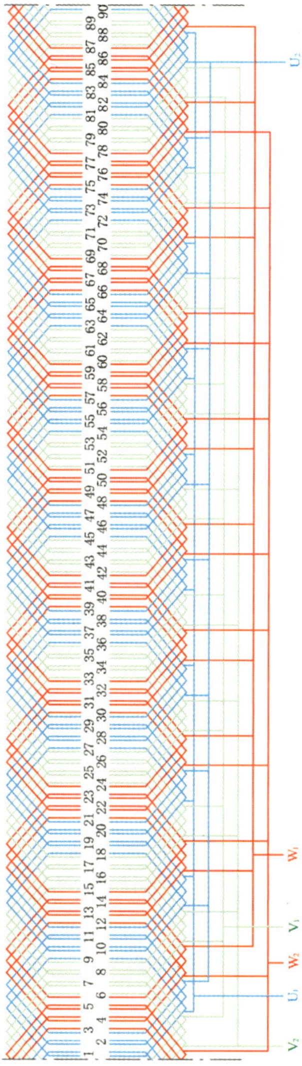

图 I-［41］(b)　展开图

［42］ 45 槽 12 极双层叠式绕组（$y=3$, $a=1$）

绕组结构参数

线圈个数 $Q=45$	线圈组数 $u=36$	每组线圈数 $x=1$ 和 2	并联支路数 $a=1$
极距 $\tau=3\frac{3}{4}$	节距 $y=1—4$	绕组系数 $K_w=K_d\cdot K_y=0.957\times0.951=0.91$	

应用举例:JG2-52-12

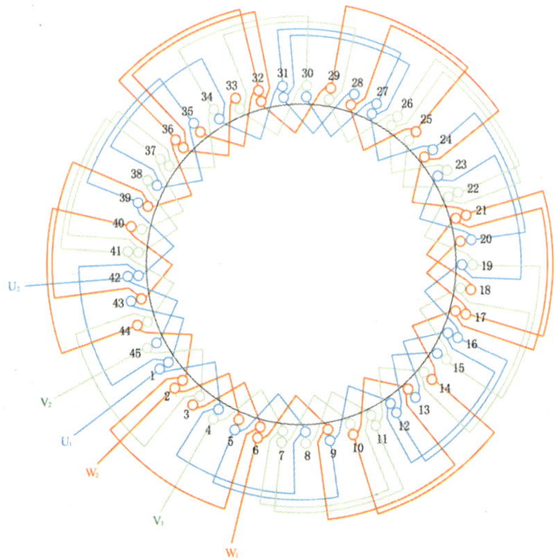

图 I-［42］(a) 布线接线圆图

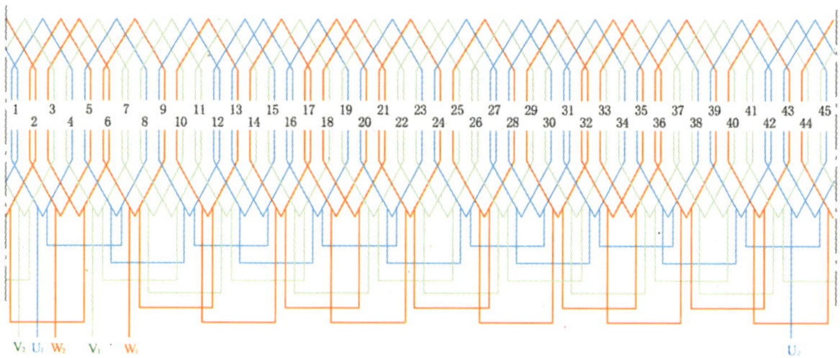

图 I-［42］(b) 展开图

[43] 54 槽 12 极双层叠式绕组 ($y=4$, $a=2$)

绕组结构参数

线圈个数 $Q=54$	线圈组数 $u=36$	每组线圈数 $x=1$ 和 2	并联支路数 $a=2$
极距 $\tau=4\frac{1}{2}$	节距 $y=1—5$	绕组系数 $K_w=K_d\cdot K_y=0.96\times0.985=0.946$	

应用举例:JG2-72-12

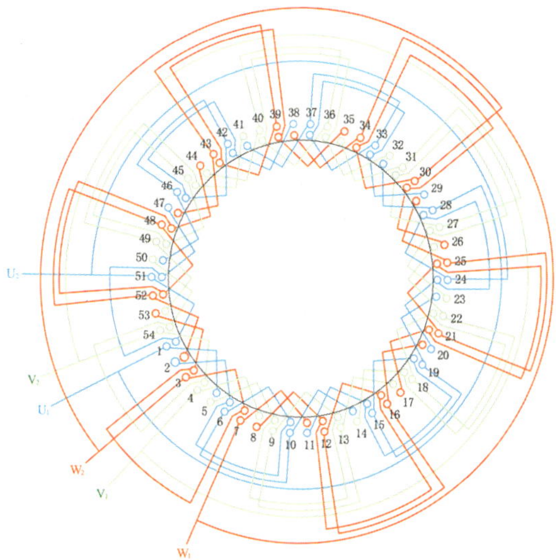

图 I-[43](a) 布线接线圆图

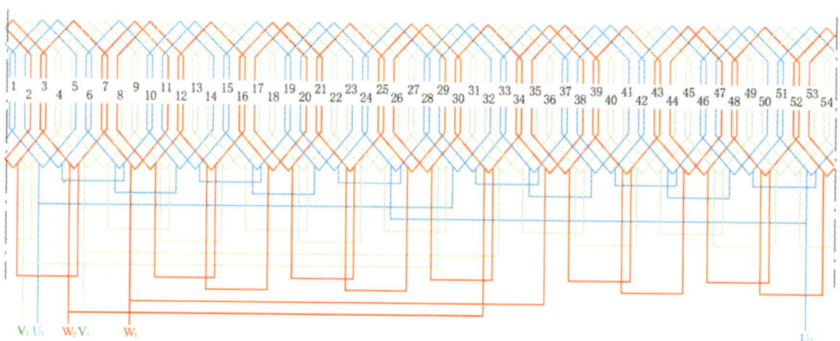

图 I-[43](b) 展开图

［44］ 54 槽 16 极双层叠式绕组（$y=3$，$a=1$）

绕组结构参数

线圈个数 $Q=54$	线圈组数 $u=48$	每组线圈数 $x=1$ 和 2	并联支路数 $a=1$
极距 $\tau=3\frac{3}{8}$	节距 $y=1—4$	绕组系数 $K_w=K_d \cdot K_y=0.955\times0.985=0.941$	

应用举例：JG2-62-16

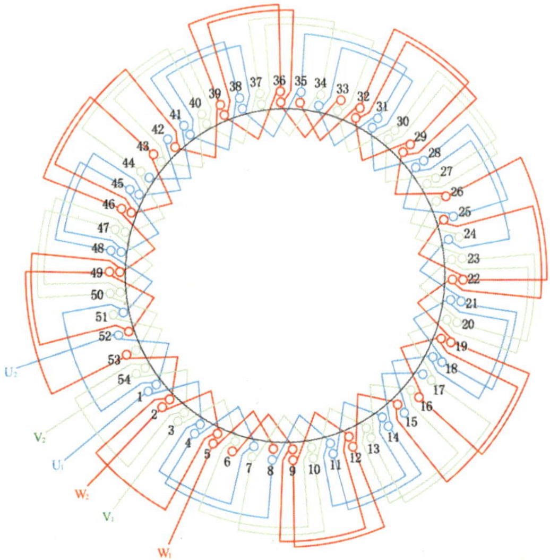

图 Ⅰ-［44］(a) 布线接线圆图

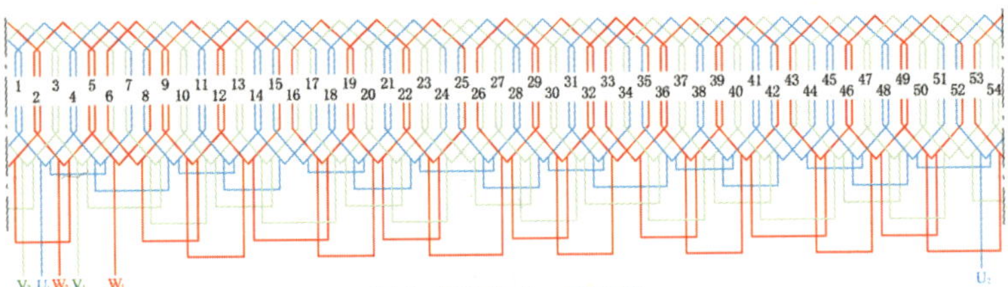

图 Ⅰ-［44］(b) 展开图

Ⅱ　单相异步电动机绕组布线和接线图例

［1］ 8 槽 2 极单层链式绕组

$Z=8$　　$2p=2$　　$\tau=4$

绕组参数	主绕组 U_1U_2	副绕组 Z_1Z_2
线圈数 Q	2	2
线圈组数 u	2	2
每组线圈数 x	1	1
节距 y	1—4	1—4
绕组系数 K_w	0.924	0.924

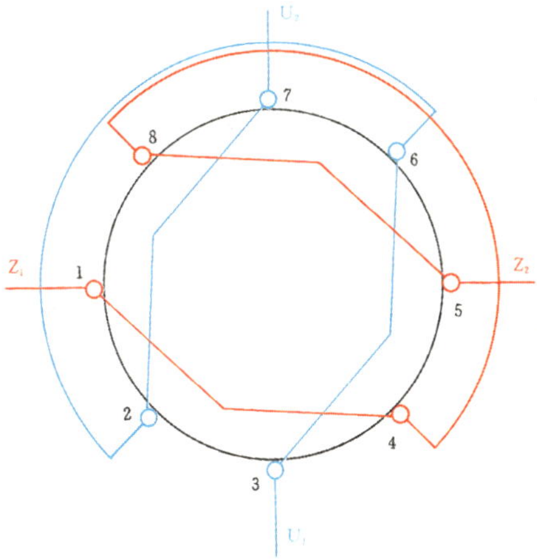

图Ⅱ-［1］(a)　布线接线圆图

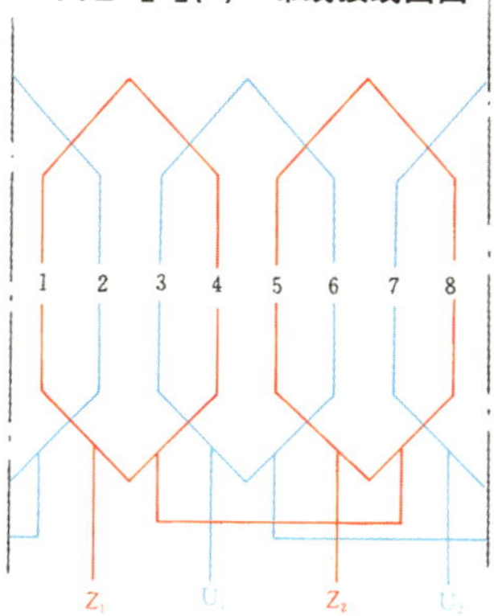

图Ⅱ-［1］(b)　展开图

[2]　12 槽 2 极双层正弦绕组(方案一)

$Z = 12$　　$2p = 2$　　$\tau = 6$

绕组参数	主绕组 U_1U_2			副绕组 Z_1Z_2		
线圈数 Q	6			6		
线圈组数 u	2			2		
每组线圈数 x	3			3		
节距 y	1—6	2—5	3—4	1—6	2—5	3—4
匝数分配(%)	50	36.6	13.4	50	36.6	13.4
绕组系数 K_w	0.776			0.776		

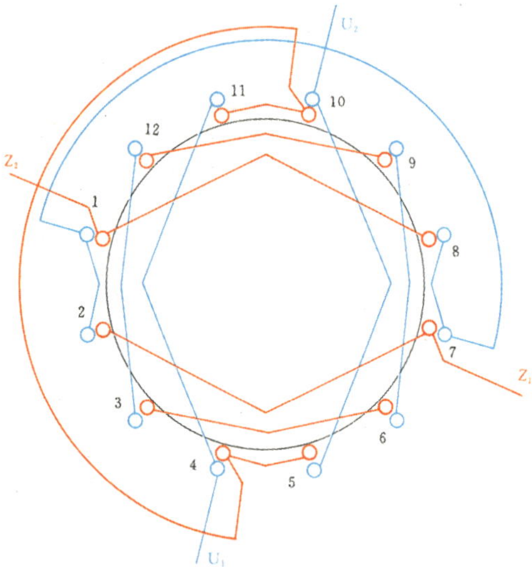

图Ⅱ-[2](a)　布线接线圆图

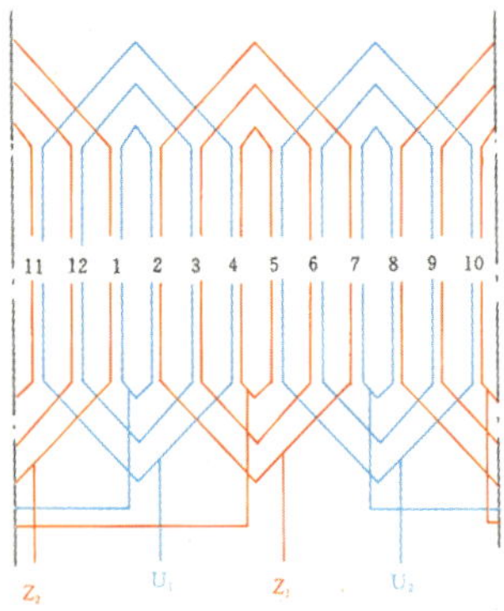

图Ⅱ-[2](b)　展开图

[3] 12 槽 2 极双层正弦绕组(方案二)

$Z=12$　　$2p=2$　　$\tau=6$

绕组参数	主绕组 U_1U_2			副绕组 Z_1Z_2		
线圈数 Q	6			6		
线圈组数 u	2			2		
每组线圈数 x	3			3		
节距 y	1—7	2—6	3—5	1—7	2—6	3—5
匝数分配(%)	26.8	46.4	26.8	26.8	46.4	26.8
绕组系数 K_w	0.804			0.804		

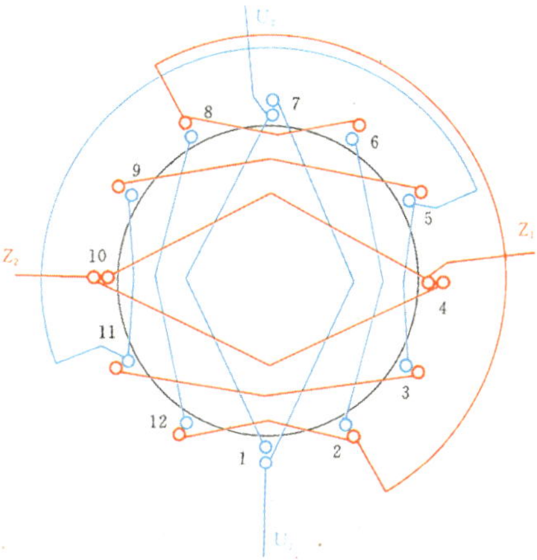

图Ⅱ-[3](a)　布线接线圆图

图Ⅱ-[3](b)　展开图

[4]　12 槽 2 极罩极式正弦绕组

$Z=12$　　$2p=2$　　$\tau=6$

绕组参数	主绕组 U_1U_2		罩极绕组
线圈数 Q	4		2
线圈组数 u	2		2
每组线圈数 x	2		1
节距 y	1—6	2—5	1—7
匝数分配(%)	57.7	42.3	100
绕组系数 K_w	0.856		1

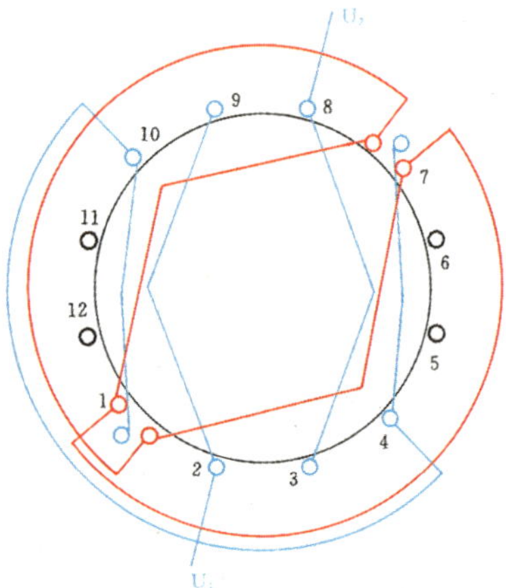

图Ⅱ-[4](a)　布线接线圆图

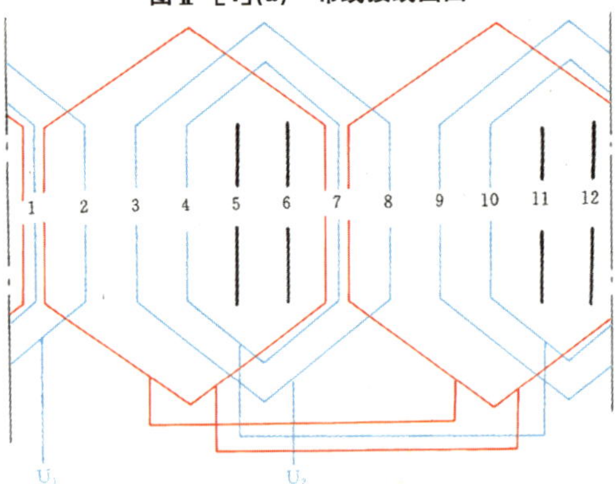

图Ⅱ-[4](b)　展开图

[5] 16 槽 2 极单、双层正弦绕组

$Z=16$　　$2p=2$　　$\tau=8$

绕组参数	主绕组 U_1U_2			副绕组 Z_1Z_2		
线圈数 Q	6			6		
线圈组数 u	2			2		
每组线圈数 x	3			3		
节距 y	1—8	2—7	3—6	1—8	2—7	3—6
匝数分配(%)	41.1	35.1	23.8	41.1	35.1	23.8
绕组系数 K_w	0.827			0.827		

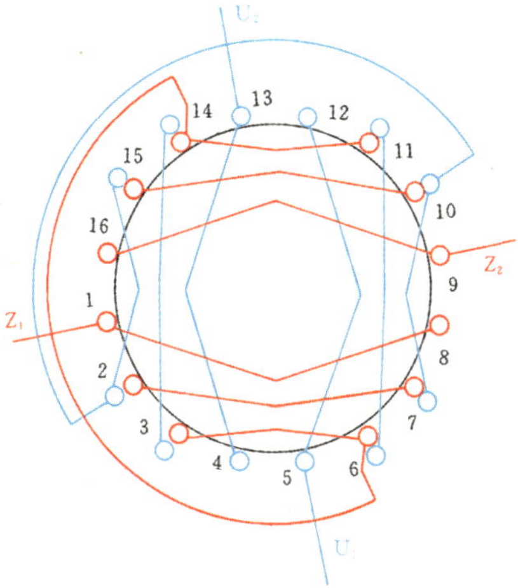

图Ⅱ-[5](a)　布线接线圆图

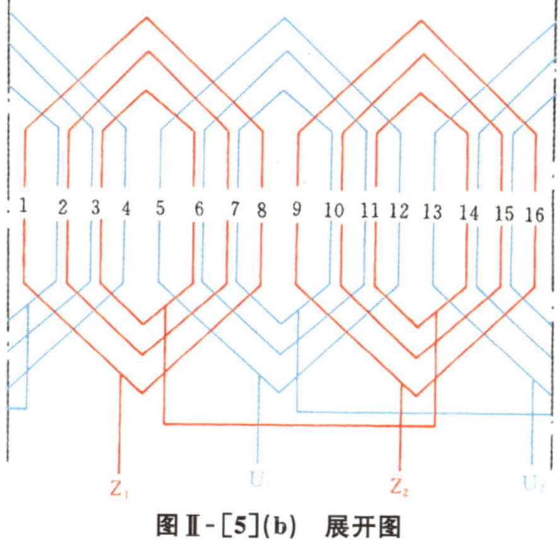

图Ⅱ-[5](b)　展开图

［6］ 18槽2极正弦绕组(方案一)

$Z=18 \qquad 2p=2 \qquad \tau=9$

绕组参数	主绕组 U_1U_2				副绕组 Z_1Z_2			
线圈数 Q	8				8			
线圈组数 u	2				2			
每组线圈数 x	4				4			
节距 y	1—9	2—8	3—7	4—6	1—10	2—9	3—8	4—7
匝数分配(%)	34.6	30.6	22.7	12.1	18.5	34.7	28.3	18.5
绕组系数 K_w	0.793				0.820			

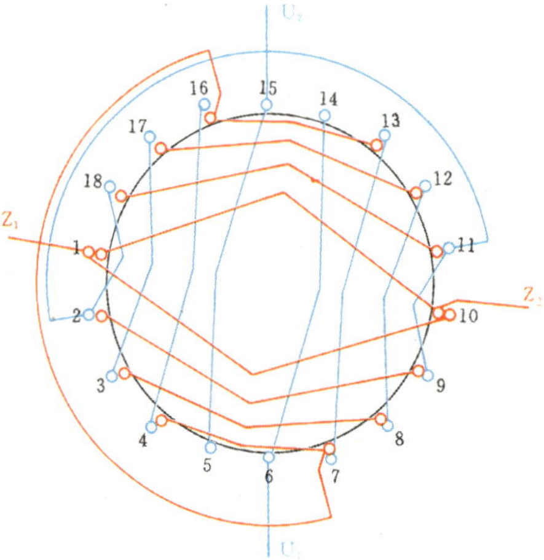

图Ⅱ-［6］(a) 布线接线圆图

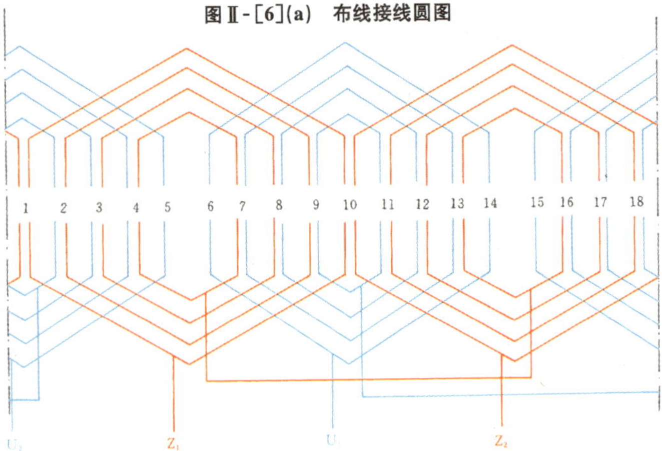

图Ⅱ-［6］(b) 展开图

[7] 18 槽 2 极正弦绕组(方案二)

$Z=18$　　$2p=2$　　$\tau=9$

绕组参数	主绕组 U_1U_2			副绕组 Z_1Z_2	
线圈数 Q	6			4	
线圈组数 u	2			2	
每组线圈数 x	3			2	
节距 y	1—10	2—9	3—8	1—9	2—8
匝数分配(%)	22.7	42.6	34.7	52.2	47.8
绕组系数 K_w	0.893			0.928	

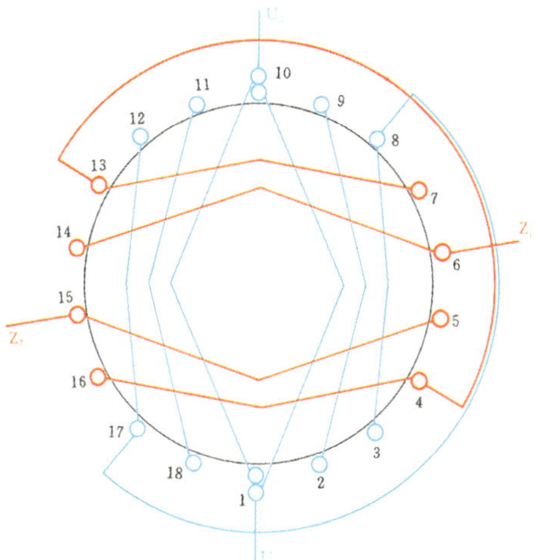

图Ⅱ-[7](a)　布线接线圆图

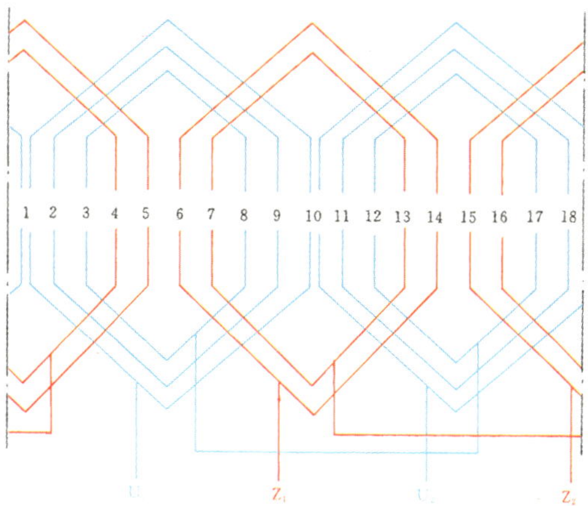

图Ⅱ-[7](b)　展开图

[8] 24槽2极正弦绕组(方案一)

$Z=24$ $2p=2$ $\tau=12$

绕组参数	主绕组 U_1U_2					副绕组 Z_1Z_2				
线圈数 Q	10					10				
线圈组数 u	2					2				
每组线圈数 x	5					5				
节距 y	1—12	2—11	3—10	4—9	5—8	1—12	2—11	3—10	4—9	5—8
匝数分配(%)	26.8	25	21.4	16.5	10.3	26.8	25	21.4	16.5	10.3
绕组系数 K_w	0.806					0.806				

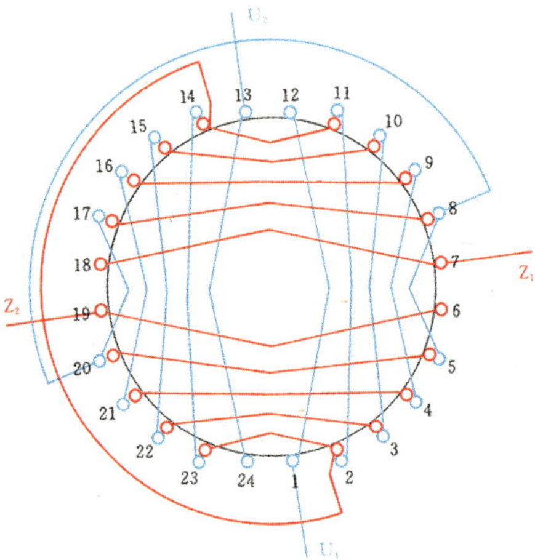

图Ⅱ-[8](a) 布线接线圆图

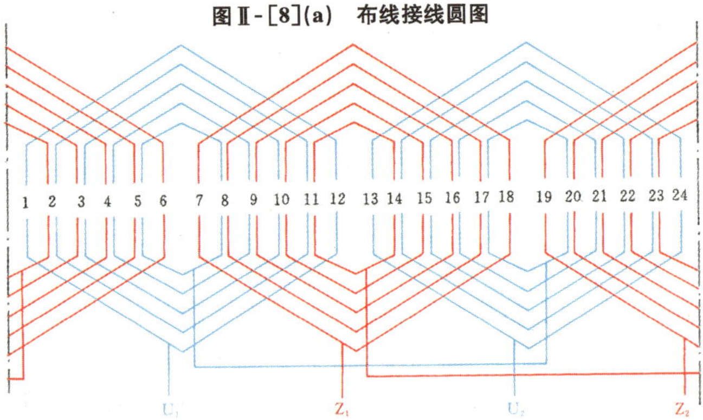

图Ⅱ-[8](b) 展开图

[9]　24槽2极正弦绕组(方案二)

$$Z=24 \qquad 2p=2 \qquad \tau=12$$

绕组参数	主绕组 U_1U_2						副绕组 Z_1Z_2					
线圈数 Q	12						12					
线圈组数 u	2						2					
每组线圈数 x	6						6					
节距 y	1—12	2—11	3—10	4—9	5—8	6—7	1—12	2—11	3—10	4—9	5—8	6—7
匝数分配(%)	25.9	24.1	20.7	15.9	10	3.4	25.9	24.1	20.7	15.9	10	3.4
绕组系数 K_w	0.783						0.783					

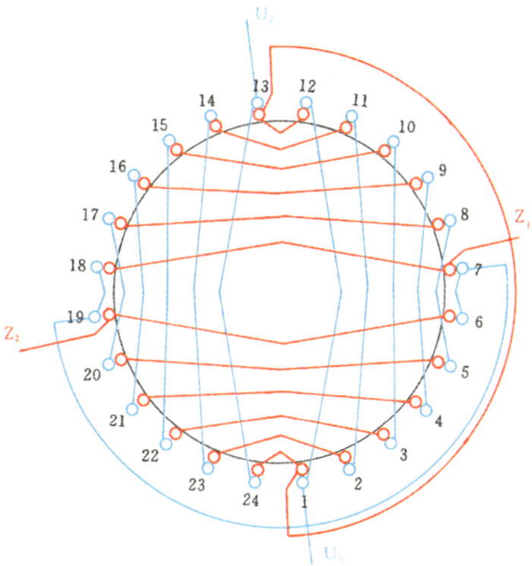

图Ⅱ-[9](a)　布线接线圆图

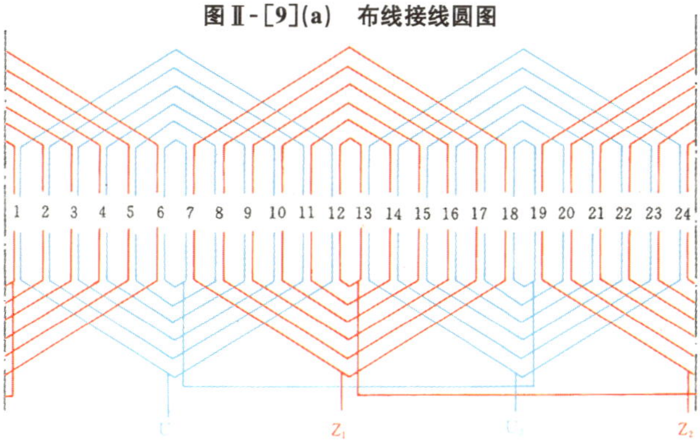

图Ⅱ-[9](b)　展开图

[10] 24槽2极正弦绕组(方案八)

$Z=24 \qquad 2p=2 \qquad \tau=12$

绕组参数	主绕组 U_1U_2					副绕组 Z_1Z_2			
线圈数 Q	10					8			
线圈组数 u	2					2			
每组线圈数 x	5					4			
节距 y	1—13	2—12	3—11	4—10	5—9	1—13	2—12	3—11	4—10
匝数分配(%)	14.1	27.3	24.5	20	14.1	16.4	31.8	28.5	23.3
绕组系数 K_w	0.829					0.883			

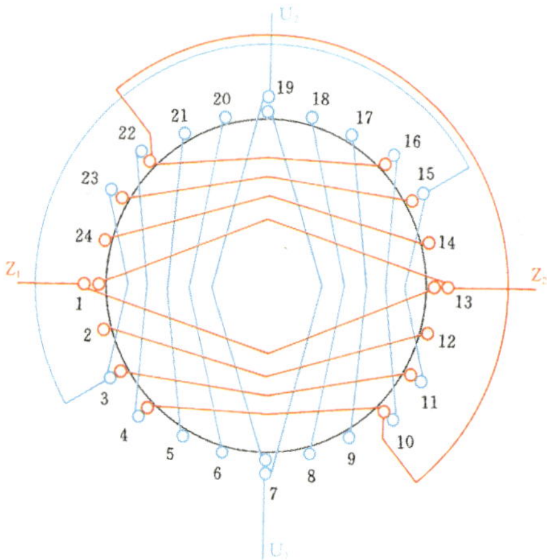

图Ⅱ-[10](a) 布线接线圆图

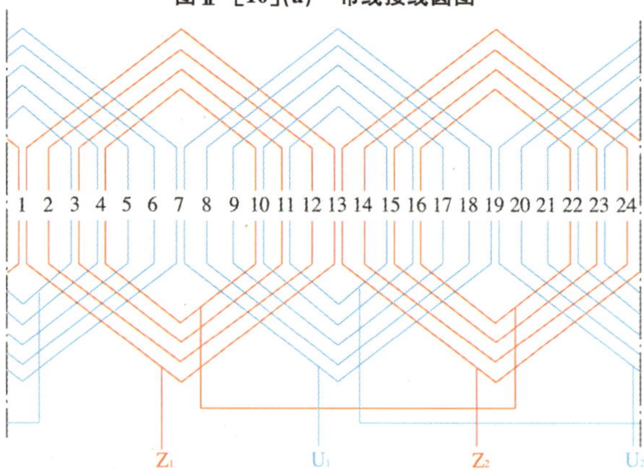

图Ⅱ-[10](b) 展开图

[11] 24槽2极正弦绕组(方案十)

$Z = 24$　　$2p = 2$　　$\tau = 12$

绕组参数	主绕组 U_1U_2						副绕组 Z_1Z_2				
线圈数 Q	12						10				
线圈组数 u	2						2				
每组线圈数 x	6						5				
节距 y	1—12	2—11	3—10	4—9	5—8	6—7	1—12	2—11	3—10	4—9	5—8
匝数分配(%)	25.9	24.1	20.7	15.9	10	3.4	26.8	25	21.4	16.5	10.3
绕组系数 K_w	0.783						0.806				

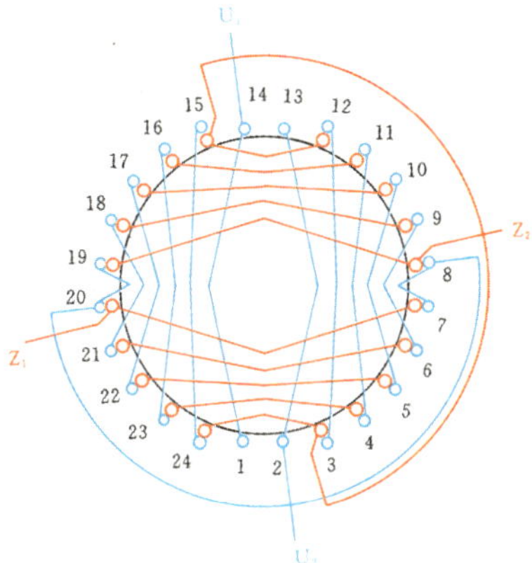

图Ⅱ-[11](a)　布线接线圆图

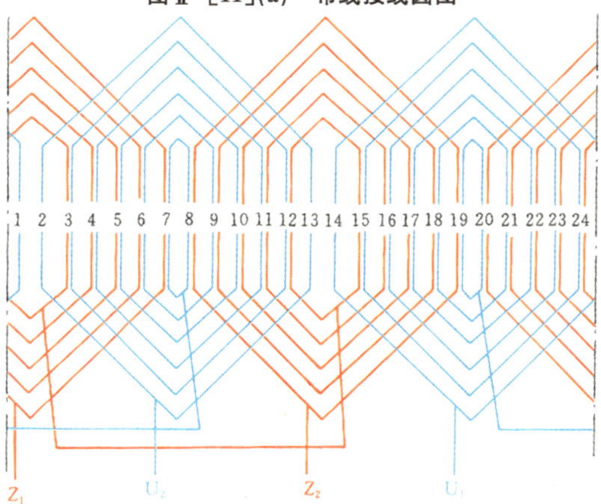

图Ⅱ-[11](b)　展开图

［12］ 24 槽 2 极罩极式正弦绕组

$Z = 24 \qquad 2p = 2 \qquad \tau = 12$

绕组参数	主绕组 U_1U_2				罩极绕组		
线圈数 Q	8				6		
线圈组数 u	2				2		
每组线圈数 x	4				3		
节距 y	1—12	2—11	3—10	4—9	1—8	2—7	3—6
匝数分配(%)	29.9	27.8	24	18.3	44.5	34.1	21.4
绕组系数 K_w	0.855				0.643		

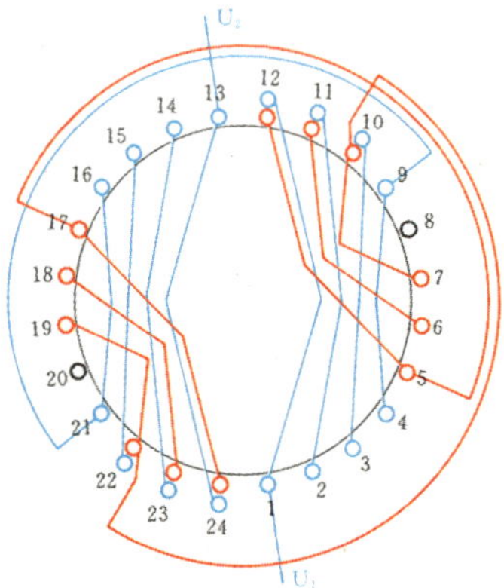

图Ⅱ-［12］(a) 布线接线圆图

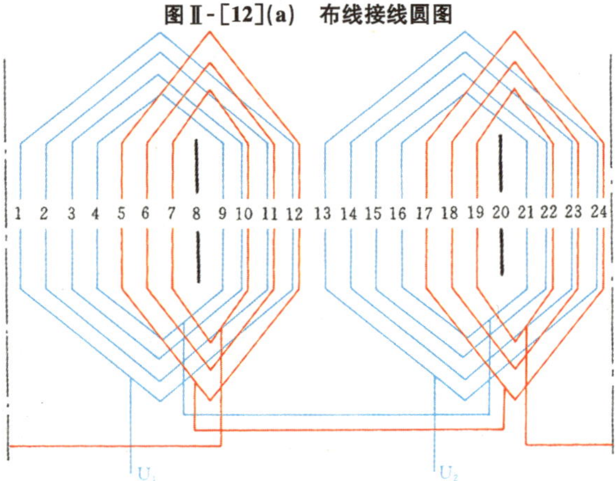

图Ⅱ-［12］(b) 展开图

[13] 8槽4极双层链式绕组

$Z=8 \qquad 2p=4 \qquad \tau=2$

绕组参数	主绕组 U_1U_2	副绕组 Z_1Z_2
线圈数 Q	4	4
线圈组数 u	4	4
每组线圈数 x	1	1
节距 y	1—3	1—3
绕组系数 K_w	1	1

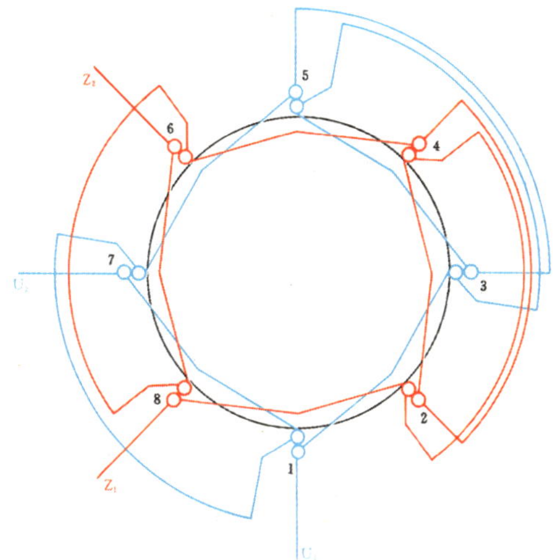

图Ⅱ-[13](a) 布线接线圆图

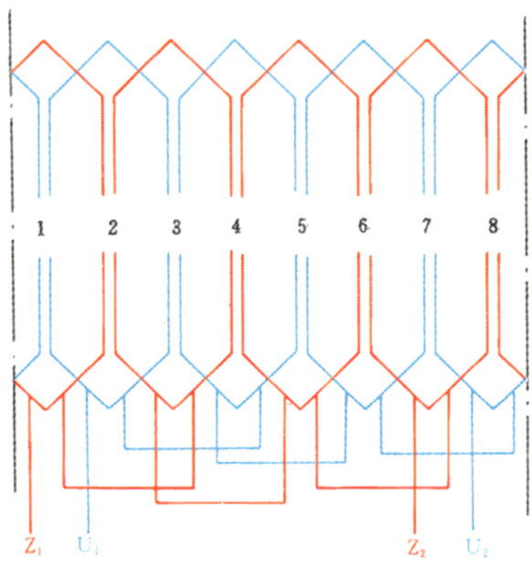

图Ⅱ-[13](b) 展开图

[14] 12 槽 4 极罩极式正弦绕组

$Z=12 \qquad 2p=4 \qquad \tau=3$

绕组参数	主绕组 U_1U_2		罩极绕组
线圈数 Q	8		4
线圈组数 u	4		4
每组线圈数 x	2		1
节距 y	1—4	2—3	1—2
匝数分配(%)	50	50	100
绕组系数 K_w	0.75		0.5

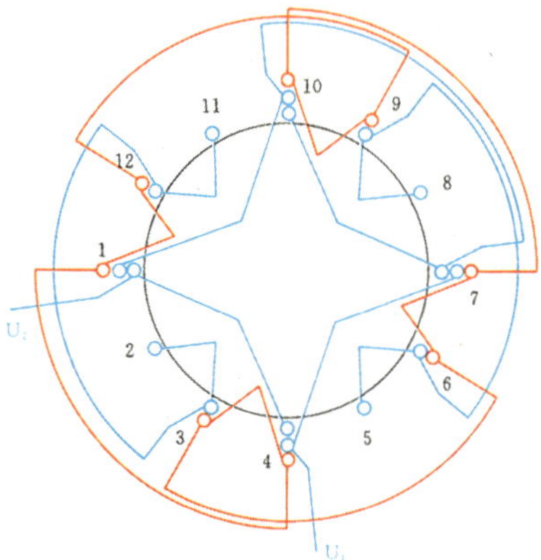

图Ⅱ-[14](a) 布线接线圆图

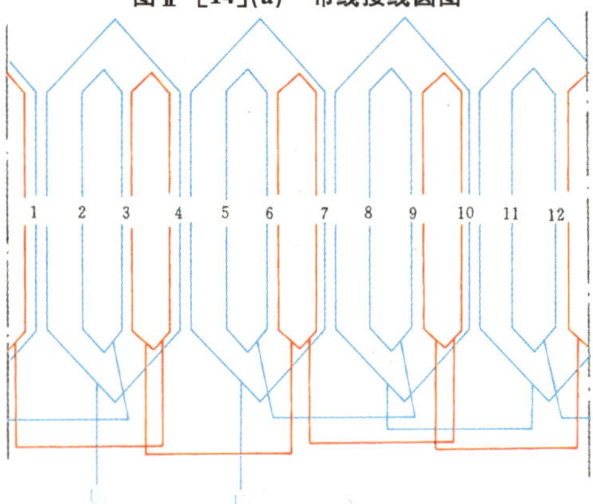

图Ⅱ-[14](b) 展开图

[15] 16 槽 4 极双层叠式绕组

$Z=16 \qquad 2p=4 \qquad \tau=4$

绕组参数	主绕组 U_1U_2	副绕组 Z_1Z_2
线圈数 Q	8	8
线圈组数 u	4	4
每组线圈数 x	2	2
节距 y	1—4	1—4
绕组系数 K_w	0.854	0.854

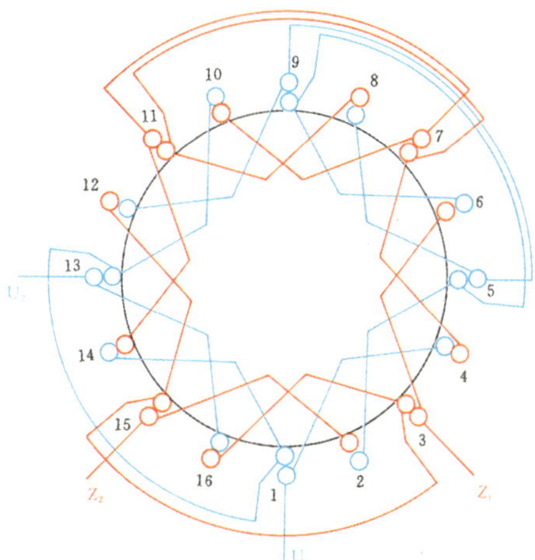

图Ⅱ-[15](a) 布线接线圆图

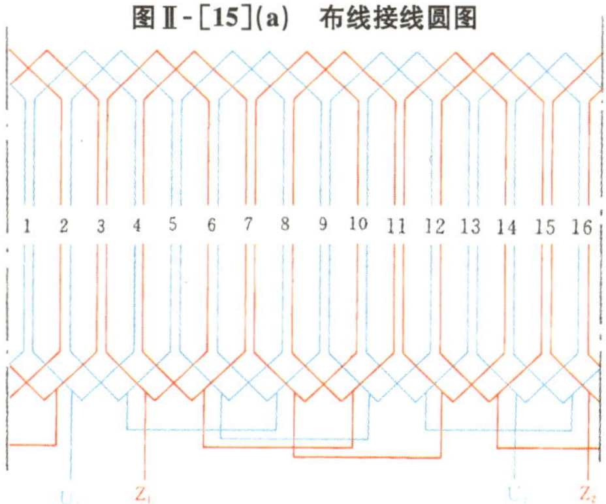

图Ⅱ-[15](b) 展开图

［16］ 24 槽 4 极罩极式正弦绕组(方案一)

$Z=24 \qquad 2p=4 \qquad \tau=6$

绕组参数	主绕组 U_1U_2			罩极绕组
线圈数 Q	12			4
线圈组数 u	4			4
每组线圈数 x	3			1
节距 y	1—7	2—6	3—5	1—3
匝数分配(%)	26.8	46.4	26.8	100
绕组系数 K_w	0.804			0.500

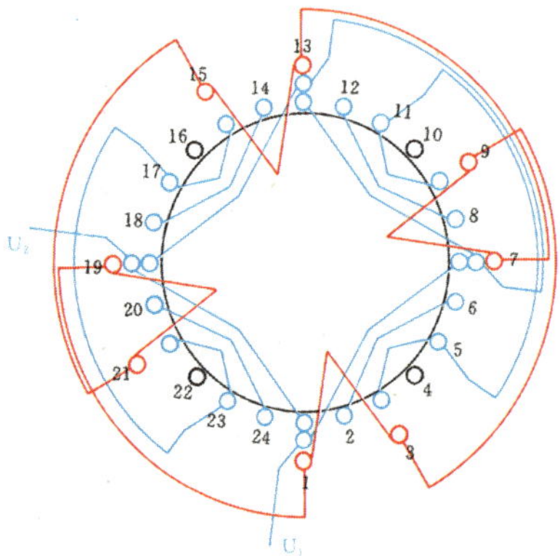

图Ⅱ-［16］(a) 布线接线圆图

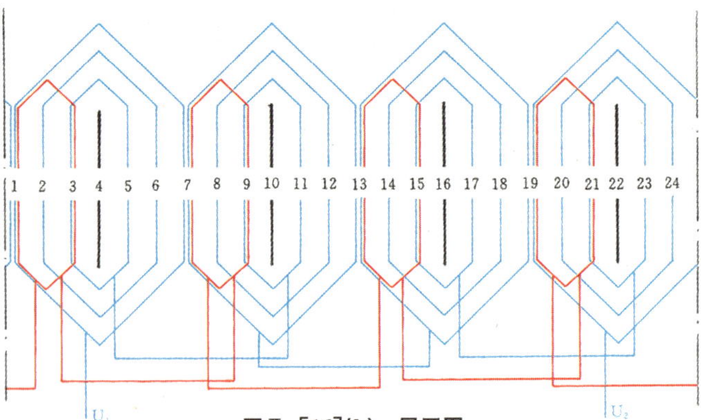

图Ⅱ-［16］(b) 展开图

[17] 24 槽 4 极罩极式正弦绕组(方案三)

$Z=24 \quad 2p=4 \quad \tau=6$

绕组参数	主绕组 U_1U_2		罩极绕组	
线圈数 Q	8		4	
线圈组数 u	4		2	2
每组线圈数 x	2		1	1
节距 y	1—6	2—5	1—7	1—7
匝数分配(%)	57.7	42.3	100	100
绕组系数 K_w	0.856		1	
注	显极接法		庶极接法,双闭合回路	

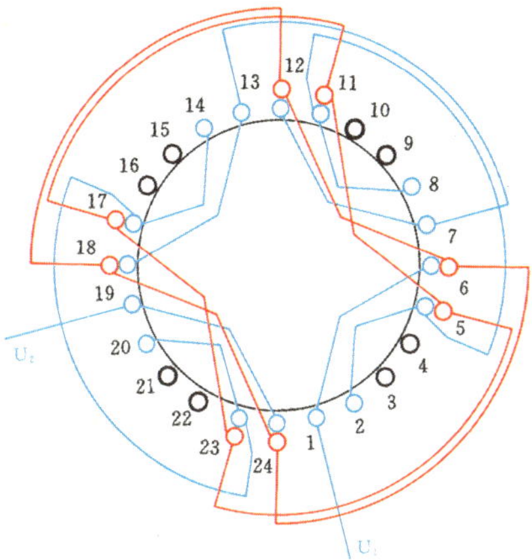

图Ⅱ-[17](a) 布线接线圆图

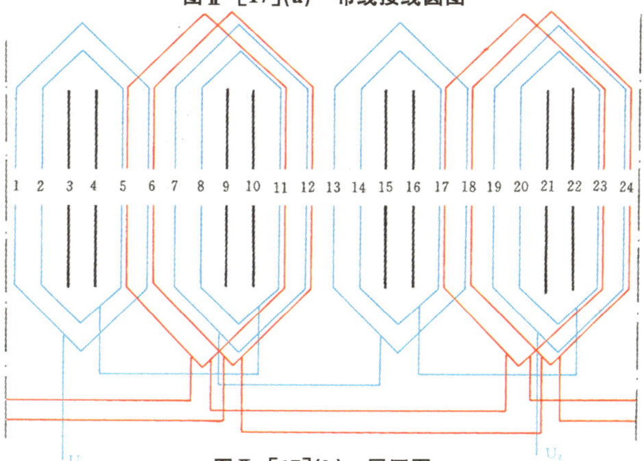

图Ⅱ-[17](b) 展开图

［18］ 24 槽 4 极单、双层正弦绕组(方案一)

$Z = 24 \qquad 2p = 4 \qquad \tau = 6$

绕组参数	主绕组 U_1U_2			副绕组 Z_1Z_2	
线圈数 Q	12			8	
线圈组数 u	4			4	
每组线圈数 x	3			2	
节距 y	1—7	2—6	3—5	1—7	2—6
匝数分配(%)	26.8	46.4	26.8	36.6	63.4
绕组系数 K_w	0.804			0.915	

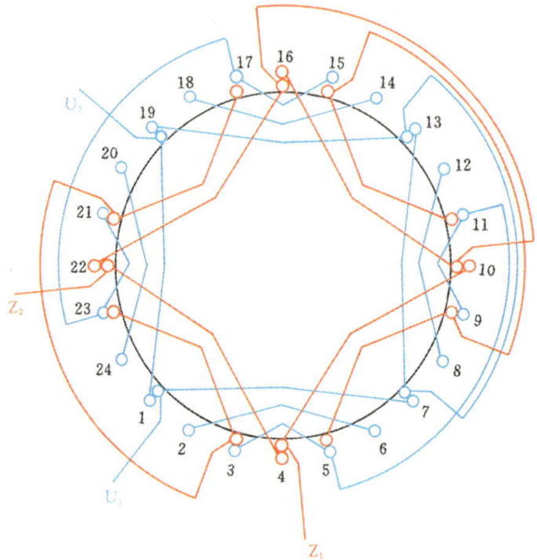

图Ⅱ-［18］(a) 布线接线圆图

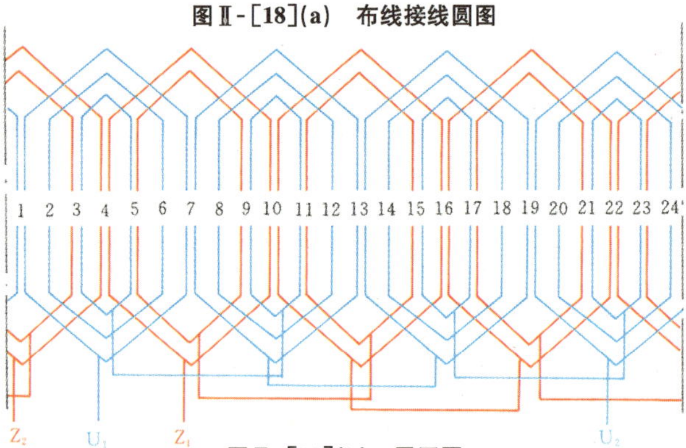

图Ⅱ-［18］(b) 展开图

[19] 32 槽 4 极单、双层正弦绕组(方案一)

$Z=32$　　$2p=4$　　$\tau=8$

绕组参数	主绕组 U_1U_2			副绕组 Z_1Z_2	
线圈数 Q	12			8	
线圈组数 u	4			4	
每组线圈数 x	3			2	
节距 y	1—8	2—7	3—6	1—8	2—7
匝数分配(%)	41.1	35.1	23.8	54.2	45.8
绕组系数 K_w	0.827			0.912	

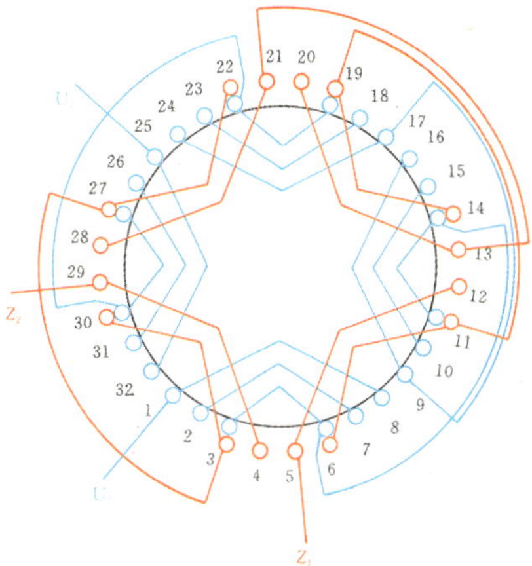

图Ⅱ-[19](a)　布线接线圆图

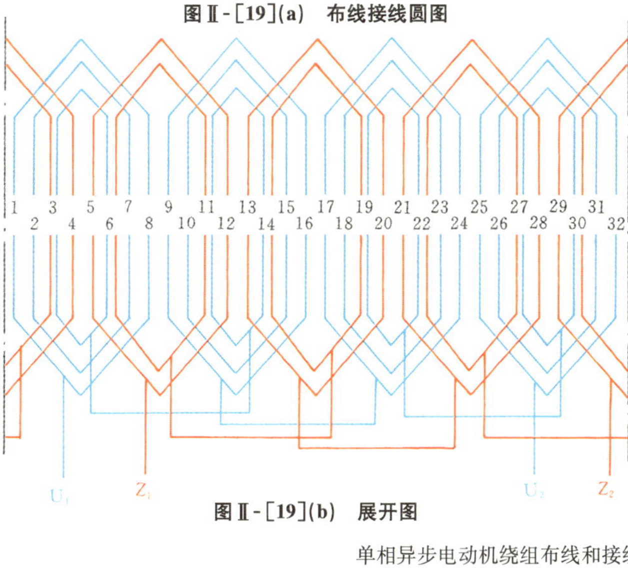

图Ⅱ-[19](b)　展开图

［20］ 36 槽 4 极单、双层正弦绕组

$Z = 36$　　　$2p = 4$　　　$\tau = 9$

绕组参数	主绕组 U_1U_2				副绕组 Z_1Z_2		
线圈数 Q	16				12		
线圈组数 u	4				4		
每组线圈数 x	4				3		
节距 y	1—9	2—8	3—7	4—6	1—10	2—9	3—8
匝数分配(%)	34.6	30.6	22.7	12.1	22.7	42.6	34.7
绕组系数 K_w	0.793				0.893		

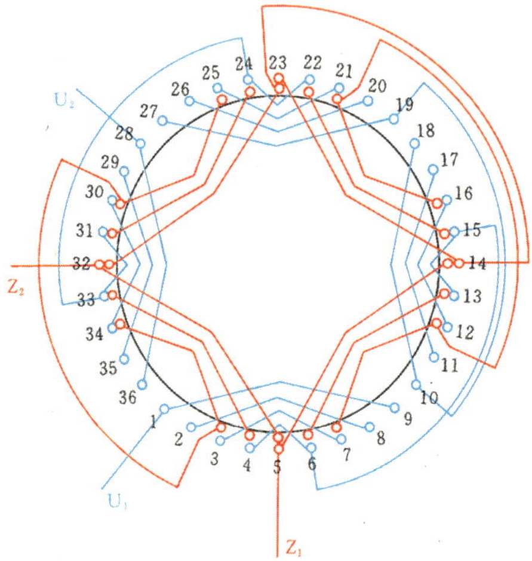

图Ⅱ-［20］(a)　布线接线圆图

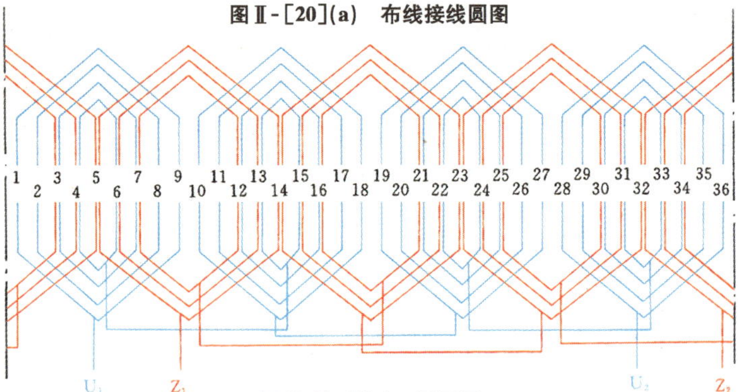

图Ⅱ-［20］(b)　展开图

［21］ 28 槽 14 极单层链式绕组

$Z=28$　　$2p=14$　　$\tau=2$

绕组参数	主绕组 U_1U_2	副绕组 Z_1Z_2
线圈数 Q	7	7
线圈组数 u	7	7
每组线圈数 x	1	1
节距 y	1—3	1—3
绕组系数 K_w	1	1
注	庶极接法	庶极接法

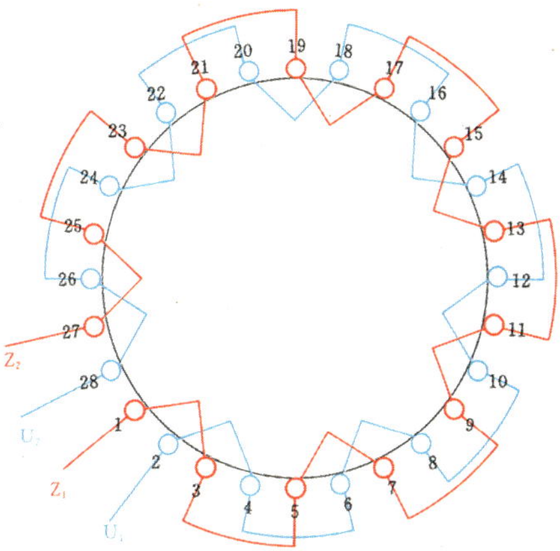

图Ⅱ-［21］(a)　布线接线圆图

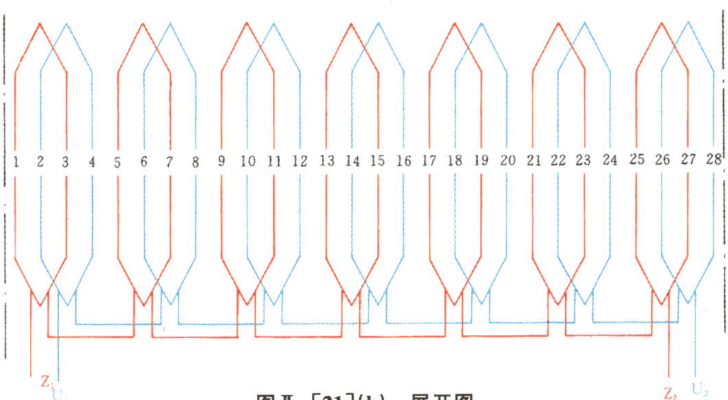

图Ⅱ-［21］(b)　展开图

[22] 28 槽 14 极双层链式绕组

$$Z=28 \qquad 2p=14 \qquad \tau=2$$

绕组参数	主绕组 U_1U_2	副绕组 Z_1Z_2
线圈数 Q	14	14
线圈组数 u	14	14
每组线圈数 x	1	1
节距 y	1—3	1—3
绕组系数 K_w	1	1

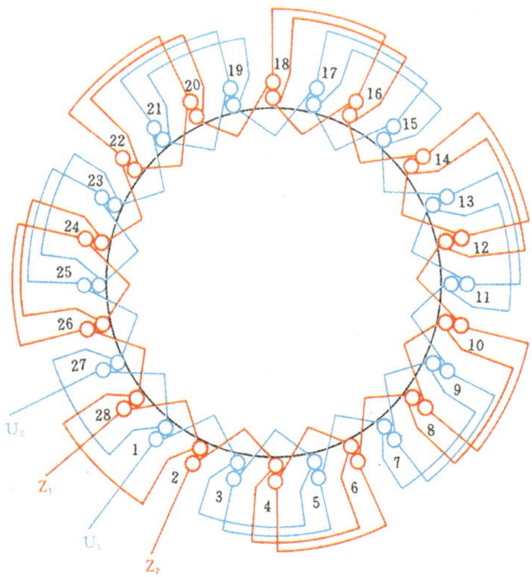

图Ⅱ-[22](a) 布线接线圆图

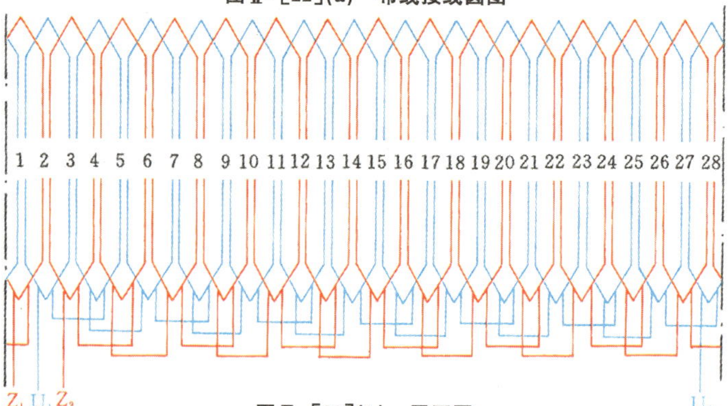

图Ⅱ-[22](b) 展开图

[23] 32 槽 16 极单层链式绕组

$Z=32 \qquad 2p=16 \qquad \tau=2$

绕组参数	主绕组 U_1U_2	副绕组 Z_1Z_2
线圈数 Q	8	8
线圈组数 u	8	8
每组线圈数 x	1	1
节距 y	1—3	1—3
绕组系数 K_w	1	1
注	庶极接法	庶极接法

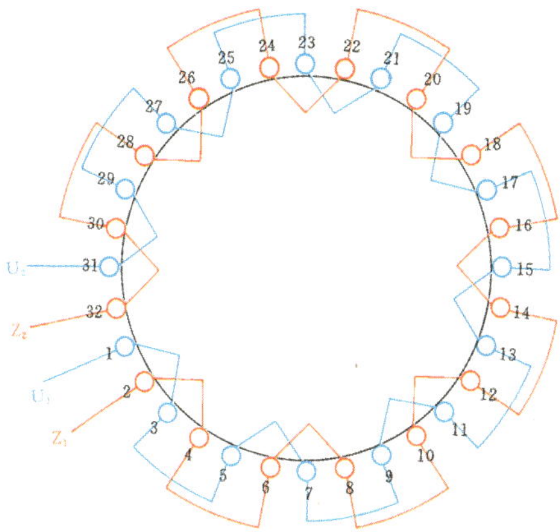

图Ⅱ-[23](a) 布线接线圆图

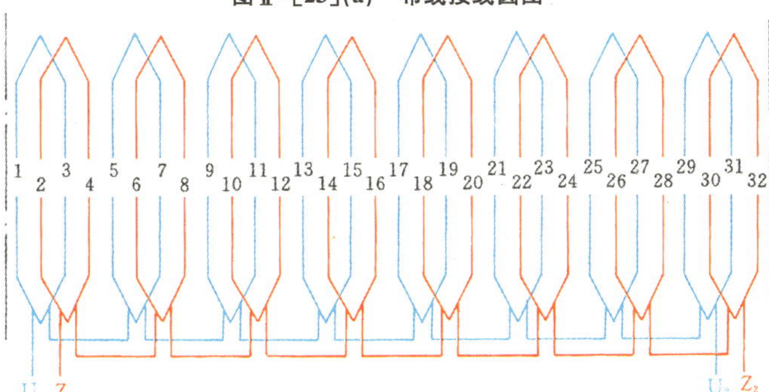

图Ⅱ-[23](b) 展开图

[24] 36 槽 18 极单层链式绕组

$Z=36 \qquad 2p=18 \qquad \tau=2$

绕组参数	主绕组 U_1U_2	副绕组 Z_1Z_2
线圈数 Q	9	9
线圈组数 u	9	9
每组线圈数 x	1	1
节距 y	1—3	1—3
绕组系数 K_w	1	1
注	庶极接法	庶极接法

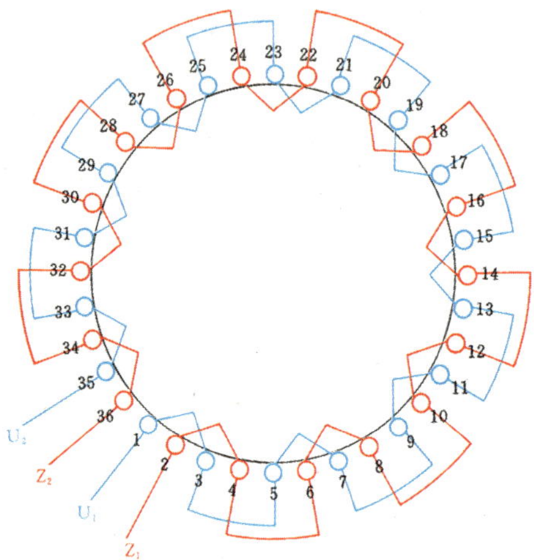

图Ⅱ-[24](a) 布线接线圆图

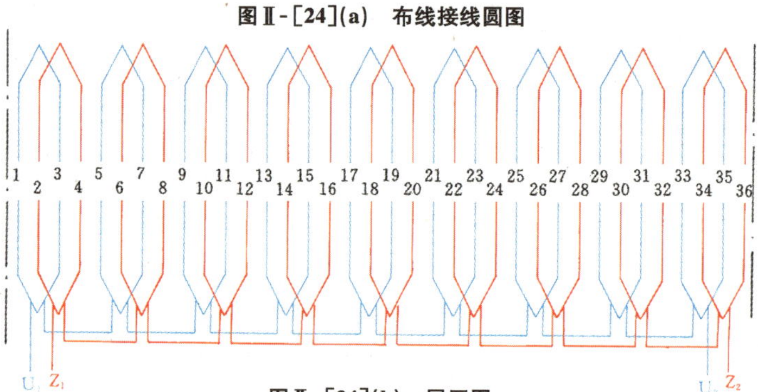

图Ⅱ-[24](b) 展开图

Ⅲ　三相单绕组多速电动机绕组布线和接线图例

本部分共有 39 个三相单绕组多速电动机绕组布线和接线图例。包括倍极比双速绕组布线和接线图例 20 个，非倍极比双速绕组布线和接线图例 11 个，三速绕组布线和接线图例 6 个，四速绕组布线和接线图例 2 个。39 个绕组布线和接线图例中一部分在实际产品中已有应用，其余的可供读者在改绕和修理时参考。

本图例对每个绕组都作了简要说明，列出了它的绕组排列，并以圆图和简图两种形式画出了它的接线。部分绕组还列举了应用它的实际产品电动机的主要技术数据。

[1]　24 槽 4/2 极绕组布线和接线图

2 极为 60°相带正规绕组，用庶极接法获得 4 极。两种极数转向相反。

绕组系数(节距 $y=6$)：

2 极—— $K_d=0.958$，$K_y=0.707$，$K_w=0.677$

4 极—— $K_d=0.836$，$K_y=1$，$K_w=0.836$

连接方式：

较多采用△/2丫，引出线 6 根。要求变极时恒功率特性可采用 2丫/2丫接法，引出线 9 根。

24 槽 4/2 极双速电动机绕组排列

槽　　号	1	2	3	4	5	6
2　　极	u	u	u	u	$\overline{w}$	$\overline{w}$
4　　极	u	u	u	u	w	w
反向指示					*	*
槽　　号	7	8	9	10	11	12
2　　极	$\overline{w}$	$\overline{w}$	v	v	v	v
4　　极	w	w	v	v	v	v
反向指示	*	*				
槽　　号	13	14	15	16	17	18
2　　极	$\overline{u}$	$\overline{u}$	$\overline{u}$	$\overline{u}$	w	w
4　　极	u	u	u	u	w	w
反向指示	*	*	*	*		
槽　　号	19	20	21	22	23	24
2　　极	w	w	$\overline{v}$	$\overline{v}$	$\overline{v}$	$\overline{v}$
4　　极	w	w	v	v	v	v
反向指示			*	*	*	*

△/2丫接线图：

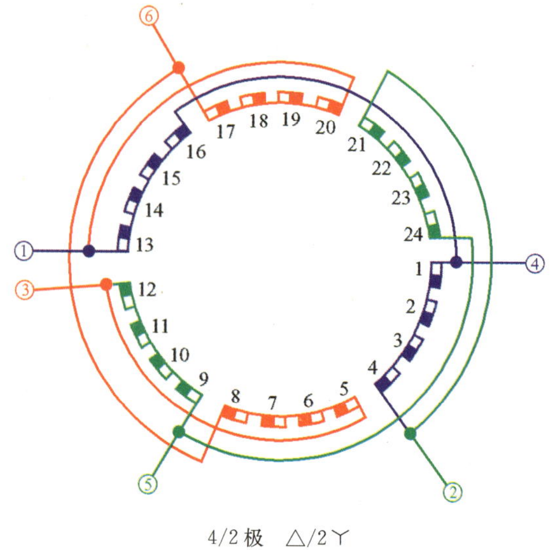

图Ⅲ-[1](a)　接线圆图

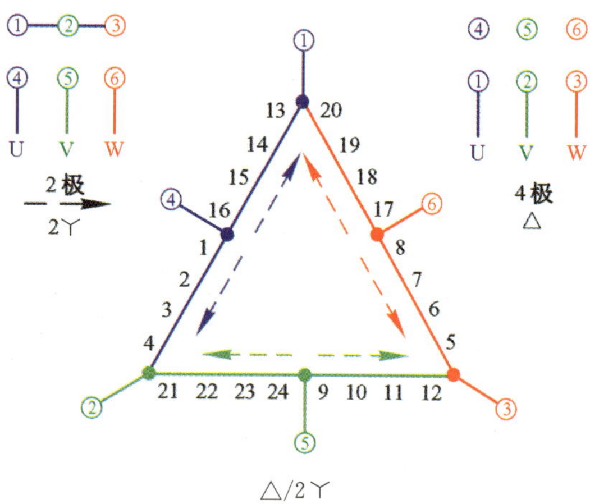

图Ⅲ-[1](b)　接线简图

2Y/2Y接线图：

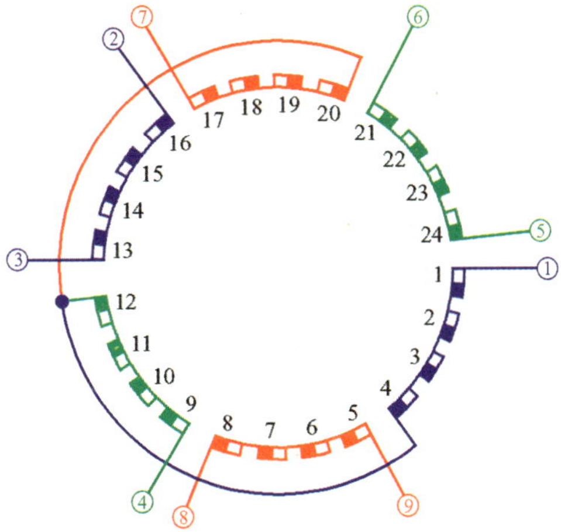

4/2极　2Y/2Y

图Ⅲ-[1](c)　接线圆图

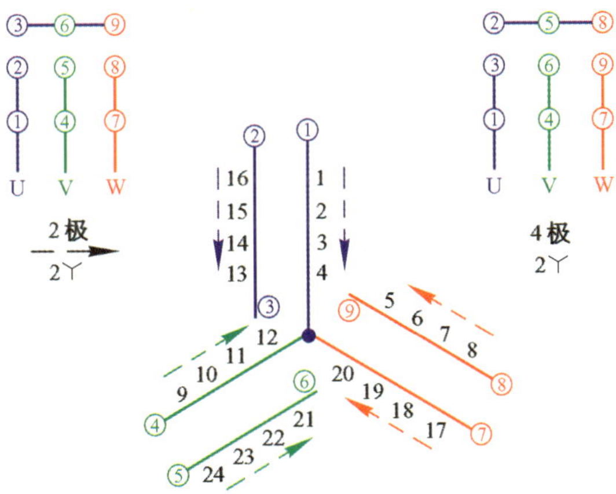

2Y/2Y

图Ⅲ-[1](d)　接线简图

应用举例：

型　号	极数	额定功率（千瓦）	额定电流（安）	接法	定/转子槽数	节距	每　槽导线数	线　规
JDO2-22-4/2	4/2	1.5/1.8	3.5/4.1	△/2Y	24/22	1—7	128	1-ϕ0.62
YD90S-4/2	4/2	0.85/1.1	2.3/2.8	△/2Y	24/22	1—7	166	1-ϕ0.47

［2］ **36 槽 4/2 极绕组布线和接线图**

2 极为 60°相带正规绕组，用庶极接法获得 4 极。两种极数转向相反。

绕组系数：

节距 $y=9$

2 极—— $K_d=0.956$，$K_y=0.707$，$K_w=0.676$

4 极—— $K_d=0.831$，$K_y=1$，$K_w=0.831$

节距 $y=10$

2 极—— $K_d=0.956$，$K_y=0.766$，$K_w=0.732$

4 极—— $K_d=0.831$，$K_y=0.985$，$K_w=0.819$

连接方式：

△/2Y，引出线 6 根。

36 槽 4/2 极双速电动机绕组排列

槽　号	1	2	3	4	5	6	7	8	9
2　极	u	u	u	u	u	u	$\overline{w}$	$\overline{w}$	$\overline{w}$
4　极	u	u	u	u	u	u	w	w	w
反向指示							*	*	*
槽　号	10	11	12	13	14	15	16	17	18
2　极	$\overline{w}$	$\overline{w}$	$\overline{w}$	v	v	v	v	v	v
4　极	w	w	w	v	v	v	v	v	v
反向指示	*	*	*						
槽　号	19	20	21	22	23	24	25	26	27
2　极	$\overline{u}$	$\overline{u}$	$\overline{u}$	$\overline{u}$	$\overline{u}$	$\overline{u}$	w	w	w
4　极	u	u	u	u	u	u	w	w	w
反向指示	*	*	*	*	*	*			
槽　号	28	29	30	31	32	33	34	35	36
2　极	w	w	w	$\overline{v}$	$\overline{v}$	$\overline{v}$	$\overline{v}$	$\overline{v}$	$\overline{v}$
4　极	w	w	w	v	v	v	v	v	v
反向指示				*	*	*	*	*	*

△/2丫接线图：

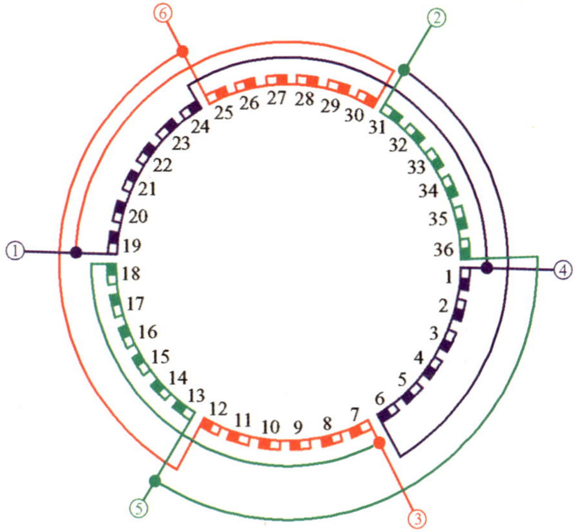

4/2 极　△/2丫

图Ⅲ-［2］(a)　接线圆图

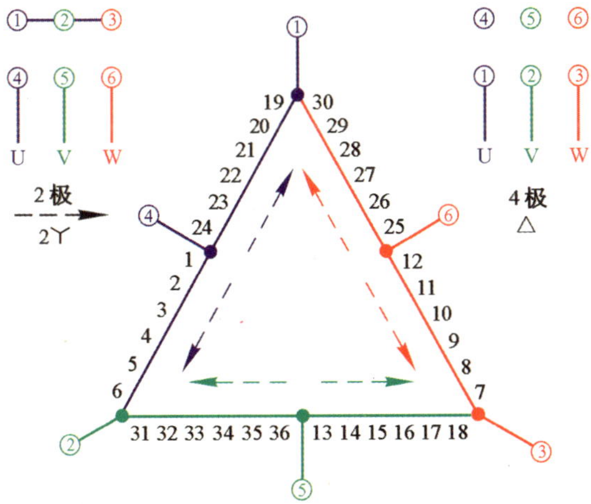

4/2 极　△/2丫

图Ⅲ-［2］(b)　接线简图

应用举例：

型　号	极数	额定功率（千瓦）	额定电流（安）	接法	定/转子槽数	节距	每　槽导线数	线　规
JDO3-160M-4/2	4/2	13/17	25.5/32.6	△/2Y	36/26	1—10	26	2-ϕ1.35
YD132S-4/2	4/2	4.5/5.5	9.8/11.9	△/2Y	36/32	1—11	58	1-ϕ1.18

［3］ 48 槽 4/2 极绕组布线和接线图

2 极为 60°相带正规绕组，用庶极接法获得 4 极。两种极数转向相反。

绕组系数（节距 $y=12$）：

2 极—— $K_d=0.956$，$K_y=0.707$，$K_w=0.676$

4 极—— $K_d=0.829$，$K_y=1$，$K_w=0.829$

连接方式：

△/2Y，引出线 6 根。

48 槽 4/2 极双速电动机绕组排列

槽　号	1	2	3	4	5	6	7	8	9	10	11	12
2　极	u	u	u	u	u	u	u	u	$\overline{w}$	$\overline{w}$	$\overline{w}$	$\overline{w}$
4　极	u	u	u	u	u	u	u	u	w	w	w	w
反向指示									*	*	*	*
槽　号	13	14	15	16	17	18	19	20	21	22	23	24
2　极	$\overline{w}$	$\overline{w}$	$\overline{w}$	$\overline{w}$	v	v	v	v	v	v	v	v
4　极	w	w	w	w	v	v	v	v	v	v	v	v
反向指示	*	*	*	*								
槽　号	25	26	27	28	29	30	31	32	33	34	35	36
2　极	$\overline{u}$	$\overline{u}$	$\overline{u}$	$\overline{u}$	$\overline{u}$	$\overline{u}$	$\overline{u}$	$\overline{u}$	w	w	w	w
4　极	u	u	u	u	u	u	u	u	w	w	w	w
反向指示	*	*	*	*	*	*	*	*				
槽　号	37	38	39	40	41	42	43	44	45	46	47	48
2　极	w	w	w	w	$\overline{v}$	$\overline{v}$	$\overline{v}$	$\overline{v}$	$\overline{v}$	$\overline{v}$	$\overline{v}$	$\overline{v}$
4　极	w	w	w	w	v	v	v	v	v	v	v	v
反向指示					*	*	*	*	*	*	*	*

△/2丫接线图：

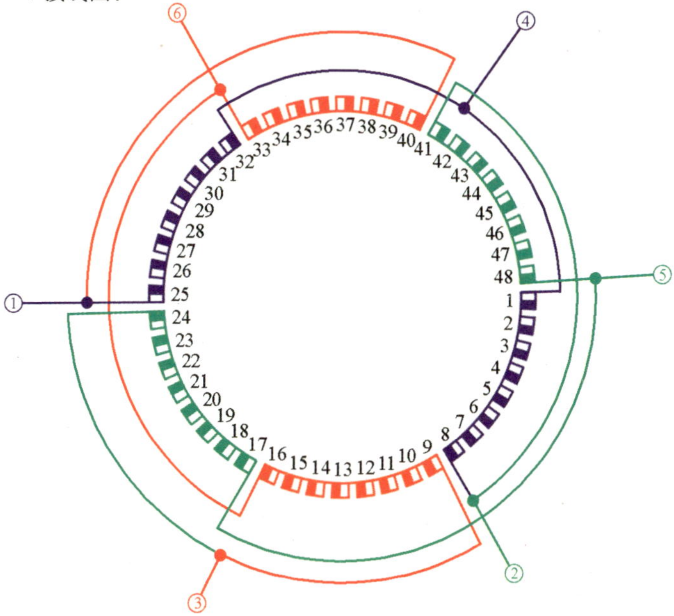

4/2 极　△/2丫

图Ⅲ-[3](a)　接线圆图

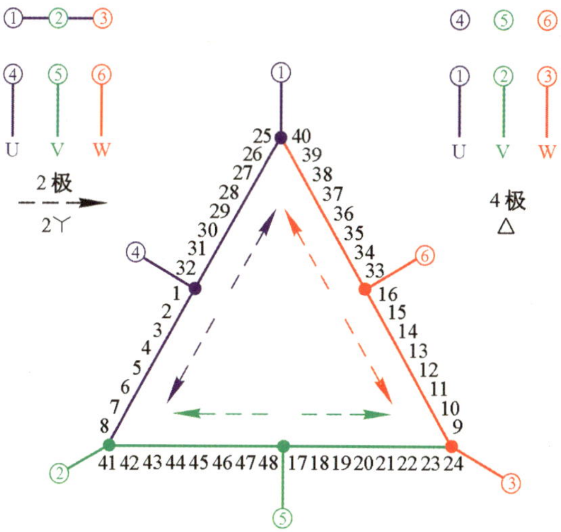

4/2 极　△/2丫

图Ⅲ-[3](b)　接线简图

应用举例：

型　号	极数	额定功率（千瓦）	额定电流（安）	接法	定/转子槽数	节距	每　槽导线数	线　规
YD180L-4/2	4/2	18.5/22	35.9/42.7	△/2丫	48/44	1—13	18	4-ϕ1.12

［4］ **24 槽 8/4 极绕组布线和接线图**

4 极为 60°相带正规绕组，用庶极接法获得 8 极。两种极数转向相反。

绕组系数（节距 $y=3$）：

4 极—— $K_d=0.966$，$K_y=0.707$，$K_w=0.683$

8 极—— $K_d=0.866$，$K_y=1$，$K_w=0.866$

连接方式：

△/2丫，引出线 6 根。

24 槽 8/4 极双速电动机绕组排列

槽　号	1	2	3	4	5	6
4　极	u	u	$\overline{w}$	$\overline{w}$	v	v
8　极	u	u	w	w	v	v
反向指示			*	*		
槽　号	7	8	9	10	11	12
4　极	$\overline{u}$	$\overline{u}$	w	w	$\overline{v}$	$\overline{v}$
8　极	u	u	w	w	v	v
反向指示	*	*			*	*
槽　号	13	14	15	16	17	18
4　极	u	u	$\overline{w}$	$\overline{w}$	v	v
8　极	u	u	w	w	v	v
反向指示			*	*		
槽　号	19	20	21	22	23	24
4　极	$\overline{u}$	$\overline{u}$	w	w	$\overline{v}$	$\overline{v}$
8　极	u	u	w	w	v	v
反向指示	*	*			*	*

△/2丫接线图：

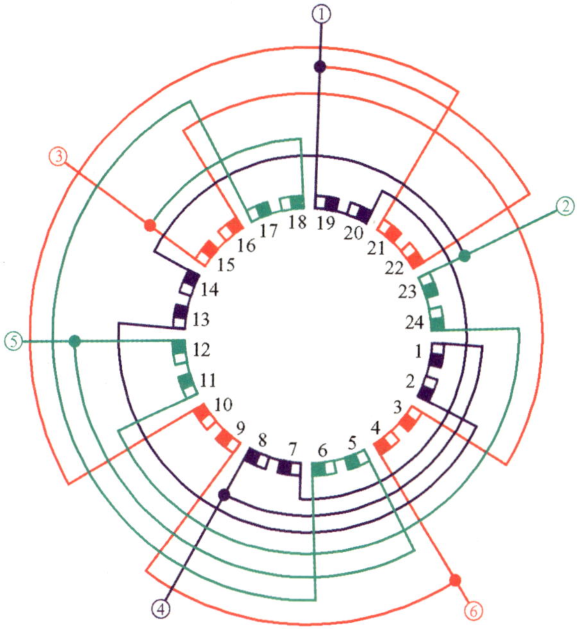

8/4 极 △/2丫

图Ⅲ-[4](a) 接线圆图

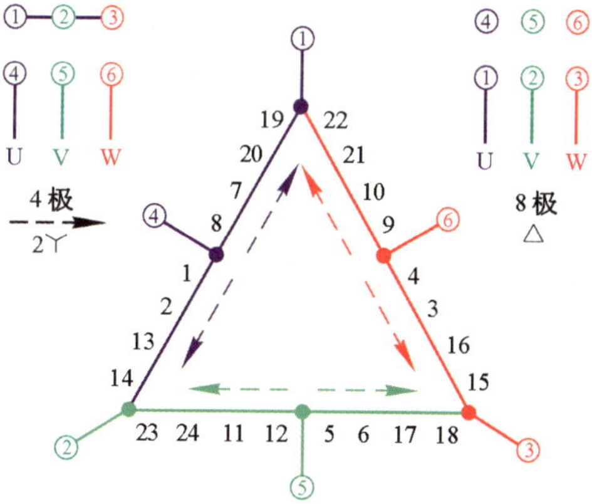

8/4 极 △/2丫

图Ⅲ-[4](b) 接线简图

应用举例：

型　号	极数	额定功率（千瓦）	额定电流（安）	接法	定/转子槽数	节距	每　槽导线数	线　规
JDO2-12-8/4	8/4	0.3/0.6	1.6	△/2Y	24/22	1—4	146	1-ϕ0.38

［5］ **36 槽 8/4 极绕组布线和接线图**

4 极为 60°相带正规绕组，用庶极接法获得 8 极。两种极数转向相反。

绕组系数（节距 $y=5$）：

4 极—— $K_d=0.96$，$K_y=0.766$，$K_w=0.735$

8 极—— $K_d=0.844$，$K_y=0.985$，$K_w=0.831$

连接方式：

△/2Y，引出线 6 根。

36 槽 8/4 极双速电动机绕组排列

槽　号	1	2	3	4	5	6	7	8	9
4　极	u	u	u	$\bar{w}$	$\bar{w}$	$\bar{w}$	v	v	v
8　极	u	u	u	w	w	w	v	v	v
反向指示				*	*	*			
槽　号	10	11	12	13	14	15	16	17	18
4　极	$\bar{u}$	$\bar{u}$	$\bar{u}$	w	w	w	$\bar{v}$	$\bar{v}$	$\bar{v}$
8　极	u	u	u	w	w	w	v	v	v
反向指示	*	*	*				*	*	*
槽　号	19	20	21	22	23	24	25	26	27
4　极	u	u	u	$\bar{w}$	$\bar{w}$	$\bar{w}$	v	v	v
8　极	u	u	u	w	w	w	v	v	v
反向指示				*	*	*			
槽　号	28	29	30	31	32	33	34	35	36
4　极	$\bar{u}$	$\bar{u}$	$\bar{u}$	w	w	w	$\bar{v}$	$\bar{v}$	$\bar{v}$
8　极	u	u	u	w	w	w	v	v	v
反向指示	*	*	*				*	*	*

△/2Y接线图：

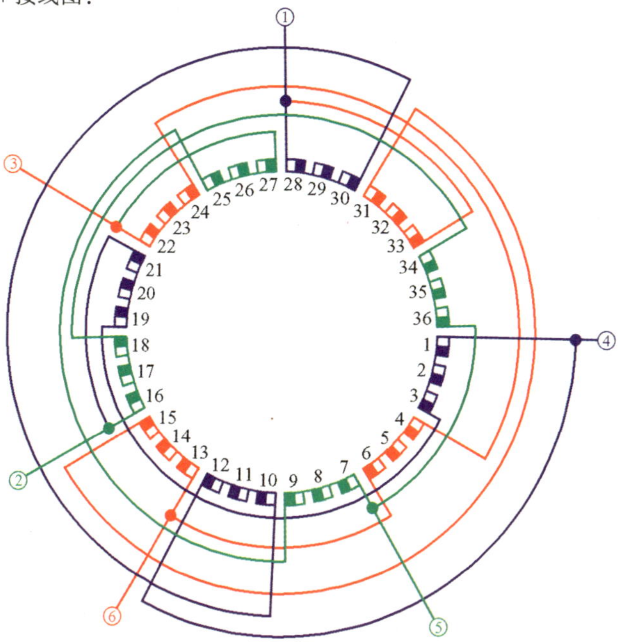

8/4 极　△/2Y

图Ⅲ-[5](a)　接线圆图

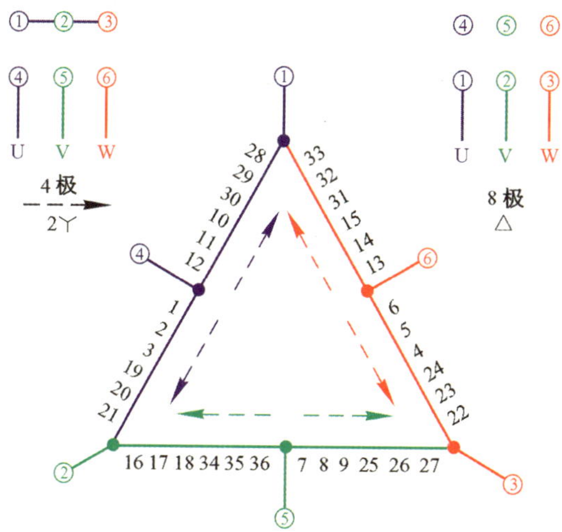

8/4 极　△/2Y

图Ⅲ-[5](b)　接线简图

应用举例：

型　号	极数	额定功率（千瓦）	额定电流（安）	接法	定/转子槽数	节距	每　槽导线数	线　规
JDO3-112L-8/4	8/4	2.2/3.6	6.44/7.76	△/2Y	36/32	1—6	80	1-ϕ0.93
YD160M-8/4	8/4	5.0/7.5	13.9/15.2	△/2Y	36/33	1—6	54	1-ϕ1.40

［6］ **48 槽 8/4 极绕组布线和接线图**

4 极为 60°相带正规绕组，用庶极接法获得 8 极。两种极数转向相反。

绕组系数（节距 $y=6$）：

4 极—— $K_d=0.958$，$K_y=0.707$，$K_w=0.677$

8 极—— $K_d=0.837$，$K_y=1$，$K_w=0.837$

连接方式：

△/2Y，引出线 6 根。

48 槽 8/4 极双速电动机绕组排列

槽　号	1	2	3	4	5	6	7	8	9	10	11	12
4　极	u	u	u	u	$\overline{w}$	$\overline{w}$	$\overline{w}$	$\overline{w}$	v	v	v	v
8　极	u	u	u	u	w	w	w	w	v	v	v	v
反向指示					*	*	*	*				
槽　号	13	14	15	16	17	18	19	20	21	22	23	24
4　极	$\overline{u}$	$\overline{u}$	$\overline{u}$	$\overline{u}$	w	w	w	w	$\overline{v}$	$\overline{v}$	$\overline{v}$	$\overline{v}$
8　极	u	u	u	u	w	w	w	w	v	v	v	v
反向指示	*	*	*	*					*	*	*	*
槽　号	25	26	27	28	29	30	31	32	33	34	35	36
4　极	u	u	u	u	$\overline{w}$	$\overline{w}$	$\overline{w}$	$\overline{w}$	v	v	v	v
8　极	u	u	u	u	w	w	w	w	v	v	v	v
反向指示					*	*	*	*				
槽　号	37	38	39	40	41	42	43	44	45	46	47	48
4　极	$\overline{u}$	$\overline{u}$	$\overline{u}$	$\overline{u}$	w	w	w	w	$\overline{v}$	$\overline{v}$	$\overline{v}$	$\overline{v}$
8　极	u	u	u	u	w	w	w	w	v	v	v	v
反向指示	*	*	*	*					*	*	*	*

△/2Y接线图：

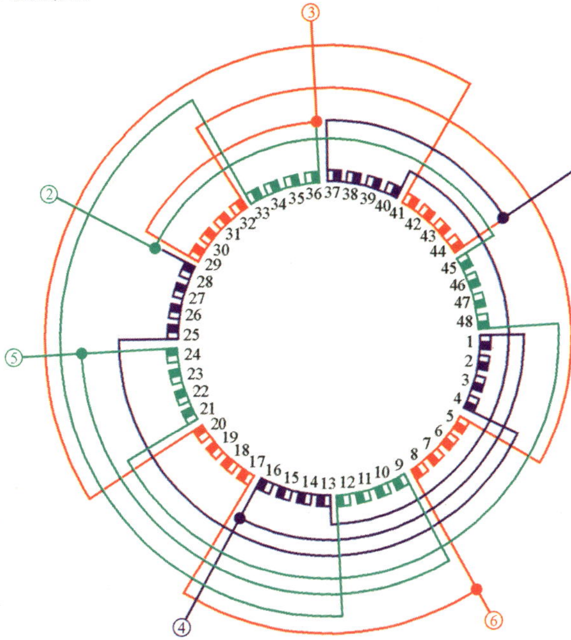

8/4 极　△/2Y

图Ⅲ-[6](a)　接线圆图

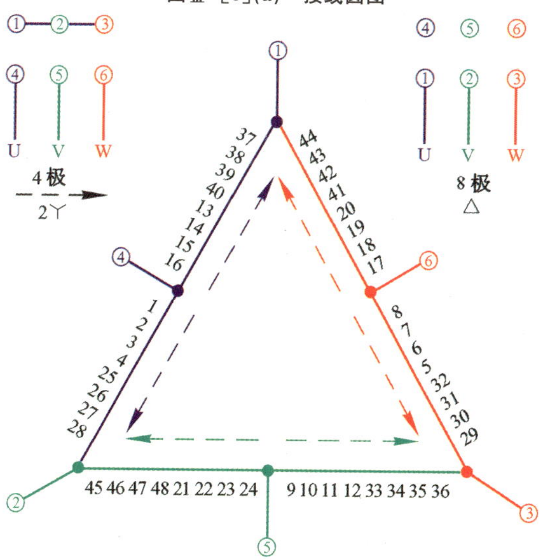

8/4 极　△/2Y

图Ⅲ-[6](b)　接线简图

应用举例：

型　号	极数	额定功率（千瓦）	额定电流（安）	接法	定/转子槽数	节距	每　槽导线数	线　规
JDO2-61-8/4	8/4	3.5/5.0	8.8/10.3	△/2Y	48/44	1—7	56	1-ϕ1.16
JDO3-250S-8/4	8/4	40/55	86/100	△/2Y	48/58	1—7	26 $a=2$(8 极) $a=4$(4 极)	4-ϕ1.56

[7]　54 槽 8/4 极绕组布线和接线图

4 极和 8 极均为每相 1、2、2、2、2、2、2、2、2、1 分布的分数槽绕组，在 4 极基础上用庶极接法获得 8 极。两种极数转向相反。

绕组系数（节距 $y=7$）：

4 极—— $K_d=0.954$，$K_y=0.727$，$K_w=0.694$

8 极—— $K_d=0.823$，$K_y=0.998$，$K_w=0.821$

连接方式：

△/2Y，引出线 6 根。

54 槽 8/4 极双速电动机绕组排列

槽　号	1	2	3	4	5	6	7	8	9	10	11	12	13
4　极	u	u	u	u	$\overline{w}$	$\overline{w}$	$\overline{w}$	$\overline{w}$	$\overline{w}$	v	v	v	v
8　极	u	u	u	u	w	w	w	w	w	v	v	v	v
反向指示					*	*	*	*	*				

槽　号	14	15	16	17	18	19	20	21	22	23	24	25	26
4　极	$\overline{u}$	$\overline{u}$	$\overline{u}$	$\overline{u}$	$\overline{u}$	w	w	w	w	$\overline{v}$	$\overline{v}$	$\overline{v}$	$\overline{v}$
8　极	u	u	u	u	u	w	w	w	w	v	v	v	v
反向指示	*	*	*	*	*					*	*	*	*

槽　号	27	28	29	30	31	32	33	34	35	36	37	38	39	40
4　极	$\overline{v}$	u	u	u	u	u	$\overline{w}$	$\overline{w}$	$\overline{w}$	$\overline{w}$	v	v	v	v
8　极	v	u	u	u	u	u	w	w	w	w	v	v	v	v
反向指示	*						*	*	*	*				

槽　号	41	42	43	44	45	46	47	48	49	50	51	52	53	54
4　极	v	$\overline{u}$	$\overline{u}$	$\overline{u}$	$\overline{u}$	w	w	w	w	w	$\overline{v}$	$\overline{v}$	$\overline{v}$	$\overline{v}$
8　极	v	u	u	u	u	w	w	w	w	w	v	v	v	v
反向指示		*	*	*	*						*	*	*	*

△/2Y接线图：

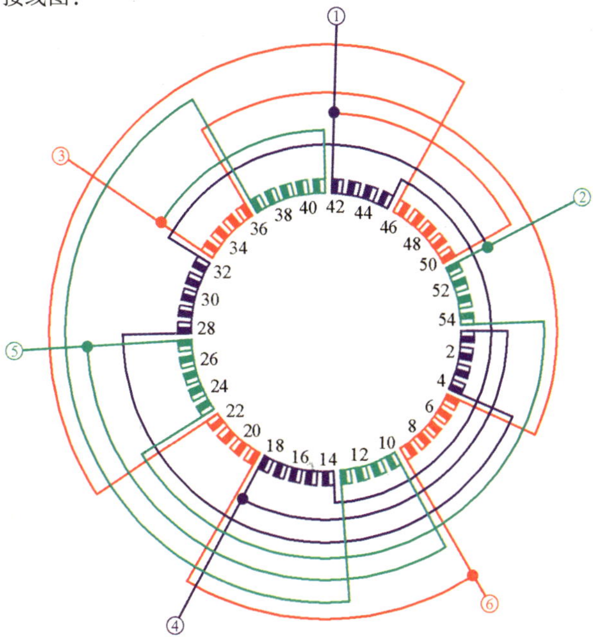

8/4 极 △/2Y

图Ⅲ-[7](a) 接线圆图

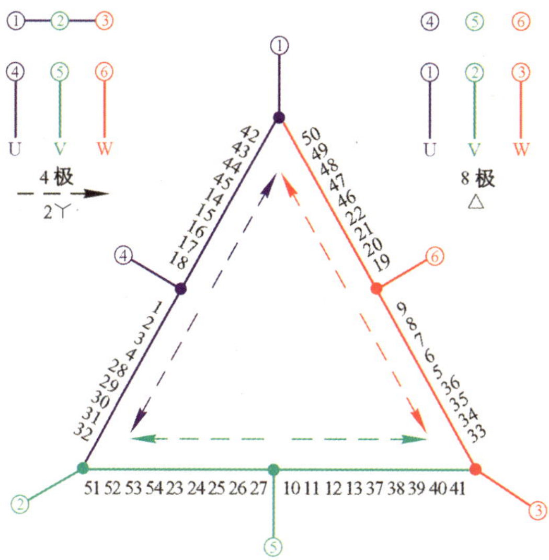

8/4 极 △/2Y

图Ⅲ-[7](b) 接线简图

应用举例：

型　号	极数	额定功率（千瓦）	额定电流（安）	接法	定/转子槽数	节距	每　槽导线数	线　规
JDO2-71-8/4	8/4	7/10	16/19.2	△/2Y	54/44	1—8	34	1-ϕ1.45
YD180L-8/4	8/4	11/17	26.7/32.6	△/2Y	54/58	1—8	22	2-ϕ1.30

［8］ 72 槽 8/4 极绕组布线和接线图

4 极为 60°相带正规绕组，用庶极接法获得 8 极。两种极数转向相反。

绕组系数（节距 $y=9$）：

4 极—— $K_d=0.956$，$K_y=0.707$，$K_w=0.676$

8 极—— $K_d=0.831$，$K_y=1$，$K_w=0.831$

连接方式：

△/2Y，引出线 6 根。

72 槽 8/4 极双速电动机绕组排列

槽　号	1	2	3	4	5	6	7	8	9	10	11	12	13	14	15	16	17	18
4　极	u	u	u	u	u	u	$\overline{w}$	$\overline{w}$	$\overline{w}$	$\overline{w}$	$\overline{w}$	$\overline{w}$	v	v	v	v	v	v
8　极	u	u	u	u	u	u	w	w	w	w	w	w	v	v	v	v	v	v
反向指示							*	*	*	*	*	*						
槽　号	19	20	21	22	23	24	25	26	27	28	29	30	31	32	33	34	35	36
4　极	$\overline{u}$	$\overline{u}$	$\overline{u}$	$\overline{u}$	$\overline{u}$	$\overline{u}$	w	w	w	w	w	w	$\overline{v}$	$\overline{v}$	$\overline{v}$	$\overline{v}$	$\overline{v}$	$\overline{v}$
8　极	u	u	u	u	u	u	w	w	w	w	w	w	v	v	v	v	v	v
反向指示	*	*	*	*	*	*							*	*	*	*	*	*
槽　号	37	38	39	40	41	42	43	44	45	46	47	48	49	50	51	52	53	54
4　极	u	u	u	u	u	u	$\overline{w}$	$\overline{w}$	$\overline{w}$	$\overline{w}$	$\overline{w}$	$\overline{w}$	v	v	v	v	v	v
8　极	u	u	u	u	u	u	w	w	w	w	w	w	v	v	v	v	v	v
反向指示							*	*	*	*	*	*						
槽　号	55	56	57	58	59	60	61	62	63	64	65	66	67	68	69	70	71	72
4　极	$\overline{u}$	$\overline{u}$	$\overline{u}$	$\overline{u}$	$\overline{u}$	$\overline{u}$	w	w	w	w	w	w	$\overline{v}$	$\overline{v}$	$\overline{v}$	$\overline{v}$	$\overline{v}$	$\overline{v}$
8　极	u	u	u	u	u	u	w	w	w	w	w	w	v	v	v	v	v	v
反向指示	*	*	*	*	*	*							*	*	*	*	*	*

△/2Y接线图：

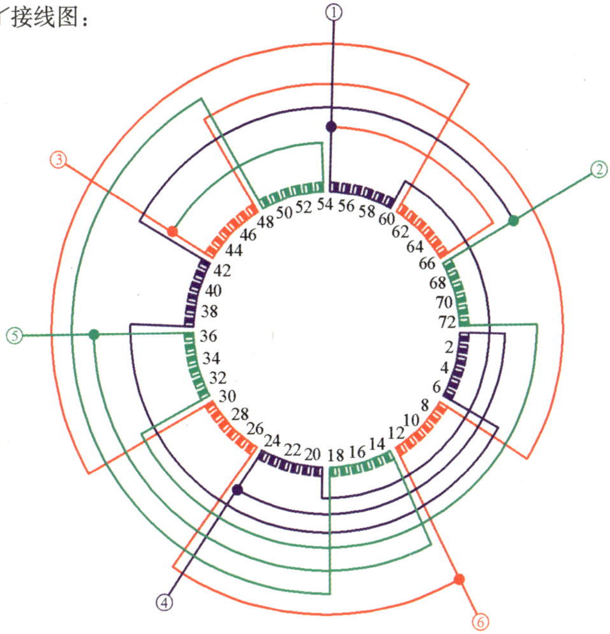

8/4 极 △/2Y

图Ⅲ-[8](a) 接线圆图

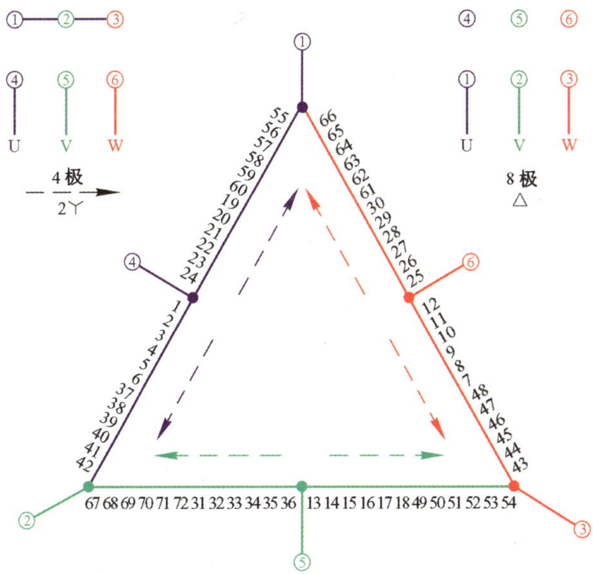

8/4 极 △/2Y

图Ⅲ-[8](b) 接线简图

应用举例：

型　号	极数	额定功率（千瓦）	额定电流（安）	接法	定/转子槽数	节距	每　槽导线数	线　规
JDO2-91-8/4	8/4	40/55	85.4/106	△/2Y	72/56	1—10	9	7-ϕ1.40
JO-93-8/4	8/4	28/40	63.5/76.5	△/2Y	72/58	1—10	14	5-ϕ1.56

[9]　36 槽 12/6 极绕组布线和接线图

6 极为 60°相带正规绕组，用庶极接法获得 12 极。两种极数转向相反。

绕组系数（节距 $y=3$）：

6 极—— $K_d=0.966$，$K_y=0.707$，$K_w=0.683$

12 极—— $K_d=0.866$，$K_y=1$，$K_w=0.866$

连接方式：

△/2Y，引出线 6 根。

36 槽 12/6 极双速电动机绕组排列

槽　　号	1	2	3	4	5	6	7	8	9
6　　极	u	u	$\overline{w}$	$\overline{w}$	v	v	$\overline{u}$	$\overline{u}$	w
12　　极	u	u	w	w	v	v	u	u	w
反向指示			*	*			*	*	
槽　　号	10	11	12	13	14	15	16	17	18
6　　极	w	$\overline{v}$	$\overline{v}$	u	u	$\overline{w}$	$\overline{w}$	v	v
12　　极	w	v	v	u	u	w	w	v	v
反向指示		*	*			*	*		
槽　　号	19	20	21	22	23	24	25	26	27
6　　极	$\overline{u}$	$\overline{u}$	w	w	$\overline{v}$	$\overline{v}$	u	u	$\overline{w}$
12　　极	u	u	w	w	v	v	u	u	w
反向指示	*	*			*	*			*
槽　　号	28	29	30	31	32	33	34	35	36
6　　极	$\overline{w}$	v	v	$\overline{u}$	$\overline{u}$	w	w	$\overline{v}$	$\overline{v}$
12　　极	w	v	v	u	u	w	w	v	v
反向指示	*			*	*			*	*

△/2丫接线图：

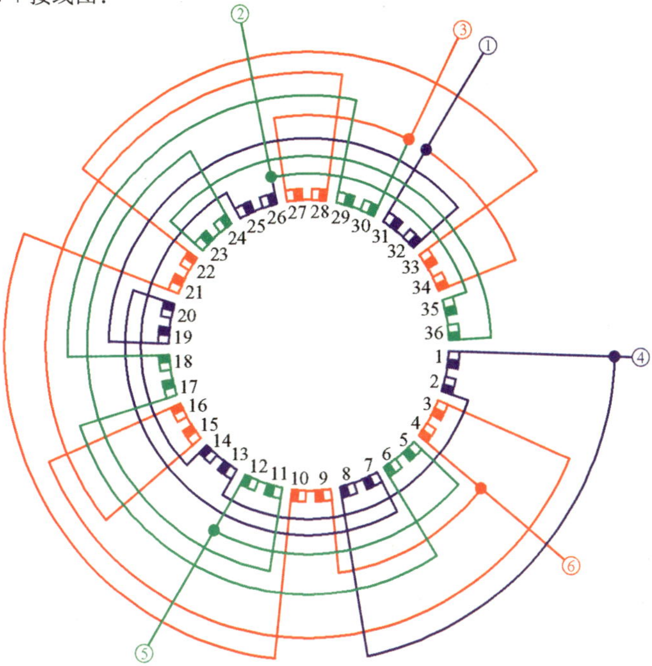

12/6 极　△/2丫

图Ⅲ-[9](a)　接线圆图

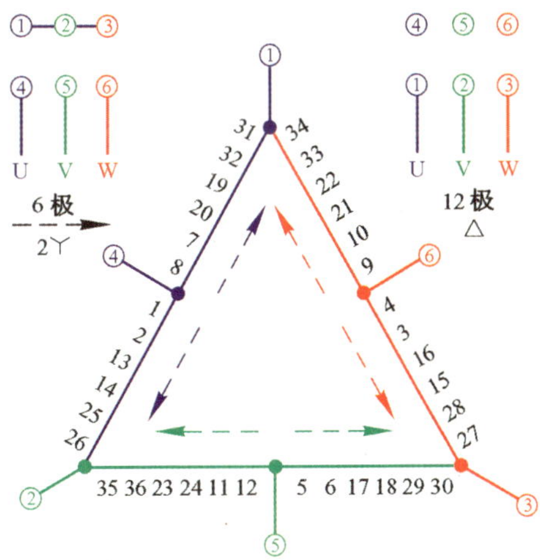

12/6 极　△/2丫

图Ⅲ-[9](b)　接线简图

应用举例：

型　号	极数	额定功率（千瓦）	额定电流（安）	接法	定/转子槽数	节距	每　槽导线数	线　规
YD160M-12/6	12/6	2.6/5.0	11.6/11.9	△/2Y	36/33	1—4	74	1-ϕ0.80 1-ϕ0.85
YD160L-12/6	12/6	3.7/7.0	16.1/15.8	△/2Y	36/33	1—4	52	1-ϕ1.40

［10］ 54 槽 12/6 极绕组布线和接线图

6 极为 60°相带正规绕组，用庶极接法获得 12 极。两种极数转向相反。

绕组系数（节距 $y=5$）：

6 极—— $K_d=0.96$，$K_y=0.766$，$K_w=0.735$

12 极—— $K_d=0.844$，$K_y=0.985$，$K_w=0.831$

连接方式：

△/2Y，引出线 6 根。

54 槽 12/6 极双速电动机绕组排列

槽　号	1	2	3	4	5	6	7	8	9	10	11	12	13
6　极	u	u	u	$\overline{w}$	$\overline{w}$	$\overline{w}$	v	v	v	$\overline{u}$	$\overline{u}$	$\overline{u}$	w
12　极	u	u	u	w	w	w	v	v	v	u	u	u	w
反向指示				*	*	*				*	*	*	

槽　号	14	15	16	17	18	19	20	21	22	23	24	25	26
6　极	w	w	$\overline{v}$	$\overline{v}$	$\overline{v}$	u	u	u	$\overline{w}$	$\overline{w}$	$\overline{w}$	v	v
12　极	w	w	v	v	v	u	u	u	w	w	w	v	v
反向指示			*	*	*				*	*	*		

槽　号	27	28	29	30	31	32	33	34	35	36	37	38	39	40
6　极	v	$\overline{u}$	$\overline{u}$	$\overline{u}$	w	w	w	$\overline{v}$	$\overline{v}$	$\overline{v}$	u	u	u	$\overline{w}$
12　极	v	u	u	u	w	w	w	v	v	v	u	u	u	w
反向指示		*	*	*				*	*	*				*

槽　号	41	42	43	44	45	46	47	48	49	50	51	52	53	54
6　极	$\overline{w}$	$\overline{w}$	v	v	v	$\overline{u}$	$\overline{u}$	$\overline{u}$	w	w	w	$\overline{v}$	$\overline{v}$	$\overline{v}$
12　极	w	w	v	v	v	u	u	u	w	w	w	v	v	v
反向指示	*	*				*	*	*				*	*	*

△/2Y接线图：

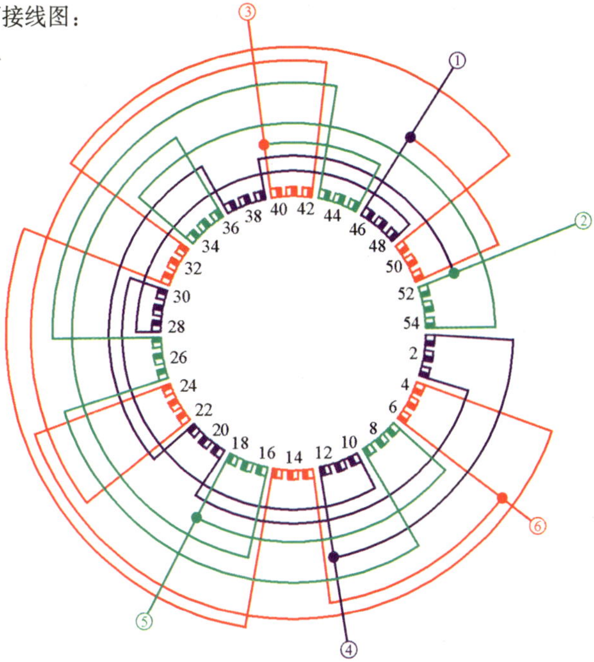

12/6 极　△/2Y

图Ⅲ-[10](a)　接线圆图

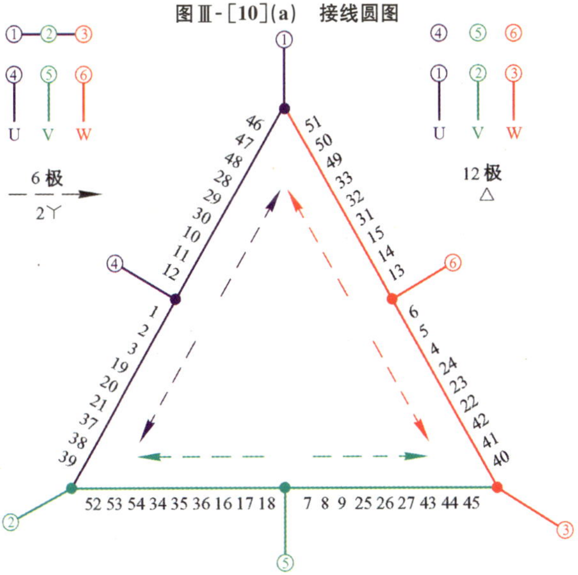

12/6 极　△/2Y

图Ⅲ-[10](b)　接线简图

应用举例：

型　号	极数	额定功率（千瓦）	额定电流（安）	接法	定/转子槽数	节距	每　槽导线数	线　规
JDO2-51-12/6	12/6	2.2/3.5	7.7/8.3	△/2Y	54/44	1—6	68	1-ϕ0.96
YD180L-12/6	12/6	5.5/10	19.6/20.5	△/2Y	54/58	1—6	32	1-ϕ1.06 1-ϕ1.12

［11］ 72 槽 12/6 极绕组布线和接线图

6 极为 60°相带正规绕组，用庶极接法获得 12 极。两种极数转向相反。

绕组系数（节距 $y = 6$）：

6 极—— $K_d = 0.958$，$K_y = 0.707$，$K_w = 0.677$

12 极—— $K_d = 0.837$，$K_y = 1$，$K_w = 0.837$

连接方式：

△/2Y，引出线 6 根。

72 槽 12/6 极双速电动机绕组排列

槽　　号	1	2	3	4	5	6	7	8	9	10	11	12	13	14	15	16	17	18
6　　极	u	u	u	u	$\overline{w}$	$\overline{w}$	$\overline{w}$	$\overline{w}$	v	v	v	v	$\overline{u}$	$\overline{u}$	$\overline{u}$	$\overline{u}$	w	w
12　极	u	u	u	u	w	w	w	w	v	v	v	v	u	u	u	u	w	w
反向指示					*	*	*	*					*	*	*	*		
槽　　号	19	20	21	22	23	24	25	26	27	28	29	30	31	32	33	34	35	36
6　　极	w	w	$\overline{v}$	$\overline{v}$	$\overline{v}$	$\overline{v}$	u	u	u	u	$\overline{w}$	$\overline{w}$	$\overline{w}$	$\overline{w}$	v	v	v	v
12　极	w	w	v	v	v	v	u	u	u	u	w	w	w	w	v	v	v	v
反向指示			*	*	*	*					*	*	*	*				
槽　　号	37	38	39	40	41	42	43	44	45	46	47	48	49	50	51	52	53	54
6　　极	$\overline{u}$	$\overline{u}$	$\overline{u}$	$\overline{u}$	w	w	w	w	$\overline{v}$	$\overline{v}$	$\overline{v}$	$\overline{v}$	u	u	u	u	$\overline{w}$	$\overline{w}$
12　极	u	u	u	u	w	w	w	w	v	v	v	v	u	u	u	u	w	w
反向指示	*	*	*	*					*	*	*	*					*	*
槽　　号	55	56	57	58	59	60	61	62	63	64	65	66	67	68	69	70	71	72
6　　极	$\overline{w}$	$\overline{w}$	v	v	v	v	$\overline{u}$	$\overline{u}$	$\overline{u}$	$\overline{u}$	w	w	w	w	$\overline{v}$	$\overline{v}$	$\overline{v}$	$\overline{v}$
12　极	w	w	v	v	v	v	u	u	u	u	w	w	w	w	v	v	v	v
反向指示	*	*					*	*	*	*					*	*	*	*

△/2丫接线图：

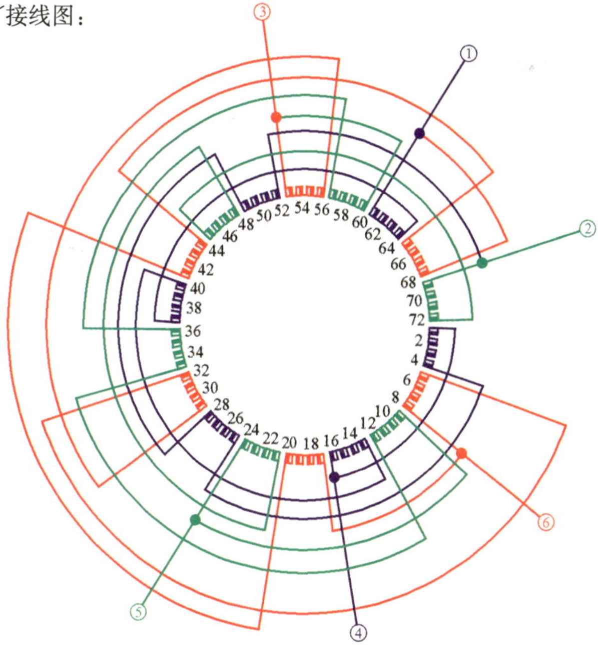

12/6 极 △/2丫

图Ⅲ-[11](a) 接线圆图

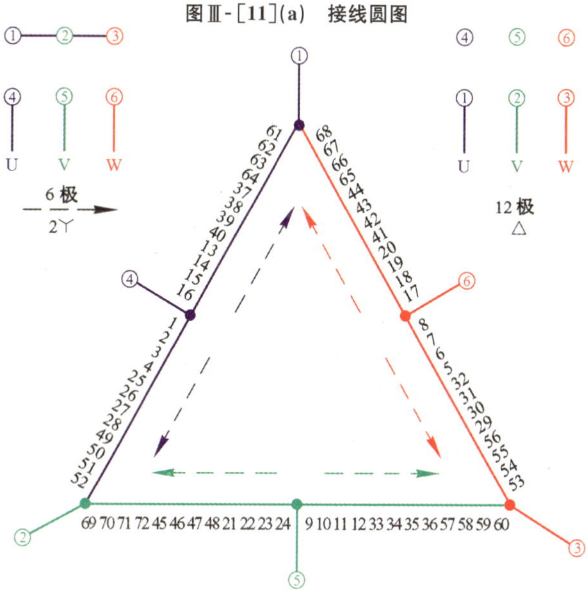

12/6 极 △/2丫

图Ⅲ-[11](b) 接线简图

应用举例：

型　号	极数	额定功率（千瓦）	额定电流（安）	接法	定/转子槽数	节距	每　槽导线数	线　规
JDO2-81-12/6	12/6	12.5/20	35.5/40.6	△/2Y	72/56	1—7	18	3-ϕ1.40
JDO3-250S-12/6	12/6	25/40	70.7/75.9	△/2Y	72/58	1—7	40 $a=3$(12 极) $a=6$(6 极)	1-ϕ1.56 1-ϕ1.62

［12］ 36 槽 12/4 极绕组布线和接线图

本方案采用换相法变极。4 极为◬接法的正弦绕组，12 极为非正规分布绕组。两种极数转向相反。

绕组系数(节距 $y=9$)：

4 极—— $K_{d人}=1$, $K_{d\triangle}=0.985$，$K_y=1$，$K_{w人}=1$, $K_{w\triangle}=0.985$

12 极—— $K_d=0.882$，$K_y=1$，$K_w=0.882$

连接方式：

△/◬，引出线 16 根。

36 槽 12/4 极双速电动机绕组排列

槽　号	1	2	3	4	5	6	7	8	9
4　极	$u_{人}$	$\overline{w}_{\triangle}$	$\overline{w}_{\triangle}$	$\overline{w}_{人}$	$v_{\triangle}$	$v_{\triangle}$	$v_{人}$	$\overline{u}_{\triangle}$	$\overline{u}_{\triangle}$
12　极	u	$\overline{v}$	w	v	$\overline{w}$	u	u	$\overline{v}$	w
槽　号	10	11	12	13	14	15	16	17	18
4　极	$\overline{u}_{人}$	$w_{\triangle}$	$w_{\triangle}$	$w_{人}$	$\overline{v}_{\triangle}$	$\overline{v}_{\triangle}$	$\overline{v}_{人}$	$u_{\triangle}$	$u_{\triangle}$
12　极	$\overline{u}$	v	$\overline{w}$	$\overline{v}$	w	$\overline{u}$	$\overline{u}$	v	$\overline{w}$
槽　号	19	20	21	22	23	24	25	26	27
4　极	$u_{人}$	$\overline{w}_{\triangle}$	$\overline{w}_{\triangle}$	$\overline{w}_{人}$	$v_{\triangle}$	$v_{\triangle}$	$v_{人}$	$\overline{u}_{\triangle}$	$\overline{u}_{\triangle}$
12　极	u	$\overline{v}$	w	v	$\overline{w}$	u	u	$\overline{v}$	w
槽　号	28	29	30	31	32	33	34	35	36
4　极	$\overline{u}_{人}$	$w_{\triangle}$	$w_{\triangle}$	$w_{人}$	$\overline{v}_{\triangle}$	$\overline{v}_{\triangle}$	$\overline{v}_{人}$	$u_{\triangle}$	$u_{\triangle}$
12　极	$\overline{u}$	v	$\overline{w}$	$\overline{v}$	w	$\overline{u}$	$\overline{u}$	v	$\overline{w}$

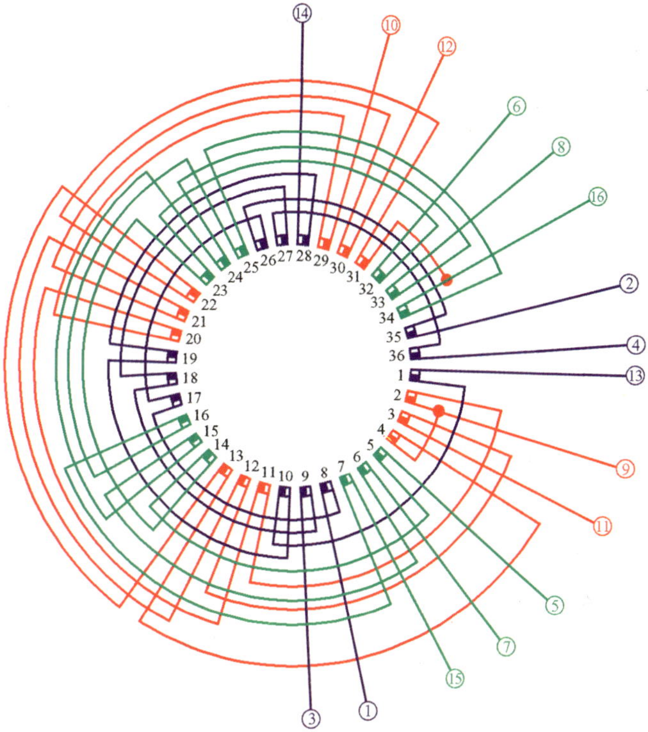

12/4 极　△/◬　（4 极相色）

图Ⅲ-[12](a)　接线圆图

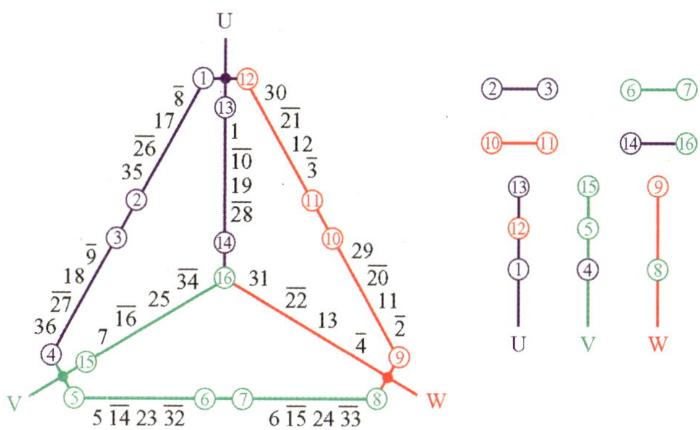

4 极　◬

图Ⅲ-[12](b)　接线简图

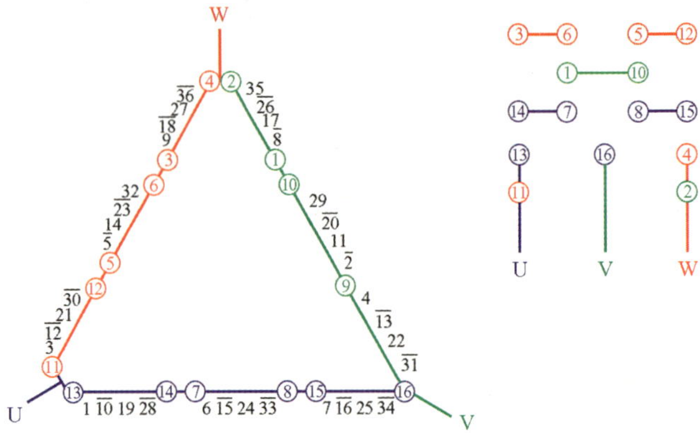

12 极 △

图Ⅲ-[12](c) 接线简图

应用举例：

型 号	极数	额定功率（千瓦）	额定电流（安）	接法	定/转子槽数	节距	每 槽导线数	线 规
JO2-32-4 改绕	12/4	0.51/1.4	1.94/3	△/△	36/26	1—10	180	ϕ0.47

[13] 36 槽 8/2 极绕组布线和接线图之一

本方案 8 极为 60°相带分数槽绕组，反向法得 2 极，2 极每相分布非正规。两种极数转向相同。

绕组系数（节距 $y = 15$）：

2 极—— $K_d = 0.658$，$K_y = 0.966$，$K_w = 0.636$

8 极—— $K_d = 0.96$，$K_y = 0.866$，$K_w = 0.831$

连接方式：

丫/2 丫，引出线 6 根。要求两种极数接近恒转矩特性可采用丫/2△接法，引出线 8 根。

36 槽 8/2 极双速电动机绕组排列（之一）

槽 号	1	2	3	4	5	6	7	8	9	10	11	12	13	14	15	16	17	18
8 极	u	$\bar{w}$	$\bar{w}$	v	$\bar{u}$	$\bar{u}$	w	$\bar{v}$	$\bar{v}$	u	$\bar{w}$	$\bar{w}$	v	$\bar{u}$	$\bar{u}$	w	$\bar{v}$	$\bar{v}$
2 极	u	$\bar{w}$	$\bar{w}$	v	$\bar{u}$	$\bar{u}$	$\bar{w}$	v	v	$\bar{u}$	w	w	v	$\bar{u}$	$\bar{u}$	w	$\bar{v}$	$\bar{v}$
反向指示							*	*	*	*	*	*						
槽 号	19	20	21	22	23	24	25	26	27	28	29	30	31	32	33	34	35	36
8 极	u	$\bar{w}$	$\bar{w}$	v	$\bar{u}$	$\bar{u}$	w	$\bar{v}$	$\bar{v}$	u	$\bar{w}$	$\bar{w}$	v	$\bar{u}$	$\bar{u}$	w	$\bar{v}$	$\bar{v}$
2 极	$\bar{u}$	w	w	$\bar{v}$	u	u	w	$\bar{v}$	$\bar{v}$	u	$\bar{w}$	$\bar{w}$	$\bar{v}$	u	u	$\bar{w}$	v	v
反向指示	*	*	*	*	*	*							*	*	*	*	*	*

丫/2丫接线图：

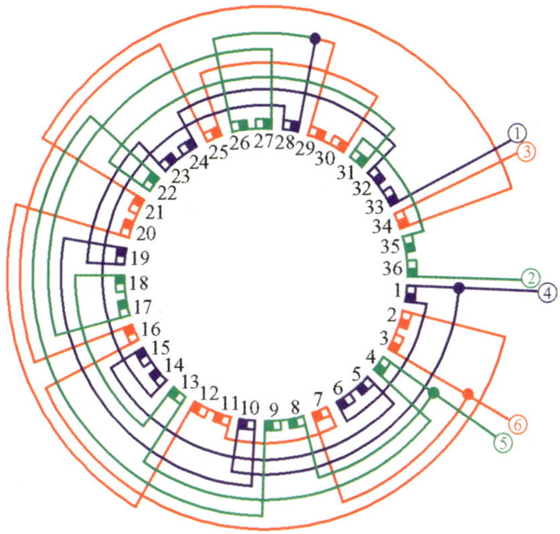

8/2 极　丫/2丫

图Ⅲ-[13](a)　接线圆图

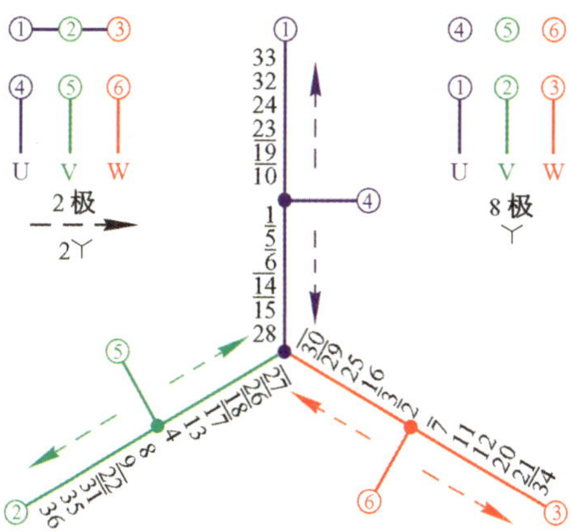

8/2 极　丫/2丫

图Ⅲ-[13](b)　接线简图

Y/2△接线图：

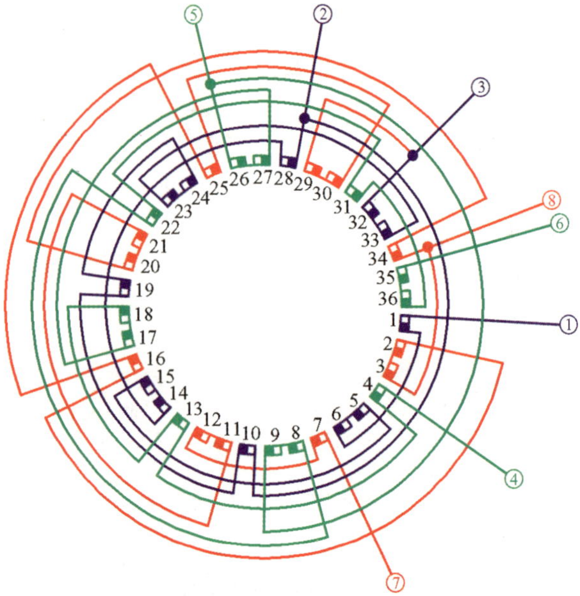

8/2 极　Y/2△

图Ⅲ-［13］(c)　接线圆图

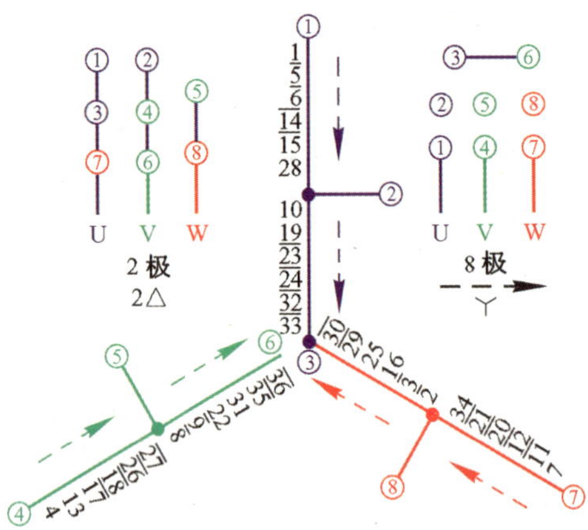

8/2 极　Y/2△

图Ⅲ-［13］(d)　接线简图

[14] 36 槽 8/2 极绕组布线和接线图之二

8 极为 120°相带分数槽绕组，反向法得 2 极，2 极每相分布非正规。两种极数转向相同。

绕组系数(节距 $y=15$)：

2 极—— $K_d=0.7$，$K_y=0.966$，$K_w=0.676$

8 极—— $K_d=0.844$，$K_y=0.866$，$K_w=0.731$

连接方式：

同方案[13]。

36 槽 8/2 极双速电动机绕组排列(之二)

槽　号	1	2	3	4	5	6	7	8	9	10	11	12	13	14	15	16	17	18
8　极	u	u	u	w	w	w	v	v	v	u	u	u	w	w	w	v	v	v
2　极	u	u	u	w	w	w	$\bar{v}$	$\bar{v}$	$\bar{v}$	$\bar{u}$	$\bar{u}$	$\bar{u}$	w	w	w	v	v	v
反向指示							*	*	*	*	*	*						
槽　号	19	20	21	22	23	24	25	26	27	28	29	30	31	32	33	34	35	36
8　极	u	u	u	w	w	w	v	v	v	u	u	u	w	w	w	v	v	v
2　极	$\bar{u}$	$\bar{u}$	$\bar{u}$	$\bar{w}$	$\bar{w}$	$\bar{w}$	v	v	v	u	u	u	$\bar{w}$	$\bar{w}$	$\bar{w}$	$\bar{v}$	$\bar{v}$	$\bar{v}$
反向指示	*	*	*	*	*	*							*	*	*	*	*	*

Y/2Y接线图：

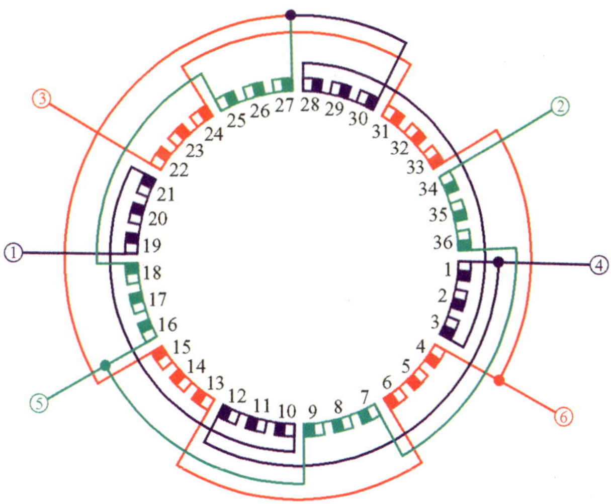

8/2 极　Y/2Y

图Ⅲ-[14](a)　接线圆图

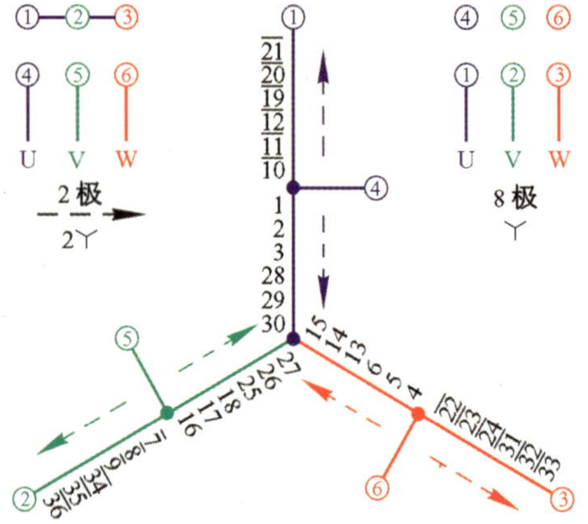

8/2 极　丫/2丫

图Ⅲ-[14](b)　接线简图

丫/2△接线图：

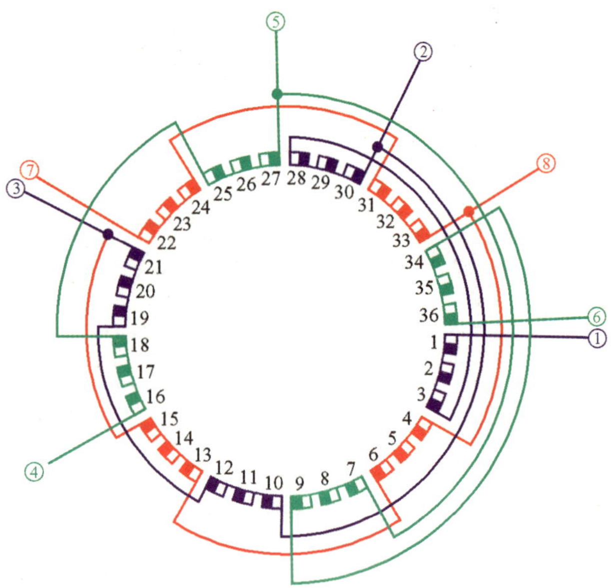

8/2 极　丫/2△

图Ⅲ-[14](c)　接线圆图

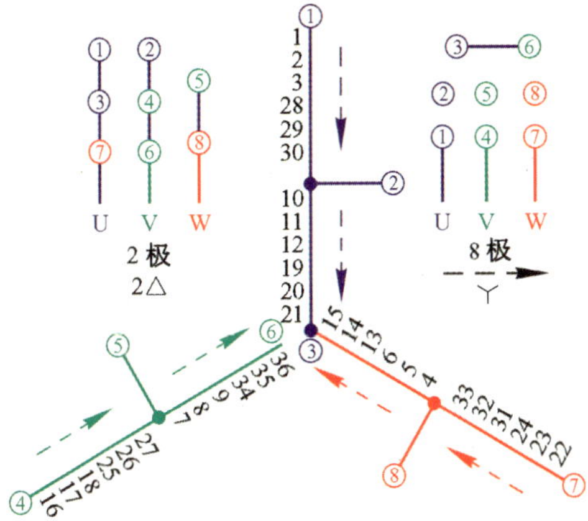

8/2 极　Y/2△

图Ⅲ-[14](d)　接线简图

[15]　36 槽 8/2 极绕组布线和接线图之三

2 极为 60°相带正规绕组，反向法得 8 极，8 极每相分布非正规。两种极数转向相同。

绕组系数：

节距 $y=5$

2 极—— $K_d=0.956$，$K_y=0.423$，$K_w=0.404$

8 极—— $K_d=0.731$，$K_y=0.985$，$K_w=0.72$

节距 $y=14$

2 极—— $K_d=0.956$，$K_y=0.94$，$K_w=0.90$

8 极—— $K_d=0.731$，$K_y=0.985$，$K_w=0.72$

节距 $y=15$

2 极—— $K_d=0.956$，$K_y=0.966$，$K_w=0.923$

8 极—— $K_d=0.731$，$K_y=0.866$，$K_w=0.633$

连接方式：

同方案[13]。

36 槽 8/2 极双速电动机绕组排列(之三)

槽　号	1	2	3	4	5	6	7	8	9
2　极	u	u	u	u	u	u	$\overline{w}$	$\overline{w}$	$\overline{w}$
8　极	u	u	u	$\overline{u}$	$\overline{u}$	$\overline{u}$	w	w	w
反向指示				*	*	*	*	*	*

（续表）

槽　　号	10	11	12	13	14	15	16	17	18
2　　极	$\overline{w}$	$\overline{w}$	$\overline{w}$	v	v	v	v	v	v
8　　极	$\overline{w}$	$\overline{w}$	$\overline{w}$	v	v	v	$\overline{v}$	$\overline{v}$	$\overline{v}$
反向指示							*	*	*
槽　　号	19	20	21	22	23	24	25	26	27
2　　极	$\overline{u}$	$\overline{u}$	$\overline{u}$	$\overline{u}$	$\overline{u}$	$\overline{u}$	w	w	w
8　　极	u	u	u	$\overline{u}$	$\overline{u}$	$\overline{u}$	w	w	w
反向指示	*	*	*						
槽　　号	28	29	30	31	32	33	34	35	36
2　　极	w	w	w	$\overline{v}$	$\overline{v}$	$\overline{v}$	$\overline{v}$	$\overline{v}$	$\overline{v}$
8　　极	$\overline{w}$	$\overline{w}$	$\overline{w}$	v	v	v	$\overline{v}$	$\overline{v}$	$\overline{v}$
反向指示	*	*	*	*	*	*			

Y/2Y接线图：

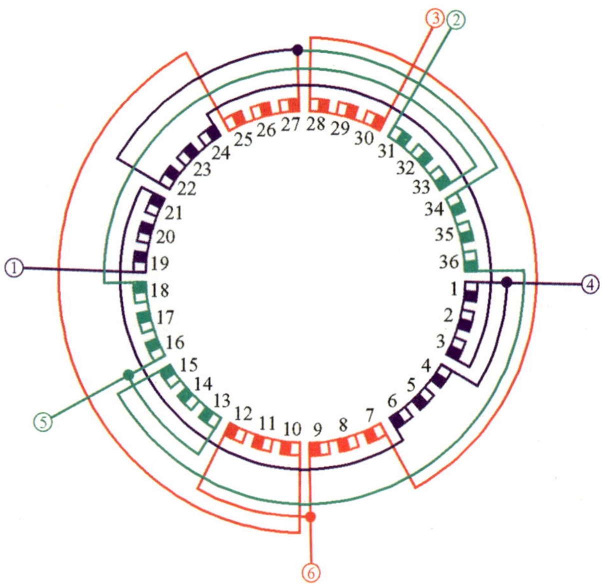

8/2 极　Y/2Y

图Ⅲ-[15](a)　接线圆图

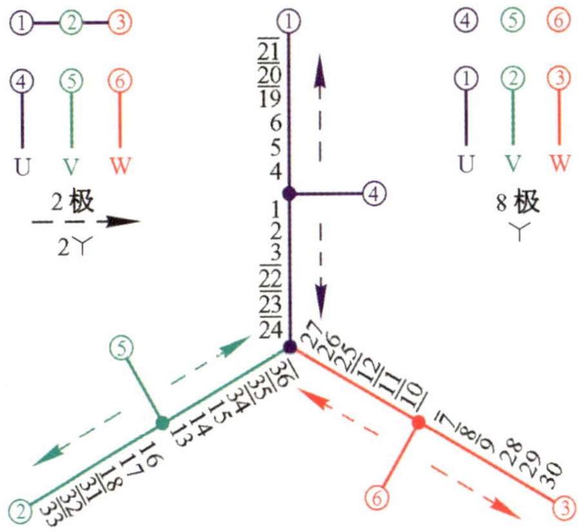

8/2 极　Y/2Y

图Ⅲ-[15](b)　接线简图

Y/2△接线图：

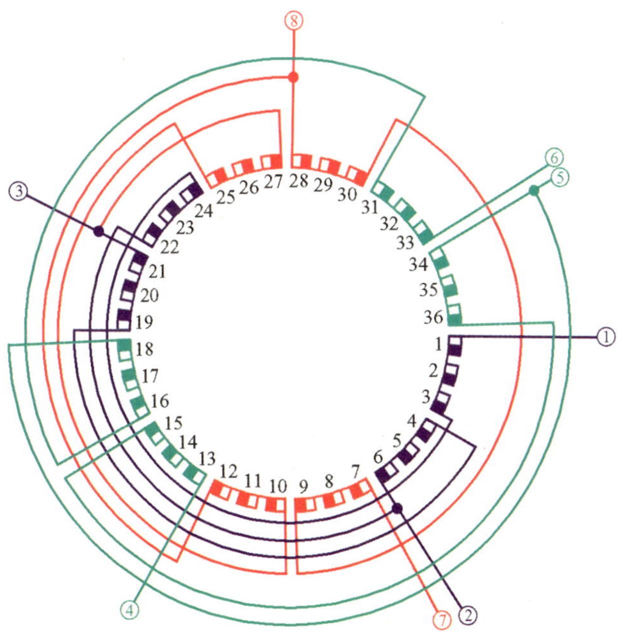

8/2 极　Y/2△

图Ⅲ-[15](c)　接线圆图

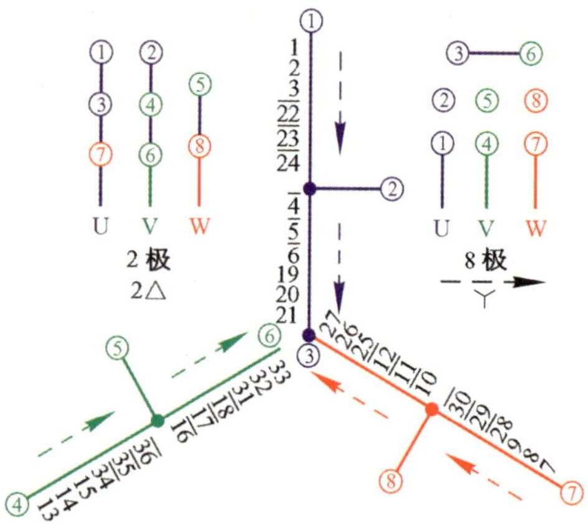

8/2 极 Y/2△

图Ⅲ-[15](d) 接线简图

[16] 36 槽 8/2 极绕组布线和接线图之四

8 极为 120°相带绕组，反向得 2 极，2 极每相分布非正规。两种极数转向相同。

绕组系数：

节距 $y=14$

2 极—— $K_d=0.815$，$K_y=0.94$，$K_w=0.766$

8 极—— $K_d=0.831$，$K_y=0.985$，$K_w=0.819$

节距 $y=15$

2 极—— $K_d=0.815$，$K_y=0.966$，$K_w=0.787$

8 极—— $K_d=0.831$，$K_y=0.866$，$K_w=0.72$

连接方式：

同方案[13]。

36 槽 8/2 极双速电动机绕组排列(之四)

槽　　号	1	2	3	4	5	6	7	8	9	10	11	12	13	14	15	16	17	18
8　　极	u	u	v	$\bar{w}$	$\bar{u}$	$\bar{u}$	w	w	u	$\bar{v}$	$\bar{w}$	$\bar{w}$	v	v	w	$\bar{u}$	$\bar{v}$	$\bar{v}$
2　　极	u	u	$\bar{v}$	$\bar{w}$	u	u	$\bar{w}$	$\bar{w}$	u	v	$\bar{w}$	$\bar{w}$	v	v	$\bar{w}$	$\bar{u}$	v	v
反向指示			*		*	*	*	*		*					*		*	*
槽　　号	19	20	21	22	23	24	25	26	27	28	29	30	31	32	33	34	35	36
8　　极	u	u	v	$\bar{w}$	$\bar{u}$	$\bar{u}$	w	w	u	$\bar{v}$	$\bar{w}$	$\bar{w}$	v	v	w	$\bar{u}$	$\bar{v}$	$\bar{v}$
2　　极	$\bar{u}$	$\bar{u}$	v	w	$\bar{u}$	$\bar{u}$	w	w	$\bar{u}$	$\bar{v}$	w	w	$\bar{v}$	$\bar{v}$	w	u	$\bar{v}$	$\bar{v}$
反向指示	*	*		*					*		*	*	*	*		*		

丫/2丫接线图：

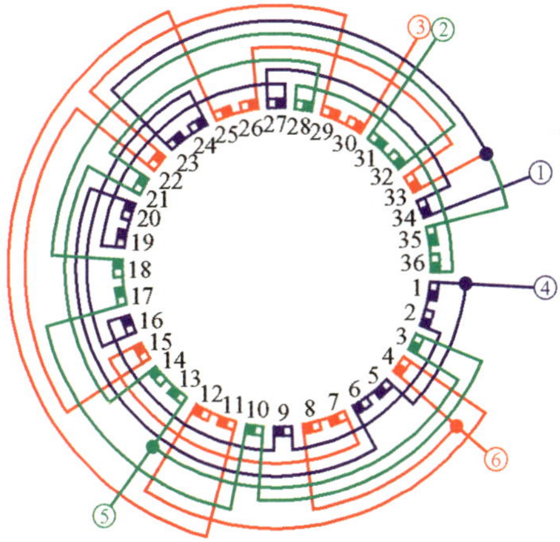

8/2 极　丫/2丫

图Ⅲ-[16](a)　接线圆图

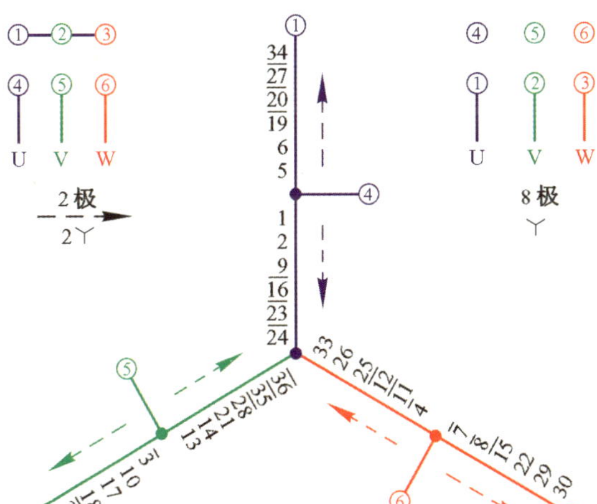

8/2 极　丫/2丫

图Ⅲ-[16](b)　接线简图

丫/2△接线图：

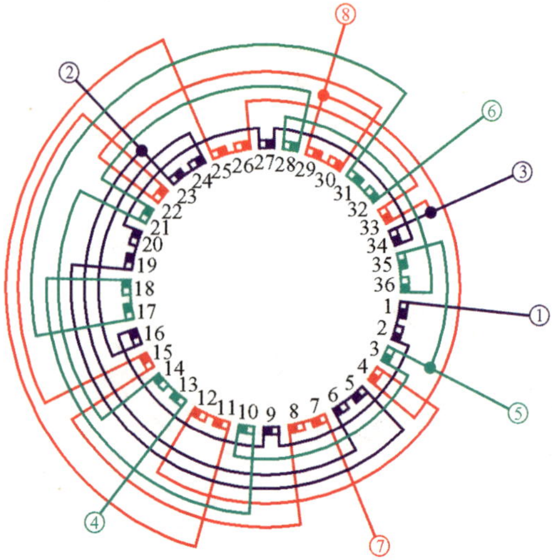

8/2 极　丫/2△

图Ⅲ-［16］(c)　接线圆图

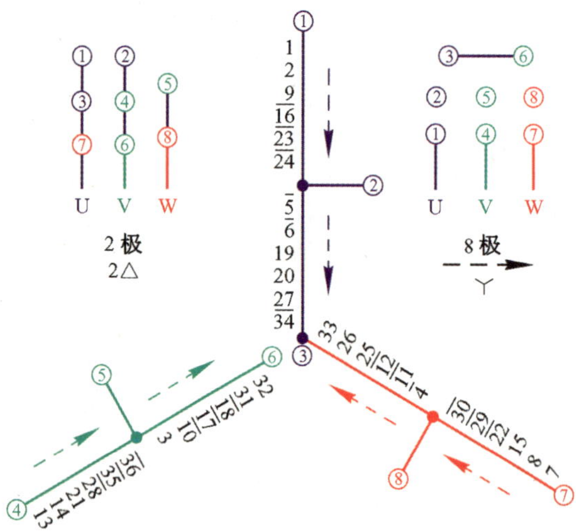

8/2 极　丫/2△

图Ⅲ-［16］(d)　接线简图

[17] 72槽32/4极绕组布线和接线图

4极非正规分布绕组，反向得32极绕组。两种极数转向相同。

绕组系数(节距 $y=11$)：

4极—— $K_d=0.679$，$K_y=0.819$，$K_w=0.556$

32极—— $K_d=0.96$，$K_y=0.985$，$K_w=0.945$

连接方式：

Y/2△，引出线9根。

72槽32/4极双速电动机绕组排列表

槽　号	1	2	3	4	5	6	7	8	9	10	11	12
4　极	$\bar{u}$	$\bar{v}$	w	$\bar{v}$	w	u	w	u	$\bar{v}$	u	$\bar{v}$	$\bar{w}$
32　极	$\bar{u}$	$\bar{v}$	w	v	$\bar{w}$	$\bar{u}$	w	u	v	$\bar{u}$	$\bar{v}$	w
反向指示				*	*	*			*	*		*
槽　号	**13**	**14**	**15**	**16**	**17**	**18**	**19**	**20**	**21**	**22**	**23**	**24**
4　极	$\bar{v}$	$\bar{w}$	u	$\bar{w}$	u	v	u	v	$\bar{w}$	v	$\bar{w}$	$\bar{u}$
32　极	v	$\bar{w}$	$\bar{u}$	w	u	v	$\bar{u}$	$\bar{v}$	w	v	$\bar{w}$	$\bar{u}$
反向指示	*		*	*			*	*	*			
槽　号	**25**	**26**	**27**	**28**	**29**	**30**	**31**	**32**	**33**	**34**	**35**	**36**
4　极	$\bar{w}$	$\bar{u}$	v	$\bar{u}$	v	w	v	w	$\bar{u}$	w	$\bar{u}$	$\bar{v}$
32　极	w	u	v	$\bar{u}$	$\bar{v}$	w	v	$\bar{w}$	$\bar{u}$	w	u	v
反向指示	*	*			*			*			*	*
槽　号	**37**	**38**	**39**	**40**	**41**	**42**	**43**	**44**	**45**	**46**	**47**	**48**
4　极	$\bar{u}$	$\bar{v}$	w	$\bar{v}$	w	u	w	u	$\bar{v}$	u	$\bar{v}$	$\bar{w}$
32　极	$\bar{u}$	$\bar{v}$	w	v	$\bar{w}$	$\bar{u}$	w	u	v	$\bar{u}$	$\bar{v}$	w
反向指示				*	*	*			*	*		*
槽　号	**49**	**50**	**51**	**52**	**53**	**54**	**55**	**56**	**57**	**58**	**59**	**60**
4　极	$\bar{v}$	$\bar{w}$	u	$\bar{w}$	u	v	u	v	$\bar{w}$	v	$\bar{w}$	$\bar{u}$
32　极	v	$\bar{w}$	$\bar{u}$	w	u	v	$\bar{u}$	$\bar{v}$	w	v	$\bar{w}$	$\bar{u}$
反向指示	*		*	*			*	*	*			
槽　号	**61**	**62**	**63**	**64**	**65**	**66**	**67**	**68**	**69**	**70**	**71**	**72**
4　极	$\bar{w}$	$\bar{u}$	v	$\bar{u}$	v	w	v	w	$\bar{u}$	w	$\bar{u}$	$\bar{v}$
32　极	w	u	v	$\bar{u}$	$\bar{v}$	w	v	$\bar{w}$	$\bar{u}$	w	u	v
反向指示	*	*			*			*			*	*

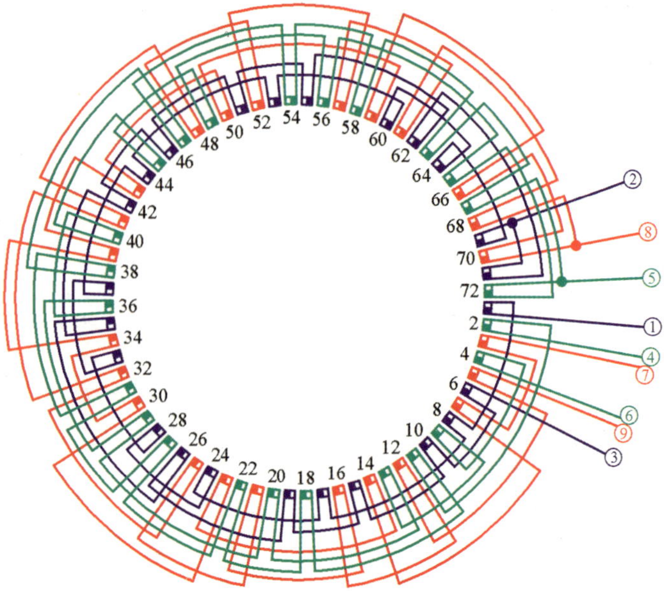

32/4 极　丫/2△

图Ⅲ-［17］(a)　接线圆图

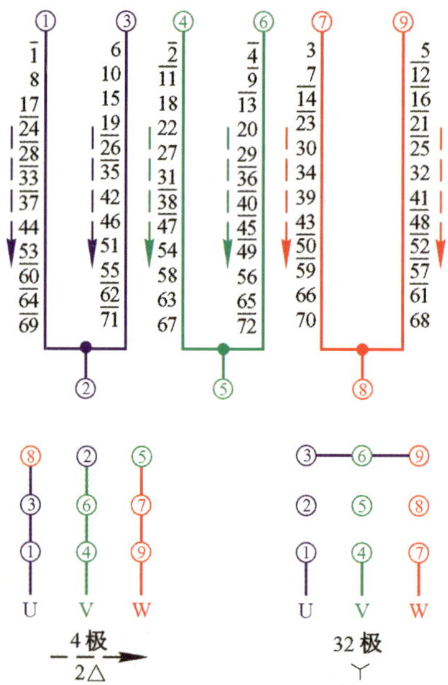

图Ⅲ-［17］(b)　接线简图

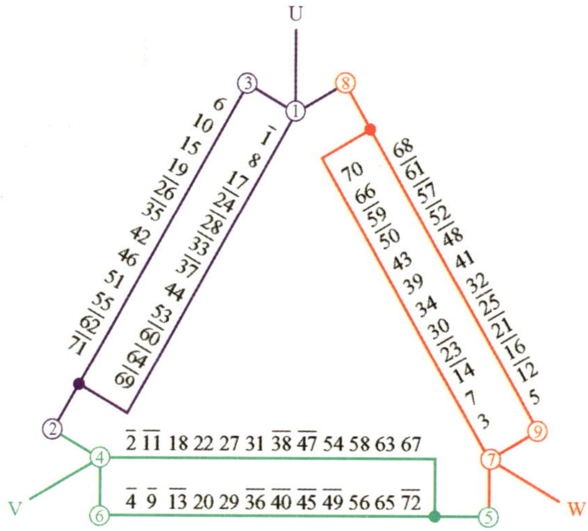

4 极　2△

图Ⅲ-[17](c)　接线简图

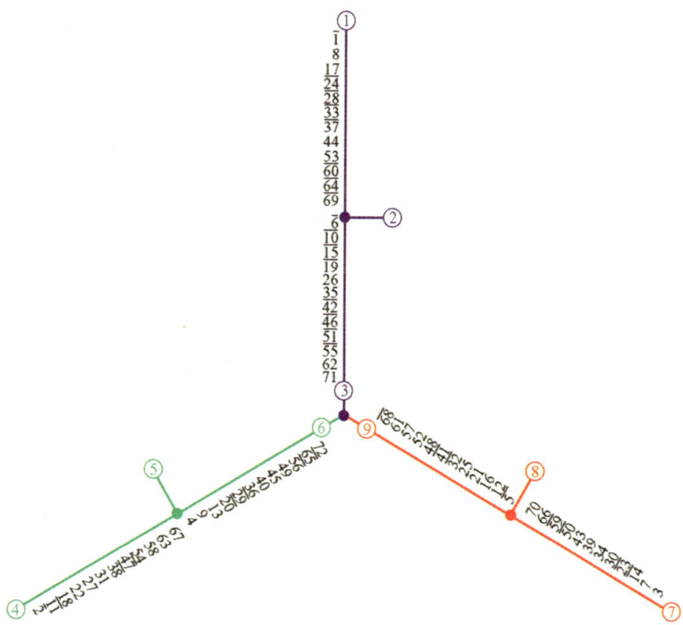

32 极　Y

图Ⅲ-[17](d)　接线简图

[18] 54 槽 16/6 极绕组布线和接线图

6 极为 180°相带绕组，反向得 16 极绕组。两种极数转向相反。

绕组系数（节距 $y=9$）：

6 极—— $K_d=0.64$，$K_y=1$，$K_w=0.64$

16 极—— $K_d=0.955$，$K_y=0.866$，$K_w=0.827$

连接方式：

Y/2Y，引出线 6 根。

54 槽 16/6 极双速电动机绕组排列

槽　号	1	2	3	4	5	6	7	8	9
6　极	$\overline{w}$	$\overline{v}$	u	w	$\overline{v}$	$\overline{v}$	$\overline{u}$	w	v
16　极	$\overline{w}$	v	$\overline{u}$	w	$\overline{v}$	$\overline{v}$	u	$\overline{w}$	v
反向指示		*	*				*	*	
槽　号	10	11	12	13	14	15	16	17	18
6　极	$\overline{u}$	w	v	$\overline{u}$	$\overline{w}$	$\overline{w}$	v	u	$\overline{w}$
16　极	$\overline{u}$	w	$\overline{v}$	u	$\overline{w}$	$\overline{w}$	v	$\overline{u}$	w
反向指示			*	*				*	*
槽　号	19	20	21	22	23	24	25	26	27
6　极	$\overline{v}$	u	w	$\overline{v}$	u	$\overline{u}$	w	$\overline{v}$	$\overline{u}$
16　极	$\overline{v}$	u	$\overline{w}$	v	$\overline{u}$	$\overline{u}$	w	$\overline{v}$	u
反向指示			*	*	*				*
槽　号	28	29	30	31	32	33	34	35	36
6　极	w	v	$\overline{u}$	$\overline{w}$	v	v	u	$\overline{w}$	$\overline{v}$
16　极	$\overline{w}$	v	$\overline{u}$	w	$\overline{v}$	$\overline{v}$	u	$\overline{w}$	v
反向指示	*			*	*	*			*
槽　号	37	38	39	40	41	42	43	44	45
6　极	u	$\overline{w}$	$\overline{v}$	u	w	w	$\overline{v}$	$\overline{u}$	w
16　极	$\overline{u}$	w	$\overline{v}$	u	$\overline{w}$	$\overline{w}$	v	$\overline{u}$	w
反向指示	*	*			*	*	*		
槽　号	46	47	48	49	50	51	52	53	54
6　极	v	$\overline{u}$	$\overline{w}$	v	$\overline{u}$	u	$\overline{w}$	v	u
16　极	$\overline{v}$	u	$\overline{w}$	v	$\overline{u}$	$\overline{u}$	w	$\overline{v}$	u
反向指示	*	*				*	*	*	

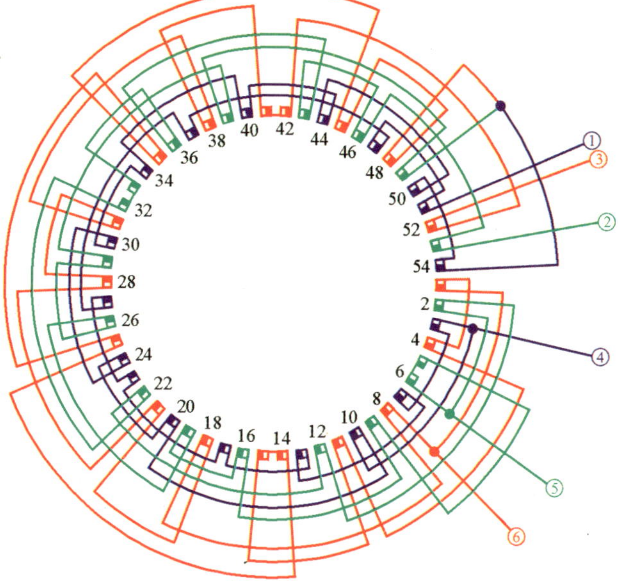

16/6 极　Y/2Y

图Ⅲ-[18](a)　接线圆图

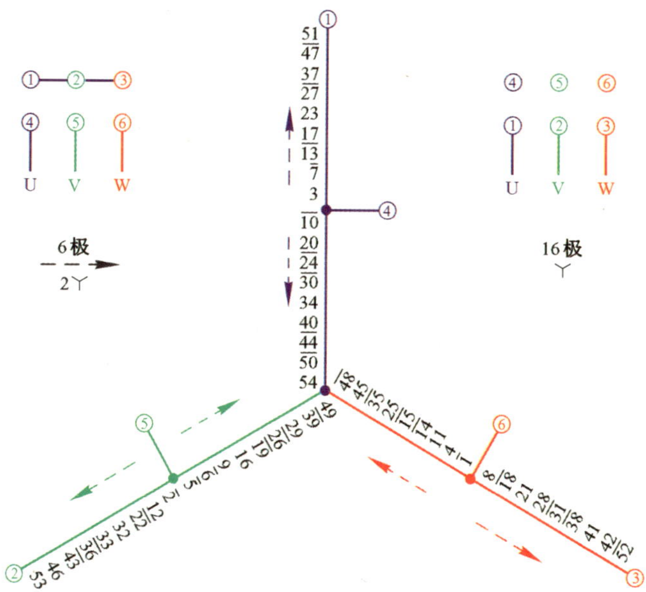

16/6 极　Y/2Y

图Ⅲ-[18](b)　接线简图

应用举例：

型　号	极数	额定功率（千瓦）	额定电流（安）	接法	定/转子槽数	节距	每　槽导线数	线　规
YZTD-160M2-16/6	16/6	1.5/5.5	9.12/13.4	Y/2Y	54/50	1-10	46	2-ϕ0.75

[19]　72 槽 24/6 极绕组布线和接线图之一

本方案为电梯专用双速电动机绕组方案。24 极为 120°相带绕组，反向得每相 0、6、0、6、6、0、6、0 分布的 6 极非正规绕组。该电动机以 6 极运行，24 极低速档只供短时运行，两种极数转向相同。

绕组系数(节距 $y=9$)：

6 极—— $K_d=0.892$，$K_y=0.924$，$K_w=0.824$

24 极—— $K_d=0.866$，$K_y=1$，$K_w=0.866$

连接方式：

Y/2Y，引出线 6 根。

72 槽 24/6 极双速电动机绕组排列(之一)

槽　号	1	2	3	4	5	6	7	8	9	10	11	12	13	14	15	16	17	18
6　极	ū	v	ū	ū	w	ū	w	w	v̄	w	v̄	v̄	u	v̄	u	u	w̄	u
24　极	ū	v̄	u	u	w̄	ū	w	w	v̄	w̄	v	v	ū	v̄	u	u	w̄	ū
反向指示		*	*	*	*					*	*	*	*					*
槽　号	19	20	21	22	23	24	25	26	27	28	29	30	31	32	33	34	35	36
6　极	w̄	w̄	v	w̄	v	v	ū	v	ū	ū	w	ū	w	w	v̄	w	v̄	v̄
24　极	w	w	v̄	w̄	v	v	ū	v̄	u	u	w̄	ū	w	w	v̄	w̄	v	v
反向指示	*	*	*					*	*	*	*					*	*	*
槽　号	37	38	39	40	41	42	43	44	45	46	47	48	49	50	51	52	53	54
6　极	u	v̄	u	u	w̄	u	w̄	w̄	v	w̄	v	v	ū	v	ū	ū	w	ū
24　极	ū	v̄	u	u	w̄	ū	w	w	v̄	w̄	v	v	ū	v̄	u	u	w̄	ū
反向指示	*					*	*	*	*					*	*	*	*	
槽　号	55	56	57	58	59	60	61	62	63	64	65	66	67	68	69	70	71	72
6　极	w	w	v̄	w	v̄	v̄	u	v̄	u	u	w̄	u	w̄	w̄	v	w̄	v	v
24　极	w	w	v̄	w̄	v	v	ū	v̄	u	u	w̄	ū	w	w	v̄	w̄	v	v
反向指示				*	*	*	*					*	*	*	*			

Y/2Y接线图：

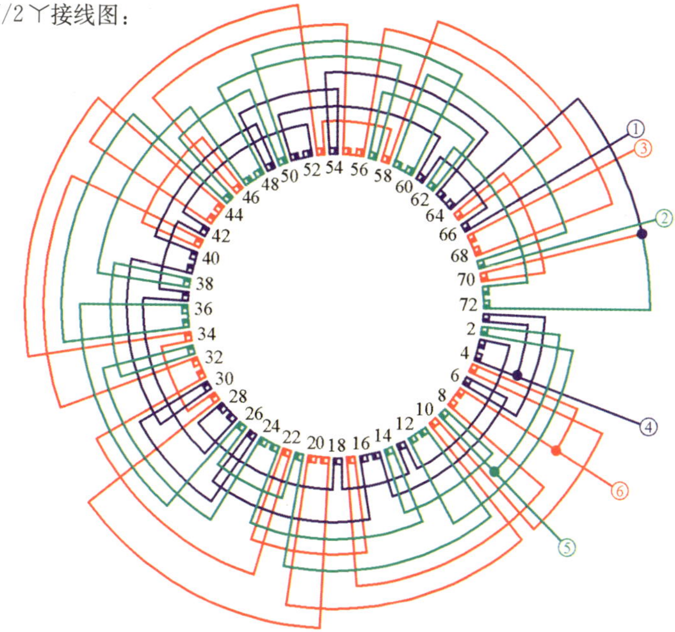

24/6 极 Y/2Y

图Ⅲ-［19］(a) 接线圆图

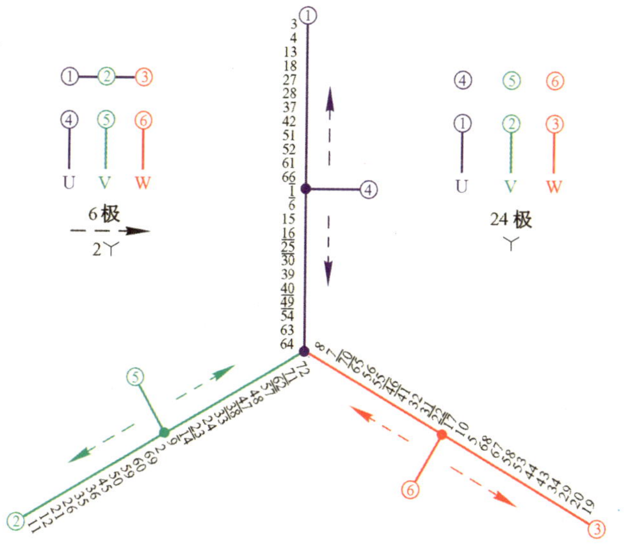

24/6 极 Y/2Y

图Ⅲ-［19］(b) 接线简图

应用举例：

型　号	极数	额定功率（千瓦）	额定电流（安）	定额（分钟）	接法	定/转子槽数	节距	每　槽导线数	线　规
YTD225M	24/6	1.5/7.5	22/17	3/30	Y/2Y	72/58	1—10	28	2-ϕ1.30
$YTD225M_2$	24/6	2.3/11	32/24.8	3/30	Y/2Y	72/58	1—10	20	3-ϕ1.25

［20］ 72 槽 24/6 极绕组布线和接线图之二

本方案也为电梯专用双速电动机绕组方案。24 极为 120°相带绕组，反向得每相 6、6、0、0、0、0、6、6 分布的 6 极非正规分布绕组。两种极数转向相同。

绕组系数（节距 $y=9$）：

6 极—— $K_d=0.701$，$K_y=0.924$，$K_w=0.648$

24 极—— $K_d=0.866$，$K_y=1$，$K_w=0.866$

连接方式：

Y/2Y，引出线 6 根。

72 槽 24/6 极双速电动机绕组排列（之二）

槽　号	1	2	3	4	5	6	7	8	9	10	11	12	13	14	15	16	17	18
6　极	$\bar{u}$	$\bar{u}$	w	w	v	v	$\bar{u}$	$\bar{u}$	$\bar{w}$	$\bar{w}$	v	v	u	u	$\bar{w}$	$\bar{w}$	$\bar{v}$	$\bar{v}$
24　极	u	u	w	w	v	v	u	u	w	w	v	v	u	u	w	w	v	v
反向指示	*	*					*	*	*	*					*	*	*	*
槽　号	19	20	21	22	23	24	25	26	27	28	29	30	31	32	33	34	35	36
6　极	u	u	w	w	$\bar{v}$	$\bar{v}$	$\bar{u}$	$\bar{u}$	w	w	v	v	$\bar{u}$	$\bar{u}$	$\bar{w}$	$\bar{w}$	v	v
24　极	u	u	w	w	v	v	u	u	w	w	v	v	u	u	w	w	v	v
反向指示					*	*	*	*					*	*	*	*		
槽　号	37	38	39	40	41	42	43	44	45	46	47	48	49	50	51	52	53	54
6　极	u	u	$\bar{w}$	$\bar{w}$	$\bar{v}$	$\bar{v}$	u	u	w	w	$\bar{v}$	$\bar{v}$	$\bar{u}$	$\bar{u}$	w	w	v	v
24　极	u	u	w	w	v	v	u	u	w	w	v	v	u	u	w	w	v	v
反向指示			*	*	*	*					*	*	*	*				
槽　号	55	56	57	58	59	60	61	62	63	64	65	66	67	68	69	70	71	72
6　极	$\bar{u}$	$\bar{u}$	$\bar{w}$	$\bar{w}$	v	v	u	u	$\bar{w}$	$\bar{w}$	$\bar{v}$	$\bar{v}$	u	u	w	w	$\bar{v}$	$\bar{v}$
24　极	u	u	w	w	v	v	u	u	w	w	v	v	u	u	w	w	v	v
反向指示	*	*	*	*					*	*	*	*					*	*

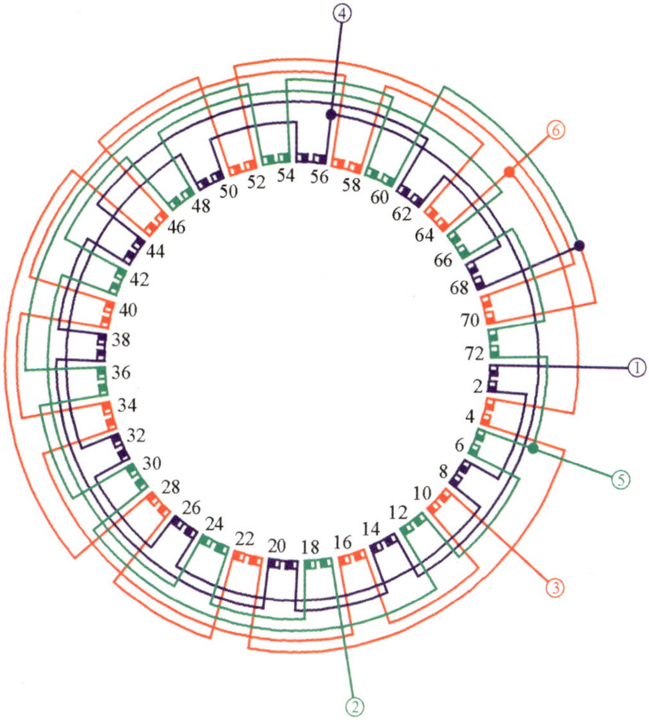

24/6 极 Y/2Y

图Ⅲ-[20](a) 接线圆图

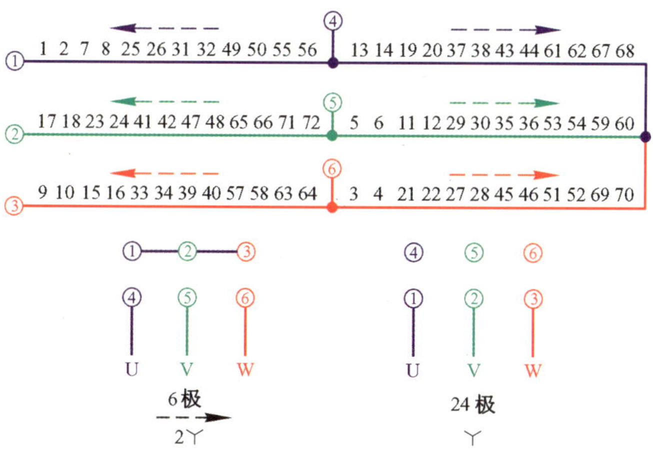

24/6 极 Y/2Y

图Ⅲ-[20](b) 接线简图

应用举例：

型　号	极数	额定功率（千瓦）	额定电流（安）	接法	定/转子槽数	节距	每　槽导线数	线　规
JTD-430-24/6	24/6	/19.0	/48.60	Y/2Y	72/113	1—10	20	3-ϕ1.74

［21］ 72 槽 24/6 极绕组布线和接线图之三

本方案也为电梯用双速电动机绕组方案。绕组设计为单层绕组，并采用换相法变极。两种极数转向相同。

绕组系数（节距 $y=11$）：

6 极—— $K_d=0.966$，$K_y=0.991$，$K_w=0.957$

24 极—— $K_d=1$，$K_y=0.5$，$K_w=0.5$

连接方式：

△/2△，引出线 15 根。

72 槽 24/6 极双速电动机绕组排列(之三)

槽　号	1	2	3	4	5	6	7	8	9	10	11	12	13	14	15	16	17	18
6　极	v	v	v	$\bar{u}$	$\bar{u}$	$\bar{u}$	$\bar{u}$	w	w	w	w	$\bar{v}$	$\bar{v}$	$\bar{v}$	$\bar{v}$	u	u	u
24　极	$\bar{u}$	v	$\bar{v}$	w	$\bar{w}$	u	$\bar{u}$	v	$\bar{v}$	w	$\bar{w}$	u	$\bar{u}$	v	$\bar{v}$	w	$\bar{w}$	u
反向指示	*		*	*		*			*		*	*		*			*	
槽　号	19	20	21	22	23	24	25	26	27	28	29	30	31	32	33	34	35	36
6　极	u	$\bar{w}$	$\bar{w}$	$\bar{w}$	$\bar{w}$	v	v	v	v	$\bar{u}$	$\bar{u}$	$\bar{u}$	$\bar{u}$	w	w	w	w	$\bar{v}$
24　极	$\bar{u}$	v	$\bar{v}$	w	$\bar{w}$	u	$\bar{u}$	v	$\bar{v}$	w	$\bar{w}$	u	$\bar{u}$	v	$\bar{v}$	w	$\bar{w}$	u
反向指示	*	*		*			*		*	*		*			*		*	*
槽　号	37	38	39	40	41	42	43	44	45	46	47	48	49	50	51	52	53	54
6　极	$\bar{v}$	$\bar{v}$	$\bar{v}$	u	u	u	u	$\bar{w}$	$\bar{w}$	$\bar{w}$	$\bar{w}$	v	v	v	v	$\bar{u}$	$\bar{u}$	$\bar{u}$
24　极	$\bar{u}$	v	$\bar{v}$	w	$\bar{w}$	u	$\bar{u}$	v	$\bar{v}$	w	$\bar{w}$	u	$\bar{u}$	v	$\bar{v}$	w	$\bar{w}$	u
反向指示		*			*		*	*		*			*		*	*		*
槽　号	55	56	57	58	59	60	61	62	63	64	65	66	67	68	69	70	71	72
6　极	$\bar{u}$	w	w	w	w	$\bar{v}$	$\bar{v}$	$\bar{v}$	$\bar{v}$	u	u	u	u	$\bar{w}$	$\bar{w}$	$\bar{w}$	$\bar{w}$	v
24　极	$\bar{u}$	v	$\bar{v}$	w	$\bar{w}$	u	$\bar{u}$	v	$\bar{v}$	w	$\bar{w}$	u	$\bar{u}$	v	$\bar{v}$	w	$\bar{w}$	u
反向指示			*		*	*		*			*		*	*		*		

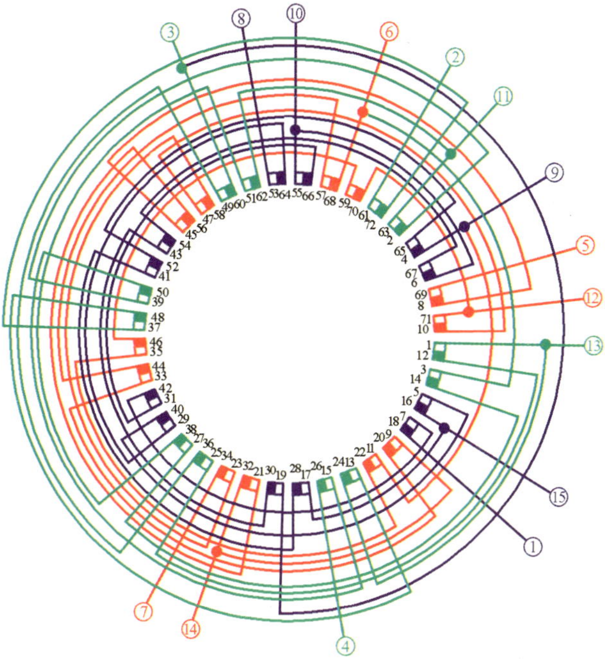

24/6 极　△/2△(6 极相色)

图Ⅲ-[21](a)　接线圆图

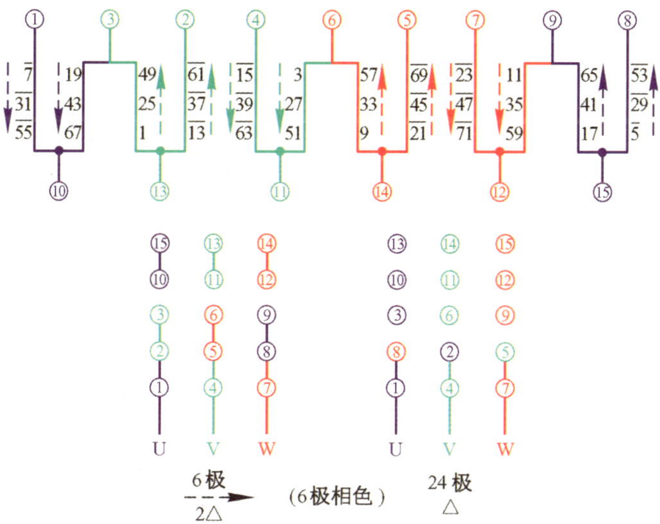

图Ⅲ-[21](b)　接线简图

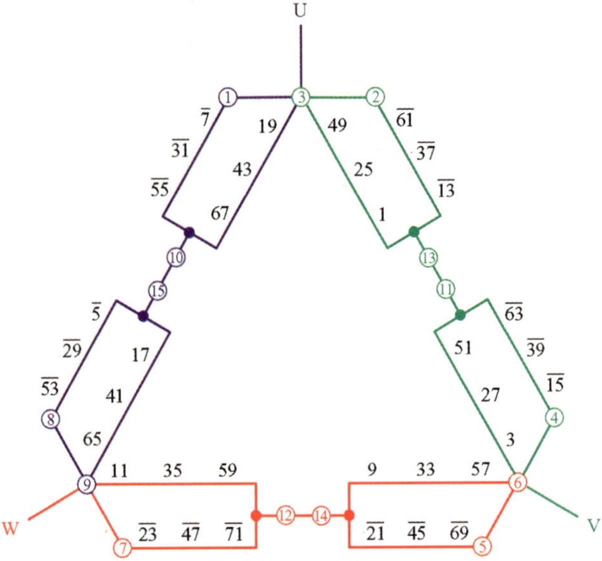

6 极　2△

图Ⅲ-[21](c)　接线简图

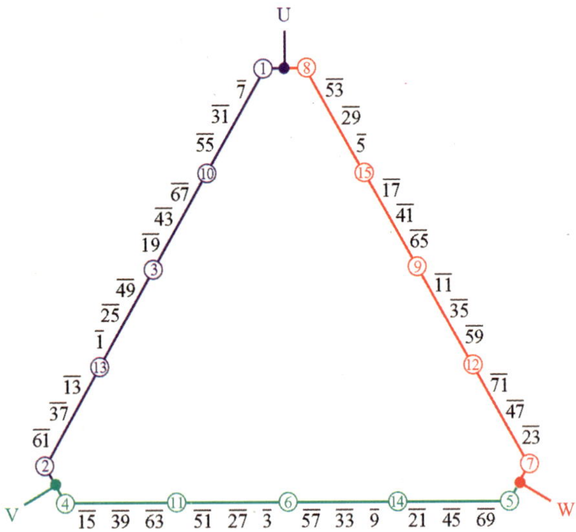

24 极　△

图Ⅲ-[21](d)　接线简图

［22］ 36 槽 6/4 极绕组布线和接线图之一

4 极为 60°相带正规绕组，反向得 180°相带 6 极绕组。两种极数转向可相同或相反。由于 6 极绕组系数较低，故适用于低速功率要求不高的场合。

绕组系数：

节距 $y=6$

4 极—— $K_d=0.96$，$K_y=0.866$，$K_w=0.831$

6 极—— $K_d=0.644$，$K_y=1$，$K_w=0.644$

节距 $y=7$

4 极—— $K_d=0.96$，$K_y=0.94$，$K_w=0.902$

6 极—— $K_d=0.644$，$K_y=0.966$，$K_w=0.622$

连接方式：

要求两种极数功率接近采用△/2Y接法，要求 4 极功率较高的场合采用Y/2Y接法。引出线 6 根。

36 槽 6/4 极双速电动机同转向绕组排列(之一)

槽　号	1	2	3	4	5	6	7	8	9	10	11	12	13	14	15	16	17	18
4　极	u	u	u	$\bar{w}$	$\bar{w}$	$\bar{w}$	v	v	v	$\bar{u}$	$\bar{u}$	$\bar{u}$	w	w	w	$\bar{v}$	$\bar{v}$	$\bar{v}$
6　极	u	u	u	$\bar{w}$	$\bar{w}$	$\bar{w}$	v	v	v	$\bar{u}$	$\bar{u}$	$\bar{u}$	w	w	$\bar{w}$	$\bar{v}$	v	v
反向指示															*		*	*
槽　号	19	20	21	22	23	24	25	26	27	28	29	30	31	32	33	34	35	36
4　极	u	u	u	$\bar{w}$	$\bar{w}$	$\bar{w}$	v	v	v	$\bar{u}$	$\bar{u}$	$\bar{u}$	w	w	w	$\bar{v}$	$\bar{v}$	$\bar{v}$
6　极	$\bar{u}$	$\bar{u}$	$\bar{u}$	w	w	w	$\bar{v}$	$\bar{v}$	$\bar{v}$	u	u	u	$\bar{w}$	$\bar{w}$	w	v	$\bar{v}$	$\bar{v}$
反向指示	*	*	*	*	*	*	*	*	*	*	*	*	*	*		*		

36 槽 6/4 极双速电动机反转向绕组排列(之一)

槽　号	1	2	3	4	5	6	7	8	9	10	11	12	13	14	15	16	17	18
4　极	u	u	u	$\bar{w}$	$\bar{w}$	$\bar{w}$	v	v	v	$\bar{u}$	$\bar{u}$	$\bar{u}$	w	w	w	$\bar{v}$	$\bar{v}$	$\bar{v}$
6　极	u	u	u	$\bar{w}$	w	w	$\bar{v}$	$\bar{v}$	v	$\bar{u}$	$\bar{u}$	$\bar{u}$	$\bar{w}$	$\bar{w}$	$\bar{w}$	$\bar{v}$	$\bar{v}$	$\bar{v}$
反向指示					*	*	*	*					*	*	*			
槽　号	19	20	21	22	23	24	25	26	27	28	29	30	31	32	33	34	35	36
4　极	u	u	u	$\bar{w}$	$\bar{w}$	$\bar{w}$	v	v	v	$\bar{u}$	$\bar{u}$	$\bar{u}$	w	w	w	$\bar{v}$	$\bar{v}$	$\bar{v}$
6　极	$\bar{u}$	$\bar{u}$	$\bar{u}$	w	$\bar{w}$	$\bar{w}$	v	v	$\bar{v}$	u	u	u	w	w	w	v	v	v
反向指示	*	*	*	*					*	*	*	*				*	*	*

△/2Y接线图(同转向方案)：

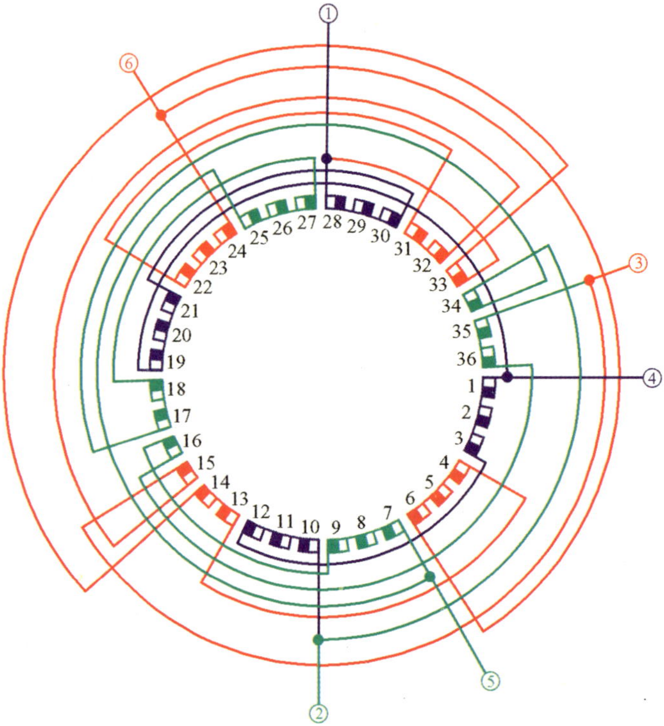

6/4极　△/2Y

图Ⅲ-[22](a)　接线圆图

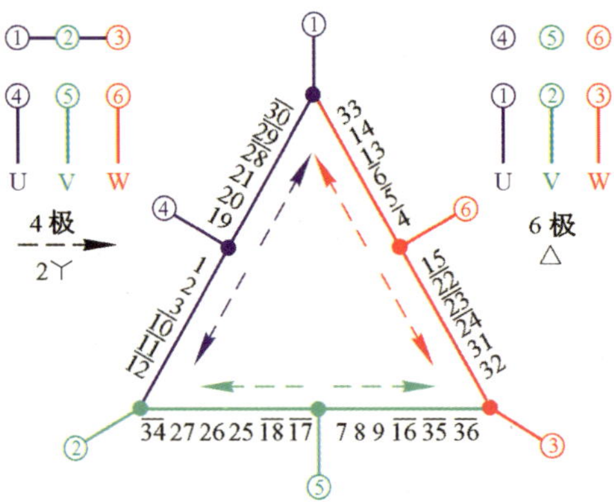

6/4极　△/2Y

图Ⅲ-[22](b)　接线简图

丫/2丫接线图(同转向方案)：

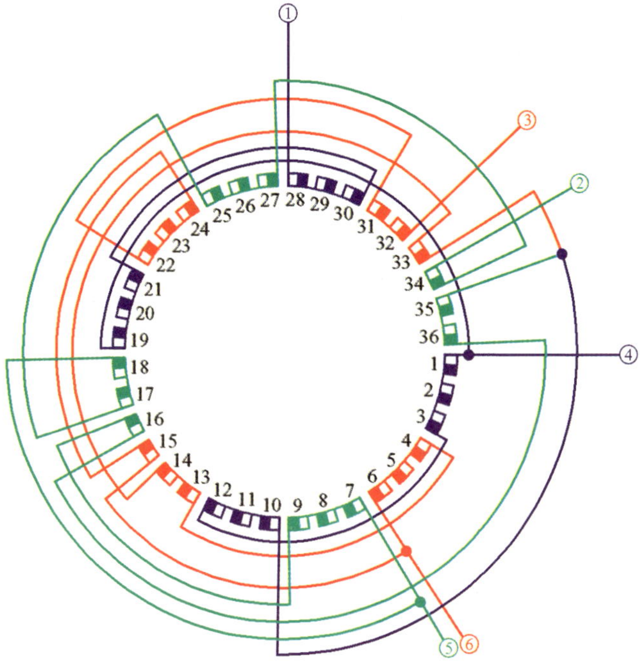

6/4 极　丫/2丫

图Ⅲ-[22](c)　接线圆图

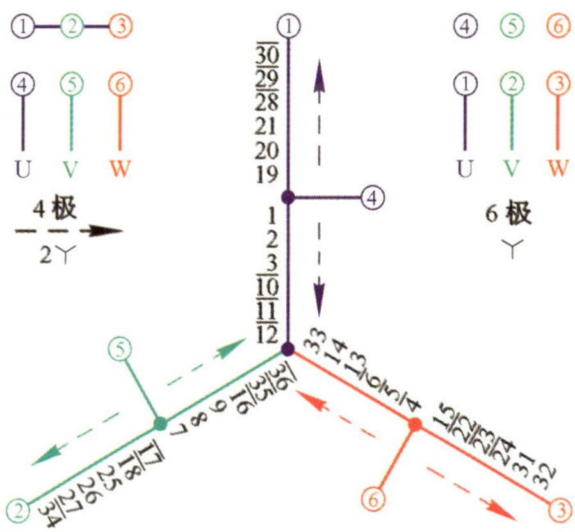

6/4 极　丫/2丫

图Ⅲ-[22](d)　接线简图

△/2Y接线图(反转向方案)：

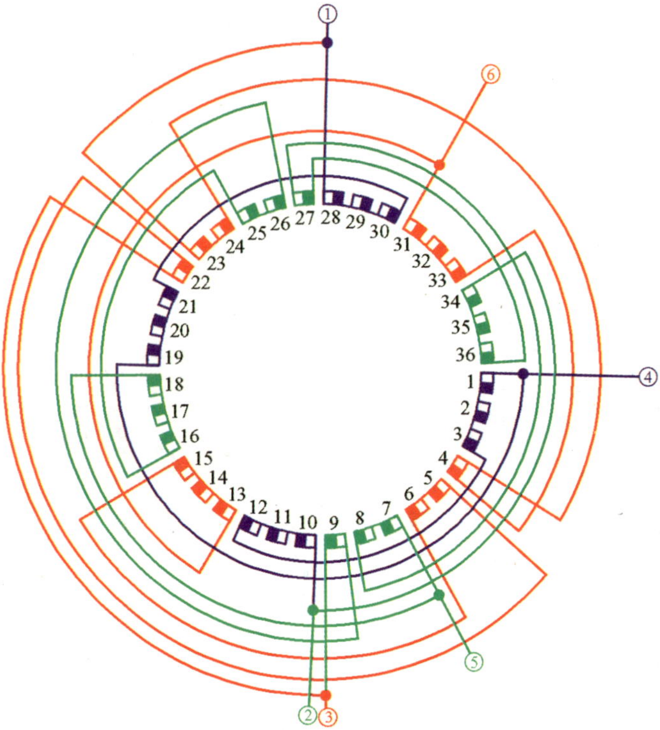

6/4 极　△/2Y

图Ⅲ-[22](e)　接线圆图

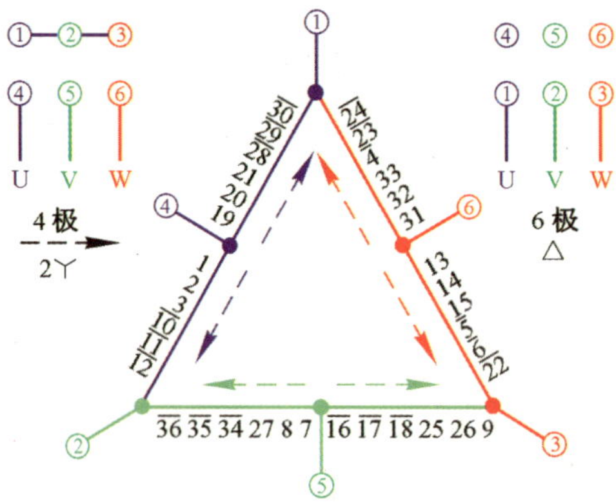

6/4 极　△/2Y

图Ⅲ-[22](f)　接线简图

Y/2Y接线图(反转向方案)：

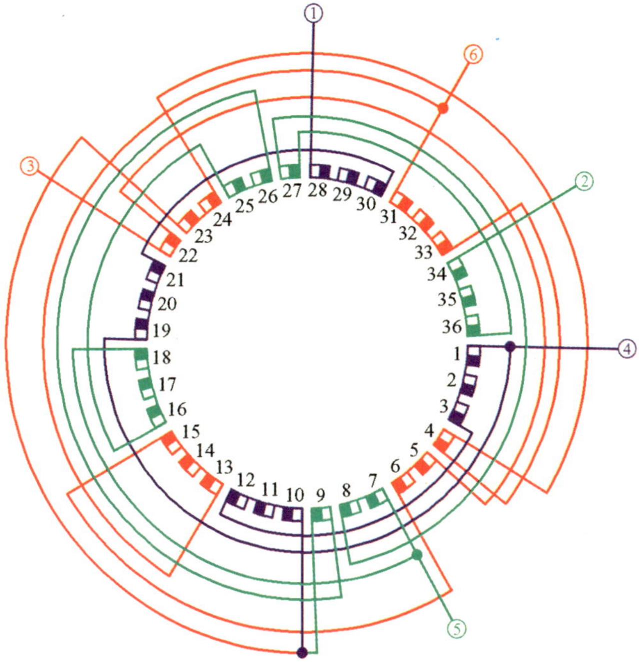

6/4 极　Y/2Y

图Ⅲ-[22](g)　接线圆图

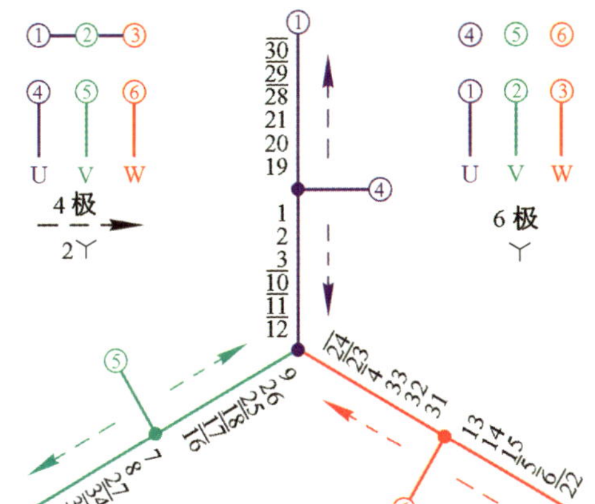

6/4 极　Y/2Y

图Ⅲ-[22](h)　接线简图

[23] 36 槽 6/4 极绕组布线和接线图之二

4 极为 120°相带绕组。6 极为每相分布 2、4、4、2 的非正规绕组。两种极数转向可相同或相反。其中反转向方案两极数下绕组系数接近且较高，适用于两种极数下要求输出功率都较高的场合，产品电动机都用此方案。

同转向方案绕组系数（$y=9$）：

4 极—— $K_d=0.831$，$K_y=1$，$K_w=0.831$

6 极—— $K_d=0.88$，$K_y=0.707$，$K_w=0.622$

反转向方案绕组系数：

节距 $y=6$

4 极—— $K_d=0.831$，$K_y=0.866$，$K_w=0.72$

6 极—— $K_d=0.88$，$K_y=1$，$K_w=0.88$

节距 $y=7$

4 极—— $K_d=0.831$，$K_y=0.94$，$K_w=0.781$

6 极—— $K_d=0.88$，$K_y=0.966$，$K_w=0.85$

连接方式：

同方案[22]。

36 槽 6/4 极双速电动机同转向绕组排列(之二)

槽　　号	1	2	3	4	5	6	7	8	9	10	11	12	13	14	15	16	17	18
4　　极	$\bar{v}$	$\bar{v}$	u	u	$\bar{w}$	$\bar{w}$	$\bar{w}$	v	v	$\bar{w}$	$\bar{u}$	v	v	$\bar{u}$	$\bar{u}$	$\bar{u}$	w	w
6　　极	$\bar{v}$	$\bar{v}$	u	u	$\bar{w}$	$\bar{w}$	$\bar{w}$	v	v	w	$\bar{u}$	$\bar{v}$	$\bar{v}$	u	u	u	$\bar{w}$	$\bar{w}$
反向指示										*		*	*	*	*	*	*	*
槽　　号	19	20	21	22	23	24	25	26	27	28	29	30	31	32	33	34	35	36
4　　极	$\bar{v}$	$\bar{v}$	u	u	$\bar{w}$	$\bar{w}$	$\bar{w}$	v	v	$\bar{w}$	$\bar{u}$	v	v	$\bar{u}$	$\bar{u}$	$\bar{u}$	w	w
6　　极	v	v	$\bar{u}$	$\bar{u}$	w	w	w	$\bar{v}$	$\bar{v}$	$\bar{w}$	u	v	v	$\bar{u}$	$\bar{u}$	$\bar{u}$	w	w
反向指示	*	*	*	*	*	*	*	*	*		*							

36 槽 6/4 极双速电动机反转向绕组排列(之二)

槽　　号	1	2	3	4	5	6	7	8	9	10	11	12	13	14	15	16	17	18
4　　极	v	u	u	u	u	$\bar{v}$	$\bar{v}$	$\bar{v}$	$\bar{v}$	w	w	w	w	v	$\bar{u}$	$\bar{u}$	$\bar{w}$	$\bar{w}$
6　　极	$\bar{v}$	u	u	u	u	v	v	v	v	w	w	w	w	$\bar{v}$	u	u	$\bar{w}$	$\bar{w}$
反向指示	*					*	*	*	*					*	*	*		
槽　　号	19	20	21	22	23	24	25	26	27	28	29	30	31	32	33	34	35	36
4　　极	v	u	u	u	u	$\bar{v}$	$\bar{v}$	$\bar{v}$	$\bar{v}$	w	w	w	w	v	$\bar{u}$	$\bar{u}$	$\bar{w}$	$\bar{w}$
6　　极	v	$\bar{u}$	$\bar{u}$	$\bar{u}$	$\bar{u}$	$\bar{v}$	$\bar{v}$	$\bar{v}$	$\bar{v}$	$\bar{w}$	$\bar{w}$	$\bar{w}$	$\bar{w}$	v	$\bar{u}$	$\bar{u}$	w	w
反向指示		*	*	*	*					*	*	*	*				*	*

△/2Y接线图(同转向方案)：

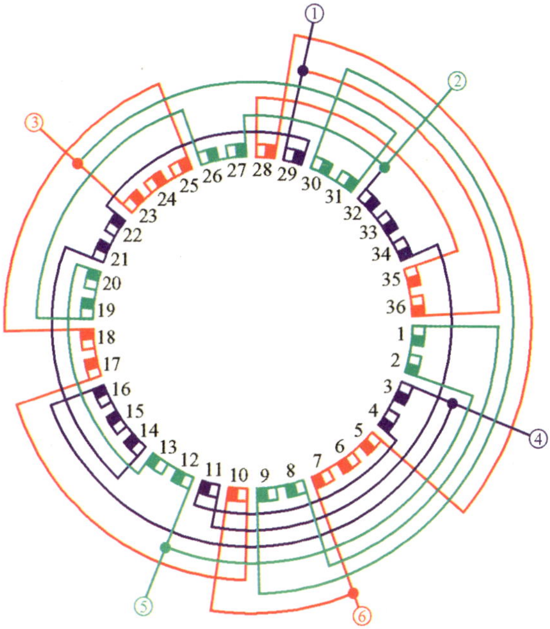

6/4 极　△/2Y

图Ⅲ-[23](a)　接线圆图

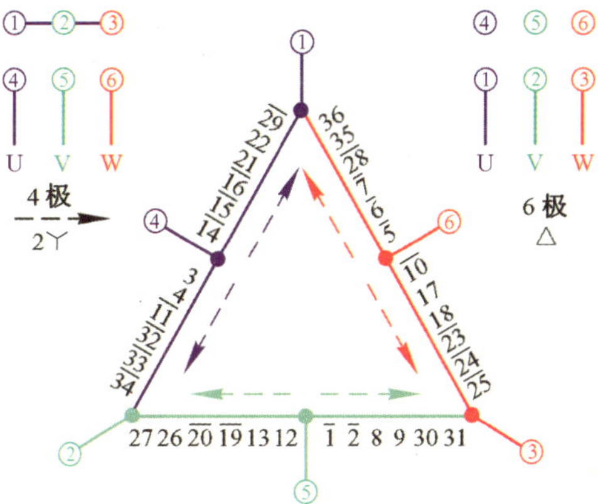

6/4 极　△/2Y

图Ⅲ-[23](b)　接线简图

丫/2丫接线图(同转向方案)：

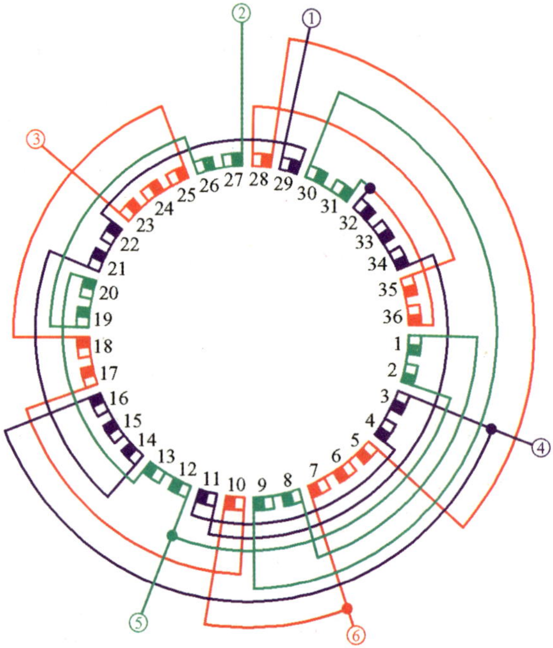

6/4 极　丫/2丫

图Ⅲ-[23](c)　接线圆图

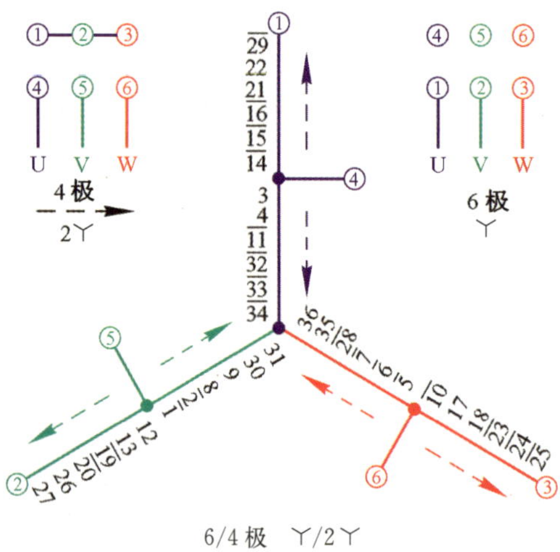

6/4 极　丫/2丫

图Ⅲ-[23](d)　接线简图

△/2丫接线图(反转向方案)：

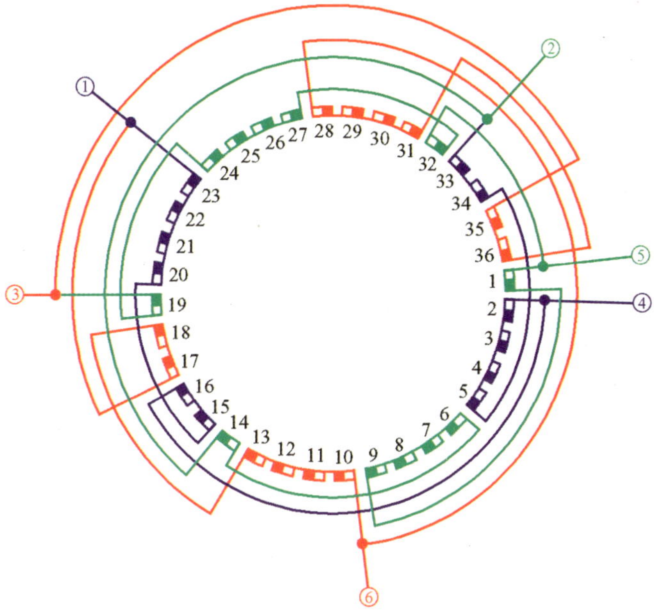

6/4 极　△/2丫

图Ⅲ-[23](e)　接线圆图

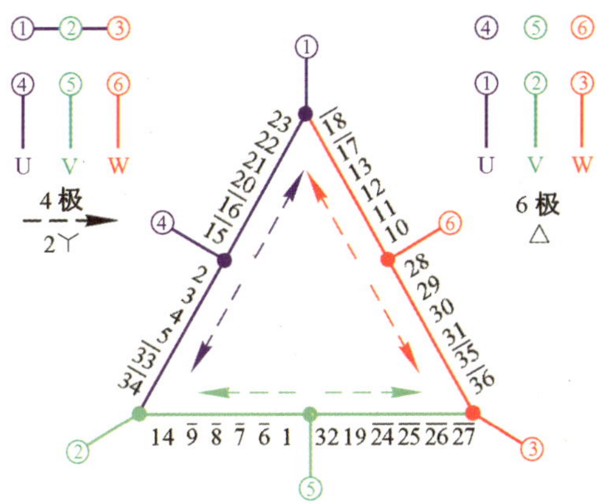

6/4 极　△/2丫

图Ⅲ-[23](f)　接线简图

应用举例：

型　号	极数	额定功率（千瓦）	额定电流（安）	接法	定/转子槽数	节距	每　槽导线数	线　规
JDO3-140S-6/4	6/4	3.5/5.0	7.9/11	△/2Y	36/28	1—7	62	1-ϕ1.30
YD160L-6/4	6/4	9/11	20.6/23.4	△/2Y	36/33	1—7 1—8	36 34	2-ϕ1.18

［24］ 48 槽 6/4 极绕组布线和接线图

4 极为 60°相带正规绕组，反向得 6 极。6 极部分线圈分裂成两部分目的是使 6 极绕组三相对称。两种极数转向相同。

绕组系数（节距 $y=8$）：

4 极—— $K_d=0.958$，$K_y=0.866$，$K_w=0.83$

6 极—— $K_d=0.628$，$K_y=1$，$K_w=0.628$

连接方式：

要求 4 极输出功率高，6 极相对较低可采用Y/2Y接法。要求两种极数输出功率相对接近可采用△/2Y接法。引出线 6 根。

48 槽 6/4 极双速电动机绕组排列

槽　号	1	2	3	4	5	6	7	8	9	10	11	12	13	14	15	16
4　极	u	u	u	u	$\bar{w}$	$\bar{w}$	$\bar{w}$	$\bar{w}$	v	v	v	v	$\bar{u}$	$\bar{u}$	$\bar{u}$	$\bar{u}$
6　极	$\frac{5}{6}\bar{u}$ $\frac{1}{6}u$	$\bar{u}$	$\bar{u}$	$\bar{u}$	w	w	w	w	$\bar{v}$	$\bar{v}$	$\bar{v}$	$\bar{v}$	u	u	u	u
反向指示	* $\frac{5}{6}$	*	*	*	*	*	*	*	*	*	*	*	*	*	*	*

槽　号	17	18	19	20	21	22	23	24	25	26	27	28	29	30	31	32
4　极	w	w	w	w	$\bar{v}$	$\bar{v}$	$\bar{v}$	$\bar{v}$	u	u	u	u	$\bar{w}$	$\bar{w}$	$\bar{w}$	$\bar{w}$
6　极	$\bar{w}$	$\bar{w}$	$\frac{5}{6}\bar{w}$ $\frac{1}{6}w$	w	v	$\frac{1}{2}v$ $\frac{1}{2}\bar{v}$	$\bar{v}$	$\bar{v}$	$\frac{5}{6}u$ $\frac{1}{6}\bar{u}$	u	u	u	$\bar{w}$	$\bar{w}$	$\bar{w}$	$\bar{w}$
反向指示	*	*	* $\frac{5}{6}$		*	* $\frac{1}{2}$			* $\frac{1}{6}$							

槽　号	33	34	35	36	37	38	39	40	41	42	43	44	45	46	47	48
4　极	v	v	v	v	$\bar{u}$	$\bar{u}$	$\bar{u}$	$\bar{u}$	w	w	w	w	$\bar{v}$	$\bar{v}$	$\bar{v}$	$\bar{v}$
6　极	v	v	v	v	$\bar{u}$	$\bar{u}$	$\bar{u}$	$\bar{u}$	w	w	$\frac{5}{6}w$ $\frac{1}{6}\bar{w}$	$\bar{w}$	$\bar{v}$	$\frac{1}{2}v$ $\frac{1}{2}\bar{v}$	v	v
反向指示											* $\frac{1}{6}$	*		* $\frac{1}{2}$	*	*

丫/2丫接线图：

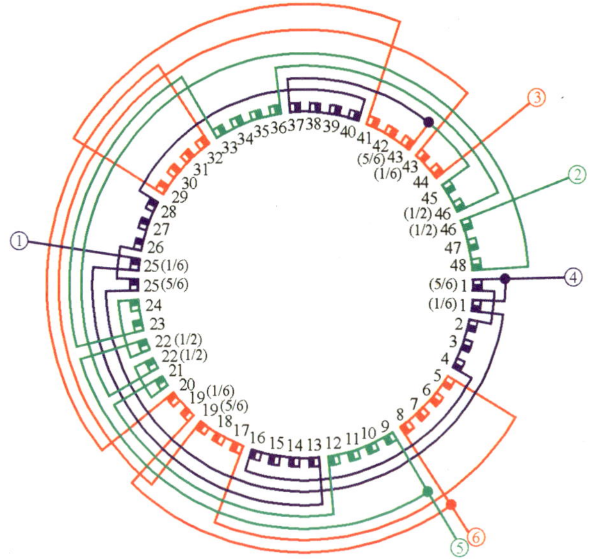

6/4极 丫/2丫

图Ⅲ-[24](a) 接线圆图

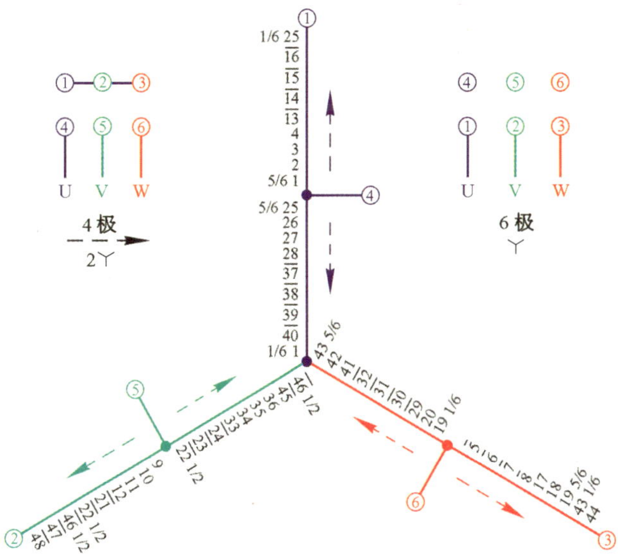

6/4极 丫/2丫

图Ⅲ-[24](b) 接线简图

△/2Y接线图：

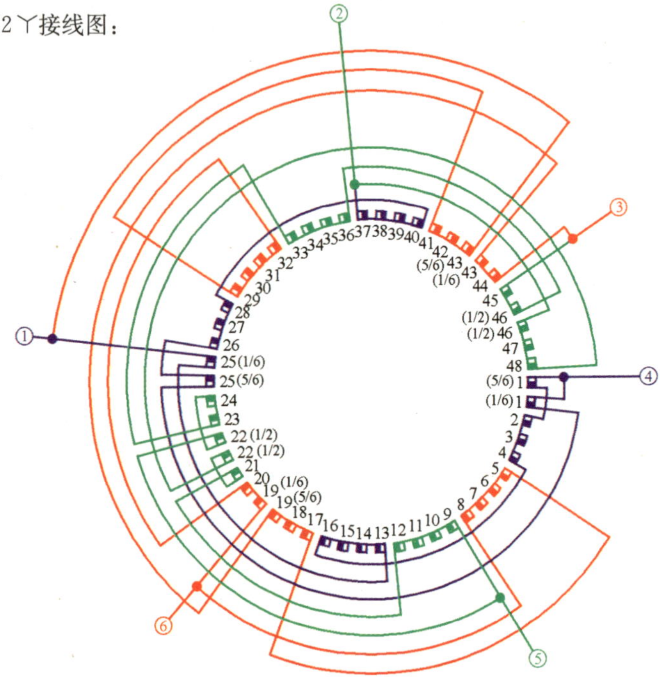

6/4极　△/2Y

图Ⅲ-[24](c)　接线圆图

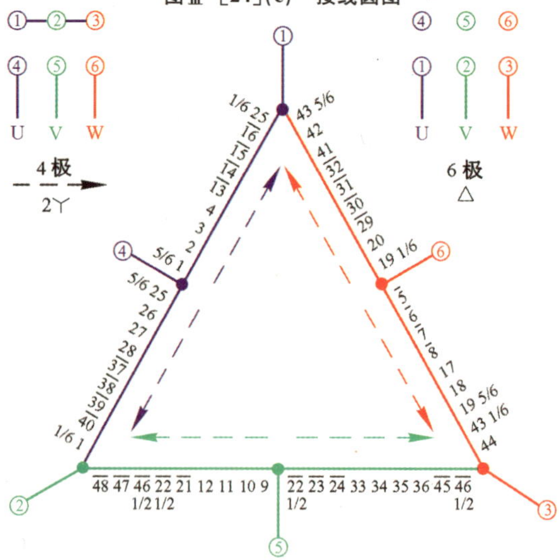

6/4极　△/2Y

图Ⅲ-[24](d)　接线简图

[25] 72 槽 6/4 极绕组布线和接线图之一

4 极为 120°相带绕组，反向得 6 极。6 极为每相分布 2、2、4、4、4、4、2、2 的非正规分布绕组。两种极数转向相反，绕组系数相接近。

绕组系数(节距 $y=13$)：

4 极—— $K_d=0.828$，$K_y=0.906$，$K_w=0.75$

6 极—— $K_d=0.872$，$K_y=0.991$，$K_w=0.864$

连接方式：

△/2Y，引出线 6 根。

72 槽 6/4 极双速电动机绕组排列(之一)

槽　　号	1	2	3	4	5	6	7	8	9	10	11	12
4　　极	u	u	u	u	u	u	u	u	$\bar{v}$	$\bar{v}$	$\bar{v}$	$\bar{v}$
6　　极	u	u	u	u	u	u	u	u	v	v	v	v
反向指示									*	*	*	*
槽　　号	13	14	15	16	17	18	19	20	21	22	23	24
4　　极	$\bar{v}$	$\bar{v}$	$\bar{v}$	$\bar{v}$	w	w	w	w	w	w	w	w
6　　极	v	v	v	v	w	w	w	w	w	w	w	w
反向指示	*	*	*	*								
槽　　号	25	26	27	28	29	30	31	32	33	34	35	36
4　　极	v	v	$\bar{u}$	$\bar{u}$	$\bar{u}$	$\bar{u}$	$\bar{w}$	$\bar{w}$	$\bar{w}$	$\bar{w}$	v	v
6　　极	$\bar{v}$	$\bar{v}$	u	u	u	u	$\bar{w}$	$\bar{w}$	$\bar{w}$	$\bar{w}$	v	v
反向指示	*	*	*	*	*	*						
槽　　号	37	38	39	40	41	42	43	44	45	46	47	48
4　　极	u	u	u	u	u	u	u	u	$\bar{v}$	$\bar{v}$	$\bar{v}$	$\bar{v}$
6　　极	$\bar{u}$	$\bar{u}$	$\bar{u}$	$\bar{u}$	$\bar{u}$	$\bar{u}$	$\bar{u}$	$\bar{u}$	$\bar{v}$	$\bar{v}$	$\bar{v}$	$\bar{v}$
反向指示	*	*	*	*	*	*	*	*				
槽　　号	49	50	51	52	53	54	55	56	57	58	59	60
4　　极	$\bar{v}$	$\bar{v}$	$\bar{v}$	$\bar{v}$	w	w	w	w	w	w	w	w
6　　极	$\bar{v}$	$\bar{v}$	$\bar{v}$	$\bar{v}$	$\bar{w}$	$\bar{w}$	$\bar{w}$	$\bar{w}$	$\bar{w}$	$\bar{w}$	$\bar{w}$	$\bar{w}$
反向指示					*	*	*	*	*	*	*	*
槽　　号	61	62	63	64	65	66	67	68	69	70	71	72
4　　极	v	v	$\bar{u}$	$\bar{u}$	$\bar{u}$	$\bar{u}$	$\bar{w}$	$\bar{w}$	$\bar{w}$	$\bar{w}$	v	v
6　　极	v	v	$\bar{u}$	$\bar{u}$	$\bar{u}$	$\bar{u}$	w	w	w	w	$\bar{v}$	$\bar{v}$
反向指示							*	*	*	*	*	*

△/2Y接线图：

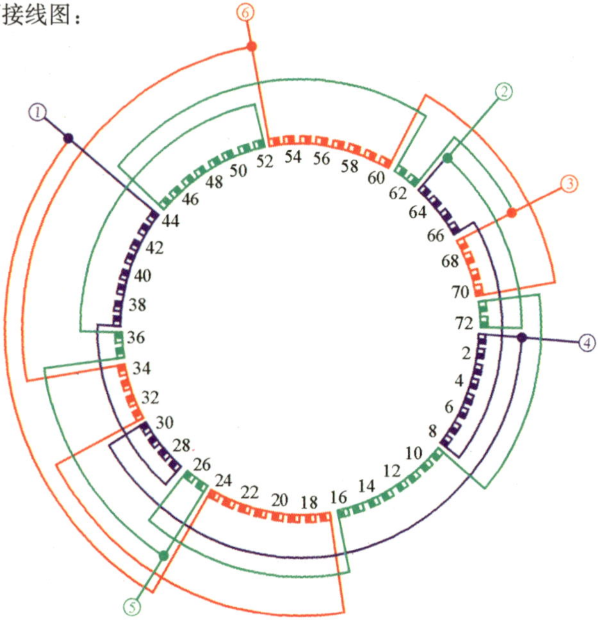

6/4极 △/2Y

图Ⅲ-[25](a) 接线圆图

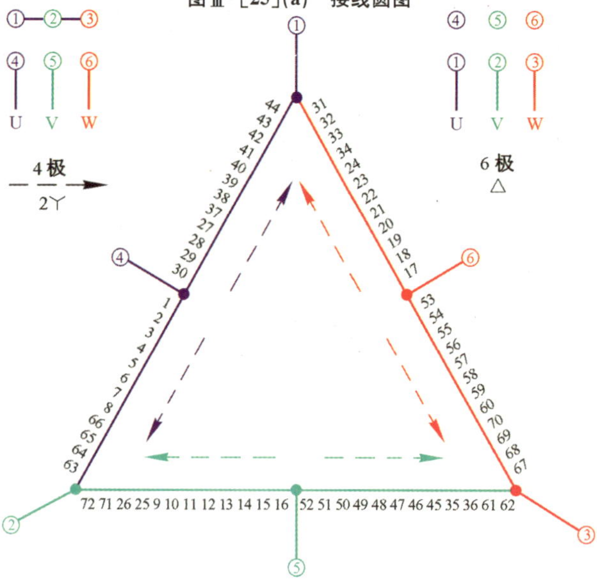

6/4极 △/2Y

图Ⅲ-[25](b) 接线简图

应用举例：

型　号	极数	额定功率（千瓦）	额定电流（安）	接法	定/转子槽数	节距	每　槽导线数	线　规
JDO2-81-6/4	6/4	22/28	46.4/56.7	△/2Y	72/56	1—14	12	4-ϕ1.45

［26］ 72 槽 6/4 极绕组布线和接线图之二

4 极为 60°相带绕组，用换相法变极并每相空置 6 个槽线圈获得 6 极绕组。6 极绕组磁势波形好，和正规 60°相带绕组相同。两种极数转向相同。

该绕组方案应用于 YD315S-6/4（70/90 kW）、YD315M-6/4（80/110 kW）、YD315L1-6/4（110/132 kW）、YD315L2-6/4（120/160 kW）等规格双速电动机上。

绕组系数（节距 $y = 12$）：

4 极—— $K_d = 0.956$，$K_y = 0.866$，$K_w = 0.828$

6 极—— $K_d = 0.677$，$K_y = 1$，$K_w = 0.677$

连接方式：

3Y/4Y，引出线 6 根。

72 槽 6/4 极双速电动机绕组排列表（之二）

槽　号	1	2	3	4	5	6	7	8	9	10	11	12	13	14	15	16	17	18
4　极	u	u	u	u	u	u	$\overline{w}$	$\overline{w}$	$\overline{w}$	$\overline{w}$	$\overline{w}$	$\overline{w}$	v	v	v	v	v	v
6　极	$\overline{u}$	$\overline{u}$	$\overline{u}$	$\overline{u}$	$\overline{u}$	$\overline{u}$	w	w	w	w			$\overline{v}$	$\overline{v}$			$\overline{w}$	$\overline{w}$
槽　号	19	20	21	22	23	24	25	26	27	28	29	30	31	32	33	34	35	36
4　极	$\overline{u}$	$\overline{u}$	$\overline{u}$	$\overline{u}$	$\overline{u}$	$\overline{u}$	w	w	w	w	w	w	$\overline{v}$	$\overline{v}$	$\overline{v}$	$\overline{v}$	$\overline{v}$	$\overline{v}$
6　极			v	v	v	v	$\overline{u}$	$\overline{u}$	$\overline{u}$	$\overline{u}$	$\overline{u}$	$\overline{u}$	w	w	w	w		
槽　号	37	38	39	40	41	42	43	44	45	46	47	48	49	50	51	52	53	54
4　极	u	u	u	u	u	u	$\overline{w}$	$\overline{w}$	$\overline{w}$	$\overline{w}$	$\overline{w}$	$\overline{w}$	v	v	v	v	v	v
6　极	$\overline{v}$	$\overline{v}$			$\overline{w}$	$\overline{w}$			v	v	v	v	$\overline{u}$	$\overline{u}$	$\overline{u}$	$\overline{u}$	$\overline{u}$	$\overline{u}$
槽　号	55	56	57	58	59	60	61	62	63	64	65	66	67	68	69	70	71	72
4　极	$\overline{u}$	$\overline{u}$	$\overline{u}$	$\overline{u}$	$\overline{u}$	$\overline{u}$	w	w	w	w	w	w	$\overline{v}$	$\overline{v}$	$\overline{v}$	$\overline{v}$	$\overline{v}$	$\overline{v}$
6　极	w	w	w	w			$\overline{v}$	$\overline{v}$			$\overline{w}$	$\overline{w}$			v	v	v	v

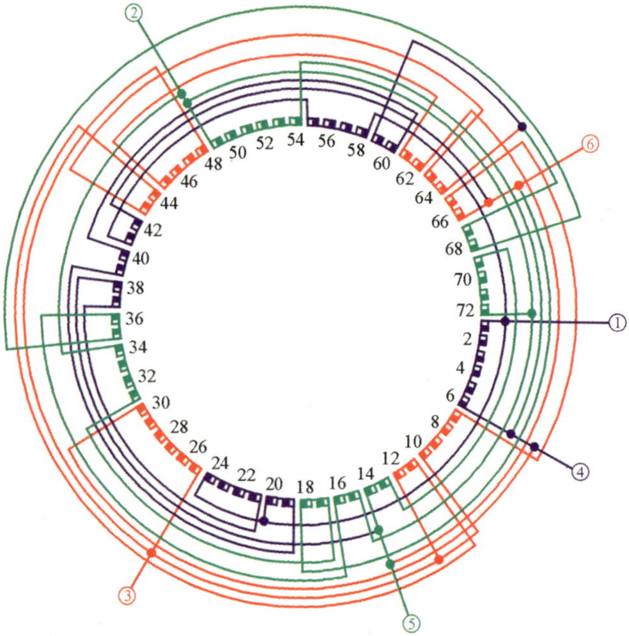

6/4 极　3Y/4Y　(4 极相色)

图Ⅲ-[26](a)　接线圆图

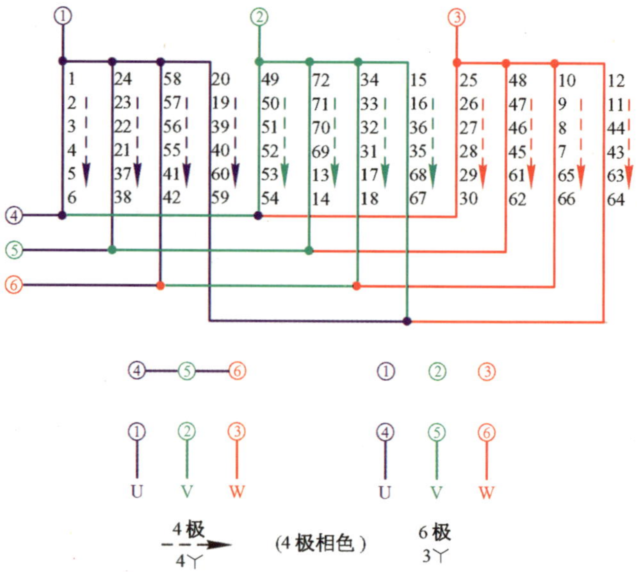

图Ⅲ-[26](b)　接线简图

［27］ 36 槽 8/6 极绕组布线和接线图之一

8 极为 60°相带正规分数槽绕组，反向得 6 极 180°相带绕组。两种极数转向可相同或相反。6 极绕组系数较低。

绕组系数：

节距 $y=5$

6 极—— $K_d=0.644$，$K_y=0.966$，$K_w=0.622$

8 极—— $K_d=0.96$，$K_y=0.985$，$K_w=0.946$

节距 $y=6$

6 极—— $K_d=0.644$，$K_y=1$，$K_w=0.644$

8 极—— $K_d=0.96$，$K_y=0.866$，$K_w=0.831$

连接方式：

△/2Y或Y/2Y，引出线 6 根。

36 槽 8/6 极双速电动机同转向绕组排列（之一）

槽　　号	1	2	3	4	5	6	7	8	9	10	11	12	13	14	15	16	17	18
8　　极	u	$\overline{w}$	$\overline{w}$	v	$\overline{u}$	$\overline{u}$	w	$\overline{v}$	$\overline{v}$	u	$\overline{w}$	$\overline{w}$	v	$\overline{u}$	$\overline{u}$	w	$\overline{v}$	$\overline{v}$
6　　极	$\overline{u}$	w	w	$\overline{v}$	u	u	$\overline{w}$	v	v	$\overline{u}$	w	w	$\overline{v}$	u	u	$\overline{w}$	$\overline{v}$	v
反向指示	*	*	*	*	*	*	*	*	*	*	*	*	*	*	*	*		*
槽　　号	19	20	21	22	23	24	25	26	27	28	29	30	31	32	33	34	35	36
8　　极	u	$\overline{w}$	$\overline{w}$	v	$\overline{u}$	$\overline{u}$	w	$\overline{v}$	$\overline{v}$	u	$\overline{w}$	$\overline{w}$	v	$\overline{u}$	$\overline{u}$	w	$\overline{v}$	$\overline{v}$
6　　极	u	$\overline{w}$	$\overline{w}$	v	$\overline{u}$	$\overline{u}$	w	$\overline{v}$	$\overline{v}$	u	$\overline{w}$	$\overline{w}$	v	$\overline{u}$	$\overline{u}$	w	v	$\overline{v}$
反向指示																	*	

36 槽 8/6 极双速电动机反转向绕组排列（之一）

槽　　号	1	2	3	4	5	6	7	8	9	10	11	12	13	14	15	16	17	18
8　　极	u	$\overline{w}$	$\overline{w}$	v	$\overline{u}$	$\overline{u}$	w	$\overline{v}$	$\overline{v}$	u	$\overline{w}$	$\overline{w}$	v	$\overline{u}$	$\overline{u}$	w	$\overline{v}$	$\overline{v}$
6　　极	$\overline{u}$	$\overline{w}$	$\overline{w}$	$\overline{v}$	u	u	w	$\overline{v}$	$\overline{v}$	$\overline{u}$	w	$\overline{w}$	v	u	u	$\overline{w}$	$\overline{v}$	$\overline{v}$
反向指示	*			*	*	*				*	*			*	*	*		
槽　　号	19	20	21	22	23	24	25	26	27	28	29	30	31	32	33	34	35	36
8　　极	u	$\overline{w}$	$\overline{w}$	v	$\overline{u}$	$\overline{u}$	w	$\overline{v}$	$\overline{v}$	u	$\overline{w}$	$\overline{w}$	v	$\overline{u}$	$\overline{u}$	w	$\overline{v}$	$\overline{v}$
6　　极	u	w	w	v	$\overline{u}$	$\overline{u}$	$\overline{w}$	v	v	u	$\overline{w}$	w	$\overline{v}$	$\overline{u}$	$\overline{u}$	w	v	v
反向指示		*	*				*	*	*			*	*				*	*

△/2丫接线图(同转向方案)：

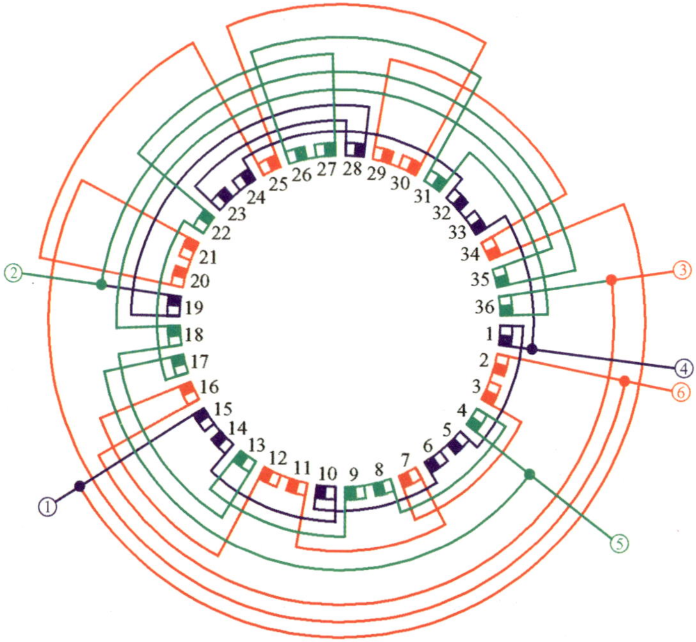

8/6极 △/2丫

图Ⅲ-[27](a) 接线圆图

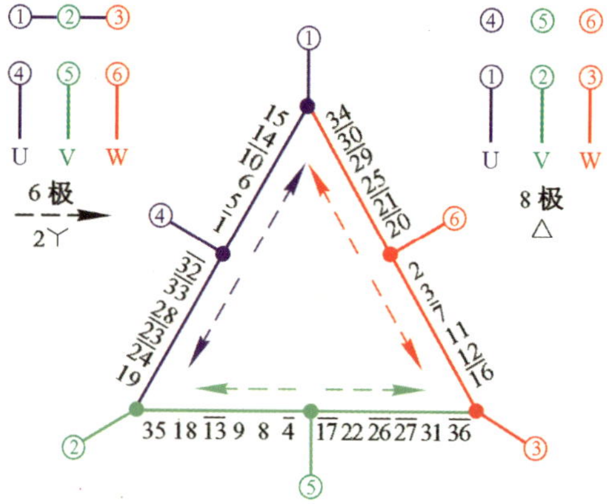

8/6极 △/2丫

图Ⅲ-[27](b) 接线简图

丫/2丫接线图(同转向方案)：

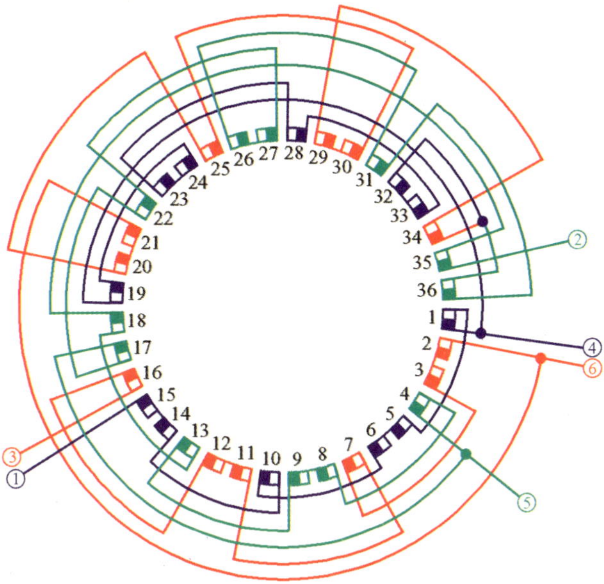

8/6 极 丫/2丫

图Ⅲ-[27](c) 接线圆图

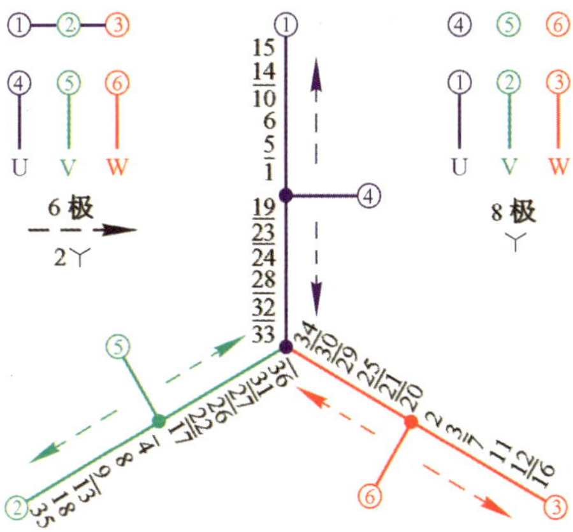

8/6 极 丫/2丫

图Ⅲ-[27](d) 接线简图

△/2丫接线图(反转向方案)：

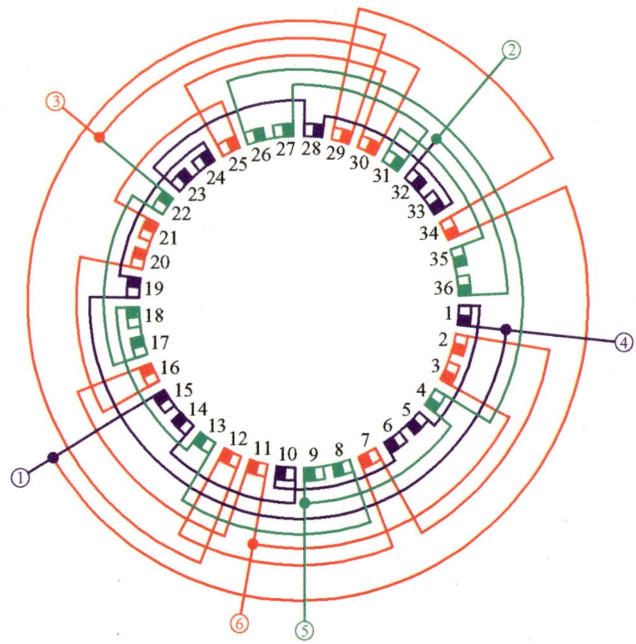

8/6 极　△/2丫

图Ⅲ-[27](e)　接线圆图

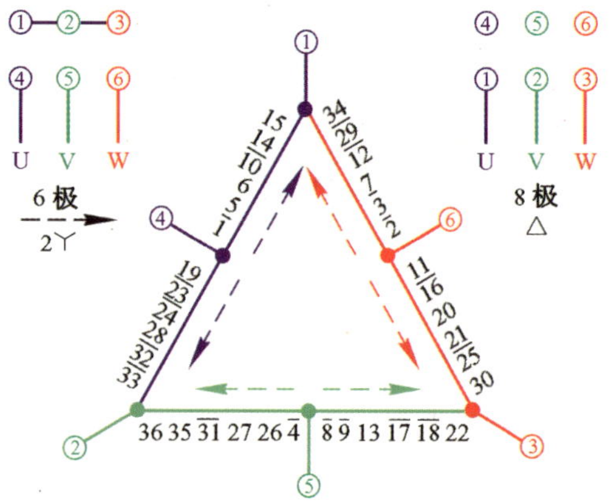

8/6 极　△/2丫

图Ⅲ-[27](f)　接线简图

丫/2丫接线图(反转向方案)：

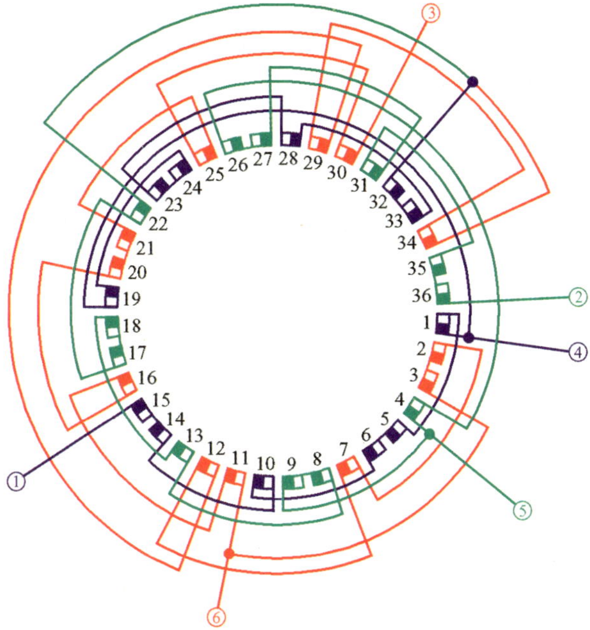

8/6 极　丫/2丫

图Ⅲ-[27](g)　接线圆图

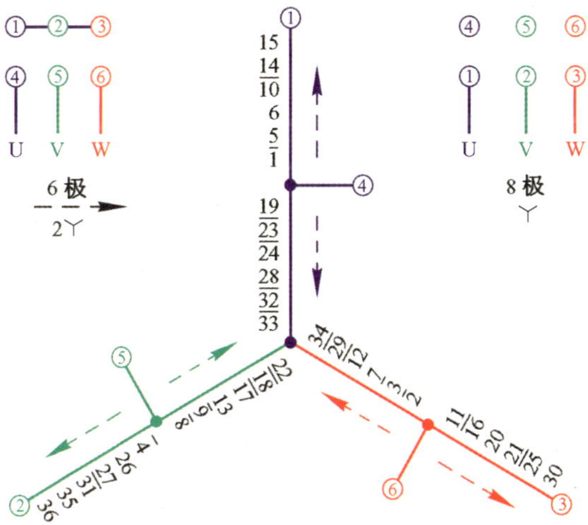

8/6 极　丫/2丫

图Ⅲ-[27](h)　接线简图

[28] 36 槽 8/6 极绕组布线和接线图之二

8 极为 120°相带分数槽绕组。6 极为非正规分布绕组，每相分布 2、4、4、2。两种极数转向可相同或相反。两种极数都有较高的绕组系数，适用于要求两种极数功率接近的场合。反转向方案起动转矩较同转向方案低。产品电动机均用本方案中同转向方案。

绕组系数：

节距 $y = 5$

6 极—— $K_d = 0.88$，$K_y = 0.966$，$K_w = 0.85$

8 极—— $K_d = 0.831$，$K_y = 0.985$，$K_w = 0.819$

节距 $y = 4$

6 极—— $K_d = 0.88$，$K_y = 0.866$，$K_w = 0.762$

8 极—— $K_d = 0.831$，$K_y = 0.985$，$K_w = 0.819$

连接方式：

△/2丫，引出线 6 根。

36 槽 8/6 极双速电动机同转向绕组排列(之二)

槽　号	1	2	3	4	5	6	7	8	9	10	11	12	13	14	15	16	17	18
6　极	u	u	$\bar{w}$	$\bar{w}$	v	$\bar{u}$	$\bar{u}$	w	$\bar{u}$	$\bar{v}$	w	$\bar{v}$	$\bar{v}$	u	$\bar{w}$	$\bar{w}$	v	v
8　极	u	u	$\bar{w}$	$\bar{w}$	v	$\bar{u}$	$\bar{u}$	w	u	$\bar{v}$	$\bar{w}$	v	v	$\bar{u}$	w	w	$\bar{v}$	$\bar{v}$
反向指示									*		*	*	*	*	*	*	*	*
槽　号	19	20	21	22	23	24	25	26	27	28	29	30	31	32	33	34	35	36
6　极	$\bar{u}$	$\bar{u}$	w	w	$\bar{v}$	u	u	$\bar{w}$	u	v	$\bar{w}$	v	v	$\bar{u}$	w	w	$\bar{v}$	$\bar{v}$
8　极	u	u	$\bar{w}$	$\bar{w}$	v	$\bar{u}$	$\bar{u}$	w	u	$\bar{v}$	$\bar{w}$	v	v	$\bar{u}$	w	w	$\bar{v}$	$\bar{v}$
反向指示	*	*	*	*	*	*	*	*		*								

36 槽 8/6 极双速电动机反转向绕组排列(之二)

槽　号	1	2	3	4	5	6	7	8	9	10	11	12	13	14	15	16	17	18
6　极	u	u	u	$\bar{w}$	$\bar{w}$	$\bar{w}$	v	v	w	w	$\bar{v}$	$\bar{v}$	$\bar{v}$	u	u	u	$\bar{w}$	v
8　极	u	u	u	w	w	w	v	v	$\bar{w}$	$\bar{w}$	$\bar{v}$	$\bar{v}$	$\bar{v}$	$\bar{u}$	$\bar{u}$	$\bar{u}$	$\bar{w}$	v
反向指示				*	*	*			*	*				*	*	*		
槽　号	19	20	21	22	23	24	25	26	27	28	29	30	31	32	33	34	35	36
6　极	$\bar{u}$	$\bar{u}$	$\bar{u}$	w	w	w	$\bar{v}$	$\bar{v}$	$\bar{w}$	$\bar{w}$	v	v	v	$\bar{u}$	$\bar{u}$	$\bar{u}$	w	$\bar{v}$
8　极	u	u	u	w	w	w	v	v	$\bar{w}$	$\bar{w}$	$\bar{v}$	$\bar{v}$	$\bar{v}$	$\bar{u}$	$\bar{u}$	$\bar{u}$	$\bar{w}$	v
反向指示	*	*	*				*	*			*	*	*				*	*

△/2Y接线图(同转向方案)：

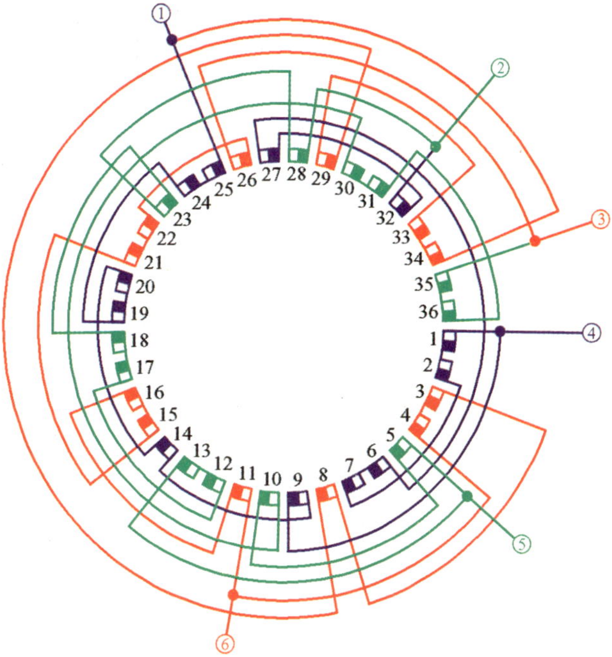

8/6 极 △/2Y

图Ⅲ-[28](a) 接线圆图

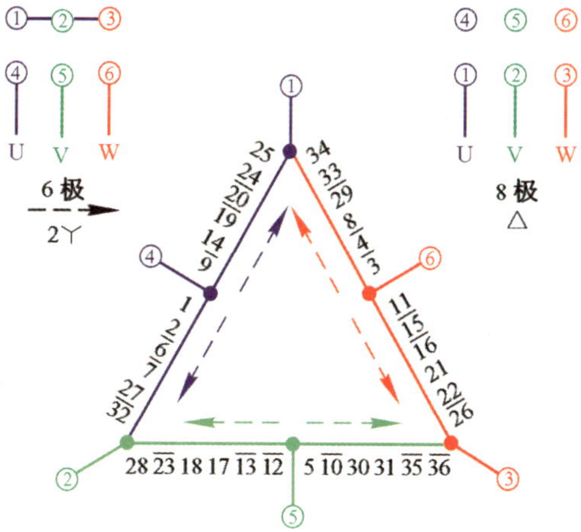

8/6 极 △/2Y

图Ⅲ-[28](b) 接线简图

△/2Y接线图(反转向方案)：

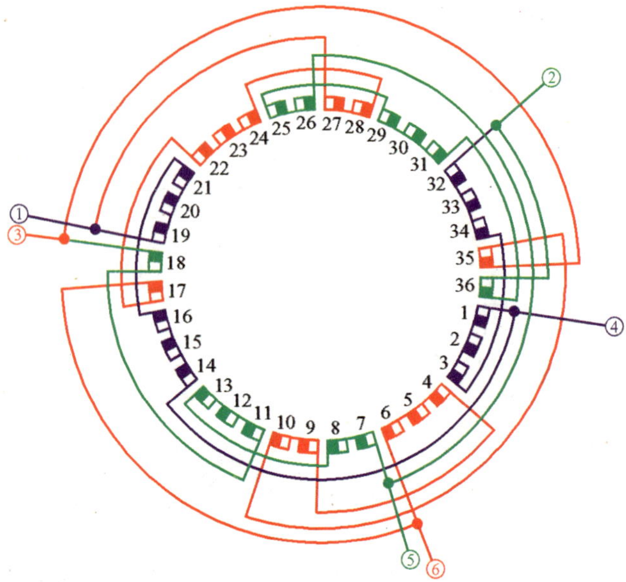

8/6极　△/2Y

图Ⅲ-[28](c)　接线圆图

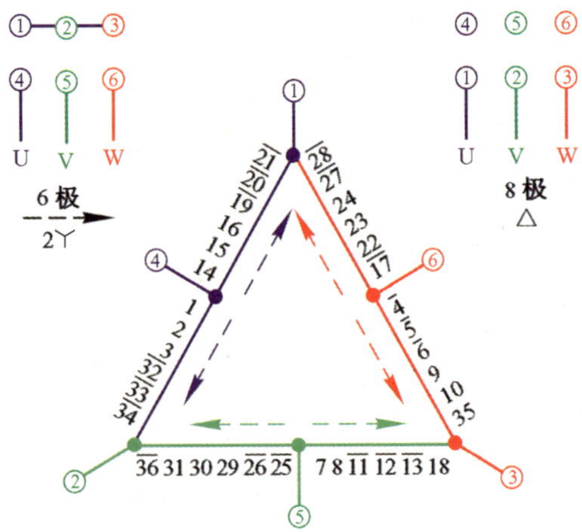

8/6极　△/2Y

图Ⅲ-[28](d)　接线简图

应用举例：

型　号	极数	额定功率（千瓦）	额定电流（安）	接法	定/转子槽数	节距	每　槽导线数	线　规
JDO2-71-8/6	8/6	10/15	28.3/32.8	△/2Y	36/32	1—6	30	2-ϕ1.50
YD132M-8/6	8/6	2.6/3.7	8.2/9.4	△/2Y	36/33	1—5	62	1-ϕ0.67 1-ϕ0.71

［29］ 54 槽 8/6 极绕组布线和接线图

6 极为 60°相带正规绕组，反向得 8 极非正规分布绕组。两种极数转向相同。

绕组系数(节距 $y=6$)：

6 极—— $K_d=0.96$，$K_y=0.866$，$K_w=0.831$

8 极—— $K_d=0.62$，$K_y=0.985$，$K_w=0.611$

连接方式：

△/2Y或Y/2Y，引出线 6 根。

54 槽 8/6 极双速电动机绕组排列

槽　号	1	2	3	4	5	6	7	8	9	10	11	12	13
6　极	u	u	u	$\overline{w}$	$\overline{w}$	$\overline{w}$	v	v	v	$\overline{u}$	$\overline{u}$	$\overline{u}$	w
8　极	u	u	u	$\overline{w}$	$\overline{w}$	$\overline{w}$	v	v	v	$\overline{u}$	$\overline{u}$	$\overline{u}$	w
反向指示													

槽　号	14	15	16	17	18	19	20	21	22	23	24	25	26
6　极	w	w	$\overline{v}$	$\overline{v}$	$\overline{v}$	u	u	u	$\overline{w}$	$\overline{w}$	$\overline{w}$	v	v
8　极	w	w	$\overline{v}$	$\overline{v}$	$\overline{v}$	u	u	u	$\overline{w}$	$\overline{w}$	w	v	$\overline{v}$
反向指示											*		*

槽　号	27	28	29	30	31	32	33	34	35	36	37	38	39	40
6　极	v	$\overline{u}$	$\overline{u}$	$\overline{u}$	w	w	w	$\overline{v}$	$\overline{v}$	$\overline{v}$	u	u	u	$\overline{w}$
8　极	$\overline{v}$	u	u	u	$\overline{w}$	$\overline{w}$	$\overline{w}$	v	v	v	$\overline{u}$	$\overline{u}$	$\overline{u}$	w
反向指示	*	*	*	*	*	*	*	*	*	*	*	*	*	*

槽　号	41	42	43	44	45	46	47	48	49	50	51	52	53	54
6　极	$\overline{w}$	$\overline{w}$	v	v	v	$\overline{u}$	$\overline{u}$	$\overline{u}$	w	w	w	$\overline{v}$	$\overline{v}$	$\overline{v}$
8　极	w	w	$\overline{v}$	$\overline{v}$	$\overline{v}$	u	u	u	$\overline{w}$	$\overline{w}$	w	v	$\overline{v}$	$\overline{v}$
反向指示	*	*	*	*	*	*	*	*	*	*		*		

△/2Y接线图：

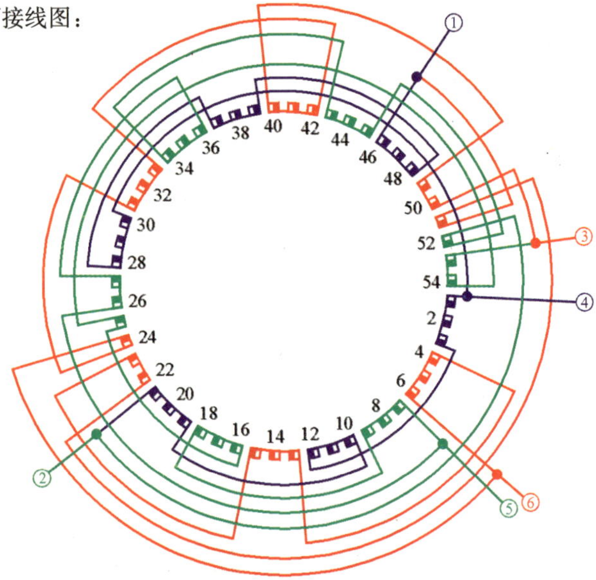

8/6 极　△/2Y

图Ⅲ-[29](a)　接线圆图

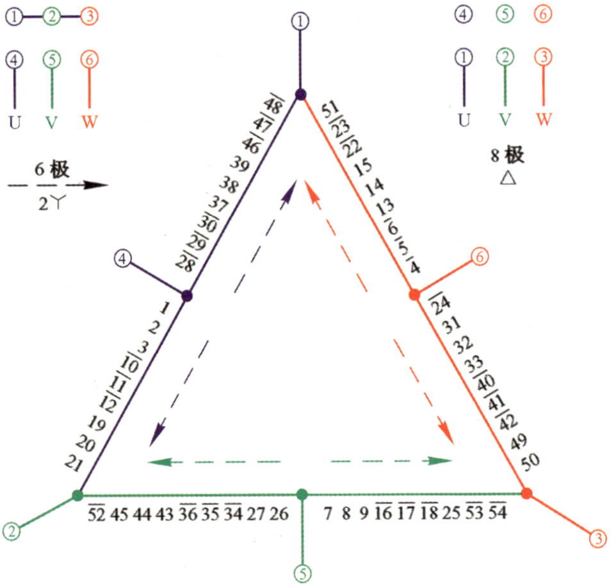

8/6 极　△/2Y

图Ⅲ-[29](b)　接线简图

Y/2Y接线图：

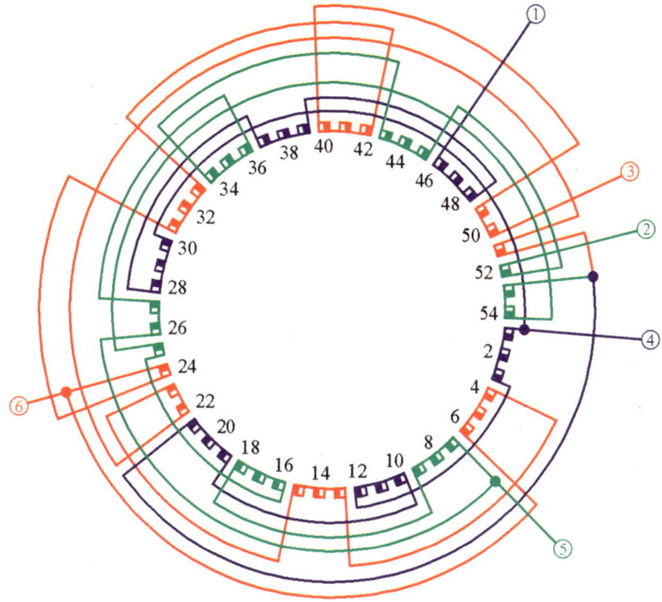

8/6极　Y/2Y

图Ⅲ-［29］(c)　接线圆图

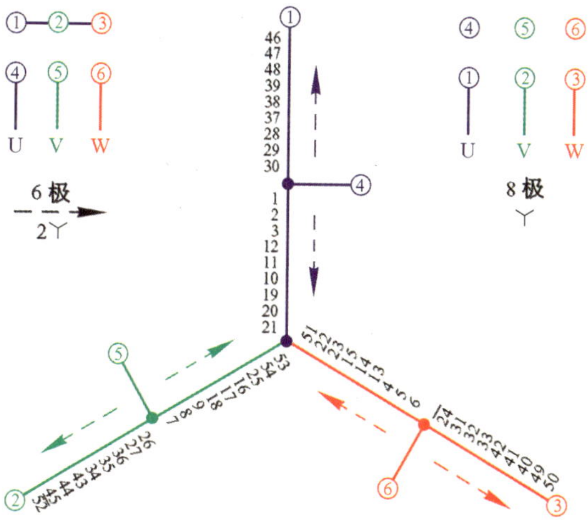

8/6极　Y/2Y

图Ⅲ-［29］(d)　接线简图

应用举例：

型　号	极数	额定功率（千瓦）	额定电流（安）	接法	定/转子槽数	节距	每　槽导线数	线　规
JDO2-51-8/6	8/6	3.0/4.0	9.4/9.9	△/2Y	54/44	1—7	60	1-ϕ1.04

[30]　72 槽 8/6 极绕组布线和接线图之一

8 极为 60°相带正规绕组，反向得 180°相带 6 极绕组。两种极数转向相同。

绕组系数（节距 $y=9$）：

6 极—— $K_d=0.638$，$K_y=0.924$，$K_w=0.59$

8 极—— $K_d=0.96$，$K_y=1$，$K_w=0.96$

连接方式：

△/2Y或Y/2Y，引出线 6 根。

72 槽 8/6 极双速电动机绕组排列(之一)

槽　　号	1	2	3	4	5	6	7	8	9	10	11	12	13	14	15	16	17	18
8　　极	u	u	u	$\overline{w}$	$\overline{w}$	$\overline{w}$	v	v	v	$\overline{u}$	$\overline{u}$	$\overline{u}$	w	w	w	$\overline{v}$	$\overline{v}$	$\overline{v}$
6　　极	u	u	u	w	$\overline{w}$	$\overline{w}$	$\overline{v}$	$\overline{v}$	v	u	u	u	$\overline{w}$	$\overline{w}$	$\overline{w}$	v	v	v
反向指示				*			*	*		*	*	*	*	*	*	*	*	*
槽　　号	19	20	21	22	23	24	25	26	27	28	29	30	31	32	33	34	35	36
8　　极	u	u	u	$\overline{w}$	$\overline{w}$	$\overline{w}$	v	v	v	$\overline{u}$	$\overline{u}$	$\overline{u}$	w	w	w	$\overline{v}$	$\overline{v}$	$\overline{v}$
6　　极	$\overline{u}$	$\overline{u}$	$\overline{u}$	w	w	w	$\overline{v}$	$\overline{v}$	$\overline{v}$	u	u	u	$\overline{w}$	$\overline{w}$	$\overline{w}$	v	v	v
反向指示	*	*	*	*	*	*	*	*	*	*	*	*	*	*	*	*	*	*
槽　　号	37	38	39	40	41	42	43	44	45	46	47	48	49	50	51	52	53	54
8　　极	u	u	u	$\overline{w}$	$\overline{w}$	$\overline{w}$	v	v	v	$\overline{u}$	$\overline{u}$	$\overline{u}$	w	w	w	$\overline{v}$	$\overline{v}$	$\overline{v}$
6　　极	$\overline{u}$	$\overline{u}$	$\overline{u}$	$\overline{w}$	w	w	v	v	$\overline{v}$	$\overline{u}$	$\overline{u}$	$\overline{u}$	w	w	w	$\overline{v}$	$\overline{v}$	$\overline{v}$
反向指示	*	*	*		*	*			*									
槽　　号	55	56	57	58	59	60	61	62	63	64	65	66	67	68	69	70	71	72
8　　极	u	u	u	$\overline{w}$	$\overline{w}$	$\overline{w}$	v	v	v	$\overline{u}$	$\overline{u}$	$\overline{u}$	w	w	w	$\overline{v}$	$\overline{v}$	$\overline{v}$
6　　极	u	u	u	$\overline{w}$	$\overline{w}$	$\overline{w}$	v	v	v	$\overline{u}$	$\overline{u}$	$\overline{u}$	w	w	w	$\overline{v}$	$\overline{v}$	$\overline{v}$
反向指示																		

△/2丫接线图：

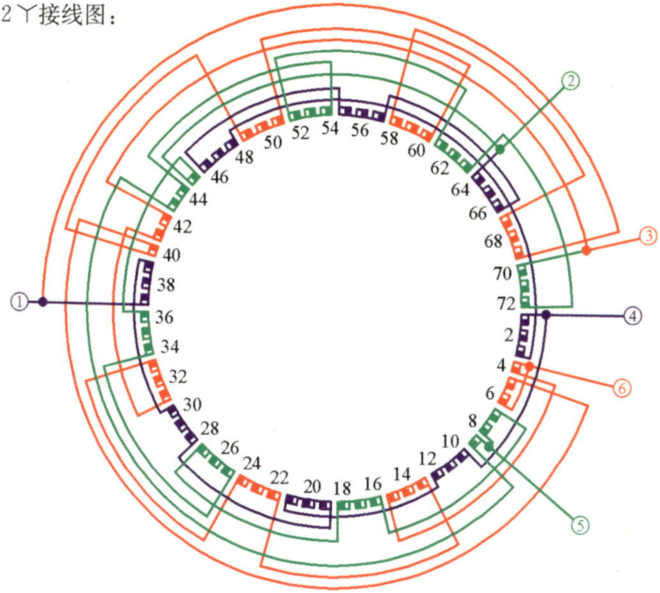

8/6 极 △/2丫

图Ⅲ-[30](a) 接线圆图

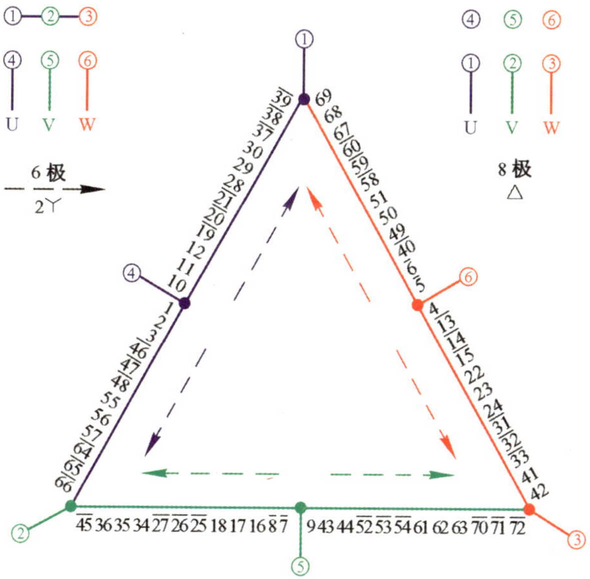

8/6 极 △/2丫

图Ⅲ-[30](b) 接线简图

丫/2丫接线图：

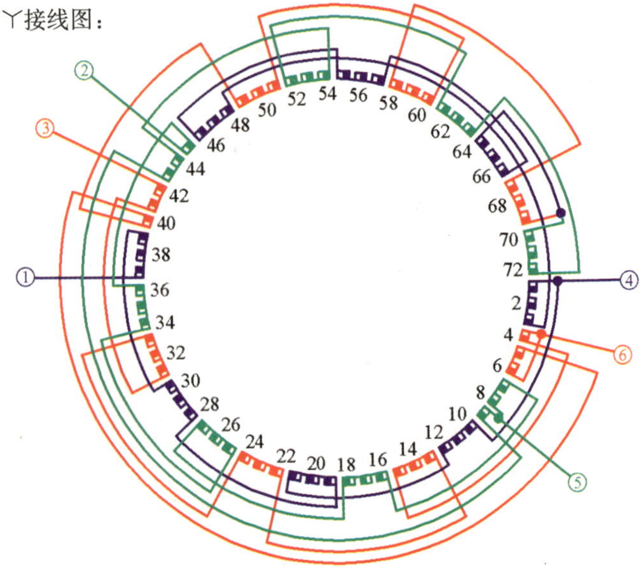

8/6 极　丫/2丫

图Ⅲ-[30](c)　接线圆图

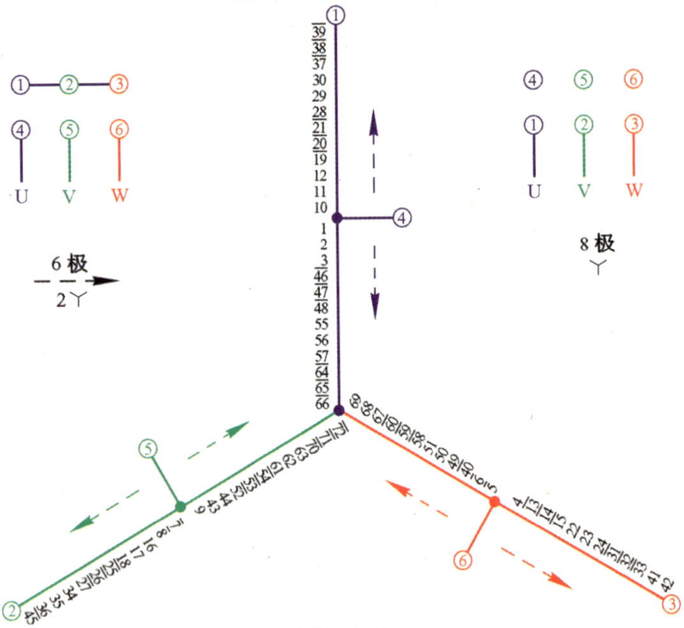

8/6 极　丫/2丫

图Ⅲ-[30](d)　接线简图

[31] 72 槽 8/6 极绕组布线和接线图之二

8 极为 120°相带绕组，反向得 6 极。6 极部分线圈分裂使绕组获得三相对称。两种极数转向相反。

绕组系数(节距 $y=8$)：

6 极—— $K_d = 0.77$，$K_y = 0.866$，$K_w = 0.667$

8 极—— $K_d = 0.831$，$K_y = 0.985$，$K_w = 0.819$

连接方式：

△/2Y或Y/2Y，引出线 6 根。

72 槽 8/6 极双速电动机绕组排列(之二)

槽　　号	1	2	3	4	5	6	7	8	9	10	11	12	13	14	15	16	17	18
8　　极	u	u	u	u	u	u	v	v	v	$\overline{u}$	$\overline{u}$	$\overline{u}$	$\overline{u}$	$\overline{u}$	$\overline{u}$	$\overline{v}$	$\overline{v}$	$\overline{v}$
6　　极	u	u	u	u	u	u	$\overline{v}$	$\overline{v}$	$\overline{v}$	u	$\overline{u}$	$\overline{u}$	$\overline{u}$	$\overline{u}$	$\overline{u}$	v	v	v
反向指示							*	*	*	*						*	*	*
槽　　号	19	20	21	22	23	24	25	26	27	28	29	30	31	32	33	34	35	36
8　　极	$\overline{v}$	$\overline{v}$	$\overline{v}$	$\overline{w}$	$\overline{w}$	$\overline{w}$	$\overline{w}$	$\overline{w}$	$\overline{w}$	v	v	v	w	w	w	w	w	w
6　　极	v	v	v	$\overline{w}$	$\overline{w}$	$\overline{w}$	$\overline{w}$	$\overline{w}$	w	v	$\overline{v}$	$\overline{v}$	w	w	w	w	w	w
反向指示	*	*	*						*		*	*						
槽　　号	37	38	39	40	41	42	43	44	45	46	47	48	49	50	51	52	53	54
8　　极	u	u	u	u	u	u	v	v	v	$\overline{u}$	$\overline{u}$	$\overline{u}$	$\overline{u}$	$\overline{u}$	$\overline{u}$	$\overline{v}$	$\overline{v}$	$\overline{v}$
6　　极	$\overline{u}$	$\overline{u}$	$\overline{u}$	$\overline{u}$	$\overline{u}$	$\overline{u}$	v	v	$\overline{v}$	u	$\pm\frac{u}{2}$	u	u	u	u	$\overline{v}$	$\overline{v}$	$\overline{v}$
反向指示	*	*	*	*	*	*			*	*	$*\frac{1}{2}$	*	*	*	*			
槽　　号	55	56	57	58	59	60	61	62	63	64	65	66	67	68	69	70	71	72
8　　极	$\overline{v}$	$\overline{v}$	$\overline{v}$	$\overline{w}$	$\overline{w}$	$\overline{w}$	$\overline{w}$	$\overline{w}$	$\overline{w}$	v	v	v	w	w	w	w	w	w
6　　极	$\overline{v}$	$\overline{v}$	$\overline{v}$	w	w	w	w	$\pm\frac{w}{2}$	w	v	v	v	$\overline{w}$	$\overline{w}$	$\overline{w}$	$\overline{w}$	$\overline{w}$	$\overline{w}$
反向指示				*	*	*	*	$*\frac{1}{2}$	*				*	*	*	*	*	*

△/2Y接线图：

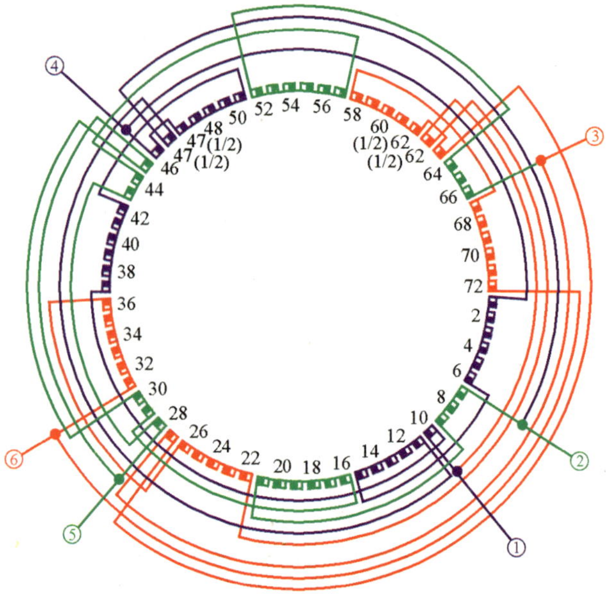

8/6极 △/2Y

图Ⅲ-[31](a) 接线圆图

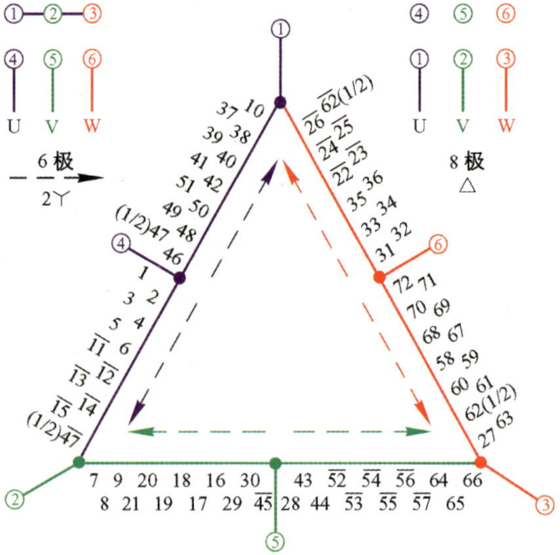

8/6极 △/2Y

图Ⅲ-[31](b) 接线简图

Y/2Y接线图：

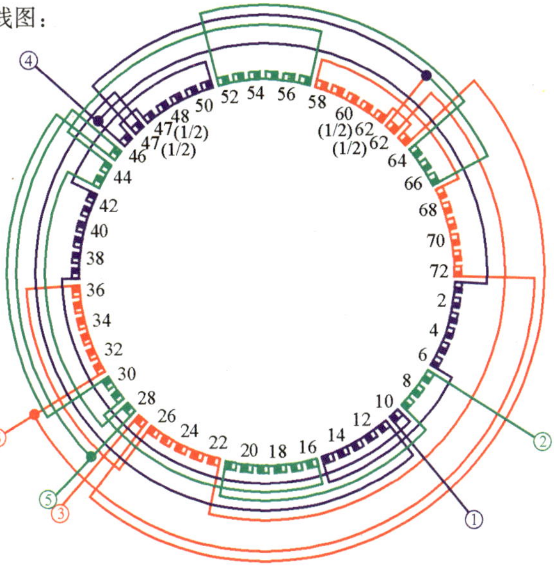

8/6 极 Y/2Y

图Ⅲ-[31](c) 接线圆图

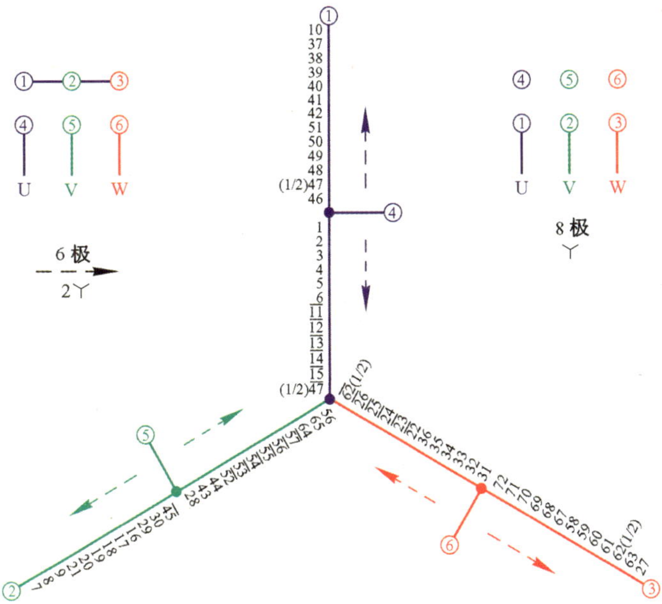

8/6 极 Y/2Y

图Ⅲ-[31](d) 接线简图

应用举例：

型　号	极数	额定功率（千瓦）	额定电流（安）	接法	定/转子槽数	节距	每　槽导线数	线　规
自行改绕	8/6	14/20	36.6/42.3	△/2丫	72/96	1—9	20	2-ϕ1.68 1-ϕ1.50

［32］ **36 槽 6/4/2 极绕组布线和接线图**

本方案采用换相法变极。2、4 极为$\triangle$接法的正弦绕组；6 极为 120°相带绕组。三种极数转向相同。

绕组系数(节距 $y=6$)：

2 极——$K_{d\text{人}}=0.981$，$K_{d\triangle}=0.966$，$K_y=0.5$，$K_{w\text{人}}=0.49$，$K_{w\triangle}=0.483$

4 极——$K_{d\text{人}}=0.925$，$K_{d\triangle}=0.911$，$K_y=0.866$，$K_{w\text{人}}=0.801$，$K_{w\triangle}=0.789$

6 极——$K_d=0.836$，$K_y=1$，$K_w=0.836$

连接方式：

3丫/$\triangle$/$\triangle$，引出线 13 根。

36 槽 6/4/2 极三速电动机绕组排列

槽　号	1	2	3	4	5	6	7	8	9
2　极	$u_{\triangle}$	$u_{\triangle}$	$u_{\triangle}$	$u_{\triangle}$	$u_{\text{人}}$	$u_{\text{人}}$	$u_{\text{人}}$	$u_{\text{人}}$	$\overline{w}_{\triangle}$
4　极	$\overline{v}_{\triangle}$	$\overline{v}_{\triangle}$	$\overline{v}_{\triangle}$	$\overline{v}_{\triangle}$	$u_{\text{人}}$	$u_{\text{人}}$	$u_{\text{人}}$	$u_{\text{人}}$	$v_{\triangle}$
6　极	$\overline{w}$	$\overline{w}$	$\overline{w}$	$\overline{w}$	$\overline{u}$	$\overline{u}$	$\overline{u}$	$\overline{u}$	$\overline{v}$
槽　号	10	11	12	13	14	15	16	17	18
2　极	$\overline{w}_{\triangle}$	$\overline{w}_{\triangle}$	$\overline{w}_{\triangle}$	$v_{\triangle}$	$v_{\triangle}$	$v_{\triangle}$	$v_{\triangle}$	$v_{\text{人}}$	$v_{\text{人}}$
4　极	$v_{\triangle}$	$v_{\triangle}$	$v_{\triangle}$	$\overline{u}_{\triangle}$	$\overline{u}_{\triangle}$	$\overline{u}_{\triangle}$	$\overline{u}_{\triangle}$	$w_{\text{人}}$	$w_{\text{人}}$
6　极	$\overline{v}$	$\overline{v}$	$\overline{v}$	$\overline{w}$	$\overline{w}$	$\overline{w}$	$\overline{w}$	$\overline{u}$	$\overline{u}$
槽　号	19	20	21	22	23	24	25	26	27
2　极	$v_{\text{人}}$	$v_{\text{人}}$	$\overline{u}_{\triangle}$	$\overline{u}_{\triangle}$	$\overline{u}_{\triangle}$	$\overline{u}_{\triangle}$	$w_{\triangle}$	$w_{\triangle}$	$w_{\triangle}$
4　极	$w_{\text{人}}$	$w_{\text{人}}$	$u_{\triangle}$	$u_{\triangle}$	$u_{\triangle}$	$u_{\triangle}$	$\overline{w}_{\triangle}$	$\overline{w}_{\triangle}$	$\overline{w}_{\triangle}$
6　极	$\overline{u}$	$\overline{u}$	$\overline{v}$	$\overline{v}$	$\overline{v}$	$\overline{v}$	$\overline{w}$	$\overline{w}$	$\overline{w}$
槽　号	28	29	30	31	32	33	34	35	36
2　极	$w_{\triangle}$	$w_{\text{人}}$	$w_{\text{人}}$	$w_{\text{人}}$	$w_{\text{人}}$	$\overline{v}_{\triangle}$	$\overline{v}_{\triangle}$	$\overline{v}_{\triangle}$	$\overline{v}_{\triangle}$
4　极	$\overline{w}_{\triangle}$	$v_{\text{人}}$	$v_{\text{人}}$	$v_{\text{人}}$	$v_{\text{人}}$	$w_{\triangle}$	$w_{\triangle}$	$w_{\triangle}$	$w_{\triangle}$
6　极	$\overline{w}$	$\overline{u}$	$\overline{u}$	$\overline{u}$	$\overline{u}$	$\overline{v}$	$\overline{v}$	$\overline{v}$	$\overline{v}$

3Y/△/△接线图：

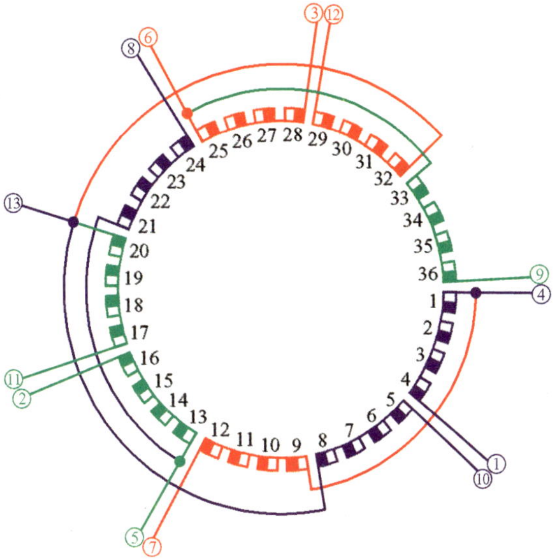

6/4/2 极　3Y/△/△

（2 极相色）

图Ⅲ-［32］(a)　接线圆图

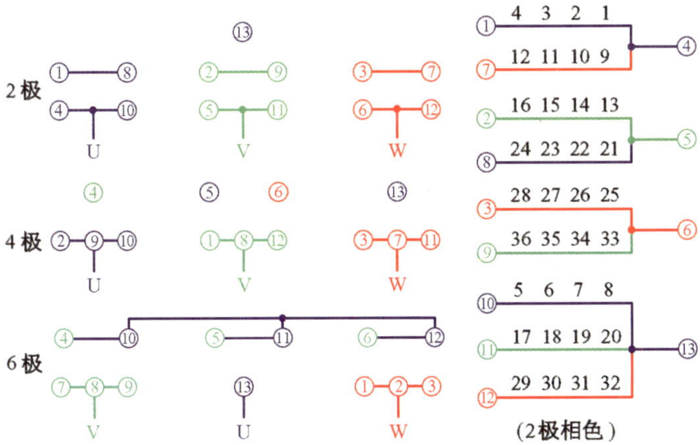

图Ⅲ-［32］(b)　接线简图

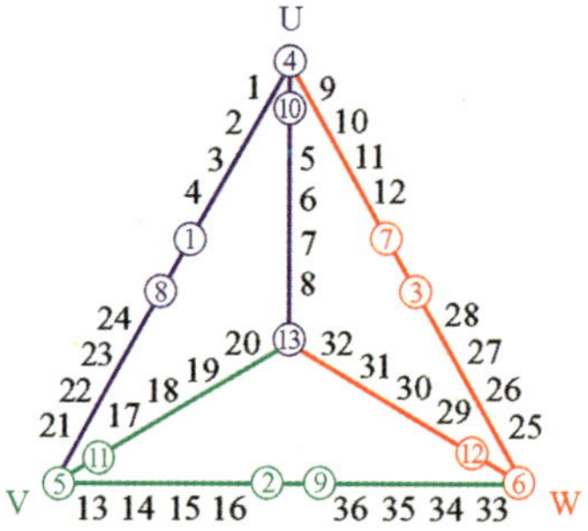

2 极 △

图Ⅲ-[32](c) 接线简图

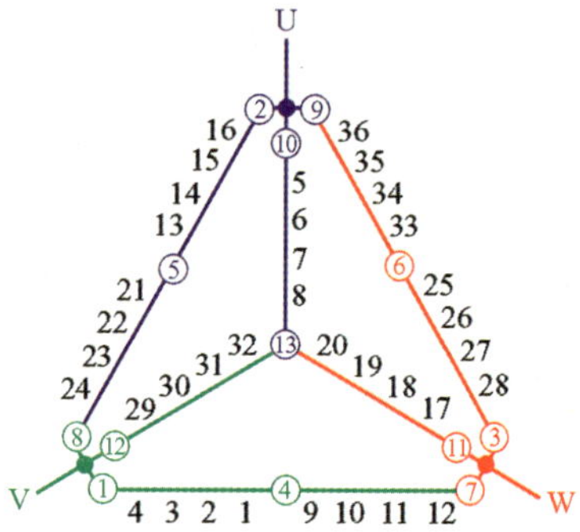

4 极 △

图Ⅲ-[32](d) 接线简图

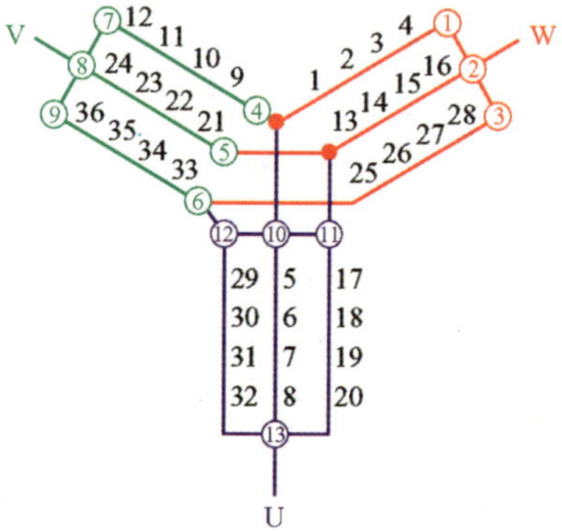

6 极 3Y

图Ⅲ-[32](e) 接线简图

应用举例：

型 号	极数	额定功率（千瓦）	额定电流（安）	接法	定/转子槽数	节距	每 槽导线数	线 规
JDO2-41-6/4/2	6/4/2	1.8/2.2/2.8	6.7/5.2/6.8	3Y/△/△	36/33	1—7	126	1-ϕ0.67
JDO3-140M-6/4/2	6/4/2	3/3.8/4.5	8/8/11.3	3Y/△/△	36/26	1—7	108	1-ϕ0.90

[33] 36 槽 8/4/2 极绕组布线和接线图之一

本方案 2、4 极均为 60°相带正规绕组，采用换相法变极。在 4 极基础上用庶极接法获得 8 极。2、4 极转向相同，8 极转向相反。

绕组系数（节距 $y=6$）：

2 极—— $K_d = 0.956$，$K_y = 0.5$，$K_w = 0.478$

4 极—— $K_d = 0.96$，$K_y = 0.866$，$K_w = 0.831$

8 极—— $K_d = 0.844$，$K_y = 0.866$，$K_w = 0.731$

连接方式：

2Y/2△/2△，引出线 12 根。

36 槽 8/4/2 极三速电动机绕组排列(之一)

槽　　号	1	2	3	4	5	6	7	8	9	10	11	12	13	14	15	16	17	18
2　　极	u	u	u	u	u	u	$\bar{w}$	$\bar{w}$	$\bar{w}$	$\bar{w}$	$\bar{w}$	$\bar{w}$	v	v	v	v	v	v
4　　极	u	u	u	$\bar{w}$	$\bar{w}$	$\bar{w}$	v	v	v	$\bar{u}$	$\bar{u}$	$\bar{u}$	w	w	w	$\bar{v}$	$\bar{v}$	$\bar{v}$
8　　极	u	u	u	w	w	w	v	v	v	u	u	u	w	w	w	v	v	v
槽　　号	19	20	21	22	23	24	25	26	27	28	29	30	31	32	33	34	35	36
2　　极	$\bar{u}$	$\bar{u}$	$\bar{u}$	$\bar{u}$	$\bar{u}$	$\bar{u}$	w	w	w	w	w	w	$\bar{v}$	$\bar{v}$	$\bar{v}$	$\bar{v}$	$\bar{v}$	$\bar{v}$
4　　极	u	u	u	$\bar{w}$	$\bar{w}$	$\bar{w}$	v	v	v	$\bar{u}$	$\bar{u}$	$\bar{u}$	w	w	w	$\bar{v}$	$\bar{v}$	$\bar{v}$
8　　极	u	u	u	w	w	w	v	v	v	u	u	u	w	w	w	v	v	v

2Y/2△/2△接线图：

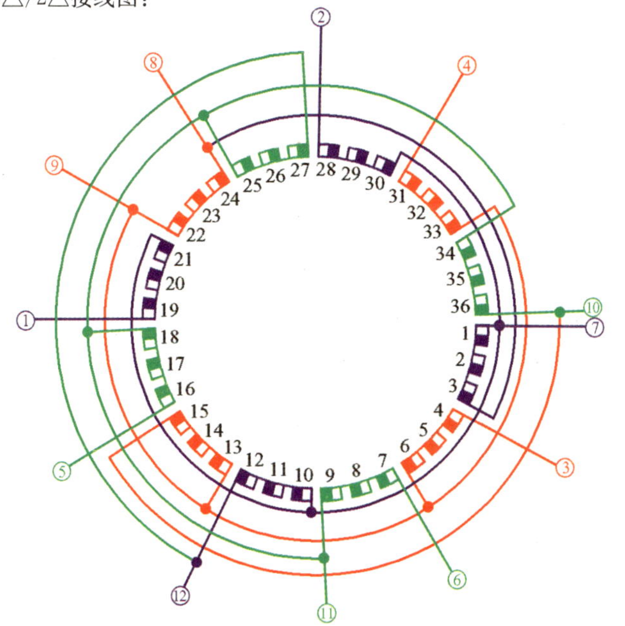

8/4/2 极　2Y/2△/2△　($\frac{4}{8}$极相色)

图Ⅲ-[33](a)　接线圆图

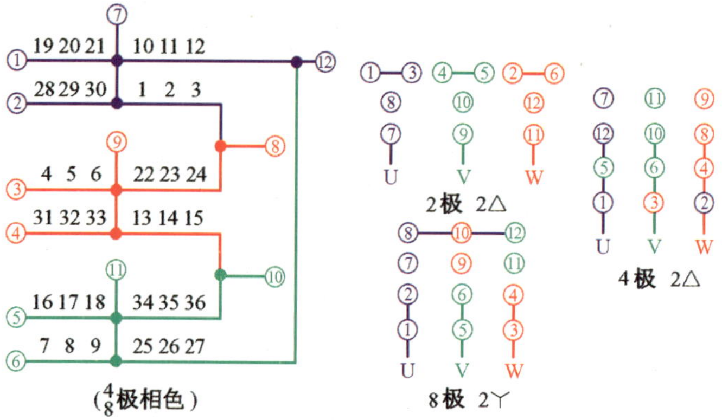

图Ⅲ-[33](b) 接线简图

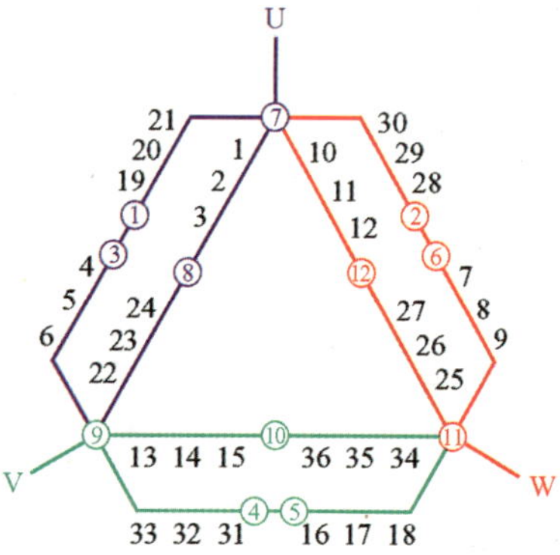

2极 2△

图Ⅲ-[33](c) 接线简图

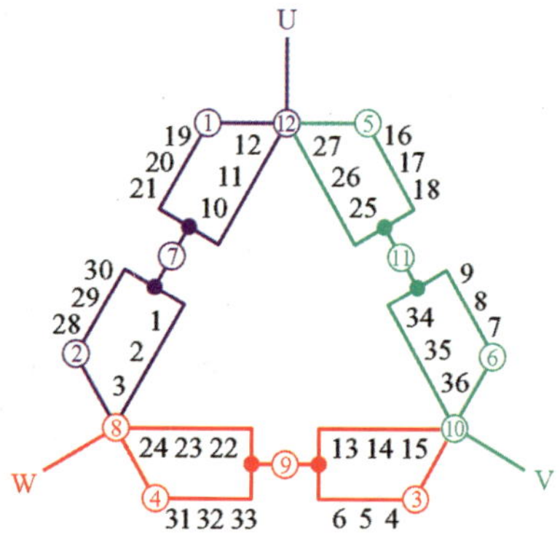

4极 2△

图Ⅲ-[33](d) 接线简图

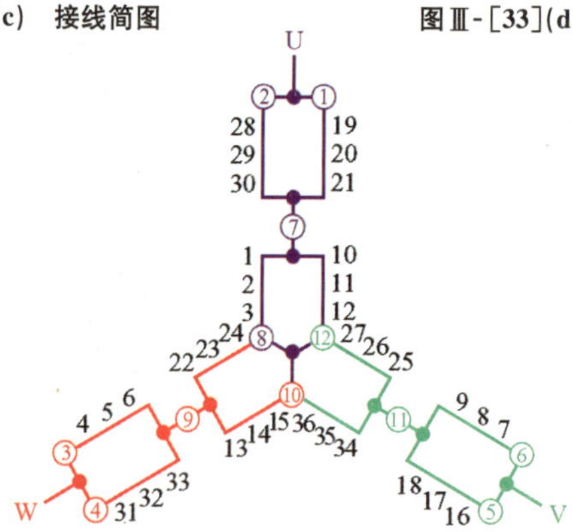

8极 2Y

图Ⅲ-[33](e) 接线简图

应用举例：

型　号	极数	额定功率 （千瓦）	额定电流 （安）	接　　法	定/转 子槽数	节距	每　槽 导线数	线　规
JDO2-32-8/4/2	8/4/2	0.8/2.2/2.5	3.6/5.0/6.9	2Y/2△/2△	36/26	1—7	140	1-ϕ0.55
JDO2-51-8/4/2	8/4/2	2.2/5.5/6.6	9.3/12.2/16.5	2Y/2△/2△	36/33	1—7	96	1-ϕ0.90

[34]　36 槽 8/4/2 极绕组布线和接线图之二

2 极为 60°相带正规绕组，用庶极接法获得 4 极。8 极采用变节距法获得，接线圆图中槽号带 * 者节距 1—13，不带 * 者节距 1—7。2、8 极转向相同，4 极转向相反。

绕组系数 $\left(\text{节距}\ y = \dfrac{6}{12}\right)$：

2 极—— $K_d = 0.956$，$K_y = 0.707$，$K_w = 0.676$

4 极—— $K_d = 0.831$，$K_y = 1$，$K_w = 0.831$

8 极—— $K_d = 0.731$，$K_y = 0.866$，$K_w = 0.633$

连接方式：

2Y/2△/2△，引出线 9 根。

36 槽 8/4/2 极三速电动机绕组排列（之二）

槽　号	①	②	③	4	5	6	⑦	⑧	⑨
2　极	u	u	u	u	u	u	$\overline{w}$	$\overline{w}$	$\overline{w}$
4　极	u	u	u	u	u	u	w	w	w
8　极	u	u	u	$\overline{u}$	$\overline{u}$	$\overline{u}$	w	w	w
槽　号	10	11	12	⑬	⑭	⑮	16	17	18
2　极	$\overline{w}$	$\overline{w}$	$\overline{w}$	v	v	v	v	v	v
4　极	w	w	w	v	v	v	v	v	v
8　极	$\overline{w}$	$\overline{w}$	$\overline{w}$	v	v	v	$\overline{v}$	$\overline{v}$	$\overline{v}$
槽　号	⑲	⑳	㉑	22	23	24	㉕	㉖	㉗
2　极	$\overline{u}$	$\overline{u}$	$\overline{u}$	$\overline{u}$	$\overline{u}$	$\overline{u}$	w	w	w
4　极	u	u	u	u	u	u	w	w	w
8　极	u	u	u	$\overline{u}$	$\overline{u}$	$\overline{u}$	w	w	w
槽　号	28	29	30	㉛	㉜	㉝	34	35	36
2　极	w	w	w	$\overline{v}$	$\overline{v}$	$\overline{v}$	$\overline{v}$	$\overline{v}$	$\overline{v}$
4　极	w	w	w	v	v	v	v	v	v
8　极	$\overline{w}$	$\overline{w}$	$\overline{w}$	v	v	v	$\overline{v}$	$\overline{v}$	$\overline{v}$

注：表中带圈槽号 $y = 12$，不带圈槽号 $y = 6$。

2Y/2△/2△接线图(图中数字上带 * 号 $y=12$，不带 * 号 $y=6$)：

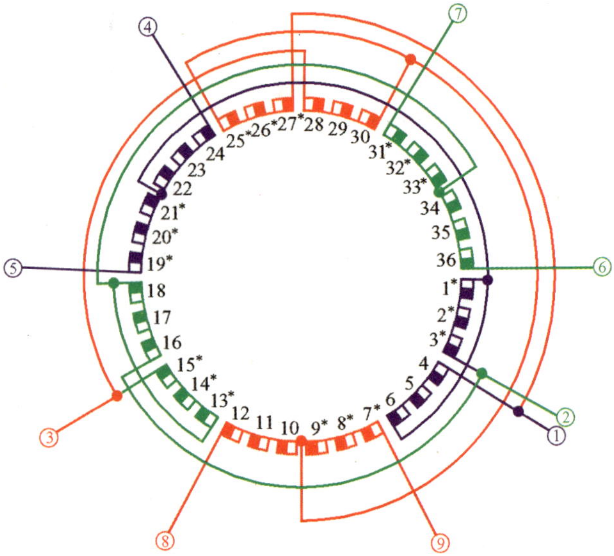

8/4/2 极　2Y/2△/2△　($\frac{4}{8}$极相色)

图Ⅲ-[34](a)　接线圆图

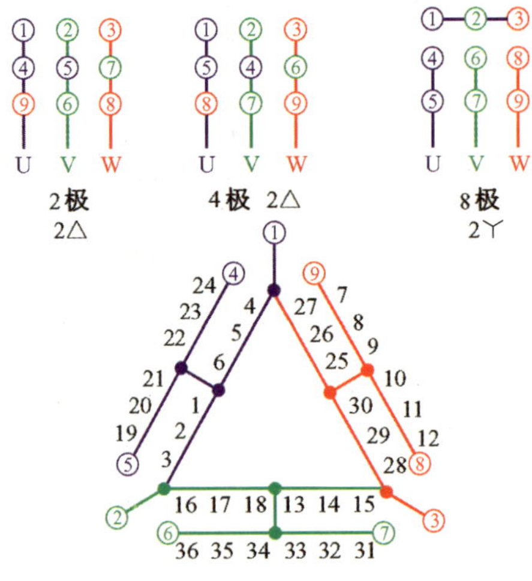

图Ⅲ-[34](b)　接线简图

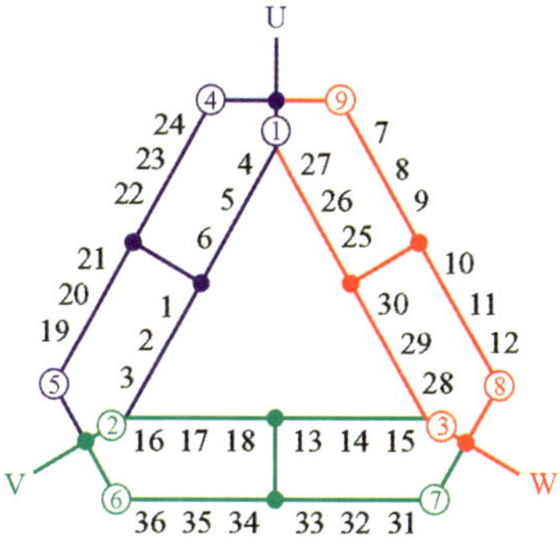

2极 2△

图Ⅲ-[34](c) 接线简图

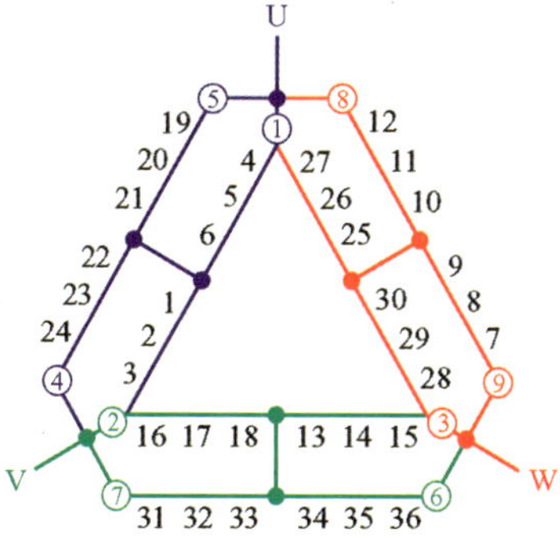

4极 2△

图Ⅲ-[34](d) 接线简图

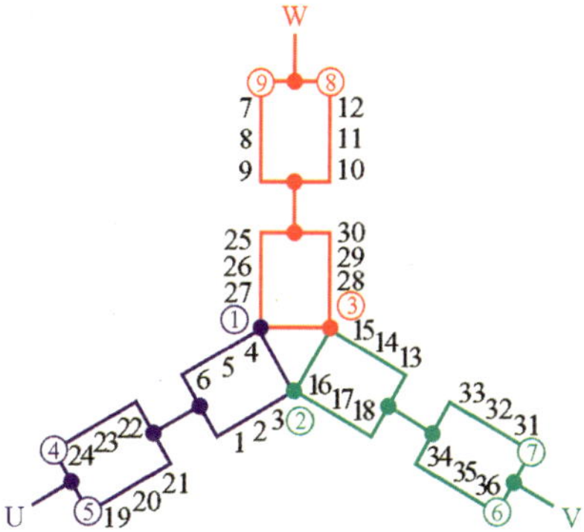

8极 2Y

图Ⅲ-[34](e) 接线简图

应用举例：

型 号	极数	额定功率（千瓦）	额定电流（安）	接 法	定/转子槽数	节距	每 槽导线数	线 规
JDO2-42-8/4/2	8/4/2	1.1/1.7/2.2	4.08/4/4.9	2Y/2△/2△	36/26	1—7 1—13	124	1-ϕ0.72
JDO3-112L-8/4/2	8/4/2	1.3/3.0/4.0	5.25/6.4/8.85	2Y/2△/2△	36/32	1—7 1—13	116	1-ϕ0.72

[35] 48 槽 8/4/2 极绕组布线和接线图

2 极为 60°相带正规绕组，用庶极接法获得 4 极。8 极采用变节距法获得，接线圆图中槽号带 * 者节距 1—17，不带 * 者节距 1—9。2、8 极转向相同，4 极转向相反。

绕组系数 $\left(节距\ y = \frac{8}{16}\right)$：

2 极—— $K_d = 0.956$，$K_y = 0.707$，$K_w = 0.676$

4 极—— $K_d = 0.83$，$K_y = 1$，$K_w = 0.83$

8 极—— $K_d = 0.724$，$K_y = 0.866$，$K_w = 0.627$

连接方式：

2Y/2△/2△，引出线 9 根。

48 槽 8/4/2 极三速电动机绕组排列

槽号	①	②	③	④	5	6	7	8	⑨	⑩	⑪	⑫
2 极	u	u	u	u	u	u	u	u	$\bar{w}$	$\bar{w}$	$\bar{w}$	$\bar{w}$
4 极	u	u	u	u	u	u	u	u	w	w	w	w
8 极	u	u	u	u	$\bar{u}$	$\bar{u}$	$\bar{u}$	$\bar{u}$	w	w	w	w
槽号	13	14	15	16	⑰	⑱	⑲	⑳	21	22	23	24
2 极	$\bar{w}$	$\bar{w}$	$\bar{w}$	$\bar{w}$	v	v	v	v	v	v	v	v
4 极	w	w	w	w	v	v	v	v	v	v	v	v
8 极	$\bar{w}$	$\bar{w}$	$\bar{w}$	$\bar{w}$	v	v	v	v	$\bar{v}$	$\bar{v}$	$\bar{v}$	$\bar{v}$
槽号	㉕	㉖	㉗	㉘	29	30	31	32	㉝	㉞	㉟	㊱
2 极	$\bar{u}$	$\bar{u}$	$\bar{u}$	$\bar{u}$	$\bar{u}$	$\bar{u}$	$\bar{u}$	$\bar{u}$	w	w	w	w
4 极	u	u	u	u	u	u	u	u	w	w	w	w
8 极	u	u	u	u	$\bar{u}$	$\bar{u}$	$\bar{u}$	$\bar{u}$	w	w	w	w
槽号	37	38	39	40	㊶	㊷	㊸	㊹	45	46	47	48
2 极	w	w	w	w	$\bar{v}$	$\bar{v}$	$\bar{v}$	$\bar{v}$	$\bar{v}$	$\bar{v}$	$\bar{v}$	$\bar{v}$
4 极	w	w	w	w	v	v	v	v	v	v	v	v
8 极	$\bar{w}$	$\bar{w}$	$\bar{w}$	$\bar{w}$	v	v	v	v	$\bar{v}$	$\bar{v}$	$\bar{v}$	$\bar{v}$

注：表中带圈槽号 $y = 16$，不带圈槽号 $y = 8$。

2Y/2△/2△接线图：

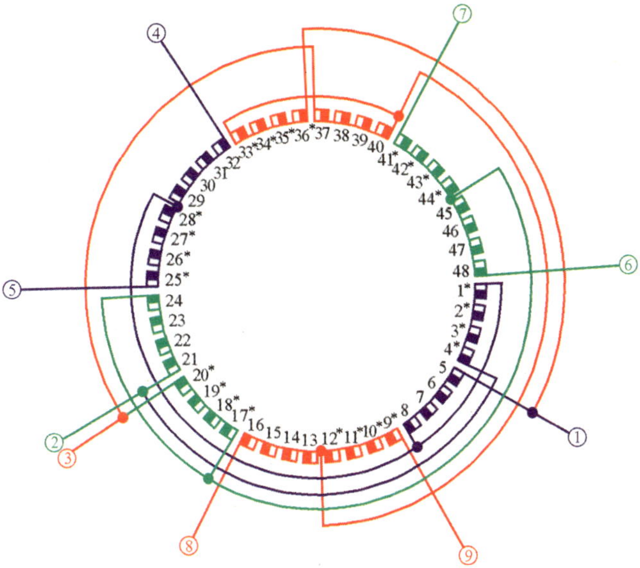

8/4/2 极　2Y/2△/2△

图Ⅲ-[35](a)　接线圆图

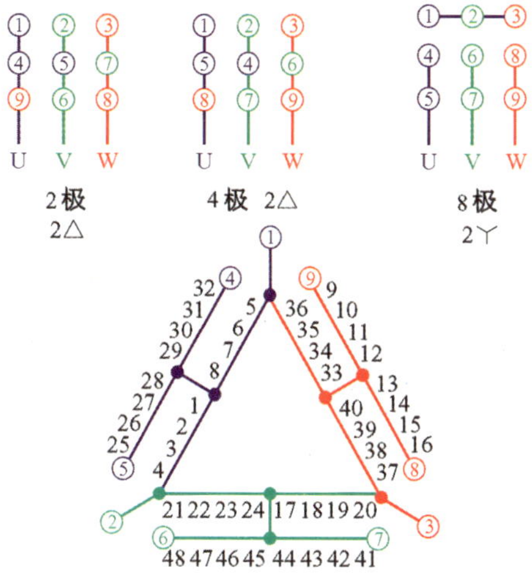

8/4/2　2Y/2△/2△

图Ⅲ-[35](b)　接线简图

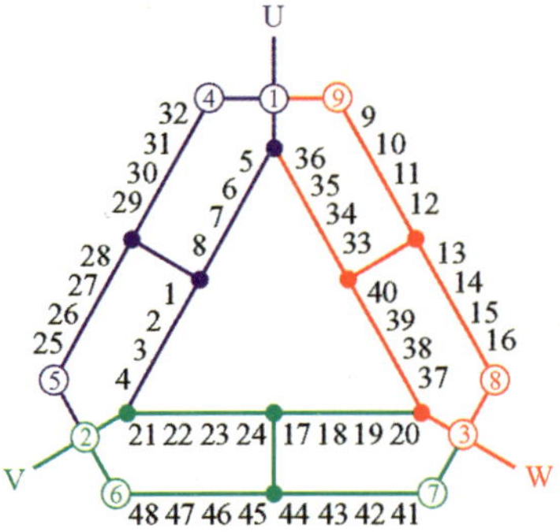

2 极 2△

图Ⅲ-[35](c) 接线简图

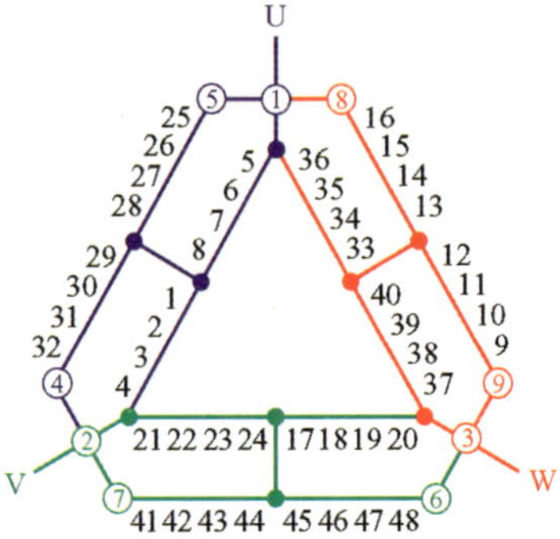

4 极 2△

图Ⅲ-[35](d) 接线简图

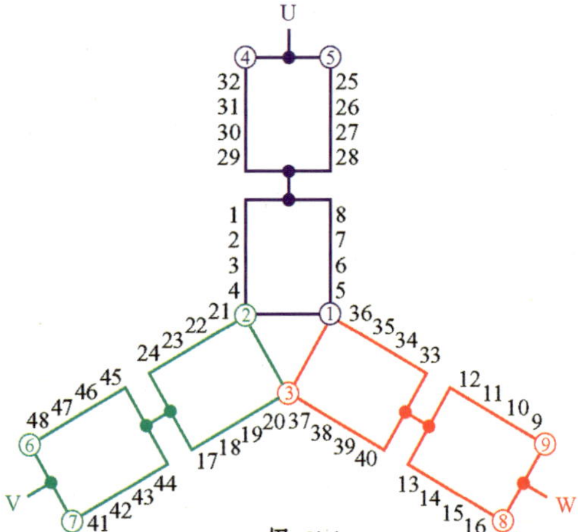

8 极 2丫

图Ⅲ-[35](e) 接线简图

[36] 36 槽 8/6/4 极绕组布线和接线图

4、6 极采用方案[22]绕组(同转向),8 极在 4 极基础上用庶极接法获得。4、6 极转向相同,8 极转向相反。

绕组系数(节距 $y=5$):

4 极—— $K_d=0.96$, $K_y=0.766$, $K_w=0.735$

6 极—— $K_d=0.644$, $K_y=0.966$, $K_w=0.622$

8 极—— $K_d=0.844$, $K_y=0.985$, $K_w=0.831$

连接方式:

2Y/2Y/2Y,引出线 9 根。

36 槽 8/6/4 极三速电动机绕组排列

槽　　号	1	2	3	4	5	6	7	8	9	10	11	12	13	14	15	16	17	18
4　　极	u	u	u	$\bar{w}$	$\bar{w}$	$\bar{w}$	v	v	v	$\bar{u}$	$\bar{u}$	$\bar{u}$	w	w	w	$\bar{v}$	$\bar{v}$	$\bar{v}$
6　　极	u	u	u	$\bar{w}$	$\bar{w}$	$\bar{w}$	v	v	v	$\bar{u}$	$\bar{u}$	$\bar{u}$	w	w	$\bar{w}$	$\bar{v}$	v	v
8　　极	u	u	u	w	w	w	v	v	v	u	u	u	w	w	w	v	v	v
槽　　号	19	20	21	22	23	24	25	26	27	28	29	30	31	32	33	34	35	36
4　　极	u	u	u	$\bar{w}$	$\bar{w}$	$\bar{w}$	v	v	v	$\bar{u}$	$\bar{u}$	$\bar{u}$	w	w	w	$\bar{v}$	$\bar{v}$	$\bar{v}$
6　　极	$\bar{u}$	$\bar{u}$	$\bar{u}$	w	w	w	$\bar{v}$	$\bar{v}$	$\bar{v}$	u	u	u	$\bar{w}$	$\bar{w}$	w	v	$\bar{v}$	$\bar{v}$
8　　极	u	u	u	w	w	w	v	v	v	u	u	u	w	w	w	v	v	v

2Y/2Y/2Y接线图:

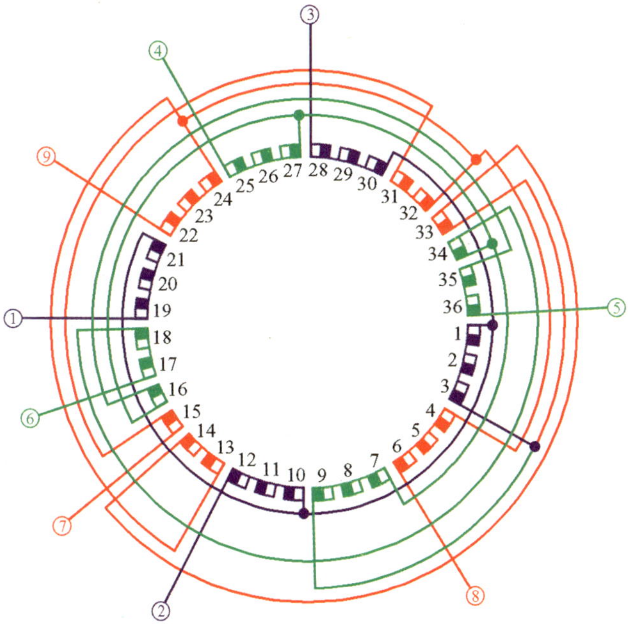

8/6/4 极　2Y/2Y/2Y

图Ⅲ-[36](a)　接线圆图

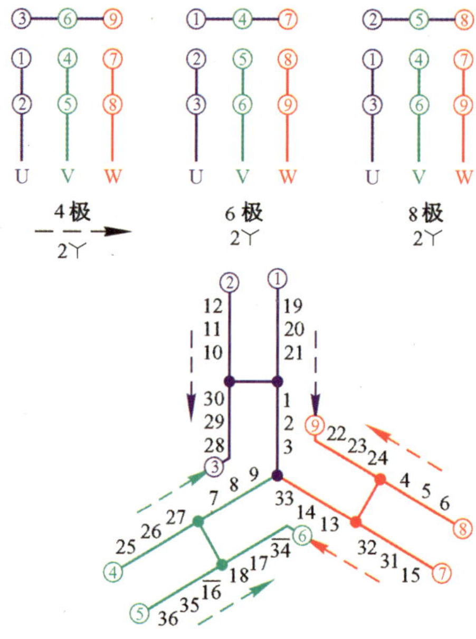

8/6/4 极　2Y/2Y/2Y

图Ⅲ-[36](b)　接线简图

应用举例：

型　号	极数	额定功率（千瓦）	额定电流（安）	接　　法	定/转子槽数	节距	每　槽导线数	线　规
JDO2-42-8/6/4	8/6/4	2.6/2.8/3.8	7.9/8.4/8.0	2Y/2Y/2Y	36/33	1—6	84	1-ϕ0.90
JDO3-160M-8/6/4	8/6/4	5.5/7.0/10	15/17.5/20.5	2Y/2Y/2Y	36/26	1—6	52	1-ϕ1.40

[37]　72 槽 8/6/4 极绕组布线和接线图

4 极为 60°相带正规绕组，反向得 180°相带的 6 极绕组。8 极在 4 极基础上用庶极接法获得。4 极转向与 6、8 极相反。

绕组系数（节距 $y = 12$）：

4 极—— $K_d = 0.956$，$K_y = 0.866$，$K_w = 0.828$

6 极—— $K_d = 0.638$，$K_y = 1$，$K_w = 0.638$

8 极—— $K_d = 0.831$，$K_y = 0.866$，$K_w = 0.72$

连接方式：

2Y/2△/2△，引出线 9 根。

72 槽 8/6/4 极三速电动机绕组排列

槽号	1	2	3	4	5	6	7	8	9	10	11	12	13	14	15	16	17	18
4极	u	u	u	u	u	u	$\overline{w}$	$\overline{w}$	$\overline{w}$	$\overline{w}$	$\overline{w}$	$\overline{w}$	v	v	v	v	v	v
6极	u	u	u	u	u	u	w	w	w	w	w	w	v	v	v	v	v	v
8极	u	u	u	u	u	u	w	w	w	w	w	w	v	v	v	v	v	v
槽号	19	20	21	22	23	24	25	26	27	28	29	30	31	32	33	34	35	36
4极	$\overline{u}$	$\overline{u}$	$\overline{u}$	$\overline{u}$	$\overline{u}$	$\overline{u}$	w	w	w	w	w	w	$\overline{v}$	$\overline{v}$	$\overline{v}$	$\overline{v}$	$\overline{v}$	$\overline{v}$
6极	$\overline{u}$	u	u	u	u	u	$\overline{w}$	$\overline{w}$	$\overline{w}$	w	w	w	$\overline{v}$	$\overline{v}$	$\overline{v}$	$\overline{v}$	$\overline{v}$	v
8极	u	u	u	u	u	u	w	w	w	w	w	w	v	v	v	v	v	v
槽号	37	38	39	40	41	42	43	44	45	46	47	48	49	50	51	52	53	54
4极	u	u	u	u	u	u	$\overline{w}$	$\overline{w}$	$\overline{w}$	$\overline{w}$	$\overline{w}$	$\overline{w}$	v	v	v	v	v	v
6极	$\overline{u}$	$\overline{u}$	$\overline{u}$	$\overline{u}$	$\overline{u}$	$\overline{u}$	$\overline{w}$	$\overline{w}$	$\overline{w}$	$\overline{w}$	$\overline{w}$	$\overline{w}$	$\overline{v}$	$\overline{v}$	$\overline{v}$	$\overline{v}$	$\overline{v}$	$\overline{v}$
8极	u	u	u	u	u	u	w	w	w	w	w	w	v	v	v	v	v	v
槽号	55	56	57	58	59	60	61	62	63	64	65	66	67	68	69	70	71	72
4极	$\overline{u}$	$\overline{u}$	$\overline{u}$	$\overline{u}$	$\overline{u}$	$\overline{u}$	w	w	w	w	w	w	$\overline{v}$	$\overline{v}$	$\overline{v}$	$\overline{v}$	$\overline{v}$	$\overline{v}$
6极	u	$\overline{u}$	$\overline{u}$	$\overline{u}$	$\overline{u}$	$\overline{u}$	w	w	w	$\overline{w}$	$\overline{w}$	$\overline{w}$	v	v	v	v	v	$\overline{v}$
8极	u	u	u	u	u	u	w	w	w	w	w	w	v	v	v	v	v	v

2Y/2△/2△接线图：

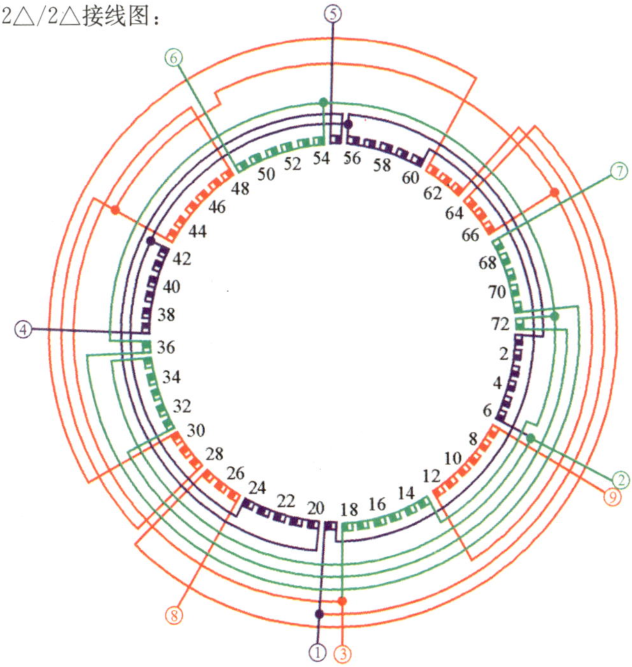

8/6/4 极　2Y/2△/2△

图Ⅲ-[37](a)　接线圆图

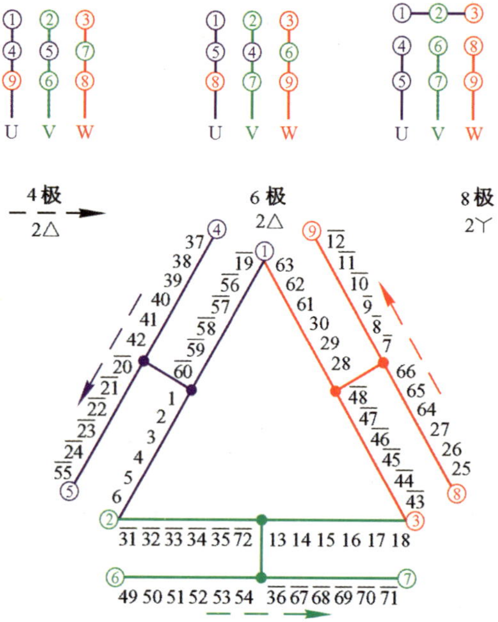

图Ⅲ-[37](b) 接线简图

[38] 36槽12/8/6/4极绕组布线和接线图

4、6、8极采用换相法变极。4、8极为⊿接法的正弦绕组，6极为60°相带正规绕组，用庶极接法在6极基础上获得12极。6极转向与4、8、12极相反。

绕组系数(节距 $y=3$)：

4极——$K_{d人}=0.985$，$K_{d\triangle}=0.97$，$K_y=0.5$，$K_{w人}=0.493$，$K_{w\triangle}=0.485$

6极——$K_d=0.966$，$K_y=0.707$，$K_w=0.683$

8极——$K_{d人}=0.94$，$K_{d\triangle}=0.925$，$K_y=0.866$，$K_{w人}=0.814$，$K_{w\triangle}=0.801$

12极——$K_d=0.866$，$K_y=1$，$K_w=0.866$

连接方式：

3Y/⊿/2△/⊿，引出线25根。

36 槽 12/8/6/4 极四速电动机绕组排列

槽　号	1	2	3	4	5	6	7	8	9	10	11	12	13	14	15	16	17	18
4　极	$u_{\triangle}$	$u_{\triangle}$	u_{Y}	u_{Y}	$\bar{w}_{\triangle}$	$\bar{w}_{\triangle}$	$v_{\triangle}$	$v_{\triangle}$	v_{Y}	v_{Y}	$\bar{u}_{\triangle}$	$\bar{u}_{\triangle}$	$w_{\triangle}$	$w_{\triangle}$	w_{Y}	w_{Y}	$\bar{v}_{\triangle}$	$\bar{v}_{\triangle}$
6　极	u	u	$\bar{v}$	$\bar{v}$	w	w	$\bar{u}$	$\bar{u}$	v	v	$\bar{w}$	$\bar{w}$	u	u	$\bar{v}$	$\bar{v}$	w	w
8　极	$\bar{w}_{\triangle}$	$\bar{w}_{\triangle}$	v_{Y}	v_{Y}	$w_{\triangle}$	$w_{\triangle}$	$\bar{v}_{\triangle}$	$\bar{v}_{\triangle}$	u_{Y}	u_{Y}	$v_{\triangle}$	$v_{\triangle}$	$\bar{u}_{\triangle}$	$\bar{u}_{\triangle}$	w_{Y}	w_{Y}	$u_{\triangle}$	$u_{\triangle}$
12　极	$\bar{u}$	$\bar{u}$	$\bar{v}$	$\bar{v}$	$\bar{w}$	$\bar{w}$	$\bar{u}$	$\bar{u}$	$\bar{v}$	$\bar{v}$	$\bar{w}$	$\bar{w}$	$\bar{u}$	$\bar{u}$	$\bar{v}$	$\bar{v}$	$\bar{w}$	$\bar{w}$
槽　号	19	20	21	22	23	24	25	26	27	28	29	30	31	32	33	34	35	36
4　极	$u_{\triangle}$	$u_{\triangle}$	u_{Y}	u_{Y}	$\bar{w}_{\triangle}$	$\bar{w}_{\triangle}$	$v_{\triangle}$	$v_{\triangle}$	v_{Y}	v_{Y}	$\bar{u}_{\triangle}$	$\bar{u}_{\triangle}$	$w_{\triangle}$	$w_{\triangle}$	w_{Y}	w_{Y}	$\bar{v}_{\triangle}$	$\bar{v}_{\triangle}$
6　极	$\bar{u}$	$\bar{u}$	v	v	$\bar{w}$	$\bar{w}$	u	u	$\bar{v}$	$\bar{v}$	w	w	$\bar{u}$	$\bar{u}$	v	v	$\bar{w}$	$\bar{w}$
8　极	$\bar{w}_{\triangle}$	$\bar{w}_{\triangle}$	v_{Y}	v_{Y}	$w_{\triangle}$	$w_{\triangle}$	$\bar{v}_{\triangle}$	$\bar{v}_{\triangle}$	u_{Y}	u_{Y}	$v_{\triangle}$	$v_{\triangle}$	$\bar{u}_{\triangle}$	$\bar{u}_{\triangle}$	w_{Y}	w_{Y}	$u_{\triangle}$	$u_{\triangle}$
12　极	$\bar{u}$	$\bar{u}$	$\bar{v}$	$\bar{v}$	$\bar{w}$	$\bar{w}$	$\bar{u}$	$\bar{u}$	$\bar{v}$	$\bar{v}$	$\bar{w}$	$\bar{w}$	$\bar{u}$	$\bar{u}$	$\bar{v}$	$\bar{v}$	$\bar{w}$	$\bar{w}$

3Y/⟁/2△/⟁接线图：

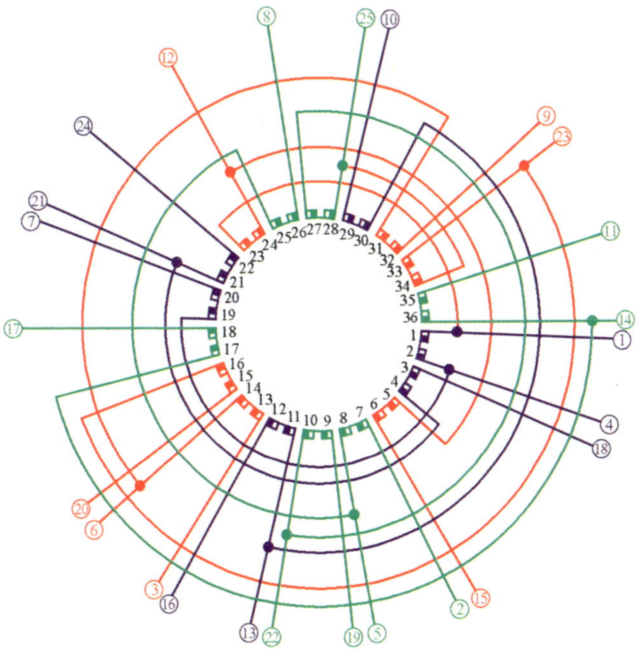

12/8/6/4 极　3Y/⟁/2△/⟁（4 极相色）

图Ⅲ-[38](a)　接线圆图

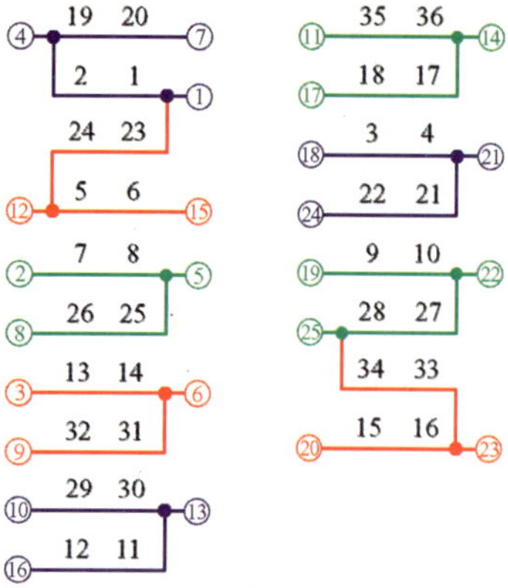

(4 极相色)

图Ⅲ-[38](b) 接线简图

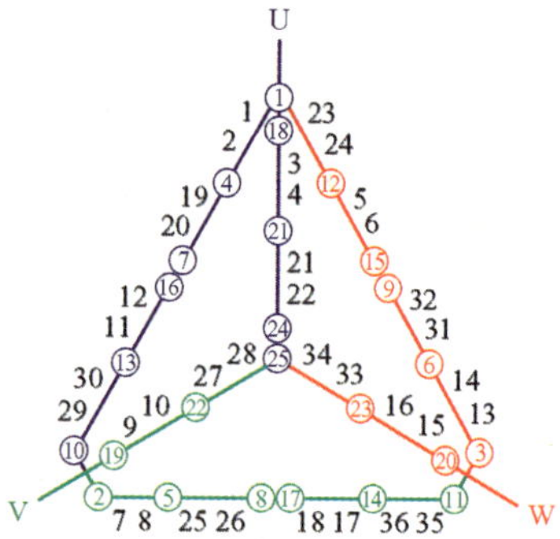

4 极 △

图Ⅲ-[38](c) 接线简图

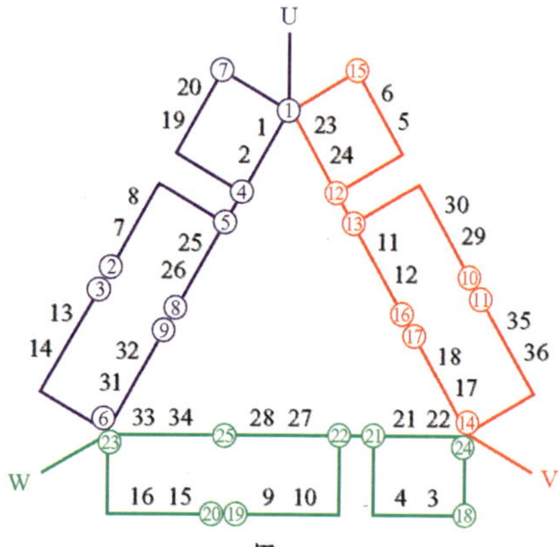

6 极 2△

图Ⅲ-[38](d) 接线简图

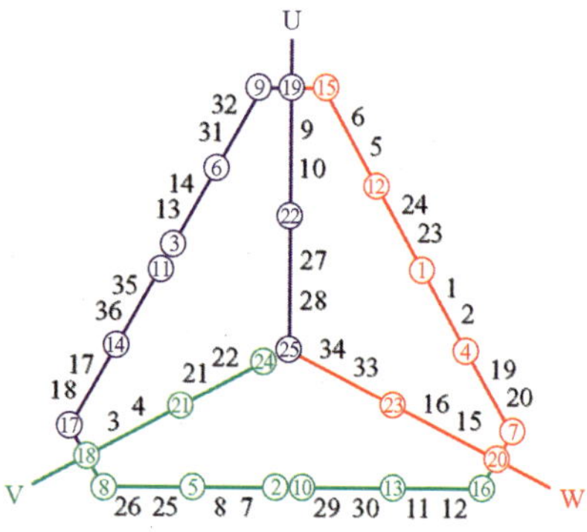

8 极 △

图Ⅲ-[38](e) 接线简图

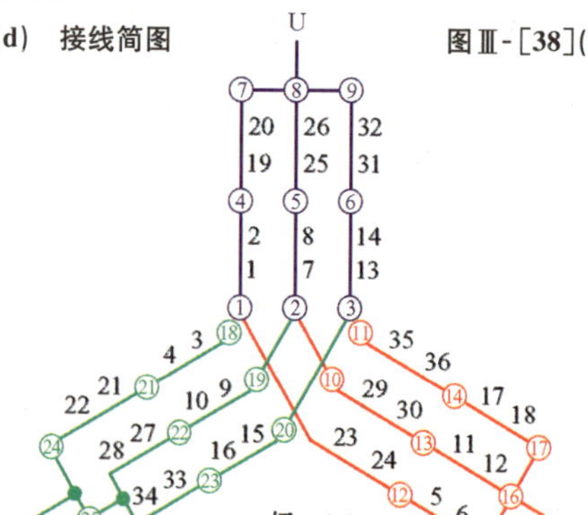

12 极 3Y

图Ⅲ-[38](f) 接线简图

[39] 54 槽 12/8/6/4 极绕组布线和接线图

4、6、8 极采用换相法变极。4、8 极为⟁接法的正弦绕组，6 极为 60°相带正规绕组，12 极为庶极接法 120°相带绕组。四个极数转向均相同。

绕组系数（节距 $y=3$）：

4 极——$K_{\text{d人}}=0.982$，$K_{\text{d}\triangle}=0.967$，$K_{\text{y}}=0.342$，$K_{\text{w人}}=0.336$，$K_{\text{w}\triangle}=0.331$

6 极——$K_{\text{d}}=0.96$，$K_{\text{y}}=0.50$，$K_{\text{w}}=0.48$

8 极——$K_{\text{d人}}=0.93$，$K_{\text{d}\triangle}=0.915$，$K_{\text{y}}=0.643$，$K_{\text{w人}}=0.598$，$K_{\text{w}\triangle}=0.588$

12 极——$K_{\text{d}}=0.844$，$K_{\text{y}}=0.866$，$K_{\text{w}}=0.731$

连接方式：

3Y/⟁/2△/⟁，引出线 25 根。

54 槽 12/8/6/4 极四速电动机绕组排列

槽号	1	2	3	4	5	6	7	8	9	10	11	12	13
4 极	$u_{\triangle}$	$u_{\triangle}$	$u_{\triangle}$	$u_{\text{人}}$	$u_{\text{人}}$	$u_{\text{人}}$	$\overline{w}_{\triangle}$	$\overline{w}_{\triangle}$	$\overline{w}_{\triangle}$	$v_{\triangle}$	$v_{\triangle}$	$v_{\triangle}$	$v_{\text{人}}$
6 极	u	u	u	$\overline{w}$	$\overline{w}$	$\overline{w}$	v	v	v	$\overline{u}$	$\overline{u}$	$\overline{u}$	w
8 极	$\overline{w}_{\triangle}$	$\overline{w}_{\triangle}$	$\overline{w}_{\triangle}$	$v_{\text{人}}$	$v_{\text{人}}$	$v_{\text{人}}$	$w_{\triangle}$	$w_{\triangle}$	$w_{\triangle}$	$\overline{v}_{\triangle}$	$\overline{v}_{\triangle}$	$\overline{v}_{\triangle}$	$u_{\text{人}}$
12 极	$\overline{u}$	$\overline{u}$	$\overline{u}$	$\overline{v}$	$\overline{v}$	$\overline{v}$	$\overline{w}$	$\overline{w}$	$\overline{w}$	$\overline{u}$	$\overline{u}$	$\overline{u}$	$\overline{v}$

槽号	14	15	16	17	18	19	20	21	22	23	24	25	26
4 极	$v_{\text{人}}$	$v_{\text{人}}$	$\overline{u}_{\triangle}$	$\overline{u}_{\triangle}$	$\overline{u}_{\triangle}$	$w_{\triangle}$	$w_{\triangle}$	$w_{\triangle}$	$w_{\text{人}}$	$w_{\text{人}}$	$w_{\text{人}}$	$\overline{v}_{\triangle}$	$\overline{v}_{\triangle}$
6 极	w	w	$\overline{v}$	$\overline{v}$	$\overline{v}$	u	u	u	$\overline{w}$	$\overline{w}$	$\overline{w}$	v	v
8 极	$u_{\text{人}}$	$u_{\text{人}}$	$v_{\triangle}$	$v_{\triangle}$	$v_{\triangle}$	$\overline{u}_{\triangle}$	$\overline{u}_{\triangle}$	$\overline{u}_{\triangle}$	$w_{\text{人}}$	$w_{\text{人}}$	$w_{\text{人}}$	$u_{\triangle}$	$u_{\triangle}$
12 极	$\overline{v}$	$\overline{v}$	$\overline{w}$	$\overline{w}$	$\overline{w}$	$\overline{u}$	$\overline{u}$	$\overline{u}$	$\overline{v}$	$\overline{v}$	$\overline{v}$	$\overline{w}$	$\overline{w}$

槽号	27	28	29	30	31	32	33	34	35	36	37	38	39	40
4 极	$\overline{v}_{\triangle}$	$u_{\triangle}$	$u_{\triangle}$	$u_{\triangle}$	$u_{\text{人}}$	$u_{\text{人}}$	$u_{\text{人}}$	$\overline{w}_{\triangle}$	$\overline{w}_{\triangle}$	$\overline{w}_{\triangle}$	$v_{\triangle}$	$v_{\triangle}$	$v_{\triangle}$	$v_{\text{人}}$
6 极	v	$\overline{u}$	$\overline{u}$	$\overline{u}$	w	w	w	$\overline{v}$	$\overline{v}$	$\overline{v}$	u	u	u	$\overline{w}$
8 极	$u_{\triangle}$	$\overline{w}_{\triangle}$	$\overline{w}_{\triangle}$	$\overline{w}_{\triangle}$	$v_{\text{人}}$	$v_{\text{人}}$	$v_{\text{人}}$	$w_{\triangle}$	$w_{\triangle}$	$w_{\triangle}$	$\overline{v}_{\triangle}$	$\overline{v}_{\triangle}$	$\overline{v}_{\triangle}$	$u_{\text{人}}$
12 极	$\overline{w}$	$\overline{u}$	$\overline{u}$	$\overline{u}$	$\overline{v}$	$\overline{v}$	$\overline{v}$	$\overline{w}$	$\overline{w}$	$\overline{w}$	$\overline{u}$	$\overline{u}$	$\overline{u}$	$\overline{v}$

槽号	41	42	43	44	45	46	47	48	49	50	51	52	53	54
4 极	$v_{\text{人}}$	$v_{\text{人}}$	$\overline{u}_{\triangle}$	$\overline{u}_{\triangle}$	$\overline{u}_{\triangle}$	$w_{\triangle}$	$w_{\triangle}$	$w_{\triangle}$	$w_{\text{人}}$	$w_{\text{人}}$	$w_{\text{人}}$	$\overline{v}_{\triangle}$	$\overline{v}_{\triangle}$	$\overline{v}_{\triangle}$
6 极	$\overline{w}$	$\overline{w}$	v	v	v	$\overline{u}$	$\overline{u}$	$\overline{u}$	w	w	w	$\overline{v}$	$\overline{v}$	$\overline{v}$
8 极	$u_{\text{人}}$	$u_{\text{人}}$	$v_{\triangle}$	$v_{\triangle}$	$v_{\triangle}$	$\overline{u}_{\triangle}$	$\overline{u}_{\triangle}$	$\overline{u}_{\triangle}$	$w_{\text{人}}$	$w_{\text{人}}$	$w_{\text{人}}$	$u_{\triangle}$	$u_{\triangle}$	$u_{\triangle}$
12 极	$\overline{v}$	$\overline{v}$	$\overline{w}$	$\overline{w}$	$\overline{w}$	$\overline{u}$	$\overline{u}$	$\overline{u}$	$\overline{v}$	$\overline{v}$	$\overline{v}$	$\overline{w}$	$\overline{w}$	$\overline{w}$

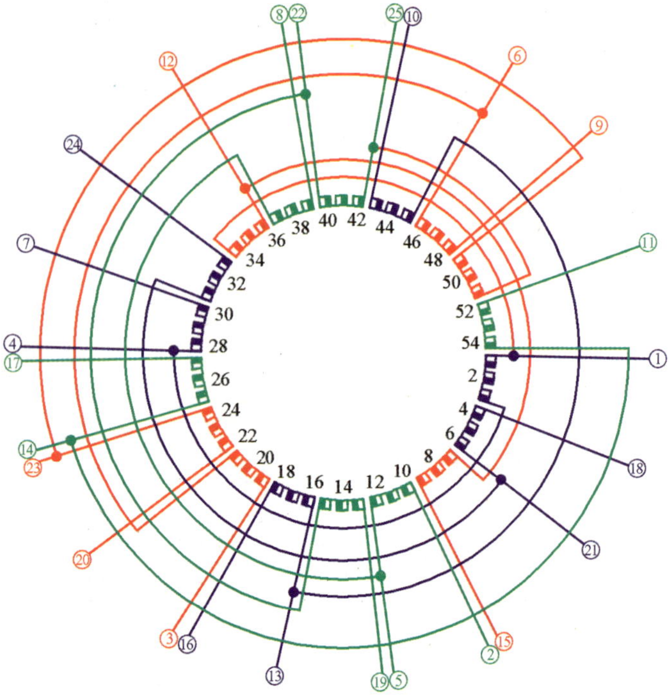

12 / 8 / 6 / 4 极　3Y/△/2△/△

(4 极相色)

图Ⅲ-[39](a)　接线圆图

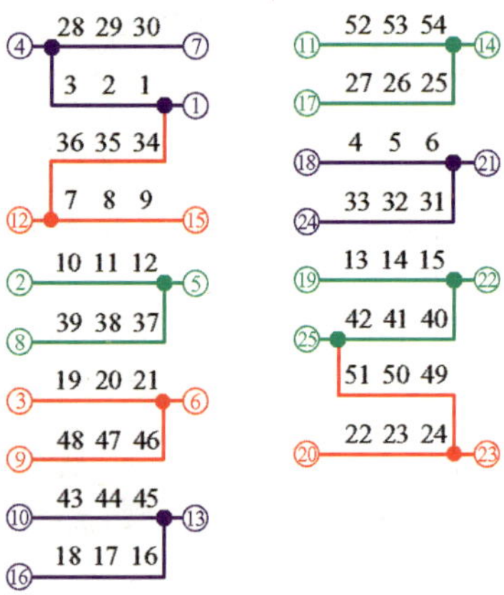

(4 极相色)

图Ⅲ-[39](b)　接线简图